David S. Moore (

de estadística en Purdue University. Ha sido presidente de la American Statistical Association y el primer presidente de la International Association for Statistical Education.

Estadística aplicada básica

Segunda edición

David S. Moore

Purdue University

Segunda edición

Traducción y adaptación de Jordi Comas

Universitat Pompeu Fabra

Publicado por Antoni Bosch, editor
Palafolls, 28 - 08017 Barcelona
Tel. (+34) 93 206 07 30 - Fax (+34) 93 206 07 31
E-mail: info@antonibosch.com
http://www.antonibosch.com

Título original de la obra:
The Basic Practice of Statistics, 2nd Edition

First published in the United States by
W. H. FREEMAN AND COMPANY, New York, New York and Basingstoke

ISBN: 978-84-95348-04-3
Depósito legal: B. 39.731-2009

Diseño de la cubierta: Compañía de Diseño
Corrección de estilo y compaginación con LaTeX: Luis Marco
Impresión y encuadernación: Book Print Digital S.A.

Impreso en España
Printed in Spain

ÍNDICE DE CONTENIDO

PRÓLOGO

Estadística aplicada básica (versión en castellano de *The Basic Practice of Statistics*) es una introducción a la estadística para estudiantes universitarios que enfatiza el trabajo con datos y las ideas estadísticas. En este prólogo describo el contenido del libro con el objeto de ayudar a los profesores a juzgar si este libro es adecuado para sus alumnos.

Principios básicos

Hasta ahora, los cursos de introducción a la estadística se centraban en la probabilidad y en la inferencia. *Estadística aplicada básica* refleja una nueva corriente en la enseñanza de la estadística en la que el análisis de datos y el diseño de métodos para su obtención constituyen, junto con los métodos de inferencia basados en la probabilidad, los temas principales. Los estadísticos han llegado a un amplio consenso sobre los contenidos de cursos universitarios de introducción a la estadística. Tal como dice Richard Schaffer: "con relación al contenido de un curso de introducción a la estadística, los estadísticos están mucho más de acuerdo ahora que cuando yo empecé a trabajar".[1] La figura 1 es un esquema de este consenso de acuerdo con la Sociedad Americana de Estadística (ASA) y la Asociación Americana de Matemáticas (MAA).[2]

Como miembro que fui del comité conjunto de la ASA/MAA, estoy de acuerdo con sus conclusiones: aunque el trabajo con datos puede suponer una ayuda, fomentar el aprendizaje activo es tarea del profesor. Por ello, las dos primeras recomendaciones son los principios directores de este texto. Si bien el libro es

[1]D. S. Moore *et al.*, "New pedagogy and new content: the case of statistics", *International Statistical Review*, 65, 1997, págs. 123-165. El comentario de Richard Scheaffer aparece en la página 156.

[2]George Cobb, "Teaching statistics" en L. A. Steen (ed.), *Heeding the Call for Change: Suggestions for Curricular Action*, Mathematical Association of America, Washington, D.C., 1990, págs. 3-43.

elemental con relación al nivel de matemáticas exigido y a los procedimientos estadísticos que se presentan, aspira a facilitar a los estudiantes tanto la comprensión de las principales ideas de la estadística como la adquisición de una serie de habilidades útiles para trabajar con datos. Los ejemplos y los ejercicios que se presentan, aunque están pensados para principiantes, utilizan datos reales y dan una información general que permite a los estudiantes comprender el significado de sus cálculos. A menudo pido a los alumnos conclusiones que son algo más que un número (o "rechazar H_0"). Aparte de hacer cálculos y sacar conclusiones correctas o erróneas, algunos ejercicios exigen hacer valoraciones. Espero que los profesores fomenten en clase un amplio debate sobre los resultados de los ejercicios.

1. Ayudar a pensar como estadísticos:
   (a) La necesidad de tener datos.
   (b) La importancia de la obtención de datos.
   (c) La omnipresencia de la variabilidad.
   (d) La medición y calibración de la variabilidad.

2. Ofrecer más datos y conceptos, y menos teoría y fórmulas. Siempre que sea posible automatiza los cálculos y las representaciones gráficas. Un curso introductorio debe:
   (a) Confiar plenamente en datos reales (no que solamente lo parezcan).
   (b) Enfatizar los conceptos estadísticos; por ejemplo, causalidad frente a asociación, experimental *versus* observacional.
   (c) Apoyarse más en los ordenadores que en las fórmulas de cálculo.
   (d) No dar demasiada importancia a las demostraciones matemáticas.

3. Fomentar la enseñanza activa, a través de las siguientes alternativas al estudio individual:
   (a) Discutir y resolver problemas en grupo.
   (b) Hacer ejercicios con ordenadores.
   (c) Trabajar con datos obtenidos en clase.
   (d) Presentar ejercicios por escrito y exponerlos en el aula.
   (e) Diseñar proyectos estadísticos de forma individual y en grupo.

Figura 1. Recomendaciones de la Sociedad Americana de Estadística (ASA) y de la Asociación Americana de Matemáticas (MAA).

Los capítulos 1 y 2 presentan los métodos y las ideas que unifican el análisis de datos. Los estudiantes agradecen la utilidad del análisis de datos, y el hecho de que realmente puedan hacerlo alivia un poco su inquietud sobre la estadística. Espero que los estudiantes se acostumbren a examinar los datos y que sigan realizando este análisis aun cuando el objetivo principal del análisis sea dar respuesta a una pregunta concreta mediante inferencia. El capítulo 3 trata sobre el muestreo aleatorio y los experimentos comparativos aleatorizados. Éstos, pese a encontrarse entre las ideas más importantes de la estadística, suelen omitirse injustamente al iniciar su enseñanza. El capítulo 4 se basa en las ideas del capítulo 3 y en las herramientas del análisis de datos del capítulo 1 para presentar el concepto de distribución muestral y, de una manera informal, el lenguaje de la probabilidad. El capítulo 5, que es opcional, presenta material adicional para cursos que exijan presentar la probabilidad de una manera más formal. El capítulo 6, que describe los razonamientos en los que se basa la inferencia estadística, es la piedra angular del resto del libro. Los restantes capítulos presentan métodos de inferencia aplicables a diversas situaciones, dando especial énfasis a los aspectos prácticos de la utilización de dichos métodos. Los capítulos 7 y 8 presentan los procedimientos básicos para hacer inferencia a partir de una y de dos muestras. Los capítulos 9, 10 y 11 (que se pueden leer de forma independiente y en cualquier orden) ofrecen una selección de algunos temas más avanzados. El capítulo 12 es una introducción a los métodos inferenciales no paramétricos.

Tecnología

Los cálculos automáticos aumentan la capacidad de los estudiantes para resolver problemas, reducen su frustración y les ayudan a concentrarse en las ideas y en la identificación del problema más que en la mecánica de su resolución. Este libro exige de los estudiantes que dispongan de una calculadora que pueda hallar la correlación y la regresión lineal simple, así como la media y la desviación típica. Como los estudiantes tienen calculadoras, el texto no discute las fórmulas de cálculo de la desviación típica muestral o de la recta de regresión mínimo-cuadrática. Los programas estadísticos tienen considerables ventajas sobre las calculadoras: la introducción y la edición de los datos es más fácil, y los gráficos son mucho mejores. Animo al empleo de programas estadísticos siempre que los recursos y el tiempo disponible para desarrollar el curso lo permitan. Este libro, sin embargo, no da por supuesto que los estudiantes utilizarán estos programas.

En el texto aparecen resultados obtenidos utilizando diversas tecnologías como por ejemplo calculadoras avanzadas, hojas de cálculo o programas estadísticos como el Minitab. Utilizar diversas tecnologías se ha hecho deliberadamente: los estudiantes tienen que entender que los procedimientos estadísticos que aparecen en el libro son universales. Teniendo conocimientos básicos de estadística se pueden leer e interpretar muchos resultados independientemente de la tecnología utilizada.

Texto accesible

Estadística aplicada básica intenta ser un texto moderno y accesible. En comparación con *Introduction to the Practice of Statistics* (IPS)[3], *Estadística aplicada básica* guía más al lector, es más concreto y presenta menos material opcional. Aunque *Estadística aplicada básica* es de más fácil comprensión que IPS, sin embargo, los contenidos básicos son los mismos en ambos libros. Asimismo, en ambos libros se da mucha importancia tanto a trabajar con datos como a los problemas típicamente estadísticos. Los ejercicios que aparecen en las secciones "Aplica tus conocimientos" que aparecen situadas, después de la introducción de cada nuevo concepto, permiten valorar al propio alumno si ha asimilado el capítulo. Cada capítulo acaba con la sección "Repaso del capítulo", un listado de sus contenidos básicos acompañado a menudo de un resumen gráfico de los principales conceptos.

¿Por qué lo hiciste de esta manera?

No existe una sola manera de organizar los temas en un curso de estadística para principiantes. En este libro su organización no se ha hecho de forma caprichosa. He aquí la respuesta a una serie de preguntas sobre el orden del contenido de este libro que se me han formulado con cierta frecuencia.

¿Por qué razón la distinción entre población y muestra no aparece en los capítulos 1 y 2? La distinción entre población y muestra no aparece en los dos

[3] David S. Moore y George P. McCabe, *Introduction to the Practice of Statistics*, 3ª ed., W. H. Freeman, New York, 1999.

primeros capítulos para dejar entrever que la estadística no es solamente inferencia. De hecho, la utilización de la inferencia estadística sólo es adecuada en determinadas circunstancias. Los capítulos 1 y 2 presentan las tácticas y herramientas utilizadas para describir cualquier tipo de datos. Estas tácticas y herramientas no dependen de la idea de inferencia que surge al pasar de muestra a población. Muchos conjuntos de datos de estos capítulos (por ejemplo los datos sobre los Estados europeos o los Estados norteamericanos) no deben nada a la inferencia ya que ellos mismos constituyen toda la población. John Tukey de los Laboratorios Bell y de la Universidad de Princeton, el filósofo del análisis de datos moderno, insiste en que cuando no sea relevante para el análisis, hay que evitar distinguir entre población y muestra. Tukey utiliza la palabra "grupo" (en inglés *batch*) para referirse, en general, a conjuntos de datos. Aunque no veo la necesidad de utilizar una palabra especial, sin embargo creo que Tukey tiene razón.

¿Por qué no empezar por la obtención de datos? De hecho, sería razonable empezar por la obtención de datos, ya que es el camino natural: cuando se planifica un estudio estadístico, se empieza por el diseño de la obtención de datos y se acaba con la inferencia. He escogido ubicar el diseño de la obtención de datos (capítulo 3) después del análisis de datos (capítulos 1 y 2) para enfatizar que las técnicas de análisis de datos se pueden aplicar a cualquier conjunto de datos. Uno de los principales objetivos del diseño estadístico de obtención de datos es hacer posible la inferencia. Por tanto, los contenidos del capítulo 3 son el camino natural hacia la inferencia.

¿Por qué las distribuciones normales aparecen en el capítulo 1? Las curvas de densidad en general, y entre ellas las normales, son una herramienta más para la descripción de variables cuantitativas, junto con los diagramas de tallos, los histogramas y los diagramas de caja. Cada vez es más frecuente que los programas estadísticos ofrezcan la posibilidad de calcular curvas de densidad además de, por ejemplo, dibujar histogramas. Personalmente, prefiero salirme de la presentación tradicional de las curvas de densidad y no presentarlas como algo absolutamente ligado a la probabilidad. Quiero que los estudiantes sigan el camino natural que parte de las representaciones gráficas, pasa por los resúmenes numéricos y llega a modelos matemáticos. Las curvas de densidad son un modelo habitualmente utilizado para describir de forma general la distribución de una variable. Finalmente, me gustaría contribuir a facilitar la *digestibilidad* de la probabilidad, un tema que tanto preocupa a los estudiantes. Trabajar pronto con distribuciones normales facilita la digestión posterior de los conceptos de probabilidad, ya que ayuda a los estudiantes a ver las distribuciones de probabilidad como si fueran distribuciones de datos.

¿Por qué no presentar la correlación y la regresión más tarde, tal como es tradicional? Este libro empieza dando a los estudiantes la oportunidad de trabajar con datos. Al inicio del libro se estudia la estructura conceptual de esta parte de la estadística poco matemática pero muy importante. Además de trabajar con una sola variable, se ofrece a los estudiantes la posibilidad de analizar la relación entre varias variables. Es más, la correlación y la regresión vistas como herramientas descriptivas (capítulo 2) tienen un campo de actuación más amplio que la sola consideración de la inferencia (capítulo 11). Por ejemplo, la muy importante discusión sobre variables latentes tiene poco que ver con la inferencia. Personalmente, considero que el capítulo 2 es esencial, mientras que el capítulo 11 es opcional.

¿Dónde quedó toda la probabilidad? La mayor parte de la probabilidad quedó en el capítulo 5, que es optativo. A los estudiantes no les importa saltarse un capítulo, en cambio, a veces, les molestan los temas optativos dentro de los capítulos. En consecuencia, en esta nueva edición todo el capítulo 4 se considera obligatorio. En cambio, el capítulo 5 se deja como optativo.

Los profesores experimentados sabemos que los estudiantes encuentran difícil la probabilidad. La investigación sobre el aprendizaje confirma nuestra experiencia. Incluso entre los estudiantes que pueden resolver problemas formales de probabilidad, a menudo muestran una muy frágil interiorización de los conceptos probabilísticos. Intentar presentar una introducción sustancial a la probabilidad en un curso de estadística orientado a datos con un nivel asequible para estudiantes que no tengan una especial preparación en matemáticas, creo que no tiene mucho sentido. La probabilidad no ayuda a estos estudiantes a conocer en profundidad las ideas sobre inferencia (al menos, no tanto como los profesores imaginamos) y consume energías mentales que podrían aplicarse mejor a ideas esencialmente estadísticas.

En consecuencia, he presentado muy poca teoría de probabilidad en el capítulo 4. El capítulo conduce de forma directa a la idea de probabilidad como regularidad que aparece después de muchas repeticiones. A continuación, vemos formas concretas de asignar probabilidades y, finalmente, llegamos a la idea de distribución muestral de un estadístico. La ley de los grandes números y el teorema del límite central aparecen cuando se trata sobre la distribución de la media muestral. En este capítulo se omiten las *reglas generales de probabilidad*, así como la probabilidad condicional y la combinatoria. Las reglas generales aparecen en el capítulo 5. La combinatoria es otro tema (incluso más difícil).

¿Por qué no has introducido un tema determinado? Los textos de introducción no tienen que ser enciclopedias. Introducir los posibles temas favoritos de distintos profesores tiene como consecuencia aumentar mucho el volumen del libro lo que puede asustar a los estudiantes. *Estadística aplicada básica* contiene básicamente temas de análisis de datos y de inferencia estadística, los campos más utilizados en la práctica, adecuados para comprender los conceptos estadísticos más importantes. Estos dos campos de la estadística se utilizan en muchos campos de aplicación. Emerson y Colditz[4] comentan que con la estadística descriptiva, los procedimientos *t* y las tablas de contingencia, se puede comprender perfectamente la estadística del 73% de los artículos publicados en el *New Journal of Medicine*.

Agradecimientos

Quiero mostrar mi agradecimiento a mis colegas de distintas universidades por los comentarios que realizaron sobre los sucesivos borradores del manuscrito de este libro:

Elizabeth Applebaum
Park College

Edgar Avelino
Langara College

Smiley Cheng
University of Manitoba

James Curl
Modesto Junior College

Steve Marsden
Glendale College

Darcy Mays
Virginia Commonwealth University

Amy Salvati
Adirondack Community College

N. Paul Schembari
East Stroudsburg University

[4]J. D. Emerson y G. A. Colditz, "Use of statistical analysis in the *New England Journal of Medicine*", en *Medical Uses of Statistics*, 2ª ed., J. C. Bailar y F. Mosteller (eds.), NEJM Press, Boston, 1992, págs. 45-57.

David Gurney
Southeastern Louisiana University

Donald Harden
Georgia State University

Sue Holt
Cabrillo College

Elizabeth Houseworth
University of Oregon

T. Henry Jablonski, Jr.
Eastern Tennessee State University

Tom Kaupe
Shoreline Community College

James Lang
Valencia Community College

Donald Loftgaarden
University of Montana

W. Robert Stephenson
Iowa State University

Martin Tanner
Northwestern University

Bruce Torrence
Randolph-Macon College

Mike Turegon
Oklahoma City Community College

Jean Werner
Mansfield University of Pennsylvania

Dex Whittinghill
Rowan University

Rodney Wong
University of California at Davis

También quiero dar las gracias a quienes revisaron la primera edición:

Douglas M. Andrews
Wittenberg University

Rebecca Busam
The Ohio State University

Michael Butler
College of the Redwoods

Carolyn Pilers Dobler
Gustavus Adolphus College

Joel B. Greenhouse
Carnegie Mellon University

Larry Griffey
Florida Community College at Jacksonville

Ronald La Porte
Macomb Community College

Ken McDonald
Northwest Missouri State University

William Notz
The Ohio State University

Mary Parker
Austin Community College

Kenneth Ross
University of Oregon

Calvin Schmall
Solano Community College

Brenda Gunderson
The University of Michigan

Catherine Cummins Hayes
University of Mobile

Tim Hesterberg
Franklin & Marshall College

Frank Soler
De Anza College

Linda Sorenson
Algoma University

Tom Sutton
Mohawk College

Quiero agradecer de forma especial los comentarios de Sue Holt, surgidos después de utilizar durante mucho tiempo la primera edición de *Estadística aplicada básica* con estudiantes universitarios. También quiero dar gracias de forma especial a Patrick Farace, Diane Cimino Maass y, en general, a la gente de la editorial que ha contribuido de manera tan importante al diseño de la segunda edición en inglés.

Finalmente, estoy en deuda con muchos profesores de estadística con los que he discutido sobre la enseñanza de esta disciplina durante muchos años; con la gente de diversos campos de estudio con la que he trabajado en la comprensión de los datos; y, especialmente, con los estudiantes cuyas felicitaciones y quejas han cambiado y mejorado mi forma de enseñar. El trabajo con profesores de estadística, colegas de otras disciplinas y estudiantes me ha hecho recordar la importancia de la experiencia del trabajo directo con datos y de los razonamientos estadísticos en una época en la que los cálculos con ordenadores pueden hacer pasar por alto detalles estadísticamente importantes.

David S. Moore

Razonamiento estadístico

¿Cómo separar el grano de la paja?

La estadística trata sobre datos. Éstos son números, pero no sólo son eso. Los datos son números en un contexto. El número 3,75, por ejemplo, no contiene por sí mismo ninguna información. Pero si oímos que una amiga ha dado a luz un bebé de 3,75 kilos, la felicitamos ya que es un buen peso. El contexto nos permite sacar partido de nuestros conocimientos sobre el tema de estudio y emitir juicios. Sabemos que un peso de 3,75 kilos es un peso adecuado (no es posible que un bebé pese 3,75 gramos o 3,75 toneladas). El contexto hace que el número aporte información.

La estadística utiliza datos para profundizar en un tema y sacar conclusiones. Nuestras herramientas son gráficos y cálculos. Son herramientas dirigidas por una línea de pensamiento basada en el sentido común. Empecemos nuestro estudio de la estadística repasando informalmente los principios de los razonamientos estadísticos.

Los datos iluminan

De la población estadounidense, ¿qué porcentaje crees que es de raza negra? ¿Qué porcentaje crees que es de raza blanca? Se formuló esta pregunta a una muestra de estadounidenses de raza blanca, la media de sus respuestas fue 23,8% negros y 49,9 blancos. Sin embargo, los datos del censo indican que el 11,8% de los estadounidenses son negros y el 74% blancos.[1]

La raza es uno de los temas más conflictivos en EE UU. Es ilustrativo ver que los blancos creen, de forma equivocada, que son una minoría, cuando los datos

[1] *New York Times*, 25 de marzo de 1996.

del censo demuestran que en realidad son la gran mayoría. Los datos del censo iluminan y muestran las cosas tal como son. Seguramente, si la gente conociera más los hechos y no se basara en suposiciones, cambiarían muchas actitudes.

Datos contra anécdotas

Una anécdota es una historia sorprendente que precisamente recordamos por serlo. Las anécdotas ayudan a humanizar los temas; sin embargo, pueden conducir a engaño.

Vivir cerca de líneas de alta tensión, ¿causa leucemia a los niños? El Instituto Nacional del Cáncer de EE UU invirtió 5 años y 5 millones de dólares para intentar responder a esta pregunta. El resultado: no existe ninguna relación entre la leucemia y la exposición a campos magnéticos como los que producen las líneas de alta tensión. En el artículo que se publicó en el *New England Journal of Medicine* se podía leer: "ha llegado el momento de no malgastar más recursos en este asunto".[2]

Comparemos el impacto de una noticia aparecida en televisión sobre una investigación de 5 años y 5 millones de dólares, con el impacto de una entrevista a una madre con facilidad de palabra que vive cerca de una línea de alta tensión cuyo hijo tiene leucemia. Para la gente que ve la televisión la entrevista a la madre deja una huella mucho más profunda. Sin embargo, una persona que sepa estadística sabe que los datos son más fiables que las anécdotas ya que describen de forma sistemática una situación general y no se centran en ningún incidente concreto.

Ojo con las variables latentes

La gente que utiliza con frecuencia los aviones quiere llegar a la hora. Las compañías aéreas envían datos al Ministerio de Transportes sobre el número de vuelos que llegan a tiempo. He aquí cifras de un determinado mes correspondiente a dos compañías aéreas estadounidenses:

[2]E. W. Campion, "Editorial: power lines, cancer, and fear", *New England Journal of Medicine*, 337, nº 1, 1997. El trabajo citado es M. S. Linet *et al.*, "Residential exposure to magnetic fields and acute lymphoblastic leukemia in children". Lo encontré en <http://www.nejm.org>. Consulta también G. Taubes, "Magnetic field-cancer link: will it rest in peace?", *Science*, 277, 1997, pág. 29.

	Vuelos puntuales	**Vuelos con retraso**
Alaska Airlines	3.274	501
America West	6.438	787

Puedes comprobar que el porcentaje de vuelos que llegaron con retraso es

$$\text{Alaska Airlines} \quad \frac{501}{3.775} = 13{,}3\%$$

$$\text{America West} \quad \frac{787}{7.225} = 10{,}9\%$$

Aparentemente la mejor compañía es America West.

Sin embargo, hay que tener en cuenta más información. Casi todas la relaciones entre dos variables dependen de otras latentes de entorno. Tenemos datos de dos variables: la compañía aérea y si los vuelos llegan o no a la hora. Tengamos en cuenta una tercera variable: la ciudad de procedencia del vuelo.[3]

	Alaska Airlines		**America West**	
	Vuelos puntuales	**Vuelos con retraso**	**Vuelos puntuales**	**Vuelos con retraso**
Los Angeles	497	62	694	117
Phoenix	221	12	4.840	415
San Diego	212	20	383	65
San Francisco	503	102	320	129
Seattle	1.841	305	201	61
Total	3.274	501	6.438	787

La fila "Total" muestra que los datos de la nueva tabla son los mismos que los datos de la tabla anterior. Fijémonos otra vez en los porcentajes de vuelos con retraso; los que proceden de los Angeles son

$$\text{Alaska Airlines} \quad \frac{62}{559} = 11{,}1\%$$

$$\text{America West} \quad \frac{117}{811} = 14{,}4\%$$

[3] A. Barnett, "How numbers can trick you", *Technology Review*, octubre 1994, págs. 38-45.

Alaska Airlines es la mejor compañía. Los porcentajes de retrasos de los vuelos que proceden de Phoenix son

$$\text{Alaska Airlines} \quad \frac{12}{233} = 5{,}2\%$$

$$\text{America West} \quad \frac{415}{5.255} = 7{,}9\%$$

Otra vez, la mejor compañía es Alaska Airlines. La figura 1 muestra que en todos los aeropuertos de procedencia considerados, Alaska Airlines es la compañía con un menor porcentaje de vuelos con retraso.

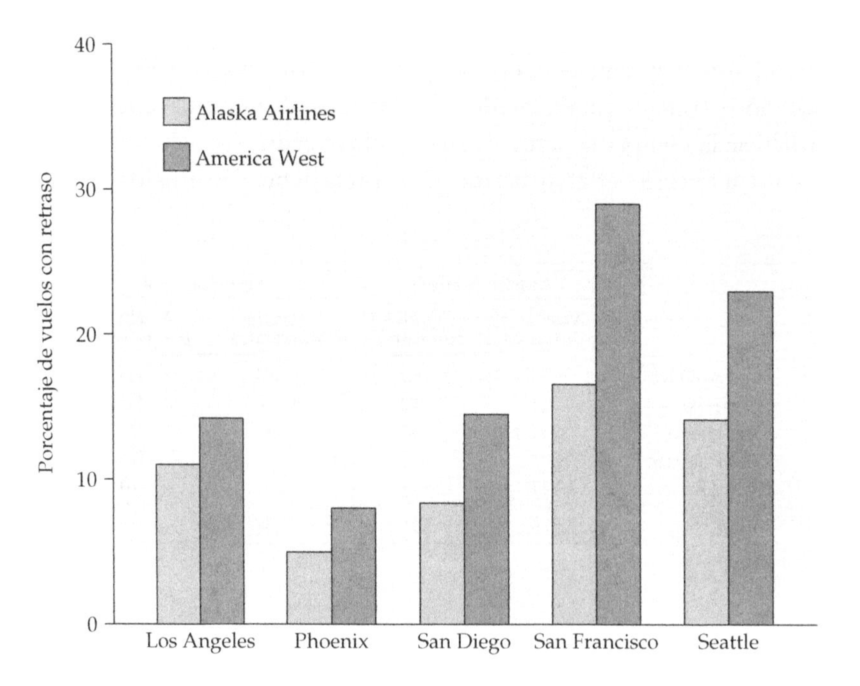

Figura 1. Comparación del porcentaje de vuelos con retraso de dos compañías en cinco aeropuertos.

¿Cómo es posible que cuando analizamos los datos aeropuerto por aeropuerto Alaska Airlines sea la mejor compañía, pero que cuando combinamos todos los datos lo sea American West? Fíjate en los datos: America West es la compañía con más vuelos procedentes de la soleada Phoenix, aeropuerto en el que se producen pocos retrasos. Sin embargo, Alaska Airlines es la compañía con más vuelos procedentes de Seattle, aeropuerto en el que la niebla obliga a retrasar numerosos vuelos. La ciudad de procedencia influye sobre la posibilidad de sufrir un retraso en un vuelo. En consecuencia, tener en cuenta la ciudad de procedencia cambia completamente nuestras conclusiones. Vale la pena repetir el mensaje: casi todas las relaciones entre dos variables dependen de variables latentes de entorno.

Es importante saber cómo se obtuvieron los datos

En una ocasión, la periodista Ann Landers preguntó a sus lectores: "Si pudieras retroceder en el tiempo, ¿volverías a tener hijos?". Unas semanas más tarde apareció en grandes titulares: "EL 70% DE LOS PADRES DICE QUE NO VALE LA PENA TENER HIJOS". En realidad, lo que dijo el 70% de los casi 10.000 padres que escribieron a Ann Landers fue que si pudieran escoger de nuevo, no tendrían hijos. ¿Realmente crees que el 70% de los padres lamenta haber tenido hijos?

No deberías creerlo. Las personas que respondieron estaban especialmente motivadas, tanto que se tomaron la molestia de escribir a Ann Landers. Sus cartas indicaban que muchos de ellos estaban furiosos con sus hijos. Esta personas no representan a todos los padres. No es sorprendente que, unos meses más tarde, una encuesta de opinión diseñada estadísticamente sobre el mismo tema, que daba a todos los padres la misma posibilidad de ser escogidos, hallase que el 91% de los padres volvería a tener hijos. Conclusión: si no vas con cuidado cuando obtienes los datos, puedes anunciar que un 70% dijo "No", cuando en realidad un 90% opinaba que "Sí".

La siempre presente variación

Dice el director de ventas: "Felicidades, vamos a brindar con cava del Penedés: este mes nuestras ventas han subido un 2% con relación a las del mes pasado. El mes pasado tuve que despedir a la mitad de nuestros vendedores, ya que las ventas bajaron un 1%". Aunque este comentario es algo exagerado, no deja de ser cierto que muchos gerentes reaccionan de forma desmesurada ante pequeñas variaciones de indicadores importantes de la marcha de la empresa. He aquí los comentarios del director de una de las principales empresas de investigación de mercados de EE UU en relación con su experiencia:

Demasiada gente de negocios da la misma importancia a todos los datos que aparecen en un informe. Aceptan los datos como si fueran verdades absolutas. Tienen dificultades para tratar con el concepto de probabilidad. No ven los datos como representantes de un intervalo de valores que describen nuestro conocimiento sobre unas determinadas circunstancias.[4]

Indicadores empresariales como las ventas y los precios varían de mes a mes por motivos tan variados como el tiempo, las dificultades financieras de los clientes o los inevitables errores en la obtención de datos. Los responsables empresariales tienen que ser capaces de identificar las variaciones realmente importantes. Las herramientas estadísticas pueden ayudar. A veces, es suficiente con representar gráficamente los datos. La figura 2 muestra el precio medio mensual del litro de gasolina en EE UU durante 10 años. Más allá de la variación mes a mes como la subida de precios en verano, el pico debido a la guerra del Golfo de 1990, o la bajada de la primavera de 1998, se puede observar una tendencia creciente gradual.[5]

La variación está siempre presente; los individuos varían, las mediciones repetidas de un mismo individuo varían; casi todo varía a lo largo del tiempo. Una de las razones de aprender estadística es que nos ayuda a tratar con la variación.

No hay verdades absolutas

A partir de una cierta edad, la mayoría de mujeres se hacen mamografías de forma regular para la detección del cáncer de mama. Las mamografías, ¿realmente reducen el riesgo de muerte? Para hallar respuestas, los médicos confían en "experimentos clínicos aleatorizados" para comparar distintos métodos de detección del cáncer de mama. Más adelante veremos que los datos procedentes de experimentos comparativos aleatorizados ayudan a dar respuestas. Las conclusiones de 13 de estos experimentos es que las mamografías reducen el riesgo de muerte entre 50 y 64 años en un 26%.[6]

[4] A. C. Nielsen, Jr., "Statistics in marketing", en *Making Statistics More Effective in Schools of Business*, Graduate School of Business, University of Chicago, 1986.

[5] Los datos de la figura 2 se basan en un componente del Índice de Precios al Consumo, elaborado por el Bureau of Labor Statistics. Se pueden consultar estos datos en <http://stats.bls.gov:80/datahome.htm>. Para pasar los números índice a dólares, he utilizado la media del precio nacional de 1,131 dólares por galón de enero de 1998. Información obtenida de la Energy Information Agency, página web <http://www.eia.doe.gov>.

[6] H. C. Sox, "Editorial: benefit and harm associated with screening for breast cancer", *New England Journal of Medicine*, 338, nº 16, 1998.

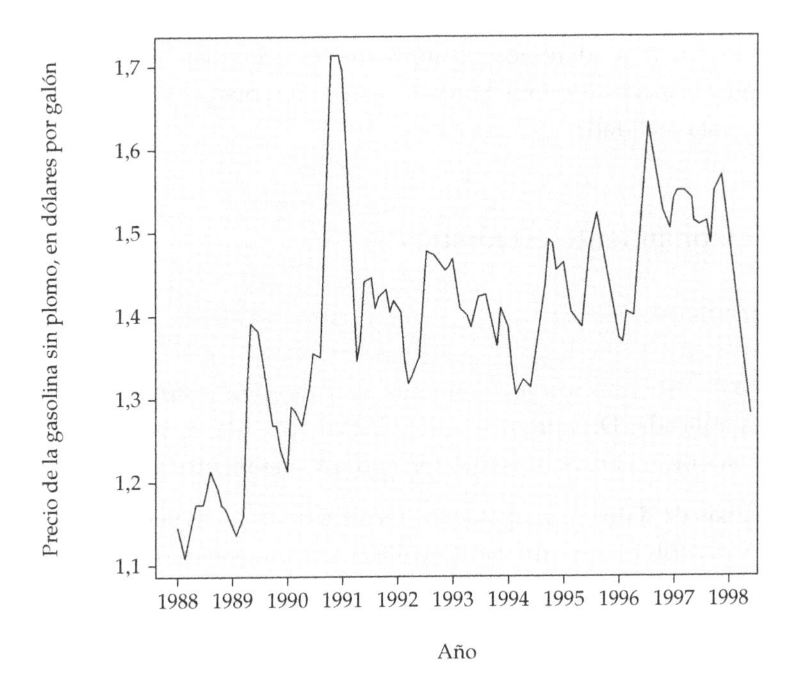

Figura 2. La variación está siempre presente: precio de la gasolina sin plomo en un surtidor de EE UU desde 1988 hasta mediados de 1998.

Como media, las mujeres que se hacen mamografías de forma regular tienen menos probabilidades de morir de cáncer de mama. Sin embargo, debido a que la variación está siempre presente, los resultados no son los mismos para todas las mujeres. Algunas mujeres que se hacen mamografías cada año mueren de cáncer de mama y otras que nunca se las han hecho pueden vivir hasta los 100 años y morir, por ejemplo, en un accidente de tráfico. ¿Podemos estar seguros de que como media las mamografías reducen el cáncer de mama? No podemos estar seguros. *Como la variación está siempre presente, no existen verdades absolutas.*

La estadística nos proporciona el lenguaje necesario para tratar con la incertidumbre, es el lenguaje utilizado por la gente que conoce estadística. En el caso de las mamografías, los médicos utilizan este lenguaje para decirnos que "las mamografías reducen el riesgo de morir de cáncer de mama en un 26 por ciento (con una confianza del 95%, la reducción se sitúa entre el 17 y el 34%)". Este 26% son, según Arthur Nielsen, "valores que representan un intervalo que describe nuestro conocimiento sobre unas determinadas circunstancias". El intervalo va del 17 al 34% y tenemos una confianza del 95% de que el verdadero valor se halla en este intervalo. Pronto aprenderemos a comprender este lenguaje. No podemos evitar la variación y la incertidumbre. Aprender estadística nos permite desenvolvernos mejor ante esta realidad.

Tú y el razonamiento estadístico

Lo que encontrarás en este libro

El objetivo de este libro es que conozcas los conceptos y aprendas a utilizar la estadística aplicada. Dividiremos la estadística aplicada en tres partes que concuerdan con nuestra breve introducción a los razonamientos estadísticos.

1. **El análisis de datos** se ocupa de los métodos y las ideas necesarias para organizar y describir datos utilizando gráficos y resúmenes numéricos. Solamente los datos bien organizados iluminan. Sólo una exploración sistemática de los datos permite combatir las variables latentes. Los capítulos 1 y 2 tratan sobre el análisis de datos.

2. **La obtención de datos** proporciona métodos para obtener datos que permiten dar respuestas claras a preguntas concretas. Es muy importante saber cómo se obtuvieron los datos —los conceptos básicos sobre cómo obtener muestras y diseñar experimentos son quizás las ideas estadísticas que han tenido una mayor influencia—. Estos conceptos son el tema del capítulo 3.

3. **La inferencia estadística** va más allá de los datos disponibles y obtiene conclusiones sobre un universo más amplio, teniendo en cuenta la omnipresencia de la variabilidad y la incertidumbre de las conclusiones. Para describir la variabilidad y la incertidumbre, la inferencia estadística utiliza el lenguaje de la probabilidad que introducimos en el capítulo 4 y desarrollamos en el capítulo 5. Como estamos más interesados en la práctica que en la teoría, no es necesario un amplio conocimiento sobre probabilidad. El capítulo 6 discute los razonamientos utilizados en inferencia estadística, y los capítulos 7 y 8 presentan la inferencia tal como se utiliza en la práctica en algunas situaciones sencillas. Los capítulos 9, 10 y 11 aportan una breve introducción a la inferencia en algunas situaciones más complejas. El capítulo 12 introduce las pruebas no paramétricas.

Como los datos son números con un contexto, trabajar en estadística significa algo más que la simple manipulación de números. Este libro está lleno de datos y cada conjunto de ellos va acompañado de un breve resumen del contexto que nos ayuda a comprender lo que dicen. En este texto, los ejemplos y los ejercicios tratan de expresar brevemente la información obtenida a partir de los datos. En la práctica, sabrías mucho más sobre el contexto en el que se obtuvieron los datos y sobre las preguntas a las que esperas que respondan los datos. Ningún libro de texto puede ser completamente realista. De todas formas, es más importante adquirir el hábito de preguntar "¿qué me dicen los datos?", que concentrarse sólo en hacer gráficos y cálculos. Este libro trata de estimular la adquisición de buenas costumbres.

La estadística implica hacer muchos cálculos y gráficos. Este texto presenta las técnicas que necesitas. Deberías utilizar una calculadora o un ordenador para automatizar al máximo los cálculos y los gráficos. Existen muchos tipos de programas estadísticos, desde las hojas de cálculo hasta los complejos programas informáticos, idóneos para los usuarios más avanzados de la estadística. El tipo de programas estadísticos disponibles para los estudiantes varía mucho de un lugar a otro —sin embargo, las grandes ideas de la estadística no dependen del nivel de los programas de que se dispone—. A pesar de que alentamos a utilizar programas estadísticos, este libro no exige su utilización ni está ligado a ningún programa en concreto.

Este libro exige que tengas una calculadora con algunas funciones estadísticas. Concretamente, necesitas una calculadora que halle medias y desviaciones típicas, y que calcule correlaciones y rectas de regresión. Existen calculadoras con muchas funciones estadísticas, incluyendo gráficos, pero el mayor tamaño de las pantallas y la facilidad de edición de los ordenadores, los hacen más adecuados para análisis estadísticos más elaborados.

Las calculadoras y los ordenadores pueden hacer gráficos y cálculos de forma más rápida y precisa que las personas. De todas formas, como en la práctica los gráficos y los cálculos se hacen automáticamente, el activo más importante que puedes obtener a partir del estudio de la estadística es la comprensión de las grandes ideas de la estadística y la adquisición de un criterio para trabajar con datos. Las ideas y el criterio no se pueden (al menos hasta ahora) automatizar, pero te sirven de guía para indicar al ordenador lo que tiene que hacer y para interpretar los resultados obtenidos. Este libro trata de explicar las ideas más importantes de la estadística, no sólo enseña métodos estadísticos. Algunos ejemplos de grandes ideas que encontrarás en este libro (una de cada uno de los tres campos de estudio de la estadística aplicada) son "representa siempre tus datos gráficamente", "los experimentos comparativos aleatorizados" y "la significación estadística".

Aprendes estadística resolviendo problemas prácticos. Este libro ofrece problemas de tres niveles dispuestos de manera que te faciliten tu aprendizaje. Después de la introducción de cada idea, los problemas de "Aplica tus conocimientos" son ejercicios de aplicación directa que te permiten consolidar los conceptos a medida que se van introduciendo. Antes de seguir leyendo haz algunos de estos ejercicios. Los ejercicios al final de cada sección numerada te ayudan a integrar todas las ideas introducidas en la sección. Finalmente, los ejercicios de repaso de cada capítulo presentan una selección de ejercicios referentes a todo el capítulo. Cada nivel de ejercicios implica una mayor dificultad en cuanto a decidir qué ideas y procedimientos hay que utilizar para resolver cada ejercicio, por tanto es necesaria una mejor asimilación de contenidos. Cada capítulo termina con un "Repaso del capítulo" que contiene una lista de las habilidades que debes haber adquirido. Repasa esta lista y comprueba que efectivamente eres capaz de hacer todo lo que se cita. A continuación intenta hacer algunos ejercicios de repaso del capítulo.

De todas formas, *el principio básico del aprendizaje es la constancia*. Las principales ideas de la estadística, al igual que las principales ideas de cualquier campo de estudio importante, requieren mucho tiempo para ser descubiertas y algo más de tiempo para dominarlas. Los resultados compensarán el esfuerzo.

PARTE I
COMPRENSIÓN DE LOS DATOS

El primer paso para comprender los datos es escuchar lo que dicen, "dejar que los números hablen por sí mismos". Y éstos hablan de forma clara solamente cuando les ayudamos a hablar organizando, representando y haciendo preguntas. Esto es el *análisis de datos.* El grado de confianza en lo que dicen los datos depende de su origen. Por tanto, también estamos interesados en *la obtención de datos.* El análisis y la obtención de datos son los puntos de partida de la inferencia estadística, cuyo objetivo consiste en extender a un colectivo más amplio las conclusiones obtenidas con los individuos concretos que describen nuestros datos. Los tres capítulos de la primera parte de este libro tratan del análisis y obtención de datos.

Los capítulos 1 y 2 reflejan la gran importancia que se da al análisis de datos en la estadística aplicada moderna. Aunque el análisis cuidadoso de los datos es imprescindible para poder confiar en los resultados de la inferencia estadística, el análisis de datos es algo más que el prólogo de la inferencia. En realidad, hay que distinguir claramente entre los datos de que disponemos y el universo más amplio al que queremos extender nuestras conclusiones. Por ejemplo, en Estados Unidos la tasa de desempleo se determina a partir de una encuesta a 50.000 hogares, aunque el objetivo sea el de sacar conclusiones referidas a la totalidad de los 100 millones de hogares de aquel país. Este es un problema complejo. Desde el punto de vista del análisis de datos las cosas son más simples. Nos basta con explorar y comprender los datos de que disponemos, sin preocuparnos de su origen. Las condiciones que exige la inferencia estadística no nos preocupan en los capítulos 1 y 2. Lo que nos preocupa es el examen sistemático de los datos y las herramientas que utilizamos para tal fin.

Por supuesto que a menudo queremos utilizar los datos para alcanzar conclusiones más generales; que esto sea posible depende sobre todo de cómo se obtuvieron. Los buenos datos raramente "caen del cielo"; son producto del esfuerzo humano, al igual que los videojuegos o las medias de nailon. El capítulo 3 nos muestra cómo obtener buenos datos y cómo decidir si podemos confiar en los obtenidos por los demás.

El estudio del análisis y obtención de datos te proporciona ideas y herramientas que te serán de gran utilidad cuando tengas que vértelas con números. La inferencia exige que un libro de texto le dedique más atención, pero eso no significa que sea más importante. La estadística es la ciencia de los datos y los tres capítulos de esta primera parte tratan directamente sobre ellos.

1. ANÁLISIS DE DISTRIBUCIONES

FLORENCE NIGHTINGALE

A Florence Nightingale (1820-1910) se la conoce por ser fundadora de la profesión de enfermería, y por su importante labor como reformadora del sistema de atención sanitaria del ejército británico. Como enfermera jefe de dicho ejército durante la Guerra de Crimea, de 1854 a 1856, Florence se percató de que la falta de medidas sanitarias era la causa principal del fallecimiento de muchos soldados heridos en combate. Con las reformas que Nightingale introdujo en el hospital militar donde trabajaba, la tasa de mortalidad pasó del 42,7% al 2,2%. Cuando Nightingale volvió a Gran Bretaña inició, con considerable éxito, una feroz lucha para reformar todo el sistema de atención sanitaria.

Una de las armas que Florence Nightingale utilizó para conseguir sus propósitos fueron los datos. Florence no sólo modificó el sistema de atención sanitaria, sino que también modificó el sistema de registro de datos. Los datos de que disponía le sirvieron para respaldar sus argumentos de forma muy sólida. Nightingale fue una de las primeras personas en utilizar gráficos para representar datos de forma sencilla, de tal manera que incluso los generales y los miembros del parlamento podían entenderlos. Sus representaciones gráficas de los datos constituyen un hito en el desarrollo de la estadística como ciencia. Florence Nightingale consideró que la estadística era esencial para poder comprender cualquier fenómeno social e intentó introducirla en la educación superior.

Al empezar a estudiar estadística, queremos seguir el camino que inició Florence Nightingale. En este capítulo y en el siguiente, daremos especial importancia al análisis de datos. Como hizo Nightingale, empezaremos representando los datos gráficamente. A los gráficos les añadiremos algunos cálculos numéricos, como también hizo Nightingale al calcular tasas de mortalidad. Para Florence Nightingale los datos no eran algo abstracto ya que le permitían comprender, y hacer comprender a los demás, la forma de salvar vidas humanas. Lo mismo puede decirse en la actualidad.

1.1 Introducción

La estadística es la ciencia de los datos. Por lo tanto, empezamos nuestro estudio sobre la estadística adentrándonos en el arte de examinarlos. Cualquier conjunto de datos contiene información sobre un grupo de *individuos*. La información se organiza en forma de *variables*.

INDIVIDUOS Y VARIABLES

Los **individuos** son los objetos descritos por un conjunto de datos. Los individuos pueden ser personas, pero también pueden ser animales o cosas.

Una **variable** es cualquier característica de un individuo. Una variable puede tomar distintos valores para distintos individuos.

Una base de datos sobre estudiantes universitarios, por ejemplo, contiene datos sobre cada uno de los estudiantes matriculados. Los estudiantes son los individuos descritos por el conjunto de datos. Para cada individuo, los datos contienen valores de variables como la fecha de nacimiento, el sexo (hombre o mujer), la carrera escogida o sus notas. En la práctica, cualquier conjunto de datos se acompaña de información general que ayuda a comprenderlos. Cuando planees un estudio estadístico o cuando te encuentres ante un conjunto de datos nuevo, plantéate las siguientes preguntas:

1. **¿Quién?** ¿Qué **individuos** describen los datos? **¿Cuántos** individuos aparecen en los datos?
2. **¿Qué?** ¿Cuántas **variables** contienen los datos? ¿Cuáles son las **definiciones exactas** de dichas variables? ¿En qué **unidades** se ha registrado cada variable? El peso, por ejemplo, se puede expresar en kilogramos, en quintales o en toneladas.
3. **¿Por qué?** **¿Qué propósito** se persigue con estos datos? ¿Queremos responder alguna pregunta concreta? ¿Queremos obtener conclusiones sobre unos individuos de los que no tenemos realmente datos?

Algunas variables, como el sexo o la profesión, simplemente clasifican a los sujetos en categorías. Otras, en cambio, como la estatura o los ingresos anuales, toman valores numéricos con los que podemos hacer cálculos aritméticos. Tiene sentido hallar la media de ingresos de los trabajadores de una empresa, pero no tiene sentido calcular un sexo "medio". Podemos, sin embargo, hacer un recuento de los hombres y mujeres empleado, y hacer cálculos con estos recuentos.

VARIABLES CATEGÓRICAS Y VARIABLES NUMÉRICAS

Una **variable categórica** indica a qué grupo o categoría pertenece un individuo.

Una **variable cuantitativa** toma valores numéricos, para los que tiene sentido hacer operaciones aritméticas como sumas y medias.

La **distribución** de una variable nos dice qué valores toma y con qué frecuencia.

EJEMPLO 1.1. Datos sobre una empresa

He aquí una pequeña parte de un conjunto de datos sobre los empleados de una empresa:

Nombre	Edad	Sexo	Raza	Salario	Tipo de trabajo
Fleetwood, Delores	39	Mujer	Blanca	62.100	Directivo
Perez, Juan	27	Hombre	Blanca	47.350	Técnico
Wang, Lin	22	Mujer	Asiática	18.250	Administrativo
Johnson, LaVerne	48	Hombre	Negra	77.600	Directivo

Los *individuos* descritos son los empleados. Cada fila describe a un individuo. A menudo, a cada fila de datos se le llama un **caso**. Cada columna contiene los valores de una *variable* para todos los individuos. Además del nombre de cada persona, hay 5 variables. Sexo, raza y tipo de trabajo son variables categóricas. Edad y salario son variables numéricas. Observa que la edad se expresa en años y el salario en euros.

Casos

Muchas tablas de datos siguen este formato —cada fila es un individuo y cada columna es una variable—. Estos datos se presentan en una **hoja de cálculo** que contiene filas y columnas preparadas para su utilización. Las hojas de cálculo se utilizan frecuentemente para entrar y transmitir datos. ■

Hoja de cálculo

APLICA TUS CONOCIMIENTOS

1.1. He aquí un pequeño conjunto de datos sobre el consumo (en litros a los 100 kilómetros) de vehículos de 1998:

Marca y modelo	Tipo de vehículo	Tipo de cambio	Número de cilindros	Consumo en ciudad	Consumo en carretera
⋮					
BMW 318I	Pequeño	Automático	4	10,8	7,6
BMW 318I	Pequeño	Manual	4	10,3	7,4
Buick Century	Medio	Automático	6	11,8	8,2
Chevrolet Blazer	Todoterreno	Automático	6	14,8	11,8
⋮					

(a) ¿Qué individuos describe este conjunto de datos?

(b) Para cada individuo, ¿qué variables se dan? ¿Cuáles de estas variables son categóricas y cuáles numéricas?

1.2. Los datos sobre un estudio médico contienen valores de muchas variables para cada uno de los sujetos del estudio. De las siguientes variables, ¿cuáles son categóricas y cuáles son numéricas?

(a) Género (hombre o mujer).

(b) Edad (años).

(c) Raza (asiática, negra, blanca u otras).

(d) Fumador (sí, no).

(e) Presión sanguínea (en milímetros de mercurio).

(f) Concentración de calcio en la sangre (en microgramos por litro).

1.2 Gráficos de distribuciones

Análisis exploratorio de datos

Las herramientas y las ideas estadísticas nos ayudan a examinar datos para describir sus características principales. Este examen se llama **análisis exploratorio de datos**. Al igual que un explorador que cruza tierras desconocidas, lo primero que haremos será, simplemente, describir lo que vemos. Tenemos dos estrategias básicas que nos ayudan a organizar nuestra exploración de un conjunto de datos:

- Empieza examinando cada variable de forma separada. Luego, pasa al estudio de las relaciones entre variables.
- Empieza con los gráficos. Luego, añade resúmenes numéricos de aspectos concretos de los datos.

Seguiremos estos principios para organizar nuestro aprendizaje. Este capítulo hace referencia al examen de una sola variable. En el segundo capítulo estudiaremos relaciones entre varias variables. En cada capítulo empezamos con gráficos y luego pasamos a resúmenes numéricos para tener una descripción más completa.

1.2.1 Variables categóricas: diagramas de barras y diagramas de sectores

Los valores de una variable categórica son etiquetas asignadas a las categorías de la misma como, por ejemplo, "hombre" y "mujer". La distribución de una variable categórica lista las categorías y da el **recuento** o el **porcentaje** de individuos de cada categoría. Por ejemplo, he aquí la distribución del número de familias por tipos en Suecia según datos del Eurostat de 1991.

Tipo de familia	Recuento (miles)	Porcentaje
Parejas sin hijos	1.168	53,50
Parejas con hijos	830	38,02
Hombres solos con hijos	27	1,24
Mujeres solas con hijos	158	7,24

Diagramas de barras

Los gráficos de la figura 1.1 describen estos datos. El **diagrama de barras** de la figura 1.1(a) compara de forma rápida la frecuencia de los cuatro tipos de familias. La altura de las cuatro barras muestra el número de individuos de cada categoría. El **diagrama de sectores** de la figura 1.1(b) nos ayuda a visualizar la importancia relativa de cada categoría respecto al total. Por ejemplo, se ve que la porción de "parejas sin hijos" corresponde al 53,5% del total. Para dibujar un diagrama de sectores, tienes que incluir todas las categorías que constituyen el total. Los diagramas de barras son más flexibles. Por ejemplo, puedes utilizar uno para comparar el número de estudiantes de tu universidad que se gradúan en Biología, Empresariales o Políticas. No se puede hacer esta comparación con un diagrama de sectores ya que no todos los estudiantes de la universidad pertenecen a una de estas categorías.

Diagrama de sectores

Los diagramas de barras, así como los de sectores, ayudan a captar de forma rápida la distribución de una variable categórica. Pero aunque nos facilitan la comprensión de los datos, estos diagramas no son imprescindibles. De hecho, cuando las variables categóricas se analizan de forma aislada, como pasa por ejemplo con el tipo de familia, se pueden describir fácilmente sin la ayuda de ningún gráfico. En la siguiente sección estudiaremos las variables cuantitativas, para las cuales los gráficos son herramientas esenciales.

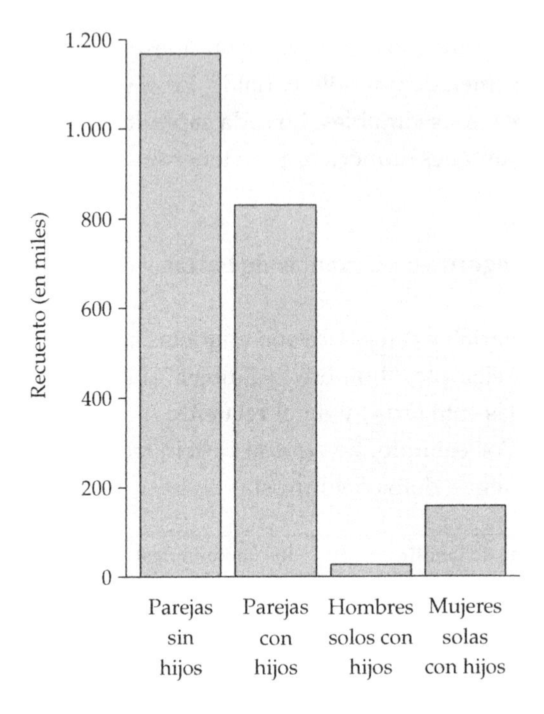

Figura 1.1(a). Diagrama de barras del número de familias por tipos en Suecia..

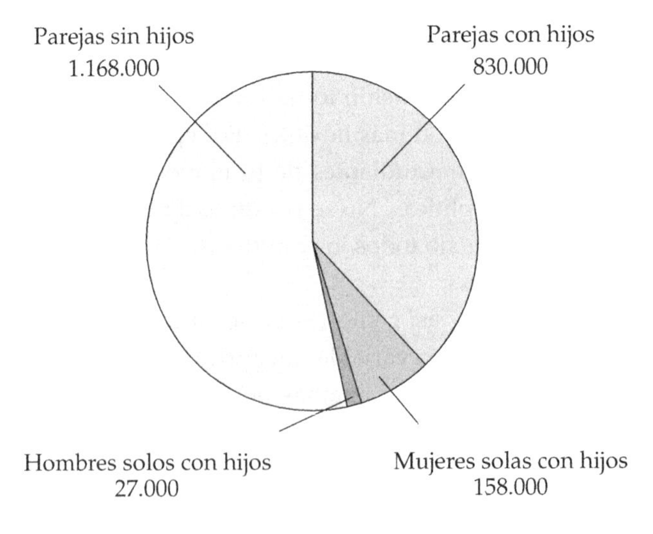

Figura 1.1(b). Diagrama de sectores con los mismos datos.

APLICA TUS CONOCIMIENTOS

1.3. Doctoras. Los datos sobre el porcentaje de mujeres que se doctoraron en distintas disciplinas en EE UU durante 1994 (según el *1997 Statistical Abstract of the United States)* son los siguientes:

Informática	15,4%	Biología	40,7%
Pedagogía	60,8%	Física	21,7%
Ingeniería	11,1%	Psicología	62,2%

(a) Presenta estos datos en forma de diagrama de barras.

(b) ¿Sería también correcto utilizar un diagrama de sectores para mostrar estos datos? Justifica tu respuesta.

1.4. Defunciones en los hospitales españoles. Según datos del Instituto Nacional de Estadística (INE) las causas de muerte más significativas en los hospitales españoles en 1996 fueron

Trastornos del aparato circulatorio	133.499
Tumores	89.204
Trastornos del aparato respiratorio	34.718
Trastornos del aparato digestivo	18.861
Trastornos del sistema inmunológico (incluye sida)	5.504
Causas externas de traumatismos y envenenamientos (incluye accidentes de tráfico)	16.324

(a) Halla el porcentaje de cada una de las causas de defunción y exprésalo con valores enteros. ¿Qué porcentaje de defunciones se debió a tumores?

(b) Dibuja un diagrama de barras de la distribución de las causas de muerte en los hospitales españoles. Identifica bien cada barra.

(c) ¿También sería correcto utilizar un diagrama de sectores para representar los datos? Justifica tu respuesta.

1.2.2 Variables cuantitativas: histogramas

Cuando las variables cuantitativas toman muchos valores, el gráfico de la distribución es más claro si se agrupan los valores próximos. El gráfico más común para describir la distribución de una variable cuantitativa es un **histograma**.

Histogramas

Tabla 1.1. Porcentaje de población mayor de 65 años en cada Estado de EE UU (1996).

Estado	Porcentaje	Estado	Porcentaje
Alabama	13,0	Michigan	12,4
Alaska	5,2	Minnesota	12,4
Arizona	13,2	Misisipí	12,3
Arkansas	14,4	Misuri	13,8
California	10,5	Montana	13,2
Carolina del Norte	12,5	Nebraska	13,8
Carolina del Sur	12,1	Nevada	11,4
Colorado	11,0	New Hampshire	12,0
Connecticut	14,3	Nueva Jersey	13,8
Dakota del Norte	14,5	Nueva York	13,4
Dakota del Sur	14,4	Nuevo México	11,0
Delaware	12,8	Ohio	13,4
Florida	18,5	Oklahoma	13,5
Georgia	9,9	Oregón	13,4
Hawai	12,9	Pensilvania	15,9
Idaho	11,4	Rhode Island	15,8
Illinois	12,5	Tejas	10,2
Indiana	12,6	Tennessee	12,5
Iowa	15,2	Utah	8,8
Kansas	13,7	Vermont	12,1
Kentucky	12,6	Virginia	11,2
Luisiana	11,4	Virginia Occidental	15,2
Maine	13,9	Washington	11,6
Maryland	11,4	Wisconsin	13,3
Massachusetts	14,1	Wyoming	11,2

Fuente: Statistical Abstract of the United States, 1997.

EJEMPLO 1.2. Cómo dibujar un histograma

La tabla 1.1 presenta los porcentajes de residentes mayores de 65 años en cada uno de los 50 Estados de EE UU. Para dibujar un histograma de esta distribución procede de la manera siguiente:

Paso 1. Divide el recorrido de los datos en clases de igual amplitud. Los datos de la tabla 1.1 van desde 5,2 hasta 18,5, por lo que escogeremos como nuestras clases:

$$5{,}0 < \text{porcentaje de mayores de 65} \leq 6{,}0$$
$$6{,}0 < \text{porcentaje de mayores de 65} \leq 7{,}0$$
$$\vdots$$
$$18{,}0 < \text{porcentaje de mayores de 65} \leq 19{,}0$$

Asegúrate de especificar las clases con precisión, de manera que cada observación se sitúe en una sola clase. Un Estado con un 6,0% de sus residentes mayores de 65 años se situará en la primera clase, pero un Estado con un 6,1% se situará en la segunda clase.

Paso 2. Haz un recuento del número de observaciones de cada clase. En nuestro ejemplo serían

Clase	Recuento	Clase	Recuento	Clase	Recuento
5,1 a 6,0	1	10,1 a 11,0	4	15,1 a 16,0	4
6,1 a 7,0	0	11,1 a 12,0	8	16,1 a 17,0	0
7,1 a 8,0	0	12,1 a 13,0	13	17,1 a 18,0	0
8,1 a 9,0	1	13,1 a 14,0	12	18,1 a 19,0	1
9,1 a 10,0	1	14,1 a 15,0	5		

Paso 3. Dibuja el histograma. En el eje de las abscisas representaremos primero la escala de los valores de la variable. En este ejemplo, es el "porcentaje de residentes de cada Estado de 65 o más años". La escala va de 5 hasta 19, ya que ésta es la amplitud de valores de las clases escogidas. El eje de las ordenadas expresa la escala de recuentos. Cada barra representa una clase. La amplitud de la barra debe cubrir todos los valores de la clase. La altura de la barra es el número de observaciones de cada clase. No dejes espacios vacíos entre barras a no ser que alguna clase este vacía y que, por lo tanto, su barra tenga altura cero. La figura 1.2 es nuestro histograma. ■

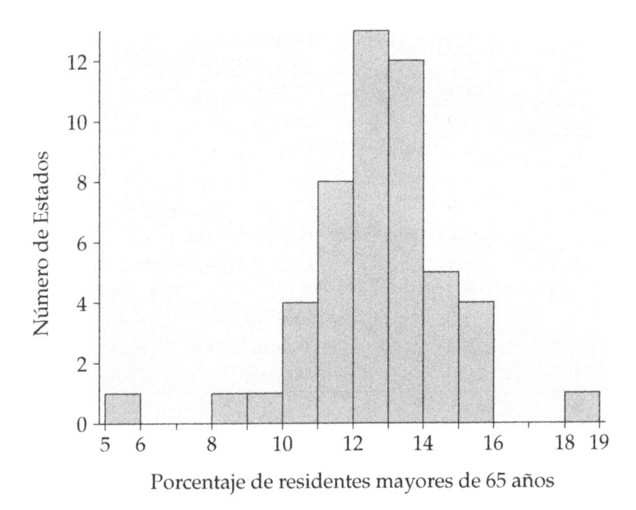

Figura 1.2. Histograma del porcentaje de residentes mayores de 65 años en los 50 Estados de EE UU. Datos de la tabla 1.1.

Las barras de un histograma deben cubrir todo el recorrido de una variable. Cuando haya saltos entre los posibles valores de la variable, extiende la base de las barras hasta llegar a medio camino de dos valores adyacentes posibles. Por ejemplo, en un histograma que muestra la edad de los profesores de una universidad, las barras que representan las edades de 25 a 29 años y de 30 a 34 años se deben encontrar en 29,5.

Nuestra vista responde al *área* de las barras de un histograma.[1] Debido a que todas las clases tienen la misma anchura, el área está determinada por la altura y todas las clases se representan de forma equitativa. No hay una sola elección correcta del número de clases de un histograma. Pocas clases pueden dar un gráfico con aspecto de "rascacielos" con todos los valores en unas pocas clases con barras altas. Demasiadas clases pueden dar un gráfico con aspecto "aplastado" con la mayoría de clases con una o ninguna observación. Ninguna de las elecciones anteriores dará una buena representación de la forma de la distribución. Cuando escojas las clases, tienes que utilizar tu sentido común para mostrar la forma de una distribución. Si utilizas un ordenador el programa estadístico escogerá las clases por defecto. La elección del ordenador en general es buena, pero, si quieres, puedes cambiarla.

Tabla 1.2. Consumos en carretera de coches de 1998.

Modelo	Consumo (litros/100 km)	Modelo	Consumo (litros/100 km)
Acura 3,5RL	9,5	Lexus GS300	10,3
Audi A6 Quattro	9,1	Lexus LS400	9,5
Buick Century	8,2	Lincoln Mark VIII	9,1
Cadillac Catera	9,9	Mazda 626	7,2
Cadillac Eldorado	9,1	Mercedes-Benz E320	8,2
Chevrolet Lumina	8,2	Mercedes-Benz E420	9,1
Chrysler Cirrus	7,9	Mitsubishi Diamante	9,9
Dodge Stratus	8,4	Nissan Maxima	8,4
Ford Taurus	8,4	Oldsmobile Aurora	9,1
Honda Accord	8,2	Rolls-Royce Silver Spur	14,8
Hyundai Sonata	8,5	Saab 900S	9,5
Infiniti I30	8,4	Toyota Camry	7,9
Infiniti Q45	10,3	Volvo S70	9,5

[1]Nuestros ojos responden al área, pero no de forma completamente lineal. Parece que percibimos la relación entre dos barras como el cociente entre las dos áreas elevado a 0,7. Véase W. S. Cleveland, *The Elements of Graphing Data*, Wadsworth, Monterey, Calif., 1985, págs. 278-284.

APLICA TUS CONOCIMIENTOS

1.5. Consumo de gasolina. El Ministerio de Industria exige que los fabricantes de automóviles den a conocer el consumo en ciudad y en carretera de cada modelo de automóvil. La tabla 1.2 muestra los consumos en carretera de 26 coches durante 1998.[2] Dibuja un histograma sobre los consumos en carretera de los automóviles.

1.2.3 Interpretación de los histogramas

Dibujar un gráfico estadístico no es un fin en sí mismo. Su objetivo es ayudarnos a comprender los datos. Después de hacer un gráfico, pregunta siempre: "¿qué veo?". Una vez hayas representado una distribución, puedes identificar sus características principales de la siguiente manera:

EXAMEN DE UNA DISTRIBUCIÓN

En cualquier gráfico de datos, identifica el **aspecto general** y las **desviaciones** sorprendentes del mismo.

Puedes describir el aspecto general de un histograma mediante su **forma**, su **centro** y su **dispersión**.

Un caso importante de desviación es una **observación atípica**, es decir, una observación individual que queda fuera del aspecto general.

En la sección 1.3 aprenderemos cómo describir numéricamente el centro y la dispersión. Por ahora, podemos describir el centro de una distribución mediante su *punto medio*, es decir, el valor tal que, de forma aproximada, la mitad de las observaciones son menores que él mismo y la otra mitad, mayores. Podemos describir la dispersión de una distribución dando los valores *mínimo* y *máximo*.

[2] U.S. Department of Energy, *Model Year 1998 Fuel Economy Guide*, Washington, D.C., 1997.

EJEMPLO 1.3. Descripción de una distribución

Fíjate otra vez en el histograma de la figura 1.2. **Forma**: la distribución es aproximadamente *simétrica* y tiene un *solo pico*. **Centro**: el punto medio de la distribución se halla próximo al pico, cerca del 13%. **Dispersión**: si ignoramos los cuatro valores más extremos, la dispersión va del 10 al 16%.

Observaciones atípicas: dos Estados se hallan en los extremos del histograma de la figura 1.2. Los puedes hallar en la tabla una vez el histograma te ha permitido identificarlos. Florida tiene un 18,5% de residentes de 65 o más años, mientras que Alaska tiene sólo un 5,2%. Una vez identificadas las observaciones atípicas, busca una explicación. Algunas observaciones atípicas se deben a errores, como por ejemplo escribir 50 en vez de 5,0. Otras observaciones atípicas indican la especial naturaleza de algunas observaciones. Florida, con mucha gente jubilada, tienen muchos residentes mayores de 65 años; en cambio, Alaska, en la frontera norte, tiene pocos. ■

Cuando describas una distribución, concéntrate en sus características principales. Fíjate en los picos mayores; no te preocupes por las pequeñas subidas y bajadas de las barras del histograma. Busca las observaciones atípicas claras; no busques sólo los valores máximo y mínimo. Identifica *simetrías* o *asimetrías* claras.

DISTRIBUCIONES SIMÉTRICAS Y ASIMÉTRICAS

Una distribución es **simétrica** si los lados derecho e izquierdo del histograma son aproximadamente imágenes especulares el uno del otro.

Una distribución es **asimétrica hacia la derecha** si el lado derecho del histograma (que contiene la mitad de las observaciones mayores) se extiende mucho más lejos que el lado izquierdo. Una distribución **es asimétrica hacia la izquierda** si el lado izquierdo del histograma se extiende mucho más allá que el lado derecho.

En matemáticas, simetría significa que los dos lados de una figura, por ejemplo un histograma, son imágenes especulares exactas la una de la otra. Las distribuciones de datos casi nunca son exactamente simétricas. De todas formas, en general, diremos que los histogramas como el de la figura 1.2 son aproximadamente simétricos. Veamos más ejemplos.

EJEMPLO 1.4. Rayos en Colorado y Shakespeare

La figura 1.3 procede de un estudio sobre las tormentas acompañadas de aparato eléctrico en Colorado, EE UU. La figura muestra la distribución de la hora del día en que se produce el primer relámpago. La distribución tiene un solo pico a mediodía y va disminuyendo a ambos lados según nos alejamos de este pico. Los dos lados del histograma tienen aproximadamente la misma forma, por ello, a esta distribución la llamaremos simétrica.

Por otro lado, la figura 1.4 muestra la distribución de la longitud de las palabras utilizadas en las obras de Shakespeare.[3] Esta distribución también tiene un solo pico, pero es asimétrica hacia la derecha. Es decir, hay muchas palabras cortas (de 3 o 4 letras) y muy pocas largas (10, 11 o 12 letras), de manera que la cola de la derecha del histograma se extiende mucho más lejos que la cola de la izquierda. ■

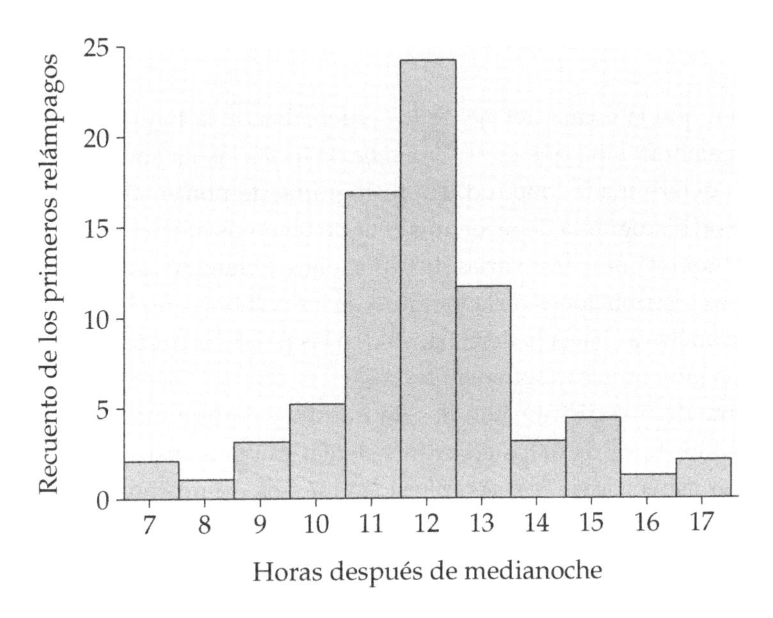

Figura 1.3. Distribución de la hora en la que se produce el primer relámpago del día en una localidad de Colorado, EE UU.

[3] C. B. Williams, *Style and Vocabulary: Numerical Studies*, Griffin, Londres, 1970.

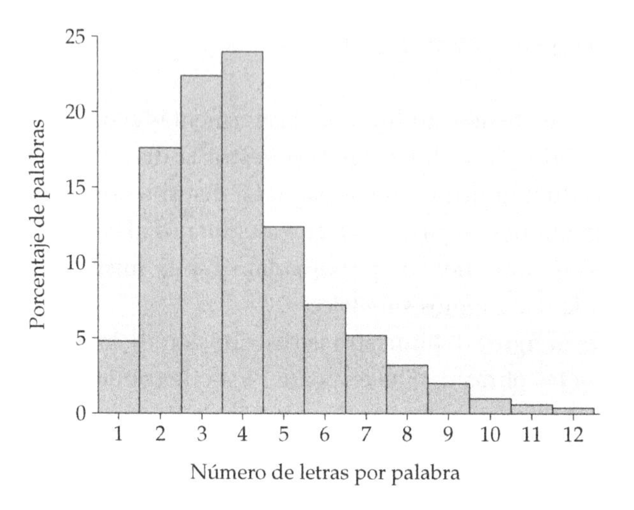

Figura 1.4. Distribución de la longitud de las palabras utilizadas en las obras de Shakespeare.

Fíjate en que la escala del eje de las ordenadas de la figura 1.4 no es un *recuento* de palabras, sino que es el *porcentaje* de todas las palabras de Shakespeare con una determinada longitud. Un histograma de porcentajes es más conveniente que un histograma de recuentos cuando tenemos muchas observaciones, o cuando queremos comparar varias distribuciones. Diferentes estilos literarios tienen distintas distribuciones de la longitud de las palabras empleadas, pero todas ellas son asimétricas hacia la derecha, ya que las palabras cortas son frecuentes y las palabras muy largas lo son menos.

La forma de una distribución nos da información importante sobre una variable. Algunos tipos de datos generan sistemáticamente distribuciones que son simétricas o asimétricas. Por ejemplo, los tamaños de muchos individuos distintos de una misma especie (como las longitudes de las cucarachas) tienden a ser simétricos. Los datos sobre los ingresos (de personas, empresas o Estados) son, a menudo, muy asimétricos hacia la derecha: hay muchos ingresos moderados, algunos elevados y muy pocos ingresos muy elevados. Recuerda que muchas distribuciones tienen formas que no pueden calificarse ni de simétricas ni de asimétricas. Algunos datos muestran otro tipo de formas. Por ejemplo, las calificaciones de un examen pueden agruparse en la parte alta de la escala si muchos estudiantes obtuvieron buenas calificaciones. O pueden mostrar dos picos distintos si un problema difícil dividió a la clase entre los que lo resolvieron y los que no. Utiliza la vista y di lo que observas.

APLICA TUS CONOCIMIENTOS

1.6. Consumo de gasolina de automóviles. La tabla 1.2 proporciona datos sobre el consumo de automóviles. Basándote en el histograma de estos datos:

(a) Describe las características principales (forma, centro, dispersión y observaciones atípicas) de la distribución del consumo en carretera.

(b) El Gobierno impone un impuesto especial para coches con un consumo muy elevado. ¿Qué modelos crees que podrían ser objeto de este impuesto?

1.7. ¿Cómo describirías el centro y la dispersión de la distribución del primer relámpago del día de la figura 1.3? ¿Y de la distribución de la longitud de las palabras de la figura 1.4?

1.8. Rendimiento de acciones. El rendimiento total de una acción se obtiene teniendo en cuenta su precio de venta en Bolsa y los dividendos pagados por la empresa. El rendimiento total se expresa normalmente como un porcentaje sobre el precio de compra inicial. La figura 1.5 es un histograma sobre la distribución de los rendimientos totales de 1.528 acciones en la Bolsa de Nueva York durante un año.[4] Al igual que la figura 1.4, la figura 1.5 es un histograma de los porcentajes de cada clase y no un histograma de recuentos.

(a) Describe la forma de la distribución de los rendimiento totales.

(b) ¿Cuál es el centro aproximado de esta distribución? (Recuerda que, por ahora, consideramos el centro como aquel valor respecto al cual la mitad de las acciones tienen valores superiores y la otra mitad inferiores.)

(c) De una manera aproximada, ¿cuáles son los rendimientos mínimo y máximo? (Estos resultados describen la dispersión de la distribución.)

(d) Un rendimiento total menor que cero significa que se ha perdido dinero. ¿Qué porcentaje de las acciones lo ha perdido?

1.2.4 Variables cuantitativas: diagramas de tallos

Los histogramas no son la única manera de representar gráficamente las distribuciones. Para conjuntos pequeños de datos, un *diagrama de tallos* es más rápido de hacer y presenta una información más detallada.

[4]John K. Ford, "Diversification: how many stocks will suffice?" *American Association of Individual Investors Journal*, enero 1990, págs. 14-16.

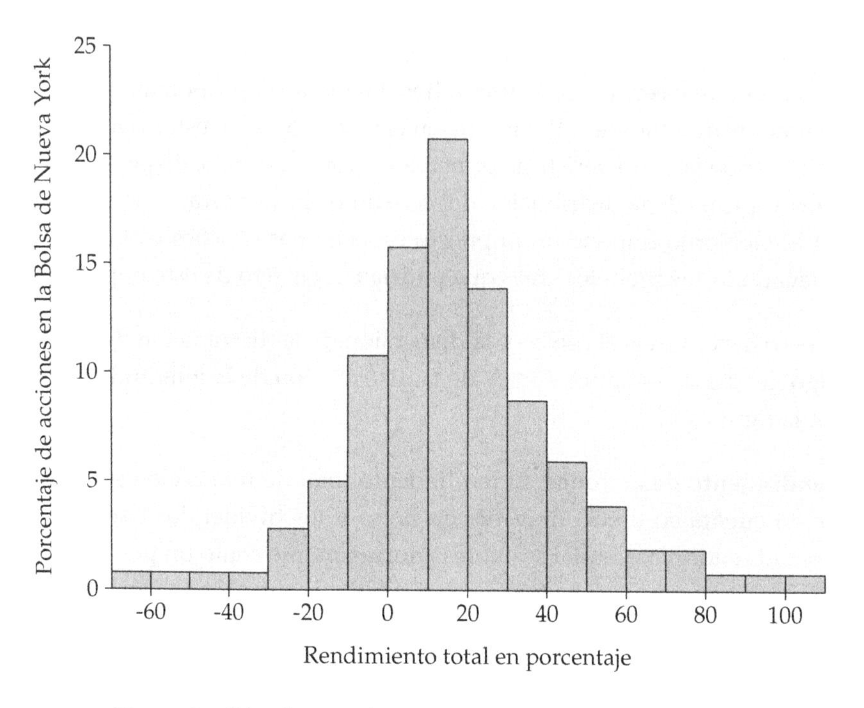

Figura 1.5. Distribución de rendimientos totales de todas las acciones de la Bolsa de Nueva York durante un año. Para el ejercicio 1.8.

DIAGRAMAS DE TALLOS

Para hacer un **diagrama de tallos**:

1. Separa cada observación en un **tallo** que contenga todos los dígitos menos el del final (el situado más a la derecha) y en una **hoja**, con el dígito del final. Los tallos pueden tener tantos dígitos como se quiera, pero cada hoja contiene un solo dígito.

2. Sitúa los tallos de forma vertical en orden creciente de arriba abajo. Traza una línea vertical a la derecha de los tallos.

3. Sitúa cada hoja a la derecha de su tallo, en orden creciente desde cada tallo.

5	2
6	
7	
8	8
9	9
10	2 5
11	0 0 2 2 4 4 4 4 6
12	0 1 1 3 4 4 5 5 5 6 6 8 9
13	0 2 2 3 4 4 4 5 7 8 8 8 9
14	1 3 4 4 5
15	2 2 8 9
16	
17	
18	5

Figura 1.6. Diagrama de tallos correspondiente al porcentaje de residentes de 65 o más años en los Estados de EE UU. Compara este diagrama con el histograma de la figura 1.2.

EJEMPLO 1.5. Diagrama de tallos para los datos de "mayores de 65 años"

Para los porcentajes de "mayores de 65" de la tabla 1.1, el número entero de la observación es el tallo y el dígito del final (las décimas) es la hoja. El valor de Alabama, 13,0, tiene 13 de tallo y 0 de hoja. Los tallos pueden tener tantos dígitos como se necesiten, pero cada hoja tiene que consistir en un solo dígito. La figura 1.6 representa el diagrama de tallos correspondiente a los datos de la tabla 1.1.

Un diagrama de tallos tiene un aspecto parecido al de un histograma colocado en posición vertical. El diagrama de tallos de la figura 1.6 se parece al histograma de la figura 1.2. Los dos gráficos son ligeramente distintos debido a que las clases escogidas para el histograma no son iguales a los tallos del diagrama de tallos. Los diagramas de tallos, a diferencia de los histogramas, mantienen los valores de cada observación. Interpretamos los diagramas de tallos como los histogramas, buscando caracterizar su aspecto general e identificando también las observaciones atípicas. ■

En un histograma puedes escoger las clases. En cambio, las clases (los tallos) de un diagrama de tallos te vienen dadas. Puedes tener más flexibilidad **redondeando** los datos de manera que el dígito final, después del redondeo, sea

Redondeo

adecuado como hoja. Haz esto cuando los datos tengan demasiados dígitos. Por ejemplo, datos como

3,468   2,567   2,981   1,095   ...

tendrán demasiados tallos si tomamos los tres primeros dígitos como tallos y el dígito final como hoja. Debes redondear los datos como

3,5   2,6   3,0   1,1   ...

antes de dibujar el diagrama de tallos.

División de tallos

También puedes **dividir los tallos** para doblar su número cuando todas las hojas se sitúan sólo en unos pocos tallos. Cada tallo aparece, entonces, dos veces. Las hojas que van de 0 a 4 se sitúan en el tallo superior y las que van de 5 a 9 en el inferior. Si divides los tallos del diagrama de la figura 1.6, por ejemplo, los tallos 12 y 13 serán

```
12 | 011344
12 | 5556689
13 | 0223444
13 | 578889
```

El redondeo o la división de los tallos es una decisión subjetiva, lo mismo que la elección de las clases de un histograma. El diagrama de tallos de la figura 1.6 no necesita ningún cambio. Los diagramas de tallos son útiles cuando se dispone de pocos datos. Cuando hay más de 100 observaciones, casi siempre es mejor decidirse por un histograma.

APLICA TUS CONOCIMIENTOS

1.9. Motivación y actitud de los estudiantes. La prueba SSHA (*Survey of Study Habits and Attitudes*) es una prueba psicológica que valora la motivación y la actitud de los estudiantes. Una universidad privada somete a la prueba SSHA a una muestra de 18 alumnas de primer curso. Los resultados son

154	109	137	115	152	140	154	178	101
103	126	126	137	165	165	129	200	148

Dibuja un diagrama de tallos con estos datos. La forma de la distribución es irregular, lo cual es frecuente cuando se dispone sólo de un número pequeño de observaciones. ¿Has detectado observaciones atípicas? ¿Dónde se encuentra el centro de la distribución, es decir, la puntuación tal que una mitad de las puntuaciones son mayores y la otra mitad menores? ¿Cuál es la dispersión de los datos (prescindiendo de las posibles observaciones atípicas)?

1.2.5 Gráficos temporales

Muchas variables se miden a lo largo del tiempo. Por ejemplo, podríamos medir la altura de un niño en crecimiento o el precio de una acción al final de cada mes. En estos ejemplos, nuestro interés principal son los cambios a lo largo del tiempo. Para mostrarlos dibujaremos *un gráfico temporal.*

GRÁFICOS TEMPORALES

Un **gráfico temporal** de una variable representa cada observación en relación con el momento en que se midió. Sitúa siempre el tiempo en el eje de las abscisas. La unión de los puntos contiguos mediante segmentos facilita la visualización de los cambios a lo largo del tiempo.

EJEMPLO 1.6. Mortalidad por cáncer

He aquí los datos sobre la tasa de mortalidad por cáncer en EE UU (expresada como el número de muertos por cada 100.000 personas) durante un periodo de 50 años que va desde 1945 hasta 1995.

Año	1945	1950	1955	1960	1965	1970	1975	1980	1985	1990	1995
Muertos	134,0	139,8	146,5	149,2	153,5	162,8	169,7	183,9	193,3	203,2	204,7

La figura 1.7 es un gráfico temporal de estos datos. El gráfico muestra un aumento constante de la tasa de mortalidad por cáncer durante los últimos cincuenta años. Este incremento no significa que no se haya progresado en el tratamiento del cáncer. Como el cáncer es una enfermedad que afecta básicamente a la gente mayor, la tasa de mortalidad por cáncer aumenta cuando la gente vive más años, incluso si mejora el tratamiento. De hecho, si ajustamos los datos de acuerdo con el incremento de edad de la población de EE UU, podemos ver que la tasa de muertes por cáncer ha ido disminuyendo desde 1992. ■

Cuando examines un gráfico temporal, fíjate una vez más en su aspecto general y en las desviaciones importantes de dicho aspecto. Un aspecto general que aparece con frecuencia es una **tendencia**; se trata de una variación, a largo plazo, creciente o decreciente. La figura 1.7 muestra una tendencia de tipo creciente en la tasa de mortalidad por cáncer sin desviaciones notables, como podrían ser disminuciones puntuales de la tasa de mortalidad.

Tendencia

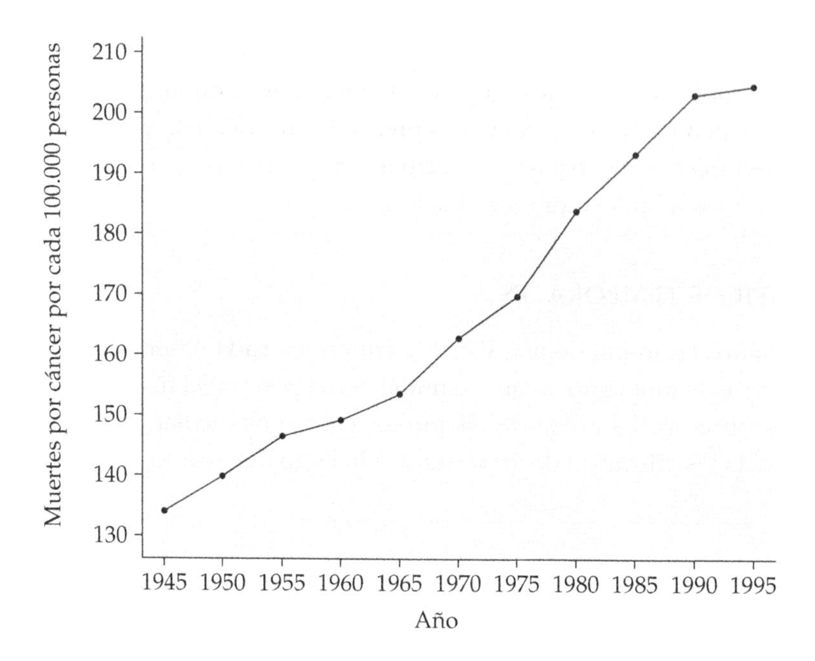

Figura 1.7. Gráfico temporal correspondiente a las tasas de mortalidad por cáncer en EE UU (número de muertes por cada 100.000 personas), desde 1945 hasta 1995.

APLICA TUS CONOCIMIENTOS

1.10. Fondos de inversión. Los intereses medios anuales, en porcentaje, pagados por unos determinados fondos de inversión en EE UU son los siguientes:[5]

Año	Intereses	Año	Intereses	Año	Intereses	Año	Intereses
1973	7,60	1979	10,92	1985	7,77	1991	5,70
1974	10,79	1980	12,88	1986	6,30	1992	3,31
1975	6,39	1981	17,16	1987	6,17	1993	2,62
1976	5,11	1982	12,55	1988	7,09	1994	3,65
1977	4,92	1983	8,69	1989	8,85	1995	5,37
1978	7,25	1984	10,21	1990	7,81	1996	4,80

[5]Albert J. Fredman, "A closer look at money market funds", *American Association of Individual Investors Journal*, febrero 1997, págs. 22-27.

(a) Dibuja un diagrama temporal con los intereses de los fondos de inversión.

(b) Las tasas de interés, al igual que muchas variables económicas, muestran **ciclos**, es decir, subidas y bajadas de su valor que aunque irregulares son claras. ¿En qué años aparecen picos temporales en los ciclos de la tasa de interés?

Ciclos

(c) Además de la presencia de ciclos, los diagramas temporales pueden mostrar una tendencia consistente. De los años considerados, ¿en cuál se llega a alcanzar el valor máximo? A partir de ese año, ¿se observa una tendencia general decreciente?

RESUMEN DE LA SECCIÓN 1.2

Un conjunto de datos contiene información sobre un número de **individuos**. Los individuos pueden ser personas, animales o cosas. Para cada individuo los datos dan valores de una o más **variables**. Una variable describe alguna característica de un individuo, como puede ser la altura, el sexo o el salario.

Algunas variables son **categóricas** y otras son **cuantitativas**. Una variable categórica sitúa a cada individuo en una categoría como, por ejemplo, hombre o mujer. Una variable cuantitativa tiene valores numéricos que miden alguna característica de cada individuo como, por ejemplo, la altura en centímetros o el salario anual en euros.

El **análisis exploratorio de datos** utiliza gráficos y resúmenes numéricos para describir las variables de un conjunto de datos y las relaciones entre ellas.

La **distribución** de una variable describe qué valores toma dicha variable y con qué frecuencia lo hace.

Para describir la distribución de una variable empieza con un gráfico. Los **diagramas de barras** y los **diagramas de sectores** describen la distribución de variables categóricas. Los **histogramas** y los **diagramas de tallos** representan gráficamente las distribuciones de variables cuantitativas.

Cuando examines un gráfico o un diagrama, identifica su **aspecto general** y las **desviaciones** destacables del mismo.

La **forma**, el **centro** y la **dispersión** describen el aspecto general de una distribución. Algunas distribuciones tienen formas sencillas, como las **simétricas** y las **asimétricas**. No todas las distribuciones tienen formas sencillas, especialmente cuando hay pocas observaciones.

Las **observaciones atípicas** son observaciones que quedan fuera del aspecto general de una distribución. Busca siempre si hay observaciones atípicas e intenta explicarlas.

Cuando las observaciones de una variable correspondan a diferentes momentos del tiempo, haz un **gráfico temporal** situando la escala temporal en el eje de las abscisas y los valores de la variable en el eje de las ordenadas. Un gráfico temporal puede revelar **tendencias** u otros cambios a lo largo del tiempo.

EJERCICIOS DE LA SECCIÓN 1.2

1.11. Salarios de técnicos de la FAO. He aquí una pequeña parte de un conjunto de datos que describe los salarios pagados por la Organización de las Naciones Unidas para la Agricultura y la Alimentación (FAO) a sus técnicos de alto nivel durante el periodo 1999/2000:

Técnico	Nacionalidad	Posición	Edad	Salario
Josep Ferre	Española	Oficial de enlace	38	58.378
Akima Mohamed	Marroquí	Coordinadora de programa	27	63.477
Robert Plumb	Británica	Oficial superior de finanzas	63	65.321
Jorge Pérez	Mexicana	Especialista en gestión	43	57.567

(a) ¿Qué individuos describe este conjunto de datos?

(b) Aparte del nombre de los técnicos, ¿cuántas variables contiene el conjunto de datos? De estas variables, ¿cuáles son categóricas y cuáles cuantitativas?

(c) Basándote en la tabla, ¿cuáles crees que son las unidades de medida de cada una de las variables cuantitativas?

1.12. ¿A qué edad muere la gente joven? En 1997 las muertes de personas entre 15 y 24 años en EE UU se debieron a siete causas principales: accidentes, 12.958; homicidios, 5.793; suicidios, 4.146; cáncer, 1.583; enfermedades del corazón, 1.013; defectos congénitos, 383; y sida, 276.[6]

(a) Dibuja un diagrama de barras para mostrar la distribución de estos datos.

(b) Para dibujar un diagrama de sectores, ¿qué otra información necesitas?

1.13. Estilo de escritura y estadística. Los datos numéricos pueden distinguir diferentes estilos de escritura e incluso a veces hasta autores individuales. Tenemos datos sobre el porcentaje de palabras de 1 a 15 letras utilizadas en los artículos de la revista *Popular Science*:[7]

[6] *Births and Deaths: Preliminary Data for 1997*, Monthly Vital Statistics Reports, 47, nº 4, 1998.
[7] Datos obtenidos por estudiantes.

Longitud	1	2	3	4	5	6	7	8
Porcentaje	3,6	14,8	18,7	16,0	12,5	8,2	8,1	5,9
Longitud	9	10	11	12	13	14	15	
Porcentaje	4,4	3,6	2,1	0,9	0,6	0,4	0,2	

(a) Dibuja un histograma correspondiente a esta distribución. Describe la forma, el centro y la dispersión.

(b) ¿Cómo podemos comparar la distribución de la longitud de las palabras utilizadas en *Popular Science* con la distribución de la longitud de las palabras en las obras de Shakespeare de la figura 1.4? Fíjate especialmente en las palabras cortas (2, 3 y 4 letras) y en las palabras muy largas (más de 10 letras).

1.14. Huracanes. El histograma de la figura 1.8 muestra el número de huracanes que alcanzaron la costa este de EE UU durante un periodo de 70 años.[8] Describe de manera breve la forma de esta distribución. ¿Dónde queda aproximadamente su centro?

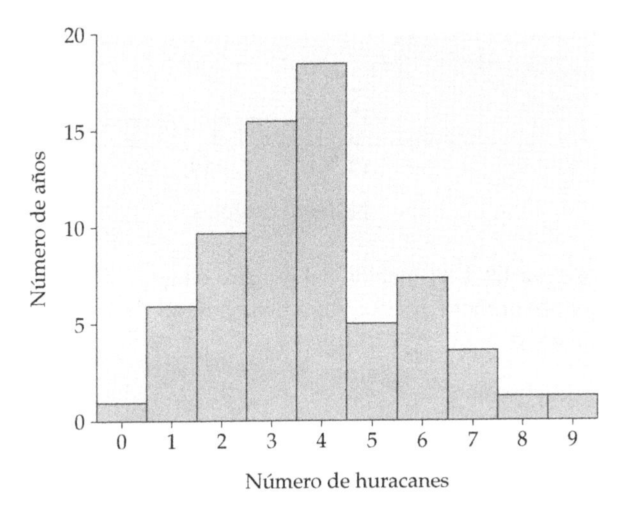

Figura 1.8. Distribución del número de huracanes en la costa este de EE UU durante un periodo de 70 años. Para el ejercicio 1.14.

[8]H. C. S. Thom, *Some Methods of Climatological Analysis*, World Meteorological Organization, Ginebra, Suiza, 1966.

1.15. Número de goles. La figura 1.9 muestra la distribución del número de goles de los jugadores de primera división de la liga española de fútbol que al menos marcaron 5 goles durante la temporada 1999/2000.

(a) La distribución, ¿es aproximadamente simétrica, claramente asimétrica o ninguna de la dos cosas?

(b) ¿Cuál es el número de goles típico de un jugador de la liga española de fútbol de la temporada 1999/2000? ¿Cuáles son el máximo y el mínimo de goles marcados?

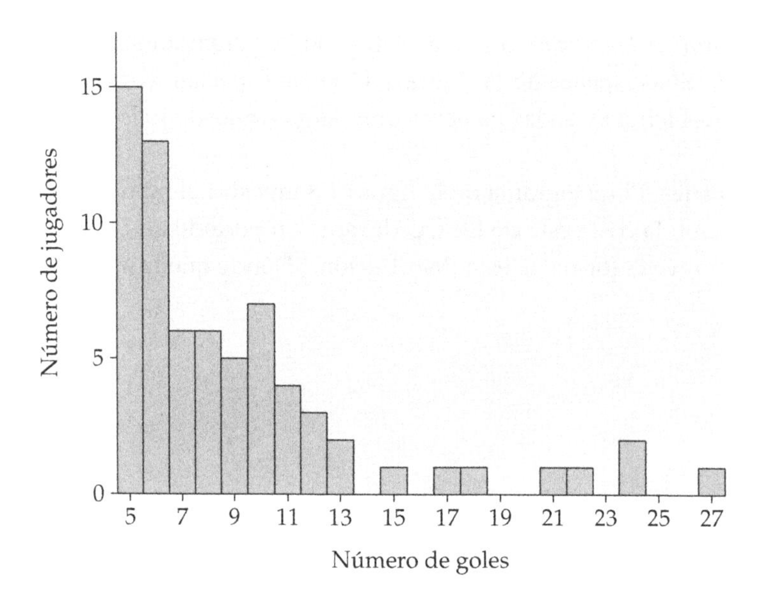

Figura 1.9. Distribución del número de goles de los jugadores de primera división de la liga española de fútbol durante la temporada 1999/2000.

1.16. Supón que tus amigos y tú mismo vaciáis vuestros monederos y vais apuntando la fecha que aparece en cada moneda que sacáis. La distribución de estos datos es asimétrica hacia la izquierda. Explica por qué.

1.17. Pirámide de edad en EE UU. La pirámide de edad de un país tiene una gran influencia sobre sus condiciones sociales y económicas. La tabla 1.3 muestra la distribución por edades de los residentes en EE UU en el año 1950 y en el 2075, en millones de personas. Los datos del año 1950 proceden del censo de población de ese año. Los datos del año 2075 corresponden a una predicción oficial.

Tabla 1.3. Pirámides de edad de 1950 y 2075 en los EE UU (en millones de personas).

Grupo de edad	1950	2075
Menor de 10 años	29,3	34,9
De 10 a 19 años	21,8	35,7
De 20 a 29 años	24,0	36,8
De 30 a 39 años	22,8	38,1
De 40 a 49 años	19,3	37,8
De 50 a 59 años	15,5	37,5
De 60 a 69 años	11,0	34,5
De 70 a 79 años	5,5	27,2
De 80 a 89 años	1,6	18,8
De 90 a 99 años	0,1	7,7
De 100 a 109 años	—	1,7
Total	151,1	310,6

(a) Como la población total del año 2075 es muy superior a la de 1950, la comparación de los porcentajes de cada grupo de edad es más clara que la comparación de los recuentos. Construye una tabla sobre los porcentajes de población total en cada grupo de edad para 1950 y para 2075.

(b) Dibuja el histograma de la distribución por edades (en porcentajes) del año 1950. Luego describe las características más importantes de esta distribución. En particular, fíjate en el porcentaje de niños respecto al total de la población.

(c) Dibuja un histograma con los datos estimados del año 2075. Utiliza las mismas escalas que has empleado en el apartado (b) para facilitar la comparación. ¿Cuáles son los cambios más importantes en la distribución por edades de la población estimada de EE UU durante el periodo de 125 años entre 1950 y 2075?

1.18. Goles marcados por Paulino Alcántara. He aquí el número de goles que marcó Paulino Alcántara mientras fue jugador del F.C. Barcelona, desde la temporada 1911/12 hasta la temporada 1926/27:

6 15 21 25 33 0 5 42 47 19 42 34 39 6 15 8

Dibuja un diagrama de tallos con estos datos. La distribución, ¿es aproximadamente simétrica, claramente asimétrica o nada de esto?
En un año típico, ¿cuántos goles marcó aproximadamente Paulino Alcántara? ¿Existe alguna observación atípica?

1.19. Goles marcados por Ladislao Kubala. Ladislao Kubala ha sido uno de los mejores jugadores de fútbol de todos los tiempos. He aquí el número de goles que marcó por temporada mientras fue jugador del F.C. Barcelona desde la temporada 1950/51 hasta la temporada 1960/61:

16 48 18 28 19 22 14 19 17 25 17

Diagrama de tallos doble

Un **diagrama de tallos doble** nos ayuda a comparar dos distribuciones. Sitúa los tallos como es habitual. Sin embargo, traza dos líneas verticales una a cada lado de los tallos. A la derecha, sitúa las hojas correspondientes a los goles de Paulino Alcántara (ejercicio 1.18). A la izquierda, sitúa las hojas correspondientes a los goles de Ladislao Kubala. Sitúa las hojas de cada tallo en orden creciente a partir del tallo. Describe brevemente las diferencias existentes entre ambas distribuciones.

1.20. Mercado en baja. Los inversores hablan de un "mercado en baja" cuando el valor de las acciones cae sustancialmente. La tabla 1.4 proporciona datos de todas las caídas de al menos un 10% del índice Standard & Poor's entre 1940 y 1977. Los datos muestran la bajada de los índices respecto al valor máximo y los meses que se mantuvo dicha bajada.

Tabla 1.4. Valor de las caídas y duración del índice Standard & Poor's.

Año	Descenso (porcentaje)	Duración (meses)	Año	Descenso (porcentaje)	Duración (meses)
1940-1942	42	28	1966	22	8
1946	27	5	1968-1970	36	18
1950	14	1	1973-1974	48	21
1953	15	8	1981-1982	26	19
1955	10	1	1983-1984	14	10
1956-1957	22	15	1987	34	3
1959-1960	14	15	1990	20	3
1962	26	6			

(a) Dibuja un diagrama de tallos con los porcentajes de las bajadas del valor de las acciones durante estos años. Vuelve a dibujar el diagrama de tallos, pero dividiendo los tallos. ¿Qué diagrama prefieres? ¿Por qué?

(b) La forma de esta distribución es irregular, de todas formas la podemos describir como algo asimétrica. La distribución, ¿es asimétrica hacia la derecha o hacia la izquierda?

(c) Describe el centro y la dispersión de los datos. ¿Qué le dirías a un inversor sobre la disminución del valor de las acciones en años con el mercado en baja?

1.21. Maratón de Boston. A partir de 1972, se permitió la participación de mujeres en la maratón de Boston. En la tabla 1.5, se muestran los tiempos (en minutos) de las mujeres que ganaron desde 1972 hasta 1998.

(a) Dibuja un diagrama temporal con los tiempos de las ganadoras.

(b) Describe de forma breve la distribución de los tiempos de las ganadoras de la maratón a lo largo de estos años. En los últimos años, ¿los tiempos han dejado de bajar?

Tabla 1.5. Tiempos de las ganadoras de la maratón de Boston.

Año	Tiempo	Año	Tiempo	Año	Tiempo
1972	190	1981	147	1990	145
1973	186	1982	150	1991	144
1974	167	1983	143	1992	144
1975	162	1984	149	1993	145
1976	167	1985	154	1994	142
1977	168	1986	145	1995	145
1978	165	1987	146	1996	147
1979	155	1988	145	1997	146
1980	154	1989	144	1998	143

1.22. La epidemia de gripe de 1918. Entre 1918 y 1919 una epidemia de gripe mató a más de 25 millones de personas en todo el planeta. He aquí datos sobre el número de nuevos casos de gripe y la cantidad de muertos en San Francisco, semana a semana, desde el 5 de octubre de 1918 hasta el 25 de enero de 1919. La fecha corresponde al último día de la semana.[9]

Fecha	Nuevos casos	Muertos	Fecha	Nuevos casos	Muertos
5-oct	36	0	7-dic	722	50
12-oct	531	0	14-dic	1.517	71
19-oct	4.233	130	21-dic	1.828	137
26-oct	8.682	552	28-dic	1.539	178
2-nov	7.164	738	4-ene	2.416	194
9-nov	2.229	414	11-ene	3.148	290
16-nov	600	198	18-ene	3.465	310
23-nov	164	90	25-ene	1.440	149
30-nov	57	56			

[9]A. W. Crosby, *America's Forgotten Pandemic: The Influenza of 1918*, Cambridge University Press, Nueva York, 1989.

(a) Dibuja un diagrama temporal con los datos de nuevos casos de gripe. Basándote en tu diagrama, describe la progresión de la enfermedad.

(b) Nos gustaría comparar la distribución del número de nuevos casos con la distribución del número de muertos. Para conseguir que las magnitudes de las dos variables sean similares y facilitar la comparación, representa el número de muertos con relación al tiempo desde el 5 de octubre hasta el 25 de enero. Luego, utilizando otro color, representa en el mismo gráfico el número de nuevos casos dividido por 10. ¿Qué ves? Concretamente, ¿cuál es el desfase entre el cambio en el número de nuevos casos y el cambio en el número de muertos?

1.23. ¡Fíjate en las escalas! La impresión que proporciona un gráfico temporal depende de las escalas que utilices en los dos ejes. Si estiras el eje de las ordenadas y comprimes el eje de las abscisas, los cambios aparecen como más rápidos. En cambio, si comprimes el eje de las ordenadas y estiras el eje de las abscisas los cambios aparecen como más lentos. Dibuja dos diagramas temporales más con los datos del ejemplo 1.6, de manera que en un gráfico dé la impresión de que las muertes por cáncer aumentan muy rápidamente y en el otro, en cambio, que dicho incremento parezca muy suave. La moraleja de este ejercicio es: "Fíjate en las escalas cuando mires un diagrama temporal".

1.24. Población de los Estados. La tabla 1.6 presenta algunos datos sobre Estados europeos. La primera columna identifica los Estados. La segunda indica la región socio-política a la que pertenece cada uno de ellos: los países de la Unión Europea (UE), los países del Este (EE, ex bloque soviético) y otros países (OT). La tercera y la cuarta columnas son estimaciones de la ONU sobre la población de cada Estado en 1993 en miles de personas y sobre su superficie total en kilómetros cuadrados. La quinta columna contiene estimaciones del Banco Mundial sobre el producto interior bruto *per cápita* de cada Estado para el año 1994 expresado en dólares. Las tres variables restantes son índices educativos y culturales utilizados por la UNESCO para caracterizar los distintos países del mundo. Las variables sexta y séptima son el número de periódicos (la media del número de ejemplares vendidos cada día) y el número de aparatos de televisión por cada 1.000 habitantes. Son estimaciones para los años 1992 y 1993, respectivamente. Finalmente, la última columna contiene una estimación del gasto público en educación de cada Estado para el año 1993 expresado como un porcentaje sobre la renta *per cápita*.

Dibuja un diagrama de tallos sobre la población de los Estados. Describe brevemente la forma, el centro y la dispersión de la distribución poblacional. Explica por qué la forma de la distribución no es sorprendente. ¿Hay algún Estado que consideres que es una observación atípica?

Tabla 1.6. Datos sobre los Estados europeos.

Estado	Región	Población (1.000 hab.) 1.993	Superficie (km²)	PIB *per cápita* 1994 (dólares)	Periódicos*	Televisiones*	% PIB en educación pública
Albania	EE	3.389	28.748	360	49	89	–
Alemania	UE	80.857	356.755	25.580	323	559	–
Andorra	OT	61	453	15.000	67	367	–
Austria	UE	7.863	83.849	24.950	398	479	5,80
Bélgica	UE	10.046	30.513	22.920	310	453	5,10
Bielorrusia	EE	10.188	207.595	2.160	186	272	5,30
Bosnia-Herzegovina	EE	3.707	51.129	700	131	–	–
Bulgaria	EE	8.870	110.912	1.160	164	260	5,80
Croacia	EE	4.511	56.538	2.530	532	338	–
Dinamarca	UE	5.165	43.069	28.110	332	538	7,40
Eslovaquia	EE	5.314	49.035	2.230	317	474	5,70
Eslovenia	EE	1.937	20.521	7.140	160	297	6,20
España	UE	39.514	504.782	13.280	104	400	4,60
Estonia	EE	1.553	45.100	2.820	–	361	5,90
Finlandia	UE	5.058	337.009	18.850	512	504	7,20
Francia	UE	57.508	547.026	23.470	205	412	5,80
Grecia	UE	10.377	131.994	7.480	135	202	3,10
Holanda	UE	15.285	40.844	21.970	383	491	5,90
Hungría	EE	10.210	93.030	3.840	282	427	6,70
Irlanda	UE	3.524	70.283	13.630	186	301	6,20
Islandia	OT	263	103.000	24.590	519	335	5,60
Italia	UE	57.127	301.225	19.270	106	429	5,40
Letonia	EE	2.611	64.500	2.290	98	460	6,70
Liechtenstein	OT	30	157	35.000	653	337	–
Lituania	EE	3.712	65.200	1.350	225	383	4,40
Luxemburgo	UE	395	2.586	39.850	372	261	–
Macedonia	EE	2.119	25.713	790	27	165	5,00
Malta	OT	361	316	8.000	150	745	4,60
Moldavia	EE	4.408	33.700	870	47	–	6,50
Mónaco	OT	31	2	25.000	258	739	–
Noruega	UE	4.299	324.219	26.480	607	427	8,40
Polonia	EE	38.303	312.677	2.470	159	298	5,50
Portugal	UE	9.838	92.082	9.370	47	190	5,00
Reino Unido	UE	57.924	244.046	18.410	383	435	5,20
República Checa	EE	10.296	78.864	3.210	583	476	5,80
Rumania	EE	23.023	237.500	1.230	324	200	3,60
Rusia	EE	147.760	17.075.400	2.650	387	372	4,40
San Marino	OT	24	61	20.000	–	352	–
Suecia	UE	8.694	449.964	23.630	511	470	8,30
Suiza	OT	7.056	41.288	23.630	377	400	5,20
Ucrania	EE	51.551	603.700	1.570	118	339	6,10
Yugoslavia	EE	10.623	87.968	1.000	52	179	–

* Por 1.000 hab.

EE = Estado del Este.

UE = Unión Europea.

OT = Otros Estados.

1.25. Distribución del PIB *per cápita*. Dibuja un diagrama de tallos con la distribución del PIB *per cápita* de los Estados europeos (tabla 1.6). Describe brevemente la forma de la distribución. Halla el punto medio de los datos y señala su valor en el diagrama de tallos.

1.26. Televisores por cada 1.000 habitantes. Representa gráficamente la distribución del número de televisores por cada 1.000 habitantes en los Estados europeos (tabla 1.6). ¿Cuál es la forma de la distribución? ¿Existe alguna observación atípica o desviación notable?

1.3 Descripción de las distribuciones con números

Ladislao Kubala posiblemente sea el mejor jugador que nunca haya tenido el F.C. Barcelona. He aquí el número de goles por temporada que marcó este jugador mientras estuvo en el F.C. Barcelona:

Temporada	Goles	Temporada	Goles
1950/51	16	1956/57	14
1951/52	48	1957/58	19
1952/53	18	1958/59	17
1953/54	28	1959/60	25
1954/55	19	1960/61	17
1955/56	22		

El diagrama de tallos de la figura 1.10 muestra la forma, el centro y la dispersión de estos datos. La distribución es asimétrica hacia la derecha. El centro es aproximadamente 18 y la dispersión va de 14 hasta 48. La forma, el centro y la dispersión proporcionan una buena descripción de la distribución general de cualquier distribución de una variable numérica. A continuación, veremos cómo caracterizar el centro y la dispersión de cualquier distribución.

```
1 | 4 6 7 7 8 9 9
2 | 2 5 8
3 |
4 | 8
```

Figura 1.10. Distribución del número de goles marcados por temporada por Ladislao Kubala mientras fue jugador del F.C. Barcelona.

1.3.1 Una medida de centro: la media

Casi siempre la descripción de una distribución incluye una medida de su centro. La medida de centro más común es la media aritmética o *media*.

LA MEDIA, $\bar{x}$

Para hallar la **media** de un conjunto de observaciones, suma sus valores y divide por el número de observaciones. Si las n observaciones son x_1, $x_2, \ldots, x_n$, su media es

$$\bar{x} = \frac{x_1 + x_2 + \cdots + x_n}{n}$$

o de forma más compacta

$$\bar{x} = \frac{1}{n} \sum x_i$$

La $\sum$ (letra griega sigma mayúscula) en la fórmula de la media significa "suma de todos los elementos". Los subíndices de las observaciones x_i son una forma de distinguir las n observaciones. Los subíndices no indican necesariamente ni orden ni ninguna característica especial de los datos. La barra sobre la x simboliza la media de todos los valores de x. Nos referimos a $\bar{x}$ como a "x barra". Esta notación es muy común. Cuando utilizamos los símbolos $\bar{x}$ o $\bar{y}$ siempre nos referimos a una media aritmética.

EJEMPLO 1.7. Goles marcados por Ladislao Kubala

El número medio de goles que marcó Ladislao Kubala mientras fue jugador del F.C. Barcelona desde la temporada 1950/51 hasta la temporada 1960/61 es

$$\begin{aligned}
\bar{x} &= \frac{x_1 + x_2 + \cdots + x_n}{n} \\
&= \frac{16 + 48 + \cdots + 17}{11} \\
&= \frac{195}{11} = 17{,}72
\end{aligned}$$

En la práctica no es necesario que sumes y dividas; puedes entrar los datos en una calculadora y utilizar la función que calcula la media aritmética. No obstante, tienes que saber qué es lo que hace la calculadora. La temporada 1951/52, el número de goles que marcó Kubala fue extraordinario: 48. ¿Cambia mucho la media si excluimos este valor? La distribución, ¿es simétrica? ¿Cuál es la posición de la media? Si eliminamos la temporada 1951/52, la media del número de goles marcados por Kubala es 17,72. ■

El ejemplo 1.7 ilustra un hecho importante sobre la media como medida de centro: es sensible a la influencia de unas pocas observaciones extremas. Pueden ser observaciones atípicas, pero una distribución asimétrica que no tenga observaciones atípicas también desplazará la media hacia la cola más larga. Debido a que la media no puede resistir la influencia de observaciones extremas, decimos que la media no es una **medida robusta** de centro.

Medida robusta

APLICA TUS CONOCIMIENTOS

1.27. Actitud de los estudiantes. He aquí los resultados de 18 estudiantes universitarias de primer curso en la prueba SSHA (*Survey of Study Habits and Attitudes*) sobre hábitos de estudio y actitud:

154	109	137	115	152	140	154	178	101
103	126	126	137	165	165	129	200	148

(a) Halla sin calculadora la media de estos datos utilizando la fórmula. Ahora, calcula la media con la ayuda de una calculadora. Comprueba que obtienes el mismo resultado.

(b) El diagrama de tallos del ejercicio 1.9 sugiere que una puntuación de 200 es una observación atípica. Utiliza tu calculadora para hallar la media prescindiendo de dicho valor. Describe brevemente cómo la observación atípica modifica la media.

1.3.2 Una medida de centro: la mediana

En la sección 1.2, utilizamos el valor central de una distribución como una medida informal de centro. La *mediana* es la formalización de este valor central, mediante una regla específica para su cálculo.

LA MEDIANA M

La **mediana M** es el punto medio de una distribución, es decir, es el número tal que la mitad de las observaciones son menores y la otra mitad, mayores. Para hallar la mediana de una distribución:

1. Ordena todas las observaciones de la mínima a la máxima.

2. Si el número de observaciones n es impar, entonces la mediana M es la observación central de la lista ordenada. Halla la posición de la mediana contando $\frac{(n+1)}{2}$ observaciones desde el comienzo de la lista.

3. Si el número de observaciones n es par, la mediana M es la media de las dos observaciones centrales de la lista ordenada. La posición de la mediana se halla, otra vez, contando $\frac{(n+1)}{2}$ observaciones desde el comienzo de la lista.

Fíjate en que la fórmula $\frac{(n+1)}{2}$ no da la mediana, simplemente sitúa la mediana en la lista ordenada. Para el cálculo de la mediana son necesarios pocos pasos, por tanto, es fácil hallarla a mano cuando se tiene un conjunto de datos pequeño. Sin embargo, ordenar incluso un número de datos no demasiado elevado es pesado. En consecuencia, hallar la mediana a mano es molesto. Incluso las calculadoras más sencillas tienen la tecla $\bar{x}$. Sin embargo, para hallar la mediana es necesario utilizar un ordenador o una calculadora con funciones estadísticas avanzadas.

EJEMPLO 1.8. Cálculo de la mediana

Halla la mediana del número de goles de Paulino Alcántara mientras fue jugador del F.C. Barcelona. En primer lugar, ordena los datos en forma creciente:

0 5 6 6 8 15 15 **19** **21** 25 33 34 39 42 42 47

En total tenemos $n = 16$ observaciones, un número par. No hay una única observación central, sino dos. Son los dos valores que se han marcado en negrita.

Estas observaciones tienen 7 observaciones a la izquierda y 7 a la derecha. La mediana se halla a medio camino de estas observaciones. Para localizarla podemos utilizar la fórmula:

$$\text{Localización de } M = \frac{n+1}{2} = \frac{17}{2} = 8{,}5$$

El valor 8,5 indica "a medio camino entre la octava y la novena observación". Este resultado concuerda con lo que hemos visto a simple vista.

¿Cuál es el valor de la mediana? Podemos calcular su valor de la siguiente manera:

$$M = \frac{19+21}{2} = 20$$

Podemos comparar Paulino Alcántara con Ladislao Kubala. Éstos son los goles, ordenados, que marcó Kubala mientras fue jugador del F.C. Barcelona

14 16 17 17 18 **19** 19 22 25 28 48

Tenemos un número impar de observaciones, por tanto, existe una observación central. Esta observación es la mediana. Es el valor 19 que se ha marcado en negrita. Tiene 5 observaciones a la izquierda y 5 observaciones a la derecha. Aunque Kubala ha sido el mejor jugador de todos los tiempos del F.C. Barcelona, la mediana de Alcántara es ligeramente mayor.

Debido a que $n = 11$, nuestra fórmula para localizar la mediana da

$$\text{Localización de } M = \frac{n+1}{2} = \frac{12}{2} = 6$$

Es decir, la mediana es la sexta observación. Es más rápido utilizar esta fórmula que localizar a ojo la mediana. ■

1.3.3 Comparación entre la media y la mediana

Los ejemplos 1.7 y 1.8 muestran una diferencia importante entre la media y la mediana. El ejemplo 1.7 muestra cómo una observación atípica tira de la media. La media de los goles de Kubala con todas las observaciones es 22,09; si eliminamos la observación atípica, la media es 17,72. Sin embargo, el valor de la mediana cambia mucho menos, va de 19 a 18,5. A diferencia de la media, la mediana es *robusta*. Si la temporada 1951/52 Kubala hubiera marcado 480 goles, el valor de la mediana no cambiaría en absoluto. El valor 480 tan sólo es un valor más entre los valores mayores que el valor central, no importa si se halla muy alejado o poco. En cambio, en el cálculo de la media se tienen en cuenta los valores de todas las observaciones, por tanto, un valor muy grande hace que aumente su valor.

La media y la mediana de una distribución simétrica se encuentran muy cerca. Si la distribución es exactamente simétrica, la media y la mediana son exactamente iguales. En una distribución asimétrica, la media queda desplazada hacia la cola más larga. Por ejemplo, la distribución del precio de las viviendas es muy asimétrica hacia la derecha. Existen muchas viviendas de precio moderado y unas cuantas que son muy caras. Las pocas viviendas caras tiran de la media y, sin embargo, no afectan a la mediana. Por ejemplo, el precio medio de todas las viviendas vendidas en España en 1993 fue de 139.400 €. En cambio, el precio mediano fue de 117.000 €. En los informes sobre los precios de las viviendas, sobre los ingresos y sobre otras distribuciones muy asimétricas normalmente se calcula la mediana ("el valor central") en lugar de la media ("el valor promedio"). De todas formas, si fueras un inspector de Hacienda interesado en el valor total de tu zona, tendrás que utilizar la media. El valor total es la media multiplicada por el número total de casas. El valor total no está relacionado con la mediana. Aunque la media y la mediana miden el centro de maneras diferentes; las dos son útiles.

APLICA TUS CONOCIMIENTOS

1.28. Médicos suizos. Un estudio en Suiza examinó el número de cesáreas llevadas a cabo por 15 médicos (hombres) durante un año. Sus resultados fueron

27 50 33 25 86 25 85 31 37 44 20 36 59 34 28

(a) Dibuja un histograma con estos datos. Fíjate en que existen dos observaciones atípicas.

(b) Halla la media y la mediana del número de cesáreas. ¿Cómo se puede explicar, a partir de las observaciones atípicas, la diferencia entre ambas?

(c) Halla la media y la mediana del número de cesáreas sin las dos observaciones atípicas. Los resultados en (b) y en (c), ¿ilustran la robustez de la mediana y la falta de robustez de la media?

1.29. Los más ricos. En EE UU la distribución de los ingresos individuales es muy asimétrica hacia la derecha. En 1997 la media y la mediana de los ingresos del 1% de los estadounidenses más ricos era de 330.000 y 675.000 dólares, respectivamente. ¿Cuál de estos valores corresponde a la media y cuál a la mediana? Justifica tu respuesta.

1.30. En el ejercicio 1.27 hallaste la media de los resultados en la prueba SSHA de 18 estudiantes universitarias de primer curso. Ahora, calcula la mediana de estos resultados. ¿La mediana es mayor o menor que la media? Explica por qué ocurre de esta manera.

1.3.4 Una medida de dispersión: los cuartiles

La media y la mediana proporcionan dos medidas distintas del centro de una distribución. Sin embargo, caracterizar una distribución sólo con una medida de su centro puede ser engañoso. Dos provincias con la misma mediana de ingresos por hogar son muy distintas si una de ellas tiene extremos de pobreza y de riqueza, mientras que la otra tiene poca variación entre familias. Un lote de medicinas con una concentración media adecuada en su componente activo puede ser muy peligroso si hay comprimidos con contenidos del componente activo muy elevados y otros con contenidos muy bajos. Estamos interesados en la *dispersión* o *variabilidad* de los ingresos o de las concentraciones del componente activo, además de estarlo en sus centros. La descripción numérica útil más simple de una distribución consiste en una medida de centro y una medida de dispersión.

Una manera de medir la dispersión es dar las observaciones máxima y mínima. Por ejemplo, el número de goles marcados por temporada por Paulino Alcántara va de 0, una temporada que Paulino estuvo mucho tiempo en Filipinas, hasta 47. Estas dos observaciones nos dan la dispersión total de los datos. Sin embargo, la presencia de alguna observación atípica nos puede enmascarar esta medida de dispersión. Podríamos mejorar nuestra descripción de la dispersión fijándonos también en la dispersión del 50% de los valores centrales de los datos. Los *cuartiles* determinan entre qué valores se encuentra la mitad central de las observaciones. Ordenemos las observaciones de menor a mayor. El *primer cuartil* separa el primer 25% de las observaciones. El *tercer cuartil* separa el primer 75% de observaciones. En otras palabras, el primer cuartil es mayor que el 25% de las observaciones. El tercer cuartil es mayor que el 75% de las observaciones. El segundo cuartil es la mediana. El segundo cuartil es mayor que el 50% de las observaciones. Esta es la idea de los cuartiles. Necesitamos una regla para concretar esta idea. La regla para calcular los cuartiles utiliza la regla de la mediana.

LOS CUARTILES Q_1 Y Q_3

Para calcular los **cuartiles**:

1. Ordena las observaciones en orden creciente y localiza la mediana M en la lista ordenada de observaciones.
2. El **primer cuartil Q_1** es la mediana de las observaciones situadas a la izquierda de la mediana global.
3. El **tercer cuartil Q_3** es la mediana de las observaciones situadas a la derecha de la mediana global.

Veamos un ejemplo de cómo utilizar las reglas anteriores para hallar los cuartiles cuando se tiene un número par y un número impar de observaciones.

EJEMPLO 1.9. Halla los cuartiles

El número de goles que marcó por temporada Paulino Alcántara, ordenados, es

0 5 6 6 8 15 15 19 21 25 33 34 39 42 42 47

↑ Q_1 (entre 6 y 8) ↑ M (entre 19 y 21) ↑ Q_3 (entre 34 y 39)

Tenemos un número par de observaciones, por tanto, la mediana se halla a medio camino de las dos observaciones centrales: la octava y la novena. El primer cuartil es la mediana de las primeras 8 observaciones, ya que éstas se hallan a la izquierda de la mediana. Comprueba que los cuartiles son $Q_1 = 7$ y $Q_3 = 36{,}5$. Cuando el número de observaciones es par, todas ellas intervienen en el cálculo de los cuartiles.

Fíjate en que los cuartiles son robustos. Por ejemplo, si el récord de Alcátara fuera de 470 goles, en vez de 47, el valor de Q_3 no cambiaría.

Los datos sobre los goles por temporada de Kubala, también ordenados, son

14 16 17 17 18 **19** 19 22 25 28 48

↑ Q_1 (17) ↑ M (19) ↑ Q_3 (25)

Tenemos un número impar de observaciones, por tanto, la mediana es el valor central, que se ha marcado en negrita. El primer cuartil es la mediana de las 5 observaciones que quedan a la izquierda de la mediana. Por tanto, $Q_1 = 17$. También puedes utilizar la fórmula que vimos para localizar la mediana con $n = 5$ observaciones:

$$\text{Localización de } Q_1 = \frac{n+1}{2} = \frac{5+1}{2} = 3$$

El tercer cuartil es la mediana de las 5 observaciones que quedan a la derecha de la mediana, $Q_3 = 25$. La mediana global queda fuera del cálculo de los cuartiles cuando hay un número impar de observaciones. ■

Ve con cuidado cuando, tal como ocurre en estos ejemplos, diversas observaciones toman el mismo valor numérico. Escribe todas las observaciones y aplica las reglas como si todos los valores fueran distintos. Algunos programas estadísticos utilizan una regla un poco distinta para hallar los cuartiles, por lo que los resultados del ordenador pueden ser algo distintos de los que calcules a mano. Pero no te preocupes por eso. Las diferencias serán siempre demasiado pequeñas para ser importantes.

1.3.5 Los cinco números resumen y los diagramas de caja

Aunque las observaciones máxima y mínima nos dicen poco sobre la distribución en conjunto, sin embargo nos dan información sobre sus colas. Esta información no queda reflejada si solamente conocemos Q_1, M y Q_3. Para tener un resumen rápido del centro y la dispersión, combina los cinco números.

LOS CINCO NÚMEROS RESUMEN

Los **cinco números resumen** de un conjunto de datos consisten en la observación mínima, el primer cuartil, la mediana, el tercer cuartil y la observación máxima, escritos en orden de menor a mayor. De forma simbólica son

$$\text{Mínima} \quad Q_1 \quad M \quad Q_3 \quad \text{Máxima}$$

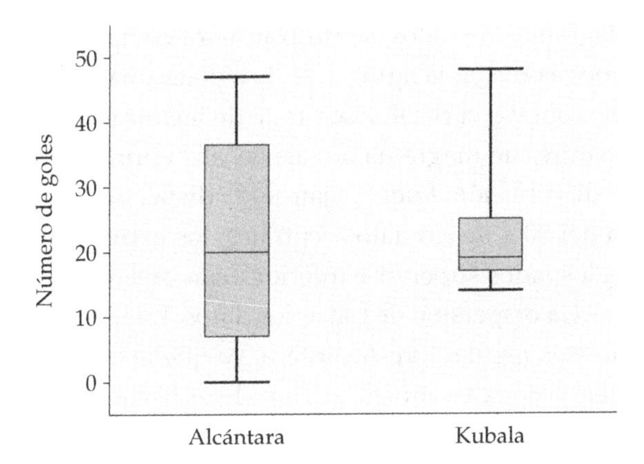

Figura 1.11. Diagramas de caja en un mismo gráfico para comparar el número de goles por temporada de Paulino Alcántara y de Ladislao Kubala.

Estos cinco números proporcionan una descripción razonablemente completa del centro y la dispersión. Los cinco números resumen del ejemplo 1.9 son

0 7 20 36,5 47

para Paulino Alcántara y

14 17 19 25 48

para Ladislao Kubala. Los cinco números resumen de una distribución nos conducen a un nuevo gráfico, el diagrama de caja. La figura 1.11 nos muestra los diagramas de caja correspondientes a estas distribuciones.

DIAGRAMA DE CAJA

Un **diagrama de caja** muestra gráficamente los cinco números resumen.

- Los lados superior e inferior de la caja corresponden a los cuartiles.
- El segmento del interior de la caja corresponde a la mediana.
- Los extremos de los segmentos perpendiculares a los lados superior e inferior de la caja corresponden a los valores máximo y mínimo, respectivamente.

Debido a que los diagramas de caja proporcionan menos detalles que los histogramas o los diagramas de tallos, se utilizan para comparar simultáneamente varias distribuciones, como en la figura 1.11. Los diagramas de caja se pueden dibujar de forma horizontal o vertical. Asegúrate de incluir una escala numérica en el gráfico. Cuando mires un diagrama de caja, localiza primero la mediana que sitúa el centro de la distribución. Luego, fíjate en la dispersión. Los cuartiles muestran la dispersión del 50% de los datos centrales; los extremos de los segmentos perpendiculares a los lados superior e inferior de la caja (observaciones máxima y mínima) muestran la dispersión de todos los datos. En la figura 1.11 vemos que Kubala era mucho más regular que Alcántara, ya que la dispersión de su número de goles por temporada es mucho menor. Este hecho queda especialmente claro si nos fijamos en la dispersión del 50% de los datos centrales.

Un diagrama de caja también informa sobre la simetría o la asimetría de la distribución. En una distribución simétrica, el primer y el tercer cuartil están aproximadamente a la misma distancia de la mediana. En la mayoría de las distribuciones asimétricas hacia la derecha, en cambio, el tercer cuartil estará situado mucho más a la derecha de la mediana que el primer cuartil a su izquierda. Los extremos se comportan de la misma manera; pero recuerda que sólo son observaciones individuales y puede ser que digan poco sobre la distribución global.

APLICA TUS CONOCIMIENTOS

1.31. Médicos suizos. El ejercicio 1.28 proporciona el número de cesáreas realizadas por 15 médicos en Suiza. El mismo estudio también proporciona el número de cesáreas llevadas a cabo por 10 doctoras:

5 7 10 14 18 19 25 29 31 33

(a) Halla los cinco números resumen de cada grupo.

(b) Dibuja un diagrama de tallos doble para comparar el número de operaciones realizadas por los doctores y las doctoras. ¿Cuáles son tus conclusiones?

1.32. ¿Qué edad tienen los presidentes de EE UU? ¿Qué edad tenían los presidentes de EE UU al inicio de su mandato? Bill Clinton tenía 46 años, ¿era muy joven cuando tomó posesión de su cargo? La tabla 1.7 proporciona las edades de todos los presidentes de EE UU al inicio de su mandato.

(a) Representa mediante un diagrama de tallos la distribución de las edades. A partir de la forma de la distribución, ¿crees que la mediana tiene que ser mucho menor que la media, igual o mucho mayor?

Tabla 1.7. Edades de los presidentes de EE UU al inicio de su mandato.

Presidente	Año	Presidente	Año	Presidente	Año
Washington	57	Buchanan	65	Harding	55
J. Adams	61	Lincoln	52	Coolidge	51
Jefferson	57	A. Johnson	56	Hoover	54
Madison	57	Grant	46	F. D. Roosevelt	51
Monroe	58	Hayes	54	Truman	60
J. Q. Adams	57	Garfield	49	Eisenhower	61
Jackson	61	Arthur	51	Kennedy	43
Van Buren	54	Cleveland	47	L. B. Johnson	55
W. H. Harrison	68	B. Harrison	55	Nixon	56
Tyler	51	Cleveland	55	Ford	61
Polk	49	McKinley	54	Carter	52
Taylor	64	T. Roosevelt	42	Reagan	69
Fillmore	50	Taft	51	Bush	64
Pierce	48	Wilson	56	Clinton	46

(b) Calcula la media y los cinco números resumen, y comprueba que la mediana está donde tú esperabas hallarla.

(c) ¿Cuál es el recorrido del 50% de las observaciones centrales de las edades de los presidentes al inicio de su mandato? ¿Bill Clinton estaba entre el 25% de presidentes más jóvenes?

1.33. PIB *per cápita* de Estados europeos. La tabla 1.6 contiene datos sobre los Estados europeos. Queremos comparar la distribución del PIB *per cápita* de los países de la Unión Europea (UE) con la de los países que formaban parte del bloque soviético (EE). Entramos los datos en el ordenador con los nombres UE para los países de la Unión Europea y EE para los países del extinto bloque soviético. He aquí los resultados del programa estadístico Minitab que proporciona los cinco números resumen junto con otra información (otros programas ofrecen resultados similares).

```
EE
      N      MEAN   MEDIAN    STDEV    MIN     MAX     Q1      Q3
     19    2124.7     2160   1541.3    360    7140   1080    2590
UE
      N      MEAN   MEDIAN    STDEV    MIN     MAX     Q1      Q3
     15   21078.1    22445   7900.7   7480   39850  16020   24290
```

Utiliza estos resultados para dibujar en un mismo gráfico el diagrama de caja de los países de la Unión Europea (UE) y el diagrama de caja de los países que formaban parte del bloque soviético (EE). Describe brevemente la comparación de las dos distribuciones.

1.3.6 Una medida de dispersión: la desviación típica

Los cinco números resumen no son la descripción numérica más común de una distribución. Esta distinción corresponde a la combinación de la media para medir el centro y la *desviación típica* para medir la dispersión. La desviación típica mide la dispersión de las observaciones respecto a la media.

LA DESVIACIÓN TÍPICA

La **varianza** s^2 de un conjunto de observaciones es la suma de los cuadrados de las desviaciones de las observaciones respecto a su media dividido por $n-1$. Algebraicamente la varianza de n observaciones $x_1, x_2, \ldots, x_n$ es

$$s^2 = \frac{(x_1 - \bar{x})^2 + (x_2 - \bar{x})^2 + \cdots + (x_n - \bar{x})^2}{n-1}$$

o, de forma más simple,

$$s^2 = \frac{1}{n-1} \sum (x_i - \bar{x})^2$$

La **desviación típica** es la raíz cuadrada positiva de la varianza s^2:

$$s = \sqrt{\frac{1}{n-1} \sum (x_i - \bar{x})^2}$$

En la práctica, utilizaremos una calculadora o un ordenador para calcular la desviación típica. De todas maneras, calcular algunos casos, paso a paso, te ayudará a comprender la varianza y la desviación típica.

EJEMPLO 1.10. Cálculo de la desviación típica

El nivel metabólico de una persona es el ritmo al que el cuerpo consume energía. Este nivel es importante en los estudios de dietética. He aquí los niveles metabólicos de 7 hombres que tomaron parte en un estudio de dietética (las unidades son calorías cada 24 horas; las calorías también se utilizan para describir el contenido energético de los alimentos).

1.792 1.666 1.362 1.614 1.460 1.867 1.439

Los investigadores calcularon la $\bar{x}$ y la s de estos hombres.

En primer lugar, halla la media:

$$\bar{x} = \frac{1.792 + 1.666 + 1.362 + 1.614 + 1.460 + 1.867 + 1.439}{7}$$

$$= \frac{11.200}{7} = 1.600 \text{ calorías}$$

La figura 1.12 muestra los datos como puntos sobre una escala numérica, la media se ha marcado con un asterisco (*). Las flechas señalan la situación de dos desviaciones con relación a la media. Estas desviaciones muestran la dispersión de los datos con relación a dicha media y son el punto de partida para los cálculos de la varianza y de la desviación típica.

Observaciones x_i	**Desviaciones** $x_i - \bar{x}$	**Desviaciones al cuadrado** $(x_i - \bar{x})^2$
1.792	1.792 − 1.600 = 192	192^2 = 36.864
1.666	1.666 − 1.600 = 66	66^2 = 4.356
1.362	1.362 − 1.600 = −238	$(-238)^2$ = 56.644
1.614	1.614 − 1.600 = 14	14^2 = 196
1.460	1.460 − 1.600 = −140	$(-140)^2$ = 19.600
1.867	1.867 − 1.600 = 267	267^2 = 71.289
1.439	1.439 − 1.600 = −161	$(-161)^2$ = 25.921
	Total = 0	Total = 214.870

La varianza es la suma de las desviaciones al cuadrado dividido por el número de observaciones menos uno.

$$s^2 = \frac{214.870}{6} = 35.811,67$$

La desviación típica es la raíz cuadrada positiva de la varianza:

$$s = \sqrt{35.811,67} = 189,24 \text{ calorías}$$

■

Fíjate en que para calcular la varianza s^2 dividimos el sumatorio por el número de observaciones menos uno, es decir, por $n - 1$, en vez de n. La razón es que la suma de las desviaciones $x_i - \bar{x}$ es siempre cero, la última desviación se puede hallar cuando se conocen las otras $n - 1$. Solamente $n - 1$ de las desviaciones al cuadrado pueden variar libremente. Esta es la razón por la que dividimos por $n - 1$. Al número $n - 1$ se le denomina **grados de libertad** de la varianza o de la desviación típica. Muchas calculadoras ofrecen la posibilidad de dividir por n o por $n - 1$. Asegúrate de dividir por $n - 1$.

Grados de libertad

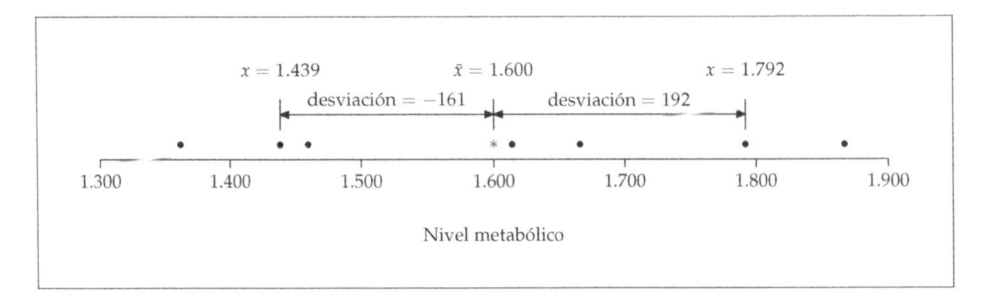

Figura 1.12. Niveles metabólicos de siete hombres, con la media (∗) y las desviaciones de dos observaciones respecto a la media.

Más importante que los detalles del cálculo a mano son las propiedades que determinan la utilidad de la desviación típica:

- s mide la dispersión con relación a la media y se debe utilizar solamente cuando se elige la media como medida de centro.
- $s = 0$ solamente cuando *no hay dispersión*. Esto ocurre únicamente cuando todas las observaciones toman el mismo valor. En caso contrario $s > 0$. A medida que las observaciones se separan más de la media, s se hace mayor.
- s tiene las mismas unidades de medida que las observaciones originales. Por ejemplo, si mides los niveles metabólicos en calorías, s también se expresa en calorías. Este es un motivo para preferir s a la varianza s^2, que se expresa en calorías al cuadrado.
- Igual que ocurre con la media $\bar{x}$, s no es robusta: fuertes asimetrías o unas pocas observaciones atípicas pueden hacer que aumente mucho s. Por ejemplo, la desviación típica del número de goles que marcó Kubala por temporada es 9,51 (puedes comprobarlo con tu calculadora). Si eliminamos la temporada 1951/52, una temporada con un número extraordinario de goles, la desviación típica de las restantes temporadas es 4,30.

Puede ser que creas que la importancia de la desviación típica no está suficientemente justificada. En la próxima sección veremos que la desviación típica es la medida natural de dispersión para una importante clase de distribuciones simétricas: las distribuciones normales. La utilidad de muchos procedimientos estadísticos está ligada a la existencia de distribuciones con formas determinadas. Esto es especialmente cierto en el caso de la desviación típica.

1.3.7 Elección de medidas de centro y de dispersión

Hemos visto dos maneras de describir el centro y la dispersión de una distribución: los cinco números resumen, por un lado, y $\bar{x}$ y s, por otro. ¿Cuál de estas dos maneras tenemos que escoger? Debido a que los dos lados de una distribución muy asimétrica tienen dispersiones distintas, no existe la posibilidad de que con un solo número, como por ejemplo s, podamos describir bien la dispersión. En tal caso, es mejor utilizar los cinco números resumen, con los dos cuartiles y los dos valores extremos.

ELECCIÓN DE UN RESUMEN NUMÉRICO

Para describir una distribución asimétrica o una distribución con observaciones atípicas muy claras, es mejor utilizar los cinco números resumen. Utiliza $\bar{x}$ y s sólo en el caso de distribuciones razonablemente simétricas que no presenten observaciones atípicas.

Recuerda que la mejor visión global de una distribución la da un gráfico. Las medidas numéricas de centro y de dispersión reflejan características concretas de una distribución, pero no describen completamente su forma. Los resúmenes numéricos no detectan, por ejemplo, la presencia de múltiples picos o de espacios vacíos. El ejercicio 1.36 proporciona un ejemplo de distribución para la cual los resúmenes numéricos son engañosos. **Representa siempre tus datos gráficamente.**

APLICA TUS CONOCIMIENTOS

1.34. La concentración de determinadas sustancias en la sangre influye en la salud de las personas. He aquí las mediciones del nivel de fosfatos en la sangre de un paciente que realizó seis visitas consecutivas a una clínica, expresadas en miligramos de fosfato por decilitro de sangre.

5,6   5,2   4,6   4,9   5,7   6,4

Un gráfico con sólo 6 observaciones da poca información, por tanto, pasamos a calcular la media y la desviación típica.

(a) Halla la media a partir de su definición. Es decir, halla la suma de las 6 observaciones y divide por 6.

(b) Halla la desviación típica a partir de su definición. Es decir, calcula la desviación de cada observación respecto a su media y eleva estas desviaciones al cuadrado. Luego, calcula la varianza y la desviación típica. El ejemplo 1.10 ilustra este método.

(c) Ahora introduce los datos en tu calculadora y halla la media y la desviación típica. ¿Has obtenido los mismos resultados que en los cálculos hechos a mano?

1.35. Ferenc Puskas. El gran jugador de fútbol Ferenc Puskas, conocido popularmente como Cañoncito Pum, jugó de la temporada 1948/49 a la 1956/57 en el Kispest de Budapest. En 1956 huyó de Hungría cuando estalló la Revolución húngara y estuvo dos temporadas sin jugar. En la temporada 1958/59 fichó por el Real Madrid y estuvo en activo en este equipo como jugador de la liga española hasta la temporada 1965/66. He aquí el número de goles que marcó por temporada:

Temporada	Goles	Temporada	Goles
1948/49	31	1957/58	0
1949/50	25	1958/59	21
1950/51	21	1959/60	25
1951/52	22	1960/61	27
1952/53	27	1961/62	20
1953/54	21	1962/63	26
1954/55	18	1963/64	20
1955/56	5	1964/65	11
1956/57	0	1965/66	4

(a) Utiliza tu calculadora para hallar la media $\bar{x}$ y la desviación típica s del número de goles en la liga desde la temporada 1948/49 hasta la temporada 1965/66.

(b) Utiliza tu calculadora para hallar $\bar{x}$ y s una vez eliminadas las temporadas 1956/57 y 1957/58. ¿Cómo afecta la eliminación de estas dos temporadas a los valores de $\bar{x}$ y s?

1.36. PIB *per cápita* de los Estados europeos. El ejercicio 1.33 proporciona resúmenes numéricos sobre el PIB *per cápita* de los Estados europeos pertenecientes a la Unión Europea y sobre los Estados que formaban parte del antiguo bloque soviético. Ahora considera todos los Estados europeos conjuntamente. Calcula los cinco números resumen y dibuja el diagrama de caja correspondiente. Estos resúmenes numéricos (y el diagrama de caja derivado del mismo) no muestran una de las características más importantes de esta distribución. Dibuja un diagrama de tallos con todos los datos sobre el PIB *per cápita* de los Estados europeos de la tabla 1.6. ¿Cuál es la forma de la distribución? Recuerda que debes empezar siempre representando gráficamente tus datos —los resúmenes numéricos no son una descripción completa—.

RESUMEN DE LA SECCIÓN 1.3

Un resumen numérico de una distribución tiene que dar su **centro** y su **dispersión** o **variabilidad**.

La **media** $\bar{x}$ y la **mediana** M describen el centro de una distribución de maneras distintas. La media es la media aritmética de las observaciones; la mediana es el punto medio de los valores.

Cuando utilices la mediana para indicar el centro de la distribución, describe su dispersión dando los **cuartiles**. El **primer cuartil** Q_1 tiene el 25% de las observaciones a su izquierda; el **tercer cuartil** Q_3 tiene el 75% de las observaciones también a su izquierda.

Los **cinco números resumen** son la mediana, los cuartiles y las observaciones extremas máxima y mínima. Los cinco números resumen proporcionan una descripción rápida de una distribución. La mediana describe el centro; los cuartiles y las observaciones extremas, la dispersión.

Los **diagramas de caja** basados en los cinco números resumen son útiles para comparar varias distribuciones. Los lados inferior y superior de la caja dan la dispersión del 50% de los datos centrales. El valor de la mediana se indica en el interior de la caja. Los extremos de los segmentos exteriores muestran la dispersión total de los datos.

La **varianza** s^2 y especialmente su raíz cuadrada positiva, la **desviación típica** s, son medidas comunes de la dispersión de una distribución respecto a su media. La desviación típica s es cero cuando no hay dispersión y crece a medida que ésta aumenta.

Una **medida robusta** de cualquier aspecto de una distribución se ve relativamente poco afectada por cambios en los valores numéricos de una pequeña parte del número total de observaciones, sin importar la magnitud de estos cambios. La mediana y los cuartiles son robustas, en cambio, la media y la desviación típica no lo son.

La media y la desviación típica son buenas descripciones de las distribuciones simétricas sin observaciones atípicas. Son especialmente útiles en el caso de distribuciones normales que veremos en la siguiente sección. Los cinco números resumen son la mejor síntesis de las distribuciones asimétricas.

EJERCICIOS DE LA SECCIÓN 1.3

1.37. El año pasado una pequeña empresa de consultoría pagó a cada uno de sus cinco administrativos 22.000 € y a los dos titulados universitarios, 50.000. Finalmente, el propietario de la empresa cobró 270.000 €. ¿Cuál es el salario medio pagado en esta empresa? ¿Cuántos empleados ganan menos de la media? ¿Cuál es el salario mediano?

1.38. Elecciones presidenciales. El porcentaje de votos que obtuvo cada uno de los candidatos a la presidencia de EE UU que ganó las elecciones desde 1948 hasta 1996 es el siguiente:

Año	Porcentaje	Año	Porcentaje
1948	49,6	1976	50,1
1952	55,1	1980	50,7
1956	57,4	1984	58,8
1960	49,7	1988	53,9
1964	61,1	1992	43,2
1968	43,4	1996	49,2
1972	60,7		

(a) Dibuja un diagrama de tallos correspondiente a estos porcentajes. (Redondea las cifras y utiliza un diagrama de tallos divididos.)

(b) ¿Cuál es la mediana del porcentaje de votos obtenidos por los candidatos que tuvieron éxito en las elecciones presidenciales? (Trabaja con los datos sin redondear.)

(c) Consideraremos que fueron elecciones con victorias aplastantes aquellas en las que los porcentajes de votos se sitúan a partir del tercer cuartil. Hállalo. ¿En qué años se obtuvieron victorias aplastantes?

1.39. ¿Cuántas calorías contienen las salchichas? Hay gente que siempre está pendiente del número de calorías que ingiere con los alimentos. En la revista estadounidense *Consumer Reports* apareció un artículo donde se analizaban los contenidos en calorías de 20 marcas distintas de salchichas elaboradas con carne de ternera, de 17 marcas de salchichas hechas con carne de cerdo, y de 17 marcas de salchichas hechas con carne de pollo.[10] Éstos son los resultados de los análisis de los datos correspondientes a las salchichas hechas con carne de ternera:

```
Mean = 156.8  Standard deviation = 22.64  Min = 111  Max = 190
N = 20  Median = 152.5  Quartiles = 140, 178.5
```

las salchichas hechas con carne de cerdo:

```
Mean = 158.7  Standard deviation = 25.24  Min = 107  Max = 195
N = 17  Median = 153  Quartiles = 139, 179
```

y las salchichas hechas con carne de pollo:

```
Mean = 122.5  Standard deviation = 25.48  Min = 87  Max = 170
N = 17  Median = 129  Quartiles = 102, 143
```

Utiliza esta información para dibujar, en un mismo gráfico, tres diagramas de caja con los recuentos de calorías de los tres tipos de salchichas. Describe brevemente las diferencias que observes en las tres distribuciones. Comer salchichas hechas con carne de pollo, ¿significa ingerir menos calorías que comer las hechas con carne de ternera o de cerdo?

1.40. Porcentaje del PIB destinado a educación. La columna "% PIB en educación pública" de la tabla 1.6 proporciona el porcentaje del PIB de los Estados europeos dedicado a educación pública. Queremos comparar el porcentaje dedicado por los Estados de la Unión Europea con el dedicado por los países del Este que formaban parte del bloque soviético.

(a) Haz una lista (con los valores ordenados) de los datos del porcentaje del PIB destinado a educación pública de los Estados de la Unión Europea y otra lista con los datos de los Estados del Este. Estas dos listas son los dos conjuntos de datos que queremos comparar.

(b) Dibuja los gráficos y calcula resúmenes numéricos para comparar ambas distribuciones. Describe brevemente lo que observas.

[10]*Consumer Reports*, junio 1986, págs. 366-367. Un estudio más reciente aparece en *Consumer Reports*, julio 1993, págs. 415-419.

1.41. Densidad de la Tierra. En 1798 el científico inglés Henry Cavendish determinó la densidad de la Tierra con mucha precisión. Cuando se hacen mediciones complicadas, es aconsejable repetir la operación varias veces y trabajar con la media de todas ellas. Cavendish repitió su medición 29 veces. He aquí los resultados que obtuvo (en estos datos la densidad de la Tierra se expresa como un múltiplo de la densidad del agua):[11]

5,50	5,61	4,88	5,07	5,26	5,55	5,36	5,29	5,58	5,65
5,57	5,53	5,62	5,29	5,44	5,34	5,79	5,10	5,27	5,39
5,42	5,47	5,63	5,34	5,46	5,30	5,75	5,68	5,85	

Representa gráficamente los datos de la manera que consideres más conveniente. La forma de la distribución, ¿permite utilizar $\bar{x}$ y s para describirla? Halla $\bar{x}$ y s. Teniendo en cuenta todo lo que acabas de hacer, ¿cuál es tu estimación de la densidad de la Tierra a partir de estas mediciones?

1.42. $\bar{x}$ y s no son suficientes. La media $\bar{x}$ y la desviación típica s como medidas de centro y de dispersión no son una descripción completa de una distribución. Conjuntos de datos de distintas formas pueden tener la misma media y desviación típica. Para demostrar este hecho, utiliza tu calculadora y halla $\bar{x}$ y s de los siguientes conjuntos de datos. A continuación dibuja un diagrama de tallos de cada uno de ellos. Comenta la forma de cada distribución.

Datos A	9,14	8,14	8,74	8,77	9,26	8,10	6,13	3,10	9,13	7,26	4,74
Datos B	6,58	5,76	7,71	8,84	8,47	7,04	5,25	5,56	7,91	6,89	12,50

1.43. La tabla 1.1 facilita datos sobre el porcentaje de gente con al menos 65 años en cada uno de los Estados de EE UU. La figura 1.2 es un histograma correspondiente a estos datos. Como descripción numérica breve, ¿qué prefieres, los cinco números resumen o $\bar{x}$ y s? ¿Por qué? Calcula la descripción que prefieras.

1.44. ¿Acciones calientes? La tabla 1.8 proporciona los rendimientos, expresados como porcentajes mensuales, de las acciones de Philip Morris en un periodo comprendido entre el mes de julio de 1990 y el mes de mayo de 1997. (El rendimiento

[11]S. M. Stigler, "Do robust estimators work with real data?" *Annals of Statistics*, 5, 1977, págs. 1.055-1.078.

de una acción deriva de la variación de su precio y de los dividendos pagados, aquí se expresa como un porcentaje de su valor al inicio de cada mes.)

(a) Dibuja un diagrama de tallos o un histograma con estos datos. ¿Cómo has decidido qué representación gráfica utilizar?

(b) Existe una clara observación atípica. ¿Cuál es el valor de esta observación? (La bajada de la cotización de estas acciones, se puede explicar por las nuevas acciones emprendidas en contra de las tabacaleras.) Después de eliminar la observación atípica, describe la forma, el centro y la dispersión de los datos.

(c) En los estudios sobre inversiones, es frecuente utilizar la media y la desviación típica para resumir y comparar los rendimientos de las acciones. Halla la media y la desviación típica de los rendimientos de las acciones de la tabla 1.8. Si invirtieras 100 € en estas acciones al comienzo de un mes y obtuvieras el rendimiento medio, ¿cuánto tendrías al final del mes?

(d) Si invirtieras 100 € en estas acciones al comienzo del peor mes (la observación atípica), ¿cuánto tendrías al final del mes? Halla otra vez la media y la desviación típica, pero dejando fuera la observación atípica. ¿En qué medida afecta esta observación atípica los valores de la media y de la desviación típica? La eliminación de esta observación atípica, ¿cambiaría el valor de la mediana? ¿Y los cuartiles? Sin hacer los cálculos, ¿cómo lo puedes saber?

Tabla 1.8. Rendimientos mensuales, expresados como porcentaje, de las acciones de Philip Morris, desde julio de 1990 hasta mayo de 1997.

−5,7	1,2	4,1	3,2	7,3	7,5	18,6	3,7	−1,8	2,4
−6,5	6,7	9,4	−2	−2,8	−3,4	19,2	−4,8	0,5	−0,6
2,8	−0,5	−4,5	8,7	2,7	4,1	−10,3	4,8	−2,3	−3,1
−10,2	−3,7	−26,6	7,2	−2,9	−2,3	3,5	−4,6	17,2	4,2
0,5	8,3	−7,1	−8,4	7,7	−9,6	6	6,8	10,9	1,6
0,2	−2,4	−2,4	3,9	1,7	9	3,6	7,6	3,2	−3,7
4,2	13,2	0,9	4,2	4	2,8	6,7	−10,4	2,7	10,3
5,7	0,6	−14,2	1,3	2,9	11,8	10,6	5,2	13,8	−14,7
3,5	11,7	1,3							

1.45. Salarios de atletas. Los jugadores del equipo de béisbol de los Orioles de Baltimore en EE UU fueron los mejor pagados durante la liga estadounidense de 1998. He aquí sus salarios en miles de dólares. (Por ejemplo, 6.495 significa 6.495.000 dólares.)

6.495	6.486	6.300	6.269	5.442	5.391	3.600	3.600	3.583
3.089	2.850	2.500	1.950	1.663	1.367	1.333	1.150	900
856	800	800	665	650	450	450	170	170

1.46. Valor neto de un patrimonio. El valor neto de un patrimonio es el valor total de las posesiones e inversiones menos las deudas totales. En 1997 el valor medio y la mediana de los patrimonios europeos eran de 51.000 y 212.000 €, respectivamente. ¿Cuál de estos valores corresponde a la media? ¿Y a la mediana? Justifica tus respuestas.

1.47. Salarios millonarios de los jugadores de la NBA. En un artículo se comenta que de los 411 jugadores de la NBA (National Basketball Association) sólo 139 ganaban más de 2,36 millones de dólares. En el artículo no queda claro si 2,36 es la media o la mediana de las ganancias de los jugadores de baloncesto de la NBA. ¿Tú que crees, que es la media o la mediana? ¿Por qué?

1.48. ¿Media o mediana? En cada una de las situaciones siguientes, ¿qué medida de centro deberías utilizar, la media o la mediana?

(a) El Ayuntamiento de Barcelona está considerando la posibilidad de aplicar un nuevo impuesto sobre los ingresos de los hogares de la ciudad. Para ello, quiere conocer los ingresos totales de los hogares.

(b) En un estudio sobre el nivel de vida de los barceloneses, un sociólogo quiere conocer la renta típica de un hogar de la ciudad.

1.49. Vamos a hacer un ejercicio sobre la desviación típica. Debes escoger cuatro números entre el 0 y el 10 (se pueden escoger números repetidos) de manera que:

(a) La desviación típica de estos números sea la más pequeña posible.

(b) La desviación típica de estos números sea la mayor posible.

(c) ¿Hay más de una posibilidad en (a) y (b)? Justifica tu respuesta.

1.4 Distribuciones normales

Ahora disponemos de un conjunto de herramientas gráficas y numéricas para describir distribuciones. Es más, disponemos de una estrategia clara para explorar datos de una variable cuantitativa:

1. Siempre representa gráficamente tus datos, habitualmente con un diagrama de tallos o con un histograma.
2. Identifica su aspecto general (forma, centro y dispersión) y las desviaciones sorprendentes, como son las observaciones atípicas.
3. Calcula un resumen numérico para describir de forma breve el centro y la dispersión de la distribución.

4. He aquí un elemento más que hay que añadir a esta estrategia: algunas veces la forma de la distribución de un gran número de observaciones es tan regular que la podemos describir mediante una curva lisa.

1.4.1 Curvas de densidad

La figura 1.13 es un histograma sobre las notas de Lengua de los 947 estudiantes de séptimo curso de la ciudad de Gary, Indiana, EE UU, en un examen a nivel nacional.[12] Las notas de muchos estudiantes tienen una distribución bastante regular. El histograma es simétrico, ya que ambos lados disminuyen de forma suave desde el pico central. No hay espacios vacíos destacables ni observaciones atípicas. La curva dibujada a través de la parte alta de las barras del histograma de la figura 1.13 es una buena descripción del aspecto general de los datos. Esta curva es un **modelo matemático** de la distribución, es decir, es una descripción idealizada. La curva de densidad describe de forma compacta el aspecto general de los datos, ignora las pequeñas irregularidades así como las observaciones atípicas.

Modelo matemático

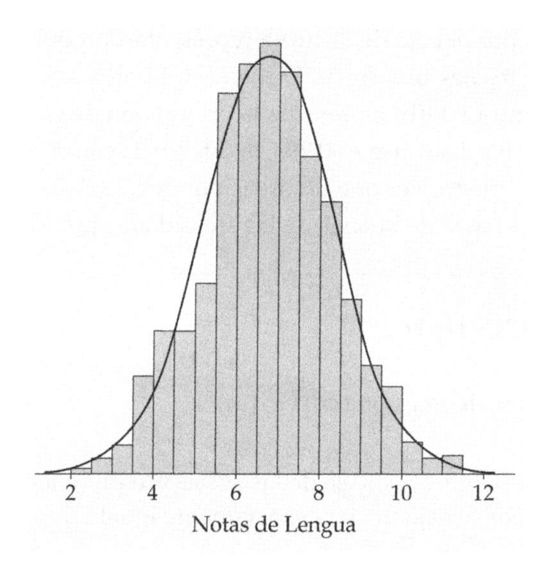

Figura 1.13. Histograma de las notas de Lengua de todos los alumnos de séptimo curso de la ciudad de Gary, Indiana, EE UU. La curva muestra la forma de la distribución.

[12]Datos proporcionados por Celeste Foster, Departamento de Educación, Purdue University.

Veremos que es más fácil trabajar con la curva de la figura 1.13 que con el histograma. La razón es que el histograma depende de la elección que hacemos de las clases. Con un poco de cuidado podemos utilizar una curva que no dependa de ninguna decisión nuestra. Veamos cómo hacerlo.

EJEMPLO 1.11. De un histograma a una curva de densidad

Nuestra vista observa las *áreas* de las barras de un histograma. Estas áreas representan proporciones de observaciones. La figura 1.14(a) es una copia de la figura 1.13 en la que se han sombreado las barras de la izquierda. Estas barras sombreadas representan a los estudiantes con notas de Lengua menores o iguales a 6,0. Hay 287 estudiantes de este tipo, que representan en total la proporción $\frac{287}{947} = 0{,}303$ de todos los estudiantes de séptimo curso de Gary.

Ahora fíjate en la curva trazada sobre las barras. En la figura 1.14(b), se ha sombreado el área por debajo de la curva situada a la izquierda de 6,0. Ajusta la escala del gráfico de manera que *el área total por debajo de la curva sea exactamente 1.* Este área representa la proporción 1, es decir, la totalidad de las observaciones. Por tanto, las áreas por debajo de la curva representan proporciones de observaciones. Ahora, la curva es una *curva de densidad.* El área sombreada por debajo de la curva de la figura 1.14(b) representa la proporción de estudiantes con notas menores o iguales a 6,0. Este área es 0,293, la diferencia con el área del histograma es solamente 0,010. Puedes ver que las áreas por debajo de la curva de densidad dan aproximaciones bastante buenas de las áreas dadas por el histograma. ■

CURVA DE DENSIDAD

Una **curva de densidad** es una curva que:

- se halla siempre en el eje de las abscisas o por encima de él, y
- define por debajo un área exactamente igual a 1.

Una curva de densidad describe el aspecto general de una distribución. El área por debajo de la curva, y entre cualquier intervalo de valores, es la proporción de todas las observaciones que están situadas en dicho intervalo.

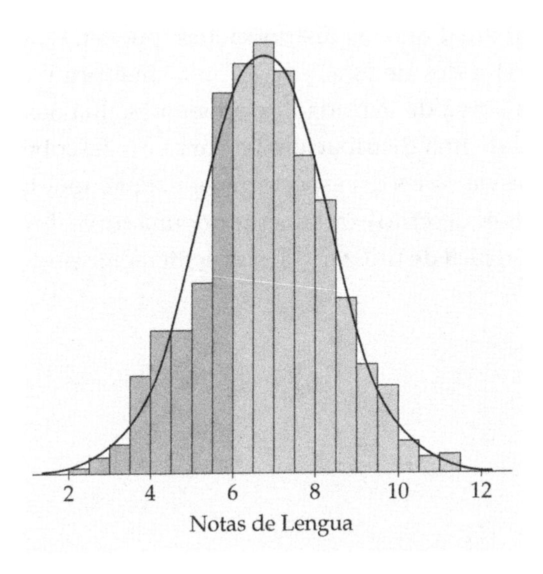

Figura 1.14(a). A partir del histograma, la proporción de notas menores o iguales que 6,0 es 0,303.

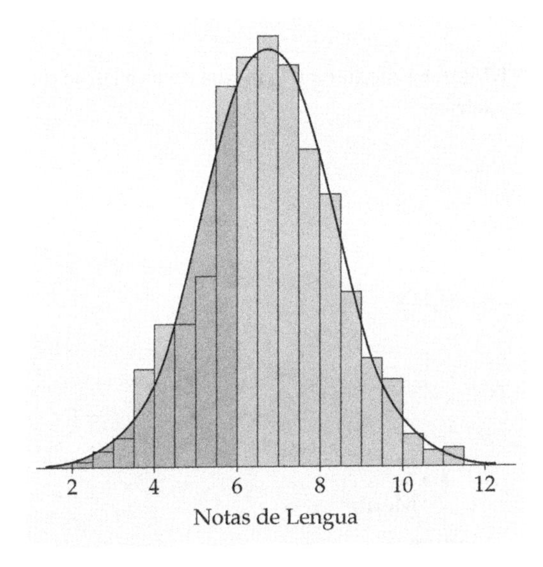

Figura 1.14(b). A partir de la curva de densidad, la proporción de notas menores o iguales que 6,0 es 0,293.

Curva normal

La curva de densidad de las figuras 1.13 y 1.14 son **curvas normales**. Las curvas de densidad, al igual que las distribuciones, pueden tener muchas formas. La figura 1.15 muestra dos de estas curvas: una simétrica y otra asimétrica hacia la derecha. Una curva de densidad es, a menudo, una descripción adecuada del aspecto general de una distribución. La curva no describe las observaciones atípicas, que son desviaciones del aspecto general. Por supuesto que ningún conjunto de datos reales es descrito exactamente por una curva de densidad. La curva es una aproximación fácil de utilizar y lo suficientemente precisa para ser utilizada en la práctica.

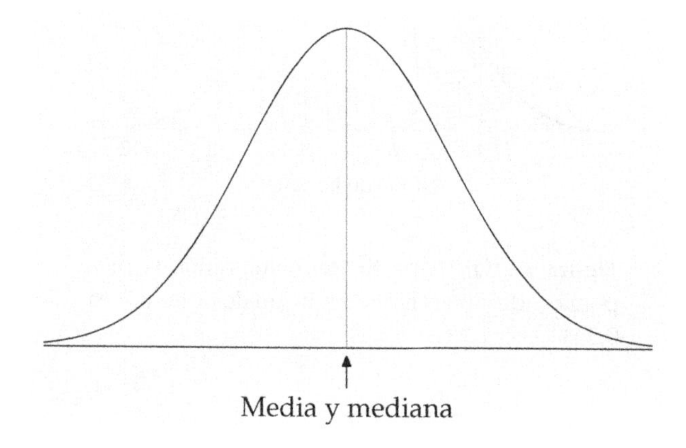

Figura 1.15(a). La mediana y la media de una curva de densidad simétrica.

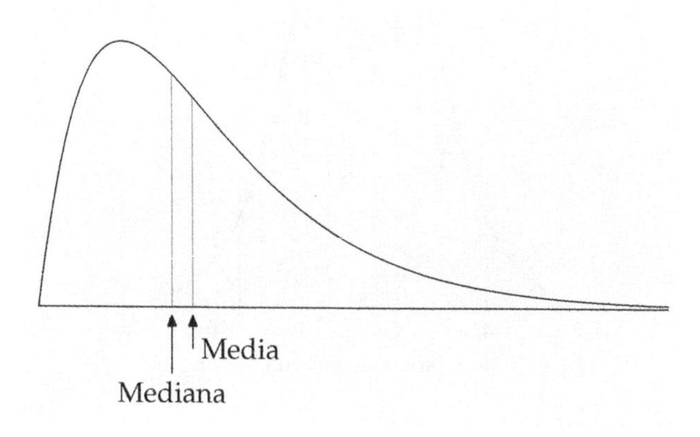

Figura 1.15(b). La mediana y la media de una curva de densidad asimétrica hacia la derecha.

1.4.2 Mediana y media de una curva de densidad

Nuestras medidas de centro y de dispersión se aplican tanto a las curvas de densidad como a los datos reales. La mediana y los cuartiles son fáciles de calcular.

Las áreas por debajo de una curva de densidad representan proporciones del número total de observaciones. La mediana es el punto del eje de las abscisas que tiene el mismo número de observaciones a ambos lados. En consecuencia, **la mediana de una curva de densidad es el punto del eje de abscisas que divide la curva en dos áreas iguales**, es decir, el punto que tiene la mitad del área por debajo de la curva de densidad a su izquierda y la otra mitad a su derecha. Los cuartiles dividen el área por debajo de la curva en cuatro partes iguales. Una cuarta parte del área por debajo de la curva queda a la izquierda del primer cuartil, y tres cuartas partes del área quedan a la izquierda del tercer cuartil. Puedes localizar, aproximadamente, la mediana y los cuartiles de cualquier curva de densidad a simple vista, dividiendo el área por debajo de la curva en cuatro partes iguales.

Debido a que las curvas de densidad son distribuciones idealizadas, una curva de densidad simétrica es exactamente simétrica. La mediana de una curva de densidad simétrica se encuentra, por tanto, en su centro. La figura 1.15(a) muestra la mediana de una curva simétrica. No es fácil situar el punto del eje de las abscisas que divide una curva de densidad asimétrica en dos áreas iguales, pero existen métodos matemáticos para encontrar la mediana de cualquier curva de densidad. Hemos utilizado uno de estos métodos para señalar la mediana en la curva de densidad de la figura 1.15(b).

¿Qué se puede decir acerca de la media? La media de un conjunto de observaciones es su media aritmética. Si pensamos en las observaciones como pesos distribuidos a lo largo de una vara, la media es el punto de equilibrio de la vara. Este hecho también es cierto para las curvas de densidad. **La media es el punto en el que se equilibraría el área por debajo de la curva si estuviera constituida por un material sólido**. La figura 1.16 ilustra este hecho. Una curva simétrica se equilibra en su centro ya que los dos lados son idénticos. Por tanto, **la media y la mediana de una curva de densidad simétrica son iguales**, tal como ilustra la figura Figura 1.15(a). Sabemos que la media de una distribución asimétrica está desplazada hacia la cola larga. La figura 1.15(b) muestra cómo la media de una curva de densidad asimétrica está más desplazada hacia la cola larga que la mediana. Es difícil localizar a simple vista el punto de equilibrio de una curva asimétrica. Existen procedimientos matemáticos para calcular la media de cualquier curva de densidad; utilizándolos fuimos capaces tanto de localizarla en la figura 1.15(b) como de situar en ella la mediana.

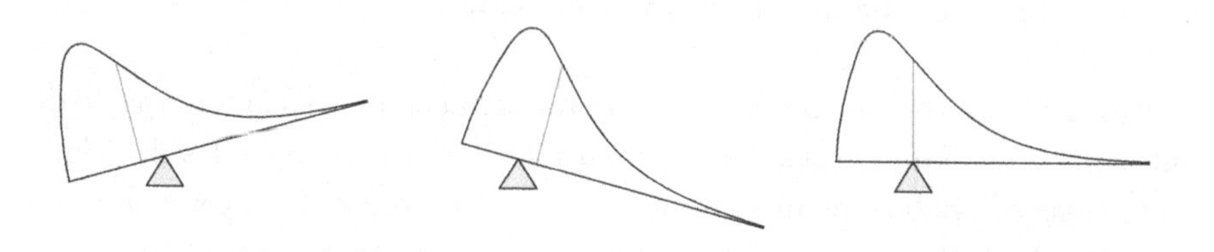

Figura 1.16. La media sería el punto de equilibrio del área por debajo de la curva en caso de que estuviera constituida por un material sólido.

MEDIANA Y MEDIA DE UNA CURVA DE DENSIDAD

La **mediana** de una curva de densidad es el punto que divide el área por debajo de la curva en dos mitades iguales.

La **media** de una curva de densidad es el punto de equilibrio, aquel en el que la curva se equilibraría si ésta estuviera hecha de un material sólido.

La mediana y la media son iguales en el caso de curvas de densidad simétricas. Las dos se encuentran en el centro de la curva. La media de una curva asimétrica se desplaza de la mediana, hacia la cola larga.

A simple vista podemos situar de una manera aproximada la media, la mediana y los cuartiles de una curva de densidad. Esto no ocurre con la desviación típica. Cuando sea necesario podemos acudir a métodos matemáticos más avanzados para conocer el valor de la desviación típica. El estudio de estos métodos matemáticos forma parte de la estadística teórica. Aunque nos centremos en la estadística aplicada, a menudo utilizaremos los resultados de los estudios matemáticos.

Media μ

Desviación típica σ

Como una curva de densidad es una descripción idealizada de la distribución de datos, necesitamos distinguir entre la media y la desviación típica de una curva de densidad, y la media $\bar{x}$ y la desviación típica s calculada a partir de observaciones reales. La notación habitual de la media de una distribución idealizada es μ (la letra griega my). La desviación típica de una curva de densidad se representa por σ (la letra griega sigma minúscula).

APLICA TUS CONOCIMIENTOS

1.50.(a) Dibuja una curva de densidad que sea simétrica pero que tenga una forma distinta a la curva de la figura 1.15(a).

(b) Dibuja una curva de densidad que sea muy asimétrica hacia la izquierda.

1.51. La figura 1.17 muestra la curva de densidad de una *distribución uniforme*. La curva toma el valor constante 1 para todos los valores situados en el intervalo definido entre 0 y 1, y el valor 0 para los restantes valores. Esto significa que los datos descritos por esta distribución toman valores con una dispersión uniforme entre 0 y 1. Utiliza las áreas por debajo de la curva de densidad para responder a las siguientes preguntas:

(a) ¿Por qué el área total por debajo de la curva es igual a 1?

(b) ¿Qué porcentaje de las observaciones es mayor que 0,8?

(c) ¿Qué porcentaje de las observaciones es menor que 0,6?

(d) ¿Qué porcentaje de las observaciones queda entre 0,25 y 0,75?

(e) ¿Cuál es la media μ de esta distribución?

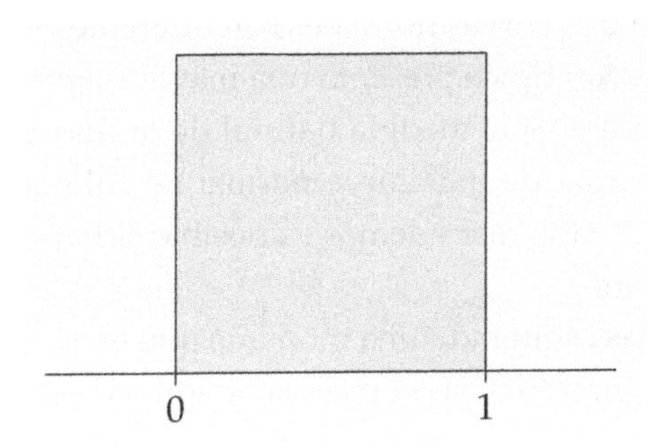

Figura 1.17. La curva de densidad de la distribución uniforme del ejercicio 1.51.

1.52. La figura 1.18 muestra tres curvas de densidad. En cada una de ellas se han señalado tres puntos. ¿Cuáles corresponden a la media y cuáles a la mediana?

1.4.3 Distribuciones normales

Una clase particularmente importante de curvas de densidad se ha visto ya en las figuras 1.13 y 1.15(a). Estas curvas son simétricas, con un solo pico y tienen forma

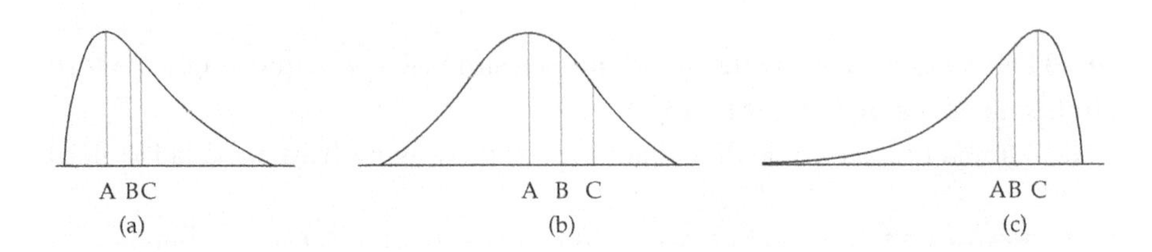

Figura 1.18. Las tres curvas de densidad del ejercicio 1.52.

Distribuciones normales

de campana. Se les llama *curvas normales* y describen las **distribuciones normales**. Todas las distribuciones normales tienen el mismo aspecto. La curva de densidad exacta de una distribución normal concreta se describe dando su media μ y su desviación típica σ. La media se sitúa en el centro de la curva simétrica, en el mismo lugar que la mediana. Si se cambia μ sin cambiar σ se provoca un desplazamiento de la curva de densidad a lo largo del eje de las abscisas sin que cambie su dispersión. La desviación típica σ controla la dispersión de la curva normal. La figura 1.19 muestra dos curvas normales con diferentes valores de σ. La curva con una mayor desviación típica presenta una mayor dispersión.

La desviación típica σ es la medida natural de la dispersión de las distribuciones normales. La forma de una curva normal no sólo queda completamente determinada por μ y σ, sino que además es posible situar σ a simple vista en la curva. Vamos a ver cómo.

Imagínate que bajas esquiando una montaña que tiene la forma de una curva normal. Al principio, cuando dejas el pico, la pendiente es muy fuerte.

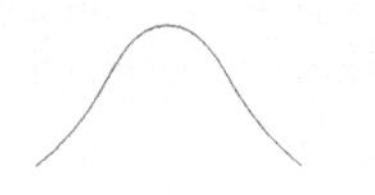

Afortunadamente, antes de encontrarte al final de la pendiente, ésta se hace más suave:

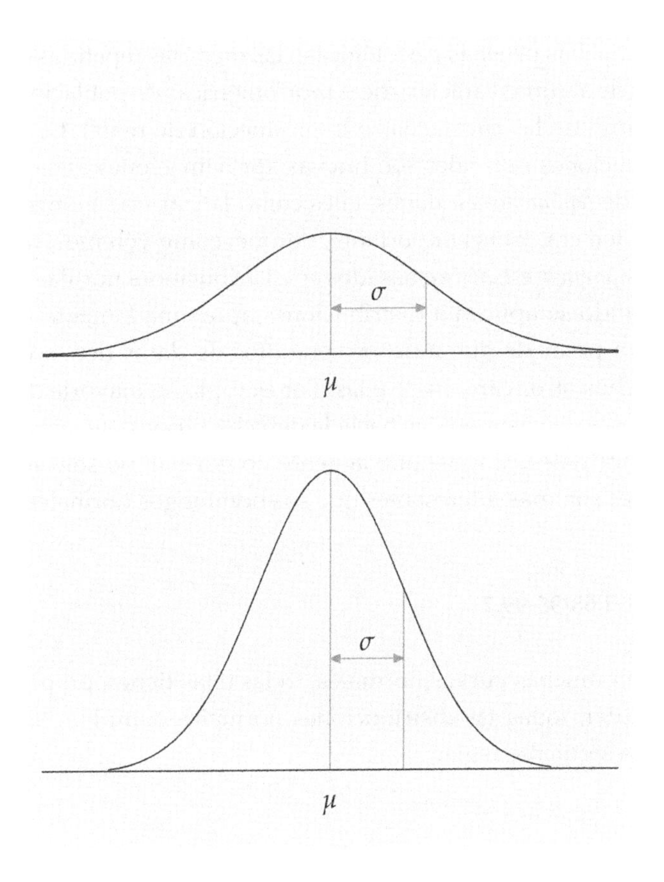

Figura 1.19. Dos curvas normales que muestran la media μ y la desviación típica σ.

Los puntos en los que tiene lugar este cambio de curvatura se hallan a una distancia σ, a ambos lados de la media μ. Puedes percibir este cambio si repasas la curva con un lápiz y, por tanto, puedes hallar la desviación típica. Recuerda que en general μ y σ no describen de manera completa la forma de la mayor parte de las distribuciones, y que la forma de la curva de densidad no nos permite conocer σ. Esto solamente ocurre para las distribuciones normales.

¿Por qué son tan importantes las distribuciones normales en estadística? Hay tres razones. La primera, porque las distribuciones normales son buenas descripciones de algunas distribuciones de *datos reales*. Distribuciones que se aproximan a la normal son, por ejemplo, las de los resultados de un examen que hace mucha gente (como, por ejemplo, las notas de las pruebas de acceso a la universidad o los resultados de muchas pruebas psicológicas), las medidas repetidas de una misma cantidad, y las de algunas características morfométricas de poblaciones biológicas (como la longitud de las cucarachas o la producción de maíz). La segunda, porque las distribuciones normales son buenas aproximaciones a los resultados de muchos tipos de *fenómenos aleatorios*, tales como lanzar una moneda al aire muchas veces. La tercera, y más importante, porque, como veremos, muchos procedimientos de *inferencia estadística* basados en distribuciones normales, dan buenos resultados cuando se aplican a distribuciones aproximadamente simétricas. De todas formas, a pesar de que muchos conjuntos de datos tienen distribuciones normales, muchos otros carecen de ellas. Por ejemplo, la mayoría de las distribuciones de ingresos son asimétricas hacia la derecha y, por tanto, no son normales. Los datos no normales, al igual que la gente no normal, no sólo son frecuentes, sino que a veces son más interesantes que sus homólogos normales.

1.4.4 Regla del 68-95-99,7

Aunque existen muchas curvas normales, todas ellas tienen propiedades comunes. En particular, todas las distribuciones normales cumplen las propiedades descritas por la siguiente regla.

LA REGLA DEL 68-95-99,7

En una distribución normal de media μ y desviación típica σ:

- El **68%** de todas las observaciones se encuentran dentro del intervalo $\mu \pm \sigma$.
- El **95%** de todas las observaciones se encuentran dentro del intervalo $\mu \pm 2\sigma$.
- El **99,7%** de todas las observaciones se encuentran dentro del intervalo $\mu \pm 3\sigma$.

La figura 1.20 ilustra la regla del 68-95-99,7. Recordando estos tres números, puedes caracterizar una distribución normal sin realizar cálculos muy detallados.

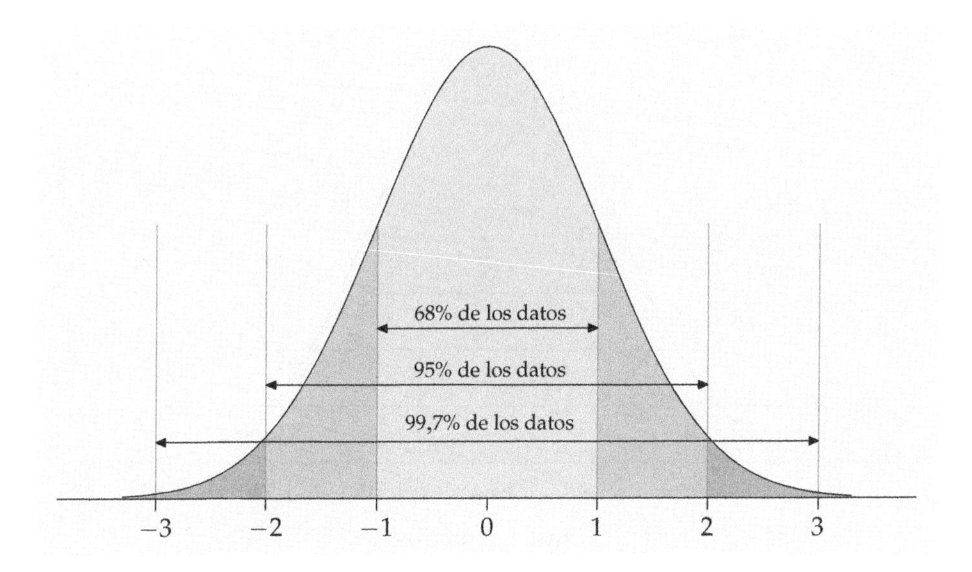

Figura 1.20. La regla del 68-95-99,7 para distribuciones normales.

EJEMPLO 1.12. Utilización de la regla del 68-95-99,7

La distribución de las alturas de las chicas entre 18 y 24 años es aproximadamente normal con media $\mu = 1{,}64$ m y desviación típica $\sigma = 0{,}06$ m. La figura 1.21 muestra la aplicación de la regla 68-95-99,7 a este ejemplo.

Para esta distribución, dos veces la desviación típica es igual a 0,12. El 95 de la regla del 68-95-99,7 indica que el 95% central de las chicas miden entre $1{,}64 - 0{,}12$ y $1{,}64 + 0{,}12$ m de altura, es decir, entre 1,52 y 1,76 m. Esto es exactamente así para una distribución exactamente normal. Es aproximadamente cierto para las alturas de las chicas, ya que la distribución de alturas es aproximadamente normal.

El 5% restante de las chicas tienen alturas situadas fuera del intervalo que va de 1,52 a 1,76 m. Debido a que las distribuciones normales son simétricas, la mitad de estas chicas estarán situadas en la parte alta. Es decir, el 2,5% de las chicas más altas miden más de 1,76 m.

El 99,7 de la regla del 68-95-99,7 indica que prácticamente todas las chicas (el 99,7%) tienen alturas entre $\mu - 3\sigma$ y $\mu + 3\sigma$. Este intervalo de alturas va desde 1,46 hasta 1,82 m. ■

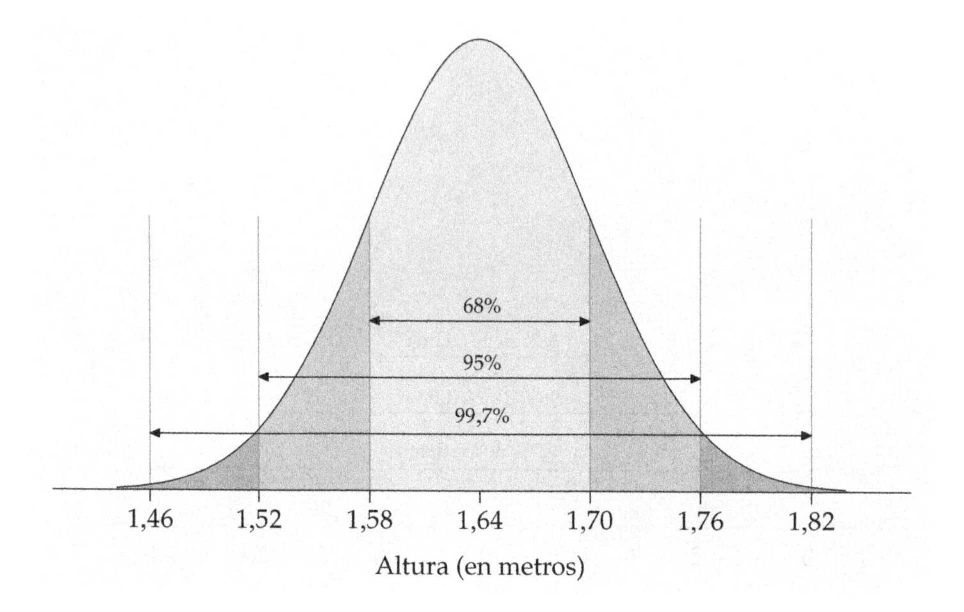

Figura 1.21. La regla del 68-95-99,7 aplicada a la distribución de las alturas de chicas. Aquí, $\mu = 1{,}64$ m y $\sigma = 0{,}06$ m.

Como utilizaremos las distribuciones normales con frecuencia, es útil introducir una notación breve. Nos referimos a una distribución normal de media μ y de desviación típica σ, como a una $N(\mu, \sigma)$. Por ejemplo, la distribución de las alturas de las chicas es una $N(1{,}64, 0{,}06)$.

APLICA TUS CONOCIMIENTOS

1.53. Alturas de hombres. La distribución de alturas de los hombres adultos es aproximadamente normal, con una media de 1,75 m y una desviación típica de 0,06 m. Dibuja una curva normal en la que sitúes correctamente su media y su desviación típica. (Sugerencia: primero dibuja la curva, localiza sobre ella los puntos de inflexión y proyecta estos puntos sobre el eje de las abscisas.)

1.54. Más sobre alturas de hombres. La distribución de las alturas de los hombres adultos es aproximadamente normal con una media de 1,75 m y desviación típica de 0,06 m. Usa la regla del 68-95-99,7 para responder a las siguientes preguntas:

(a) ¿Qué porcentaje de hombres son más altos que 1,87 m?
(b) ¿Entre qué alturas se encuentra el 95% central de la población de hombres?
(c) ¿Qué porcentaje de hombres tiene una altura inferior a 1,69 m?

1.55. Coeficientes de inteligencia. La distribución de los coeficientes de inteligencia de hombres entre 20 y 34 años tiene aproximadamente una distribución normal de media $\mu = 110$ y desviación típica $\sigma = 25$. Utiliza la regla del 68-95-99,7 para responder a las siguientes preguntas:

(a) De los hombres entre 20 y 34 años, ¿qué porcentaje tiene un coeficiente intelectual superior a 110?

(b) ¿Qué porcentaje tiene un coeficiente intelectual superior a 160?

(c) ¿En qué intervalo se encuentra el 95% central de la población?

1.4.5 Distribución normal estandarizada

Tal como sugiere la regla del 68-95-99,7, todas las distribuciones normales comparten muchas propiedades comunes. De hecho, todas ellas son iguales si tomamos como unidad de medida σ a partir de un centro que es la media μ. Pasar a estas unidades se llama *estandarizar*. Para estandarizar un valor, réstale la media de la distribución y luego divídelo por la desviación típica.

ESTANDARIZACIÓN Y VALORES Z

Si x es una observación de una distribución de media μ y desviación típica σ, el **valor estandarizado** de x es

$$z = \frac{x - \mu}{\sigma}$$

Los valores estandarizados se llaman a menudo **valores z.**

Un valor z nos dice a cuántas desviaciones típicas se encuentra la observación original de la media y en qué dirección. Las observaciones mayores que la media son positivas y las menores, negativas.

EJEMPLO 1.13. Estandarización de las alturas de las chicas

La distribución de las alturas de las chicas es aproximadamente normal con $\mu = 1{,}64$ m y $\sigma = 0{,}06$ m. La altura estandarizada es

$$z = \frac{\text{altura} - 1{,}64}{0{,}06}$$

La altura estandarizada de una chica es el número de desviaciones típicas que su altura difiere de la media de las alturas de todas las chicas. Por ejemplo, una chica de 1,72 m de altura tiene una altura estandarizada de

$$z = \frac{1{,}72 - 1{,}64}{0{,}06} = 1{,}33$$

o, lo que es lo mismo, su altura es 1,33 desviaciones típicas mayor que la media. De manera similar, una chica de 1,56 m tiene una altura estandarizada de

$$z = \frac{1{,}56 - 1{,}64}{0{,}06} = -1{,}33$$

es decir, 1,33 desviaciones típicas menos que la altura media. ■

Si la variable que estandarizamos tiene una distribución normal, la estandarización no hace más que dar una escala común. La estandarización transforma todas las distribuciones normales en una sola distribución, y ésta sigue siendo normal. La estandarización de una variable que tenga una distribución normal genera una nueva variable que tiene la *distribución normal estandarizada*.

DISTRIBUCIÓN NORMAL ESTANDARIZADA

La **distribución normal estandarizada** es la distribución normal $N(0, 1)$ de media 0 y desviación típica 1.

Si una variable x tienen una distribución normal $N(\mu, \sigma)$ de media μ y desviación típica σ, entonces la variable estandarizada

$$z = \frac{x - \mu}{\sigma}$$

tiene una distribución normal estandarizada.

APLICA TUS CONOCIMIENTOS

1.56. SAT versus ACT. Meritxell obtuvo 680 puntos en el examen de Matemáticas de la prueba SAT (*Scholastic Assessment Test*) de acceso a la universidad en EE UU. La distribución de las notas de Matemáticas en la prueba SAT es normal con media igual a 500 y desviación típica igual a 100. Clara obtuvo 27 puntos en el examen de Matemáticas de otra prueba de acceso a la universidad también en EE UU, la prueba ACT (*American College Testing*). Las notas de Matemáticas en la prueba ACT tienen también una distribución normal pero de media 18 y desviación típica 6. Halla las notas estandarizadas de ambas estudiantes. Suponiendo que los dos exámenes sean similares, ¿qué estudiante obtuvo mayor puntuación?

1.4.6 Cálculos con distribuciones normales

El área por debajo de una curva de densidad es una proporción de observaciones de una distribución. Cualquier pregunta sobre qué proporción de observaciones se encuentra en algún intervalo de valores se puede responder hallando el área por debajo de la curva en ese intervalo. Como todas las distribuciones normales son la misma cuando las estandarizamos, podemos hallar las áreas por debajo de cualquier curva normal utilizando una sola tabla, una tabla que da las áreas por debajo de la curva normal estandarizada.

EJEMPLO 1.14. Utilización de la distribución normal estandarizada

¿Qué proporción de todas las chicas miden menos de 1,72 m? Esta proporción es el área por debajo de la $N(1{,}64, 0{,}06)$ situada a la izquierda de 1,72. Como la altura estandarizada correspondiente a 1,72 es

$$z = \frac{x - \mu}{\sigma} = \frac{1{,}72 - 1{,}64}{0{,}06} = 1{,}33$$

este área es la misma que el área por debajo de la curva normal estandarizada situada a la izquierda de $z = 1{,}33$. La figura 1.22(a) muestra este área. ■

Muchas calculadoras dan las áreas por debajo de una curva normal estandarizada. Si tu calculadora no lo hace, la tabla A, que se encuentra al final del libro, da algunas de estas áreas.

LA TABLA NORMAL ESTANDARIZADA

La **tabla A** es la tabla de las áreas por debajo de la curva normal estandarizada. El valor de la tabla correspondiente a cada valor de z es el área por debajo de la curva situada a la izquierda de z.

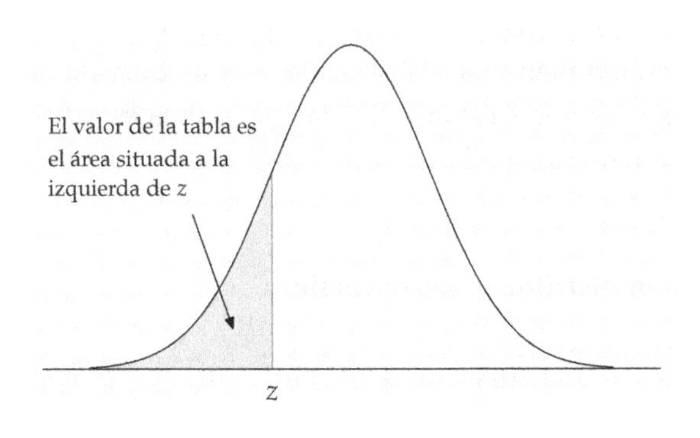

EJEMPLO 1.15. Utilización de la tabla normal estandarizada

Problema: Halla la proporción de observaciones de la distribución normal estandarizada que son menores que 1,33.

Solución: Para hallar el área situada a la izquierda de 1,33, localiza 1,3 en la columna de la izquierda de la tabla A, luego localiza el dígito restante 3 como 0,03 en la fila superior. El valor del área viene dado, en el cuerpo central de la tabla, en el lugar donde se cruzan la fila donde se halla 1,3 y la columna donde está 0,03. Este valor es 0,9082. La figura 1.22(a) ilustra la relación entre el valor de $z = 1{,}33$ y el área 0,9082. Debido a que $z = 1{,}33$ es el valor estandarizado de 1,72 m, la proporción de chicas que miden menos de 1,72 m es 0,9082 (cerca del 91%).

Problema: Halla la proporción de observaciones de la distribución normal estandarizada que son mayores que −2,15.

Solución: Entra en la tabla A con el valor $z = -2{,}15$. Es decir, halla −2,1 en la columna de la izquierda y 0,05 en la fila superior. El valor de la tabla es 0,0158. Este valor es el área situada a la izquierda de −2,15. Como el área total por debajo de la curva es 1, el área situada a la derecha de −2,15 es $1 - 0{,}0158 = 0{,}9842$. La figura 1.22(b) ilustra estas áreas. ■

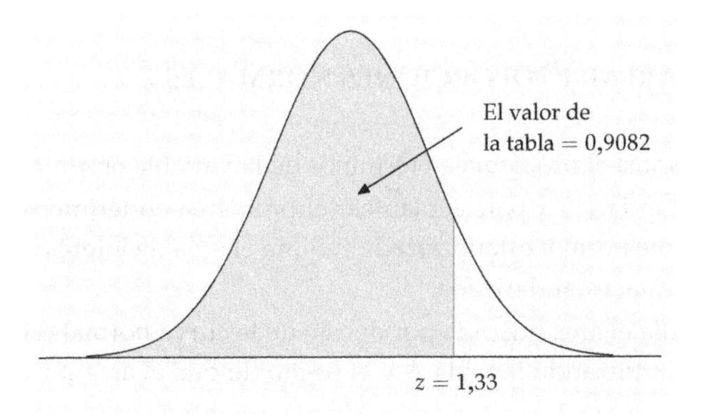

Figura 1.22(a). Área por debajo de una curva normal estandarizada situada a la izquierda del punto $z = 1{,}33$ es 0,9082. La tabla A proporciona las áreas por debajo de la curva normal estandarizada.

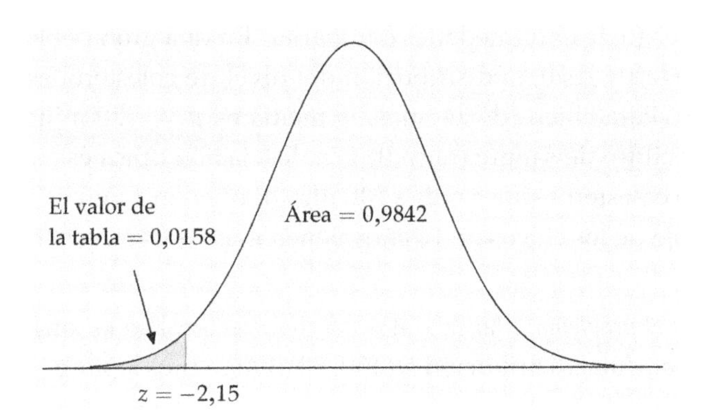

Figura 1.22(b). Áreas por debajo de la curva normal estandarizada situadas a la derecha y a la izquierda de $z = -2{,}15$. La tabla A sólo da las áreas situadas a la izquierda de z.

Podemos responder a cualquier pregunta sobre proporciones de observaciones de una distribución normal, estandarizando y luego utilizando la tabla normal estandarizada. He aquí un resumen del método para hallar la proporción de la distribución en cualquier región.

CÓMO HALLAR PROPORCIONES NORMALES

1. Plantea el problema en términos de la variable observada x.
2. Estandariza x para replantear el problema en términos de la variable normal estandarizada z. Sitúa el área de interés en la curva normal estandarizada.
3. Halla el área buscada por debajo de la curva normal estandarizada, utilizando la tabla A y el hecho de que el área por debajo de la curva es 1.

EJEMPLO 1.16. Cálculos con distribuciones normales

El nivel de colesterol en la sangre es importante, ya que un nivel alto puede aumentar el riesgo de enfermedades coronarias. En una gran población de gente de la misma edad y sexo, la distribución del nivel de colesterol es aproximadamente normal. Para chicos de 14 años, la media es $\mu = 170$ miligramos de colesterol por decilitro de sangre (mg/dl) y la desviación típica es $\sigma = 30$ mg/dl.[13] Los niveles de colesterol superiores a 240 mg/dl pueden exigir atención médica. ¿Qué porcentaje de los chicos de 14 años tienen más de 240 mg/dl de colesterol?

1. *Plantea el problema.* Llama x al nivel de colesterol en la sangre x. La variable x tiene una distribución $N(170, 30)$. Queremos la proporción de chicos con $x > 240$.
2. *Estandariza.* Resta la media, luego divide por la desviación típica, para convertir x en una z normal estandarizada:

$$\begin{aligned} x &> 240 \\ \frac{x - 170}{30} &> \frac{240 - 170}{30} \\ z &> 2{,}33 \end{aligned}$$

[13] P. S. Levy *et al.*, "Total serum cholesterol values for youths 12-17 years", *Vital and Health Statistics Series 11*, nº 150, 1975, U.S. National Center for Health Statistics.

La figura 1.23 muestra la curva normal estandarizada. Se ha sombreado el área de interés.

3. *Utiliza la tabla.* En la tabla A vemos que la proporción de observaciones menores que 2,33 es 0,9901. Cerca del 99% de los chicos tienen niveles de colesterol menores que 240. El área situada a la derecha de 2,33 es, por tanto, 1 − 0,9901 = 0,0099. Este área es aproximadamente 0,01, o un 1%. Sólo un 1% de los chicos tienen niveles de colesterol tan altos. ■

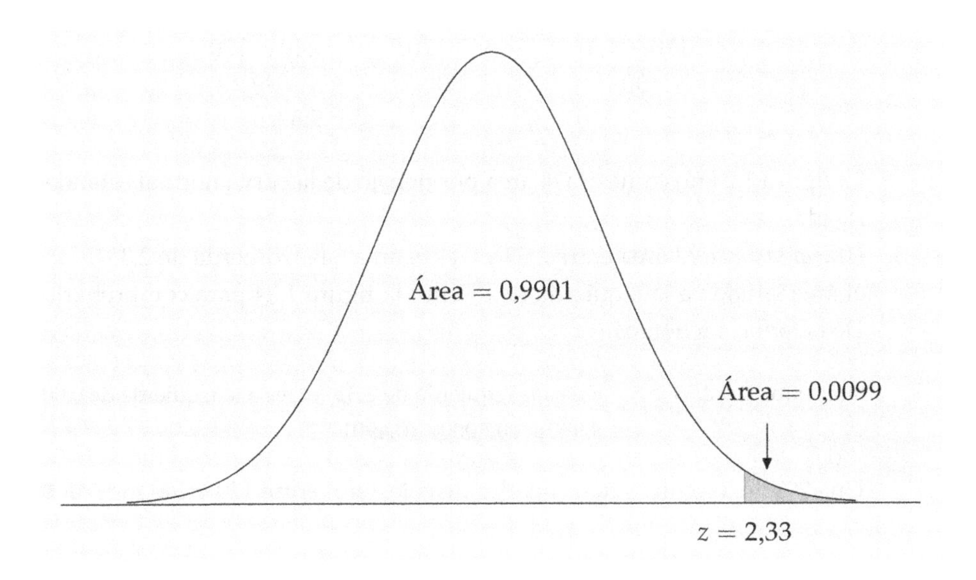

Figura 1.23. Las áreas por debajo de la curva normal estandarizada del ejemplo 1.16.

En una distribución normal, la proporción de observaciones con $x > 240$ es igual que la proporción de observaciones con $x \geq 240$. El área por debajo de la curva y exactamente encima de 240 es cero, por consiguiente, las áreas por debajo de la curva con $x > 240$ y $x \geq 240$ son iguales. Esto no es cierto en el caso de datos reales. Puede haber un chico con exactamente 240 mg/dl de colesterol en la sangre. La distribución normal es sólo una aproximación fácil de utilizar, no es una descripción de cada uno de los detalles de los datos reales.

Para que no te equivoques cuando utilices un programa estadístico o cuando uses la tabla A para hacer cálculos con distribuciones normales, te aconsejamos que hagas un dibujo de una normal y señales el área que quieres; luego, fíjate en el área que te da la tabla o el programa estadístico. He aquí un ejemplo.

EJEMPLO 1.17. Más sobre cálculos con distribuciones normales

¿Qué porcentaje de chicos de 14 años tienen un nivel de colesterol en la sangre entre 170 y 240 mg/dl?

1. *Plantea el problema*. Estamos interesados en conocer la proporción de chicos con $170 \leq x \leq 240$.
2. *Estandariza*:

$$\begin{array}{ccccc} 170 & \leq & x & \leq & 240 \\ \dfrac{170-170}{30} & \leq & \dfrac{x-170}{30} & \leq & \dfrac{240-170}{30} \\ 0 & \leq & z & \leq & 2{,}33 \end{array}$$

   La figura 1.24 nos muestra el área por debajo de la curva normal estandarizada.
3. *Utiliza la tabla*. El área entre 2,33 y 0 es el área a la izquierda de 2,33 *menos* el área situada a la izquierda de 0. Mira la figura 1.24 para comprobarlo. De la tabla A tenemos,

$$\begin{aligned} \text{área entre 0 y 2,33} &= \text{área a la izquierda de 2,33} - \text{área a la izquierda de 0,00} \\ &= 0{,}9901 - 0{,}5000 = 0{,}4901 \end{aligned}$$

   Un 49% de los chicos tiene niveles de colesterol entre 170 y 240 mg/dl. ■

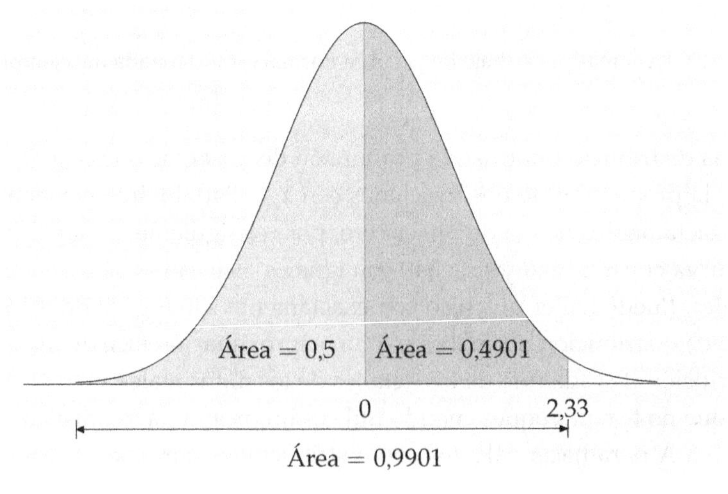

Figura 1.24. Las áreas por debajo de la curva normal estandarizada del ejemplo 1.17.

¿Qué habría ocurrido si hubiéramos encontrado una z que quedara fuera del intervalo de valores cubierto por la tabla A? Los valores z de la tabla A sólo dejan un área de 0,0002 en cada una de las colas. A efectos prácticos podemos considerar que el área por debajo de la curva normal estandarizada fuera del intervalo de valores z cubierto por la tabla es 0.

APLICA TUS CONOCIMIENTOS

1.57. Utiliza la tabla A para hallar proporciones de observaciones a partir de la distribución normal estandarizada que satisfagan cada una de las afirmaciones siguientes. En cada caso, dibuja la curva normal estandarizada y sombrea el área por debajo de la curva que corresponda.

(a) $z < 2{,}85$

(b) $z > 2{,}85$

(c) $z > -1{,}66$

(d) $-1{,}66 < z < 2{,}85$

1.58. Fuerza de tiro de una locomotora. Una importante medida del comportamiento de una locomotora es su adherencia, que es su fuerza de tiro expresada como un múltiplo de su peso. La adherencia de un determinado modelo de locomotora Diesel de 4.400 caballos de potencia varía según una distribución normal de media $\mu = 0{,}37$ y desviación típica $\sigma = 0{,}04$.

(a) ¿Qué proporción de adhesiones, expresadas como se ha comentado anteriormente, son mayores de 0,40?

(b) ¿Qué proporción de adhesiones se hallan entre 0,40 y 0,50?

(c) Las mejoras en el control informático de las locomotoras cambian la distribución normal de manera que $\mu = 0{,}41$ y $\sigma = 0{,}02$. Teniendo en cuenta estas mejoras, halla las proporciones en (a) y (b).

1.4.7 Cómo hallar un valor dada una proporción

Los ejemplos 1.16 y 1.17 ilustran la utilización de la tabla A para hallar la proporción de observaciones que satisfacen una determinada condición como, por ejemplo, que "el contenido de colesterol en la sangre esté entre 170 y 240 mg/dl". En cambio, nos podría interesar hallar el valor observado con una proporción dada de observaciones menores o mayores. Para ello, utiliza la tabla A en dirección contraria. Halla la proporción dada en el cuerpo central de la tabla, lee la z correspondiente a partir de la columna de la izquierda y de la fila superior, luego efectúa la operación contraria a la realizada al estandarizar para obtener el valor observado. He aquí un ejemplo.

EJEMPLO 1.18. Cálculos normales 'hacia atrás'

Las notas de Lengua en la prueba SAT (*Scholastic Assessment Test*) de acceso a la universidad de los estudiantes de secundaria estadounidenses tienen aproximadamente una distribución $N(505, 110)$. ¿Cuál debe ser la nota de un alumno para pertenecer al 10% de estudiantes que tienen mejores notas?

1. *Plantea el problema*. Queremos hallar la nota x con un área a su *derecha* de 0,1 por debajo de una curva normal de media $\mu = 505$ y desviación típica $\sigma = 110$. Es lo mismo que hallar la nota SAT x con un área de 0,9 a su *izquierda*. La figura 1.25 plantea el problema de forma gráfica. Como la tabla A sólo da las áreas situadas a la izquierda de los valores z, plantea siempre el problema en términos del área situada a la izquierda de x.
2. *Utiliza la tabla*. Busca en el cuerpo central de la tabla A el valor más cercano a 0,9. Es 0,8997. Este es el valor correspondiente a $z = 1{,}28$. Por tanto, $z = 1{,}28$ es el valor estandarizado con un área de 0,9 a su izquierda.
3. *Desestandariza* para expresar el valor z como un valor x de la distribución normal correspondiente. Sabemos que el valor estandarizado de la x desconocida es $z = 1{,}28$. Por tanto, x satisface

$$\frac{x - 505}{110} = 1{,}28$$

Despejando x en la ecuación, tenemos:

$$x = 505 + (1{,}28)(110) = 645{,}8$$

Esta ecuación tienen sentido: expresa que x se halla a 1,28 desviaciones típicas a la derecha de la media de esta distribución normal. Éste es el significado del valor de $z = 1{,}28$ "desestandarizado". Vemos que el estudiante debe tener una puntuación de al menos 646 para estar entre el 10% de los estudiantes mejores. ■

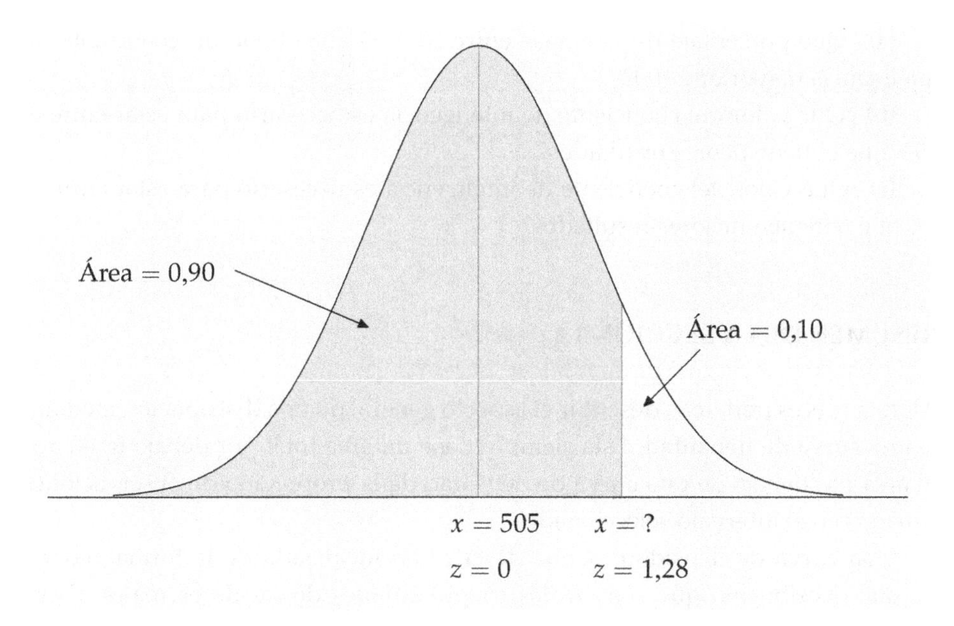

Figura 1.25. Localización del punto de una curva normal estandarizada con un área de 0,10 a su derecha.

He aquí la fórmula general para desestandarizar un valor z. Para hallar el valor x de la distribución normal con media μ y desviación típica σ correspondiente a un valor normal estandarizado z, utiliza

$$x = \mu + z\sigma$$

APLICA TUS CONOCIMIENTOS

1.59. Utiliza la tabla A para hallar el valor de z de una distribución normal estandarizada que cumpla cada una de las siguientes condiciones. (Utiliza el valor z de la tabla A que satisfaga de forma más aproximada la condición.) En cada caso, dibuja una normal y sitúa tu valor z en el eje de las abscisas.

(a) El valor z tal que el 25% de las observaciones sean menores.

(b) El valor z tal que el 40% de las observaciones sean mayores.

1.60. Coeficientes de inteligencia. Los coeficientes de una prueba de inteligencia (*Wechsler Adult Intelligence Scale*) para un grupo de adultos entre 20 y 34 años tienen una distribución aproximadamente normal de media $\mu = 110$ y desviación típica $\sigma = 25$.

(a) ¿Qué porcentaje de personas entre 20 y 34 años tiene un coeficiente de inteligencia mayor que 100?

(b) ¿Qué valor del coeficiente de inteligencia es necesario para estar entre el 25% que obtiene peores resultados?

(c) ¿Qué valor del coeficiente de inteligencia es necesario para estar entre el 5% que obtienen mejores resultados?

RESUMEN DE LA SECCIÓN 1.4

Algunas veces podemos describir el aspecto general de una distribución mediante una **curva de densidad**. Ésta siempre tiene un área total por debajo igual a 1. El área por debajo de una curva de densidad da la proporción de observaciones situadas en el intervalo seleccionado.

Una curva de densidad es una descripción idealizada de la forma general de una distribución que suaviza las irregularidades de los datos reales. Escribe la media de una curva de densidad como μ y la desviación típica de una curva de densidad como σ, para distinguirlas de la media $\bar{x}$ y de la desviación típica s de los datos reales.

La media, la mediana y los cuartiles de una curva de densidad se pueden localizar a simple vista. La **media** μ es el punto de equilibrio de la curva. La **mediana** divide el área por debajo de la curva en dos mitades iguales. Los **cuartiles**, juntamente con la mediana, dividen el área por debajo de la curva en cuartos. Para la mayoría de las curvas de densidad, la **desviación típica** σ no se puede localizar a simple vista.

En una curva de densidad simétrica, la media y la mediana coinciden. En una curva asimétrica la media está situada más hacia la cola larga que la mediana.

Las **distribuciones normales** se describen mediante una familia especial de curvas de densidad simétricas, en forma de campana, llamadas **curvas normales**. La media μ y la desviación típica σ caracterizan completamente una distribución normal $N(\mu, \sigma)$. La media es el centro de la curva y σ es la distancia a ambos lados de μ en la que la curva presenta una inflexión.

Para **estandarizar** cualquier observación x, réstale la media de la distribución y divide el resultado por su desviación típica. El **valor** z resultante

$$z = \frac{x - \mu}{\sigma}$$

nos dice a cuántas desviaciones típicas se halla x de la media.

Todas las distribuciones normales son la misma cuando las mediciones se expresan en unidades estandarizadas. En particular, todas las distribuciones normales satisfacen la **regla del 68-95-99,7**, que describe qué porcentajes de observaciones se encuentran a menos de una, dos o tres desviaciones típicas de la media.

Si x tiene la distribución $N(\mu, \sigma)$, entonces **la variable estandarizada** $z = \frac{(x-\mu)}{\sigma}$ tiene la **distribución normal estandarizada** $N(0, 1)$ de media 0 y desviación típica 1. La tabla A da la proporción de observaciones normales estandarizadas que son menores que z, para muchos valores de z. Estandarizando, podemos utilizar la tabla A para cualquier distribución normal.

EJERCICIOS DE LA SECCIÓN 1.4

1.61. La figura 1.26 muestra dos curvas normales, ambas con media 0. ¿Podrías decir cuánto valen aproximadamente las desviaciones típicas de estas curvas?

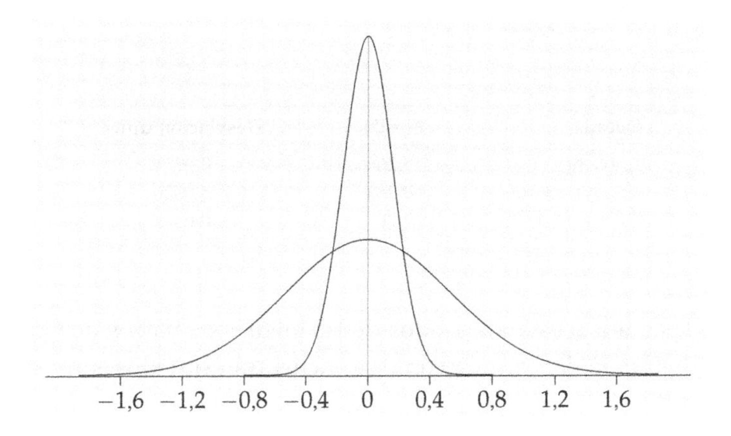

Figura 1.26. Dos curvas normales con la misma media pero con desviaciones típicas distintas. Para el ejercicio 1.61.

1.62. Perímetros craneales de los soldados. Según fuentes del ejército de EE UU los perímetros craneales de los soldados tienen una distribución normal con media 57,9 cm y desviación típica 2,8 cm. Utiliza la regla del 68-95-99,7 para responder a las siguientes preguntas:

(a) ¿Qué porcentaje de soldados tiene un perímetro craneal mayor de 60,7 cm?

(b) ¿Qué porcentaje de soldados tiene un perímetro craneal situado entre 55,1 y 60,7 cm?

1.63. Duración del embarazo. La duración del embarazo humano desde la fecundación del óvulo hasta el parto varía de acuerdo con una distribución aproximadamente normal, con una media de 266 días y una desviación típica de 16. Utiliza la regla del 68-95-99,7 para responder a las siguientes preguntas.

(a) ¿Entre qué valores se encuentra la duración del embarazo del 95% central de la población?

(b) ¿Qué duración tiene el 2,5% de los embarazos más cortos?

1.64. Tres grandes récords. Tres célebres récords del mundo del béisbol son las medias de bateos de 0,420 de Ty Cobb en 1911, de 0,406 de Ted Williams en 1941 y la de George Brett de 0,390 en 1980. Estas medias de bateos no se pueden comparar directamente porque la forma de las distribuciones ha ido cambiando a lo largo de los años. Las distribuciones de las medias de bateos en los distintos años son bastante simétricas y razonablemente normales. Mientras la media de las distribuciones se ha mantenido relativamente constante en los últimos años, las desviaciones típicas de estas distribuciones ha ido disminuyendo. He aquí los resultados:

Década	Media	Desviación típica
Años diez	0,266	0,0371
Años cuarenta	0,267	0,0326
Años setenta	0,261	0,0317

Calcula los valores estandarizados de las medias de bateos de Cobb, de Williams y de Brett para determinar cómo se encuentran situados entre sí.[14]

1.65. Utiliza la tabla A para hallar la proporción de observaciones de una distribución normal estandarizada que se sitúan en cada una de las siguientes regiones. En cada caso, dibuja la distribución normal y sombrea el área correspondiente a cada región.

(a) $z \leq -2,25$

(b) $z \geq 2,25$

(c) $z > 1,77$

(d) $-2,25 < z < 1,77$

[14]Stephen Jay Gould, "Entropic homogeneity isn't why no one hits 400 any more", *Discover*, agosto 1986, págs. 60-66.

1.66. (a) Halla el número z tal que la proporción de observaciones menores que z en una distribución normal estandarizada sea 0,8.

(b) Halla el número z tal que un 35% de las observaciones de una distribución normal estandarizada sea mayor que z.

1.67. Mercado bursátil. La tasa de rendimiento anual de las acciones tiene una distribución aproximadamente normal. Desde 1945, esas tasas de rendimiento de los 500 valores que componen el índice Standard & Poor's tienen una media anual del 12% y una desviación típica del 16,5%. Tomando los datos anteriores como referencia para un periodo plurianual bastante largo, responde a las siguientes preguntas:

(a) ¿En qué intervalo hallamos el 95% central de las tasas de rendimiento anuales?

(b) Se considera que la Bolsa está en crisis si la tasa de rendimiento es menor que 0. ¿En qué porcentaje de años la Bolsa está en crisis?

(c) ¿En qué porcentaje de años el índice gana al menos el 25%?

1.68. Duración del embarazo. La duración del embarazo humano desde la fecundación del óvulo hasta el parto tiene una distribución aproximadamente normal, con una media de 266 días y una desviación típica de 16 días.

(a) ¿Qué porcentaje de embarazos dura menos de 240 días (aproximadamente 8 meses)?

(b) ¿Qué porcentaje de embarazos tiene una duración comprendida entre 240 y 270 días (de una manera aproximada entre 8 y 9 meses)?

(c) ¿Qué duración tiene el 20% de los embarazos más largos?

1.69. Los niños de ahora, ¿son más inteligentes? Cuando la prueba de inteligencia de Stanford-Binet (prueba IQ) se empezó a utilizar en 1932, la prueba se ajustó de manera que los resultados de cada grupo de edad de niños tuviera aproximadamente una distribución normal de media $\mu = 100$ y desviación típica $\sigma = 15$. La prueba se reajusta de regularmente para que la media se mantenga en 100. Si hoy los niños de EE UU pasaran la prueba de 1932, su media sería de 120. La explicación de este aumento en el coeficiente de inteligencia a lo largo del tiempo desconoce; de todas formas podría ser debido a una mejor alimentación en la infancia y a más experiencia de los niños a la hora de pasar este tipo de pruebas.[15]

[15]Ulric Neisser, "Rising scores on intelligence tests", *American Scientist*, septiembre-octubre 1997.

(a) A menudo, los coeficientes de inteligencia superiores a 130 se califican como "muy superiores". ¿Qué porcentaje de niños tienen coeficientes muy superiores?

(b) Si los niños de hoy pasaran la prueba de 1932, ¿qué porcentaje de niños tendría coeficientes muy superiores? (Supón que la desviación típica $\sigma = 15$ se mantiene constante.)

1.70. La mediana de cualquier distribución normal es igual a su media. Podemos utilizar los cálculos normales para hallar los cuartiles de una distribución normal.

(a) ¿Cuál es el área por debajo de la curva normal estandarizada situada a la izquierda del primer cuartil? Utiliza este resultado para hallar el valor del primer cuartil de una distribución normal estandarizada. De forma similar, halla el tercer cuartil.

(b) El resultado que obtuviste en (a) te proporciona el valor z de los cuartiles de cualquier distribución normal. ¿Cuáles son los cuartiles de la duración del embarazo humano? (Utiliza la distribución del ejercicio 1.68.)

1.71. Los *deciles* de cualquier distribución son los puntos que señalan el 10% de las observaciones menores y el 10% de las mayores. Los deciles de una curva de densidad son, por tanto, los puntos a la izquierda de los cuales hay un área de 0,1 y de 0,9 por debajo de la curva.

(a) ¿Cuáles son los deciles de una distribución normal estandarizada?

(b) La altura de las mujeres tiene aproximadamente una distribución normal con media 1,64 m y desviación típica 0,06 m. ¿Cuáles son los deciles de esta distribución?

REPASO DEL CAPÍTULO 1

El análisis de datos es el arte de describir los datos utilizando gráficos y resúmenes numéricos. El propósito del análisis de datos es describir las características más importantes de un conjunto de datos. Este capítulo introduce el análisis de datos presentando las ideas y las herramientas estadísticas necesarias para describir la distribución de una sola variable. La siguiente figura te ayudará a organizar estas ideas tan importantes. Las preguntas que aparecen en los dos últimos cuadros de la figura nos recuerdan que la utilidad de los resúmenes numéricos y de los modelos tales como las distribuciones normales depende de lo que hallemos cuando analizamos los datos usando gráficos. He aquí una lista de repaso de

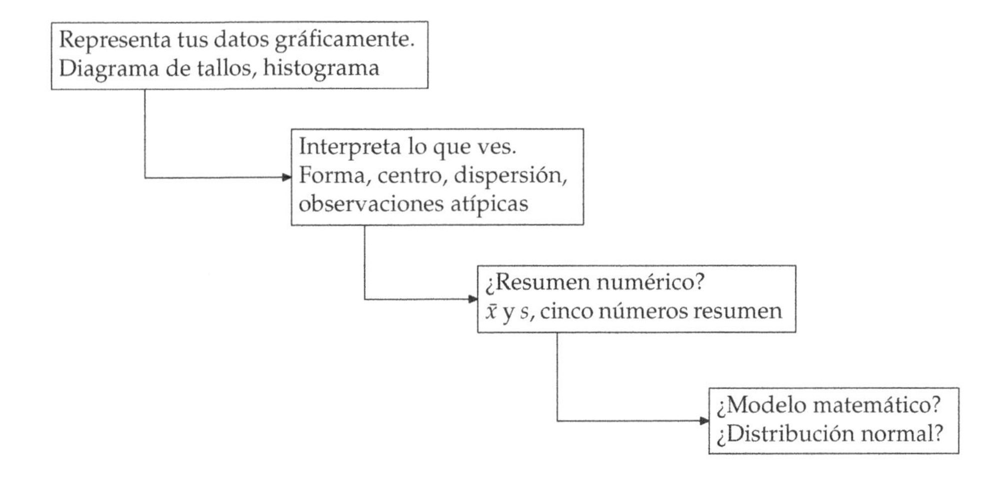

las habilidades más importantes que debes haber adquirido durante el estudio de este capítulo.

A. DATOS

1. Identificar los individuos y las variables de un conjunto de datos.
2. Identificar si las variables son categóricas o cuantitativas. Identificar las unidades de medida de las variables cuantitativas.

B. REPRESENTACIONES GRÁFICAS

1. Dibujar un diagrama de barras correspondiente a una variable categórica. Interpretar los diagramas de barras y de sectores.
2. Dibujar un histograma de la distribución de una variable cuantitativa.
3. Dibujar un diagrama de tallos de la distribución de un conjunto pequeño de observaciones. Cuando sea necesario, redondea las hojas o divide los tallos para mejorar el gráfico.

C. ANÁLISIS DE UNA DISTRIBUCIÓN (VARIABLES CUANTITATIVAS)

1. Identificar la forma de una distribución y las desviaciones más importantes.
2. Valorar a partir de un diagrama de tallos, o de un histograma, si la forma

de una distribución es aproximadamente simétrica, claramente asimétrica o ninguna de las dos cosas. Identificar si la distribución tiene más de un pico.
3. Describir el aspecto general dando medidas numéricas de centro y dispersión, además de la descripción verbal de su forma.
4. Decidir qué medidas de centro o de dispersión son las más apropiadas: la media y la desviación típica (especialmente para distribuciones simétricas) o los cinco números resumen (especialmente para distribuciones asimétricas).
5. Identificar las observaciones atípicas.

D. GRÁFICOS TEMPORALES

1. Dibujar un gráfico temporal, situando el tiempo en el eje de las abscisas y los valores observados en el eje de las ordenadas.
2. Identificar tendencias u otros rasgos generales de los gráficos temporales.

E. MEDIDA DE CENTRO

1. Calcular la media $\bar{x}$ de un conjunto de datos.
2. Calcular la mediana M de un conjunto de observaciones.
3. Comprender que la mediana es más robusta (se ve menos afectada por las observaciones extremas) que la media. Saber que la asimetría de una distribución desplaza la media hacia la cola más larga.

F. MEDIDA DE DISPERSIÓN

1. Calcular los cuartiles Q_1 y Q_3 de un conjunto de datos.
2. Calcular los cinco números resumen y dibujar un diagrama de caja; valorar el centro, la dispersión, la simetría o la asimetría a partir de un diagrama de caja.
3. Calcular la desviación típica s de un conjunto de observaciones utilizando una calculadora.
4. Conocer las propiedades básicas de s: $s \geq 0$ siempre; $s = 0$ sólo cuando todas las observaciones son iguales; s aumenta a medida que aumenta la dispersión de los datos; s se mide en las mismas unidades que los datos originales; las observaciones atípicas y las asimetrías tiran fuertemente de s.

G. CURVAS DE DENSIDAD

1. Saber que las áreas por debajo de una curva de densidad representan proporciones de todas las observaciones y que el área total por debajo de una curva de densidad es 1.
2. Localizar de forma aproximada la mediana (punto de igualdad de áreas) y la media (punto de equilibrio) de una curva de densidad.
3. Saber que la media y la mediana se encuentran en el centro de una curva de densidad simétrica, y que la media se desplaza hacia la cola larga de una curva asimétrica.

H. DISTRIBUCIONES NORMALES

1. Reconocer la forma de una curva normal. Ser capaz de estimar el valor de la media y de la desviación típica en este tipo de curvas.
2. Utilizar la regla del 68-95-99,7 y la simetría para establecer qué porcentaje de las observaciones de una distribución se encuentra a menos de una, dos o tres desviaciones típicas de la media.
3. Hallar el valor estandarizado (valor z) de una observación. Interpretar los valores z. Saber que cualquier distribución normal se transforma en una normal estandarizada $N(0,1)$ cuando se estandariza.
4. Dada una variable normal de media μ y desviación típica σ, calcular la proporción de valores que son mayores o menores que un número determinado, o que se encuentran entre dos números.
5. Dada una variable con una distribución normal de media μ y desviación típica σ, calcular el punto tal que una determinada proporción de todos los valores sea mayor que dicho punto. Calcular también el punto tal que una determinada proporción de valores sea menor que dicho punto.

EJERCICIOS DE REPASO DEL CAPÍTULO 1

1.72. ¿Preferencias en la votación? Las preferencias políticas de los españoles dependen de la edad, de los ingresos y del sexo de los votantes. Una investigadora selecciona una amplia muestra de votantes. De cada uno de ellos, la investigadora registra el sexo, la edad, los ingresos y si votó al Partido Popular, al Partido Socialista o a otro partido en las últimas elecciones. De estas variables, ¿cuáles son categóricas y cuáles son cuantitativas?

1.73. Armas asesinas. El Anuario Estadístico de 1997 de los Estados Unidos, proporciona datos del FBI sobre asesinatos en 1995. En ese año, el 55,8% de todos los asesinatos se cometieron con pistolas, el 12,4% con otras armas de fuego, el 12,6% con armas blancas, el 5,9% con alguna parte del cuerpo (en general las manos y los pies) y el 4,5% con algún objeto contundente. Representa gráficamente estos datos. ¿Necesitas la categoría de "otros métodos"?

1.74. Nunca en domingo. En la provincia canadiense de Ontario se ha realizado un estudio estadístico sobre el funcionamiento del sistema de sanidad pública. Los diagramas de barras de la figura 1.27 proceden del estudio de los ingresos y las altas de los hospitales de Ontario.[16] Estos diagramas muestran el número de pacientes con problemas de corazón que fueron ingresados y dados de alta cada día de la semana durante un periodo de 2 años.

(a) Explica por qué no cabe esperar diferencias en el número de ingresos de pacientes con cardiopatías en los distintos días de la semana. ¿Es ésta una deducción correcta a partir de los datos que se aportan?

(b) Describe la distribución de las altas. ¿Existe alguna diferencia con la distribución de ingresos? ¿Cómo se puede explicar esta diferencia?

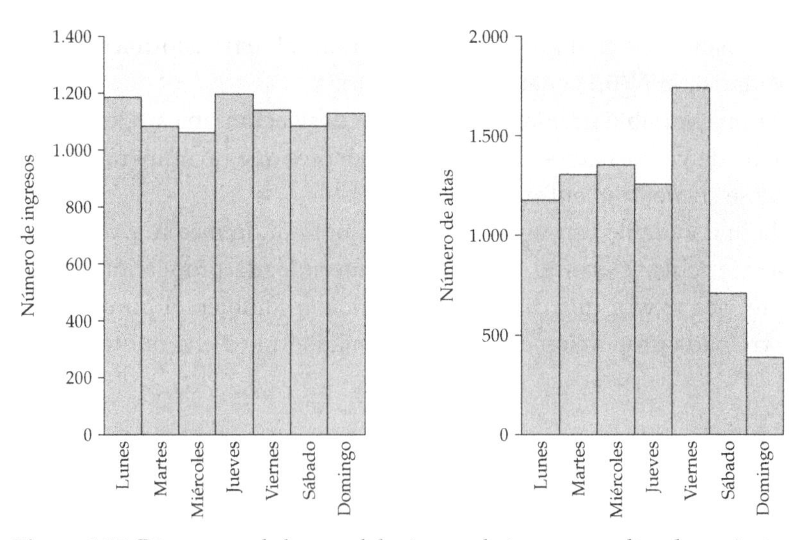

Figura 1.27. Diagramas de barras del número de ingresos y altas de pacientes con cardiopatías, cada día de la semana en los hospitales de Ontario, Canadá.

[16]Antoni Basinski, "Almost never on Sunday: implications of the patterns of admission and discharge for common conditions", Institute for Clinical Evaluative Sciences in Ontario, 18 octubre 1993.

1.75. De casa a la universidad. El profesor Moore, autor de este libro, que vive a unos kilómetros del campus universitario de la Universidad de Purdue, ha registrado durante 42 días el tiempo que tarda conduciendo desde su casa hasta la universidad. He aquí los tiempos (en minutos) correspondientes a 42 días consecutivos:

8,25	7,83	8,30	8,42	8,50	8,67	8,17	9,00	9,00	8,17	7,92
9,00	8,50	9,00	7,75	7,92	8,00	8,08	8,42	8,75	8,08	9,75
8,33	7,83	7,92	8,58	7,83	8,42	7,75	7,42	6,75	7,42	8,50
8,67	10,17	8,75	8,58	8,67	9,17	9,08	8,83	8,67		

(a) Dibuja un diagrama de tallos correspondiente a estos datos. (Redondea a décimas de minuto y divide los tallos.) La distribución de datos, ¿es aproximadamente simétrica, claramente asimétrica o ninguna de las dos cosas? ¿Existen observaciones atípicas?

(b) Dibuja un diagrama temporal con estos datos. (Marca en el eje de abscisas los días consecutivos desde el 1 hasta el 42.) El gráfico no deja entrever ninguna tendencia. De todas formas, se observa que hay un día en el que la duración del trayecto fue muy corta y dos días en que fue muy larga. Señala estos valores en tu gráfico.

(c) Las tres observaciones que se salen un poco de la distribución general se pueden explicar. El día que el profesor Moore tardó muy poco tiempo en llegar a la universidad corresponde al Día de Acción de Gracias (*Thanksgiving Day*), que en EE UU es festivo. Los dos días que tardó mucho más de lo normal corresponden, por un lado, a un día en el que ocurrió un accidente con las inevitables retenciones, y, por otro, a un día en el que se produjeron unas fuertes nevadas que dificultaron la conducción. Elimina estas tres observaciones y calcula la media y la desviación típica de las restantes 39 observaciones.

(d) Haz un recuento del número de observaciones entre $\bar{x} - s$ y $\bar{x} + s$, entre $\bar{x} - 2s$ y $\bar{x} + 2s$, y finalmente entre $\bar{x} - 3s$ y $\bar{x} + 3s$. Halla el porcentaje de observaciones en cada uno de los intervalos anteriores. Compara estos porcentajes con los que les correspondería de acuerdo con la regla del 68-95-99,7.

1.76. Rendimiento de las acciones. La tabla 1.8 proporciona los rendimientos mensuales de las acciones de Philip Morris para el periodo que va de julio de 1990 a mayo de 1997. Los datos se presentan ordenados cronológicamente empezando con $-5{,}7\%$, el rendimiento de julio de 1990. Dibuja un diagrama temporal con estos datos. Este periodo corresponde a una época de movilizaciones crecientes en contra del tabaco. Por tanto, cabe esperar una tendencia decreciente en los rendimientos de las acciones. Sin embargo, también aparece un periodo en el cual el valor de las acciones crece de forma rápida. ¿Qué puede haber provocado esta tendencia creciente? ¿Qué muestra tu diagrama temporal?

1.77. Nueva variedad de maíz. El maíz es un alimento importante para los animales. De todas formas, este alimento carece de algunos aminoácidos que son esenciales. Un grupo de científicos desarrolló una nueva variedad que sí contenía dichos aminoácidos a niveles apreciables. Para comprobar el valor de esta nueva variedad para la alimentación animal se llevó a cabo el siguiente experimento: a un grupo de 20 pollos de un día se les suministró un pienso que contenía harina de maíz de la nueva variedad. A otro grupo de 20 pollos (grupo de control) se le alimentó con un pienso idéntico al anterior, aunque no contenía harina de la variedad mejorada de maíz. Los resultados que se obtuvieron sobre las ganancias de peso de los pollos (en gramos), al cabo de 21 días de alimentación, fueron los siguientes:[17]

Variedad normal				Variedad mejorada			
380	321	366	356	361	447	401	375
283	349	402	462	434	403	393	426
356	410	329	399	406	318	467	407
350	384	316	272	427	420	477	392
345	455	360	431	430	339	410	326

(a) Calcula los cinco números resumen correspondientes a la ganancia de peso de los dos grupos de pollos. Para comparar las dos distribuciones, representa los dos diagramas de caja en un mismo gráfico. ¿Qué se puede deducir de estos diagramas de caja?

(b) En el trabajo original donde aparecieron los datos, los autores calcularon las medias y las desviaciones típicas de cada grupo de pollos. ¿Cuáles son sus valores? ¿Qué diferencia hay entre las medias de cada grupo?

1.78. Alfredo Di Stefano. Antes de ir a España y fichar por el Real Madrid en la temporada 1952/53 y posteriormente por el Real Club Deportivo Español de Barcelona la temporada 1964/65, Alfredo Di Stefano jugó en varios equipos suramericanos: River Plate de Buenos Aires, Huracán de Buenos Aires y Millonarios de Bogotá.

[17]G. L. Cromwell *et al.*, "A comparison of the nutritive value of *opaque-2*, *floury-2* and normal corn for the chick", *Poultry Science*, 57, 1968, págs. 840-847.

Mientras jugó en Suramérica el número de goles por temporada en la liga fue

Temporada	Goles	Temporada	Goles
1944/45	0	1948/49	24
1945/46	11	1949/50	23
1946/47	27	1950/51	32
1947/48	14	1951/52	19

Mientras jugó en España el número de goles por temporada en la liga fue

Temporada	Goles	Temporada	Goles
1953/54	28	1960/61	21
1954/55	25	1961/62	10
1955/56	24	1962/63	12
1956/57	31	1963/64	11
1957/58	19	1964/65	7
1958/59	23	1965/66	4
1959/60	12		

Calcula los cinco números resumen correspondientes al tiempo que Di Stefano jugó en Suramérica y al tiempo que jugó en España. Sitúa los dos diagramas de caja en un mismo gráfico y compara las dos distribuciones.

1.79. Los todoterrenos, ¿desperdician combustible? La tabla 1.2 da los consumos, en litros a los cien kilómetros, de 26 modelos de coches de tamaño medio de 1998. Aquí presentamos los consumos de 19 modelos de todoterreno de ese año.[18]

Modelo	Consumo (litros/100 km)	Modelo	Consumo (litros/100 km)
Acura SLX	12,5	Jeep Wrangler	12,5
Chevrolet Blazer	11,8	Land Rover	14,8
Chevrolet Tahoe	12,5	Mazda MPV	12,5
Dodge Durango	13,9	Mercedes-Benz ML320	11,3
Ford Expedition	13,1	Mitsubishi Montero	11,8
Ford Explorer	12,5	Nissan Pathfinder	12,5
Honda Passport	11,8	Suzuki Sidekick	9,1
Infiniti QX4	12,5	Toyota RAV4	9,1
Isuzu Trooper	12,5	Toyota 4Runner	10,8
Jeep Grand Cherokee	13,1		

[18]Véase nota 2.

(a) Describe gráfica y numéricamente los consumos en carretera de los 4×4. ¿Cuáles son las principales características de esta distribución?

(b) Dibuja diagramas de caja para comparar la distribución de los automóviles medianos con la de los 4×4. ¿Cuáles son las principales diferencias entre estas dos distribuciones?

1.80. Supervivencia de conejillos de Indias. En la tabla 1.9 se presentan los tiempos de supervivencia, en días, de 72 conejillos de Indias después de que se les inyectara el bacilo de la tuberculosis en un experimento médico.[19] La distribución de los tiempos de supervivencia, ya sea de máquinas (sobrecargadas), ya sea de personas enfermas (por ejemplo, personas que están bajo tratamiento oncológico), se suele caracterizar por ser asimétricas hacia la derecha.

Tabla 1.9. Tiempos de supervivencia (en días) de conejillos de Indias en un experimento médico.

43	45	53	56	56	57	58	66	67	73
74	79	80	80	81	81	81	82	83	83
84	88	89	91	91	92	92	97	99	99
100	100	101	102	102	102	103	104	107	108
109	113	114	118	121	123	126	128	137	138
139	144	145	147	156	162	174	178	179	184
191	198	211	214	243	249	329	380	403	511
522	598								

(a) Representa gráficamente estos datos y describe sus características más destacables. La distribución, ¿es asimétrica hacia la derecha?

(b) He aquí los resultados del programa estadístico Data Desk correspondientes a estos datos:

```
Summary statistics for dias

Mean 141.84722
Median 102.50000
Cases 72
StdDev 109.20863
Min 43
Max 598
25th%ile 82.250000
75th%ile 153.75000
```

[19] T. Bjerkedal, "Acquisition of resistance in guinea pigs infected with different doses of virulent tubercle bacilli", *American Journal of Hygiene*, 72, 1960, págs. 130-148.

Explica cómo la relación entre la media y la mediana refleja la asimetría de los datos. ("Cases" significa número de observaciones, "25th%ile" significa primer cuartil, también se llama "25 th percentil", ya que el 25% de los datos quedan a la derecha de este valor. De forma similar "75 th%ile" es el tercer cuartil.)

(c) Calcula los cinco números resumen y explica brevemente cómo se puede detectar la asimetría de los datos a partir de ellos.

1.81. Acciones calientes. La tasa de rendimiento de una acción se deriva de la variación de su precio y de los dividendos pagados, y normalmente se expresa como un porcentaje respecto a su valor inicial. A continuación se presentan datos sobre las tasas de rendimiento mensuales de las acciones de los almacenes Wal-Mart desde el año 1973 hasta el año 1991. Tenemos un total de 228 observaciones. La figura 1.28 muestra los resultados de un programa estadístico que describe la distribución de estos datos. Fíjate en que el tallo está constituido por las decenas de los porcentajes. Las hojas están constituidas por las unidades. El diagrama de tallos divide los tallos para que la representación sea mejor. El programa proporciona las observaciones atípicas mayores y las menores de forma separada. No las incluye en el diagrama de tallos.

(a) Calcula los cinco números resumen de estos datos.

(b) Describe las principales características de la distribución.

(c) Si tuvieras 1.000 dólares en acciones de Wal-Mart al inicio del mejor mes de los 19 años considerados, ¿cuánto dinero habrías ganado al final del mes? Si tuvieras 1.000 dólares en acciones al comienzo del peor mes, ¿cuánto valdría tu dinero al final de dicho mes?

1.82. El criterio 1,5 $\times$ RI. Un criterio que puedes utilizar para detectar observaciones atípicas de un conjunto de datos es el siguiente:

1. Halla los cuartiles Q_1 y Q_3 y el **recorrido intercuartílico** RI $= Q_3 - Q_1$. El recorrido intercuartílico es la dispersión del 50% de los datos centrales.
2. Califica como atípica una observación si se sitúa más a la izquierda de 1,5 $\times$ RI desde el primer cuartil o más a la derecha de 1,5 $\times$ RI a partir del tercer cuartil.

Recorrido intercuartílico

Halla el recorrido intercuartílico RI correspondiente a los datos del ejercicio anterior. De acuerdo con el criterio que acabamos de ver, ¿existe alguna observación atípica? ¿Crees que este criterio es el mismo que utiliza el programa estadístico para seleccionar las observaciones atípicas?

```
Mean = 3.064
Standard deviation = 11.49

N = 228  Median = 3.4691
Quartiles = -2.950258, 8.4511

Decimal point is 1 place to the right of the colon

Low: -34.04255  -31.25000  -27.06271  -26.61290

 -1  :  985
 -1  :  44444332222110000
 -0  :  9999887776666666665555
 -0  :  44444444333333322222222222111111100
  0  :  000001111111111122222233333334444444
  0  :  55555555555555555555666666666667777777888888888899999
  1  :  000000000111111112223333444
  1  :  55566667889
  2  :  011334

High:  32.01923  41.80531  42.05607  57.89474  58.67769
```

Figura 1.28. Resultados de un programa estadístico que describe los rendimientos mensuales de las acciones de Walt-Mart. Para el ejercicio 1.81.

1.83. Rendimiento de acciones. ¿Crees que ha cambiado el rendimiento de las acciones de Wal-Mart en los 19 años que van desde 1973 hasta 1991? En el ejercicio 1.81 vimos la distribución de los 228 rendimientos mensuales. Este tipo de descripción no puede responder a preguntas sobre los cambios acaecidos a lo largo del tiempo. La figura 1.29 es un tipo de gráfico temporal. En lugar de representar todas las observaciones, éstas se presentan agrupadas por años en forma de diagramas de caja. Cada año tenemos 12 rendimientos mensuales.

(a) ¿Se observa alguna tendencia en los rendimientos mensuales típicos a lo largo de estos años?

(b) ¿Se observa alguna tendencia en la dispersión anual de los datos?

(c) El diagrama de tallos de la figura 1.28 señala algunas observaciones atípicas. ¿Cuáles de éstas se pueden detectar en los diagramas de caja? ¿En qué años

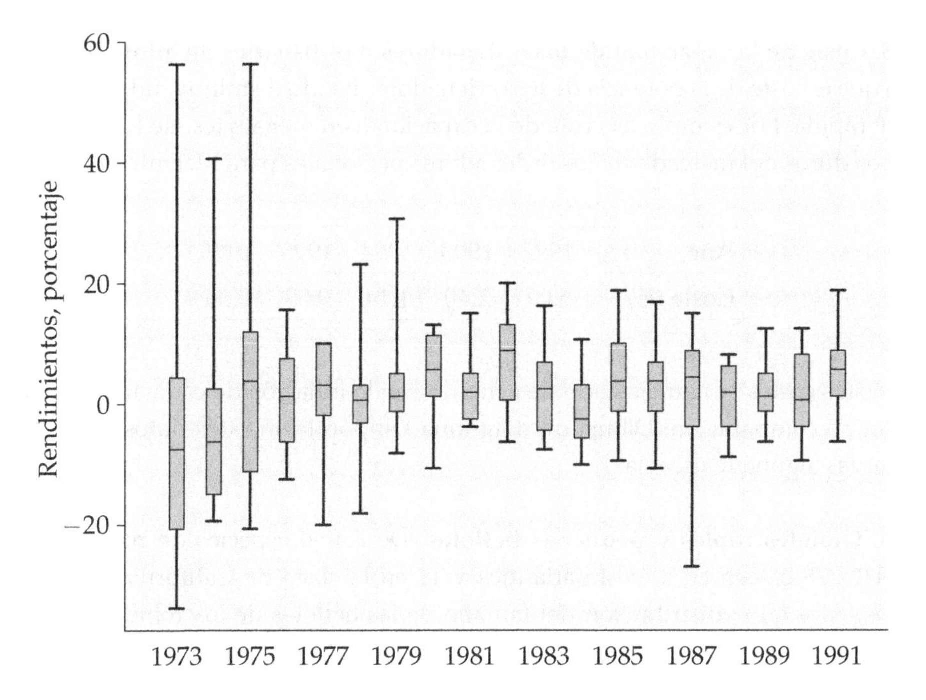

Figura 1.29. Diagramas de caja que permiten la comparación de las distribuciones mensuales de los rendimientos de las acciones de Wal-Mart durante 19 años.

ocurren? ¿Refuerza esto las conclusiones que has obtenido en el apartado (b)? ¿Hay alguna observación atípica especialmente sorprendente después de tener en cuenta tu respuesta en (b)?

1.84. Julia dice: "La gente ahora vive más años que antes, por tanto, es probable que los nuevos presidentes de EE UU sean mayores que los anteriores cuando acceden a la Casa Blanca". Juan responde: "No, a los votantes de ahora les gusta la juventud y no respetan a la gente mayor, por tanto, es probable que los presidentes de EE UU sean más jóvenes que hace unos años".

Dibuja un gráfico temporal con la edad de los presidentes de EE UU que tienes en la tabla 1.7. En el eje de las abscisas sitúalos desde el primero, que corresponde a Washington, hasta el que ocupa el lugar número 42, que corresponde a Clinton. ¿Se observa alguna tendencia a lo largo del tiempo? ¿A quién da la razón los datos, a Julia o a Juan?

1.85. Coste de la capacidad de los ordenadores. Los usuarios de informática saben que el coste de la potencia de los ordenadores ha ido disminuyendo de forma muy rápida. Por ejemplo, el coste de la capacidad, en megabytes, de los mayores discos duros del mercado de los ordenadores personales para Macintosh es[20]

Año	1992	1993	1994	1995	1996
Coste (€)	5,07	2,40	1,14	0,53	0,36

Estos costes se han ajustado de acuerdo con la inflación de cada año para facilitar su comparación. Dibuja un diagrama temporal con estos datos. Señala si observas alguna tendencia.

1.86. Grandes robles y pequeñas bellotas. De las 50 especies de roble de los EE UU, 28 crecen en la costa atlántica y 11 en la costa de California. Estamos interesados en la distribución del tamaño de las bellotas de los robles. He aquí datos sobre el volumen de bellotas (en centímetros cúbicos) de estas 39 especies de roble:

Atlántico							California		
1,4	3,4	9,1	1,6	10,5	2,5	0,9	4,1	5,9	17,1
6,8	1,8	0,3	0,9	0,8	2,0	1,1	1,6	2,6	0,4
0,6	1,8	4,8	1,1	3,0	1,1	1,1	2,0	6,0	7,1
3,6	8,1	3,6	1,8	0,4	1,1	1,2	5,5	1,0	

(a) Dibuja un histograma con los 39 volúmenes de bellota. Describe la distribución. Incluye un resumen numérico adecuado.

(b) Compara las distribuciones de las regiones atlántica y californiana con un gráfico y con resúmenes numéricos. ¿Qué has hallado?

1.87. La tabla 1.6 hace referencia a los Estados europeos. Existe mucha más información. Entra en la página web de la Comisión Europea o acércate a la biblioteca de la Comisión Europea que tengas más próxima y busca más datos estadísticos sobre los Estados europeos.

[20]Apareció en *MacWorld*, septiembre 1996, pág. 145.

(a) ¿Qué porcentaje representa la población ocupada en agricultura en cada Estado?

(b) Compara la inflación de los distintos Estados europeos. Representa gráficamente la información que hayas encontrado. Calcula los resúmenes numéricos más adecuados. ¿Cuáles son tus conclusiones?

1.88. Adopción de la cultura anglosajona. La prueba ARSMA (*Acculturation Rating Scale for Mexican Americans*) es una prueba psicológica que se utiliza para determinar el nivel de integración cultural de los estadounidenses de origen mexicano. Las puntuaciones posibles van de 1,0 a 5,0. Los valores más altos de esta escala corresponden a niveles más elevados de adaptación a la cultura anglosajona. Cuando se efectuó esta prueba con una población experimental, se observó que la distribución de las puntuaciones era aproximadamente normal con una media de 3,0 y una desviación típica de 0,8. Un investigador cree que los mexicanos recién llegados a EE UU tienen una puntuación media próxima a 1,7 y que la de la siguiente generación está próxima a 2,1. ¿Qué proporción de la población experimental tiene puntuaciones menores de 1,7? ¿Y entre 1,7 y 2,1?

1.89. Perímetro craneal de soldados. Según datos del ejército de EE UU, la distribución del perímetro craneal entre sus soldados es aproximadamente normal con una media de 57,9 cm y una desviación típica de 2,8 cm. Los cascos militares se producen de forma industrial excepto para los soldados con perímetros craneales situados en el 5% superior o bien en el 5% inferior, para los cuales se hacen a medida. ¿Para qué perímetros craneales se hacen estos cascos a medida?

1.90. Adopción de la cultura anglosajona. El ejercicio 1.88 describió la prueba ARSMA. ¿Cuál debe ser el resultado de un estadounidense de origen mexicano para pertenecer al 30% de la población experimental que obtuvo mejores resultados en la prueba? ¿Qué resultados definen el 30% para los cuales la cultura mexicano-española tiene un mayor peso?

2. ANÁLISIS DE RELACIONES

JOHN W. TUKEY

John W. Tukey (1915-) empezó como químico, siguió como matemático y finalmente se convirtió en estadístico debido a lo que él mismo denominó "la experiencia de los problemas reales y de los datos reales" que adquirió durante la II Guerra Mundial. En 1937, John W. Tukey fue a la Princeton University a estudiar química pero se doctoró en matemáticas en 1939. Durante la guerra trabajó en temas de precisión de tiro. Después de la guerra, simultaneó su labor en la Princeton University con su trabajo en los Laboratorios Bell, quizá el grupo de investigación industrial más importante del mundo.

Tukey dedicó la mayor parte de su atención al estudio estadístico de problemas especialmente difíciles de resolver, como son la seguridad de las anestésicos, el comportamiento sexual de los seres humanos, la comprobación del cumplimiento de la prohibición de las pruebas nucleares, y la determinación de la calidad del aire y la contaminación ambiental.

Basándose en "la experiencia de los problemas reales y de los datos reales", John Tukey desarrolló el análisis exploratorio de datos. Inventó algunas de las herramientas estadísticas que hemos visto en el capítulo 1 como, por ejemplo, los diagramas de tallos y los diagramas de caja. Tukey cambió el enfoque del análisis de datos, defendiendo un análisis de datos mucho más flexible, más exploratorio, cuyo objetivo no consiste simplemente en dar respuesta a preguntas concretas. El primer propósito es contestar a la pregunta: "¿Qué dicen los datos?". Este capítulo, igual que el capítulo 1, sigue el camino que marcó Tukey, y para ello presentamos más ideas y herramientas para examinar datos.

2.1 Introducción

Un estudio médico halló que las mujeres bajas son más propensas a sufrir ataques al corazón que las mujeres de altura media. Además, las mujeres altas sufren menos ataques al corazón que las de altura media. Por otro lado, un grupo asegurador informa que con coches grandes se producen menos muertes por cada 10.000 vehículos que con coches pequeños. Estos y muchos otros estudios estadísticos buscan relaciones entre dos variables. Para entender este tipo de relaciones, a menudo también tenemos que examinar otras variables. Para llegar a la conclusión de que las mujeres bajas sufren más ataques al corazón, los investigadores tuvieron que eliminar el efecto de otras variables como el peso y los hábitos deportivos. En este capítulo examinaremos la relación entre variables. También veremos que la relación entre dos variables puede verse afectada de forma importante por variables latentes de entorno.

Como la variación está siempre presente, las relaciones estadísticas son tendencias generales, no reglas blindadas. Nuestras relaciones admiten excepciones individuales. A pesar de que como media los fumadores mueren antes que los no fumadores, algunos fumadores que consumen más de tres paquetes diarios llegan a los noventa años. Para estudiar la relación entre dos variables, las medimos en los mismos individuos. A menudo, creemos que una de las variables puede explicar o influye sobre la otra.

VARIABLE RESPUESTA Y VARIABLE EXPLICATIVA

Una **variable respuesta** mide el resultado de un estudio. Una **variable explicativa** influye o explica cambios en la variable respuesta.

Variable independiente

Variable dependiente

A menudo, encontrarás que a las variables explicativas se les llama **variables independientes** y a las variables respuesta, **variables dependientes**. La idea es que el valor de la variable respuesta depende del de la variable explicativa. Como en estadística las palabras "independiente" y "dependiente" tienen otros significados que no están relacionados con lo que acabamos de ver, no utilizaremos esta terminología.

La manera más fácil de distinguir entre variables explicativas y variables respuesta es dar valores a una de ellas y ver lo que ocurre en la otra.

EJEMPLO 2.1. Los efectos del alcohol

El alcohol produce muchos efectos sobre el cuerpo humano. Uno de ellos es la bajada de la temperatura corporal. Para estudiar este efecto, unos investigadores suministraron distintas dosis de alcohol a unos ratones y al cabo de 15 minutos midieron la variación de temperatura de su cuerpo. La cantidad de alcohol es la variable explicativa y el cambio de temperatura corporal es la variable respuesta. ■

Cuando no asignamos valores a ninguna variable, sino que simplemente observamos los valores que adquieren, éstas pueden ser o no variables explicativas y variables respuesta. El que lo sean depende de cómo pensemos utilizar los datos.

EJEMPLO 2.2. Calificaciones en la prueba SAT

Alberto quiere saber qué relación existe entre la media de las calificaciones de Matemáticas y la media de las calificaciones de Lengua obtenidas por estudiantes de los 51 Estados de EE UU (incluyendo el Distrito de Columbia) en la prueba SAT. Inicialmente, Alberto no cree que una variable dependa de los valores que tome la otra. Tiene dos variables relacionadas y ninguna de ellas es una variable explicativa.

Julia, con los mismos datos, se plantea la siguiente pregunta: ¿puedo predecir la calificación de Matemáticas de un Estado si conozco su calificación de Lengua? En este caso, Julia trata la calificación de Lengua como variable explicativa y la de Matemáticas como variable respuesta. ■

En el ejemplo 2.1, el alcohol realmente causa un cambio en la temperatura corporal. No existe ninguna relación causa-efecto entre las calificaciones de Matemáticas y las de Lengua del ejemplo 2.2. De todas formas, como existe una estrecha relación entre las calificaciones de Matemáticas y de Lengua, podemos utilizar la de Lengua para predecir la de Matemáticas. En la sección 2.4 aprenderemos a hacer dicha predicción. Ésta requiere que identifiquemos una variable explicativa y una variable respuesta. Otras técnicas estadísticas ignoran esta distinción. Recuerda que llamar a una variable explicativa y a otra variable respuesta no significa necesariamente que los cambios en una de ellas causen cambios en la otra.

Muchos estudios estadísticos examinan datos de más de una variable. Afortunadamente, los estudios estadísticos de datos de varias variables se basan en las herramientas que hemos utilizado para examinar una sola variable. Los principios en los que se basa nuestro trabajo también son los mismos:

- Empieza con un gráfico; luego, añade resúmenes numéricos.
- Identifica el aspecto general y las desviaciones.
- Cuando el aspecto general sea bastante regular, utiliza un modelo matemático para describirlo.

APLICA TUS CONOCIMIENTOS

2.1. En cada una de las situaciones siguientes, ¿qué es más razonable, simplemente explorar la relación entre dos variables o contemplar una de las variables como variable explicativa y la otra como variable respuesta?

(a) La cantidad de tiempo que un alumno pasa estudiando para un examen de Estadística y la calificación obtenida en el examen.

(b) El peso y la altura de una persona.

(c) La lluvia caída durante un año y el rendimiento de un cultivo.

(d) Las calificaciones de Estadística y de Francés de los estudiantes.

(e) El tipo de trabajo de un padre y el de su hijo.

2.2. ¿Es posible predecir la altura que tiene un niño de 16 años a partir de la altura que tenía a los 6? Una manera de descubrirlo consistiría en medir la altura de un grupo suficientemente numeroso de niños de 6 años, esperar hasta que cumplieran los 16 años y entonces volver a medirlos. En este caso, ¿cuál es la variable explicativa y cuál es la variable respuesta? ¿Estas variables son categóricas o cuantitativas?

2.3. Tratamiento del cáncer de mama. El tratamiento más común para combatir el cáncer de mama consistía en la extirpación completa del pecho. Hoy en día, se suele extirpar únicamente el tumor y los ganglios linfáticos circundantes, aplicando después radioterapia en la zona afectada. El cambio de tratamiento se produjo tras un amplio experimento médico que comparó ambas técnicas: se seleccionó al azar dos grupos de enfermas; cada uno siguió un tratamiento distinto y se realizó un minucioso seguimiento de las pacientes para comprobar el periodo de supervivencia. ¿Cuál es la variable explicativa y cuál es la variable respuesta? ¿Son variables categóricas o cuantitativas?

2.2 Diagramas de dispersión

La manera más común de mostrar gráficamente la relación entre dos variables cuantitativas es un *diagrama de dispersión*. He aquí un ejemplo de diagrama de dispersión.

EJEMPLO 2.3. Notas en la prueba SAT

La tabla 2.1 proporciona datos sobre la educación en los diversos Estados de EE UU. La primera columna identifica los Estados, la segunda indica a qué región censal pertenece cada uno: *East North Central* (ENC), *East South Central* (ESC), *Middle Atlantic* (MA), *Mountain* (MTN), *New England* (NE), *Pacific* (PAC), *South Atlantic* (SA), *West North Central* (WNC) y *West South Central* (WSC). La tercera columna contiene la población de cada Estado en miles de habitantes. Las cinco variables restantes son la media de Lengua y de Matemáticas en la prueba SAT, el porcentaje de alumnos que se presentan a la prueba, el porcentaje de residentes que no se graduaron en secundaria y la media de los salarios de los profesores expresado en miles de dólares.

En EE UU se usan las medias de las calificaciones obtenidas en las pruebas SAT para evaluar los sistemas educativos, tanto estatales como locales. Este sistema de evaluación no es un buen procedimiento, ya que el porcentaje de alumnos de enseñanza media que se presenta a estas pruebas varía mucho según el Estado. Vamos a examinar la relación entre el porcentaje de alumnos que se presentan a estas pruebas en cada Estado y la media de las calificaciones de matemáticas.

Creemos que "el porcentaje de alumnos que se presentan" nos ayudará a entender "la media de los resultados". Por tanto, la variable "el porcentaje de alumnos que se presentan" es la variable explicativa y la variable "la media de las calificaciones de Matemáticas" es la variable respuesta. Queremos ver cómo varía la media de las calificaciones cuando cambia el porcentaje de alumnos que se presentan al examen. Es por este motivo que situaremos el porcentaje de alumnos que se presentan (la variable explicativa) en el eje de las abscisas. La figura 2.1 es el diagrama de dispersión en el que cada punto representa a un Estado. Por ejemplo, en Alabama el 8% de los alumnos se presentó al examen y la media de las calificaciones de Matemáticas fue de 558. Busca el 8 en el eje de las x (eje de las abscisas) y el 558 en el eje de las y (eje de las ordenadas). El Estado de Alabama aparece como el punto (8, 558), encima del 8 y a la derecha de 558. La figura 2.1 muestra cómo localizar el punto correspondiente a Alabama en el diagrama. ■

Tabla 2.1. Datos sobre la educación en EE UU.

Estado*	Región**	Población (1.000)	SAT Lengua	SAT Matemáticas	Porcentaje de alumnos presentados	Porcentaje sin estudios de secundaria	Salario de profesores ($1.000)
AL	ESC	4.273	565	558	8	33,1	31,3
AK	PAC	607	521	513	47	13,4	49,6
AZ	MTN	4.428	525	521	28	21,3	32,5
AR	WSC	2.510	566	550	6	33,7	29,3
CA	PAC	31.878	495	511	45	23,8	43,1
CO	MTN	3.823	536	538	30	15,6	35,4
CT	NE	3.274	507	504	79	20,8	50,3
DE	SA	725	508	495	66	22,5	40,5
DC	SA	543	489	473	50	26,9	43,7
FL	SA	14.400	498	496	48	25,6	33,3
GA	SA	7.353	484	477	63	29,1	34,1
HI	PAC	1.184	485	510	54	19,9	35,8
ID	MTN	1.189	543	536	15	20,3	30,9
IL	ENC	11.847	564	575	14	23,8	40,9
IN	ENC	5.841	494	494	57	24,4	37,7
IA	WNC	2.852	590	600	5	19,9	32,4
KS	WNC	2.572	579	571	9	18,7	35,1
KY	ESC	3.884	549	544	12	35,4	33,1
LA	WSC	4.351	559	550	9	31,7	26,8
ME	NE	1.243	504	498	68	21,2	32,9
MD	SA	5.072	507	504	64	21,6	41,2
MA	NE	6.092	507	504	80	20,0	42,9
MI	ENC	9.594	557	565	11	23,2	44,8
MN	WNC	4.658	582	593	9	17,6	36,9
MS	ESC	2.716	569	557	4	35,7	27,7
MO	WNC	5.359	570	569	9	26,1	33,3
MT	MTN	879	546	547	21	19,0	29,4
NE	WNC	1.652	567	568	9	18,2	31,5
NV	MTN	1.603	508	507	31	21,2	36,2
NH	NE	1.162	520	514	70	17,8	35,8
NJ	MA	7.988	498	505	69	23,3	47,9
NM	MTN	1.713	554	548	12	24,9	29,6
NY	MA	18.185	497	499	73	25,2	48,1
NC	SA	7.323	490	486	59	30,0	30,4
ND	WNC	644	596	599	5	23,3	27,0
OH	ENC	11.173	536	535	24	24,3	37,8
OK	WSC	3.301	566	557	8	25,4	28,4
OR	PAC	3.204	523	521	50	18,5	39,6
PA	MA	12.056	498	492	71	25,3	46,1
RI	NE	990	501	491	69	28,0	42,2
SC	SA	3.699	480	474	57	31,7	31,6
SD	WNC	732	574	566	5	22,9	26,3
TN	ESC	5.320	563	552	14	32,9	33,1
TX	WSC	19.128	495	500	48	27,9	32,0
UT	MTN	2.000	583	575	4	14,9	30,6

Tabla 2.1 *(continuación).*

Estado*	Región**	Población (1.000)	SAT Lengua	SAT Matemáticas	Porcentaje de alumnos presentados	Porcentaje sin estudios de secundaria	Salario de profesores ($1.000)
VT	NE	589	506	500	70	19,2	36,3
VA	SA	6.675	507	496	68	24,8	35,0
WA	PAC	5.533	519	519	47	16,2	38,0
WV	SA	1.826	526	506	17	34,0	32,2
WI	ENC	5.160	577	586	8	21,4	38,2
WY	MTN	481	544	544	11	17,0	31,6

* Para identificar los Estados véase la tabla 1.1.
** Las regiones censadas son East North Central, East South Central, Middle Atlantic, Mountain, New England Pacific, South Atlantic, West North Central y West South Central.
Fuente: *Statistical Abstract of the United States*, 1992.

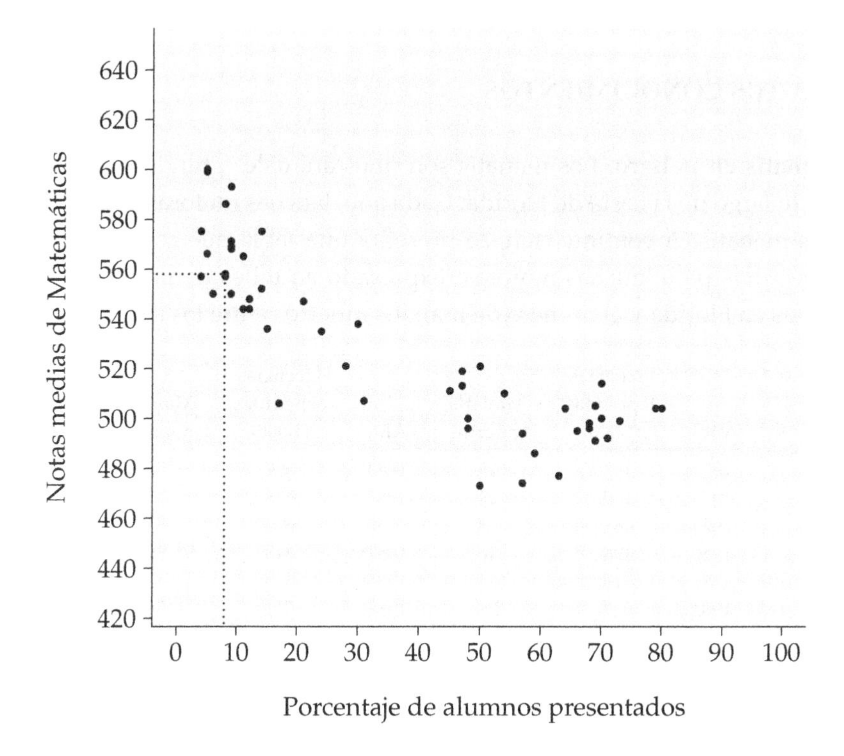

Figura 2.1. Diagrama de dispersión correspondiente a las notas medias de Matemáticas en la prueba SAT en relación con el porcentaje de alumnos que se presentan a dicho examen. La intersección de las líneas discontinuas corresponde al punto (8, 558), el dato del Estado de Alabama.

DIAGRAMA DE DISPERSIÓN

Un **diagrama de dispersión** muestra la relación entre dos variables cuantitativas medidas en los mismos individuos. Los valores de una variable aparecen en el eje de las abscisas y los de la otra en el eje de las ordenadas. Cada individuo aparece como un punto del diagrama. Su posición depende de los valores que toman las dos variables en cada individuo.

Sitúa siempre a la variable explicativa, si una de ellas lo es, en el eje de las abscisas del diagrama de dispersión. En general, llamamos a la variable explicativa x y a la variable respuesta y. Si no distinguimos entre variable explicativa y variable respuesta, cualquiera de las dos se puede situar en el eje de las abscisas.

APLICA TUS CONOCIMIENTOS

2.4. Manatís en peligro. Los manatís son unos animales grandes y dóciles que viven a lo largo de la costa de Florida. Cada año, lanchas motoras hieren o matan muchos manatís. A continuación, se presenta una tabla que contiene el número de licencias para lanchas motoras (expresado en miles de licencias por año) expedidas en Florida y el número de manatís muertos entre los años 1977 y 1990.

Año	Licencias expedidas (1.000)	Manatís muertos	Año	Licencias expedidas (1.000)	Manatís muertos
1977	447	13	1984	559	34
1978	460	21	1985	585	33
1979	481	24	1986	614	33
1980	498	16	1987	645	39
1981	513	24	1988	675	43
1982	512	20	1989	711	50
1983	526	15	1990	719	47

(a) Queremos analizar la relación entre el número de licencias anualmente expedidas en Florida y el número de manatís muertos cada año. ¿Cuál es la variable explicativa?

(b) Dibuja un diagrama de dispersión con estos datos. (Indica en los ejes los nombres de las variables, no te limites a indicar x e y.) ¿Qué nos dice el diagrama de dispersión sobre la relación entre estas dos variables?

2.2.1 Interpretación de los diagramas de dispersión

Para interpretar un diagrama de dispersión, aplica las estrategias de análisis de datos aprendidas en el capítulo 1.

> **EXAMEN DE UN DIAGRAMA DE DISPERSIÓN**
>
> En cualquier **gráfico de datos**, identifica el aspecto general y las **desviaciones** sorprendentes del mismo.
>
> Puedes describir el aspecto general de un diagrama de dispersión mediante la **forma,** la **dirección** y la **fuerza** de la relación.
>
> Un tipo importante de desviación son las **observaciones atípicas,** valores individuales que quedan fuera del aspecto general de la relación.

Grupos

La figura 2.1 muestra una *forma* clara: hay dos **grupos** distintos de Estados. En el grupo situado más a la derecha, el 45% o más de los alumnos se presentó a la prueba y las medias de los resultados estatales son bajas. Los Estados situados en el grupo de la izquierda tienen calificaciones más altas y porcentajes menores de alumnos presentados. No hay observaciones atípicas claras, es decir, no hay puntos situados de forma clara fuera de los grupos.

¿Qué puede explicar la existencia de dos grupos? En EE UU existen dos pruebas principales de acceso a la universidad: la prueba SAT (*Scholastic Assessment Test*) y la prueba ACT (*American College Testing*). En cada Estado predomina una de las dos pruebas. El grupo que aparece a la izquierda en el diagrama de dispersión de la figura 2.1 está constituido por Estados donde predomina la prueba ACT. El grupo de la derecha está formado por Estados en los que predomina la prueba SAT. En los Estados ACT, los alumnos que se presentan a la prueba SAT lo hacen porque quieren acceder a universidades más selectivas, que exigen una nota elevada en la prueba SAT. Este grupo selecto de estudiantes suele obtener unas notas en la prueba SAT superiores a las que obtienen los estudiantes de los Estados donde predomina dicha prueba.

La relación de la figura 2.1 tiene una *dirección* clara: los Estados donde el porcentaje de alumnos que se presentan a la prueba SAT es elevado tienden a tener notas medias más bajas. Tenemos una *asociación negativa* entre dos variables.

ASOCIACIÓN POSITIVA Y ASOCIACIÓN NEGATIVA

Dos variables están **asociadas positivamente** cuando valores superiores a la media de una de ellas tienden a ir acompañados de valores también situados por encima de la media de la otra variable, y cuando valores inferiores a la media también tienden a ocurrir conjuntamente.

Dos variables están **asociadas negativamente** cuando valores superiores a la media de una de ellas tienden a ir acompañados de valores inferiores a la media de la otra variable, y viceversa.

La *fuerza* de la relación del diagrama de dispersión está determinada por lo cerca que quedan los puntos de una determinada curva imaginaria. En general, la relación de la figura 2.1 no es fuerte —Estados con porcentajes similares de alumnos que se presentan a la prueba SAT muestran bastante variación en sus notas medias—. He aquí un ejemplo de una relación fuerte con una forma clara.

Tabla 2.2. Medias de grados-día y consumo de gas de la familia Sánchez.

Mes	Grados-día	Gas (m^3)
Noviembre	13,3	17,6
Diciembre	28,3	30,5
Enero	23,9	24,9
Febrero	18,3	21,0
Marzo	14,4	14,8
Abril	7,2	11,2
Mayo	2,2	4,8
Junio	0	3,4
Julio	0	3,4
Agosto	0,5	3,4
Septiembre	3,3	5,9
Octubre	6,7	8,7
Noviembre	16,7	17,9
Diciembre	17,8	20,2
Enero	28,9	30,8
Febrero	16,7	19,3

EJEMPLO 2.4. Calefacción del hogar

La familia Sánchez está a punto de instalar paneles solares en su casa para reducir el gasto en calefacción. Para conocer mejor el ahorro que puede significar, antes de instalar los paneles los Sánchez han ido registrando su consumo de gas en los últimos meses. El consumo de gas es más elevado cuando hace frío, por lo que debe existir una relación clara entre el consumo de gas y la temperatura exterior.

La tabla 2.2 muestra los datos de 16 meses.[1] La variable respuesta y es la media de los consumos de gas diarios durante el mes, en metros cúbicos (m^3). La variable explicativa x es la media de los grados-día de calefacción diarios durante el mes. (Los grados-día de calefacción son la medida habitual de la demanda de calefacción. Se acumula un grado-día por cada grado que la temperatura media diaria está por debajo de 18,5 °C. Una temperatura media de 1 °C, por ejemplo, corresponde a 17,5 grados-día de calefacción.

El diagrama de dispersión de la figura 2.2 muestra una asociación positiva fuerte. Más grados-día indican más frío y, por tanto, más gas consumido. La forma de la relación es **lineal**. Es decir, los puntos se sitúan a lo largo de una recta imaginaria. Es una relación fuerte porque los puntos se apartan poco de dicha recta. Si conocemos las temperaturas de un mes podemos predecir con bastante exactitud el consumo de gas. ■

Relación lineal

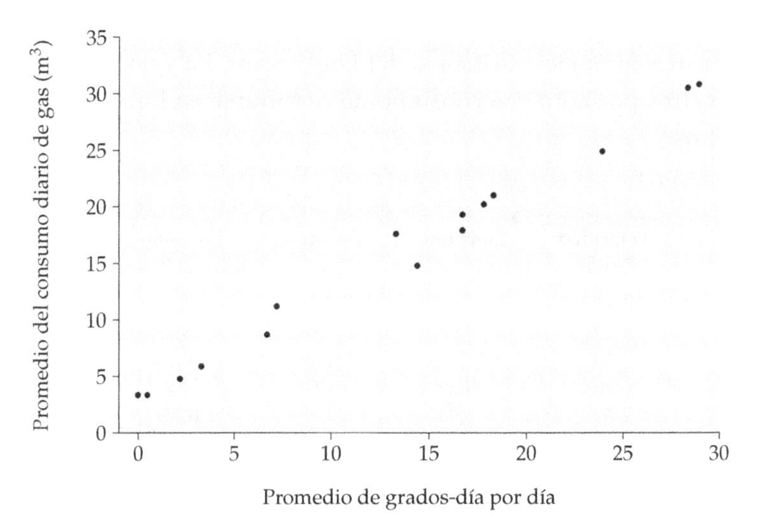

Figura 2.2. Diagrama de dispersión del consumo diario medio de gas de la familia Sánchez durante 16 meses en relación con la media diaria de grados-día en esos meses. Datos de la tabla 2.2.

[1]Datos de Robert Dale, Purdue University.

Por supuesto, no todas las relaciones son de tipo lineal. Es más, no todas las relaciones tienen una dirección clara que podamos describir como una asociación positiva o negativa. El ejercicio 2.6 da un ejemplo de una relación que no es lineal y que no tiene una dirección clara.

APLICA TUS CONOCIMIENTOS

2.5. Más sobre manatís en peligro. En el ejercicio 2.4 dibujaste un diagrama de dispersión del número de licencias para lanchas motoras registradas anualmente en Florida y del número de manatís que matan las lanchas cada año.

(a) Describe la dirección de la relación. Las variables, ¿están asociadas positiva o negativamente?

(b) Describe la forma de la relación. ¿Es lineal?

(c) Describe la fuerza de la relación. ¿Se puede predecir con precisión el número de manatís muertos cada año conociendo el número de licencias expedidas en ese año? Si Florida decidiera congelar el número de licencias en 716.000, ¿cuántos manatís matarían, aproximadamente, las lanchas motoras cada año?

2.6. El consumo, ¿aumenta con la velocidad? ¿Cómo varía el consumo de gasolina de un coche a medida que aumenta su velocidad? Aquí se presentan los datos correspondientes al modelo británico del Ford Escort. La velocidad se ha medido en kilómetros por hora y el consumo de carburante en litros de gasolina por 100 kilómetros.[2]

Velocidad (km/h)	Consumo (litros/100 km)	Velocidad (km/h)	Consumo (litros/100 km)
10	21,00	90	7,57
20	13,00	100	8,27
30	10,00	110	9,03
40	8,00	120	9,87
50	7,00	130	10,79
60	5,90	140	11,77
70	6,30	150	12,83
80	6,95		

[2] T. N. Lam, "Estimating fuel consumption from engine size", *Journal of Transportation Engineering*, 111, 1985, págs. 339-357.

(a) Dibuja un diagrama de dispersión. ¿Cuál es la variable explicativa?

(b) Describe la forma de la relación. ¿Por qué no es lineal? Explica lo que indica la forma de la relación.

(c) ¿Por qué no tiene sentido decir que las variables están asociadas positiva o negativamente?

(d) La relación, ¿es razonablemente fuerte o, por el contrario, es más bien débil? Justifica tu respuesta.

2.2.2 Inclusión de variables categóricas en los diagramas de dispersión

Desde hace tiempo, los resultados de los alumnos de las escuelas del sur de EE UU están por debajo del resto de escuelas del país. De todas formas, los esfuerzos para mejorar la educación han reducido la diferencia. En nuestro estudio sobre las pruebas de acceso a la universidad, los Estados del sur, ¿están por debajo de la media?

EJEMPLO 2.5. ¿El Sur es diferente?

Se han señalado en la figura 2.3 los Estados del Sur del diagrama de dispersión de la figura 2.1 con un símbolo diferente al resto de los Estados. (Consideramos como Estados del Sur los Estados de las regiones East South Central y South Atlantic.) En el diagrama, la mayoría de los Estados del Sur aparecen mezclados con los demás. De todas formas, algunos Estados del Sur se hallan en los bordes inferiores de sus grupos, junto con el Distrito de Columbia, que es más una ciudad que un Estado. Georgia, Carolina del Sur y Virginia Occidental tienen notas SAT inferiores a las que cabría esperar de acuerdo con el porcentaje de alumnos de secundaria que se presentan al examen. ■

Al clasificar los Estados en "Estados del Sur" y "resto de los Estados", hemos introducido una tercera variable en el diagrama de dispersión, una variable categórica que sólo tiene dos valores. Los dos valores se muestran con dos símbolos distintos. **Cuando quieras añadir una variable categórica a un diagrama de dispersión, utiliza colores o símbolos distintos para representar los puntos.**[3]

[3]W. S. Cleveland y R. McGill. "The many faces of a scatterplot", *Journal of the American Statistical Association*, 79, 1984, págs. 807-822.

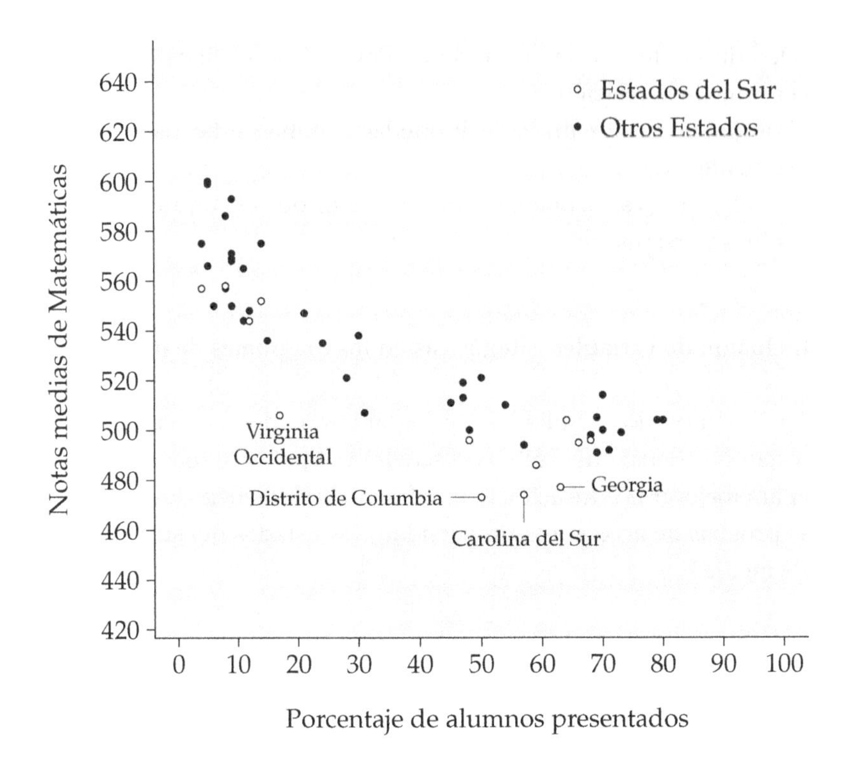

Figura 2.3. Nota media de Matemáticas en la prueba SAT y porcentaje de alumnos que se presenta a la prueba en cada Estado.

EJEMPLO 2.6. Los paneles solares, ¿reducen el consumo de gas?

Al poco tiempo de recopilar los datos que aparecen en la tabla 2.2 y en la figura 2.2, la familia Sánchez decidió instalar paneles solares en su casa. Para determinar el ahorro de gas que podía representar la instalación de estos paneles, los Sánchez registraron su consumo de gas durante 23 meses más. Para ver este efecto, añadimos los nuevos grados-día y el consumo de gas de estos meses en el diagrama de dispersión. La figura 2.4 es el resultado. Utilizamos símbolos distintos para distinguir los datos de "antes" de los de "después". En los meses poco fríos no hay mucha diferencia entre los dos grupos de datos. En cambio, en los meses más fríos el consumo de gas es claramente menor después de instalar los paneles solares. El diagrama de dispersión muestra que se ahorra energía después de instalar los paneles. ■

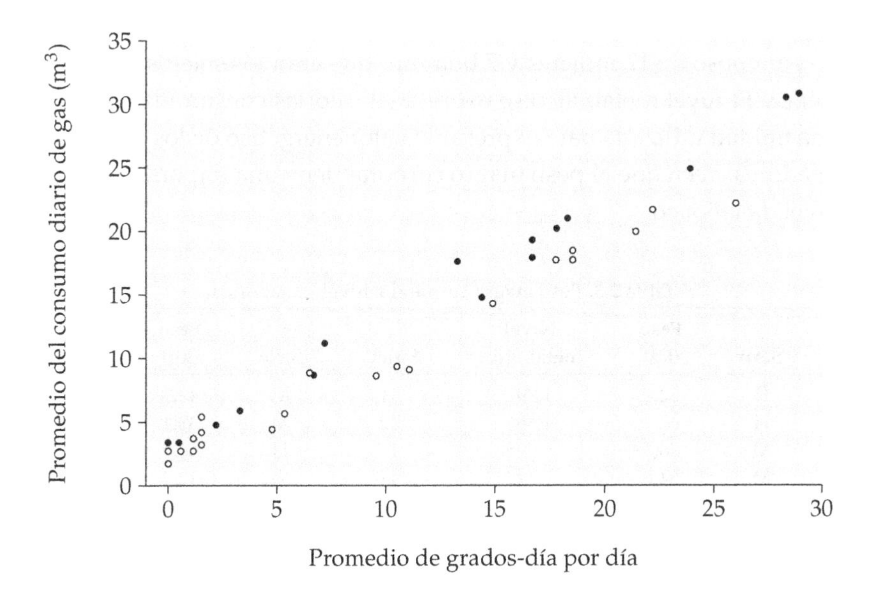

Figura 2.4. Consumo de gas con relación a los grados-día. Los puntos negros corresponden a los 16 meses sin paneles solares, mientras que los blancos corresponden a los meses con paneles solares.

Nuestro ejemplo sobre el consumo de gas tiene un problema que se presenta frecuentemente al dibujar diagramas de dispersión. Puede ser que no te des cuenta del problema cuando hagas el dibujo con un ordenador. Cuando algunos individuos tienen exactamente los mismos valores, ocupan el mismo punto del diagrama de dispersión. Fíjate en los valores de junio y julio de la tabla 2.2. La tabla 2.2 contiene datos de 16 meses, en cambio en la figura 2.2 sólo aparecen 15 puntos: junio y julio ocupan el mismo punto. Puedes utilizar símbolos distintos para señalar los puntos que representan más de una observación. Algunos programas estadísticos lo hacen automáticamente, pero otros no. Te recomendamos que utilices símbolos distintos para las observaciones repetidas cuando representes a mano un número pequeño de observaciones.

APLICA TUS CONOCIMIENTOS

2.7. La gente obesa, ¿consume más energía? El nivel metabólico de una persona, es decir, el ritmo al que su cuerpo consume energía, es un factor importante a tener en cuenta en estudios de dietética. La tabla 2.3 proporciona datos sobre el sexo, el peso magro (peso total descontando su contenido en grasa) y el nivel metabólico en reposo de 12 mujeres y 7 hombres que eran los sujetos de un estudio de dietética. El nivel metabólico se expresa en calorías consumidas en 24 horas, la misma unidad utilizada para expresar el valor energético de los alimentos. Los investigadores creen que el peso magro corporal tiene una importante influencia en el nivel metabólico.

Tabla 2.3. Peso magro corporal y nivel metabólico.

Sujeto	Sexo	Peso (kg)	Nivel metabólico	Sujeto	Sexo	Peso (kg)	Nivel metabólico
1	H	62,0	1.792	11	M	40,3	1.189
2	H	62,9	1.666	12	M	33,1	913
3	M	36,1	995	13	H	51,9	1.460
4	M	54,6	1.425	14	M	42,4	1.124
5	M	48,5	1.396	15	M	34,5	1.052
6	M	42,0	1.418	16	M	51,1	1.347
7	H	47,4	1.362	17	M	41,2	1.204
8	M	50,6	1.502	18	H	51,9	1.867
9	M	42,0	1.256	19	H	46,9	1.439
10	H	48,7	1.614				

(a) Dibuja un diagrama de dispersión sólo con los datos de las mujeres. ¿Cuál sería la variable explicativa?

(b) La asociación entre estas dos variables, ¿es positiva o negativa? ¿Cuál es la forma de la relación? ¿Cuál es la fuerza de la relación?

(c) Ahora, añade en el diagrama de dispersión los datos de los hombres utilizando un color o un símbolo distinto al utilizado para las mujeres. La relación entre el nivel metabólico y el peso magro de los hombres, ¿es igual al de las mujeres? ¿En qué se distinguen el grupo de hombres y el grupo de mujeres?

RESUMEN DE LA SECCIÓN 2.2

Para estudiar la relación entre variables, tenemos que medir las variables sobre el mismo grupos de individuos.

Si creemos que los cambios de una variable x explican o que incluso son la causa de los cambios de una segunda variable y, a la variable x la **llamaremos variable explicativa** y a la variable y **variable respuesta**.

Un **diagrama de dispersión** muestra la relación entre dos variables cuantitativas, referidas a un mismo grupo de individuos. Los valores de una variable se sitúan en el eje de las abscisas y los valores de la otra en el de las ordenadas. Cada observación viene representada en el diagrama por un punto.

Si una de las dos variables se puede considerar una variable explicativa, sus valores se sitúan siempre en el eje de las abscisas del diagrama de dispersión. Sitúa la variable respuesta en el eje de las ordenadas.

Para mostrar el efecto de las variables categóricas, representa los puntos de un diagrama de dispersión con colores o símbolos distintos.

Cuando analices un diagrama de dispersión, identifica su aspecto general describiendo la **dirección**, la **forma** y la **fuerza** de la relación, y luego identifica las **observaciones atípicas** y otras desviaciones.

Forma: relaciones lineales cuando los puntos del diagrama de dispersión se sitúan aproximadamente a lo largo de una recta, son una forma importante de relación entre dos variables. Las relaciones curvilíneas y las **agrupaciones** son otras formas en las que también tienes que fijarte.

Dirección: si la relación entre las dos variables tiene una dirección clara, decimos que existe una **asociación positiva** (si valores altos de las dos variables tienden a ocurrir simultáneamente) o una **asociación negativa** (si valores altos de una variable tienden a coincidir con valores bajos de la otra).

Fuerza: la **fuerza** de la relación entre variables viene determinada por la proximidad de los puntos del diagrama a alguna forma simple como, por ejemplo, una recta.

EJERCICIOS DE LA SECCIÓN 2.2

2.8. Inteligencia y calificaciones escolares. Los estudiantes que tienen coeficientes de inteligencia mayores, ¿tienden a ser mejores en la escuela? La figura 2.5 es un diagrama de dispersión correspondiente a las calificaciones medias escolares y a los coeficientes de inteligencia de 78 estudiantes de primero de bachillerato en una escuela rural.[4]

(a) Explica en palabras qué significaría una asociación positiva entre el coeficiente de inteligencia y la nota media escolar. El diagrama, ¿muestra una asociación positiva?

(b) ¿Cuál es la forma de la relación? ¿Es aproximadamente lineal? ¿Es una relación muy fuerte? Justifica tus respuestas.

[4]Datos de Darlene Gordon, Purdue University.

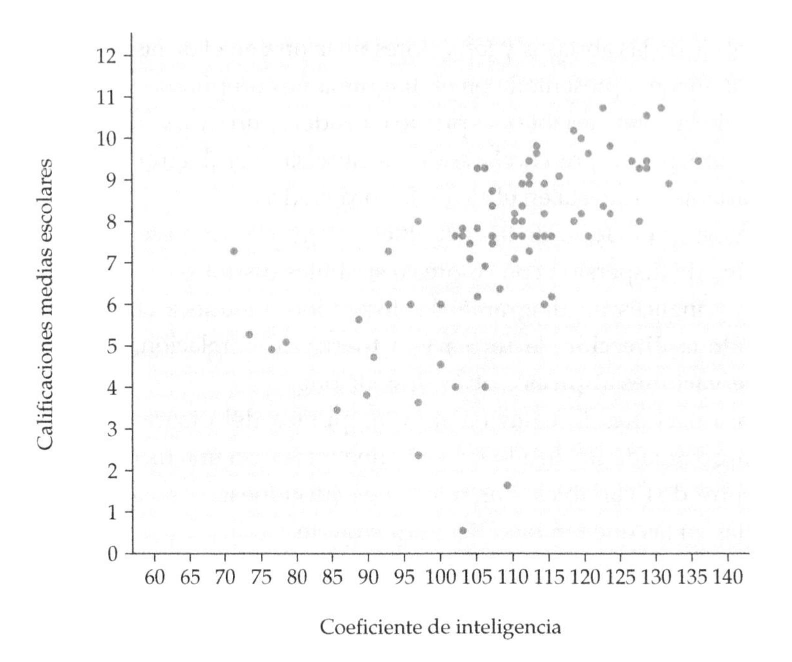

Figura 2.5. Diagrama de dispersión de las calificaciones medias escolares *versus* el coeficiente de inteligencia. Para el ejercicio 2.8.

(c) En la parte baja del diagrama aparecen algunos puntos que podríamos llamar observaciones atípicas. En concreto, un estudiante tiene una nota escolar muy baja, a pesar de tener un coeficiente de inteligencia medio. ¿Cuáles son, de forma aproximada, el coeficiente de inteligencia y la nota media escolar de este estudiante?

2.9. Calorías y sal en salchichas. Las salchichas con un contenido alto en calorías, ¿tienen también un contenido alto en sal? La figura 2.6 es un diagrama de dispersión que relaciona las calorías con el contenido en sal (expresado en miligramos de sodio) de 17 marcas distintas de salchichas elaboradas con carne de ternera.[5]

(a) Di de manera aproximada cuáles son los valores máximo y mínimo del contenido en calorías de las distintas marcas. De forma aproximada, ¿cuáles son los contenidos de sal de las marcas con más y con menos calorías?

[5]*Consumer Reports*, junio 1986, págs. 366-367.

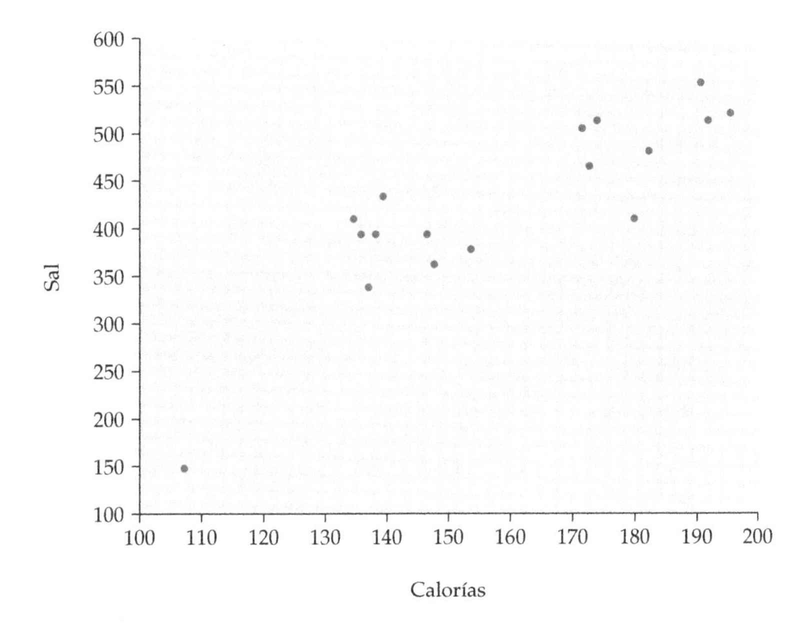

Figura 2.6. Diagrama de dispersión que relaciona las calorías y el contenido de sal de 17 marcas de salchichas. Para el ejercicio 2.9.

(b) El diagrama de dispersión, ¿muestra alguna asociación positiva o negativa clara? Explica con palabras el significado de esta asociación.

(c) ¿Has identificado alguna observación atípica? Prescindiendo de las posibles observaciones atípicas, ¿existe una relación lineal entre estas variables? Si ignoras las observaciones atípicas, ¿crees que existe una asociación fuerte entre ambas variables?

2.10. Estados ricos y Estados pobres. Una medida de la riqueza de un Estado es la mediana de ingresos por hogar. Otra medida de riqueza es la media de ingresos por persona. La figura 2.7 es un diagrama de dispersión que relaciona estas dos variables en EE UU. Ambas variables se expresan en miles de dólares. Debido a que las dos variables se expresan en las mismas unidades, la separación entre unidades es la misma en ambos ejes.[6]

[6]1997 *Statistical Abstract of the United States*.

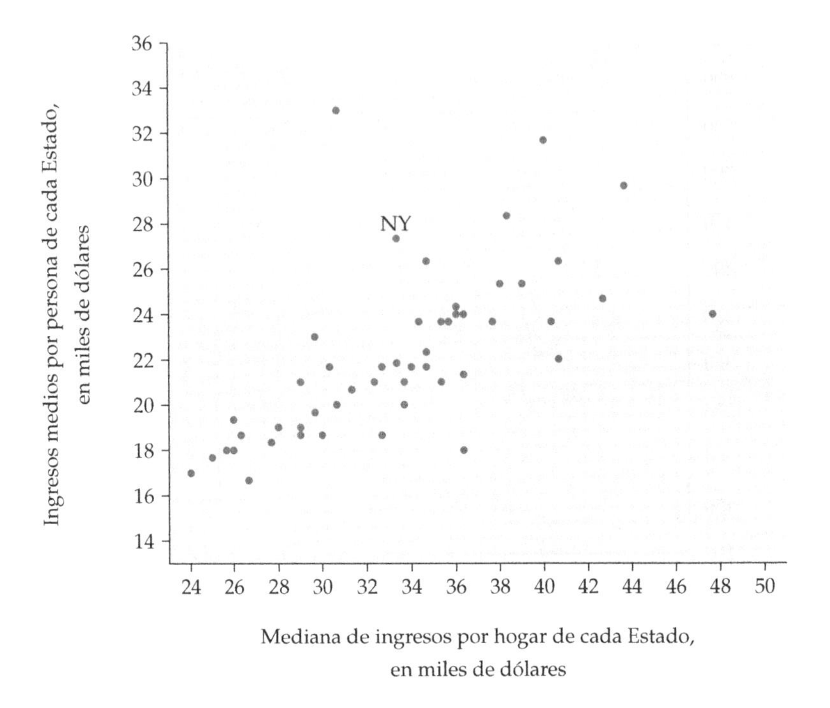

Figura 2.7. Diagrama de dispersión que relaciona los ingresos medios por persona con la mediana de ingresos por hogar. Para el ejercicio 2.10.

(a) En el diagrama de dispersión, hemos señalado el punto correspondiente a Nueva York. ¿Cuáles son, aproximadamente, los valores de la mediana de ingresos por hogar y la media de ingresos por persona?

(b) Explica por qué esperamos que haya una asociación positiva entre estas variables. Explica también, por qué esperamos que los ingresos por hogar sean mayores que los ingresos por persona.

(c) Sin embargo, en un determinado Estado, la media de los ingresos por persona puede ser mayor que la mediana de ingresos por hogar. De hecho, el Distrito de Columbia tiene una mediana de ingresos por hogar de 30.748 $ y una media de ingresos por persona de 33.435 $. Explica por qué esto puede ocurrir.

(d) Alaska es el Estado con la mediana de ingresos por hogar mayor. ¿Cuál es aproximadamente su mediana de ingresos por hogar? Podemos considerar Alaska y el Distrito de Columbia observaciones atípicas.

(e) Obviando las observaciones atípicas, describe la forma, la dirección y la fuerza de la relación.

2.11. El vino, ¿es bueno para tu corazón? Existe alguna evidencia de que tomar vino con moderación ayuda a prevenir los ataques al corazón. La tabla 2.4 proporciona datos sobre el consumo de vino (en litros de alcohol, procedente del vino, por cada 100.000 personas) y sobre las muertes anuales por ataques al corazón (muertos por cada 100.000 personas) en 19 países desarrollados.[7]

Tabla 2.4. Consumo de vino y enfermedades del corazón.

País	Consumo de alcohol*	Tasa de muertes por ataques al corazón**	País	Consumo de alcohol	Tasa de muertes por ataques al corazón
Alemania	2,7	172	Holanda	1,8	167
Australia	2,5	211	Irlanda	0,7	300
Austria	3,9	167	Islandia	0,8	211
Bélgica/Lux.	2,9	131	Italia	7,9	107
Canadá	2,4	191	Noruega	0,8	227
Dinamarca	2,9	220	N. Zelanda	1,9	266
España	6,5	86	Reino Unido	1,3	285
EE UU	1,2	199	Suecia	1,6	207
Finlandia	0,8	297	Suiza	5,8	115
Francia	9,1	71			

* Procedente del vino. ** Por 100.000 personas

(a) Dibuja un diagrama de dispersión que muestre cómo el consumo nacional de vino ayuda a explicar las muertes por ataques al corazón.

(b) Describe la forma de la relación. ¿Existe una relación lineal? ¿Es una relación fuerte?

(c) La dirección de la asociación, ¿es positiva o negativa? Explica de forma llana qué dice la relación sobre el consumo de vino y los ataques al corazón. Estos datos, ¿proporcionan una clara evidencia de que tomar vino causa una reducción de las muertes por ataques al corazón? ¿Por qué?

2.12. El profesor Moore y la natación. El profesor Moore nada 1.800 metros de forma regular. Un intento inútil de contrarrestar el paso de los años. He aquí los tiempos (en minutos) y su ritmo cardíaco después de nadar (en pulsaciones por minuto) en 23 sesiones de natación.

[7] M. H. Criqui, University of California, San Diego. Apareció en el *New York Times*, el 28 de diciembre de 1994.

Minutos	34,12	35,72	34,72	34,05	34,13	35,72	36,17	35,57
Pulsaciones	152	124	140	152	146	128	136	144
Minutos	35,37	35,57	35,43	36,05	34,85	34,70	34,75	33,93
Pulsaciones	148	144	136	124	148	144	140	156
Minutos	34,60	34,00	34,35	35,62	35,68	35,28	35,97	
Pulsaciones	136	148	148	132	124	132	139	

(a) Dibuja un diagrama de dispersión. (¿Cuál es la variable explicativa?)

(b) La asociación entre estas variables, ¿es positiva o negativa? Explica por qué crees que la relación va en este sentido.

(c) Describe la forma y la fuerza de la relación.

2.13. ¿Qué densidad de siembra es excesiva? ¿Cuál debe ser la densidad de siembra del maíz para que un agricultor obtenga el máximo rendimiento? Si se siembran pocas plantas, el suelo estará poco aprovechado y el rendimiento será bajo. Si se siembra muy denso, las plantas competirán por el agua y los nutrientes del suelo, por lo que el rendimiento tampoco será el deseado. Para determinar la densidad de siembra óptima, se hace un experimento que consiste en sembrar plantas de maíz a distintas densidades de siembra en parcelas de fertilidad similar. Los rendimientos obtenidos son los siguientes:[8]

Densidad de siembra (plantas por hectárea)	Rendimiento (toneladas por hectárea)			
30.000	10,1	7,6	7,9	9,6
40.000	11,2	8,1	9,1	10,1
50.000	11,1	8,7	9,4	10,1
60.000	9,1	9,3	10,5	
70.000	8,0	10,1		

(a) ¿Cuál es la variable explicativa: el rendimiento o la densidad de siembra?

(b) Dibuja un diagrama de dispersión con los datos del rendimiento y de la densidad de siembra.

(c) Describe el aspecto general de la relación. ¿Es una relación lineal? ¿Existe una asociación positiva, negativa o ninguna de las dos?

(d) Calcula los rendimientos medios de cada una de las densidades de siembra. Dibuja un diagrama de dispersión que relacione estas medias con la densidad de siembra. Une las medias con segmentos para facilitar la interpretación del

[8] W. L. Colville y D. P. McGill, "Effect of rate and method of planting on several plant characters and yield of irrigated corn", *Agronomy Journal*, 54, 1962, págs. 235-238.

diagrama. ¿Qué densidad de siembra recomendarías a un agricultor que quisiera sembrar maíz en un campo de fertilidad similar a la del experimento?

2.14. Salario de profesores. La tabla 2.1 muestra datos sobre la educación en EE UU. Es posible que los Estados con un nivel educativo menor paguen menos a sus profesores. Esto se podría explicar por el hecho de que son más pobres.

(a) Dibuja un diagrama de dispersión que relacione la media de los salarios de los profesores y el porcentaje de residentes que no tienen una carrera universitaria. Considera esta última variable como explicativa.

(b) El diagrama muestra una asociación negativa débil entre las dos variables. ¿Por qué decimos que la relación es negativa? ¿Por qué decimos que es débil?

(c) En la parte superior izquierda de tu diagrama hay una observación atípica. ¿A qué Estado corresponde?

(d) Existe un grupo bastante claro formado por nueve Estados en la parte inferior derecha del diagrama. Estos Estados tienen muchos residentes que no se graduaron en una escuela secundaria y además los salarios de los profesores son bajos. ¿Qué Estados son? ¿Se sitúan en alguna parte concreta del país?

2.15. Transformación de datos. Al analizar datos, a veces conviene hacer una **transformación de datos** que simplifique el aspecto general de la relación. A continuación se presenta un ejemplo de cómo transformando la variable respuesta se puede simplificar el aspecto del diagrama de dispersión. La población europea entre los años 1750 y 1950 creció de la siguiente manera:

Transformación de datos

Año	1750	1800	1850	1900	1950
Población (millones)	125	187	274	423	594

(a) Dibuja el diagrama de dispersión correspondiente a estos datos. Describe brevemente el tipo de crecimiento en el periodo señalado.

(b) Calcula los logaritmos de la población de cada uno de los años (puedes utilizar tu calculadora). Dibuja un nuevo diagrama de dispersión con la variable población transformada. ¿Qué tipo de crecimiento observas ahora?

2.16. Variable categórica explicativa. Un diagrama de dispersión muestra la relación entre dos variables cuantitativas. Vamos a ver un gráfico similar en el que la variable explicativa será una variable categórica en vez de una cuantitativa.

La presencia de plagas (insectos nocivos) en los cultivos se puede determinar con la ayuda de trampas. Una de ellas consiste en una lámina de plástico de distintos colores que contiene en su superficie un material pegajoso. ¿Qué colores atraen más a los insectos? Para responder a esta pregunta un grupo de investigadores llevó a cabo un experimento que consistió en situar en un campo de avena 24 trampas de las cuales había 6 de color amarillo, 6 blancas, 6 verdes y 6 azules.[9]

Color de la trampa	Insectos capturados					
Amarillo	45	59	48	46	38	47
Blanco	21	12	14	17	13	17
Verde	37	32	15	25	39	41
Azul	16	11	20	21	14	7

(a) Dibuja un gráfico que relacione los recuentos de insectos capturados con el color de la trampa (sitúa el color de las trampas a distancias iguales en el eje de las abscisas). Calcula las medias de insectos atrapados en cada tipo de trampa, añádelas al gráfico y únelas con segmentos.

(b) ¿Qué conclusión puedes obtener de este gráfico sobre la atracción de estos colores sobre los insectos?

(c) ¿Tiene sentido hablar de una asociación positiva o negativa entre el color de la trampa y el número de insectos capturados?

2.3 Correlación

Un diagrama de dispersión muestra la forma, la dirección y la fuerza de la relación entre dos variables cuantitativas. Las relaciones lineales son especialmente importantes, ya que una recta es una figura sencilla bastante común. Decimos que una relación lineal es fuerte si los puntos del diagrama de dispersión se sitúan cerca de la recta, y débil si los puntos se hallan muy esparcidos respecto de la recta. De todas maneras, a simple vista, es difícil determinar la fuerza de una relación lineal. Los dos diagramas de dispersión de la figura 2.8 representan exactamente los mismos datos, con la única diferencia de la escala de los ejes. El diagrama de dispersión inferior da la impresión de que la asociación entre las dos variables es más fuerte. Es fácil engañar a la vista cambiando la escala.[10] Por ello, necesitamos seguir nuestra estrategia para el análisis de datos y utilizar una medida numérica que complemente el gráfico. La *correlación* es la medida que necesitamos.

[9]Adaptado de M. C. Wilson y R. E. Shade, "Relative attractiveness of various luminescent colors to the cereal leaf beetle and the meadow spittlebug", *Journal of Economic Entomology*, 60, 1967, págs. 578-580.

[10]W. S. Cleveland, P. Diaconis y R. McGill, "Variables on scatterplots look more highly correlated when the scales are increased", *Science*, 216, 1982, págs. 1138-1141.

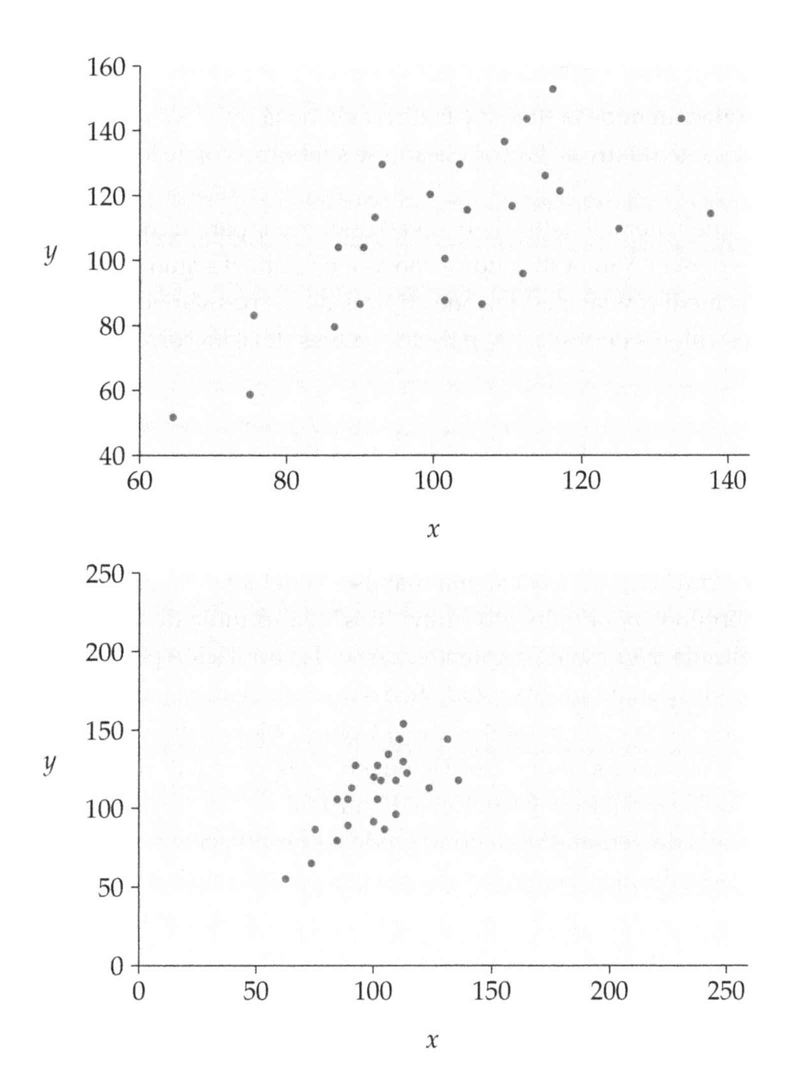

Figura 2.8. Dos diagramas de dispersión con los mismos datos. Debido a las diferentes escalas utilizadas, la fuerza de la relación lineal parece mayor en el gráfico inferior.

2.3.1 Correlación r

CORRELACIÓN

La **correlación** mide la fuerza y la dirección de la relación lineal entre dos variables cuantitativas. La correlación se simboliza con la letra r.

Supón que tenemos datos de dos variables x e y para n individuos. Los valores para el primer individuo son x_1 e y_1, para el segundo son x_2 e y_2, etc. Las medias y las desviaciones típicas de las dos variables son $\bar{x}$ y s_x para los valores de x, e $\bar{y}$ y s_y para los valores de y. La correlación r entre x e y es

$$r = \frac{1}{n-1} \sum \left(\frac{x_i - \bar{x}}{s_x} \right) \left(\frac{y_i - \bar{y}}{s_y} \right)$$

Como siempre, $\sum$ (la letra sigma mayúscula del alfabeto griego) indica "suma estos términos para todos los individuos". La fórmula de la correlación r es algo complicada. Nos ayuda a entender qué es la correlación pero, en la práctica, conviene utilizar un programa estadístico o una calculadora para hallar r a partir de los valores de las dos variables x e y. Con el objetivo de consolidar tu comprensión del significado de la correlación, en el ejercicio 2.17 tienes que calcular la correlación paso a paso a partir de la definición.

La fórmula de r empieza estandarizando las observaciones. Supón, por ejemplo, que x es la altura en centímetros e y el peso en kilogramos y que tenemos las alturas y los pesos de n personas. Por tanto, $\bar{x}$ y s_x son la media y la desviación típica de las n alturas, ambas expresadas en centímetros. El valor

$$\frac{x_i - \bar{x}}{s_x}$$

es la altura estandarizada de la i-ésima persona, tal como vimos en el capítulo 1. La altura estandarizada nos indica a cuántas desviaciones típicas se halla la altura de un individuo con respecto a la media. Los valores estandarizados no tienen unidades de medida —en este ejemplo, las alturas estandarizadas ya no se expresan en centímetros—. Estandariza también los pesos. La correlación r es como una media de los productos de las alturas estandarizadas y de los pesos estandarizados para las n personas.

APLICA TUS CONOCIMIENTOS

2.17. Clasificación de fósiles. El *Archaeopteryx* es una especie extinguida que tenía plumas como un pájaro, pero que también tenía dientes y cola como un reptil. Sólo se conocen seis fósiles de estas características. Como estos especímenes difieren mucho en su tamaño, algunos científicos creen que pertenecen a especies distintas. Vamos a examinar algunos datos. Si los fósiles pertenecen a la misma especie y son de tamaños distintos porque unos son más jóvenes que otros, tiene que haber una relación lineal positiva entre las longitudes de algunos de los huesos en todos los individuos. Una observación atípica en esta relación sugeriría una especie distinta. He aquí los datos de las longitudes en centímetros del fémur y del húmero de cinco fósiles que conservan ambos huesos.[11]

Fémur	38	56	59	64	74
Húmero	41	63	70	72	84

(a) Dibuja un diagrama de dispersión. ¿Crees que los 5 fósiles pertenecen a la misma especie?

(b) Halla la correlación r, paso a paso. Es decir, halla la media y la desviación típica de las longitudes de los fémures y de los húmeros. (Utiliza tu calculadora para calcular las medias y las desviaciones típicas.) Halla los valores estandarizados de cada valor. Calcula r a partir de su fórmula.

(c) Ahora entra los datos en tu calculadora y utiliza la función que permite calcular directamente r. Comprueba que obtienes el mismo valor que en (b).

2.3.2 Características de la correlación

La fórmula de la correlación ayuda a ver que r es positivo cuando existe una asociación positiva entre las variables. Por ejemplo, el peso y la altura están asociados positivamente. La gente que tiene una altura superior a la media tiende también a tener un peso superior a la media. Para esta gente los valores estandarizados de altura y peso son positivos. La gente que tiene una altura inferior a la media

[11]M. A. Houck *et al.* "Allometric scaling in the earliest fossil bird, *Archaeopteryx lithographica*", *Science*, 247, 1900, págs. 195-198. Los autores llegan a la conclusión de que todos los especímenes corresponden a la misma especie.

también tiende a tener un peso inferior a la media. Los dos valores estandarizados son negativos. En ambos casos los productos de la fórmula de r son en su mayor parte positivos y, por tanto, también lo es r. De la misma manera, podemos ver que r es negativa cuando la asociación entre x e y es negativa. Un estudio más detallado de la fórmula proporciona más propiedades de r. A continuación tienes las siete ideas que necesitas conocer para poder interpretar correctamente la correlación.

1. La correlación no hace ninguna distinción entre variables explicativas y variables respuesta. Da lo mismo llamar x o y a una variable o a otra.
2. La correlación exige que las dos variables sean cuantitativas para que tenga sentido hacer los cálculos de la fórmula de r. No podemos calcular la correlación entre los ingresos de un grupo de personas y la ciudad en la que viven, ya que la ciudad es una variable categórica.
3. Como r utiliza los valores estandarizados de las observaciones, no varía cuando cambiamos las unidades de medida de x, de y o de ambas. Si en vez de medir la altura en centímetros lo hubiéramos hecho en pulgadas, o si en lugar de medir el peso en kilogramos lo hubiéramos hecho en libras, el valor de r sería el mismo. La correlación no tiene unidad de medida. Es sólo un número.
4. Una r positiva indica una asociación positiva entre las variables. Una r negativa indica una asociación negativa.
5. La correlación r siempre toma valores entre -1 y 1. Valores de r cercanos a 0 indican una relación lineal muy débil. La fuerza de la relación lineal aumenta a medida que r se aleja de 0 y se acerca a 1 o a -1. Los valores de r cercanos a -1 o a 1 indican que los puntos se hallan cercanos a una recta. Los valores extremos $r = -1$ o $r = 1$ sólo se dan cuando existe una relación lineal perfecta y los puntos del diagrama de dispersión están exactamente sobre una recta.
6. La correlación sólo mide la fuerza de una relación lineal entre dos variables. La correlación no describe las relaciones curvilíneas entre variables aunque sean muy fuertes.
7. Al igual que ocurre con la media y la desviación típica, la correlación se ve fuertemente afectada por unas pocas observaciones atípicas. La correlación de la figura 2.7 es $r = 0{,}634$ cuando se incluyen todas las observaciones, de todas formas aumenta hasta $r = 0{,}783$ cuando obviamos Alaska y el Distrito de Columbia. Cuando detectes la presencia de observaciones atípicas en el diagrama de dispersión, utiliza r con precaución.

Los diagramas de dispersión de la figura 2.9 ilustran cómo los valores de r cercanos a 1 o a -1 corresponden a relaciones lineales fuertes. Para dejar más claro el significado de r, las desviaciones típicas de ambas variables en estos diagramas son iguales, y también son iguales las escalas en los ejes de las abscisas y de las ordenadas. No es fácil, en general, estimar el valor de r a partir de la observación del diagrama de dispersión. Recuerda que un cambio de escala puede engañar tu vista, pero no modifica la correlación.

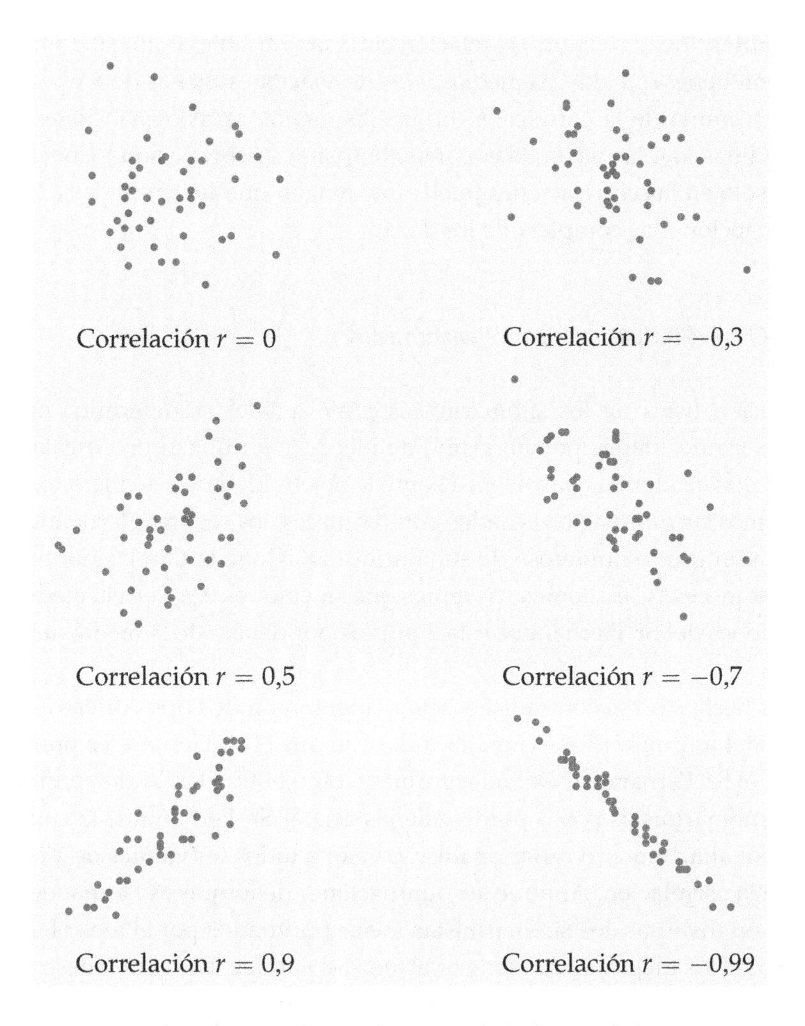

Figura 2.9. El coeficiente de correlación mide la fuerza de la asociación lineal. Cuando los puntos están muy cerca de la recta, los valores de r están más próximos a 1 o a -1.

Los datos reales que hemos examinado también ilustran cómo la correlación mide la fuerza y la dirección de relaciones lineales. La figura 2.2 muestra una relación lineal positiva muy fuerte entre los grados-día y el consumo de gas. La correlación es $r = 0{,}9953$. Compruébalo con tu calculadora utilizando los datos de la tabla 2.2. La figura 2.1 muestra una asociación negativa clara, aunque más débil, entre el porcentaje de estudiantes que se presentan a la prueba SAT y la nota media de Matemáticas en la prueba SAT de cada Estado de EE UU. En este caso, la correlación es $r = -0{,}8581$.

Recuerda que **la correlación no es una descripción completa de los datos de dos variables**, incluso cuando la relación entre las variables es lineal. Junto con la correlación tienes que dar las medias y las desviaciones típicas de x e y. (Debido a que la fórmula de la correlación utiliza las medias y las desviaciones típicas, estas medidas son las adecuadas para acompañar la correlación.) Conclusiones basadas sólo en las correlaciones puede que tengan que ser revisadas a la luz de una descripción más completa de los datos.

EJEMPLO 2.7. Puntuaciones para submarinistas

La condición física de los submarinistas profesionales se determina mediante las puntuaciones dadas por un grupo de jueces que utilizan una escala que va de 0 a 10. Existe alguna controversia sobre la objetividad de este método.

Tenemos las puntuaciones dadas por dos jueces, los señores Hernández y Fernández, a un grupo numeroso de submarinistas. ¿Concuerdan las puntuaciones de los dos jueces? Calculamos r y vemos que su valor es 0,9. Pero la media de las puntuaciones del Sr. Hernández está 3 puntos por debajo de la media del Sr. Fernández.

Estos hechos no se contradicen. Simplemente, son dos tipos diferentes de información. Las puntuaciones medias muestran que el Sr. Hernández puntúa más bajo que el Sr. Fernández. De todas formas, como el Sr. Hernández puntúa a todos los submarinistas con 3 puntos menos que el Sr. Fernández, la correlación permanece alta. Sumar o restar un mismo valor a todos los valores de x o de y no modifica la correlación. Aunque las puntuaciones de los jueces Hernández y Fernández son distintas, los submarinistas mejor puntuados por el juez Hernández son también los mejor puntuados por el juez Fernández. La r alta muestra la concordancia. Pero si el Sr. Hernández puntúa a un submarinista y el Sr. Fernández a otro, tenemos que añadir tres puntos a las puntuaciones del Sr. Hernández para que la comparación sea justa. ■

APLICA TUS CONOCIMIENTOS

2.18. Reflexiones sobre la correlación. La figura 2.5 es un diagrama de dispersión que relaciona las notas medias escolares y los coeficientes de inteligencia de 78 estudiantes de primero de bachillerato.

(a) La correlación r de estos datos, ¿es próxima a -1, claramente negativa aunque no próxima a -1, próxima a 0, próxima a 1, claramente positiva pero no próxima a 1? Justifica tu respuesta.

(b) La figura 2.6, muestra las calorías y los contenidos de sodio de 17 marcas de salchichas. En esta ocasión, la correlación ¿es más próxima a 1 que la correlación de la figura 2.5? ¿es más próxima a 0? Justifica tu respuesta.

(c) Tanto la figura 2.5 como la figura 2.6 contienen observaciones atípicas. La eliminación de estas observaciones, ¿*aumentará* el coeficiente de correlación de una figura y lo *disminuirá* en la otra? ¿Qué ocurre en cada figura? ¿Por qué?

2.19. Si las mujeres siempre se casaran con hombres que fueran 2 años mayores que ellas, ¿cuál sería la correlación entre las edades de las esposas y las edades de sus maridos? (Sugerencia: dibuja un diagrama de dispersión con varias edades.)

2.20. Falta de correlación, pero asociación fuerte. A medida que aumenta la velocidad, el consumo de un automóvil disminuye al principio y luego aumenta. Supón que esta relación es muy regular, tal como muestran los siguientes datos de la velocidad (kilómetros por hora) y el consumo (litros por 100 km).

Velocidad (km/h)	30	45	55	70	85
Consumo (litros/100 km)	9,8	8,4	7,8	8,4	9,8

Dibuja un diagrama de dispersión del consumo con relación a la velocidad. Muestra que la correlación es $r = 0$. Explica por qué r es 0, a pesar de que existe una fuerte relación entre la velocidad y el consumo.

RESUMEN DE LA SECCIÓN 2.3

La **correlación** r mide la fuerza y la dirección de la asociación lineal entre dos variables cuantitativas x e y. Aunque puedes calcular r para cualquier diagrama de dispersión, r sólo mide la relación lineal.

La correlación indica la dirección de una relación lineal con su signo: $r > 0$ para asociaciones positivas y $r < 0$ para asociaciones negativas.

La correlación siempre cumple que $-1 \leq r \leq 1$. Valores de r cercanos a -1 o a 1 indican una fuerte asociación. Cuando los puntos de un diagrama de dispersión se sitúan exactamente a lo largo de una recta $r = \pm 1$.

La correlación ignora la distinción entre variables explicativas y variables respuesta. El valor de r no se ve afectado por cambios en las unidades de medida de cada una de las variables. De todas formas, r se puede ver muy afectada por las observaciones atípicas.

EJERCICIOS DE LA SECCIÓN 2.3

2.21. El profesor Moore y la natación. El ejercicio 2.12 proporciona datos sobre el tiempo que el profesor Moore, un hombre de mediana edad, tarda en nadar 1.800 metros y su ritmo cardíaco posterior.

(a) Si no lo hiciste en el ejercicio 2.12, calcula el coeficiente de correlación r. Explica, después de analizar el diagrama de dispersión, por qué el valor de r es razonable.

(b) Supón que los tiempos se hubieran medido en segundos. Por ejemplo, 34,12 minutos serían 2.047 segundos. ¿Cambiaría el valor de r?

2.22. Peso corporal y nivel metabólico. La tabla 2.3 proporciona datos sobre el nivel metabólico y el peso magro de 12 mujeres y 7 hombres.

(a) Dibuja un diagrama de dispersión si no lo hiciste en el ejercicio 2.7. Utiliza colores o símbolos distintos para las mujeres y para los hombres. ¿Crees que la correlación será aproximadamente igual para los hombres y las mujeres, o bastante distinta para los dos grupos? ¿Por qué?

(b) Calcula r para el grupo de las mujeres y también para el grupo de los hombres. (Utiliza la calculadora.)

(c) Calcula el peso magro medio de las mujeres y de los hombres. El hecho de que, como media, los hombres sean más pesados que las mujeres, ¿influye en las correlaciones? Si es así, ¿por qué?

(d) El peso magro se midió en kilogramos. ¿Cuál sería la correlación si lo hubiéramos medido en libras? (2,2 libras equivalen a 1 kilogramo.)

2.23. ¿Cuantas calorías? Una industria agroalimentaria solicita a un grupo de 3.368 personas que estimen el contenido en calorías de algunos alimentos. La tabla 2.5 muestra las medias de sus estimaciones y el contenido real en calorías.[12]

[12] De una encuesta de la Wheat Industry Council aparecida el 20 de octubre de 1983 en *USA Today*.

Tabla 2.5. Calorías estimadas y reales de 10 alimentos.

Alimento	Calorías estimadas	Calorías reales
225 g de leche entera	196	159
142 g de espaguetis con salsa de tomate	394	163
142 g de de macarrones con queso	350	269
Una rebanada de pan de trigo	117	61
Una rebanada de pan blanco	136	76
57 g de caramelos	364	260
Una galleta salada	74	12
Una manzana de tamaño medio	107	80
Una patata de tamaño medio	160	88
Una porción de pastel de crema	419	160

(a) Creemos que el contenido real en calorías de los alimentos, puede ayudar a explicar las estimaciones de la gente. Teniendo esto presente, dibuja un diagrama de dispersión con estos datos.

(b) Calcula la correlación r (utiliza tu calculadora). Explica, basándote en el diagrama de dispersión, por qué r es razonable.

(c) Las estimaciones son todas mayores que los valores reales. Este hecho, ¿influye de alguna manera en la correlación? ¿Cómo cambiaría r si todos los valores estimados fuesen 100 calorías más altos?

(d) Las estimaciones son demasiado altas para los espaguetis y los pasteles. Señala estos puntos en el diagrama de dispersión. Calcula r para los ocho alimentos restantes. Explica por qué r cambia en el sentido en que lo hace.

2.24. Peso del cerebro y coeficiente de inteligencia. La gente que tiene un cerebro mayor, ¿tiene también un coeficiente de inteligencia mayor? Un estudio realizado con 40 sujetos voluntarios, 20 hombres y 20 mujeres, proporciona una explicación. El peso del cerebro se determinó mediante una imagen obtenida por resonancia magnética (IRM). (En la tabla 2.6 aparecen estos datos. IRM es el recuento de "pixels" que el cerebro genera en la imagen. El coeficiente de inteligencia (CI) se midió mediante la prueba Wechsler.[13])

(a) Haz un diagrama de dispersión para mostrar la relación entre el coeficiente de inteligencia y el recuento de IRM. Utiliza símbolos distintos para hombres y mujeres. Además, halla la correlación entre ambas variables para los 40 sujetos, para los hombres y para las mujeres.

[13]L. Willerman, R. Schultz, J. N. Rutledge y E. Bigler, "In vivo brain size and intelligence", *Intelligence*, 15, 1991, págs. 223-228.

Tabla 2.6. Tamaño del cerebro y coeficiente de inteligencia.

Hombres				Mujeres			
IRM	CI	IRM	CI	IRM	CI	IRM	CI
1.001.121	140	1.038.437	139	816.932	133	951.545	137
965.353	133	904.858	89	928.799	99	991.305	138
955.466	133	1.079.549	141	854.258	92	833.868	132
924.059	135	945.088	100	856.472	140	878.897	96
889.083	80	892.420	83	865.363	83	852.244	132
905.940	97	955.003	139	808.020	101	790.619	135
935.494	141	1.062.462	103	831.772	91	798.612	85
949.589	144	997.925	103	793.549	77	866.662	130
879.987	90	949.395	140	857.782	133	834.344	83
930.016	81	935.863	89	948.066	133	893.983	88

(b) En general, los hombres son más corpulentos que los mujeres, por tanto sus cerebros suelen ser más grandes. ¿Cómo se muestra este efecto en tu diagrama? Halla la media del recuento de IRM para hombres y para mujeres para comprobar si existe diferencia.

(c) Tus resultados en (b) sugieren que para analizar la relación entre el coeficiente de inteligencia y el peso del cerebro, es mejor separar a hombres y mujeres. Utiliza tus resultados en (a) para comentar la naturaleza y la fuerza de esta relación para hombres y mujeres de forma separada.

2.25. Un cambio en las unidades de medida puede alterar drásticamente el aspecto de un diagrama de dispersión. Considera los siguientes datos:

x	-4	-4	-3	3	4	4
y	$0{,}5$	$-0{,}6$	$-0{,}5$	$0{,}5$	$0{,}5$	$-0{,}6$

(a) Dibuja un diagrama de dispersión con los datos anteriores en el que la escala de las ordenadas y la de las abscisas vayan de -6 a 6.

(b) Calcula, a partir de x e y, los valores de las nuevas variables: $x^* = \frac{x}{10}$ e $y^* = 10y$. Dibuja y^* en relación con x^* en el mismo diagrama de dispersión utilizando otros símbolos. El aspecto de los dos diagramas es muy diferente.

(c) Utiliza una calculadora para hallar la correlación entre x e y. Luego, halla la correlación entre x^* e y^*. ¿Cuál es la relación entre las dos correlaciones? Explica por qué este resultado no es sorprendente.

2.26. Docencia e investigación. Un periódico universitario entrevista a un psicólogo a propósito de las evaluaciones que hacen los estudiantes de sus profesores. El psicólogo afirma: "La evidencia demuestra que la correlación entre la capacidad investigadora de los profesores y la evaluación docente que hacen los estudiantes es próxima a cero". El titular del periódico dice: "El profesor Cruz dice que los buenos investigadores tienden a ser malos profesores y viceversa". Explica por qué el titular del periódico no refleja el sentido de las palabras del profesor Cruz. Escribe en un lenguaje sencillo (no utilices la palabra "correlación") lo que quería decir el profesor Cruz.

2.27. Diversificación de inversiones. Un artículo en una revista de una asociación dice: "Una cartera bien diversificada incluye asientos con correlaciones bajas". El artículo incluye una tabla de correlaciones entre los rendimientos de varios tipos de inversiones. Por ejemplo, la correlación entre unos bonos municipales y acciones de grandes empresas es 0,50 y la correlación entre los bonos municipales y acciones de pequeñas empresas es 0,21.[14]

(a) María invierte mucho en bonos municipales y quiere diversificar sus inversiones añadiendo unas acciones que tengan unos rendimientos que no sigan la misma tendencia que los rendimientos de sus bonos. Para conseguir su propósito, ¿qué tipo de acciones debe escoger María, las acciones de grandes empresas o acciones de pequeñas empresas? Justifica tu respuesta.

(b) Si María quiere una inversión que tienda a aumentar cuando los rendimientos de sus bonos tiendan a disminuir, ¿qué tipo de correlación debe buscar?

2.28. Velocidad y consumo de gasolina. Los datos del ejercicio 2.20 se presentaron para mostrar un ejemplo de una relación curvilínea fuerte para la cual, sin embargo, $r = 0$. El ejercicio 2.6 proporciona datos sobre el consumo del Ford Escort con relación a la velocidad. Dibuja un diagrama de dispersión si no lo hiciste en el ejercicio 2.6. Calcula la correlación y explica por qué r está cerca de 0 a pesar de la fuerte relación entre la velocidad y el consumo.

2.29. ¿Dónde está el error? Cada una de las siguiente afirmaciones contiene un error. Explica en cada caso dónde está la incorrección.

(a) "Hay una correlación alta entre el sexo de los trabajadores y sus ingresos."

(b) "Hallamos una correlación alta ($r = 1{,}09$) entre las evaluaciones de los profesores hechas por los estudiantes y las hechas por otros profesores."

(c) "La correlación hallada entre la densidad de siembra y el rendimiento del maíz fue de $r = 0{,}23$ hectolitros."

[14] *T. Rowe Price Report*, invierno 1997, pág. 4.

2.4 Regresión mínimo-cuadrática

La correlación mide la fuerza y la dirección de la relación lineal entre dos variables cuantitativas. Si un diagrama de dispersión muestra una relación lineal, nos gustaría resumirla dibujando una recta a través de la nube de puntos. La regresión mínimo-cuadrática es un método para hallar una recta que resuma la relación entre dos variables, aunque sólo en una situación muy concreta: una de las variables ayuda a explicar o a predecir la otra. Es decir, la regresión describe una relación entre una variable explicativa y una variable respuesta.

RECTA DE REGRESIÓN

La **recta de regresión** es una recta que describe cómo cambia una variable respuesta y a medida que cambia una variable explicativa x.

A menudo, utilizamos una recta de regresión para predecir el valor de y a partir de un valor dado de x.

EJEMPLO 2.8. Predicción del consumo de gas

El diagrama de dispersión de la figura 2.10 muestra que existe una fuerte relación lineal entre la temperatura exterior media de un mes (medida en grados-día de calefacción diarios) y el consumo medio diario de gas de ese mes en casa de los Sánchez. La correlación es $r = 0{,}9953$, cerca de $r = 1$ que corresponde a los puntos situados sobre la recta. La recta de regresión trazada a través de los puntos de la figura 2.10 describe los datos muy bien.

La familia Sánchez quiere utilizar dicha relación para predecir su consumo de gas. "Si un mes tiene una media diaria de 10 grados-día, ¿cuánto gas utilizaremos?"

Predicción

Para **predecir** el consumo de gas de los días de un mes con una media de 10 grados-día, en primer lugar localiza el valor 10 en el eje de las abscisas. Luego, ves "hacia arriba y hacia la izquierda", como en la figura, para hallar el consumo de gas y que corresponde a $x = 10$. Predecimos que los Sánchez consumirán aproximadamente 12,5 metros cúbicos de gas cada día de ese mes. ■

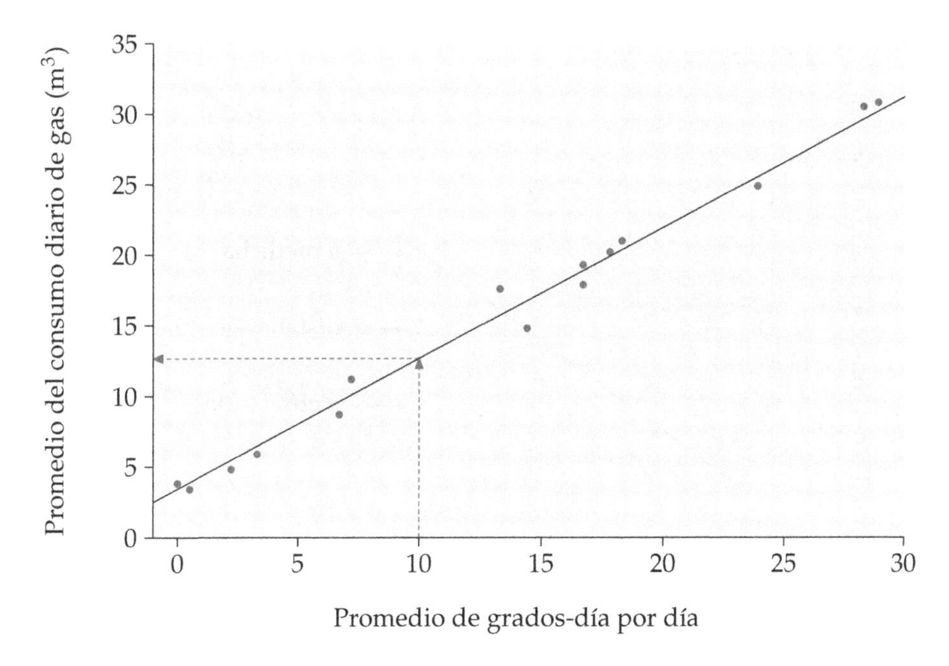

Figura 2.10. Datos del consumo de gas de la familia Sánchez, con una recta de regresión para predecir el consumo de gas a partir de los grados-día. Las líneas discontinuas muestran cómo predecir el consumo de gas en un mes con una media diaria de 10 grados-día.

2.4.1 Recta de regresión mínimo-cuadrática

Diferentes personas dibujarían, a simple vista, diferentes rectas en un diagrama de dispersión. Esto es especialmente cierto cuando los puntos están más dispersos que los de la figura 2.10. Necesitamos una manera de dibujar la recta de regresión que no dependa de nuestra intuición de por dónde tendría que pasar dicha recta. Utilizaremos la recta para predecir y a partir de x; en consecuencia, los errores de predicción estarán en y, el eje de las ordenadas del diagrama de dispersión. Si predecimos un consumo de 12,5 m^3 para un mes con 10 grados-día y el consumo real resulta ser de 13,45 m^3, nuestro error es

$$\begin{aligned} \text{error} &= \text{valor observado} - \text{valor predicho} \\ &= 13{,}45 - 12{,}5 = 0{,}95 \end{aligned}$$

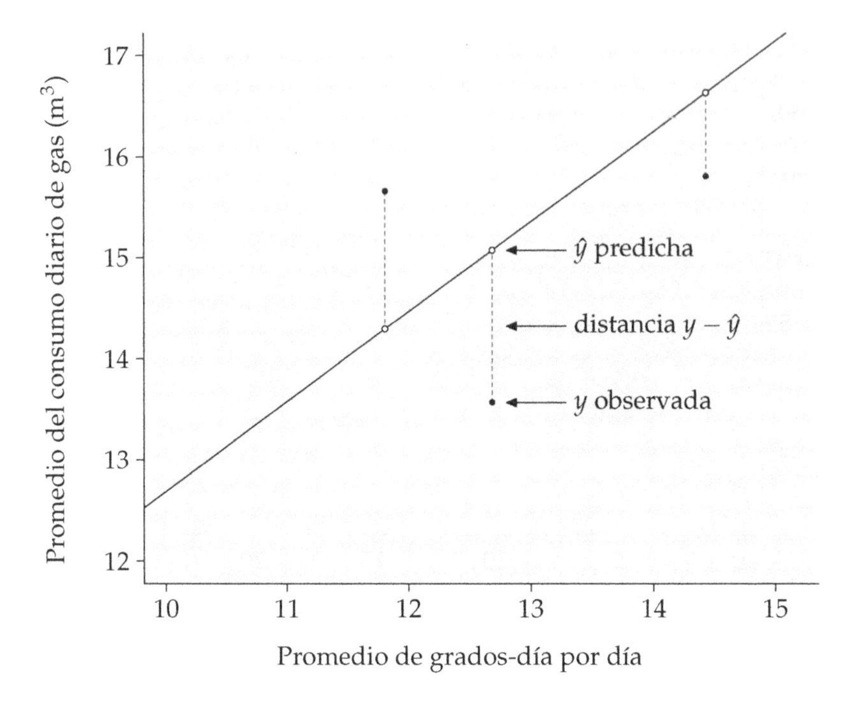

Figura 2.11. La idea de los mínimos cuadrados. Para cada observación, halla la distancia vertical de cada punto del diagrama de dispersión a la recta. La regresión mínimo-cuadrática hace que la suma de los cuadrados de estas distancias sea lo más pequeña posible.

Ninguna recta podrá pasar exactamente por todos los puntos del diagrama de dispersión. Queremos que las distancias *verticales* de los puntos a la recta sean lo más pequeñas posible. La figura 2.11 ilustra esta idea. El diagrama muestra sólo 3 puntos de la figura 2.10 conjuntamente con la recta y en una escala ampliada. La recta pasa por encima de dos de los puntos y por debajo de uno de ellos. Las distancias verticales de los puntos a la recta de regresión se han señalado con líneas discontinuas. Existen muchos procedimientos para conseguir que las distancias verticales "sean lo más pequeñas posible". El más común es el método de *mínimos cuadrados*.

RECTA DE REGRESIÓN MÍNIMO-CUADRÁTICA

La **recta de regresión mínimo-cuadrática** de y con relación a x es la recta que hace que la suma de los cuadrados de las distancias verticales de los puntos observados a la recta sea lo más pequeña posible.

Una de las razones de la popularidad de la recta de regresión mínimo-cuadrática es que el procedimiento para encontrar dicha recta es sencillo: se calcula a partir de las medias, las desviaciones típicas de las dos variables y su correlación.

ECUACIÓN DE LA RECTA DE REGRESIÓN MÍNIMO-CUADRÁTICA

Tenemos datos de la variable explicativa x y de la variable respuesta y para n individuos. A partir de los datos, calcula $\bar{x}$ e $\bar{y}$, las desviaciones típicas s_x y s_y de las dos variables y su correlación. La recta de regresión mínimo-cuadrática es

$$\hat{y} = a + bx$$

con **pendiente**

$$b = r\frac{s_y}{s_x}$$

y **ordenada en el origen**

$$a = \bar{y} - b\bar{x}$$

Escribimos $\hat{y}$ en la ecuación de la recta de regresión para subrayar que la recta *predice* una respuesta $\hat{y}$ para cada x. Debido a la dispersión de los puntos a lo largo de la recta, la respuesta predicha no coincidirá, por regla general, con la respuesta realmente *observada* y. En la práctica, no necesitas calcular primero las medias, las desviaciones típicas y la correlación. Cualquier programa estadístico, o tu calculadora, te dará la pendiente b y la ordenada en el origen a de la recta de regresión mínimo-cuadrática a partir de los valores de las variables x e y. Por tanto, puedes concentrarte en comprender y utilizar la recta de regresión.

EJEMPLO 2.9. Utilización de la recta de regresión

La recta de la figura 2.10 es de hecho la recta de regresión mínimo-cuadrática del consumo de gas con relación a los grados-día. Introduce los datos de la tabla 2.2 en tu calculadora y comprueba que la recta de regresión es

$$\hat{y} = 3{,}0949 + 0{,}94996x$$

Pendiente

La **pendiente** de una recta de regresión es importante para interpretar los datos. Esta pendiente es la tasa de cambio, la cantidad en que varía $\hat{y}$ cuando x aumenta en una unidad. La pendiente $b = 0{,}94996$ de este ejemplo dice que, como media, cada grado-día adicional predice un aumento diario del consumo de 0,94996 m^3 de gas.

Ordenada en el origen

La **ordenada en el origen** de la recta de regresión es el valor de $\hat{y}$ cuando $x = 0$. Aunque necesitamos el valor de la ordenada en el origen para dibujar la recta de regresión, sólo tiene significado estadístico cuando x toma valores cercanos a 0. En nuestro ejemplo, $x = 0$ ocurre cuando la temperatura exterior media es de al menos 18,5 °C. Predecimos que los Sánchez utilizarán una media de $a = 3{,}0949$ m^3 de gas diarios con 0 grados-día. Utilizan este gas para cocinar y para calentar el agua, y este consumo se mantiene incluso cuando no hace frío.

Predicción

La ecuación de la recta de regresión facilita la **predicción**. Tan sólo sustituye x por un valor concreto en la ecuación. Para predecir el consumo de gas a 10 grados-día, sustituye x por 10.

$$\begin{aligned}\hat{y} &= 3{,}0949 + (0{,}94996)(10)\\ &= 3{,}0949 + 9{,}4996 = 12{,}5945\end{aligned}$$

Trazado de la recta

Para **trazar la recta** en el diagrama de dispersión, utiliza la ecuación para hallar $\hat{y}$ de dos valores de x que se encuentren en los extremos del intervalo determinado por los valores de x de los datos. Sitúa cada $\hat{y}$ sobre su respectiva x y traza la recta que pase por los dos puntos. ■

La figura 2.12 muestra los resultados de la regresión de los datos de consumo de gas obtenidos con una calculadora con funciones estadísticas y con dos programas estadísticos. Cada resultado da la pendiente y la ordenada en el origen de la recta mínimo-cuadrática, calculadas con más decimales de los que necesitamos. Los programas también proporcionan información que no necesitamos —la gracia de utilizar programas es saber prescindir de la información extra que siempre se proporciona—. En el capítulo 10, utilizaremos la información adicional de estos resultados.

```
LinReg
y = ax + b
a = .94996152
b = 3.09485166
r² = .99041538
r = .99519615
```

(a)

The regression equation is
Consumo-Gas = 3.09 + 0.95 G-dia

Predictor	Coef	Stdev	t-ratio	p
Constant	3.0949	0.3906	7.92	0.000
G-dia	0.94996	0.0250	38.04	0.000

s = 0.9539 R-sq = 99.0% R-sq(adj) = 99.0%

Analysis of Variance

SOURCE	DF	SS	MS	F	p
Regression	1	1316.26	1316.26	1446.67	0.000
Error	14	12.74	0.91		
Total	15	1329.00			

(b)

Dependent variable is: Consumo-Gas
No Selector
R squared = 99.0% R squared (adjusted) = 99.0%
s = 0.9539 with 16-2 = 14 degrees of freedom

Source	Sum of Squares	df	Mean Square	F-ratio
Regression	1316.260	1	1316.260	1447
Residual	12.738	14	0.910	

Variable	Coefficient	s.e of Coeff	t-ratio	prob
Constant	3.094852	0.3906	7.92	$\leq$0.0001
G-dia	0.949962	0.0250	38.04	$\leq$0.0001

(c)

Figura 2.12. Resultados de la regresión mínimo-cuadrática del consumo de gas obtenidos con una calculadora y con dos programas estadísticos. (a) Calculadora TI-83. (b) Minitab. (c) Data Desk.

APLICA TUS CONOCIMIENTOS

2.30. El ejemplo 2.9 da la ecuación de la recta de regresión del consumo de gas y con relación a los grados-día x de los datos de la tabla 2.2 como

$$\hat{y} = 3{,}0949 + 0{,}94966x$$

Entra los datos de la tabla 2.2 en tu calculadora.

(a) Utiliza la función de regresión de la calculadora para hallar la ecuación de la recta de regresión mínimo-cuadrática.

(b) Utiliza tu calculadora para hallar la media y la desviación típica de x e y, y su correlación r. Halla la pendiente b y la ordenada en el origen a de la recta de regresión a partir de esos valores, utilizando las ecuaciones del recuadro *Ecuación de la recta de regresión mínimo-cuadrática*. Comprueba que en (a) y en (b) obtienes la ecuación del ejemplo 2.9. (Los resultados pueden ser algo distintos debido a los errores de redondeo.)

2.31. Lluvia ácida. Unos investigadores determinaron, durante 150 semanas consecutivas, la acidez de la lluvia en una zona rural de Colorado, EE UU. La acidez se determina mediante el pH. Valores de pH bajos indican una acidez alta. Los investigadores observaron una relación lineal entre el pH y el paso del tiempo e indicaron que la recta de regresión mínimo-cuadrática

$$\text{pH} = 5{,}43 - (0{,}0053 \times \text{semanas})$$

se ajustaba bien a los datos.[15]

(a) Dibuja esta recta. ¿La asociación es positiva o negativa? Explica de una manera sencilla el significado de esta asociación.

(b) De acuerdo con la recta de regresión, ¿cuál era el pH al comienzo del estudio (semana = 1)? ¿Y al final (semana = 150)?

(c) ¿Cuál es la pendiente de la recta de regresión? Explica claramente qué indica la pendiente respecto del cambio del pH del agua de lluvia en esta zona rural.

2.32. Manatís en peligro. El ejercicio 2.4 proporciona datos sobre el número de lanchas registradas en Florida y el número de manatís muertos por las lanchas motoras entre 1977 y 1990. La recta de regresión para predecir los manatís muertos a partir del número de lanchas motoras registradas es

$$\text{muertos} = -41{,}4 + (0{,}125 \times \text{lanchas})$$

[15] W. M. Lewis y M. C. Grant, "Acid precipitation in the western United States", *Science*, 207, 1980, págs. 176-177.

(a) Dibuja un diagrama de dispersión y añádele la recta de regresión. Predice el número de manatís que matarán las lanchas en un año en que se registraron 716.000 lanchas.

(b) He aquí nuevos datos sobre los manatís muertos durante cuatro años más.

Año	Licencias expedidas (1.000)	Manatís muertos
1991	716	53
1992	716	38
1993	716	35
1994	735	49

Añade estos puntos al diagrama de dispersión. Durante estos cuatro años, Florida tomó fuertes medidas para proteger a los manatís. ¿Observas alguna evidencia de que estas medidas tuvieron éxito?

(c) En el apartado (a) predijiste el número de manatís muertos en un año con 716.000 lanchas registradas. En realidad, el número de lanchas registradas se mantuvo en 716.000 durante los siguientes tres años. Compara las medias de manatís muertos en estos años con tu predicción en (a). ¿Qué nivel de exactitud has alcanzado?

2.4.2 Características de la regresión mínimo-cuadrática

La regresión mínimo-cuadrática tiene en cuenta las distancias de los puntos a la recta sólo en la dirección de y. Por tanto, en una regresión las variables x e y juegan papeles distintos.

Característica 1. La distinción entre variable explicativa y variable respuesta es básica en regresión. La regresión mínimo-cuadrática considera sólo las distancias verticales de los puntos a la recta. Si cambiamos los papeles de las dos variables, obtenemos una recta de regresión-mínimo cuadrática distinta.

EJEMPLO 2.10. El universo se expande

La figura 2.13 es un diagrama de dispersión dibujado con los datos que sirvieron de base para descubrir que el Universo se está expandiendo. Son las distancias a la Tierra de 24 galaxias y las velocidades con que éstas se alejan de nosotros, proporcionadas por el astrónomo Edwin Hubble en 1929.[16] Existe una relación

[16]E. P. Hubble, "A relation between distance and radial velocity among extra-galactic nebulae", *Proceedings of the National Academy of Sciences*, 15, 1929, págs. 168-173.

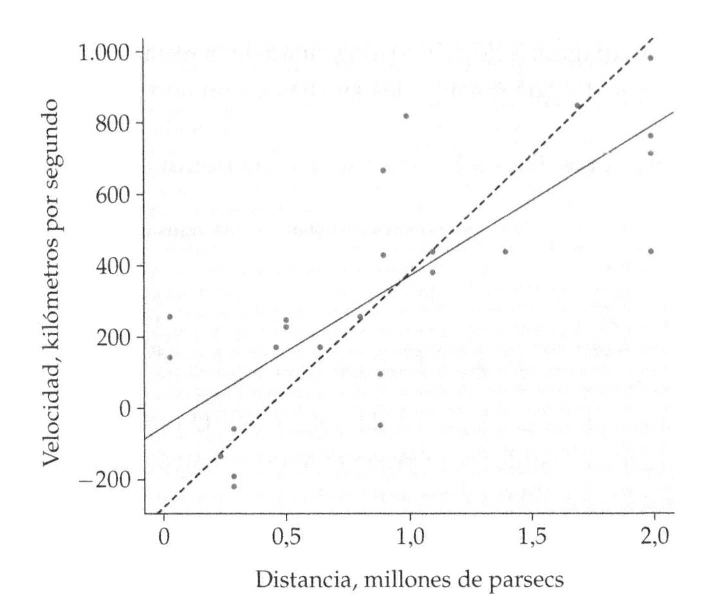

Figura 2.13. Diagrama de dispersión de los datos de Hubble sobre la distancia a la Tierra de 24 galaxias y la velocidad con la que éstas se alejan de nosotros. Las dos rectas son de regresión mínimo-cuadrática: la de la velocidad con relación a la distancia (línea continua) y la de la distancia con relación a la velocidad (línea discontinua).

lineal positiva, $r = 0{,}7842$, de manera que las galaxias que se hallan más lejos se alejan más rápidamente. De hecho, los astrónomos creen que la relación es perfectamente lineal y que la dispersión se debe a errores de medición.

Las dos rectas del dibujo son rectas de regresión mínimo-cuadrática. La recta de trazado continuo es la regresión de la velocidad con relación a la distancia, mientras que la de trazado discontinuo es la regresión de la distancia con relación a la velocidad. *La regresión de la velocidad con relación a la distancia y la regresión de la distancia con relación a la velocidad dan rectas distintas.* Al determinar la recta de regresión, debes saber cuál es la variable explicativa. ■

Característica 2. Existe una estrecha conexión entre la correlación y la regresión. La pendiente de la recta de regresión mínimo-cuadrática es

$$b = r\frac{s_y}{s_x}$$

Esta ecuación indica que, a lo largo de la recta de regresión, a **un cambio de una desviación típica de x le corresponde un cambio de r desviaciones típicas de y.** Cuando las variables están perfectamente correlacionadas ($r = 1$ o $r = -1$), el cambio en la respuesta predicha $\hat{y}$ es igual al cambio de x (expresado en desviaciones típicas). En los restantes casos, como $-1 \leq r \leq 1$, el cambio de $\hat{y}$ es menor que el cambio de x. A medida que la correlación es menos fuerte, la predicción $\hat{y}$ se mueve menos en respuesta a los cambios de x.

Carecterística 3. La recta de regresión mínimo-cuadrática siempre pasa por el punto $(\bar{x}, \bar{y})$ del diagrama de dispersión de y con relación a x. Por tanto, la recta de regresión mínimo-cuadrática de y con relación a x es la recta de pendiente $r\frac{s_y}{s_x}$ que pasa a través del punto $(\bar{x}, \bar{y})$. Podemos describir completamente la regresión con $\bar{x}$, s_x, $\bar{y}$, s_y y r.

Característica 4. La correlación r describe la fuerza de la relación lineal. En este contexto se expresa de la siguiente manera: **el cuadrado de la correlación, r^2, es la fracción de la variación de las y que explica la recta de regresión mínimo-cuadrática de y con relación a x.**

La idea de la regresión es la siguiente: cuando existe una relación lineal, parte de la variación de y se explica por el hecho de que cuando x cambia, arrastra consigo a y. Mira otra vez la figura 2.10. Hay mucha variación en los valores observados de y, los datos de consumo de gas. Los valores de y toman valores que van de 3 a 31. El diagrama de dispersión muestra que la mayor parte de la variación de y se explica por la variación de la temperatura exterior (medida en grados-día x) que arrastra consigo el consumo de gas. Sólo existe una pequeña variación residual de y que aparece en la dispersión de los puntos a lo largo de la recta. Por otro lado, los puntos de la figura 2.13 están mucho más dispersos. La dependencia lineal de la velocidad con relación a la distancia explica sólo una parte de la variación observada en la velocidad. Podrías adivinar, por ejemplo, que cuando $x = 2$ el valor de y será mayor que cuando $x = 0$. De todas formas, existe todavía una variación considerable de y cuando x se mantiene fija —mira los cuatro puntos de la figura 2.13 cuando $x = 2$—. Esta idea se puede expresar algebraicamente, aunque no lo haremos. Es posible dividir la variación total de los valores observados de y en dos partes. Una de ellas es la variación que esperamos obtener de $\hat{y}$ a medida que x se mueve a lo largo de la recta de regresión. La otra mide la variación de los datos con relación a la recta. El cuadrado de la correlación r^2 es el primero de estos dos componentes expresado como fracción de la variación total.

$$r^2 = \frac{\text{variación de } \hat{y} \text{ junto con } x}{\text{variación total de las } y \text{ observadas}}$$

EJEMPLO 2.11. Utilización de r^2

En la figura 2.10, $r = 0{,}9953$ y $r^2 = 0{,}9906$. Más del 99% de la variación del consumo de gas se explica por la relación lineal con los grados-día. En la figura 2.13, $r = 0{,}7842$ y $r^2 = 0{,}6150$. La relación lineal entre la distancia y la velocidad explica el 61,5% de la variación de las dos variables. Hay dos rectas de regresión, pero existe sólo una correlación y r^2 ayuda a interpretar ambas regresiones. ■

Cuando presentes los resultados de una regresión, da el valor de r^2 como una medida de lo buena que es la respuesta que proporciona la regresión. Todos los resultados de programas estadísticos de la figura 2.12 incluyen r^2, en tanto por uno o en tanto por ciento. Cuando tengas una correlación, elévala al cuadrado para tener una idea más precisa de la fuerza de la asociación. Una correlación perfecta ($r = -1$ o $r = 1$) significa que los puntos se hallan perfectamente alineados a lo largo de una recta. En este caso $r^2 = 1$, es decir, toda la variación de una variable se explica por la relación lineal con la otra variable. Si $r = -0{,}7$ o $r = 0{,}7$, entonces $r^2 = 0{,}49$. Es decir, aproximadamente la mitad de la variación se explica con la relación lineal. En la escala de la r^2, una correlación de $r = \pm 0{,}7$ se halla a medio camino entre 0 y ± 1.

Las características anteriores son propiedades especiales de la regresión mínimo-cuadrática. No son ciertas para otros métodos de ajuste de una recta a unos datos. Otra razón por la cual el método de los mínimos cuadrados es el más común para ajustar una recta de regresión a unos datos es que tiene muchas propiedades interesantes.

APLICA TUS CONOCIMIENTOS

2.33. El profesor Moore y la natación. He aquí los tiempos (en minutos) que tarda el profesor Moore en nadar 1.800 metros y su ritmo cardíaco después de bracear (en pulsaciones por minuto) en 23 sesiones de natación.

Minutos	34,12	35,72	34,72	34,05	34,13	35,72	36,17	35,57
Pulsaciones	152	124	140	152	146	128	136	144
Minutos	35,37	35,57	35,43	36,05	34,85	34,70	34,75	33,93
Pulsaciones	148	144	136	124	148	144	140	156
Minutos	34,60	34,00	34,35	35,62	35,68	35,28	35,97	
Pulsaciones	136	148	148	132	124	132	139	

(a) Un diagrama de dispersión muestra una relación lineal negativa relativamente fuerte. Utiliza tu calculadora o un programa informático para comprobar que la recta de regresión mínimo-cuadrática es

$$\text{pulsaciones} = 479{,}9 - (9{,}695 \times \text{minutos})$$

(b) Al siguiente día el profesor tardó 34,30 minutos. Predice su ritmo cardíaco. En realidad su pulso fue 152. ¿Cómo de exacta es tu predicción?

(c) Supón que sólo conociéramos que las pulsaciones fueron 152. Ahora quieres predecir el tiempo que el profesor estuvo nadando. Halla la recta de regresión mínimo-cuadrática apropiada para la ocasión. ¿Cuál es tu predicción? ¿Es muy exacta?

(d) Explica de forma clara, a alguien que no sepa estadística, por qué las dos rectas de regresión son distintas.

2.34. Predicción del comportamiento de mercados de valores. Algunas personas creen que el comportamiento de un mercado de valores en enero permite predecir el comportamiento del mercado durante el resto del año. Toma como variable explicativa x el porcentaje de cambio en el índice del mercado de valores en enero y como variable respuesta y la variación del índice a lo largo de todo el año. Creemos que existe una correlación positiva entre x e y, ya que el cambio de enero contribuye al cambio anual. Cálculos a partir de datos del periodo 1960-1997 dan

$$\bar{x} = 1{,}75\% \qquad s_x = 5{,}36\% \qquad r = 0{,}596$$

$$\bar{y} = 9{,}07\% \qquad s_y = 15{,}35\%$$

(a) ¿Qué porcentaje de la variación observada en los cambios anuales del índice se explica a partir de la relación lineal con el cambio del índice en enero?

(b) ¿Cuál es la ecuación de la recta mínimo-cuadrática para la predicción del cambio en todo el año a partir del cambio en enero?

(c) En enero el cambio medio es $\bar{x} = 1{,}75\%$. Utiliza tu recta de regresión para predecir el cambio del índice en un año para el cual en enero sube un 1,75%. ¿Por qué podías haber conocido este resultado (hasta donde te permite el error de redondeo) sin necesidad de hacer ningún cálculo?

2.35. Castores y larvas de coleóptero. A menudo los ecólogos hallan relaciones sorprendentes en nuestro entorno. Un estudio parece mostrar que los castores pueden ser beneficiosos para una determinada especie de coleóptero. Los investigadores establecieron 23 parcelas circulares, cada una de ellas de 4 metros de diámetro, en una zona en la que los castores provocaban la caída de álamos al alimentarse de su corteza. En cada parcela, los investigadores determinaron el número de tocones resultantes de los árboles derribados por los castores y el número de larvas del coleóptero. He aquí los datos:[17]

Tocones	2	2	1	3	3	4	3	1	2	5	1	3
Larvas	10	30	12	24	36	40	43	11	27	56	18	40
Tocones	2	1	2	2	1	1	4	1	2	1	4	
Larvas	25	8	21	14	16	6	54	9	13	14	50	

(a) Haz un diagrama de dispersión que muestre cómo el número de tocones debidos a los castores influye sobre el de larvas. ¿Qué muestra tu diagrama? (Los ecólogos creen que los brotes que surgen de los tocones resultan más apetecibles para las larvas ya que son más tiernos que los de los árboles mayores.)

(b) Halla la recta de regresión mínimo-cuadrática y dibújala en tu diagrama.

(c) ¿Qué porcentaje de la variación observada en el número de larvas se puede explicar por la dependencia lineal con el número de tocones?

2.4.3 Residuos

Una recta de regresión es un modelo matemático que describe una relación lineal entre una variable explicativa y una variable respuesta. Las desviaciones de la relación lineal también son importantes. Cuando se dibuja una recta de regresión, se ven las desviaciones observando la dispersión de los puntos respecto a dicha recta. Las distancias verticales de los puntos a la recta de regresión mínimo-cuadrática son lo más pequeñas posible, en el sentido de que tienen la menor suma de cuadrados posible. A estas distancias les damos un nombre: *residuos*.

RESIDUOS

Un **residuo** es la diferencia entre el valor observado de la variable respuesta y el valor predicho por la recta de regresión. Es decir,

$$\begin{aligned} \text{residuo} &= y \text{ observada} - y \text{ predicha} \\ &= y - \hat{y} \end{aligned}$$

[17]G. D. Martinsen, E. M. Driebe y T. G. Whitham, "Indirect interactions mediated by changing plant chemistry: beaver browsing benefits beetles", *Ecology*, 79, 1998, págs. 192-200.

Tabla 2.7. Edad de la primera palabra y puntuación en la prueba Gesell.

Niño	Edad	Puntuación	Niño	Edad	Puntuación
1	15	95	12	9	96
2	26	71	13	10	83
3	10	83	14	11	84
4	9	91	15	11	102
5	15	102	16	10	100
6	20	87	17	12	105
7	18	93	18	42	57
8	11	100	19	17	121
9	8	104	20	11	86
10	20	94	21	10	100
11	7	113			

EJEMPLO 2.12. Predicción de la inteligencia

¿Predice su inteligencia posterior la edad a la que un niño empieza a hablar? Un estudio del desarrollo de 21 niños, registró la edad, en meses, a la que cada niño pronunciaba la primera palabra y su puntuación en la prueba Gesell (*Gesell Adaptative Score*), una prueba de aptitud llevada a cabo mucho más tarde. Los datos aparecen en la tabla 2.7.[18]

La figura 2.14 es un diagrama de dispersión en el que se toma la edad en que se pronunció la primera palabra como variable explicativa x y la puntuación en la prueba Gesell como variable respuesta y. Los niños 3 y 13, y los niños 16 y 21 tienen valores idénticos para ambas variables, por lo que se utiliza un símbolo distinto para mostrar que estos puntos representan a dos individuos diferentes. El diagrama muestra una asociación negativa, es decir, los niños que empiezan a hablar más tarde tienden a tener puntuaciones más bajas en la prueba que los niños que hablan antes. El aspecto general de la relación es moderadamente lineal. La correlación describe la dirección y la fuerza de la relación lineal, $r = -0{,}640$.

La recta que se ha trazado en el diagrama es la recta de regresión mínimo-cuadrática de la puntuación Gesell con relación a la edad de la primera palabra. Su ecuación es

$$\hat{y} = 109{,}8738 - 1{,}1270x$$

[18]M. R. Mickey, O. J. Dunn y V. Clark, "Note on the use of stepwise regression in detecting outliers", *Computers and Biomedical Research*, 1, 1967, págs. 105-111. Estos datos han sido utilizados por varios autores; yo los he hallado en N. R. Draper y J. A. John, "Influential observations and outliers in regression", *Technometrics*, 23, 1981, págs. 21-26.

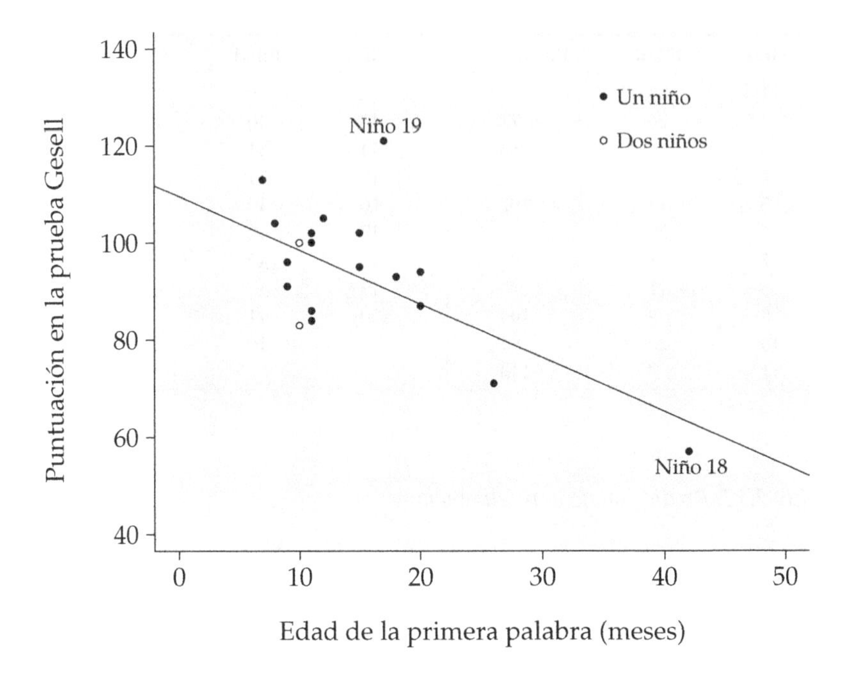

Figura 2.14. Diagrama de dispersión de las puntuaciones de la prueba Gesell con relación a la edad de la primera palabra de 21 niños. La recta es la recta de regresión mínimo-cuadrática para predecir la puntuación Gesell a partir de la primera palabra.

Para el primer niño, que empezó a hablar a los 15 meses, predecimos la puntuación

$$\hat{y} = 109{,}8738 - (1{,}1270)(15) = 92{,}97$$

La puntuación real de este niño fue de 95. El residuo es

$$\begin{aligned} \text{residuo} &= y \text{ observada} - y \text{ predicha} \\ &= 95 - 92{,}97 = 2{,}03 \end{aligned}$$

El residuo es positivo porque el punto se halla por encima de la recta. ■

Existe un valor residual para cada punto. Hallar los valores residuales con una calculadora es bastante laborioso, ya que primero tienes que hallar la respuesta predicha para cada x. Los programas estadísticos te dan todos los residuos a la vez. He aquí los 21 residuos de los datos de la prueba Gesell obtenidos con un programa estadístico:

```
2.0310  -9.5721  -15.6040  -8.7309   9.0310   -0.3341    3.4120
2.5230   3.1421    6.6659  11.0151  -3.7309  -15.6040  -13.4770
4.5230   1.3960    8.6500  -5.5403  30.2850  -11.4770    1.3960
```

Debido a que los residuos muestran a qué distancia se hallan los datos de nuestra recta de regresión, el examen de los residuos nos ayuda a valorar en que medida la recta describe la distribución de los datos. A pesar de que los residuos se pueden calcular a partir de cualquier modelo que se haya ajustado a los datos, los de la recta de regresión mínimo-cuadrática tienen una propiedad especial: **la media de los residuos es siempre cero**.

Compara el diagrama de dispersión de la figura 2.14 con el *diagrama de residuos* correspondiente a los mismos datos de la figura 2.15. En dicha figura, la recta horizontal que pasa por cero nos ayuda a orientarnos. Esta recta corresponde a la recta de regresión de la figura 2.14.

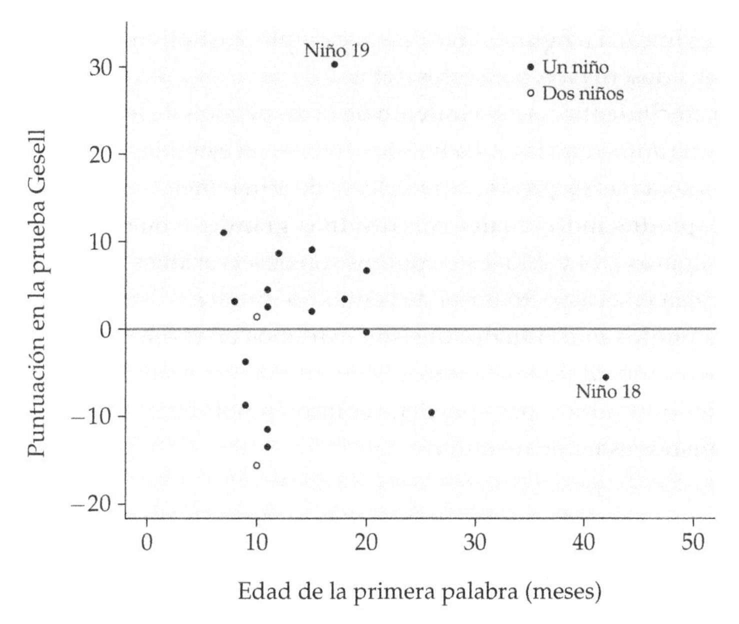

Figura 2.15. Diagrama de residuos para la regresión de las puntuaciones en la prueba Gesell en relación con la edad de la primera palabra. El niño 19 es una observación atípica. El niño 18 es una observación influyente que no tiene un residuo grande.

DIAGRAMA DE RESIDUOS

Un **diagrama de residuos** es un diagrama de dispersión de los residuos de la regresión con relación a la variable explicativa. Los diagramas de residuos nos ayudan a valorar el ajuste de la recta de regresión.

Si la recta de regresión se ajusta bien a la relación entre x e y, los residuos no tienen que tener ninguna distribución especial. En dicho caso, la distribución de residuos se parecerá a la distribución que de forma simplificada se muestra en la figura 2.16(a). Este diagrama muestra que la distribución de los residuos es uniforme a lo largo de la recta, no se detectan observaciones atípicas. Cuando examines los residuos en el diagrama de dispersión o en el diagrama de residuos, has de fijarte en algunos detalles:

- **Una forma curva** de la distribución de los residuos indica que la relación no es lineal. La figura 2.16(b) es un ejemplo ilustrativo. La recta no es una buena descripción para estos datos.
- **Un crecimiento o decrecimiento de la dispersión de los residuos** a medida que aumentan las x. La figura 2.16(c) es un ejemplo. En él, la predicción de y será menos precisa para valores de x mayores.
- **Los puntos individuales con residuos grandes**, como el del niño 19 de las figuras 2.14 y 2.15. Estos puntos son observaciones atípicas, ya que no encajan en el aspecto lineal de la nube de puntos.
- **Los puntos individuales que son extremos en el eje de las abscisas**, como el niño 18 de las figuras 2.14 y 2.15. Estos puntos pueden no tener grandes residuos, pero pueden ser muy importantes. Más adelante estudiaremos este tipo de puntos.

2.4.4 Observaciones influyentes

Los niños 18 y 19 del ejemplo Gesell son poco frecuentes, pero por motivos distintos. El niño 19 está lejos de la recta de regresión. Este niño empezó a hablar mucho más tarde que los demás. Su valor Gesell es tan alto que tendríamos que comprobar que no se trata de un error de transcripción de los datos. De todas

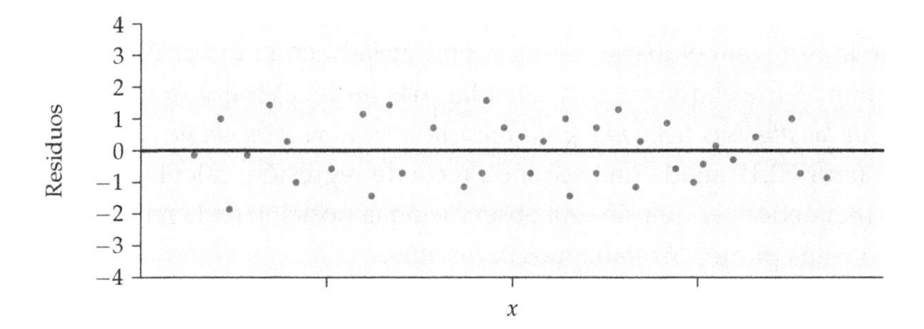

Figura 2.16(a). Distribuciones idealizadas de diagramas de residuos de la recta de regresión mínimo-cuadrática. El gráfico (a) indica un buen ajuste de la recta de regresión.

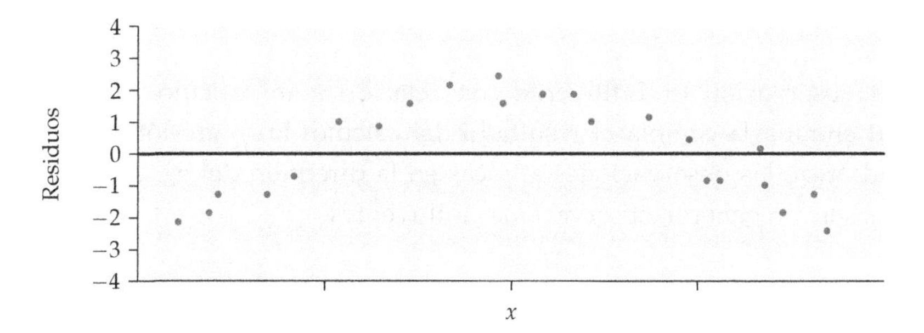

Figura 2.16(b). El gráfico (b) muestra una forma curva, por tanto, la recta se ajusta mal.

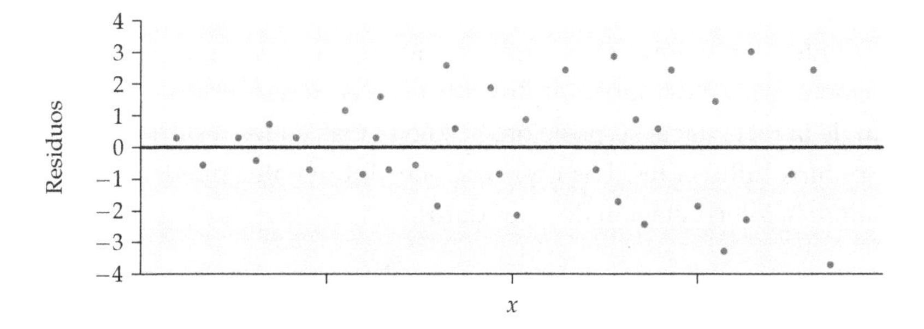

Figura 2.16(c). La variable respuesta y del gráfico (c) presenta más dispersión para los valores mayores de la variable explicativa x. Por tanto, la predicción será menos precisa cuanto mayor sea x.

formas, el valor Gesell es correcto. El punto correspondiente al niño 18 se halla cerca de la recta, sin embargo se encuentra alejado en la dirección de las abscisas. El niño 18 fue el que empezó a hablar más tarde. *Debido a su posición extrema en el eje de las abscisas tiene una gran influencia sobre la posición de la recta de regresión.* La figura 2.17 añade una segunda recta de regresión, calculada tras excluir al niño 18. Puedes ver que sin esta observación la posición de la recta se ha modificado. A estos puntos los llamamos *influyentes*.

OBSERVACIONES ATÍPICAS Y OBSERVACIONES INFLUYENTES EN REGRESIÓN

Una **observación atípica** es aquélla que queda separada de las restantes observaciones.

Una observación es **influyente** con relación a un cálculo estadístico si al eliminarla cambia el resultado del cálculo. En regresión mínimo-cuadrática, las observaciones atípicas en la dirección del eje de las abscisas son, en general, observaciones influyentes.

Los niños 18 y 19 son ambos observaciones atípicas de la figura 2.17. El niño 18 es una observación atípica en la dirección del eje de las abscisas y es también una observación influyente para la recta de regresión mínimo-cuadrática. El niño 19, en cambio, es una observación atípica en la dirección del eje de las ordenadas. Tiene menos influencia en la posición de la recta de regresión porque hay muchos puntos con valores de x similares que retienen la recta por debajo de la observación atípica. Los puntos influyentes suelen tener residuos pequeños, ya que tiran de la recta hacia su posición. Si sólo te fijas en los residuos, pasarás por alto los puntos influyentes. Las observaciones influyentes pueden modificar en gran manera la interpretación de unos datos.

EJEMPLO 2.13. Una observación influyente

La fuerte influencia del niño 18 hace que la recta de regresión de la puntuación Gesell con relación a la primera palabra sea engañosa. Los datos originales tienen $r^2 = 0{,}41$. Es decir, un 41% de la variación total observada en la prueba Gesell

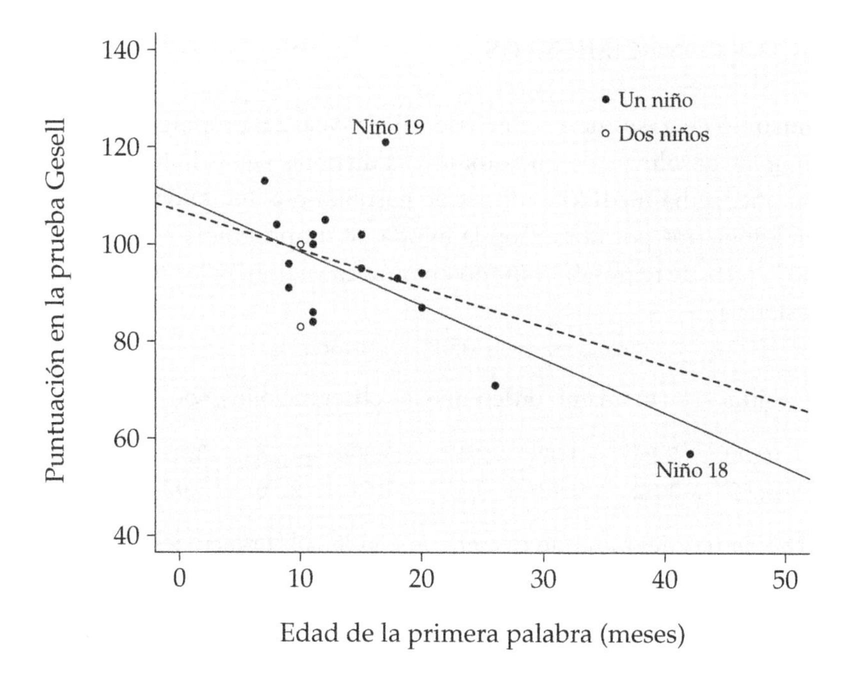

Figura 2.17. Dos rectas de regresión mínimo-cuadráticas de las puntuaciones Gesell en relación con la edad de la primera palabra. La recta de trazo continuo se ha calculado a partir de todos los datos. La de trazo discontinuo se ha calculado excluyendo al niño 18. El niño 18 es una observación influyente, ya que cuando se elimina este punto, la posición de la recta cambia.

se puede explicar a partir de la edad a la que los niños empiezan a hablar. Esta relación es suficientemente fuerte para que sea de interés para los padres. Pero si dejamos fuera al niño 18, r^2 cae al 11%. La fuerza aparente de la asociación se debía en gran medida a una sola observación influyente.

¿Qué debe hacer un investigador? Debe decidir si el desarrollo del niño 18 fue tan lento que no se debería permitir que influyera en el resultado del análisis. Si excluye al niño 18, desaparece en gran parte la evidencia de la relación entre la edad a la que un niño empieza a hablar y su posterior puntuación en la prueba. Si mantiene esta observación, necesitará datos adicionales de niños que hayan empezado a hablar tardíamente, de manera que el análisis no dependa tanto de una sola observación. ■

APLICA TUS CONOCIMIENTOS

2.36. Consumo de gasolina y velocidad. El ejercicio 2.6 proporciona datos sobre el consumo de gasolina y de un automóvil a distintas velocidades x. El consumo de carburante se ha medido en litros de gasolina por 100 kilómetros y la velocidad en kilómetros por hora. Con la ayuda de un programa estadístico hemos obtenido la recta de regresión mínimo-cuadrática y también los residuos. La recta de regresión es

$$\hat{y} = 11{,}058 - 0{,}01466x$$

Los residuos, en el mismo orden que las observaciones, son

10,09	2,24	−0,62	−2,47	−3,33	−4,28	−3,73	−2,94
−2,17	−1,32	−0,42	0,57	1,64	2,76	3,97	

(a) Dibuja un diagrama de dispersión con las observaciones y traza la recta de regresión en tu diagrama.

(b) ¿Utilizarías la recta de regresión para predecir y a partir de x? Justifica tu respuesta.

(c) Comprueba que la suma de los residuos es 0 (o muy cercana a 0, teniendo en cuenta los errores de redondeo).

(d) Dibuja un diagrama de residuos con relación a los valores de x. Traza una recta horizontal a la altura del valor 0 del eje de las ordenadas. Comprueba que la distribución de los residuos a lo largo de esta recta es similar a la distribución de los puntos a lo largo de la recta de regresión del diagrama de dispersión en (a).

2.37. ¿Cuántas calorías? La tabla 2.5 proporciona datos sobre el contenido real en calorías de diez alimentos y la media de los contenidos estimados por un numeroso grupo de personas. El ejercicio 2.23 explora la influencia de dos observaciones atípicas sobre la correlación.

(a) Dibuja un diagrama de dispersión adecuado para predecir la estimación de las calorías a partir de los valores reales. Señala los puntos correspondientes a los espaguetis y a los pasteles en tu diagrama. Estos dos puntos quedan fuera de la relación lineal de los ocho puntos restantes.

(b) Utiliza tu calculadora para hallar la recta de regresión de las calorías estimadas con relación a las calorías reales. Hazlo dos veces, primero, con todos los puntos y luego, dejando fuera los espaguetis y los pasteles.

(c) Dibuja las dos rectas de regresión en tu diagrama (una de trazo continuo y la otra con trazo discontinuo). Los espaguetis y los pasteles, tomados conjuntamente, ¿son observaciones influyentes? Justifica tu respuesta.

2.38. ¿Influyentes o no? Hemos visto que el niño 18 de los datos Gesell de la tabla 2.7 es una observación influyente. Ahora vamos a examinar el efecto del niño 19, que también es una observación atípica en la figura 2.14.

(a) Halla la recta de regresión mínimo-cuadrática de la puntuación en la prueba Gesell respecto a la edad a la cual un niño empieza a hablar, dejando fuera al niño 19. El ejemplo 2.12 da la recta de regresión con todos los niños. Dibuja ambas rectas en el mismo gráfico (no es necesario que lo hagas sobre un diagrama de dispersión; tan sólo dibuja las rectas). ¿Calificarías al niño 19 como muy influyente? ¿Por qué?

(b) La exclusión del niño 19, ¿qué efecto tiene sobre el valor r^2 de esta regresión? Explica por qué cambia r^2 al excluir al niño 19.

RESUMEN DE LA SECCIÓN 2.4

Una **recta de regresión** es una recta que describe cómo cambia una variable respuesta y al cambiar una variable explicativa x.

El método más común para ajustar una recta en un diagrama de dispersión es el método de mínimos cuadrados. La **recta de regresión mínimo-cuadrática** es la recta de la ecuación $\hat{y} = a + bx$ que minimiza la suma de cuadrados de las distancias verticales de los valores observados de y a la recta de regresión.

Puedes utilizar una recta de regresión para **predecir** el valor de y a partir de cualquier valor de x, sustituyendo esta x en la ecuación de la recta.

La **pendiente** b de una recta de regresión $\hat{y} = a + bx$ indica el cambio de la variable respuesta predicha $\hat{y}$ a lo largo de la recta de regresión, al cambiar la variable explicativa x. En concreto, b es el cambio de $\hat{y}$ al aumentar x en una unidad.

La **ordenada en el origen** a de una recta de regresión $\hat{y} = a + bx$ es la respuesta predicha $\hat{y}$ cuando la variable explicativa es $x = 0$. Esta predicción no tiene significado estadístico a no ser que x pueda tomar valores cercanos a 0.

La recta de regresión mínimo-cuadrática de y con relación a x es la recta de pendiente $r\frac{s_y}{s_x}$ y ordenada en el origen $a = \bar{y} - b\bar{x}$. Esta recta siempre pasa por el punto $(\bar{x}, \bar{y})$.

La **correlación y la regresión** están íntimamente relacionadas. Cuando las variables x e y se miden en unidades estandarizadas, la correlación r es la pendiente de la recta de regresión mínimo-cuadrática. El cuadrado de la correlación r^2 es la proporción de la variación de la variable respuesta explicada por la regresión mínimo-cuadrática.

Puedes examinar el ajuste de una recta de regresión estudiando los **residuos**, que son las diferencias entre los valores observados y los valores predichos de y.

Vigila los puntos atípicos con residuos anormalmente grandes, y también las distribuciones no lineales y desiguales de los residuos.

Fíjate también en las **observaciones influyentes**, que son los puntos aislados que cambian de forma sustancial la posición de la recta de regresión. Las observaciones influyentes suelen ser observaciones atípicas en la dirección de las abscisas y no tienen por qué tener residuos grandes.

EJERCICIOS DE LA SECCIÓN 2.4

2.39. Repaso sobre relación lineal. Antonio guarda sus ahorros en un colchón. Empezó con 500 € que le dio su madre y cada año fue añadiendo 100 €. Sus ahorros totales y después de x años vienen dados por la ecuación

$$y = 500 + 100x$$

(a) Representa gráficamente esta ecuación. (Escoge dos valores de x, tales como 0 y 10. Calcula los valores correspondientes de y a partir de la ecuación. Dibuja estos dos puntos en el gráfico y dibuja la recta uniéndolos.)

(b) Después de 20 años, ¿cuánto tendrá Antonio en su colchón?

(c) Si Antonio hubiera añadido cada año 200 € a sus 500 € iniciales, en vez de 100, ¿cuál sería la ecuación que describiría sus ahorros después de x años?

2.40. Repaso sobre relación lineal. En el periodo posterior a su nacimiento, una rata blanca macho gana exactamente 40 gramos (g) por semana. (Esta rata es extrañamente regular en su crecimiento, pero un crecimiento de 40 g por semana es un valor razonable.)

(a) Si la rata pesaba 100 gramos al nacer, da una ecuación para predecir su peso después de x semanas. ¿Cuál es la pendiente de esta recta?

(b) Dibuja un gráfico de esta recta para valores de x entre el nacimiento y las 10 semanas de edad.

(c) ¿Utilizarías esta recta para predecir el peso de la rata a los 2 años? Haz la predicción y medita sobre si el resultado es razonable.

2.41. Coeficiente de inteligencia y notas escolares. La figura 2.5 muestra las notas escolares medias y los coeficientes de inteligencia de 78 estudiantes de primero de bachillerato. La media y la desviación típica de los coeficientes de inteligencia son

$$\bar{x} = 108{,}9 \qquad\qquad s_x = 13{,}17$$

Para las notas medias escolares

$$\bar{y} = 7{,}447 \qquad\qquad s_y = 2{,}10$$

La correlación entre los coeficientes de inteligencia y las notas escolares medias es $r = 0{,}6337$.

(a) Halla la ecuación de la recta de regresión mínimo-cuadrática que permita predecir las notas escolares a partir de los coeficientes de inteligencia.

(b) ¿Qué porcentaje de la variación observada en las notas escolares se puede explicar por la relación lineal entre las notas escolares y los coeficientes de inteligencia?

(c) Un estudiante tiene un coeficiente de inteligencia de 103 y una nota media escolar de sólo 0,53. ¿Cuál es la predicción de la nota media escolar de un estudiante con un coeficiente de inteligencia de 103? ¿Cuál es el valor residual de este estudiante?

2.42. Llévame a ver un partido de baloncesto. ¿Qué relación existe entre el precio de los bocadillos de salchicha y el de los refrescos de cola en los estadios de baloncesto de EE UU? He aquí algunos datos:[19]

Estadio	Bocadillo	Refrescos de cola	Estadio	Bocadillo	Refrescos de cola	Estadio	Bocadillo	Refrescos de cola
Angels	2,50	1,75	Giants	2,75	2,17	Rangers	2,00	2,00
Astros	2,00	2,00	Indians	2,00	2,00	Red Sox	2,25	2,29
Braves	2,50	1,79	Marlins	2,25	1,80	Rockies	2,25	2,25
Brewers	2,00	2,00	Mets	2,50	2,50	Royals	1,75	1,99
Cardinals	3,50	2,00	Padres	1,75	2,25	Tigers	2,00	2,00
Dodgers	2,75	2,00	Phillies	2,75	2,20	Twins	2,50	2,22
Expos	1,75	2,00	Pirates	1,75	1,75	White Sox	2,00	2,00

(a) Dibuja un diagrama de dispersión que sea adecuado para predecir el precio del refresco de cola a partir del precio del bocadillo. Describe la relación que observas. ¿Hay observaciones atípicas?

(b) Halla la correlación entre el precio de los bocadillos y el precio de los refrescos de cola. ¿Qué porcentaje de la variación del precio del refresco se explica a partir de la relación lineal?

[19] Apareció en *Philadelphia City Paper*, 23-29 de mayo de 1997.

(c) Halla la ecuación de la recta de regresión mínimo-cuadrática para predecir el precio del refresco a partir del precio del bocadillo. Dibuja la recta en tu diagrama de dispersión. A partir de tus resultados en (b), explica por qué no es sorprendente que la recta sea casi horizontal (pendiente próxima a cero).

(d) Señala la observación que potencialmente es más influyente. ¿A qué estadio corresponde? Halla la recta de regresión mínimo-cuadrática sin esta observación y dibújala en tu diagrama de dispersión. Esta observación, ¿es realmente una observación influyente?

2.43. Análisis de agua. Las empresas suministradoras de agua la analizan regularmente para detectar la posible presencia de contaminantes. La determinación de éstos se hace de forma indirecta, por ejemplo, por colorimetría, que consiste en añadir un reactivo que da color al reaccionar con el contaminante a determinar. Posteriormente se hace pasar un haz de luz por la solución coloreada y se determina su "absorbancia". Para calibrar este método de análisis, los laboratorios disponen de patrones con concentraciones conocidas del producto a determinar. Suele existir una relación lineal entre la concentración del producto a determinar y su absorbancia una vez ha tenido lugar la reacción anteriormente comentada. He aquí una serie de datos sobre la absorbancia y la concentración de nitratos. Los nitratos se expresan en miligramos por litro de agua.[20]

Nitratos	50	50	100	200	400	800	1.200	1.600	2.000	2.000
Absorbancia	7,0	7,5	12,8	24,0	47,0	93,0	138,0	183,0	230,0	226,0

(a) Teóricamente estos datos deben mantener una relación lineal. Si el coeficiente de correlación no es al menos 0,997, hay que suponer que algo fue mal y hay que repetir el proceso de calibración. Representa gráficamente los datos y halla su correlación. ¿Se debe repetir la calibración?

(b) Determina la ecuación de la recta de regresión mínimo-cuadrática que nos permita predecir la absorbancia a partir de la concentración de nitratos. Si el laboratorio analiza un patrón con 500 miligramos de nitratos por litro, ¿qué valor de absorbancia obtendrás? Basándote en tu dibujo y en la correlación, ¿crees que la estimación de la absorbancia será muy exacta?

[20]De una conferencia de Charles Knauf del Environmental Health Laboratory, Monroe County (New York).

2.44. Crecimiento de una niña. Los padres de Sara están preocupados porque creen que es baja para su edad. Su médico ha ido registrando las siguientes alturas de Sara:

Edad (meses)	36	48	51	54	57	60
Altura (cm)	86	90	91	93	94	95

(a) Dibuja un diagrama de dispersión con estos datos. Fíjate en la fuerte relación lineal.

(b) Usando la calculadora, halla la ecuación de la recta de regresión mínimo-cuadrática de la altura en relación con la edad.

(c) Predice la altura de Sara a los 40 y a los 60 meses. Utiliza tus resultados para dibujar la recta de regresión en tu diagrama de dispersión.

(d) ¿Cuál es el ritmo de crecimiento de Sara en centímetros por mes? Las niñas con crecimiento normal ganan unos 6 cm de altura entre los 4 (48 meses) y los 5 años (60 meses). En este último caso, ¿qué valor toma el ritmo de crecimiento expresado en centímetros por mes? ¿Crece Sara más despacio de lo normal?

2.45. Invertir en y fuera de EE UU. Unos inversores quieren saber qué relación existe entre los rendimientos de las inversiones en EE UU y las inversiones fuera de EE UU. La tabla 2.8 proporciona datos sobre los rendimientos totales de los valores bursátiles en EE UU y fuera de EE UU, durante un periodo de 26 años. (Los rendimientos totales se calculan a partir de los cambios de cotización más los dividendos pagados, expresados en dólares. Ambos rendimientos son medias de muchos valores individuales.[21])

(a) Haz un diagrama de dispersión adecuado para predecir los rendimientos de los valores bursátiles fuera de EE UU a partir de los rendimientos en EE UU.

(b) Halla la correlación y r^2. Describe con palabras la relación entre los rendimientos en y fuera de EE UU. Utiliza r y r^2 para hacer más precisa tu descripción.

(c) Halla la recta de regresión mínimo-cuadrática de los rendimientos fuera de EE UU en función de los rendimientos en EE UU. Traza la recta en el diagrama de dispersión.

(d) En 1997, el rendimiento de las acciones en EE UU fue del 33,4%. Utiliza la recta de regresión para predecir el rendimiento de las acciones fuera de EE UU. El

[21] Los rendimientos en EE UU corresponden al índice de 500 valores Standard & Poor's. Los rendimientos fuera de EE UU corresponden a Morgan Stanley Europe, Australasia, índice Far East (EAFE).

Tabla 2.8. Rendimientos anuales en y fuera de EE UU.

Año	Rendimiento fuera de EE UU	Rendimiento en EE UU	Año	Rendimiento fuera de EE UU	Rendimiento en EE UU
1971	29,6	14,6	1985	56,2	31,6
1972	36,3	18,9	1986	69,4	18,6
1973	−14,9	−14,8	1987	24,6	5,1
1974	−23,2	−26,4	1988	28,5	16,8
1975	35,4	37,2	1989	10,6	31,5
1976	2,5	23,6	1990	−23,0	−3,1
1977	18,1	−7,4	1991	12,8	30,4
1978	32,6	6,4	1992	−12,1	7,6
1979	4,8	18,2	1993	32,9	10,1
1980	22,6	32,3	1994	6,2	1,3
1981	−2,3	−5,0	1995	11,2	37,6
1982	−1,9	21,5	1996	6,4	23,0
1983	23,7	22,4	1997	2,1	33,4
1984	7,4	6,1			

rendimiento fuera de EE UU fue del 2,1%. ¿Estás seguro de que las predicciones basadas en la recta de regresión serán suficientemente precisas? ¿Por qué?

(e) Señala el punto que tenga el mayor residuo (positivo o negativo). ¿Qué año es? ¿Parece probable que existan puntos que sean observaciones muy influyentes?

2.46. Representa gráficamente tus datos, ¡siempre! La tabla 2.9 presenta cuatro conjuntos de datos preparados por el estadístico Frank Anscombe para ilustrar los peligros de hacer cálculos sin antes representar los datos.[22]

(a) Sin dibujar un diagrama de dispersión, halla la correlación y la recta de regresión mínimo-cuadrática para los cuatro grupos de datos. ¿Qué observas? Utiliza la recta de regresión para predecir y cuando $x = 10$.

(b) Dibuja un diagrama de dispersión para cada uno de los conjuntos de datos con las rectas de regresión correspondientes.

(c) ¿En cuál o cuáles de los cuatro casos utilizarías la recta de regresión para describir la dependencia de y en relación a x? Justifica tu respuesta en cada caso.

2.47. ¿Cuál es mi nota? En el curso de economía del profesor Marcet, la correlación entre la calificación acumulada por los estudiantes antes de examinarse y la

[22]Frank J. Anscombe, "Graphs in statistical analysis", *The American Statistician*, 27, 1973, págs. 17-21.

Tabla 2.9. Correlaciones y regresiones con cuatro conjuntos de datos.

Conjunto de datos A

x	10	8	13	9	11	14	6	4	12	7	5
y	8,04	6,95	7,58	8,81	8,33	9,96	7,24	4,26	10,84	4,82	5,68

Conjunto de datos B

x	10	8	13	9	11	14	6	4	12	7	5
y	9,14	8,14	8,74	8,77	9,26	8,10	6,13	3,10	9,13	7,26	4,74

Conjunto de datos C

x	10	8	13	9	11	14	6	4	12	7	5
y	7,46	6,77	12,74	7,11	7,81	8,84	6,08	5,39	8,15	6,42	5,73

Conjunto de datos D

x	8	8	8	8	8	8	8	8	8	8	19
y	6,58	5,76	7,71	8,84	8,47	7,04	5,25	5,56	7,91	6,89	12,50

calificación del examen final es $r = 0{,}6$. La media de las calificaciones acumuladas antes del examen final es 280 y la desviación típica, 30, mientras que la media de las notas del examen final es 75 y la desviación típica, 8. Al profesor Marcet se le extravió el examen final de Julia, pero sabe que su calificación acumulada es 300; por ello, decide predecir la calificación del examen final de Julia a partir de las calificaciones acumuladas por ésta.

(a) ¿Cuál es la pendiente de la recta de regresión mínimo-cuadrática de la calificación del examen final con relación a la calificación acumulada antes del examen final de ese curso? ¿Cuál es la ordenada en el origen?

(b) Utiliza la recta de regresión para predecir la calificación del examen final de Julia.

(c) Julia no cree que el método del profesor Marcet para predecir la calificación de su examen sea muy bueno. Calcula r^2 para argumentar que la calificación real del examen final de Julia podía haber sido mucho más alta (o mucho más baja) que el valor predicho.

2.48. Predicción sin sentido. Utiliza la regresión mínimo-cuadrática con los datos del ejercicio 2.44 para predecir la altura de Sara a los 40 años (480 meses).

La predicción es absurdamente grande. No es razonable utilizar datos con valores entre 36 y 60 meses para predecir la altura a los 480 meses.

2.49. Invertir en y fuera de EE UU. El ejercicio 2.45 examinó la relación entre los rendimientos de los valores bursátiles en EE UU y fuera de EE UU. Los inversores también quieren saber cuáles son los rendimientos típicos y cuál es la variabilidad entre años (en términos financieros llamada *volatilidad*). La regresión y la correlación no dan información sobre el centro y la dispersión.

(a) Halla los cinco números resumen de los rendimientos tanto en EE UU como fuera de ellos, y dibuja los correspondientes diagramas de caja en un mismo gráfico para comparar las dos distribuciones.

(b) Durante este periodo, ¿los rendimientos fueron mayores en EE UU o fuera? Justifica tu respuesta.

(c) En este periodo, ¿los rendimientos fueron más volátiles (más variables) en o fuera de EE UU? Razona tu respuesta.

2.50. Un estudio sobre la relación entre la asistencia a clase y las calificaciones de los estudiantes de primer curso de la Universidad Pompeu Fabra mostró que, en general, los alumnos que asisten a un mayor porcentaje de clases obtienen mejores calificaciones. Concretamente, la asistencia a clase explicaba el 16% de la variación en la media de las calificaciones obtenidas. ¿Cuál es el valor de la correlación entre el porcentaje de asistencia a clase y la media de las calificaciones obtenidas?

2.51. ¿Suspenderé el examen final? Creemos que los estudiantes que obtienen buenas calificaciones en el examen parcial de un determinado curso de estadística, también obtendrán buenas calificaciones en el examen final. El profesor Smith analizó las calificaciones de 346 estudiantes que se matricularon en ese curso de estadística durante un periodo de 10 años.[23] La recta de regresión mínimo-cuadrática para la predicción de la calificación del examen final a partir de la calificación del examen parcial era $\hat{y} = 46{,}6 + 0{,}41x$.

La calificación del examen parcial de María está 10 puntos por encima de la media de los estudiantes analizados. ¿Cuál habría sido tu predicción sobre el número de puntos por encima de la media del examen final de María? (Sugerencia: utiliza el hecho de que la recta de regresión mínimo-cuadrática pasa por el punto $(\bar{x}, \bar{y})$ y el hecho de que la calificación del examen parcial de María es $\bar{x} + 10$. Estamos ante un ejemplo de un tipo de fenómeno que dio a la "regresión"

[23]Gary Smith, "Do statistics test scores regress toward the mean?", *Chance*, 10, nº 4, 1997, págs. 42-45.

su nombre: los estudiantes que obtienen buenas calificaciones en el examen parcial, obtienen como media calificaciones no tan buenas en el examen final, pero todavía por encima de la media.)

2.52. Predicción del número de estudiantes matriculados. A la Facultad de Matemáticas de una gran universidad le gustaría utilizar el número de estudiantes x recién llegados a la universidad, para predecir el número de estudiantes y que se matriculará en el curso de Introducción al Análisis Matemático del semestre de otoño. He aquí los datos de los últimos años.[24]

Año	1991	1992	1993	1994	1995	1996	1997	1998
x	4.595	4.827	4.427	4.258	3.995	4.330	4.265	4.351
y	7.364	7.547	7.099	6.894	6.572	7.156	7.232	7.450

Un programa estadístico halla la correlación $r = 0{,}8333$ y la recta de regresión mínimo-cuadrática

$$\hat{y} = 2.492{,}69 + 1{,}0663x$$

El programa estadístico también da la tabla de residuos:

Año	1991	1992	1993	1994	1995	1996	1997	1998
Residuo	−28,44	−92,83	−114,30	−139,09	−180,65	46,13	191,44	317,74

(a) Dibuja un diagrama de dispersión con la recta de regresión. Ésta no da una buena predicción. ¿Qué porcentaje de la variación en las matrículas para el curso de matemáticas se explica a partir de la relación entre éstas y el recuento de recién ingresados en la universidad?

(b) Comprueba que los residuos suman cero (o aproximadamente cero si se tiene en cuenta el error de redondeo).

(c) Los diagramas de residuos son a menudo reveladores. Dibuja los residuos con relación al año. Una de las facultades de la universidad ha cambiado recientemente su programa docente. Ahora exige a sus estudiantes que tomen un curso de matemáticas. ¿Cómo muestra el diagrama de residuos este cambio? ¿En qué años tuvo lugar dicho cambio?

[24] Datos de Peter Cook, Purdue University.

2.5 Precauciones con la correlación y la regresión

La correlación y la regresión son dos potentes instrumentos para describir la relación entre dos variables. Cuando los utilices tienes que recordar sus limitaciones, empezando por el hecho de que **la correlación y la regresión sólo describen relaciones lineales**. Recuerda también que tanto **la correlación r como la recta de regresión mínimo-cuadrática pueden estar muy influenciadas por unas pocas observaciones extremas**. Una observación influyente o un error en la transcripción de un dato puede cambiar mucho sus valores. Por consiguiente, representa siempre tus datos antes de interpretar una correlación o una regresión. A continuación, vamos a ver otras precauciones que conviene tomar cuando se aplica la correlación y la regresión, o se leen trabajos en los que se hayan utilizado.

2.5.1 Extrapolación

Supón que tienes datos sobre el crecimiento de los niños entre los 3 y los 8 años de edad, y hallas una fuerte relación lineal entre la edad x y la altura y. Si ajustas una recta de regresión a estos datos y la utilizas para predecir la altura a la edad de 25 años, acabarás pronosticando que el niño tendrá una altura de 2,43 metros, cuando en realidad el crecimiento disminuye a partir de cierta edad y se detiene al llegar a la madurez. Por tanto, extrapolar la relación lineal más allá de la madurez no tiene ningún sentido. Pocas relaciones son lineales para todos los valores de x. Por consiguiente, no extiendas la predicción más allá del intervalo de valores de x para los que tienes datos.

EXTRAPOLACIÓN

La **extrapolación** es la utilización de una recta de regresión para la predicción fuera del intervalo de valores de la variable explicativa x que utilizaste para obtener la recta. Este tipo de predicciones no son fiables.

APLICA TUS CONOCIMIENTOS

2.53. Disminución de la población rural. En Estados Unidos la población rural ha ido disminuyendo de forma constante a lo largo de este siglo. He aquí datos sobre esta población (expresado en millones de personas) desde 1935 hasta 1980.

Año	1935	1940	1945	1950	1955	1960	1965	1970	1975	1980
Población rural	32,1	30,5	24,4	23,0	19,1	15,6	12,4	9,7	8,9	7,2

(a) Dibuja un diagrama de dispersión con estos datos. Halla la recta de regresión que exprese la relación entre la población rural en EE UU y el año.

(b) De acuerdo con la recta de regresión, ¿cuánto disminuye, como media, la población rural cada año durante este periodo? ¿Qué porcentaje de la variación observada se explica con la recta de regresión?

(c) Utiliza la recta de regresión para predecir la población rural en el año 1990. ¿Te parece un valor razonable? ¿Por qué?

2.5.2 Utilización de medias

En muchos estudios de correlación y de regresión se trabaja con medias o con diversas medidas que combinan la información de muchos individuos. Tienes que ser muy cuidadoso y resistir la tentación de aplicar los resultados de este tipo de estudios a individuos. En la figura 2.2, hemos visto una asociación muy fuerte entre la temperatura exterior y el consumo de gas de los Sánchez. Cada punto del diagrama de dispersión representa un mes. Los grados-día y el consumo de gas son medias de todos los días de un mes. Los datos de cada uno de los días hubieran mostrado una mayor dispersión con relación a la recta de regresión y una menor correlación. Calcular medias de todos los días de un mes permite reducir las variaciones diarias debidas, por ejemplo, a que un día se deja una puerta abierta, o al mayor consumo de agua caliente un día que hay invitados, etc. **Las correlaciones basadas en medias habitualmente son demasiado altas cuando se aplican a observaciones individuales**. Por ello, en todo estudio estadístico es importante fijarse exactamente en cómo se han medido las variables.

APLICA TUS CONOCIMIENTOS

2.54. Índices del mercado de valores. El índice bursátil Standard & Poor's es la media de los valores de 500 acciones. Existe una correlación moderadamente fuerte (aproximadamente $r = 0{,}6$) entre la variación de este índice en enero y su variación en todo el año. De todas formas, si nos fijáramos en las variaciones individuales de 500 acciones encontraríamos una correlación bastante distinta. ¿Esta correlación sería mayor o menor que la obtenida con las medias? ¿Por qué?

2.5.3 Variables latentes

En nuestro estudio sobre la correlación y la regresión lineal sólo nos fijamos en dos variables a la vez. A menudo, la relación entre dos variables está muy influida por otras. Métodos estadísticos más avanzados permiten el estudio de muchas variables simultáneamente, por lo que podemos tenerlas en cuenta. A veces, la relación entre dos variables se encuentra muy influida por otras variables que no medimos o de las que ni siquiera sospechábamos su existencia. A estas últimas variables las llamamos *variables latentes.*

VARIABLE LATENTE

Una **variable latente** es una variable que no se incluye entre las variables estudiadas y que, sin embargo, tiene un importante efecto sobre la relación que existe entre ellas.

Una variable latente puede enmascarar una relación entre x e y, o puede sugerir una falsa relación entre dos variables. Veamos algunos ejemplos de cada uno de estos efectos.

EJEMPLO 2.14. ¿Discriminación de género en los tratamientos médicos?

Unos estudios muestran que es más probable que se les haga pruebas específicas y tratamientos contundentes a los hombres que sufren problemas cardíacos, como por ejemplo un *bypass*, que a las mujeres con dolencias similares. Esta relación entre tratamiento recibido y sexo, ¿se debe a una discriminación de género?

Puede ser que no. Los hombres y las mujeres sufren problemas en el corazón a edades diferentes —en general las mujeres son de 10 a 15 años mayores que los hombres—. Los tratamientos contundentes son más peligrosos en el caso de pacientes de más edad; por tanto, los médicos puede ser que duden al recomendarlos a este tipo de pacientes. La relación entre el sexo y las decisiones de los médicos se podría explicar a partir de variables latentes —la edad y la condición general del paciente—. Tal como comentaba el autor de un estudio sobre este tema: "Cuando hombres y mujeres están en condiciones similares, siendo la única diferencia el sexo, los tratamientos también son similares".[25] ■

[25]Daniel Mark, "Age, not bias, may explain differences in treatment", *New York Times*, 26 de abril de 1994.

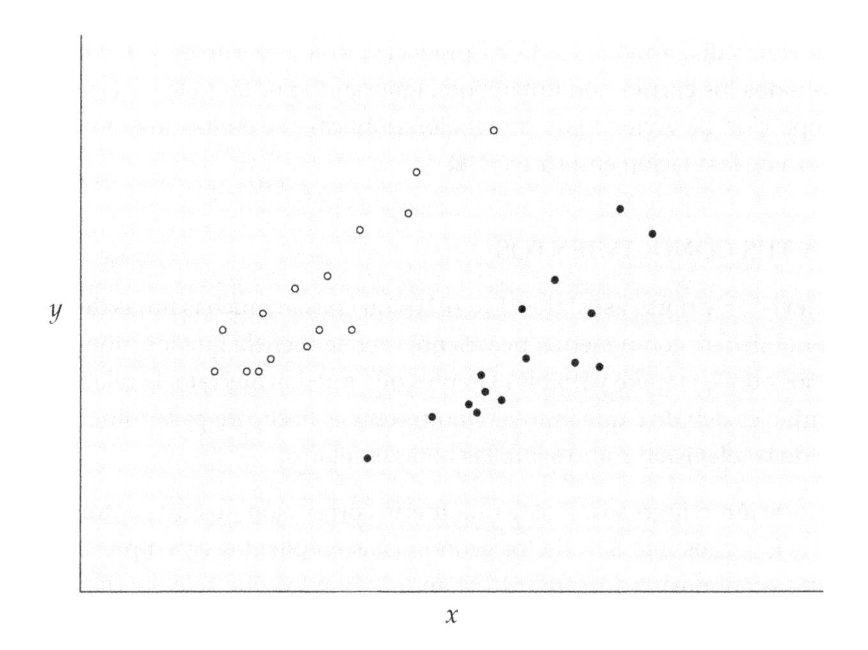

Figura 2.18. Las variables de este diagrama de dispersión tienen una correlación muy pequeña. Sin embargo, dentro de cada grupo la correlación entre las dos variables es fuerte.

EJEMPLO 2.15. Condiciones de vivienda inadecuadas

Un estudio sobre la vivienda en la ciudad de Hull, Inglaterra, midió algunas variables en cada uno de los barrios de la ciudad. La figura 2.18 es una simplificación de los hallazgos del estudio. La variable x es una medida de la densidad excesiva de población. La variable y es la proporción de viviendas que no tienen sanitarios. Debido a que x e y miden condiciones inadecuadas de las viviendas, esperamos encontrar una correlación alta entre ambas variables. En realidad, la correlación fue sólo $r = 0{,}08$. ¿Cómo se puede explicar esto?

La figura 2.18 muestra que hay dos tipos de barrios. Los del grupo inferior de la figura tienen una elevada proporción de viviendas de iniciativa pública. Estos barrios tienen valores elevados de x pero valores pequeños de y, ya que las viviendas públicas siempre tienen sanitarios. En cambio, los del grupo superior de la figura carecen de viviendas públicas y tienen valores elevados tanto de x como de y. Dentro de cada tipo de barrio, existe una fuerte asociación positiva entre x e y. En la figura 2.18, $r = 0{,}85$ y $r = 0{,}91$ dentro de cada grupo. Sin embargo, debido a que a valores similares de x les corresponden valores bastante distintos de y en los dos grupos, es difícil predecir y sólo a partir de x. Cuando analizamos todos los barrios conjuntamente, ignorando por tanto la variable latente —la proporción de vivienda de promoción pública— se enmascara la verdadera naturaleza de la relación entre x e y.[26] ■

APLICA TUS CONOCIMIENTOS

2.55. Televisión y notas escolares. Los niños que pasan muchas horas delante del televisor obtienen, como media, peores notas en la escuela que los niños que pasan menos horas. Sugiere variables latentes que puedan afectar a la relación entre estas variables debido a que influyen tanto sobre el hecho de pasar muchas horas delante de la televisión como sobre las notas escolares.

2.56. Educación e ingresos. Existe una fuerte correlación positiva entre los años de formación y los ingresos de los economistas empleados en empresas. En especial, los economistas doctorados ganan más que los que sólo son licenciados. Hay también una fuerte correlación positiva entre los años de formación y los ingresos de los economistas empleados en las universidades. Sin embargo, cuando se considera conjuntamente a todos los economistas, existe una correlación *negativa* entre la educación y los ingresos. La explicación es que las empresas pagan salarios altos y emplean principalmente a economistas que son sólo licenciados, mientras que las universidades pagan salarios bajos y emplean principalmente a economistas con doctorado. Haz un diagrama de dispersión con dos tipos de observaciones (de la empresa y de la universidad), para ilustrar cómo se puede tener al mismo tiempo una correlación positiva fuerte dentro de cada grupo y una correlación conjunta negativa. (Consejo: empieza estudiando la figura 2.18.)

2.5.4 Asociación no implica causalidad

Cuando estudiamos la relación entre dos variables, a menudo queremos mostrar qué cambios en la variable explicativa *causan* cambios en la variable respuesta. Que exista una fuerte asociación entre dos variables no es suficiente para sacar conclusiones sobre las relaciones causa-efecto. A veces, una asociación observada refleja una relación causa-efecto. La familia Sánchez consume más gas en los

[26]M. Goldstein, "Preliminary inspection of multivariate data", *The American Statistician*, 36, 1982, págs. 358-362.

meses más fríos, ya que cuando hace más frío se necesita más gas para mantener la casa caliente. En otros casos, una asociación se explica por variables latentes y la conclusión de que x causa y es errónea o no está demostrada.

EJEMPLO 2.16. Los televisores, ¿alargan la vida?

Considera el número de televisores por persona x y la esperanza media de vida y de los países del mundo. Existe una correlación positiva fuerte: los países con muchos televisores tienen esperanzas de vida mayores.

El hecho básico que explica una relación de causalidad es que cuando cambiamos el valor de x, cambia el valor de y. ¿Podemos aumentar la esperanza de vida de la gente de Ruanda enviándoles televisores? Evidentemente no. Aunque los países ricos tienen más televisores que los países pobres, de hecho tienen una esperanza de vida mayor debido a una alimentación mejor, a una mejor calidad del agua y una mejor asistencia médica. No existe ninguna relación de causa-efecto entre el número de televisores y la esperanza de vida. ■

Correlaciones como la del ejemplo 2.16 se conocen a menudo como "correlaciones sin sentido". La correlación es real. Lo que no tiene sentido es la conclusión de que un cambio en el valor de una variable es la causa de un cambio en la otra. Una variable latente —como por ejemplo la riqueza nacional del ejemplo 2.16— que influye tanto en x como en y puede provocar una fuerte correlación aunque no exista ninguna conexión directa entre x e y.

EJEMPLO 2.17. Peligrosidad de las anestesias

El *National Halothane Study* fue un importante estudio sobre la peligrosidad de las anestesias utilizadas en cirugía. Datos de más de 850.000 operaciones realizadas en los 34 hospitales más importantes de EE UU mostraron las siguientes tasas de mortalidad para las cuatro anestesias más utilizadas:[27]

Anestesia	A	B	C	D
Tasa de mortalidad	1,7%	1,7%	3,4%	1,9%

[27] L. E. Moses y F. Mosteller, "Safety of anesthetics", en J. Tanur *et al.* (eds.), *Statistics: A Guide to the Unknown*, 3ª ed. Wadsworth, Belmont, Calif., 1989, págs. 15-24.

Existe una asociación clara entre la anestesia utilizada y la tasa de mortalidad de los pacientes. Parece ser que la anestesia C es peligrosa. De todas formas es claro que existen variables latentes como la edad, el estado de salud general del paciente o la importancia de la operación, que hay que tener en cuenta. De hecho, la anestesia C se utilizó con más frecuencia en operaciones importantes con pacientes de más edad y en un estado general de salud delicado. La tasa de mortalidad sería mayor para este tipo de pacientes independientemente de la anestesia utilizada. Después de considerar estas variables latentes y tener en cuenta su efecto, la relación aparente entre la anestesia y la tasa de mortalidad es mucho más débil. ■

Los ejemplos que acabamos de ver, y otros, sugieren que tenemos que tener precaución sobre la correlación, la regresión y en general sobre la asociación entre dos variables.

ASOCIACIÓN NO IMPLICA CAUSALIDAD

Una asociación entre una variable explicativa x y una variable respuesta y, incluso si es muy fuerte, no es por sí misma una evidencia suficiente de que cambios de x realmente causen cambios de y.

Experimentos

La mejor manera de obtener una buena evidencia de que x causa y es realizar un **experimento** en el que x tome distintos valores y las variables latentes se mantengan bajo control. En el capítulo 3 trataremos sobre los experimentos. Cuando no se pueden realizar experimentos, es difícil y controvertido hallar la explicación de una asociación observada. Muchas disputas en las que intervienen estadísticos hacen referencia a relaciones de causalidad que no se han podido demostrar mediante un experimento. ¿Fumar causa cáncer de pulmón? ¿Qué ocurre con los fumadores pasivos? ¿Vivir cerca de una línea de alta tensión causa leucemia? ¿Ha disminuido la diferencia de salarios entre los trabajadores con más formación y los que tienen menos? Todos estos temas forman parte de debates en medios de comunicación. Todos ellos hacen referencia a la relación entre variables. Y todos ellos tienen en común que tratan de esclarecer relaciones de causalidad en situaciones en las que interactúan muchas variables.

EJEMPLO 2.18. Fumar, ¿provoca cáncer de pulmón?

A pesar de las dificultades, a veces es posible establecer relaciones fuertes de causalidad sin necesidad de hacer experimentos. La evidencia de que fumar provoca cáncer de pulmón es lo más fuerte que puede ser una evidencia no experimental.

Los médicos han observado, durante mucho tiempo, que los enfermos de cáncer de pulmón eran fumadores. La comparación de fumadores con sujetos "similares" no-fumadores muestra una asociación muy fuerte entre el fumar y la muerte por cáncer de pulmón. Esta asociación, ¿se podría explicar mediante variables latentes? Podría existir, por ejemplo, un factor genético que predispusiera a la gente tanto a la adicción a la nicotina como al cáncer de pulmón? El fumar y el cáncer de pulmón podrían estar positivamente asociados incluso si el fumar no tuviera un efecto directo sobre los pulmones. ¿Cómo responder a estas preguntas? ■

Vamos a responder de forma general: ¿cómo podemos establecer una relación de causalidad sin hacer un experimento?

- *La asociación es fuerte.* La asociación entre fumar y el cáncer de pulmón es muy fuerte.
- *La asociación es consistente.* Muchos estudios en diferentes lugares y con diferente tipo de gente, relacionan el fumar con el cáncer de pulmón. Este hecho reduce las posibilidades de que una variable latente que actúa en unas condiciones o para un grupo de gente determinado explique la asociación.
- *Dosis mayores están asociadas a respuestas mayores.* La gente que fuma más cigarrillos por día o que fuma durante más tiempo padecen más a menudo cáncer de pulmón. La gente que deja de fumar reduce este riesgo.
- *La supuesta causa precede al efecto en el tiempo.* El cáncer se desarrolla después de años de fumar. El número de hombres que mueren de cáncer de pulmón crece a medida que este hábito es más común, el desfase es de unos 30 años. El cáncer de pulmón mata más hombres que ninguna otra forma de cáncer. El cáncer de pulmón era raro entre las mujeres hasta que éstas empezaron a fumar y ha ido creciendo con este hábito. Otra vez con un desfase de unos 30 años. Entre las mujeres, el cáncer de pulmón es ahora más importante como causa de muerte que el cáncer de mama.
- *La supuesta causa es plausible.* Experimentos con animales muestran que los alquitranes del humo de los cigarrillos causan cáncer.

Las autoridades sanitarias no dudan en absoluto al decir que fumar causa cáncer de pulmón. De hecho, en los países occidentales, "la causa evitable más importante de muerte y discapacidad es el tabaco".[28] La evidencia sobre esta relación causa-efecto es abrumadora —pero no es tan fuerte como sería la evidencia proporcionada por experimentos bien diseñados—.

APLICA TUS CONOCIMIENTOS

2.57. Los bomberos, ¿causan mayores incendios? Alguien afirma: "Existe una fuerte correlación positiva entre el número de bomberos que actúan en la extinción de un incendio y la importancia del daño que éste ocasiona. Por tanto, el hecho de enviar muchos bomberos sólo ocasiona más daños". Explica por qué este razonamiento es incorrecto.

2.58. ¿Cómo está tu autoestima? Las personas que tienen éxito tienden a estar satisfechas con ellas mismas. Es posible que ayudar a la gente para que se sienta satisfecha les pueda ayudar a tener más éxito en la escuela y en general en la vida. Aumentar la autoestima de los estudiantes fue durante un tiempo uno de los objetivos de muchas escuelas. ¿A qué se debe la asociación entre la autoestima y el éxito escolar? ¿Qué podemos decir aparte de que una autoestima alta es la causa de un mejor éxito escolar?

2.59. Los grandes hospitales, ¿son malos? Un estudio muestra que existe una correlación positiva entre el tamaño de un hospital (medido como número de camas x) y el número medio de días y que los enfermos permanecen en él. ¿Significa esto que se puede reducir la estancia en un hospital si se escogen hospitales pequeños? ¿Por qué?

RESUMEN DE LA SECCIÓN 2.5

La correlación y la regresión tienen que **interpretarse con precaución**. **Representa gráficamente** los datos para estar seguro de que la relación es al menos aproximadamente lineal y para detectar observaciones atípicas y observaciones influyentes.

[28] *The Health Consequences of Smoking: 1983*, U.S. Public Health Service, Washington, D.C., 1983.

Evita la **extrapolación**, que consiste en emplear una recta de regresión para predecir valores de la variable explicativa que quedan fuera del intervalo de valores a partir del cual se calculó la recta.

Recuerda que las **correlaciones basadas en medias** suelen ser demasiado altas cuando se aplican a los datos individuales.

Las **variables latentes** que no mediste pueden explicar la relación entre las variables que mediste. La correlación y la regresión pueden ser engañosas si ignoras variables latentes importantes.

Sobre todo, procura no concluir que existe una relación causa-efecto entre dos variables sólo porque están fuertemente asociadas. **Una correlación alta no implica causalidad**. La mejor evidencia de que una asociación se debe a la causalidad se obtiene mediante un **experimento** en el cual la variable explicativa se va modificando mientras se controlan las demás variables que pueden influir en la variable respuesta.

EJERCICIOS DE LA SECCIÓN 2.5

2.60. Para tener éxito en la universidad, ¿hay que estudiar matemáticas? He aquí un fragmento de un artículo que apareció en un periódico sobre un estudio llevado a cabo con 15.941 estudiantes de secundaria estadounidenses:

En EE UU los estudiantes universitarios pertenecientes a minorías raciales que escogieron en secundaria como asignaturas optativas álgebra y geometría se graduaron en la misma proporción que los hijos de anglosajones.

La relación entre las matemáticas estudiadas en secundaria y la graduación en la universidad es "algo mágico" dice el rector de una universidad, sugiriendo de alguna manera que "las matemáticas son la clave del éxito en la universidad".

Estos hallazgos, dice el rector, "justificarían considerar muy seriamente la posibilidad de llevar a cabo una política que asegure que todos los estudiantes de secundaria pasen por un curso de álgebra y geometría".[29]

¿Qué variables latentes podrían explicar la asociación entre pasar por diversos cursos de matemáticas y el éxito en la universidad? Explica por qué exigir

[29]De un artículo de Gannett News Service que apareció el 23 de abril de 1994 en el *Journal and Courier*, Lafayette, Indiana.

haber estudiado álgebra y geometría seguramente tendría poco efecto sobre los estudiantes universitarios que tienen éxito.

2.61. Comprensión de textos escritos y tamaño del pie. Un estudio con niños de 6 a 11 años que asisten a una escuela de primaria halla una fuerte correlación positiva entre el número de calzado x y la nota obtenida en una prueba de comprensión de textos escritos. ¿Qué explica esta correlación?

2.62. Los edulcorantes artificiales, ¿provocan un aumento de peso? La gente que utiliza edulcorantes artificiales en vez de azúcar tiende a tener más peso que la gente que toma azúcar. ¿Significa esto que los edulcorantes artificiales provocan un aumento de peso? Da una explicación más plausible para esta asociación.

2.63. Calificaciones de Lengua y Matemáticas. La tabla 2.1 proporciona datos sobre la educación en los diversos Estados de EE UU. La correlación en cada Estado entre la media de las calificaciones de Matemáticas y la media de las calificaciones de Lengua en la prueba SAT es $r = 0{,}970$.

(a) Halla r^2 y explica con palabras sencillas qué nos indica este número.

(b) Si calcularas la correlación entre las calificaciones de Matemáticas y las de Lengua en la prueba SAT de un gran número de estudiantes individuales, ¿crees que la correlación sería 0,97 o bastante distinta? Justifica tu respuesta.

2.64. El té, ¿beneficia a los ancianos? Un grupo de estudiantes universitarios cree que el té tiene efectos muy beneficiosos para la salud. Para verificarlo, los estudiantes decidieron hacer una serie de visitas semanales a una residencia de ancianos. En cada una de estas visitas los estudiantes servían té a los residentes. El personal que los atendía se percató de que al cabo de unos meses muchos de los residentes se mostraban más alegres y tenían un aspecto más saludable. Un sociólogo, algo escéptico, felicita a los estudiantes por sus buenas intenciones pero no acaba de creerse que el té ayudara a los ancianos. Identifica las variables explicativa y respuesta de este estudio. Explica qué variables latentes pueden explicar la asociación observada.

2.65. ¿Es interesante estudiar idiomas? Los miembros del seminario de idiomas de una escuela de secundaria creen que el estudio de una lengua extranjera mejora el dominio de la lengua propia de los estudiantes. De los archivos de la escuela, los investigadores obtienen las calificaciones de los exámenes de Lengua de los estudiantes de los últimos cursos. La media de las calificaciones de los alumnos que estudiaron una lengua extranjera durante al menos dos años es mucho más alta que la de los alumnos que no la estudiaron. El director de la escuela argumenta que estos datos no constituyen una buena evidencia de que el estudio de lenguas extranjeras aumente el dominio de la lengua propia. Identifica las variables explicativa y respuesta de este estudio. Luego, explica qué variable latente anula la conclusión de que el estudio de lenguas mejora el dominio de la lengua propia.

2.66. Formación e ingresos. Existe una fuerte correlación positiva entre los años de escolarización x y los ingresos a lo largo de la vida y de los hombres en Europa. Una posible razón de esta asociación es causal: más educación conduce a empleos mejor pagados. De todas formas, variables latentes podrían explicar una parte de la correlación. Sugiere algunas variables latentes que explicarían por qué los hombres con más formación ganan más.

2.67. Las líneas de alta tensión, ¿provocan cáncer? Se ha sugerido que los campos electromagnéticos como los que se hallan junto a las líneas de alta tensión pueden causar leucemia en los niños. Estudios minuciosos sobre el tema no han hallado ninguna asociación entre la exposición a campos electromagnéticos y la leucemia infantil.[30]

Sugiere algunas variables latentes sobre las que quisieras información con el objetivo de investigar la afirmación de que vivir junto a una línea de alta tensión está asociado con el cáncer.

2.6 Relaciones entre variables categóricas*

Hasta ahora, nos hemos concentrado en relaciones en las que al menos la variable respuesta era cuantitativa. Ahora nos interesaremos en relaciones entre dos o más variables categóricas. Algunas variables —como son el sexo, la raza o la profesión— son intrínsecamente categóricas. Otras variables categóricas se crean agrupando valores de variables cuantitativas en clases. Cuando se publican datos, a menudo se presentan en forma agrupada para ahorrar espacio. Para analizar datos categóricos utilizamos recuentos o porcentajes de los individuos que componen las distintas clases o categorías.

[30]Gary Taubes, "Magnetic field-cancer link: will it rest in peace?", *Science*, 277, 1997, pág. 29.

*El contenido de este apartado es importante en estadística, pero en este libro no se necesita hasta el capítulo 8. Puedes omitirlo si no tienes pensado leer el capítulo 8, o retrasar su lectura hasta que no llegues a dicho capítulo.

EJEMPLO 2.19. Edad y educación

Tablas de contingencia
Variables fila y variables columna

La tabla 2.10 presenta datos sobre el número de años de escolarización de ciudadanos estadounidenses de distintas edades. Muchos menores de 25 años todavía no han completado su educación, por lo que no se encuentran en la tabla. Las variables edad y educación se han agrupado en categorías. La tabla 2.10 es una **tabla de contingencia**, ya que describe dos variables categóricas. La educación es la **variable fila**, puesto que cada fila de la tabla describe a personas con un determinado nivel educativo. La edad es la **variable columna**, porque cada columna de la tabla describe a un grupo de edad distinto. Los valores de la tabla son los recuentos del número de personas que pertenecen a cada una de las categorías combinadas: edad y educación. Aunque las dos variables de la tabla son categóricas, las categorías de cada una de ellas se pueden ordenar de manera natural de menor a mayor. El orden de las columnas y de las filas de la tabla 2.10 refleja una ordenación natural de las distintas categorías. ■

Tabla 2.10. Años de escolarización según edad, datos de 1995 (en miles de personas).

	Grupo de edad			
Educación	**25 a 34**	**35 a 54**	**Mayores de 55**	**Total**
No completaron secundaria	5.325	9.152	16.035	30.512
Completaron secundaria	14.061	24.070	18.320	56.451
De 1 a 3 cursos en la universidad	11.659	19.926	9.662	41.247
4 o más cursos en la universidad	10.342	19.878	8.005	38.225
Total	41.388	73.028	52.022	166.438

2.6.1 Distribuciones marginales

¿Cómo podemos captar mejor la información contenida en la tabla 2.10? En primer lugar, *fíjate en la distribución de cada variable de forma separada*. La distribución de una variable categórica tan sólo dice con qué frecuencia ha ocurrido cada resultado. La columna "Total", situada a la derecha de la tabla, contiene los totales de cada fila. Estos totales de las filas dan la distribución de la educación (la variable fila) entre toda la gente mayor de 25 años: 30.512.000 personas no completaron sus estudios de secundaria, 56.451.000 terminaron secundaria pero no fueron a la universidad, etc. De la misma manera, la fila "Total" en la parte inferior de la tabla da la distribución según la edad. Si la columna y la fila de totales no están, lo primero que hay que hacer al analizar una tabla de contingencia es calcularlas. Las distribuciones de la variable fila y de la variable columna, de forma separada, se llaman **distribuciones marginales**, ya que aparecen en los márgenes derecho e inferior de la tabla de contingencia.

Distribuciones marginales

Si compruebas el cálculo de la fila y de la columna de totales de la tabla 2.10, encontrarás algunas discrepancias. Por ejemplo, la suma de los valores de la columna "25 a 34" es de 41.387 personas. El valor de la columna de totales para esta columna es de 41.388 personas. La explicación es el **error de redondeo**. Los valores de la tabla se expresan en miles de personas y cada valor se ha redondeado hasta el millar más próximo. Los técnicos que obtuvieron los totales lo hicieron a partir de los números exactos de personas entre 25 y 34 años, y posteriormente los redondearon. El resultado fue de 41.388.000 personas. Si se suman los valores ya redondeados que aparecen en la fila, se obtiene un valor ligeramente distinto.

Error de redondeo

A menudo, los porcentajes se captan más fácilmente que los recuentos. Podemos expresar la distribución marginal de la educación en forma de porcentajes dividiendo los valores de la columna de totales por el total de la tabla y multiplicando por cien.

EJEMPLO 2.20. Cálculo de la distribución marginal

El porcentaje de personas mayores de 25 años que completaron al menos 4 cursos universitarios es

$$\frac{\text{total con 4 años de universidad}}{\text{total}} = \frac{38{,}225}{166{,}438} = 0{,}230 = 23{,}0\%$$

Haremos tres cálculos más para obtener la distribución marginal de la educación en porcentajes. Aquí los tienes.

Educación	Porcentaje
No completaron secundaria	18,3
Completaron secundaria	33,9
De 1 a 3 cursos en la universidad	24,8
4 o más cursos en la universidad	23,0

El total es el 100%, ya que cada individuo pertenece a uno de los cuatro grupos educativos. ■

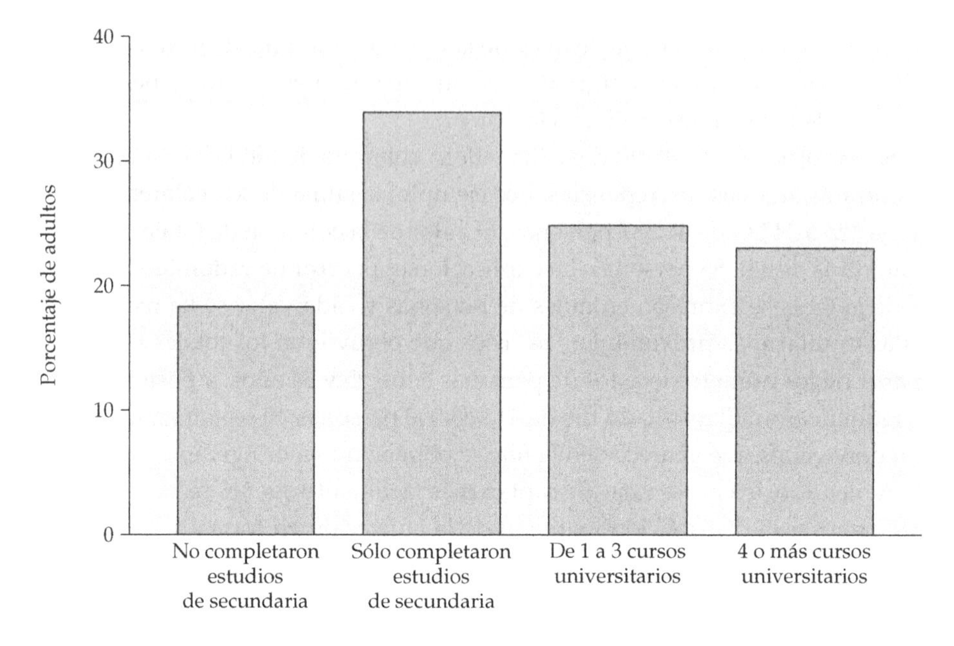

Figura 2.19. Diagrama de barras de la distribución de la educación entre la gente con más de 25 años. Este diagrama corresponde a una de las distribuciones marginales de la tabla 2.10.

Cada distribución marginal de una tabla de contingencia es la distribución de una sola variable categórica. Tal como vimos en el capítulo 1, podemos utilizar un diagrama de barras o un diagrama de sectores para mostrar esta distribución. La figura 2.19 es un diagrama de barras sobre la distribución de la escolarización. Vemos que la gente con al menos algún año en la universidad constituye casi la mitad de la población con más de 25 años.

Cuando trabajes con tablas de contingencia, tendrás que calcular porcentajes, muchos porcentajes. He aquí una orientación para ayudar a decidir qué fracción da el porcentaje que quieres. Pregunta: "¿qué grupo representa el total sobre el que quiero el porcentaje?". El recuento de este grupo es el denominador del cociente que permite obtener el porcentaje. En el ejemplo 2.20, queríamos el porcentaje "de gente mayor de 25 años", por tanto, el recuento de gente mayor de 25 años (el total de la tabla) es el denominador.

APLICA TUS CONOCIMIENTOS

2.68. Los recuentos de la columna "Total" situada a la derecha de la tabla 2.10 son recuentos de gente en cada grupo educativo. Explica por qué la suma de estos recuentos no es igual a 166.438, el total que aparece a la derecha de la última fila de la tabla.

2.69. A partir de los recuentos de la tabla 2.10, halla, en forma de porcentajes, la distribución marginal de la edad para la gente mayor de 25 años.

2.70. Hábitos fumadores de padres e hijos. Tenemos datos de ocho escuelas de secundaria sobre el consumo de tabaco entre los estudiantes y entre sus padres.[31]

Hábitos de los padres	Estudiantes fumadores	Estudiantes no fumadores
Los dos padres fuman	400	1.380
Sólo uno de los padres fuma	416	1.823
Ninguno de los dos padres fuma	188	1.168

(a) ¿A cuántos estudiantes describen estos datos?

(b) ¿Qué porcentaje de estos estudiantes son fumadores?

(c) Halla la distribución marginal del consumo de tabaco de los padres de dos maneras, con recuentos y en porcentajes.

2.6.2 Descripción de relaciones

La tabla 2.10 contiene, aparte de las dos distribuciones marginales de la edad y la educación, mucha más información. La naturaleza de la relación entre la edad y la educación no se puede deducir a partir de las distribuciones marginales; es necesaria toda la tabla. **Para describir las relaciones entre variables categóricas, calcula los porcentajes apropiados a partir de los recuentos.** Utilizamos porcentajes porque los recuentos suelen ser difíciles de comparar directamente. Por ejemplo, 19.878.000 personas entre 35 y 54 años completaron sus estudios universitarios, mientras que sólo 8.005.000 personas con al menos 55 los completaron.

[31] S. V. Zagona (ed.), *Studies and Issues in Smoking Behavior*, University of Arizona Press, Tucson, 1967, págs. 157-180.

El grupo más joven es mucho mayor; por tanto, no podemos comparar directamente estos recuentos.

EJEMPLO 2.21. Educación universitaria

¿Qué porcentaje de personas entre 25 y 34 años completaron 4 cursos de estudios universitarios? Se trata del recuento de personas entre 25 y 34 años que completaron 4 cursos universitarios expresado como porcentaje del total de personas de este grupo de edad:

$$\frac{10{,}342}{41{,}388} = 0{,}250 = 25{,}0\%$$

"Las personas entre 25 y 34" es el grupo del cual queremos un porcentaje; por tanto, el recuento de este grupo es el denominador. De la misma manera, halla el porcentaje de gente de cada grupo de edad con al menos 4 cursos en la universidad. La comparación de los tres grupos es

Grupos de edad	Porcentaje de alumnos con al menos 4 cursos universitarios
25-34	25,0
35-54	27,2
55 o más	15,4

Estos porcentajes nos ayudan a ver cómo la educación universitaria es menos frecuente entre los estadounidenses de 55 o más años que entre adultos más jóvenes. Éste es una aspecto importante de la asociación entre edad y educación. ■

APLICA TUS CONOCIMIENTOS

2.71. Utilizando los recuentos de la tabla 2.10, halla el porcentaje de gente de cada grupo de edad que no terminó la secundaria. Dibuja un diagrama de barras para comparar estos porcentajes. Explica lo que muestran los datos.

2.72. Huevos de serpientes de agua. ¿Cómo influye la temperatura sobre la eclosión de los huevos de serpiente de agua? Unos investigadores distribuyeron huevos recién puestos a tres temperaturas: caliente, templada y fría. La temperatura del agua caliente era el doble de la temperatura de la hembra de serpiente de agua y la temperatura del agua fría era la mitad de la temperatura corporal de la hembra de serpiente de agua. He aquí los datos sobre el número de huevos y el número de huevos que eclosionaron:[32]

	Fría	Templada	Caliente
Número de huevos	27	56	104
Huevos eclosionados	16	38	75

(a) Construye una tabla de contingencia con la temperatura y el resultado de la eclosión (sí o no).

(b) Calcula el porcentaje de huevos de cada grupo que eclosionó. Los investigadores opinaban que los huevos no eclosionarían en agua fría. Los datos, ¿apoyan esta opinión?

2.6.3 Distribuciones condicionales

El ejemplo 2.21 no compara las distribuciones de la educación de los tres grupos de edad. Sólo compara los porcentajes de la gente con al menos 4 cursos universitarios. Vamos a ver la situación completa.

EJEMPLO 2.22. Cálculo de distribuciones condicionales

La información sobre el grupo de edad entre 25 y 34 años aparece en la primera columna de la tabla 2.10. Para hallar la distribución completa de la educación en este grupo, mira sólo esta columna. Transforma cada recuento en un porcentaje en relación con el total de la columna, 41.338. He aquí la distribución:

	No terminaron secundaria	Terminaron secundaria	De 1 a 3 cursos universitarios	4 o más cursos universitarios
Porcentaje	12,9	34,0	28,2	25,0

La suma de estos porcentajes tiene que ser 100, ya que todos los individuos de 25 a 34 años pertenecen a alguna de las categorías educativas (de hecho, la suma

[32]R. Shine, T. R. L. Madsen, M. J. Elphick y P. S. Harlow, "The influence of nest temperatures and maternal brooding on hatchling phenotypes in water pythons", *Ecology*, 78, 1997, págs. 1.713-1.721.

Distribución condicional

es 100,1 debido al error de redondeo). Estos cuatro porcentajes son la **distribución condicional** de la educación dado que una persona tiene entre 25 y 34 años. Utilizamos el término "condicional" porque la distribución se refiere sólo a las personas que satisfacen la condición de tener entre 25 y 34 años. ■

Ahora fíjate en la segunda (gente de 35 a 54 años) y en la tercera columna (gente de 55 o más años) de la tabla 2.10 para hallar dos distribuciones condicionales más. Los programas estadísticos pueden expresar rápidamente los valores de cada columna como porcentajes en relación con el total de la columna. La figura 2.20 muestra este resultado. El programa halló los totales de filas y columnas a partir de los valores de la tabla; pueden ser distintos de los de la tabla 2.10.

Cada celda de esta tabla contiene el recuento de la tabla 2.10, así como este recuento expresado como un porcentaje del total de la columna. Los porcentajes de cada columna constituyen la distribución condicional de los años de escolarización de cada grupo de edad. Los porcentajes de cada columna suman 100%, ya que se tiene en cuenta a toda la gente de cada grupo de edad. La comparación de las distribuciones condicionales pone de manifiesto el tipo de asociación existente entre edad y educación. La distribución de la educación en los dos grupos más jóvenes es bastante similar; sin embargo, la educación superior es menos común en el grupo de gente de 55 o más años.

TABLA DE EDUCACION POR EDAD

EDUCACION EDAD

Frequency Col Pct	25-34	35-54	55 over	Total
NoSecund	5325 12.87	9152 12.53	16035 30.82	30512
SoloSecund	14061 33.97	24070 32.96	18320 35.22	56451
Univ_1_3	11659 28.17	19926 27.29	9662 18.57	41247
Univ_sup4	10342 24.99	19878 27.22	8005 15.39	38225
Total	41387	73026	52022	166435

Figura 2.20. Resultados del SAS de la tabla de contingencia de edad por educación, con las distribuciones condicionales de la educación en cada grupo de edad. Los porcentajes de cada columna suman 100%.

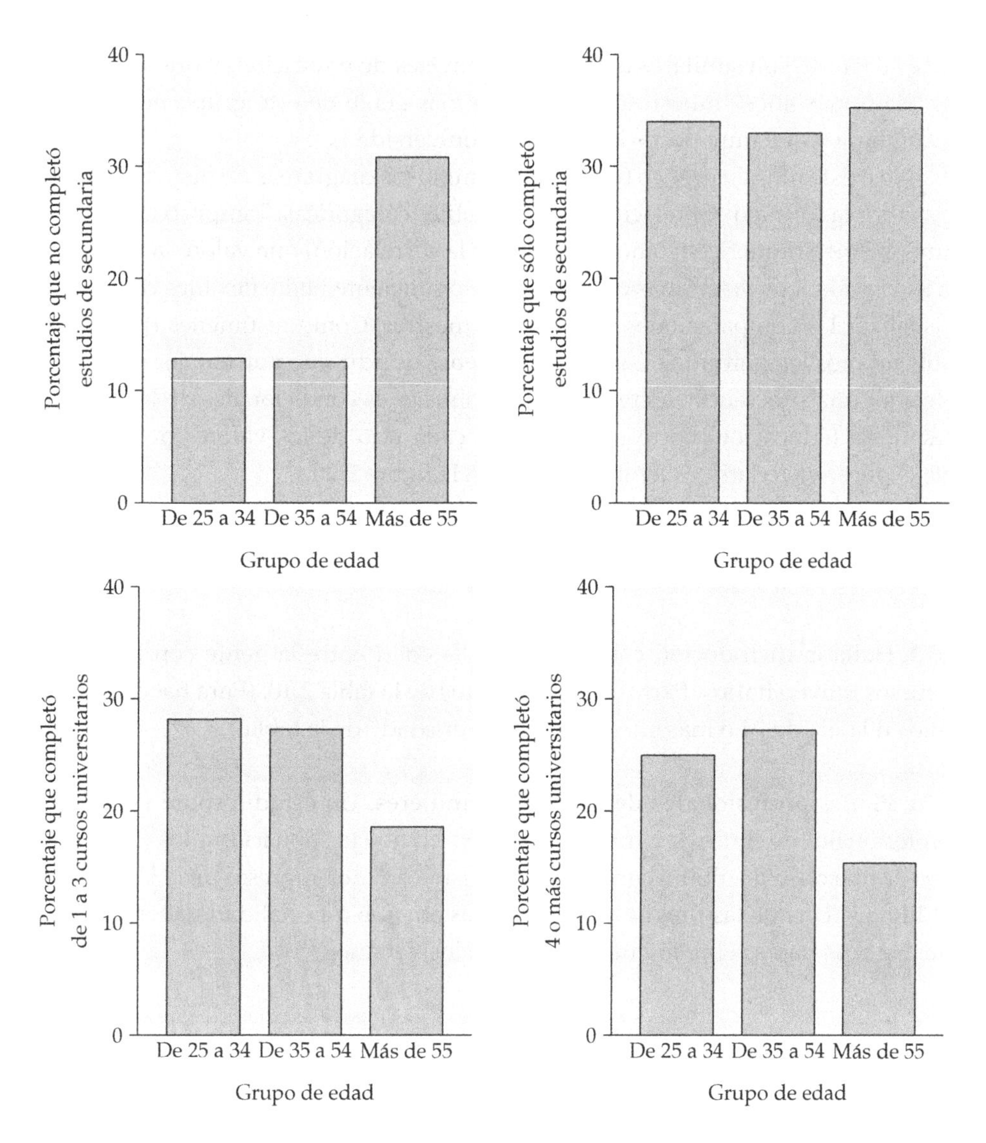

Figura 2.21. Diagrama de barras para comparar los niveles educativos de tres grupos de edad. Dentro de cada nivel educativo, cada barra compara los porcentajes de tres grupos de edad.

Los diagramas de barras pueden ayudar a visualizar una asociación. Dibujaremos tres diagramas de barras en un mismo gráfico, cada uno de ellos similar al de la figura 2.19, para mostrar las tres distribuciones condicionadas. La figura 2.21 muestra una forma alternativa de diagrama de barras. Cada conjunto de tres barras compara los porcentajes en cada uno de los grupos de edad que ha alcanzado un determinado nivel educativo. Es fácil ver que las barras de "25 a 34" y de "35 a 54" son similares en los cuatro niveles de educación, y que las barras de "55 o más años" muestran que mucha más gente de este grupo no terminó secundaria y que muy pocos llegaron a la universidad.

No existe ningún gráfico (como por ejemplo los diagramas de dispersión) que visualice la forma de la relación entre variables categóricas. Tampoco existe ningún resumen numérico (como por ejemplo la correlación) que valore la fuerza de la asociación. Los diagramas de barras son lo suficientemente flexibles como para visualizar las comparaciones que quieras mostrar. Como resúmenes numéricos utilizaremos los porcentajes adecuados. Debes decidir qué porcentajes necesitas. He aquí una sugerencia: compara las distribuciones condicionales de la variable respuesta (educación) correspondientes a cada uno de los valores de la variable explicativa (edad). Es lo que hicimos en la figura 2.20.

APLICA TUS CONOCIMIENTOS

2.73. Halla la distribución condicional de la edad entre la gente con al menos 4 cursos universitarios. Parte de los recuentos de la tabla 2.10. (Para hacerlo, fíjate sólo en la fila de "4 o más cursos en la universidad" de la tabla.)

2.74. Planes profesionales de hombres y mujeres. Un estudio sobre los planes profesionales de mujeres y hombres jóvenes envió cuestionarios a los 722 alumnos de una clase de último curso de Administración de Empresas de la University of Illinois. Una de las preguntas formuladas era qué especialidad habían escogido. He aquí datos sobre lo que contestaron los alumnos.[33]

	Mujeres	Hombres
Contabilidad	68	56
Administración	91	40
Economía	5	6
Finanzas	61	59

(a) Halla la distribución de la especialidad condicionada al sexo de los estudiantes. A partir de tus resultados describe las diferencias entre hombres y mujer con un gráfico y con palabras.

[33]F. D. Blau y M. A. Ferber, "Career plans and expectations of young women and men", *Journal of Human Resources*, 26, 1991, págs. 581-607.

(b) ¿Qué porcentaje de estudiantes no respondió el cuestionario? La falta de respuesta debilita los resultados obtenidos.

2.75. He aquí los totales de filas y columnas de una tabla de contingencia con dos filas y dos columnas.

a	b	50
c	d	50
60	40	100

Halla *dos diferentes* conjuntos de recuentos a, b, c y d que den los mismos totales. Este ejercicio muestra que la relación entre dos variables no se puede obtener a partir de las distribuciones individuales de las variables.

2.6.4 Paradoja de Simpson

Tal como ocurre con las variables cuantitativas, los efectos de las variables latentes pueden cambiar e incluso invertir las relaciones observadas entre dos variables categóricas. He aquí un ejemplo hipotético que muestra las sorpresas que pueden aguardar a quien utiliza, confiado, datos estadísticos.

EJEMPLO 2.23. ¿Qué hospital es más seguro?

Para ayudar a los ciudadanos a tomar decisiones sobre el cuidado de su salud, en Estados Unidos se publican datos sobre los hospitales del país. Imagínate que quieres comparar el Hospital A con el Hospital B de una misma ciudad. He aquí una tabla de contingencia con los datos sobre la supervivencia de los enfermos después de ser operados en estos dos hospitales. Todos los pacientes que han sido operados últimamente están incluidos. "Sobrevivió" significa que el paciente vivió al menos durante las 6 semanas siguientes a la operación.

	Hospital A	**Hospital B**
No sobrevivieron	63	16
Sobrevivieron	2.037	784
Total	2.100	800

La evidencia parece clara: el Hospital A pierde un 3% ($\frac{63}{2.100}$) de los pacientes que han sido operados en él, mientras que el Hospital B pierde sólo un 2% ($\frac{16}{800}$). Parece que te conviene escoger el Hospital B si necesitas operarte.

No obstante, no todas las operaciones son igual de complejas. Más adelante, en este mismo informe, los pacientes que ingresan en cada hospital aparecen clasificados de acuerdo con el estado general de salud que tenían antes de la operación. Se clasifican en dos grupos, los de buena salud y los de salud delicada. He aquí estos datos más detallados. Comprueba que los valores de la tabla de contingencia original no son más que la suma de los dos tipos de pacientes de las dos tablas siguientes.

Buena salud

	Hospital A	Hospital B
No sobrevivieron	6	8
Sobrevivieron	594	592
Total	600	600

Salud delicada

	Hospital A	Hospital B
No sobrevivieron	57	8
Sobrevivieron	1.443	192
Total	1.500	200

¡Ajá! El Hospital A gana al Hospital B en el caso de los pacientes con buena salud: sólo el 1% ($\frac{6}{600}$) de los pacientes ingresados en el Hospital A fallecieron, mientras que en el Hospital B esta cifra fue del 1,3% ($\frac{8}{600}$). El Hospital A también es mejor para los pacientes delicados de salud; este hospital pierde el 3,8% ($\frac{57}{1.500}$) mientras que el Hospital B pierde el 4% ($\frac{8}{200}$) de los pacientes. Por tanto, el Hospital A es más seguro para los dos tipos de pacientes, los de buena salud y los de salud delicada. Si tienes que operarte, te conviene escoger el Hospital A. ■

El estado general de salud de los pacientes es una variable latente cuando comparamos las tasas de mortalidad en los dos hospitales. Cuando ignoramos esta variable latente, el Hospital B parece más seguro, a pesar de que el Hospital A es mejor para los dos tipos de pacientes. ¿Cómo es posible que A sea mejor en cada grupo y peor en conjunto? Mira los datos. El Hospital A es un centro médico que atrae a pacientes muy enfermos de toda la región. Tenía 1.500 pacientes con salud delicada. El Hospital B tenía sólo 200 de este tipo. Como los pacientes con salud delicada tienen más probabilidades de morir, el Hospital A tiene una tasa de mortalidad mayor a pesar de los buenos resultados que obtiene con los dos tipos de pacientes. La tabla de contingencia original, que no tenía en cuenta el estado general de salud de los pacientes, era engañosa. El ejemplo 2.23 ilustra la *paradoja de Simpson*.

PARADOJA DE SIMPSON

La **paradoja de Simpson** se refiere al cambio de sentido de una comparación o de una asociación cuando datos de distintos grupos se combinan en un solo grupo.

Las variables latentes de la paradoja de Simpson son categóricas. Es decir, clasifican a los individuos en grupos, como cuando los pacientes operados se clasificaron en pacientes con buena salud y pacientes con salud delicada. La paradoja de Simpson no es más que un caso extremo del hecho de que asociaciones observadas pueden ser engañosas cuando hay variables latentes.

APLICA TUS CONOCIMIENTOS

2.76. Retrasos en los aeropuertos. He aquí el número de vuelos que llegaron a la hora prevista y el número de vuelos que llegaron con retraso de dos compañías aéreas en cinco aeropuertos de EE UU en un determinado mes. A menudo, los medios de comunicación dan a conocer los porcentajes de vuelos, de las distintas compañías, que llegan a la hora. El aeropuerto de procedencia es una variable latente que puede hacer que los datos que dan los medios de comunicación sean engañosos.[34]

	Alaska Airlines		America West	
	A la hora	Con retraso	A la hora	Con retraso
Los Angeles	497	62	694	117
Phoenix	221	12	4.840	415
San Diego	212	20	383	65
San Francisco	503	102	320	129
Seattle	1.841	305	201	61

(a) ¿Qué porcentaje de vuelos de Alaska Airlines llegan con retraso? ¿Qué porcentaje de vuelos de America West llegan con retraso? Estos son los datos que, en general, dan a conocer los medios de comunicación.

[34] A. Barnett, "How numbers can trick you", *Technology Review*, octubre 1994, págs. 38-45.

(b) Ahora considera los datos de cada aeropuerto por separado, ¿qué porcentaje de vuelos de Alaska Airlines llegan con retraso? ¿Y de America West?

(c) Considerando los aeropuertos por separado, America West es la peor compañía. Sin embargo, considerando todos los aeropuertos conjuntamente es la mejor. Parece una contradicción. Explica cuidadosamente, basándote en los datos, cómo se puede explicar. (Los climas de Phoenix y Seattle pueden explicar este ejemplo de paradoja de Simpson.)

2.77. Raza y condena a muerte. El hecho de que un acusado de asesinato sea condenado o no a muerte parece estar influenciado por la raza de la víctima. Tenemos datos de 326 casos en los que el acusado fue declarado culpable de asesinato:[35]

	Acusado blanco Pena de muerte		Acusado negro Pena de muerte	
	Sí	No	Sí	No
Víctima blanca	19	132	11	52
Víctima negra	0	9	6	97

(a) Utiliza estos datos para construir una tabla de contingencia que relacione la raza del acusado (blanco o negro) con la pena de muerte (sí o no).

(b) Constata que se cumple la paradoja de Simpson: en conjunto, un mayor porcentaje de acusados blancos son condenados a pena de muerte; en cambio, considerando de manera independiente a las víctimas blancas y a las negras, el porcentaje de acusados negros condenados a muerte es mayor que el de blancos.

(c) Utiliza los datos para explicar, en un lenguaje que pueda entender un juez, por qué se da la paradoja.

RESUMEN DE LA SECCIÓN 2.6

Una **tabla de contingencia** de recuentos describe la relación entre dos variables categóricas. Los valores de la **variable fila** identifican las filas de la tabla. Los valores de la **variable columna** identifican las columnas. A menudo, las tablas de contingencia se utilizan para resumir grandes cantidades de datos agrupando los resultados en categorías.

[35]M. Radelet, "Racial characteristics and imposition of the death penalty", *American Sociological Review*, 46, 1981, págs. 918-927.

La **columna de totales** y la **fila de totales** de una tabla de contingencia dan las **distribuciones marginales** de las dos variables de forma separada. Las distribuciones marginales no dan información sobre la relación entre las variables.

Para hallar la **distribución condicional** de la variable fila con relación a un valor determinado de la variable columna, fíjate sólo en esa columna de la tabla. Expresa cada valor de la columna como un porcentaje del total de la columna.

Existe una distribución condicional de la variable fila para cada columna de la tabla. La comparación de estas distribuciones condicionales es una manera de mostrar la asociación entre la variable fila y la variable columna. Es especialmente útil cuando la variable columna es la variable explicativa.

Los **diagramas de barras** son una manera flexible de presentar las variables categóricas. No existe una sola manera de representar la asociación entre dos variables categóricas.

Una comparación entre dos variables que se cumple para cada uno de los valores individuales de una tercera variable, puede cambiar o incluso invertirse cuando se agregan los datos correspondientes a todos los valores de la tercera variable. Esto constituye la **paradoja de Simpson**. Esta paradoja es un ejemplo del efecto de las variables latentes sobre una determinada asociación.

EJERCICIOS DE LA SECCIÓN 2.6

Graduados universitarios. Los ejercicios 2.78 a 2.82 se basan en la tabla 2.11. Esta tabla de contingencia proporciona datos sobre los estudiantes matriculados en el otoño de 1995, tanto en universidades estadounidenses que ofrecen sólo primer ciclo, como en universidades que ofrecen primer y segundo ciclo.[36]

2.78. (a) ¿Cuántos estudiantes están matriculados en primer o en segundo ciclo?

(b) ¿Qué porcentaje de estudiantes de entre 18 y 24 años se matricularon?

(c) Halla los porcentajes de los estudiantes con edades entre 18 y 24 años que están matriculados en las opciones que aparecen en la tabla 2.11. Dibuja un diagrama de barras para comparar estos porcentajes.

(d) El grupo de estudiantes con edades entre 18 y 24 años es el grupo de edad tradicional para estudiantes universitarios. Resume brevemente lo que has aprendido a partir de los datos sobre el predominio de este tipo de estudiantes en los distintos estudios universitarios.

[36]*Digest of Education Statistics 1997*, National Centre for Education Statistics, página web <http://www.ed.gov/NCES>.

Tabla 2.11. Edad de los estudiantes universitarios de EE UU, otoño de 1995 (en miles de estudiantes).

	Primer ciclo		Segundo ciclo	
Edad	Tiempo completo	Tiempo parcial	Tiempo completo	Tiempo parcial
Menor de 18	41	125	75	45
Entre 18 a 24	1.378	1.198	4.607	588
Entre 25 a 39	428	1.427	1.212	1.321
Mayor de 40	119	723	225	605
Total	1.966	3.472	6.119	2.559

2.79. (a) Una asociación de alumnos de primer ciclo pregunta: "¿Qué porcentaje de estudiantes de primer ciclo a tiempo parcial, tiene entre 25 y 39 años?"

(b) Un banco que proporciona préstamos a adultos para estudios pregunta: "¿Qué porcentaje de estudiantes que tienen entre 25 y 39 años están matriculados en primer ciclo?"

2.80. (a) Halla la distribución marginal de la edad entre todos los estudiantes; primero, en forma de recuentos y luego en forma de porcentajes. Dibuja un diagrama de barras con estos porcentajes.

(b) Halla la distribución condicional de la edad (en porcentajes) entre los estudiantes matriculados a tiempo parcial en primer ciclo.

(c) Describe brevemente las diferencias más importantes entre las dos distribuciones de edad.

(d) La suma de todos los valores de la columna "Primer ciclo. Tiempo parcial" no es la misma que el total que aparece en la tabla. ¿Por qué?

2.81. Llama a los estudiantes de 40 o más años "estudiantes mayores". Compara la presencia de estos estudiantes en los 4 tipos de matriculación, de forma numérica y con un gráfico. Resume tus hallazgos.

2.82. Pensando un poco puedes obtener más información de la tabla 2.11 que las distribuciones marginales y las distribuciones condicionales. En general, la mayoría de estudiantes universitarios tienen entre 18 y 24 años.

(a) ¿Qué porcentaje de universitarios se encuentran en este grupo de edad?

(b) ¿Qué porcentaje de estudiantes de primer ciclo se hallan en ese grupo?

(c) ¿Y de estudiantes a tiempo parcial?

2.83. Muertes por armas de fuego en EE UU. Después de los accidentes de tráfico, las muertes por armas de fuego constituyen la segunda causa de mortalidad no debida a enfermedades en EE UU. He aquí un estudio sobre las muertes relacionadas con armas de fuego en Milwaukee, Wisconsin, entre 1990 y 1994.[37] Queremos comparar el tipo de arma utilizada en los homicidios y en los suicidios. Sospechamos que a menudo, para los suicidios, se utilizan armas de caza (escopetas y rifles) que se tienen en casa. Compara con un diagrama de barras el tipo de armas utilizadas en suicidios y homicidios. ¿Qué diferencia existe entre las armas utilizadas para cazar (escopetas y rifles) y las pistolas?

	Pistola	Escopeta	Rifle	Desconocido	Total
Homicidios	468	28	15	13	524
Suicidios	124	22	24	5	175

2.84. No-respuesta en una encuesta. Una escuela de empresariales realizó una encuesta sobre las empresas de su entorno geográfico. La escuela envió un cuestionario a 200 empresas pequeñas, a 200 empresas medianas y a 200 empresas grandes. La proporción de no-respuesta es importante para decidir la fiabilidad de los resultados. Los datos sobre las respuestas a esta encuesta son

	Pequeñas	Medianas	Grandes
Respuesta	125	81	40
No-respuesta	75	119	160
Total	200	200	200

(a) ¿Cuál fue el porcentaje global de no-respuesta?

(b) Describe la relación que existe entre las no-respuestas y el tamaño de la empresa. (Utiliza los porcentajes para que tu descripción sea precisa.)

(c) Haz un diagrama de barras para comparar los porcentajes de no-respuesta en los tres tipos de empresas.

[37] S. W. Hargarten *et al.* "Characteristics of firearms involved in fatalities", *Journal of the American Medical Association*, 275, 1996, págs. 42-45.

2.85. Ayuda a adictos a la cocaína. La adicción a la cocaína es difícil de superar. Es posible que la administración de antidepresivos pudiera ayudar a los adictos a abandonar su hábito. Un estudio de tres años de duración con 72 adictos crónicos a la cocaína comparó un antidepresivo llamado desipramina con el litio y un placebo. (El litio es un medicamento habitual para tratar la adicción a la cocaína. Un placebo es un falso medicamento utilizado para ver el efecto de tratamientos sin medicación.) Cada uno de estos tres medicamentos fue administrado al azar a un tercio de los sujetos. He aquí los resultados:[38]

	Reincidencia	
	Sí	**No**
Desipramina	10	14
Litio	18	6
Placebo	20	4

(a) Compara la efectividad de cada uno de los tratamientos para prevenir la reincidencia en el hábito. Utiliza porcentajes y dibuja un diagrama de barras.

(b) ¿Crees que este estudio proporciona una evidencia sólida de que la desipramina causa realmente una reducción de la reincidencia?

2.86. Edad y estado civil de las mujeres. La siguiente tabla de contingencia describe la edad y el estado civil de las mujeres adultas estadounidenses en 1995. Los valores de la tabla se expresan en miles de mujeres.

	Estado civil				
Edad (años)	**Soltera**	**Casada**	**Viuda**	**Divorciada**	**Total**
18 a 24	9.289	3.046	19	260	12.613
25 a 39	6.948	21.437	206	3.408	32.000
40 a 64	2.307	26.679	2.219	5.508	36.713
≥ 65	768	7.767	8.636	1.091	18.264
Total	19.312	58.931	11.080	10.266	99.588

(a) Calcula la suma de los valores de la columna "Casada". ¿Por qué difiere esta suma del valor que aparece en la columna de totales?

[38] D. M. Barnes, "Breaking the cycle of addiction", *Science*, 241, 1988, págs. 1.029-1.030.

(b) Halla la distribución marginal del estado civil de las mujeres adultas (utiliza porcentajes). Dibuja un diagrama de barras para mostrar la distribución.

(c) Compara las distribuciones condicionales del estado civil de las mujeres con edades entre 18 y 24 años, y de las mujeres entre 40 y 64. Describe brevemente las principales diferencias entre estos dos grupos de mujeres apoyándote en los valores porcentuales.

(d) Imagínate que quieres publicar una revista dirigida a mujeres solteras. Halla la distribución condicional de las edades entre las mujeres solteras. Muestra esta distribución mediante un diagrama de barras. ¿A qué grupo o grupos de edad se debería dirigir tu revista?

2.87. ¿Discriminación? Un Instituto Superior de Empresariales imparte dos titulaciones: una de Dirección de Empresas y otra de Derecho. Los aspirantes a cursar estudios en dicho centro deben superar una prueba de admisión. A continuación, se presentan dos tablas de contingencia en las que se clasifica a los aspirantes a cursar estudios en cada una de las titulaciones en función del sexo y del resultado en la prueba de admisión.[39]

	Dirección de Empresas	
	Admitido	**No admitido**
Hombre	480	120
Mujer	180	20

	Derecho	
	Admitido	**No admitido**
Hombre	10	90
Mujer	100	200

(a) Construye una tabla de contingencia con el sexo y el resultado de la prueba de admisión para las dos titulaciones conjuntamente, sumando los recuentos de cada tabla.

(b) A partir de la tabla anterior, calcula el porcentaje de hombres y de mujeres admitidos. El porcentaje de hombres admitidos es superior al de mujeres.

(c) Calcula de forma independiente el porcentaje de mujeres y de hombres admitidos según se trate de aspirantes a Dirección de Empresas o a Derecho. En ambas titulaciones la proporción de mujeres admitidas es superior a la de hombres.

(d) Se cumple la paradoja de Simpson: en cada una de las dos titulaciones el porcentaje de mujeres admitidas es superior al de hombres. Sin embargo, considerando a todos los alumnos conjuntamente, el porcentaje de hombres admitidos

[39] P. J. Bickel y J. W. O'Connell, "Is there a sex bias in graduate admissions?", *Science*, 187, 1975, págs. 398-404.

es superior al de mujeres. Explica esta paradoja en un lenguaje sencillo, para que lo pueda entender una persona que no tenga una especial formación estadística.

2.88. Obesidad y salud. Estudios recientes han puesto de manifiesto que los primeros trabajos sobre obesidad subestimaron los riesgos para la salud asociados con el sobrepeso. El error se debía a no tener en cuenta determinadas variables latentes. En concreto, fumar tiende a reducir el peso, pero conduce a una muerte más temprana. Con esta variable latente, ilustra de forma simplificada la paradoja de Simpson. Es decir, construye dos tablas de contingencia, una para fumadores y otra para no fumadores, con las variables sobrepeso (Sí o No) y muerte temprana (Sí o No). De manera que:

- Tanto los fumadores como los no fumadores con sobrepeso tiendan a morir antes que los que no tienen sobrepeso.
- Pero que cuando se combinen los fumadores y los no fumadores en una sola tabla de contingencia con las variables sobrepeso y muerte temprana, las personas sin sobrepeso tiendan a morir más tempranamente.

REPASO DEL CAPÍTULO 2

El capítulo 1 trató sobre el análisis de datos de una sola variable. En este capítulo, hemos estudiado el análisis de datos de dos o más variables. El análisis adecuado depende de si las variables son categóricas o cuantitativas, y de si una es una variable explicativa y la otra una variable respuesta.

Cuando tengas una variable categórica explicativa y una variable respuesta cuantitativa, utiliza las herramientas del capítulo 1 para comparar las distribuciones de la variable respuesta según las distintas categorías de la variable explicativa. Dibuja histogramas, diagramas de tallos o diagramas de caja en un mismo gráfico y compara las medianas y las medias. Si las dos variables son categóricas, no existe ningún gráfico satisfactorio (aunque los diagramas de barras pueden ayudar). Describimos su relación numéricamente comparando porcentajes. La sección 2.6, que es optativa, explica cómo hacerlo.

La mayor parte de este capítulo se concentra en la relación entre dos variables cuantitativas. La figura que aparece a continuación organiza las principales ideas de manera que se recalca que nuestras tácticas son las mismas que vimos cuando nos enfrentamos con datos de una sola variable en el capítulo 1. He aquí una lista de lo más importante que tendrías que haber aprendido al estudiar este capítulo.

Análisis de datos de dos variables

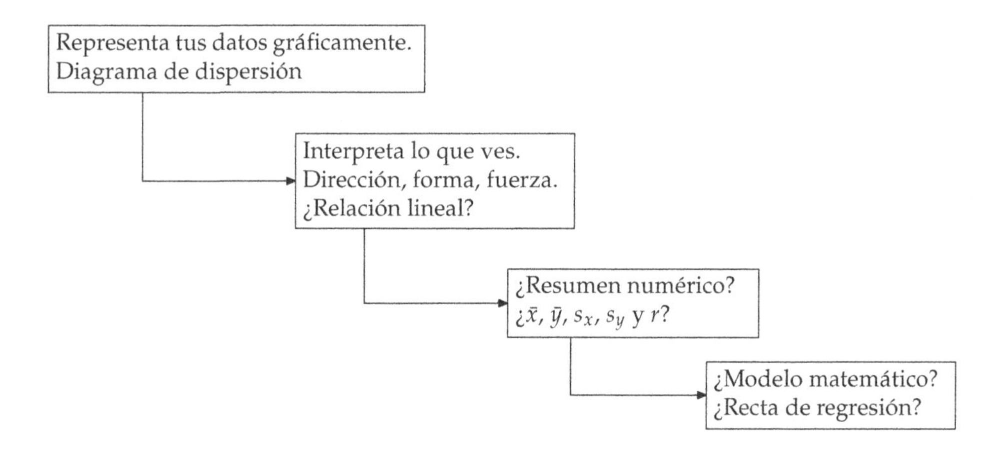

A. DATOS

1. Reconocer si una variable es cuantitativa o categórica.
2. Identificar la variable explicativa y la variable respuesta en situaciones donde una variable explica o influye sobre otra.

B. DIAGRAMAS DE DISPERSIÓN

1. Dibujar un diagrama de dispersión de dos variables cuantitativas, situando la variable explicativa (si hay alguna) en el eje de las abscisas.
2. Añadir una variable categórica a un diagrama de dispersión utilizando un símbolo gráfico diferente.
3. Describir la forma, la dirección y la fuerza del aspecto general del diagrama de dispersión. En concreto, reconocer asociaciones positivas o negativas, una relación lineal y las observaciones atípicas en un diagrama de dispersión.

C. CORRELACIÓN

1. Calcular, utilizando una calculadora, el coeficiente de correlación r entre dos variables cuantitativas.

2. Conocer las propiedades básicas de la correlación: r sólo mide la fuerza y la dirección de relaciones lineales; siempre $-1 \leq r \leq 1$; $r = \pm 1$ sólo cuando existe una perfecta relación lineal entre dos variables; a medida que aumenta la fuerza de la relación lineal, r se aleja de 0 y se acerca a ± 1.

D. RECTAS

1. Explicar qué significan la pendiente b y la ordenada en el origen a en la ecuación $y = a + bx$ de una recta.
2. Representar gráficamente una recta a partir de su ecuación.

E. REGRESIÓN

1. Calcular, utilizando una calculadora, la recta de regresión mínimo-cuadrática de una variable respuesta y respecto a una variable explicativa x a partir de los datos.
2. Hallar la pendiente y la ordenada en el origen de la recta de regresión mínimo-cuadrática a partir de las medias, las desviaciones típicas de x y de y, y su correlación.
3. Utilizar la recta de regresión para predecir y con una x dada. Reconocer la extrapolación y ser consciente de sus peligros.
4. Utilizar r^2 para describir qué parte de la variación de una variable se puede explicar a partir de la relación lineal con otra variable.
5. Reconocer las observaciones atípicas y las observaciones influyentes potenciales a partir de un diagrama de dispersión con la recta de regresión dibujada en él.
6. Calcular los residuos y representar su distribución respecto a la variable explicativa x o respecto a otras variables. Reconocer las distribuciones poco comunes.

F. LIMITACIONES DE LA REGRESIÓN Y DE LA CORRELACIÓN

1. Comprender que tanto r como la recta de regresión mínimo-cuadrática pueden estar fuertemente influidas por unas pocas observaciones extremas.

2. Saber que las correlaciones calculadas a partir de las medias de varias observaciones son en general más fuertes que las correlaciones de observaciones individuales.
3. Reconocer posibles variables latentes que puedan explicar la asociación observada entre dos variables x e y.
4. Comprender que incluso una fuerte correlación no significa que exista una relación causa-efecto entre x e y.

G. DATOS CATEGÓRICOS (OPTATIVO)

1. Hallar, a partir de una tabla de contingencia de recuentos, las distribuciones marginales de dos variables obteniendo las sumas de las filas y las sumas de las columnas.
2. Expresar cualquier distribución en porcentajes dividiendo los recuentos de cada categoría por su total.
3. Describir la relación entre dos variables categóricas calculando y comparando los porcentajes. A menudo, esto exige comparar las distribuciones condicionales de una variable para las distintas categorías de la otra variable.
4. Identificar la paradoja de Simpson y ser capaz de explicarla.

EJERCICIOS DE REPASO DEL CAPÍTULO 2

2.89. El vino, ¿es bueno para tu corazón? La tabla 2.4 proporciona datos sobre el consumo de vino y muertes por ataques al corazón en 19 países. Un diagrama de dispersión (ejercicio 2.11) muestra una relación relativamente fuerte.

(a) La correlación para estas variables es $r = -0{,}843$. ¿Por qué la correlación es negativa? ¿Qué porcentaje de la variación de la tasa de mortalidad por ataques al corazón se puede explicar a partir de la relación lineal entre los ataques al corazón y el consumo de vino?

(b) La recta de regresión mínimo-cuadrática para la predicción de la tasa de ataques al corazón a partir del consumo de vino, calculada a partir de los datos de la tabla 2.4, es

$$y = 260{,}56 - 22{,}969x$$

Utiliza esta ecuación para predecir la tasa de mortalidad por ataques al corazón en un país en el que el consumo de alcohol, procedente del vino, de los adultos es de 4 litros anuales.

(c) La correlación en (a) y la pendiente de la recta de regresión mínimo-cuadrática en (b) son ambas negativas. ¿Es posible que estos dos valores tengan signos distintos? Justifica tu respuesta.

2.90. Edad y educación en EE UU. En general, el nivel educativo de la gente mayor es menor que el de la gente más joven; por tanto, podemos sospechar que existe una relación entre el porcentaje de residentes de un Estado de 65 o más años y el porcentaje de población sin estudios universitarios. La figura 2.22 muestra la relación entre estas variables. Los datos son los que aparecen en la tablas 1.1 y 2.1.

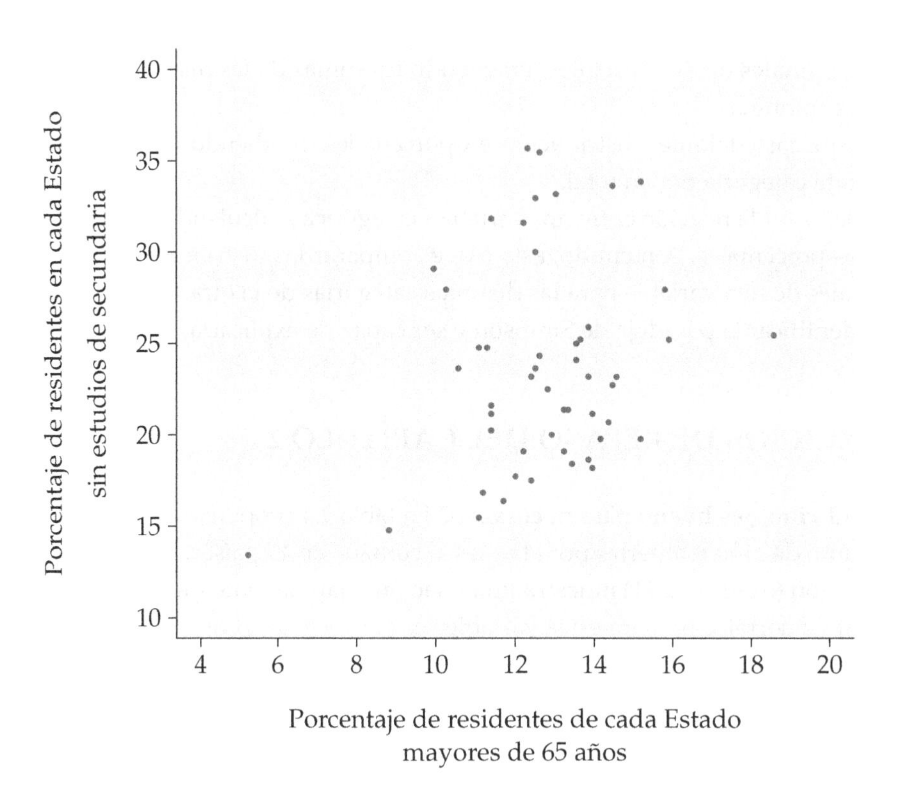

Figura 2.22. Diagrama de dispersión que relaciona el porcentaje de residentes de cada Estado de EE UU sin estudios de secundaria con el porcentaje de residentes de cada Estado mayores o iguales de 65 años.

(a) Explica lo que significa una asociación positiva entre estas variables.

(b) En el diagrama destacan tres observaciones atípicas. Dos de ellas son Alaska y Florida, que ya se identificaron como observaciones atípicas en el histograma de la figura 1.2. La tercera observación atípica, ¿a qué Estado corresponde?

(c) Si ignoramos las observaciones atípicas, ¿la relación entre las dos variables tiene una forma y dirección claras? Justifica tu respuesta.

(d) Si calculamos la correlación, con las tres observaciones atípicas y sin ellas, obtenemos $r = 0{,}054$ y $r = 0{,}259$. ¿Cuál de estos valores corresponde a la correlación sin las observaciones atípicas? Justifica tu respuesta.

2.91. Comida en mal estado. He aquí datos sobre 18 personas que enfermaron después de ingerir comida en mal estado.[40] Los datos dan la edad de cada persona en años, el periodo de incubación (el tiempo en horas desde la ingestión de la comida hasta la aparición de los primeros síntomas) y si la víctima sobrevivió (S) o murió (M).

Persona	Edad	Incubación	Resultado	Persona	Edad	Incubación	Resultado
1	29	13	0	10	30	36	0
2	39	46	1	11	32	48	0
3	44	43	1	12	59	44	1
4	37	34	0	13	33	21	0
5	42	20	0	14	31	32	0
6	17	20	1	15	32	86	1
7	38	18	0	16	32	48	0
8	43	72	1	17	36	28	1
9	51	19	0	18	50	16	0

(a) Dibuja un diagrama de dispersión del tiempo de incubación con relación a la edad. Utiliza símbolos distintos para las personas que murieron y para las que sobrevivieron.

(b) ¿Existe alguna relación entre la edad y el tiempo de incubación? Si existe, descríbela.

(c) Más importante, ¿existe alguna relación entre la edad o el periodo de incubación y si la víctima sobrevivió? Describe cualquier relación que aquí parezca importante.

(d) ¿Existen observaciones atípicas que exijan un investigación aparte?

[40] Datos proporcionados por Dana Quade, University of North Carolina.

2.92. Nematodos y tomateras. Los nematodos son gusanos microscópicos. Tenemos datos de un experimento para estudiar el efecto que producen los nematodos que se encuentran en la tierra en el crecimiento de las plantas. Un investigador preparó 16 contenedores de siembra e introdujo en ellos diferentes cantidades de nematodos. Luego, puso un plantón de tomatera en cada contenedor y a los 16 días midió su crecimiento (en centímetros).[41]

Nematodos	Crecimiento (cm)			
0	10,8	9,1	13,5	9,2
1.000	11,1	11,1	8,2	11,3
5.000	5,4	4,6	7,4	5,0
10.000	5,8	5,3	3,2	7,5

Analiza estos datos y presenta tus conclusiones sobre los efectos de los nematodos en el crecimiento de las plantas.

2.93. ¿Valores calientes? En el mundo de las finanzas es frecuente describir el rendimiento de un determinado valor mediante una recta de regresión que relaciona el rendimiento del valor con el rendimiento general del mercado de valores. Esta representación nos ayuda a visualizar en qué medida el valor sigue la pauta general del mercado. Analizamos el rendimiento mensual y de Philip Morris y los rendimientos mensuales x del índice bursátil Standard & Poor's correspondiente a 500 valores, que representa el mercado en su conjunto, entre julio de 1990 y mayo de 1997. He aquí los resultados:

$$\bar{x} = 1{,}304 \qquad s_x = 3{,}392 \qquad r = 0{,}5251$$

$$\bar{y} = 1{,}878 \qquad s_y = 7{,}554$$

Un diagrama de dispersión muestra que no existen observaciones influyentes destacables.

(a) A partir de esta información, halla la ecuación de la recta mínimo-cuadrática. ¿Qué porcentaje de la variación de Philip Morris se explica por la relación lineal con el mercado en su conjunto?

(b) Explica la información que nos proporciona sobre la pendiente de la recta sobre la respuesta de Philip Morris a las variaciones del mercado. Esta pendiente se llama "beta" en teoría de inversiones.

[41]Datos proporcionados por Matthew Moore.

(c) Los rendimientos de la mayoría de los valores están correlacionados positivamente con el rendimiento general del mercado. Es decir, cuando sube el mercado, las acciones individuales también tienden a subir. Explica por qué un inversor debería preferir valores con beta > 1 cuando el mercado sube y acciones con beta < 1 cuando el mercado baja.

2.94. La epidemia de gripe de 1918. El ejercicio 1.22 proporciona datos sobre la gran epidemia de gripe de 1918. Los diagramas temporales parecen mostrar que las muertes semanales siguen la misma pauta que los nuevos casos semanales con aproximadamente una semana de retraso. Vamos a analizar detalladamente esta relación.[42]

(a) Dibuja tres diagramas de dispersión; en uno de ellos relaciona las muertes semanales con los casos detectados la misma semana, en otro relaciona estas muertes semanales con los casos detectados la semana anterior y en el tercero de ellos relaciona las muertes semanales con los nuevos casos detectados dos semanas antes. Describe y compara las relaciones que observes.

(b) Halla las correlaciones de cada una de las relaciones.

(c) ¿Cuáles son tus conclusiones? ¿Cómo se predice mejor el número de muertes, con los nuevos casos de la misma semana, con los nuevos casos de la semana anterior o los nuevos casos de dos semanas antes?

2.95. Salarios de mujeres. Un estudio de la National Science Foundation[43] de EE UU, halló que la mediana del salario de ingenieras y científicas estadounidenses recién graduadas era sólo un 73% de la mediana de sus homólogos varones. Ahora bien, cuando las recién graduadas se agrupaban por especialidades, la situación era distinta. Las medianas de los salarios de las mujeres, expresadas como un porcentaje de las medianas del salario de los hombres, en 16 campos de estudio eran

94%	96%	98%	95%	85%	85%	84%	100%
103%	100%	107%	93%	104%	93%	106%	100%

¿Cómo es posible que el salario de las mujeres se encuentre muy por debajo del de los hombres cuando se consideran todas las disciplinas conjuntamente y, en cambio, sea prácticamente el mismo cuando se considera por especialidades?

[42] A. W. Crosby, *America's Forgotten Pandemic: The Influenza of 1918*, Cambridge University Press, New York, 1989.

[43] National Science Board, *Science and Engineering Indicators, 1991*, U.S. Government Printing Office, Washington, D.C., 1991. Los datos aparecen en la tabla 3-5 del apéndice.

2.96. Transformación de datos. Los ecólogos recogen datos para estudiar la naturaleza. La tabla 2.12 proporciona datos sobre la media del número de semillas producidas durante un año por algunas especies comunes de árboles y también sobre el peso medio (en miligramos) de éstas. Algunas especies aparecen dos veces, ya que se han considerado en dos localidades. Creemos que los árboles con semillas más pesadas producirán menos semillas, pero, ¿cuál es la forma de la relación?[44]

Tabla 2.12. Peso y recuento del número de semillas producidas por especies arbóreas.

Especies	Número de semillas	Peso de semillas	Especies	Número de semillas	Peso de semillas
Abedul para papel	27.239	0,6	Haya americana	463	247
Abedul amarillo	12.158	1,6	Haya americana	1.892	247
Picea del Canadá	7.202	2,0	Encina	93	1.851
Picea de Engelman	3.671	3,3	Encina escarlata	525	1.930
Picea roja del Canadá	5.051	3,4	Roble rojo americano	411	2.475
Tulipanero	13.509	9,1	Roble rojo americano	253	2.475
Pino ponderosa	2.667	37,7	Avellano de América	40	3.423
Abeto	5.196	40,0	Roble blanco del Canadá	184	3.669
Arce del azúcar	1.751	48,0	Roble blanco americano	107	4.535
Pino	1.159	216,0			

(a) Dibuja un diagrama de dispersión que muestre cómo se puede explicar el número de semillas producidas por un árbol, a partir del peso de éstas. Describe la forma, la dirección y la fuerza de la relación.

(b) Cuando tratamos con tamaños y pesos, los logaritmos de los datos originales son a menudo la forma más adecuada de expresar los datos. Utiliza tu calculadora o un programa informático para calcular los logaritmos de los pesos y recuentos de la tabla 2.12. Dibuja un nuevo diagrama de dispersión utilizando los datos transformados. Ahora, ¿cuál es la forma, la dirección y la fuerza de la relación?

2.97. Hombres y mujeres. La altura media de las mujeres estadounidenses cuando tienen 20 años de edad es de aproximadamente 164 cm, con una desviación típica de unos 6,35 cm. La altura media de los hombres de la misma edad es de aproximadamente 174 cm, con una desviación típica de unos 6,86 cm. Si la

[44]D. F. Greene y E. A. Johnson, "Estimating the mean annual seed production of trees", *Ecology*, 75, 1994, págs. 642-647.

correlación entre las alturas de parejas de hombres y mujeres jóvenes es aproximadamente $r = 0{,}5$, ¿cuál es la pendiente de la recta de regresión de la altura de los hombres con relación a la altura de sus mujeres en las parejas jóvenes? Dibuja un gráfico de esta recta de regresión. Predice la altura de un hombre cuya mujer mide 170 cm de altura.

2.98. Un juego informático. Un sistema multimedia para aprender estadística incluye una prueba para valorar la destreza de los sujetos en la utilización del ratón (*mouse*). El programa informático hace que aparezca, al azar, un círculo en la pantalla. El sujeto tiene que situarse sobre el círculo y *clicar* tan rápido como pueda. Tan pronto como el usuario ha *clicado* sobre el círculo, aparece uno nuevo. La tabla 2.13 proporciona datos sobre los ensayos realizados por un sujeto, 20 con cada mano. "Distancia" es la distancia desde el centro del círculo al punto donde se halla el cursor en el momento del *clicado*, las unidades de medida dependen del tamaño de la pantalla. "Tiempo" es el tiempo transcurrido entre el *clicado* de dos círculos consecutivos, en milisegundos.[45]

Tabla 2.13. Tiempos de respuesta en un juego informático.

Tiempo	Distancia	Mano	Tiempo	Distancia	Mano
115	190,70	derecha	240	190,70	izquierda
96	138,52	derecha	190	138,52	izquierda
110	165,08	derecha	170	165,08	izquierda
100	126,19	derecha	125	126,19	izquierda
111	163,19	derecha	315	163,19	izquierda
101	305,66	derecha	240	305,66	izquierda
111	176,15	derecha	141	176,15	izquierda
106	162,78	derecha	210	162,78	izquierda
96	147,87	derecha	200	147,87	izquierda
96	271,46	derecha	401	271,46	izquierda
95	40,25	derecha	320	40,25	izquierda
96	24,76	derecha	113	24,76	izquierda
96	104,80	derecha	176	104,80	izquierda
106	136,80	derecha	211	136,80	izquierda
100	308,60	derecha	238	308,60	izquierda
113	279,80	derecha	316	279,80	izquierda
123	125,51	derecha	176	125,51	izquierda
111	329,80	derecha	173	329,80	izquierda
95	51,66	derecha	210	51,66	izquierda
108	201,95	derecha	170	201,95	izquierda

[45] P. Velleman, *ActivStats 2.0*, Addison-Wesley Interactive, Reading, Mass., 1997.

(a) Sospechamos que el tiempo depende de la distancia. Dibuja un diagrama de dispersión del tiempo con relación a la distancia. Utiliza símbolos distintos para cada mano.

(b) Describe la relación que observas. ¿Puedes afirmar que el sujeto es diestro?

(c) Halla la recta de regresión del tiempo con relación a la distancia para las dos manos de forma independiente. Dibuja estas rectas en tu diagrama. De las dos regresiones, ¿cuál es mejor para predecir el tiempo a partir de la distancia? Da medidas numéricas que describan la precisión de las dos regresiones.

(d) Debido al aprendizaje, es posible que el sujeto lo haga mejor en los últimos ensayos. También es posible que lo haga peor debido a la fatiga. Dibuja un diagrama de residuos en el que los residuos aparezcan ordenados de acuerdo al orden de realización de los ensayos (de arriba abajo en la tabla 2.12). ¿Existe algún efecto sistemático en el orden de realización de las pruebas?

2.99. La tabla 2.1 proporciona datos sobre la educación en los Estados de EE UU. Utiliza un programa estadístico para examinar la relación entre las calificaciones de Matemáticas y de Lengua en la prueba SAT de la manera siguiente:

(a) Quieres predecir la calificación de Matemáticas en la prueba SAT de un Estado a partir de su calificación de Lengua. Con este fin, halla la recta de regresión mínimo-cuadrática. Sabes que la calificación media de Lengua de un determinado Estado al año siguiente fue 455. Utiliza tu recta de regresión para predecir su calificación media de Matemáticas.

(b) Representa los residuos de tu regresión con relación a la calificación de Lengua en la prueba SAT (un programa estadístico lo puede hacer). Hay un Estado que constituye una observación atípica, ¿cuál es? ¿Tiene dicho Estado una calificación media de Matemáticas más alta o más baja que la que se hubiera predicho a partir de su calificación media de Lengua?

Los siguientes ejercicios hacen referencia a la sección 2.6, que es opcional.

2.100. Aspirina y ataques al corazón. ¿Tomar aspirinas regularmente ayuda a prevenir los ataques al corazón? Un estudio (*Physicians' Health Study*) intentó averiguarlo, tomando como sujetos a 22.071 médicos sanos que tenían al menos 40 años. La mitad de los sujetos, seleccionados al azar, tomó una aspirina un día sí y otro no. La otra mitad tomó un placebo, una píldora falsa que tenía el mismo aspecto y sabor que una aspirina. He aquí los resultados:[46] (La fila "Ninguno de estos" se ha dejado fuera de la tabla.)

[46] Apareció en el 20 de julio de 1989 en el *New York Times*.

	Grupo de la aspirina	Grupo del placebo
Ataques al corazón mortales	10	26
Otro tipo de ataques al corazón	129	213
Embolias	119	98
Total	11.037	11.034

¿Qué indican los datos sobre la relación que existe entre tomar aspirinas, y los ataques al corazón y las embolias? Utiliza porcentajes para hacer más precisos tus razonamientos. ¿Crees que el estudio proporciona suficiente evidencia de que las aspirinas reducen los ataques al corazón (relación causa-efecto)?

2.101. Suicidios. He aquí una tabla de contingencia sobre los suicidios ocurridos en 1993, clasificados según el sexo de la víctima y el método utilizado. Basándote en estos datos, escribe un breve informe sobre las diferencias entre los suicidios de hombres y de mujeres. Asegúrate de que utilizas los recuentos y los porcentajes adecuados para justificar tus afirmaciones.

	Hombres	Mujeres
Arma de fuego	16.381	2.559
Veneno	3.569	2.110
Ahorcamiento	3.824	803
Otros	1.641	623

2.102. Permanecer vivo y fumar. A mediados de los años setenta, un estudio médico contactó al azar con gente de un distrito de Inglaterra. He aquí los datos sobre 1.314 mujeres que eran fumadoras habituales y mujeres que nunca habían fumado. La tabla clasifica a estas mujeres según su edad en el momento inicial de realización del estudio, según su situación con relación al tabaco y según si permanecían vivas al cabo de 20 años.[47]

	De 18 a 44 años		De 45 a 64 años		Mayores de 65 años	
	Fumadora	No fumadora	Fumadora	No fumadora	Fumadora	No fumadora
Fallecidas	19	13	78	52	42	165
Vivas	269	327	167	147	7	28

[47]D. R. Appleton, J. M. French y M. P. J. Vanderpump, "Ignoring a covariate: an example of Simpson's paradox", *The American Statistician*, 50, 1996, págs. 340-341.

(a) A partir de estos datos, construye una sola tabla de contingencia que relacione fumar (sí o no) con fallecer o vivir. ¿Qué porcentaje de fumadoras permaneció con vida durante 20 años? ¿Qué porcentaje de no fumadoras sobrevivió? Parece sorprendente que el porcentaje de mujeres que permaneció con vida fuera mayor entre las fumadoras.

(b) La edad de la mujer en el momento inicial de realización del estudio es una variable latente. Muestra que dentro de cada uno de los tres grupos de edad, el porcentaje de mujeres que permaneció con vida después de 20 años fue mayor entre las no fumadoras. Estamos ante otro ejemplo de la Paradoja de Simpson.

(c) Los autores del estudio dieron la siguiente explicación: "Entre las mujeres mayores (de 65 o más años al inicio del estudio), pocas eran fumadoras; sin embargo, muchas de ellas murieron durante el tiempo de seguimiento del estudio". Compara el porcentaje de fumadoras en cada uno de los tres grupos de edad para verificar esta explicación.

3. OBTENCIÓN DE DATOS

SIR RONALD A. FISHER

Las ideas y los métodos de lo que llamamos "estadística" fueron inventados en su mayor parte durante los siglos XIX y XX por gente que trabajaba con problemas que requerían el análisis de datos. La astronomía, la biología, la agronomía, las ciencias sociales e incluso la topografía pueden reclamar un papel en el nacimiento de la estadística, pero el honor de ser el "padre de la estadística" corresponde a Sir Ronald A. Fisher (1890-1962).

Los escritos de Fisher ayudaron a organizar la estadística como un campo de estudio preciso cuyos métodos se aplican a problemas prácticos de muchas disciplinas. Fisher sistematizó la teoría matemática de la estadística e inventó muchas técnicas nuevas, pero el experimento comparativo aleatorizado quizá sea su mayor contribución.

Como muchos pioneros en el campo de la estadística, los trabajos de Fisher nacieron de la necesidad de resolver problemas prácticos. En 1919, Fisher empezó a trabajar en experimentos agrícolas en la Estación Experimental de Rothamsted, Inglaterra. ¿Cómo debemos organizar la siembra de distintas variedades de un cultivo o la aplicación de diferentes fertilizantes para obtener comparaciones fiables? Debido a que la fertilidad y otras variables cambian a medida que nos desplazamos a lo largo de un campo, los investigadores utilizaban complicados dispositivos experimentales para poder obtener comparaciones fiables. Fisher tuvo una idea mejor: "escoger deliberadamente al azar las parcelas en las que se va a plantar".

Este capítulo explora el diseño estadístico como un instrumento para obtener datos con el fin de responder a preguntas concretas como, "¿cuál es la variedad de un cultivo que tiene el rendimiento medio más alto?". La innovación de Fisher, la utilización deliberada del azar para obtener datos, es el tema central de este capítulo, y una de las ideas más importantes de la estadística.

3.1 Introducción

El análisis exploratorio de datos busca descubrir y resumir la información que contienen los datos utilizando gráficos y resúmenes numéricos. Las conclusiones que obtenemos del análisis de datos se refieren a los datos concretos que examinamos. A menudo, sin embargo, queremos extender estas conclusiones a algún grupo mayor de individuos. Para obtener respuestas sólidas es necesario diseñar la obtención de datos de forma adecuada.

Supongamos que nuestra pregunta es "¿Qué porcentaje de estadounidenses adultos está de acuerdo con que la sede de Naciones Unidas siga en EE UU?". Para responder a esta pregunta entrevistamos a estadounidenses adultos. No podemos entrevistarlos a todos, por tanto, planteamos la pregunta a una **muestra** que represente a toda la población de estadounidenses adultos. ¿Cómo podemos obtener una muestra que realmente represente la opinión de toda la población? El diseño estadístico para la obtención de muestras es el tema de la sección 3.2.

Muestra

Cuando muestreamos, nuestro objetivo es obtener información procurando alterar lo mínimo la población. La obtención de muestras para hacer encuestas es un ejemplo de *estudio observacional*. En otras situaciones, obtenemos datos a partir de un experimento. Cuando hacemos un experimento, no solamente observamos los individuos o les hacemos preguntas, sino que también los sometemos a algún tratamiento con el objetivo de observar la respuesta. Los experimentos pueden responder a preguntas como: "¿Las aspirinas reducen el riesgo de sufrir un ataque al corazón?" o "¿La mayoría de españoles pueden distinguir un vino tinto de la Rioja de un vino tinto de Ribera del Duero?" Los datos obtenidos de los experimentos, al igual que los obtenidos de las muestras, solamente son útiles si su obtención se ha hecho a partir de un diseño estadístico apropiado. Trataremos sobre el diseño estadístico de los experimentos en la sección 3.3. La distinción entre experimentos y estudios observacionales es una de las ideas más importantes de la estadística.

ESTUDIO OBSERVACIONAL *VERSUS* ESTUDIO EXPERIMENTAL

Un **estudio observacional** mide las variables de interés intentando no influir sobre las respuestas.

Sin embargo, un **experimento** somete de forma deliberada los individuos a algún tratamiento con el objetivo de observar sus respuestas.

Los estudios observacionales se utilizan en temas que van desde la opinión de los votantes hasta el comportamiento de los animales salvajes. Sin embargo, un estudio observacional, incluso uno basado en una muestra estadística, no es una buena manera de valorar el efecto de un tratamiento. Para analizar la respuesta a un cambio, tenemos que poder controlar las variables que presumiblemente influyen sobre el cambio. Cuando nuestro objetivo es analizar una relación causa-efecto, los experimentos son la única manera de obtener información completamente sólida.

EJEMPLO 3.1. ¿Funcionan los programas de asistencia social?

Muchos adultos que reciben asistencia social son madres de niños pequeños. Los estudios observacionales en este tipo de situaciones muestran que muchas de estas madres no son capaces de incrementar sus ingresos y dejar así el sistema de asistencia social. Algunas madres aprovechan los programas voluntarios de formación para adquirir nuevas capacidades profesionales. Los programas de formación y aquéllos sobre cómo encontrar trabajo, ¿realmente ayudan a este tipo de personas? Los estudios observacionales no nos orientan sobre el efecto de este tipo de políticas, incluso si las madres estudiadas proceden de una muestra muy bien escogida de entre las madres que han recibido asistencia social. Las mujeres que de forma voluntaria participan en uno de estos programas pueden ser distintas, en muchos aspectos, de las que no intervienen. En general, las que participan voluntariamente suelen poseer un mayor grado de formación, así como una mayor motivación o una escala de valores personales distinta, detalles muy sutiles y que no se detectan fácilmente.

Para ver si cierto programa de formación puede ser útil para ayudar a las madres a salir de su estado de pobreza, se debe escoger a dos grupos similares de madres que pidan asistencia social. Es necesario que uno de los dos grupos participe en el programa de formación y que el otro no lo haga. Estamos haciendo un experimento. La comparación de los ingresos y de los trabajos hallados por cada grupo después de varios años nos mostrará si realmente el programa de formación ha tenido algún efecto. ■

Cuando simplemente observamos a las madres que necesitan asistencia social, el efecto de los programas de formación sobre el éxito profesional posterior se *confunde (se mezcla)* con las características propias de las madres que de forma autónoma buscan una mayor formación.

CONFUSIÓN

Dos variables (variables explicativas o variables latentes) se **confunden** cuando sus efectos sobre una variable respuesta no se pueden distinguir entre sí.

Los estudios observacionales sobre el efecto de una variable sobre otra a menudo fallan debido a que la variable explicativa se confunde con variables latentes. Veremos que los experimentos bien diseñados evitan este tipo de problema.

APLICA TUS CONOCIMIENTOS

3.1. Política y género. Se sospecha que existe una diferencia importante entre sexos en cuanto a la preferencia de voto de los ciudadanos de EE UU, teniendo las mujeres mayor predilección que los hombres por los candidatos del Partido Demócrata. Una socióloga selecciona una muestra de votantes de tamaño grande, mujeres y hombres, inscritos en el censo electoral. Pregunta a cada uno de ellos si votó a los demócratas o a los republicanos en las últimas elecciones al Congreso de EE UU. Este estudio, ¿es un experimento? Justifica tu respuesta. ¿Cuál es la variable explicativa y cuál es la variable respuesta?

3.2. Enseñar a leer. Una educadora quiere comparar la efectividad de un programa informático que enseña a leer con el método estándar. La educadora valora la capacidad lectora de cada uno de los niños de un grupo de segundo curso de enseñanza general básica. A continuación la educadora divide al azar al grupo en dos subgrupos. Un subgrupo utiliza habitualmente el ordenador, mientras que el otro utiliza el método estándar. Al final del curso, la educadora vuelve a valorar la capacidad lectora de los niños y compara los incrementos producidos. Este estudio, ¿es un experimento? Justifica tu respuesta. ¿Cuál es la variable respuesta? ¿Cuál es la variable explicativa?

3.3. Efectos de la propaganda. En 1940, un psicólogo llevó a cabo un experimento para estudiar el efecto de la propaganda sobre la actitud de un grupo de personas hacia un Gobierno extranjero. El psicólogo preparó una prueba para determinar la actitud de la gente hacia el Gobierno alemán y la hizo pasar a un grupo de estudiantes. Después de hacerles leer propaganda alemana durante algunos meses, volvió a pasar la prueba a los estudiantes para ver si habían cambiado su actitud.

Desgraciadamente, mientras se estaba desarrollando la prueba, Alemania invadió Francia. Explica de forma clara por qué el efecto de la confusión impide determinar el efecto de la lectura de propaganda.

3.2 Diseño de muestras

Una encuesta de opinión quiere saber qué proporción de ciudadanos aprueba la gestión del presidente del Gobierno. Un ingeniero de control de calidad tiene que estimar qué proporción de cojinetes ensamblados en una cadena de montaje son defectuosos. El Ministerio de Economía quiere tener información sobre los ingresos por hogar. En todas estas situaciones queremos obtener información sobre un gran grupo de personas o de objetos. El tiempo, el coste y la molestia normalmente hacen prohibitivo inspeccionar cada uno de los cojinetes o ponerse en contacto con cada hogar. En estos casos lo que hacemos es buscar información sólo sobre una parte del grupo con objeto de obtener conclusiones sobre el grupo entero.

POBLACIÓN, MUESTRA

Un grupo entero de individuos sobre el que queremos información se llama **población**.

Una **muestra** es la parte de la población que realmente examinamos con el objetivo de obtener información.

Fíjate en que la población se define en términos de nuestro deseo de conocimiento. Si deseamos sacar conclusiones sobre todos los estudiantes universitarios de un país, este grupo es nuestra población incluso si sólo podemos entrevistar a los de una ciudad. La muestra es la parte a partir de la cual sacamos conclusiones sobre el total. El **diseño de una muestra** se refiere al método utilizado para escoger la muestra de la población. Un mal diseño muestral puede llevar a conclusiones falsas.

Diseño de una muestra

EJEMPLO 3.2. Preguntas a telespectadores

En los programas informativos es frecuente que se pida a los telespectadores que llamen para dar su opinión sobre algún tema. Se formula una pregunta y a continuación se solicita a los telespectadores que llamen a un número de teléfono para responder "Sí" y a otro número de teléfono para responder "No". Estas llamadas no son gratuitas. En EE UU, un programa televisivo preguntó a sus telespectadores si la sede central de Naciones Unidas debería seguir en EE UU. Se obtuvieron más de 186.000 llamadas y el 67% dijo "No".

La gente que gasta tiempo y dinero en responder a este tipo de preguntas no es representativa de toda la población de adultos. Es gente muy motivada y que a menudo tiene una actitud muy negativa. No es sorprendente que en una encuesta diseñada correctamente el 72% de los adultos respondiera "Sí".[1] ■

Las encuestas con llamadas de los telespectadores son un ejemplo de *muestra de voluntarios*. Este tipo de muestra puede dar fácilmente el 67% de noes, mientras que la opinión de la población se halla cerca del 72% de afirmaciones.

MUESTRAS DE VOLUNTARIOS

Una **muestra de voluntarios** consta de personas que se eligen a sí mismas en respuesta a un llamamiento general. Las muestras de voluntarios están sesgadas, ya que es fácil que estén formadas por gente muy motivada, especialmente de forma negativa.

Muestreo de conveniencia

Una muestra de voluntarios es un ejemplo habitual de mal diseño muestral. Otro mal diseño muestral es el **muestreo de conveniencia**, que escoge a los individuos de más fácil acceso. He aquí un ejemplo de este tipo de muestreo.

EJEMPLO 3.3. Encuestas en galerías comerciales

Los fabricantes y las agencias de publicidad suelen entrevistar a los clientes de las galerías comerciales para obtener información sobre los hábitos de consumo

[1] D. Horvitz, "Pseudo-opinion polls: SLOP or useful data?" *Chance*, 8, nº 2, 1995, págs. 16-25.

y sobre la efectividad de los anuncios. Obtener una muestra de los clientes de galerías comerciales es rápido y barato. "Las consideraciones económicas son las que impulsan al muestreo en galerías comerciales", opinó un experto en el New York Times. Sin embargo, la gente entrevistada en galerías no es representativa de toda la población de un país. Son, por ejemplo, más ricos que la media y es más fácil que sean adolescentes o jubilados. Además, los encuestadores tienen tendencia a seleccionar a las personas de aspecto más agradable. Las decisiones basadas en entrevistas en galerías comerciales pueden no reflejar las preferencias del conjunto de todos los consumidores.[2] ■

Tanto las muestras de voluntarios como las muestras de conveniencia escogen una muestra que de forma casi segura no representa al conjunto de la población. Estos métodos de muestreo presentan *sesgos*, o errores sistemáticos, ya que favorecen a algunas partes de la población frente otras.

SESGO

El diseño de un estudio es **sesgado** si favorece sistemáticamente ciertos resultados.

APLICA TUS CONOCIMIENTOS

3.4. Muestreo de mujeres trabajadoras. Una socióloga quiere conocer la opinión de mujeres trabajadoras adultas sobre una subvención a guarderías infantiles por parte del Estado. La socióloga obtiene una lista de 520 miembros de una asociación de mujeres empresarias y profesionales, y les envía un cuestionario a 100 de ellas seleccionadas al azar. Sólo se reciben 48 cuestionarios contestados. ¿Cuál es la población de este estudio? ¿Cuál es la muestra? ¿Cuál es la proporción (porcentaje) de no-respuestas?

3.5. Identifica la población. En cada uno de los siguientes ejemplos de muestreo, identifica a la población tan exactamente como sea posible. ¿Qué individuos

[2] Randall Rothenberger, "The trouble with mall interviewing", *New York Times*, 16 de agosto de 1989.

forman parte de la población? Si falta información, completa la descripción de la población de manera razonable.

(a) Cada semana el Instituto Gallup interroga a una muestra de alrededor de 1.500 adultos residentes en EE UU con la finalidad de conocer la opinión nacional sobre una amplia variedad de temas.

(b) Cada 10 años, el censo intenta obtener información básica de todos los hogares del país. Además, a una muestra de aproximadamente el 17% de los hogares, se les envió un "cuestionario ampliado" en el que se solicitaba mucha información adicional.

(c) Un fabricante de maquinaria adquiere reguladores de voltaje de un proveedor. Existen informes de que la variación en el voltaje de salida de los reguladores está afectando al funcionamiento de determinadas máquinas. Para evaluar la calidad de los reguladores de voltaje suministrados por el proveedor, el fabricante envía una muestra de 5 reguladores de la última entrega a un laboratorio para que los estudien.

3.6. Cartas dirigidas al Congreso. Formas parte del equipo de una diputada que está preparando una ley que proporcionaría asistencia gratuita de enfermeras en casa. Le dices a la diputada que se han recibido 1.128 cartas sobre el tema, de las cuales 871 se oponen a la ley. "Me sorprende que la mayoría de los ciudadanos se opongan a esta ley. Pensaba que sería bastante popular", dice la diputada. ¿Estás convencido de que la mayoría de los votantes se oponen a la ley? ¿Cómo justificarías desde un punto de vista estadístico estos resultados?

3.2.1 Muestra aleatoria simple

En una muestra compuesta por voluntarios, las personas escogen si responder o no. En una muestra de conveniencia, es el encuestador quien elige. En ambos casos, la elección personal da lugar al sesgo. La solución estadística es dejar que el azar escoja la muestra. Una muestra escogida al azar no permite favoritismos del encuestador ni tampoco la autoelección por parte de los encuestados. Escoger una muestra al azar evita el sesgo, ya que da a todos los individuos las mismas posibilidades de ser escogidos. Ricos y pobres, jóvenes y ancianos, payos y gitanos, todos tienen las mismas oportunidades de estar en la muestra.

La manera más sencilla de utilizar el azar para seleccionar una muestra es colocar los nombres en un sombrero (la población) y sacar un puñado (la muestra). Esta es la idea del *muestreo aleatorio simple*.

MUESTRA ALEATORIA SIMPLE

Una **muestra aleatoria simple** de tamaño n consta de n individuos de una población escogidos de manera que cualquier conjunto de n individuos de la población tenga las mismas posibilidades de ser la muestra realmente seleccionada.

Una muestra aleatoria simple no sólo da a cada individuo la misma oportunidad de ser escogido (evitando por tanto el sesgo en la selección), sino que también da a cada posible muestra la misma oportunidad de ser escogida. Existen otros muestreos aleatorios que dan a cada individuo, pero no a cada muestra, la misma oportunidad de ser escogido. El ejercicio 3.27 describe uno de estos diseños, el llamado muestreo aleatorio sistemático.

La idea de muestra aleatoria simple es escoger una muestra sacando números de un sombrero. En la práctica, los programas estadísticos pueden escoger una muestra aleatoria simple casi de forma instantánea de una lista de individuos de una población. Si no utilizas programas estadísticos, puedes aleatorizar tu selección utilizando una *tabla de dígitos aleatorios*.

DÍGITOS ALEATORIOS

Una **tabla de dígitos aleatorios** es una larga lista de dígitos

$$0, 1, 2, 3, 4, 5, 6, 7, 8, 9$$

con estas dos propiedades:

1. Todos los valores de la tabla tienen las mismas posibilidades de ser cualquiera de los 10 dígitos de 0 hasta 9.

2. Los valores son independientes entre sí, es decir, conocer una parte de la tabla no da información sobre cualquier otra parte.

La tabla B que aparece al final de este libro es una tabla de dígitos aleatorios. Puedes interpretar la tabla B como el resultado de pedir a un ayudante (o a un ordenador) que mezcle los dígitos del 0 al 9 en un sombrero, que saque uno, que reponga el dígito, que mezcle otra vez, que obtenga un segundo dígito, etc. El trabajo del ayudante de mezclar y de sacar dígitos nos ahorra tener que hacerlo nosotros cuando tenemos que escoger al azar. La tabla B empieza con los dígitos 19223950340575628713. Para facilitar la lectura de la tabla, los dígitos aparecen en grupos de cinco y en filas numeradas. Los grupos y las filas no tienen ningún significado —la tabla solamente es una larga lista de dígitos escogidos al azar—. Como los dígitos de la tabla son aleatorios:

- Cada valor tiene la misma oportunidad de ser cualquiera de los 10 posibles dígitos, $0, 1, \ldots, 9$.
- Cada par de valores tiene la misma oportunidad de ser cualquiera de los 100 pares posibles, $00, 01, \ldots, 99$.
- Cada terna de valores tiene la misma oportunidad de ser cualquiera de las 1.000 posibles ternas, $000, 001, \ldots, 999$, etc.

"La misma oportunidad de ser cualquiera" hace que sea fácil utilizar la tabla B para escoger una muestra aleatoria simple. Vamos a ver un ejemplo que enseña cómo.

EJEMPLO 3.4. ¿Cómo escoger una muestra aleatoria simple?

María tiene una pequeña empresa de asesoría con una cartera de 30 clientes y quiere entrevistar a fondo a una muestra de 5 de ellos para buscar formas de darles un mejor servicio. Para evitar sesgos, María escoge una muestra aleatoria simple de tamaño 5.

Primer paso: Etiquetas. Da a cada cliente una etiqueta numérica utilizando tan pocos dígitos como sea posible. Se necesitan dos dígitos para identificar a 30 clientes, por tanto, utilizamos las etiquetas

$$01, 02, 03, 04, \ldots, 28, 29, 30$$

También es correcto utilizar las etiquetas desde 00 hasta 29 o incluso cualquier otra combinación de 30 etiquetas compuestas por números de dos dígitos. He aquí la lista de clientes con sus etiquetas.

01	Lampistería González	02	Ediciones Antonio
03	Deportes Canavese	04	Destilerías Comas
05	Casa de Aragón	06	Todo a Ciento Veinte
07	Penta MSI	08	Joven Empresa Fabra
09	Imprenta El Rayo	10	Floristería La Rambla
11	Floristería Pepita	12	Ordenadores García
13	Juguetes Didó	14	Hijos de Jaime Torres
15	Radio Voltio	16	Ultramarinos Sara
17	Discos Calafell	18	Construcciones Ramírez
19	Restaurante chino Liu	20	Magia Porras
21	El incomparable	22	Las Mejores Fotos
23	Librería Lo Blanc	24	Casa de Cuenca
25	Muebles Provenzales	26	La Amistad
27	Bar Mojito	28	Semillas Belén
29	Neumáticos El Rápido	30	Vídeo Púrez

Segundo paso: La tabla. Sitúate en cualquier posición de la tabla B y lee grupos de dos dígitos. Supón que nos situamos en la fila 130, que es

69051 64817 87174 09517 84534 06489 87201 97245

Los primeros 10 grupos de dos dígitos de esta fila son

69 05 16 48 17 87 17 40 95 17

Cada uno de los sucesivos grupos de 2 dígitos es una etiqueta. Las etiquetas 00 y de la 31 a la 99 no se han usado en este ejemplo, por tanto, las ignoraremos. Las 5 primeras etiquetas de la tabla entre 01 y 30 determinan nuestra muestra. De las 10 primeras etiquetas de la fila 130 ignoramos 5, ya que toman valores demasiado elevados (por encima de 30). Las otras son 05, 16, 17, 17 y 17. Los clientes etiquetados con 05, 16 y 17 van dentro de la muestra. Ignora el segundo y el tercer 17, puesto que este cliente ya está en la muestra. Sigue a lo largo de la fila 130 (o continúa por la 131 si es necesario) hasta que hayas escogido 5 clientes más.

La muestra está constituida por los clientes etiquetados como 05, 16, 17, 20 y 19. Son Casa de Aragón, Ultramarinos Sara, Discos Calafell, Restaurante chino Liu y Magia Porras. ■

OBTENCIÓN DE UNA MUESTRA ALEATORIA SIMPLE

Selecciona una muestra aleatoria simple en dos pasos:

Paso 1: Etiquetas. Asigna una etiqueta numérica a cada uno de los individuos de la población.

Paso 2: La tabla. Utiliza la tabla B para seleccionar las etiquetas al azar.

Puedes asignar etiquetas de la manera que te resulte más cómoda, por ejemplo, por orden alfabético de los nombres de la gente. Asegúrate de que todas las etiquetas tienen el mismo número de dígitos. Sólo entonces todos los individuos tendrán las mismas oportunidades de ser escogidos. Cuantos menos dígitos formen cada etiqueta mejor: un dígito para una población de hasta 10 miembros, dos dígitos para una población entre 11 y 100 miembros, tres dígitos para una población entre 101 y 1.000 miembros, etc. Como práctica habitual te recomendamos que empieces por 1 (o 01, o 001, cuando sea necesario). Puedes leer los dígitos de la tabla B en cualquier orden —a lo largo de una fila, a lo largo de una columna, etc.—, ya que la tabla no está ordenada. Como práctica habitual, te recomendamos que los leas a lo largo de las filas.

APLICA TUS CONOCIMIENTOS

3.7. Una empresa quiere conocer la opinión de sus ejecutivos extranjeros sobre el sistema de valoración de su rendimiento. A continuación encontrarás una lista con todos los ejecutivos extranjeros de la empresa. Utiliza la tabla B; sitúate en la fila 139 con el fin de escoger a 6 ejecutivos que serán entrevistados para conocer su opinión sobre el sistema de valoración de su rendimiento en la empresa.

Agarwal	Dewald	Huang	Puri
Anderson	Fernandez	Kim	Richards
Baxter	Fleming	Liao	Rodriguez
Bowman	Gates	Mourning	Santiago
Brown	Goel	Naber	Shen
Castillo	Gomez	Peters	Vega
Cross	Hernandez	Pliego	Wang

3.8. No estáis contentos con la forma como se enseña la matemática financiera y queréis quejaros a la decana de la Facultad. La clase decide elegir al azar a 4 alumnos para que presenten la queja. A continuación encontrarás una lista de la clase. Escoge una muestra aleatoria simple de 4 alumnos utilizando la tabla de dígitos aleatorios y comenzando en la línea 145.

Amador	Guerrero T.	Parra
Arrabal	Gutiérrez	Pichón
Belisario	Herrero	Ramones
Botella	Hortensia	Rato
Buruaga	Jarabo	Rodríguez
Castillo	Jover	Romero
Doreste	Larrea	Sosa
Estruch	Leonardo	Toribio
González	López	Trueba
Guerrero	Olea	Velasco

3.9. Debes escoger una muestra aleatoria simple de 10 de las 440 tiendas que venden los productos de tu empresa. ¿Cómo denominarías a esta población? Utiliza la tabla B, comenzando en la línea 105, para escoger tu muestra.

3.2.2 Otros diseños muestrales

Una forma general de muestreo estadístico consiste en obtener una muestra probabilística.

MUESTRA PROBABILÍSTICA

Una **muestra probabilística** da a cada individuo de la población una posibilidad conocida (mayor que cero de ser seleccionado).

Algunos diseños de muestras probabilísticas (como el muestreo aleatorio simple) dan a cada miembro de la población la misma probabilidad de ser seleccionado. Esto puede no ser cierto en un diseño muestral más complejo. Sin embargo, en todos los casos, la utilización del azar para seleccionar la muestra es el principio esencial del muestreo estadístico.

Los diseños para el muestreo de grandes poblaciones que se hallan repartidas sobre una gran área son, normalmente, más complejos que el muestreo aleatorio simple. Por ejemplo, es común muestrear de forma independiente los grupos importantes de la población y luego combinar estas muestras. Esta es la idea del *muestreo aleatorio estratificado*.

MUESTRA ALEATORIA ESTRATIFICADA

Para seleccionar una **muestra aleatoria estratificada**, divide en primer lugar la población en grupos de individuos similares, llamados **estratos**. Luego, escoge muestras aleatorias simples independientes en cada estrato y combínalas para formar una muestra completa.

Escoge los estratos basándote en características conocidas de la población antes del muestreo. Por ejemplo, el censo de votantes en unas elecciones se puede clasificar en población urbana, suburbana y rural. Un diseño estratificado puede aportar información más exacta que una muestra aleatoria simple del mismo tamaño, aprovechando el hecho de que individuos de un mismo estrato son similares. Si todos los individuos de cada estrato fueran idénticos, por ejemplo, sólo sería necesario un individuo de cada estrato para describir completamente a la población.

EJEMPLO 3.5. ¿Quién compuso la canción?

Las emisoras de radio y de televisión que emiten música tienen que pagar derechos de autor a los compositores. La Sociedad General de Autores es el organismo encargado de vender los derechos de las composiciones de sus miembros a las emisoras de radio y de televisión. Luego, la Sociedad General de Autores paga a los compositores de la música emitida. Normalmente, sólo las grandes cadenas de televisión llevan un registro de todas las composiciones musicales que emiten. Piénsese que en un país como EE UU donde se emiten más de mil millones de composiciones musicales cada año, llevar a cabo un control detallado es demasiado caro e incómodo. He aquí un ejemplo de muestreo.

La Sociedad General de Autores determina los derechos de autor de sus socios grabando una muestra estratificada de emisiones. La muestra de emisoras comerciales locales, por ejemplo, consta de 60.000 horas de emisión cada año. Las emisoras de radio se han estratificado según el tipo de comunidad (urbana o rural), la situación geográfica y el importe de la licencia pagada a la Sociedad General de Autores, que refleja el tamaño de la audiencia. En total, se consideran 432 estratos. Las grabaciones se hacen en horas escogidas al azar para emisoras elegidas, también al azar, dentro de cada estrato. Las cintas son revisadas por expertos que pueden reconocer casi todas las composiciones musicales y los compositores cobran de acuerdo con su popularidad.[3] ■

3.2.3 Muestreo en etapas múltiples

Otra forma de restringir la selección aleatoria es la elección de las muestras en etapas. Esto es una práctica habitual para la selección de hogares o de personas a escala nacional. Por ejemplo, en EE UU los datos oficiales mensuales sobre el paro se obtienen a partir de una muestra de más de 50.000 hogares. No es práctico mantener una lista actualizada de todos los hogares a partir de la cual seleccionar una muestra aleatoria simple. Es más, el coste de mandar entrevistadores a los hogares de una muestra aleatoria simple excesivamente dispersa por todo el país es prohibitivo. La **Encuesta de Población Activa** (EPA), por tanto, utiliza un **diseño en etapas múltiples**. La muestra final consiste en grupos de hogares cercanos. La mayoría de las encuestas de opinión y de otras encuestas a escala nacional son también en etapas múltiples. Sin embargo, hoy día la mayor parte de las entrevistas en las encuestas a escala nacional se hacen por teléfono, lo que elimina la necesidad económica de agrupar la muestra.

Encuesta de Población Activa

Etapas múltiples

Figura 3.1. En España los datos de la Encuesta de Población Activa (EPA) se puede consultar en la página web <http://www.ine.es>.

[3] *The ASCAP Survey and Your Royalties*, ASCAP, New York, sin fecha.

La muestra en etapas múltiples a escala nacional se selecciona de la siguiente manera:

Etapa 1. Se selecciona una muestra de todos los partidos judiciales.
Etapa 2. Se selecciona una muestra de municipios dentro de cada uno de los partidos judiciales escogidos.
Etapa 3. Se selecciona una muestra de barrios dentro de cada uno de los municipios escogidos.
Etapa 4. Se selecciona una muestra de hogares dentro de cada barrio.

El análisis de datos a partir de diseños más complejos que una muestra aleatoria simple queda más allá de lo que es la estadística básica. De todas formas, el muestreo aleatorio simple es la piedra angular de los diseños más elaborados. Además, el análisis de otros diseños difiere más en la complejidad de los detalles que en los conceptos fundamentales.

APLICA TUS CONOCIMIENTOS

3.10. Treinta alumnos y diez profesores de una universidad pertenecen a una asociación universitaria. Los alumnos son

Abel	Flores	Huidobro	Melendres	Rodríguez
Cordón	García	Jiménez	Miranda	Santos
Cuevas	Gutiérrez	Jordana	Nevia	Suárez
David	Homero	Lamas	Otero	Telias
Domènech	Hoz	Lerma	Perales	Torla
Elias	Huertas	López	Portabella	Varga

Los profesores son

Artero	Estapé	Lezama	Moravia	Satorra
Borrell	García	Lightman	Pericales	Yang

La asociación puede enviar a 4 alumnos y 2 profesores a una convención, y se decide escoger al azar a los que irán. Utiliza la tabla B para escoger una muestra aleatoria estratificada de esos 4 alumnos y 2 profesores.

3.11. Auditoria. Los auditores suelen utilizar muestras estratificadas para examinar los archivos de las empresas, por ejemplo, para comprobar las facturas pendientes. La estratificación se basa en el importe en euros de las facturas y el muestreo incluye frecuentemente el 100% de las facturas con importes más altos. Una empresa presenta un informe con 5.000 facturas pendientes. De ellas, 100 son de importes superiores a 50.000 €, 500 son de importes entre 1.000 y 50.000 € y las restantes 4.400 son de importes inferiores a los 1.000 €. Utilizando estos grupos como estratos, decides examinar todas las facturas de importes más altos, muestrear el 5% de las facturas de importes medios y el 1% de las facturas de importes pequeños. ¿Cómo denominarías los dos estratos en los que efectuarás el muestreo? Utiliza la tabla B, comenzando en la línea 115, para seleccionar sólo las primeras 5 facturas de cada uno de estos estratos.

3.12. ¿Qué quieren los escolares? ¿Cuáles son las inquietudes de los escolares? Las niñas y los niños, ¿tienen inquietudes distintas? En áreas urbanas, suburbanas y rurales, ¿las inquietudes son distintas? Para conocer las respuestas, unos investigadores preguntaron a niñas y niños de quinto y sexto:

¿Qué es lo que te gusta más de la escuela?
A. Sacar buenas notas.
B. Los deportes
C. Ser el líder de la clase

Como la mayoría de niños viven en áreas urbanas muy pobladas o áreas suburbanas, una muestra aleatoria simple debe incluir pocos niños de zonas rurales. Es más, es demasiado caro escoger al azar niños de una región muy extensa —es mejor empezar escogiendo escuelas que niños—. Describe un diseño adecuado para este estudio y explica las razones que te han llevado al mismo.[4]

3.2.4 Precauciones con las encuestas

La selección al azar elimina los sesgos en la elección de una muestra a partir de un listado de la población. Sin embargo, cuando la población está formada por seres humanos, una información precisa de la muestra exige mucho más que un buen diseño de muestra.[5] Para empezar, necesitamos una lista precisa y completa de la población. Como este tipo de listas casi nunca están disponibles, muchas

[4] Datos del autor.
[5] P. E. Converse y M. W. Traugott, "Assessing the accuracy of polls and surveys", *Science*, 234, 1986, págs. 1.094-1.098.

muestras sufren un cierto grado de *falta de cobertura*. Una encuesta de hogares, por ejemplo, carecerá no sólo de la gente sin hogar, sino también de los presos y de los estudiantes en residencias o pensiones. Una encuesta de opinión llevada a cabo por teléfono dejará de tener en cuenta a aquellos hogares que no lo tienen. Por tanto, los resultados de las muestras de las encuestas nacionales tienen algún sesgo si la gente que no se ha tenido en cuenta —que la mayoría de las veces es gente pobre— difiere del resto de la población.

Una fuente más grave de sesgo, en la mayoría de encuestas, es *la no-respuesta*, que ocurre cuando un individuo seleccionado no puede ser contactado o rehúsa colaborar. La no-respuesta en encuestas a menudo llega a un 30% o más, incluso después de una cuidada planificación y de intentos repetidos. Debido a que la no-respuesta es mayor en las áreas urbanas, la mayoría de las encuestas sustituyen las no-respuestas con gente de la misma área, para evitar favorecer a las áreas rurales en la muestra final. Si la gente contactada difiere de la gente que raramente está en casa o que rehuye responder a las preguntas, se mantiene algún tipo de sesgo.

FALTA DE COBERTURA Y NO-RESPUESTA

La **falta de cobertura** ocurre cuando algunos grupos de la población se dejan fuera del proceso de selección de la muestra.

La **no-respuesta** ocurre cuando un individuo seleccionado en la muestra no puede ser contactado o rehúsa cooperar.

EJEMPLO 3.6. Falta de cobertura del censo

Incluso el censo de EE UU, respaldado por los recursos y la autoridad del Gobierno Federal, sufrió de falta de cobertura y de no-respuesta. El censo empieza mandando por correo impresos a cada uno de los hogares del país. La Oficina del Censo compra listas de direcciones a empresas privadas y luego trata de rellenar con ellas las direcciones que faltan. Se realizan grandes esfuerzos para tener en cuenta a la gente sin hogar (que no puede ser localizada en ninguna dirección). La lista final, sin embargo, siempre resulta incompleta.

En 1990, cerca de un 35% de los hogares a los que se mandaron los impresos del censo por correo no los devolvieron. En la ciudad de Nueva York, un 47% no devolvió los impresos. Esto es la no-respuesta. La Oficina del Censo envía encuestadores a estos hogares. En los centros de las ciudades, los encuestadores no pudieron contactar con uno de cada cinco de los hogares visitados, incluso después de seis intentos.

La Oficina del Censo estima que el censo de 1990 no tuvo en cuenta aproximadamente el 1,8% de la población total a causa de la falta de cobertura y de la no-respuesta. Como la falta de cobertura fue mayor en los barrios más pobres de las grandes ciudades que en otras zonas, la Oficina del Censo estima que no se contabilizó a un 4,4% de los negros y a un 5,0% de los hispanos.[6] ■

Sesgo de respuesta

Además, el comportamiento de los encuestados o del encuestador puede causar un **sesgo de respuesta** en los resultados muestrales. Los encuestados pueden mentir, especialmente si se les pregunta sobre comportamientos ilegales o impopulares. En consecuencia, la muestra subestima la presencia de este tipo de comportamientos en la población. Un encuestador cuya actitud sugiera que algunas respuestas son más deseables que otras obtendrá ese tipo de respuestas más a menudo. La raza o el sexo del entrevistador puede influir en la respuesta a preguntas sobre las relaciones raciales o sobre la actitud ante el feminismo. Las respuestas a preguntas que hacen referencia a acontecimientos pasados suelen ser poco precisas debido a la falta de memoria. Por ejemplo, mucha gente sitúa acontecimientos del pasado como si hubieran ocurrido mucho más recientemente. La pregunta: "¿Ha ido al dentista en los últimos 6 meses?", obtendrá a menudo un "Sí" de alguien que visitó al dentista por última vez hace 8 meses.[7] Una preparación cuidadosa de los encuestadores y una supervisión minuciosa para evitar demasiada variación entre ellos puede reducir en gran medida el sesgo de respuesta. Una buena técnica de entrevista es otro aspecto de una encuesta bien hecha.

Efecto del redactado

El **redactado de las preguntas** es lo que más influye sobre las respuestas dadas a una encuesta. La confusión, o las preguntas que sugieren una determinada

[6]La información sobre falta de cobertura la proporciona Howard Hogan en "The 1990 post-enumeration survey: operations and results", *Journal of the American Statistical Association*, 88, 1993, págs. 1.047-1.060. La información sobre no-respuesta la proporciona Eugene P. Eriksen y Teresa K. De Fonso en "Beyond the net undercount: how to measure census error", *Chance*, 6, nº 4, 1993, págs. 38-43 y 14.

[7]N. M. Bradburn, L. J. Rips y S. K. Shevell, "Answering autobiographical questions: the impact of memory and inference on surveys", *Science*, 236, 1987, págs. 157-161.

respuesta, pueden introducir un sesgo muy fuerte, e incluso pequeños cambios en el redactado pueden cambiar los resultados de una encuesta. Las preguntas que ya sugieren una determinada respuesta son comunes en encuestas financiadas por empresas, que intentan persuadir más que informar. He aquí dos ejemplos.

EJEMPLO 3.7. ¿Se deberían prohibir los pañales desechables?

Una encuesta costeada por fabricantes de pañales desechables halló que el 84% de la muestra se oponía a la prohibición de este tipo de pañales. He aquí la pregunta tal como se planteó:

> *Se estima que los pañales desechables representan menos de un 2% de la basura que se lleva a los vertederos. Por contra, los envases de bebidas y los impresos enviados por correo se estima que representan un 21% de los desechos de los vertederos. Teniendo en cuenta esto, ¿crees que sería justo que se prohibieran los pañales desechables?*[8]

Esta pregunta sólo da información de una parte del tema y luego pide la opinión. Esto es una manera segura de provocar sesgo en la respuesta. Una pregunta distinta que describiera el tiempo que tardan en descomponerse los pañales y las toneladas de ellos que van a parar a los vertederos cada año, hubiera obtenido una respuesta bastante distinta. ■

EJEMPLO 3.8. ¿Ocurrió el Holocausto?

Una encuesta de opinión llevada a cabo en 1992 por el Comité de Judíos Americanos (*American Jewish Committee*) preguntó: "¿Te parece posible o por el contrario te parece imposible que no hubiera ocurrido la exterminación nazi de los judíos?" Cuando el 22% de la muestra dijo "posible" los medios de comunicación se extrañaron de que tantos americanos no estuvieran seguros de que había ocurrido el Holocausto. Posteriormente, una segunda encuesta formuló la pregunta en otros términos: "Te parece posible que la exterminación nazi de los judíos no hubiera ocurrido nunca o por el contrario estás seguro de que ocurrió?" En esta ocasión, solamente el 1% de la muestra dijo "posible". La complicación de la formulación de la primera pregunta confundió a muchos de los encuestados.[9] ■

[8]Cynthia Crossen, "Margin of error: studies galore support products and positions, but are they reliable?" *Wall Street Journal*, 14 de noviembre de 1991.

[9]M. R. Kagay, "Poll on doubt of Holocaust is correct", *New York Times*, 8 de julio de 1994.

Nunca creas los resultados de una encuesta hasta que no hayas leído las preguntas exactas que se formularon. El diseño, la proporción de no-respuestas y la fecha de la encuesta también son importantes. Un buen diseño estadístico es una parte, pero sólo una parte, de una encuesta fiable.

APLICA TUS CONOCIMIENTOS

3.13. Muestras a partir de números telefónicos. El listado de individuos a partir del cual se selecciona una muestra se llama *marco de muestreo*. Idealmente, este marco debería incluir a todos los individuos de la población, pero en la práctica esto suele ser difícil. Un marco que deje fuera parte de la población es una fuente habitual de falta de cobertura.

(a) Supón que se selecciona aleatoriamente una muestra de hogares en una población a partir del listín telefónico. ¿Qué hogares se omiten en este marco? ¿Qué tipo de personas viven en estos hogares? Estas personas probablemente estarán insuficientemente representadas en la muestra.

(b) En encuestas telefónicas es habitual utilizar aparatos que marcan aleatoriamente los cuatro últimos dígitos de un número de teléfono después de haber marcado el número del código territorial (los tres primeros dígitos). Utilizando este tipo de aparatos, ¿qué hogares de los que mencionaste en tu respuesta en (a) se incluirán en el marco de muestreo?

3.14. No contesta nadie. Una forma habitual de no-respuesta en encuestas telefónicas es la "llamada sin respuesta". Es decir, se llama a un número de teléfono pero no contesta nadie. El Instituto Nacional de Estadística de Italia examinó las no-respuestas en una encuesta gubernamental con hogares italianos durante los periodos que van del 1 de enero a Semana Santa y del 1 de julio al 31 de agosto. Todas las llamadas se efectuaron entre las 7 y las 10 de la noche. En el primer periodo, no se contestaron el 21,4% de las llamadas, mientras que en el segundo no se contestaron el 41,5% de las llamadas.[10] ¿Qué periodo crees que tuvo una proporción más elevada de no-respuestas? ¿Por qué? Explica por qué un índice elevado de no-respuestas hace que los resultados de una muestra sean menos fiables.

[10]Giuliana Coccia, "An overview of non-response in Italian telephone surveys", *Proceedings of the 99th Session of the International Statistical Institute*, 1993, Book 3, págs. 271-272.

3.15. Contribución a campañas electorales. Aquí tienes dos enunciados de la misma pregunta:[11]

A. ¿Deberían aprobarse leyes para eliminar toda posibilidad de que determinados grupos de presión donasen enormes cantidades de dinero a los candidatos a la Presidencia?
B. ¿Deberían aprobarse leyes para prohibir que los grupos de presión contribuyesen a campañas electorales, o por el contrario, tienen estos grupos de presión el derecho a contribuir a campañas de los candidatos que apoyan?

Una de estas preguntas consiguió el 40% a favor de prohibir las contribuciones de los grupos de presión a campañas electorales. La otra consiguió el 80% a favor de esta opinión ¿Qué pregunta consiguió el 40% y cuál consiguió el 80%? Explica por qué los resultados fueron tan distintos.

3.2.5 Inferencia sobre la población

A pesar de las muchas dificultades de orden práctico que hay que afrontar cuando se quiere realizar una encuesta, la utilización del azar para seleccionar una muestra elimina el sesgo en la selección de la muestra a partir de una lista de los individuos disponibles de la población. De todas formas, es poco probable que los resultados de una muestra sean exactamente los mismos que los de toda la población. Los resultados muestrales, como las tasas de paro obtenidas de la Encuesta de la Población Activa, sólo son estimaciones de lo que ocurre en toda la población. Si seleccionamos dos muestras aleatorias de la misma población, obtendremos individuos distintos. Por tanto, los resultados muestrales serán casi con total seguridad algo diferentes. Dos Encuestas de Población Activa darán tasas de paro algo distintas. Las muestras diseñadas adecuadamente evitan los sesgos sistemáticos, pero sus resultados son muy pocas veces exactamente correctos y varían de muestra a muestra.

¿Qué exactitud tiene un resultado muestral como la tasa de paro? No podemos estar completamente seguros, ya que los resultados serían distintos si hubiéramos trabajado con otra muestra. De todas formas, los resultados del muestreo aleatorio no cambian de forma caprichosa de muestra a muestra. Como utilizamos el azar de forma deliberada, los resultados obedecen a las leyes de la

[11] W. Mitofsky, "Mr. Perot, you're no pollster" *New York Times*, 27 de marzo de 1993.

probabilidad que gobiernan el comportamiento aleatorio. Por esta razón, podemos calcular la probabilidad de cometer un determinado error al sacar conclusiones sobre toda la población a partir de una muestra. Los resultados de una encuesta van normalmente acompañados de un error de estimación que acota la magnitud del error que se puede cometer. Todo ello forma parte de la inferencia estadística, que explicaremos con más detalle en el capítulo 6.

Lo que ahora conviene destacar es que **muestras más grandes dan resultados más precisos que muestras más pequeñas.** Tomando una muestra muy grande puedes tener más seguridad de que el resultado muestral nos diga con más exactitud lo que ocurre con toda la población. La muestra de la Encuesta de Población Activa (EPA) de 50.000 hogares estima la tasa de paro con gran precisión. Por supuesto que sólo las muestras probabilísticas tienen esta garantía. A pesar de que esté formada por 186.000 individuos, la muestra del ejemplo 3.2 no tiene ningún valor. La utilización de un diseño muestral probabilístico y la superación de las diversas dificultades de orden práctico reducen el sesgo de una muestra. Después, el tamaño de la muestra determina la probabilidad de que el resultado muestral se acerque a la verdad poblacional.

APLICA TUS CONOCIMIENTOS

3.16. Pregunta a más gente. Justo antes de unas elecciones generales, una empresa de encuestas de opinión aumenta el tamaño de su muestra semanal desde el tamaño habitual de 1.500 personas hasta 4.000 personas. ¿Por qué crees que la empresa hace esto?

RESUMEN DE LA SECCIÓN 3.2

Podemos obtener datos con el objetivo de responder determinadas preguntas mediante **estudios observacionales** o **experimentos**. Las encuestas a partir de muestras que seleccionan parte de una población de interés para representar a todo el conjunto son un tipo de estudios observacionales. Los **experimentos,** a diferencia de los estudios observacionales, someten a los sujetos del experimento a algún tratamiento.

Una encuesta selecciona una **muestra** de una **población** constituida por todos los individuos sobre los cuales deseamos obtener información. Basamos nuestras conclusiones sobre la población en los datos obtenidos de la muestra.

El **diseño** de una muestra se refiere al método utilizado para seleccionar la muestra de la población. Los **diseños muestrales probabilísticos** utilizan la selección al azar para dar a cada miembro de la población una posibilidad conocida (mayor que cero) de ser seleccionado para la muestra.

La muestra probabilística básica es la **muestra aleatoria simple**. Un muestreo aleatorio simple da a cada muestra de un tamaño determinado la misma posibilidad de ser escogida.

Se escoge una muestra aleatoria simple etiquetando numéricamente los individuos de la población y utilizando la **tabla de dígitos aleatorios** para seleccionar la muestra. Los programas estadísticos pueden automatizar este proceso.

Para escoger una **muestra aleatoria estratificada**, se divide la población en **estratos**, grupos de individuos que son similares desde algún punto de vista importante para los resultados. Luego, se selecciona una muestra aleatoria simple de cada estrato.

No utilizar muestras probabilísticas suele provocar **sesgo**, es decir, un error sistemático en la manera de representar la población a partir de la muestra. Las **muestras de voluntarios**, en las que los encuestados se eligen ellos mismos, son particularmente propensas a sesgos grandes.

En poblaciones humanas, incluso las muestras probabilísticas pueden sufrir un sesgo debido a **falta de cobertura**, a **no-respuesta**, a **sesgo de respuesta** o a **influencia del redactado**. Al realizar una encuesta hay que hacer frente a estos problemas potenciales, además de utilizar diseños muestrales probabilísticos.

EJERCICIOS DE LA SECCIÓN 3.2

3.17. Para estudiar el efecto de vivir en viviendas públicas sobre la estabilidad familiar de hogares con muy pocos ingresos, unos investigadores obtuvieron una lista de todos los solicitantes de vivienda pública durante un determinado año. Algunas solicitudes fueron aceptadas, mientras que otras no. Los investigadores entrevistaron a todos los solicitantes de cada grupo y compararon los resultados. ¿Estamos ante un estudio observacional o un experimento? Justifica tu respuesta. ¿Cuál es la variable explicativa? ¿Cuál es la variable respuesta?

3.18. A veces, los distintos estilos de redacción pueden distinguirse por la longitud de las palabras utilizadas. Una persona interesada en este hecho quiere estudiar la longitud de las palabras utilizadas en las novelas de Camilo José Cela. Para ello, abre al azar una de sus novelas y toma nota de la longitud de las primeras 250 palabras de la página. ¿Cuál es la población en este estudio? ¿Cuál es la muestra? ¿Qué variable se ha medido?

3.19. Identifica la población. En cada uno de los siguientes ejemplos de muestreo, identifica la población tan exactamente como puedas. ¿Qué individuos forman la población? Si la información que se da está incompleta, completa la descripción de la población de una manera razonable.

(a) Una investigadora quiere saber qué factores afectan a la supervivencia y al éxito de pequeñas empresas. La investigadora selecciona una muestra de 150 pequeñas empresas del sector "bares y restaurantes" del listado de las Páginas Amarillas de la guía telefónica de una gran ciudad.

(b) Un diputado quiere saber si los electores apoyan una propuesta legislativa sobre sanidad. Su equipo le informa de que se han recibido 228 cartas sobre el tema, de las cuales 193 se oponen a la nueva ley.

(c) Una compañía de seguros quiere averiguar la calidad de sus servicios con relación a las reclamaciones de sus asegurados con pólizas de automóvil. Cada mes la compañía selecciona una muestra aleatoria simple de todas las reclamaciones relacionadas con sus seguros de automóvil, con el fin de evaluar la precisión y rapidez de los trámites efectuados.

3.20. La muestra de Ann Landers. En una ocasión la columnista Ann Landers preguntó a sus lectoras si les gustaría tener el cariño de un hombre pero sin sexo. Respondieron más de 90.000 mujeres, de las cuales el 72% respondieron afirmativamente. Muchas de las cartas que recibió esta periodista comentaban el desagradable trato que recibían por parte de los hombres. Explica por qué esta muestra está sesgada. ¿En qué dirección se produce el sesgo? Es decir, ¿este 72% es mayor o menor que la verdadera proporción poblacional?

3.21. Encuestas basadas en llamadas de televidentes. Un conocido programa deportivo de un canal de televisión español planteó la siguiente pregunta a los telespectadores: *¿se proporciona demasiada información relacionada con el fútbol en España?* A continuación el presentador del programa dijo:

Si tu respuesta es afirmativa llama al 91 452 17 00 y si tu respuesta es negativa llama al 91 452 17 01. Recuerda que el coste de la llamada es de medio euro el primer minuto.

Explica por qué esta encuesta de opinión casi seguro que está sesgada.

3.22. ¿Conoces el nombre del presidente del Parlamento Europeo? Un artículo periodístico sobre el conocimiento de los ciudadanos europeos de las instituciones de la Unión Europea afirma que el 87% de los europeos no conoce el nombre del presidente del Parlamento Europeo. Al final del artículo, se puede leer: "La encuesta se basa en 1.210 entrevistas telefónicas realizadas a adultos de todos los países europeos". ¿Qué variable mide esta encuesta? ¿Cuál es la población sobre la que se quiere información? ¿Cuál es la muestra? El método de muestreo utilizado, ¿está sesgado?

3.23. Opinión sobre la policía de Miami. El Departamento de Policía de Miami quiere saber cuál es la opinión que tienen los residentes de Miami de raza negra sobre la policía. Se escoge al azar una muestra de 300 hogares preferentemente de barrios donde predomina la población negra. Posteriormente, un policía negro uniformado visita cada uno de los hogares y entrevista a un adulto de cada uno de ellos. ¿Cuál es la población? ¿Cuál es la muestra? ¿Por qué los resultados de la encuesta seguramente estarán sesgados?

3.24. Un fabricante de productos químicos escoge 3 botellas de cada lote de 25 que contiene un determinado reactivo y comprueba su pureza y potencia. Los números de control de las botellas de uno de los lotes son los siguientes:

A1096	A1097	A1098	A1101	A1108
A1112	A1113	A1117	A2109	A2211
A2220	B0986	B1011	B1096	B1101
B1102	B1103	B1110	B1119	B1137
B1189	B1223	B1277	B1286	B1299

Utiliza la fila 111 de la tabla B para escoger una muestra aleatoria simple de 3 de esas botellas.

3.25. Muestreo de barrios. La figura 3.2 es un mapa ficticio de una zona del censo. Las zonas del censo son áreas pequeñas y homogéneas con una media de población de 4.000 habitantes. En el mapa, cada barrio está marcado con un número indentificativo. Una muestra aleatoria simple de barrios obtenida de una zona del censo es a menudo la penúltima etapa de una muestra en etapas múltiples. Utiliza la tabla B comenzando en la fila 125 para escoger una muestra aleatoria simple de 5 barrios en esta zona del censo.

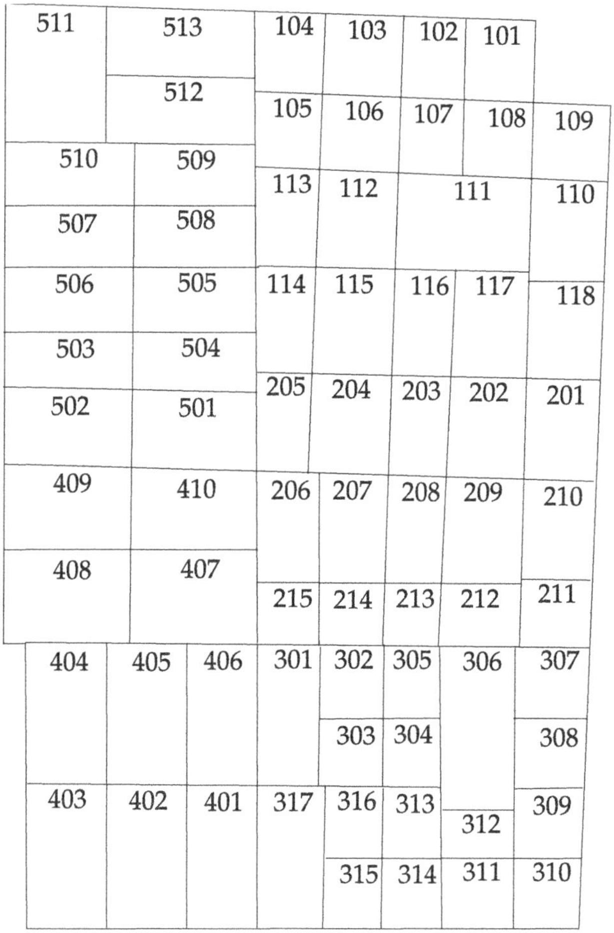

Figura 3.2. Mapa ficticio de una zona del censo. Las líneas indican calles. Para el ejercicio 3.25.

3.26. Dígitos aleatorios. De las siguientes afirmaciones sobre una tabla de dígitos aleatorios, ¿cuáles son ciertas y cuáles son falsas? Justifica brevemente tus respuestas.

(a) Hay exactamente cuatro ceros en cada fila de 40 dígitos.

(b) Cada par de dígitos tiene una probabilidad de $\frac{1}{100}$ de ser 00.

(c) Los dígitos 0000 nunca pueden aparecer como un grupo, porque este grupo no es aleatorio.

3.27. Muestras aleatorias sistemáticas. La última etapa de la Encuesta de Población Activa consiste en escoger direcciones dentro de pequeñas áreas llamadas bloques. El método utilizado es el **muestreo aleatorio sistemático.** Ilustraremos la idea de la muestra aleatoria sistemática con un ejemplo. Supón que hemos de seleccionar 4 direcciones de 100. Como $\frac{100}{4} = 25$, podemos imaginarnos la lista formada por cuatro listas de 25 direcciones. Escoge al azar una de las primeras 25 direcciones utilizando la tabla B. La muestra aleatoria sistemática contiene esta dirección y las situadas en la misma posición en la segunda, la tercera y la cuarta lista. Si la tabla de números aleatorios da 13, por ejemplo, entonces la muestra aleatoria sistemática consiste en las direcciones etiquetadas como 13, 38, 63 y 88.

Muestreo aleatorio sistemático

(a) Utiliza la tabla B para seleccionar una muestra aleatoria sistemática de 5 direcciones de una lista de 200. Entra en la tabla por la línea 120.

(b) Al igual que una muestra aleatoria simple, una muestra aleatoria sistemática hace que todos los individuos tengan las mismas posibilidades de ser escogidos. Explica por qué esto es cierto. Luego, explica detalladamente por qué una muestra sistemática no es, sin embargo, una muestra aleatoria simple.

3.28. El profesorado de una universidad está constituido por 2.000 hombres y 500 mujeres. Una muestra aleatoria estratificada de 50 profesoras y 200 profesores le da a cada profesor (hombre o mujer) una posibilidad entre diez de ser escogido. Este diseño muestral da a todos los individuos de la población las mismas posibilidades de pertenecer a la muestra. Esta muestra aleatoria estratificada, ¿es también una muestra aleatoria simple? Justifica tu respuesta.

3.29. El profesorado de una universidad está constituido por 2.000 hombres y 500 mujeres. Una agencia interesada en la igualdad de oportunidades en el trabajo quiere conocer la opinión de los profesores sobre la situación en la universidad. Con el fin de prestar suficiente atención a la opinión de las mujeres, la agencia decide obtener una muestra aleatoria estratificada compuesta de 200 hombres y 200 mujeres. Se dispone de una lista de profesores ordenados alfabéticamente y otra de profesoras. Explica cómo asignarías etiquetas numéricas y cómo utilizarías una tabla de dígitos aleatorios para escoger la muestra deseada. Situándote en la fila 122 de la tabla B asigna etiquetas numéricas a las cinco primeras profesoras y a los 5 profesores de la muestra.

3.30. Redactado de preguntas. Haz un comentario sobre cada una de las siguientes cuestiones como posibles preguntas de una encuesta. ¿Está clara la pregunta? ¿Predispone a una respuesta determinada?

(a) ¿Cuál de las siguientes afirmaciones representa mejor tu opinión sobre el control de los inmigrantes ilegales?

1. El Gobierno debería impedir la inmigración ilegal.
2. No se puede impedir el derecho de una persona a emigrar de su país.

(b) Se debería favorecer una moratoria de las armas nucleares, ya que de esta forma se iniciaría un proceso, muy necesario, para detener su fabricación en todo el mundo, lo que reduciría la posibilidad futura de una guerra nuclear. ¿Estás de acuerdo o en desacuerdo?

(c) En vista de la incesante degradación medioambiental y del agotamiento de los recursos naturales, ¿favorecerías con incentivos económicos el reciclaje de los bienes de consumo?

3.31. Error de estimación en encuestas. Una encuesta de opinión del *New York Times* sobre temas relacionados con la mujer contactó con una muestra de 1.025 mujeres y 472 hombres mediante una selección aleatoria de números telefónicos. El *New York Times* publica habitualmente la descripción completa de sus métodos de encuesta. El siguiente párrafo es parte de la descripción de dicha encuesta.

En teoría, en 19 de cada 20 casos, los resultados que se basan en toda la muestra diferirán en no más de tres puntos porcentuales en ambas direcciones de los resultados que se habrían obtenido preguntando a todos los estadounidenses adultos. El error de estimación potencial de los subgrupos más pequeños es mayor. Por ejemplo, para los hombres el error es de más menos un cinco por ciento.[12]

Explica por qué el error de estimación es mayor en las conclusiones que se refieren sólo a los hombres que en las conclusiones que se refieren a todos los adultos.

3.3 Diseño de experimentos

Un estudio es realmente un experimento solamente cuando ejercemos alguna acción sobre personas, animales u objetos con el objetivo de observar sus respuestas. La terminología básica de los experimentos es la siguiente.

[12]Del *New York Times*, 21 de agosto de 1989.

UNIDADES EXPERIMENTALES, SUJETOS, TRATAMIENTOS

Los individuos con los que se hace un experimento son las **unidades experimentales.** Cuando éstas son seres humanos, se les llama **sujetos.** Una determinada condición experimental aplicada a las unidades experimentales se llama **tratamiento.**

Factores

Niveles

Puesto que el propósito de un experimento es revelar la respuesta de una variable a cambios de otras variables, la distinción entre variables explicativas y variables respuesta es esencial. A las variables explicativas de un experimento se les suele llamar **factores**. Muchos experimentos estudian los efectos conjuntos de varios factores. En este tipo de experimentos, un tratamiento está constituido por la combinación de los valores concretos de cada uno de los factores (a menudo llamados **niveles**).

EJEMPLO 3.9. Absorción de un medicamento

Unos investigadores que estudian la absorción de un medicamento, lo inyectan (el tratamiento) a 25 personas (los sujetos). La variable respuesta es la concentración de medicamento en la sangre de los sujetos, determinada 30 minutos después de la inyección. Este experimento tiene un solo factor con un único nivel. Si se hubieran inyectado tres dosis distintas, seguiríamos teniendo un solo factor (la dosis del medicamento), pero ahora con tres niveles. Los tres niveles del factor serían los tres tratamientos que compararía el experimento. ■

EJEMPLO 3.10. Efectos de anuncios de televisión

¿Cuáles son los efectos de someter a un sujeto repetidamente a un anuncio publicitario? La respuesta puede depender del número de veces que el individuo vea el anuncio y de la duración de éste. Un experimento investigó este tema utilizando estudiantes universitarios como sujetos. Todos los sujetos vieron un programa de televisión de 40 minutos de duración que incluía publicidad sobre una cámara de vídeo. Algunos sujetos vieron un anuncio de 30 segundos; otros una versión de 90 segundos. El mismo anuncio se repetía 1, 3 o 5 veces durante el programa. Después de ver el programa, todos los sujetos pasaron una prueba para determinar qué recordaban del anuncio, su actitud hacia la cámara de vídeo y su predisposición a comprarla. Los resultados de la prueba son las variables respuesta.[13]

Este experimento tiene dos factores: la duración del anuncio, con dos niveles, y el número de repeticiones, con tres niveles. Las seis combinaciones de los niveles de los factores constituyen 6 tratamientos. La figura 3.3 describe estos tratamientos. ■

		Factor B Repeticiones		
		1 vez	3 veces	5 veces
Factor A Duración	30 segundos	1	2	3
	90 segundos	4	5	6

Figura 3.3. Los tratamientos en el diseño experimental del ejemplo 3.10. Las combinaciones de los niveles de los dos factores dan seis tratamientos.

Los ejemplos 3.9 y 3.10 ilustran las ventajas de los experimentos sobre los estudios observacionales. La experimentación nos permite estudiar el efecto de tratamientos concretos que nos interesan. Además, podemos controlar el entorno de las unidades experimentales manteniendo constantes los factores que carecen de interés para nosotros como, por ejemplo, el producto específico anunciado en el ejemplo 3.10. La situación ideal corresponde a un experimento de laboratorio en el que controlamos todos los factores externos. No obstante, como casi todas las situaciones ideales, este tipo de control es difícil de conseguir en la práctica. Con todo, un experimento bien diseñado hace posible que se puedan obtener conclusiones respecto al efecto de una variable sobre otra.

Otra ventaja de los experimentos es que podemos estudiar de forma simultánea el efecto combinado de varios factores. Cabe que la interacción de varios factores produzca efectos que no se puedan predecir a partir del efecto individual de

[13]Arno J. Rethans, John L. Swasy y Lawrence J. Marks, "Effects of television commercial repetition, receiver knowledge, and commercial length: a test of the two-factor model", *Journal of Marketing Research*, 23, febrero de 1986, págs. 50-61.

cada uno de ellos. Quizás, anuncios de mayor duración aumenten el interés por un producto, y una mayor frecuencia de anuncios también, pero si se aumenta al mismo tiempo la duración y la frecuencia, los telespectadores se enfadan y su interés por el producto baja. El experimento de dos factores del ejemplo 3.10 nos ayudará a descubrirlo.

APLICA TUS CONOCIMIENTOS

3.32. Drepanocitemia. La drepanocitemia es una enfermedad de los glóbulos rojos que en EE UU afecta principalmente a los negros. Esta enfermedad puede causar mucho dolor y complicaciones. La hydroxyurea, ¿puede reducir el dolor causado por esta enfermedad? Un estudio del *National Institute of Health* de EE UU proporcionó la hydroxyurea a 150 enfermos y un placebo (falsa medicación) a otros 150. Posteriormente, los investigadores hicieron un recuento de los episodios de dolor sufridos por cada enfermo. ¿Cuáles son las unidades experimentales o sujetos? Identifica el factor, los tratamientos y la variable respuesta.

3.33. Sellado de envases. Un fabricante de productos alimenticios utiliza envases que se sellan en la parte superior mediante la aplicación de una mordaza caliente después del llenado. El cliente separa las piezas selladas para poder abrir el envase. ¿Qué efecto tiene la temperatura de la mordaza sobre la fuerza necesaria para poder abrir posteriormente el envase? Para responder a esta pregunta, unos ingenieros experimentan con 20 pares de envases. Los ingenieros sellan 5 pares a cada una de las siguientes temperaturas: 115 °C, 130 °C, 150 °C y 170 °C. Luego, determinan la fuerza necesaria para separar cada precinto.

(a) ¿Cuáles son las unidades experimentales?

(b) Existe un factor (variable explicativa). ¿Cuál es y cuáles son sus niveles?

(c) ¿Cuál es la variable respuesta?

3.34. Experimento industrial. Un ingeniero químico está diseñando el proceso de producción de un nuevo producto. La reacción química que produce el producto es posible que tenga un rendimiento mayor o menor según la temperatura y la velocidad de agitación en el recipiente en el que tiene lugar la reacción. El ingeniero decide investigar el efecto de combinar dos temperaturas (50 °C y 60 °C) y tres velocidades de agitación (60 rpm, 90 rpm y 120 rpm) sobre el rendimiento del proceso. El ingeniero procesará dos lotes de producto para cada combinación de temperatura y velocidad de agitación.

(a) ¿Cuáles son las unidades experimentales y cuál es la variable respuesta de este experimento?

(b) ¿Cuántos factores hay? ¿Cuántos tratamientos? Utiliza un diagrama como el de la figura 3.2 para mostrar los tratamientos.

(c) ¿Cuántas unidades experimentales se precisan para hacer el experimento?

3.3.1 Experimentos comparativos

A menudo, los experimentos en los laboratorios científicos tienen un diseño sencillo: aplican el tratamiento y miran qué ocurre. Podemos esquematizar este diseño de esta manera:

Unidades $\longrightarrow$ **Tratamiento** $\longrightarrow$ **Respuesta**

En el laboratorio, intentamos evitar la confusión controlando rigurosamente el entorno del experimento de manera que nada excepto el tratamiento experimental influya sobre la respuesta. Sin embargo, cuando salimos del laboratorio, casi siempre existen variables latentes preparadas para confundirnos. Cuando nuestras unidades experimentales son personas o animales en vez de electrones o compuestos químicos, la confusión puede aparecer incluso en el ambiente controlado de un laboratorio o de un hospital.

EJEMPLO 3.11. Congelación como tratamiento de úlceras intestinales

La *congelación gástrica* es un ingenioso tratamiento contra las úlceras. El paciente ingiere un globo deshinchado al que están conectados una serie de tubos y luego se hace circular por ellos una solución refrigerada durante una hora. La idea es que la congelación del estómago reduce la segregación de jugos gástricos y, por tanto, alivia el dolor. Un experimento publicado en el *Journal of the American Medical Association* mostró que la congelación gástrica reducía la producción de ácidos y aliviaba el dolor de las úlceras. El tratamiento era seguro y fácil de aplicar, y fue ampliamente utilizado durante algunos años. El diseño del experimento era el siguiente:

Sujetos $\longrightarrow$ **Congelación gástrica** $\longrightarrow$ **Observación del alivio**

El experimento de la congelación gástrica estaba mal diseñado. La respuesta de los pacientes podía haber sido debida al **efecto placebo**. Un placebo es un

Efecto placebo

tratamiento ficticio que no puede tener por sí mismo ningún efecto físico. Muchos pacientes responden favorablemente a cualquier tratamiento, incluso a un placebo, debido quizás a la confianza en el médico y a la esperanza de una curación. Esta respuesta a un tratamiento ficticio es el efecto placebo.

Un segundo experimento, realizado algunos años más tarde, dividió a los pacientes con úlceras en dos grupos. Un grupo fue sometido a una congelación gástrica. El otro recibió un tratamiento placebo en el cual la solución del globo estaba a la temperatura corporal. Los resultados: el 34% de los 82 pacientes sometidos al tratamiento mejoraron, pero también lo hicieron un 38% de los 78 pacientes que recibieron el placebo. Éste y otros experimentos bien diseñados mostraron que la congelación gástrica no era mejor que un placebo y se dejó de utilizar al poco tiempo.[14] ■

El primer experimento sobre la congelación gástrica estaba sesgado. Sistemáticamente favorecía a la congelación gástrica, ya que el efecto placebo se confundía con el efecto del tratamiento.

Afortunadamente, la solución es sencilla. Los experimentos deben comparar tratamientos, más que intentar valorar un tratamiento de forma aislada. Cuando comparamos los dos grupos de pacientes del segundo experimento, el efecto placebo y otras variables latentes actúan en los dos grupos. La única diferencia entre ellos es el efecto real de la congelación gástrica. El grupo de pacientes que recibió el placebo se llama **grupo de control**, ya que nos permite controlar los efectos de las variables latentes sobre el resultado.

Grupo de control

3.3.2 Experimentos completamente aleatorizados

El diseño de un experimento empieza describiendo las variables respuesta, los factores (variables explicativas) y la disposición de los tratamientos, teniendo el principio de la *comparación* como principio básico. El segundo aspecto del diseño es el procedimiento utilizado para asignar las unidades experimentales a los tratamientos. La comparación de los efectos de los distintos tratamientos sólo es válida si aplicamos todos los tratamientos a grupos de unidades experimentales similares. Si una variedad de maíz se siembra en las parcelas más fértiles, o

[14]L. L. Miao, "Gastric freezing: an example of the evaluation of medical therapy by randomized clinical trials", en J. P. Bunker, B. A. Barnes y F. Mosteller (eds.), *Costs, Risks and Benefits of Surgery*, Oxford University Press, New York, 1977, págs. 198-211.

si un medicamento contra el cáncer se suministra a los pacientes menos graves, las comparaciones entre tratamientos están sesgadas. ¿Cómo hay que asignar las distintas unidades experimentales a los tratamientos de manera que ésta sea justa para todos los tratamientos?

Nuestra respuesta es la misma que vimos en el muestreo: dejemos que sea el azar el que de forma impersonal haga las asignaciones. La utilización del azar para dividir las unidades experimentales en grupos se llama **aleatorización**. Los grupos formados aleatoriamente no dependen de ninguna característica de las unidades experimentales o del criterio del experimentador.

Aleatorización

Un experimento que utiliza la comparación y la aleatorización es un **experimento comparativo aleatorizado**. He aquí un ejemplo.

Experimento comparativo aleatorizado

EJEMPLO 3.12. Valor nutritivo del desayuno

Una empresa de productos alimenticios quiere evaluar el valor nutritivo de un nuevo "desayuno instantáneo" alimentando con dicho producto un grupo de ratas macho acabadas de destetar. La variable respuesta es el aumento de peso de las ratas al cabo de 28 días. Un grupo de control es alimentado con una dieta típica, pero es tratado igual que el grupo experimental en todos los demás aspectos.

Este experimento tiene un factor (la dieta) con dos niveles. Los investigadores utilizan 30 ratas en el experimento y, por tanto, las tienen que dividir en dos grupos de 15. Si quieres hacerlo de forma no sesgada, pon los números de las jaulas de las 30 ratas en un sombrero, mézclalos y saca 15 de ellos. Estas ratas forman el grupo experimental y las restantes forman el grupo de control. Es decir, cada grupo es una muestra aleatoria simple de las ratas disponibles.

En la práctica, para aleatorizar, utilizamos una tabla de dígitos aleatorios. Etiqueta las ratas de 01 a 30. Sitúate en la fila 130 de la tabla B. Continúa por esta fila (y por las filas 131 y 132 si es necesario) hasta que hayas escogido 15 ratas. Son las ratas etiquetadas como

05 16 17 20 19 04 25 29 18 07 13 02 23 27 21

Estas ratas forman el grupo experimental; las 15 restantes son el grupo de control. ■

3.3.3 Experimentos completamente aleatorizados

El diseño de la figura 3.4 combina la comparación y la aleatorización para llegar al diseño estadístico más sencillo para un experimento. Este diagrama de flujo presenta todo lo esencial: aleatorización, el tamaño y el tratamiento que recibe cada grupo, y la variable respuesta. Existen razones estadísticas, tal como veremos más adelante, para que tamaños de los distintos grupos sean similares. Llamaremos a los diseños como los de la figura 3.4, *diseños completamente aleatorizados*.

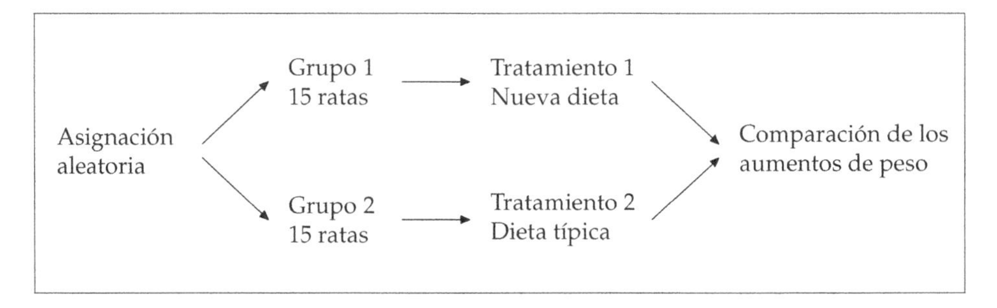

Figura 3.4. Esquema de un experimento comparativo aleatorizado. Para el ejemplo 3.12.

DISEÑO COMPLETAMENTE ALEATORIZADO

En un diseño experimental **completamente aleatorizado,** todas las unidades experimentales se asignan al azar a todos los tratamientos.

Los diseños completamente aleatorizados pueden comparar cualquier número de tratamientos. He aquí un ejemplo que compara tres tratamientos.

EJEMPLO 3.13. Ahorro de energía

Muchas compañías eléctricas han ideado sistemas para animar a sus clientes a tomar medidas para ahorrar energía. Una compañía eléctrica estudia instalar en los hogares de sus abonados unos indicadores eléctricos que muestren lo que costaría la factura mensual de electricidad si el consumo de ese momento continuase durante un mes. ¿Se reduciría de esta manera el consumo de electricidad? ¿Se podría conseguir el mismo efecto utilizando sistemas más baratos? La compañía eléctrica decide diseñar un experimento.

Un procedimiento más barato consiste en entregar a los abonados una tabla con información sobre la manera de vigilar su consumo. El experimento compara los dos métodos (los indicadores electrónicos y la tabla) y también un grupo control. Se informa a este grupo de control de la necesidad de ahorrar energía pero no se le da ninguna ayuda concreta para controlar su consumo de electricidad. La variable respuesta es el consumo total de electricidad en un año. La compañía tiene acceso a 60 hogares unifamiliares en una misma ciudad dispuestos a participar en el experimento, de manera que asigna aleatoriamente 20 hogares a cada uno de los tres tratamientos. La figura 3.5 esquematiza el diseño.

Para asignar aleatoriamente los hogares a los tres grupos, etiqueta los 60 hogares del 01 al 60. Entra en la tabla B y selecciona una muestra aleatoria simple de 20 hogares que serán los hogares en los que se instalen los indicadores. Continúa en la tabla B y selecciona 20 hogares más, que serán los que recibirán información sobre cómo vigilar su consumo. Los restantes formarán el grupo de control. ■

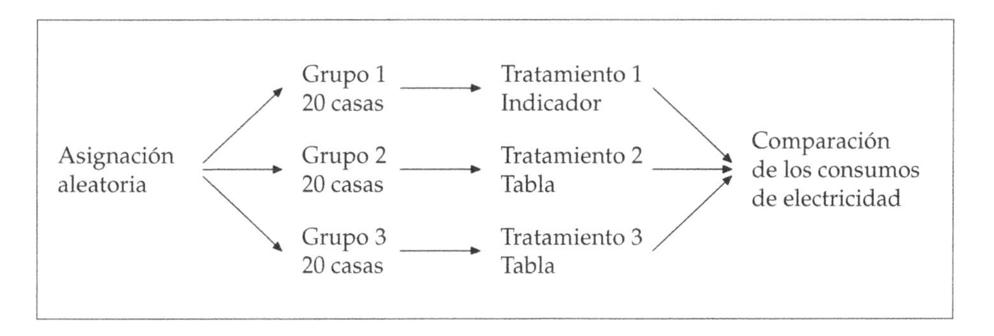

Figura 3.5. Esquema de un diseño completamente aleatorizado para comparar tres tratamientos. Para el ejemplo 3.13.

Los diseños utilizados en los experimentos de los ejemplos 3.12 y 3.13 son completamente aleatorizados que comparan niveles de un solo factor. En el ejemplo 3.12, el factor es la dieta proporcionada a las ratas. En el ejemplo 3.13 es el método que se propone para promover el ahorro de energía. Los diseños completamente aleatorizados pueden tener más de un factor. El experimento del anuncio del ejemplo 3.10 tiene dos: la duración y el número de repeticiones de un anuncio televisivo. Sus combinaciones forman los seis tratamientos señalados en la figura 3.3. Un diseño completamente aleatorizado asigna al azar a los sujetos a estos seis tratamientos. Una vez queda claro cuáles son los tratamientos, la aleatorización en un diseño completamente aleatorizado puede resultar tediosa pero no tiene mayores problemas.

APLICA TUS CONOCIMIENTOS

3.35. Tratamiento de próstata. Un amplio estudio utilizó datos del Sistema Nacional de Salud de Canadá para comparar la efectividad de dos tratamientos para los problemas de próstata. Estos tratamientos son la cirugía tradicional y un nuevo método que no precisa cirugía. Los datos describen muchos pacientes cuyos médicos habían escogido uno de los dos métodos. El estudio concluyó que los pacientes tratados con el nuevo método tenían bastantes más posibilidades de morir antes de 8 años que los pacientes tratados con el método tradicional.[15]

(a) Un estudio posterior con los mismos datos mostró que esta conclusión era falsa. Las muertes adicionales entre los pacientes que siguieron el nuevo método se podían explicar con variables latentes. ¿Qué variables latentes se podrían confundir con el hecho de que un médico eligiera un tratamiento quirúrgico o no quirúrgico?

(b) Tienes 300 pacientes de próstata que desean participar como sujetos en un experimento para comparar los dos métodos. Esquematiza el diseño de un experimento comparativo aleatorizado. (Asegúrate de indicar el tamaño de los grupos de tratamiento y cuál es la variable respuesta, cuando esquematices el diseño de un experimento. Los diagramas de las figuras 3.4 y 3.5 sirven de modelo.)

3.36. Sellado de envases. Esquematiza el diseño experimental completamente aleatorizado del experimento de los envases del ejercicio 3.33. (Cuando esquematices el diseño de un experimento, asegúrate de indicar el tamaño de los grupos de tratamiento y cuál es la variable respuesta. Los diagramas de las figuras 3.4 y 3.5 sirven de modelo.) Utiliza un programa o la tabla B (empezando por la línea 120) para llevar a cabo la aleatorización requerida.

[15]Christopher Anderson, "Measuring what works in health care", *Science*, 263, 1994, págs. 1.080-1.082.

3.37. Las empresas con servicio de guardería, ¿son más atractivas? Si se ofrece un servicio de guardería para los hijos de los empleados de una empresa, ¿la empresa resulta más atractiva para las mujeres, incluso para aquellas que no se han casado? Estás diseñando un experimento para contestar a esta pregunta. Preparas unos folletos para la contratación de personal de dos empresas ficticias, ambas con negocios similares y con idéntica ubicación. El folleto de la Empresa A no menciona el servicio de guardería. En cambio, existen dos versiones de los folletos de la Empresa B. Ambos son idénticos con la excepción de que uno de los folletos indica que la empresa ofrece un servicio de guardería. Tus sujetos son 40 mujeres solteras con estudios universitarios y que buscan empleo. Cada sujeto leerá los folletos de ambas empresas y elegirá la empresa en la que preferiría trabajar. Darás una de las versiones del folleto de la Empresa B a la mitad de las mujeres y la otra versión a la otra mitad. Crees que un mayor porcentaje de las mujeres que leyeron el folleto que incluye el servicio de guardería escogerán la Empresa B.

(a) Esquematiza el diseño apropiado del experimento.

(b) A continuación se dan los nombres de los sujetos. Utiliza la tabla B, comenzando en la fila 131, para llevar a cabo la aleatorización que precisa tu diseño. Haz una lista de los sujetos que leerán la versión que menciona el servicio de guardería.

Andrés	Delicado	Gutiérrez	Martín	Ruiz
Aznar	Díaz	Horacio	Martínez	Sánchez
Eizaguirre	Albajes	Pons	Sarasúa	Avilla
Calle	Flores	Iselin	Puértolas	Serrano
Casas	García	Jano	Puig	Silvestre
Castillo	Garzón	Jordana	Quiñones	Ventura
Colell	Grumete	Kubala	Rivera	Vives
Cuadras	Guruzeta	Labeaga	Roca	Zilibotti

3.3.4 Lógica de los diseños comparativos aleatorizados

Los diseños comparativos aleatorizados se designan para proporcionar evidencia de que diferencias en los tratamientos realmente causan las diferencias que vemos en las respuestas. Su lógica es la siguiente:

- La asignación aleatoria de los sujetos debería formar grupos similares en todos los aspectos antes de aplicar los tratamientos.

- Los diseños comparativos garantizan que influencias distintas a las de los tratamientos experimentales afecten por igual a todos los grupos.
- Por tanto, las diferencias en las respuestas medias pueden ser debidas a los tratamientos o al papel del azar en la asignación aleatoria de los sujetos a los tratamientos.

Decir que "pueden ser debidas a los tratamientos o al papel del azar" requiere un poco de reflexión. En el ejemplo 3.12, no podemos decir que cualquier diferencia en las ganancias medias de peso de los ratones alimentados con las dos dietas sea debida a la diferencia entre las dietas. Hubiera habido alguna diferencia incluso si los dos grupos hubieran recibido la misma dieta, ya que la variabilidad natural entre ratas hace que unas crezcan más deprisa que las otras. El azar puede asignar ratas que crecen más deprisa a un grupo que al otro y por tanto crea una diferencia debida al azar entre los dos grupos. No nos fiaremos de un experimento que sólo tenga una rata en cada grupo. Los resultados dependerían demasiado de si un grupo fue afortunado y recibió la rata que crece más deprisa. Sin embargo, si asignamos muchas ratas a cada grupo el efecto del azar se compensará y habrá poca diferencia entre las medias de los dos grupos a no ser que las dietas por ellas mismas causen las diferencias. "Utilizar suficientes unidades experimentales reduce la variación del azar", esta es la tercera gran idea del diseño estadístico de experimentos.

PRINCIPIOS DEL DISEÑO DE EXPERIMENTOS

Los principios básicos del diseño estadístico de experimentos son

1. **Control** de los efectos de las variables latentes en la respuesta. La manera más simple es comparar varios tratamientos.

2. **Aleatorización**. La utilización del azar para asignar sujetos a los tratamientos.

3. **Replicación.** La replicación del experimento con muchos sujetos, con el fin de reducir el efecto del azar sobre la variación de los resultados.

Esperamos que las diferencias en las respuestas sean suficientemente grandes de manera que sea poco probable que éstas diferencias aparezcan sólo por azar. Podemos utilizar las leyes de la probabilidad, que proporcionan una descripción matemática del comportamiento aleatorio, para valorar si las diferencias observadas no se deben sólo al azar. Si éstas diferencias no se deben sólo al azar, decimos que son *estadísticamente significativas*.

SIGNIFICACIÓN ESTADÍSTICA

Un efecto observado demasiado grande para ser atribuido sólo al azar se denomina **estadísticamente significativo**.

Si en un experimento comparativo aletorizado observamos diferencias estadísticamente significativas entre grupos, podemos atribuirlas a los tratamientos. A menudo encontrarás la expresión "estadísticamente significativo" en los resultados de diferentes campos de estudio. La gran ventaja de los experimentos comparativos aleatorizados es que podemos obtener datos que proporcionan buena evidencia para relaciones de causa-efecto entre una variable explicativa y una variable respuesta. En general, sabemos que la existencia de una fuerte asociación no implica la existencia de una relación de causalidad. En cambio, una asociación estadísticamente significativa en los resultados de un diseño bien diseñado implica que existe una relación de causa-efecto.

APLICA TUS CONOCIMIENTOS

3.38. Ahorro de energía. El ejemplo 3.13 describe un experimento que tiene como objetivo averiguar si los hogares a los que se les ha proporcionado indicadores electrónicos o tablas reducirán su consumo de electricidad. Un ejecutivo de la empresa eléctrica se opone a incluir un grupo de control. Dice: "Sería más sencillo comparar el consumo de electricidad del año pasado (antes de que se suministrara el indicador o la tabla) con el consumo durante el mismo periodo de este año. Si los hogares utilizaran menos electricidad este año, sería señal de que el indicador o la tabla funcionan". Explica claramente por qué este diseño es peor que el del ejemplo 3.13.

3.39. Ejercicio físico y ataques al corazón. La práctica habitual de ejercicio físico, ¿reduce el riesgo de un ataque al corazón? He aquí dos maneras de estudiar este tema. Explica claramente por qué el segundo diseño producirá datos más fiables.

1. Una investigadora selecciona a 2.000 hombres de más de 40 años que hacen ejercicio habitualmente y que no han tenido ataques al corazón. A continuación, selecciona otro grupo de 2.000 hombres de características lo más similares posible a los anteriores, pero que no hacen ejercicio habitualmente, y hace un seguimiento de ambos grupos durante 5 años.
2. Otra investigadora selecciona a 4.000 hombres de más de 40 años que no han tenido ataques al corazón y que están dispuestos a participar en un estudio. La investigadora asigna un grupo de 2.000 hombres a un programa de ejercicio regular. Los restantes 2.000 continúan con sus costumbres habituales. La investigadora hace un seguimiento de ambos grupos durante 5 años.

3.40. Inferencia estadística. El vicerrectorado de Asuntos Económicos de una universidad pregunta a una muestra de alumnos sobre sus empleos y sus salarios. El informe dice que "respecto a los salarios percibidos durante el curso académico, se halló una diferencia significativa entre sexos: los hombres, como media, ganan más que las mujeres. No se halló ninguna diferencia significativa entre los salarios de los alumnos de procedencia urbana y de procedencia rural". Explica con un lenguaje sencillo el significado de "una diferencia significativa" y "ninguna diferencia significativa".

3.3.5 Precauciones con los experimentos

Los resultados de un experimento comparativo aleatorizado dependen de nuestra capacidad para tratar idénticamente a todas las unidades experimentales en cualquier aspecto salvo los tratamientos que queremos comparar. Los buenos experimentos exigen dedicar atención a los pequeños detalles. Por ejemplo, los sujetos de los dos grupos del segundo experimento sobre la congelación gástrica (ejemplo 3.11) recibieron todos las mismas atenciones médicas durante los años que duró el experimento. Los investigadores se fijaron en detalles como asegurar que el tubo en la boca de cada sujeto estuviera frío tanto si el líquido del balón se refrigeraba como si no.

Experimentos doblemente ciegos

Es más, el experimento fue **doblemente ciego** —ni los sujetos ni el personal médico que trabajaba con ellos sabían el tratamiento que recibía cada sujeto—.

Los experimentos doblemente ciegos evitan los sesgos inconscientes, por ejemplo, los debidos a un médico que crea que no es posible que un placebo tenga ningún efecto.

Falta de realismo

El punto débil potencial más importante de los experimentos es la **falta de realismo**: los sujetos, los tratamientos o la disposición de un experimento puede ser que no repitan de forma real las condiciones que queremos estudiar. He aquí dos ejemplos.

EJEMPLO 3.14. Respuesta a anuncios

El estudio sobre la publicidad televisiva del ejemplo 3.10 mostró un vídeo de 40 minutos a estudiantes que sabían que se estaba haciendo un experimento. No podemos estar seguros de que los resultados del experimento puedan hacerse extensivos a los telespectadores corrientes. Muchos experimentos en ciencias del comportamiento utilizan como sujetos a estudiantes que saben que participan en un experimento. Esta no es una situación realista. ■

EJEMPLO 3.15. Tercera luz de freno

En EE UU es obligatorio desde 1986 que todos los coches vendidos lleven una tercera luz de freno. Llevar esta tercera luz de freno, ¿realmente reduce las colisiones traseras? Experimentos comparativos aleatorizados con flotas de coches de alquiler y de empresas, hechos antes de que la tercera luz de freno fuera obligatoria, mostró que este tipo de luz reducía el riesgo de colisiones traseras en más de un 50%. Sin embargo, una vez se ha generalizado la utilización de este tipo de luz, se ha visto que la reducción es sólo del 5%.

¿Qué ocurrió? Cuando se llevaron a cabo los experimentos, la mayoría de coches no llevaban la tercera luz de freno, y por tanto ésta llamaba la atención de los conductores que iban detrás de estos automóviles. Ahora que la mayoría de coches llevan la tercera luz, ésta ya no llama la atención de los conductores. ■

La falta de realismo puede limitar nuestra capacidad para extender las conclusiones de un experimento a situaciones de mayor interés. La mayoría de los investigadores quieren generalizar sus conclusiones a situaciones más amplias que las del experimento. El análisis estadístico del experimento original no nos puede decir en qué medida son extrapolables los resultados. De todas formas, los experimentos comparativos aleatorizados, por su capacidad para dar evidencia sobre la causalidad, son una de las ideas más importantes de la estadística.

APLICA TUS CONOCIMIENTOS

3.41. Meditar, ¿reduce la ansiedad? Un experimento que afirma demostrar que la meditación disminuye la ansiedad se desarrolló como sigue. Un investigador entrevistó a los sujetos del experimento y valoró sus niveles de ansiedad. Luego, se distribuyó a los sujetos, aleatoriamente, en dos grupos. El investigador enseñó cómo hacer meditación a un grupo, cuyos miembros hicieron meditación diariamente durante un mes. Al otro grupo simplemente se le dijo que procurara relajarse más. Al final del mes, el investigador entrevistó de nuevo a todos los sujetos y valoró sus niveles de ansiedad. El grupo de meditación ahora tenía menos ansiedad. Algunos psicólogos dijeron que los resultados eran sospechosos porque las valoraciones no fueron ciegas. Explica qué significa esto y cómo el hecho de que el experimento no fuera ciego podía sesgar los resultados que se obtuvieron.

3.42. Los laboratorios Fizz, una empresa farmacéutica, han desarrollado un nuevo analgésico. Se dispone de 60 pacientes que padecen artritis y que necesitan analgésicos. Se tratará a cada paciente y una hora más tarde se le preguntará: "¿Qué porcentaje aproximado de alivio del dolor has experimentado?".

(a) ¿Por qué no se debe administrar simplemente el nuevo medicamento y tomar nota de la respuesta de los pacientes?

(b) Dibuja en forma de esquema el diseño de un experimento que compare la efectividad del nuevo medicamento con la efectividad de la aspirina y con la de un placebo.

(c) ¿Se debería decir a los pacientes qué medicamento reciben? ¿Probablemente, cómo afectaría este conocimiento a sus reacciones?

(d) Si a los pacientes no se les dijera qué tratamiento reciben, el experimento sería ciego. ¿Debería ser también doblemente ciego? Explícalo.

3.3.6 Diseños por pares

Los diseños completamente aleatorizados son los diseños estadísticos más sencillos aplicables a experimentos. Aunque ilustran claramente los principios de control, aleatorización y replicación, sin embargo, los diseños completamente aleatorizados son a menudo peores que otros diseños estadísticos más elaborados. En particular, la agrupación de sujetos similares, siguiendo distintos criterios, puede producir resultados más precisos que la simple aleatorización.

Un diseño experimental que combina la agrupación de sujetos similares con la aleatorización es el **diseño por pares**. Este diseño solamente compara dos tratamientos. Escoge pares de sujetos tan parecidos como sea posible. Asigna uno de los tratamientos a uno de los dos sujetos tirando una moneda al aire o escogiendo dígitos pares o impares de la tabla B. Algunas veces los "dos sujetos" de cada par consisten en sólo un sujeto, que recibe los dos tratamientos, uno después del otro. Cada sujeto actúa como su propio control. El orden de los tratamientos puede influir sobre la respuesta del sujeto, en consecuencia, para cada sujeto, aleatorizaremos el orden de los tratamientos. Otra vez, con una moneda.

Diseño por pares

EJEMPLO 3.16. Coca-Cola frente a Pepsi

Pepsi-Cola quiso demostrar que los consumidores de Coca-Cola en realidad prefieren Pepsi-Cola, cuando prueban a ciegas las dos bebidas. Los sujetos, personas que se habían declarado consumidores de Coca-Cola, probaron las dos bebidas en vasos sin marcar y dijeron cuál de ellas les gustaba más. Se trata de un diseño por pares en el cual cada sujeto compara las dos bebidas. Debido a que las respuestas pueden depender de la bebida que se probó primero, hay que elegir al azar el orden de consumición de las bebidas para cada sujeto.

Cuando más de la mitad de los consumidores de Coca-Cola escogieron Pepsi-Cola, la primera compañía alegó que el experimento estaba sesgado. Los vasos de Pepsi estaban marcados con una "M" y los de Coca-Cola con una "Q". ¡Ajá!, dijo Coca-Cola, esto sólo demuestra que la gente prefiere la letra "M" a la letra "Q". Un buen diseño experimental debería haber procurado evitar cualquier diferencia que no fuera la de los tratamientos.[16] ■

3.3.7 Diseño en bloques

Los diseños por pares utilizan los principios de comparación de tratamientos, de aleatorización y de replicación de varias unidades experimentales o sujetos. Sin

[16] "Advertising: the cola war", *Newsweek*, 30 de agosto de 1976, pág. 67.

embargo, la aleatorización no es completa —no asignamos aleatoriamente todos los sujetos a los dos tratamientos—. Lo que hacemos es aleatorizar dentro de cada par. Esta manera de proceder permite que la agrupación reduzca el efecto de la variación entre sujetos. El diseño por pares es un ejemplo del *diseño en bloques*.

DISEÑO EN BLOQUES

Un **bloque** es un grupo de unidades experimentales, o de sujetos, que son similares con relación a aspectos que se cree que influyen sobre la respuesta de éstos a los tratamientos. En un **diseño en bloques**, la asignación aleatoria de las unidades experimentales a los tratamientos se lleva a cabo de forma independiente dentro de cada bloque.

Un diseño en bloques combina la idea de crear grupos de tratamientos equivalentes mediante la agrupación con el principio de formar grupos al azar. Los bloques son otra forma de *control*. Los bloques controlan los efectos de algunas variables externas, estas variables se incorporan al experimento formando los bloques. He aquí algunos ejemplos típicos de diseño en bloques.

EJEMPLO 3.17. Comparación de tratamientos contra el cáncer

La expansión de un determinado tipo de cáncer no es la misma en hombres que en mujeres. Un experimento clínico comparó tres terapias para este cáncer de manera que el sexo se trató como variable bloque. La asignación aleatoria de los sujetos a los tratamientos se hizo de forma separada para hombres y para mujeres. La figura 3.6 esquematiza el diseño de este experimento. Fíjate en que la aleatorización no interviene en la determinación de los bloques. Existen grupos de sujetos que difieren en algo (el sexo en este caso), esto estaba claro antes de empezar el experimento. ■

EJEMPLO 3.18. Comparación de políticas de bienestar social

Un experimento sobre política de bienestar social valorará el efecto sobre los ingresos familiares tanto de nuevos sistemas de bienestar como del sistema actual.

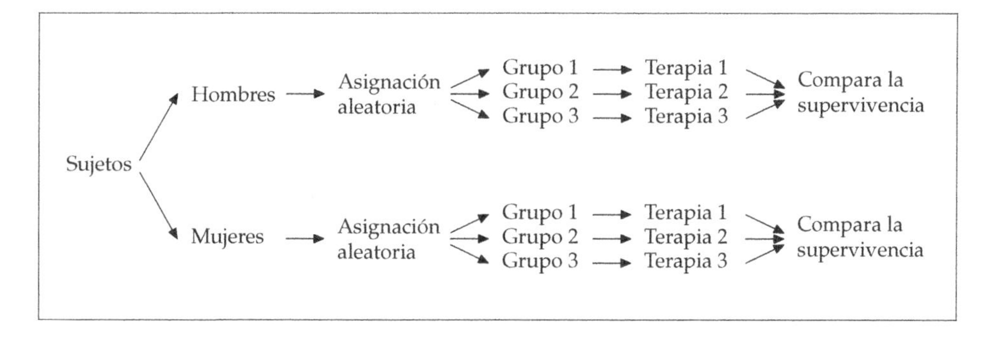

Figura 3.6. Esquema del diseño en bloques del ejemplo 3.17. Un bloque está formado por hombres y otro por mujeres. Los tratamientos son tres terapias contra el cáncer.

Debido a que los ingresos futuros de una familia están muy relacionados con los ingresos actuales, las familias que están de acuerdo en participar en el experimento se dividen en bloques de ingresos similares. Las familias de cada bloque se asignan luego al azar a los distintos sistemas de bienestar social. ■

Los bloques nos permiten sacar conclusiones distintas, por ejemplo, sobre hombres y mujeres en el estudio sobre el cáncer del ejemplo 3.17. Los bloques también permiten obtener conclusiones generales más precisas, ya que las diferencias sistemáticas entre hombres y mujeres se pueden eliminar cuando estudiamos el efecto de las tres terapias. La idea de los bloques es un importante principio del diseño de experimentos que hay que añadir a los que hemos visto. Un experimentador prudente hará bloques basados en las fuentes de variación inevitables más importantes que afectan a las unidades experimentales. Posteriormente, la aleatorización compensará los efectos de la variación remanente y, por tanto, nos permitirá una comparación no sesgada de los tratamientos.

APLICA TUS CONOCIMIENTOS

3.43. Comparación de la fuerza de las manos. En personas diestras, la mano derecha, ¿es generalmente más fuerte que la izquierda? Puedes medir la fuerza de la mano de forma aproximada colocando una báscula de baño sobre un estante de manera que sobresalga un extremo; luego, aprieta la báscula con el pulgar por debajo y los demás dedos por encima. La lectura de la báscula muestra la fuerza ejercida. Describe el diseño de un experimento por pares para comparar la fuerza de las manos derecha e izquierda utilizando como sujetos a 10 personas diestras (no es necesario que hagas la aleatorización).

3.44. Los gráficos, ¿ayudan a los inversores? Algunos expertos en inversiones creen que los gráficos que muestran las tendencias de los precios de los valores bursátiles del pasado pueden ayudar a predecir los precios futuros. La mayoría de los economistas no están de acuerdo. En un experimento para examinar los efectos de la utilización de los gráficos de tendencias, unos estudiantes de empresariales negocian (hipotéticamente) con una divisa en sus pantallas de ordenador. Los sujetos son 20 estudiantes, llamados por comodidad A, B, C, ..., T. Su objetivo es ganar tanto dinero como sea posible. A los que lo hagan mejor se les recompensará con pequeños premios. Los estudiantes tienen en el ordenador la relación en pesetas de los precios anteriores de la divisa. Algunos disponen también de un programa estadístico que muestra la tendencia de los precios en el pasado. Describe dos diseños para este experimento, un diseño completamente aleatorizado y uno por pares, en el que cada alumno sea su propio control. En ambos casos, lleva a cabo la aleatorización que exija el diseño.

3.45. Comparación de tratamientos de adelgazamiento. Veinte mujeres obesas están dispuestas a participar en un estudio sobre la efectividad de cuatro tratamientos para la pérdida de peso: A, B, C y D. El investigador calcula primero cuál es el exceso de peso de cada sujeto comparando el peso del sujeto con su peso "ideal". Los sujetos y sus excesos de peso en kilogramos son

Alberdi	18	Hernández	13	Moreno	13	Soler	15
Balcells	17	Homar	16	Navajo	20	Soteras	17
Barbero	15	Izquierdo	14	Oranich	15	Tasis	18
Cruz	17	Lorente	16	Rodríguez	15	Tusón	21
Domingo	12	Marín	14	Santiago	27	Zabalza	11

La variable respuesta es la pérdida de peso tras 8 semanas de tratamiento. Ya que el exceso de peso del sujeto influirá en la respuesta, el diseño adecuado es un diseño en bloques.

(a) Ordena a los sujetos de menor a mayor exceso de peso. Forma 5 bloques de 4 sujetos cada uno, agrupando los 4 con menos exceso de peso, luego los siguientes 4, etc.

(b) Utiliza la tabla B para asignar de forma aleatoria alguno de los cuatro tratamientos de pérdida de peso a cada uno de los sujetos que forman un bloque. Asegúrate de explicar exactamente cómo utilizaste la tabla.

RESUMEN DE LA SECCIÓN 3.3

En un experimento imponemos uno o más **tratamientos** a las **unidades experimentales** o a los **sujetos**. Cada tratamiento es una combinación de los niveles de las variables explicativas, que llamamos **factores**.

El **diseño** de un experimento describe la elección de los tratamientos y la manera de asignar las unidades experimentales, o los sujetos, a esos tratamientos.

Los principios básicos del diseño estadístico de experimentos son el **control**, la **aleatorización** y la **replicación**.

La forma más simple de control es la **comparación**. Los experimentos deben comparar dos o más tratamientos para evitar **confundir** el efecto de un tratamiento con otras influencias, tales como las variables latentes.

La **aleatorización** utiliza el azar para asignar sujetos a tratamientos. Además de eso, crea grupos de tratamientos que son similares (excepto por la variación debida al azar) antes de que se apliquen dichos tratamientos. La aleatorización y la comparación conjuntas evitan el **sesgo**, o el favoritismo sistemático, en los experimentos.

La aleatorización se puede llevar a cabo asignando etiquetas numéricas a las unidades experimentales y utilizando una **tabla de dígitos aleatorios** para seleccionar los grupos de tratamientos.

La **replicación** de tratamientos en muchas unidades reduce el efecto de la variación del azar y hace que el experimento sea más sensible a las diferencias entre tratamientos.

Los buenos experimentos exigen tanto prestar atención a los detalles como realizar un buen diseño estadístico. Muchos experimentos médicos u otros sobre el comportamiento de personas son **doblemente ciegos**. **La falta de realismo** de un experimento nos puede impedir generalizar sus resultados.

Además de la comparación, una segunda forma de control consiste en restringir la aleatorización formando **bloques** de unidades experimentales que son similares en aquellos aspectos que se estiman importantes para la respuesta. La aleatorización se lleva a cabo, de forma independiente, dentro de cada uno de los bloques.

El **diseño por pares** es una forma habitual de diseño en bloques utilizado para comparar sólo dos tratamientos. En algunos diseños por pares cada sujeto recibe ambos tratamientos en orden aleatorio. En otros diseños, los sujetos se agrupan por pares lo más parecidos posible y un sujeto de cada par recibe cada tratamiento.

EJERCICIOS DE LA SECCIÓN 3.3

3.46. (a) El ejercicio 2.64 describe un estudio sobre los efectos de una infusión de té sobre la actitud de los residentes de una clínica. Este estudio, ¿es un experimento? ¿Por qué?

(b) El ejercicio 2.65 describe un estudio sobre el efecto del aprendizaje de una lengua extranjera sobre el dominio de la lengua propia. Este estudio, ¿es un experimento? ¿Por qué?

3.47. Estudios de mercado y niños. Si los niños tienen más posibilidades de escoger un determinado tipo de productos, ¿tenderán a preferirlos frente a otro tipo similar pero que ofrezca menos posibilidades de elección? Unos expertos en estudios de mercado lo quieren averiguar. Un experimento preparó tres "conjuntos de elección" de bebidas. El primero contenía dos bebidas lácteas y dos zumos de frutas. El segundo contenía los mismos zumos de frutas, pero cuatro bebidas lácteas. Finalmente, el tercero contenía cuatro zumos de frutas, pero sólo las dos bebidas lácteas del primer conjunto. Los investigadores dividieron al azar en tres grupos a 210 niños de edades comprendidas entre 4 y 12 años. Se ofreció a cada grupo uno de los conjuntos de elección. A medida que cada niño elegía una bebida, los investigadores iban anotando si la elección era una bebida láctea o un zumo de frutas.

(a) En el experimento, ¿cuáles son las unidades experimentales (o los sujetos)?

(b) De todas las variables del experimento, ¿cuál es el factor y cuáles son sus niveles?

(c) ¿Cuál es la variable respuesta?

(d) Explica cómo asignarías las etiquetas a los sujetos. Utiliza la tabla B en la línea 125 para escoger sólo los 5 primeros sujetos asignados al primer tratamiento.

3.48. Aspirina y ataques al corazón. La aspirina, ¿puede evitar los ataques al corazón? Un importante experimento médico (*Physicians' Health Study*), en el que participaron 22.000 médicos, intentó responder a dicha pregunta. Un grupo de unos 11.000 médicos tomó una aspirina un día sí y otro no, mientras que el resto tomó un placebo. Después de varios años, el estudio halló que los sujetos del grupo de la aspirina tuvieron significativamente menos ataques al corazón que los sujetos del grupo placebo.

(a) Identifica los sujetos experimentales, el factor y sus niveles, y la variable respuesta del estudio.

(b) Utiliza un esquema para presentar un diseño completamente aleatorizado de este estudio.

3.49. Rezo y meditación. Supón que lees en una revista que "tratamientos no físicos tales como la meditación y el rezo han demostrado ser efectivos, en estudios controlados científicamente, para enfermedades como el exceso de presión sanguínea, el insomnio, las úlceras y el asma". Explica en un lenguaje sencillo qué significa "estudios controlados científicamente" y por qué este tipo de estudios puede demostrar que la meditación y el rezo son tratamientos efectivos para determinados problemas médicos.

3.50. Reducción del gasto de la Seguridad Social. La gente, ¿utilizaría menos los servicios médicos del Estado si tuviera que pagar parte de los costes de los servicios que utiliza? Un experimento sobre este tema se preguntaba si el porcentaje que tuviera que pagar la gente de los costes médicos sufragados por la Seguridad Social podría tener efecto sobre la utilización de los servicios médicos por parte de la población. Los tratamientos eran cuatro planes de cofinanciación de los costes de los servicios médicos. Por encima de un determinado umbral, todos los planes cubrían el 100% de los costes. Por debajo de este umbral los costes sufragados por los planes eran el 100%, el 75%, el 50% o el 0% de los costes ocasionados.

(a) Esquematiza el diseño de un experimento comparativo aleatorizado adecuado para este estudio.

(b) Describe de forma concisa las dificultades prácticas y éticas que pueden surgir en este tipo de experimentos.

3.51. Conducir habiendo bebido. Una vez que una persona ha sido condenada por conducir habiendo bebido demasiado, uno de los propósitos de la condena es evitar que en el futuro reincida en este tipo de conductas. Sugiere tres condenas posibles. Ahora, esquematiza el diseño de un experimento que permita comparar la efectividad de estas condenas. Asegúrate de especificar de forma suficientemente clara las variables respuesta que hay que medir.

3.52. El ejercicio 3.32 describe un estudio médico sobre un nuevo tratamiento contra la drepanocitemia.

(a) Esquematiza el diseño de este experimento.

(b) La utilización de un placebo se considera ético si no existe ningún tratamiento estándar que pueda ser aplicado al grupo de control. Parecería lógico suministrar a todos los sujetos hydroxyurea si se cree que este producto les pueda ayudar. Explica de forma clara por qué esta manera de proceder no nos proporcionaría información sobre la efectividad del medicamento. (De hecho, el experimento se interrumpió antes de lo previsto debido a que el grupo al que se suministró hydroxyurea sufrió la mitad de episodios de dolor que el grupo de control. Consideraciones éticas aconsejaron interrumpir el experimento tan pronto como se tuvo evidencia significativa sobre la efectividad del tratamiento.)

3.53. Calcio y presión sanguínea. Algunos investigadores sospechan que un suplemento de calcio en la dieta reduce la presión sanguínea. Supón que tienes acceso a 40 personas con presión sanguínea alta que están dispuestos a participar en un experimento como sujetos.

(a) Esquematiza un diseño adecuado del experimento teniendo en cuenta el efecto placebo.

(b) A continuación se dan los nombres de los sujetos. Utiliza la tabla B, empezando en la línea 119, para realizar la aleatorización que exige tu diseño y haz una lista de los sujetos a los que suministrarás el medicamento.

Aíto	Albajes	Angelet	Arcera	Arroyo
Badía	Bellón	Bofarull	Bonet	Bosch
Casas	Castilla	Castro	Ciudad	Comas
Digon	Fernández	Francos	Galván	García
Gómez	Ibáñez	Jiménez	López	Martín
Melgares	Nin	Mohedano	Muñoz	Perona
Pons	Pujol	Robles	Rodríguez	Romera
Ruíz	Salat	Satorra	Toll	Yuste

3.54. Decides utilizar un diseño completamente aleatorizado del experimento de dos factores sobre la respuesta a los anuncios descrito en el ejemplo 3.10. Dispones de 36 estudiantes que actuarán como sujetos. Esquematiza el diseño. Luego, utiliza la tabla B a partir de la línea 130 para asignar de forma aleatoria los sujetos a los 6 tratamientos.

3.55. Efecto placebo. Una encuesta médica halló que algunos médicos dan placebos a los pacientes que tienen dolores cuyas causas no encuentran. Si disminuye el dolor del paciente, los médicos concluyen que el dolor no tenía un origen físico. Los investigadores que llevaron a cabo la encuesta afirmaron que estos médicos no entienden lo que es el efecto placebo. ¿Por qué?

3.56. Respuesta a la publicidad de hombres y mujeres. Consulta el experimento del ejemplo 3.10. Tienes 36 sujetos: 24 mujeres y 12 hombres. Los hombres y las mujeres a menudo reaccionan de forma diferente ante los anuncios publicitarios. Por tanto, decides utilizar un diseño en bloques con los dos sexos como bloques. Debes asignar los 6 tratamientos al azar dentro de cada bloque de forma independiente.

(a) Esquematiza el diseño mediante un diagrama.

(b) Utiliza la tabla B, comenzando en la línea 140, para hacer la aleatorización. Muestra tu resultado en una tabla que liste a las 24 mujeres y a los 12 hombres, y los tratamientos que asignaste a cada uno de ellos.

3.57. Temperatura y rendimiento laboral. Una experta en rendimiento laboral está interesada en el efecto de la temperatura ambiente en los trabajos que exigen habilidad manual. La experta elige temperaturas de 21 °C y de 33 °C como tratamientos. La variable respuesta es el número de inserciones correctas, durante un periodo de 30 minutos, en un aparato con clavijas y agujeros que precisa la utilización simultánea de ambas manos. Cada sujeto se ejercita con el aparato y luego se le pide que efectúe tantas inserciones como pueda durante 30 minutos de esfuerzo continuado.

(a) Esquematiza un diseño completamente aleatorizado que permita comparar la habilidad a 21 °C y a 33 °C. Se dispone de 20 sujetos.

(b) Como la destreza de los individuos es muy distinta, la diversidad de los resultados individuales puede ocultar el efecto sistemático de la temperatura, a no ser que haya muchos sujetos en cada grupo. Describe con detalle el diseño de un experimento por pares en el que cada sujeto sea su propio control.

3.58. Cultura de los estadounidenses de origen mexicano. Existen varias pruebas psicológicas que cuantifican la orientación cultural de los estadounidenses de origen mexicano hacia la cultura mexicano-española o hacia la cultura anglosajona. Dos de estas pruebas son la BI (*Bicultural Inventory*) y la ARSMA (*Acculturation Rating Scale for Mexican Americans*). Para estudiar la correlación entre los resultados de ambas pruebas, unos investigadores las harán pasar a un grupo de 22 estadounidenses de origen mexicano.

(a) Describe brevemente un diseño por pares para este estudio. En particular, ¿cómo utilizarás la aleatorización en tu diseño?

(b) Tienes una lista por orden alfabético de los sujetos (numerados del 1 al 22). Efectúa la aleatorización que exija tu diseño y muestra el resultado.

3.59. Más sobre el calcio y la presión sanguínea. Supón que participas en el diseño de un experimento médico que investiga si un complemento de calcio en la dieta reduce la presión sanguínea de los hombres de mediana edad. Un trabajo preliminar sugiere que el calcio puede ser eficaz y que el efecto puede ser mayor en hombres negros que en hombres blancos.

(a) Esquematiza gráficamente el diseño de un experimento adecuado.

(b) La elección del tamaño de los grupos experimentales precisa de más conocimientos de estadística. Aprenderemos más sobre este aspecto del diseño en los capítulos posteriores. Explica con un lenguaje sencillo las ventajas de utilizar grupos de sujetos de mayor tamaño.

REPASO DEL CAPÍTULO 3

Los diseños para la obtención de datos son una parte esencial de la estadística aplicada. La siguiente figura muestra de forma visual las ideas importantes. El muestreo aleatorio y los experimentos comparativos aleatorizados son, quizás, las invenciones estadísticas más importantes de este siglo. Ambos conceptos fueron ganando lentamente más aceptación, pero todavía hoy puedes ver muchas muestras de voluntarios y experimentos sin grupos de control. Este capítulo ha explicado algunas técnicas adecuadas para obtener datos y también por qué las malas técnicas suelen aportar datos que carecen de valor.

Muestra aleatoria simple

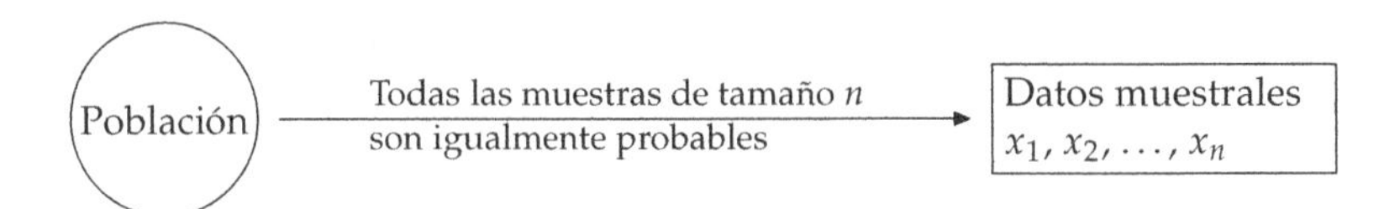

Experimento comparativo aleatorizado

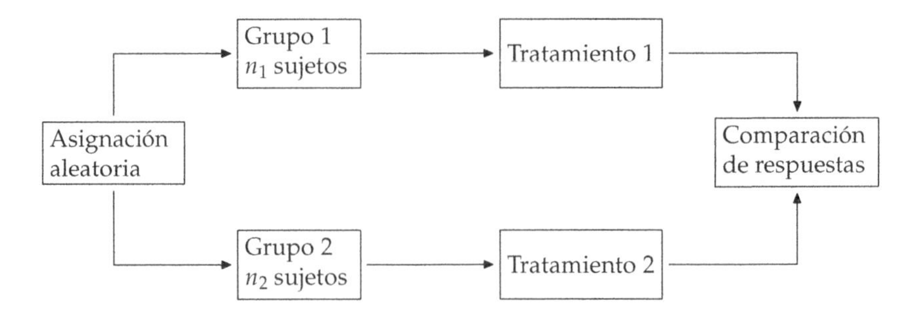

La utilización deliberada del azar para obtener datos es la idea central de la estadística. Permite utilizar las leyes de la probabilidad para analizar los datos, tal como veremos en los próximos capítulos. He aquí lo más importante que tienes que haber aprendido en este capítulo.

A. MUESTREO

1. Identificar la población de un muestreo.
2. Reconocer el sesgo debido a las muestras de voluntarios y a otras formas de muestreo poco apropiadas.
3. Utilizar un programa informático o la tabla B de dígitos aleatorios para seleccionar una muestra aleatoria simple de una población.
4. Reconocer la falta de cobertura y de no-respuesta como fuentes de error en una encuesta. Reconocer el efecto del redactado de las preguntas sobre las respuestas.
5. Utilizar los números aleatorios para seleccionar una muestra aleatoria estratificada de una población cuando los estratos están identificados.

B. EXPERIMENTOS

1. Reconocer si un estudio es observacional o experimental.
2. Reconocer el sesgo debido a la confusión de variables explicativas con variables latentes en un estudio observacional o en un experimento.
3. Identificar los factores (las variables explicativas), los tratamientos, las variables respuesta y las unidades experimentales o sujetos en un experimento.
4. Dibujar el esquema de un diseño de un experimento completamente aleatorizado utilizando un esquema como los de las figuras 3.4 y 3.5. El esquema de un determinado experimento debe mostrar los tamaños de los grupos, los tratamientos concretos y la variable respuesta.
5. Utilizar la tabla B de dígitos aleatorios para asignar los sujetos a los grupos de un experimento completamente aleatorizado.
6. Reconocer el efecto placebo. Reconocer en qué situaciones conviene llevar a cabo un experimento doblemente ciego.
7. Explicar por qué los experimentos comparativos aleatorizados sirven para establecer relaciones causa-efecto.

EJERCICIOS DE REPASO DEL CAPÍTULO 3

3.60. Cirugía sin dolor. En general, las lesiones en la rodilla se operan mediante cirugía artroscópica de manera que la cicatriz de la operación es muy pequeña. Se puede disminuir el dolor de los pacientes suministrándoles un anti-inflamatorio que no sea un esteroide (NSAID). Se repartieron ochenta y tres pacientes en tres grupos. El grupo A recibió el NSAID tanto antes como después de la operación. Al grupo B se le suministró un placebo antes de la operación y el NSAID después. Finalmente al grupo C, se le suministró un placebo tanto antes como después de la operación. Los pacientes determinaron el grado de dolor experimentado respondiendo un cuestionario un día después de la operación.[17]

(a) Esquematiza el diseño de este experimento. No es necesario que lleves a cabo la aleatorización que exige el experimento.

(b) Lees que "los pacientes, los médicos y los fisioterapeutas se mantuvieron a ciegas". ¿Qué significa esto?

(c) También lees que "las puntuaciones de dolor del grupo A fueron significativamente menores que las del grupo C, pero no significativamente menores que las del grupo B". ¿Qué significa esto? Estos resultados sobre la utilización del NSAID, ¿a qué conclusiones te conducen?

3.61. Forma física y liderazgo. Un estudio sobre la relación entre la forma física y la capacidad de liderazgo utiliza como sujetos a ejecutivos de mediana edad que se han presentado voluntarios a un programa de ejercicio físico. Los ejecutivos se dividen, después de un examen físico, en un grupo en baja forma y en un grupo en buena forma física. Todos los sujetos pasan una prueba psicológica diseñada para medir su capacidad de liderazgo y se comparan los resultados de los dos grupos. Este estudio, ¿es un experimento? Justifica tu respuesta.

3.62. Tratamiento del cáncer de mama. Cuál es el mejor tratamiento contra un cáncer de mama detectado en su fase inicial? En una época, el tratamiento más habitual era la extirpación del pecho. Ahora es habitual extirpar sólo el tumor y los nódulos linfáticos próximos, y continuar con radioterapia. Para estudiar si estos tratamientos difieren en eficacia, un equipo médico examina los archivos de 25 grandes hospitales y compara los periodos de supervivencia, después de la

[17]W. E. Nelson, R. C. Henderson, L. C. Almekinders, R. A. DeMasi y T. N. Taft, "An evaluation of preand postoperative nonsteroidal antiinflammatory drugs in patients undergoing knee arthroscopy", *Journal of Sports Medicine*, 21, 1994, págs. 510-516.

cirugía, de todas las mujeres a las que se les ha aplicado cualquiera de estos dos tratamientos.

(a) ¿Cuáles son las variables explicativa y respuesta?

(b) Explica detalladamente por qué este estudio no es un experimento.

(c) Explica por qué la confusión impedirá que este estudio descubra qué tratamiento es más eficaz. (El tratamiento actual se adoptó, de hecho, después de un importante experimento comparativo aleatorizado.)

3.63. El sistema sanitario canadiense. El Ministerio de Sanidad de la provincia canadiense de Ontario quiere saber si el sistema sanitario está logrando sus objetivos en la provincia. Gran parte de la información sobre el servicio sanitario proviene de las historias clínicas de los enfermos, pero esa fuente de información no nos permite comparar a las personas que utilizan los servicios sanitarios con las que no lo utilizan. Así que el Ministerio de Sanidad realiza una encuesta basada en una muestra aleatoria de 61.239 personas residentes en la provincia de Ontario.[18]

(a) ¿Cuál es la población de esta encuesta? ¿Cuál es la muestra?

(b) La encuesta halló que al 76% de los hombres y al 86% de la mujeres de la muestra había visitado algún médico de medicina general como mínimo una vez durante el año anterior. ¿Crees que estas estimaciones se aproximan a la realidad de toda la población? ¿Por qué?

3.64. Luces de posición. En Canadá es obligatorio que los automóviles estén equipados con unas luces de posición que se encienden automáticamente cuando se pone en marcha el motor del automóvil. Algunos fabricantes de automóviles están estudiando la posibilidad de equipar con este dispositivo los automóviles del mercado europeo. Este tipo de dispositivo, ¿hará que los automóviles sean más visibles? ¿reducirá el número de accidentes?

(a) Justifica brevemente el diseño de un experimento que ayude a responder esta pregunta. Concretamente, ¿qué variables respuesta examinarás?

(b) El ejemplo 3.15 trata sobre los indicadores de frenada centrales. ¿Qué precauciones, extraídas de ese ejemplo, deberías tener en cuenta en un experimento sobre las luces de posición automáticas?

[18]Warren McIsaac y Vivek Goel, "Is access to physician services in Ontario equitable?" Institute for Clinical Evaluative Sciences in Ontario, 18 de octubre de 1993.

3.65. ¿Cuánto ganan los estudiantes? El vicerrectorado de Asuntos Económicos de una universidad quiere saber cuánto ganan los estudiantes en sus trabajos de verano. Esta información se utilizará para fijar el nivel de ayuda financiera. La población consta de 3.478 estudiantes que han completado como mínimo un curso universitario, pero que todavía no se han licenciado. La universidad enviará un cuestionario a una muestra aleatoria simple de 100 de estos estudiantes, seleccionados de una lista en orden alfabético.

(a) Describe cómo etiquetarías a los estudiantes para seleccionar la muestra.

(b) Utiliza la tabla B, empezando en la línea 105, para seleccionar a los primeros cinco estudiantes de la muestra.

3.66. Encuesta a profesores. Una organización sindical quiere estudiar la actitud del profesorado universitario en relación con la negociación colectiva. Dicha actitud parece ser distinta según el tipo de departamento. Clasificaremos los departamentos de la siguiente manera:

Clase I. Departamentos que ofrecen el título de doctor.

Clase IIA. Departamentos que otorgan títulos superiores a la licenciatura, pero que no están en la clase I.

Clase IIB. Departamentos cuyos profesores sólo enseñan en cursos de primer y segundo ciclo.

Clase III. Departamentos cuyos profesores sólo enseñan en cursos de primer ciclo.

Comenta el diseño de una muestra del profesorado de las universidades españolas con un tamaño total de la muestra de alrededor de 200.

3.67. Encuesta a estudiantes. Supón que quieres investigar la opinión de los estudiantes de tu universidad sobre la política de ésta con relación al coste de las matrículas y tienes una beca que cubrirá el coste de ponerte en contacto con unos 500 estudiantes.

(a) Determina la población exacta de tu estudio. Por ejemplo, ¿tendrás en cuenta a los estudiantes a tiempo parcial?

(b) Describe tu diseño muestral. ¿Utilizarás una muestra estratificada?

(c) Comenta brevemente las dificultades prácticas que preveas. Por ejemplo, ¿cómo te pondrás en contacto con los estudiantes de tu muestra?

3.68. Los antioxidantes, ¿son anticancerígenos? La tasa de incidencia del cáncer de colon es menor entre la gente que come muchas frutas y hortalizas. Éstas son ricas en antioxidantes tales como las vitaminas A, C y E, así que podemos preguntarnos si los antioxidantes ayudan a prevenir el cáncer de colon. Un experimento médico estudió este tema con 864 personas consideradas como pertenecientes a un grupo de riesgo con relación al cáncer de colon. Los sujetos se dividieron en cuatro grupos; el primer grupo tomaba cada día una dosis de β-caroteno, el segundo grupo tomaba las vitaminas C y E, el tercer grupo, las tres vitaminas y el cuarto grupo era el grupo placebo. Transcurridos cuatro años, los investigadores quedaron sorprendidos, no encontraron diferencias significativas entre grupos.[19]

(a) En este experimento, ¿cuáles son las variables explicativa y respuesta?

(b) Esquematiza el diseño del experimento. Piensa un poco sobre cómo escoger las muestras.

(c) Asigna etiquetas numéricas a los 864 sujetos y utiliza la tabla B, empezando por la línea 118, para elegir los primeros 5 sujetos del grupo betacaroteno.

(d) El estudio fue "doblemente a ciegas". ¿Qué significa esto?

(e) ¿Qué significa la frase "no encontraron diferencias significativas" en los resultados del experimento?

(f) Sugiere algunas variables latentes que podrían explicar por qué la tasa de incidencia de cáncer de colon es menor entre la gente que come muchas frutas y hortalizas. El experimento sugiere que estas variables, más que los antioxidantes, podrían ser las responsables de los beneficios de comer frutas y hortalizas.

3.69. Comparación de variedades de maíz. Las nuevas variedades de maíz con un contenido de aminoácidos modificado pueden tener un valor nutritivo más alto que el maíz común, que tiene un contenido en lisina bajo. Un experimento compara dos variedades nuevas, llamadas opaca-2 y harinosa-2, con el maíz común. Los investigadores mezclan maíz y soja en el pienso utilizando cada tipo de maíz en piensos con un 12, un 16 y un 20% de proteína. Suministran los piensos a 10 pollos machos de un día y anotan su aumento de peso al cabo de 21 días. El aumento de peso de los pollos es una medida del valor nutritivo del pienso.

(a) En este experimento, ¿cuáles son las unidades experimentales y cuál es la variable respuesta?

(b) ¿Cuántos factores hay? ¿Cuántos tratamientos? Utiliza un diagrama como el de la figura 3.3 para describir los tratamientos. ¿Cuántas unidades experimentales precisa el experimento?

[19]G. Kolata, "New study finds vitamins are not cancer preventers", *New York Times*, 21 de julio de 1994.

(c) Utiliza un esquema para describir un diseño completamente aleatorizado para este experimento (no es necesario que lleves a cabo la aleatorización).

3.70. Experimento industrial. Un ingeniero químico está diseñando el proceso de producción de un nuevo producto. La reacción química que crea el producto es posible que tenga un rendimiento mayor o menor según la temperatura y la velocidad de agitación en el recipiente donde tiene lugar dicha reacción. El ingeniero decide investigar el efecto de todas las combinaciones de dos temperaturas (50 °C y 60 °C) y tres velocidades de agitación (60 rpm, 90 rpm y 120 rpm) sobre el rendimiento del proceso. El ingeniero procesará dos lotes del producto por cada combinación de temperatura y velocidad de agitación. En el ejercicio 3.34 identificaste los tratamientos.

(a) Esquematiza el diseño de un experimento adecuado.

(b) La aleatorización de este experimento determina los lotes que se procesarán en cada tratamiento. Utiliza la tabla B, comenzando en la línea 128, para llevar a cabo la aleatorización e indica el resultado.

3.71. Rapidez de entrega. El número de días que tarda una carta en llegar a otra ciudad, ¿viene determinado por la hora del día en que se envió y por si se indica o no el código postal? Describe brevemente el diseño de un experimento bifactorial para investigar este tema. Asegúrate de determinar exactamente los tratamientos y explica cómo tratarías las variables latentes como, por ejemplo, el día de la semana en que se envía la carta.

3.72. McDonald's frente a Wendy's. Los consumidores, ¿prefieren el sabor de una hamburguesa de McDonald's al de una de Wendy's en una prueba a ciegas en la que no se identifica ninguna de las dos hamburguesas? Describe brevemente el diseño de un experimento por pares que investigue este tema.

3.73. Los dos ejercicios anteriores ilustran la utilización de experimentos diseñados estadísticamente que responden a preguntas que surgen en la vida cotidiana. Elige una pregunta que te interese y a la que se pueda contestar con un experimento. Comenta brevemente el diseño de un experimento adecuado.

3.74. Calcio y presión sanguínea. Un experimento comparativo aleatorizado examina si un suplemento de calcio en la dieta reduce la presión sanguínea de hombres sanos. Durante 12 semanas, los sujetos reciben o bien un suplemento de calcio o bien un placebo. Los investigadores concluyen que "la presión de la sangre del grupo que recibió el suplemento de calcio, era significativamente menor que la del grupo placebo". "Significativamente" quiere decir estadísticamente significativa. Explica lo que quiere decir estadísticamente significativa en el contexto de este experimento como si tuvieras que hacerlo a un médico que no sabe nada de estadística.

3.75. Lectura de una revista médica. El artículo de la revista *New England Journal of Medicine*, que presentó los resultados del *Physicians' Health Study* empieza de la siguiente manera: "El *Physicians' Health Study* es un experimento aleatorio, doblemente ciego, controlado por un placebo diseñado para determinar si una dosis baja de aspirina (325 mg en días alternos) disminuye la mortalidad cardiovascular y si los betacarotenos reducen la incidencia de cáncer".[20] Se supone que los médicos pueden entender esto. Explica a un médico que no sepa estadística qué significa "aleatorio", "doblemente ciego" y "controlado por un placebo".

[20]Steering Committee of the Physicians' Health Study Research Group, "Final report on the aspirin component of the ongoing Physicians' Health Study", *New England Journal of Medicine*, 321, 1989, págs. 129-135.

PARTE II
COMPRENSIÓN DE LA INFERENCIA

El objetivo de la estadística es mejorar la comprensión de hechos a partir de datos. Podemos aproximarnos a esta comprensión de los hechos de diferentes maneras, según las circunstancias. Hemos estudiado con algún detalle una forma de sacar partido de los datos, el análisis exploratorio de datos. Cuando examinamos el diseño de muestras y de experimentos, empezamos a desplazarnos desde el análisis de datos hacia la inferencia estadística. Los dos tipos de razonamiento son esenciales para trabajar de forma efectiva con datos. Seguidamente presentamos un breve resumen de las diferencias entre ambos tipos de razonamiento.

Análisis exploratorio de datos	**Inferencia estadística**
Su objetivo es la exploración sin restricciones de los datos en busca de regularidades interesantes.	Su objetivo es responder a preguntas concretas que se plantearon antes de la obtención de los datos.
Las conclusiones sólo se aplican a los individuos y a las circunstancias para las cuales se obtuvieron los datos.	Las conclusiones se aplican a un grupo más amplio de individuos o de situaciones.
Las conclusiones son informales, se basan en lo que vemos en los datos.	Las conclusiones son formales y se hace explícito el grado de confianza que tenemos en ellas.

Estas distinciones deben ayudarnos a comprender la diferencia entre el análisis de datos y la inferencia estadística, pero en la práctica ambos enfoques se complementan. La inferencia exige normalmente que la distribución de los datos sea razonablemente regular. El análisis de datos, especialmente la utilización de gráficos, es un primer paso esencial cuando queremos hacer inferencia. La obtención de datos también está muy relacionada con la inferencia. Un buen diseño para la obtención de datos es la mejor garantía de que la inferencia tenga sentido.

En la segunda parte de este libro profundizaremos en los razonamientos y en los métodos básicos de la inferencia estadística. Los capítulos 4 y 6 presentan los conceptos fundamentales. La probabilidad es el tema del capítulo 4 y también del capítulo 5, que es optativo. El capitulo 4 hace hincapié en la idea de distribución muestral, que es la base de la inferencia. El capítulo 6 presenta los razonamientos de la inferencia estadística. Los capítulos 7 y 8 discuten ejemplos prácticos de inferencia. La relación entre la inferencia, el análisis de datos y la obtención de datos quedará más clara cuando nos enfrentemos a situaciones reales en los capítulos 7 y 8.

4. Distribuciones muestrales y probabilidad

DAVID BLACKWELL

La estadística aplicada se apoya en parte en la estadística teórica. La estadística ha avanzado no sólo gracias a personas enfrentadas a problemas prácticos, desde Florence Nightingale hasta R. A. Fisher y John Tukey, sino también gracias a personas cuyo principal interés han sido las matemáticas. David Blackwell (1919-) es el autor de algunas de las principales aportaciones al estudio matemático de la estadística.

Blackwell creció en Illinois, EE UU, donde se doctoró en Matemáticas a los 22 años de edad. En 1944 se incorporó al cuerpo docente de la Howard University en Washington, D.C. "En aquellos días, la ambición de cualquier universitario negro era poder llegar a ser profesor de la Howard University; era el mejor trabajo al que podías aspirar", dice Blackwell. La sociedad cambió y, en 1954, Blackwell se convirtió en profesor de estadística de la University of California en Berkeley.

En Washington, D.C., donde había un activo grupo de estadísticos, el joven matemático Blackwell empezó a trabajar pronto en los aspectos matemáticos de la estadística. Blackwell exploró el comportamiento de los procedimientos estadísticos que, en vez de trabajar con una muestra fija, siguen obteniendo observaciones hasta que la información es suficiente para alcanzar una conclusión sólida. También descubrió nuevos aspectos de la inferencia considerándola como un juego en el cual la naturaleza compite en contra del estadístico. Los trabajos de Blackwell utilizan la teoría de la probabilidad, las matemáticas que describen el comportamiento del azar. Tenemos que seguir el mismo camino, aunque sólo durante una distancia corta. Este capítulo presenta, de manera más bien informal, las ideas de probabilidad necesarias para comprender los razonamientos de la inferencia.

4.1 Introducción

Los razonamientos de la inferencia estadística se basan en preguntar: "¿con qué frecuencia este método daría una respuesta correcta si lo utilizara muchas veces?". La inferencia es más segura cuando obtenemos los datos a partir de muestras aleatorias o a partir de experimentos comparativos aleatorizados. La razón es que cuando utilizamos el azar para escoger a los individuos de una muestra o para asignar los sujetos de un experimento a los distintos tratamientos, las leyes de la probabilidad permiten responder a la pregunta: "¿qué ocurriría si lo repitiéramos muchas veces?" El objetivo de este capítulo es entender lo que nos dicen las leyes de la probabilidad, pero sin entrar en las matemáticas de la teoría probabilística.

4.2 Aleatoriedad

¿Cuál es la media de los ingresos de los hogares estadounidenses? En EE UU, la Encuesta de Población Activa (EPA) constaba en 1997 de 50.000 hogares. La media de sus ingresos era $\bar{x} = 49.692$ dólares.[1] El valor 49.692 dólares describe la muestra, pero nosotros lo utilizamos para estimar la media de los ingresos de todos los hogares. Tenemos que tener bien claro si un valor describe a una muestra o a una población. He aquí la terminología que utilizaremos.

PARÁMETRO, ESTADÍSTICO

Un **parámetro** es un número que describe la población. En la práctica estadística el valor del parámetro no es conocido ya que no podemos examinar toda la población.

Un **estadístico** es un número que se puede calcular a partir de los datos de la muestra sin utilizar ningún parámetro desconocido. En la práctica, solemos utilizar un estadístico para estimar el parámetro desconocido.

[1] U.S. Bureau of the Census, Current Population Report, P60-200, *Money Income in the United States, 1997*. Government Printing Office, Washington, D.C., 1998.

EJEMPLO 4.1. Ingresos de los hogares

Los ingresos medios de la muestra de la Encuesta de Población Activa (EPA) de EE UU era $\bar{x} = 49.692$ dólares. El número 49.692 es un *estadístico*, ya que describe una muestra en concreto. La población sobre la que la muestra trata de obtener conclusiones son los 103 millones de hogares de EE UU. El *parámetro* de interés, cuyo valor desconocemos, es la media de los ingresos de todos estos hogares norteamericanos. ■

Recuerda: los estadísticos proceden de muestras y los parámetros de poblaciones. Cuando sólo analizábamos datos, la distinción entre población y muestra no era importante. Sin embargo, ahora esta distinción es esencial. La notación que utilicemos debe reflejar esta diferencia.

Media poblacional μ

Media muestral $\bar{x}$

Escribimos μ (la letra griega my) para indicar la **media poblacional**. Es un valor fijo cuyo valor es desconocido cuando utilizamos una muestra para hacer inferencias. La **media muestral** es la conocida $\bar{x}$, la media de observaciones de la muestra. $\bar{x}$ es un estadístico que casi seguro que hubiera tomado otro valor si hubiéramos escogido otra muestra de la misma población. La media $\bar{x}$ de una muestra o de un experimento es una estimación de la población de la media μ de la población muestreada.

APLICA TUS CONOCIMIENTOS

A continuación, di si los números en negrita de los ejercicios del 4.1 al 4.3 son *parámetros* o *estadísticos*.

4.1. Los cojinetes de un lote de fabricación tienen **2,5003** centímetros (cm) de diámetro medio, que cumple con las condiciones fijadas por el comprador para la aceptación del lote. Un inspector escoge al azar 100 cojinetes del envío, que resultan tener un diámetro medio de **2,5009** cm. Como este valor excede del diámetro acordado por comprador y vendedor, el envío es rechazado erróneamente.

4.2. Una empresa de Los Ángeles que realiza estudios de mercado utiliza un aparato que marca al azar números de teléfono de esa ciudad. De los 100 primeros números marcados el **48%** no aparece en la guía telefónica. No es sorprendente, ya que el **52%** de los teléfonos de los Ángeles no están en la guía.

4.3. Una investigadora lleva a cabo un experimento comparativo aleatorizado con ratas jóvenes, con el fin de investigar los efectos de un compuesto tóxico en la comida. La investigadora alimenta al grupo de control con una dieta normal. El grupo experimental recibe una dieta con 2.500 partes por millón de una sustancia tóxica. Después de 8 semanas, el aumento de peso medio de las ratas es de **335** gramos en el grupo de control y de **289** gramos en el grupo experimental.

4.2.1 Concepto de probabilidad

¿Cómo es posible que la media $\bar{x}$ obtenida a partir de una muestra de unos pocos hogares de todos los del país, pueda ser una estimación precisa de μ? Después de todo, una segunda muestra aleatoria obtenida en el mismo momento estaría formada por hogares distintos y, sin duda, daría un valor distinto de $\bar{x}$. A este hecho básico se le llama **variabilidad muestral**: el valor de un estadístico varía en un muestreo aleatorio repetido.

Variabilidad muestral

Para comprender por qué la variabilidad muestral no es fatal, debemos fijarnos en el comportamiento del azar. Un hecho importante es que **el comportamiento del azar es impredecible con pocas repeticiones pero presenta un comportamiento regular y predecible con muchas repeticiones**.

Lanza una moneda al aire o escoge una muestra aleatoria simple. A priori no se puede predecir el resultado, ya que variará cuando repitas el lanzamiento de la moneda o cuando obtengas la muestra. De todas formas, existe un comportamiento regular de los resultados, una regularidad que aparece de forma clara sólo después de muchas repeticiones. Este hecho remarcable es la base de la idea de probabilidad.

EJEMPLO 4.2. Lanzamiento de una moneda

Cuando lanzas una moneda al aire sólo hay dos resultados posibles, cara o cruz. La figura 4.1 muestra los resultados de lanzar una moneda 1.000 veces. Para cada lanzamiento, desde el primero hasta el último, hemos representado la proporción de lanzamientos que han dado cara hasta ese momento. El primer lanzamiento fue cara, por tanto, la proporción de caras empieza siendo 1. El segundo lanzamiento fue cruz. Después de dos lanzamientos, la proporción de caras se ha reducido a 0,5. Los siguientes tres lanzamientos dieron una cruz seguida de dos caras, por consiguiente, la proporción de caras después de cinco lanzamientos es $\frac{3}{5}$ o 0,6.

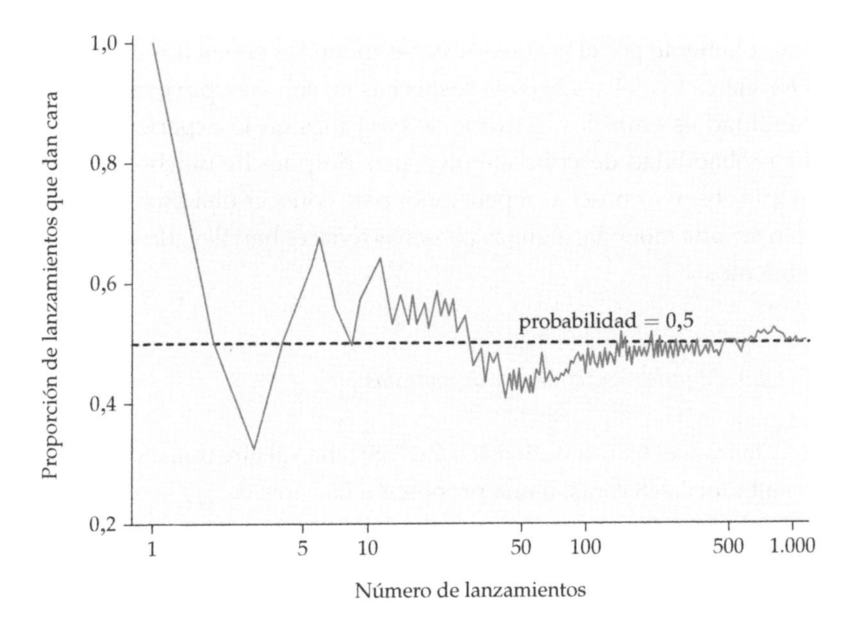

Figura 4.1. La proporción de lanzamientos de una moneda que dan cara cambia a medida que hacemos más lanzamientos. De todas formas, el valor de esta proporción se aproxima a 0,5, la probabilidad de cara.

La proporción de lanzamientos que dan cara es bastante variable al principio, pero posteriormente se estabiliza a medida que hacemos más y más lanzamientos. Llega un momento en que esta proporción se acerca a 0,5 y se mantiene en ese valor. Decimos que 0,5 es la *probabilidad* de que salga cara. La probabilidad 0,5 se ha dibujado como una línea horizontal discontinua en el gráfico. ■

"Aleatorio" en estadística no significa de "cualquier manera", sino que se refiere a una clase de orden que únicamente aparece después de muchas repeticiones. La cara más impredecible de la aleatoriedad es nuestra experiencia del día a día: es difícil que veamos suficientes repeticiones de un mismo fenómeno aleatorio como para que observemos la regularidad que aparece después de muchas reiteraciones. Puedes ver la aparición de la regularidad en la figura 4.1. Después de muchas repeticiones, la proporción de lanzamientos que dan cara es 0,5. Esta es la idea intuitiva de probabilidad. Una probabilidad de 0,5 significa "ocurre la mitad de las veces después de un gran número de ensayos".

Podíamos sospechar que una moneda tiene una probabilidad de 0,5 de que salga cara, solamente por el hecho de que las monedas tienen dos caras. Tal como ilustran los ejercicios 4.4 y 4.5, estas sospechas no son siempre correctas. La idea de probabilidad es empírica, es decir, se basa más en la experiencia que en la teoría. La probabilidad describe lo que ocurre después de muchísimos ensayos. Tenemos que observar muchas repeticiones para conocer una probabilidad. En el caso de lanzar una moneda, algunas personas tenaces han llevado a cabo millares de lanzamientos.

EJEMPLO 4.3. Algunos lanzamientos de monedas

El naturalista francés Count Buffon (1707-1788) lanzó al aire una moneda 4.040 veces. El resultado: 2.048 caras, o una proporción de caras de $\frac{2.048}{4.040} = 0{,}5069$.

Cerca del año 1900, el estadístico inglés Karl Pearson lanzó al aire una moneda 24.000 veces. El resultado: 12.012 caras, una proporción de 0,5005.

Mientras estuvo preso por los alemanes durante la Segunda Guerra Mundial, el matemático sudafricano John Kerrich lanzó 10.000 veces una moneda al aire. El resultado: 5.067 caras, una proporción de 5.067. ■

ALEATORIEDAD Y PROBABILIDAD

Llamamos a un fenómeno **aleatorio** si los resultados individuales son inciertos y, sin embargo, existe una distribución regular de los resultados después de un gran número de repeticiones.

La **probabilidad** de cualquier resultado de un fenómeno aleatorio es la proporción de veces que el resultado se da después de una larga serie de repeticiones.

APLICA TUS CONOCIMIENTOS

4.4. Probabilidad de obtener cara. Sostén una moneda por el borde sobre una superficie plana con el dedo índice y dale un golpe con el mismo dedo de la otra mano, de tal manera que gire rápidamente hasta que finalmente caiga con la cara o la cruz hacia arriba. Repite esto 50 veces y toma nota del número de caras. Estima la probabilidad de cara.

4.5. Más sobre la probabilidad de obtener cara. Es posible que supongas que es evidente que la probabilidad de obtener cara cuando se lanza una moneda es aproximadamente $\frac{1}{2}$ debido a que la moneda tiene dos caras. Esta suposición no siempre es cierta. En el ejercicio anterior, en vez de lanzar una moneda al aire, la hicimos girar sobre su borde —ello cambió la probabilidad de obtener cara—. Ahora vamos a ensayar otra variación. Sostén una moneda por su borde sobre una superficie plana y golpéala lateralmente con un dedo de la otra mano de manera que caiga la moneda. ¿Cuál es la probabilidad de que la moneda caiga con la cara hacia arriba? Repítelo, al menos 50 veces, para estimar la probabilidad de obtener cara.

4.2.2 Pensando en la aleatoriedad

Se puede observar que en el mundo real algunas cosas ocurren de forma aleatoria. El resultado de lanzar una moneda, el lapso de tiempo transcurrido entre emisiones de partículas de una fuente radioactiva o los sexos de cada uno de los componentes de una camada de ratas de laboratorio son ejemplos de fenómenos aleatorios. También lo son el resultado de una muestra aleatoria o de un experimento aleatorizado. La teoría de la probabilidad es la rama de las matemáticas que describe el comportamiento aleatorio. Por supuesto que nunca podemos observar la probabilidad de forma exacta. Siempre podríamos, por ejemplo, seguir lanzando una moneda al aire. La probabilidad matemática es una idealización basada en imaginar lo que ocurriría después de una serie infinita de repeticiones.

La mejor manera de comprender la aleatoriedad es observar un comportamiento aleatorio —no solamente la regularidad que aparece después de muchas repeticiones, sino también los resultados impredecibles obtenidos después de pocas repeticiones—. Lo puedes hacer no sólo con la ayuda de dispositivos como los de los ejercicios 4.4 a 4.8, sino también simulando (imitando) un determinado fenómeno aleatorio con un ordenador lo que te permite una exploración más rápida. Los ejercicios 4.11 a 4.13 sugieren algunas simulaciones de un comportamiento aleatorio. Cuando explores la aleatoriedad recuerda que:

Independencia

- Tienes que tener una larga serie de ensayos **independientes**. Es decir, el resultado de un ensayo no debe influir sobre el resultado de otro. Imagina que en un casino el crupier hace trampas de manera que pueda parar la ruleta cuando desee y de esta manera conseguir una determinada proporción de "rojos". Los resultados de estos ensayos (hacer girar la ruleta) no son independientes.

- La idea de probabilidad es empírica. Las simulaciones con ordenador parten de unas probabilidades predeterminadas e imitan un comportamiento aleatorio. Sin embargo, en el mundo real solamente podemos estimar las probabilidades observando muchos resultados de un determinado fenómeno.
- De todas formas, las simulaciones con ordenador son muy útiles, ya que necesitamos los resultados de muchos ensayos. En situaciones como el lanzamiento de una moneda, la proporción de un determinado resultado a menudo exige centenares de repeticiones para poder estimar su probabilidad de aparición. Los dispositivos propuestos en los ejercicios no permiten operar muy deprisa. Pocas repeticiones sólo permiten toscas estimaciones de la probabilidad.

RESUMEN DE LA SECCIÓN 4.2

Los resultados de un fenómeno aleatorio no se pueden predecir, de todas formas después de muchas repeticiones la distribución de resultados es regular.

La **probabilidad** de un suceso es la proporción de veces que ocurre después de muchas repeticiones de un determinado fenómeno aleatorio.

EJERCICIOS DE LA SECCIÓN 4.2

4.6. Dígitos aleatorios. La tabla de dígitos aleatorios (tabla B) se elaboró con un programa de aleatorización que da a cada dígito una probabilidad igual a 0,1 de ser 0? ¿Qué proporción de los 200 primeros dígitos de la tabla son ceros? Esta proporción es una estimación de la verdadera probabilidad, basada en 200 repeticiones. En este caso se sabe que la verdadera probabilidad es 0,1.

4.7. ¿Cuántos lanzamientos hasta obtener cara? La experiencia demuestra que cuando lanzas una moneda, la probabilidad de obtener cara (la proporción de caras después de muchas repeticiones) es $\frac{1}{2}$. Supón que lanzas al aire una moneda muchas veces, hasta que obtienes cara. ¿Cuál es la probabilidad de que la primera cara aparezca en un lanzamiento impar (1, 3, 5, etc.)? Para saberlo, repite este experimento 50 veces y apunta el número de lanzamientos que has llevado a cabo en cada uno de ellos.

(a) A partir de tus experimentos, estima la probabilidad de obtener cara en el primer lanzamiento. ¿Cuál debería ser el valor de esta probabilidad?

(b) A partir de tus resultados, estima la probabilidad de que la primera cara aparezca en un lanzamiento impar.

4.8. Lanzamiento de una chincheta. Lanza una chincheta al aire 100 veces sobre una superficie plana. ¿Cuántas veces cayó con la punta hacia arriba? ¿Cuál es la probabilidad aproximada de que caiga con la punta hacia arriba?

4.9. Trío. Supón que lees en un libro de póquer que la probabilidad de obtener un trío cuando se reparten 5 cartas a cada jugador es $\frac{1}{50}$. Explica en un lenguaje sencillo lo que esto significa.

4.10. La probabilidad es una medida de la posibilidad que tiene un suceso de ocurrir. Asocia cada una de las siguientes probabilidades con cada una de las afirmaciones presentadas. (En general, la probabilidad es una medida más exacta de las posibilidades de un fenómeno que una afirmación verbal.)

0 0,01 0,3 0,6 0,99 1

(a) Este suceso es imposible. No puede ocurrir nunca.

(b) Este suceso es seguro. Ocurrirá en todas las repeticiones de este fenómeno aleatorio.

(c) Este suceso es muy difícil de que ocurra, pero tendrá lugar de vez en cuando en una larga secuencia de repeticiones.

(d) Este suceso ocurrirá la mayoría de las veces.

4.11. Tiros libres encestados. Una jugadora de baloncesto, después de toda la temporada, encesta como media aproximadamente la mitad de los tiros libres. Utiliza un programa informático para simular el lanzamiento de 100 tiros libres independientes de un jugador que tiene una probabilidad de encestar de 0,5. (En muchos programas informáticos el procedimiento clave para esta simulación son las "pruebas de Bernoulli". Equivalen a pruebas independientes con dos resultados posibles. Nuestros resultados son "Encestar" y "Fallar".)

(a) De 100 tiros libres, ¿qué porcentaje encesta?

(b) Examina la secuencia de encestes y fallos. ¿De cuántos resultados se compone la serie más larga de encestes? ¿Y la de fallos? (A menudo, las secuencias de resultados aleatorios presentan series de resultados iguales más largas de lo que imaginaríamos.)

4.12. Jugar en casa. Un estudio sobre las ventajas de jugar a baloncesto en casa, halló que entre los años 1969 y 1989 en la liga de baloncesto se ganaron el 63% de los partidos jugados en casa.[2] ¿Utilizarías los resultados de este estudio para asignar un valor igual a 0,63 a la probabilidad de ganar en casa? Justifica tu respuesta.

4.13. Simulación de una encuesta de opinión. Una reciente encuesta de opinión mostró que el 73% de las mujeres casadas está de acuerdo con que sus esposos contribuyen el mínimo imprescindible a las tareas del hogar. Supón que esto sea cierto. Si se escoge al azar una mujer casada, la probabilidad de que esté de acuerdo con que su esposo contribuye el mínimo imprescindible a las tareas domésticas es 0,73. Utiliza un programa informático para simular la elección de muchas mujeres de forma independiente. (En muchos programas el procedimiento clave para esta simulación son las "pruebas de Bernoulli". Equivale a pruebas independientes con dos resultados posibles. Nuestros resultados son "Está de acuerdo" y "No está de acuerdo".)

(a) Simula la obtención al azar de 20 mujeres, luego de 80 y después de 320. ¿Qué proporción de mujeres está de acuerdo en cada caso? Creemos (pero debido a la variación del azar no estamos seguros) que después de muchas repeticiones, la proporción estará cerca de 0,73.

(b) Simula 10 veces la obtención al azar de 20 mujeres. Apunta el porcentaje de mujeres en cada experimento que "está de acuerdo". Luego simula 10 veces la obtención de 320 mujeres al azar y apunta otra vez los porcentajes. ¿Qué conjunto de 10 resultados es menos variable? Creemos que los resultados de 320 ensayos serán más fáciles de predecir (menos variables) que los resultados de 20 repeticiones. Así se pone de manifiesto la regularidad después de muchas repeticiones.

4.3 Modelos de probabilidad

En capítulos anteriores vimos modelos matemáticos para relaciones lineales (en forma de ecuación para una recta) y para algunas distribuciones de datos (en forma de curvas de densidad normales). Ahora vamos a ver una descripción matemática, o modelo, para la aleatoriedad. Para ver cómo procedemos, piensa en

[2]W. Hurley, "What sort of tournament should the World Series be?", *Chance*, 6, nº 2, 1993, págs. 31-33.

primer lugar, en un fenómeno aleatorio muy simple; el lanzamiento de una moneda al aire. Cuando la lanzamos, a priori no podemos prever lo que saldrá. ¿Qué es lo que conocemos? Lo único que sabemos es que puede salir cara o cruz. Creemos que cada uno de estos fenómenos tiene una probabilidad de $\frac{1}{2}$ de ocurrir. La descripción del lanzamiento de una moneda consta de dos partes:

- La lista de resultados posibles.
- La probabilidad de cada resultado.

Este tipo de descripción es la base de cualquier modelo de probabilidad. La terminología básica que utilizaremos es la siguiente:

MODELOS DE PROBABILIDAD

El **espacio muestral** S de un fenómeno aleatorio es el conjunto de todos sus resultados posibles.

Un **suceso** es cualquier resultado o conjunto de resultados de un fenómeno aleatorio. Es decir, un suceso es un subconjunto del espacio muestral.

Un **modelo de probabilidad** es una descripción matemática de un fenómeno aleatorio. Consta de dos partes: un espacio muestral S y un procedimiento de asignación de probabilidades a los sucesos.

El espacio muestral S puede ser muy simple o muy complejo. Cuando lanzamos una vez una moneda, sólo hay dos resultados posibles: cara y cruz. El espacio muestral es $S = \{H, T\}$. Si escogemos una muestra aleatoria de 50.000 hogares, como en la Encuesta de Población Activa (EPA) de EE UU, el espacio muestral contiene todas las posibilidades de escoger 50.000 de los 103 millones de hogares de este país. Esta S es extremadamente grande. Cada componente de S es una posible muestra, lo que explica el término *espacio muestral*.

EJEMPLO 4.4. Lanzamiento de dos dados

Lanzar dos dados es una forma habitual de perder dinero en los casinos. Cuando lanzamos y nos fijamos de forma ordenada en los resultados de las caras superiores (primer dado, segundo dado) podemos obtener 36 resultados posibles. La figura 4.2 muestra estos resultados, que forman un espacio muestral S. "Obtener un 5" es un suceso, llámalo A, que está formado por cuatro de los 36 resultados posibles:

$A = \{$ ⚀⚃ ⚁⚂ ⚂⚁ ⚃⚀ $\}$

Los jugadores sólo se fijan en la suma de los resultados de las caras superiores. El espacio muestral resultante de lanzar dos dados y sumar los resultados de las caras superiores es

$$S = \{2, 3, 4, 5, 6, 7, 8, 9, 10, 11, 12\}$$

Comparando esta S con la figura 4.2 nos recuerda que podemos cambiar S cambiando la descripción detallada del fenómeno aleatorio que consideramos. ■

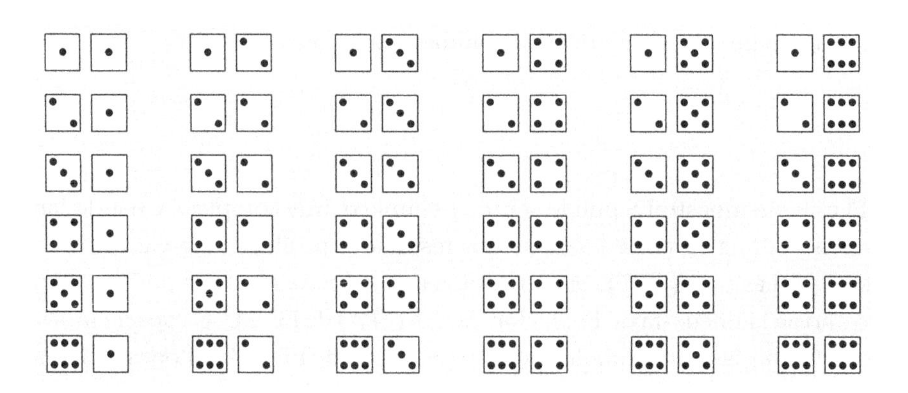

Figura 4.2. Los 36 resultados posibles del lanzamiento de dos dados.

APLICA TUS CONOCIMIENTOS

4.14. En cada una de las siguientes situaciones, describe el espacio muestral S del fenómeno aleatorio considerado. En algunos casos tienen varias posibilidades al definir S.

(a) Se siembra una semilla. La semilla o bien germina o bien se muere.

(b) Un paciente con un tipo de cáncer incurable se somete a un nuevo tratamiento. La variable respuesta es el tiempo que sobrevive el paciente después del tratamiento.

(c) Un estudiante se matricula un curso de estadística. Al final del curso recibe la nota que ha obtenido.

(d) Un jugador de baloncesto lanza cuatro tiros libres. Registras la secuencia de aciertos y de fallos.

(e) Un jugador de baloncesto lanza cuatro tiros libres. Registras el número de canastas.

4.15. En cada una de las siguientes situaciones, describe el espacio muestral S del fenómeno aleatorio considerado. En algunos casos tienes varias posibilidades al definir S, especialmente al determinar los valores mayores y menores de S.

(a) Escoge al azar un estudiante de tu clase. Pregúntale cuánto tiempo pasó estudiando en las últimas 24 horas.

(b) El *Physicians' Health Study* pidió a 11.000 médicos que tomaran una aspirina cada dos días y observó cuántos de ellos sufrieron ataques al corazón durante un periodo de 5 años.

(c) En una prueba sobre un nuevo embalaje para huevos, dejas caer una caja embalada desde una altura de medio metro y haces un recuento del número de huevos rotos.

(d) Escoge al azar un estudiante de tu clase y pregúntale cuánto dinero lleva encima.

(e) Un investigador sobre la nutrición alimenta a una rata joven con una nueva dieta. La variable respuesta es la ganancia de peso (en gramos) al cabo de 8 semanas.

4.3.1 Reglas de la probabilidad

La probabilidad de cualquier resultado —por ejemplo, obtener un cinco cuando se lanzan dos dados— sólo se puede hallar lanzando dos dados muchas veces, y además sólo de forma aproximada. Entonces, ¿cómo podemos describir la probabilidad matemáticamente? Más que intentar dar probabilidades exactas, empezaremos por presentar algunas condiciones que se deben cumplir para poder asignar probabilidades. Estas condiciones surgen de la idea de probabilidad como "la proporción de veces que ocurre un determinado suceso después de muchas repeticiones".

1. **Cualquier probabilidad es un número entre 0 y 1.** Cualquier proporción es un número entre 0 y 1, por tanto, cualquier probabilidad también es un número entre 0 y 1. Un suceso con una probabilidad 0 no ocurre nunca, mientras que un suceso con una probabilidad 1 ocurre en todas las repeticiones. Un suceso con una probabilidad de 0,5 ocurre, después de muchas repeticiones, la mitad de las veces.

2. **La probabilidad de todos los resultados posibles, considerados conjuntamente, tiene que ser 1.** Debido a que en cada repetición siempre obtenemos algún resultado, la suma de las probabilidades de todos los resultados posibles tiene que ser exactamente 1.

3. **La probabilidad de que un suceso no ocurra es 1 menos la probabilidad de que este suceso ocurra.** Si un suceso ocurre en, digamos, el 70% de las repeticiones, deja de ocurrir en el 30% de las mismas. La probabilidad de que un suceso ocurra y la probabilidad de que no ocurra siempre llega hasta el 100%, es decir, es 1.

4. **Si dos sucesos no tienen resultados en común, la probabilidad de que ocurra alguno de los dos es la suma de sus respectivas probabilidades.** Si un suceso ocurre el 40% de todas las repeticiones y otro suceso diferente ocurre el 25% de todas las repeticiones, y los dos sucesos no se pueden producir simultáneamente, entonces la probabilidad de que ocurra uno de ellos es del 65%, ya que $40\% + 25\% = 65\%$.

Podemos utilizar la notación matemática para describir de forma más precisa lo que hemos planteado en los puntos anteriores. Si A es un suceso, indicamos su probabilidad como $P(A)$. He aquí las condiciones que debe cumplir una probabilidad en un lenguaje formal. Cuando utilices estas condiciones, recuerda que no son más que otra forma de describir lo que acabamos de ver de forma intuitiva sobre lo que ocurre con las proporciones después de muchas repeticiones.

REGLAS DE LA PROBABILIDAD

Regla 1. La probabilidad $P(A)$ de cualquier suceso A cumple que

$$0 \leq P(A) \leq 1$$

Regla 2. Si S es el espacio muestral de un modelo de probabilidad, entonces $P(S) = 1$.

Regla 3. Para cualquier suceso A,

$$P(\text{no ocurra } A) = 1 - P(A)$$

Regla 4. Dos sucesos A y B son **disjuntos** si no tienen resultados en común, es decir, no pueden ocurrir nunca de forma simultánea. Si A y B son disjuntos,

$$P(A \text{ o } B) = P(A) + P(B)$$

Esta es la **regla de la suma de sucesos disjuntos.**

EJEMPLO 4.5. Estado civil de mujeres jóvenes

Escoge al azar una mujer de entre 25 y 29 años, y pregúntale su estado civil. "Al azar" significa que damos a todas las mujeres jóvenes las mismas posibilidades de ser una de las escogidas. Es decir, escogemos una muestra aleatoria simple de tamaño 1. La probabilidad de cualquier estado civil no es más que la proporción de mujeres de entre 25 y 29 años que tienen este estado civil en la población —si escogiéramos muchas mujeres, esta sería la proporción que obtendríamos—. He aquí el modelo de probabilidad:

Estado civil	Soltera	Casada	Viuda	Divorciada
Probabilidad	0,353	0,574	0,002	0,071

Cada probabilidad toma un valor entre 0 y 1. La suma de las probabilidades es 1, ya que todos estos resultados constituyen el espacio muestral S.

La probabilidad de que la mujer que hemos escogido no esté casada es, según la Regla 3,

$$\begin{aligned} P(\text{no casada}) &= 1 - P(\text{casada}) \\ &= 1 - 0{,}574 = 0{,}426 \end{aligned}$$

Es decir, si el 57,4% están casadas, entonces las restantes 42,6% no lo están.

"Nunca casadas" y "divorciadas" son sucesos disjuntos, ya que ninguna mujer puede simultáneamente no haberse casado nunca y estar divorciada. En consecuencia, la regla de la adición establece que

$$\begin{aligned} P(\text{nunca casada o divorciada}) &= P(\text{nunca casada}) + P(\text{divorciada}) \\ &= 0{,}353 - 0{,}071 = 0{,}424 \end{aligned}$$

Es decir, el 42,4% de las mujeres de este grupo de edad o nunca se casaron o se divorciaron. ■

EJEMPLO 4.6. Probabilidades cuando se lanzan dos dados

La figura 4.2 muestra los 36 resultados posibles de lanzar dos dados. ¿Qué probabilidades debemos asignar a estos resultados?

Los dados de los casinos se fabrican con mucho cuidado. Las marcas de los puntos no se vacían, lo que daría diferente peso a las distintas caras, sino que se rellenan con un plástico transparente que tiene la misma densidad que el plástico utilizado para construir el dado. Para este tipo de dados es razonable asignar la misma probabilidad a los 36 resultados de la figura 4.2. Debido a que los 36 resultados considerados conjuntamente deben tener una probabilidad de 1 (Regla 2), cada resultado debe tener una probabilidad de $\frac{1}{36}$.

En general, los jugadores se interesan por la suma de las caras superiores. ¿Cuál es la probabilidad de obtener un 5? Debido a que el suceso "obtener un 5" está formado por los cuatro resultados mostrados en el ejemplo 4.4, la regla de la adición (Regla 4) establece que su probabilidad es

P = (Obtener un 5) = P(⚀ ⚃) + P(⚁ ⚂) + P(⚂ ⚁) + P(⚃ ⚀)

¿Cuál es la probabilidad de obtener un 7? En la figura 4.2 encontrarás los seis resultados para los cuales la suma de puntos es 7. La probabilidad es $\frac{6}{36}$, o aproximadamente 0,167. ■

APLICA TUS CONOCIMIENTOS

4.16. Ascenso social. Un sociólogo que estudia la movilidad social en Dinamarca halla que la probabilidad de que un hijo de padres de clase baja siga en dicha clase es de 0,46. ¿Cuál es la probabilidad de que el hijo ascienda a una clase más alta?

4.17. Causas de muerte. El Gobierno asigna a una sola causa las muertes que suceden en el país. Los datos muestran que la probabilidad de que una muerte escogida al azar se deba a una enfermedad cardiovascular es de 0,45 y de 0,22 que se deba al cáncer. ¿Cuál es la probabilidad de que una muerte se deba a una enfermedad cardiovascular o al cáncer? ¿Cuál es la probabilidad de que la muerte se deba a otra causa?

4.18. ¿Contribuyen los esposos a las tareas domésticas? El *New York Times* dio a conocer los resultados de una encuesta que realizó a una muestra aleatoria de 1.025 mujeres. A las mujeres casadas de la muestra se les preguntó si sus esposos contribuían a las tareas domésticas. He aquí los resultados:

Resultado	Probabilidad
Hace más de lo justo	0,12
Hace lo justo	0,61
Hace menos de lo justo	?

Estas proporciones son probabilidades de un fenómeno aleatorio que consiste en escoger una mujer casada al azar y preguntarle su opinión.

(a) ¿Cuál debería ser la probabilidad de que una mujer escogida al azar diga que su esposo hace menos de lo justo? ¿Por qué?

(b) El suceso "creo que mi esposo hace al menos lo justo" comprende dos resultados. ¿Cuál es su probabilidad?

4.3.2 Asignación de probabilidades: número finito de resultados

Los ejemplos 4.5 y 4.6 ilustran una manera de asignar probabilidades a los sucesos: asigna una probabilidad a cada uno de los resultados posibles, luego suma estas probabilidades para hallar la probabilidad de cualquier suceso. Para que este proceder cumpla las reglas de la probabilidad, la probabilidad de todos los resultados individuales tiene que sumar exactamente 1.

PROBABILIDADES EN UN ESPACIO MUESTRAL FINITO

Asigna una probabilidad a cada resultado individual. Estas probabilidades deben ser números entre 0 y 1. Su suma deber ser 1.

La probabilidad de cualquier suceso es la suma de las probabilidades de los resultados que lo constituyen.

EJEMPLO 4.7. Dígitos aleatorios

La tabla de dígitos aleatorios situada al final del libro se creó mediante un programa informático que generaba dígitos al azar entre 0 y 9. Si generamos un dígito, el espacio muestral es

$$S = \{0, 1, 2, 3, 4, 5, 6, 7, 8, 9\}$$

Una aleatorización correcta da a cada uno de los resultados las mismas posibilidades de ser uno de los elegidos. Debido a que la probabilidad global debe ser 1, la probabilidad de cada uno de los 10 resultados posibles debe ser $\frac{1}{10}$. Esta asignación de probabilidades a resultados individuales se puede resumir en la tabla siguiente:

Resultado	0	1	2	3	4	5	6	7	8	9
Probabilidad	0,1	0,1	0,1	0,1	0,1	0,1	0,1	0,1	0,1	0,1

La probabilidad del suceso de que ha salido un número impar es

$$P(\text{número impar}) = P(1) + P(3) + P(5) + P(7) + P(9) = 0{,}5$$

La asignación de probabilidades cumple todas nuestras reglas. Por ejemplo, podemos hallar la probabilidad de que salga un número par utilizando la Regla 3:

$$\begin{aligned} P(\text{número par}) &= P(\text{no sea un número impar}) \\ &= 1 - P(\text{número impar}) \\ &= 1 - 0{,}5 = 0{,}5 \end{aligned}$$

Comprueba que obtienes el mismo resultado sumando las probabilidades de todos los resultados pares. ■

APLICA TUS CONOCIMIENTOS

4.19. Lanzamiento de un dado. La figura 4.3 muestra algunas asignaciones de probabilidad a las seis caras de un dado. Sólo podemos saber qué asignación de probabilidades es *correcta* lanzando el dado muchas veces. De todas formas, algunas de las asignaciones de probabilidad no son *admisibles*. Es decir, no cumplen las reglas. ¿Qué asignaciones de probabilidad son admisibles? En el caso de los modelos inadmisibles, explica la razón.

	Probabilidad			
Resultado	**Modelo 1**	**Modelo 2**	**Modelo 3**	**Modelo 4**
⚀	1/7	1/3	1/3	1
⚁	1/7	1/6	1/6	1
⚂	1/7	1/6	1/6	2
⚃	1/7	0	1/6	1
⚄	1/7	1/6	1/6	1
⚅	1/7	1/6	1/6	2

Figura 4.3. Cuatro asignaciones de probabilidad a las seis caras de un dado, para el ejercicio 4.19.

4.20. Notas de alumnos de secundaria. Selecciona al azar a un estudiante universitario de primer curso y pregúntale qué posición ocupaba, según las notas obtenidas, en secundaria. He aquí las probabilidades de ocupar una determinada posición en secundaria basadas en una gran encuesta a estudiantes de secundaria:

Resultado	Primer 20%	Segundo 20%	Tercer 20%	Cuarto 20%	Quinto 20%
Probabilidad	0,41	0,23	0,29	0,06	0,01

(a) ¿Cuál es la suma de estas probabilidades? ¿Por qué crees tiene este valor?

(b) ¿Cuál es la probabilidad de que un estudiante universitario de primer curso escogido aleatoriamente no estuviera entre el 20% de los estudiantes con mejores notas de su clase en la escuela de secundaria?

(c) ¿Cuál es la probabilidad de que un estudiante de primer curso estuviera entre el 40% de los estudiantes con mejores notas en su clase de la escuela de secundaria?

4.21. Tipos de sangre. La sangre humana se puede clasificar en 4 grupos: O, A, B o AB. La distribución de los grupos varía un poco según la raza. He aquí las probabilidades de que una persona de raza negra escogida al azar en EE UU pertenezca a uno de los grupos posibles:

Grupo sanguíneo	O	A	B	AB
Probabilidad	0,49	0,27	0,20	?

(a) ¿Cuál es la probabilidad de que la persona escogida al azar pertenezca al grupo AB? ¿Por qué?

(b) María pertenece al grupo B y puede recibir sangre de los grupos O y B. ¿Cuál es la probabilidad de que un estadounidense de raza negra, escogido al azar, pueda donar sangre a María?

4.3.3 Asignación de probabilidades: intervalos de resultados

Supón que queremos escoger un número al azar entre 0 y 1, de manera que el resultado pueda ser cualquier número entre 0 y 1. Esto se puede hacer mediante un programa generador de números aleatorios. El espacio muestral ahora es todo el intervalo de números entre 0 y 1:

$$S = \{\text{todos los números entre 0 y 1}\}$$

Para abreviar llamamos al resultado del generador de números aleatorios Y. ¿Cómo podemos asignar probabilidades a sucesos como $\{0{,}3 \leq Y \leq 0{,}7\}$? De la misma manera que cuando seleccionamos un dígito aleatorio, queremos que todos los resultados posibles tengan las mismas posibilidades. Sin embargo, no podemos asignar probabilidades a cada valor individual de Y y luego sumarlos, ya que existe un número infinito de resultados posibles.

Utilizaremos un nuevo procedimiento para asignar probabilidades directamente a los sucesos —como *áreas por debajo una curva de densidad*—. El área por debajo de cualquier curva de densidad es 1 y corresponde a una probabilidad total igual a 1.

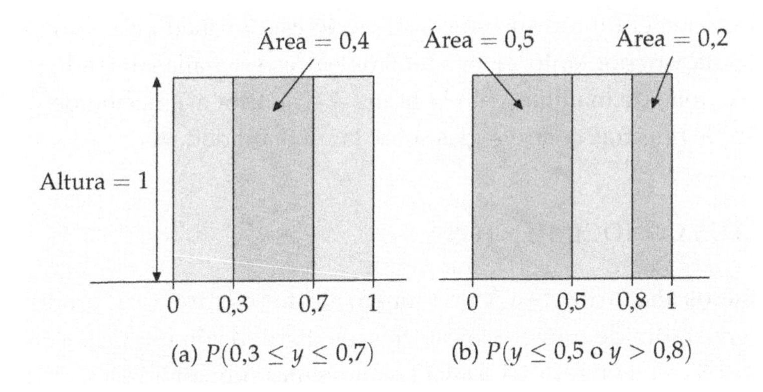

Figura 4.4. Probabilidad como un área por debajo de la curva de densidad. Esta curva de densidad uniforme distribuye la probabilidad equitativamente entre 0 y 1.

EJEMPLO 4.8. Números aleatorios

Un generador de números aleatorios genera números de forma uniforme a lo largo de todo el intervalo que va de 0 a 1, si permitimos que genere una larga secuencia de números. El resultado de muchas repeticiones viene dado por la curva de densidad uniforme que se muestra en la figura 4.4. Esta curva de densidad tiene una altura de 1 a lo largo de todo el intervalo de 0 a 1. El área por debajo de la curva es 1 y la probabilidad de cualquier suceso es el área por debajo de la curva delimitada por el suceso en cuestión.

Tal como muestra la figura 4.4(a), la probabilidad de que un generador de números aleatorios dé un número entre 0,3 y 0,7 es

$$P(0{,}3 \leq Y \leq 0{,}7) = 0{,}4$$

ya que el área por debajo de la curva delimitada por el intervalo de 0,3 a 0,7 es 0,4. La altura de la curva de densidad es 1 y el área de un rectángulo es el producto de la altura por su base, por tanto, la probabilidad de cualquier intervalo de resultados es directamente la longitud del intervalo.

De forma similar

$$P(Y \leq 0{,}5) = 0{,}5$$

$$P(Y > 0{,}8) = 0{,}2$$

$$P(Y \leq 0{,}5 \text{ o } Y > 0{,}8) = 0{,}7$$

Fíjate en que el último suceso considerado está formado por dos intervalos que no se solapan; por tanto, el área total del suceso se halla sumando dos áreas, tal como se pone de manifiesto en la figura 4.4(b). Esta asignación de probabilidades cumple nuestras cuatro reglas sobre la probabilidad. ■

APLICA TUS CONOCIMIENTOS

4.22. Números aleatorios. Sea X un número aleatorio entre 0 y 1, producido mediante el generador de números aleatorios, de distribución uniforme, descrito en el ejemplo 4.8 y en la figura 4.4. Halla las siguientes probabilidades:

(a) $P(0 \leq X \leq 0{,}4)$

(b) $P(0{,}4 \leq X \leq 1)$

(c) $P(0{,}3 \leq X \leq 0{,}5)$

(d) $P(0{,}3 < X < 0{,}5)$

4.23. Suma de dos números aleatorios. Genera dos números aleatorios entre 0 y 1, y toma Y como su suma. Por tanto, Y es una variable aleatoria continua que puede tomar cualquier valor entre 0 y 2. La curva de densidad de Y es el triángulo que se muestra en la figura 4.5.

(a) Comprueba que el área por debajo de esta curva es 1.

(b) ¿Cuál es la probabilidad de que Y sea inferior a 1? (Haz un esquema de la curva de densidad, sombrea el área que representa la probabilidad y luego halla ese área. Haz lo mismo en (c).)

(c) ¿Cuál es la probabilidad de que Y sea inferior a 0,5?

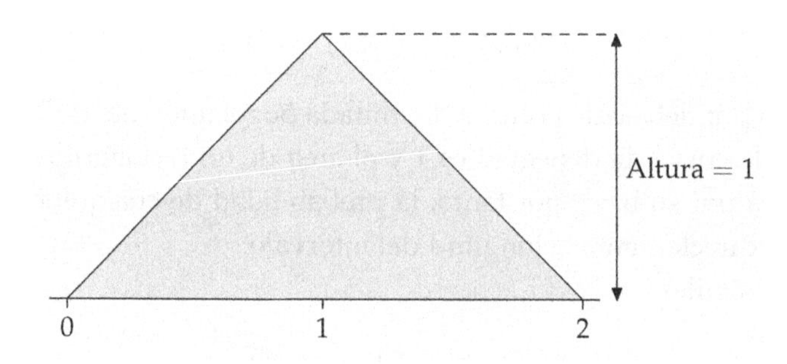

Figura 4.5. La curva de densidad correspondiente a la suma de dos números aleatorios. La curva de densidad reparte probabilidades entre 0 y 2.

4.3.4 Distribuciones normales de probabilidad

Cualquier curva de densidad se puede utilizar para asignar probabilidades. Las curvas de densidad que nos resultan más familiares son las normales. Así, **las distribuciones normales son modelos de probabilidad**. Existe una estrecha relación entre la distribución normal como una descripción idealizada de los datos, y un modelo de probabilidad normal. Si analizamos la altura de todas las muchachas, encontramos que, en la práctica, tienen una distribución normal de media $\mu = 164$ cm y desviación típica $\sigma = 6{,}3$ cm. Es una distribución de un conjunto grande de datos. Imagínate escogiendo una muchacha al azar. Llama a su altura X. Si repetimos la elección al azar muchas veces, la distribución de los valores de X es la misma distribución normal.

EJEMPLO 4.9. Altura de una chica

¿Cuál es la probabilidad de que la altura de una muchacha escogida al azar esté entre 1,73 y 1,78 m?

La altura X de una chica que escogemos tiene una distribución $N(164, 6{,}3)$. Halla la probabilidad estandarizando y utilizando la tabla A, la tabla de las probabilidades normales estandarizadas. Reservaremos la letra mayúscula Z para la variable normal estandarizada.

$$\begin{aligned} P(68 \le X \le 70) &= P\left\{\frac{68 - 64{,}5}{2{,}5} \le \frac{X - 64{,}5}{2{,}5} \le \frac{70 - 64{,}5}{2{,}5}\right\} \\ &= P(1{,}4 \le Z \le 2{,}2) \\ &= 0{,}9861 - 0{,}9192 = 0{,}0669 \end{aligned}$$

La figura 4.6 muestra las áreas por debajo de la curva normal estandarizada. El cálculo es el mismo que hicimos en el capítulo 1. Sólo el lenguaje en términos de probabilidad es nuevo. ■

Los ejemplos 4.8 y 4.9 usan una notación abreviada que a menudo resulta práctica. Utilizamos X para referirnos al resultado de escoger a una chica al azar y determinar su altura. Sabemos que X puede tomar un valor diferente si escogemos otra chica al azar. Debido a que el valor de X varía al cambiar de muestra (en este caso una muestra de tamaño 1) decimos que la altura X es una *variable aleatoria*.

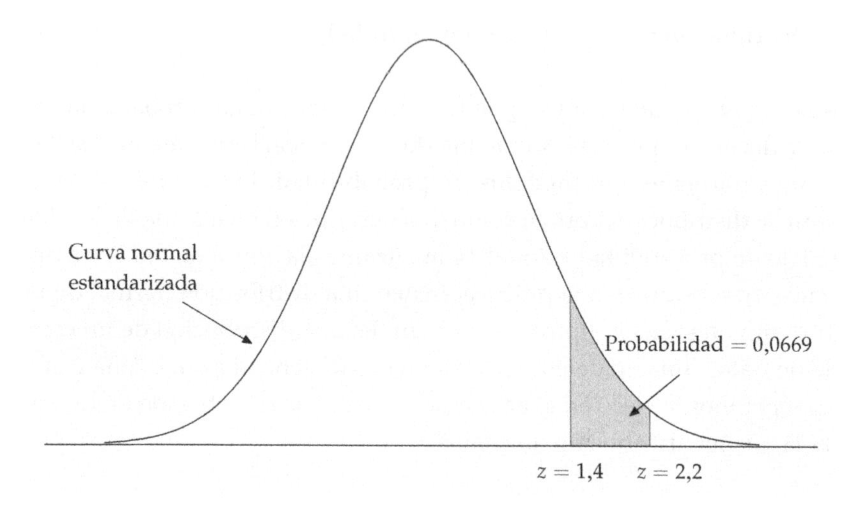

Figura 4.6. La probabilidad del ejemplo 4.9 como un área por debajo de la curva normal estandarizada.

VARIABLE ALEATORIA

Una **variable aleatoria** es una variable cuyos valores son resultados numéricos de un fenómeno aleatorio.

La **distribución de probabilidad** de una variable aleatoria X nos dice qué valores puede tomar X y cómo asignar probabilidades a estos valores.

Es habitual representar las variables aleatorias con las últimas letras del alfabeto en mayúsculas, como X e Y. Las variables aleatorias que tienen más interés para nosotros son resultados como la media $\bar{x}$ de una muestra aleatoria, para la que mantenemos la notación habitual.

APLICA TUS CONOCIMIENTOS

4.24. Prueba Iowa. La prueba Iowa sobre la riqueza de vocabulario tiene una distribución normal de media $\mu = 6{,}8$ y desviación típica $\sigma = 1{,}6$ para estudiantes de primero de bachillerato. La figura 1.13 muestra esta distribución. Sea X una variable aleatoria que da el resultado de la prueba Iowa de un estudiante de primero de bachillerato escogido al azar.

(a) Expresa algebraicamente el suceso "el estudiante escogido tiene una puntuación mayor o igual que 10" en términos de X.

(b) Halla la probabilidad de este suceso.

4.25. Lanzamiento de dos dados. El ejemplo 4.6 describe la asignación de probabilidades de los 36 resultados posibles al lanzar dos dados. Sea la variable aleatoria X la suma de los valores de las caras superiores. El ejemplo 4.6 muestra que $P(X = 5) = \frac{4}{36}$ y que $P(X = 7) = \frac{6}{36}$. Halla la distribución de probabilidad completa de la variable X. Es decir, asigna una probabilidad a cada uno de los resultados de la variable X. Utiliza los 36 resultados de la figura 4.2.

RESUMEN DE LA SECCIÓN 4.3

Un modelo de probabilidad para un fenómeno aleatorio consiste en un espacio muestral S y una asignación de probabilidades P.

El **espacio muestral** S es el conjunto de todos los resultados posibles de un fenómeno aleatorio. Un **suceso** es un conjunto de resultados. P asigna un número $P(A)$ a un suceso A como su probabilidad.

Cualquier asignación de probabilidad tiene que cumplir las reglas que definen las propiedades básicas de la probabilidad:

1. $0 \leq P(A) \leq 1$ para cualquier suceso A
2. $P(S) = 1$.
3. Para cualquier suceso A, $P(\text{no ocurra } A) = 1 - P(A)$.
4. **Regla de la adición**: Dos sucesos A y B son **disjuntos** si no tienen resultados en común. Si A y B son disjuntos, entonces $P(A \text{ o } B) = P(A) + P(B)$.

Cuando un espacio muestral S contiene un número finito de valores, un modelo de probabilidad asigna a cada uno de ellos una probabilidad entre 0 y 1, de manera que la suma de todas las probabilidades sea exactamente 1. La probabilidad de cualquier suceso es la suma de las probabilidades de todos los valores que constituyen dicho suceso.

Un espacio muestral puede contener todos sus valores como pertenecientes a un determinado intervalo numérico. Un modelo de probabilidad asigna probabilidades como **áreas por debajo de una curva de densidad**. La probabilidad de cualquier suceso es el área, por debajo de la curva de densidad, y situada por encima del intervalo que define el suceso.

Una **variable aleatoria** es una variable que toma valores numéricos determinados por los resultados de un fenómeno aleatorio. La **distribución de probabilidad** de una variable aleatoria X nos indica qué valores toma X y cómo se asignan las probabilidades a estos valores.

EJERCICIOS DE LA SECCIÓN 4.3

4.26. Compra una salchicha y apunta el número de calorías que contiene. Determina de forma razonable el espacio muestral S de tus resultados posibles. (La información del ejercicio 1.39 te puede ayudar.)

4.27. Escoge un estudiante al azar y apunta el número de euros que lleva encima en forma de billetes, olvídate de las monedas. Determina de forma razonable el espacio muestral S de este fenómeno aleatorio. (No sabemos cuál es la mayor cantidad que de forma razonable pueda llevar un estudiante; por tanto, tienes que tomar alguna decisión al respecto para poder definir el espacio muestral.)

4.28. Tierra en Canadá. Escoge al azar una hectárea de tierra en Canadá. La probabilidad de que sea bosque es 0,35 y de que sea prado 0,03.

(a) ¿Cuál es la probabilidad de que la hectárea escogida no sea bosque?

(b) ¿Cuál es la probabilidad de que sea bosque o prado?

(c) ¿Cuál es la probabilidad de que una hectárea escogida al azar en Canadá no sea ni bosque ni prado?

4.29. Colores de M&M. Si sacas al azar un caramelo del tipo M&M de una bolsa, el caramelo que saques tendrá uno de los seis colores posibles. La probabilidad de cada color depende de la proporción de caramelos de cada color que se fabriquen.

(a) La siguiente tabla muestra la probabilidad de que un caramelo M&M escogido aleatoriamente tenga cada uno de los 6 colores.

Color	Marrón	Rojo	Amarillo	Verde	Naranja	Azul
Probabilidad	0,3	0,2	0,2	0,1	0,1	?

¿Cuál debe ser la probabilidad de sacar un caramelo de color azul?

(b) Las probabilidades de los cacahuetes del tipo M&M son ligeramente distintas. Aquí las tenemos:

Color	Marrón	Rojo	Amarillo	Verde	Naranja	Azul
Probabilidad	0,2	0,1	0,2	0,1	0,1	?

¿Cuál es la probabilidad de que un cacahuete M&M escogido al azar sea azul?

(c) ¿Cuál es la probabilidad de que un caramelo M&M sea rojo, amarillo o naranja? ¿Y la probabilidad de que un cacahuete M&M sea rojo, amarillo o naranja?

4.30. La asignación de probabilidades, ¿es correcta? En cada una de las situaciones siguientes, determina si la asignación de probabilidades a los resultados individuales es legítima, es decir, determina si cumple las reglas de la probabilidad. Si la asignación no es correcta, justifica el porqué.

(a) Cuando se hace girar una moneda, $P(\text{Cara}) = 0{,}55$ y $P(\text{Cruz}) = 0{,}45$.

(b) Cuando se lanzan dos monedas, $P(\text{Cara, Cara}) = 0{,}4$, $P(\text{Cara, Cruz}) = 0{,}4$, $P(\text{Cruz, Cara}) = 0{,}4$ y $P(\text{Cruz, Cruz}) = 0{,}4$.

(c) La proporción de colores de los caramelos M&M no ha sido siempre la que se muestra en el ejercicio 4.29. En el pasado no había ni caramelos rojos ni azules. Los caramelos marrones tenían una probabilidad de 0,10 y los restantes 4 colores tenían las mismas probabilidades que aparecen en el ejercicio 4.29.

4.31. ¿Quién va a París? Alberto, Eulalia, María, Guillermo y Nuria trabajan en una empresa de relaciones públicas. La empresa debe escoger a dos de ellos para asistir a una conferencia en París. Para evitar injusticias, la elección se hará escogiendo al azar dos nombres de un sombrero. (Obtenemos una muestra aleatoria simple de tamaño 2.)

(a) Escribe todas las elecciones posibles de dos nombres de entre cinco. Esto es el espacio muestral.

(b) La selección al azar da las mismas posibilidades a todas las elecciones posibles. ¿Cuál es la probabilidad de cada elección posible?

(c) ¿Cuál es la probabilidad de que se escoja a Eulalia?

(d) ¿Cuál es la probabilidad de que no se escoja a ninguno de los dos hombres (Alberto y Guillermo)?

4.32. ¿Qué tamaño tienen las fincas? Escoge una finca al azar en EE UU y determina su superficie en hectáreas. He aquí las probabilidades de que la finca escogida caiga en alguna de las categorías siguientes:

Hectáreas	< 4	4-19	20-39	40-74	75-199	200-399	400-799	≥800
Probabilidad	0,09	0,20	0,15	0,16	0,22	0,09	0,05	0,04

Sea A el suceso de que la finca tenga menos de 20 hectáreas y B el suceso de que tenga 200 o más hectáreas.

(a) Halla las probabilidades de A y B.

(b) Describe en palabras el suceso "no ocurre A". Halla su probabilidad mediante la Regla 3.

(c) Describe en palabras el suceso "A o B". Halla su probabilidad mediante la regla de la adición.

4.33. Ruleta. Una ruleta tiene 38 casillas, numeradas del 1 al 36, además del 0 y del 00. De las 38 casillas, el 0 y el 00 son de color verde, y las restantes son 18 rojas y 18 negras. Se hace girar una bola en sentido opuesto al giro de la ruleta. La ruleta se ha nivelado cuidadosamente, de manera que la bola tiene las mismas posibilidades de situarse en cualquiera de ellas cuando la ruleta empieza a detenerse. Los jugadores pueden apostar por varias combinaciones de números y colores.

(a) ¿Cuál es la probabilidad de cada uno de los 38 resultados posibles? Justifica tu respuesta.

(b) Si tu apuesta es "rojo" y la bola se para en una casilla roja, ganas. ¿Cuál es la probabilidad de que esto ocurra?

(c) Los números de las casillas aparecen en una tabla en la que los jugadores hacen sus apuestas. Una columna de números de la tabla contiene todos los múltiplos de 3, es decir, 3, 6, 9, ..., 36. Apuestas por "esta columna" y ganas si sale alguno de los números de ella. ¿Cuál es la probabilidad de que ganes?

4.34. Orden de nacimiento. Una pareja se plantea tener 3 hijos. Existen 8 combinaciones posibles de niños y niñas. Por ejemplo, AAO quiere decir que los dos primeros hijos son niñas y el tercero es un niño. Las 8 combinaciones son, aproximadamente, igual de probables.

(a) Escribe las 8 combinaciones de los sexos de los tres hijos. ¿Cuál es la probabilidad de cualquiera de estas combinaciones?

(b) Sea X el número de niñas que tiene la pareja. ¿Cuál es la probabilidad de que $X = 2$?

(c) A partir de tus resultados en (a), halla la distribución de X. Es decir, ¿qué valores puede tomar X y cuál es la probabilidad de cada valor?

4.35. Ascensión social. Un estudio sobre la movilidad social en Inglaterra analizó la clase social alcanzada por los hijos de padres de clase baja. Las clases sociales se numeraron de la 1 (baja) hasta la 5 (alta). Considera que la variable aleatoria X es la clase social en la que se encuentra un hijo escogido aleatoriamente entre los hijos de padres de clase 1. El estudio halló que la distribución de X es

Clase del hijo	1	2	3	4	5
Probabilidad	0,48	0,38	0,08	0,05	0,01

(a) ¿Qué porcentaje de hijos de padres de clase baja alcanza la clase más alta, la clase 5?

(b) Comprueba que esta distribución cumple los dos requisitos de una distribución de probabilidad discreta. Dibuja un histograma de probabilidad que muestre la distribución.

(c) Halla $P(X \leq 3)$. (El suceso "$X \leq 3$" incluye el valor 3.)

(d) Halla $P(X < 3)$.

(e) Escribe el suceso "un hijo de padre de clase baja alcanza una de las dos clases más altas" en términos de valores de X. ¿Cuál es la probabilidad de este suceso?

4.36. Tamaño de hogares. Escoge al azar un hogar de Barcelona. Sea la variable aleatoria X el número de habitantes del hogar. Si prescindimos de los pocos hogares con más de siete personas, la distribución de probabilidad de X es la siguiente:

Habitantes	1	2	3	4	5	6	7
Probabilidad	0,25	0,32	0,17	0,15	0,07	0,03	0,01

(a) Comprueba que esta distribución de probabilidad es correcta.

(b) Calcula $P(X \geq 5)$

(c) Calcula $P(X > 5)$

(d) Calcula $P(2 < X \leq 4)$

(e) Calcula $P(X \neq 1)$

(f) Describe el suceso de que el hogar escogido al azar tenga más de dos habitantes en términos de la variable aleatoria X. ¿Cuál es la probabilidad de este suceso?

4.37. Números aleatorios. La mayoría de programas generadores de números aleatorios permite que los usuarios especifiquen el intervalo en el que se deben producir los números aleatorios. Supón, por ejemplo, que quieres generar un número aleatorio Y entre 0 y 2. La distribución de Y asigna la probabilidad de forma uniforme entre 0 y 2. La curva de densidad de X tiene que tener una altura constante entre 0 y 2, y una altura de 0 para el resto de valores.

(a) ¿Cuál es la altura de la curva de densidad entre 0 y 2? Dibuja un gráfico de la curva de densidad de Y.

(b) Utiliza tu gráfico en (a) y el hecho de que la probabilidad es el área por debajo de la curva para hallar $P(Y \leq 1)$.

(c) Halla $P(0{,}5 < Y < 1{,}3)$.

(d) Halla $P(Y \geq 0{,}8)$.

4.4 Distribución de la media muestral

La inferencia estadística saca conclusiones sobre toda una población a partir de los datos de una muestra. Como las buenas muestras se escogen al azar, estadísticos como $\bar{x}$ son variables aleatorias. Podemos describir el comportamiento de un estadístico mediante un modelo de probabilidad, que dé respuesta a la pregunta: "¿Qué ocurriría si lo repitiéramos muchas veces?".

4.4.1 La estimación estadística y la ley de los grandes números

He aquí un ejemplo que nos conducirá hacia una de las ideas probabilísticas más importantes para la inferencia estadística.

EJEMPLO 4.10. Este vino, ¿huele bien?

A veces, para conservar el vino se añaden compuestos sulfurosos como el dimetil sulfito (DMS). El DMS origina un olor característico del vino. Unos enólogos quieren conocer el valor del umbral de percepción, es decir, la concentración menor que puede detectar el olfato humano. No todo el mundo tiene el mismo umbral de percepción. Los enólogos empiezan por conocer la media μ del umbral de percepción de la población de todos los adultos. El número μ es un **parámetro** que describe esta población.

Parámetro

Para estimar μ, ofrecemos vino sin DMS y el mismo vino con distintas concentraciones de DMS a un grupo de catadores, con el objetivo de conocer la menor concentración para la cual los catadores pueden detectar el DMS. He aquí los umbrales de detección (expresados como microgramos de DMS por litro de vino) de 10 sujetos escogidos al azar:

28 40 28 33 20 31 29 27 17 21

El umbral medio para estos sujetos es $\bar{x} = 27{,}4$. Esta media muestral es un **estadístico** que utilizamos para estimar el parámetro μ, pero probablemente no toma el mismo valor que μ. Es más, sabemos que 10 sujetos distintos darían una $\bar{x}$ distinta. ■

Estadístico

Un parámetro tal como la media de detección del DMS μ de todos los adultos, toma un valor fijo pero desconocido. Un estadístico tal como la media muestral $\bar{x}$ de una muestra aleatoria de 10 adultos es una variable aleatoria. Parece razonable utilizar $\bar{x}$ para estimar μ. Una muestra aleatoria simple representa a la población de forma adecuada. En consecuencia, la media $\bar{x}$ debe tomar un valor similar al valor de la media μ de la población. Es claro que no esperamos que $\bar{x}$ sea exactamente igual a μ, y sabemos que si tomáramos otra muestra, el azar seguramente nos daría $\bar{x}$.

Si $\bar{x}$ difícilmente nos da el valor exacto de μ y además su valor cambia de muestra a muestra, ¿por qué $\bar{x}$ es un estimador razonable de la media poblacional μ? He aquí una respuesta, si perseveramos tomando muestras cada vez mayores, es *seguro* que el estadístico $\bar{x}$ cada vez se acercará más al parámetro μ. Tenemos la tranquilidad de saber que si calculamos la media muestral con más sujetos, podemos estimar la media de percepción de todos los adultos con mucha precisión. Este destacable hecho se conoce como la *ley de los grandes números*. Es destacable porque se cumple para cualquier población, no se limita a un tipo especial de poblaciones como por ejemplo las distribuciones normales.

LEY DE LOS GRANDES NÚMEROS

Obtén observaciones al azar de cualquier población de media finita μ. A medida que el número de observaciones obtenidas aumenta, la media $\bar{x}$ de los valores observados se acerca más y más a μ, la media poblacional.

La ley de los grandes números se puede probar matemáticamente a partir de las leyes básicas de la probabilidad. El comportamiento de $\bar{x}$ es similar a la idea de probabilidad. Después de muchas repeticiones, la proporción de resultados que toman un valor determinado se acerca a la probabilidad de este valor y la media de los resultados se acerca a la media poblacional. La figura 4.1 muestra un ejemplo en el que se ve cómo las proporciones se acercan a la probabilidad. He aquí un ejemplo que muestra cómo las medias muestrales se acercan a la media poblacional.

EJEMPLO 4.11. La ley de los grandes números en acción

En realidad, la distribución de los umbrales de detección de todos los adultos es 25. La media $\mu = 25$ es el verdadero valor del parámetro que queremos estimar. La figura 4.7 enseña que la media muestral $\bar{x}$ de una muestra aleatoria simple de esta población cambia a medida que aumentamos el tamaño de la muestra.

El primer sujeto del ejemplo 4.10 tiene un umbral igual a 28; por tanto, el gráfico de la figura 4.7 empieza en este punto. La media de los dos primeros sujetos es

$$\bar{x} = \frac{28 + 40}{2} = 34$$

Este es el segundo punto del gráfico. Al principio, el gráfico enseña que la media muestral cambia a medida que añadimos más observaciones. Sin embargo, la media de las observaciones se acerca a la media $\mu = 25$ y finalmente se asienta en este valor.

Si empezamos otra vez a escoger al azar gente de la población, el camino seguido desde la izquierda hacia la derecha de la gráfica de la figura 4.7 será distinto. La ley de los grandes números establece que sea el que sea el camino que sigamos siempre llegaremos a 25 a medida que escojamos más y más gente para la muestra. ■

La ley de los grandes números es el principio en el que se basan negocios como los casinos y las compañías de seguros. Las ganancias (o las pérdidas) de un jugador en un juego son inciertas —por este motivo el juego es emocionante—. En la figura 4.7, la media de 100 observaciones todavía no está muy cerca de μ. Es solamente *después de muchas repeticiones* que se puede predecir el resultado. El casino juega decenas de miles de veces. Por tanto, el casino, a diferencia de los jugadores individuales, puede basarse en la regularidad que aparece después de

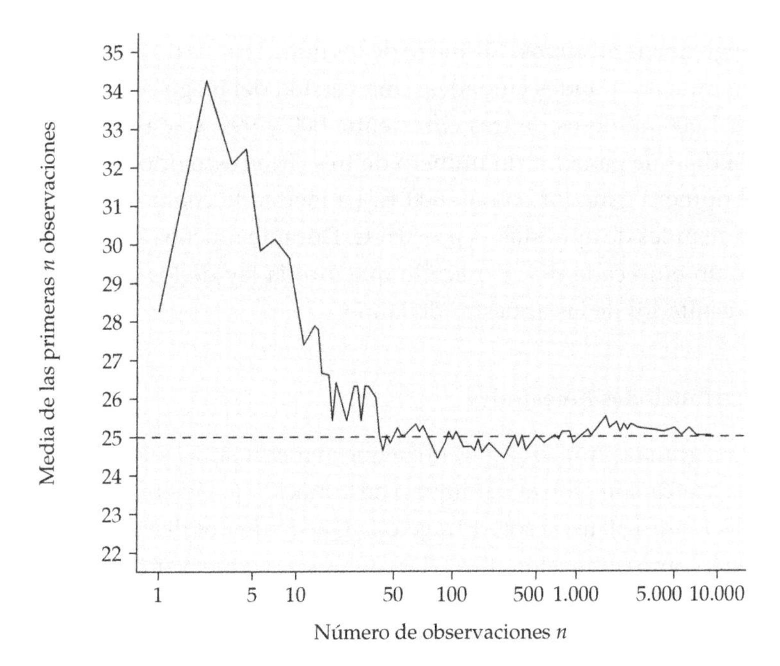

Figura 4.7. La ley de los grandes números en acción: a medida que tomamos más observaciones, la media muestral $\bar{x}$ siempre se aproxima a la media μ de la población.

muchas repeticiones y que describe la ley de los grandes números. La media de las ganancias del casino después de decenas de miles de apuestas estará muy cerca de la media de la distribución de ganancias. No es necesario añadir nada más, esta media garantiza los beneficios del casino. Esto es lo que justifica que el juego puede ser un negocio.

APLICA TUS CONOCIMIENTOS

4.38. La figura 4.7 muestra cómo se comporta la media de n observaciones a medida que añadimos más a las que ya tenemos. En el ejemplo 4.10 se dan las primeras 10 observaciones. Para demostrar que has captado la idea que expresa la figura 4.7, halla la media de la primera observación, de las dos primeras, de las tres primeras, de las cuatro primeras y de las cinco primeras. Representa éstas medias con relación a n (el número de observaciones). Comprueba que tu gráfico concuerda con la parte izquierda de la figura 4.7.

4.39. El juego de los números. El "juego de los números" es un juego ilegal que se practica en muchas grandes ciudades. Una versión del juego consiste en escoger uno de los 1.000 números de tres cifras entre 000 y 999. Cada apuesta es de un euro. Cada día sale ganador un número de tres cifras escogido al azar. Los acertantes del número ganador cobran 600 €. La media de cobros recibidos de una población de miles de apuestas es $\mu = 0{,}6$ €. Durante muchos años, Jaime ha ido apostando un euro cada día. Explica lo que dice la ley de los grandes números sobre los resultados de las apuestas de Jaime.

4.4.2 Distribuciones muestrales

La ley de los grandes números garantiza que al medir suficientes objetos, el estadístico $\bar{x}$ se acercará mucho al parámetro desconocido μ. Sin embargo, nuestro estudio del ejemplo 4.10 tenía sólo 10 sujetos. ¿Qué podemos decir sobre una media de 10 sujetos como estimación de μ? Preguntamos: "¿Qué ocurriría si tomásemos muchas muestras de 10 sujetos de esta población?". He aquí cómo responder:

- Toma un gran número de muestras de tamaño 10 de la misma población.
- Calcula la media muestral $\bar{x}$ de cada muestra.
- Dibuja un histograma con los valores de $\bar{x}$.
- Examina la distribución que muestra el histograma, es decir, fíjate en su forma, centro y dispersión, así como en observaciones atípicas y otras desviaciones.

En la práctica es demasiado caro tomar muchas muestras de poblaciones grandes como, por ejemplo, la de los adultos residentes en la Unión Europea. De todas formas, podemos imitar la obtención de muchas muestras utilizando un programa de ordenador. La utilización de un programa para imitar el comportamiento del azar se llama **simulación**.

Simulación

EJEMPLO 4.12. Determinación de una distribución muestral

Estudios extensivos han puesto de manifiesto que el umbral de percepción de DMS de los adultos sigue de forma aproximada una distribución normal de media $\mu = 25$ microgramos por litro y desviación típica $\sigma = 7$ microgramos por litro. La figura 4.8 muestra esta distribución poblacional. Con esta información podemos simular muchas repeticiones de nuestro estudio con diferentes sujetos de esta población obtenidos al azar. La figura 4.9 ilustra este proceso: obtenemos 1.000 muestras de tamaño 10, hallamos las 1.000 medias muestrales de los umbrales de percepción y dibujamos el histograma de estos 1.000 valores. ■

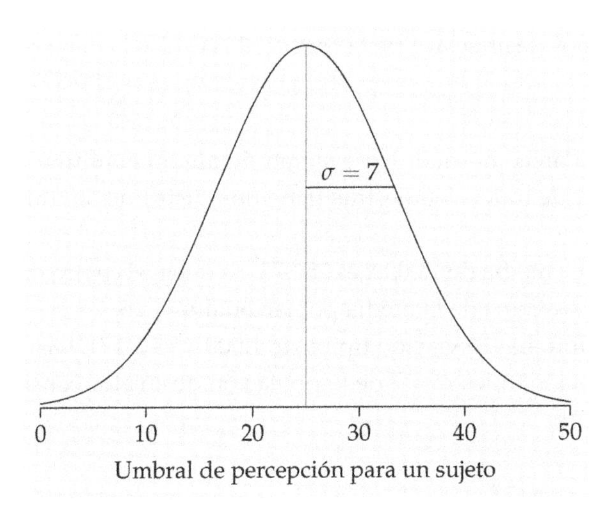

Figura 4.8. La distribución del umbral de percepción de DMS del vino en la población de todos los adultos. Esta distribución corresponde también a la distribución del umbral de percepción de DMS de un adulto escogido al azar.

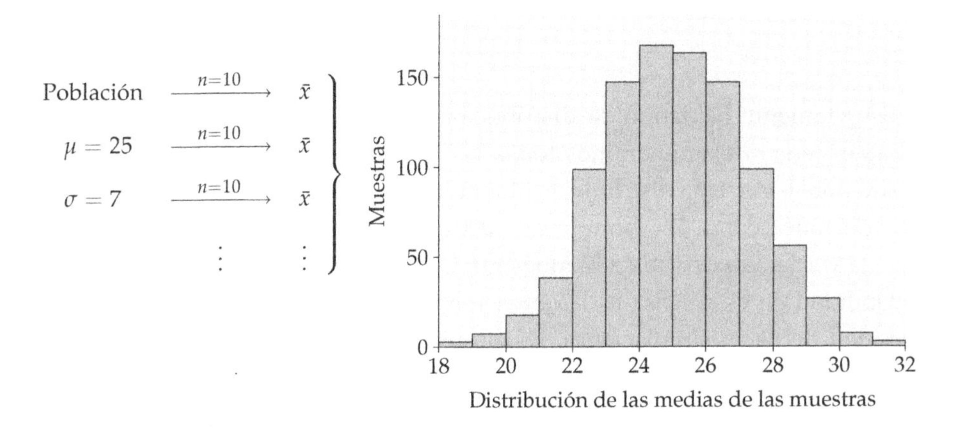

Figura 4.9. La idea de distribución muestral: toma muchas muestras de una misma población, calcula sus medias muestrales $\bar{x}$ y representa gráficamente la distribución de estas $\bar{x}$. Este histograma muestra los resultados de 1.000 muestras.

¿Qué podemos decir acerca de la forma, el centro y la dispersión de esta distribución?

- **Forma**: ¡Parece normal! Un examen detallado confirma que la distribución de $\bar{x}$ de muchas muestras tiene una distribución muy cercana a una normal.
- **Centro**: La media de 1.000 $\bar{x}$ es 25,073. Es decir, el centro de la distribución queda muy cerca de la media poblacional $\mu = 25$.
- **Dispersión**: La desviación típica de 1.000 $\bar{x}$ es 2,191, bastante menor que la desviación típica $\sigma = 7$ de la población de sujetos considerados individualmente.

El histograma de la figura 4.9 muestra cómo se comportaria $\bar{x}$ si obtuviéramos muchas muestras. Esta figura presenta la *distribución muestral* del estadístico $\bar{x}$.

DISTRIBUCIÓN MUESTRAL

La **distribución muestral** de un estadístico es la distribución de los valores tomados por él en todas las muestras posibles de igual tamaño de la misma población.

Estrictamente hablando, la distribución muestral es una distribución ideal que aparecería si examináramos todas las muestras posibles de tamaño 10 de nuestra población. Una distribución obtenida a partir de un determinado número de repeticiones, como por ejemplo las 1.000 de la figura 4.9, es sólo una aproximación a la verdadera distribución muestral. Una de las aplicaciones de la teoría de probabilidad en estadística es la obtención de las distribuciones muestrales sin necesidad de hacer simulaciones. La interpretación de la distribución muestral es la misma, tanto si la obtenemos mediante simulación como si la obtenemos mediante las matemáticas de la probabilidad.

APLICA TUS CONOCIMIENTOS

4.40. Obtención de una distribución muestral. Vamos a ilustrar la idea de distribución muestral en el caso de tener una muestra muy pequeña de una población, también, muy pequeña. La población son las notas obtenidas por 10 estudiantes en un examen:

Estudiante	0	1	2	3	4	5	6	7	8	9
Nota	8,2	6,2	8,0	5,8	7,2	7,3	6,5	6,6	7,4	6,2

El parámetro de interés es la nota media μ de esta población. La muestra es una muestra aleatoria simple de tamaño $n = 4$ obtenida de esta población. Debido a que se ha etiquetado a los estudiantes de 0 a 9, un dígito aleatorio de la tabla B representa la elección aleatoria de un estudiante.

(a) Halla la media de las 10 notas de la población. Este valor es la media poblacional μ.

(b) Utiliza la tabla B para obtener una muestra aleatoria de tamaño 4 de esta población. Halla la media $\bar{x}$ de las notas de la muestra. Este estadístico es una estimación de μ.

(c) Repite este proceso 10 veces. Para la elección de la muestra sitúate en diversos lugares de la tabla B. Dibuja un histograma con los 10 valores de $\bar{x}$. Estás determinando la distribución muestral de $\bar{x}$. El centro del histograma, ¿queda cerca de μ?

4.4.3 Media y desviación típica de $\bar{x}$

La figura 4.9 sugiere que cuando obtenemos muchas muestras aleatorias simples de una población, la distribución de la media muestral tiene como media la media poblacional y que tiene menos dispersión que la distribución de las observaciones individuales. Esto es un ejemplo de un hecho general.

MEDIA Y DESVIACIÓN TÍPICA DE LA MEDIA MUESTRAL[3]

Supón que $\bar{x}$ es la media de una muestra aleatoria simple de tamaño n obtenida de una gran población de media μ y desviación típica σ. La **media** de la distribución muestral de $\bar{x}$ es μ y su **desviación típica** es $\frac{\sigma}{\sqrt{n}}$.

[3]De forma estricta la fórmula de la desviación típica de $\bar{x}$ es $\sigma/\sqrt{n}$ y supone que obtenemos una muestra aleatoria simple de tamaño n de una población *infinita*. Si la población es de tamaño finito, la

Tanto la media como la desviación típica de la distribución de $\bar{x}$ tienen importantes implicaciones en la inferencia estadística.

- La media del estadístico $\bar{x}$ siempre es igual a la media μ de la población. La distribución de $\bar{x}$ se halla centrada en μ. En un muestreo repetido, $\bar{x}$ tomará algunas veces valores mayores que el verdadero valor del parámetro μ y otras veces, valores menores. No existe una tendencia sistemática a subestimar o a sobrestimar el valor del parámetro. Así queda más clara la idea de falta de sesgo, en el sentido de que no existe ningún "favoritismo". Debido a que la media de $\bar{x}$ es igual a μ, decimos que $\bar{x}$ es un **estimador insesgado** del parámetro μ.

Estimador insesgado

- Con muchas muestras es "correcta la media" de un estimador insesgado. Lo cerca que queda el estimador del parámetro en la mayoría de las muestras depende de la dispersión de la distribución del estimador. Si las observaciones individuales tienen una dispersión σ, entonces la media muestral de muestras de tamaño n tiene una desviación típica $\frac{\sigma}{\sqrt{n}}$. **Las medias tienen menos dispersión que las observaciones individuales**. La figura 4.10 compara la distribución de observaciones individuales (la distribución de la población) de los umbrales de detección con la distribución de la media muestral $\bar{x}$ de 10 observaciones.

No sólo la desviación típica de la distribución de $\bar{x}$ es menor que la desviación típica de las observaciones individuales, sino que se hace menor a medida que tenemos muestras mayores. **Los resultados de muestras grandes son menos variables que los resultados de muestras pequeñas**. Si n es grande, la desviación típica de $\bar{x}$ es pequeña y casi todas las muestras dan valores de $\bar{x}$ muy próximos al verdadero parámetro μ. Es decir, se puede confiar en la media muestral de una muestra grande para estimar de forma precisa la media poblacional. Sin embargo, fíjate en que la disminución de la desviación típica de la media muestral es la media poblacional dividida por $\sqrt{n}$. Para reducir a la mitad la desviación típica de $\bar{x}$, tenemos que aumentar cuatro veces la muestra, no es suficiente doblar su tamaño.

---

fórmula anterior se multiplica por $\sqrt{1-(n-1)/(N-1)}$. Esta corrección se acerca a 1 a medida que N aumenta. Cuando la población es al menos 10 veces mayor que la muestra, el factor de corrección toma valores entre 0,95 y 1, por tanto, en estas situaciones, es razonable utilizar la fórmula $\sigma/\sqrt{n}$.

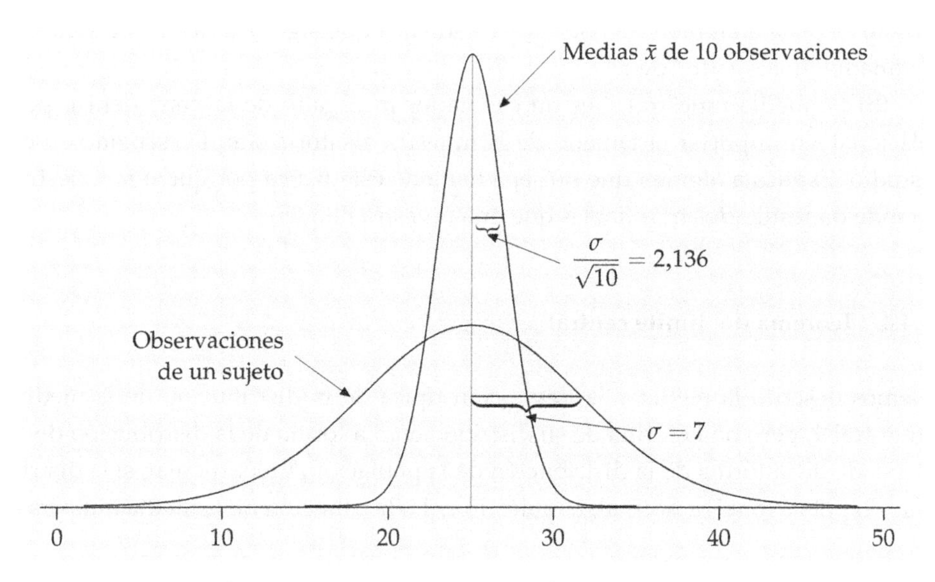

Figura 4.10. La distribución de observaciones individuales comparada con la distribución de las medias $\bar{x}$ de 10 observaciones. Las medias son menos variables que las observaciones individuales.

APLICA TUS CONOCIMIENTOS

4.41. Análisis en el laboratorio. Juan hace un análisis en el laboratorio de química y apunta sus resultados en una libreta. La desviación típica de los resultados de los análisis de los estudiantes es $\sigma = 10$ miligramos. Juan repite los análisis tres veces y halla la media $\bar{x}$ de los tres resultados.

(a) ¿Cuál es la desviación típica de las medias de Juan? (Es decir, si Juan siguiera haciendo análisis de tres en tres de forma indefinida y calculara sus medias, ¿cuál sería la desviación típica de todas sus medias muestrales $\bar{x}$?)

(b) ¿Cuántas veces debe repetir Juan un análisis para que la desviación típica de $\bar{x}$ sea 5? Explica a alguien que no sepa nada de estadística la ventaja de dar la media de algunos análisis en lugar de dar uno solo.

4.42. Determinación del nivel de colesterol en la sangre. Un estudio sobre la salud de los adolescentes quiere determinar el nivel de colesterol de una muestra aleatoria simple de jóvenes de entre 13 y 16 años. Los investigadores darán la media muestral $\bar{x}$ como una estimación de la media μ del nivel de colesterol de esta población.

(a) Explica a alguien que no sepa estadística qué significa decir que $\bar{x}$ es un estimador "insesgado" de μ.

(b) La media muestral $\bar{x}$ es un estimador insesgado de la verdadera μ poblacional sin importar el tamaño de la muestra aleatoria simple escogido en el estudio. Explica a alguien que no sepa nada de estadística por qué una muestra grande da resultados más fiables que una muestra pequeña.

4.4.4 Teorema del límite central

Hemos descrito la media y la desviación típica de la distribución de la media muestral $\bar{x}$, pero no la forma de su distribución. La forma de la distribución de $\bar{x}$ depende de la forma de la distribución de la población. En particular, si la distribución poblacional es normal, también lo es la distribución de la media muestral.

DISTRIBUCIÓN DE LA MEDIA MUESTRAL

Si la distribución de la población es $N(\mu, \sigma)$, entonces la media muestral $\bar{x}$ de n observaciones independientes tiene una distribución $N(\mu, \frac{\sigma}{\sqrt{n}})$.

Ya conocíamos los valores de la media y de la desviación típica de la media muestral. Lo único que hemos añadido ahora es la forma normal. La figura 4.10 ilustra estos hechos en el caso de la determinación de los umbrales de percepción de DMS. Los umbrales de percepción del olor de la población de todos los adultos tiene una distribución normal, por tanto, la distribución de la media muestral de 10 adultos también es una distribución normal.

¿Qué ocurre cuando la distribución poblacional no es normal? A medida que aumenta el tamaño de la muestra, la distribución de $\bar{x}$ cambia de forma: se parece menos a la distribución de la población muestreada y cada vez más a una distribución normal. Cuando la muestra es suficientemente grande, la distribución de $\bar{x}$ se parece mucho a una distribución normal. Esto es cierto sea cual sea la forma de la distribución de la población, siempre y cuando esta población tenga una desviación típica finita σ. Este famoso resultado de la teoría de la probabilidad se conoce como *teorema del límite central*. En la práctica este teorema es mucho más útil que el hecho de que la distribución de $\bar{x}$ sea exactamente normal cuando la población muestreada también lo es.

TEOREMA DEL LÍMITE CENTRAL

Obtén una muestra aleatoria simple de tamaño n de cualquier población de media μ y desviación típica finita σ. Cuando n es grande, la distribución de la media muestral es aproximadamente normal:

$$\bar{x} \text{ es aproximadamente } N(\mu, \frac{\sigma}{\sqrt{n}})$$

De forma más general, el teorema del límite central dice que la distribución de la suma o la media de muchos valores aleatorios se aproxima mucho a una normal. Esto es cierto incluso si estos valores no son independientes (siempre y cuando no estén muy correlacionados) e incluso también si estos valores tienen distribuciones distintas (siempre y cuando un valor aleatorio no sea tan grande que domine a los restantes). El teorema del límite central sugiere que las distribuciones normales son modelos habituales para datos observados. Cualquier variable que sea la suma de muchas influencias pequeñas tendrá aproximadamente una distribución normal.

El tamaño n que debe tener la muestra para que $\bar{x}$ sea aproximadamente normal depende de la distribución de la población. Se necesitan más observaciones si la forma de la población es muy poco normal.

EJEMPLO 4.13. El teorema del límite central en acción

La figura 4.11 muestra el teorema del límite central en acción para poblaciones muy asimétricas. La figura 4.11(a) muestra la curva de densidad de una observación individual, es decir, la distribución de la población. La distribución es muy asimétrica hacia la derecha y los resultados más probables se encuentran cerca de 0. La media μ de esta distribución es 1 y su desviación típica σ también es 1. Esta distribución particular se llama *distribución exponencial*. Las distribuciones exponenciales se utilizan como modelos para describir el tiempo de vida de los componentes electrónicos o el tiempo necesario para servir a un cliente o para reparar una máquina.

Las figuras 4.11(b), (c) y (d) son las curvas de densidad de las medias muestrales de 2, 10 y 25 observaciones de esta población. A medida que aumenta n, la forma de la distribución de la media muestral cada vez es más normal. La media se mantiene en $\mu = 1$ y la desviación típica disminuye, tomando el valor $\frac{1}{\sqrt{n}}$. La curva de densidad de 10 observaciones se mantiene algo asimétrica hacia la derecha, pero ya se parece a una curva normal con $\mu = 1$ y $\sigma = \frac{1}{\sqrt{10}} = 0{,}32$. La curva de densidad para $n = 25$ ya es más normal. El contraste entre la forma de la distribución poblacional y la distribución de la media de 10 o 25 observaciones es sorprendente. ■

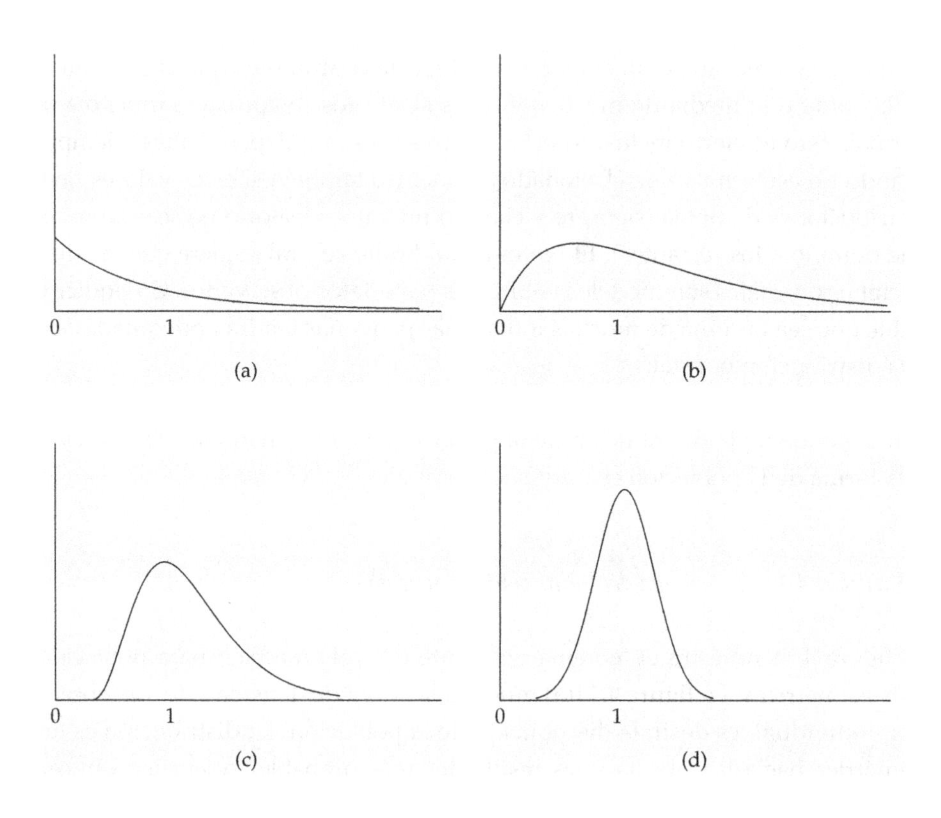

Figura 4.11. El teorema del límite central en acción: la distribución de las medias muestrales $\bar{x}$ de una población muy asimétrica se hace más normal a medida que el tamaño de la muestra aumenta. (a) La distribución de una observación. (b) La distribución de $\bar{x}$ para dos observaciones. (c) La distribución de $\bar{x}$ para 10 observaciones. (d) La distribución de $\bar{x}$ para 25 observaciones.

El teorema del límite central nos permite utilizar los cálculos de probabilidad de una población normal para responder a preguntas sobre las medias muestrales de muchas observaciones, incluso cuando la distribución de la población no es normal.

EJEMPLO 4.14. Mantenimiento de aparatos de aire acondicionado

El tiempo X que un técnico necesita para realizar el mantenimiento de un aparato de aire acondicionado viene determinado por una distribución exponencial cuya curva de densidad aparece en la figura 4.11(a). El tiempo medio es $\mu = 1$ hora y la desviación típica es $\sigma = 1$ hora. Tu empresa hace el mantenimiento de 70 aparatos. ¿Cuál es la probabilidad de que la media del tiempo de mantenimiento sea superior a 50 minutos?

El teorema del límite central dice que la media muestral $\bar{x}$ del tiempo (en horas) necesario para reparar 70 unidades tiene aproximadamente una distribución normal de media igual a la media de la población $\mu = 1$ y desviación típica

$$\frac{\sigma}{\sqrt{70}} = \frac{1}{\sqrt{70}} = 0{,}12 \text{ horas}$$

La distribución de $\bar{x}$ es, pues, aproximadamente $N(1, 0{,}12)$. La figura 4.12 muestra con trazo continuo esta curva normal.

Como 50 minutos es lo mismo que $\frac{50}{60}$ de una hora, o 0,83 horas, la probabilidad que queremos saber es $P(\bar{x} > 0{,}83)$. Un cálculo para una distribución normal da esta probabilidad como 0,9222, es el área situada a la derecha de 0,83 y por debajo de la curva de trazado continuo de la figura 4.12.

Utilizando más matemáticas, podemos hallar la curva de densidad real de $\bar{x}$ para 70 observaciones partiendo de la distribución exponencial. Esta curva aparece con trazo discontinuo en la figura 4.12. Puedes ver que la curva normal de trazo continuo es una buena aproximación. La probabilidad exacta es el área por debajo de la curva de trazado discontinuo. Es 0,9294. La aproximación normal del teorema del límite central comete un error de sólo 0,007. ■

APLICA TUS CONOCIMIENTOS

4.43. Notas ACT. Las notas de los estudiantes en el examen ACT, prueba de acceso a la universidad en EE UU, en un año reciente, tenían una distribución normal con media $\mu = 18{,}6$ y desviación típica $\sigma = 5{,}9$.

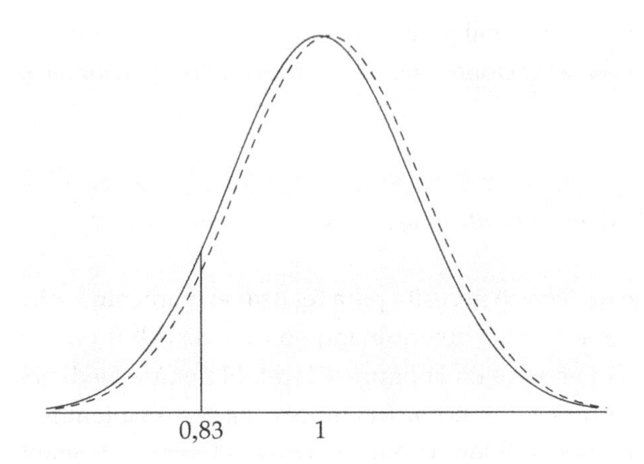

Figura 4.12. La distribución exacta (trazo discontinuo) y la aproximación normal a partir del teorema del límite central (línea continua) para el tiempo medio necesario para hacer el mantenimiento de un aparato de aire acondicionado. Para el ejemplo 4.14.

(a) ¿Cuál es la probabilidad de que un estudiante escogido aleatoriamente entre todos los que hicieron el examen ese año tenga una nota mayor o igual que 21?

(b) ¿Cuáles son los valores de la media y la desviación típica de la media muestral $\bar{x}$ de las notas de estos 50 estudiantes?

(c) ¿Cuál es la probabilidad de que la nota media $\bar{x}$ de estos estudiantes sea igual o mayor que 21?

4.44. Taras en alfombras. El número de taras por metro cuadrado de un material para alfombras varía con una media de 1,6 taras por metro cuadrado y una desviación típica de 1,2 taras por metro cuadrado. La distribución poblacional no puede ser normal, ya que un recuento sólo toma valores enteros positivos. Un inspector analiza 200 m^2 del material, anota el número de taras halladas en cada uno de estos metros cuadrados y calcula $\bar{x}$, la media del número de taras en los metros cuadrados inspeccionados. Utiliza el teorema del límite central para hallar la probabilidad aproximada de que la media del número de taras por metro cuadrado sea mayor que 2.

4.45. Rendimiento de acciones. La distribución de los rendimientos anuales de las acciones es aproximadamente simétrica, aunque las observaciones extremas son más frecuentes que en una distribución normal. Como esta falta de normalidad no es muy fuerte, la media de los rendimientos, incluso durante un número pequeño de años, es aproximadamente normal. A largo plazo, los rendimientos anuales varían con una media próxima al 9% y una desviación típica próxima al 28%. Jaime piensa retirarse dentro de 45 años y está considerando la posibilidad de invertir en bolsa. ¿Cuál es la probabilidad (suponiendo que los rendimientos anuales de las acciones mantienen la misma variación) de que la media de los rendimientos anuales de las acciones en los próximos 45 años supere el 15%? ¿Cuál es la probabilidad de que esta media de rendimientos sea menor del 5%?

RESUMEN DE LA SECCIÓN 4.4

Cuando queremos información sobre la **media poblacional** μ de alguna variable, solemos tomar una muestra aleatoria simple y utilizamos la **media muestral** $\bar{x}$ para estimar el parámetro desconocido μ.

La **ley de los grandes números** establece que la media realmente observada $\bar{x}$ debe aproximarse a la media poblacional μ a medida que aumenta el número de observaciones.

La **distribución** de $\bar{x}$ describe cómo varía el estadístico $\bar{x}$ en todas las posibles muestras del mismo tamaño de la población.

La **media** de la distribución de $\bar{x}$ es μ; por tanto, $\bar{x}$ es una **estimador insesgado** de μ.

La **desviación típica** de la distribución de $\bar{x}$ es $\frac{\sigma}{\sqrt{n}}$ para una muestra aleatoria simple de tamaño n, si la población tiene una desviación típica σ. Es decir, las medias son menos variables que las observaciones individuales.

Si la población tiene una distribución normal, $\bar{x}$ también la tiene.

El **teorema del límite central** establece que, con una n grande, la distribución de $\bar{x}$ es aproximadamente normal para cualquier población con una desviación típica finita σ. Es decir, las medias son más normales que las observaciones individuales. Podemos utilizar la distribución $N(\mu, \frac{\sigma}{\sqrt{n}})$ para calcular probabilidades aproximadas de sucesos en los que $\bar{x}$ esté implicada.

EJERCICIOS DE LA SECCIÓN 4.4

4.46. Ruleta. Una ruleta tiene 38 casillas: 18 son negras, 18 son rojas y 2 son verdes. Cuando se hace girar la ruleta, la bola tiene las mismas posibilidades de situarse en cualquiera de ellas. Una de las apuestas más simples consiste en escoger rojo o negro. Si se apuesta un euro a rojo, se obtienen 2 € si la bola se detiene en una casilla roja o se pierde en caso contrario. Cuando los jugadores apuestan rojo o negro, las dos casillas verdes quedan para la casa. Debido a que la probabilidad de ganar 2 € es $\frac{18}{38}$, las ganancias medias de una apuesta de un euro es dos veces $\frac{18}{38}$ o 0,947 €. Explica lo que dice la ley de los grandes números sobre lo que ocurrirá si un jugador apuesta muchas veces al color rojo.

4.47. Obtención de una distribución muestral. La tabla 1.9 proporciona los tiempos de supervivencia de 72 conejillos de Indias de un experimento médico. Considera a estos 72 animales como la población de interés.

(a) Dibuja un histograma con los 72 tiempos de supervivencia. Este histograma es la distribución poblacional y es muy asimétrica hacia la derecha.

(b) Halla la media de los 72 tiempos de supervivencia. Este valor es la media poblacional μ. Señálalo en el eje de las abscisas de tu histograma.

(c) Etiqueta los miembros de la población de 01 a 72. Utiliza la tabla B para obtener una muestra aleatoria simple de tamaño $n = 12$. ¿Cuál es el tiempo medio de supervivencia $\bar{x}$ de tu muestra? Señala el valor de $\bar{x}$ en el eje de las abscisas de tu histograma.

(d) Escoge otras cuatro muestras aleatorias simples de tamaño 12, situándote en diferentes lugares de la tabla B. Halla la media muestral $\bar{x}$ de cada muestra y señala sus valores en el histograma. ¿Te sorprenderías si los cinco valores de $\bar{x}$ quedaran al mismo lado de μ? ¿Por qué?

(e) Si obtienes un gran número de muestras aleatorias simples de tamaño 12 de esta población y dibujas un histograma con todos los valores, ¿dónde crees que se situará el centro de esta distribución?

4.48. Polvo en minas de carbón. Un laboratorio pesa filtros de aire de una mina de carbón para medir la cantidad de polvo en la atmósfera de la mina. Las mediciones repetidas del polvo de un mismo filtro varían normalmente con una desviación típica $\sigma = 0{,}08$ mg, debido a que las mediciones no son perfectamente precisas. El polvo de un determinado filtro realmente pesa 123 mg. Las mediciones repetidas del peso de este filtro tendrán, pues, una distribución normal de media 123 mg y desviación típica 0,08 mg.

(a) El laboratorio da la media de 3 mediciones. ¿Cuál es la distribución de esta media?

(b) ¿Cuál es la probabilidad de que el laboratorio dé un peso mayor o igual que 123 mg para este filtro?

4.49. Encuesta de opinión. Se pregunta a una muestra aleatoria simple de 400 españoles adultos: "¿Cuál crees que es el problema más importante al que se enfrentan nuestras escuelas?". Supón que el 30% de todos los adultos contestase "la falta de buenas instalaciones", si se les efectuara esta pregunta. Es decir, la proporción poblacional es $p = 0{,}3$. La proporción muestral $\hat{p}$ que responde "la falta de buenas instalaciones" variará en un muestreo repetido. La distribución muestral será aproximadamente normal con una media de 0,3 y una desviación típica de 0,023. Utilizando esta aproximación, halla las probabilidades de los siguientes sucesos:

(a) Al menos la mitad de la muestra cree que la falta de buenas instalaciones es el problema más importante de las escuelas.

(b) Menos del 25% de la muestra cree que la falta de buenas instalaciones es el problema más importante de las escuelas.

(c) La proporción muestral está entre 0,25 y 0,35.

4.50. Componentes de automóviles. En una fábrica de automóviles, una esmeriladora automática prepara ejes con un diámetro fijado de $\mu = 40{,}125$ milímetros (mm). La máquina tiene una cierta variabilidad, de manera que la desviación típica de los diámetros es $\sigma = 0{,}002$ mm. El operador de la máquina inspecciona una muestra de 4 ejes cada hora para hacer un control de calidad y toma nota del diámetro medio de la muestra. ¿Qué valores tomarán la media y la desviación típica de las medias muestrales?

4.51. Llenado de botellas. Una empresa utiliza una máquina para llenar las botellas de un refresco. Se supone que cada botella tiene una capacidad de 300 mililitros (ml). En realidad, el contenido de las botellas varía según una distribución normal de media $\mu = 298$ ml y desviación típica $\sigma = 3$ ml.

(a) ¿Cuál es la probabilidad de que una botella contenga menos de 295 ml?

(b) ¿Cuál es la probabilidad de que la media de los contenidos de un paquete de 6 botellas sea menor que 295 ml?

4.52. Potasio en la sangre. Al médico de Dolores le preocupa que pueda padecer hipocaliemia (un nivel bajo de potasio en la sangre). Existe una cierta variación tanto en el verdadero nivel de potasio en la sangre como en la prueba que mide este nivel. La determinación del nivel de potasio de Dolores varía de acuerdo con una distribución normal de $\mu = 3{,}8$ y $\sigma = 0{,}2$. Un paciente se diagnostica como hipocaliémico si su nivel de potasio está por debajo de 3,5.

(a) Si se hace un solo análisis, ¿cuál es la probabilidad de que se le diagnostique hipocaliemia a Dolores?

(b) Si se hacen 4 análisis en distintos días y la media de los análisis se compara con el nivel de referencia de 3,5, ¿cuál es la probabilidad de que se le diagnostique hipocaliemia a Dolores?

4.53. Accidentes de tráfico. El número de accidentes de tráfico por semana en un cruce varía con una media de 2,2 accidentes y una desviación típica de 1,4 accidentes. El número de accidentes en una semana tiene que ser un número entero, por tanto, la distribución de la población no es normal.

(a) Sea $\bar{x}$ la media de los accidentes por semana en el cruce durante un año (52 semanas). ¿Cuál es la distribución aproximada de $\bar{x}$ de acuerdo con el teorema del límite central?

(b) ¿Cuál es la probabilidad aproximada de que $\bar{x}$ sea menor que 2?

(c) ¿Cuál es la probabilidad aproximada de que en un año haya menos de 100 accidentes en el cruce? (Sugerencia: plantea este suceso en términos de $\bar{x}$).

4.54. Contaminación atmosférica de los automóviles. El nivel de óxidos de nitrógeno (NOX) de los gases producidos por un determinado modelo de automóvil varía con una media de 0,9 gramos por kilómetro (g/km) y una desviación típica de 0,15 g/km. Una empresa tiene 125 automóviles de este modelo en su flota.

(a)¿Cuál es la distribución aproximada del nivel medio de emisiones de NOX de estos automóviles?

(b) ¿Cuál es el nivel N tal que la probabilidad de que $\bar{x}$ sea mayor que N sea sólo de 0,01? (Sugerencia: este ejercicio exige hacer el cálculo normal en dirección contraria.)

4.55. Jardín de infancia. A los párvulos a veces se les hace pasar la prueba RPMT (*Ravin Progressive Matrices Test*) para evaluar su habilidad de aprendizaje. La experiencia de la Escuela Europea indica que los resultados en la prueba RPMT de sus alumnos de parvulario tienen una media igual a 13,6 y una desviación típica igual a 3,1. La distribución es aproximadamente normal. La Sra. Ginovart tiene, este curso, 22 niños en su clase de párvulos y sospecha que este año los resultados de la prueba RPMT de su clase han sido anormalmente bajos debido a que dicha prueba se interrumpió por una alarma de incendio. Para comprobar esta sospecha, la Sra. Ginovart quiere hallar el resultado R que tiene una probabilidad de sólo 0,05 de que la media de los resultados de 22 niños sea menor que R cuando se mantiene la distribución habitual de la Escuela Europea. ¿Cuál es el valor de R? (Sugerencia: este ejercicio exige hacer el cálculo normal en dirección contraria.)

4.5 Gráficos de control

Existen muchas situaciones en las que nuestro objetivo es mantener una variable constante a lo largo del tiempo. Puedes ir controlando tu peso o tu presión sanguínea y alterar determinados aspectos de tu vida si observas algún cambio. En la industria se examinan los resultados de mediciones regulares hechas durante la producción y se toman medidas si la calidad se deteriora. La estadística juega un papel central en estos casos debido a la presencia de variación. Todos los procesos la tienen. Tu peso fluctúa día a día; la dimensión crítica de un componente mecánico varía un poco de artículo a artículo. La variación ocurre incluso en los productos fabricados con la mayor precisión, debido a pequeños cambios en las materias primas, al ajuste de máquinas, a la actuación de operarios e incluso a pequeños cambios de la temperatura de la planta de fabricación. Como siempre hay variaciones, resulta imposible mantener una variable exactamente constante a lo largo del tiempo. La descripción estadística de la estabilidad a lo largo del tiempo exige que la distribución de la variación permanezca estable, no que no haya variación de la variable medida.

CONTROL ESTADÍSTICO

Una variable que se describe siempre con la misma distribución cuando se observa a lo largo del tiempo, se dice que está bajo control estadístico o simplemente que está **bajo control**.

Los **gráficos de control** son instrumentos estadísticos que vigilan un proceso y que nos alertan cuando éste se altera.

Los gráficos de control cuentan con que haya variación. Su utilidad se basa en su capacidad para distinguir lo que es la variación natural de un proceso de lo que es la variación adicional que indica que el proceso se ha alterado. Un gráfico de control hace sonar una alarma cuando detecta un exceso de variación. La aplicación más frecuente de los gráficos de control se realiza en el seguimiento de un proceso industrial. De todas maneras, los mismos métodos se pueden utilizar para comprobar la estabilidad de variables tan distintas como son los índices de audiencia de un programa televisivo o el nivel de ozono en la atmósfera. Los gráficos de control combinan descripciones gráficas y numéricas de los datos con la utilización de las distribuciones muestrales. Por tanto, proporcionan un puente natural entre el análisis exploratorio de datos y la inferencia estadística.

4.5.1 Gráficos de medias

En los gráficos de control, la población es el conjunto de todos los artículos que se obtendrían en un proceso industrial si dichos artículos se fabricaran siempre en las mismas condiciones. Los artículos realmente fabricados son muestras de esta población. Generalmente hablamos de un proceso más que de una población. Escoge una variable cuantitativa como, por ejemplo, un diámetro o un voltaje, que sea un indicador importante de la calidad de un artículo. La media del proceso μ es la media después de muchas mediciones de esta variable; μ describe el centro o el objetivo del proceso. La media muestral $\bar{x}$ de algunos artículos estima μ y nos ayuda a juzgar si el centro del proceso se ha desviado de su valor correcto. Los gráficos de control de uso más común representan las medias de pequeñas muestras tomadas del proceso a intervalos de tiempo regulares.

EJEMPLO 4.15. Fabricación de pantallas de ordenador

Un fabricante de pantallas de ordenador debe controlar la tensión de la malla de finos alambres que se extiende detrás de la superficie de la pantalla. Si la tensión de la red es demasiado alta, se provoca una rotura de la misma, y si es demasiado baja, la red no se adhiere correctamente a la pantalla. La tensión se mide mediante un aparato electrónico que da lecturas en milivoltios (mV). La tensión adecuada es de 275 mV. Siempre hay alguna variación en el proceso de producción. Un minucioso estudio señala que cuando el proceso funciona correctamente, la desviación típica de las lecturas de tensión es $\sigma = 43$ mV.

El operador mide, cada hora, la tensión de una muestra de 4 pantallas. La media $\bar{x}$ de cada muestra estima la tensión media μ del proceso en el momento del muestreo. La tabla 4.1 recoge los valores observados de $\bar{x}$ durante 20 horas de producción consecutivas. ¿Cómo podemos utilizar estos datos para mantener el proceso bajo control? ■

Tabla 4.1. $\bar{x}$ de 20 muestras de tamaño 4.

Muestra	1	2	3	4	5	6	7	8	9	10
$\bar{x}$	269,5	297,0	269,6	283,3	304,8	280,4	233,5	257,4	317,5	327,4
Muestra	11	12	13	14	15	16	17	18	19	20
$\bar{x}$	264,7	307,7	310,0	343,3	328,1	342,6	338,8	340,1	374,6	336,1

Un gráfico temporal nos ayuda a ver si el proceso es estable o no. La figura 4.13 es un gráfico de las sucesivas medias muestrales con relación al orden en que fueron tomadas. Debido a que el valor fijado de la media del proceso es $\mu = 275$ mV, dibujamos una *línea central* a la altura de este valor y a lo largo de todo el gráfico. Las medias de las últimas muestras se sitúan por encima de esta línea y son, de manera consistente, mayores que las medias de las primeras muestras. Esto sugiere que la media del proceso μ puede haberse desplazado hacia arriba, lejos de su valor objetivo de 275 mV. Pero quizás el cambio de $\bar{x}$ refleje la variación natural del proceso. Necesitamos reexaminar nuestro gráfico mediante algunos cálculos.

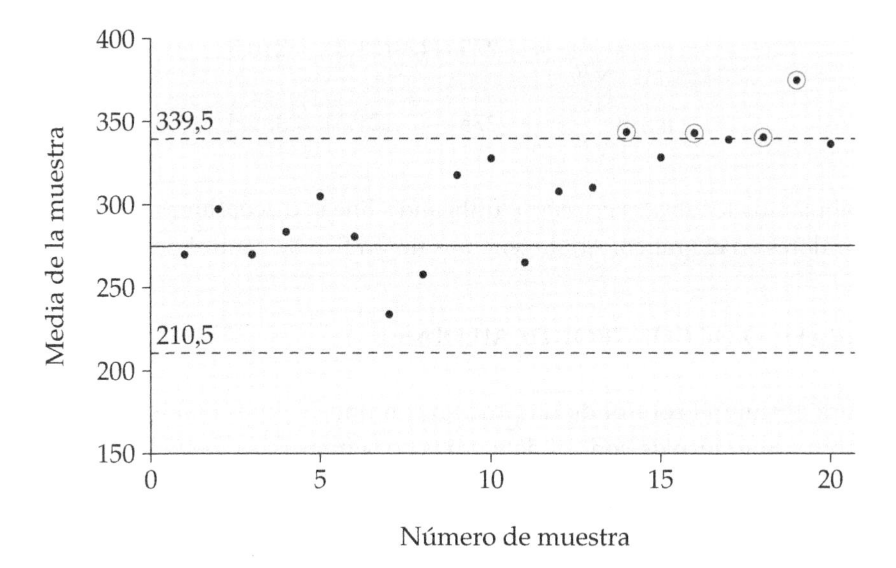

Figura 4.13. Gráfico de control de medias para los datos de la tabla 4.1. Los puntos representados en el gráfico con las medias de mediciones de tensión $\bar{x}$ de 4 pantallas de ordenador obtenidas cada hora durante la producción. La línea continua central y las líneas discontinuas de control nos ayudan a determinar si el proceso se ha alterado.

La media muestral $\bar{x}$ tiene una distribución muy parecida a una distribución normal. No sólo porque la distribución de las mediciones de tensión es aproximadamente normal, sino también porque el efecto del teorema del límite central garantiza que la distribución de las medias muestrales estará más próxima a una distribución normal que las mediciones individuales. Debido a que la función de un gráfico de control es la de dispositivo de aviso, no es necesario que nuestros cálculos de probabilidad sean totalmente precisos. Una normalidad aproximada es suficientemente buena. Con este mismo espíritu, los gráficos de control utilizan las probabilidades normales aproximadas dadas por la regla del 68-95-99,7, en vez de los cálculos más exactos basados en la tabla A.

Si la desviación típica de las pantallas individuales se mantiene en $\sigma = 43$ mV, la desviación típica de $\bar{x}$ de 4 pantallas es

$$\frac{\sigma}{\sqrt{n}} = \frac{43}{\sqrt{4}} = 21{,}5 \text{ mV}$$

Mientras que la media se mantenga en su valor objetivo $\mu = 275$ mV, el 99,7 de la regla del 68-95-99,7 dice que prácticamente todos los valores de $\bar{x}$ se encuentran entre

$$\begin{aligned} \mu - 3\frac{\sigma}{\sqrt{n}} &= 275 - (3)(21{,}5) = 210{,}5 \\ \mu + 3\frac{\sigma}{\sqrt{n}} &= 275 + (3)(21{,}5) = 339{,}5 \end{aligned}$$

Dibujamos los *límites de control* utilizando líneas discontinuas a la altura de estos valores en el gráfico. Ahora tenemos un gráfico de control de medias.

GRÁFICO DE CONTROL DE MEDIAS

Para evaluar el control de un proceso con unos valores dados de μ y σ, dibuja un **gráfico de control de medias** de la manera siguiente:

- Dibuja las medias $\bar{x}$ de muestras de tamaño n tomadas de forma regular a lo largo del tiempo.
- Dibuja la **línea central** horizontal en μ.
- Dibuja los **límites de control** horizontales en $\mu \pm 3\frac{\sigma}{\sqrt{n}}$.

Cualquier $\bar{x}$ que no se encuentre entre los límites de control constituye una indicación de que el proceso está fuera de control.

Los cuatro puntos que se han señalado con un círculo en la figura 4.13 están por encima de la línea de control superior del gráfico de control. El 99,7 de la regla del 68-95-99,7 dice que la probabilidad de que un punto esté fuera de los límites de control es sólo 0,003, si μ y σ se mantienen en sus valores objetivo. Estos cuatro puntos constituyen, por tanto, una evidencia clara de que la distribución de la tensión de las redes ha cambiado. Parece que la media del proceso se ha desplazado hacia arriba. En la práctica, los operarios buscan un fallo en el proceso tan pronto como detectan el primer punto fuera de control, esto es, después de la muestra 14. La falta de control podría estar causada por la incorporación de un nuevo operario, por la llegada de una nueva partida de redes metálicas o porque se haya estropeado el aparato que genera la tensión. Las señales de alerta nos avisan de que ha ocurrido un cambio antes de que se produzca un gran número de pantallas defectuosas.

Gráfico de medias

Un gráfico de control de medias se suele llamar, simplemente, un ***gráfico de medias***. Los puntos $\bar{x}$ que varían entre los límites de control de un gráfico de medias muestran la variación aleatoria que está presente en un proceso que opera de forma normal. Los puntos que están fuera de control sugieren que alguna fuente adicional de variación ha alterado la ejecución estable del proceso. Este tipo de alteraciones hace más probables los puntos fuera de control. Por ejemplo, si la media del proceso μ del ejemplo 4.15 varía de 275 mV a 339,5 mV (que es el valor de la línea de control superior), la probabilidad de que el siguiente punto se sitúe por encima del límite de control superior pasa de 0,0015 a 0,5.

APLICA TUS CONOCIMIENTOS

4.56. Calibración de termostatos. Un fabricante de aparatos de aire acondicionado para automóviles verifica el funcionamiento correcto de una muestra de 4 termostatos cada hora de producción. Los termostatos se ajustan a 23 °C y luego se colocan en una cámara donde la temperatura aumenta gradualmente. El operario anota la temperatura a la que el termostato pone en marcha el aire acondicionado. El objetivo de la media del proceso es $\mu = 23$ °C. La experiencia anterior indica que la temperatura de respuesta de los termostatos debidamente ajustados varía con $\sigma = 0,4$ °C. La media de las temperaturas de respuesta $\bar{x}$ de las muestras obtenidas cada hora se dibuja en un gráfico de control de medias. Dibuja la línea central y los límites de control para este gráfico.

4.57. Amplitud de ranuras. La amplitud de las ranuras que produce una pulidora es muy importante para el correcto funcionamiento del sistema hidráulico de un avión.

Un fabricante de estos sistemas hidráulicos controla el proceso de pulido midiendo una muestra de 5 piezas consecutivas cada hora de producción. La amplitud media de la ranura de cada muestra se dibuja en un gráfico de control de medias. La amplitud objetivo de la ranura es $\mu = 22{,}225$ mm. Cuando la pulidora está debidamente ajustada debería producir ranuras con una amplitud media igual al valor objetivo y con una desviación típica $\sigma = 0{,}03$ mm.

¿Qué línea central y qué límites de control deberías dibujar en el gráfico de medias?

4.5.2 Control estadístico de procesos

Control estadístico de procesos

El objetivo de un gráfico de control no es garantizar una buena calidad inspeccionando muchos de los artículos producidos. Los gráficos de control se concentran en el propio proceso productivo más que en los artículos producidos. Controlando el proceso de fabricación a intervalos de tiempo regulares podemos detectar las alteraciones y rectificar antes de que sean importantes. El ***control estadístico de procesos*** consiste precisamente en esto. Es mucho más barato controlar la calidad de un proceso de fabricación, que inspeccionar todos los artículos producidos. Pequeñas muestras de 4 o 5 artículos son, normalmente, adecuadas para el control de procesos.

Un proceso que está bajo control es estable a lo largo del tiempo. De todas formas, la estabilidad, por sí misma, no nos garantiza una buena calidad. La variación natural de un proceso puede ser tan elevada que muchos de los artículos producidos sean defectuosos. Aunque siempre existe este riesgo, el control de un proceso proporciona ventajas.

- Para poder valorar si la calidad del proceso es satisfactoria, tenemos que observar una ejecución del proceso bajo control libre de interrupciones y otras alteraciones.
- Un proceso bajo control es predecible. Podemos predecir tanto la calidad como la cantidad de los artículos producidos.
- Cuando un proceso está bajo control, podemos ver fácilmente los efectos de intentar mejorar el proceso, puesto que no quedan enmascarados por la variación impredecible que caracteriza la falta de control estadístico.

Un proceso bajo control hace las cosas tan bien como puede. Si el proceso no es capaz de producir la calidad adecuada, incluso cuando no hay alteraciones, debemos introducir algunas modificaciones importantes en el proceso como, por ejemplo, la instalación de nuevas máquinas o la mejora de la formación de los operarios.

4.5.3 Utilización de gráficos de control

El fundamento de los gráficos de medias es la distribución de la media muestral $\bar{x}$. Partimos de la suposición de que cada punto procede de una muestra aleatoria simple de la población de interés. Es frecuente que los 4 o 5 artículos de la muestra sean una muestra aleatoria simple obtenida a partir de los artículos producidos durante una hora. Los artículos producidos durante esta hora son la población. De todas formas, es más frecuente tomar muestras formadas por 4 o 5 artículos que se han producido de forma consecutiva. En tal caso, la población sólo existe en nuestro pensamiento. Está formada por todos los artículos producidos mientras dura el plan de muestreo. El gráfico de control sigue el estado del proceso a intervalos regulares de tiempo con el objetivo de detectar si tiene lugar algún cambio.

La decisión de cuándo se muestrea es una parte importante de la práctica del control de procesos. Walter Shewhart, el inventor del control estadístico de procesos, utilizaba el término **subgrupo racional** en lugar de "muestra". Shewhart quería enfatizar que los gráficos de control dependen de cómo se haga el muestreo. Situar en un gráfico las $\bar{x}$ de muestras aleatorias simples obtenidas cada hora de producción controla resultados de medias de cada hora. Dentro de cada hora pueden hacer muchas variaciones; sin embargo, nuestro gráfico de control no las detectará siempre que las medias de cada hora se mantengan estables. Por otro lado, un gráfico de medias basado en muestras formadas por 4 o 5 artículos consecutivos obtenidos de forma regular indicará si la media "instantánea" cambia a lo largo del tiempo. No existe una sola manera correcta de muestrear —depende de la naturaleza del proceso que se intenta mantener estable—.

Subgrupo racional

La señal básica de falta de control en un gráfico de medias es la aparición de un punto más allá de los límites de control. De todas formas, en la práctica, se utilizan también otras señales. En particular, una *señal compuesta* se combina casi siempre con la señal básica proporcionada por un punto fuera de control.

SEÑALES DE FALTA DE CONTROL

Las señales que se utilizan más comúnmente para indicar falta de control en un gráfico de medias son

- Un punto fuera de los límites de control.
- Una **señal compuesta** de 9 puntos consecutivos situados a un mismo lado de una línea central.

Empieza una investigación de las causas de falta de control tan pronto como el gráfico de control muestre cualquiera de las dos señales.

Es poco probable que se produzcan nueve puntos consecutivos situados a un mismo lado de la línea central, a no ser que la media del proceso se haya desplazado del valor objetivo. Piensa en el lanzamiento de una moneda al aire nueve veces y constata que es poco probable que se produzcan de forma consecutiva nueve caras o nueve cruces. La señal compuesta, a menudo, indica un cambio gradual de la media del proceso antes de que se produzca un punto fuera de los límites de control, mientras que un punto fuera de esos límites suele indicar con mayor rapidez un cambio repentino de la media del proceso. Las dos señales juntas forman un buen equipo. En el gráfico de medias de la figura 4.13, la señal compuesta no da una indicación de falta de control hasta la muestra 20. La señal básica de falta de control ya nos alerta en la muestra 14.

APLICA TUS CONOCIMIENTOS

4.58. Elaboración de pastillas. Una empresa farmacéutica elabora pastillas prensando conjuntamente un componente activo y varias materias inertes. Los operarios miden la dureza de una muestra de cada lote de pastillas con el fin de controlar el proceso de prensado. Los valores objetivo de dureza son $\mu = 11{,}5$ y $\sigma = 0{,}2$. La tabla 4.2 da tres conjuntos de datos, que representan la $\bar{x}$ de 20 muestras sucesivas de $n = 4$ pastillas. Un conjunto de datos permanece bajo control en el valor objetivo. En un segundo conjunto de datos la media del proceso μ cambia de repente hacia un nuevo valor. En un tercer conjunto de datos, la media del proceso se desplaza gradualmente.

Tabla 4.2. Tres conjuntos de $\bar{x}$ obtenidos de 20 muestras de tamaño 4.

Muestra	Conjunto de datos A	Conjunto de datos B	Conjunto de datos C
1	11.602	11.627	11.495
2	11.547	11.613	11.475
3	11.312	11.493	11.465
4	11.449	11.602	11.497
5	11.401	11.360	11.573
6	11.608	11.374	11.563
7	11.471	11.592	11.321
8	11.453	11.458	11.533
9	11.446	11.552	11.486
10	11.522	11.463	11.502
11	11.664	11.383	11.534
12	11.823	11.715	11.624
13	11.629	11.485	11.629
14	11.602	11.509	11.575
15	11.756	11.429	11.730
16	11.707	11.477	11.680
17	11.612	11.570	11.729
18	11.628	11.623	11.704
19	11.603	11.472	12.052
20	11.816	11.531	11.905

(a) ¿Cuáles son la línea central y los límites de control de un gráfico de medias de la dureza?

(b) Dibuja un gráfico de medias para cada uno de los tres conjuntos de datos. Señala cualquier punto que esté más allá de los límites de control. Comprueba, también, si hay 9 puntos consecutivos por encima o por debajo de la línea central y señala el noveno punto de cualquier señal compuesta de falta de control de nueve puntos.

(c) Basándote en tu resultado en (b) y en el aspecto de los gráficos de control, ¿qué conjunto de datos procede de un proceso que esté bajo control? ¿En qué conjunto de datos la media del proceso cambia repentinamente y en qué muestra crees que cambia la media? Finalmente, ¿en qué conjunto de datos la media se desplaza gradualmente?

4.5.4 El mundo real: gráficos de medias y desviaciones

En la práctica, raramente conocemos la media μ y la desviación típica σ de un proceso. Por tanto, debemos basar el cálculo de los límites de control en estimaciones de μ y σ a partir de muestras anteriores. Esto funciona sólo si el proceso estaba bajo control cuando se tomaron las muestras.

Es más, sabemos que la descripción de una distribución exige una medida de centro y una medida de dispersión. No es suficiente controlar la media objetivo de un proceso. También debemos controlar su variabilidad. En la práctica, los gráficos de medias se acompañan siempre por otro gráfico de control que sigue la variabilidad a corto plazo del proceso. Lo más frecuente, es utilizar un gráfico de desviaciones típicas. Tal como sugiere el nombre, un gráfico de desviaciones típicas es un gráfico que muestra la evolución de las desviaciones típicas muestrales a lo largo del tiempo.

La complejidad del mundo real no modifica la lógica de los gráficos de control, sin embargo complica los detalles. Vamos a verlo:

1. Todos los gráficos de control utilizan una línea central horizontal situada a nivel de la media del estadístico que se dibuja y las líneas horizontales de control situadas a tres desviaciones típicas por encima y por debajo de la línea central. Lo hacemos de esta manera incluso si representamos gráficamente (como por ejemplo la desviación típica muestral) que no tiene una distribución normal.
2. En general tenemos que estimar la media y la desviación típica a partir de datos anteriores. Existen tablas que contienen las llamadas **constantes de gráficos de control**. Estas constantes nos permiten situar las líneas centrales y de control.

Constantes de gráficos de control

GRÁFICOS DE CONTROL DE MEDIAS Y DESVIACIONES TÍPICAS

Para evaluar el control de un proceso tomando como referencia muestras anteriores de un proceso, calcula la media $\bar{x}$ y la desviación típica s de cada una de estas muestras. Toma $\bar{\bar{x}}$ como la media de las $\bar{x}$, y $\bar{s}$ como la media de las s.

El **gráfico de medias** muestra la evolución de las $\bar{x}$ a lo largo del tiempo en un gráfico en el que la línea central es $\bar{\bar{x}}$ y los límites de control son $\bar{\bar{x}} \pm A\bar{s}$.

El **gráfico de desviaciones típicas** muestra la evolución de las s a lo largo del tiempo, en un gráfico en el que la línea central es $\bar{s}$ y los límites de control son $\bar{s} \pm B\bar{s}$.

Las **constantes del gráfico de control** A y B dependen del tamaño de las muestras. Sus valores se muestran en la tabla 4.3.

Tabla 4.3. Constantes de gráficos de control.

Tamaño de la muestra	2	3	4	5	6	7	8	9	10
A	2,659	1,954	1,628	1,427	1,287	1,182	1,099	1,032	0,975
B	2,267	1,568	1,266	1,089	0,970	0,882	0,815	0,761	0,716

EJEMPLO 4.16. Rugosidad de superficies

La rugosidad de las superficies de las piezas de metal después del escariado es un importante factor de calidad de las mismas. Unos operarios determinan, a intervalos regulares de tiempo, la rugosidad de diversas muestras de 5 piezas producidas de forma consecutiva. La tabla 4.4 proporciona las medias $\bar{x}$ y las desviaciones típicas s de las últimas 20 muestras. (Datos de Stephen B. Vardeman y J. Marcus Jobe, *Statistical Quality Assurance Methods for Engineers*, Wiley, New York, 1999. Este libro es una magnífica fuente de información sobre el control estadístico de procesos.)

Calcula a partir de las tabla 4.4 las medias que necesitamos

$$\bar{\bar{x}} = \frac{1}{20}(34{,}6 + 46{,}8 + \cdots + 21{,}0) = 32{,}1$$

$$\bar{s} = \frac{1}{20}(3{,}4 + 8{,}8 + \cdots 1{,}0) = 3{,}76$$

Siempre dibuja en primer lugar el gráfico de desviaciones típicas. La figura 4.14 muestra la evolución de las s de las muestras a lo largo del tiempo. La línea central es $\bar{s} = 3{,}76$. Las líneas de control se calculan a partir de la constante de gráficos de control $B = 1{,}089$ de muestras de tamaño 5 de la tabla 4.3. Los límites de control son

$$\begin{aligned} \bar{s} \pm B\bar{s} &= 3{,}76 \pm (1{,}089)(3{,}76) \\ &= 3{,}76 \pm 4{,}09 \\ &= -0{,}33 \text{ y } 7{,}85 \end{aligned}$$

Como ocurre con frecuencia, cuando los datos muestran mucha variación, el límite de control inferior del gráfico de control de desviaciones típicas es negativo. Como s nunca puede ser negativo, ignoramos el límite inferior y en la figura 4.14, solamente dibujamos el límite superior.

Tabla 4.4. Rugosidad de superficies de piezas de metal, 20 muestras de 5 piezas cada muestra.

Muestra	1	2	3	4	5	6	7	8	9	10
Media	34,6	46,8	32,6	42,6	26,6	29,6	33,6	28,2	25,8	32,6
Desviación típica	3,4	8,8	4,6	2,7	2,4	0,9	6,0	2,5	3,2	7,5
Muestra	11	12	13	14	15	16	17	18	19	20
Media	34,0	34,8	36,2	27,4	27,2	32,8	31,0	33,8	30,8	21,0
Desviación típica	9,1	1,9	1,3	9,6	1,3	2,2	2,5	2,7	1,6	1,0

La línea central del gráfico de medias es $\bar{\bar{x}} = 32{,}1$. Los límites de control son

$$\begin{aligned} \bar{\bar{x}} \pm A\bar{s} &= 32{,}1 \pm (1{,}427)(3{,}76) \\ &= 32{,}1 \pm 5{,}37 \\ &= 26{,}73 \text{ y } 37{,}47 \end{aligned}$$

La figura 4.15 muestra el gráfico de control de medias. ■

Para interpretar los gráficos de medias y de desviaciones típicas, procede de la manera siguiente. En primer lugar fíjate en el gráfico de desviaciones típicas. Este gráfico nos informa sobre si la variación del proceso durante el lapso de tiempo de cada muestra se mantiene estable. La figura 4.14 muestra una gran variación de s de muestra a muestra. Tres muestras están fuera de control. Si el gráfico de desviaciones típicas no está bajo control, detén el proceso y analiza las causas. Quizá se ha aflojado alguna pieza de la línea de producción.

El gráfico de medias nos informa sobre si el proceso se mantiene estable durante los lapsos de tiempo entre muestreos. Como $\bar{s}$ determina los límites de control de un gráfico de medias, no puedes confiar en este gráfico cuando s esté fuera de control. Sin embargo, un vistazo a la figura 4.15 es útil. Examinando el gráfico de medias, parece que existe una tendencia a la disminución de las medias de rugosidad. Dos de las primeras muestras están fuera de control, están más allá del límite de control superior. La última muestra queda más allá de la línea de control inferior. Si hallamos y solucionamos la causa de falta de control de las desviaciones típicas, cabe esperar que la próximas muestras tendrán $\bar{s}$ menores. Si las $\bar{s}$ son menores, la anchura de los límites de control del gráfico de medias será menor. La distribución de puntos en el gráfico de medias sugiere que existe alguna causa de perturbación del proceso distinta de la causa que altera el gráfico de desviaciones típicas. Por tanto, después de controlar el gráfico de desviaciones típicas, tendremos que seguir investigando.

Figura 4.14. Gráfico de control de desviaciones típicas para los datos de rugosidad de la tabla 4.4. Los límites de control $\bar{s} \pm B\bar{s}$ se calculan a partir de los datos.

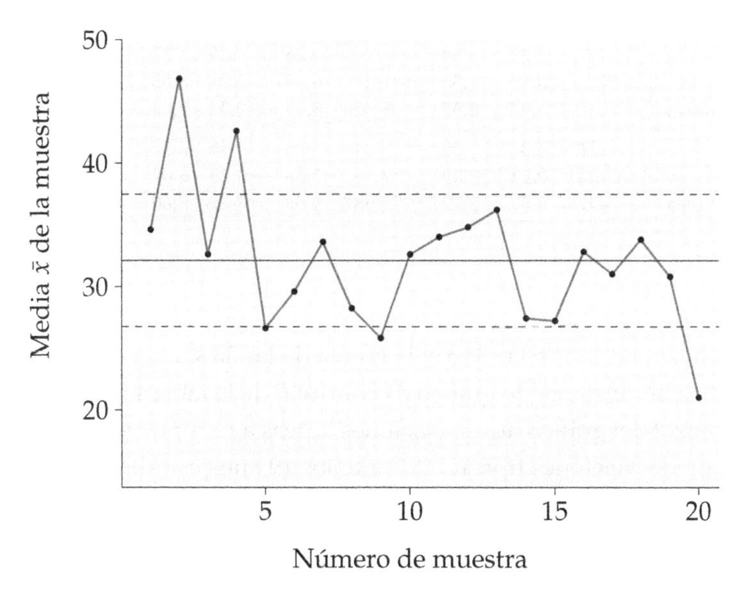

Figura 4.15. Gráfico de control de medias para los datos de rugosidad de la tabla 4.4. Los límites de control $\bar{x} \pm A\bar{s}$ se calculan a partir de los datos.

APLICA TUS CONOCIMIENTOS

4.59. Rendimiento de acciones calientes. El rendimiento de una acción varia de mes a mes. Podemos utilizar un gráfico de control para ver si la variación se mantiene estable a lo largo del tiempo o si por el contrario existen periodos de tiempo en el que las acciones son inusualmente volátiles en comparación con su comportamiento a largo plazo. Tenemos datos de los rendimientos mensuales (expresados como porcentajes) de las acciones de Wal-Mart durante los primeros años de rápido crecimiento de la empresa, de 1973 a 1991. Considera estas 228 observaciones como 38 subgrupos de 6 meses consecutivos cada uno de ellos. La tabla 4.5 proporciona las medias $\bar{x}$ y las desviaciones típicas s de estas 38 muestras de tamaño $n = 6$.

Tabla 4.5. Comportamiento de las acciones de Wal-Mart durante 38 periodos de 6 meses.

Periodo	1	2	3	4	5	6	7	8	9	10
Media	−11,78	1,68	7,88	−11,01	19,72	1,66	1,13	2,70	−0,60	5,91
Desviación típica	14,69	31,53	19,28	7,13	27,50	9,44	8,56	12,64	10,02	4,79
Periodo	11	12	13	14	15	16	17	18	19	20
Media	2,95	0,05	1,88	6,46	2,25	8,05	4,10	2,08	4,02	11,36
Desviación típica	10,87	9,80	2,57	15,72	10,68	4,99	6,49	5,90	7,87	6,50
Periodo	21	22	23	24	25	26	27	28	29	30
Media	8,13	0,12	1,30	−1,27	6,59	3,01	8,68	−1,52	6,64	−3,20
Desviación típica	8,61	5,93	8,57	5,02	8,13	9,32	7,04	7,72	6,43	15,08
Periodo	31	32	33	34	35	36	37	38		
Media	2,92	0,63	3,49	2,94	5,86	−0,25	6,02	5,87		
Desviación típica	5,01	6,59	5,72	5,98	6,52	7,27	3,60	9,60		

(a) Halla la media $\bar{\bar{x}}$ de las 38 $\bar{x}$ y la media de las 38 s.

(b) Utiliza la constante de gráfico de control B de la tabla 4.3 para hallar los límites de control del gráfico de desviaciones típicas a partir de estos datos. Dibuja un gráfico de desviaciones típicas. Durante los 19 años estudiados, ¿la variación de los rendimientos de las acciones de Wal-Mart, se mantiene estable? Durante este periodo, ¿se observa alguna tendencia en los valores de s?

(c) Utiliza la constante de gráfico de control A de la tabla 4.3 para hallar los límites de control del gráfico de medias a partir de estos datos. A partir del examen del gráfico de desviaciones típicas, explica por qué los límites de control del gráfico de medias son tan amplios que resultan de poca utilidad.

RESUMEN DE LA SECCIÓN 4.5

Un proceso que se ejecuta a lo largo del tiempo está **bajo control** si cualquier variable medida durante el proceso tiene siempre la misma distribución. Un proceso que está bajo control opera bajo condiciones estables.

Un **gráfico de control de medias** es un gráfico de las medias muestrales en relación al momento de obtención de las muestras, con una **línea central**, de trazo continuo, situada en el valor objetivo de la media μ del proceso y unos **límites de control**, de trazo discontinuo, situados en $\mu \pm 3\frac{\sigma}{\sqrt{n}}$. Un gráfico de medias nos ayuda a decidir si un proceso con media μ y desviación típica σ está bajo control.

La probabilidad de que un punto esté situado fuera de los límites de control en un gráfico de medias es 0,003 si el proceso está bajo control. Este tipo de puntos constituye una indicación de que el proceso está **fuera de control**. Es decir, que algo ha alterado la distribución del proceso. La causa del cambio tiene que ser investigada.

Hay otras señales de uso común que sugieren falta de control, tales como una **señal compuesta** de 9 puntos consecutivos situados a un mismo lado de la línea central.

El objetivo del **control estadístico de procesos** mediante la utilización de gráficos de control es seguir un proceso de manera que cualquier cambio pueda ser detectado y corregido rápidamente. Es un método económico para mantener una buena calidad del producto.

En la práctica, los gráficos de control se deben basar en información anterior del proceso. Es frecuente hacer **gráficos de medias y desviaciones típicas**. Los límites de control de estos gráficos tienen la forma "media $\pm$ 3 desviaciones típicas". Para situar los límites de control utilizamos tablas que contienen los valores de las **constantes de gráficos de control.**

EJERCICIOS DE LA SECCIÓN 4.5

4.60. Tapones con rosca. En un proceso industrial se produce tapones de plástico con rosca para latas de aceite para motores. La resistencia de un tapón debidamente fabricado (la torsión que rompería el tapón cuando se enroscara con fuerza) tiene una distribución normal con una media de 12 kg-cm y una desviación típica de 1,4 kg-cm. Sigue el proceso de fabricación, determinando la resistencia de una muestra de 6 tapones cada 20 minutos. Mide la resistencia a la rotura de los tapones de la muestra y dibuja un gráfico de medias. Halla la línea central y los límites de control para este gráfico de medias.

4.61. Más sobre tapones de rosca. Supón que no conoces la distribución de la resistencia de los tapones del ejercicio anterior. Sin embargo, supón que en el pasado el proceso ha estado bajo control y que para muestras de tamaño 6 tenemos $\bar{\bar{x}} = 10$ y $\bar{s} = 1{,}2$.

(a) A partir de esta información, halla la línea central y los límites de control del gráfico de medias.

(b) La media y la desviación típica estimadas a partir de datos anteriores son las mismas que la media y la desviación típica dadas en el ejercicio anterior. Los límites de control calculados a partir de datos anteriores son más amplios. Razona por qué ocurre de esta manera.

4.62. Cojinetes. El diámetro interior de un cojinete en un motor eléctrico tiene que medir 2,205 cm. La experiencia indica que cuando el proceso de fabricación se ajusta adecuadamente, produce piezas con una media de 2,205 cm y una desviación típica de 0,001 cm. Cada hora se mide una muestra de 5 piezas consecutivas. Las medias de las muestras $\bar{x}$ de las últimas 12 horas son

Hora	1	2	3	4	5	6
$\bar{x}$	2,2047	2,2047	2,2050	2,2049	2,2053	2,2043
s	0,0022	0,0012	0,0013	0,0005	0,0009	0,0004
Hora	7	8	9	10	11	12
$\bar{x}$	2,2036	2,2042	2,2038	2,2045	2,2026	2,2040
s	0,0011	0,0008	0,0008	0,0006	0,0008	0,0009

Dibuja un gráfico de control de medias del diámetro interior de los cojinetes utilizando los valores dados de μ y σ. Utilizamos las señales básica y compuesta para valorar el control del proceso. ¿En qué punto deberían haberse tomado medidas para corregir el proceso?

4.63. Control de procesos. En la práctica, no conocemos los valores de μ y de σ dados en el ejercicio anterior. Utiliza los datos de las últimas 12 horas para estimar μ a partir de $\bar{\bar{x}}$ y σ a partir de $\bar{s}$. Dibuja los gráficos de control de medias y desviaciones típicas a partir de los datos anteriores. El gráfico de control de desviaciones típicas, ¿está bajo control? ¿Qué conclusiones sacas del gráfico de control de medias?

4.64. Más sobre cojinetes. Un directivo que no sabe estadística te pregunta: "¿Qué significa que el proceso está bajo control? Estar bajo control, ¿significa que la calidad de nuestros productos es buena?" Contesta a estas preguntas en un lenguaje sencillo de manera que el directivo pueda comprenderte.

4.65. Aislantes cerámicos. Los aislantes cerámicos se cuecen en lotes en grandes hornos. Después de la cocción, el operador del proceso escoge al azar 3 aislantes de cada lote, determina su resistencia y dibuja la media de la resistencia de cada muestra en un gráfico de control. Las instrucciones exigen una media de resistencia de, al menos, 0,7 kg/cm^2. La experiencia indica que si la cerámica se ha formado y cocido adecuadamente, la desviación típica de la resistencia a la rotura es aproximadamente de 0,08 kg/cm^2. He aquí las medias muestrales de los últimos 15 lotes.

Lote	1	2	3	4	5	6	7	8
$\bar{x}$	0,91	0,80	0,82	0,92	0,89	0,82	0,81	0,88
s	1,29	1,60	0,65	1,97	1,07	0,75	1,19	1,16
Lote	9	10	11	12	13	14	15	
$\bar{x}$	0,79	0,84	0,76	0,87	0,53	0,92	0,85	
s	0,92	1,27	1,33	0,84	0,60	1,65	0,46	

(a) Dibuja el gráfico de desviaciones típicas a partir de estos datos. La variación dentro de los muestreos, ¿está bajo control?

(b) Un proceso con una media de resistencia a la rotura superior a 0,7 kg/cm^2 es aceptable; por tanto, los puntos fuera de control en la parte alta no necesitan una acción correctiva. Teniendo esto presente, utiliza la señal básica de un punto fuera de control y la señal compuesta de 9 puntos para evaluar el control del proceso y recomendar las acciones oportunas.

REPASO DEL CAPÍTULO 4

Este capítulo presenta los fundamentos del estudio de la inferencia estadística. Ésta utiliza datos para sacar conclusiones sobre la población o sobre el proceso del que proceden los datos. Lo que es especial en la inferencia es que las conclusiones van acompañadas de una afirmación, en el lenguaje de la probabilidad, sobre su fiabilidad. Dicha afirmación expresa una probabilidad que responde a la pregunta: "¿Qué ocurriría si utilizara este método muchísimas veces?". Las probabilidades que necesitamos proceden de las distribuciones muestrales de los estadísticos.

Las distribuciones muestrales son la clave para comprender la inferencia estadística. La figura que se muestra a continuación resume las principales características de la distribución muestral de $\bar{x}$ de manera que nos recuerda la gran idea de

Distribución aproximada de $\bar{x}$

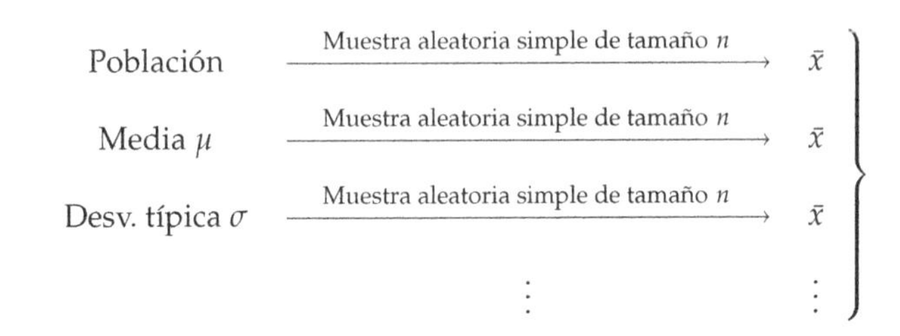

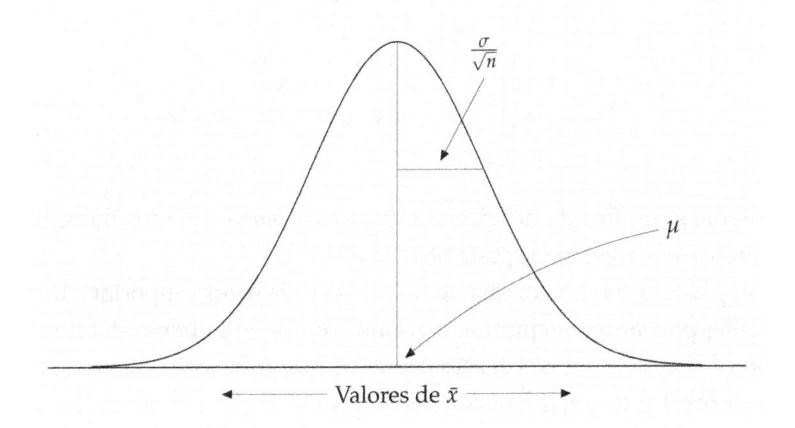

la distribución muestral. Sigue obteniendo muestras aleatorias de tamaño n de una población de media μ. Halla la media muestral $\bar{x}$ de cada muestra. Representa la distribución de las $\bar{x}$. Tenemos la distribución de $\bar{x}$. Cuando avancemos en el estudio de la inferencia, procura mantener esta figura en tu memoria.

Para facilitar el trabajo con distribuciones muestrales, utilizamos el lenguaje de la probabilidad. La probabilidad, la parte de las matemáticas que estudia los fenómenos aleatorios, es importante en muchos campos de estudio. En este libro la utilizamos para sentar las bases de la inferencia estadística. Debido a que las muestras aleatorias y los experimentos comparativos aleatorizados utilizan el azar, sus resultados varían de acuerdo con las leyes de la probabilidad. A continuación presentamos una lista resumen de aquello que tienes que ser capaz de hacer después de estudiar este capítulo.

A. PROBABILIDAD

1. Reconocer que algunos fenómenos son aleatorios. La probabilidad describe el orden que aparece después de muchas repeticiones de un fenómeno aleatorio.
2. Comprender que la probabilidad de un suceso es la proporción de veces que éste ocurre después de muchas repeticiones. Cuando pienses en probabilidades, tienes que pensar que una probabilidad es una proporción que aparece después de muchas repeticiones.
3. Utilizar las propiedades básicas de la probabilidad para detectar asignaciones erróneas de probabilidad. Cualquier probabilidad tiene que ser un número entre 0 y 1. La probabilidad de todos los resultados posibles de un fenómeno, considerados globalmente, tiene que ser 1.
4. Utilizar las propiedades básicas de la probabilidad para hallar las probabilidades de sucesos que están formados por otros sucesos: la probabilidad de que no ocurra un suceso es 1 menos la probabilidad de que sí ocurra. Si dos sucesos son disjuntos, la probabilidad de que ocurra uno u otro es la suma de sus probabilidades individuales.
5. Hallar las probabilidades de sucesos de un espacio muestral finito sumando las probabilidades de los resultados que lo componen. Hallar las probabilidades de sucesos como áreas por debajo de una curva de densidad.
6. Expresar los fenómenos aleatorios utilizando la notación de las variables aleatorias, como por ejemplo $P(\bar{x} \leq 4) = 0{,}3$. Ser capaz de entender este tipo de notación.

B. DISTRIBUCIONES MUESTRALES

1. Identificar los parámetros y los estadísticos de una muestra o de un experimento.
2. Reconocer la existencia de la variabilidad estadística: un estadístico tomará valores distintos cuando repitas un muestreo o un experimento.
3. Interpretar la distribución de un estadístico como una descripción de los valores tomados por el estadístico en todas las repeticiones posibles de una muestra o de un experimento bajo las mismas condiciones.
4. Interpretar la distribución de un estadístico describiendo las probabilidades de sus resultados posibles.

C. DISTRIBUCIÓN DE LA MEDIA MUESTRAL

1. Identificar cuándo un problema implica a la media muestral $\bar{x}$ de una muestra. Comprender que $\bar{x}$ estima la media μ de una población de la que se obtuvo la muestra.
2. Utilizar la ley de los grandes números para describir el comportamiento de $\bar{x}$ cuando aumenta el tamaño de la muestra.
3. Hallar la media y la desviación típica de una media muestral $\bar{x}$ de una muestra aleatoria simple de tamaño n cuando la media μ y la desviación típica σ de la población son conocidas.
4. Comprender que $\bar{x}$ es un estimador insesgado de μ y que la variabilidad de $\bar{x}$ con relación a μ se hace menor según aumenta el tamaño de la muestra.
5. Comprender que $\bar{x}$ tiene aproximadamente una distribución normal cuando la muestra es grande (teorema del límite central). Utilizar esta distribución normal para calcular las probabilidades relacionadas con $\bar{x}$.

EJERCICIOS DE REPASO DEL CAPÍTULO 4

4.66. La media de la altura de una muestra aleatoria de estudiantes universitarias españolas es de **167** cm. Este valor es mayor que la media de **164** cm de las españolas adultas. Los números en negrita, ¿son parámetros o estadísticos?

4.67. Una muestra de estudiantes estadounidenses de secundaria de menos de 13 años, realizó el examen de Matemáticas de la prueba SAT, que es una prueba de acceso a la universidad. La nota media de las chicas de la muestra fue de **386**, mientras que la de los chicos fue de **416**. Los números en negrita, ¿son parámetros o estadísticos?

4.68. Si un dado está bien construido, es razonable asignar una probabilidad de $\frac{1}{6}$ a cada una de sus seis caras. Cuando se lanza el dado, ¿cuál es la probabilidad de sacar un valor inferior a 3?

4.69. A alguno de los tres empleados de un gabinete de abogados, García, Fernández y Rodríguez, se le ofrecerá la oportunidad de participar como socio en el negocio. García cree que tiene una probabilidad de 0,25 de ser él el escogido, mientras que atribuye una probabilidad de promoción a Fernández de 0,2. ¿Qué probabilidad asigna García al suceso de que sea Rodríguez el escogido?

4.70. Predicción del campeón de la liga ACB. Cuando a Epi (antiguo jugador de baloncesto del F.C. Barcelona) se le pidió que dijera quien sería el campeón de la liga ACB contestó de la siguiente manera: " El F.C. Barcelona tiene el doble de probabilidades de ganar la liga que el Juventud de Badalona. Estudiantes y Real Madrid, tienen ambos una probabilidad de 0,1 de ganar la Liga. Sin embargo, la probabilidad de ganar la liga del Juventud de Badalona es el doble de este valor. Ningún otro equipo tiene posibilidades de ganar la liga". La asignación de probabilidades de Epi, ¿es correcta? Justifica tu respuesta.

4.71. ¿Hasta qué curso llegan los estudiantes? En EE UU, un estudio educativo siguió a un gran número de niños de 4° curso para ver hasta qué curso llegaban. Sea X el curso más alto al que llega un alumno de cuarto escogido aleatoriamente. (Los alumnos que continúan sus estudios en la universidad se incluyen en el resultado $X = 12$.) El estudio halló esta distribución probabilística de X:

Curso	4	5	6	7	8	9	10	11	12
Probabilidad	0,010	0,007	0,007	0,013	0,032	0,068	0,070	0,041	0,752

(a) ¿Qué porcentaje de alumnos de 4° llegaron al 12° curso?

(b) Comprueba que esta asignación de probabilidades es correcta.

(c) Halla $P(X \geq 6)$. (El suceso "$X \geq 6$" incluye el valor 6.)

(d) Halla $P(X > 6)$.

(e) ¿Qué valores de X constituyen el suceso "los alumnos completaron al menos un curso de enseñanza secundaria"? (La enseñanza secundaria empieza en el 9° curso.) ¿Cuál es la probabilidad de este suceso?

4.72. Clasificación de las ocupaciones. Escoge al azar a un trabajador europeo y clasifica su ocupación de acuerdo con las siguientes categorías.

A Gestión y profesionales
B Técnicos, ventas y soporte administrativo
C Operarios
D Obreros especializados, mecánicos y artesanos
E Obreros sin especialización
F Agricultura y pesca

La siguiente tabla proporciona la probabilidad de que un trabajador europeo escogido al azar pertenezca a una de las 12 clases resultantes de cruzar sexo y ocupación.

Clase	A	B	C	D	E	F
Hombre	0,14	0,11	0,06	0,11	0,12	0,03
Mujer	0,09	0,20	0,08	0,01	0,04	0,01

(a) Comprueba que la asignación de probabilidades cumple las leyes de la probabilidad.

(b) ¿Cuál es la probabilidad de que un trabajador sea mujer?

(c) ¿Cuál es la probabilidad de que la actividad de un trabajador no sea ni la agricultura ni la pesca?

(d) Las clases D y E incluyen la mayoría de trabajos de obreros y mecánicos. ¿Cuál es la probabilidad de que un trabajador pertenezca a una de estas clases?

(e) ¿Cuál es la probabilidad de que un trabajador no pertenezca ni a la clase D ni a la E?

4.73. Prueba de inteligencia. La prueba *Wechsler Adult Intelligence Scale* (WAIS) es una prueba de inteligencia utilizada habitualmente para medir la inteligencia de adultos. La distribución de los resultados de la prueba WAIS para personas mayores de 16 años es aproximadamente normal con media 100 y desviación típica 15.

(a) ¿Cuál es la probabilidad de que un individuo escogido al azar obtenga una puntuación mayor o igual a 105 en la prueba WAIS?

(b) ¿Cuáles son la media y la desviación típica de la media de los resultados en la prueba WAIS de una muestra aleatoria simple de 60 personas?

(c) ¿Cuál es la probabilidad de que la puntuación media en la prueba WAIS de una muestra aleatoria simple de 60 personas sea como mínimo 105?

(d) Los resultados de tus respuestas en (a), (b) o (c), ¿serían distintas si la distribución de la puntuación WAIS, en la población de adultos, fuera claramente no normal?

4.74. Peso de huevos. El peso de los huevos producidos por cierta raza de gallinas se distribuye normalmente con una media de 65 gramos (g) y una desviación típica de 5 g. Imagínate las cajas con este tipo de huevos como muestras aleatorias simples de tamaño 12 extraídas de la población de todos los huevos. ¿Cuál es la probabilidad de que el peso de una caja se sitúe entre 750 g y 825 g?

4.75. ¿Cuántos ocupantes por automóvil? Un estudio sobre el tráfico de Madrid durante las horas punta hace un recuento del número de ocupantes de cada automóvil que entra en una autopista por un acceso suburbano. Supón que el número de ocupantes de los automóviles que entran por este acceso durante las horas punta tiene una media de 1,5 y una desviación típica de 0,75 cuando se consideran todos los automóviles que utilizan este acceso durante las horas punta.

(a) La distribución exacta de este recuento, ¿podría ser normal? ¿Por qué sí o por qué no?

(b) Los ingenieros del servicio de tráfico estiman que la capacidad del acceso es de 700 automóviles por hora. De acuerdo con el teorema del límite central, ¿cuál es la distribución aproximada del número medio de personas $\bar{x}$ de 700 automóviles seleccionados aleatoriamente en este acceso?

(c) ¿Cuál es la probabilidad de que 700 automóviles lleven a más de 1.075 personas? (Sugerencia: expresa este suceso en términos del número medio de personas por coche.)

4.76. Circuitos integrados. Un paso importante en la fabricación de chips de circuitos integrados es de las líneas que conducen la corriente entre los componentes del chip. Durante el proceso de fabricación se controla la amplitud de grabado de las líneas de corriente. La amplitud de grabado objetivo es de 2,0 micrómetros (μm). Datos anteriores indican que la variación de la amplitud de las líneas de grabado tiene una distribución normal con una media de 1,829 μm y una desviación típica de 0,1516 μm.

(a) Un intervalo aceptable de amplitud de las líneas es $2{,}0 \pm 0{,}2$ μm. ¿Qué porcentaje de los chips tiene una amplitud de grabado de las líneas fuera de este intervalo?

(b) ¿Cuáles son los límites de control de un gráfico de medias para la amplitud de grabado de las líneas si se miden 5 unidades en cada muestra a intervalos regulares de tiempo durante la producción? (Utiliza el valor objetivo de 2,0 como tu línea central.)

4.77. Límites de control. Los límites de control de un gráfico de medias describen el intervalo de la variación normal de las medias muestrales. No confundas este intervalo con el de los valores que toman los artículos individuales. El ejemplo 4.15 describe mediciones de tensión en pantallas de ordenador, que varían con una media $\mu = 275$ y una desviación típica $\sigma = 43$. Los límites de control, entre los que está el 99,7% de las $\bar{x}$ de las muestras de tamaño 4, son 210,5 y 339,5. Un ejecutivo se da cuenta de que muchas pantallas son sometidas a tensiones que están fuera de este intervalo y se preocupa por ello. Explícale por qué las tensiones a las que se someten muchas pantallas están fuera de los límites de control. Luego (suponiendo normalidad) halla el intervalo que contiene el 99,7% de las tensiones.

4.78 (Optativo). Sistema europeo de control. Con el sistema japonés y americano es habitual en los gráficos de medias situar los límites de control a una distancia de 3 desviaciones típicas de la línea central. Es decir, los límites de control son $\bar{x} \pm 3\frac{\sigma}{\sqrt{n}}$. La probabilidad de que una $\bar{x}$ concreta se sitúe fuera de estos límites cuando el proceso está bajo control es aproximadamente 0,003, utilizando el 99,7 de la regla del 68-95-99,7. El sistema europeo, en cambio, sitúa los límites de control a c desviaciones típicas de la línea central, escogiéndose c de tal manera que la probabilidad de que un punto $\bar{x}$ se sitúe por encima de $\mu + c\frac{\sigma}{\sqrt{n}}$ cuando se mantienen μ y σ en los valores objetivo sea de 0,001. (La probabilidad de que $\bar{x}$ se sitúe por debajo de $\mu - c\frac{\sigma}{\sqrt{n}}$ es también de 0,001, debido a la simetría de las distribuciones normales.) Utiliza la tabla A para hallar el valor c.

A veces queremos dibujar gráficos de control de una sola mediación x en cada lapso de tiempo. **Los gráficos de control de mediciones individuales** no son más que gráficos de medias en los que el tamaño de las muestras es $n = 1$. Con estos gráficos no podemos estimar la variación dentro de las muestras, ya que con muestras de tamaño 1 no existe variación. Incluso con métodos avanzados que combinan la información de varias muestras, la estimación de σ incluirá la variación entre muestras y su valor será demasiado grande. Para compensar este hecho, es frecuente utilizar 2σ en vez de 3σ como límites de control. Es decir, los limites de control son $\mu \pm 2\sigma$. Los siguientes dos ejercicios tratan sobre los gráficos de control de observaciones individuales. Estos ejercicios también tratan sobre la utilización de gráficos de control para datos personales.

4.79. (Optativo). El profesor Moore y la natación. El profesor Moore nada 1.800 m de forma regular. He aquí los tiempos (en minutos) de 23 sesiones de natación:

34,12	35,72	34,72	34,05	34,13	35,72	36,17	35,57
35,37	35,57	35,43	36,05	34,85	34,70	34,75	33,93
34,60	34,00	34,35	35,62	35,68	35,28	35,97	

Halla la media $\bar{x}$ y la desviación típica de estos tiempos. A continuación dibuja un gráfico de control con ellos; sitúa la línea central en $\bar{x}$ y los límites de control en $\bar{x} \pm 2s$. Los tiempos del profesor, ¿están bajo control? Si no es así, describe el tipo de falta de control que se produce.

4.80 (Optativo). De casa a la universidad. El profesor Moore, autor de este libro, que vive a unos kilómetros del campus de la Universidad de Purdue, ha registrado durante 42 días el tiempo que tarda conduciendo desde su casa hasta la universidad. He aquí los tiempos (en minutos) correspondientes a 42 días consecutivos:

8,25	7,83	8,30	8,42	8,50	8,67	8,17	9,00	9,00	8,17	7,92
9,00	8,50	9,00	7,75	7,92	8,00	8,08	8,42	8,75	8,08	9,75
8,33	7,83	7,92	8,58	7,83	8,42	7,75	7,42	6,75	7,42	8,50
8,67	10,17	8,75	8,58	8,67	9,17	9,08	8,83	8,67		

El día que el profesor Moore tardó muy poco tiempo en llegar a la universidad corresponde al Día de Acción de Gracias (*Thanksgiving Day*), que en EE UU es festivo. Los dos días que tardó mucho más que lo normal corresponden, por un lado, a un día en el que ocurrió un accidente con las correspondientes retenciones y, por otro, a un día en el que se produjeron unas fuertes nevadas que dificultaron la conducción.

(a) Halla $\bar{x}$ y s.

(b) Dibuja un diagrama temporal con estos datos. Dibuja la línea central en $\bar{x}$ y los límites de control en $\bar{x} \pm 2s$.

(c) Comenta el gráfico de control. ¿Cómo se explican los puntos que están fuera de control? ¿Existe alguna tendencia creciente o decreciente a lo largo del tiempo?

5. TEORÍA DE PROBABILIDAD

A. N. KOLMOGOROV

Igual que existen estilos nacionales de cocina, existen también estilos nacionales de ciencia. La estadística, la ciencia de los datos, fue creada, básicamente, por británicos y estadounidenses. En cambio, los líderes en el estudio de la probabilidad, las matemáticas del azar, han sido durante mucho tiempo franceses y rusos. El matemático ruso Andrei Nikolaevich Kolmogorov (1903-1987) ha sido uno de los científicos más influyentes del siglo XX. Sus más de 500 publicaciones tratan sobre diversos campos de la matemática moderna y aplican ideas matemáticas a campos tan diversos como el ritmo y la métrica de la poesía.

En 1920, Kolmogorov se matriculó como estudiante en la Universidad Estatal de Moscú. Permaneció en esta universidad hasta su muerte. En 1963, fue distinguido como héroe del trabajo socialista, un honor poco frecuente en alguien cuya carrera se desarrolló completamente en la universidad.

El primer trabajo de Kolmogorov sobre probabilidad trató sobre el comportamiento de series de observaciones aleatorias. La ley de los grandes números fue el punto de partida de estos estudios. Kolmogorov descubrió muchas extensiones de esta ley. En 1933 Kolmogorov sentó los fundamentos matemáticos de la probabilidad, al establecer unas pocas leyes generales a partir de las cuales se desarrollaba toda la teoría de la probabilidad. En este capítulo las leyes generales de la probabilidad siguen el espíritu de Kolmogorov.

5.1 Introducción

Las matemáticas de la probabilidad pueden proporcionar modelos para describir la circulación de vehículos en un sistema de autopistas o el funcionamiento del procesador de un ordenador; la composición genética de las poblaciones; el estado energético de partículas subatómicas; la dispersión de una epidemia o de un rumor; o el porcentaje y beneficios de una inversión arriesgada. Aunque estamos interesados en la probabilidad porque resulta útil en estadística, las matemáticas del azar son importantes en muchos campos de estudio. Este capítulo presenta algo más de teoría de probabilidad.

5.2 Reglas generales de la probabilidad

El estudio que hicimos sobre la probabilidad en el capítulo 4, se centró en las distribuciones muestrales. Ahora volvemos a las reglas básicas de la probabilidad. Con más conocimientos de probabilidad, podremos modelizar fenómenos aleatorios más complejos. Ya vimos y utilizamos cuatro reglas.

REGLAS DE LA PROBABILIDAD

Regla 1. $0 \leq P(A) \leq 1$ para cualquier suceso A

Regla 2. $P(S) = 1$

Regla 3. Para cualquier suceso A,

$$P(\text{no ocurra } A) = 1 - P(A)$$

Regla 4. Regla de la suma: Si A y B son sucesos **disjuntos**, entonces

$$P(A \text{ o } B) = P(A) + P(B)$$

5.2.1 La independencia y la regla de la multiplicación

Cuando dos sucesos A y B no pueden ocurrir al mismo tiempo, la Regla 4, la regla de la suma de sucesos disjuntos, describe la probabilidad de que ocurra alguno de ellos. Ahora describiremos la probabilidad de que los sucesos A y B ocurran simultáneamente, estamos otra vez en una situación especial.

Puede ser que encuentres útil hacer un dibujo para mostrar las relaciones entre varios sucesos. Un dibujo como el de la figura 5.1 que muestra el espacio muestral S como un área rectangular y los sucesos como áreas dentro de S se llama **diagrama de Venn**. Los sucesos A y B de la figura 5.1 son disjuntos, ya que no se solapan. El diagrama de Venn de la figura 5.2 muestra dos sucesos que no son disjuntos. El suceso $\{A \text{ y } B\}$ aparece como el área que es común a A y a B.

Diagrama de Venn

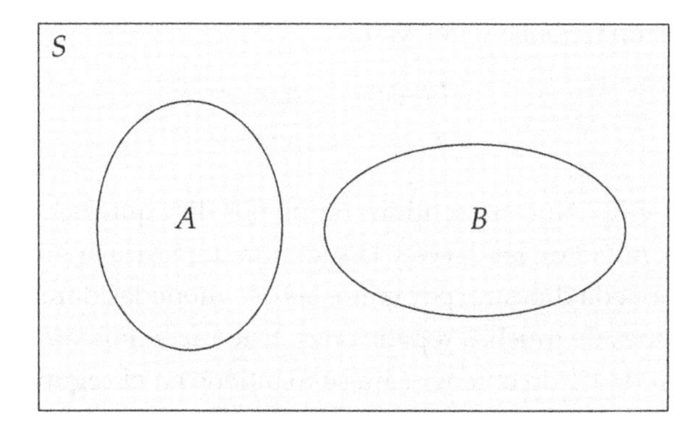

Figura 5.1. Diagrama de Venn que muestra dos sucesos A y B disjuntos.

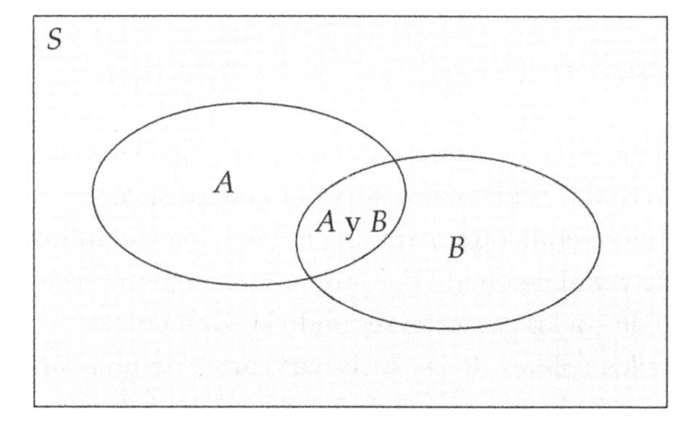

Figura 5.2. Diagrama de Venn que muestra dos sucesos A y B que no son disjuntos. El suceso $\{A \text{ y } B\}$ consta de los resultados comunes a A y a B.

Supón que lanzas una moneda dos veces y haces un recuento de caras. Los sucesos de interés son

$$A = \text{el primer lanzamiento es cara}$$
$$B = \text{el segundo lanzamiento es cara}$$

Los sucesos A y B no son disjuntos. Ocurren simultáneamente siempre que los dos lanzamientos dan cara. Queremos conocer la probabilidad del suceso $\{A \text{ y } B\}$, es decir, la probabilidad de que los dos lanzamientos den cara.

El lanzamiento de monedas de Buffon, Pearson y Kerrish descritos al principio del capítulo 4 nos lleva a asignar una probabilidad de $\frac{1}{2}$ a la obtención de cara cuando lanzamos una moneda. Por tanto

$$P(A) = 0{,}5$$
$$P(B) = 0{,}5$$

¿Cuál es $P(A \text{ y } B)$? Nuestro sentido común nos dice que es $\frac{1}{4}$. La primera moneda dará cara la mitad de las veces y la segunda dará cara la mitad de las veces que la primera moneda dio cara; por tanto, las dos monedas darán cara $\frac{1}{2} \times \frac{1}{2} = \frac{1}{4}$ de las veces después de muchas repeticiones. Este razonamiento da por supuesto que la probabilidad $\frac{1}{2}$ de obtener cara se mantiene en el segundo lanzamiento después que el primer lanzamiento dio cara. Decimos que los sucesos "cara en el primer lanzamiento" y "cara en el segundo lanzamiento" son **independientes**. Independencia significa que el resultado del primer lanzamiento no puede influir sobre el del segundo.

Independencia

EJEMPLO 5.1. ¿Independientes o no?

Debido a que una moneda no tiene memoria y que quien lanza la moneda no puede influir sobre su caída, es razonable suponer que los sucesivos lanzamientos de una moneda son independientes. Para una moneda bien equilibrada esto significa que después de ver el resultado del primer lanzamiento, seguimos asignando una probabilidad de $\frac{1}{2}$ a las caras del segundo lanzamiento.

Por otro lado, los colores de las sucesivas cartas de una baraja no son independientes. Una baraja de 52 cartas tiene 26 cartas rojas y 26 negras. Si escogemos una carta de una baraja bien mezclada, la probabilidad de obtener una carta roja es de $\frac{26}{52} = 0{,}50$ (resultados igualmente probables). Una vez hemos visto que la primera carta es roja, sabemos que sólo quedan 25 cartas rojas en la baraja entre las 51 cartas restantes. La probabilidad de que la segunda carta sea roja es, por tanto, $\frac{25}{51} = 0{,}49$. Conocer el resultado de la primera carta escogida cambia la asignación de probabilidades para la segunda.

Si un médico te toma la presión de la sangre dos veces, es razonable suponer que los dos resultados son independientes ya que el primer resultado no influye sobre el aparato cuando se hace la segunda lectura. Pero, si de forma consecutiva realizas dos pruebas para determinar tu nivel de inteligencia, u otra prueba psicológica similar, los resultados de las dos pruebas no son independientes. El aprendizaje que tiene lugar durante el primer intento influye sobre el segundo. ■

REGLA DE LA MULTIPLICACIÓN PARA SUCESOS INDEPENDIENTES

Dos sucesos A y B son **independientes** si el conocimiento de que ha ocurrido uno de ellos no cambia la probabilidad de que ocurra el otro. Si A y B son independientes,

$$P(A \text{ y } B) = P(A)P(B)$$

EJEMPLO 5.2. Los guisantes de Mendel

Gregor Mendel puso de manifiesto utilizando guisantes que la herencia opera aleatoriamente. El color de las semillas de los guisantes de Mendel puede ser verde o amarillo. Dos parentales se cruzan, es decir, un parental poliniza al otro para producir semillas. Cada parental contiene dos genes que determinan el color de la semilla cada uno de ellos tienen una probabilidad de $\frac{1}{2}$ de ser transmitido a la semilla. Los dos genes que recibe la semilla para la determinación de su color proceden de cada uno de los parentales. La contribución genética de los parentales es independiente.

Supón que los dos parentales contienen los genes V (verde) y A (amarillo). La semilla será verde si los dos parentales transmiten el gen V; en los restantes casos la semilla será amarilla. Si M es el suceso de que el parental macho contribuya con el gen V y F es el suceso de que el parental hembra contribuya con el gen V, la probabilidad de que la semilla sea verde es

$$\begin{aligned} P(M \text{ y } F) &= P(M)P(F) \\ &= (0{,}5)(0{,}5) = 0{,}25 \end{aligned}$$

Después de muchas repeticiones, $\frac{1}{4}$ de las semillas producidas será verdes. ■

La regla de la multiplicación $P(A \text{ y } B) = P(A)P(B)$ se cumple sólo en el caso de que A y B sean independientes. La regla de la suma $P(A \text{ o } B) = P(A) + P(B)$ sólo se cumple si A y B son disjuntos. No tengas la tentación de utilizar estas reglas sencillas cuando no se cumplen las circunstancias que permiten su aplicación. Tienes que estar seguro de no confundir el hecho de que dos sucesos sean independientes con el de que sean disjuntos. Si A y B son disjuntos, entonces si ocurre A no puede suceder B —consulta otra vez la figura 5.1—. Por tanto, los conjuntos disjuntos no son independientes. A diferencia de los sucesos disjuntos, no podemos representar los sucesos independientes mediante un diagrama de Venn. La independencia tiene en cuenta la probabilidad de los sucesos y no sólo los resultados que los constituyen.

APLICA TUS CONOCIMIENTOS

5.1. Albinismo. Entre los humanos, el gen del albinismo es recesivo. Es decir, los portadores de este gen tienen una probabilidad de $\frac{1}{2}$ de pasarlo a su descendencia. Además una persona es albina sólo si sus dos padres le transmitieron dicho gen. Los padres transmiten de forma independiente sus genes. Si los dos padres son portadores del gen del albinismo, ¿cuál es la probabilidad de que su primer hijo sea albino? Y si tienen dos hijos (que heredan de forma independiente los genes de sus padres), ¿cuál es la probabilidad de que ambos sean albinos? ¿Y de que no lo sea ninguno de ellos?

5.2. Notas de secundaria. Selecciona al azar a un estudiante universitario de primer curso y pregúntale qué calificación obtuvo en la prueba de acceso a la universidad. He aquí las probabilidades de obtener una determinada calificación en base a una gran encuesta a estudiantes de primer curso:

Resultado	5-5,9	6-6,9	7-7,9	8-8,9	9-10
Probabilidad	0,41	0,23	0,29	0,06	0,01

(a) Escoge al azar a dos estudiantes de primer curso. ¿Por qué podemos suponer que su calificación en la prueba de acceso a la universidad es independiente?

(b) ¿Cuál es la probabilidad de que los dos estudiantes obtuvieran una calificación mayor o igual que 9?

(c) ¿Cuál es la probabilidad de que el primero de los estudiantes obtuviera una calificación mayor o igual que 9 y el segundo menor que 6?

5.3. Operarios con carrera universitaria. Datos del Gobierno indican que el 27% de los trabajadores tienen una carrera universitaria y que el 16% de los trabajadores están empleados en el sector de la automoción como operarios. ¿Puedes concluir que debido a que $(0{,}27)(0{,}16) = 0{,}043$, aproximadamente el 4% de los trabajadores tienen una carrera universitaria y trabajan en el sector de la automoción como operarios? Justifica tu respuesta.

5.2.2 Aplicación de la regla de la multiplicación

Si dos sucesos A y B son independientes, el hecho de que no ocurra A, es también independiente de que ocurra B, etc. Supón, por ejemplo, que en un determinado distrito electoral el 75% de los votantes son del PSOE (Partido Socialista Obrero Español). Si una encuesta de opinión entrevista a dos votantes escogidos independientemente, la probabilidad de que el primero vote al PSOE y el segundo no, es $(0{,}75)(0{,}25) = 0{,}1875$. La regla de la multiplicación se puede aplicar a más de dos sucesos, siempre que todos ellos sean independientes. La independencia de los sucesos A, B y C significa que tener información de cualquiera de los sucesos no influye sobre la probabilidad de los restantes. A menudo se utiliza la independencia para establecer modelos de probabilidad cuando parece que los sucesos que estamos describiendo no tienen ninguna relación entre sí. En este caso podemos utilizar libremente la regla de la multiplicación. Veamos un ejemplo.

EJEMPLO 5.3. Cables submarinos

Un cable submarino transatlántico está provisto de repetidores que amplifican la señal. Si falla un repetidor, éste debe ser reparado. Para ello hay que recuperar el cable y llevarlo hasta la superficie a un coste elevado. Cada repetidor tiene una probabilidad de 0,999 de funcionar correctamente durante 10 años. Supón que los repetidores fallan de forma independiente los unos de los otros. (Esta suposición significa que no hay "causas comunes", como por ejemplo un terremoto, que pudieran afectar a varios repetidores simultáneamente.) Sea A_i el suceso que indica que el repetidor i funciona correctamente durante 10 años.

La probabilidad de que dos repetidores funcionen correctamente durante 10 años es

$$\begin{aligned} P(A_1 \text{ y } A_2) &= P(A_1)P(A_2) \\ &= 0{,}999 \times 0{,}999 = 0{,}998 \end{aligned}$$

Para un cable con 10 repetidores la probabilidad de que no fallen durante 10 años es

$$\begin{aligned} P(A_1 \text{ y } A_2 \text{ y } \ldots \text{ y } A_{10}) &= P(A_1)P(A_2)\cdots P(A_{10}) \\ &= 0{,}999 \times 0{,}999 \times \cdots \times 0{,}999 \\ &= 0{,}999^{10} = 0{,}990 \end{aligned}$$

Cables con 2 o 10 repetidores son bastante fiables. Desgraciadamente, un cable submarino transatlántico tiene 300 repetidores. La probabilidad de que los 300 funcionen correctamente durante 10 años es

$$P(A_1 \text{ y } A_2 \text{ y } \ldots \text{ y } A_{300}) = 0{,}999^{300} = 0{,}741$$

En consecuencia tenemos una posibilidad entre cuatro de que el cable tenga que ser recuperado para reparar algún repetidor durante un periodo de 10 años. En realidad, los repetidores están diseñados para que su fiabilidad sea superior a 0,999 durante un periodo de 10 años. Algunos cables submarinos transatlánticos han funcionado durante más de 20 años sin problemas. ■

Combinando las reglas que hemos aprendido, podemos calcular las probabilidades de sucesos bastante complicados. Veámoslo en el siguiente ejemplo.

EJEMPLO 5.4. Falsos positivos en la determinación del sida

Una prueba de diagnóstico para la detección del virus del sida tiene una probabilidad de 0,005 de dar un falso positivo. Es decir, cuando se hace la prueba a una persona libre del virus, tiene una probabilidad de 0,005 de indicar de forma errónea que el virus está presente. Si se pasa la prueba a 140 empleados de un hospital y ninguno de ellos está infectado con el virus, ¿cuál es la probabilidad de que se obtenga al menos un falso positivo?

Es razonable suponer, como parte del modelo de probabilidad, que el resultado de la prueba es independiente para los diferentes individuos. La probabilidad de obtener un falso positivo para un solo individuo es de 0,005. Según la Regla 3, la probabilidad de que la prueba sea negativa es $1 - 0{,}005 = 0{,}995$. En consecuencia, la probabilidad de obtener al menos un falso positivo entre las 140 personas que pasan la prueba es

$$\begin{aligned} P(\text{al menos un positivo}) &= 1 - P(\text{no positivos}) \\ &= 1 - P(140 \text{ negativos}) \\ &= 1 - 0{,}995^{140} \\ &= 1 - 0{,}496 = 0{,}504 \end{aligned}$$

La probabilidad de que al menos uno de los 140 individuos dé positivo en la prueba del sida es mayor de $\frac{1}{2}$, incluso cuando nadie está infectado con el virus. ■

APLICA TUS CONOCIMIENTOS

5.4. Luces de adorno. Unas luces de adorno de Navidad están formadas por un grupo de 20 bombillas. Éstas se conectan en serie, de manera que si falla una bombilla se apaga toda la serie. Durante un periodo de 3 años, cada bombilla tiene una probabilidad de 0,02 de fallar. El fallo de bombillas se produce de forma independiente. ¿Cuál es la probabilidad de que en un periodo de 3 años un adorno de 20 bombillas no se apague?

5.5. Detección de esteroides. A un atleta sospechoso de haber tomado esteroides se le hacen dos pruebas independientes de detección de esteroides. La prueba A tiene una probabilidad de 0,9 de dar positivo si se han utilizado esteroides. La prueba B tiene una probabilidad de 0,8 de dar positivo si se han utilizado esteroides. ¿Cuál es la probabilidad de que ninguna de las dos pruebas dé positivo si se han utilizado esteroides?

5.6. Secuencia de colores. Un dado de 6 caras tiene cuatro caras verdes (V) y dos rojas (R). El dado está bien fabricado de manera que todas las caras tienen las mismas posibilidades de quedar hacia arriba. Se lanza un dado varias veces. Debes escoger una de las siguientes secuencias de colores:

RVRRR
RVRRRV
VRRRRR

Ganarás 25 € si los primeros lanzamientos del dado dan la secuencia que has escogido.

(a) ¿Cuál es la probabilidad de que un lanzamiento dé verde? ¿Y de que resulte rojo?

(b) ¿Cuál es la probabilidad de cada una de las tres secuencias anteriores? Para ganar 25 €, ¿qué secuencia escogerías? ¿Por qué? (En una prueba psicológica, el 63% de 260 estudiantes que no habían estudiado probabilidad escogieron la segunda secuencia. Esto es un síntoma de que nuestra comprensión intuitiva de la probabilidad no es muy exacta.[1])

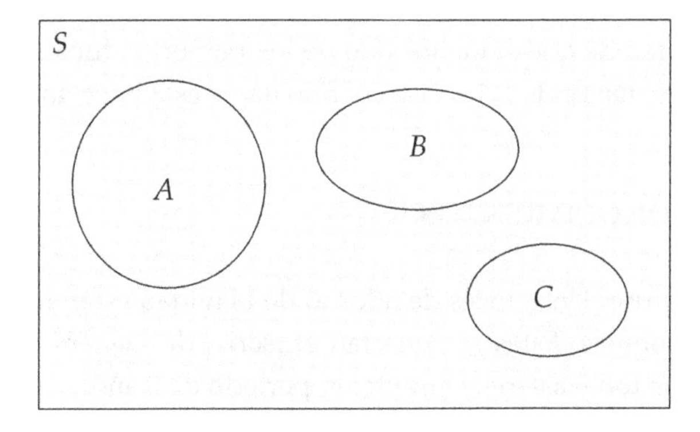

Figura 5.3. La regla de la suma para sucesos disjuntos: $P(A \text{ o } B \text{ o } C) = P(A) + P(B) + P(C)$, cuando los sucesos A, B y C son disjuntos.

5.2.3 Regla general de la suma

Sabemos que si A y B son sucesos disjuntos, entonces $P(A \text{ o } B) = P(A) + P(B)$. Esta regla de la adición se puede generalizar para más de dos sucesos que sean disjuntos en el sentido de que no haya dos sucesos que tengan resultados en común. El diagrama de Venn de la figura 5.3 muestra tres sucesos disjuntos A, B y C. La probabilidad de que ocurra alguno de estos sucesos es $P(A) + P(B) + P(C)$.

Si los sucesos A y B no son disjuntos, pueden ocurrir simultáneamente. La probabilidad de que ocurra uno de ellos es menor que la suma de sus probabilidades. Tal como sugiere la figura 5.4, cuando sumamos las probabilidades, los resultados comunes se cuentan dos veces, por tanto, tenemos que restar una vez

[1] A. Tversky y D. Kahneman, "Extensional versus intuitive reasoning: the conjunction fallacy in probability judgment", *Psychological Review*, 90, 1983, págs. 293-315.

esta probabilidad. He aquí la regla de la suma para dos sucesos cualesquiera, sean disjuntos o no.

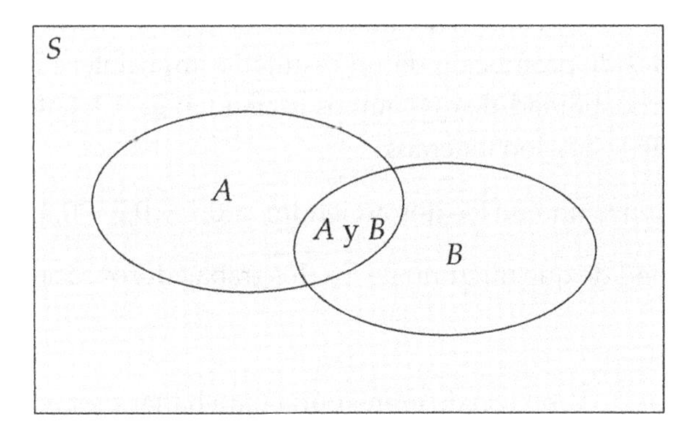

Figura 5.4. La regla general de la suma:

$$P(A \text{ o } B) = P(A) + P(B) - P(A \text{ y} B)$$

para dos sucesos A y B cualesquiera.

REGLA GENERAL DE LA SUMA PARA DOS SUCESOS CUALESQUIERA

Para dos sucesos cualesquiera A y B,

$$P(A \text{ o } B) = P(A) + P(B) - P(A \text{ y} B)$$

Si A y B son disjuntos, el suceso $\{A \text{ y } B\}$ de que ocurran los dos sucesos no contiene ningún resultado y, por tanto, tiene una probabilidad de 0. En consecuencia, la regla general de la suma incluye la Regla 4, la regla de la suma para sucesos disjuntos.

EJEMPLO 5.5. ¿Quién será ascendido?

Romeo y Julia trabajan en el Ministerio de Agricultura. Se está haciendo una recalificación de los puestos de trabajo, y tanto Romeo como Julia tienen posibilidades de ascender en la escala funcionarial. Romeo cree que él tiene una probabilidad de 0,7 de ascender y que Julia tiene una probabilidad de 0,5. (La asignación de probabilidades es arbitraria, es lo que cree Romeo.) Para poder calcular la probabilidad de que al menos uno de los dos ascienda, esta asignación de probabilidades no nos proporciona suficiente información. Concretamente, la suma de las dos probabilidades de promoción da un resultado imposible: 1,2. Si Romeo cree además que la probabilidad de que ambos asciendan es 0,3, entonces aplicando la regla general de la adición tenemos

$$P(\text{al menos uno de los dos asciende}) = 0{,}7 + 0{,}5 - 0{,}3 = 0{,}9$$

La probabilidad de que ninguno de los dos trabajadores ascienda es, según la Regla 3, 0,1. ■

Los diagramas de Venn son de gran ayuda para hallar probabilidades, ya que solamente tienes que pensar en sumar y restar áreas. La figura 5.5 ilustra sucesos y sus probabilidades correspondientes al ejemplo 5.5. ¿Cuál es la probabilidad de que Romeo ascienda y Julia no? El diagrama de Venn muestra que la probabilidad de este suceso es igual a la probabilidad de que Romeo ascienda menos la probabilidad de que ambos asciendan, $0{,}7 - 0{,}3 = 0{,}4$. De forma similar, la probabilidad de que Julia ascienda y Romeo no es $0{,}5 - 0{,}3 = 0{,}2$. Las cuatro probabilidades que aparecen en la figura suman 1, ya que corresponden a cuatro sucesos disjuntos que abarcan todo el espacio muestral.

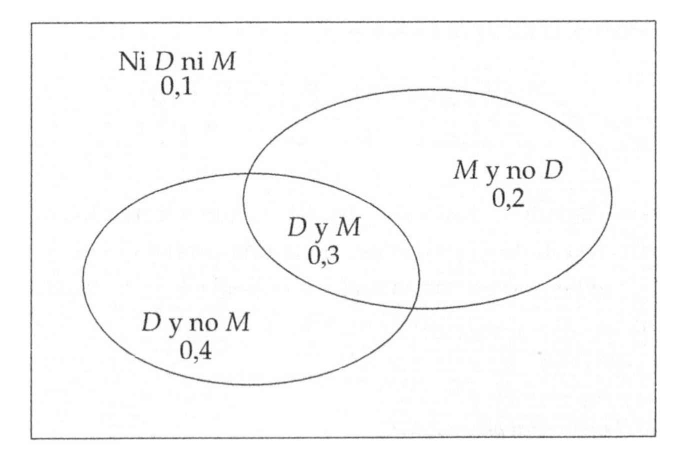

Figura 5.5. Diagrama de Venn y probabilidades. Para el ejemplo 5.5.

APLICA TUS CONOCIMIENTOS

5.7. Ingresos y educación. Selecciona al azar un hogar de la Unión Europea. Sea A el suceso de que los ingresos totales de los miembros del hogar sean superiores a 75.000 € y B el suceso de que el cabeza de familia del hogar tenga estudios universitarios. De acuerdo con el Eurostat, $P(A) = 0{,}15$, $P(B) = 0{,}25$ y $P(A \text{ y } B) = 0{,}09$.

(a) Dibuja un diagrama de Venn que muestre la relación entre los sucesos A y B. ¿Cuál es la probabilidad de que los ingresos totales del hogar sean superiores a 75.000 € o que su cabeza de familia tenga estudios universitarios, es decir, $P(A \text{ o } B)$?

(b) En tu diagrama, sombrea el suceso correspondiente a que el cabeza de familia tenga estudios universitarios pero que los ingresos totales del hogar no sean superiores a 75.000 €. ¿Cuál es la probabilidad de este suceso?

5.8. Cafeína en la dieta. El café, el té y la cola son fuentes comunes de cafeína. Supón que

el 55% de los adultos toma café
el 25% de los adultos toma té
y el 45% de los adultos toma cola

y también que

el 15% toma café y té
el 5% toma las tres bebidas
el 25% toma café y cola
el 5% sólo toma té

Dibuja un Diagrama de Venn con esta información. Utilizando el diagrama y las reglas de la suma, responde a las siguientes preguntas.

(a) ¿Qué porcentaje de adultos toma cola?

(b) ¿Qué porcentaje no toma ninguna de estas bebidas?

RESUMEN DE LA SECCIÓN 5.2

Los sucesos A y B son **disjuntos** si no tienen resultados en común. Los sucesos A y B son **independientes** si conocer que ocurre un suceso no cambia la probabilidad que asignaríamos al otro suceso.

Cualquier asignación de probabilidad cumple, además de las reglas del capítulo 4, las siguientes reglas más generales:

Regla de la suma: Si los sucesos $A, B, C, \ldots$, son disjuntos dos a dos, entonces

$$P(\text{de que ocurra al menos uno de estos sucesos}) = P(A) + P(B) + P(C) + \cdots$$

Regla de la multiplicación: Si A y B son sucesos **independientes**, entonces

$$P(A \text{ y } B) = P(A)P(B)$$

Regla general de la suma: Para dos sucesos cualesquiera,

$$P(A \text{ o } B) = P(A) + P(B) - P(A \text{ y } B)$$

EJERCICIOS DE LA SECCIÓN 5.2

5.9. Estrategia militar. Un general tiene dos posibilidades para llevar a cabo una campaña militar: combatir en una gran batalla o combatir en tres batallas pequeñas. El general cree que tiene una probabilidad de 0,6 de ganar la gran batalla y una probabilidad de 0,8 de ganar cada una de las batallas pequeñas. Las victorias o derrotas de las batallas pequeñas son independientes. Para ganar la campaña militar el general debe ganar la gran batalla o bien ganar las tres batallas pequeñas. ¿Qué estrategia debe seguir?

5.10. Jugando varias veces. La probabilidad de ganar en un determinado juego de azar es 0,02. Si juegas 5 veces, ¿cuál es la probabilidad de que al menos ganes una vez? Debes tener en cuenta que los juegos son independientes entre sí.

5.11. Un fabricante de automóviles compra circuitos integrados de un determinado proveedor. Este proveedor envía un gran lote que contiene un 5% de circuitos integrados defectuosos. Cada circuito integrado escogido de este lote tiene una probabilidad de 0,05 de ser defectuoso. En cada automóvil se instalan 12 circuitos integrados escogidos de forma independiente. ¿Cuál es la probabilidad de que los 12 circuitos integrados de un automóvil funcionen correctamente?

5.12. Paseo aleatorio en Wall Street. La teoría del "paseo aleatorio" de los mercados de valores (*random walk*) establece que los cambios de los índices de precios de las acciones en periodos de tiempo disjuntos son independientes. Supón que sólo nos interesamos en si el precio de las acciones sube o baja. Supón, además, que la probabilidad de que una cartera suba es igual a 0,65. (Esta probabilidad es aproximadamente correcta para una cartera que contenga cantidades similares, en dólares, de las acciones más comunes de la Bolsa de Nueva York.)

(a) ¿Cuál es la probabilidad de que nuestra cartera suba durante tres años consecutivos?

(b) Si sabes que la cartera ha subido de precio durante dos años consecutivos, ¿qué probabilidad asignarías al suceso de que la cartera bajará al año siguiente?

(c) ¿Cuál es la probabilidad de que el valor de una cartera se mueva en la misma dirección durante dos años consecutivos?

5.13. Solicitudes de doctorado. Akima ha presentado solicitudes para hacer el doctorado en la Universidad Pompeu Fabra (UPF) de Barcelona y en el Instituto de Tecnología de Massachusetts (MIT). Akima cree que la probabilidad de que sea admitida en la UPF es de 0,5, de que lo sea en el MIT es de 0,4 y de que sea admitida en ambas universidades es de 0,2.

(a) Dibuja un diagrama de Venn. Indica las probabilidades de los sucesos anteriores.

(b) ¿Cuál es la probabilidad de que Akima no sea admitida en ninguna de las dos universidades?

(c) ¿Cuál es la probabilidad de que Akima sea admitida en el MIT y que no lo sea en la UPF?

5.14. Salsa y merengue. Cada vez son más populares estilos musicales distintos del rock y del pop. Una encuesta realizada a estudiantes universitarios halla que al 40% de los estudiantes les gusta la salsa, al 30% les gusta el merengue y que al 10% les gusta tanto la salsa como el merengue.

(a) Dibuja un diagrama de Venn con estos resultados.

(b) ¿A qué porcentaje de estudiantes universitarios les gusta la salsa pero no el merengue?

(c) ¿A qué porcentaje de estudiantes no les gusta ni la salsa ni el merengue?

5.15. Tipo de sangre. La distribución de los grupos sanguíneos entre los europeos es aproximadamente la siguiente: 37% del tipo A, 13% del tipo B, 44% del tipo O y 6% del tipo AB. Supón que los grupos sanguíneos de parejas casadas son independientes y que los dos componentes de la pareja siguen la misma distribución de probabilidades.

(a) Un individuo del tipo B puede recibir transfusiones de sangre sólo de personas de los grupos B y O. ¿Cuál es la probabilidad de que el esposo de una mujer del grupo B pueda donar sangre a su esposa?

(b) ¿Cuál es la probabilidad de que en una pareja escogida al azar la mujer sea del grupo B y el esposo del grupo A?

(c) ¿Cuál es la probabilidad de que un componente de la pareja sea del grupo A y el otro del grupo B?

(d) ¿Cuál es la probabilidad de que en una pareja escogida al azar, al menos un componente sea del grupo O?

5.16. Tratamiento médico y edad. El tipo de tratamiento médico que recibe un paciente, ¿depende de su edad? Un gran estudio sobre mujeres a las que se detectó un bulto en el pecho investigó si en el momento de detección del bulto, el diagnóstico que se hacía era una mamografía seguida de una biopsia o sólo una mamografía. He aquí las probabilidades estimadas en este estudio. Los valores de la tabla son probabilidades de que ocurran dos sucesos; por ejemplo, 0,321 es la probabilidad de que una paciente sea menor de 65 años de edad y se le haga la biopsia. La suma de las cuatro probabilidades de la tabla da 1, ya que la tabla contiene todos los sucesos posibles.

	Biopsia realizada	
	Sí	No
Edad menor de 65	0,321	0,124
Edad igual o superior a 65	0,365	0,190

(a) ¿Cuál es la probabilidad de que una paciente de este estudio tenga menos de 65 años? ¿Y de que tenga 65 o más años?

(b) ¿Cuál es la probabilidad de que a la paciente se le haga la biopsia? ¿Y de que no se le haga?

(c) Los sucesos A: "la paciente tiene 65 años o más" y B: "se hace la biopsia", ¿son independientes? Si la realización de la biopsia fuera independiente de la edad, ¿en el caso de pacientes mayores, la biopsia se hace con menos frecuencia de la esperada?

5.17. Jugar a los dados. Un jugador afirma que la apuesta de no obtener un 11 en un juego que consiste en lanzar un dado dos veces y sumar los valores de las caras superiores debe ser 17 contra 1. Si repetimos tres veces este juego, la apuesta de que no se obtengan tres 11 seguidos debe ser $17 \times 17 \times 17$ contra 1, es decir, 4.913 contra 1.[2]

(a) Cuando jugamos a lanzar dos veces un dado bien equilibrado, ¿cuál es la probabilidad de que la suma de las caras superiores sea 11? Si jugamos tres veces, ¿cuál es la probabilidad de obtener tres 11?

[2] J. Gollehon, *Pay the Line!* Putnam, New York, 1988.

(b) Si un suceso A tiene una probabilidad P, las apuestas en contra de A son

$$\text{apuestas en contra de } A = \frac{1-P}{P}$$

A menudo, los jugadores hablan de apuestas en vez de probabilidades. Por ejemplo, las apuestas en contra de un suceso que tiene una probabilidad de $\frac{1}{3}$ son 2 contra 1. Halla las apuestas en contra de obtener un 11 y en contra de obtener tres 11 seguidos. ¿Qué afirmaciones del jugador son correctas?

5.3 Distribuciones binomiales

Una jugadora de baloncesto lanza 5 tiros libres. ¿Cuántas canastas obtiene? Un nuevo tratamiento contra el cáncer de páncreas se ha ensayado en 25 pacientes. En cinco años, ¿cuántos pacientes sobrevivirán? Plantas 10 cerezos, ¿cuántos resistirán el frío del invierno? En todas estas situaciones queremos un modelo de probabilidad para el *recuento* de éxitos.

5.3.1 Situación binomial

La distribución de un recuento depende de cómo se hayan obtenido los datos. He aquí una situación frecuente.

SITUACIÓN BINOMIAL

1. Tenemos un determinado número n de observaciones.
2. Las n observaciones son todas **independientes**. Es decir, saber el resultado de una observación no te indica nada sobre las restantes observaciones.
3. Cada observación tiene dos resultados posibles, que por conveniencia llamaremos "éxito" y "fracaso".
4. La probabilidad de éxito, llámala p, es igual en todas las observaciones.

Lanzar una moneda n veces es un ejemplo de situación binomial. Cada lanzamiento puede dar cara o cruz. Conocer el resultado de un lanzamiento no nos dice nada sobre el resultado de los otros lanzamientos, por tanto, los n lanzamientos son independientes. Si llamamos "éxito" a las caras, la probabilidad p de obtener cara se mantiene constante si no cambiamos de moneda. El recuento del número de caras es una variable aleatoria X. La distribución de X se llama *distribución binomial.*

DISTRIBUCIÓN BINOMIAL

La distribución del recuento X de éxitos en una situación binomial es la **distribución binomial** con parámetros n y p. El parámetro n es el número de observaciones y p es la probabilidad de éxito de cualquier observación. Los valores de X son números enteros positivos que van de 0 a n.

Las distribuciones binomiales son un tipo importante de distribuciones de probabilidad. Fíjate bien en las situaciones binomiales, ya que no todos los recuentos tienen distribuciones binomiales.

EJEMPLO 5.6. Tipo de sangre

La genética dice que los hijos reciben de forma independiente los genes de los padres. Si ambos padres tienen un gen del grupo O y otro del grupo A, cada hijo tiene una probabilidad de 0,25 de tener dos genes O y, por lo tanto, de tener sangre del grupo O. El número de hijos con sangre del grupo O, de entre los cinco que tienen estos padres, es el recuento X de éxitos de 5 observaciones independientes con una probabilidad de éxito de 0,25 en cada observación. Por lo tanto, X tiene una distribución binomial con $n = 5$ y $p = 0,25$. ■

EJEMPLO 5.7. Escoge cartas de una baraja

Selecciona 10 cartas de una baraja de póquer y cuenta el número X de cartas rojas. Tenemos 10 observaciones y cada una de ellas puede ser una carta roja o una carta negra. Un "éxito" es una carta roja. Pero las observaciones no son independientes.

Si la primera carta es negra, la segunda carta tiene más probabilidades de ser roja, ya que quedan más cartas rojas que negras en la baraja. El recuento X no tiene una distribución binomial. ■

EJEMPLO 5.8. Obtención de una muestra aleatoria simple

Una ingeniera selecciona una muestra aleatoria simple de 10 interruptores de un envío de 10.000. Supón que el 10% de los interruptores del envío es defectuoso (la ingeniera no lo sabe). La ingeniera hace un recuento del número X de interruptores defectuosos en la muestra de 10.

No estamos exactamente ante una situación binomial. De la misma manera que cuando extraías una carta, en el ejemplo 5.7, cambiaba la composición de la baraja, cuando seleccionas un interruptor cambia la proporción de interruptores defectuosos que permanecen en el envío. Por tanto, las condiciones de extracción del segundo interruptor no son independientes de las condiciones de extracción del primer interruptor. De todas formas, la extracción de un interruptor entre 10.000 cambia muy poco la situación de los restantes 9.999. En la práctica, la distribución de X es casi una distribución binomial con $n = 10$ y $p = 0,1$. ■

El ejemplo 5.8 muestra cómo podemos utilizar las distribuciones binomiales en estudios estadísticos en los que seleccionamos una muestra aleatoria simple. Cuando la población es mucho mayor que la muestra, un recuento de éxitos en una muestra aleatoria simple de tamaño n tiene aproximadamente una distribución binomial con n igual al tamaño de la muestra y p igual a la proporción de éxitos de la población.

APLICA TUS CONOCIMIENTOS

En los ejercicios del 5.18 al 5.20, X es un recuento. ¿Tiene X una distribución binomial? Razona en cada caso tu respuesta.

5.18. Observas el sexo de los próximos 20 bebés nacidos en un hospital; X es el número de niñas.

5.19. Una pareja decide seguir teniendo bebés hasta que nazca la primera niña; X es el número total de hijos que tiene la pareja.

5.20. Una alumna estudia distribuciones binomiales utilizando un método de enseñanza por ordenador. Después de la lección, el ordenador presenta 10 problemas. La alumna resuelve cada problema y entra su respuesta. Si la respuesta está mal, el ordenador da explicaciones adicionales sobre los problemas. El recuento X es el número de problemas que la alumna contesta correctamente.

5.3.2 Probabilidades binomiales

Podemos hallar una fórmula para calcular la probabilidad de que una variable aleatoria binomial tome un valor determinado, sumando las probabilidades de las diferentes maneras de obtener exactamente ese número de éxitos en n observaciones. He aquí un ejemplo que utilizaremos para ilustrar esta idea.

EJEMPLO 5.9. Herencia del grupo sanguíneo

Cada hijo nacido de unos determinados padres tiene una probabilidad de 0,25 de tener sangre del tipo O. Si estos padres tienen 5 hijos, ¿cuál es la probabilidad de que exactamente 2 de ellos sean del tipo O?

El recuento de hijos con sangre del tipo O es una variable aleatoria binomial X con $n = 5$ y una probabilidad de éxito $p = 0{,}25$. Queremos calcular la $P(X = 2)$. ■

Debido a que el método no depende de ningún ejemplo concreto, vamos a utilizar, para simplificar, "E" para los éxitos y "F" para los fracasos. Realiza el cálculo en dos pasos.

Paso 1. Halla la probabilidad de un caso concreto de 2 éxitos en 5 observaciones. Por ejemplo, que la primera y tercera observaciones sean éxitos. Éste es el resultado EFEFF. Debido a que los resultados son independientes, se puede aplicar la regla de la multiplicación para este tipo de sucesos. La probabilidad que buscamos es

$$\begin{aligned} P(\text{EFEFF}) &= P(\text{E})P(\text{F})P(\text{E})P(\text{F})P(\text{F}) = \\ &= (0{,}25)(0{,}75)(0{,}25)(0{,}75)(0{,}75) \\ &= (0{,}25)^2(0{,}75)^3 \end{aligned}$$

Paso 2. Observa que la probabilidad de cualquier combinación de dos E y tres F es siempre la misma. Esto es cierto, ya que multiplicamos dos veces 0,25 y tres veces 0,75, prescindiendo de la posición de las dos E y de las tres F. La probabilidad de que $X = 2$ es la probabilidad de obtener dos E y tres F, en cualquier combinación. He aquí todas las combinaciones posibles:

EEFFF EFEFF EFFEF EFFFE FEEFF
FEFEF FEFFE FFEEF FFEFE FFFEE

Hay 10, todas con la misma probabilidad. Por tanto, la probabilidad global de obtener dos éxitos es

$$P(X = 2) = 10(0{,}25)^2(0{,}75)^3 = 0{,}2637$$

El procedimiento de este cálculo es válido para cualquier probabilidad binomial. Para utilizarlo tenemos que ser capaces de determinar el número de combinaciones posibles de k éxitos en n observaciones sin tener que hacer un listado.

COEFICIENTE BINOMIAL

El número de maneras de combinar k éxitos entre n observaciones viene dado por el **coeficiente binomial**

$$\binom{n}{k} = \frac{n!}{k!(n-k)!}$$

para $k = 0, 1, 2, \ldots, n$.

Factorial

La fórmula de los coeficientes binomiales utiliza la notación **factorial**. Para cualquier número entero positivo n, su factorial $n!$ es

$$n! = n \times (n-1) \times (n-2) \times \cdots \times 3 \times 2 \times 1$$

Además, $0! = 1$.

Fíjate en que el mayor de los dos factoriales del denominador del coeficiente binomial simplificará la mayor parte de $n!$ en el numerador. Por ejemplo, el coeficiente binomial que necesitamos para el ejemplo 5.9 es

$$\begin{aligned}\binom{5}{2} &= \frac{5!}{2!\,3!} \\ &= \frac{5 \cdot 4 \cdot 3 \cdot 2 \cdot 1}{2 \cdot 1 \times 3 \cdot 2 \cdot 1} \\ &= \frac{5 \cdot 4}{2 \cdot 1} = \frac{20}{2} = 10\end{aligned}$$

La notación $\binom{n}{k}$ no tiene nada que ver con la fracción $\frac{n}{k}$. Se trata del coeficiente binomial o número combinatorio, es decir, del número de combinaciones que pueden efectuarse con n elementos tomados de k en k. Los coeficientes binomiales tienen muchas aplicaciones en matemáticas. De todas formas, nosotros estamos interesados en ellos sólo como una ayuda para hallar las probabilidades binomiales. El coeficiente binomial $\binom{n}{k}$ determina el número de maneras con las que k éxitos se pueden distribuir entre n observaciones. La probabilidad binomial $P(X = k)$ es este número multiplicado por la probabilidad de cualquier combinación concreta de los k éxitos entre las n observaciones. He aquí el resultado que buscamos.

PROBABILIDAD BINOMIAL

Si X tiene una distribución binomial con n observaciones y con una probabilidad p de éxito en cada observación, los posibles valores de X son $0, 1, 2, \ldots, n$. Si k es uno de estos valores,

$$P(X = k) = \binom{n}{k} p^k (1 - p)^{n-k}$$

EJEMPLO 5.10. Inspección de interruptores

El número X de interruptores que no pasan la inspección en el ejemplo 5.8 tiene, aproximadamente, una distribución binomial con $n = 10$ y $p = 0{,}1$.

La probabilidad de que como máximo un interruptor sea defectuoso es

$$\begin{aligned} P(X \leq 1) &= P(X = 1) + P(X = 0) \\ &= \binom{10}{1}(0{,}1)^1(0{,}9)^9 + \binom{10}{0}(0{,}1)^0(0{,}9)^{10} \\ &= \frac{10!}{1!\,9!}(0{,}1)(0{,}3874) + \frac{10!}{0!\,10!}(1)(0{,}3487) \\ &= (10)(0{,}1)(0{,}3874) + (1)(1)(0{,}3487) \\ &= 0{,}3874 + 0{,}3487 = 0{,}7361 \end{aligned}$$

Observa que en el cálculo anterior $0! = 1$ y $a^0 = 1$, para cualquier a distinto de 0. Vemos que cerca del 74% de todas las muestras no contendrán más de un interruptor defectuoso. De hecho, el 35% de las muestras no contendrán interruptores defectuosos. Una muestra de tamaño 10 no se puede utilizar para alertar a la ingeniera de que existe un número inaceptable de interruptores defectuosos en el lote. ■

APLICA TUS CONOCIMIENTOS

5.21. Herencia del grupo sanguíneo. Si los padres del ejemplo 5.9 tienen 5 hijos, el recuento de los que tienen sangre del tipo O es una variable aleatoria X que tiene una distribución binomial con $n = 5$ y $p = 0{,}25$.

(a) ¿Cuáles son los posibles valores de X?

(b) Halla la probabilidad de cada valor de X. Dibuja un histograma para mostrar esta distribución. (Debido a que las probabilidades son proporciones de muchas repeticiones, un histograma en el que las probabilidades sean las alturas de las barras muestra la distribución de X después de muchas repeticiones.)

5.22. Una empresa emplea a varios miles de trabajadores, de los cuales el 30% son extranjeros. Si los 15 miembros del comité ejecutivo del sindicato se escogieran al azar entre los trabajadores, el número de extranjeros en el comité tendría una distribución binomial con $n = 15$ y $p = 0{,}3$.

(a) ¿Cuál es la probabilidad de que exactamente 3 miembros del comité sean extranjeros?

(b) ¿Cuál es la probabilidad de que como máximo 3 miembros del comité sean extranjeros?

5.23. Los atletas, ¿terminan la carrera? Una universidad asegura que el 80% de los jugadores de baloncesto del equipo universitario se licencian. Una investigación examina el destino de los 20 jugadores que se matricularon en la universidad durante un periodo determinado que finalizó hace seis años. De estos jugadores, 11 se licenciaron y los 9 restantes abandonaron la universidad antes de licenciarse. Si la afirmación de la universidad es cierta, el número de jugadores de baloncesto que, entre los 20, se licencian debería tener una distribución binomial con $n = 20$ y $p = 0{,}8$. ¿Cuál es la probabilidad de que exactamente 11 de los 20 jugadores se licencien?

5.3.3 Media y desviación típica binomiales

Si un recuento X tiene una distribución binomial basada en n observaciones con una probabilidad p de éxito, ¿cuál es su media μ? Es decir, después de muchas repeticiones de la situación binomial, ¿cuál será la media del recuento de éxitos? Podemos adivinarlo. Si un jugador de baloncesto encesta un 80% de los tiros libres, el número medio de estos tiros encestados en 10 intentos tiene que ser el 80% de 10, es decir, 8. En general, la media de una distribución binomial tiene que ser $\mu = np$. Éstas son las fórmulas.

MEDIA Y DESVIACIÓN TÍPICA DE UNA DISTRIBUCIÓN BINOMIAL

Si un recuento X tiene una distribución binomial con un número de observaciones n y una probabilidad de éxito p, la **media** y la **desviación típica** de X son

$$\mu = np$$
$$\sigma = \sqrt{np(1-p)}$$

Recuerda que éstas fórmulas se pueden utilizar sólo para distribuciones binomiales. No se pueden utilizar para otras distribuciones.

EJEMPLO 5.11. Inspección de interruptores

Continuemos con el ejemplo 5.10. El recuento X de interruptores defectuosos tiene una distribución binomial con $n = 10$ y $p = 0{,}1$. El histograma de la figura 5.6 muestra esta distribución de probabilidad. (Debido a que las probabilidades son proporciones de muchas repeticiones, un histograma en el que las probabilidades sean las alturas de las barras muestra la distribución de X después de muchas repeticiones.) La distribución es muy asimétrica. Aunque X puede tomar cualquier valor entero entre 0 y 10, las probabilidades de los valores mayores que 5 son tan pequeñas que no aparecen en el histograma.

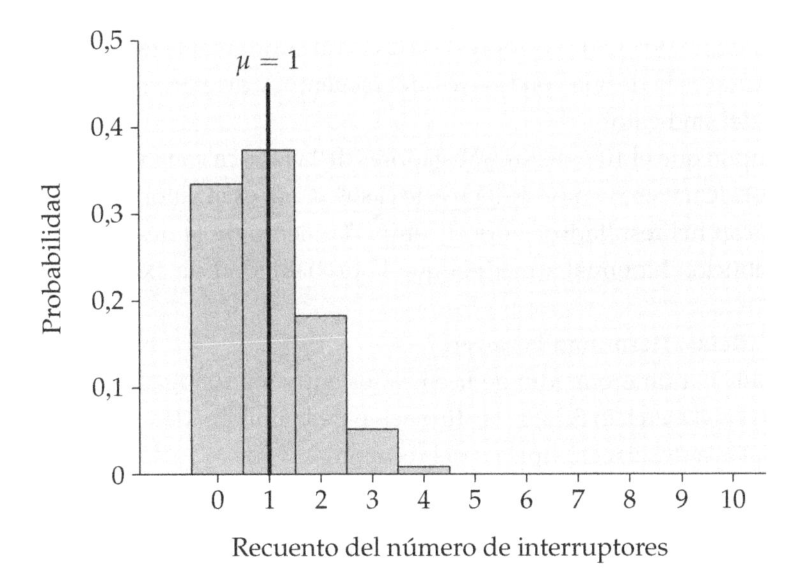

Figura 5.6. Histograma de probabilidad de una distribución binomial con $n = 10$ y $p = 0{,}1$.

La media y la desviación típica de la distribución binomial de la figura 5.6 son las siguientes

$$\begin{aligned} \mu &= np \\ &= (10)(0{,}1) = 1 \end{aligned}$$

$$\begin{aligned} \sigma &= \sqrt{np(1-p)} \\ &= \sqrt{(10)(0{,}1)(0{,}9)} = \sqrt{0{,}9} = 0{,}9487 \end{aligned}$$

En el histograma de la figura 5.6 se ha señalado con una línea vertical el valor de la media. ■

APLICA TUS CONOCIMIENTOS

5.24. Herencia del grupo sanguíneo. ¿Cuál es la media y la desviación típica del número de hijos con sangre del tipo O del ejercicio 5.21? Señala la media en el histograma de probabilidad que dibujaste en ese ejercicio.

5.25. (a) ¿Cuál es el número medio de extranjeros en el comité ejecutivo del sindicato formado por los 15 trabajadores escogidos aleatoriamente en el ejercicio 5.22?

(b) ¿Cuál es la desviación típica σ del recuento X de extranjeros en el comité ejecutivo del sindicato?

(c) Supón que el 10% de los trabajadores de la fábrica son extranjeros. Entonces $p = 0{,}1$. ¿Cuál es el valor de σ en este caso? ¿Cuál es el valor de σ si $p = 0{,}01$? ¿Qué indican tus resultados sobre el comportamiento de la desviación típica de una distribución binomial a medida que la probabilidad de éxito se acerca a 0?

5.26. Los atletas, ¿terminan la carrera?

(a) Halla el número medio de licenciados entre los 20 jugadores del ejemplo planteado en el ejercicio 5.23, si la afirmación de la universidad es cierta.

(b) Halla la desviación típica σ del recuento X.

(c) Supón que los 20 jugadores proceden de una población en la que la probabilidad de licenciarse es $p = 0{,}9$. ¿Cuál es la desviación típica σ del recuento de licenciados? Si $p = 0{,}99$, ¿cuál es el valor de σ? ¿Qué indican tus resultados sobre el comportamiento de la desviación típica de una distribución binomial a medida que la probabilidad p de éxito se acerca a 1?

5.3.4 Aproximación normal a distribuciones binomiales

La fórmula para las probabilidades binomiales se hace pesada de manejar a medida que aumenta el número de repeticiones. Puedes utilizar un programa estadístico o una calculadora avanzada con la intención de resolver problemas para los cuales la fórmula no resulta práctica. He aquí otra alternativa: *a medida que aumenta el número n de repeticiones, la distribución se parece cada vez más a una normal.*

EJEMPLO 5.12. Ir de compras

¿Está cambiando la actitud de la gente con relación a ir de compras? Las encuestas ponen de manifiesto que a la gente cada vez le gusta menos ir de compras. Una encuesta reciente planteada a nivel nacional, en EE UU, preguntó a una muestra de 2.500 adultos si estaban de acuerdo o no con "me gusta comprar ropa nueva, pero ir de compras es a menudo frustrante y lleva mucho tiempo".[3] La población

[3]Trish Hall, "Shop? Many say 'Only if I must' ", *New York Times*, 28 de noviembre de 1990. De hecho, el 66% (1.650 de 2.500) de la muestra dijo "Estoy de acuerdo".

sobre la que la encuesta quiere sacar conclusiones es la de todos los residentes en EE UU de más de 18 años. Supón que el 60% de todos los adultos de EE UU estuviese de acuerdo con la afirmación anterior. ¿Cuál es la probabilidad de que al menos 1.520 individuos de la muestra esté de acuerdo con la afirmación? ■

Debido a que la población de adultos de EE UU es superior a los 195 millones, podemos tomar las respuestas de 2.500 adultos escogidos al azar como independientes. En consecuencia, el número de individuos de nuestra muestra que está de acuerdo con que ir de compras es frustrante es una variable aleatoria X que tiene una distribución binomial con $n = 2.500$ y $p = 0{,}6$. Para hallar la probabilidad de que al menos 1.520 individuos de la muestra opinen que ir de compras es frustrante, debemos sumar las probabilidades binomiales de todos los resultados desde $X = 1.520$ hasta $X = 2.500$. Este cálculo no es práctico. Vamos a ver tres maneras de resolver este problema.

1. Un programa estadístico puede hacer el cálculo. El resultado exacto es

$$P(X \geq 1.520) = 0{,}2131$$

2. Podemos simular un gran número de repeticiones de la muestra. La figura 5.7 muestra un histograma correspondiente a los recuentos de 1.000 muestras de tamaño 2.500 cuando el verdadero valor de la proporción poblacional es $p = 0{,}6$. Debido a que 221 de estas 1.000 muestras toman un valor de X mayor o igual que 1.520, la probabilidad estimada a partir de la simulación es

$$P(X \geq 1.520) = \frac{221}{1000} = 0{,}221$$

3. Los dos métodos anteriores implican la utilización de un programa informático. Otra posibilidad es fijarse en la curva normal de la figura 5.7. Esta curva de densidad corresponde a una distribución normal con las mismas media y desviación típica de la variable binomial X:

$$\mu = np = (2.500)(0{,}6) = 1.500$$

$$\sigma = \sqrt{np(1-p)} = \sqrt{(2.500)(0{,}6)(0{,}4)} = 24{,}49$$

Tal como muestra la figura, esta distribución normal se aproxima bastante bien a la distribución binomial. Por tanto, podemos hacer un cálculo normal.

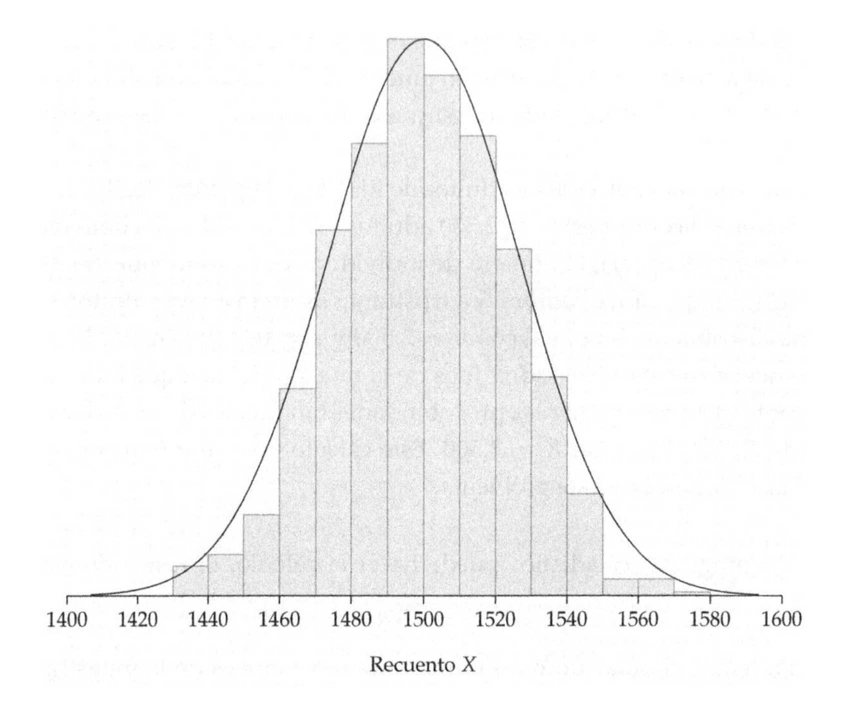

Figura 5.7. Histograma de 1.000 recuentos binomiales ($N = 2.500, p = 0{,}6$) y curva de densidad normal que aproxima esta distribución binomial.

EJEMPLO 5.13. Cálculo normal de una probabilidad binomial

Si actuamos como si el recuento X tuviera la distribución $N(1.500, 24{,}49)$, la probabilidad que buscamos, utilizando la tabla A es

$$\begin{aligned} P(X \geq 1.520) &= P\left(\frac{X - 1.500}{24{,}49} \geq \frac{1.520 - 1.500}{24{,}49}\right) \\ &= P(Z \geq 0{,}82) \\ &= 1 - 0{,}7939 = 0{,}2061 \end{aligned}$$

La aproximación normal 0,2061 difiere del resultado 0,2131 obtenido con el programa informático en 0,007. ■

APROXIMACIÓN NORMAL A LA DISTRIBUCIÓN BINOMIAL

Supón que el recuento X tiene una distribución binomial con n ensayos y una probabilidad de éxito p. Cuando n es grande, la distribución de X es aproximadamente normal, $N(np, \sqrt{np(1-p)})$.

Como regla práctica, diremos que podemos utilizar la aproximación normal cuando n y p cumplan que $np \geq 10$ y $n(1-p) \geq 10$.

La aproximación normal es fácil de recordar, ya que dice que X es normal con su media y desviación típica binomiales. La exactitud de la distribución normal mejora a medida que el tamaño n de la muestra aumenta. Dado un valor cualquiera de n, la aproximación es más precisa cuando p toma un valor próximo a $\frac{1}{2}$, y menos precisa cuando p toma un valor cercano a 0 o a 1. Que utilices o no la aproximación normal depende de lo precisos que deban ser tus cálculos. Para muchos cálculos estadísticos no se necesita una gran precisión. Nuestra regla práctica para la aproximación normal tiene en cuenta esto.

APLICA TUS CONOCIMIENTOS

5.27. Investigación de mercado. Tienes un restaurante en Córdoba. Lees en un estudio de ámbito español llevado a cabo por una asociación de restauración, que el 40% de los adultos de una muestra desea comer pescado cuando come fuera de casa. Para ajustar tu menú al gusto de los cordobeses decides llevar a cabo una encuesta. Obtienes una muestra aleatoria simple de 200 hogares seleccionando al azar números de teléfono de la provincia de Córdoba.

(a) Si la proporción de gente que desea comer pescado en Córdoba es la misma que la de España en general, es razonable utilizar una distribución binomial con $n = 200$ y $p = 0{,}4$ para describir el recuento X de personas de la muestra que desea comer pescado. Explica por qué.

(b) Si se cumple que $p = 0{,}4$, ¿cuál es el valor de la media del número de gente de tu muestra que desea comer pescado cuando come fuera de casa? ¿Cuál es el valor de la desviación típica?

(c) ¿Cuál es la probabilidad de que X se halle entre 75 y 85? (Utiliza la aproximación normal.)

5.28. Pedidos enviados a tiempo. Tu empresa asegura que envía el 90% de los pedidos en un plazo de 3 días laborables. Seleccionas una muestra aleatoria simple de 100 de los 5.000 pedidos de la semana anterior para hacer una comprobación. La comprobación revela que 86 de estos pedidos se enviaron puntualmente.

(a) Si la empresa realmente manda el 90% de sus pedidos puntualmente, ¿cuál es la probabilidad de que como máximo 86 envíos de una muestra aleatoria simple de 100 pedidos se envíen a tiempo?

(b) La competencia dice, "¡Ajá!, hablas del 90%, pero en tu muestra el porcentaje de pedidos que se envía a tiempo es de sólo el 86%. Por tanto, la afirmación del 90% es falsa". Di con un lenguaje sencillo por qué tu cálculo probabilístico en (a) evidencia que el resultado de la muestra no contradice la afirmación del 90%.

5.29. Errores de muestreo. Una manera de comprobar el efecto de la falta de cobertura, la no-respuesta u otras fuentes de error en una encuesta, consiste en comparar la muestra con características conocidas de la población. Así, por ejemplo, se conoce que un 12% de los estadounidenses adultos son negros. Por tanto, la distribución de la variable X del número de negros en una muestra aleatoria simple de 1.500 adultos debe ser binomial ($n = 1.500$, $p = 0{,}12$).

(a) ¿Cuáles son la media y la desviación típica de X?

(b) Utiliza la aproximación normal para hallar la probabilidad de que la muestra contenga como máximo 170 negros. Asegúrate de comprobar que se cumplen las condiciones necesarias para utilizar la aproximación normal.

RESUMEN DE LA SECCIÓN 5.3

Un recuento X de éxitos tiene una **distribución binomial** sólo en una **situación binomial**, es decir: hay n observaciones; las observaciones son independientes entre sí; cada observación tiene dos resultados posibles: éxito o fracaso; y cada observación tiene la misma probabilidad p de éxito.

Una distribución binomial con n observaciones y con una probabilidad p de éxito es una buena aproximación a la distribución del recuento de éxitos en una muestra aleatoria simple de tamaño n de una población de gran tamaño con una proporción p de éxitos.

Si X tiene una distribución binomial con parámetros n y p, los valores posibles de X son los números enteros 0, 1, 2, ..., n. La **probabilidad binomial** de que X tome un valor k es

$$P(X = k) = \binom{n}{k} p^k (1 - p)^{n-k}$$

El **coeficiente binomial**

$$\binom{n}{k} = \frac{n!}{k!\,(n-k)!}$$

determina el número de maneras distintas con las que se puede combinar k éxitos entre n observaciones. Aquí el **factorial $n!$** es

$$n! = n \times (n-1) \times (n-2) \times \cdots \times 3 \times 2 \times 1$$

para números enteros positivos n y $0! = 1$.

La **media** y la **desviación típica** de un recuento binomial X son

$$\begin{aligned} \mu &= np \\ \sigma &= \sqrt{np(1-p)} \end{aligned}$$

La **aproximación normal** a la distribución binomial dice que si X es un recuento que tiene una distribución binomial con parámetros n y p, cuando n es grande, X es aproximadamente $N(np, \sqrt{np(1-p)})$. Utilizaremos esta aproximación cuando $np \geq 10$ y $n(1-p) \geq 10$.

EJERCICIOS DE LA SECCIÓN 5.3

5.30. ¿Situación binomial? En cada una de las siguientes situaciones, ¿es razonable suponer que la distribución de la variable X es binomial? Justifica tus respuestas.

(a) Un fabricante de coches escoge un automóvil cada hora de producción para llevar a cabo una inspección detallada de calidad. Una de las variables registradas es el número de defectos en el acabado de la pintura.

(b) Se han preseleccionado 100 personas al azar entre los residentes de una gran ciudad para formar parte de un tribunal popular. A cada una de las personas preseleccionadas se le pregunta si está a favor o en contra de la pena de muerte; X es el número de personas que dicen "Sí".

(c) Jaime compra cada semana un boleto del sorteo de la ONCE X es el número de veces que gana un premio en un año.

5.31. ¿Situación binomial? En cada una de los siguientes situaciones, decide si la distribución binomial es un modelo de probabilidad adecuado. Justifica tus respuestas.

(a) Cincuenta estudiantes asisten a un curso sobre distribuciones binomiales. Después de terminarlo, todos los estudiantes hacen un examen. Se hace un recuento del número de estudiantes que aprueban.

(b) Un estudiante estudia las distribuciones binomiales mediante un programa informático. Después de seguir las primeras instrucciones del programa, éste presenta 10 problemas. El estudiante debe resolver cada uno e introducir su respuesta. Si es incorrecta, el programa proporciona información adicional entre problemas. Se hace un recuento del número de problemas que el alumno resuelve correctamente.

(c) Un químico repite una prueba de solubilidad 10 veces con el mismo producto. Cada prueba se lleva a cabo a una temperatura que supera en 10° a la prueba anterior. El químico hace un recuento del número de veces que el producto se disuelve completamente.

5.32. Dígitos aleatorios. Cada valor de una tabla de dígitos aleatorios como por ejemplo la tabla B, tiene una probabilidad igual a 0,1 de ser 0. Todos los dígitos de la tabla son independientes entre sí.

(a) ¿Cuál es la probabilidad de que un grupo de cinco dígitos de la tabla contenga al menos un 0?

(b) En una serie de 40 dígitos, ¿cuál es el número medio de ceros?

5.33. Mujeres solteras. Entre las mujeres que trabajan, el 25% nunca se ha casado. Selecciona al azar a 10 mujeres con empleo.

(a) El recuento de mujeres de tu muestra que nunca se ha casado tiene una distribución binomial. ¿Cuáles son los valores de n y p?

(b) ¿Cuál es la probabilidad de que exactamente 2 de las 10 mujeres de tu muestra nunca se haya casado.

(c) ¿Cuál es la probabilidad de que como máximo 2 mujeres nunca se hayan casado?

(d) En este tipo de muestras, ¿cuál es la media del número de mujeres que nunca se han casado? ¿Cuál es la desviación típica?

5.34. Prueba de percepción extrasensorial. En una prueba de percepción extrasensorial, se le dice a un sujeto que las cartas que no puede ver tienen impresas o una copa, o una espada, o un oro o un basto. Cuando el investigador mira cada una de las 20 cartas de la baraja, el sujeto tiene que decir cuál es el símbolo impreso en la carta. Un sujeto que esté simplemente adivinando tiene una probabilidad de 0,25 de acertar en cada carta.

(a) El recuento de aciertos en 20 cartas tiene una distribución binomial. ¿Cuáles son los valores de n y p?

(b) Después de muchas repeticiones, ¿cuál es el número medio de aciertos?

(c) ¿Cuál es la probabilidad de exactamente 5 aciertos?

5.35. Teoría del paseo aleatorio. Una persona que cree en la teoría del "paseo aleatorio" de los mercados de valores (*random walk*) piensa que el índice de precios de las acciones tiene una probabilidad igual a 0,65 de aumentar, en cualquier año. Además, cree que el valor del índice en un año concreto no está influido por la subida o bajada del índice en años anteriores. Sea X el número de años, entre los próximos 6, en los cuales el índice sube.

(a) X tiene una distribución binomial. ¿Qué valores toman n y p?

(b) ¿Qué valores puede tomar X?

(c) Halla la probabilidad de cada uno de los valores de X. Dibuja un histograma de probabilidad de la distribución de X.

(d) ¿Qué valores toman la media y la desviación típica de esta distribución? Indica la situación de la media en el histograma.

5.36. Detector de mentiras. Un informe oficial indica que la prueba del detector de mentiras tiene una probabilidad aproximadamente igual a 0,2 de calificar de mentirosa a una persona que no miente.[4]

(a) Una empresa pregunta a 12 personas que solicitan trabajo en ella sobre robos acaecidos en sus anteriores empleos. La empresa utiliza un detector de mentiras para comprobar la veracidad de sus afirmaciones. Supón que las 12 personas contestan la verdad. ¿Cuál es la probabilidad de que la máquina confirme que las 12 personas dicen la verdad? ¿Cuál es la probabilidad de que el detector de mentiras detecte que al menos una de estas personas miente?

(b) ¿Cuál es la media de personas clasificadas como mentirosas entre las 12 personas no mentirosas? ¿Cuál es la desviación típica de este valor?

(c) ¿Cuál es la probabilidad de que el número de personas clasificadas como mentirosas sea menor que la media?

5.37. Prueba de respuesta múltiple. He aquí un ejemplo de modelo de probabilidad para una prueba de respuesta múltiple. Supón que cada estudiante tiene

[4]Office of Technology Assessment, *Scientific Validity of Polygraph Testing: A Research Review and Evaluation*, Government Printing Office, Washington, D.C., 1983.

una probabilidad p de responder correctamente a una pregunta escogida al azar entre el universo de posibles preguntas. (Un estudiante bien preparado tienen una p mayor que uno que haya estudiado poco.) Las respuestas a las diferentes preguntas son independientes. María es una buena estudiante con una $p = 0{,}75$.

(a) Utiliza la aproximación normal para hallar la probabilidad de que María obtenga como máximo un 70% de aciertos en una prueba de 100 preguntas.

(b) Si la prueba consta de 250 preguntas, ¿cuál es la probabilidad de que María obtenga como máximo un 70% de aciertos?

5.38. Investigación de mercado. Vuelve a la muestra del ejercicio 5.27. Hallas que 100 de las 200 personas de tu muestra afirma que prefiere comer pescado cuando come fuera de casa. Este resultado, ¿te lleva a creer que el porcentaje de personas que prefiere comer pescado en Córdoba es superior al 40%? Para responder esta pregunta, halla la probabilidad de que X sea mayor o igual que 100, si el valor $p = 0{,}4$ es correcto. Si esta probabilidad es muy pequeña, tenemos un motivo para creer que p es realmente mayor de 0,4.

5.39. Planificación de una encuesta. Estás planificando llevar a cabo una encuesta con pequeñas empresas de tu región. Escogerás una muestra aleatoria simple de empresas a partir del listado telefónico de las Páginas Amarillas. Por experiencia sabes que sólo la mitad de las empresas que contactas responden.

(a) Si contactas con 150 empresas, ¿es razonable utilizar la distribución binomial con $n = 150$ y $p = 0{,}5$ para hallar el número de empresas que responden? Justifica tu respuesta.

(b) ¿Cuál es el valor de la media de empresas que responden?

(c) ¿Cuál es la probabilidad de que como máximo respondan 70 empresas? (Utiliza la aproximación normal.)

(d) Si queremos que el valor de la media de empresas que responden suba hasta 100, ¿cuál debe ser el tamaño de la muestra?

5.4 Probabilidad condicional

En la sección 2.6 nos encontramos con la idea de *distribución condicionada*, es decir, la distribución de una variable cuando se cumple una determinada condición. Vamos a introducir esta idea en el contexto de la probabilidad.

EJEMPLO 5.14. Suicidios

He aquí una tabla de contingencia sobre los suicidios acaecidos recientemente, clasificados según el sexo y según si la víctima utilizó o no un arma de fuego para suicidarse.

	Hombre	**Mujer**	**Total**
Arma de fuego	16.381	2.559	18.940
Otra	9.034	3.536	12.570
Total	25.415	6.095	31.510

Escoge un suicidio al azar. ¿Cuál es la probabilidad de que se utilizara un arma de fuego? Debido a que "escoger al azar" da a todos los 31.510 suicidios las mismas posibilidades de ser escogidos, esta probabilidad no es más que la proporción de suicidios en los que se utilizó un arma de fuego:

$$P(\text{arma de fuego}) = \frac{18{,}940}{31{,}510} = 0{,}60$$

Nos dicen que el suicidio escogido correspondía a una mujer. Una mirada a la tabla muestra que las posibilidades de que una mujer utilice un arma de fuego son menores que para un hombre. La probabilidad de que se utilice un arma de fuego, dada la información de que el suicida era una mujer, es

$$P(\text{arma de fuego} \mid \text{mujer}) = \frac{2{,}559}{6{,}095} = 0{,}42$$

Esto es una **probabilidad condicionada.** ■

Probabilidad condicionada

La probabilidad condicionada de 0,42 del ejemplo 5.14 da la probabilidad de un suceso (el suicida utiliza un arma de fuego) bajo la condición de que conocemos otro suceso (la víctima era una mujer). Puedes leer la barra | como "dada la información de que". Hallamos la probabilidad condicional a partir de la tabla de contingencia, utilizando el sentido común.

Queremos convertir este sentido común en algo más general. Para hacerlo, razonamos de la manera siguiente. Para hallar la proporción de suicidios que implican a la vez que la víctima sea mujer y que además utilizó un arma de fuego, en primer lugar halla la proporción de mujeres entre los suicidas. Luego, multiplica por la proporción de mujeres suicidas que utilizaron un arma de fuego. Si el 20% de los suicidas eran mujeres y la mitad de éstas utilizaron armas de fuego, entonces la mitad del 20%, es decir, el 10%, son mujeres que utilizaron armas de fuego. Las proporciones reales del ejemplo 5.14 son

$$\begin{aligned} P(\text{mujer } y \text{ armas de fuego}) &= P(\text{mujer}) \times P(\text{arma de fuego} \mid \text{mujer}) \\ &= (0{,}193)(0{,}42) = 0{,}081 \end{aligned}$$

Puedes comprobar que esto es cierto: la probabilidad de que un suicida escogido al azar sea una mujer que utilizó una arma de fuego es

$$P(\text{mujer y armas de fuego}) = \frac{2{,}559}{31{,}510} = 0{,}081$$

Antes de pasar a una notación más formal, intenta pensar en esto a tu manera. Acabamos de descubrir la regla general de la multiplicación para probabilidades.

REGLA GENERAL DE LA MULTIPLICACIÓN PARA DOS SUCESOS CUALESQUIERA

La probabilidad de que dos sucesos A y B ocurran simultáneamente se puede hallar de la siguiente manera

$$P(A \text{ y } B) = P(A)P(B \mid A)$$

Aquí $P(B \mid A)$ es la probabilidad de que ocurra B condicionada a que ha ocurrido B.

En palabras, esta regla dice que para que dos sucesos ocurran simultáneamente, debe ocurrir primero uno de ellos, y luego, una vez ha ocurrido éste, debe tener lugar el otro.

EJEMPLO 5.15. Ramón quiere diamantes

Ramón es un jugador profesional de póquer y quiere obtener dos diamantes seguidos. Está sentado junto a la mesa, observa las cartas de su mano y las que hay vueltas hacia arriba, encima de la mesa. Sobre ésta, Ramón ve 11 cartas. De ellas, 4 son diamantes. La baraja completa, de 52 cartas, contiene 13 diamantes, por tanto, 9 de las 41 cartas restantes son diamantes. Debido a que las cartas de barajaron cuidadosamente, cada una de las cartas que coge Ramón tiene las mismas posibilidades de ser cualquiera de las cartas que no se han descubierto.

Para hallar la probabilidad de que Ramón saque dos diamantes, en primer lugar calcula

$$P(\text{la primera carta es diamante}) = \frac{9}{41}$$

$$P(\text{la segunda carta es diamante} \mid \text{la primera carta es diamante}) = \frac{8}{40}$$

Ramón halla las dos probabilidades haciendo un recuento de cartas. La probabilidad de que la primera carta escogida por Ramón sea un diamante es $\frac{9}{41}$ ya que 9 de las 41 no descubiertas son diamantes. Si la primera carta es un diamante, quedan 8 diamantes entre las 40 cartas restantes. Por tanto, la *probabilidad condicional* de otro diamante es $\frac{8}{40}$. Según la regla de la multiplicación establece que

$$P(\text{ambas cartas son diamantes}) = \frac{9}{41} \times \frac{8}{40} = 0{,}044$$

Ramón tiene que tener suerte para sacar el segundo diamante. ■

Recuerda que los sucesos A y B juegan papeles diferentes en la probabilidad condicionada $P(B \mid A)$. El suceso A representa la información que tenemos; en cambio, B es el suceso cuya probabilidad calculamos.

EJEMPLO 5.16. Coches de policía

Un 85% de los coches de la Guardia Urbana de Lugo corresponden al modelo ZX de Citröen. Un 70% de todos éstos que circulan por Lugo son coches de policía. Si ves por el retrovisor un ZX, la probabilidad de que sea un coche de la Guardia Urbana es

$$P(\text{coche de policía} \mid \text{Citrön ZX}) = 0{,}70$$

El 85% es una probabilidad condicional diferente; no la utilizamos cuando vemos un ZX que nos sigue. ■

APLICA TUS CONOCIMIENTOS

5.40. Mujeres gerente. Escoge al azar una persona con empleo. Sea A el suceso de que la persona escogida sea una mujer y B el suceso de que la persona escogida trabaje como gerente o como profesional liberal. Datos del Gobierno nos dicen que $P(A) = 0{,}46$. Entre las mujeres, la probabilidad de que ésta trabaje como gerente o como profesional liberal es $P(B \mid A) = 0{,}32$. Halla la probabilidad de que al escoger al azar una persona con empleo, ésta sea una mujer que trabaje como gerente o como profesional liberal.

5.41. Comprando en Japón. Una empresa de Zaragoza compra controladores electrónicos a un proveedor japonés. El tesorero de la empresa cree que existe una probabilidad de 0,4 de que en el próximo mes el euro baje con relación al yen japonés. El tesorero también cree que si el euro baja, existe una probabilidad de 0,8 de que el proveedor japonés pida renegociar el contrato. ¿Qué probabilidad ha asignado el tesorero al suceso de que el euro baje y el proveedor pida renegociar el contrato?

5.42. Suicidios. Utiliza la tabla de contingencia del ejemplo 5.14 relativo a tipos de suicidio, para hallar las siguientes probabilidades condicionales:

(a) $P(\text{armas de fuego} \mid \text{hombre})$

(b) $P(\text{hombre} \mid \text{armas de fuego})$

5.4.1 Generalización de la regla de la multiplicación

La regla de la multiplicación se puede extender al caso de que varios sucesos ocurran simultáneamente. Para calcular esta probabilidad, lo que hay que hacer es condicionar cada suceso a la ocurrencia de todos los sucesos precedentes. Por ejemplo, supongamos que tenemos tres sucesos A, B y C. La probabilidad de que los tres ocurran simultáneamente es

$$P(A \text{ y } B \text{ y } C) = P(A)P(B \mid A) = (C \mid A \text{ y } B)$$

EJEMPLO 5.17. El futuro de los jugadores de baloncesto de secundaria

En EE UU, sólo el 5% de los chicos que en secundaria juegan a baloncesto compiten en la liga universitaria cuando llegan a la universidad. De éstos, sólo el 1,7%

llegan a jugar como profesionales. Sólo un 40% de los estudiantes que compiten en la liga universitaria y luego en la liga profesional de baloncesto llegan a graduarse.[5] Definamos los siguientes sucesos

$$\begin{aligned} A &= \{\text{juega en la liga universitaria}\} \\ B &= \{\text{juega profesionalmente}\} \\ C &= \{\text{profesional con carrera universitaria}\} \end{aligned}$$

¿Cuál es la probabilidad de que un estudiante de secundaria que juega a baloncesto, compita en la liga universitaria y llegue a graduarse? Sabemos que

$$\begin{aligned} P(A) &= 0{,}05 \\ P(B \mid A) &= 0{,}017 \\ P(C \mid A \text{ y } B) &= 0{,}4 \end{aligned}$$

La probabilidad que buscamos es

$$\begin{aligned} P(A \text{ y } B \text{ y } C) &= P(A)P(B \mid A)P(C \mid A \text{ y } B) \\ &= 0{,}05 \times 0{,}017 \times 0{,}40 = 0{,}00034 \end{aligned}$$

Sólo unos 3 de cada 10.000 chicos que jugaban a baloncesto en secundaria llegarán a competir en la liga universitaria, luego en la liga profesional y, además, se graduarán en la universidad. Parece más razonable que los chicos que juegan a baloncesto en secundaria se concentren en sus estudios y no sueñen con la esperanza de llegar a jugadores profesionales. ■

5.4.2 Probabilidad condicional y independencia

Si conocemos la $P(A)$ y la $P(A \text{ y } B)$, expresando de otra manera la regla de la multiplicación, podemos llegar a la *definición* de probabilidad condicional $P(B \mid A)$ en términos de probabilidades no condicionadas.

[5]Es un estudio de Harry Edwards, que apareció en el *New York Times* el 25 de febrero de 1986.

DEFINICIÓN DE PROBABILIDAD CONDICIONAL

Cuando $P(A) > 0$, la **probabilidad de B condicionada a A** viene dada por

$$P(B \mid A) = \frac{P(A \text{ y } B)}{P(A)}$$

La probabilidad condicional $P(B \mid A)$ no tiene sentido si el suceso A no puede ocurrir nunca; por tanto, es necesario que $P(A) > 0$ siempre que queramos calcular $P(B \mid A)$. La definición de probabilidad condicional nos recuerda el principio de que todas las probabilidades, incluidas las condicionales, se pueden hallar a partir de la asignación de probabilidades a sucesos que describen fenómenos aleatorios. En estas situaciones se utiliza la regla de la multiplicación para hallar $P(A \text{ y } B)$.

La probabilidad condicional $P(B \mid A)$ no es en general igual a la probabilidad $P(B)$. Esto se debe a que, en general, la ocurrencia del suceso A nos proporciona información adicional sobre la ocurrencia del suceso B. Si conocer que ha ocurrido el suceso A no nos proporciona información adicional sobre B, entonces A y B son sucesos independientes. La definición de independencia se expresa en términos de probabilidad condicional.

SUCESOS INDEPENDIENTES

Dos sucesos A y B con probabilidades mayores que 0 son **independientes** si

$$P(B \mid A) = P(B)$$

Esta definición precisa el concepto de independencia que introdujimos en la sección 5.2. Vemos que la regla de la multiplicación de sucesos independientes, $P(A \text{ y } B) = P(A)P(B)$ es un caso especial de la regla general de la multiplicación, $P(A \text{ y } B) = P(A)P(B \mid A)$, de la misma manera que la regla de la suma para sucesos disjuntos es un caso especial de la regla general de la suma. En la práctica, casi nunca utilizaremos la definición de independencia, ya que la mayoría de modelos de probabilidad que utilizaremos supondrán que los sucesos considerados son independientes.

APLICA TUS CONOCIMIENTOS

5.43. Graduados universitarios. He aquí el recuento de graduados de una universidad española, en un año reciente, clasificados según el tipo de graduación y el sexo del graduado.

	Diplomatura	Licenciatura	Ingeniería	Doctorado	Total
Mujeres	616	194	30	16	856
Hombres	529	171	44	26	770
Total	1.145	365	74	42	1.626

(a) Si escoges un graduado al azar, ¿cuál es la probabilidad de que el graduado sea una mujer?

(b) Si la persona escogida se graduó en ingeniería, ¿cuál es la probabilidad de que sea una mujer?

(c) Los sucesos "escoger una mujer" y "escoger un graduado en ingeniería", ¿son independientes? Justifica tu respuesta.

5.44. Ingresos y educación. Selecciona al azar un hogar de la Unión Europea. Sea A el suceso de que los ingresos totales de los miembros del hogar sean superiores a 75.000 € y B el suceso de que el cabeza de familia del hogar tenga estudios universitarios. De acuerdo con el Eurostat, $P(A) = 0{,}15$, $P(B) = 0{,}25$ y $P(A \text{ y } B) = 0{,}09$.

(a) Halla la probabilidad de que el cabeza de familia del hogar tenga estudios universitarios, condicionada a que los ingresos totales del hogar sean superiores a 75.000 €.

(b) Halla la probabilidad de que los ingresos totales del hogar sean superiores a 75.000 €, condicionada a que el cabeza de familia tenga estudios universitarios.

(c) Los sucesos A y B, ¿son independientes? Justifica tu respuesta.

RESUMEN DE LA SECCIÓN 5.4

La **probabilidad condicionada** $P(B \mid A)$ de un suceso B dado que ha tenido lugar el suceso A se define de la siguiente manera

$$P(B \mid A) = \frac{P(A \text{ y } B)}{P(A)}$$

Cuando $P(A) > 0$. Sin embargo, en la práctica, las probabilidades condicionales se suelen hallar directamente a partir de la información de que disponemos, sin necesidad de utilizar la definición.

Cualquier asignación de probabilidad debe cumplir la **regla general de la multiplicación** $P(A \text{ y } B) = P(A)P(B \mid A)$.

A y B son **independientes** si $P(B \mid A) = P(B)$. En este caso, la regla de la multiplicación se expresa como $P(A \text{ y } B) = P(A)P(B)$.

EJERCICIOS DE LA SECCIÓN 5.4

5.45. Inspección de interruptores. Un envío contiene 10.000 interruptores. De éstos, 1.000 son defectuosos. Un inspector extrae al azar interruptores del envío; por tanto, todos ellos tienen la misma probabilidad de ser escogidos.

(a) Extrae un interruptor. ¿Cuál es la probabilidad de que sea defectuoso? ¿Cuál es la probabilidad de que no lo sea?

(b) Supón que el primer interruptor que extrajiste fuera defectuoso. ¿Cuántos interruptores quedan? ¿Cuántos de éstos son defectuosos? Extrae al azar un segundo interruptor. ¿Cuál es la probabilidad de que sea defectuoso?

(c) Contesta (b) otra vez, pero ahora supón que el primer interruptor extraído no era defectuoso.

Comentario: Conocer el resultado de la primera de las extracciones cambia la probabilidad condicional de la segunda extracción. Pero debido a que el envío es grande, las probabilidades cambian muy poco. Las extracciones son casi independientes.

5.46. Salsa y merengue. Cada vez son más populares estilos musicales distintos del *rock* y del pop. Una encuesta realizada a estudiantes universitarios halla que al 40% les gusta la salsa, al 30% les gusta el merengue y que al 10% les gusta tanto la salsa como el merengue.

(a) ¿Cuál es la probabilidad de que a un estudiante le guste el merengue, condicionada a que le gusta la salsa?

(b) ¿Cuál es la probabilidad de que a un estudiante le guste el merengue, condicionada a que no le gusta la salsa? (Un diagrama de Venn puede ayudarte.)

5.47. Graduados universitarios. El ejercicio 5.43 proporciona datos sobre los graduados de una universidad española. Utilízalos para responder a las preguntas siguientes:

(a) Si escoges un graduado al azar, ¿cuál es la probabilidad de que sea un hombre?

(b) ¿Cuál es la probabilidad de que la persona escogida tenga una diplomatura, condicionada a que es un hombre?

(c) Utiliza la regla de la multiplicación para hallar la probabilidad de que la persona escogida tenga una diplomatura y sea un hombre. Comprueba tu resultado hallando directamente esta probabilidad en la tabla de contingencia.

5.48. Probabilidad de color. Un jugador de póquer tiene color cuando sus cartas son de la misma figura. Vamos a hallar la probabilidad de un color cuando se reparten cinco cartas. Recuerda que una baraja contiene 52 cartas, 13 de cada figura y que si se barajan bien las cartas, todas tienen la misma probabilidad de ser escogidas.

(a) Nos vamos a concentrar en las picas. ¿Cuál es la probabilidad de que la primera carta escogida sea de picas? ¿Cuál es la probabilidad de que la segunda carta sea de picas, condicionada a que la primera carta ya lo fue?

(b) Sigue haciendo recuentos de las cartas que permanecen en la baraja para hallar las probabilidades de que la tercera, la cuarta y la quinta cartas sean de picas, si todas las anteriores también lo fueron.

(c) La probabilidad de haber escogido cinco cartas de picas es igual al producto de las cinco probabilidades que hemos hallado. ¿Por qué? ¿Cuál es el valor de esta probabilidad?

(d) La probabilidad de haber escogido cinco corazones, cinco diamantes o cinco tréboles es la misma que la probabilidad de haber escogido cinco picas. ¿Cuál es la probabilidad de obtener color?

5.49. Probabilidad geométrica. Escoge al azar un punto en un rectángulo de lados $0 \leq x \leq 1$ y $0 \leq y \leq 1$. La probabilidad de que un punto esté situado dentro del rectángulo de lados x e y es igual al área del mismo. Sea X la base del rectángulo e Y su altura. Halla la probabilidad condicional $P(Y < \frac{1}{2} \,|\, Y > X$. (Sugerencia: dibuja en un diagrama de coordenadas los sucesos $Y < \frac{1}{2}$ y $Y > X$.)

5.50. Probabilidad de una escalera real. Una escalera real es la mejor combinación de cartas que se puede obtener. Está formada por un As, una K, una Q, una J y un 10, siendo todas las cartas del mismo palo. Modifica el procedimiento seguido en el ejercicio 5.48 para hallar la probabilidad de obtener una escalera real en una mano de 5 cartas.

5.51. Renta bruta. A continuación se presenta la distribución de probabilidad de la renta bruta de los ciudadanos europeos (expresada en miles de euros):

Renta	< 10	10-29	30-49	50-99	≥ 100
Probabilidad	0,12	0,39	0,24	0,20	0,05

(a) ¿Cuál es la probabilidad de que la renta bruta de un ciudadano europeo escogido al azar sea mayor o igual de 50.000 €?

(b) Si la renta bruta de un ciudadano europeo es al menos de 50.000 €, ¿cuál es la probabilidad condicional de que sea al menos de 100.000 €?

5.52. Clasificación de las ocupaciones. El ejercicio 4.62 proporciona la distribución de probabilidad de la ocupación y el sexo de un trabajador europeo escogido al azar. Utiliza esta distribución para responder a las preguntas siguientes:

(a) Si el trabajador está empleado como gerente (clase A), ¿cuál es la probabilidad de que sea una mujer?

(b) Las clases D y E incluyen a los mecánicos y a los obreros industriales. Si una persona está empleada en un trabajo correspondiente a una de estas dos clases, ¿cuál es la probabilidad de que sea una mujer?

(c) El sexo y el tipo de trabajo, ¿son independientes? ¿Cómo lo sabes?

5.53. Distribuciones geométricas. Lanzas un dado bien equilibrado; por tanto, la probabilidad de obtener un 1 es $\frac{1}{6}$. Los lanzamientos son independientes. Estamos interesados en saber cuánto tenemos que esperar para obtener el primer 1.

(a) La probabilidad de obtener un 1 en el primer lanzamiento es $\frac{1}{6}$. ¿Cuál es la probabilidad de que en el primer lanzamiento no obtengamos un 1 y que sí lo obtengamos en el segundo?

(b) ¿Cuál es la probabilidad de que los dos primeros lanzamientos no sean 1 y de que el tercer lanzamiento sí lo sea? Ésta es la probabilidad de que el primer 1 aparezca en el tercer lanzamiento.

(c) Ya habrás descubierto cómo calcular estas probabilidades. ¿Cuál es la probabilidad de que el primer 1 aparezca en el cuarto lanzamiento? ¿Y de que aparezca en el quinto? Expresa el cálculo de estas probabilidades de forma general: ¿cuál es la probabilidad de que el primer 1 aparezca en el k-ésimo lanzamiento?

Distribución geométrica

Comentario: la distribución del número de ensayos necesarios hasta obtener el primer éxito se llama **distribución geométrica**. En este problema has hallado la distribución geométrica de probabilidades cuando la probabilidad de éxito de cada ensayo es $p = \frac{1}{6}$. La misma idea es aplicable para cualquier p.

REPASO DEL CAPÍTULO 5

En este capítulo hemos visto algunos temas adicionales de probabilidad que son útiles para la modelización, pero que no son necesarios para nuestro estudio de la estadística. La sección 5.2 trata sobre las reglas generales que deben cumplir todos los modelos de probabilidad, incluyendo la importante regla de la multiplicación de sucesos independientes. Existen muchos modelos de probabilidad específicos de determinadas situaciones. En la sección 5.3 se utiliza la regla de la multiplicación para construir uno de los modelos de probabilidad más importantes: la distribución binomial de recuentos. Recuerda que no todos los recuentos tienen una distribución binomial, de la misma manera que no todas las variables que medimos tienen una distribución normal. Cuando los sucesos no son independientes, necesitamos utilizar la idea de probabilidad condicional. Éste es precisamente el tema de la sección 5.4. Llegados a este punto, expresamos las reglas de la probabilidad en su forma más general. He aquí un resumen de lo que tienes que haber aprendido en este capítulo.

A. REGLAS DE LA PROBABILIDAD

1. Utilizar los diagramas de Venn para visualizar relaciones entre varios sucesos.
2. Utilizar la regla general de la suma para hallar probabilidades que impliquen sucesos que se solapen.
3. Comprender la idea de independencia. Valorar cuándo es razonable utilizar la suposición de independencia para construir un modelo de probabilidad.
4. Utilizar la regla de la multiplicación de sucesos independientes en combinación con otras reglas de probabilidad para hallar probabilidades de sucesos complejos.
5. En el caso de sucesos independientes, utilizar la regla de la multiplicación en combinación con otras reglas de probabilidad para hallar la probabilidad de sucesos complejos.

B. DISTRIBUCIÓN BINOMIAL

1. Identificar una situación binomial: estamos interesados en el recuento de éxitos en n ensayos independientes que tienen la misma probabilidad p de éxito.

2. En una situación binomial, utilizar la distribución binomial para hallar probabilidades de recuentos cuando n es pequeña.
3. Hallar la media y la desviación típica de un recuento binomial.
4. Identificar cuándo se puede utilizar la aproximación normal a la binomial. Utilizar la aproximación normal para calcular probabilidades que impliquen un recuento binomial.

C. PROBABILIDAD CONDICIONAL

1. Comprender la idea de probabilidad condicional. Hallar probabilidades condicionales de individuos escogidos al azar a partir de una tabla de resultados posibles.
2. Utilizar la regla general de la multiplicación para hallar la $P(A \text{ y } B)$ de $P(A)$ y la probabilidad condicional $P(B \mid A)$.

EJERCICIOS DE REPASO DEL CAPÍTULO 5

5.54. Tanques con fugas. En las estaciones de servicio, las fugas en tanques subterráneos de carburante pueden perjudicar el medio ambiente. Se estima que el 25% de estos tanques tienen pérdidas de carburante. Examinas 15 tanques escogidos al azar, y de forma independiente.

(a) En muestras de 15 depósitos, ¿cuál es la media de tanques que presentan fugas?

(b) En muestras de 15 depósitos, ¿cuál es la probabilidad de que al menos 10 tanques presenten fugas?

(c) Supón que ahora tienes una muestra aleatoria de 1.000 tanques escogidos por todo el país, ¿cuál es la probabilidad de que al menos 275 de estos tanques tengan fugas de carburante?

5.55. Bonos educativos. Una encuesta de opinión pregunta a una muestra de 500 adultos si están a favor de dar a padres de niños en edad escolar bonos educativos que se puedan canjear por enseñanza en cualquier escuela pública o privada de su elección. El Estado pagaría a cada escuela según el número de bonos recogidos. Supón que el 45% de la población está a favor de esta idea. ¿Cuál es la probabilidad de que más de la mitad de la muestra esté a favor? (Supón que la muestra es aleatoria simple.)

5.56. Captación de estudiantes que abandonaron los estudios. El 14,1 % de europeos entre 18 y 24 años abandonaron los estudios de secundaria. Una escuela quiere captar a este tipo de personas y para ello envía folletos informativos a una lista de 25.000 individuos entre 18 y 24 años que abandonaron los estudios.

(a) Si la lista se puede considerar una muestra aleatoria simple de la población, ¿cuál es la media de este tipo de personas que recibirán el folleto informativo?

(b) ¿Cuál es la probabilidad de que al menos 3.500 personas de este tipo reciban el folleto informativo?

5.57. Esta moneda, ¿está equilibrada? En el transcurso de la Segunda Guerra Mundial, mientras estuvo preso por los alemanes, John Kerrich lanzó 10.000 veces una moneda al aire. Obtuvo 5.067 caras. Supón que los lanzamientos de Kerrich son una muestra aleatoria simple de la población correspondiente a todos los lanzamientos posibles de esta moneda. Si la moneda está perfectamente equilibrada, $p = 0{,}5$. ¿Existe algún motivo para creer que Kerrich obtuvo demasiadas caras para que su moneda estuviera equilibrada? Para responder a esta pregunta, halla la probabilidad de que una moneda equilibrada nos diera al menos 5.067 caras en 10.000 lanzamientos. ¿Cuál es tu conclusión?

5.58. ¿Quién conduce? Un profesor de sociología pide a los alumnos de su clase que se fijen en los coches en los que en los asientos delanteros haya una mujer y un hombre, y que anoten si conduce el hombre o la mujer.

(a) Explica por qué es razonable utilizar la distribución binomial para el número de hombres que conducen en n coches si todas las observaciones se hacen en la misma localidad y en el mismo día.

(b) Explica por qué no se puede utilizar el modelo binomial si la mitad de las observaciones se obtienen a la salida de misa un domingo y la otra mitad a la salida de una discoteca a las cuatro de la mañana.

(c) El profesor pide a los estudiantes que observen 10 coches durante las horas de trabajo en un pequeño barrio próximo a la universidad. Por experiencia sabemos que en este barrio el 85% de las veces los hombres conducen. En 10 observaciones, ¿cuál es la probabilidad de que cómo máximo en 8 conduzca un hombre?

(d) En clase hay 10 estudiantes, que observarán un total de 100 automóviles. ¿Cuál es la probabilidad de que como máximo en 80 ocasiones conduzca un hombre?

5.59. Ingresos y ahorros. Una encuesta escoge una muestra de hogares y determina los ingresos y los ahorros anuales de cada hogar. Estamos interesados en los sucesos

A = el hogar escogido tiene unos ingresos de al menos 100.000 €

C = los ahorros del hogar escogido son al menos de 50.000 €

A partir de esta muestra, estimamos que $P(A) = 0{,}07$ y que $P(C) = 0{,}2$.

(a) Queremos hallar la probabilidad de que un hogar tenga unos ingresos anuales de al menos 100.000 € o unos ahorros anuales de al menos 50.000 €. Explica por qué no tenemos suficiente información para hallar esta probabilidad. ¿Qué información suplementaria necesitamos?

(b) Queremos hallar la probabilidad de que un hogar tenga unos ingresos anuales de al menos 100.000 € y unos ahorros anuales de al menos 50.000 €. Explica por qué no tenemos suficiente información para hallar esta probabilidad. ¿Qué información adicional necesitamos?

5.60. Te has desgarrado un tendón y te vas a someter a una operación para curar la lesión. El cirujano te comenta que en el 3% de las intervenciones se infecta la herida. En el 14% de las operaciones no se consigue curar la lesión. En el 1% de las intervenciones no se consigue curar la lesión y, además, la herida se infecta. ¿En qué porcentaje de estas intervenciones se cura la lesión y no se infecta la herida?

5.61. Construcciones Izaguirre se ha presentado a dos ofertas públicas de construcción. El presidente de esta empresa cree que tiene una probabilidad de 0,6 de ganar el primer concurso (suceso A) y una probabilidad de 0,4 de ganar el segundo concurso (suceso B). La probabilidad de ganar simultáneamente los dos concursos es 0,2.

(a) ¿Cuál es la probabilidad del suceso $\{A \text{ o } B\}$, es decir, de que la empresa gane al menos uno de los dos concursos?

(b) Has oído que Construcciones Izaguirre ha ganado el segundo concurso. Dada esta información, ¿cuál es la probabilidad de que esta empresa gane el primer concurso?

5.62. Dibuja un diagrama de Venn que ilustre la relación entre los sucesos A y B del ejercicio 5.61. Calcula la probabilidad y señala en el diagrama los siguientes sucesos:

(a) Construcciones Izaguirre gana los dos concursos.

(b) Construcciones Izaguirre gana el primer concurso, pero pierde el segundo.

(c) Construcciones Izaguirre pierde el primer concurso, pero sin embargo gana el primero.

(d) Construcciones Izaguirre no gana ningún concurso.

5.63. Datos de empleo. En España se entiende por población activa a todas las personas mayores de 16 años que buscan o que tienen un empleo. Escoge al azar a un individuo que pueda formar parte de la población activa. Sea A el suceso de que la persona escogida sea una mujer y B el suceso de que esta persona tiene trabajo. El 35% de la población activa son mujeres. De las mujeres que forman parte de la población activa, el 79% tiene trabajo. Entre los hombres que forman parte de la población activa, el 87% tiene trabajo.

(a) Expresa cada uno de los porcentajes anteriores como probabilidades que impliquen a los sucesos A y B, por ejemplo $P(A) = 0{,}35$.

(b) Los sucesos "se escoge una persona que tiene trabajo" y "se escoge a una mujer", ¿son independientes? ¿Cómo lo sabes?

(c) Encuentra la probabilidad de que la persona escogida sea una mujer con empleo.

(d) Halla la probabilidad de que la persona escogida sea un hombre.

(e) Halla la probabilidad de que la persona escogida tenga trabajo. (Recuerda que una persona con trabajo puede ser un hombre o una mujer.)

5.64. Prueba del sida. Una prueba para detectar la presencia de anticuerpos del virus del sida en la sangre tiene una probabilidad del 0,997 de detectarlos cuando éstos están presentes y una probabilidad de 0,003 de no detectarlos. Cuando los anticuerpos del virus del sida no están presenten, la probabilidad de que la prueba dé un falso positivo es de 0,015 y la probabilidad de que dé negativo es 0,985.[6] Supón que el 1% de una gran población tiene anticuerpos del virus del sida en su sangre.

(a) La información proporcionada incluye cuatro probabilidades condicionales y una probabilidad no condicionada. Asigna letras a los sucesos y expresa la información como $P(A)$, $P(B \mid A)$ y así sucesivamente. En lo que resta de ejercicio utiliza esta notación.

(b) ¿Cuál es la probabilidad de que la persona escogida no tenga anticuerpos del virus del sida y sin embargo el resultado de la prueba sea positivo?

[6]E. M. Sloand *et al.*, "HIV testing: state of the art", *Journal of the American Medical Association*, 266, 1991, págs. 2.861-2.866.

(c) ¿Cuál es la probabilidad de que la persona escogida tenga anticuerpos del virus del sida y el resultado de la prueba sea positivo?

(d) ¿Cuál es la probabilidad de que el resultado de la prueba sea positivo? (Sugerencia: la persona escogida puede tener o no anticuerpos del virus del sida. Un diagrama de Venn te puede ayudar.)

(e) Utiliza la definición de probabilidad condicional y tus resultados en (b) y (d) para hallar la probabilidad de que una persona no tenga anticuerpos del virus del sida, condicionada por el resultado de la prueba fue positivo. (Este resultado ilustra un hecho importante: cuando una situación es poco frecuente, como en el caso que estamos considerando, tener anticuerpos del virus del sida, muchos resultados positivos de la prueba son en realidad falsos positivos.)

6. INTRODUCCIÓN A LA INFERENCIA ESTADÍSTICA

JERZY NEYMAN

Los métodos más utilizados en inferencia estadística son los intervalos de confianza y las pruebas de significación. Ambos métodos son un producto del siglo XX. A partir de un complejo y a veces confuso origen, las pruebas estadísticas tomaron su forma actual en los escritos de R. A. Fisher, al cual nos encontramos al comienzo del capítulo 3. Los intervalos de confianza aparecieron en 1934 gracias al ingenio de Jerzy Neyman (1894-1981).

Neyman se formó en Polonia y, al igual que Fisher, trabajó en un instituto de investigación agrícola. En 1934, Neyman se trasladó a Londres y en 1938 obtuvo una plaza de profesor en la University of California en Berkeley. En EE UU Neyman fundó el Laboratorio de Estadística en Berkeley (*Berkeley's Statistical Laboratory*), del que fue director incluso después de su jubilación en 1961. Ésta no significó una disminución de su actividad científica —permaneció activo hasta el final de su larga vida, e incluso después de jubilado casi llegó a duplicar el número de sus publicaciones—. Los problemas estadísticos derivados de campos tan diversos como la astronomía, la biología y la climatología atrajeron la atención de Jerzy Neyman.

A Neyman y a Fisher se les considera los fundadores de la estadística aplicada moderna. Aparte de dar a conocer los intervalos de confianza, Neyman contribuyó a la sistematización de la teoría del muestreo y dio un nuevo enfoque a las pruebas de significación. Fisher, a quien le encantaba la polémica, mostró su desagrado por el enfoque de Neyman, el cual, no siendo tímido, respondió de manera enérgica.

Las pruebas de significación y los intervalos de confianza son los temas de este capítulo. Como la mayoría de los usuarios de la estadística, utilizaremos el método de Fisher para las pruebas de significación. Encontrarás algunas de las ideas de Neyman en la última sección, que es optativa.

6.1 Introducción

Cuando obtenemos una muestra, conocemos las respuestas de cada uno de sus individuos. No obstante, en general, no tenemos suficiente con la información de la muestra. Queremos *inferir* a partir de los datos de la muestra alguna conclusión sobre la población que ésta representa.

INFERENCIA ESTADÍSTICA

La **inferencia estadística** proporciona métodos que permiten sacar conclusiones de una población a partir de los datos de una muestra.

No podemos estar seguros de que nuestras conclusiones sean correctas —otra muestra podría conducirnos a otras conclusiones—. La inferencia estadística utiliza el lenguaje de la probabilidad para indicar la fiabilidad de sus conclusiones.

En este capítulo nos encontraremos las dos modalidades principales de inferencia estadística. La sección 6.2 trata sobre los *intervalos de confianza*, utilizados para la estimación del valor de un parámetro poblacional. La sección 6.3 introduce las *pruebas de significación*, utilizadas para valorar la evidencia de una afirmación sobre una población. Las dos modalidades de inferencia se basan en la distribución muestral de estadísticos. Es decir, las dos modalidades de inferencia proporcionan probabilidades que nos informan sobre lo que ocurriría si utilizáramos el método de inferencia muchas veces.

Los razonamientos de la inferencia estadística al igual que la probabilidad tratan sobre las regularidades que aparecen después de muchas repeticiones. La inferencia es más fiable cuando los datos se han obtenido a partir de un diseño aleatorio diseñado de forma correcta. **Cuando utilices la inferencia estadística, actúa como si tus datos fueran una muestra aleatoria o procedieran de un diseño aleatorizado**. Si no lo hicieras de esta manera, tus conclusiones pueden ser fácilmente criticadas. Las pruebas de significación y los intervalos de confianza no pueden solucionar problemas en la obtención de datos tales como las muestras de voluntarios o los experimentos incontrolados. Utiliza el análisis de datos que estudiaste durante los primeros tres capítulos de este libro y aplica la inferencia sólo cuando estés seguro de que realmente se puede utilizar con tus datos.

Este capítulo introduce los razonamientos utilizados en inferencia estadística. Ilustraremos los razonamientos con algunas técnicas de inferencia concretas.

De todas formas estas técnicas se han simplificado de tal forma que no resultan muy útiles en la práctica. En los próximos capítulos veremos cómo modificar estas técnicas de manera que resulten aplicables a casos reales. En los próximos capítulos también se introducirán métodos de inferencia utilizables en la mayoría de situaciones prácticas que encontramos cuando aprendimos cómo explorar los datos. En las bibliotecas existen libros y programas estadísticos llenos de técnicas más elaboradas. La utilización correcta de cualquiera de ellas exige que comprendas su fundamento. Un ordenador puede hacer los cálculos, pero tú debes decidir, basándote en tus conocimientos, si el método es adecuado.

6.2 Estimación con confianza

Los jóvenes tienen más posibilidades de encontrar un trabajo bien pagado si tienen facilidad con los números. ¿Qué habilidades aritméticas tienen los jóvenes estadounidenses en edad de trabajar? Una fuente de datos es la encuesta NAEP (*National Assessment of Educational Progress*), que se hace en EE UU para determinar el nivel educativo de la población. Esta encuesta se basa en una muestra probabilística de hogares a nivel nacional.

EJEMPLO 6.1. Resultados de la encuesta NAEP

La encuesta NAEP incluye una prueba breve de habilidad aritmética y de su aplicación a problemas reales. Los resultados de la prueba van de 0 a 500. Por ejemplo, una persona que obtenga una puntuación de 233 es capaz de sumar los importes de dos cheques que aparecen en el justificante de un banco; alguien que obtenga una puntuación de 325 es capaz de calcular el precio de una comida a partir de los precios de la carta; una persona con una puntuación de 375 puede transformar un precio expresado en centavos por gramo a dólares por kilo.

En un año reciente participaron en la encuesta NAEP 840 hombres entre 21 y 25 años. Su puntuación media en la prueba de cálculo aritmético fue $\bar{x} = 272$. Estos 840 hombres son una muestra aleatoria simple de la población de hombres jóvenes. En base a esta muestra, ¿qué podemos decir sobre la puntuación media μ de la población de los 9,5 millones de hombres jóvenes de estas edades?[1] ■

[1] Francisco L. Rivera-Batiz, "Quantitative literacy and the likelihood of employment among young adults", *Journal of Human Resources*, 27, 1992, págs. 313-328.

La ley de los grandes números nos dice que la media $\bar{x}$ de una gran muestra aleatoria simple tomará un valor próximo a la media poblacional desconocida μ. Debido a que $\bar{x} = 272$, podemos suponer que μ "está cerca de 272". Para hacer más preciso "cerca de 272", nos preguntamos: *¿Cómo variaría la media muestral $\bar{x}$ si tomáramos muchas muestras de 840 hombres jóvenes de esta misma población?*

Recuerda las principales características de la distribución de $\bar{x}$:

- El teorema del límite central nos indica que una media $\bar{x}$ calculada a partir de 840 notas tiene una distribución que se parece mucho a una distribución normal.
- La media de esta distribución normal es la misma que la media desconocida de la población μ.
- La desviación típica de $\bar{x}$ en una muestra aleatoria simple de 840 hombres es $\frac{\sigma}{\sqrt{840}}$, donde σ es la desviación típica de las puntuaciones individuales de todos los hombres jóvenes.

Supongamos que sabemos por experiencia que la desviación típica de las puntuaciones de la población de todos los hombres jóvenes es $\sigma = 60$. La desviación típica de $\bar{x}$ será

$$\frac{\sigma}{\sqrt{n}} = \frac{60}{\sqrt{840}} \doteq 2{,}1$$

(No es muy realista suponer que conocemos σ. En el próximo capítulo veremos cómo proceder en el caso de que σ sea desconocida. De momento, estamos más interesados en el razonamiento estadístico que en los detalles de los métodos prácticos.)

Si seleccionáramos muchas muestras repetidas de tamaño 840 y hallásemos la puntuación media de cada una de ellas, podríamos obtener la media $\bar{x} = 272$ de la primera muestra, $\bar{x} = 268$ de la segunda muestra, $\bar{x} = 273$ de la tercera muestra, etc. Si representáramos de forma gráfica la distribución de estas medias, obtendríamos la distribución normal con media igual a la media desconocida de la población y desviación típica igual a 2,1. La inferencia sobre la μ desconocida utiliza esta distribución de $\bar{x}$. La figura 6.1 presenta esta distribución. Los distintos valores de $\bar{x}$ aparecen a lo largo del eje de las abscisas de la figura y la curva normal indica la probabilidad de estos valores.

$$
\left.
\begin{array}{lcl}
\text{Población} & \xrightarrow{\text{MAS} \quad n=840} & \bar{x} = 272 \\
\mu = ? & \xrightarrow{\text{MAS} \quad n=840} & \bar{x} = 268 \\
\sigma = 60 & \xrightarrow{\text{MAS} \quad n=840} & \bar{x} = 273 \\
 & \vdots & \vdots
\end{array}
\right\}
$$

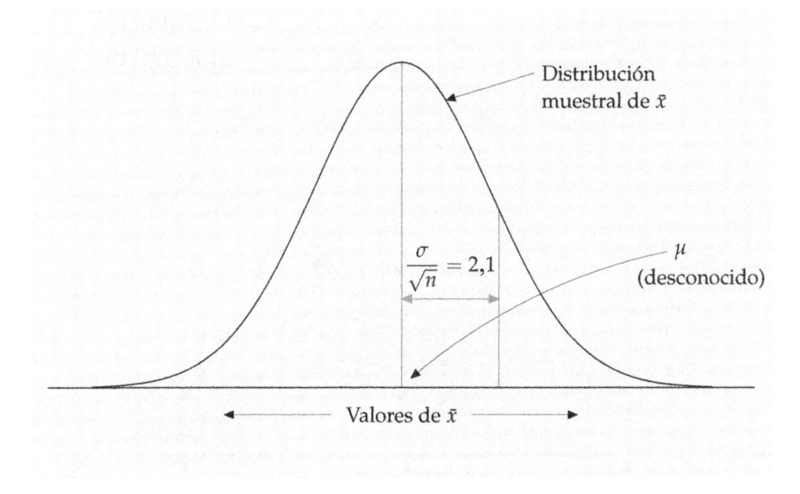

Figura 6.1. Distribución de la puntuación media $\bar{x}$ de la prueba de aritmética en la encuesta NAEP, de una muestra aleatoria simple (MAS) de 840 hombres jóvenes.

6.2.1 Confianza estadística

La figura 6.2 es otra representación de la misma distribución muestral. Esta figura ilustra las siguientes ideas:

- La regla del 68-95-99,7 establece que en un 95% de las muestras $\bar{x}$ se encontrará a menos de dos desviaciones típicas de la media poblacional μ. Por tanto, la media $\bar{x} = 840$ de la prueba NAEP se hallará a menos de 4,2 puntos de μ, en el 95% de todas las muestras.
- Siempre que $\bar{x}$ esté situada a menos de 4,2 puntos de la μ desconocida, la media μ se halla a menos de 4,2 puntos de la $\bar{x}$ observada. Esto ocurrirá en el 95% de todas las muestras.
- Por tanto, en el 95% de las muestras, la μ desconocida está entre $\bar{x} - 4,2$ y $\bar{x} + 4,2$. La figura 6.3 muestra este hecho de forma gráfica.

Esta conclusión tan sólo expresa de otra manera una característica de la distribución de $\bar{x}$. El lenguaje de la inferencia estadística utiliza esta característica sobre lo que ocurriría después de muchas repeticiones para expresar nuestra confianza en los resultados de cualquier muestra.

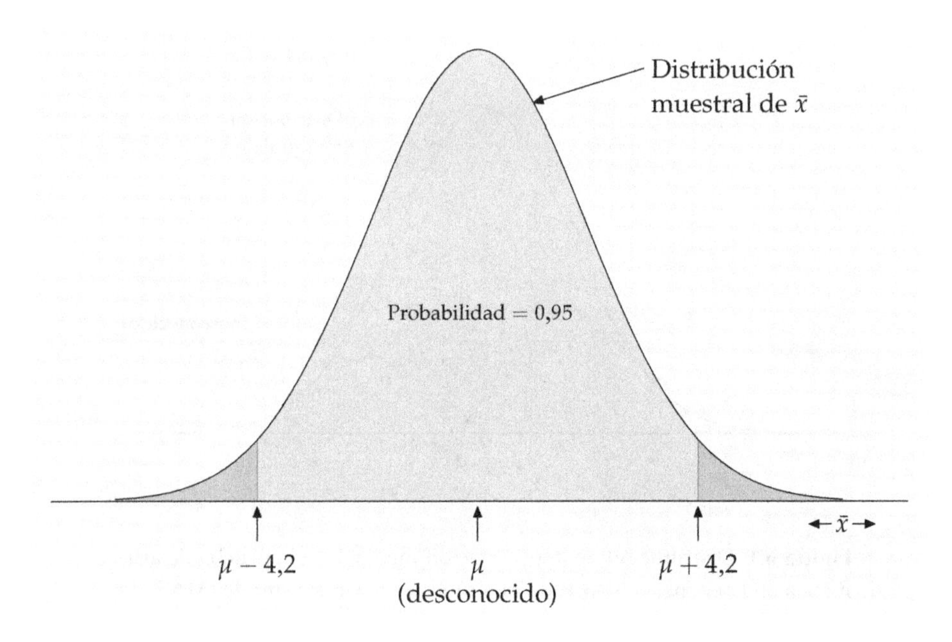

Figura 6.2. En un 95% de las muestras, $\bar{x}$ se encuentra dentro del intervalo $\mu \pm 4,2$. Por tanto, μ se encuentra también dentro del intervalo $\bar{x} \pm 4,2$ de estas muestras.

Población	Muestra aleatoria simple $n=840$ →	$\bar{x} \pm 4,2 = 272 \pm 4,2$	El 95% de estos intervalos contienen μ
$\mu = ?$	Muestra aleatoria simple $n=840$ →	$\bar{x} \pm 4,2 = 268 \pm 4,2$	
$\sigma = 60$	Muestra aleatoria simple $n=840$ →	$\bar{x} \pm 4,2 = 273 \pm 4,2$	
	⋮	⋮	

Figura 6.3. Decir que $\bar{x} \pm 4,2$ es un intervalo de confianza para la media poblacional μ significa que en un muestreo repetido, el 95% de estos intervalos contendrán μ.

EJEMPLO 6.2. Confianza del 95%

Nuestra muestra de 840 hombres jóvenes dio $\bar{x} = 272$. Decimos que tenemos una *confianza* del 95% de que la media desconocida de la prueba de aritmética de la encuesta NAEP se encuentre entre

$$\bar{x} - 4{,}2 = 272 - 4{,}2 = 267{,}8 \qquad \text{y} \qquad \bar{x} + 4{,}2 = 272 + 4{,}2 = 276{,}2$$

■

Asegúrate de que comprendes en qué se basa nuestra confianza. Sólo existen dos posibilidades:

1. El intervalo (267,8, 276,2) contiene la verdadera μ.
2. Nuestra muestra aleatoria simple fue una de las pocas muestras para las cuales $\bar{x}$ no se encuentra a una distancia de μ menor que 4,2. Sólo un 5% de todas las muestras dan resultados tan poco exactos.

No podemos saber si nuestra muestra es del 95% de muestras para las cuales el intervalo $\bar{x} \pm 4{,}2$ contiene μ o, en cambio, es una de las desafortunadas que constituyen el 5% restante. La afirmación de que tenemos una confianza del 95% de que la μ desconocida se encuentre entre 267,8 y 276,2, es una manera breve de decir, "hemos obtenido estos números a partir de un método que funciona correctamente en un 95% de los casos".

El intervalo de números situados entre los valores $\bar{x} \pm 4{,}2$ se llama *intervalo de confianza del 95%* para μ. Como la mayoría de los intervalos que veremos, éste tiene la estructura

estimación ± error de estimación

La estimación ($\bar{x}$ en este caso) es el valor que le suponemos al parámetro desconocido. El **error de estimación** $\pm 4{,}2$ indica la precisión que creemos que tiene nuestra suposición, basada en la variabilidad de la estimación. Éste es un intervalo de confianza del 95% porque contendrá la μ desconocida en un 95% de todas las muestras posibles.

Error de estimación

INTERVALO DE CONFIANZA

Un **intervalo de confianza de nivel** C para un parámetro poblacional tienen dos partes:

- Un intervalo calculado a partir de los datos, en general, tiene la forma

  estimación $\pm$ error de estimación

- Un **nivel de confianza** C, que proporciona la probabilidad de que en un muestreo repetido, el intervalo contenga el verdadero valor del parámetro.

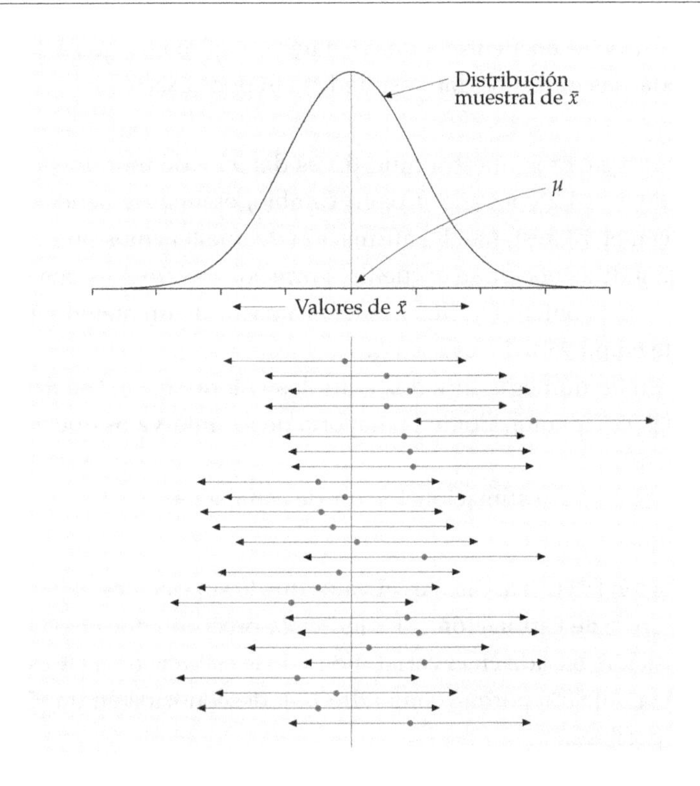

Figura 6.4. Veinticinco muestras de la misma población dieron estos intervalos de confianza del 95%. Después de muchos muestreos, un 95% de las muestras dan intervalos que contienen la media poblacional μ.

Los usuarios pueden elegir el nivel de confianza, en general del 90% o mayor para estar seguros de nuestras conclusiones. Utilizaremos la letra C para indicar el nivel de confianza en tanto por uno. Por ejemplo, un nivel de confianza del 95% corresponde a $C = 0{,}95$.

La figura 6.3 es una manera de representar la idea de un intervalo de confianza del 95%. La figura 6.4 ilustra esta idea de otra forma. Estudia estas figuras con detalle. Si comprendes lo que representan, habrás captado una de las ideas importantes de la estadística. La figura 6.4 presenta el resultado de obtener muchas muestras aleatorias simples de la misma población y calcular un intervalo de confianza para cada una. El centro de cada intervalo es $\bar{x}$ y, por tanto, varía de una muestra a otra. La distribución de $\bar{x}$ corresponde a la parte superior de la figura. Vemos el aspecto de esta distribución después de muchas repeticiones. Los intervalos de confianza del 95% de 25 muestras aleatorias simples aparecen debajo. El centro $\bar{x}$ de cada intervalo se ha señalado con un punto, mientras que las flechas a ambos lados del punto indican la amplitud del intervalo. De los 25 intervalos de confianza calculados, sólo uno no contiene μ. Con un número muy grande de muestras veríamos que el 95% de los intervalos de confianza contendría μ.

APLICA TUS CONOCIMIENTOS

6.1. Encuestas a mujeres. Una encuesta del *New York Times* sobre temas de interés para la mujer entrevistó a 1.025 mujeres seleccionadas aleatoriamente en EE UU, excluyendo Alaska y Hawaii. El 47% de las mujeres encuestadas manifestó no tener suficiente tiempo para ellas.

(a) La encuesta daba en sus conclusiones un error de estimación de ± 3 por ciento con una confianza del 95%. Calcula un intervalo de confianza del 95% para el porcentaje de las mujeres adultas que creen que no tienen suficiente tiempo para ellas.

(b) Explícale a alguien que no sepa nada de estadística por qué no podemos decir simplemente que el 47% de las mujeres adultas no tienen suficiente tiempo para ellas.

(c) Luego explica claramente qué quiere decir "una confianza del 95%".

6.2. ¿Qué entendemos por confianza? Un estudiante lee que un intervalo de confianza del 95% para la media de los resultados en la prueba de aritmética de la encuesta NAEP, para hombres entre 21 y 25 años, está entre 267,8 y 276,2. Al preguntarle el significado de este intervalo, el estudiante responde, "el 95% de todos los hombres jóvenes obtienen resultados entre 267,8 y 276,2". ¿Tiene razón el estudiante? Justifica tu respuesta.

6.3. Supón que haces pasar la prueba de aritmética de la encuesta NAEP a una muestra aleatoria simple de 1.000 personas de una gran población, y obtienes una media de 280 y una desviación típica $\sigma = 60$. La media $\bar{x}$ de los 1.000 resultados variará si repites el muestreo.

(a) La distribución de $\bar{x}$ es aproximadamente normal. Su media es $\mu = 280$. ¿Cuál es el valor de la desviación típica?

(b) Dibuja la curva normal que describa cómo varía $\bar{x}$ en muchas muestras de esta población. Señala su media $\mu = 280$ y los valores situados a una, dos y tres desviaciones típicas a cada lado de la media.

(c) Según la regla del 68-95-99,7, aproximadamente el 95% de todos los valores de $\bar{x}$ se sitúan entre _______ de la media de esta curva. ¿Cuál es el número que falta? Llama m al error de estimación. Señala la zona entre la media menos m y la media más m en el eje de las abscisas de tu gráfico como en la figura 6.2.

(d) Siempre que $\bar{x}$ se sitúe en la zona que has señalado, el verdadero valor de la media de la población, $\mu = 280$, se hallará en el intervalo de confianza $\bar{x} - m$ y $\bar{x} + m$. Debajo de tu gráfico, dibuja el intervalo de confianza de un valor de $\bar{x}$ que esté situado dentro de la zona señalada y de un valor de $\bar{x}$ que esté situado fuera (utiliza la figura 6.4 como modelo).

(e) ¿En qué porcentaje de todas las muestras el intervalo de confianza $\bar{x} \pm m$ contendrá a la verdadera media $\mu = 280$?

6.2.2 Intervalos de confianza para la media μ

El razonamiento utilizado para hallar un intervalo de confianza del 95% para la media poblacional μ, se puede aplicar a cualquier nivel de confianza. Partimos de la distribución de la media muestral $\bar{x}$. Si conocemos μ, podemos estandarizar $\bar{x}$. El resultado es el **estadístico z de una muestra:**

Estadístico z de una muestra

$$z = \frac{\bar{x} - \mu}{\sigma/\sqrt{n}}$$

El estadístico z nos dice si la $\bar{x}$ observada se halla muy lejos de μ, tomando como unidad de medida la desviación típica de $\bar{x}$. Debido a que $\bar{x}$ tiene una distribución normal, z tiene una distribución normal estandarizada $N(0,1)$.

Para hallar un intervalo de confianza del 95%, señala el 95% del área por debajo de la curva. Para un intervalo de confianza de nivel C, marca el área central C. Llama z^* al punto de la distribución normal estandarizada que marca el inicio del área central C del área total 1 por debajo de la curva.

EJEMPLO 6.3. Confianza del 80%

Para hallar un intervalo de confianza del 80% debemos capturar el 80% central de los valores de la distribución normal de $\bar{x}$. Al capturar ese 80% central, dejamos fuera un 20%; un 10% en cada cola de la distribución. Por tanto, z^* es el punto que deja un área de 0,1 a su derecha y un área a su izquierda de 0,9 por debajo de una curva normal estandarizada. En el cuerpo central de la tabla A hallarás el punto que deja un área a su izquierda igual a 0,9. El valor más próximo es $z^* = 1{,}28$. Hay un área de 0,8 por debajo de la curva normal estandarizada entre $-1{,}28$ y $1{,}28$. La figura 6.5 ilustra la relación entre z^* y las áreas delimitadas por debajo de la curva. ■

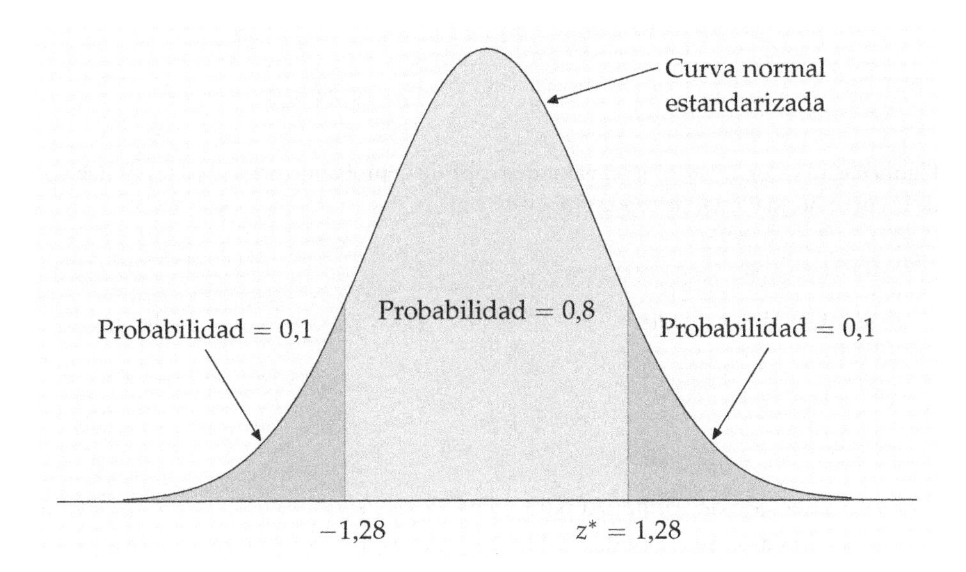

Figura 6.5. La probabilidad central, 0,8 de 1, de la curva normal estandarizada se encuentra entre $-1{,}28$ y $1{,}28$. A la derecha de 1,28 y por debajo de la curva hay un área de 0,1.

La figura 6.6 muestra la relación entre z^* y C: el área correspondiente a C se halla, en la curva normal estandarizada, entre $-z^*$ y z^*. Si nos situamos en la media muestral $\bar{x}$ y nos alejamos z^* desviaciones típicas, obtenemos un intervalo que contiene la media poblacional μ en una proporción C de todas las muestras.

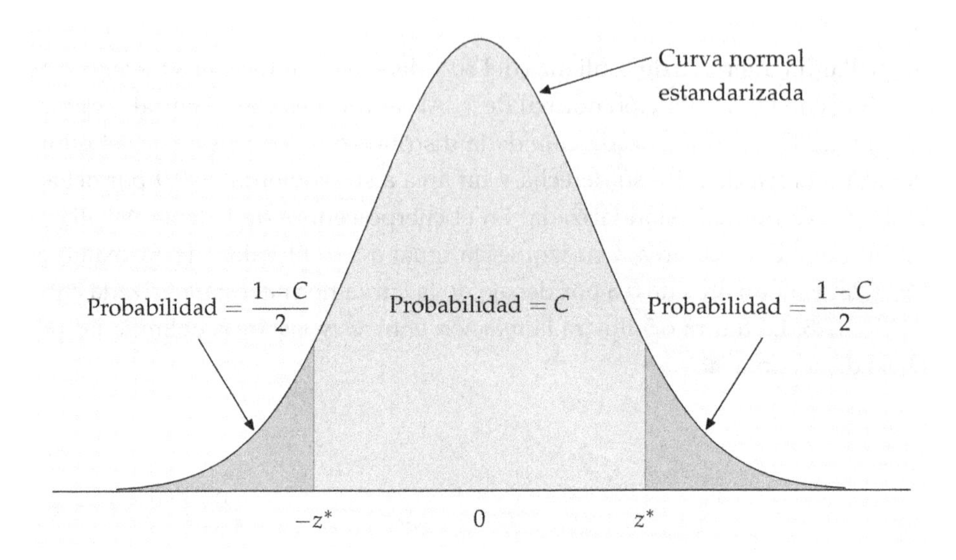

Figura 6.6. El valor crítico z^* es el valor que captura la probabilidad central C por debajo de la curva normal estandarizada entre $-z^*$ y z^*.

Este intervalo es desde $\bar{x} - z^* \frac{\sigma}{\sqrt{n}}$ a $\bar{x} + z^* \frac{\sigma}{\sqrt{n}}$, es decir,

$$\bar{x} \pm z^* \frac{\sigma}{\sqrt{n}}$$

Es un intervalo de confianza para μ del 95%.

Para cada valor de C puedes hallar los valores de z^* en la tabla A. He aquí los resultados para los niveles de confianza más frecuentes:

Nivel de confianza	**Área de la cola**	z^*
90%	0,05	1,645
95%	0,025	1,960
99%	0,005	2,576

Fíjate en que para una confianza del 95% utilizamos $z^* = 1{,}960$. Este valor es más exacto que el valor aproximado $z^* = 2$ dado por la regla del 68-95-99,7. La última fila de la tabla C da los valores de z^* para muchos niveles de confianza C. Esta fila está encabezada por z^*. (Encontrarás la tabla C al final del libro.

Utilizaremos las otras filas de la tabla en el próximo capítulo.) Los valores de z^* que señalan una determinada área por debajo de la curva normal estandarizada se llaman a menudo **valores críticos** de la distribución.

Valores críticos

INTERVALO DE CONFIANZA PARA LA MEDIA POBLACIONAL

Obtén una muestra aleatoria simple de tamaño n de una población de media desconocida μ y desviación típica conocida σ. Un intervalo de confianza C para μ es

$$\bar{x} \pm z^* \frac{\sigma}{\sqrt{n}}$$

El valor crítico z^* se ilustra en la figura 6.6 y se puede hallar en la tabla C. El valor de z^* es exacto cuando la distribución poblacional es normal, en los restantes casos es aproximadamente correcto cuando n es grande.

EJEMPLO 6.4. Análisis de medicamentos

Un fabricante de productos farmacéuticos analiza un comprimido de cada uno de los lotes de un medicamento para verificar su concentración de materia activa. El método de análisis químico no es totalmente preciso. Los análisis repetidos de un mismo comprimido dan resultados ligeramente distintos; además, siguen aproximadamente una distribución normal. El método de análisis no tiene sesgo; por tanto, la media μ de la población de todos los análisis es la verdadera concentración de materia activa en un comprimido. Se conoce que la desviación típica de la distribución de los análisis es $\sigma = 0{,}0068$ gramos por litro. En la rutina del laboratorio cada comprimido se analiza 3 veces y se calcula su media.

Tres análisis de un comprimido dan las concentraciones

$$0{,}8403 \quad 0{,}8363 \quad 0{,}8447$$

Queremos un intervalo de confianza del 99% para la verdadera concentración μ.

La media muestral de los tres análisis es

$$\bar{x} = \frac{0{,}8403 + 0{,}8363 + 0{,}8447}{3} = 0{,}8404$$

Para un intervalo de confianza del 99%, vemos en la tabla C que $z^* = 2{,}576$. Por tanto, un intervalo de confianza del 99% para μ es

$$\begin{aligned}\bar{x} \pm z^* \frac{\sigma}{\sqrt{n}} &= 0{,}8404 \pm 2{,}576 \frac{0{,}0068}{\sqrt{3}} \\ &= 0{,}8404 \pm 0{,}0101 \\ &= 0{,}8303 \text{ a } 0{,}8505\end{aligned}$$

Tenemos una confianza del 99% de que el verdadero valor de la concentración de materia activa se halla entre 0,8303 y 0,8505 gramos por litro. ■

Supón que el resultado de un solo análisis diera $x = 0{,}8404$, el mismo valor que la media calculada en el ejemplo 6.4. Repitiendo el cálculo anterior pero para $n = 1$, obtenemos que el intervalo de confianza del 99% basado en un único análisis es

$$\begin{aligned}\bar{x} \pm z^* \frac{\sigma}{\sqrt{1}} &= 0{,}8404 \pm (2{,}576)(0{,}0068) \\ &= 0{,}8404 \pm 0{,}0175 \\ &= 0{,}8229 \text{ a } 0{,}8579\end{aligned}$$

La media de tres lecturas da un error de estimación menor y, por tanto, un intervalo de confianza más corto que el de una sola lectura. La figura 6.7 ilustra la ganancia de precisión cuando se utilizan tres observaciones.

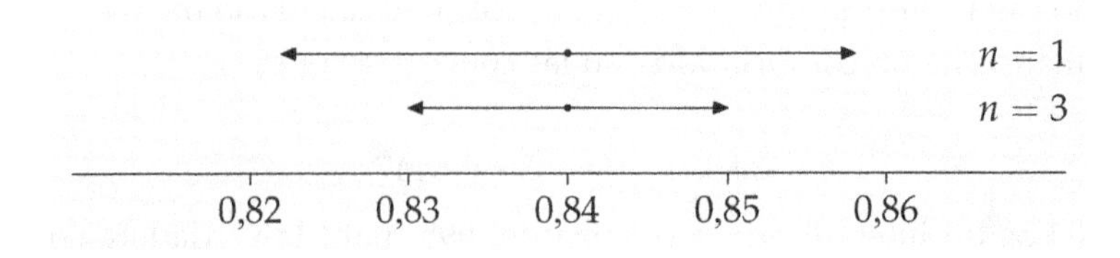

Figura 6.7. Los intervalos de confianza para $n = 1$ y $n = 3$ del ejemplo 6.4. Muestras mayores dan intervalos de confianza más cortos.

APLICA TUS CONOCIMIENTOS

6.4. Encuesta a directores de hotel. Un estudio sobre la carrera profesional de los directores de hotel envió cuestionarios a una muestra aleatoria simple de 160 hoteles pertenecientes a las principales cadenas hoteleras de EE UU. Hubo 114 respuestas. La media de tiempo que estos 114 directores habían pasado en su empresa actual era de 11,78 años. Calcula un intervalo de confianza del 99% para el número medio de años que los directores de hotel de las principales cadenas han estado en su empresa actual. (Supón que se sabe que la desviación típica del tiempo de permanencia de los directores en la empresa es de 3,2 años.)

6.5. Coeficientes de inteligencia. He aquí los resultados de la prueba IQ de 31 estudiantes de primero de bachillerato:[2]

114	100	104	89	102	91	114	114	103	105	
108	130	120	132	111	128	118	119	86	72	
111	103	74	112	107	103	98	96	112	112	93

(a) Creemos que la distribución de los coeficientes de inteligencia IQ es aproximadamente normal. Dibuja un diagrama de tallos par ver la distribución de los 31 resultados (divide los tallos). Tu diagrama, ¿muestra la presencia de observaciones atípicas, asimetrías claras u otros signos de falta de normalidad?

(b) Trata a las 31 estudiantes como si fueran una muestra aleatoria simple de todas las estudiantes de primero de bachillerato de tu ciudad. Supón que la desviación típica de la distribución de los IQ de esta población es conocida, concretamente $\sigma = 15$. Calcula un intervalo de confianza del 99% para la media del IQ de esta población.

(c) En realidad, los resultados que tenemos corresponden a todas las estudiantes de primero de bachillerato de una determinada escuela de tu ciudad. Explica detalladamente por qué el intervalo de confianza que obtuviste en (b) no es fiable.

6.6. Análisis de sangre. El análisis del nivel de potasio en la sangre no es absolutamente preciso. Además, este nivel en una persona varía ligeramente de un día para otro. Supón que el nivel de potasio en la sangre de una misma persona en análisis repetidos en distintos días varía de forma normal con $\sigma = 0{,}2$.

(a) Se analiza una vez el nivel de potasio de Julia. El resultado es $x = 3{,}2$. Calcula un intervalo de confianza del 90% para la media de su nivel de potasio.

[2] Datos de Darlene Gordon, Purdue University.

(b) Si se hubieran hecho 3 análisis en días distintos y la media de los análisis fuera $\bar{x} = 3{,}2$, ¿cuál es el intervalo de confianza del 90% para la media del nivel de potasio en la sangre de Julia?

6.2.3 Comportamiento de los intervalos de confianza

El intervalo de confianza $\bar{x} \pm z^* \frac{\sigma}{\sqrt{n}}$ para la media de una población normal ilustra algunas de las propiedades importantes que son compartidas por todos los intervalos de confianza de uso frecuente. El usuario escoge el nivel de confianza, y el error de estimación depende de esta decisión. Nos gustaría tener un nivel de confianza alto y también un error de estimación pequeño. Un nivel de confianza alto significa que nuestro método casi siempre da respuestas correctas. Un error de estimación pequeño significa que la estimación del parámetro poblacional es bastante precisa. El error de estimación es

$$\text{error de estimación} = z^* \frac{\sigma}{\sqrt{n}}$$

Esta expresión tiene z^* y σ en el numerador y $\sqrt{n}$ en el denominador. Por tanto, el error de estimación se hace menor cuando

- z^* se hace menor. Una z^* menor es lo mismo que un nivel de confianza C menor (mira otra vez la figura 6.6). Existe una relación entre el nivel de confianza y el error de estimación. Con unos mismos datos, para tener un error de estimación menor, tienes que aceptar una confianza menor.
- σ se hace menor. La desviación típica σ mide la variación de la población. Puedes pensar en la variación entre los individuos de una población como en un ruido que oculta el valor medio μ. Es más fácil estimar con precisión μ cuando σ es pequeña.
- n se hace mayor. Un incremento del tamaño de la muestra n reduce el error de estimación para un nivel de confianza determinado. Debido a que n está dentro de la raíz cuadrada, tenemos que multiplicar por cuatro el tamaño de la muestra para reducir a la mitad el error de estimación.

EJEMPLO 6.5. Cambio del error de estimación

Supón que el fabricante de productos farmacéuticos del ejemplo 6.4 considera que un nivel de confianza del 90%, en vez de un nivel del 99%, ya es suficiente.

La tabla C da el valor crítico para una confianza del 90%, que es $z^* = 1{,}645$. El intervalo de confianza del 90% para μ, basado en tres análisis repetidos con una media $\bar{x} = 0{,}8404$, es

$$\begin{aligned} \bar{x} \pm z^* \frac{\sigma}{\sqrt{n}} &= 0{,}8404 \pm 1{,}645 \frac{0{,}0068}{\sqrt{3}} \\ &= 0{,}8404 \pm 0{,}0065 \\ &= 0{,}8339 \text{ a } 0{,}8469 \end{aligned}$$

Al pasar de una confianza del 99% a una del 90%, el error de estimación se ha reducido de $\pm 0{,}0101$ a $\pm 0{,}0065$. La figura 6.8 compara estos dos intervalos.

Aumentar el número de observaciones de 3 a 12 reduce, también, la amplitud del intervalo de confianza del 99% del ejemplo 6.4. Comprueba que sustituyendo $\sqrt{3}$ por $\sqrt{12}$, el error de estimación $\pm 0{,}0101$ se reduce a la mitad, debido a que ahora tenemos cuatro veces más observaciones. ■

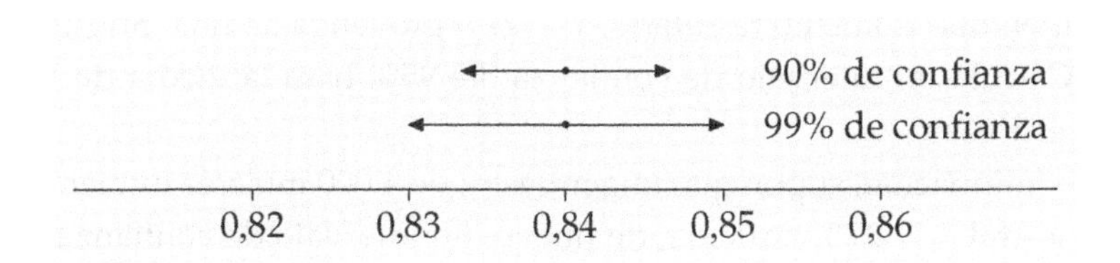

Figura 6.8. Los intervalos de confianza del 90% y del 99% del ejemplo 6.5. Mayor confianza requiere mayor amplitud del intervalo.

APLICA TUS CONOCIMIENTOS

6.7. Nivel de confianza y anchura del intervalo. Los ejemplos 6.4 y 6.5 dan intervalos de confianza para la concentración media en materia activa de unos comprimidos μ, basados en 3 lecturas con $\bar{x} = 0{,}8404$ y $\sigma = 0{,}0068$. El intervalo de confianza del 99% va de 0,8303 a 0,8505 y el intervalo de confianza del 90% va de 0,8339 a 0,8469.

(a) Halla un intervalo de confianza del 80% para μ.

(b) Halla un intervalo de confianza del 99,9% para μ.

(c) Dibuja un gráfico como el de la figura 6.8 que compare los cuatro intervalos. ¿Cómo afecta el aumento del nivel de confianza a la amplitud del intervalo de confianza?

6.8. Nivel de confianza y error de estimación. La prueba de aritmética de la encuesta NAEP (ejemplo 6.1) también se hizo pasar a una muestra de 1.077 mujeres entre 21 y 25 años. La media de sus resultados fue 275. Supón que la desviación típica de todos los resultados individuales es $\sigma = 60$.

(a) Calcula un intervalo de confianza del 95% para la media de los resultados μ de la población de todas las mujeres jóvenes.

(b) Calcula intervalos de confianza del 90% y del 99% para μ.

(c) ¿Cuáles son los errores de estimación con una confianza del 90%, del 95% y del 99%? ¿Cómo afecta el aumento del nivel de confianza al error de estimación de un intervalo de confianza?

6.9. Tamaño de muestra y error de estimación. La muestra NAEP de 1.077 mujeres jóvenes tenía una media en la prueba de aritmética $\bar{x} = 275$. Supón que la desviación típica de todos los resultados individuales es $\sigma = 60$.

(a) Calcula un intervalo de confianza del 95% para la media de los resultados μ de la población de las mujeres jóvenes.

(b) Supón que el mismo resultado, $\bar{x} = 275$, provenga de una muestra de 250 mujeres. Calcula un intervalo de confianza del 95% para la media de la población μ en este caso.

(c) A continuación, supón que una muestra de 4.000 mujeres hubiera dado la media muestral $\bar{x} = 275$ y calcula, de nuevo, un intervalo de confianza del 95% para μ.

(d) ¿Cuáles son los errores de estimación para muestras de tamaño 250, 1.077 y 4.000? ¿Cómo afecta el aumento del tamaño de la muestra al error de estimación de un intervalo de confianza?

6.2.4 Elección del tamaño de la muestra

Un usuario de los métodos estadísticos que sea prudente nunca planifica la obtención de los datos sin planear, al mismo tiempo, la inferencia. Si obtienes suficientes observaciones, entonces puedes conseguir a la vez un nivel de confianza elevado y un error de estimación pequeño. El error de estimación de un intervalo de confianza para la media de una población que se distribuye normalmente es $m = z^* \frac{\sigma}{\sqrt{n}}$.

$\bar{x}$ Para obtener el error de estimación deseado m, sustituye el valor de z^* por el que le corresponde según el nivel de confianza escogido y despeja n en la ecuación anterior. Éste el resultado.

TAMAÑO DE LA MUESTRA PARA UN ERROR DE ESTIMACIÓN DESEADO

En un intervalo de confianza para la media poblacional μ, el tamaño de la muestra necesario para un error de estimación m determinado es

$$n = \left(\frac{z^*\sigma}{m}\right)^2$$

Esta fórmula no se puede utilizar a la ligera. En la práctica, la obtención de observaciones cuesta tiempo y dinero. Puede ocurrir que el tamaño de la muestra ideal sea inviable por razones económicas. De nuevo, fíjate en que es el tamaño de la *muestra* lo que determina el error de estimación. El tamaño de la *población* (siempre que sea mucho mayor que la muestra) no influye sobre el tamaño de la muestra que necesitamos.

EJEMPLO 6.6. ¿Cuántas observaciones?

La gerencia de la empresa exige al laboratorio del ejemplo 6.4 que dé resultados con una precisión de $\pm 0{,}005$ y con una confianza del 95%. ¿De cuántas observaciones tienen que constar las muestras?

El error de estimación deseado es $m = 0{,}005$. Para una confianza del 95%, la tabla C da $z^* = 1{,}960$. Sabemos que $\sigma = 0{,}0068$. Por tanto,

$$n = \left(\frac{z^*\sigma}{m}\right)^2 = \left(\frac{1{,}96 \times 0{,}0068}{0{,}005}\right)^2 = 7{,}1$$

Ya que 7 observaciones darán un error de estimación ligeramente superior al deseado y 8 observaciones, un error de estimación algo menor, el laboratorio tiene que hacer 8 análisis de cada comprimido para cumplir con las exigencias de la gerencia. Siempre redondea n hasta el número entero mayor más próximo para hallar n. Cuando la gerencia conozca el coste de realizar tantos análisis, puede ser que reconsidere su demanda. ■

APLICA TUS CONOCIMIENTOS

6.10. Determinación de la precisión. Para valorar la precisión de una balanza de laboratorio, se pesa repetidamente una pieza con una masa conocida de 10 gramos. Las lecturas de la balanza se distribuyen de forma normal con una media desconocida (esta media es de 10 gramos si la balanza no está sesgada). La desviación típica de las lecturas de la balanza se sabe que es de 0,0002 gramos.

(a) Se pesa 5 veces la pieza. El resultado medio es de 10,0023 gr. Calcula un intervalo de confianza del 98% para la media de las medidas repetidas de la pieza.

(b) Con una confianza del 98%, ¿cuántas veces se necesita pesar para tener un error de estimación de $\pm 0{,}0001$?

6.11. Con una confianza del 99%, ¿cuál debería ser el tamaño de la muestra de los directores de hotel del ejercicio 6.4 para estimar la media μ con una precisión de ± 1 año?

6.12. Con una confianza del 99%, ¿cuál debería ser el tamaño de la muestra de las estudiantes del ejercicio 6.5 para estimar la media μ con una precisión de ± 5?

6.2.5 Algunas precauciones

Cualquier fórmula para hacer inferencia estadística es correcta sólo en unas circunstancias concretas. Si los procedimientos estadísticos llevaran advertencias como los medicamentos, la mayoría de los métodos de inferencia harían recomendaciones muy detalladas. La fórmula que ya conocemos para la estimación de una media normal, $\bar{x} \pm z^* \frac{\sigma}{\sqrt{n}}$, va acompañada de la siguiente lista de advertencias para el usuario.

- Los datos deben proceder de una muestra aleatoria simple de la población. Estamos completamente a salvo si los datos proceden de una muestra de este tipo. No estamos en gran peligro si los datos se han obtenido de forma que se puedan asimilar a los de una muestra aleatoria de una población. Éste es el caso de los ejemplos 6.4, 6.5 y 6.6, donde teníamos presente que la población era el resultado de un número muy grande de análisis repetidos de un mismo comprimido.
- La fórmula no es correcta para sistemas de muestreo más complejos que los aleatorios simples, pero existen métodos correctos para esos otros sistemas. No mostraremos cómo calcular intervalos de confianza en el caso

de muestreos estratificados o de muestreos en etapas múltiples. Si utilizas estos tipos de muestreo, asegúrate de que sabes cómo llevar a cabo la inferencia.

- A partir de muestras obtenidas de forma caprichosa, sin seguir ningún tipo de diseño estadístico, es imposible hacer inferencia. No hay fórmulas maravillosas que nos permitan utilizar datos obtenidos de forma incorrecta.
- Debido a que las observaciones atípicas tienen una gran influencia sobre el valor de $\bar{x}$, éstas pueden tener un gran efecto sobre los intervalos de confianza. Antes de calcular un intervalo de confianza tienes que averiguar si hay observaciones atípicas. Siempre que sea posible tienes que corregir sus valores o justificar su eliminación. Si no pueden ser eliminadas, consulta con un experto en estadística sobre los métodos que no son sensibles a las observaciones atípicas.
- Si el tamaño de la muestra es pequeño y la población no es normal, el verdadero nivel de confianza del intervalo será distinto del valor C utilizado para calcular el intervalo. Examina cuidadosamente tus datos. Fíjate en la asimetría y en otros indicadores de falta de normalidad. El intervalo se basa, sólo, en la distribución de $\bar{x}$, que incluso para muestras pequeñas es más normal que las observaciones individuales. Cuando $n \geq 15$, el nivel de confianza del intervalo no se ve muy afectado por la falta de normalidad de la población, a no ser que ésta sea muy asimétrica, o que existan observaciones atípicas extremas. Este tema lo discutiremos con más detalle en el próximo capítulo.
- Tienes que conocer la desviación típica σ de la población. Esta exigencia poco realista hace que el intervalo $\bar{x} \pm z^* \frac{\sigma}{\sqrt{n}}$ sea de poca utilidad en la práctica estadística. En el próximo capítulo veremos qué hay que hacer cuando σ es desconocida. De todas formas, si la muestra es grande, la desviación típica muestral s estará próxima a la σ desconocida. En estos casos $\bar{x} \pm z^* \frac{s}{\sqrt{n}}$ es un intervalo aproximado para μ.

La precaución más importante, en relación con los intervalos de confianza, es una consecuencia de la primera de estas advertencias. **El error de estimación de un intervalo de confianza sólo tiene en cuenta el error del muestreo aleatorio.** El error de estimación se obtiene a partir de la distribución muestral e indica cuál es la magnitud esperada del error debida a la variabilidad en la obtención aleatoria de los datos. Dificultades prácticas, tales como la no-respuesta o la falta de cobertura de una encuesta, pueden causar errores adicionales que podrían ser mayores que el error del muestreo aleatorio. Recuerda este hecho desagradable cuando leas los resultados de las encuestas de opinión o de otros tipos de encuestas. Los problemas prácticos que se presentan durante la realización de las encuestas pueden influir de forma muy importante en la credibilidad de sus resultados, pero no se tienen en cuenta en el cálculo del error de estimación.

Cualquier procedimiento de inferencia estadística debería ir acompañado de su propia lista de advertencias. Ya que muchas de ellas son similares a las del listado anterior, cada vez que presentemos un nuevo procedimiento de inferencia no reproduciremos el listado completo. Es fácil establecer (a partir de las matemáticas de la probabilidad) las condiciones bajo las cuales un determinado método de inferencia es exactamente correcto. Estas condiciones, en la práctica, nunca se cumplen totalmente. Por ejemplo, no existe ninguna población que sea exactamente normal. La decisión de cuándo un procedimiento puede ser utilizado en la práctica requiere, a menudo, un cuidadoso análisis exploratorio de los datos.

Finalmente, tienes que comprender perfectamente lo que nos dice la confianza estadística. Tenemos una confianza del 95% en que la media de la prueba de aritmética de la encuesta NAEP, para todos los hombres entre 21 y 25 años, se halla entre 267,8 y 276,2. Es decir, estos números se calcularon mediante un método que da respuestas correctas en un 95% de todas las muestras posibles. *No podemos* decir que la probabilidad de que la media poblacional μ se encuentre entre 267,8 y 276,2, sea del 95%. Después de haber escogido una determinada muestra y haber calculado el intervalo, desaparece el azar. La verdadera media puede estar o no comprendida entre 267,8 y 276,2. Los cálculos de probabilidad en la inferencia estadística describen con qué frecuencia el *método* da una respuesta correcta.

APLICA TUS CONOCIMIENTOS

6.13. Debate sobre una encuesta radiofónica. En un debate radiofónico se invita a los oyentes a que participen en una discusión sobre una propuesta de aumento del sueldo de los concejales de un ayuntamiento. "¿Qué salario anual crees que se debería pagar a los concejales? Llámanos con tu cifra". Llama un total de 958 personas. La media del salario que sugieren las personas que llaman es $\bar{x} = 8.740$ € al año, con una desviación típica de las respuestas $s = 1.125$ €. Para una gran muestra como ésta, s se acerca mucho a la desviación típica desconocida de la población σ. La emisora dice que un intervalo de confianza del 95% para el salario medio μ de los concejales que propondrían todos los ciudadanos va de 8.669 a 8.811 €.

(a) ¿Es correcto el cálculo de la emisora?

(b) ¿Sus conclusiones describen la población de todos los habitantes de la ciudad? Justifica tu respuesta.

6.14. Usuarios de Internet. Una encuesta sobre los usuarios de Internet halló que el número de usuarios doblaba al de usuarias. Este resultado fue una sorpresa. Ya que encuestas anteriores establecieron que la relación entre hombres y mujeres era de 9 a 1. En el artículo encontramos la siguiente información:

Se mandaron extensas encuestas a más de 13.000 organizaciones usuarias de Internet; el número de encuestas válidas retornadas fue de 1.468. De acuerdo con el Sr. Quarterman, el error de estimación es, con una confianza del 95%, del 2,8%.[3]

(a) ¿Cuál fue la *proporción de respuestas* de esta encuesta? (La proporción de respuesta es el porcentaje de la muestra que responde adecuadamente.)

(b) ¿Crees que el error de estimación es una buena indicación de la precisión de los resultados de la encuesta? Justifica tu respuesta.

6.15. Oraciones en las escuelas de EE UU. Una encuesta reciente del *New York Times*/CBS planteó la pregunta: "¿Estarías a favor de introducir una enmienda en la Constitución que permitiera los rezos organizados en las escuelas públicas?" El 66% de la muestra contestó "Sí". El artículo que describe la encuesta dice que "está basada en entrevistas telefónicas llevadas a cabo entre el 13 y el 18 de septiembre a 1.664 adultos de EE UU, exceptuando Alaska y Hawaii ... los números telefónicos se construyeron de forma aleatoria y, por tanto, accediendo a números que aparecían o no en la guía telefónica".

(a) El artículo da un error de estimación del 3%. En general, las encuestas de opinión trabajan con confianzas del 95%. Determina un intervalo de confianza para el porcentaje de todos los adultos que están a favor de la enmienda sobre los rezos organizados en las escuelas.

(b) El artículo continúa diciendo: "los errores teóricos no tienen en cuenta un error de estimación adicional resultante de diversas dificultades prácticas que surgen al llevar a cabo cualquier encuesta de opinión pública". Haz una lista de algunas "dificultades prácticas" que puedan causar errores que deban añadirse al error de estimación del $\pm 3\%$. Presta especial atención a la descripción del método de muestreo que da el artículo.

[3]P. H. Lewis, "Technology" column, *New York Times*, de 29 de mayo de 1995.

RESUMEN DE LA SECCIÓN 6.2

Un **intervalo de confianza** utiliza una muestra de datos para estimar un parámetro desconocido con una indicación sobre la precisión de la estimación y sobre cuál es nuestra confianza de que el resultado sea correcto.

Cualquier intervalo de confianza tiene dos partes: el intervalo calculado a partir de los datos y el nivel de confianza. Los **intervalos**, a menudo, tienen la forma:

$$\text{estimación} \pm \text{error de estimación}$$

El **nivel de confianza** indica la probabilidad de que el método dé una respuesta correcta. Esto es, si utilizaras repetidamente los intervalos de confianza del 95%, después de muchos muestreos, un 95% de estos intervalos contendría el verdadero valor del parámetro. No puedes saber si un intervalo de confianza del 95% calculado a partir de un determinado conjunto de datos contiene el verdadero valor del parámetro.

Un **intervalo de confianza de nivel C para la media μ** de una población normal con una desviación típica σ conocida, basado en una muestra aleatoria simple de tamaño n, viene dado por

$$\bar{x} \pm z^* \frac{\sigma}{\sqrt{n}}$$

Aquí, el **valor crítico z^*** se ha escogido de manera que la curva normal estandarizada tenga un área C entre $-z^*$ y z^*. Debido al teorema del límite central, este intervalo es aproximadamente correcto para muestras grandes cuando la población no es normal.

Si se mantiene lo demás constante, el **error de estimación** de un intervalo de confianza se hace pequeño cuando

- el nivel de confianza C disminuye,
- la desviación típica poblacional σ disminuye, y
- el tamaño de la muestra n aumenta.

El tamaño de muestra necesario para obtener un intervalo de confianza con un determinado error de estimación m para una media normal es

$$n = \left(\frac{z^* \sigma}{m}\right)^2$$

donde z^* es el valor crítico para el nivel de confianza deseado. Redondea siempre n hacia arriba cuando utilices esta fórmula.

La fórmula de un determinado intervalo de confianza es correcta sólo en unas condiciones concretas. Las condiciones más importantes hacen referencia al procedimiento utilizado para obtener los datos. Otros factores tales como la forma de la distribución de la población también pueden ser importantes.

EJERCICIOS DE LA SECCIÓN 6.2

6.16. Asistencia social. Un artículo sobre una encuesta señala que el "28% de los 1.548 adultos entrevistados creían que las personas que eran capaces de trabajar no deberían recibir asistencia social". El artículo seguía diciendo: "el error de estimación para una muestra de tamaño 1.548 es de más menos el tres por ciento". A menudo, las encuestas de opinión anuncian errores de estimación para confianzas del 95%. A partir de esta consideración, explica a alguien que no sepa estadística lo que significa "un error de estimación de más menos un tres por ciento".

6.17. Sistemas informáticos en hoteles. ¿Están satisfechos los directores de hotel con los sistemas informáticos que utilizan en sus establecimientos? Se envió una encuesta a 560 directores de hoteles de entre 200 y 500 habitaciones en Chicago y Detroit.[4] Fueron devueltas 135. Dos preguntas de la encuesta hacían referencia a la facilidad de uso de los sistemas informáticos y al nivel de formación informática que habían recibido. Los directores respondieron utilizando una escala de 7 puntos, siendo 1 "no satisfecho", 4 "moderadamente satisfecho" y 7 "muy satisfecho".

(a) ¿Cuál crees que es la población de este estudio? Hay algunas deficiencias en la obtención de los datos. ¿Cuáles son? Estas deficiencias disminuyen el valor de la inferencia que estás a punto de hacer.

(b) En relación con la facilidad de uso de los sistemas informáticos, la media de los resultados fue $\bar{x} = 5{,}396$. Calcula un intervalo de confianza del 95% para la media poblacional. (Parte del supuesto de que la desviación típica poblacional es $\sigma = 1{,}75$.)

(c) Por lo que respecta a la satisfacción con el nivel de formación informática recibido, la media de los resultados fue $\bar{x} = 4{,}398$. Tomando $\sigma = 1{,}75$, calcula un intervalo de confianza del 99% para la media poblacional.

[4]Datos proporcionados por John Rousselle y Huei-Ru Shieh, Department of Restaurant, Hotel and Institutional Management, Purdue University.

(d) Las mediciones de la satisfacción no están, por supuesto, distribuidas normalmente, debido a que éstas sólo toman valores enteros entre 1 y 7. Sin embargo, la utilización de los intervalos de confianza basados en la distribución normal está justificada en este estudio. ¿Por qué?

6.18. ¿Por qué la gente prefiere las farmacias? Los consumidores de EE UU pueden adquirir medicamentos que no precisan receta en tiendas de alimentación, en grandes superficies o en farmacias. Aproximadamente un 45% de los consumidores hace estas compras en farmacias. ¿Qué hace que las farmacias vendan más, si frecuentemente tienen precios más altos?

Un estudio examinó la percepción de los consumidores sobre la atención en los tres tipos de establecimientos, utilizando un extenso cuestionario que preguntaba cosas como "tienda agradable y atractiva", "personal con conocimientos" y "ayuda en la elección entre varios tipos de medicamentos sin receta". El resultado del estudio se basaba en 27 preguntas de ese tipo. Los sujetos fueron 201 personas escogidas al azar en la guía telefónica de Indianápolis. He aquí las medias y las desviaciones típicas de las puntuaciones otorgadas por los sujetos de la muestra.[5]

Tipo de tienda	$\bar{x}$	s
Tiendas de alimentación	18,67	24,95
Grandes superficies	32,38	33,37
Farmacias	48,60	35,62

No conocemos las desviaciones típicas de la población, pero una desviación típica muestral s extraída de una muestra tan grande, en general, se acerca a σ. En este ejercicio, utiliza s en lugar de la σ desconocida.

(a) ¿De qué población crees que los autores del estudio quieren extraer las conclusiones? ¿De qué población estás seguro que se pueden extraer?

(b) Calcula intervalos de confianza del 95% para la media del desempeño de cada tipo de tienda.

(c) Basándote en los intervalos de confianza, ¿estás convencido de que los consumidores creen que las farmacias son mejores que los otros tipos de tiendas?

6.19. Curación de heridas en la piel. Unos investigadores que estudiaban la cicatrización de las heridas de la piel midieron la rapidez con la que se cerraba un

[5]Datos proporcionados por Mugdha Gore y Joseph Thomas, Purdue University School of Pharmacy.

corte hecho con una hoja de afeitar en la piel de un tritón anestesiado. He aquí los resultados de 18 tritones, expresados en micras (millonésima parte de un metro) por hora:[6]

29	27	34	40	22	28	14	35	26
35	12	30	23	18	11	22	23	33

(a) Dibuja un diagrama de tallos con estos datos (divide los tallos). Es difícil valorar la normalidad a partir de 18 observaciones; sin embargo, busca si hay observaciones atípicas o asimetrías extremas. ¿Qué hallaste?

(b) En general, los científicos dan por supuesto que los animales de la muestra constituyen una muestra aleatoria simple de su especie o tipo genético. Considera que estos tritones son una muestra aleatoria simple y supón, además, que la desviación típica poblacional de la velocidad de cierre de las heridas de esta especie es de 8 micras por hora. Calcula un intervalo de confianza para la media de la velocidad de cierre de esta especie.

(c) Una amiga que casi no sabe nada de estadística utiliza la fórmula $\bar{x} \pm z^* \frac{\sigma}{\sqrt{n}}$ que ha sacado de un manual de biología para calcular un intervalo de confianza del 95% para la media. Su intervalo de confianza, ¿es más ancho o más estrecho que el nuestro? Explica a tu amiga por qué una mayor confianza cambia la anchura del intervalo.

6.20. Cigüeñales. Aquí tienes las medidas (en milímetros) de una dimensión crítica de una muestra de cigüeñales de automóvil.

224,120	224,001	224,017	223,982	223,989	223,961
223,960	224,089	223,987	223,976	223,902	223,980
224,098	224,057	223,913	223,999		

Los datos provienen de un proceso de producción que se sabe que tiene una desviación típica $\sigma = 0{,}060$ mm. La media del proceso se supone que es $\mu = 224$ mm, pero puede desviarse de su objetivo durante la producción.

(a) Suponemos que la distribución de la dimensión crítica de los cigüeñales es aproximadamente normal. Dibuja un diagrama de tallos o un histograma con estos datos y describe la forma de la distribución.

(b) Calcula un intervalo de confianza del 95% para la media del proceso en el momento en que se produjeron estos cigüeñales.

[6]D. D. S. Iglesia, E. J. Cragoe, Jr. y J. W. Vanable, "Electric field strength and epithelization in the newt (*Notophthalmus viridescens*)", *Journal of Experimental Zoology*, 274, 1996, págs. 56-62.

6.21. ¿Cuál debería ser el tamaño de la muestra que te permitiría estimar la velocidad media de cicatrización de las heridas en la piel de los tritones (consulta el ejercicio 6.19) con un error de estimación de 1 micra por hora y una confianza del 90%?

6.22. Encuesta de un periódico. Una encuesta del *New York Times* sobre temas de interés para la mujer entrevistó a 1.025 mujeres y a 472 hombres seleccionados aleatoriamente en EE UU, exceptuando Alaska y Hawai. La encuesta daba un error de estimación de $\pm 3\%$ para una confianza del 95% con los resultados de las mujeres. El error de estimación de los resultados de los hombres era de $\pm 4\%$. ¿Por qué el error de estimación de los hombres es mayor que el error de estimación de las mujeres?

6.23. Encuesta preelectoral. En 1976 las elecciones presidenciales de EE UU, en las que se enfrentaron Jimmy Carter y Gerald Ford, se ganaron sólo por un pequeño margen. Una encuesta realizada inmediatamente antes de estos comicios reveló que el 51% de la muestra tenía la intención de votar a Carter. La empresa encuestadora anunció que tenía una certeza del 95% de que este resultado estaba a menos de ± 2 puntos del verdadero porcentaje de votantes a favor de Carter.

(a) Utilizando un lenguaje sencillo, explícale a alguien que no sepa estadística qué significa "una certeza del 95%" en este caso.

(b) La encuesta mostraba que Carter iba en cabeza. Sin embargo, la empresa encuestadora dijo que los resultados eran demasiado ajustados como para predecir quién iba a ganar. Explica por qué.

(c) Al oír los resultados de la encuesta, un político preguntó nervioso: "¿Cuál es la probabilidad de que más de la mitad de los votantes prefiera a Carter?". Un experto en estadística contestó que a esa pregunta no se podía responder a partir de los resultados de la encuesta y que no tenía sentido hablar de tal probabilidad. Explica por qué.

6.24. Cómo se hizo la encuesta. El *New York Times* incluye un recuadro titulado "Cómo se hizo la encuesta" en artículos basados en sus propias encuestas de opinión. A continuación se presentan fragmentos de unos de estos recuadros (marzo de 1995). En el recuadro se habla de un error de estimación de más menos el tres por cien, con una confianza del 95%.

La última encuesta del New York Times/*CBS se basa en entrevistas telefónicas llevadas a cabo entre el 9 y el 12 de marzo a 1.156 adultos de todos los EE UU, excepto*

Alaska y Hawai. (A continuación se describe el método de obtención al azar de números de teléfono utilizado en la encuesta.)

Además del error de muestreo, las dificultades prácticas inherentes a la realización de un encuesta de opinión pública pueden introducir otras fuentes de error en la encuesta. Por ejemplo, la manera de formular las preguntas o el orden de las mismas pueden conducir a resultados distintos.

(a) El párrafo anterior menciona diferentes fuentes de error en los resultados de la encuesta. Haz un listado de estas fuentes de error.

(b) ¿Cuál de las fuentes de error que mencionaste en (a) queda incluida dentro del error de estimación anunciado?

6.3 Pruebas de significación

Los intervalos de confianza son uno de los dos procedimientos de inferencia estadística más ampliamente utilizados. Úsalos cuando tu objetivo sea estimar un parámetro poblacional. El segundo procedimiento de inferencia más ampliamente utilizado, llamado *pruebas de significación,* tiene otro objetivo: valorar la evidencia proporcionada por los datos a favor de alguna hipótesis sobre la población.

EJEMPLO 6.7. Soy un gran encestador de tiros libres

Puedo encestar el 80% de los tiros libres que lanzo. Para comprobar mi afirmación, me pides que lance 20 tiros libres. Solamente encesto 8 de 20. "¡Aja!", exclamas, "alguien que encesta el 80% de los tiros libres, casi nunca encestaría sólo 8 de 20. Por tanto, no te creo".

Tu razonamiento se basa en preguntar lo que ocurriría si mi afirmación fuera correcta y repitiéramos el lanzamiento de 20 tiros libres muchas veces —casi nunca encestaría sólo 8—. Este resultado es tan poco probable que proporciona una fuerte evidencia de que mi afirmación no es cierta.

Puedes determinar la fuerza de la evidencia en contra de mi afirmación calculando la probabilidad de que sólo enceste 8 tiros de 20 si realmente encesto el 80% después de muchas repeticiones. Esta probabilidad es de 0,0001. Solamente encestaría 8 de 20 una vez de cada 10.000 intentos de 20 lanzamientos si mi afirmación del 80% fuera cierta. Esta probabilidad tan pequeña te convence de que mi afirmación es falsa. ■

Las pruebas de significación utilizan una terminología muy elaborada, de todas formas las idea básica es sencilla: si suponemos que una determinada afirmación es cierta y bajo esta suposición observamos que un determinado suceso ocurre muy raramente, esto indica que la afirmación no es cierta.

6.3.1 Razonamientos de las pruebas de significación

Los razonamientos utilizados con las pruebas de significación, al igual que los utilizados con los intervalos de confianza, se basan en preguntar lo que ocurriría si repitiéramos el muestreo o el experimento muchas veces. Otra vez empezaremos utilizando un procedimiento poco realista con el objetivo de dar énfasis a los razonamientos. He aquí uno de los ejemplos que exploraremos.

EJEMPLO 6.8. Refrescos light

Los fabricantes de refrescos *light* utilizan edulcorantes artificiales con el objeto de evitar el azúcar. Los refrescos con este tipo de aditivos pierden poco a poco su sabor dulce. En consecuencia, los industriales, antes de comercializar nuevos refrescos, determinan la pérdida de dulzor. Unos catadores experimentados valoran la dulzura de los refrescos, utilizando como referencia una serie de patrones, en una escala que va de 1 a 10. Posteriormente, se guardan los refrescos durante un mes a altas temperaturas para simular el efecto de un almacenamiento a temperatura ambiente durante 4 meses. Pasado este tiempo, los catadores vuelven a valorar la dulzura de los refrescos. Éste es un experimento por pares. Nuestros datos son las diferencias (la valoración inicial menos la valoración después del almacenamiento) entre las puntuaciones de los catadores. A mayor diferencia, mayor es la pérdida de dulzura.

He aquí las pérdidas de dulzura para un nuevo refresco, tal como las han determinado 10 catadores experimentados:

$$2{,}0 \quad 0{,}4 \quad 0{,}7 \quad 2{,}0 \quad -0{,}4 \quad 2{,}2 \quad -1{,}3 \quad 1{,}2 \quad 1{,}1 \quad 2{,}3$$

La mayor parte de los datos son positivos. Es decir, la mayoría de los catadores hallaron una pérdida de dulzura. De todas formas, las pérdidas son pequeñas e incluso dos catadores (las puntuaciones negativas) detectaron un incremento en la dulzura de los refrescos. *¿Constituyen estos datos una buena evidencia a favor de que los refrescos perdieron dulzura durante su almacenamiento?* ■

La media de la pérdida de dulzura de los refrescos viene dado por la media muestral,

$$\bar{x} = \frac{2{,}0 + 0{,}4 + \cdots + 2{,}3}{10} = 1{,}02$$

Suponemos, de forma poco realista, que conocemos que la desviación típica de la población de catadores es $\sigma = 1$.

Los razonamientos son como los del ejemplo 6.7. Afirmamos algo y nos preguntamos si los datos dan evidencia *en contra* de lo que afirmamos. Buscamos si hay evidencia de que hay una pérdida de dulzura; por tanto, la afirmación que contrastamos es que *no* hay una pérdida de dulzura. En tal caso, la pérdida media de dulzura detectada por la población de todos los catadores sería $\mu = 0$.

- Si la afirmación de que $\mu = 0$ es cierta, la distribución de $\bar{x}$ de una muestra de 10 catadores es normal con media $\mu = 0$ y desviación típica

  $$\frac{\sigma}{\sqrt{n}} = \frac{1}{\sqrt{10}} = 0{,}316$$

  La figura 6.9 muestra esta distribución muestral. Podemos valorar si cualquier valor observado de $\bar{x}$ es sorprendente situándolo en esta distribución.
- Supón que nuestros 10 catadores dieron una media de pérdida de dulzura $\bar{x} = 0{,}3$. Queda claro a partir de la figura 6.9 que un valor de $\bar{x}$ como ésta puede ocurrir sólo por azar cuando la media de la población es $\mu = 0$. Que 10 catadores dieran una $\bar{x} = 0{,}3$ no constituye ninguna evidencia de pérdida de dulzura.
- En realidad, el resultado de nuestra prueba dio una $\bar{x} = 1{,}02$. Este valor de $\bar{x}$ queda muy alejado de $\mu = 0$ en la curva normal de la figura 6.9, tan alejado que no ocurriría casi nunca sólo por azar si el verdadero valor de μ fuera 0. Este valor observado constituye una buena evidencia a favor de que en realidad la verdadera μ es mayor que 0. Es decir, de que el refresco ha perdido dulzura. El fabricante debe reformular el refresco y probar otra vez.

6.3.2 Terminología de las pruebas de significación

Una prueba estadística empieza con un cuidadoso planteamiento de las afirmaciones que estamos interesados en comparar. Estas afirmaciones hacen referencia

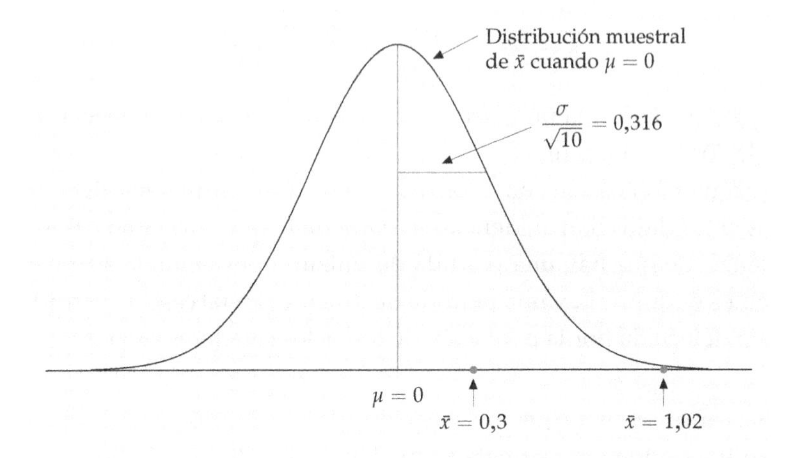

Figura 6.9. Si un refresco no pierde dulzura durante su almacenamiento, la puntuación media $\bar{x}$ de 10 catadores tendrá esta distribución muestral. El resultado de un refresco fue $\bar{x} = 0{,}3$. Esto podría ocurrir muy fácilmente por azar. Otro refresco tenía $\bar{x} = 1{,}02$. Este valor se encuentra muy alejado de $\mu = 0$ en la distribución normal y constituye, por tanto, una buena evidencia a favor de que dicho refresco ha perdido dulzura.

a una población; por tanto, las expresamos en términos de parámetros poblacionales. En el ejemplo 6.8, el parámetro es la media poblacional μ, la pérdida media de dulzura que detectaría una muestra muy grande de catadores. Debido a que los razonamientos que hemos señalado buscan evidencia *en contra* de la afirmación, empezamos enunciando la frase en contra de la que buscamos evidencia, como por ejemplo "no hay pérdida de dulzura". Esta afirmación es nuestra *hipótesis nula*.

HIPÓTESIS NULA H_0

La afirmación que se contrasta en una prueba estadística se llama **hipótesis nula.** Las pruebas de significación se diseñan para valorar la fuerza de la evidencia en contra de la hipótesis nula. En general, la hipótesis nula es una afirmación de "ausencia de efecto" o de "no diferencia".

La afirmación en relación con la población sobre la cual queremos hallar evidencia *a favor* es la **hipótesis alternativa**, designada como H_a. En el ejemplo 6.8, buscamos evidencia de que hay una pérdida de dulzura. La hipótesis nula dice "no hay pérdida" como media en una gran población de catadores. La hipótesis alternativa dice "hay pérdida". Por tanto, las hipótesis son

Hipótesis alternativa

$$H_0 : \mu = 0$$

$$H_a : \mu > 0$$

Las hipótesis nula y alternativa son planteamientos precisos sobre las afirmaciones que contrastamos. Si obtuviéramos un resultado que fuera poco probable si H_0 fuera cierta en la dirección propuesta por la H_a, tendríamos evidencia en contra de H_0 y a favor de H_a.

VALOR *P*

La probabilidad, calculada suponiendo que H_0 es cierta, de que el resultado tome un valor al menos tan extremo como el observado se llama **valor *P*** de la prueba de significación. Cuanto menor sea el valor *P*, más fuerte es la evidencia que proporcionan los datos en contra de H_0.

EJEMPLO 6.9. ¿Qué es el valor P?

La figura 6.10 muestra el valor *P* cuando 10 catadores dan una pérdida media de dulzura $\bar{x} = 0{,}3$. Es la probabilidad de que obtengamos una media muestral al menos tan grande como 0,3 en el caso de que $\mu = 0$ fuera *cierto*. Esta probabilidad es $P = 0{,}1711$. Es decir, obtendríamos una pérdida de dulzura como ésta o mayor aproximadamente el 17% de las veces, sólo por azar al escoger a 10 catadores, incluso si la media de toda la población de catadores no hallara pérdida de dulzura. Un resultado que ocurre con esta frecuencia cuando H_0 es cierta, no es una buena evidencia en contra de H_0.

En realidad, la media de los 10 catadores fue $\bar{x} = 1,02$. El valor P es la probabilidad de obtener una $\bar{x}$ al menos tan grande si en realidad $\mu = 0$. Esta probabilidad es $P = 0,0006$. Raramente obtendríamos una muestra con una pérdida de dulzura tan grande si la H_0 fuera cierta. El valor P tan pequeño proporciona una fuerte evidencia en contra de H_0 y en cambio una fuerte evidencia a favor de la alternativa $H_a : \mu > 0$. ■

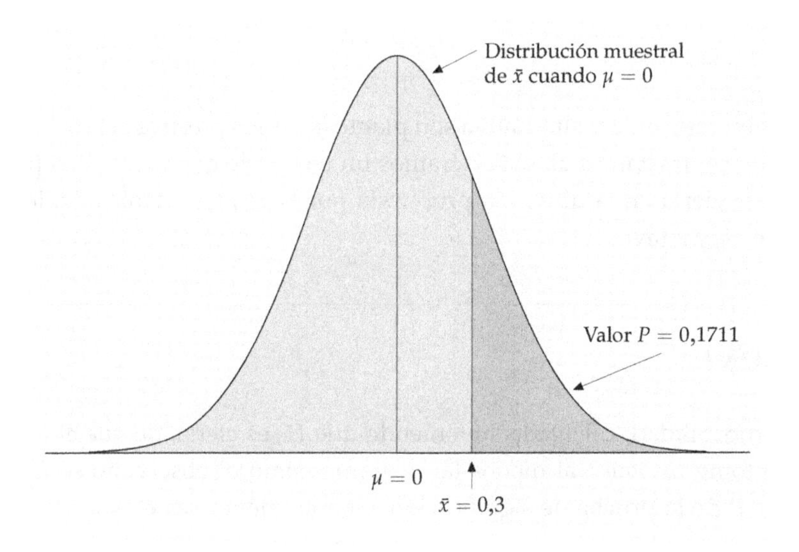

Figura 6.10. El valor P del resultado $\bar{x} = 0,3$ en la prueba de cata de refrescos. El valor P es la probabilidad (cuando H_0 es cierta) de que $\bar{x}$ tome un valor al menos tan grande como el realmente observado.

Valores P pequeños proporcionan evidencia en contra de H_0, ya que nos dicen que es poco probable que el resultado obtenido ocurra sólo por azar. Valores P grandes no proporcionan evidencia en contra de H_0.

Las recetas sobre las pruebas de significación no dejan translucir los razonamientos que hay detrás. En realidad los programas estadísticos, a menudo sólo proporcionan el valor P. Observa otra vez las $\bar{x}$ sobre la pérdida de dulzura de los dos refrescos de la figura 6.9. Podemos ver que uno de los resultados no es sorprendente si la verdadera media poblacional es 0. En cambio, el otro resultado sí lo es. Una prueba de significación dice lo mismo pero de forma más detallada.

APLICA TUS CONOCIMIENTOS

6.25. Actitud de los estudiantes. La prueba SSHA (*Survey of Study Habits and Attitudes*) es una prueba psicológica que mide la actitud hacia la escuela y los hábitos de estudio de los alumnos. Los resultados van de 0 a 200. El resultado medio de los estudiantes universitarios de EE UU es aproximadamente 115 y la desviación típica aproximadamente 30. Una profesora intuye que los estudiantes de más edad tienen una mejor actitud hacia la escuela y hace pasar la prueba SSHA a 25 estudiantes que tienen como mínimo 30 años. Supón que los resultados de la población de estudiantes mayores de 30 años se distribuye normalmente con desviación típica $\sigma = 30$. La profesora quiere contrastar las hipótesis

$$H_0 : \mu = 115$$
$$H_a : \mu > 115$$

(a) Si la hipótesis nula es cierta, ¿cuál es la distribución de la media de los resultados $\bar{x}$ de una muestra de 25 estudiantes mayores de 30 años? Dibuja la curva de densidad de esta distribución. (Sugerencia: primero dibuja una curva normal, luego, a partir de la información recibida, señala en el eje de las abscisas la localización de μ y de σ en la curva normal.)

(b) Supón que los datos de la muestra dan $\bar{x} = 118{,}6$. Señala este punto en el eje de las abscisas de tu gráfico. En realidad, el resultado fue $\bar{x} = 125{,}7$. Señala este punto en tu dibujo y utilizandolo, explica con un lenguaje sencillo por qué uno de los resultados constituye una buena evidencia a favor de que la media de los resultados de todos los estudiantes mayores de 30 años es mayor que 115 y por qué el otro resultado no lo es.

(c) Sombrea el área por debajo de la curva que corresponde al valor P del resultado muestral $\bar{x} = 118{,}6$.

6.26. Gastos dedicados a la vivienda. La Oficina del Censo de EE UU informa que los hogares de este país dedicaron una media del 31% de todos sus gastos a la vivienda. Una asociación de constructores de la ciudad de Cleveland cree que esta media es menor en su zona y entrevistan a una muestra de 40 hogares del área metropolitana de Cleveland para saber qué porcentaje de sus gastos se dedica a la vivienda. Sea μ la media de los porcentajes del gasto dedicado a la vivienda en los hogares de Cleveland. Queremos contrastar las hipótesis

$$H_0 : \mu = 31\%$$
$$H_a : \mu < 31\%$$

La desviación típica poblacional es $\sigma = 9{,}6\%$.

(a) ¿Cuál es la distribución de la media de los porcentajes $\bar{x}$ del gasto que las muestras dedican a la vivienda si la hipótesis nula es cierta? Dibuja la curva de densidad de la distribución muestral. (Sugerencia: primero dibuja una curva normal, luego señala en el eje de las abscisas lo que sabes sobre las posiciones de μ y de σ en una curva normal.)

(b) Supón que el estudio halla que $\bar{x} = 30{,}2\%$ para los 40 hogares de la muestra. Señala este punto en el eje de las abscisas de tu dibujo. Luego, supón que el resultado del estudio es $\bar{x} = 27{,}6\%$. Señala este punto en tu dibujo. Refiriéndote a él, explica con un lenguaje sencillo por qué uno de los resultados constituye una buena evidencia a favor de que la media del gasto en la vivienda en los hogares de Cleveland es menor que el 31%, y por qué el otro resultado no lo es.

(c) Sombrea el área por debajo de la curva que da el valor P para el resultado $\bar{x} = 30{,}2\%$. (Fíjate en que estamos buscando evidencia a favor de que el gasto es menor que el que supone la hipótesis nula.)

6.3.3 Más detalles: planteamiento de las hipótesis

En una prueba de significación primero planteamos las hipótesis. La hipótesis nula es una afirmación *en contra* de la cual intentaremos encontrar evidencia. La hipótesis alternativa H_a es una afirmación sobre la población *a favor* de la cual intentamos encontrar evidencia. En el ejemplo 6.8 estuvimos buscando evidencia a favor de una pérdida de dulzor. La hipótesis nula establece que como media "no hay pérdida" de dulzor en una población de catadores grande. La hipótesis alternativa establece que "sí hay pérdida". Por tanto, las hipótesis son

$$H_0 : \mu = 0$$

$$H_a : \mu > 0$$

Pruebas de significación de una cola

Esta hipótesis alternativa es de **una cola**, ya que sólo estamos interesados en desviaciones de la hipótesis nula en una dirección. Veamos otro ejemplo.

EJEMPLO 6.10. Estudio de satisfacción en el trabajo

El grado de satisfacción en el trabajo de los operarios de líneas de montaje, ¿es distinto en función de si el ritmo de trabajo lo marcan ellos mismos o de si éste lo marca una máquina? Un estudio escogió al azar 28 sujetos de un grupo de operarias de una línea de montaje de componentes electrónicos. Este grupo se dividió, también al azar, en dos mitades. Una mitad fue asignada a una línea de montaje con el ritmo de trabajo marcado por una máquina y la otra mitad a una línea de montaje de características similares a la anterior, pero en la cual las operarias marcaban su propio ritmo de trabajo. Al cabo de dos semanas todas las operarias pasaron una prueba para determinar su grado de satisfacción en el trabajo. Después de pasar la prueba, los dos subgrupos se intercambiaron. Dos semanas más tarde, las operarias volvieron a pasar la prueba. Este experimento constituye otro ejemplo de diseño por pares. La variable respuesta es la diferencia entre las puntuaciones después de estar trabajando en la línea de montaje al ritmo de trabajo marcado por las operarias y después de estar trabajando al ritmo que marca una máquina.[7]

El parámetro de interés es la media μ de las diferencias entre los resultados de las dos pruebas en la población de todas las operarias. La hipótesis nula dice que no hay diferencias entre las dos condiciones de trabajo, es decir,

$$H_0 : \mu = 0$$

Los autores del estudio estaban interesados en saber si las dos condiciones de trabajo proporcionaban satisfacciones distintas a las operarias. Los autores no especificaron la dirección de la diferencia. Por tanto, la hipótesis alternativa es de **dos colas**,

Alternativa de dos colas

$$H_a : \mu \neq 0$$

■

Las hipótesis siempre se refieren a alguna población, no a resultados particulares. Por este motivo, plantea siempre H_0 y H_a en términos de los parámetros poblacionales. Debido a que H_a expresa el efecto del cual esperamos encontrar evidencia a favor, a menudo es más fácil empezar planteando H_a y luego plantear H_0 como la hipótesis de que la evidencia a favor no está presente.

No siempre es fácil decidir si H_a tiene que ser de una o de dos colas. En el ejemplo 6.10 la alternativa $H_a : \mu \neq 0$ es de dos colas. Afirma, simplemente, que hay diferencias en el grado de satisfacción sin especificar la dirección de la diferencia. La alternativa $H_a : \mu > 0$ en el ejemplo de la prueba de cata es de una cola. Debido a que los refrescos sólo pueden perder dulzor durante el almacenamiento,

[7]G. Salvendy, G. P. McCabe, S. G. Sanders, J. L. Knight y E. J. McCormick, "Impact of personality and intelligence on job satisfaction of assembly line and bench work—an industrial study", *Applied Ergonomics*, 13, 1982, págs. 293-299.

sólo estamos interesados en detectar variaciones positivas de μ. La hipótesis alternativa debe expresar nuestras sospechas o nuestras esperanzas sobre los datos. Sería hacer trampa mirar primero los datos y a continuación plantear la H_a que mejor se ajuste a ellos. Así, por ejemplo, el hecho de que las operarias en el estudio del ejemplo 6.10 estuvieran más satisfechas cuando ellas mismas marcaban el ritmo de trabajo no tiene que influir en la elección de H_a. Si no has tomado por adelantado una decisión firme sobre la dirección del efecto, utiliza una alternativa de dos colas.

APLICA TUS CONOCIMIENTOS

Todas las situaciones que se plantean a continuación se pueden resolver mediante una prueba de significación para una media poblacional μ. En cada caso, plantea las hipótesis nula H_0 y alternativa H_a.

6.27. Se supone que el diámetro de un eje de un pequeño motor es de 5 mm. Si el eje es demasiado pequeño o demasiado grande, el motor no funcionará adecuadamente. El fabricante mide el diámetro de los ejes de una muestra de motores para determinar si el diámetro medio se ha desviado del objetivo.

6.28. Los datos de la Oficina del Censo de EE UU muestran que la media de los ingresos de los hogares en el área de influencia de un gran centro comercial es de 52.500 dólares por año. Una empresa de investigación de mercados entrevista a los clientes del centro comercial. Los investigadores sospechan que la media de los ingresos de estos clientes es mayor que la de la población general.

6.29. La nota media de contabilidad de un gran grupo de estudiantes es 5. El catedrático cree que uno de sus ayudantes no es muy bueno y sospecha que los alumnos de ese profesor ayudante tienen una nota media menor que la general del grupo. Los estudiantes de ese profesor ayudante pueden considerarse una muestra de la población de todos los del curso, así que el catedrático compara la media de esos estudiantes con la media general del grupo.

6.30. El año pasado el servicio técnico de tu empresa dedicó una media de 2,6 horas a resolver por teléfono los problemas de los clientes de la empresa con contratos de servicio. Los datos de este año, ¿muestran una distinta media del tiempo dedicado a resolver problemas por teléfono?

6.3.4 Más detalles: valores P y significación estadística

Estadístico de contraste

Una prueba de significación utiliza los datos en forma de **estadístico de contraste**. Éste se basa, normalmente, en un estadístico que estima el parámetro que aparece en las hipótesis. En nuestros ejemplos, el parámetro es μ y el estadístico de contraste es la media muestral $\bar{x}$.

Una prueba de significación valora la evidencia en contra de la hipótesis nula en términos de probabilidad, el valor P. Si el estadístico de contraste se sitúa lejos del valor propuesto en la hipótesis nula y en la dirección expresada por la hipótesis alternativa, esto constituye una buena evidencia en contra de H_0 y a favor de H_a. El valor P describe la fuerza de la evidencia, ya que es la probabilidad de obtener un resultado *al menos tan extremo como el resultado observado.* "Extremo" significa "lejos del valor que esperaríamos si H_0 fuera cierta". La dirección o direcciones que se tienen en cuenta en "lejos del valor que esperaríamos" están determinadas por la hipótesis alternativa H_a.

EJEMPLO 6.11. Cálculo del valor P de una cola

En el ejemplo 6.8 las observaciones son una muestra aleatoria simple de tamaño $n = 10$ de una población normal con $\sigma = 1$. La pérdida media de dulzor observada en un refresco fue $\bar{x} = 0,3$. El valor P para contrastar es

$$H_0 : \mu = 0$$

$$H_a : \mu > 0$$

por tanto,

$$P(\bar{x} \geq 0,3)$$

calculado suponiendo que H_0 es cierta. Cuando lo es, $\bar{x}$ tiene una distribución normal de media $\mu = 0$ y desviación típica igual a

$$\frac{\sigma}{\sqrt{n}} = \frac{1}{\sqrt{10}} = 0,316$$

Halla el valor P a partir del cálculo de probabilidades normales. Empieza dibujando la distribución de $\bar{x}$ y sombreando el área correspondiente al valor P por debajo de la curva. La figura 6.11 es el gráfico de este ejemplo. Luego estandariza $\bar{x}$ para tener la distribución normal estandarizada Z y utiliza la tabla A,

$$\begin{aligned} P(\bar{x} \geq 0{,}3) &= P\left(\frac{\bar{x}-0}{0{,}316} \geq \frac{0{,}3-0}{0{,}316}\right) \\ &= P(Z \geq 0{,}95) \\ &= 1-0{,}8289 = 0{,}1711 \end{aligned}$$

Este valor P es el que aparece en la figura 6.10. ■

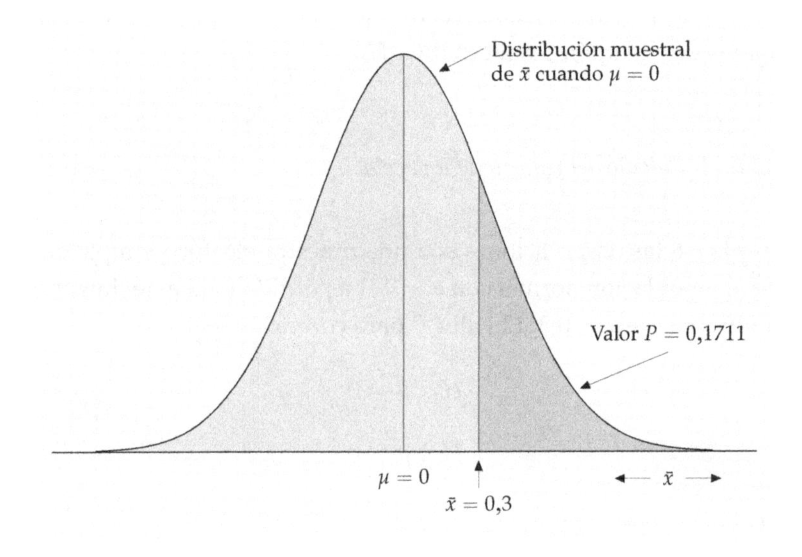

Figura 6.11. El valor P de la prueba de una cola del ejemplo 6.11.

Algunas veces damos un último paso para valorar la evidencia en contra de H_0. Comparamos el valor P con un valor previamente determinado que consideramos decisivo. Esto equivale a decidir de antemano cuál consideramos que tiene que ser la evidencia en contra de H_0. El valor P decisivo se llama **nivel de significación**. Lo simbolizamos como α, la letra griega alfa. Si escogemos $\alpha = 0{,}05$, exigimos que los datos proporcionen una evidencia en contra de H_0 tan fuerte que el

Nivel de significación

valor de $\bar{x}$ no ocurra por azar más del 5% de las veces (en 1 de cada 20 muestras) cuando H_0 sea cierta. Si escogemos $\alpha = 0{,}01$, exigimos una evidencia aún más fuerte en contra de H_0, una evidencia tan fuerte que el valor de $\bar{x}$ sólo ocurre por azar en un 1% de las ocasiones (en 1 de cada 100 muestras) si H_0 es cierta.

SIGNIFICACIÓN ESTADÍSTICA

Si el valor P es más pequeño o igual que α, decimos que los datos son **estadísticamente significativos a un nivel α.**

"Significativo" en estadística no quiere decir "importante". Quiere decir que "es muy poco probable que ocurra sólo por azar". El nivel de significación α hace que "poco probable" sea más preciso. Significativo a un nivel 0,01 se expresa, a menudo, de la siguiente manera: "Los resultados eran significativos ($P < 0{,}01$)". Aquí P simboliza el valor P. El valor P aporta más información que la afirmación sobre la significación, ya que entonces podemos valorar la significación a cualquier nivel que escojamos. Por ejemplo, un resultado con $P = 0{,}03$ es significativo a un nivel de significación $\alpha = 0{,}05$, pero no lo es a un nivel de significación $\alpha = 0{,}01$.

APLICA TUS CONOCIMIENTOS

6.31. Vuelve al ejercicio 6.25.

(a) A partir de tu dibujo, calcula los valores P de $\bar{x} = 118{,}6$ y de $\bar{x} = 125{,}7$. Los dos valores P expresan en cifras la comparación que hiciste informalmente en el ejercicio 6.25.

(b) ¿Cuál de los dos valores observados de $\bar{x}$ es estadísticamente significativo al nivel $\alpha = 0{,}05$? ¿Y al nivel $\alpha = 0{,}01$?

6.32. Vuelve al ejercicio 6.26.

(a) A partir de tu dibujo, calcula los valores P de $\bar{x} = 30{,}2\%$ y de $\bar{x} = 27{,}6\%$. Los dos valores P expresan en cifras la comparación que hiciste informalmente en el ejercicio 6.26.

(b) El valor $\bar{x} = 27{,}6$, ¿es estadísticamente significativo al nivel $\alpha = 0{,}05$? ¿Y al nivel $\alpha = 0{,}01$?

6.33. Ganancias de los estudiantes. La oficina de ayuda financiera de una universidad pregunta a una muestra de estudiantes sobre sus empleos y ganancias. El informe dice que "con relación a las ganancias de los estudiantes durante el curso académico, se halló una diferencia significativa ($P = 0{,}038$) entre sexos; como media, los hombres ganaron más que las mujeres. No se halló ninguna diferencia ($P = 0{,}476$) entre las ganancias de los estudiantes blancos y los estudiantes negros". Explica, con un lenguaje comprensible para alguien que no sepa estadística, estas dos conclusiones con relación a la influencia del sexo y de la raza sobre la media de las ganancias.[8]

6.3.5 Pruebas de significación para una media poblacional

Al llevar a cabo una prueba de significación, tienes que seguir tres pasos:

1. Plantear las hipótesis.
2. Calcular el estadístico de contraste.
3. Hallar el valor P.

Una vez hayas planteado tus hipótesis e identificado el estadístico de contraste adecuado, puedes llevar a cabo los pasos 2 y 3 a mano o con tu ordenador. Vamos a desarrollar, ahora, el procedimiento que se debe seguir en una prueba de significación; el mismo procedimiento que hemos utilizado en nuestros ejemplos.

Tenemos una muestra aleatoria simple de tamaño n de una población normal de media desconocida μ. Queremos contrastar la hipótesis de que μ tiene un determinado valor. Llama a este valor μ_0. La hipótesis nula es

$$H_0 : \mu = \mu_0$$

La prueba se basa en la media muestral $\bar{x}$. Debido a que el cálculo de probabilidades de distribuciones normales exige variables estandarizadas, utilizaremos como estadístico de contraste la media muestral *estandarizada*

$$z = \frac{\bar{x} - \mu_0}{\sigma/\sqrt{n}}$$

[8]De un estudio de M. R. Schlatter *et al.*, Division of Financial Aid, Purdue University.

Estadístico z de una muestra

Este ***estadístico z de una muestra*** tiene una distribución normal estandarizada cuando H_0 es cierta. Si la hipótesis alternativa es de una cola, la cola de la derecha,

$$H_a : \mu > \mu_0$$

entonces el valor P es la probabilidad de que una variable normal estandarizada Z tome un valor al menos tan grande como el valor observado z. Esto es,

$$P = P(Z \geq z)$$

El ejemplo 6.11 calcula este valor P en la prueba del refresco. Allí, $\mu_0 = 0$, la media muestral estandarizada era $z = 0{,}95$ y el valor P era $P(Z \geq 0{,}95) = 0{,}1711$. Un razonamiento similar se aplica cuando la hipótesis alternativa establece que la verdadera μ es menor que el valor de la hipótesis nula μ_0 (en una prueba de una cola).

Cuando H_a sólo plantea que μ es distinta de μ_0 (prueba de dos colas), para hallar evidencia en contra de la hipótesis nula se tienen en cuenta los valores de z que quedan lejos de 0 en cualquier dirección. El valor P es la probabilidad de que la variable normal estandarizada Z se encuentre, al menos, tan lejos de cero en *cualquier dirección* como el valor z observado.

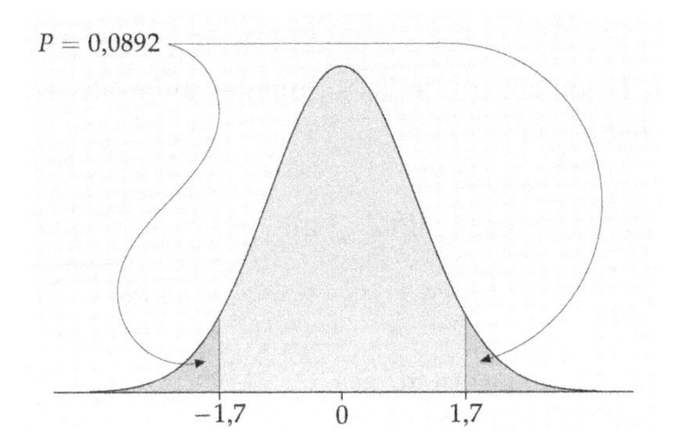

Figura 6.12. El valor P de la prueba de significación de dos colas del ejemplo 6.12.

EJEMPLO 6.12. Cálculo del valor P de dos colas

Supón que el valor del estadístico de contraste z para una prueba de dos colas es $z = 1{,}7$. El valor P de dos colas es la probabilidad de que $Z \leq 1{,}7$ o de que $Z \geq 1{,}7$. La figura 6.12 muestra esta probabilidad como áreas por debajo de la curva normal estandarizada. Debido a que la distribución normal estandarizada es simétrica, podemos calcular esta probabilidad hallando la $P(Z \geq 1{,}7)$ y *doblando* su valor.

$$\begin{aligned} P(Z \leq -1{,}7 \text{ o } Z \geq 1{,}7) &= 2P(Z \geq 1{,}7) \\ &= 2(1 - 0{,}9554) = 0{,}0892 \end{aligned}$$

Si el valor observado fuera $z = -1{,}7$, haríamos exactamente los mismos cálculos. Lo que importa es el valor absoluto $|z|$, no si z es positivo o negativo. ■

PRUEBA *z* PARA UNA MEDIA POBLACIONAL

Para contrastar la hipótesis $H_0 : \mu = \mu_0$ a partir de una muestra aleatoria simple de tamaño n de una población con media desconocida y desviación típica σ conocida, calcula el **estadístico de contraste *z***

$$z = \frac{\bar{x} - \mu_0}{\sigma/\sqrt{n}}$$

En términos de una variable Z que tiene una distribución normal estandarizada.

Para contrastar H_0 en contra de las siguientes alternativas, los valores P son los siguientes:

$H_a : \mu > \mu_0$ es $P(Z \geq z)$

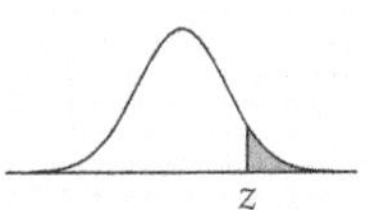

$H_a : \mu < \mu_0$ es $P(Z \leq z)$

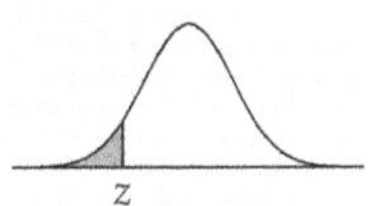

$H_a : \mu \neq \mu_0$ es $2P(Z \geq |z|)$

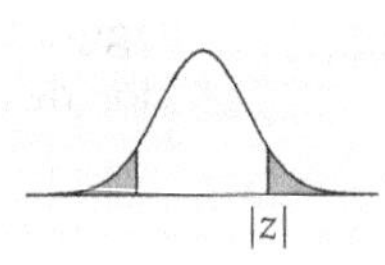

Estos valores P son exactos si la distribución poblacional es normal y aproximadamente correctos para valores de n grandes, en los restantes casos.

EJEMPLO 6.13. Presión de la sangre de los ejecutivos

Las autoridades sanitarias establecen que la presión sistólica media de la sangre de los hombres entre 35 y 44 años es 128 con una desviación típica igual a 15. El director médico de una gran empresa revisa sus archivos y halla que la presión sistólica media de una muestra de 72 ejecutivos de la empresa de este grupo de edad es $\bar{x} = 126{,}07$. ¿Se puede afirmar que la presión sistólica media de los ejecutivos de la empresa es distinta que la media poblacional? Como siempre en este capítulo, hacemos el supuesto, poco realista, de que conocemos la desviación típica poblacional. Supón que los ejecutivos tienen la misma $\sigma = 15$ que la población de todos los hombres adultos de mediana edad.

Paso 1: Hipótesis. La hipótesis nula establece que "no hay diferencias" con la media nacional $\mu_0 = 128$. La hipótesis alternativa es de dos colas, ya que el director médico no piensa en una dirección particular antes de examinar los datos. Por consiguiente, las hipótesis sobre la media desconocida μ de la población de ejecutivos son

$$H_0 : \mu = 128$$

$$H_a : \mu \neq 128$$

Paso 2: Estadístico de contraste. El estadístico z de contraste es

$$\begin{aligned} z = \frac{\bar{x} - \mu_0}{\sigma/\sqrt{n}} &= \frac{126{,}07 - 128}{15/\sqrt{72}} \\ &= -1{,}09 \end{aligned}$$

Paso 3: Valor *P*. Sigue siendo conveniente que hagas un dibujo que te ayude a hallar el valor P, aunque basta con que señales el valor z observado en una curva normal estandarizada. La figura 6.13 muestra que el valor P es la probabilidad de que la variable normal estandarizada Z tome un valor que esté a una distancia de 0 de al menos 1,09. En la tabla A, hallamos que esta probabilidad es

$$P = 2P(Z \geq 1{,}09) = 2(1 - 0{,}8621) = 0{,}2758$$

Conclusión: Más de un 27% de las veces, una muestra aleatoria simple de tamaño 72 de la población de todos los hombres tendrá una presión sistólica de la sangre que está situada al menos tan lejos de 128 como la media de la muestra de ejecutivos. La $\bar{x} = 126{,}07$ observada no constituye, por tanto, una buena evidencia a favor de que los ejecutivos difieren en este aspecto de los demás hombres. ■

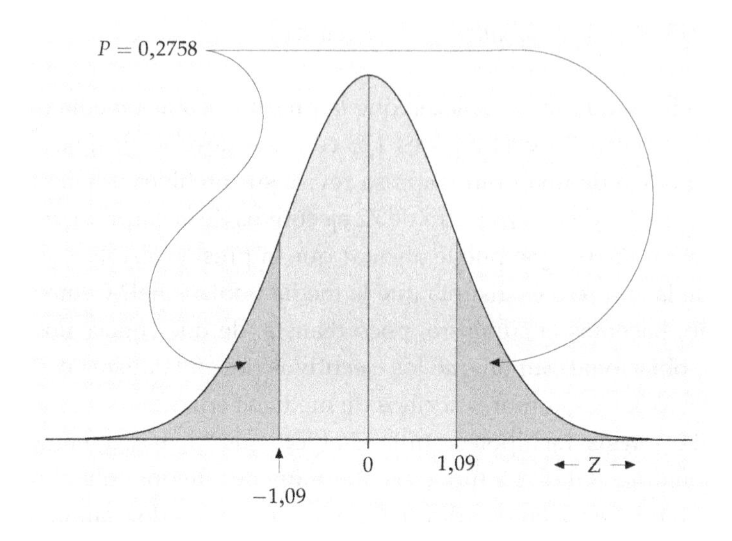

Figura 6.13. El valor P de la prueba de significación de dos colas del ejemplo 6.13

El estadístico z supone que la muestra de 72 ejecutivos es una muestra aleatoria simple de la población de todos los ejecutivos varones de mediana edad de la empresa. Debemos comprobar este supuesto preguntando cómo se obtuvieron los datos. La muestra no sería de gran valor si sólo representara a los ejecutivos que, por ejemplo, en los últimos meses han tenido problemas de salud. Lo ideal sería que fuera una muestra aleatoria simple de todos los ejecutivos de la empresa. Si todos ellos pasan cada año una revisión médica, no es difícil tomar una muestra aleatoria simple que represente al colectivo.

Los datos del ejemplo 6.13 *no* establecen que la media de la presión sistólica μ de los ejecutivos de la empresa, entre 35 y 44 años, sea igual a 128. Buscábamos evidencia a favor de que μ fuera distinta de 128 y no la encontramos. Esto es todo lo que podemos decir. Sin duda, la presión sistólica media de toda la población de ejecutivos no es exactamente igual a 128. Una muestra suficientemente grande nos proporcionaría información sobre la diferencia existente entre la media de la población general y la media de la población de ejecutivos, incluso si ésta fuera muy pequeña. Las pruebas de significación valoran la evidencia *en contra* de H_0. Si es fuerte, podemos estar seguros de que hay que rechazar H_0 en favor de H_a. No hallar evidencia en contra de H_0 sólo significa que los datos son compatibles con H_0, no significa que sea cierto que tengamos una clara evidencia a favor de que H_0 es verdadera.

EJEMPLO 6.14. ¿Eres capaz de determinar el saldo de tu cuenta corriente?

En un debate sobre el nivel de formación de la mano de obra de EE UU, alguien dice, "como media, los jóvenes de hoy no son capaces ni de calcular el saldo de su cuenta corriente". La encuesta NAEP afirma que una persona que obtenga una puntuación de al menos 275 en la prueba de aritmética (repasa el ejemplo 6.1) está capacitada para determinar el saldo de una cuenta corriente. La muestra aleatoria de 840 hombres jóvenes de la encuesta NAEP tiene una puntuación media $\bar{x} = 272$, algo menor que la puntuación necesaria para calcular el saldo de una cuenta corriente. Estos resultados muestrales, ¿constituyen una buena evidencia a favor de que la media de todos los hombres jóvenes es menor que 275? Al igual que en el ejemplo 6.1, supón que $\sigma = 60$.

Paso 1: Hipótesis. Las hipótesis son

$$H_0 : \mu = 275$$

$$H_a : \mu < 275$$

Paso 2: Estadístico de contraste. El estadístico z es

$$z = \frac{\bar{x} - \mu_0}{\sigma/\sqrt{n}} = \frac{272 - 275}{60/\sqrt{840}}$$

$$= -1{,}45$$

Paso 3: Valor P**.** Debido a que H_a es de una cola, la cola de la izquierda, son los valores pequeños de z los que se tienen en cuenta en contra de H_0. La figura 6.14 ilustra el valor P. Utilizando la tabla A, encontramos que

$$P = P(Z \leq -1{,}45) = 0{,}0735$$

Conclusión: Una puntuación media tan pequeña como 272 ocurriría por azar, aproximadamente, en 7 de cada 100 muestras si la media poblacional fuera 275. Tenemos una cierta evidencia a favor de que la media de los resultados de los hombres jóvenes en la encuesta NAEP es menor que 275. Esta prueba no es significativa a un nivel $\alpha = 0{,}05$. ■

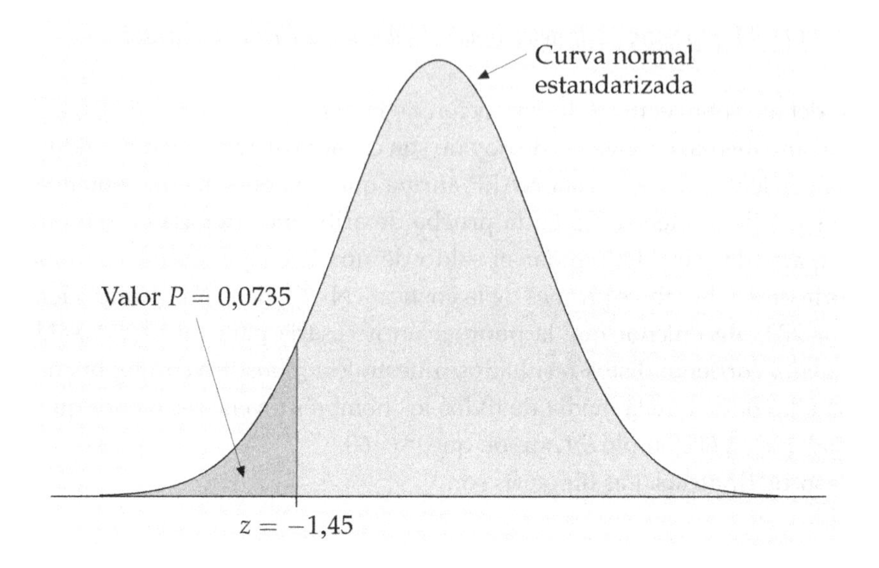

Figura 6.14. El valor P de la prueba de significación de una cola correspondiente al ejemplo 6.14

APLICA TUS CONOCIMIENTOS

6.34. Ventas de café. Las ventas semanales de café molido en un supermercado tienen una distribución normal con una media $\mu = 354$ unidades por semana y una desviación típica $\sigma = 33$ unidades. La tienda reduce el precio del café en un 5%. Las ventas en las tres semanas siguientes son de 405, 378 y 411 unidades. Estos resultados, ¿constituyen una buena evidencia a favor de que la media de ventas es ahora mayor? Las hipótesis son

$$H_0 : \mu = 354$$

$$H_a : \mu > 354$$

Supón que la desviación típica poblacional de ventas semanales se mantiene en $\sigma = 33$.

(a) Halla la media muestral $\bar{x}$ y el valor del estadístico de contraste z.

(b) Calcula el valor P. Dibuja la curva normal y sombrea el área que representa el valor P.

(c) El resultado, ¿es estadísticamente significativo al nivel $\alpha = 0{,}05$? ¿Es significativo al nivel $\alpha = 0{,}01$? ¿Crees que existe suficiente evidencia a favor de que la media de ventas es mayor?

6.35. Cigüeñales. He aquí las mediciones (en milímetros) de la dimensión crítica de una muestra de cigüeñales de motores de automóvil:

224,120	224,001	224,017	223,982
223,960	224,089	223,987	223,976
224,098	224,057	223,913	223,999
223,989	223,902	223,961	223,980

Se sabe que el proceso de fabricación varía normalmente con una desviación típica $\sigma = 0{,}060$ mm. La media del proceso se supone que es de 224 mm. Estos datos, ¿proporcionan suficiente evidencia a favor de que la media del proceso no es igual al valor objetivo 224 mm?

(a) Plantea las H_0 y H_a que contrastarás.

(b) Calcula el estadístico z de contraste.

(c) Halla el valor P de la prueba. ¿Estás convencido de que la media del proceso no es de 224 mm?

6.36. Llenando botellas de cola. Se supone que las botellas de una famosa cola contienen 300 mililitros (ml). Existe una cierta variación entre las botellas porque las máquinas embotelladoras no son absolutamente precisas. La distribución de los contenidos de las botellas es normal con una desviación típica $\sigma = 3$ ml. Un inspector que sospecha que la embotelladora llena menos de lo que debiera, mide el contenido de seis botellas. Los resultados son

299,4 297,7 301,0 298,9 300,2 297,0

Estos datos, ¿proporcionan suficiente evidencia a favor de que el contenido medio de las botellas de cola es menor de 300 ml?

(a) Plantea las hipótesis que contrastarás.

(b) Calcula el estadístico de contraste.

(c) Halla el valor P y expresa tus conclusiones.

6.3.6 Pruebas con un nivel de significación predeterminado

Algunas veces exigimos un determinado grado de evidencia en contra de H_0 para rechazar la hipótesis nula. Un nivel de significación α establece la evidencia que exigimos. En términos de valores P, el resultado de una prueba de significación de nivel α es significativo si $P \leq \alpha$. Valorar la significación de una prueba es fácil cuando tienes el valor P. Cuando no utilizas un programa estadístico, el valor P puede ser difícil de calcular. Afortunadamente, puedes decidir si un resultado es estadísticamente significativo sin calcular P. El siguiente ejemplo ilustra cómo valorar la significación para un valor del nivel de significación α predeterminado utilizando una tabla de valores críticos, la misma tabla utilizada para obtener los intervalos de confianza. Sin embargo, primero vamos a describir de forma completa los valores críticos.

VALORES CRÍTICOS

El valor z^* que tiene una probabilidad p a su derecha por debajo de la curva normal estandarizada se llama **valor crítico superior** de la distribución normal estandarizada.

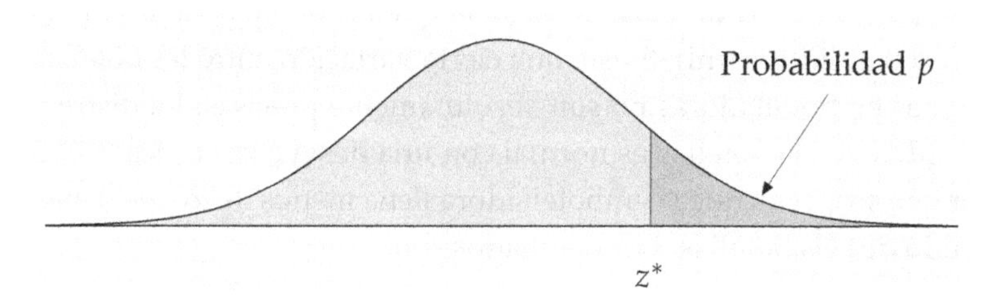

La fila de valores z^* de la tabla C proporciona los valores críticos correspondientes a las probabilidades p de la fila superior de la tabla.

EJEMPLO 6.15. ¿Es significativo?

En el ejemplo 6.14 examinábamos si la media de los resultados de los hombres jóvenes en la prueba de aritmética de la encuesta NAEP era menor que 275. Las hipótesis son

$$H_0 : \mu = 275$$

$$H_a : \mu < 275$$

El estadístico z toma el valor $z = -1{,}45$. La evidencia en contra de H_0, ¿es estadísticamente significativa a un nivel del 5%?

Para determinar la significación sólo tenemos que comparar el valor obtenido $z = -1{,}45$ con el valor crítico del 5%, $z^* = 1{,}645$, de la tabla C. Debido a que este valor $z = -1{,}45$ *no* se encuentra más lejos de 0 que $-1{,}645$, la prueba *no* es significativa a un nivel $\alpha = 0{,}05$.

La figura 6.15 muestra cómo $-1{,}645$ separa los valores z que son significativos a un nivel $\alpha = 0{,}05$ de los que no lo son. ■

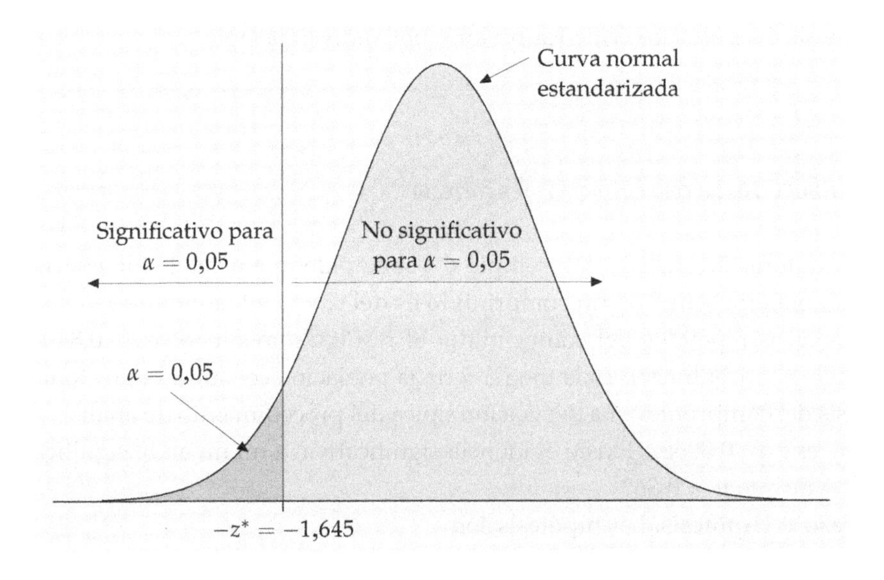

Figura 6.15. Decisión de si el estadístico z es significativo a un nivel de significación $\alpha = 0{,}05$ en la prueba de una cola del ejemplo 6.15.

PRUEBAS CON UN NIVEL DE SIGNIFICACIÓN PREDETERMINADO

Para contrastar la hipótesis de que $H_0 : \mu = \mu_0$ a partir de una muestra aleatoria simple de tamaño n de una población de media μ desconocida y desviación típica conocida σ, calcula el estadístico z de contraste

$$z = \frac{\bar{x} - \mu_0}{\sigma/\sqrt{n}}$$

Rechaza H_0 a un nivel de significación α en contra de la alternativa de una cola

$$H_a : \mu > \mu_0 \quad \text{si} \quad z \geq z^*$$

$$H_a : \mu < \mu_0 \quad \text{si} \quad z \leq -z^*$$

donde z^* es el valor crítico superior de α obtenido en la tabla C. Rechaza H_0 a un nivel de significación α en contra de una alternativa de dos colas

$$H_a : \mu \neq \mu_0 \quad \text{si} \quad |z| \geq z^*$$

donde z^* es el valor crítico superior $\frac{\alpha}{2}$ obtenido en la tabla C.

EJEMPLO 6.16. La concentración, ¿es correcta?

Al laboratorio de análisis del ejemplo 6.4 se le pide que evalúe si la concentración en materia activa de un comprimido es del 0,86%. El laboratorio lleva a cabo 3 análisis repetidos del comprimido. El resultado medio es $\bar{x} = 0{,}8404$. La verdadera concentración es la media μ de la población constituida por todos los análisis del comprimido. La desviación típica del procedimiento de análisis se sabe que es $\sigma = 0{,}0068$. ¿Existe evidencia significativa, a un nivel de significación del 1%, de que $\mu \neq 0{,}86$?

Paso 1: Hipótesis. Las hipótesis son

$$H_0 : \mu = 0{,}86$$

$$H_a : \mu \neq 0{,}86$$

Paso 2: Estadístico de contraste. El estadístico z es

$$z = \frac{0{,}8404 - 0{,}86}{0{,}0068/\sqrt{3}} = -4{,}99$$

Paso 3: Significación. Debido a que la prueba es de dos colas, comparamos $|z| = 4{,}99$ con el valor crítico $\frac{\alpha}{2} = 0{,}005$ de la tabla C. Este valor crítico es $z^* = 2{,}576$. La figura 6.16 muestra cómo los valores críticos separan los valores z que son estadísticamente significativos de los que no lo son. Debido a que $|z| > 2{,}576$, rechazamos la hipótesis nula y concluimos (a un nivel de significación del 1%) que la concentración no es la que se afirmaba que era. ■

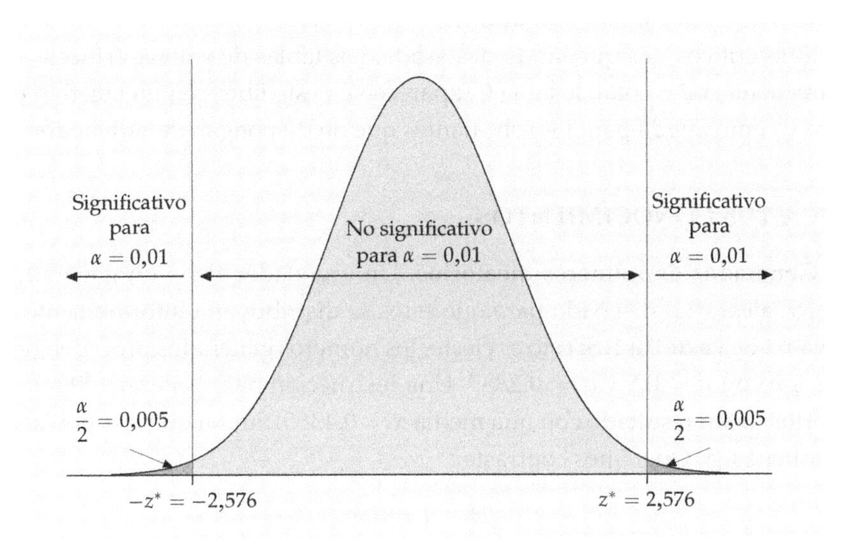

Figura 6.16. Decisión de si el estadístico z es significativo a un nivel de significación $\alpha = 0{,}01$ en la prueba de dos colas del ejemplo 6.16.

El resultado obtenido en el ejemplo 6.16 era $z = -4{,}99$. La conclusión de que este resultado es significativo a un nivel del 1% no da toda la información. La z observada queda mucho más allá que el valor crítico del 1%, y la evidencia en contra de H_0 es mucho más fuerte que la que sugiere un nivel de significación del 1%. El valor P

$$P = 2P(Z \geq 4{,}99) = 0{,}0000006$$

da una mejor información sobre la fuerza de la evidencia. El valor P es el menor nivel α para el cual los datos son significativos y conocerlo nos permite valorar la significación a cualquier nivel.

Además de valorar la significación para valores α predeterminados, las tablas de valores críticos, como la tabla C, nos permiten estimar los valores P sin realizar cálculos de probabilidad. En el ejemplo 6.16 se compara el valor observado $z = -4{,}99$ con todos los valores críticos normales de la última fila de la tabla C. El valor $z = -4{,}99$ está más allá incluso que 3,291, el valor crítico para $P = 0{,}0005$. Por tanto, sabemos que para una prueba de dos colas, $P < 0{,}001$. En el ejemplo 6.15, $z = -1{,}45$ se encuentra entre los valores 0,05 y 0,10 de la tabla. Por tanto, el valor P para la prueba de una cola se encuentra entre 0,05 y 0,10. Esta aproximación es suficientemente exacta para la mayoría de los propósitos.

Debido a que en estadística aplicada casi siempre se utilizan programas estadísticos que calculan automáticamente los valores P, la utilización de la tablas de valores críticos está quedando desfasada. Las tablas de valores críticos de uso más frecuente, tales como la tabla C, aparecen en este libro con un objetivo pedagógico y como ayuda para los estudiantes que no dispongan de ordenador.

APLICA TUS CONOCIMIENTOS

6.37. Generador de números aleatorios. Un ordenador tiene un generador de números aleatorios diseñado para que éstos se distribuyan uniformemente en el intervalo que va de 0 a 1. Si esto es cierto, los números generados proceden de una población con $\mu = 0{,}5$ y $\sigma = 0{,}2887$. Una instrucción para generar 100 números aleatorios da un resultado con una media $\bar{x} = 0{,}4365$. Supón que la σ poblacional se mantiene fija. Queremos contrastar

$$H_0 : \mu = 0{,}5$$
$$H_a : \mu \neq 0{,}5$$

(a) Calcula el valor del estadístico z de contraste.

(b) El resultado, ¿es significativo a un nivel del 5% ($\alpha = 0{,}05$)?

(c) El resultado, ¿es significativo a un nivel del 1% ($\alpha = 0{,}01$)?

(d) ¿Entre qué dos valores críticos normales de la última fila de la tabla C se encuentra z? ¿Entre qué dos valores se halla el valor P?

6.38. Nicotina en cigarrillos. Para determinar si el contenido medio de nicotina de una marca de cigarrillos es mayor que el valor anunciado de 1,4 miligramos, se contrasta

$$H_0 : \mu = 1{,}4$$
$$H_a : \mu > 1{,}4$$

El valor calculado del estadístico de contraste es $z = 2{,}42$.

(a) El resultado, ¿es significativo a un nivel del 5%?

(b) El resultado, ¿es significativo a un nivel del 1%?

(c) Comparando z con los valores críticos de la última fila de la tabla C, ¿entre qué dos valores se halla el valor P?

6.3.7 Pruebas derivadas de los intervalos de confianza

Los cálculos del ejemplo 6.16 para una prueba de significación del 1% son muy similares a los del ejemplo 6.4 para un intervalo de confianza del 99%. De hecho, una prueba de significación de dos colas de nivel α se puede llevar a cabo directamente a partir de un intervalo de confianza con un nivel de confianza $C = 1 - \alpha$.

> **INTERVALOS DE CONFIANZA Y PRUEBAS DE DOS COLAS**
>
> Una prueba de significación de dos colas de nivel α rechaza la hipótesis $H_0 : \mu = \mu_0$ cuando el valor μ_0 se halla fuera del intervalo de confianza de nivel $1 - \alpha$ para μ.

EJEMPLO 6.17. Pruebas de significación a partir de un intervalo

El intervalo de confianza del 99% para μ del ejemplo 6.4 es

$$\begin{aligned} \bar{x} \pm z^* \frac{\sigma}{\sqrt{n}} &= 0{,}8404 \pm 0{,}0101 \\ &= 0{,}8303 \text{ a } 0{,}8505 \end{aligned}$$

El valor hipotético $\mu_0 = 0{,}86$ del ejemplo 6.16 se halla fuera de este intervalo de confianza, por tanto rechazamos

$$H_0 : \mu = 0{,}86$$

a un nivel de significación del 1%. Por otro lado, no podemos rechazar

$$H_0 : \mu = 0{,}85$$

a un nivel de significación del 1% a favor de una alternativa de dos colas

$$H_a : \mu \neq 0{,}85$$

ya que 0,85 se halla dentro del intervalo de confianza del 99% para μ. La figura 6.17 ilustra estos dos casos. ■

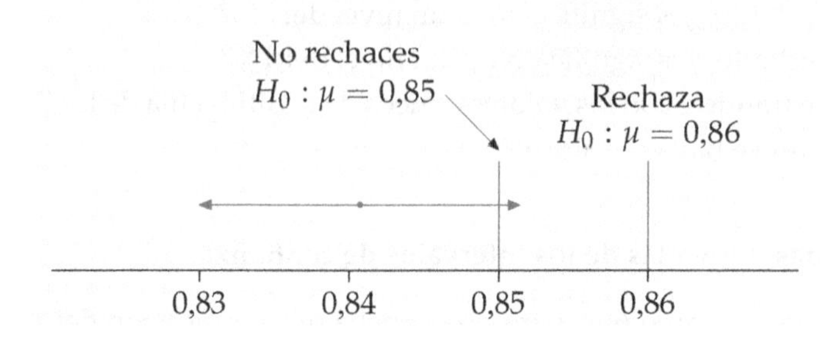

Figura 6.17. Los valores de μ que se hallan fuera del intervalo de confianza del 99% se pueden rechazar a un nivel de significación del 1%. Los valores que caen dentro del intervalo no se pueden rechazar.

APLICA TUS CONOCIMIENTOS

6.39. Coeficientes de inteligencia. He aquí los resultados de la prueba IQ de 31 estudiantes de primero de bachillerato:[9]

114	100	104	89	102	91	114	114	103	105	
108	130	120	132	111	128	118	119	86	72	
111	103	74	112	107	103	98	96	112	112	93

Trata a las 31 chicas como una muestra aleatoria simple de todas las chicas de primero de bachillerato de tu ciudad. Supón que la desviación típica de la IQ de esta población es conocida y sea $\sigma = 15$.

(a) Calcula un intervalo de confianza del 95% para la media de los IQ μ de la población.

(b) ¿Existe evidencia significativa a un nivel del 5% de que la media de los IQ de la población es diferente de 100? Plantea las hipótesis y utiliza tu intervalo de confianza para responder a la pregunta sin hacer más cálculos.

[9]Véase la nota 2.

RESUMEN DE LA SECCIÓN 6.3

Las **pruebas de significación** valoran la evidencia proporcionada por los datos en contra de una **hipótesis nula** H_0 y a favor de una **hipótesis alternativa** H_a.

Las hipótesis se expresan en términos de parámetros poblacionales. Normalmente, H_0 afirma la ausencia de efectos y H_a establece que un determinado parámetro difiere del valor que le otorga la hipótesis nula en una dirección concreta (**pruebas de una cola**) o en cualquier dirección (**pruebas de dos colas**).

Los razonamientos esenciales de una prueba de significación son los siguientes. Supón que la hipótesis nula sea cierta. ¿Si repitiéramos la obtención de los datos muchas veces, obtendríamos a menudo datos tan inconsistentes con H_0 como los que realmente tenemos? Si los datos son poco probables cuando H_0 es cierta, éstos proporcionan evidencia en contra de H_0.

Una prueba de significación se basa en un **estadístico de contraste**. El **valor *P*** es la probabilidad, calculada suponiendo que H_0 sea cierta, de que el estadístico de contraste tome un valor al menos tan extremo como el valor observado. Valores P pequeños indican la existencia de una fuerte evidencia en contra de H_0. El cálculo de los valores P exige conocer la distribución del estadístico de contraste cuando H_0 es cierta.

Si el valor P es pequeño, o más pequeño que un valor concreto α, los datos son **estadísticamente significativos** a un nivel de significación α.

Las pruebas de significación para la hipótesis $H_0 : \mu = \mu_0$, referidas al parámetro desconocido μ de una población, se basan en **el estadístico *z* de una muestra**,

$$z = \frac{\bar{x} - \mu_0}{\sigma/\sqrt{n}}$$

La prueba z supone que los datos son una muestra aleatoria simple de tamaño n, que la desviación típica poblacional σ es conocida y que la población muestreada es normal o bien que la muestra es grande. Los valores P se calculan a partir de la distribución normal estandarizada (tabla A). En las pruebas con un nivel de significación predeterminado α, se utilizan los **valores críticos** de la tabla normal estandarizada (la última fila de la tabla C).

EJERCICIOS DE LA SECCIÓN 6.3

6.40. Estudio de satisfacción en el trabajo. El estudio del ejemplo 6.10 determinó el grado de satisfacción en el trabajo de 28 mujeres en una cadena de montaje trabajando a su propio ritmo y, alternativamente, al ritmo fijado por una máquina. El parámetro μ es la media de las diferencias entre ambos resultados en la población de este tipo de trabajadoras. Los resultados están distribuidos normalmente. La desviación típica de la población es $\sigma = 0{,}60$. Las hipótesis son

$$H_0 : \mu = 0$$
$$H_a : \mu \neq 0$$

(a) ¿Cuál es la distribución de la media de los resultados $\bar{x}$ del estudio de la satisfacción en el trabajo de las 28 trabajadoras, si la hipótesis nula es cierta? Dibuja la curva de densidad de esta distribución. (Sugerencia: dibuja primero una curva normal, luego señala en el eje de las abscisas lo que sabes sobre la localización de μ y σ en una curva normal.)

(b) Supón que el estudio halló que $\bar{x} = 0{,}09$. Señala este punto en el eje de las abscisas de tu dibujo. En realidad, el estudio halló que para estas 28 trabajadoras, $\bar{x} = 0{,}27$. Señala este punto en tu dibujo. Basándote en tu gráfico, explica con un lenguaje sencillo por qué uno de los resultados constituye una buena evidencia de que H_0 no es cierta y el otro no.

(c) Dibuja otra vez la curva normal. Sombrea el área por debajo de la curva que da el valor P para el resultado $\bar{x} = 0{,}09$. Luego calcula este valor P (fíjate en que H_a es de dos colas).

(d) Calcula también el valor P para el resultado $\bar{x} = 0{,}27$. Los dos valores P expresan tu explicación de **(b)** de forma numérica.

6.41. Se anuncia que la superficie media de varios miles de apartamentos de un determinado complejo urbanístico es de 116 metros cuadrados. Un grupo de inquilinos cree que los apartamentos son más pequeños de lo que se anuncia. En consecuencia, deciden contratar a un aparejador para que determine la superficie de una muestra de apartamentos con el fin de comprobar su sospecha. ¿Cuáles son las hipótesis nula H_0 y alternativa H_a?

6.42. Ciertos experimentos sobre aprendizaje en animales miden el tiempo que tarda un ratón en hallar la salida de un laberinto. El tiempo medio, para un laberinto determinado, resulta ser de 18 segundos. Una investigadora cree que un ruido ambiental fuerte provocará que los ratones hallen más rápidamente la salida. La investigadora determina el tiempo que tardan 10 ratones en encontrar la salida en estas condiciones. ¿Cuáles son las hipótesis nula H_0 y alternativa H_a?

6.43. ¿Se ha añadido agua a la leche? Una central lechera compra leche a varios proveedores. La central sospecha que algunos ganaderos añaden agua a la leche para aumentar sus beneficios. El exceso de agua se puede detectar midiendo el punto de congelación de la leche. La temperatura de congelación de la leche natural varía normalmente, con una media $\mu = -0{,}545$ °C y una desviación típica $\sigma = 0{,}008$ °C. La adición de agua aumenta la temperatura de congelación y la acerca a 0 °C, el punto de congelación del agua. El director del laboratorio de la central lechera determina la temperatura de congelación de cinco lotes consecutivos de leche procedentes de un mismo proveedor. La media es $\bar{x} = -0{,}538$ °C. Estos resultados, ¿constituyen una buena evidencia de que el proveedor está añadiendo agua a la leche? Plantea las hipótesis, contrástalas, da el valor P y redacta tus conclusiones.

6.44. Ingresos de altos ejecutivos. Un estudio sobre el salario de altos ejecutivos examinó, en un año reciente, el aumento de ingresos de los ejecutivos de 104 empresas teniendo en cuenta la inflación. El incremento medio de los ingresos fue $\bar{x} = 6{,}9\%$ y la desviación típica de los incrementos fue $s = 55\%$. Estos resultados, ¿constituyen una buena evidencia a favor de que el ingreso medio μ de todos los altos ejecutivos aumentó ese año? Las hipótesis son

$$H_0 : \mu = 0 \quad \text{(no aumentó)}$$

$$H_a : \mu > 0 \quad \text{(aumentó)}$$

Debido a que el tamaño de la muestra es grande, la s muestral está próxima a la σ poblacional, por tanto, considera que $\sigma = 55\%$.

(a) Dibuja la curva normal de la distribución de $\bar{x}$ cuando H_0 es verdadera. Sombrea el área que representa el valor P del resultado observado $\bar{x} = 6{,}9\%$.

(b) Calcula el valor P.

(c) El resultado, ¿es significativo al nivel $\alpha = 0{,}05$? ¿Crees que el estudio proporciona suficiente evidencia a favor de que subieron los ingresos de todos los altos ejecutivos?

6.45. Un sociólogo dice que "en nuestra muestra, el etnocentrismo fue significativamente mayor ($P < 0{,}05$) entre los asistentes a misa que entre los no asistentes". Explica lo que esto significa con un lenguaje comprensible para alguien que no sepa estadística. No utilices la palabra "significación" en tu respuesta.

6.46. Existen otros estadísticos z que todavía no hemos estudiado. Puedes utilizar la tabla C para valorar la significación de cualquier estadístico z. Un estudio compara sociedades constituidas por empresas estadounidenses y japonesas en las que la empresa estadounidense es mayor que su socia japonesa, con otras sociedades en las que la empresa estadounidense es menor. Una de las variables determinadas en este estudio es el rendimiento de las acciones de la empresa estadounidense. La hipótesis nula es que "no hay diferencias" entre las medias de las dos poblaciones. La hipótesis alternativa es de dos colas. El valor del estadístico de contraste es $z = -1{,}37$.

(a) Este resultado, ¿es significativo a un nivel del 5%?

(b) ¿Y a un nivel del 10%?

6.47. Utiliza la tabla C para hallar el valor *P* aproximado en la prueba del ejercicio 6.40 sin hacer cálculos de probabilidad. Es decir, halla en la tabla dos valores que contengan el valor *P* entre ellos.

6.48. Utiliza la tabla C para hallar el valor *P* aproximado en la prueba del ejercicio 6.44. Es decir, ¿entre qué dos valores de la tabla debe encontrarse el valor *P*?

6.49. ¿Entre qué valores de la tabla C se halla el valor *P* del resultado $z = -1{,}37$ del ejercicio 6.46? (Recuerda que H_a es de dos colas.) Calcula el valor *P* utilizando la tabla A y comprueba que se encuentre entre los valores que hallaste en la tabla C.

6.50. Las ventajas de las patentes. Las empresas pioneras, es decir, empresas que se encuentran entre las primeras en desarrollar nuevos productos o servicios, tienden a tener mayores cuotas de mercado que sus competidoras menos innovadoras. ¿Qué explica esta ventaja? He aquí un extracto de las conclusiones de un estudio de una muestra de 1.209 fabricantes de productos industriales.

La posesión de una patente, ¿puede explicar las mayores cuotas de mercado de las empresas pioneras? Sólo el 21% de las empresas pioneras declara un beneficio significativo procedente de un producto patentado o de un secreto comercial. Aunque la media de la cuota de mercado de estas empresas es superior en dos puntos a la de otras empresas líderes que carecen de patentes, el aumento no es estadísticamente significativo ($z = 1{,}13$). Por tanto, al menos en los mercados industriales desarrollados, las patentes de productos y los secretos comerciales tienen poca relación con las mayores cuotas de mercado de las empresas líderes.[10]

[10] William T. Robinson, "Sources of market pioneer advantages: the case of industrial goods industries", *Journal of Marketing Research*, 25, febrero 1988, págs. 87-94.

Halla el valor P del valor de z dado. Luego explica a alguien que no sepa estadística lo que significa "no es estadísticamente significativo". ¿Por qué concluye el autor que las patentes y los secretos comerciales no representan una ayuda, pese a que contribuyeron un 2% a aumentar la media de la cuota de mercado?

6.51. Esta chica, ¿aparenta menos de 25 años? La industria tabacalera ha adoptado un código voluntario por el que se exige que las modelos que aparecen en sus anuncios deben aparentar al menos 25 años. Algunos estudios han demostrado, sin embargo, que los consumidores creen que muchas de las modelos son más jóvenes. Aquí tienes un fragmento de un estudio que preguntó a varias personas si 12 marcas de cigarrillos utilizaban modelos que aparentaban tener determinadas edades.

> *El ANCOVA reveló que la variable* marca *es altamente significativa ($P < 0{,}001$), lo que indica que la edad media de las modelos percibida por los sujetos del estudio no es igual para las 12 marcas. Como se comentó anteriormente, ciertas marcas como Lucky Strike Lights, Kool Milds y Virginia Slims tendían a tener modelos más jóvenes ...* [11]

El ANCOVA es una técnica estadística avanzada, pero la significación y los valores P tienen su significado habitual. Explica a alguien que no sepa estadística qué significa "altamente significativo ($P < 0{,}001$)" y por qué este resultado constituye una buena evidencia a favor de la existencia de diferencias de edad de las modelos que anuncian estas marcas, a pesar de que los sujetos sólo vieron una muestra de anuncios.

6.52. Explica con un lenguaje sencillo por qué una prueba de significación que es significativa a un nivel del 1% tiene que ser siempre significativa a un nivel del 5%.

6.53. Al explicar el sentido de "estadísticamente significativo a un nivel $\alpha = 0{,}05$" un estudiante dice: "esto quiere decir que la probabilidad de que la hipótesis nula sea cierta es menor de 0,05". ¿Es correcta esta explicación? ¿Por qué sí o por qué no?

[11] Michael B. Maziz *et al.*, "Perceived age and attractiveness of models in cigarette advertisement", *Journal of Marketing*, 56, enero 1992, págs. 22-37.

6.4 Utilización de las pruebas de significación

Las pruebas de significación se utilizan profusamente en las presentaciones de los resultados de trabajos de investigación en muchos campos de la ciencia y la tecnología. Para los nuevos productos farmacéuticos, la legislación exige que se demuestre su efectividad y su inocuidad. Los tribunales se interesan por la significación estadística en querellas por discriminación. Los investigadores de mercados quieren saber si una nueva campaña de publicidad será significativamente mejor que otra de efectos ya contrastados. Los investigadores médicos quieren saber si las nuevas terapias son significativamente mejores que las existentes. En cada una de todas estas situaciones, las pruebas de significación son apreciadas porque permiten detectar un efecto que es poco probable que ocurra únicamente por azar.

Llevar a cabo una prueba de significación resulta a menudo bastante sencillo, especialmente si calculas el valor P, sin esfuerzo, utilizando una calculadora o un programa estadístico. Utilizar acertadamente las pruebas de significación no es, en cambio, tan sencillo. Conviene, por lo tanto, hacer algunas consideraciones que debes tener presente cuando utilices o interpretes alguna prueba de significación.

6.4.1 ¿Cuál tiene que ser el valor P?

El objetivo de las pruebas de significación consiste en dejar bien claro el grado de evidencia proporcionado por la muestra en contra de la hipótesis nula. Esta evidencia se expresa mediante el valor P. ¿Cómo de pequeño tienen que ser el valor P para que exista evidencia clara en contra de la hipótesis nula? Esto depende principalmente de dos circunstancias:

- *¿Es plausible H_0?* Si H_0 representa una hipótesis en la que la gente que tienes que convencer ha creído durante años, se necesitará una evidencia fuerte (un valor P pequeño) para persuadirlos.
- *¿Cuáles son las consecuencias de rechazar H_0?* Si rechazar H_0 a favor de H_a significa, por ejemplo, un cambio de diseño que suponga un gasto económico importante, tienes que estar muy seguro de que el nuevo diseño hará aumentar las ventas.

Estos criterios son algo subjetivos. Personas distintas pueden querer utilizar distintos niveles de significación. Es, por tanto, mejor dar el valor P, para que cada cual pueda valorar según su propio criterio si la evidencia es suficientemente fuerte.

A menudo los usuarios de la estadística han utilizado niveles de significación del 10%, 5% y del 1%. Por ejemplo, los tribunales de justicia han tenido la tendencia a aceptar el 5% como estándar en los casos de discriminación.[12] Estos valores de referencia son un reflejo de la época en la que la utilización de valores críticos en vez de programas estadísticos era habitual en la estadística aplicada. El nivel de significación del 5% ($\alpha = 0{,}05$) ha sido el más utilizado. ***En cualquier caso, siempre tienes que tener bien presente que no existe ninguna frontera entre valores P "significativos" y "no significativos"; lo que sí ocurre es que a medida que el valor P disminuye, aumenta la evidencia en contra de*** H_0. A efectos prácticos no hay ninguna diferencia entre un valor P igual a 0,049 o uno igual a 0,051. No tiene sentido considerar $\alpha = 0{,}05$ como el valor de referencia universal para determinar lo que es significativo.

APLICA TUS CONOCIMIENTOS

6.54. ¿Es significativo? Supón que sin una preparación especial los resultados de la prueba SATM (Scholastic Assessment Test Mathematics) varían normalmente con $\mu = 475$ y $\sigma = 100$. Cien estudiantes pasan por un curso de preparación diseñado para mejorar sus resultados en la prueba SATM. Lleva a cabo una prueba de significación

$$H_0 : \mu = 475$$

$$H_a : \mu > 475$$

para contrastar en cada una de las siguientes situaciones:

(a) La media de los resultados de los estudiantes es $\bar{x} = 491{,}4$. Este resultado, ¿es significativo a un nivel del 5%?

(b) La media de los resultados es $\bar{x} = 491{,}5$. Este resultado, ¿es significativo a un nivel del 5%?

La diferencia entre los resultados en (a) y (b) no tiene importancia. No trates a $\alpha = 0{,}05$ como un número sagrado.

[12]D. H. Kaye, "Is proof of statistical significance relevant?" *Washington Law Review*, 61, 1986, págs. 1.333-1.365.

6.4.2 Significación estadística y significación práctica

Cuando se puede rechazar la hipótesis nula (de "ausencia de efecto" o de "no diferencia") a los niveles de significación habituales de $\alpha = 0{,}05$ o $\alpha = 0{,}01$, es que hay una buena evidencia a favor de que existe un efecto. De todas formas, éste puede ser muy pequeño. Cuando se dispone de muestras grandes, incluso las desviaciones muy pequeñas de la hipótesis nula pueden ser significativas.

EJEMPLO 6.18. Es significativo, ¿y qué?

Queremos contrastar la hipótesis de ausencia de correlación entre dos variables. Con 1.000 observaciones, una correlación de sólo $r = 0{,}08$ constituye una evidencia significativa a un nivel $\alpha = 0{,}01$ de que la correlación en la población no es cero sino que es positiva. Que el nivel de significación sea bajo no significa que la asociación sea fuerte, sólo indica que existe una fuerte evidencia de que existe alguna asociación. La verdadera correlación poblacional probablemente tome un valor cercano al valor muestral observado, $r = 0{,}08$. Podríamos, por tanto, concluir de forma correcta que, a efectos prácticos, se puede ignorar la asociación entre las dos variables, a pesar de que estamos seguros (a un nivel del 1%) de que la correlación es positiva. ■

El ejercicio 6.55 demuestra en detalle cómo al aumentar el tamaño de la muestra, disminuye el valor *P*. Recuerda la frase: "**la significación estadística no es lo mismo que la significación práctica**".

Un remedio para evitar dar demasiada importancia a la significación estadística es prestar tanta atención a los datos como al valor *P*. Representa gráficamente tus datos y examínalos cuidadosamente. ¿Existen observaciones atípicas u otras desviaciones? La existencia de unas pocas observaciones atípicas puede causar resultados altamente significativos si aplicas a ciegas las pruebas de significación. Las observaciones atípicas también pueden destruir la significación de unos datos que de otro modo darían resultados significativos. El uso imprudente de la estadística, alimentando los ordenadores con datos que no han sido sometidos a un análisis exploratorio previo, desemboca, a menudo, en afirmaciones absurdas. ¿Se puede ver en tus gráficos el efecto que estás buscando? Si no se ve, pregúntate si este efecto es suficientemente grande como para tener un interés práctico importante. Por regla general es prudente calcular un intervalo de confianza para el parámetro en el que estás interesado. Dar un intervalo de confianza es, de hecho, una forma de estimar la importancia del efecto, y no sólo una respuesta a la pregunta de si el efecto es demasiado grande para que ocurra sólo por azar. Los intervalos de confianza no se utilizan tan a menudo como se debería, mientras que las pruebas de significación quizás se utilizan demasiado.

APLICA TUS CONOCIMIENTOS

6.55. Preparación para la prueba SAT. Supongamos que los resultados de la prueba SATM cuando los estudiantes no reciben una preparación especial se distribuyen normalmente con $\mu = 475$ y $\sigma = 100$. Supón también que una preparación especial pueda cambiar μ sin modificar σ. Un aumento en la puntuación de 475 a 478 no influye sobre la admisión de un alumno en la universidad, pero este cambio puede ser estadísticamente muy significativo. Para comprobarlo, calcula el valor *P* para el contraste

$$H_0 : \mu = 475$$

$$H_a : \mu > 475$$

en cada una de las siguientes situaciones:

(a) Cien estudiantes asisten a unas clases especiales de preparación para la prueba SATM. Su media en esta prueba es $\bar{x} = 478$.

(b) Al año siguiente, los estudiantes que asisten a las clases son 1.000. La media de estos estudiantes en la prueba SATM es $\bar{x} = 478$.

(c) Después de una fuerte campaña de publicidad, son 10.000 los estudiantes que asisten a las clases de preparación. La media de los resultados de estos alumnos en la prueba SATM se mantiene en $\bar{x} = 478$.

6.56. Calcula un intervalo de confianza del 99% para la media μ de los resultados de la prueba SATM en cada apartado del ejercicio anterior. Para muestras grandes, el intervalo de confianza nos dice, "sí, el resultado medio supera los 475 puntos después de haber asistido a las clases, pero por muy poco".

6.4.3 La inferencia estadística no es válida para cualquier conjunto de datos

Vamos a insistir de nuevo en que los datos procedentes de encuestas o experimentos mal diseñados a menudo dan resultados carentes de validez. La inferencia estadística no puede corregir los defectos de un mal diseño. Cada prueba es válida sólo en determinadas circunstancias, siendo de especial importancia la obtención correcta de los datos. La prueba z, por ejemplo, debería ir acompañada del mismo listado de advertencias que vimos anteriormente en este capítulo, referidas a los intervalos de confianza. Advertencias similares son también aplicables a otras pruebas que estudiaremos.

EJEMPLO 6.19. Ligazón de arterias mamarias

Se produce una angina de pecho cuando no llega suficiente sangre al corazón. Quizá se podrían aliviar las anginas inutilizando las arterias mamarias para obligar al cuerpo a desarrollar otras rutas que suministren sangre al corazón. Unos cirujanos ensayaron este procedimiento, conocido como ligazón de las arterias mamarias. Los pacientes mostraron una reducción estadísticamente significativa en la incidencia de anginas de pecho.

La inferencia estadística nos dice que no sólo ha actuado el azar, pero no nos dice qué es lo que ha actuado. El experimento de la ligazón de las arterias mamarias fue incontrolado, de manera que la reducción de las anginas de pecho podía ser debido al efecto placebo. Posteriormente, un experimento comparativo aleatorizado mostró que la ligazón no era más efectiva que el placebo. Los cirujanos abandonaron inmediatamente esta práctica. ■

Las pruebas de significación y los intervalos de confianza se basan en las leyes de la probabilidad. La aleatorización en el muestreo y en los experimentos garantiza que se puedan aplicar dichas leyes. Sin embargo, a menudo hemos de analizar datos que no se han obtenido a partir de muestras o experimentos aleatorizados. En tales casos, para poder realizar la inferencia estadística, tenemos que poder describir la distribución de los datos en términos de probabilidad. Los diámetros de una serie de perforaciones hechas en motores de coche en una cadena de producción, por ejemplo, pueden comportarse igual que una muestra aleatoria de una distribución normal. Podemos comprobar su distribución de probabilidad examinando los datos. Si la distribución de los datos es normal, podemos aplicar las fórmulas de este capítulo para hacer inferencia sobre el diámetro medio μ de las perforaciones. En definitiva, pregunta siempre cómo se obtuvieron los datos y no te dejes impresionar demasiado por los valores P hasta que no estés completamente seguro de que se puedan utilizar, con garantías, las pruebas de significación.

APLICA TUS CONOCIMIENTOS

6.57. Preguntas a telespectadores. Una emisora de televisión local plantea preguntas que los telespectadores contestan por teléfono. La pregunta de hoy hace referencia a un proyecto de ley que prohibe fumar en los restaurantes. De las 2.372 llamadas recibidas, 1.921 se oponen a la nueva ley. La emisora, siguiendo las prácticas estadísticas habituales, hace una afirmación sobre la confianza de los resultados: "el 81% de la muestra de la encuesta del Canal 13 se opone a que se prohiba fumar en los restaurantes. Podemos tener una confianza del 95% en que la proporción de todos los televidentes que se oponen a la ley no difiere en más del 1,6% del resultado muestral". ¿Está justificada la conclusión de la emisora? Justifica tu respuesta.

6.4.4 Cuidado con los análisis múltiples

Las pruebas de significación parecen indicar que se ha encontrado el efecto buscado. Pero sólo tienen sentido si se ha decidido previamente cuál es el efecto que se está buscando, y si se ha diseñado cuidadosamente la forma de identificarlo. En otros casos, las pruebas de significación pueden tener poco sentido.

EJEMPLO 6.20. Trayectoria de los ejecutivos en formación

Supongamos que quieres saber qué es lo que distingue a los ejecutivos en formación que llegan a ocupar cargos de responsabilidad en la empresa de los que acaban abandonándola. Tienes muchos datos de todos los ejecutivos en formación que han pasado por la empresa (datos sobre su personalidad, sobre sus objetivos, sobre su formación universitaria, incluso sobre su familia y sus aficiones). Los programas estadísticos nos permiten hacer, sin la menor dificultad, docenas de pruebas de significación sobre todas estas variables para ver cuáles predicen mejor el éxito final de los ejecutivos. ¡Aja!, descubres que los futuros ejecutivos tienen significativamente más probabilidades de haberse criado en un entorno urbano, y tener un título universitario en una carrera técnica que los que terminan marchándose de la empresa.

Antes de recomendar que la contratación futura se haga teniendo en cuenta estos hallazgos, deja pasar un poco de tiempo y reflexiona. Cuando haces docenas de pruebas de significación a un nivel del 5%, cabe esperar que algunas de estas pruebas sean significativas sólo por azar. Después de todo, los resultados significativos a un nivel del 5% ocurren por azar 5 veces de cada 100, después de muchas repeticiones, incluso cuando H_0 es cierta. Llevar a cabo una prueba y alcanzar un nivel de significación $\alpha = 0{,}05$, es una garantía razonable de que has hallado algún efecto. Hacer docenas de pruebas y alcanzar este nivel de significación una vez o dos no lo es. ■

Mejor que contrastar todas las variables de los ejecutivos en formación, podrías buscar la variable con más diferencias entre los ejecutivos que llegan a cargos de responsabilidad de los que finalmente abandonan la empresa y luego contrastar si esta diferencia es significativa. Esta manera de proceder tampoco es correcta. El valor P presupone que tú ya sabías qué comparaciones querías hacer antes de observar los datos. Es hacer trampas observar entre qué variables hay más diferencias y luego actuar como si ésta fuera la variable escogida antes de hacer la prueba.

Explorar los datos para hallar regularidades o irregularidades es sin duda legítimo. El análisis exploratorio de datos es un aspecto importante de la estadística. Pero los razonamientos de la inferencia estadística no se pueden aplicar cuando consigues encontrar en los datos algún efecto sorprendente. El remedio es claro. Cuando tengas una hipótesis, diseña un estudio para buscar el efecto concreto que crees que existe. Si el resultado de este estudio es estadísticamente significativo, has encontrado una evidencia real.

APLICA TUS CONOCIMIENTOS

6.58. Percepción extrasensorial. Un investigador que busca evidencias a favor de la percepción extrasensorial hace pasar una prueba a 500 sujetos. Cuatro de estos sujetos lo hacen significativamente mejor ($P < 0{,}01$) que aquellos casos en que se responde al azar.

(a) ¿Es correcto llegar a la conclusión de que estas cuatro personas tienen percepción extrasensorial? Justifica tu respuesta.

(b) ¿Qué debería hacer ahora el investigador para verificar que cualquiera de estas cuatro personas tiene percepción extrasensorial?

RESUMEN DE LA SECCIÓN 6.4

No existe una regla universal que nos diga como tiene que ser de pequeño un valor P para ser convincente. Evita dar demasiada importancia a los niveles de significación tradicionales como por ejemplo $\alpha = 0{,}05$.

Efectos muy pequeños pueden ser muy significativos (valores P pequeños), especialmente cuando una prueba se basa en una muestra grande. Un efecto estadísticamente significativo no tiene por qué ser importante en la práctica. Representa gráficamente los datos para mostrar el efecto que estás buscando y utiliza intervalos de confianza para estimar los verdaderos valores de los parámetros.

Por otro lado, la falta de significación no implica que H_0 sea cierta, especialmente cuando la prueba se basa sólo en unas pocas observaciones.

Las pruebas de significación no siempre son válidas. La obtención de datos de forma incorrecta, la presencia de observaciones atípicas o el contraste de las hipótesis que sugieren los propios datos pueden invalidar una prueba.

La realización simultánea de muchas pruebas de significación probablemente dará lugar a algunos resultados significativos sólo por azar, incluso si todas las hipótesis nulas son ciertas.

EJERCICIOS DE LA SECCIÓN 6.4

6.59. ¿Para qué sirve la significación? ¿A cuáles de las siguientes preguntas responde una prueba de significación?

(a) ¿Se ha diseñado correctamente la muestra o el experimento?

(b) El efecto observado, ¿se debe al azar?

(c) El efecto observado, ¿es importante?

6.60. Detectores de radares y velocidad. Unos investigadores observaron la velocidad de los automóviles que circulaban por una autopista (con límite de velocidad de 120 km por hora) antes y después de hacer funcionar un radar. Los investigadores compararon la velocidad de los coches que tienen detectores de radar con la velocidad de los coches sin detectores. He aquí las velocidades medias (en kilómetros por hora) observadas para 22 coches con detectores de radar y 46 sin ellos.[13]

[13]N. Teed, K. L. Adrian y R. Knoblouch, "The duration of speed reductions attributable to radar detectors", *Accident Analysis and Prevention*, 25, 1991, págs. 131-137.

	¿Detector de radar?	
	Sí	**No**
Sin el radar	113	109
Con el radar	95	108

Dice el trabajo: "Los vehículos que tenían detector de radar iban más deprisa ($P < 0{,}01$) que los vehículos que no lo tenían antes de estar expuestos al radar y significativamente más lentos inmediatamente después ($P < 0{,}0001$)".

(a) Explica por qué estos valores P constituyen una buena evidencia de que los conductores con detectores de radar se comportan de forma distinta.

(b) A pesar de que $P < 0{,}01$, antes de conectarse los radares, la diferencia entre las velocidades medias de los conductores con detectores de radar y sin ellos es pequeña. Explica en un lenguaje sencillo cómo una diferencia tan pequeña puede ser estadísticamente significativa.

6.61. Una empresa compara dos diseños de envases de detergente para lavadoras mediante la colocación de botes con ambos diseños en los estantes de varias tiendas. Los datos sobre más de 5.000 botes comprados indican que el Diseño A fue comprado por más clientes que el Diseño B. La diferencia es estadísticamente significativa ($P = 0{,}02$). ¿Podemos afirmar que los consumidores prefieren claramente el Diseño A al Diseño B? Justifica tu respuesta.

6.62. ¿Qué distingue a los esquizofrénicos? En un experimento, unos psicólogos midieron 77 variables de una muestra de esquizofrénicos y de una muestra de personas que no lo eran. Los psicólogos compararon las dos muestras utilizando 77 pruebas de significación distintas. Dos de estas pruebas fueron significativas a un nivel del 5%. Supón que en realidad no hay diferencias entre las dos poblaciones en ninguna de las 77 variables. Por tanto, las 77 hipótesis nulas son ciertas.

(a) ¿Cuál es la probabilidad de que una prueba determinada dé una diferencia significativa a un nivel del 5%?

(b) ¿Por qué no es sorprendente que 2 de las 77 pruebas fueran significativas a un nivel del 5%?

6.5 Tipos de error y potencia*

Las pruebas de significación valoran la fuerza de la evidencia en contra de la hipótesis nula. La fuerza de la evidencia en contra de H_0 la medimos mediante el

*Esta sección más avanzada introduce nuevos conceptos relacionados con las pruebas estadísticas. Esta sección no es necesaria para leer el resto del libro.

valor P, que es una probabilidad calculada bajo el supuesto de que H_0 sea cierta. La hipótesis alternativa H_a (la afirmación para la que buscamos evidencia a favor) interviene en la prueba sólo para ayudarnos a determinar qué resultados cuentan en contra de la hipótesis nula.

De todas formas, la utilización de las pruebas con un nivel de significación α predeterminado sugieren otra cosa. Un nivel de significación α escogido antes de hacer la prueba deja entrever que los resultados de la prueba se utilizarán para tomar una *decisión*. Si nuestro resultado es significativo a un nivel α, rechazamos H_0 en favor de H_a. En caso contrario, no podemos rechazar H_0. El paso desde medir la fuerza de la evidencia en contra de H_0 hasta tomar una decisión no es pequeño. Muchos estadísticos creen que la responsabilidad de tomar una decisión se debe dejar al usuario y que no tiene que formar parte de la prueba. Los resultados de una prueba son únicamente uno más entre los muchos factores que influyen en una decisión.

Controles de calidad

De todas formas, hay circunstancias que exigen tomar decisiones después de la inferencia. Los **controles de calidad** constituyen una de estas circunstancias. Un fabricante de cojinetes y la empresa compradora de éstos llegan a un acuerdo sobre unos requisitos específicos de calidad que deben cumplir. Cuando llega un envío, la empresa compradora inspecciona una muestra de los cojinetes. En función del resultado del muestreo, la empresa compradora acepta o no el envío. Utilizaremos los controles de calidad para describir el comportamiento de las pruebas de significación desde otra óptica.

6.5.1 Errores tipo I y errores tipo II

En los controles de calidad tenemos que decidir entre

H_0 : el envío de cojinetes cumple los estándares de calidad

H_a : el envío de cojinetes no cumple los estándares de calidad

a partir de una muestra de cojinetes. Confiamos en que nuestra decisión será la correcta, aunque algunas veces nos equivocaremos. Hay dos tipos de decisiones incorrectas: aceptar un envío de cojinetes defectuosos o rechazar un envío de cojinetes buenos. Aceptar un envío defectuoso perjudica al consumidor, mientras que rechazar un envío bueno perjudica al vendedor. Para distinguir estos dos tipos de errores, los llamamos de maneras distintas.

ERRORES TIPO I Y ERRORES TIPO II

Si rechazamos H_0 cuando en realidad H_0 es cierta, cometemos un **error tipo I.**

Si no rechazamos H_0 cuando en realidad H_a es cierta, cometemos un **error tipo II.**

La figura 6.18 muestra las cuatro situaciones posibles. Cuando H_0 es cierta, nuestra decisión es correcta si aceptamos H_0 o cometemos un error tipo I si rechazamos H_0. Cuando H_a es cierta, nuestra decisión es correcta o cometemos un error tipo II. En cada ocasión sólo es posible cometer un tipo de error.

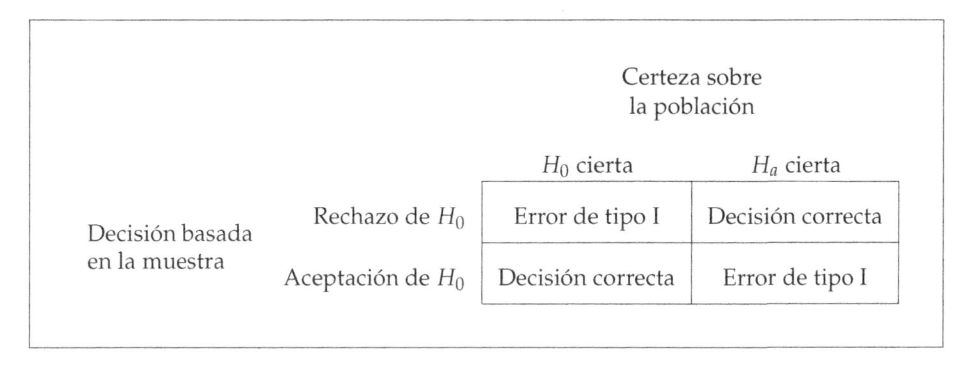

		Certeza sobre la población	
		H_0 cierta	H_a cierta
Decisión basada en la muestra	Rechazo de H_0	Error de tipo I	Decisión correcta
	Aceptación de H_0	Decisión correcta	Error de tipo I

Figura 6.18. Los dos tipos de error en el contraste de hipótesis.

6.5.2 Probabilidades de error

Las pruebas de significación con un nivel α predeterminado proporcionan una guía para tomar decisiones, porque la prueba, o bien rechaza H_0 o bien no la consigue rechazar. Desde la perspectiva de quienes tienen que tomar decisiones, no rechazar H_0 significa decidir que H_0 es cierta. Podemos, pues, describir el resultado de una prueba mediante las probabilidades de los errores tipo I y tipo II. De esta forma nos mantenemos en el principio de que la inferencia estadística se basa en preguntarse, "¿qué ocurriría si utilizáramos este procedimiento muchas veces?"

EJEMPLO 6.21. Este envío de cojinetes, ¿es correcto?

Se supone que el diámetro medio de un determinado tipo de cojinetes es de 2,000 centímetros (cm). El diámetro de los cojinetes varía según una distribución normal con una desviación típica $\sigma = 0{,}010$ cm. Cuando llega un envío, el comprador toma una muestra aleatoria simple de 5 cojinetes y mide sus diámetros. El comprador rechaza el lote si el diámetro medio de la muestra es significativamente distinto de 2 cm a un nivel de significación del 5%.

Lo que hace el comprador es un contraste de las hipótesis

$$H_0 : \mu = 2$$

$$H_a : \mu \neq 2$$

Para llevar a cabo la prueba, el comprador calcula el estadístico z

$$z = \frac{\bar{x} - 2}{0{,}01/\sqrt{5}}$$

y rechaza H_0 si $z < -1{,}96$ o si $z > 1{,}96$. Cometer un error tipo I significa rechazar H_0 cuando en realidad $\mu = 2$.

¿Qué podemos decir sobre los errores tipo II? Puesto que H_a admite muchos valores posibles de μ, nos centraremos en uno de estos valores. El comprador y el vendedor llegan a un acuerdo que consiste en que se debería rechazar un envío de cojinetes cuando su diámetro medio sea igual a 2,015 cm. Por tanto, se cometerá un error tipo II cuando se acepte H_0 siendo en realidad $\mu = 2{,}015$.

La figura 6.19 muestra cómo se obtienen las dos probabilidades de error a partir de las dos distribuciones de $\bar{x}$, para $\mu = 2$ y para $\mu = 2{,}015$. Cuando $\mu = 2$, H_0 es cierta y rechazar H_0 significa cometer un error tipo I. Cuando $\mu = 2{,}015$, H_a es cierta y aceptar H_0 significa cometer un error tipo II. A continuación calcularemos las probabilidades de cada uno de estos tipos de error. ■

La probabilidad de un error tipo I es la probabilidad de rechazar H_0 cuando en realidad H_0 es cierta. Ésta es la probabilidad de que $|z| \geq 1{,}96$, cuando $\mu = 2$. Pero éste es exactamente el nivel de significación de la prueba. El valor crítico 1,96 se escogió para hacer que esta probabilidad fuera 0,05, por lo cual no la tenemos que calcular otra vez. La definición de "nivel de significación de 0,05" significa que valores z tan extremos ocurrirán con una probabilidad igual a 0,05 cuando H_0 sea cierta.

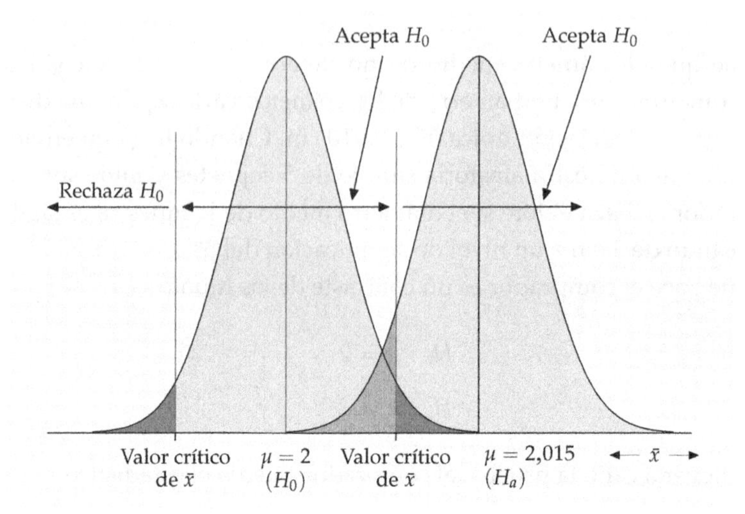

Figura 6.19. Las probabilidades de los dos tipos de error del ejemplo 6.21. La probabilidad del error tipo I (*el área sombreada más clara*) es la probabilidad de rechazar $H_0 : \mu = 2$ cuando en realidad $\mu = 2$. La probabilidad del error tipo II (*área sombreada más oscura*) es la probabilidad de aceptar H_0 cuando en realidad $\mu = 2{,}015$.

NIVEL DE SIGNIFICACIÓN Y ERROR TIPO I

El nivel de significación α de cualquier prueba de significación con un nivel predeterminado es la probabilidad de un error tipo I. Es decir, α es la probabilidad de que la prueba rechace la hipótesis nula H_0 cuando en realidad H_0 es cierta.

La probabilidad de un error tipo II para la alternativa $\mu = 2{,}015$ del ejemplo 6.21 es la probabilidad de que la prueba acepte H_0 cuando μ toma este valor alternativo. Ésta es la probabilidad de que el estadístico z se encuentre entre $-1{,}96$ y $1{,}96$, calculado suponiendo que $\mu = 2{,}015$. Esta probabilidad *no* es $1 - 0{,}05$, ya que la probabilidad 0,05 se halló suponiendo que $\mu = 2$. Veamos el cálculo del error tipo II.

EJEMPLO 6.22. Cálculo del error tipo II

Paso 1. *Escribe la regla de aceptación de H_0 en términos de $\bar{x}$.* La prueba acepta H_0 cuando

$$-1{,}96 \leq \frac{\bar{x}-2}{0{,}01/\sqrt{5}} \leq 1{,}96$$

que es lo mismo que,

$$2-1{,}96\left(\frac{0{,}01}{\sqrt{5}}\right) \leq \bar{x} \leq 2+1{,}96\left(\frac{0{,}01}{\sqrt{5}}\right)$$

o que, una vez realizado el cálculo,

$$1{,}9912 \leq \bar{x} \leq 2{,}0088$$

En este paso no interviene la alternativa de que $\mu = 2{,}015$.

Paso 2. *Halla la probabilidad de aceptar H_0 suponiendo que la hipótesis alternativa sea cierta.* Toma $\mu = 2{,}015$ y estandariza para hallar la probabilidad.

$$\begin{aligned} P(\text{error tipo II}) &= P(1{,}9912 \leq \bar{x} \leq 2{,}0088) \\ &= P\left(\frac{1{,}9912-2{,}015}{0{,}01/\sqrt{5}} \leq \frac{\bar{x}-2{,}015}{0{,}01/\sqrt{5}} \leq \frac{2{,}0088-2{,}015}{0{,}01/\sqrt{5}}\right) \\ &= P(-5{,}32 \leq Z \leq -1{,}39) \\ &= 0{,}0823 \end{aligned}$$

La figura 6.20 ilustra esta probabilidad de error en términos de la distribución de $\bar{x}$ cuando $\mu = 2{,}015$. La prueba aceptaría de una manera equivocada la hipótesis de que $\mu = 2$ en aproximadamente un 8% de todas las muestras cuando $\mu = 2{,}015$. ■

Esta prueba de significación rechazará un 5% de todos los envíos de cojinetes correctos (para los cuales $\mu = 2$). Esta prueba aceptará un 8% de los envíos de forma equivocada cuando $\mu = 2{,}015$. Los cálculos de las probabilidades de los errores ayudan al vendedor y al comprador a decidir si la prueba es satisfactoria.

APLICA TUS CONOCIMIENTOS

6.63. Tu empresa comercializa un programa de diagnóstico médico informatizado. El programa comprueba los resultados de las pruebas médicas rutinarias

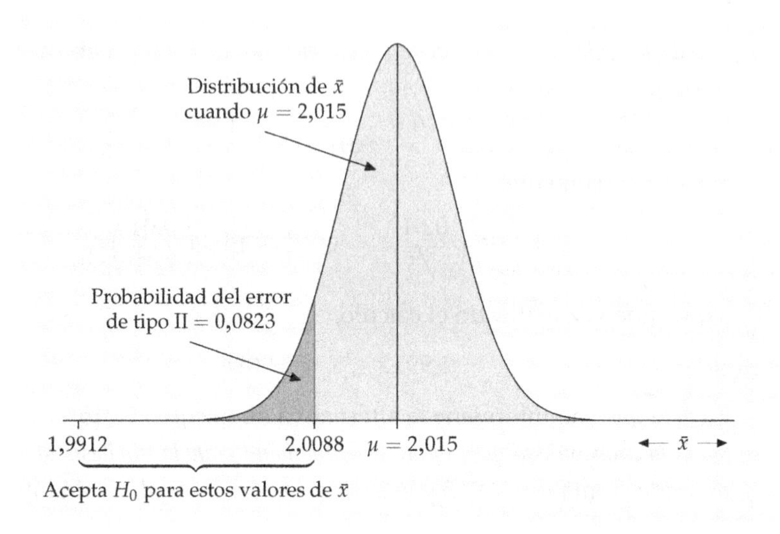

Figura 6.20. La probabilidad del error tipo II del ejemplo 6.22. Ésta es la probabilidad de que la prueba acepte H_0 cuando la hipótesis alternativa es cierta.

(presión sanguínea, análisis de sangre, etc.) y se utiliza para filtrar a miles de personas en cuyos análisis no se detecta ninguna anomalía. En cada caso, el programa toma una decisión.

(a) ¿Cuáles son las dos hipótesis y los dos tipos de error que el programa puede cometer? Describe los dos tipos de error en términos de "falsos positivos" y de "falsos negativos".

(b) El programa se puede ajustar para disminuir la probabilidad de un tipo de error a costa de aumentar la probabilidad del otro tipo. ¿Qué probabilidad de error harías más pequeña y por qué? (Esta decisión es subjetiva. No existe una sola respuesta correcta.)

6.64. Tienes los resultados de la prueba aritmética de la encuesta NAEP para una muestra aleatoria simple de 840 hombres jóvenes. Quieres contrastar las siguientes hipótesis sobre la media de los resultados de la población,

$$H_0 : \mu = 275$$

$$H_a : \mu < 275$$

a un nivel de significación del 1%. La desviación típica poblacional se sabe que es $\sigma = 60$. El estadístico z de contraste es

$$z = \frac{\bar{x} - 275}{60/\sqrt{840}}$$

(a) ¿Qué procedimiento se sigue para rechazar H_0 en términos de z?

(b) ¿Cuál es la probabilidad de un error tipo I?

(c) Quieres saber si esta prueba rechazará a menudo H_0 cuando la verdadera media poblacional sea 270, es decir, 5 unidades menor de lo que afirma la hipótesis nula. Contesta esta pregunta calculando la probabilidad de un error tipo II cuando $\mu = 270$.

6.65. Tienes una muestra aleatoria simple de tamaño $n = 9$ de una distribución normal con $\sigma = 1$. Deseas contrastar

$$H_0 : \mu = 0$$

$$H_a : \mu > 0$$

Decides rechazar H_0 si $\bar{x} > 0$ y aceptar H_0 en cualquier otro caso.

(a) Halla la probabilidad de un error tipo I. Es decir, halla la probabilidad de que la prueba rechace H_0 cuando en realidad $\mu = 0$.

(b) Halla la probabilidad de un error tipo II cuando $\mu = 0{,}3$. Es decir, halla la probabilidad de que la prueba acepte H_0 cuando en realidad $\mu = 0{,}3$.

(c) Halla la probabilidad de un error tipo II cuando $\mu = 1$.

6.5.3 Potencia

Una prueba comete un error tipo II cuando no rechaza una hipótesis nula que en realidad es falsa. Una probabilidad alta de un error tipo II para una determinada alternativa significa que la prueba no es, a menudo, suficientemente sensible para detectar la alternativa. Los cálculos de probabilidad de los errores tipo II son, por tanto, útiles incluso si no crees que una prueba estadística se puede considerar como un método para tomar decisiones. El lenguaje que se utiliza cuando se toman decisiones es algo distinto del utilizado en las pruebas de significación. Cuando se toman decisiones se menciona la probabilidad de que una prueba *rechace* H_0 cuando una determinada alternativa es cierta. Cuanto más alta sea esta probabilidad, más sensible es la prueba.

POTENCIA

La probabilidad de que una prueba con un nivel de significación predeterminado α rechace H_0 cuando el parámetro toma un cierto valor alternativo se llama **potencia** de la prueba con esta alternativa.

La potencia de una prueba con cualquier alternativa es 1 menos la probabilidad del error tipo II para esta alternativa.

Los cálculos de la potencia son esencialmente los mismos que los cálculos de probabilidad de los errores tipo II. En el ejemplo 6.22, la potencia es la probabilidad de *rechazar* H_0 en el segundo paso del cálculo. Esta probabilidad es igual a $1 - 0{,}0823$, o 0,9177.

Tanto el cálculo de los valores P como el cálculo de la potencia nos dicen lo que ocurriría si repitiéramos la prueba muchas veces. El valor P describe lo que ocurriría si supusiéramos que la hipótesis nula fuera cierta. La potencia describe lo que ocurriría si supusiéramos que una determinada alternativa es cierta.

En la preparación de una investigación que incluya pruebas de significación, un usuario prudente de la estadística decide qué alternativas debe detectar la prueba y confirma que la potencia sea la adecuada. Si la potencia es demasiado baja, una muestra mayor la aumentará para un mismo nivel de significación α. Para calcular la potencia, debemos fijar un valor de α de manera que tengamos una regla fija para rechazar H_0. De todas formas, es preferible dar los valores P a utilizar un nivel de significación predeterminado. La práctica habitual consiste en calcular la potencia a un determinado nivel de significación como $\alpha = 0{,}05$, incluso si se tiene la intención de dar el valor P.

APLICA TUS CONOCIMIENTOS

6.66. El fabricante de refrescos del ejercicio 6.8 considera que la pérdida de dulzor sería inaceptable si la media de las respuestas de todos los catadores fuera $\mu = 1{,}1$. ¿Una prueba de significación del 5% para contrastar las hipótesis

$$H_0 : \mu = 0$$

$$H_a : \mu > 0$$

basada en una muestra de 10 catadores detectará por lo general un cambio de esta magnitud?

Queremos la potencia de la prueba con la alternativa $\mu = 1{,}1$. Esta potencia es la probabilidad de que la prueba rechace H_0 cuando $\mu = 1{,}1$ sea cierta. El método de cálculo es similar al del error tipo II.

(a) Paso 1. *Escribe el procedimiento para rechazar H_0 en términos de $\bar{x}$.* Sabemos que $\sigma = 1$, por lo que la prueba rechaza H_0 a un nivel $\alpha = 0{,}05$ cuando

$$z = \frac{\bar{x} - 0}{1/\sqrt{10}} \geq 1{,}645$$

Expresa esta desigualdad en términos de $\bar{x}$.

(b) Paso 2. *La potencia es la probabilidad de este suceso suponiendo que la alternativa sea cierta.* Estandariza la desigualdad utilizando $\mu = 1{,}1$ para hallar la probabilidad de que $\bar{x}$ tome un valor que lleve a rechazar H_0.

6.67. El ejercicio 6.36 hace referencia a una prueba sobre el contenido medio de botellas de cola. Las hipótesis son

$$H_0 : \mu = 300$$
$$H_a : \mu < 300$$

El tamaño de la muestra es $n = 6$, y se supone que la población tiene una distribución normal con $\sigma = 3$. Una prueba de significación del 5% rechaza H_0 si $z \leq -1{,}645$, el estadístico z de contraste es

$$z = \frac{\bar{x} - 300}{3/\sqrt{6}}$$

Los cálculos de la potencia nos ayudan a determinar cuál es la magnitud del déficit en el contenido de las botellas que se espera que pueda detectar la prueba.

(a) Halla la potencia de esta prueba con la alternativa $\mu = 299$.

(b) Halla la potencia de la prueba con la alternativa $\mu = 295$.

(c) La potencia de la prueba con $\mu = 290$, ¿es mayor o menor que el valor que hallaste en (b)? (No calcules esta potencia.) Justifica tu respuesta.

6.68. Aumentando el tamaño de la muestra se incrementa la potencia de una prueba cuando el nivel α no cambia. Supón que en el ejercicio anterior se hubieran tomado medidas de una muestra de n botellas. En ese ejercicio, $n = 6$. La prueba de significación del 5% sigue rechazando H_0 cuando $z \leq -1{,}645$, pero ahora el estadístico z es

$$z = \frac{\bar{x} - 300}{3/\sqrt{n}}$$

(a) Halla la potencia de esta prueba con $\mu = 299$ cuando $n = 25$.
(b) Halla la potencia de la prueba con $\mu = 299$ cuando $n = 100$.

RESUMEN DE LA SECCIÓN 6.5

Las **pruebas con un nivel de determinación α predeterminado** se utilizan algunas veces para decidir si se acepta H_0 o H_a.

Describimos el comportamiento de una prueba con un nivel de determinación predeterminado dando las probabilidades de dos tipos de error. Cometemos un **error tipo I** si rechazamos H_0 cuando en realidad H_0 es cierta. Cometemos un **error tipo II** si no rechazamos H_0 cuando en realidad H_a es cierta.

La **potencia** de una prueba de significación mide la capacidad de la prueba para detectar una hipótesis alternativa. La potencia con una determinada alternativa es la probabilidad de que la prueba rechace H_0 cuando esa alternativa sea cierta.

En una prueba de significación con un nivel de significación α predeterminado, el nivel de significación α es la probabilidad del error tipo I, y la potencia con una determinada alternativa es igual a 1 menos la probabilidad del error tipo II de esa alternativa.

Un aumento del tamaño de la muestra incrementa la potencia (reduce la probabilidad del error tipo II) cuando el nivel de significación se mantiene fijo.

EJERCICIOS DE LA SECCIÓN 6.5

6.69. Los cálculos de potencia de las pruebas de dos colas siguen la misma pauta que los cálculos de potencia de las pruebas de una cola. El ejemplo 6.16 presenta el contraste de dos colas

$$H_0 : \mu = 0{,}86$$
$$H_a : \mu \neq 0{,}86$$

a un nivel de significación del 1%. El tamaño de la muestra es $n = 3$ y $\sigma = 0{,}0068$. Hallaremos la potencia de esta prueba con la alternativa $\mu = 0{,}845$.

(a) La prueba del ejemplo 6.16 rechaza H_0 cuando $|z| \geq 2{,}576$. El estadístico z de contraste es

$$z = \frac{\bar{x} - 0{,}86}{0{,}0068/\sqrt{3}}$$

Describe la regla para rechazar H_0 en términos de los valores de $\bar{x}$. (Debido a que la prueba es de dos colas, se rechaza H_0 cuando $\bar{x}$ es demasiado grande o demasiado pequeña.)

(b) Ahora halla la probabilidad de que $\bar{x}$ tome valores que conduzcan a rechazar H_0 si la verdadera media poblacional es $\mu = 0{,}845$. Esta probabilidad es la potencia de la prueba.

(c) ¿Cuál es la probabilidad de que esta prueba cometa un error tipo II cuando $\mu = 0{,}845$?

6.70. En el ejemplo 6.13 el médico de una empresa no halló evidencia significativa de que la media de la presión sanguínea de una población de ejecutivos fuera distinta de la media nacional $\mu = 128$. El médico se pregunta ahora si en caso de existir una diferencia importante, la prueba utilizada detectaría esta diferencia. Para una muestra aleatoria simple de tamaño 72 de una población con una desviación típica $\sigma = 15$, el estadístico z es

$$z = \frac{\bar{x} - 128}{15/\sqrt{72}}$$

La prueba de dos colas rechaza $H_0 : \mu = 128$ a un nivel de significación del 5% cuando $|z| \geq 1{,}96$.

(a) Halla la potencia de la prueba con la alternativa $\mu = 134$.

(b) Halla la potencia de la prueba con $\mu = 122$. ¿Se puede confiar en que la prueba detecte una media que esté a 6 unidades de $\mu = 128$?

(c) Si la alternativa estuviera más lejos de H_0, digamos que $\mu = 136$, la potencia de la prueba, ¿sería mayor o menor que los valores calculados en (a) y (b)?

6.71. En el ejercicio 6.67 hallaste la potencia de una prueba con la alternativa $\mu = 295$. Utiliza el resultado de ese ejercicio para hallar las probabilidades de los errores tipo I y tipo II para esa prueba y esa alternativa.

6.72. En el ejercicio 6.64 hallaste las probabilidades de los dos tipos de error de la prueba $H_0 : \mu = 275$, con la alternativa $\mu = 270$. Utiliza el resultado de ese ejercicio para dar la potencia de la prueba con la alternativa $\mu = 270$.

6.73. El mercado de valores, ¿es eficiente? Lees un artículo en un periódico económico que comenta la "hipótesis del mercado eficiente" para explicar el comportamiento de las cotizaciones de los valores bursátiles. El autor admite que la mayoría de contrastes de esta hipótesis no han hallado evidencia significativa en

Concepto de intervalo de confianza

Población	Muestra aleatoria simple de tamaño n →	$\bar{x} \pm z^* \frac{\sigma}{\sqrt{n}}$	
$\mu = ?$	Muestra aleatoria simple de tamaño n →	$\bar{x} \pm z^* \frac{\sigma}{\sqrt{n}}$	Una proporción C de estos intervalos capturan la verdadera μ
σ conocida	Muestra aleatoria simple de tamaño n →	$\bar{x} \pm z^* \frac{\sigma}{\sqrt{n}}$	
	⋮	⋮	

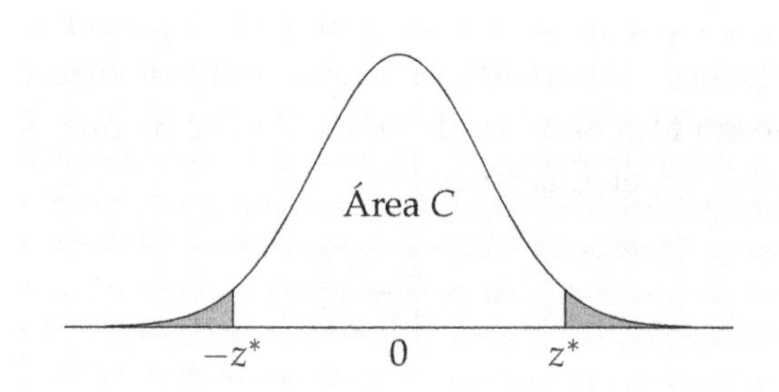

Concepto de prueba de significación

Población	Muestra aleatoria simple de tamaño n →	$z = \frac{\bar{x} - \mu_0}{\sigma/\sqrt{n}}$
$H_0 : \mu = \mu_0$ $H_a : \mu > \mu_0$	Muestra aleatoria simple de tamaño n →	$z = \frac{\bar{x} - \mu_0}{\sigma/\sqrt{n}}$
σ conocida	Muestra aleatoria simple de tamaño n →	$z = \frac{\bar{x} - \mu_0}{\sigma/\sqrt{n}}$
	⋮	⋮

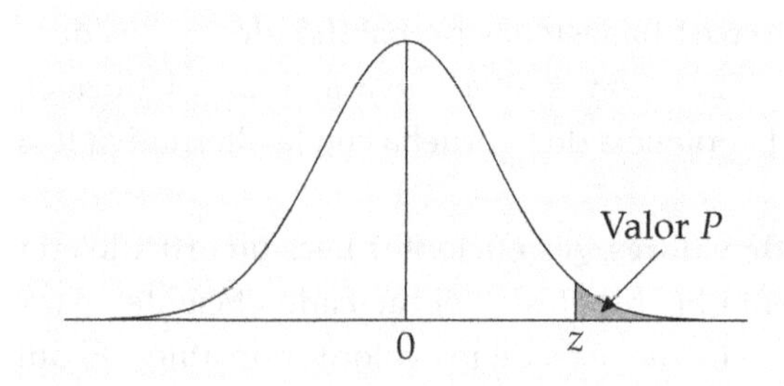

su contra. Pero insinúa que esto es debido a que las pruebas utilizadas tienen poca potencia. "La impresión generalizada de que existe una fuerte evidencia a favor de la eficiencia del mercado puede ser debida simplemente a la baja potencia de muchas pruebas estadísticas".[14]

Explica con lenguaje sencillo por qué las pruebas que tienen poca potencia a menudo no consiguen proporcionar evidencia en contra de una hipótesis incluso cuando ésta es realmente falsa.

REPASO DEL CAPÍTULO 6

La inferencia estadística saca conclusiones sobre una población a partir de una muestra de datos y utiliza la probabilidad para indicar la fiabilidad de las conclusiones. Un intervalo de confianza estima un parámetro desconocido. Una prueba de significación muestra la fuerza de la evidencia a favor de una afirmación sobre un parámetro.

Las probabilidades de las pruebas de significación y de los intervalos de confianza nos dicen lo que ocurriría si utilizáramos las fórmulas de los intervalos o de las pruebas de significación muchísimas veces. Un nivel de confianza es la probabilidad de que la fórmula de un intervalo de confianza dé realmente un intervalo que contenga el parámetro desconocido. Un intervalo de confianza del 95% da un resultado correcto en un 95% de las veces cuando lo utilizamos de forma repetida. Un valor P es la probabilidad de que la prueba dé un resultado al menos tan extremo como el resultado observado si la hipótesis nula fuera realmente cierta. Esto es, el valor P nos indica si el resultado obtenido es sorprendente. Los resultados muy sorprendentes (con valores P pequeños) constituyen una buena evidencia a favor de que la hipótesis nula no es cierta.

Las figuras de la página anterior presentan de forma gráfica las ideas básicas sobre los intervalos de confianza y las pruebas de significación. Estas ideas son la base de los próximos capítulos del libro. Hablaremos extensamente sobre muchos métodos estadísticos y también de su aplicación práctica. En cada caso, los razonamientos básicos sobre los intervalos de confianza y las pruebas de significación son los mismos. He aquí lo más importante que tienes que ser capaz de hacer después de estudiar este capítulo.

[14]Robert J. Schiller, "The volatility of stock market prices", *Science*, 235, 1987, págs. 33-36.

A. INTERVALOS DE CONFIANZA

1. Describir con un lenguaje sencillo cuál es el significado de "un intervalo de confianza del 95%" o de otras expresiones sobre los intervalos de confianza que aparecen en los informes estadísticos.
2. Calcular un intervalo de confianza para la media μ de una población normal de desviación típica σ conocida, utilizando la fórmula $\bar{x} \pm z^* \frac{\sigma}{\sqrt{n}}$.
3. Identificar cuándo puedes utilizar con seguridad la fórmula anterior y cuándo el diseño muestral o el tamaño demasiado pequeño de una muestra de una población muy asimétrica la hacen inexacta. Comprender que el error de estimación no incluye los efectos de la falta de cobertura, de la no-respuesta u otras dificultades de orden práctico.
4. Comprender cómo cambia el error de estimación de un intervalo de confianza al variar el tamaño de la muestra y el nivel de confianza C.
5. Hallar el tamaño de la muestra que se requiere para obtener un intervalo de confianza con un determinado error de estimación m cuando se ha dado el nivel de confianza y otras informaciones.

B. PRUEBAS DE SIGNIFICACIÓN

1. Plantear las hipótesis nula y alternativa cuando el parámetro que hay que contrastar es la media poblacional μ.
2. Explicar con un lenguaje sencillo el significado del valor P cuando te dan su valor numérico de una prueba.
3. Calcular el estadístico z y el valor P para pruebas de una y de dos colas sobre la media μ de una población normal.
4. Valorar la significación estadística a niveles estándar α, comparando P con α o comparando z con los valores críticos de la distribución normal estandarizada.
5. Saber que las pruebas de significación no miden la magnitud o la importancia de un efecto.
6. Saber cuándo puedes utilizar el estadístico z y cuándo el diseño de la obtención de los datos o el tamaño demasiado pequeño de una muestra de una población asimétrica lo hacen inapropiado.

EJERCICIOS DE REPASO DEL CAPÍTULO 6

6.74. El olor del vino. Los compuestos sulfurosos son la causa de ciertos olores desagradables en el vino. Por este motivo, los enólogos quieren conocer el umbral de percepción del olor, es decir, la concentración más baja de un compuesto que el olfato humano puede detectar. El umbral de percepción del olor del sulfato de dimetilo para los catadores experimentados es aproximadamente de 25 microgramos por litro de vino (μg/l). Sin embargo, los olfatos menos entendidos de los consumidores pueden ser menos sensibles. He aquí los umbrales de percepción del sulfato de dimetilo de 10 consumidores poco experimentados:

31 31 43 36 23 34 32 30 20 24

Supón que la desviación típica del umbral de percepción del olor de los olfatos poco experimentados es $\sigma = 7$ μg/l.

(a) Dibuja un diagrama de tallos para verificar que la distribución es aproximadamente simétrica sin observaciones atípicas. (Más datos confirman que no hay desviaciones sistemáticas de la normalidad.)

(b) Calcula un intervalo de confianza del 95% para la media del umbral de percepción del sulfato de dimetilo de todos los consumidores.

(c) ¿Estás convencido de que la media del umbral de percepción del olor de los consumidores es mayor que el umbral de 25 μg/l? Lleva a cabo una prueba de significación que justifique tu respuesta.

6.75. Celulosa de la alfalfa. Un ingeniero agrónomo examina el contenido de celulosa de una determinada variedad de alfalfa. Supón que el contenido de celulosa de la población tiene una desviación típica $\sigma = 8$ mg/g. Una muestra de 15 cortes de alfalfa tiene un contenido medio de celulosa $\bar{x} = 145$ mg/g.

(a) Calcula un intervalo de confianza del 90% para el contenido medio de celulosa de la población.

(b) Un estudio afirma que el contenido medio de celulosa es $\mu = 140$ mg/g, pero el ingeniero agrónomo cree que la media es mayor que ese valor. Plantea H_0 y H_a y lleva a cabo una prueba de significación para ver si los nuevos datos corroboran esta impresión.

(c) Los procedimientos estadísticos utilizados en (a) y (b) son válidos cuando se cumplen varios supuestos. ¿Qué supuestos son?

6.76. Deficiencias de hierro en bebés. Unos investigadores, que estudian las deficiencias de hierro en bebés, examinaron niños que seguían distintas dietas alimenticias. Un grupo de 26 bebés se alimentaba con leche materna. A los 6 meses, estos niños tenían un nivel medio de hemoglobina de $\bar{x} = 12{,}9$ gramos por 100 mililitros (g/100 ml) de sangre. Supón que la desviación típica de la población es $\sigma = 1{,}6$ g/100 ml. Calcula un intervalo de confianza del 95% para el nivel medio de hemoglobina de los niños alimentados con leche materna. ¿Qué supuestos (aparte del poco realista de que conocemos σ) exige el método que utilizaste para calcular el intervalo de confianza?

6.77. Inversión en letras del tesoro. La compra de letras del tesoro es una inversión segura, pero, ¿es una inversión rentable? He aquí datos sobre el rendimiento (en porcentaje) de las letras del tesoro de 1970 a 1996:

Año	1970	1971	1972	1973	1974	1975	1976	1977	1978	1979
Rendimiento	6,45	4,37	4,17	7,20	8,00	5,89	5,06	5,43	7,46	10,56
Año	1980	1981	1982	1983	1984	1985	1986	1987	1988	1989
Rendimiento	12,18	14,71	10,84	8,98	9,89	7,65	6,10	5,89	6,95	8,43
Año	1990	1991	1992	1993	1994	1995	1996			
Rendimiento	7,72	5,46	3,50	3,04	4,37	5,60	5,13			

(a) Dibuja un histograma con estos datos, utiliza barras que tengan una anchura de 2 puntos porcentuales. ¿Qué clase de desviación de la normalidad observas? Gracias al teorema del límite central, puedes sin embargo tratar a $\bar{x}$ como aproximadamente normal.

(b) Supón que podemos considerar estos 27 años como una muestra aleatoria de los rendimientos de las letras del tesoro. Calcula un intervalo de confianza del 90% para la media de los rendimientos a lo largo de muchos años. (Supón que conoces que la desviación típica de todos los rendimientos es $\sigma = 2{,}75\%$.)

(c) La tasa de inflación media durante estos años es del 5,5%. ¿Estás seguro de que el rendimiento medio de las letras del tesoro es superior al 5,5%? Plantea las hipótesis, calcula el estadístico de contraste y halla el valor P.

(d) Dibuja un diagrama temporal con estos datos. Se observan ciclos de subidas y bajadas en los rendimientos que siguen los ciclos de los tipos de interés. El diagrama temporal deja claro que los rendimientos de los sucesivos años están fuertemente correlacionados; por tanto, no es correcto tratar estos datos como una muestra aleatoria simple. Siempre tienes que comprobar que no existe este *tipo de correlaciones* con datos obtenidos a lo largo del tiempo.

6.78. Ingresos de trabajadores a tiempo completo. Los organismos oficiales, a menudo utilizan los intervalos de confianza del 90% en sus informes. Uno de ellos proporciona un intervalo de confianza del 90% para la media de los ingresos de los trabajadores a tiempo completo en 1997 como de 33.148 a 34.200 €. Este intervalo se calculó mediante métodos avanzados de la encuesta de la población activa, una muestra aleatoria en etapas múltiples de unos 50.000 hogares.

(a) Un intervalo de confianza del 95%, ¿sería más amplio o más estrecho? Justifica tu respuesta.

(b) La hipótesis nula de que la media de los ingresos de los trabajadores a tiempo completo en 1997 era de 33.000 €, ¿se rechazaría a un nivel de significación del 1% si se plantea una alternativa de dos colas? ¿Qué podríamos decir si la hipótesis nula planteara que la media era de 34.000 €?

6.79. ¿Por qué son mejores las muestras grandes? En estadística se prefieren muestras grandes. Describe brevemente la consecuencia de aumentar el tamaño de una muestra (o el número de sujetos en un experimento) en cada uno de los siguientes casos:

(a) El error de estimación de un intervalo de confianza del 95%.

(b) El valor P de una prueba, cuando H_0 es falsa y todas las características de la población se mantienen constantes cuando aumenta n.

(c) (Optativo) La potencia de una prueba con un nivel α predeterminado, cuando α, la hipótesis alternativa y todos las características de la población permanecen constantes.

6.80. Una ruleta tiene 18 casillas rojas de un total de 38. Observas los resultados y anotas el número de veces que aparece el rojo. Ahora quieres utilizar estos datos para contrastar si la probabilidad p de que aparezca rojo es la que tendría que ser si la ruleta estuviese bien construida. Plantea las hipótesis H_0 y H_a que contrastarás. (Describiremos la prueba adecuada para esta situación en el capítulo 8.)

6.81. Cuando se pregunta a un grupo de estudiantes que expliquen el significado de "el valor P era 0,03", un estudiante dice, "significa que sólo existe una probabilidad igual a 0,03 de que la hipótesis nula sea cierta". Esta explicación, ¿es correcta? Justifica tu respuesta.

6.82. Cuando se pregunta a otro estudiante por qué la significación estadística aparece tan frecuentemente en los trabajos de investigación, contesta, "porque decir que los resultados son significativos nos indica que no se pueden explicar fácilmente sólo por la variación debida al azar". ¿Crees que esta afirmación es esencialmente correcta? Justifica tu respuesta.

6.83. Madres que necesitan asistencia social. Un estudio compara dos grupos de madres con niños pequeños que necesitaron ayuda de los servicios de asistencia social hace dos años. Un grupo asistió voluntariamente a un programa gratuito de formación que se anunció en la prensa local. El otro no asistió al programa. El estudio halla una diferencia significativa ($P < 0{,}01$) entre las proporciones de madres de los dos grupos que todavía necesitan ayuda de los servicios de asistencia social. La diferencia no es sólo significativa sino que es bastante grande. El informe afirma, con una confianza del 95%, que el porcentaje de madres que todavía necesita ayuda del grupo que no asistió al programa de formación es un 21% ± 4% mayor que el porcentaje de madres del grupo que asistió al programa de formación. Se te pide que valores las conclusiones del informe.

(a) Explica con un lenguaje sencillo qué significa "una diferencia significativa ($P < 0{,}01$)".

(b) Explica de una manera clara y brevemente qué significa "una confianza del 95%".

(c) Este estudio, ¿constituye una buena evidencia a favor de exigir a las madres que necesitan asistencia social su participación en programas de formación? La participación en estos programas, ¿reduciría significativamente el porcentaje de madres que siguen necesitando asistencia social durante varios años?

7. INFERENCIA PARA MEDIAS Y DESVIACIONES TÍPICAS

WILLIAM S. GOSSET

¿Qué podría explicar que el jefe de producción de la famosa fábrica de cerveza Guinness de Dublín, Irlanda, no sólo utilizara la estadística sino que además inventara nuevos métodos estadísticos? El anhelo de mejorar la calidad de la cerveza, por supuesto.

William S. Gosset (1876-1937) empezó a trabajar en 1899 como técnico en la fábrica de cerveza Guinness, justo después de licenciarse en la Oxford University. Muy pronto empezó a realizar experimentos y se dio cuenta de la necesidad de utilizar la estadística para comprender los resultados de éstos. ¿Cuáles son las mejores variedades de cebada y de lúpulo para producir cerveza? ¿Cómo se tienen que cultivar? ¿Cómo se deben secar y almacenar? Los resultados de los experimentos de campo, como puedes adivinar, variaban. La inferencia estadística permite descubrir la pauta que esta variación deja oculta. A principios de siglo, los métodos de inferencia se reducían a una versión de las pruebas z para las medias —incluso los intervalos de confianza eran desconocidos—.

En su trabajo, Gosset se enfrentó con el problema que hemos señalado al utilizar el estadístico z: no conocía la desviación típica poblacional σ. Es más, en los experimentos de campo se obtenían pocas observaciones, por lo que la simple substitución de σ por s en el estadístico z y la suposición de que el resultado era aproximadamente normal, no daban unas conclusiones suficientemente precisas. En consecuencia, Gosset se planteó la pregunta clave, ¿cuál es la distribución exacta del estadístico $(\bar{x} - \mu)/s$?

En 1907, Gosset ya era el responsable de la investigación que se desarrollaba en la cervecera Guinness. Además, Gosset también había encontrado la respuesta a la pregunta anterior y había calculado una tabla de números críticos de su nueva distribución, a la que llamamos distribución t. La nueva prueba t identificó la mejor variedad de cebada y Guinness, rápidamente, adquirió toda la semilla disponible. Guinness permitió que publicara sus descubrimientos, pero no con su propio nombre. Gosset utilizó el nombre "Student", y, en su honor, la prueba t es llamada a veces "t de Student".

7.1 Introducción

Una vez vistos los principios de la inferencia estadística, podemos pasar a la práctica. Este capítulo describe los intervalos de confianza y las pruebas de significación para la media de una población y para la comparación de las medias de dos poblaciones. Una sección optativa discute una prueba aplicada a la comparación de las desviaciones típicas de dos poblaciones. En capítulos posteriores se describirán procedimientos de inferencia aplicados a las proporciones poblacionales, a la comparación de las medias de más de dos poblacionales y al estudio de la relación entre variables.

7.2 Inferencia para la media de una población

Los intervalos de confianza y las pruebas de significación para la media μ de una población normal se basan en la media muestral $\bar{x}$. La media de la distribución de $\bar{x}$ es μ. Es decir, $\bar{x}$ es un estimador insesgado de la μ desconocida. La dispersión de $\bar{x}$ depende del tamaño de la muestra y de la desviación típica poblacional σ. En el capítulo anterior hicimos el supuesto, poco realista, de que conocíamos el valor de σ. En la práctica, σ es desconocida. Por tanto, tenemos que estimar σ a partir de los datos, incluso si nuestro principal interés es μ. La necesidad de estimar σ cambia algunos detalles de las pruebas de significación y de los intervalos de confianza para μ, pero no su interpretación.

He aquí los supuestos de los que partimos al hacer inferencia para la media poblacional.

SUPUESTOS DE LA INFERENCIA PARA LA MEDIA

- Nuestros datos son una **muestra aleatoria simple** de tamaño n de una población. Este supuesto es muy importante.

- Las observaciones proceden de una población que tiene una **distribución normal** con media μ y desviación típica σ. En la práctica, a no ser que la muestra sea muy pequeña, es suficiente con que la población sea simétrica y con un solo pico. Tanto μ como σ son parámetros desconocidos.

En esta situación, la media muestral $\bar{x}$ tiene una distribución normal con media μ y desviación típica $\frac{\sigma}{\sqrt{n}}$. Debido a que no conocemos σ, la estimaremos a partir de la desviación típica muestral s. A continuación estimaremos la desviación típica de $\bar{x}$ a partir de $\frac{s}{\sqrt{n}}$. Este valor se llama *error típico* de la media muestral $\bar{x}$.

ERROR TÍPICO

Cuando la desviación típica del estadístico se estima a partir de los datos, el resultado se llama **error típico** del estadístico. El error típico de la media muestral $\bar{x}$ es $\frac{s}{\sqrt{n}}$.

7.2.1 Distribuciones *t*

Cuando conocemos el valor de σ, basamos los intervalos de confianza y las pruebas para μ en el estadístico z de una muestra

$$z = \frac{\bar{x} - \mu}{\sigma / \sqrt{n}}$$

Este estadístico z tiene una distribución normal estandarizada $N(0, 1)$. Cuando no conocemos σ, sustituimos la desviación típica de $\bar{x}$, $\frac{s}{\sqrt{n}}$, por su error típico $\frac{\sigma}{\sqrt{n}}$. El estadístico resultante no tiene una distribución normal. Su distribución, que es nueva para nosotros, se llama *distribución t*.

EL ESTADÍSTICO *t* DE UNA MUESTRA Y LAS DISTRIBUCIONES *t*

Obtén una muestra aleatoria simple de tamaño n de una población que tenga una distribución normal con media μ y desviación típica σ. El **estadístico *t* de una muestra**

$$t = \frac{\bar{x} - \mu}{s / \sqrt{n}}$$

tiene una **distribución *t*** con $n - 1$ grados de libertad.

El estadístico t tiene la misma interpretación que cualquier estadístico estandarizado: indica a qué distancia se encuentra $\bar{x}$ de la media μ, expresada en desviaciones típicas. Existe una distribución t distinta para cada tamaño de muestra. Concretamos una distribución t determinada, dando sus **grados de libertad**. Los grados de libertad del estadístico t de una muestra se obtienen a partir de la desviación típica muestral s en el denominador de t. En el capítulo 1 vimos que s tenía $n - 1$ grados de libertad. Existen otros estadísticos t con diferentes grados de libertad, algunos de los cuales describiremos más adelante en este capítulo. Indicaremos, de forma abreviada, una distribución t con k grados de libertad como $t(k)$.

Grados de libertad

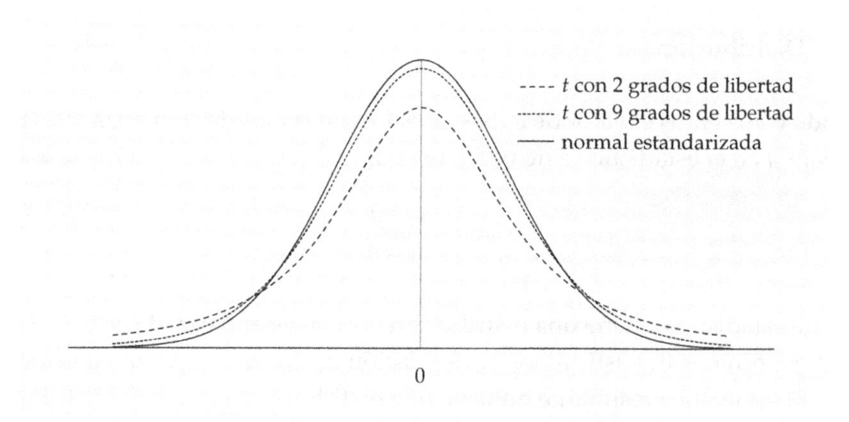

Figura 7.1. Curvas de densidad de dos distribuciones t con 2 y 9 grados de libertad, respectivamente, y la distribución normal estandarizada. Todas son simétricas con centro 0. Las distribuciones t tienen más probabilidad en las colas que la distribución normal estandarizada.

La figura 7.1 compara la curva de densidad de la distribución normal estandarizada con las curvas de densidad de dos distribuciones t con 2 y 9 grados de libertad, respectivamente. La figura ilustra las siguientes características de las distribuciones t:

- La forma de las curvas de densidad de las distribuciones t es similar a la forma de la curva normal estandarizada. Todas ellas son simétricas, con centro en cero, con un solo pico y con forma de campana.
- La dispersión de las distribuciones t es algo mayor que la dispersión de la distribución normal estandarizada. Las distribuciones t de la figura 7.1 tienen más probabilidad en las colas y menos en el centro que la normal estandarizada. Esto es debido a que la sustitución del parámetro fijo σ por el estadístico s introduce más variación en el estadístico t.
- A medida que aumentan los grados de libertad k de t, la curva de densidad de $t(k)$ se parece más a la curva de densidad de una normal estandarizada $N(0, 1)$. Esto es así porque, a medida que aumenta el tamaño de la muestra, la estimación de σ a partir de s se va haciendo más precisa. Por tanto, la utilización de s en lugar de σ causa poca variación adicional cuando la muestra es grande.

La tabla C, que se encuentra en la parte final de este libro, da algunos valores críticos para algunas distribuciones t. Cada fila de la tabla contiene los valores críticos de una de las distribuciones t; los grados de libertad aparecen a la izquierda de cada fila. Para mayor comodidad, los valores de la tabla se denominan según p, la probabilidad de la cola de la derecha que se utiliza en las pruebas de significación, y según los niveles de confianza C (en porcentaje) necesarios para los intervalos de confianza. Ya has utilizado los valores críticos de la distribución normal estandarizada z^* situados en la última fila de la tabla C. Puedes comprobar, examinando cualquier columna de arriba a bajo, como a medida que aumentan los grados de libertad de t, los valores críticos de t se aproximan cada vez más a los valores críticos de una distribución normal estandarizada. Como en el caso de la tabla normal, los programas estadísticos a menudo hacen innecesaria la utilización de la tabla C.

APLICA TUS CONOCIMIENTOS

7.1. A menudo, los investigadores resumen sus datos dando $\bar{x}$ y su desviación típica, en vez de dar $\bar{x}$ y s. El error típico de la media $\bar{x}$ a menudo se expresa como ETM.

(a) Un estudio médico halla que $\bar{x} = 114{,}9$ y $s = 9{,}3$ de un conjunto de datos sobre la presión sistólica de un grupo experimental de 27 sujetos. Halla el error típico de la media.

(b) Unos biólogos que estudian la concentración de un determinado producto en embriones de gambas, presentan sus resultados como, "valores de las medias $\pm$ ETM de tres muestras independientes". El valor del ATP era $0{,}84 \pm 0{,}01$. Los investigadores llevaron a cabo tres determinaciones de ATP, con media $\bar{x} = 0{,}84$. ¿Cuál era la desviación típica muestral s de estas determinaciones?

7.2. ¿Qué valor crítico t^* de la tabla C cumple cada una de las siguientes condiciones?

(a) La distribución t con 5 grados de libertad tiene una probabilidad 0,05 a la derecha de t^*.

(b) La distribución t con 21 grados de libertad tiene una probabilidad 0,99 a la izquierda de t^*.

7.3. ¿Qué valor crítico t^* de la tabla C cumple cada una de las siguientes condiciones?

(a) El estadístico t de una muestra de 15 observaciones tiene una probabilidad 0,025 a la derecha de t^*.

(b) El estadístico t de una muestra aleatoria simple de una muestra de 20 observaciones tiene una probabilidad 0,75 a la izquierda de t^*.

7.2.2 Intervalos y pruebas *t*

Para analizar muestras de poblaciones normales con σ desconocida, basta con sustituir la desviación típica de $\bar{x}$, $\frac{\sigma}{\sqrt{n}}$ por su error típico, $\frac{s}{\sqrt{n}}$, en los procedimientos z descritos en el capítulo 6. Los procedimientos z se convierten, entonces, en los *procedimientos t de una muestra*. Utiliza los valores P o los valores críticos de la distribución t con $n - 1$ grados de libertad en lugar de los valores normales. La justificación y los cálculos de los procedimientos t de una muestra son similares a los procedimientos z del capítulo 6. Por tanto, nos centraremos en la utilización práctica de los procedimientos t.

PROCEDIMIENTOS *t* DE UNA MUESTRA

Obtén una muestra aleatoria simple de tamaño n de una población de media μ desconocida. Un intervalo de confianza de nivel C para μ es

$$\bar{x} \pm t^* \frac{s}{\sqrt{n}}$$

donde t^* es el valor crítico superior $\frac{(1-C)}{2}$ de la distribución $t(n-1)$. Este intervalo es exacto cuando la distribución de la población es normal y aproximadamente correcto para muestras grandes en los demás casos.

Para contrastar la hipótesis $H_0 : \mu = \mu_0$ a partir de una muestra aleatoria simple de tamaño n, calcula el estadístico t de una muestra

$$t = \frac{\bar{x} - \mu_0}{s/\sqrt{n}}$$

En términos de la variable T que tiene una distribución $t(n-1)$, el valor P para contrastar H_0 en contra de

$H_a : \mu > \mu_0$ es $P(T \geq t)$

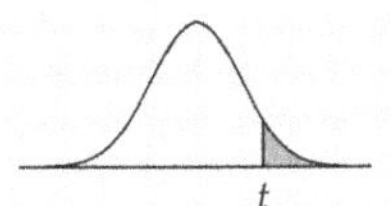

$H_a : \mu < \mu_0$ es $P(T \leq t)$

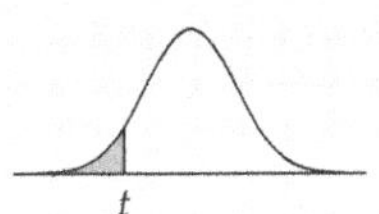

$H_a : \mu \neq \mu_0$ es $2P(T \geq |t|)$

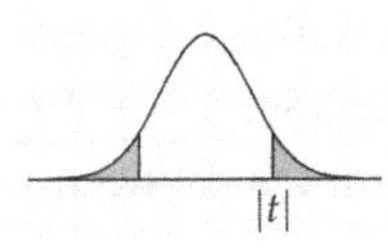

Estos valores P son exactos si la distribución de la población es normal y son aproximadamente correctos para muestras grandes en los demás casos.

EJEMPLO 7.1. Metabolismo de las cucarachas

Para estudiar el metabolismo de los insectos, unos investigadores alimentaron unas cucarachas con soluciones azucaradas. Después de 2, 5 y 10 horas, los investigadores diseccionaron algunas de las cucarachas y analizaron el contenido de azúcar en varios de sus tejidos.[1] Después de 10 horas, los contenidos de D-glucosa (en microgramos) en los intestinos de cinco cucarachas que se alimentaron con una solución que contenía D-glucosa, eran los siguientes:

55,95 68,24 52,73 21,50 23,78

Los investigadores calcularon un intervalo de confianza del 95% para el contenido medio de D-glucosa en los intestinos de las cucarachas en las condiciones anteriores.

Primero calcularon

$$\bar{x} = 44{,}44 \quad \text{y} \quad s = 20{,}741$$

Los grados de libertad son $n - 1 = 4$. En la tabla C encontramos que para un intervalo de confianza del 95%, $t^* = 2{,}776$. El intervalo de confianza es

$$\begin{aligned} \bar{x} \pm t^* \frac{s}{\sqrt{n}} &= 44{,}44 \pm 2{,}776 \frac{20{,}741}{\sqrt{5}} \\ &= 44{,}44 \pm 25{,}75 \\ &= 18{,}69 \text{ a } 70{,}19 \end{aligned}$$

La comparación de esta estimación con las estimaciones para otros tejidos y para diferentes momentos de disección permitió saber más sobre el metabolismo de las cucarachas y sobre nuevos métodos de eliminación de cucarachas en casas y restaurantes. El hecho de que el error de estimación sea grande se debe a que la muestra es pequeña y a que la dispersión es relativamente grande, lo que se refleja en la magnitud de s. ■

[1] D. L. Shankland *et al.*, "The effect of 5-thio-D-glucose on insect development and its absorption by insects", *Journal of Insect Physiology*, 14, 1968, págs. 63-72.

El intervalo de confianza t de una muestra tiene la forma

$$\text{estimación} \pm t^{*}\text{ET}_{\text{de la estimación}}$$

donde "ET" significa "error típico". Encontraremos diversos intervalos de confianza que tienen esta misma forma. Al igual que con los intervalos de confianza, las pruebas t son muy parecidas a las pruebas z que vimos anteriormente. He aquí un ejemplo. En el capítulo 6 utilizamos la prueba z para estos datos. Para ello, tuvimos que suponer, de forma poco realista, que conocíamos la desviación típica σ de la población. Ahora podemos hacer un análisis más realista.

EJEMPLO 7.2. Refrescos light

Los fabricantes de refrescos prueban nuevas fórmulas para evitar la pérdida de dulzor de los refrescos *light* durante el almacenamiento. Unos catadores experimentados evalúan el dulzor de los refrescos antes y después del almacenamiento. He aquí las pérdidas de dulzor (dulzor antes del almacenamiento menos dulzor después del almacenamiento) halladas por 10 catadores para una nueva fórmula de refresco.

2,0 0,4 0,7 2,0 −0,4 2,2 −1,3 1,2 1,1 2,3

Estos datos, ¿constituyen una buena evidencia de que el refresco perdió dulzor durante el almacenamiento?

Paso 1: Hipótesis. Existen diferencias sobre la percepción de la pérdida de dulzor por parte de los catadores. Por este motivo, planteamos las hipótesis como la pérdida media de dulzor μ de una gran población de catadores. La hipótesis nula establece que la "pérdida es nula" y la hipótesis alternativa que "existe una pérdida".

$$H_0 : \mu = 0$$

$$H_a : \mu > 0$$

Paso 2: Estadístico de contraste. Los estadísticos básicos son

$$\bar{x} = 1{,}02 \quad \text{y} \quad s = 1{,}196$$

El estadístico t de una muestra es

$$t = \frac{\bar{x} - \mu_0}{s/\sqrt{n}} = \frac{1{,}02 - 0}{1{,}196/\sqrt{10}} = 2{,}70$$

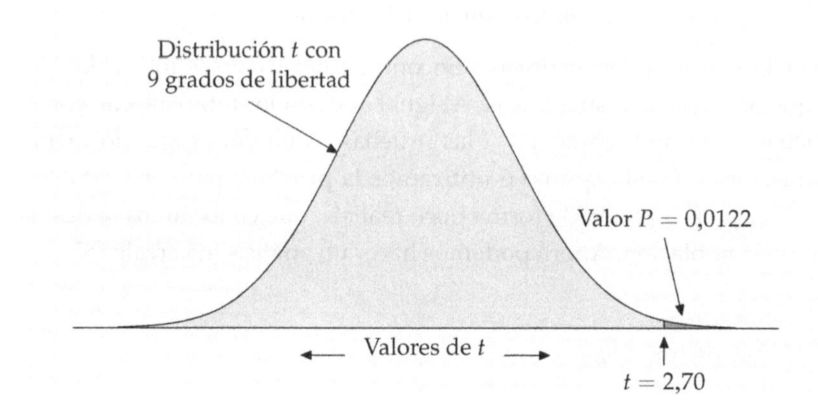

Figura 7.2. El valor P de la prueba t de una cola del ejemplo 7.2.

Paso 3: Valor *P*. El valor P para $t = 2{,}70$ es el área situada a la derecha de 2,70 por debajo de la curva de la distribución t con $n - 1 = 9$ grados de libertad (gl). La figura 7.2 muestra este área. Sin la ayuda de un ordenador no podemos hallar el valor exacto de P. De todas formas, utilizando la tabla C podemos situar P entre dos valores. Busca en la fila correspondiente a 9 grados de libertad entre qué valores se encuentra $t = 2{,}70$. Debido a que el valor observado de t se encuentra entre los valores críticos de 0,02 y 0,01, el valor P se halla entre 0,01 y 0,02. Un programa estadístico da el valor más exacto, $P = 0{,}0122$. Existe una evidencia bastante fuerte a favor de que se produce una pérdida de dulzor. ■

7.2.3 Utilización de procedimientos *t* de una muestra

¿Son fiables las conclusiones que obtuvimos en los ejemplos 7.1 y 7.2? Los dos ejemplos son experimentos. En ambos casos los investigadores tomaron especiales precauciones para evitar sesgos. Las cucarachas fueron asignadas al azar a las distintas soluciones azucaradas y a los distintos tiempos antes de la disección. Desde cualquier otro punto de vista, todas las cucarachas fueron tratadas exactamente igual. Los catadores trabajaron en cabinas aisladas para evitar que se influyeran mutuamente. En consecuencia, podemos fiarnos de los resultados obtenidos en estos dos experimentos concretos.

Tenemos que tratar a las cucarachas y a los catadores como muestras aleatorias simples de poblaciones grandes si queremos sacar conclusiones, en general, sobre las cucarachas o sobre los catadores. Las cucarachas fueron escogidas al azar de una población de cucarachas criadas en laboratorio con fines experimentales. Todos los catadores tenían una formación similar. Aunque, en realidad, no tengamos muestras aleatorias simples de las poblaciones en las que estamos interesados, estamos dispuestos a actuar como si lo fueran. Ésta es una cuestión a juzgar en cada caso.

Tallo	Hojas
2	2 4
3	
4	
5	3 6
6	8
7	
8	

(a)

Tallo	Hojas
−1	3
−0	4
0	4 7
1	1 2
2	0 0 2 3
3	

(b)

Figura 7.3. Diagramas de tallos con los datos del ejemplo 7.1 en (a) y del ejemplo 7.2 en (b).

Los procedimientos t dan por supuesto que la población de todas las cucarachas y la de todos los catadores tienen distribuciones normales. El supuesto de que la distribución de la población es normal no se puede comprobar eficazmente con sólo 5 o 10 observaciones. En parte, los investigadores confían en la experiencia con variables similares. También examinan los datos. La figura 7.3 representa los diagramas de tallos de las dos distribuciones (los datos de las cucarachas se han redondeado). La distribución de las diferencias de dulzor de los 10 catadores no tiene una forma regular, pero no se observan espacios vacíos ni observaciones atípicas ni otros signos de falta de normalidad. Los datos de las cucarachas, por otro lado, presentan un gran espacio vacío entre las dos observaciones menores y las tres mayores. Con datos observacionales, esto podría indicar la existencia de dos tipos de cucarachas. En este caso sabemos que todas las cucarachas proceden de una misma población que se ha criado en laboratorio. El espacio vacío se debe a la variación del azar en muestras muy pequeñas. Afortunadamente, veremos que los niveles de confianza y los valores P de los procedimientos t no son muy sensibles a la falta de normalidad.

APLICA TUS CONOCIMIENTOS

7.4. ¿Qué valor crítico t^* de la tabla C utilizarías en un intervalo de confianza para la media poblacional en cada una de las siguientes situaciones?

(a) Un intervalo de confianza del 95% basado en $n = 10$ observaciones.

(b) Un intervalo de confianza del 99% de una muestra aleatoria simple con 20 observaciones.

(c) Un intervalo de confianza del 80% de una muestra de tamaño 7.

7.5. El estadístico t de una muestra para contrastar

$$H_0 : \mu = 0$$
$$H_a : \mu > 0$$

de una muestra de $n = 15$ observaciones tiene el valor $t = 1{,}82$.

(a) ¿Cuántos grados de libertad tiene este estadístico?

(b) Halla los dos valores críticos t^* de la tabla C entre los que se encuentra t. ¿Cuáles son las probabilidades p de la cola de la derecha de estos dos valores?

(c) ¿Entre qué dos valores se encuentra el valor P de la prueba?

(d) ¿Es significativo el valor $t = 1{,}82$ a un nivel del 5%? ¿Es significativo a un nivel del 1%?

7.6. El estadístico t de una muestra de $n = 25$ observaciones para contrastar la prueba de dos colas de

$$H_0 : \mu = 64$$
$$H_a : \mu \neq 64$$

tiene un valor $t = 1{,}12$.

(a) ¿Cuántos grados de libertad tiene t?

(b) Sitúa los dos valores críticos t^* de la tabla C entre los que se encuentra t. ¿Cuáles son las probabilidades p de la cola de la derecha de estos dos valores?

(c) ¿Entre qué dos valores se encuentra el valor P de la prueba? (Ten en cuenta que H_a tiene dos colas.)

(d) El valor $t = 1{,}12$, ¿es estadísticamente significativo a un nivel del 10%? ¿Y a un nivel del 5%?

7.7. Envenenamiento con DDT. El envenenamiento con DDT causa temblores y convulsiones. En un estudio sobre envenenamiento con DDT, unos investigadores suministraron una determinada cantidad de este producto a un grupo de ratas. Más tarde se tomaron datos sobre sus sistemas nerviosos para averiguar cómo el DDT causa temblores. Una variable importante era el "periodo absolutamente refractario", es decir, el tiempo que necesita un nervio para recuperarse después de un estímulo. La variación de este periodo es normal. Las mediciones hechas en cuatro ratas dieron los siguientes datos (en milisegundos):[2]

1,6 1,7 1,8 1,9

(a) Halla la media del periodo absolutamente refractario $\bar{x}$ y su error típico.

(b) Calcula un intervalo de confianza del 90% para la media del periodo absolutamente refractario para todas las ratas de este tipo que fueron sometidas al mismo tratamiento.

(c) Supón que la media del periodo absolutamente refractario para ratas no envenenadas es de 1,3 milisegundos. El envenenamiento con DDT debería retrasar la recuperación del nervio y, por tanto, aumentar dicho periodo. Los datos, ¿proporcionan buena evidencia a favor de esta afirmación? Plantea H_0 y H_a, y lleva a cabo la prueba t. ¿Entre qué valores de la tabla C se halla el valor P? ¿Qué conclusiones obtienes de esta prueba?

7.2.4 Procedimientos *t* para diseños por pares

El estudio del ejemplo 7.1 estimó el contenido medio de azúcar en los intestinos de unas cucarachas, aunque, para tener una visión más general, los investigadores compararon después los resultados en varios tejidos y en distintos tiempos antes de la disección. La prueba de cata del ejemplo 7.2 corresponde a un estudio por pares, en el cual los mismos 10 catadores valoraron el dulzor de los refrescos antes y después de su almacenamiento. Los estudios comparativos son más convincentes que las investigaciones basadas en una sola muestra. Por este motivo, la inferencia basada en una muestra es menos habitual que la inferencia comparativa. Un diseño experimental bastante frecuente utiliza los procedimientos t de una muestra para comparar dos tratamientos. En un **diseño por pares**, los sujetos se agrupan por pares y cada sujeto del par recibe uno de los dos tratamientos. El investigador puede lanzar una moneda al aire para asignar los tratamientos a los sujetos de cada par. Otra situación a la que conviene aplicar un diseño por pares es cuando hay observaciones del antes y el después con los mismos sujetos, como en la prueba de cata del ejemplo 7.2.

Diseño por pares

[2]D. L. Shankland, "Involvement of spinal cord and peripheral nerves in DDT-poisoning syndrome in albino rats", *Toxicology and Applied Pharmacology*, 6, 1964, págs. 197-213.

PROCEDIMIENTOS *t* EN DISEÑOS POR PARES

Para comparar las respuestas de dos tratamientos en un diseño por pares, aplica los procedimientos t de una muestra a las diferencias observadas.

El parámetro μ en un procedimiento t de un diseño por pares es la media de las diferencias entre las respuestas a los dos tratamientos de los sujetos de cada par en toda la población.

Tabla 7.1. Tiempo medio necesario para hallar la salida de un laberinto.

Sujeto	Sin esencia	Con esencia	Diferencia	Sujeto	Sin esencia	Con esencia	Diferencia
1	30,60	37,97	−7,37	12	58,93	83,50	−24,57
2	48,43	51,57	−3,14	13	54,47	38,30	16,17
3	60,77	56,67	4,10	14	43,53	51,37	−7,84
4	36,07	40,47	−4,40	15	37,93	29,33	8,60
5	68,47	49,00	19,47	16	43,50	54,27	−10,77
6	32,43	43,23	−10,80	17	87,70	62,73	24,97
7	43,70	44,57	−0,87	18	53,53	58,00	−4,47
8	37,10	28,40	8,70	19	64,30	52,40	11,90
9	31,17	28,23	2,94	20	47,37	53,63	−6,26
10	51,23	68,47	−17,24	21	53,67	47,00	6,67
11	65,40	51,10	14,30				

EJEMPLO 7.3. Olores florales y aprendizaje

Se dice que escuchar a Mozart mejora los resultados de las pruebas realizadas por estudiantes. Es posible que los buenos olores tengan el mismo efecto. Para probar esta idea, 21 sujetos tuvieron que pasar una prueba que consistía en marcar con un lápiz la trayectoria a seguir para salir de un laberinto mientras llevaban puesta una mascarilla. La mascarilla era inodora o bien contenía una esencia floral. La variable respuesta es el tiempo medio en tres ensayos. Cada sujeto tenía que pasar la prueba con cada una de las mascarillas. El orden de realización de las pruebas era aleatorio. La aleatorización es importante ya que los sujetos tienden a mejorar sus tiempos al repetir la prueba varias veces. La tabla 7.1 da los tiempos medios con ambas mascarillas.[3]

Para analizar estos datos, resta los tiempos "con esencia" de los tiempos "sin esencia". Las 21 diferencias forman una sola muestra. Aparecen en la columna de "diferencias" de la tabla 7.1. El primer sujeto, por ejemplo, tardó 7,37 segundos menos cuando llevaba la mascarilla con esencia, por tanto la diferencia es negativa. Debido a que tiempos menores indican un mejor resultado, las diferencias positivas indican que el sujeto lo hizo mejor cuando llevaba una mascarilla con esencia. Un diagrama de tallos de las diferencias (figura 7.4) muestra que su distribución es simétrica con una forma razonablemente normal.

−2	5
−1	7 1 1
−0	8 7 6 4 4 3 1
0	3 4 7 9 9
1	2 4 6 9
2	5

Figura 7.4. Diagrama de tallos de las diferencias de tiempo para hallar la salida de un laberinto. Datos correspondientes a los 21 sujetos del ejemplo 7.3. Los datos se han redondeado al valor entero más próximo. Fíjate en que el tallo 0 debe aparecer dos veces, para poder mostrar las diferencias entre −9 y 0 y entre 0 y 9.

Paso 1. Hipótesis. Para valorar si el perfume floral mejoró los resultados de forma significativa, contrastamos

$$H_0 : \mu = 0$$

$$H_a : \mu > 0$$

Aquí μ es media de las diferencias en la población de la cual se obtuvieron los sujetos. La hipótesis nula dice que no tiene lugar ninguna mejora, H_a indica que como media, los tiempos con mascarilla sin esencia son mayores que los tiempos con esencia floral.

[3] A. R. Hirsch y L. H. Johnston, "Odors and learning", *Journal of Neurological and Orthopedic Medicine and Surgery*, 17, 1996, págs. 119-126.

Paso 2. Estadístico de contraste. Las 21 diferencias tienen

$$\bar{x} = 0{,}9567 \quad \text{y} \quad s = 12{,}5479$$

En consecuencia, el estadístico t de una muestra es

$$t = \frac{\bar{x} - 0}{s/\sqrt{n}} = \frac{0{,}9567 - 0}{12{,}5479/\sqrt{21}} = 0{,}349$$

Paso 3. Valor P. Halla el valor P de la distribución $t(20)$. (Recuerda que los grados de libertad son el tamaño de la muestra menos 1.) La tabla C muestra que 0,349 es menor que el valor crítico de $t(20)$ que le corresponde un área a su derecha de 0,25. En consecuencia, el valor P es mayor que 0,25. Un programa estadístico da el valor $P = 0{,}3652$.

Conclusión: Los datos no apoyan la afirmación de que los perfumes florales mejoran los resultados. Como media, la mejora es pequeña, ya que los sujetos que llevaban la mascarilla sin esencia tardaron 0,96 segundos más. Este valor es relativamente pequeño con relación a los 50 segundos de media que tarda en terminar el laberinto un sujeto. Esta pequeña mejora no es estadísticamente significativa incluso a un nivel del 25%. ■

El ejemplo 7.3 ilustra cómo expresar los datos de una prueba por pares como si fueran datos de una sola muestra. Para ello basta con calcular las diferencias entre cada par. En realidad, estamos haciendo inferencia sobre una sola población, la población de todas las diferencias entre cada par. Es incorrecto ignorar los pares y analizar los datos como si tuviéramos dos muestras, una de los sujetos que llevaban mascarillas sin esencia y otra de los sujetos que llevaban mascarillas perfumadas. Los procedimientos inferenciales para comparar dos muestras se basan en el supuesto de que las dos muestras se obtienen de forma independiente. Este supuesto no se cumple cuando los mismos sujetos son considerados dos veces. El análisis adecuado depende del diseño utilizado para obtener los datos.

Debido a que los procedimientos t son tan comunes, todos los programas estadísticos pueden hacerte los cálculos. Si conoces los procedimientos t, puedes comprender los resultados de cualquier programa. La figura 7.5 muestra los resultados del ejemplo 7.3 obtenidos a partir de tres programas estadísticos: Minitab, Data Desk y Excel. En cada caso, hemos introducido los datos y pedimos al programa que haga la prueba t para datos por pares de una cola. Los tres resultados contienen información ligeramente distinta, sin embargo todos incluyen los cálculos básicos: $t = 0{,}349$, $P = 0{,}365$.

Paired T-Test and Confidence Level

```
Paired T for sin_esencia - con_esencia

                N    Mean   StDev  SE Mean
 sin_esencia   21   50.01   14.36     3.13
 con_esencia   21   49.06   13.39     2.92
 diferencia    21    0.96   12.55     2.74

95% CI for mean difference: (-4.76, 6.67)
T-Test of mean difference = 0 (vs > 0): T-Value = 0.35 P-Value = 0.365
```

(a) Minitab

```
sin_esencia - con_esencia:
Test Ho:μ(sin_esencia-con_esencia)= 0 vs Ha:μ(sin_esencia-con_esencia)> 0
Mean of Paired Differences = 0.956667 t-Statistic = 0.349 w/20 df
Fail to reject Ho at Alpha = 0.0500
p = 0.3652
```

(b) Data Desk

t-Test: Paired Two Sample for Means

	Variable 1	*Variable* 2
Mean	50.01429	49.05762
Variance	206.3097	179.1748
Observations	21	21
Pearson Correlation	0.593026	
Hypothesized Mean Difference	0	
df	20	
t Stat	0.349381	
P(T<=t) one-tail	0.365227	
t Critical one-tail	1.724718	
P(T<=t) two-tail	0.730455	
t Critical two-tail	2.085962	

(c) Excel

Figura 7.5. Resultados correspondientes a tres programas estadísticos, de la prueba t del diseño por pares del ejemplo 7.3. Es fácil hallar los resultados básicos en los datos de cualquiera de los tres programas.

APLICA TUS CONOCIMIENTOS

A partir de ahora, muchos ejercicios te piden que halles el valor P de una prueba t. Si tienes una calculadora o un ordenador con un programa estadístico adecuado, da el valor P exacto. Si no lo tienes, utiliza la tabla C para dar los dos valores entre los que se halle P.

7.8. Cultivo de tomates. Un experimento agrícola compara el rendimiento de dos variedades comerciales de tomates. Unos investigadores dividen por la mitad 10 parcelas situadas en distintas localidades y plantan cada variedad de tomate en cada una de las mitades de las parcelas. Después de la cosecha, los investigadores comparan los rendimientos, en kilos por planta, en cada localidad. Las 10 diferencias (Variedad A − Variedad B) dan $\bar{x} = 0{,}75$ y $s = 1{,}83$. ¿Existe suficiente evidencia de que como media la Variedad A tiene un rendimiento mayor?

(a) Describe con palabras qué es el parámetro μ en este contexto.

(b) Plantea H_0 y H_a.

(c) Halla el estadístico t y da el valor P. ¿Cuáles son tus conclusiones?

7.9. Derecha versus izquierda. El diseño de mandos e instrumentos influye en la facilidad con que la gente puede utilizarlos. El proyecto de un alumno consistió en investigar este efecto pidiendo a 25 compañeros diestros que accionaran un mando giratorio (con la mano derecha) que por la acción del giro desplazaba un indicador. Había dos instrumentos idénticos, uno con el mando que giraba hacia la derecha y otro con el mando que giraba hacia la izquierda. La tabla 7.2 da los tiempos en segundos que tardó cada sujeto en desplazar el indicador una determinada distancia.[4]

(a) Cada uno de los 25 estudiantes que participaron en el experimento utilizó ambos instrumentos. Comenta brevemente cómo utilizarías la aleatorización para preparar el experimento.

(b) El proyecto esperaba demostrar que las personas diestras utilizan más fácilmente los mandos que giran hacia la derecha. ¿Cuál es el parámetro μ de una prueba t por pares? Plantea H_0 y H_a en términos de μ.

(c) Lleva a cabo una prueba con tus hipótesis. Da el valor P e informa de tus conclusiones.

[4] Datos de Timothy Sturm.

Tabla 7.2. Tiempos empleados utilizando mandos de giro hacia la derecha y mandos de giro hacia la izquierda.

Sujeto	Giro hacia la derecha	Giro hacia la izquierda	Sujeto	Giro hacia la derecha	Giro hacia la izquierda
1	113	137	14	107	87
2	105	105	15	118	166
3	130	133	16	103	146
4	101	108	17	111	123
5	138	115	18	104	135
6	118	170	19	111	112
7	87	103	20	89	93
8	116	145	21	78	76
9	75	78	22	100	116
10	96	107	23	89	78
11	122	84	24	85	101
12	103	148	25	88	123
13	116	147			

7.10. Calcula un intervalo de confianza del 90% para la media de la ganancia del tiempo empleado con los mandos que giran hacia la derecha con relación al tiempo empleado con los mandos que giran hacia la izquierda, en el contexto del ejercicio 7.9. ¿Crees que el tiempo ahorrado tendría una importancia práctica si la tarea se efectuara muchas veces, por ejemplo, por parte de un trabajador de una cadena de montaje? Para ayudarte a contestar a esta pregunta, halla el tiempo medio empleado con los mandos que giran hacia la derecha como porcentaje del tiempo medio empleado con los mandos que giran hacia la izquierda.

7.2.5 Robustez de los procedimientos *t*

Los procedimientos *t* de una muestra sólo son completamente exactos cuando la población es normal. Pero las poblaciones reales nunca son exactamente normales. Por tanto, la utilidad de los procedimientos *t*, en la práctica, depende de cómo se vean afectados por la falta de normalidad.

PROCEDIMIENTOS ROBUSTOS

Un intervalo de confianza o una prueba de significación son considerados **robustos** si el nivel de confianza o el valor *P* no cambian mucho cuando se violan los supuestos en los que se basa el procedimiento.

Debido a que las colas de las curvas normales descienden muy rápidamente, las muestras de poblaciones normales deben tener muy pocas observaciones atípicas. Las observaciones atípicas sugieren que los datos no constituyen una muestra de una población normal. **De forma similar a lo que ocurre con $\bar{x}$ y con s, los procedimientos t se ven muy influidos por las observaciones atípicas.**

EJEMPLO 7.4. Efecto de las observaciones atípicas

Los datos de las cucarachas del ejemplo 7.1 eran

55,95   68,24   52,73   21,50   23,78

Si las dos observaciones de valores muy pequeños se incrementaran en 20 microgramos, a 41,5 y 43,78, la media aumentaría de $\bar{x} = 44{,}44$ a $\bar{x} = 52{,}44$, y la desviación típica bajaría de $s = 20{,}74$ a $s = 10{,}69$. El intervalo de confianza para μ sería la mitad de ancho que el del ejemplo 7.1. ■

Afortunadamente, los procedimientos t son bastante robustos respecto a la falta de normalidad de la población cuando no hay observaciones atípicas, especialmente cuando la distribución de los datos es aproximadamente simétrica. Las muestras grandes mejoran la precisión de los valores P y de los valores críticos de las distribuciones t cuando la población no es normal. La principal razón para este comportamiento es el teorema del límite central. El estadístico t utiliza la media muestral $\bar{x}$, la cual es más normal a medida que aumenta el tamaño de la muestra, incluso cuando la población no tiene una distribución normal.

Siempre que tengas muestras pequeñas, antes de utilizar los procedimientos t, dibuja un gráfico para detectar asimetrías o la presencia de observaciones atípicas. Si dispones de 15 observaciones o más, los procedimientos t que hemos visto se pueden aplicar de forma segura cuando $n \geq 15$ a no ser que entre los datos existan observaciones atípicas o que la distribución sea muy asimétrica. He aquí unas reglas prácticas para hacer inferencia para una sola media.[5]

[5]Harry O. Posten, "The robustness of the one-sample t-test over the Pearson system", *Journal of Statistical Computation and Simulation*, 9, 1979, págs. 133-149 y E. S. Pearson y N. W. Please, "Relation between the shape of population distribution and the robustness of four simple test statistics", *Biometrika*, 62, 1975, págs. 223-241.

UTILIZACIÓN DE LOS PROCEDIMIENTOS t

- Excepto en el caso de muestras pequeñas, el supuesto de que los datos sean una muestra aleatoria simple de la población de interés es más importante que el supuesto de que la distribución de la población sea normal.

- *Tamaño de muestra menor que 15.* Utiliza los procedimientos t si los datos son aproximadamente normales. Si los datos no son claramente normales o si existen observaciones atípicas, no utilices los procedimientos t.

- *Tamaño de la muestra mayor o igual a 15.* Los procedimientos t se pueden utilizar a no ser que existan observaciones atípicas o que la distribución sea muy asimétrica.

- *Muestras grandes.* Los procedimientos t se pueden utilizar incluso para distribuciones muy asimétricas cuando la muestra sea grande, aproximadamente cuando $n \geq 40$.

EJEMPLO 7.5. ¿Podemos utilizar una t?

Considera algunos de los conjuntos de datos que representamos gráficamente en el capítulo 1. La figura 7.6 muestra los histogramas.

- La figura 7.6(a) es un histograma de los porcentajes de residentes de 65 o más años en cada uno de los Estados de EE UU. *Tenemos datos de toda la población de los 50 Estados; por tanto, no tiene sentido hacer inferencia.* Podemos calcular de manera exacta la media de la población. No tenemos la incertidumbre que se presenta cuando sólo disponemos de una muestra de la población, por lo que no es necesario ningún intervalo de confianza ni ninguna prueba de significación.

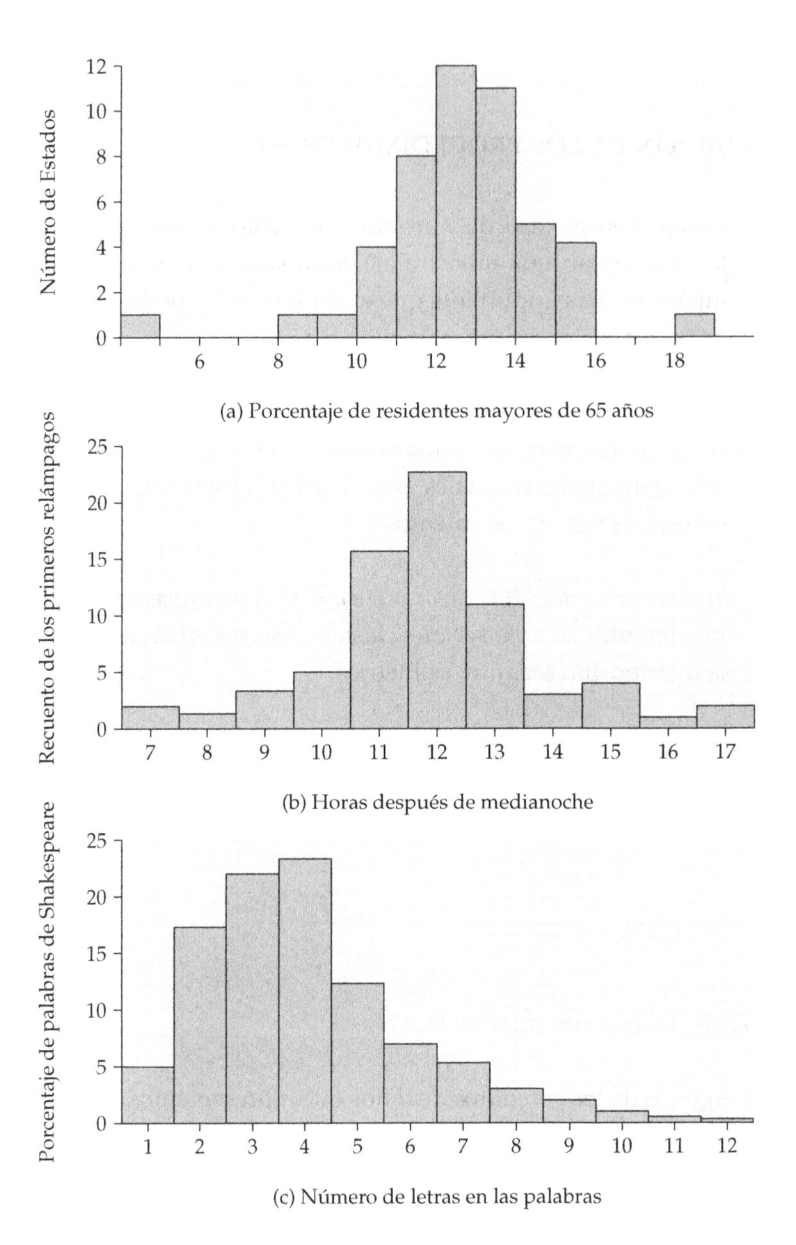

Figura 7.6. ¿Podemos utilizar los procedimientos t con estos datos? (a) Porcentajes de residentes con al menos 65 años en los distintos Estados de EE UU. No: se trata de toda la población, no de una muestra. (b) Hora del día en la que se produce el primer relámpago en una localidad de Colorado. Sí, hay más de 70 observaciones con una distribución simétrica. (c) Longitud de las palabras en las obras de Shakespeare. Sí, si la muestra es suficientemente grande como para contrarrestar la asimetría hacia la derecha.

- La figura 7.6(b) muestra la distribución de la hora del día en que se produce el primer relámpago en una región montañosa de Colorado, EE UU. Los datos contienen más de 70 observaciones que tienen una distribución simétrica. Puedes utilizar los procedimientos *t* para sacar conclusiones sobre la media de la hora del día en la que se produce el primer relámpago con toda fiabilidad.
- La figura 7.6(c) muestra que la distribución de la longitud de las palabras de las obras de Shakespeare es muy asimétrica hacia la derecha. No sabemos el número de observaciones de que disponemos. Se pueden utilizar los procedimientos *t* con una distribución de este tipo si el número de observaciones es igual o mayor que 40. ■

APLICA TUS CONOCIMIENTOS

7.11. La dependencia de la cafeína, ¿es real? Nuestros sujetos son 11 personas diagnosticadas como dependientes de la cafeína. A cada una de ellas se le impidió tomar café, cola o cualquier otra sustancia que contuviera cafeína. Sin embargo, se les suministró unos comprimidos que contenían su dosis habitual de cafeína. Asimismo, durante diferentes periodos de tiempo, los sujetos estudiados tomaron comprimidos placebo. El orden en el cual los sujetos tomaron la cafeína o el placebo fue al azar. La tabla 7.3 contiene datos sobre dos pruebas que pasaron los sujetos. "Depresión" es el resultado de la prueba Beck. Una puntuación mayor en esta prueba indica más síntomas de depresión. "Pulso" es el número de pulsaciones por minuto de cada sujeto después de pedirle que accionara un mando 200 veces de la forma más rápida posible. Queremos saber si la falta de cafeína afecta a estos resultados.[6]

(a) El estudio se llevó a cabo doblemente a ciegas. ¿Qué significa esto?

(b) Este experimento por pares, ¿proporciona evidencia de que la falta de cafeína aumenta los valores de los indicadores de depresión? Dibuja un diagrama de tallos para comprobar que no existe una falta de normalidad exagerada de la distribución de las diferencias. Plantea las hipótesis, y lleva a cabo la prueba. ¿Cuáles son tus conclusiones?

[6]E. C. Strain, G. K. Mumford, K. Silverman y R. R. Griffiths, "Caffeine dependence syndrome: evidence from case histories and experimental evaluation", *Journal of the American Medical Association*, 272, 1994, págs. 1.604-1.607.

(c) Ahora dibuja un diagrama de tallos correspondiente a las diferencias del número de pulsaciones por minuto con cafeína o sin ella. ¿Se te plantea alguna duda a la hora de utilizar los procedimientos *t* con estos datos? ¿Por qué?

Tabla 7.3. Resultados del estudio sobre la dependencia de la cafeína.

Sujeto	Depresión (cafeína)	Depresión (placebo)	Pulso (cafeína)	Pulso (placebo)
1	5	16	281	201
2	5	23	284	262
3	4	5	300	283
4	3	7	421	290
5	8	14	240	259
6	5	24	294	291
7	0	6	377	354
8	0	3	345	346
9	2	15	303	283
10	11	12	340	391
11	1	0	408	411

7.12. ¿Cargarán más? Un banco se pregunta si la eliminación de la cuota anual de la tarjeta de crédito de los clientes que carguen en ella un mínimo de 2.400 € al año haría aumentar los cargos en sus tarjetas. El banco hace esta oferta a una muestra aleatoria simple de 200 clientes con tarjeta de crédito. Posteriormente, compara lo que han cargado esos clientes este año con lo que cargaron el año anterior. El aumento medio es de 332 € y la desviación típica es de 108 €.

(a) ¿Existe evidencia significativa a un nivel del 1% de que la cantidad media cargada aumenta con la oferta de eliminación de la cuota? Plantea H_0 y H_a, y lleva a cabo una prueba *t*.

(b) Calcula un intervalo de confianza del 99% para la media del aumento.

(c) La distribución de las cantidades cargadas en las tarjetas de crédito es asimétrica hacia la derecha, pero no existen observaciones atípicas debido al límite de crédito que el banco impone a cada tarjeta. La utilización de los procedimientos *t* está justificada en este caso, a pesar de que la distribución de la población no es normal. Explica por qué.

(d) Un observador crítico puntualiza que los clientes posiblemente habrían cargado en sus tarjetas más este año que el año pasado incluso sin la oferta del banco, debido a que la situación económica actual es mejor que la del año pasado y los tipos de interés son más bajos. Describe brevemente el diseño de un experimento para estudiar el efecto de la eliminación de la cuota que evitaría esta crítica.

7.13. Cigüeñales de auto. He aquí las mediciones (en milímetros) de una dimensión crítica de 16 cigüeñales de un motor para automóviles:

224,120	224,001	224,017	223,982	223,989	223,961
223,960	224,089	223,987	223,976	223,902	223,980
224,098	224,057	223,913	223,999		

Se supone que la dimensión crítica de los cigüeñales es de 224 mm y que la variabilidad del proceso de fabricación es desconocida. ¿Existe suficiente evidencia de que la dimensión media no es de 224 mm?

(a) Comprueba gráficamente que no haya observaciones atípicas o una fuerte asimetría que pudieran amenazar la validez de los procedimientos t. ¿A qué conclusión llegas?

(b) Plantea H_0 y H_a, y lleva a cabo una prueba t. Halla el valor P (de la tabla C o de un programa estadístico). ¿A qué conclusión llegas?

RESUMEN DE LA SECCIÓN 7.2

Las pruebas y los intervalos de confianza para la media μ de una población normal se basan en la media muestral $\bar{x}$ de una muestra aleatoria simple. El teorema del límite central garantiza que estos procedimientos son aproximadamente correctos con otro tipo de distribuciones poblacionales cuando las muestras son grandes.

La media muestral estandarizada es el **estadístico z de una muestra,**

$$z = \frac{\bar{x} - \mu}{\sigma/\sqrt{n}}$$

Cuando conocemos σ, utilizamos el estadístico z y la distribución normal estandarizada.

En la práctica, no conocemos σ. Sustituye la desviación típica $\frac{\sigma}{\sqrt{n}}$ de $\bar{x}$ por el **error típico** $\frac{s}{\sqrt{n}}$ para obtener el **estadístico t de una muestra**

$$t = \frac{\bar{x} - \mu}{s/\sqrt{n}}$$

El estadístico t tiene una **distribución t** con $n - 1$ grados de libertad.

Existe una distribución t distinta para cada valor positivo k de **grados de libertad**. Todas las distribuciones t son simétricas con forma similar a la distribución normal estandarizada. La distribución $t(k)$ se aproxima a la distribución $N(0, 1)$ a medida que k aumenta.

Un **intervalo de confianza** de nivel C exacto para la media μ de una población normal es

$$\bar{x} \pm t^* \frac{s}{\sqrt{n}}$$

donde t^* es el valor crítico superior $\frac{(1-C)}{2}$ de una distribución $t(n-1)$.

Las **pruebas de significación** $H_0 : \mu = \mu_0$, se basan en el estadístico t. Utiliza los valores P o los niveles de significación predeterminados de la distribución $t(n-1)$ para contrastar las hipótesis.

Utiliza estos procedimientos t de una muestra para analizar los datos de los **diseños por pares**. Primero tienes que calcular la diferencia dentro de cada par para obtener una sola muestra.

Los procedimientos t son relativamente **robustos** cuando la población no es normal, especialmente para tamaños de muestra grandes. Los procedimientos t son útiles con datos no normales cuando $n \geq 15$, a no ser que los datos contengan observaciones atípicas o muestren una fuerte asimetría.

EJERCICIOS DE LA SECCIÓN 7.2

Cuando un ejercicio pida un valor P, dalo de forma exacta si tienes una calculadora adecuada o un programa estadístico. Si no es así, utiliza la tabla C para dar dos valores entre los que se encuentra P.

7.14. El estadístico t de una muestra para contrastar

$$H_0 : \mu = 10$$

$$H_a : \mu < 10$$

basado en $n = 10$ observaciones tiene un valor $t = -2{,}25$.

(a) ¿Cuántos grados de libertad tiene este estadístico?

(b) ¿Entre qué dos probabilidades p de la tabla C se encuentra el valor P de la prueba?

7.15. Investigación de mercado. Un fabricante de pequeños electrodomésticos contrata una empresa de investigación de mercados para estimar las ventas de sus productos al por menor. Dicha empresa obtiene la información a partir de una muestra de tiendas minoristas. Este mes, una muestra aleatoria simple de 75 tiendas pone de manifiesto que este tipo de establecimientos vendieron como media 24 batidoras de este fabricante, con una desviación típica de 11.

(a) Calcula un intervalo de confianza del 95% para la media de las batidoras vendidas en todas las tiendas.

(b) La distribución de las ventas es muy asimétrica hacia la derecha, ya que hay muchas tiendas pequeñas y unas pocas muy grandes. La utilización de t en (a) es razonablemente segura a pesar de esta violación del supuesto de normalidad. ¿Por qué?

7.16. Tiburones. Los tiburones blancos son grandes y muy feroces. He aquí la longitud en metros de 44 ejemplares:[7]

5,61	3,69	5,58	4,92	4,71	5,49	4,38	4,74	4,47	5,28	3,63
4,92	5,01	5,28	4,86	3,78	5,34	4,14	3,66	4,56	4,41	3,72
3,96	4,34	4,29	4,98	2,82	5,46	3,96	4,08	4,59	4,83	4,05
5,73	4,86	6,84	5,04	4,08	3,96	4,71	5,91	5,61	3,96	5,04

(a) Examina la distribución de estos datos en relación con su forma, centro, dispersión y presencia de observaciones atípicas. La distribución es razonablemente normal excepto por la presencia de dos observaciones atípicas, una en cada dirección. Debido a que estas observaciones no son extremas y además se conserva la simetría de la distribución, la utilización de los procedimientos t es segura con 44 observaciones.

(b) Calcula un intervalo de confianza del 95% para la media de la longitud de los tiburones blancos. Basándote en este intervalo, ¿existe evidencia significativa al 5% para rechazar la afirmación: "como media los tiburones blancos miden 6 metros"?

(c) No queda del todo claro qué parámetro μ estimaste en **(b)**. Para decir exactamente qué es μ, ¿qué información necesitas?

7.17. Calcio y presión sanguínea. En un experimento comparativo aleatorizado sobre el efecto del calcio de la dieta sobre la presión sanguínea, unos investigadores dividieron al azar a 54 hombres sanos en dos grupos. Uno recibió calcio; el otro, un placebo. Al comienzo del estudio, los investigadores midieron una serie de variables en los sujetos. El informe del estudio da $\bar{x} = 114{,}9$ y $s = 9{,}3$ para la presión sanguínea sistólica de los 27 sujetos del grupo placebo.

(a) Calcula un intervalo de confianza del 95% para la media de la presión sanguínea de la población de la que proceden estos sujetos.

[7]Datos de Chris Olsen.

(b) ¿Qué supuestos en relación con la población y el diseño del estudio exige el procedimiento que utilizaste en (a)? ¿Cuáles de estos supuestos son, en este caso, importantes para la validez del procedimiento?

7.18. Calibración de instrumentos. La cromatografía de gases es una técnica utilizada para analizar pequeñas concentraciones de determinados compuestos. Los cromatógrafos de gases se calibran haciendo lecturas repetidas de un patrón con una concentración conocida. Un estudio sobre la calibración de estos aparatos utiliza un patrón que contiene 1 nanogramo por litro (es decir, 10^{-9} gramos) de un determinado compuesto. Las lecturas que se obtienen son las siguientes.[8]

21,6   20,0   25,0   21,9

Se sabe por experiencia que las lecturas varían de acuerdo con una distribución normal, a no ser que una observación atípica indique un error en el análisis. Estima la media de las lecturas obtenidas y halla el error de estimación para un nivel de confianza de tu elección. Luego explica a un químico que no sepa estadística lo que significa tu error de estimación.

7.19. Embriones de artemia. Los embriones de artemia pueden entrar en una fase de latencia en la cual la actividad metabólica desciende a un nivel bajo. Unos investigadores que estudiaron esta fase de latencia determinaron los niveles de varias sustancias importantes para el metabolismo. Los investigadores presentaron sus resultados en forma de tabla, con la nota, "los valores son medias $\pm$ ETM de tres muestras independientes". El valor del nivel de ATP en la tabla era $0{,}84 \pm 0{,}01$. Los biólogos que lean el artículo tienen que ser capaces de descifrar qué significa esto.[9]

(a) ¿Qué significa la abreviatura ETM?

(b) Los investigadores realizaron tres determinaciones del nivel de ATP, que dieron $\bar{x} = 0{,}84$. Calcula un intervalo de confianza del 90% para la media del nivel de ATP en los embriones de artemia en latencia.

7.20. Adopción de la cultura anglosajona. La prueba ARSMA (Acculturation Rating Scale for Mexican Americans) mide el grado de adopción de la cultura anglosajona por parte de los estadounidenses de origen mexicano. Durante la etapa de

[8] D. A. Kurtz (ed.), *Trace Residue Analysis*, American Chemical Society Symposium Series, nº 284, 1985.

[9] S. C. Hand y E. Gnaiger, "Anaerobic dormancy quantified in *Artemia embryos*", *Science*, 239, 1988, págs. 1.425-1.427.

elaboración del ARSMA, se sometió a la prueba a un grupo de 17 mexicanos. Sus puntuaciones, en un intervalo posible de 1,00 a 5,00, mostraron una distribución simétrica con $\bar{x} = 1{,}67$ y $s = 0{,}25$. Debido a que resultados bajos indicarían una fuerte presencia de la cultura mexicana, estos resultados ayudaron a validar la prueba.[10]

(a) Calcula un intervalo de confianza del 95% para la media de los resultados de los mexicanos en la prueba ARSMA.

(b) ¿Qué supuestos exige tu intervalo de confianza? ¿Cuál de estos supuestos es el más importante en este caso.

7.21. Cicatrización de heridas. Entre distintos puntos de la piel existen de forma natural diferencias de potencial. El campo eléctrico creado espontáneamente por este hecho, ¿facilita la cicatrización de las heridas? Si fuese así, un cambio en el campo eléctrico podría ralentizar la cicatrización. Los sujetos del estudio son tritones anestesiados. Haz un corte, con una navaja, en la piel de cada una de las patas traseras de un tritón. Deja que una de las heridas cicatrice de forma natural (el grupo de control). Utiliza un electrodo para bajar a la mitad el campo eléctrico en la piel de la otra pata. Después de dos horas, mide la velocidad de cicatrización. La tabla 7.4 proporciona las velocidades de cicatrización (en micrómetros por hora) de 14 tritones.[11]

(a) Como es habitual, el artículo donde se publicó este experimento no proporcionaba los resultados obtenidos en el mismo. Se supone que los lectores son capaces de interpretar los resúmenes que aparecen en dicho artículo. Éste resumió las diferencias de la tabla como "$-5{,}71 \pm 2{,}82$" y decía: "Todos los valores se expresan como medias $\pm$ el error típico de la media". Indica de dónde vienen los números $-5{,}71$ y $2{,}82$.

(b) Los investigadores querían saber si un cambio en el campo eléctrico reduciría la velocidad media de cicatrización de las heridas. Plantea las hipótesis, lleva a cabo la prueba e indica tus conclusiones. El resultado de la prueba, ¿es estadísticamente significativo a un nivel de significación del 5%? ¿Y a un nivel del 1%? (Los investigadores compararon diversos campos eléctricos y llegaron a la conclusión de que el campo eléctrico natural es el más adecuado para acelerar la cicatrización.)

[10] I. Cuellar, L. C. Harris y R. Jasso, "An acculturation scale for Mexican American normal and clinical populations", *Hispanic Journal of Behavioral Sciences*, 2, 1980, págs. 199-217.

[11] D. D. S. Iglesia, E. J. Cragoe, Jr. y J. W. Vanable, "Electric field strength and epithelization in the newt (*Notophthalmus viridescens*)", *Journal of Experimental Zoology*, 274, 1996, págs. 56-62

Tabla 7.4. Velocidades de cicatrización de heridas en la piel de tritones.

Tritón	Pata experimental	Pata control	Diferencia
13	24	25	−1
14	23	13	10
15	47	44	3
16	42	45	−3
17	26	57	−31
18	46	42	4
19	38	50	−12
20	33	36	−3
21	28	35	−7
22	28	38	−10
23	21	43	−22
24	27	31	−4
25	25	26	−1
26	45	48	−3

(c) Calcula un intervalo de confianza del 90% para el cambio medio de la velocidad de cicatrización como consecuencia de la modificación del campo eléctrico. A continuación, explica qué significa que tenemos "una confianza del 90%" en el resultado.

7.22. ARSMA versus BI. La prueba ARSMA (ejercicio 7.20) se comparó con una prueba similar, la prueba BI (Bicultural Inventory), haciéndolas pasar a 22 ciudadanos de EE UU de origen mexicano. Las dos pruebas tienen el mismo intervalo de resultados (de 1,00 a 5,00) y se ajustaron de manera que las medias de las dos pruebas al aplicarse a los grupos experimentales fueran similares. Se observó una alta correlación entre los resultados de las dos pruebas, lo que es una evidencia a favor de que ambas miden las mismas características. Los investigadores querían saber si las medias de los resultados poblacionales eran iguales en las dos pruebas. Las diferencias de los resultados (ARSMA – BI) de los 22 sujetos fueron $\bar{x} = 0{,}2519$ y $s = 0{,}2767$.

(a) Describe brevemente cómo organizarías la aplicación de las dos pruebas a los 22 sujetos. Incluye la aleatorización.

(b) Lleva a cabo una prueba de significación para la hipótesis de que las dos pruebas tienen la misma media poblacional. Halla el valor P y justifica tus conclusiones.

(c) Calcula un intervalo de confianza del 95% para la diferencia entre los resultados medios de las dos pruebas.

7.23. Salarios de altos ejecutivos. Un estudio sobre el salario de los altos ejecutivos examinó los ingresos, después de tener en cuenta la inflación, de esta clase de ejecutivos en 104 empresas durante el periodo 1977-1988. Entre los datos había las medias de los aumentos salariales anuales de cada uno de los 104 ejecutivos. La media de los aumentos porcentuales era del 6,9%. Los datos mostraron una gran variación, con una desviación típica del 17,4%. La distribución era claramente asimétrica hacia la derecha.[12]

(a) A pesar de la asimetría de la distribución, no había observaciones atípicas extremas. Explica por qué podemos utilizar los procedimientos t con estos datos.

(b) ¿Cuántos grados de libertad hay? Cuando los grados de libertad exactos no están en la tabla C, utiliza los grados de libertad con el valor menor inmediato de la tabla.

(c) Calcula un intervalo de confianza del 99% para el aumento medio de los salarios de los altos ejecutivos. ¿Qué condición esencial deben cumplir los datos para que los resultados sean fiables?

7.24. Comparación de dos medicamentos. Los fabricantes de medicamentos genéricos deben demostrar que éstos no son significativamente distintos de los medicamentos de "referencia" con la misma materia activa. Un aspecto en el que pueden diferir ambos medicamentos es en su absorción en la sangre. La tabla 7.5 proporciona datos de absorción de los dos tipos de medicamentos obtenidos en 20 hombres sanos no fumadores.[13] Estamos ante un diseño por pares. Los sujetos del 1 al 10 tomaron primero el medicamento genérico y los sujetos del 11 al 20 tomaron en primer lugar el medicamento de referencia. Entre la toma de ambos medicamentos se dejó pasar suficiente tiempo para asegurar que los restos del medicamento tomado en primer lugar desaparecieran de la sangre. Los números de referencia de cada sujeto se escogieron al azar para asegurar la aleatorización en el orden de toma de los medicamentos.

(a) Analiza los datos de las diferencias de absorción entre los medicamentos de referencia y los genéricos. ¿ Existe algún motivo para no aplicar los procedimientos t?

(b) Utiliza una prueba t para responder a la pregunta clave: ¿los medicamentos difieren significativamente en su absorción?

[12]Charles W. L. Hill y Phillip Phan, "CEO tenure as a determinant of CEO pay", *Academy of Management Journal*, 34, 1991, págs. 707-717.

[13]Lianng Yuh, "A biopharmaceutical example for undergraduate students", manuscrito no publicado.

Tabla 7.5. Absorción de medicamentos de referencia y genéricos.

Sujeto	Medicamento de referencia	Medicamento genérico	Sujeto	Medicamento de referencia	Medicamento genérico
15	4.108	1.755	4	2.344	2.738
3	2.526	1.138	16	1.864	2.302
9	2.779	1.613	6	1.022	1.284
13	3.852	2.254	10	2.256	3.052
12	1.833	1.310	5	938	1.287
8	2.463	2.120	7	1.339	1.930
18	2.059	1.851	14	1.262	1.964
20	1.709	1.878	11	1.438	2.549
17	1.829	1.682	1	1.735	3.340
2	2.594	2.613	19	1.020	3.050

7.25. Edades de los presidentes. La tabla 1.7 ofrece las edades de los presidentes de EE UU cuando tomaron posesión del cargo. No tiene sentido utilizar los procedimientos t (o cualquier otro procedimiento estadístico) para calcular un intervalo de confianza del 95% para la media de la edad de los presidentes. Explica por qué.

7.26 (Optativo). Potencia de la prueba *t*. El banco del ejercicio 7.12 contrastó una nueva idea con una muestra de 200 clientes. A un nivel de significación $\alpha = 0{,}01$, el banco quiere detectar un incremento medio de $\mu = 100$ € en la cantidad cargada. Quizás esto se podría conseguir con una muestra de sólo $n = 50$ clientes. Halla de forma aproximada la potencia de la prueba con $n = 50$, con una alternativa $\mu = 100$, de la siguiente manera:

(a) ¿Cuál es el valor crítico t^* de la prueba de una cola con $\alpha = 0{,}01$ y $n = 50$?

(b) Describe el procedimiento para rechazar $H_0 : \mu = 0$ en términos del estadístico t. Luego, utiliza $s = 108$ (una estimación basada en los datos en los datos del ejercicio 7.12). Describe el criterio de rechazo de H_0 en términos de $\bar{x}$.

(c) Supón que $\mu = 100$ (la alternativa considerada) y que $\sigma = 108$ (una estimación basada en los datos del ejercicio 7.12). La potencia aproximada es la probabilidad del suceso que hallaste en (b) calculada, ahora, bajo estos nuevos supuestos. Halla la potencia. ¿Recomendarías que el banco contrastara la nueva idea con sólo 50 clientes? ¿Deberían incluirse más clientes?

7.27 (Optativo). Potencia de la prueba *t*. El ejercicio 7.22 habla de un pequeño estudio que compara la prueba ARSMA con la prueba BI, dos pruebas que determinan la orientación cultural de los ciudadanos de EE UU de origen mexicano.

Este estudio, ¿detectaría una diferencia de 0,2 en los resultados medios? Para contestar a esta pregunta, calcula la potencia aproximada del contraste (con $n = 22$ sujetos y $\alpha = 0{,}05$) de

$$H_0 : \mu = 0$$
$$H_a : \mu \neq 0$$

Con la alternativa $\mu = 0{,}2$. Suponemos que σ es conocido.

(a) ¿Cuál es el valor crítico de la tabla C para $\alpha = 0{,}05$?

(b) Describe el procedimiento para rechazar H_0 a un nivel $\alpha = 0{,}05$. Luego, toma $s = 0{,}3$, el valor aproximado observado en el ejercicio 7.22, y expresa el criterio de rechazo en términos de $\bar{x}$. Fíjate en que es una prueba de dos colas.

(c) Halla la probabilidad de este suceso cuando $\mu = 0{,}2$ (la alternativa considerada) y $\sigma = 0{,}3$ (estimada con los datos del ejercicio 7.22) mediante un cálculo de probabilidad normal. Esta probabilidad es la potencia aproximada.

7.3 Comparación de dos medias

La comparación de dos poblaciones o de dos tratamientos es una de las situaciones más comunes que hay que afrontar en estadística aplicada. A estas situaciones las llamaremos *problemas de dos muestras*.

PROBLEMAS DE DOS MUESTRAS

- El objetivo de la inferencia es la comparación de las respuestas de dos tratamientos o la comparación de las características de dos poblaciones.
- Tenemos una muestra distinta de cada población o de cada tratamiento.

7.3.1 Problemas de dos muestras

Un problema de dos muestras puede surgir de un experimento comparativo aleatorizado que divida al azar a los sujetos en dos grupos y exponga a cada uno a un tratamiento distinto. La comparación de dos muestras aleatorias seleccionadas independientemente de dos poblaciones también es un problema de dos muestras. A diferencia de los diseños por pares que hemos estudiado anteriormente, las unidades experimentales no se agrupan por pares. Las dos muestras pueden ser de distinto tamaño. Los procedimientos inferenciales para los datos de dos muestras son distintos de los procedimientos inferenciales de los datos por pares. He aquí algunos problemas típicos de dos muestras.

EJEMPLO 7.6. Problemas de dos muestras

(a) Un investigador médico está interesado en el efecto sobre la presión sanguínea de un incremento de calcio en la dieta. Por este motivo, el investigador lleva a cabo un experimento comparativo aleatorizado en el cual un grupo de sujetos recibe un suplemento de calcio y un grupo de control recibe un placebo.

(b) Un psicólogo desarrolla una prueba que determina la capacidad de un individuo para captar la personalidad de la gente que le rodea. El psicólogo quiere comparar la capacidad de estudiantes universitarios de sexo masculino con la de los de sexo femenino. Con este fin, el psicólogo, hace pasar la prueba a un grupo numeroso de estudiantes de cada sexo.

(c) Un banco quiere saber cuál de sus dos planes para incentivar la utilización de las tarjetas de crédito es mejor. El banco aplica cada plan a una muestra aleatoria simple de sus clientes y después compara la cantidad cargada durante seis meses en las tarjetas de crédito de los sujetos de los dos grupos. ■

APLICA TUS CONOCIMIENTOS

7.28. ¿Qué diseño experimental? Las siguientes situaciones exigen hacer inferencia sobre una o dos medias. Identifica cada situación como (1) de una muestra, (2) de un diseño por pares o (3) de dos muestras. Los procedimientos de la sección 7.2 se aplican a los casos (1) y (2). Estamos a punto de iniciar el estudio de los procedimientos que se aplican al caso (3).

(a) Un pedagogo quiere saber si es más efectivo plantear preguntas antes o después de introducir un nuevo concepto en un texto de matemáticas destinado a la enseñanza primaria. El pedagogo prepara dos extractos del texto que introducen el concepto; uno con preguntas para suscitar el interés de los niños antes de introducir el concepto y el otro con preguntas de repaso después de introducir el concepto. El pedagogo utiliza cada extracto del texto con un grupo distinto de niños y compara los resultados de los dos grupos mediante un examen sobre este tema.

(b) Una pedagoga enfoca el mismo problema de forma diferente. Esta pedagoga prepara extractos de un texto sobre dos temas sin relación entre sí. Cada extracto tiene dos versiones, una con preguntas antes de introducirlos y otra con preguntas después de introducir los conceptos. Los sujetos son un solo grupo de niños. Cada niño estudia los dos temas, uno (escogido al azar) con preguntas antes y otro con preguntas después de los nuevos conceptos. La investigadora compara los resultados de los exámenes de cada alumno en los dos temas para ver qué tema aprendió mejor.

7.29. ¿Qué diseño experimental? Las siguientes situaciones exigen hacer inferencia para una o dos medias. Identifica cada situación como (1) de una muestra, (2) de un diseño por pares o (3) de dos muestras. Los procedimientos de la sección 7.2 se aplican a los casos (1) y (2). Estamos a punto de iniciar el estudio de los procedimientos que se aplican al caso (3).

(a) Para comprobar la fiabilidad de un nuevo método de análisis, una química tiene un patrón con una concentración conocida de una determinada sustancia. La química lleva a cabo con el nuevo método 20 análisis de la concentración de la sustancia en este patrón y comprueba si existe un sesgo comparando la media de los resultados con la concentración conocida.

(b) Otra química comprueba la fiabilidad del mismo método de análisis utilizando otro procedimiento. No tiene ninguna muestra de referencia, pero dispone de un método analítico conocido. La química quiere saber si los resultados de los dos métodos concuerdan. Con este objetivo, prepara un patrón de concentración desconocida y analiza su concentración 10 veces con el nuevo método y 10 veces con el método conocido.

7.3.2 Comparación de dos medias poblacionales

Podemos examinar gráficamente los datos de dos muestras comparando sus diagramas de tallos (para muestras pequeñas) o bien sus histogramas o diagramas de caja (para muestras grandes). Ahora aplicaremos las ideas de la inferencia formal a esta situación. Cuando las dos distribuciones poblacionales son simétricas y, especialmente, cuando al menos son aproximadamente normales, la comparación de las respuestas medias en las dos poblaciones es el objetivo más común de la inferencia. He aquí los supuestos que haremos.

SUPUESTOS PARA LA COMPARACIÓN DE DOS MEDIAS

- Tenemos **dos muestras aleatorias simples** de dos poblaciones distintas. Las muestras son **independientes**. Es decir, una muestra no tiene ninguna influencia sobre la otra. Así, por ejemplo, la agrupación por pares viola la independencia. Medimos la misma variable en las dos muestras.

- Las dos poblaciones tienen **distribuciones normales.** Las medias y las desviaciones típicas de las dos poblaciones son desconocidas.

Llamaremos x_1 a la variable que medimos en la primera población y x_2 a la variable que medimos en la segunda, ya que la variable puede tener distribuciones distintas en las dos poblaciones. La notación que utilizaremos para describir las dos poblaciones es

Población	Variable	Media	Desviación típica
1	x_1	μ_1	σ_1
2	x_2	μ_2	σ_2

Existe un total de cuatro parámetros desconocidos, las dos medias y las dos desviaciones típicas. Los subíndices nos recuerdan qué población describe cada parámetro. Queremos comparar las dos medias poblacionales, calculando un intervalo de confianza para su diferencia $\mu_1 - \mu_2$ o contrastando la hipótesis de que no existen diferencias, $H_0 : \mu_1 = \mu_2$.

Utilizamos las medias y las desviaciones típicas muestrales para estimar los parámetros desconocidos. De nuevo, los subíndices nos recuerdan de qué muestra procede cada estadístico. La notación que describen las muestras es

Población	Tamaño muestral	Media muestral	Desviación típica muestral
1	n_1	$\bar{x}_1$	s_1
2	n_2	$\bar{x}_2$	s_2

Para inferir sobre la diferencia $\mu_1 - \mu_2$ entre las dos medias poblacionales, partimos de la diferencia entre las dos medias muestrales $\bar{x}_1 - \bar{x}_2$.

EJEMPLO 7.7. ¿Se degrada el poliéster?

¿Con qué rapidez se degradan en el suelo productos sintéticos como el poliéster? Un investigador enterró tiras de poliéster en el suelo durante diferente número de semanas, luego desenterró las tiras y midió la fuerza necesaria para romperlas. Esta fuerza es fácil de medir y es un buen indicador de su estado de degradación. Fuerzas de rotura pequeñas son un indicio de que el producto se ha degradado.

Parte del estudio consistió en enterrar 10 tiras en un suelo bien drenado durante el verano. Cinco tiras, escogidas al azar, se desenterraron al cabo de 2 semanas; las otras 5 al cabo de 16. He aquí las fuerzas de rotura en kilogramos:[14]

2 semanas	260	278	278	265	284
16 semanas	273	216	243	309	243

A partir de los datos, calcula los resúmenes estadísticos:

Grupo	**Tratamiento**	n	$\bar{x}$	s
1	2 semanas	5	272,93	10,15
2	16 semanas	5	256,61	35,46

La tira que estuvo enterrada más tiempo tiene una fuerza de rotura media algo menor; asimismo, presenta más variabilidad. La diferencia observada en las fuerzas medias es

$$\bar{x}_1 - \bar{x}_2 = 272{,}93 - 256{,}61 = 16{,}32 \text{ kilogramos}$$

¿Existe evidencia clara de que el poliéster se degrada más en 16 que en dos semanas? ■

El ejemplo 7.7 corresponde a la comparación de dos muestras. Escribimos las hipótesis en términos de la fuerza media de rotura que observaríamos en toda la población de tiras de poliéster, μ_1 para las tiras enterradas durante 2 semanas y μ_2 para las tiras enterradas durante 16 semanas. Las hipótesis son

$$H_0 : \mu_1 = \mu_2$$

$$H_a : \mu_1 > \mu_2$$

[14]Sapna Aneja, "Biodeterioration of textile fibers in soil", M.S. thesis, Purdue University, 1994.

Queremos contrastar estas hipótesis y también estimar la disminución media de la fuerza de rotura, $\mu_1 - \mu_2$.

¿Se satisfacen los supuestos? Debido a la aleatorización, podemos considerar los dos grupos experimentales como dos muestras aleatorias simples independientes de tiras de poliéster. Aunque las muestras son pequeñas, examinando los datos, comprobamos que no existen signos de falta de normalidad importantes. He aquí un diagrama de tallos doble de las respuestas.

2 semanas		16 semanas
	21	6
	22	
	23	
	24	33
	25	
50	26	
88	27	3
4	28	
	29	
	30	9

El grupo de las 16 semanas presenta una mayor dispersión, tal como sugiere su desviación típica. Aunque tenemos pocas observaciones, no podemos decir que observemos ningún síntoma de falta de normalidad que impida la utilización de los procedimientos t.

7.3.3 Procedimientos *t* de dos muestras

Para valorar la significación de la diferencia observada entre las medias de nuestras dos muestras, seguimos un procedimiento parecido. Que la diferencia observada entre dos muestras sea sorprendente depende tanto de la dispersión como de las dos medias. Diferencias muy grandes entre las medias pueden surgir simplemente por azar si las observaciones individuales varían mucho. Para tener en cuenta la variación, estandarizamos la diferencia observada dividiendo por su desviación típica. Esta desviación típica es

$$\sqrt{\frac{\sigma_1^2}{n_1} + \frac{\sigma_2^2}{n_2}}$$

Esta desviación típica se hace mayor cuando aumenta la variabilidad de la población, es decir, cuando σ_1 o σ_2 aumentan. Se hace menor cuando el tamaño de las muestras n_1 y n_2 aumenta.

Debido a que no conocemos las desviaciones típicas poblacionales, las estimamos a partir de las desviaciones típicas muestrales de las dos muestras. El resultado es el **error típico**, o desviación típica estimada, de la diferencia de las medias muestrales:

Error típico

$$\mathrm{ET} = \sqrt{\frac{s_1^2}{n_1} + \frac{s_2^2}{n_2}}$$

El resultado de la estandarización de la diferencia entre medias dividiendo por su error típico es el **estadístico *t* de dos muestras**:

Estadístico t de dos muestras

$$t = \frac{\bar{x}_1 - \bar{x}_2}{\mathrm{ET}}$$

La interpretación del estadístico t es la misma que la de cualquier estadístico z o t: nos indica a qué distancia se encuentra $\bar{x}_1 - \bar{x}_2$ de 0 tomando como unidad de medida la desviación típica.

Desgraciadamente, el estadístico t de dos muestras *no* tiene una distribución t. Sin embargo, en los problemas de inferencia sobre dos muestras, este estadístico se utiliza con los valores críticos t. Hay dos formas de hacerlo.

Opción 1. Utiliza los procedimientos basados en el estadístico t con los valores críticos de una distribución t con grados de libertad calculados a partir de los datos. Los grados de libertad generalmente no son números enteros. De esta forma se obtiene una aproximación muy exacta de la distribución t.

Opción 2. Utiliza los procedimientos basados en el estadístico t con los valores críticos de una distribución t con grados de libertad iguales al menor de los valores $n_1 - 1$ y $n_2 - 1$. Estos procedimientos son siempre conservadores para dos poblaciones normales.

La mayoría de programas estadísticos utilizan, en los problemas de dos muestras, el estadístico t de dos muestras con la opción 1, a no ser que el usuario exija otro método. La utilización de esta opción sin la ayuda de un ordenador es algo complicada. Es por este motivo que presentamos en primer lugar la opción 2, que es más sencilla. Te recomendamos que utilices la opción 2 cuando hagas los cálculos sin la ayuda de un ordenador. Si utilizas un programa estadístico, el programa hará los cálculos, por defecto, con la opción 1. Más adelante, en una sección optativa, veremos algunos detalles sobre la opción 1. He aquí una descripción de la opción 2 que incluye una indicación de por qué se trata de un procedimiento "conservador".

PROCEDIMIENTOS t DE DOS MUESTRAS

Obtén una muestra aleatoria simple de tamaño n_1 de la población normal de media μ_1 desconocida y una muestra aleatoria simple independiente de tamaño n_2 de otra población normal de media μ_2 desconocida. El intervalo de confianza para $\mu_1 - \mu_2$ dado por

$$(\bar{x}_1 - \bar{x}_2) \pm t^* \sqrt{\frac{s_1^2}{n_1} + \frac{s_2^2}{n_2}}$$

tiene un nivel de confianza de *al menos* C, independientemente de cuáles sean las desviaciones típicas poblacionales. Aquí t^* es el valor crítico superior de $\frac{(1-C)}{2}$ de la distribución $t(k)$, donde k es el menor de los valores $n_1 - 1$ y $n_2 - 1$.

Para contrastar la hipótesis $H_0 : \mu_1 - \mu_2$, calcula el estadístico t de dos muestras

$$t = \frac{\bar{x}_1 - \bar{x}_2}{\sqrt{\frac{s_1^2}{n_1} + \frac{s_2^2}{n_2}}}$$

y utiliza los valores P o los valores críticos de la distribución $t(k)$. El verdadero valor P o el nivel de significación predeterminado siempre será igual o menor que el valor calculado a partir de $t(k)$, independientemente de cuáles sean los valores que tengan desviaciones poblacionales desconocidas.

Fíjate que el intervalo de confianza de la t de dos muestras, de nuevo tiene la forma

$$\text{estimación} \pm t^* \text{ET}_{\text{de la estimación}}$$

Este procedimiento t de dos muestras siempre es seguro, puesto que da valores P mayores y niveles de confianza menores que los verdaderos valores. La diferencia entre los valores obtenidos y los verdaderos suele ser bastante pequeña, a no ser que el tamaño de las dos muestras sea pequeño y desigual. A medida que aumenta el tamaño de las muestras, los valores probabilísticos basados en la distribución t con grados de libertad iguales al menor de los valores $n_1 - 1$ y $n_2 - 1$ son cada vez más exactos.[15]

APLICA TUS CONOCIMIENTOS

7.30. Tratamiento de la encefalopatía espongiforme. La encefalopatía espongiforme es una enfermedad degenerativa que afecta al sistema nervioso central. En un estudio sobre el tratamiento de esta enfermedad, se probó el IDX. Como sujetos experimentales se utilizaron 20 hámsteres infectados. Se inyectó IDX a 10 hámsteres escogidos al azar. Los restantes 10 no recibieron ningún tratamiento. Los investigadores registraron la supervivencia de cada hámster. Dice el informe: "De esta manera, todos los hámsteres que actuaron como control murieron 94 días después de la infección (media $\pm$ ETM $=$ 88,5 $\pm$ 1,9 días). Mientras que los hámsteres que fueron tratados con IDX sobrevivieron más de 128 días (media $\pm$ ETM $=$ 116 $\pm$ 5,6 días)".[16]

(a) Completa la tabla siguiente:

Grupo	Tratamiento	n	$\bar{x}$	s
1	IDX	?	?	?
2	Control	?	?	?

(b) Si utilizas el procedimiento t de dos muestras conservador, ¿cuántos grados de libertad tendrá t?

7.31. Empresas en quiebra. Un estudio compara una muestra de empresas griegas que quebraron con una muestra de empresas griegas sin problemas. Un indicador de la salud financiera de una empresa es el cociente entre el activo y el pasivo de la empresa, A/P. El año anterior al de la quiebra, el estudio halló un

[15]Información detallada sobre los procedimientos t conservadores se puede hallar en las siguientes publicaciones. Paul Leaverton y John J. Birch, "Small sample power curves for the two sample location problem", *Technometrics*, 11, 1969, págs. 299-307. En Henry Scheffé, "Practical solutions of the Behrens-Fisher problem", *Journal of the American Statistical Association*, 65, 1970, págs. 1.501-1.508. D. J. Best y J. C. W. Rayner, "Welch's approximate solution for the Behrens-Fisher problem", *Technometrics*, 29, 1987, págs. 205-210.

[16]F. Tagliavini *et al.*, "Effectiveness of anthracycline against experimental prion disease in Syrian hamsters", Science, 276, 1997, págs. 1.119-1.121.

A/P medio de 1,72565 en el grupo de empresas sin problemas y de 0,78640 en el grupo de empresas que quebró. El estudio afirma que $t = 7{,}36$.[17]

(a) Puedes sacar conclusiones a partir de esta t sin utilizar una tabla e incluso sin conocer los tamaños de las muestras (siempre que éstas no sean muy pequeñas). ¿Cuál es tu conclusión? ¿Por qué no necesitas conocer el tamaño de la muestra y la tabla de valores críticos de t?

(b) En realidad, el estudio investigó a 33 empresas que quebraron y a 68 empresas sin problemas. ¿Cuántos grados de libertad utilizarías para la prueba t si consideras la aproximación conservadora que se recomienda utilizar cuando no se dispone de un programa estadístico?

7.3.4 Ejemplos de procedimientos *t* de dos muestras

EJEMPLO 7.8. ¿Se degrada el poliéster?

Utilizaremos los procedimientos t de dos muestras para comparar las fuerzas de rotura de las tiras del ejemplo 7.7. El estadístico de contraste para la hipótesis nula $H_0 : \mu_1 - \mu_2$ es

$$
\begin{aligned}
t &= \frac{\bar{x}_1 - \bar{x}_2}{\sqrt{\dfrac{s_1^2}{n_1} + \dfrac{s_2^2}{n_2}}} \\
&= \frac{272{,}93 - 256{,}61}{\sqrt{\dfrac{10{,}15^2}{5} + \dfrac{35{,}46^2}{5}}} \\
&= \frac{16{,}32}{16{,}50} = 0{,}989
\end{aligned}
$$

Tenemos 4 grados de libertad, el menor de $n_1 - 1 = 4$ y $n_2 - 1 = 4$. Como H_a es de una cola, la cola de la derecha, el valor P es el área situada a la derecha de $t = 0{,}989$ por debajo de la curva $t(4)$. La figura 7.7 ilustra este valor P. La tabla C muestra que se halla entre 0,15 y 0,20. Un programa estadístico nos dice que el verdadero valor es $P = 0{,}189$. El experimento no halló evidencia de que el poliéster se degradara más después de 16 semanas que después de dos semanas.

[17]Costas Papoulias y Panayiotis Theodossiou, "Analysis and modeling of recent business failures in Greece", *Managerial and Decision Economics*, 13, 1992, págs. 163-169.

Para un intervalo de confianza del 90%, la tabla C indica que el valor crítico de $t(4)$, es $t^* = 2{,}132$. Tenemos una confianza del 90% de que la diferencia entre las fuerzas medias de rotura después de 2 y de 16 semanas, $\mu_1 - \mu_2$, se halle en el intervalo

$$
\begin{aligned}
(\bar{x}_1 - \bar{x}_2) \pm t^* \sqrt{\frac{s_1^2}{n_1} + \frac{s_2^2}{n_2}} &= (272{,}93 - 256{,}61) \pm 2{,}132\sqrt{\frac{10{,}15^2}{5} + \frac{35{,}46^2}{5}} \\
&= 16{,}32 \pm 35{,}17 \\
&= -18{,}85 \text{ a } 51{,}49
\end{aligned}
$$

Que el cero esté incluido en el intervalo de confianza del 90%, nos lleva a no poder rechazar la $H_0 : \mu_1 = \mu_2$, de una prueba de dos colas, para un nivel de significación $\alpha = 0{,}10$. ■

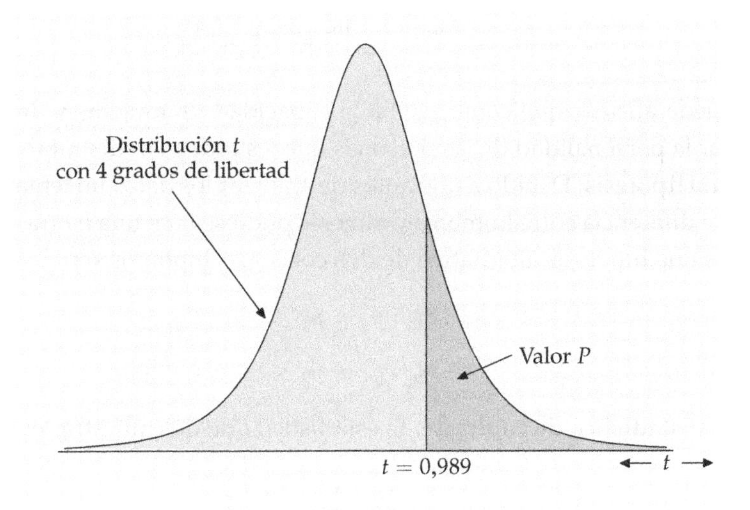

Figura 7.7. Valor P del ejemplo 7.8. En este ejemplo se ha utilizado el procedimiento conservador, según el cual la distribución t tiene 4 grados de libertad.

El tamaño de la muestra tiene una gran influencia en el valor P de una prueba. Un efecto que no sea significativo para un determinado nivel α en una muestra pequeña será significativo en una muestra mayor. Como las muestras del ejemplo 7.7 son más bien pequeñas, sospechamos que más datos podrían indicar que una mayor duración del tiempo de enterramiento, reduce la fuerza de forma significativa. Incluso si fuera significativo, la reducción puede ser bastante pequeña.

Los datos sugieren que el poliéster enterrado se degrada muy lentamente, ya que la media de la fuerza disminuyó sólo de 272,93 a 256,61 kilos entre 2 y 16 semanas.

EJEMPLO 7.9. Prueba Chapin con hombres y mujeres

La prueba Chapin (*Chapin Social Insight Test*) es una prueba psicológica diseñada con el objeto de determinar la precisión con la que un individuo capta la personalidad de los que le rodean. Los posibles resultados de la prueba van de 0 a 41. Durante el desarrollo de la prueba Chapin, ésta se aplicó a diferentes grupos de personas. He aquí los resultados obtenidos con un grupo de estudiantes universitarios de Arte de ambos sexos:[18]

Grupo	**Sexo**	n	$\bar{x}$	s
1	Hombres	133	25,34	5,05
2	Mujeres	162	24,94	5,44

¿Se puede afirmar que como media la capacidad de mujeres y de hombres para captar la personalidad de las personas que les rodean es distinta?

Paso 1: Hipótesis. Debido a que antes de analizar los datos no teníamos pensado que la diferencia entre hombres y mujeres pudiese ir en una u otra dirección, escogemos una hipótesis alternativa de dos colas. Las hipótesis son

$$H_0 : \mu_1 = \mu_2$$
$$H_a : \mu_1 \neq \mu_2$$

Paso 2: Estadístico de contraste. El estadístico t de dos muestras es

$$\begin{aligned} t &= \frac{\bar{x}_1 - \bar{x}_2}{\sqrt{\dfrac{s_1^2}{n_1} + \dfrac{s_2^2}{n_2}}} \\ &= \frac{25{,}34 - 24{,}94}{\sqrt{\dfrac{5{,}05^2}{133} + \dfrac{5{,}44^2}{162}}} \\ &= 0{,}654 \end{aligned}$$

[18]H. G. Gough, *The Chapin Social Insight Test*, Consulting Psychologists Press, Palo Alto, Calif., 1968.

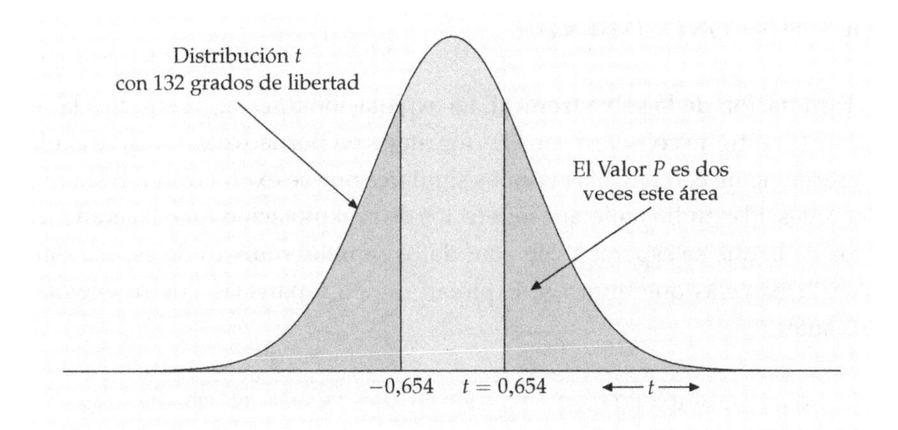

Figura 7.8. Valor P del ejemplo 7.9. Para hallar el valor P, determina el área por encima de $t = 0{,}654$ y dobla su valor, ya que la alternativa es de dos colas.

Paso 3: Valor *P*. Hay 132 grados de libertad, el menor de

$$n_1 - 1 = 133 - 1 = 132 \quad \text{y} \quad n_2 - 1 = 162 - 1 = 161$$

La figura 7.8 ilustra el valor P. Hállalo comparando 0,654 con valores críticos de la distribución $t(132)$ y luego doblando p, ya que la alternativa es de dos colas. En la tabla C no aparece el valor correspondiente a 132 grados de libertad. En consecuencia, utilizaremos el valor de la tabla menor más próximo, 100 grados de libertad.

La tabla C muestra que 0,654 no alcanza el valor crítico 0,25, que es la mayor probabilidad de la cola de la derecha de la tabla C. El valor P es, por tanto, mayor que 0,50. Los datos no proporcionan suficiente evidencia de que existan diferencias entre hombres y mujeres en las medias de los resultados de la prueba Chapin ($t = 0{,}654$, gl $= 132$, $P > 0{,}5$). ■

El investigador del ejemplo 7.9 no llevó a cabo ningún experimento, sino que comparó muestras de dos poblaciones. Muestras grandes permiten que el supuesto de que las poblaciones tengan distribuciones normales pierda importancia. Las medias muestrales serán, en cualquier caso, aproximadamente normales. El mayor problema que se plantea es saber a qué población se pueden aplicar las conclusiones. Estos estudiantes no son una muestra aleatoria simple de todos los estudiantes de Arte del país. Si son voluntarios de una sola universidad, los resultados muestrales no se pueden extender a una población más amplia.

APLICA TUS CONOCIMIENTOS

7.32. Explotación de la selva tropical. La explotación forestal, ¿perjudica la selva tropical? Un estudio comparó parcelas forestales en Borneo que nunca se explotaron forestalmente con parcelas vecinas similares que se explotaron forestalmente 8 años antes. El estudio halló que los efectos de la explotación forestal eran menos severos de lo que se esperaba. He aquí datos sobre el número de especies arbóreas en 12 parcelas que nunca se explotaron y en 9 parcelas que se explotaron 8 años antes:[19]

Nunca explotadas	22	18	22	20	15	21	13	13	19	13	19	15
Explotadas	17	4	18	14	18	15	15	10	12			

(a) Dice el estudio, "los cultivadores no sabían que se valorarían los efectos de la explotación forestal". ¿Por qué es importante que no lo supieran? En el estudio también se puede leer que las parcelas se podían considerar como escogidas al azar.

(b) Después de 8 años, ¿la explotación forestal reduce el número medio de especies? Plantea las hipótesis y lleva a cabo la prueba *t*. El resultado de la prueba, ¿es significativo a un nivel del 5%? ¿Y a un nivel del 1%?

(c) Calcula un intervalo de confianza del 90% para la diferencia entre la media del número de especies en las parcelas que no se explotaron nunca y las que se explotaron desde hacía 8 años.

7.33. Cada día soy mejor en matemáticas. Un mensaje subliminal es un mensaje que no podemos percibir de forma consciente, pero que sin embargo nos influye. Los mensajes subliminales, ¿pueden ayudar a los estudiantes a aprender matemáticas? Un grupo de estudiantes que suspendieron matemáticas, estuvieron de acuerdo en participar en un estudio para averiguarlo.

Todos ellos recibieron mensajes subliminales, que aparecían en la pantalla de sus televisores durante lapsos de tiempo tan breves que era imposible leerlos de forma consciente. El grupo experimental estaba formado por 10 estudiantes escogidos al azar que recibieron el mensaje: "Cada día soy mejor en matemáticas". El grupo de control estaba formado por 8 estudiantes que recibieron un

[19] C. H. Cannon, D. R. Peart, y M. Leighton, "Tree species diversity in commercially logged Bornean rainforest", *Science*, 281, 1998, págs. 1.366-1.367.

mensaje neutro: "La gente pasea por la calle". Todos los estudiantes participaron en un curso de verano que tenía como objetivo subir su nivel de matemáticas. Al final del curso, todos los estudiantes pasaron una prueba para valorar su nivel. La tabla 7.6 proporciona datos sobre las puntuaciones recibidas por los estudiantes, antes y después del curso.[20]

Tabla 7.6. Notas de matemáticas antes y después de un mensaje subliminal.

Grupo experimental		Grupo de control	
Calificación antes del mensaje	Calificación después del mensaje	Calificación antes del mensaje	Calificación después del mensaje
18	24	18	29
18	25	24	29
21	33	20	24
18	29	18	26
18	33	24	38
20	36	22	27
23	34	15	22
23	36	19	31
21	34		
17	27		

(a) ¿Existe evidencia de que el mensaje subliminal del grupo experimental contribuyó más a aumentar el nivel de matemáticas que el mensaje neutro del grupo de control? Plantea las hipótesis y lleva a cabo la prueba. ¿Cuáles son tus conclusiones? Tu resultado, ¿es significativo a un nivel del 5%? ¿Y a un nivel del 10%?

(b) Calcula un intervalo de confianza para la diferencia entre la media del grupo experimental y la del grupo de control.

7.34. Escarabajos de la avena. En un estudio sobre los daños causados por escarabajos en cultivos de avena, unos investigadores contaron el número de larvas de escarabajo por tallo en pequeñas parcelas sembradas después de aplicar aleatoriamente uno de los dos tratamientos siguientes: ningún insecticida o malathion (un insecticida) a una dosis de 275 gramos por hectárea. Los datos aparecen como aproximadamente normales. He aquí los estadísticos de resumen.[21]

[20]Datos proporcionados por Warren Page, New York City Technical College. Son datos de un estudio de John Hudesman.

[21]M. C. Wilson et *al.*,"Impact of cereal leaf beetle larvae on yields of oats", *Journal of Economic Entomology*, 62, 1969, págs. 699-702.

Grupo	Tratamiento	n	$\bar{x}$	s
1	Control	13	3,47	1,21
2	Malathion	14	1,36	0,52

A un nivel de significación del 1%, ¿los datos proporcionan suficiente evidencia de que el malathion reduce el número medio de larvas por tallo? Asegúrate de plantear H_0 y H_a.

7.3.5 Otra vez la robustez

Los procedimientos t de dos muestras son más robustos que los procedimientos t de una muestra, especialmente cuando las distribuciones no son simétricas. Cuando los tamaños de las dos muestras son iguales y las dos poblaciones que se comparan tienen distribuciones similares, las probabilidades de la tabla t son bastante exactas para un amplio espectro de distribuciones, incluso cuando el tamaño de las muestras es tan pequeño como $n_1 = n_2 = 5$.[22] Cuando la forma de las distribuciones de las dos poblaciones es distinta, se necesitan muestras mayores.

Como guía práctica, adapta las indicaciones de la sección 7.2 para la utilización de los procedimientos t de una muestra a los procedimientos t de dos muestras, mediante la sustitución de "tamaño de la muestra" por "suma de los tamaños de las muestras", $n_1 + n_2$. Estas indicaciones son seguras, especialmente cuando las dos muestras son de igual tamaño. Cuando prepares un estudio de dos muestras, procura elegir, siempre que puedas, muestras de igual tamaño. Los procedimientos t de dos muestras son más robustos ante una posible falta de normalidad en este caso y los valores de las probabilidades conservadoras son más exactos.

APLICA TUS CONOCIMIENTOS

7.35. Un maíz más nutritivo. El maíz común no tiene la cantidad de lisina que necesitan los animales en su pienso. Unos científicos han desarrollado ciertas

[22]Ver los siguientes estudios. Harry O. Posten, "The robustness of the two-sample t-test over the Pearson system", *Journal of the Statistical Computation and Simulation*, 6, 1978, págs. 295-311. Harry O. Posten, H. Yeh y Donald B. Owen, "Robustness of the two-sample t-test under violations of the homogeneity assumption", Communications in Statistics, 11, 1982, págs. 109-126.

variedades de maíz que contienen una mayor cantidad de lisina. En una prueba sobre la calidad del maíz con alto contenido en lisina destinado a pienso animal, un grupo experimental de 20 pollos de un día de edad empezó a recibir una ración que contenía el nuevo maíz. Un grupo de control de otros 20 pollos recibió una ración que era idéntica a la anterior, con la excepción de que contenía maíz normal. He aquí las ganancias de peso (en gramos) de los pollos a los 21 días.[23]

Grupo de control				**Grupo experimental**			
380	321	366	356	361	447	401	375
283	349	402	462	434	403	393	426
356	410	329	399	406	318	467	407
350	384	316	272	427	420	477	392
345	455	360	431	430	339	410	326

(a) Representa gráficamente los datos. ¿Hay observaciones atípicas o asimetrías claras que pudieran impedir la utilización de los procedimientos *t*?

(b) ¿Existe suficiente evidencia de que los pollos alimentados con el maíz con un alto contenido en lisina ganan peso más deprisa? Lleva a cabo una prueba. ¿Cuáles son tus conclusiones?

(c) Calcula un intervalo de confianza del 95% para la diferencia entre la media de los pollos alimentados con maíz con un alto contenido en lisina y la media de los pollos alimentados con maíz común.

7.36. Actitud de los estudiantes. La encuesta SSHA (*Survey of Study Habits and Attitudes*) es una prueba psicológica que mide la motivación, la actitud hacia la universidad y los hábitos de estudio de los estudiantes. Los resultados van de 0 a 200. Una selecta universidad privada pasa la encuesta SSHA a una muestra aleatoria simple de estudiantes de primer curso de ambos sexos. Los resultados de las mujeres son los siguientes:

154	109	137	115	152	140	154	178	101
103	126	126	137	165	165	129	200	148

Y los de los hombres:

108	140	114	91	180	115	126	92	169	146
109	132	75	88	113	151	70	115	187	104

[23]G. L. Cromwell *et al.*, "A comparison of the nutritive value of *opaque-2*, *floury-2* and normal corn for the chick", *Poultry Science*, 47, 1968, págs. 840-847.

(a) Examina cada muestra gráficamente, prestando especial atención a las observaciones atípicas y a las asimetrías. ¿Es aceptable la utilización de un procedimiento t con estos datos?

(b) La mayoría de los estudios han hallado que la media de los resultados de la prueba SSHA de los hombres es menor que la media de los resultados de un grupo comparable de mujeres. ¿Es esto cierto para los estudiantes de primer curso de esta universidad? Lleva a cabo una prueba y resume tus conclusiones.

(c) Calcula un intervalo de confianza del 90% para la diferencia entre la media de los resultados en la prueba SSHA de los hombres y la de las mujeres estudiantes de primer curso de esta universidad.

7.3.6 Procedimientos *t* de dos muestras más precisos*

El estadístico t de dos muestras no tiene una distribución t. Es más, la distribución exacta cambia a medida que las desviaciones típicas poblacionales desconocidas, σ_1 y σ_2, cambian. De todas formas, se dispone de una excelente aproximación.

DISTRIBUCIÓN APROXIMADA DEL ESTADÍSTICO *t* DE DOS MUESTRAS

La distribución del estadístico t de dos muestras es aproximadamente una distribución t con los grados de libertad gl dados por

$$\text{gl} = \frac{\left(\dfrac{s_1^2}{n_1} + \dfrac{s_2^2}{n_2}\right)^2}{\dfrac{1}{n_1 - 1}\left(\dfrac{s_1^2}{n_1}\right)^2 + \dfrac{1}{n_2 - 1}\left(\dfrac{s_2^2}{n_2}\right)^2}$$

Esta aproximación es bastante precisa cuando ambos tamaños muestrales n_1 y n_2 son iguales o mayores que 5.

Los procedimientos t de dos muestras son exactamente iguales a los procedimientos t que hemos visto hasta ahora, la única diferencia es que utilizamos

*La lectura de esta sección se puede omitir, a no ser que quieras entender cómo los programas estadísticos calculan las probabilidades.

la distribución t con gl grados de libertad para obtener los valores críticos y los valores P.

EJEMPLO 7.10. ¿Se degrada el poliéster?

En el experimento de los ejemplos 7.7 y 7.8, los datos sobre el poliéster enterrado dieron

Grupo	Tratamiento	n	$\bar{x}$	s
1	2 semanas	5	272,93	10,15
2	16 semanas	5	256,61	35,46

Para mejorar la precisión, podemos utilizar los valores críticos de una distribución t con los grados de libertad dados por

$$\text{gl} = \frac{\left(\frac{10{,}15^2}{5} + \frac{35{,}46^2}{5}\right)^2}{\frac{1}{4}\left(\frac{10{,}15^2}{5}\right)^2 + \frac{1}{4}\left(\frac{35{,}46^2}{5}\right)^2}$$

$$= \frac{74.031{,}24}{15.916{,}98} = 4{,}65$$

Fíjate en que los grados de libertad gl no son un número entero. En este ejemplo, existe poca diferencia entre los 4 grados de libertad del procedimiento conservador y los 4,65 resultantes del procedimiento más elaborado. ■

Los procedimientos t de dos muestras son exactamente iguales a los de antes, siendo la única diferencia la utilización de una distribución t con más grados de libertad. El número gl es siempre al menos tan grande como el menor de los valores $n_1 - 1$ y $n_2 - 1$. Por otro lado, gl nunca es mayor que la suma de los dos grados de libertad individuales $n_1 + n_2 - 2$. El número de grados de libertad gl no es, generalmente, un número entero. Existe una distribución t para cualquier valor positivo de los grados de libertad, a pesar de que la tabla C contiene sólo datos correspondientes a valores enteros de grados de libertad. Algunos programas estadísticos hallan gl y luego utilizan la distribución t que tiene el número entero positivo menor más próximo. Otros programas estadísticos utilizan t(gl) incluso cuando gl no es un número entero positivo. No te aconsejamos la utilización habitual de este método a no ser que el ordenador haga los cálculos. Con un ordenador, en cambio, el procedimiento más preciso no cuesta ningún esfuerzo.

He aquí los resultados del programa estadístico SAS para los datos de las fuerzas de rotura de la tiras de poliéster.[24]

```
                        TTEST PROCEDURE

Variable: FUERZAS

 SEMANAS  N    Mean     Std Dev    Std Error
--------------------------------------------
       2  5   273.0    10.04988      4.49444
      16  5   256.8    35.47112     15.86316

 Variances       T      DF    Prob>|T|
--------------------------------------
 Unequal      0.983   4.64     0.3743
 Equal        0.983   8        0.3546
```

El programa SAS proporciona los resultados de dos procedimientos t: el procedimiento de dos muestras usual (suponiendo que las dos varianzas poblacionales son distintas, *unequal variances*) y un procedimiento especial que supone que las dos varianzas poblacionales son iguales. Estamos interesados en el primero de estos dos procedimientos. El estadístico t de dos muestras toma el valor $t = 0{,}9889$, lo que está en consonancia con nuestros resultados del ejemplo 7.8. Los grados de libertad son gl $= 4{,}7$, un valor redondeado concordante con nuestro resultado del ejemplo 7.10. El valor P de dos colas de la distribución $t(4{,}7)$ es 0,3718. Debido a que el SAS siempre da valores P de pruebas de dos colas, tenemos que dividir por 2 para hallar el valor P correspondiente a la prueba de una cola $P = 0{,}1859$.

La diferencia entre los procedimientos t que utilizan el método conservador y los que utilizan el método aproximado tiene poca importancia práctica. Es por este motivo que te recomendamos que utilices el método conservador, que es más simple, siempre que no dispongas de un ordenador.

APLICA TUS CONOCIMIENTOS

7.37. Envenenamiento con DDT. En un experimento comparativo aleatorizado, unos investigadores compararon 6 ratas envenenadas con DDT con un grupo de control de 6 ratas no envenenadas. La medida de la actividad eléctrica de

[24]En el ejemplo 7.10 no utilizamos ni Minitab ni Data Desk. Estos programas calculan los grados de libertad de la prueba t de dos muestras utilizando el procedimiento más preciso; sin embargo, redondean hasta el número entero menor para hallar el valor P.

los nervios es la clave para conocer la naturaleza del envenenamiento por DDT. Cuando un nervio es estimulado, se produce en él una respuesta eléctrica pronunciada seguida por una segunda respuesta menor. El experimento halló que la segunda respuesta eléctrica era mayor en las ratas envenenadas con DDT que en las ratas del grupo de control.[25]

Los investigadores midieron la intensidad de la segunda respuesta al estimular un nervio de una pata de rata, como un porcentaje de la intensidad de la primera respuesta. En las ratas envenenadas los resultados fueron

12,207 16,869 25,050 22,429 8,456 20,589

Los datos del grupo de control fueron

11,074 9,686 12,064 9,351 8,182 6,642

Las dos poblaciones son razonablemente normales, en la medida en que se puede juzgar a partir de seis observaciones. He aquí los resultados del programa estadístico SAS con estos datos:

```
                    TTEST PROCEDURE

Variable: RESPUESTA

 GROUP     N          Mean       Std Dev     Std Error
 DDT       6   17.60000000    6.34014839    2.58835474
 CONTROL   6    9.49983333    1.95005932    0.79610839

 Variances        T      DF   Prob>|T|
 Unequal     2.9912     5.9     0.0247
 Equal       2.9912    10.0     0.0135
```

(a) Los investigadores querían saber si ratas envenenadas con DDT eran distintas que ratas no envenenadas. Plantea H_0 y H_a.

(b) ¿Qué valor toma del estadístico t de dos muestras? ¿Y su valor P? (Fíjate en que SAS proporciona el valor P de dos colas. Si necesitas el valor P de una cola, divide el valor P de dos colas por 2.) ¿Cuáles son tus conclusiones?

(c) Calcula un intervalo de confianza del 90% para la diferencia entre las medias de las ratas envenenadas y la de las ratas no envenenadas. (Cuando un programa proporciona los grados de libertad como un número no entero, utiliza como grados de libertad el valor entero menor más próximo de la tabla C.)

[25]D. L. Shankland, "Involvement of spinal cord and peripheral nerves in DDT-poisoning syndrome in albino rats", *Toxicology and Applied Pharmacology*, 6, 1964, págs. 197-213.

7.38. El ejercicio 7.37 muestra el análisis de datos sobre los efectos del DDT. El programa estadístico utiliza la prueba t de dos muestras con los grados de libertad calculados con el procedimiento más elaborado. A partir de los resultados de $\bar{x}_i$ y s_i proporcionados por el ordenador, comprueba que el valor del estadístico de contraste $t = 2{,}99$ y el de los grados de libertad gl = 5,9, proporcionados por el programa estadístico, sean correctos.

7.39. Autoestima de estudiantes. He aquí los resultados del SAS correspondientes a un estudio sobre la autoestima de estudiantes de séptimo. La variable *SC* es el resultado de una prueba (*Piers-Harris Self Concept Scale*). Se hizo el análisis para ver si había diferencias entre la media de autoestima de chicos y chicas.[26]

```
                         TTEST PROCEDURE

Variable: SC
```

SEXO	N	Mean	Std Dev	Std Error
M	31	55.51612903	12.69611743	2.28029001
H	47	57.91489362	12.26488410	1.78901722

Variances	T	DF	Prob>|T|
Unequal	-0.8276	62.8	0.4110
Equal	-0.8336	76.0	0.4071

Resume el resultado del análisis muy brevemente, en una o dos líneas, como si tuvieras que preparar un informe.

7.3.7 Procedimientos *t* de dos muestras con varianza común*

En el ejemplo 7.10, el programa estadístico ofreció dos posibilidades de ejecución de la prueba t. Una llevaba el nombre en inglés de *unequal variances* (varianzas distintas) y otra llevaba el nombre de *equal variances* (varianzas iguales). El procedimiento para varianzas distintas es nuestro procedimiento t de dos muestras. Esta prueba es válida tanto si las varianzas poblacionales son iguales como si son distintas. La otra posibilidad es una versión especial del estadístico t de dos muestras que supone que las dos poblaciones tienen la misma varianza. Este procedimiento calcula la media ponderada, de las dos varianzas muestrales para estimar

[26]Datos proporcionados por Darlene Gordon, School of Education, Purdue University.
*Este apartado es un tema especial optativo.

la varianza poblacional común. El estadístico resultante se llama el *estadístico t de dos muestras* con varianza común (en los programas de ordenador aparece a veces con el nombre inglés *pooled t statistic*). Es igual a nuestro estadístico t si el tamaño de las dos muestras es igual, pero no en caso contrario. Podríamos utilizar el estadístico t de dos muestras con varianza común en las pruebas de significación y en los intervalos de confianza.

El estadístico t de dos muestras con varianza común tiene la ventaja de que tiene exactamente una distribución t con $n_1 + n_2 - 2$ grados de libertad *si* las dos varianzas poblacionales son realmente iguales. Obviamente, las varianzas poblacionales son, a menudo, distintas. Es más, el supuesto de igualdad de varianzas es difícil de comprobar a partir de los datos. La utilización del estadístico t de dos muestras con varianza común era frecuente antes de que el uso de los ordenadores facilitara el empleo de la aproximación exacta a la distribución de nuestro estadístico t de dos muestras. Actualmente sólo es útil en situaciones especiales. No podemos utilizar la t de dos muestras con varianza común en el ejemplo 7.10, ya que está claro que la varianza es mucho mayor entre las tiras que se enterraron durante 16 semanas.

RESUMEN DE LA SECCIÓN 7.3

Los datos en un **problema de dos muestras** son dos muestras aleatorias simples independientes, cada una de ellas obtenida de una población distinta distribuida normalmente.

Las pruebas de significación y los intervalos de confianza para la diferencia entre las medias μ_1 y μ_2 de dos poblaciones parten de la diferencia $\bar{x}_1 - \bar{x}_2$ entre las dos medias muestrales. Con distribuciones no normales, el teorema del límite central garantiza que los procedimientos de cálculo son aproximadamente correctos cuando las muestras son grandes.

Obtén muestras aleatorias simples independientes de tamaños n_1 y n_2 de dos poblaciones normales de parámetros μ_1, σ_1 y μ_2, σ_2, respectivamente. **El estadístico t de dos muestras** es

$$t = \frac{(\bar{x}_1 - \bar{x}_2) - (\mu_1 - \mu_2)}{\sqrt{\dfrac{s_1^2}{n_1} + \dfrac{s_2^2}{n_2}}}$$

El estadístico t no tiene exactamente una distribución t.

Los procedimientos de inferencia conservadores para comparar μ_1 y μ_2 utilizan el estadístico t de dos muestras con la distribución $t(k)$. El valor de los grados de libertad k es el menor de $n_1 - 1$ y $n_2 - 1$. Para valores de probabilidad más exactos, utiliza la distribución $t(\text{gl})$ con los grados de libertad gl estimados a partir de los datos. Este procedimiento es el que se utiliza normalmente en los programas estadísticos.

El **intervalo de confianza** para $\mu_1 - \mu_2$ dado por

$$(\bar{x}_1 - \bar{x}_2) \pm t^* \sqrt{\frac{s_1^2}{n_1} + \frac{s_2^2}{n_2}}$$

tiene un nivel de confianza de al menos C si t^* es el valor crítico superior $\frac{(1-C)}{2}$ de $t(k)$, donde k es el menor de $n_1 - 1$ y $n_2 - 1$.

Las **pruebas de significación** para $H_0 : \mu_1 = \mu_2$ basadas en

$$t = \frac{\bar{x}_1 - \bar{x}_2}{\sqrt{\frac{s_1^2}{n_1} + \frac{s_2^2}{n_2}}}$$

tienen un verdadero valor P que no es mayor que el calculado para $t(k)$.

Los consejos prácticos sobre el uso de los procedimientos t de dos muestras son similares a los consejos prácticos sobre el uso del estadístico t de una sola muestra. Se recomienda que el tamaño de las muestras sea igual.

EJERCICIOS DE LA SECCIÓN 7.3

En los ejercicios en los que deban utilizarse procedimientos t de dos muestras, puedes emplear como grados de libertad el más pequeño de $n_1 - 1$ y $n_2 - 1$ o el valor gl más exacto. Te recomendamos la primera opción, a no ser que utilices un ordenador. Muchos de estos ejercicios te piden que reflexiones sobre la aplicación práctica de la estadística, además de llevar a cabo los procedimientos t.

7.40. Tratamiento de la encefalopatía espongiforme. El ejercicio 7.30 contiene los resultados de un estudio que determina si el IDX es un tratamiento efectivo para la encefalopatía espongiforme.

(a) ¿Existe evidencia de que los hámsteres tratados con IDX viven como media más tiempo?

(b) Calcula un intervalo de confianza del 95% para la diferencia entre la media del grupo experimental y la del grupo de control.

7.41. Talentos de 13 años. Unos "buscadores de talentos" sometieron a la prueba SAT (*Scholastic Assessment Test*), pensada para jóvenes que han terminado sus estudios de secundaria, a muchachos de 13 años. Entre 1980 y 1982, participaron en las pruebas 19.883 muchachos y 19.937 muchachas. Los resultados medios de los dos sexos en la prueba de Lengua son casi iguales, pero hay una clara diferencia entre ambos sexos en la prueba de Matemáticas. No se conoce cuál es la razón de esta diferencia. He aquí los datos.[27]

Grupo	$\bar{x}$	s
Chicos	416	87
Chicas	386	74

Calcula un intervalo de confianza del 99% para la diferencia entre la media de los resultados de los muchachos y la media de los resultados de las muchachas de la población. Los resultados de la prueba SAT, ¿tienen que tener una distribución normal para que tu intervalo de confianza sea válido? ¿Por qué?

7.42. ¿Formas extraterrestres? Algunas moléculas presentan formas dextrorotatorias y formas levorrotatorias. En la Tierra, la forma habitual de algunas moléculas que se hallan en la materia orgánica es la levorrotatoria. La existencia de formas levorrotatorias, ¿es anterior a la aparición de la vida? Para averiguarlo, unos científicos analizaron meteoritos procedentes del espacio exterior y material estándar procedente de la Tierra. He aquí los resultados que muestran los porcentajes de formas levorrotatorias de una determinada molécula en dos análisis distintos:[28]

	Meteorito			Estándar		
Análisis	n	$\bar{x}$	s	n	$\bar{x}$	s
1	5	52,6	0,5	14	48,8	1,9
2	10	51,7	0,4	13	49,0	1,3

Los investigadores utilizaron la prueba t para ver si el meteorito presentaba un porcentaje mayor de formas levorrotatorias. Lleva a cabo la prueba. Resume

[27]De un anuncio que apareció en *Science*, 224, 1983, págs. 1.029-1.031.

[28]John R. Cronin y Sandra Pizzarello, "Enantiometric excesses in meteoritic amino acids", *Science*, 275, 1997, págs. 951-955.

tus resultados. Las conclusiones de los investigadores fueron: "Las observaciones sugieren que la materia orgánica de origen extraterrestre puede haber jugado un papel esencial en el origen de la vida terrestre".

7.43. Enseñanza activa versus enseñanza pasiva. Un estudio sobre métodos de enseñanza asistidos por ordenador, utilizó pictogramas (piensa, por ejemplo, en los jeroglíficos egipcios) para la formación de niños con dificultades de comunicación. El investigador diseñó dos lecciones de ordenador para enseñar la misma materia, los mismos ejemplos. En una de las lecciones era necesario que los niños interaccionaran con el ordenador; en la otra, los niños simplemente podían controlar la velocidad de desarrollo de la lección. Vamos a llamar a estos dos tipos de enseñanza: "Activa" y "Pasiva", respectivamente. Después de las lecciones, el ordenador presentaba una prueba en la que los niños tenían que identificar 56 pictogramas. El número de identificaciones correctas de los 24 niños del grupo Activo fueron las siguientes:[29]

29 28 24 31 15 24 27 23 20 22 23 21

24 35 21 24 44 28 17 21 21 20 28 16

En el grupo Pasivo, el número de identificaciones correctas fue:

16 14 17 15 26 17 12 25 21 20 18 21

20 16 18 15 26 15 13 17 21 19 15 12

(a) ¿Existe evidencia de que el método de enseñanza activo es mejor que el método pasivo? Plantea las hipótesis, lleva a cabo la prueba y halla el valor *P*. ¿Cuáles son tus conclusiones?

(b) Calcula un intervalo de confianza del 90% para el número medio de pictogramas identificados correctamente por una gran población de niños que han pasado la lección activa de ordenador.

(c) ¿En qué supuestos se basan los procedimientos utilizados en (a) y (b)? ¿En cuál de estos procedimientos puedes utilizar los datos para comprobar si se cumplen los supuestos? Para los procedimientos que sea oportuno, utiliza los datos para comprobar si se cumplen los supuestos que permiten su utilización. ¿Cuáles son tus conclusiones?

[29]Orit E. Hetzroni, "The effects of active versus passive computer-assisted instruction on the acquisition, retention, and generalization of Blissymbols while using elements for teaching compounds", Ph.D. thesis, Purdue University, 1995.

7.44. Coeficientes de inteligencia de chicos y chicas. A continuación damos los resultados de una prueba de inteligencia de 31 chicas de secundaria de una determinada zona rural:[30]

114	100	104	89	102	91	114	114	103	105	
108	130	120	132	111	128	118	119	86	72	
111	103	74	112	107	103	98	96	112	112	93

Los coeficientes de inteligencia de 47 chicos de secundaria de la misma zona rural son

111	107	100	107	115	111	97	112	104	106	113
109	113	128	128	118	113	124	127	136	106	123
124	126	116	127	119	97	102	110	120	103	115
93	123	79	119	110	110	107	105	105	110	77
90	114	106								

(a) Halla la media de los coeficientes de las chicas y también la de los chicos. En general, en pruebas estándar, los resultados de los chicos son ligeramente superiores a los de las chicas. ¿Ocurre con nuestros datos?

(b) Dibuja diagramas de tallos o histogramas con los dos conjuntos de datos. Debido a que la distribución de los datos es razonablemente simétrica, sin la presencia de observaciones atípicas, se pueden utilizar los procedimientos t.

(c) Trata estos datos como si fueran una muestra aleatoria simple de los estudiantes de secundaria de una determinada zona rural. ¿Existe evidencia de que las medias de los coeficientes de inteligencia de chicas y chicos son distintas?

(d) Calcula un intervalo de confianza del 90% para la diferencia entre las medias de los coeficientes de inteligencia de todos los chicos y chicas de esta zona rural.

(e) Antes de aceptar los resultados como representativos de todos los chicos y chicas de secundaria de esta zona rural, ¿qué información adicional necesitas?

7.45. Forma física y personalidad. Estar en buena forma física está relacionado con ciertas características de la personalidad. En un estudio sobre esta relación, el profesorado de mediana edad de una universidad que había participado voluntariamente en un programa atlético fue dividido, mediante un reconocimiento médico, en dos grupos. En un grupo, los que estaban en buena forma y en el otro grupo los que estaban en baja forma. Posteriormente, los sujetos pasaron la prueba CSPFQ (*Cattell Sixteen Personality Factor Questionnaire*) para determinar

[30] Véase la nota 26.

su personalidad. He aquí datos sobre la "fuerza de personalidad" de cada uno de estos sujetos.[31]

Grupo	Forma física	n	$\bar{x}$	s
1	Buena	14	4,64	0,69
2	Mala	14	6,43	0,43

(a) La diferencia entre las medias de "fuerza de personalidad" de los dos grupos, ¿es significativa a un nivel del 5%? ¿Y a un nivel del 1%? Asegúrate de plantear H_0 y H_a.

(b) ¿Puedes extender estos resultados a la población de todos los hombres de mediana edad? Explica por qué.

7.46. Investigación de mercado. Una empresa de investigación de mercados proporciona a unos fabricantes estimaciones sobre las ventas de sus productos al por menor a partir de muestras de tiendas minoristas. Los directores de marketing tienden a fijarse en la estimación y a ignorar el error de ésta. Este mes, una muestra aleatoria simple de 75 tiendas da una media de ventas de 52 unidades de un pequeño electrodoméstico, con una desviación típica de 13 unidades. Durante el mismo mes del año anterior, otra muestra aleatoria simple de 53 tiendas dio unas ventas medias de 49 unidades, con una desviación típica de 11. Un aumento de 49 a 52 unidades es un incremento del 6%. El director de marketing está contento porque las ventas han subido un 6%.

(a) Utiliza el procedimiento t de dos muestras para calcular un intervalo de confianza del 95% para la diferencia entre el número medio de unidades vendidas este año y el año pasado en todas las tiendas minoristas.

(b) Explica con un lenguaje que el directivo pueda entender por qué no podemos estar seguros de que las ventas subieran un 6%, y que incluso es posible que hayan bajado.

7.47. ¿Utilizarán más la tarjeta de crédito? Un banco compara dos propuestas para fomentar la utilización de las tarjetas de crédito entre sus clientes. (El banco gana un porcentaje sobre la cantidad cargada en la tarjeta de crédito, que pagan las tiendas que la aceptan.) La propuesta A ofrece eliminar la cuota anual para los clientes que carguen al menos 2.400 € durante el año. La propuesta B ofrece

[31] A. H. Ismail y R. J. Young, "The effect of chronic exercise on the personality of middle-aged men", *Journal of Human Ergology*, 2, 1973, págs. 47-57.

devolver en metálico a los clientes un pequeño porcentaje de la cantidad total cargada al final del año. El banco ofrece cada propuesta a una muestra aleatoria simple de 150 clientes con tarjeta de crédito. Al final del año el banco registra la cantidad total cargada por cada cliente en su tarjeta de crédito. He aquí los estadísticos resumen de estas cantidades.

Grupo	n	$\bar{x}$ (€)	s (€)
A	150	1.987	392
B	150	2.056	413

(a) ¿Existen diferencias significativas entre las cantidades medias cargadas por los clientes de las dos opciones? Plantea las hipótesis nula y alternativa, y calcula el estadístico t de dos muestras. Obtén el valor P. Expón tus conclusiones prácticas.

(b) Las distribuciones de las cantidades cargadas son asimétricas hacia la derecha, pero no hay observaciones atípicas debido a los límites que impone el banco en las cantidades que se pueden cargar en las tarjetas. ¿Crees que la asimetría amenaza la validez de la prueba que utilizaste en (a)? Justifica tu respuesta.

(c) El estudio del banco, ¿es un experimento? ¿Por qué? ¿Cómo afecta esto a las conclusiones que el banco pueda extraer de este estudio?

7.48. Hallar la salida de un laberinto. La tabla 7.1 contiene datos sobre el tiempo medio necesario para hallar la salida de un laberinto de 21 sujetos que llevaban mascarillas con esencia o sin ella. En el ejemplo 7.3 se utiliza la prueba t por pares para mostrar hasta que punto no hay diferencias en los tiempos. Ahora queremos saber si hay un efecto de aprendizaje de manera que los tiempos sean menores en el segundo intento. Todos los sujetos de la tabla 7.1 identificados con un número impar, llevaron a cabo en primer lugar la prueba con la máscara inodora. Los sujetos con números de identificación par, hicieron primero la prueba con la mascarilla que contenía una esencia. La asignación de las etiquetas identificadoras se hizo al azar.

(a) Queremos comparar los tiempos "sin esencia" de los sujetos que en primer lugar hicieron la prueba con las mascarillas sin esencia y los tiempos "sin esencia" de los sujetos que en primer lugar pasaron la prueba con esencia.

(b) Creemos que como media, los sujetos tardan más cuando la prueba sin esencia se lleva a cabo en primer lugar. Dibuja un diagrama de tallos doble con los datos de los tiempos "sin esencia" de los sujetos que hicieron en segundo lugar la prueba sin esencia y de los sujetos que la hicieron en primer lugar. Halla las medias de los tiempos de los dos grupos. Estos datos, ¿apoyan nuestra sospecha? ¿Existe algo en los datos que impida la utilización de los procedimientos t?

(c) Estos datos, ¿aportan evidencia estadísticamente significativa a favor de nuestra sospecha? Plantea las hipótesis y lleva a cabo la prueba. ¿Cuáles son tus conclusiones?

7.49. Rapidez de aprendizaje. Los investigadores que estudian el aprendizaje del habla suelen comparar mediciones hechas sobre grabaciones del habla de adultos y de niños. Una variable de interés es el momento del inicio de la voz (MIV). He aquí los resultados de niños de 6 años y de adultos a los que se les pidió que pronunciasen la palabra "bees". El MIV se mide en milisegundos y puede ser positivo o negativo.[32]

Grupo	n	$\bar{x}$	s
Niños	10	−3,67	33,89
Adultos	20	−23,17	50,74

(a) Los investigadores querían saber si el MIV diferencia a los adultos de los niños. Plantea H_0 y H_a, y lleva a cabo una prueba t de dos muestras. Halla el valor P ¿Cuáles son tus conclusiones?

(b) Calcula un intervalo de confianza del 95% para la diferencia entre las medias del MIV de niños y adultos cuando se pronuncia la palabra "bees". Explica por qué sabías a partir de tu resultado en (a) que este intervalo contendría el 0 (ninguna diferencia).

7.50. Los investigadores del estudio comentado en el ejercicio 7.49 analizaron los MIV de adultos y niños al pronunciar distintas palabras. Explica por qué no deberían hacer una prueba t de dos muestras distinta para cada palabra y concluir que aquellas palabras con una diferencia significativa ($P < 0,05$) distinguen a los niños de los adultos. (Los investigadores no cometieron este error.)

7.51 (Optativo). Potencia de la prueba *t* de dos muestras. Un banco te pide que compares dos proyectos para fomentar el uso de sus tarjetas de crédito. El Proyecto A ofrecería a los clientes una devolución de dinero según la cantidad total cargada en las tarjetas. El Proyecto B reduciría la tasa de interés que se cobra sobre

[32]M. A. Zlatin y R. A. Koenigsknecht, "Development of the voicing contrast: a comparison of voice onset time in stop perception and production", *Journal of Speech and Hearing Research*, 19, 1976, págs. 93-111.

los saldos negativos de las tarjetas. El banco cree que el proyecto B será mejor. La variable respuesta es la cantidad total que carga un cliente en su tarjeta durante el periodo de prueba. Decides ofrecer los Proyectos A y B a distintas muestras aleatorias simples de clientes con tarjeta de crédito. En el pasado, la cantidad media cargada en las tarjetas durante un periodo de 6 meses fue aproximadamente de 1.100 €, con una desviación típica de 400 €. Una prueba t de dos muestras basada en muestras aleatorias simples de 350 clientes en cada grupo, ¿detectaría una diferencia de 100 € entre las cantidades medias cargadas en los dos proyectos?

Calcularemos la potencia aproximada de la prueba t de dos muestras

$$H_0 : \mu_B = \mu_A$$

$$H_a : \mu_B > \mu_A$$

en contra de la alternativa $\mu_B - \mu_A = 100$. Utilizaremos el valor 400 como una estimación aproximada de las desviaciones típicas de las poblaciones y de las muestras

(a) ¿Cuál es el valor aproximado del valor crítico del estadístico t de dos muestras t^* para $\alpha = 0{,}05$, cuando $n_1 = n_2 = 350$?

(b) Paso 1. *Escribe la regla para rechazar H_0 en términos de $\bar{x}_B - \bar{x}_A$.* La prueba rechaza H_0 cuando

$$\frac{\bar{x}_B - \bar{x}_A}{\sqrt{\dfrac{s_B^2}{n_B} + \dfrac{s_A^2}{n_A}}} \geq t^*$$

Considera que tanto s_A como s_B son iguales a 400, y que n_A y n_B son iguales a 350. Halla el número c tal que la prueba rechace H_0 cuando $\bar{x}_B - \bar{x}_A \geq c$.

(c) Paso 2. *La potencia es la probabilidad de rechazar H_0 cuando la alternativa es cierta.* Supón que $\mu_B - \mu_A = 100$ y que tanto σ_A como σ_B son iguales a 400. La potencia que buscamos es la probabilidad de que $\bar{x}_B - \bar{x}_A \geq c$ bajo estos supuestos. Calcula dicha potencia.

7.4 Inferencia para la dispersión poblacional*

Las dos características más básicas para describir una distribución son su centro y su dispersión. En una población normal medimos el centro y la dispersión mediante la media y la desviación típica. Utilizamos los procedimientos t para hacer inferencia sobre la media poblacional de las poblaciones normales y sabemos que

*Esta sección no es necesaria para comprender los contenidos que aparecen más adelante excepto para el capítulo 10 .

estos procedimientos t también suelen ser útiles en el caso de poblaciones no normales. Es natural que el paso siguiente sea hacer inferencia sobre la desviación típica de poblaciones normales. Nuestro consejo, aquí, es claro y conciso: no la hagas sin la ayuda de un experto.

7.4.1 Evita la inferencia sobre desviaciones típicas

Existen varios métodos para hacer inferencia sobre desviaciones típicas de poblaciones normales. Describiremos el más común de estos métodos, la prueba F para comparar la dispersión de dos poblaciones normales. A diferencia de los procedimientos t para medias, la prueba F y otros procedimientos para hacer inferencia sobre desviaciones típicas son extremadamente sensibles a la falta de normalidad de las distribuciones. Esta falta de robustez no mejora con muestras grandes. En la práctica es difícil decir si un valor significativo de F es una buena evidencia a favor de que las dispersiones poblacionales son distintas o simplemente es un signo de que las poblaciones no son normales.

La dificultad más seria que hay detrás de la falta de robustez de los procedimientos de inferencia para la dispersión de poblaciones normales ya apareció cuando estudiamos la descripción de datos. La desviación típica es una medida natural de dispersión de poblaciones normales, pero no lo es para cualquier distribución. De hecho, debido a que la dispersión de las dos colas de las distribuciones asimétricas es distinta, no existe ningún valor numérico que describa de forma satisfactoria la dispersión de distribuciones asimétricas. En resumen, la desviación típica no es siempre un parámetro útil, e incluso cuando lo es (para distribuciones simétricas), los resultados de la inferencia no son fiables. En consecuencia, no recomendamos intentar hacer inferencia sobre desviaciones típicas de poblaciones en un curso básico de estadística aplicada.[33]

Solía ser habitual hacer la prueba de la igualdad de desviaciones típicas antes de hacer la prueba t de dos muestras con varianza común para contrastar la

[33]El problema de la comparación de dispersiones es difícil incluso con métodos avanzados. Los procedimientos que no exigen ninguna distribución determinada no son una alternativa satisfactoria a la prueba F, ya que son sensibles a que las distribuciones no tengan la misma forma. Una buena introducción a los métodos disponibles la proporcionan W. J. Conover, M. E. Johnson y M. M. Johnson en "A comparative study of tests for homogeneity of variances, with applications to outer continental shelf bidding data", *Technometrics*, 23, 1981, págs. 351-361. Los métodos modernos de remuestreo en general funcionan bien. Consultar: Dennis D. Boos y Colin Brownie, "Bootstrap methods for testing homogeneity of variances", Technometrics, 31, 1989, págs. 69-82.

igualdad de dos medias poblacionales. Sin embargo, es mejor evaluar la normalidad de las distribuciones gráficamente, poniendo especial atención en la posible existencia de observaciones atípicas y en la falta de simetría de la distribución, y utilizar la versión del estadístico t de dos muestras que presentamos en la sección 7.3. Esta prueba no exige que las desviaciones típicas sean iguales.

7.4.2 Prueba F para comparar dos desviaciones típicas

Debido a la limitada utilidad de los procedimientos de inferencia sobre desviaciones típicas de poblaciones normales, sólo presentaremos uno de estos procedimientos. Supón que tenemos muestras aleatorias simples independientes de dos poblaciones normales, una muestra de tamaño n_1 de una población $N(\mu_1, \sigma_1)$ y una muestra de tamaño n_2 de una población $N(\mu_2, \sigma_2)$. Las medias y las desviaciones típicas poblacionales son desconocidas. En esta situación, la prueba t de dos muestras examina si las medias son iguales. Para contrastar la hipótesis de la igualdad de las dispersiones,

$$H_0 : \sigma_1 = \sigma_2$$

$$H_a : \sigma_1 \neq \sigma_2$$

utilizamos el cociente de las dos varianzas muestrales. Este cociente es el *estadístico F*.

ESTADÍSTICO Y DISTRIBUCIONES F

Cuando s_1^2 y s_2^2 son varianzas muestrales de dos muestras aleatorias simples independientes de tamaños n_1 y n_2, obtenidas de poblaciones normales, el **estadístico F**

$$F = \frac{s_1^2}{s_2^2}$$

tiene una **distribución F** con $n_1 - 1$ y $n_2 - 1$ grados de libertad cuando $H_0 : \sigma_1 = \sigma_2$ es cierta.

Las distribuciones F son una familia de distribuciones con dos parámetros. Estos parámetros son los grados de libertad de las varianzas muestrales que aparecen en el numerador y en el denominador del estadístico F. Los grados de

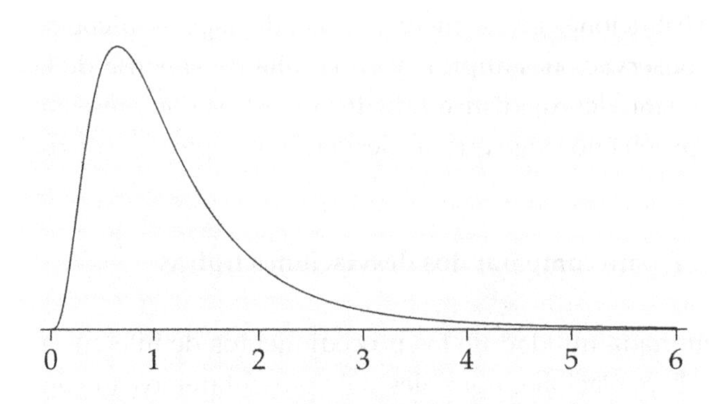

Figura 7.9. Curva de densidad de la distribución $F(9, 10)$. Las distribuciones F son asimétricas hacia la derecha.

libertad del numerador siempre se mencionan antes. Si se intercambian los grados de libertad, se cambia la distribución F; por tanto, el orden es importante. La notación abreviada que utilizaremos será para la distribución F con j grados de libertad en el numerador y k en el denominador, $F(j, k)$. Las distribuciones F son asimétricas hacia la derecha. La curva de densidad de la figura 7.9 ilustra su forma. Debido a que las varianzas muestrales no pueden ser negativas, el estadístico F sólo toma valores positivos y la distribución F no tiene probabilidad a la izquierda de 0. El pico de la curva de densidad F se encuentra cerca de 1. Cuando las dos poblaciones tienen la misma desviación típica, cabe esperar que las varianzas muestrales tomen valores de magnitud similar. En consecuencia, F tomará un valor cercano a 1. Los valores de F alejados de 1, en cualquier dirección, proporcionan evidencia en contra de la hipótesis de igualdad de las desviaciones típicas.

Las tablas de puntos críticos de F son incómodas de utilizar, ya que necesitamos una tabla distinta para cada par de grados de libertad j y k. La tabla D, al final del libro, da los valores críticos superiores de las distribuciones F para $p = 0{,}10$, 0,05, 0,025, 0,01 y 0,001. Por ejemplo, estos puntos críticos para la distribución $F(9, 10)$ mostrada en la figura 7.9 son

p	0,10	0,05	0,025	0,01	0,001
F^*	2,35	3,02	3,78	4,94	8,96

La asimetría de las distribuciones F causa complicaciones adicionales. En la distribución normal y en la distribución t, que son simétricas, el punto que tiene una probabilidad de 0,05 a su izquierda no es más que el valor negativo del punto que tiene una probabilidad de 0,05 a su derecha. Esto no se cumple en las distribuciones F. En consecuencia, necesitamos tablas distintas para hallar los valores críticos de las colas de la derecha y de la izquierda, o bien tenemos que encontrar alguna manera de evitar la utilización de los valores críticos de las colas de la izquierda. Los programas estadísticos que hacen innecesaria la utilización de tablas son muy prácticos. Si no utilizas un programa estadístico, haz la prueba F de dos colas de la siguiente manera:

PRUEBA *F*

Paso 1. Toma como estadístico de contraste

$$F = \frac{s^2 \text{ mayor}}{s^2 \text{ menor}}$$

Por convenio, la población 1 es la que tiene la varianza muestral observada mayor. Por tanto, la F resultante es siempre mayor o igual que 1.

Paso 2. Compara el valor F resultante con los valores críticos de la tabla D. Luego *dobla* el valor de probabilidad obtenido en la tabla para obtener el valor de la prueba F de dos colas.

La idea es que calculamos la probabilidad de la cola de la derecha y doblamos su valor para obtener la probabilidad de todos los cocientes situados a cualquier lado de 1 que son, al menos, tan improbables como el observado. Recuerda que el orden de los grados de libertad es importante cuando utilizas la tabla D.

EJEMPLO 7.11. Comparación de la variabilidad

El ejemplo 7.7 describe un experimento que compara las fuerzas medias de rotura de tiras de poliéster que estuvieron enterradas durante 2 semanas y durante 16. El resumen de los datos es

Grupo	Tratamiento	n	$\bar{x}$	s
2	2 semanas	5	272,93	10,15
1	16 semanas	5	256,61	35,46

Podríamos comparar las desviaciones típicas para ver si la variabilidad en la fuerza de rotura no es la misma a las 2 que a las 16 semanas. Queremos contrastar

$$H_0 : \sigma_1 = \sigma_2$$

$$H_a : \sigma_1 \neq \sigma_2$$

Fíjate en que hemos cambiado las etiquetas numéricas que identifican los grupos, de manera que el grupo 1 (16 semanas) es el que tienen una desviación típica muestral mayor. El estadístico F de contraste es

$$F = \frac{s^2 \text{ mayor}}{s^2 \text{ menor}} = \frac{35{,}46^2}{10{,}15^2} = 12{,}20$$

Compara el valor calculado $F = 12{,}20$ con los valores críticos de la distribución $F(4,4)$. La tabla D muestra que 12,20 se halla entre los valores críticos 0,025 y 0,01 de la distribución $F(4,4)$. En consecuencia, el valor P de dos colas se halla entre 0,05 y 0,02. La conclusión es que los datos muestran que a un nivel de significación del 5% la variabilidad de los dos grupos es distinta. El cálculo del valor P parte de la suposición de que las dos muestras proceden de poblaciones normales. ■

RESUMEN DE LA SECCIÓN 7.4

Los procedimientos inferenciales para la comparación de las desviaciones típicas de dos poblaciones normales se basan en el **estadístico *F***, que es el cociente de dos varianzas muestrales

$$F = \frac{s_1^2}{s_2^2}$$

Si se ha obtenido una muestra aleatoria simple de tamaño n_1 de una Población 1 y una muestra aleatoria simple de tamaño n_2, independiente, de una Población 2, el estadístico F tiene la **distribución** F, $F(n_1 - 1, n_2 - 1)$, si las dos desviaciones típicas poblacionales σ_1 y σ_2 son realmente iguales.

Las **distribuciones** F son asimétricas hacia la derecha y sólo toman valores mayores que 0. Una distribución F concreta, $F(j,k)$, viene determinada por dos **grados de libertad** j y k.

La **prueba *F*** de dos colas de $H_0 : \sigma_1 = \sigma_2$, utiliza el estadístico

$$F = \frac{s^2 \text{ mayor}}{s^2 \text{ menor}}$$

y dobla la probabilidad de la cola de la derecha para obtener el valor P.

Las pruebas F y otros procedimientos de inferencia sobre la dispersión de una o más distribuciones normales se ven tan afectados por la falta de normalidad que no recomendamos su utilización habitual.

EJERCICIOS DE LA SECCIÓN 7.4

Todos los ejercicios que se puedan resolver utilizando la prueba F parten del supuesto de que las distribuciones de las dos poblaciones son aproximadamente normales. Ahora bien, los datos reales no son siempre suficientemente normales como para justificar la utilización de la prueba F.

7.52. El estadístico $F = s_1^2/s_2^2$ se calcula a partir de muestras de tamaño $n_1 = 10$ y $n_2 = 8$. (Recuerda que n_1 es el tamaño muestral del numerador.)

(a) ¿Cuál es el valor crítico superior del 5% para este F?

(b) En una prueba sobre igualdad de desviaciones típicas en contra de una alternativa de dos colas, este estadístico tiene el valor $F = 3{,}5$. ¿Es significativo este valor a un nivel del 10%? ¿Es significativo a un nivel del 5%?

7.53. El estadístico F de igualdad de desviaciones típicas basado en muestras de tamaños $n_1 = 21$ y $n_2 = 16$ toma el valor $F = 2{,}78$.

(a) ¿Constituye este resultado una evidencia significativa sobre la desigualdad de las desviaciones típicas poblacionales a un nivel del 5%? ¿Y a un nivel del 1%?

(b) ¿Entre qué dos valores de la tabla D se encuentra el valor P?

7.54. Envenenamiento con DDT. La varianza muestral del grupo del tratamiento en el experimento del DDT del ejercicio 7.37 es más de 10 veces mayor que la varianza del grupo de control. Calcula el estadístico F. ¿Puedes rechazar la hipótesis de igualdad de las desviaciones típicas a un nivel de significación del 5%? ¿Y a un nivel del 1%?

7.55. Tratamiento de la encefalopatía espongiforme. Los resultados obtenidos en el ejercicio 7.30 sugieren que los hámsteres del grupo que sobrevivió más tiempo presentaban una mayor variabilidad en los datos de supervivencia. Es frecuente observar que cuando aumenta $\bar{x}$, también aumenta s. Los datos del ejercicio 7.30, ¿aportan evidencia estadística de que las desviaciones típicas de los dos grupos no son iguales?

7.56. Prueba Chapin con hombres y mujeres. Los datos del ejemplo 7.9 muestran que los resultados de hombres y mujeres en la prueba Chapin (*Chapin Social Insight Test*) tenían desviaciones típicas similares. Como las muestras eran grandes, no sería extraño que encontráramos diferencias significativas entre las desviaciones típicas poblacionales. ¿Podemos decir que las desviaciones típicas son significativamente distintas? (Utiliza los valores críticos de la $F(120, 100)$ de la tabla D.)

7.57. Rapidez de aprendizaje. Los datos del MIV de niños y adultos del ejercicio 7.49 muestran desviaciones típicas muestrales bastante distintas. ¿Cuál es la significación estadística de la desigualdad observada?

7.58. Actitud de los estudiantes. Vuelve a los datos sobre la prueba SSHA del ejercicio 7.36. Queremos saber si la dispersión de los resultados de la prueba SSHA es distinta entre los hombres y mujeres de esa universidad. Utiliza la prueba F para sacar conclusiones.

REPASO DEL CAPÍTULO 7

Este capítulo presenta las pruebas t y los intervalos de confianza para hacer inferencia sobre la media de una población y para comparar las medias de dos poblaciones. El estadístico t de una muestra hace inferencia sobre una media, mientras que el estadístico t de dos muestras compara dos medias. Los estudios por pares utilizan los procedimientos de una sola muestra, ya que primero se crea una muestra calculando las diferencias de las respuestas dentro de cada par. Los procedimientos t se hallan entre los métodos más comunes de la inferencia estadística. La siguiente figura te ayudará a decidir cuándo utilizarlos. Antes de utilizar cualquier método de inferencia, piensa en cómo se ha diseñado el estudio y comprueba que no hay observaciones atípicas u otros problemas.

Los procedimientos t exigen que los datos sean muestras aleatorias simples y que la distribución de la población, o poblaciones, sea normal. Una de las razones que justifican la amplia utilización de los procedimientos t es que no se

Procedimientos *t* para medias

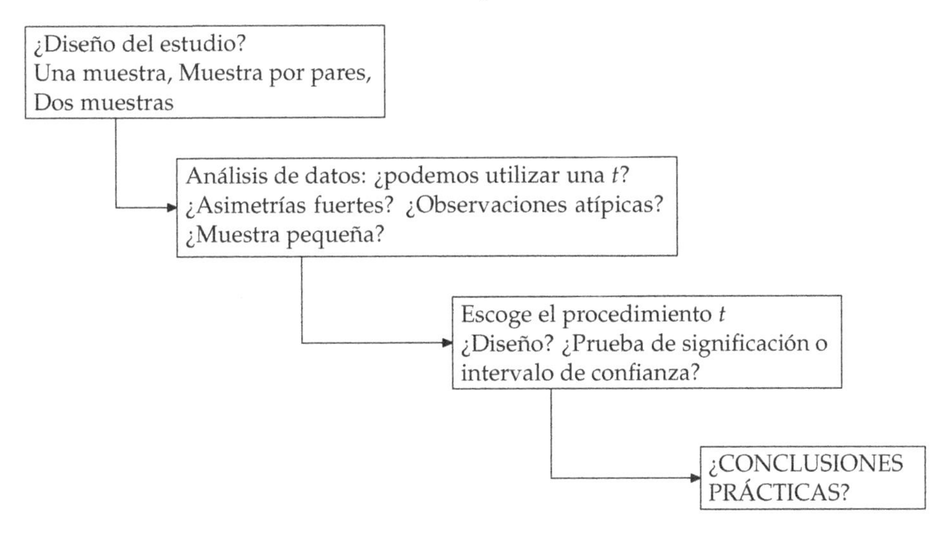

ven muy afectados por la falta de normalidad. De todas formas, si tus datos no se pueden asimilar a los de una muestra aleatoria simple, los resultados de la inferencia pueden ser de poco valor.

Los ejercicios al final del capítulo son importantes en éste y en capítulos posteriores. Ahora tienes que identificar las características de cada problema y decidir cuál de los métodos vistos en el capítulo es el más adecuado. En este capítulo debes identificar los estudios de una sola muestra, los estudios por pares y los estudios de dos muestras independientes. He aquí las habilidades más importantes que deberías haber adquirido después de leer este capítulo.

A. IDENTIFICACIÓN

1. Identificar cuándo un problema exige inferencia sobre una media o sobre la comparación de dos medias.
2. Identificar a partir del diseño del estudio si se necesita un procedimiento de una muestra, de datos por pares o de dos muestras independientes.

B. PROCEDIMIENTOS *t* DE UNA MUESTRA

1. Saber cuándo es apropiado en la práctica utilizar los procedimientos *t*, en particular, saber que los procedimientos *t* son bastante robustos respecto a la falta de normalidad, pero están influenciados por las observaciones atípicas.

2. Saber también cuándo el diseño del estudio, las observaciones atípicas o una muestra pequeña de una distribución asimétrica hacen que sea arriesgada la utilización de los procedimientos t.
3. Utilizar el procedimiento t para obtener un intervalo de un determinado nivel de confianza para la media μ de una población.
4. Llevar a cabo una prueba t para la hipótesis de que la media poblacional μ tiene un valor concreto en contra de una alternativa de una o de dos colas. Utilizar la tabla C de valores críticos t para aproximar el valor P o para llevar a cabo pruebas con un α predeterminado.
5. Identificar los datos por pares y utilizar los procedimientos t para obtener intervalos de confianza y para hacer pruebas de significación con este tipo de datos.

C. PROCEDIMIENTOS *t* DE DOS MUESTRAS

1. Identificar cuándo los procedimientos t de dos muestras son apropiados en la práctica.
2. Calcular un intervalo de confianza para la diferencia entre dos medias. Utilizar el estadístico t de dos muestras con un número de grados de libertad conservador, si no se tiene un programa estadístico. Si tienes un programa, utilízalo.
3. Contrastar la hipótesis de que dos poblaciones tienen las medias iguales en contra de una alternativa de una o de dos colas. Utilizar el estadístico t de dos muestras con un número de grados de libertad conservador, si no se tiene un programa estadístico. Si tienes un programa estadístico, utilízalo.
4. Saber que existen procedimientos para comparar las desviaciones típicas de dos poblaciones normales, pero que estos procedimientos son peligrosos al no ser robustos ante una falta de normalidad.

EJERCICIOS DE REPASO DEL CAPÍTULO 7

7.59. Subida y bajada de escalones y ritmo cardíaco. El proyecto final de curso de un estudiante consistió en pedir a una serie de sujetos que subieran y bajaran escalones durante 3 minutos y determinar su ritmo cardíaco, antes y después del ejercicio. He aquí datos de cinco sujetos y dos tratamientos: subir y bajar escalones despacio, intensidad baja (14 escalones por minuto), o más rápidamente, intensidad media (21 escalones por minuto). De cada sujeto toma datos del ritmo cardíaco en reposo (pulsaciones por minuto) y del ritmo cardíaco después del ejercicio.

	Intensidad baja		Intensidad media	
Sujeto	**En reposo**	**Final ejercicio**	**En reposo**	**Final ejercicio**
1	60	75	63	84
2	90	99	69	93
3	87	93	81	96
4	78	87	75	90
5	84	84	90	108

(a) El ejercicio de baja intensidad, ¿aumenta el ritmo cardíaco? ¿Cuánto lo aumenta? (Utiliza un intervalo de confianza del 90% para responder a la segunda pregunta.)

(b) El ejercicio de baja intensidad, ¿aumenta el ritmo cardíaco? ¿Cuánto lo aumenta?

(c) El ejercicio de media intensidad, ¿aumenta el ritmo cardíaco más que el de baja intensidad?

7.60. Programas de pérdida de peso. En un estudio sobre la efectividad de las dietas, 47 sujetos con un exceso de peso de al menos el 20% tomaron parte en un programa de adelgazamiento durante 10 semanas. Se determinó de forma secreta el peso de los sujetos al inicio del programa y 6 meses después de su finalización. Se utilizó la prueba t por pares para valorar la significación de la pérdida media de peso. El informe decía: "Los sujetos perdieron peso de forma significativa, $t(46) = 4{,}68$, $p < 0{,}01$". Es común presentar los resultados estadísticos de esta forma abreviada.[34]

(a) ¿Por qué es apropiada la prueba t por pares?

(b) Explica a alguien que no sepa estadística, pero que esté interesado en los programas de adelgazamiento, qué conclusiones prácticas se pueden extraer de este estudio.

(c) El informe sigue la tradición de dar la significación de valores α predeterminados como, por ejemplo, $\alpha = 0{,}01$. De hecho, los resultados son más significativos de lo que sugiere $p < 0{,}01$. Utiliza la tabla C para decir algo más sobre el valor P de la prueba t.

[34]D. R. Black *et al.*, "Minimal interventions for weight control: a cost-effective alternative", *Addictive Behaviors*, 9, 1984, págs. 279-285.

7.61. Costes de publicidad. Los consumidores que creen que la publicidad de un producto es cara, suelen pensar que éste es de alta calidad. ¿Es posible debilitar esta idea proporcionando información adicional? Para averiguarlo, unos investigadores de mercado hicieron un experimento. Los sujetos eran 90 mujeres del personal administrativo de una gran empresa. Todas leyeron un anuncio que describía una línea ficticia de productos alimenticios llamada "Los cinco cocineros". El anuncio también describía los principales anuncios televisivos que se mostrarían sobre estos productos, que representaban un gasto poco frecuente para ellos. Las 45 mujeres del grupo de control no leyeron nada más. Los 45 sujetos del grupo experimental también leyeron un texto titulado "No existe ninguna conexión entre el gasto en publicidad y la calidad de un nuevo producto".

Posteriormente, todos los sujetos evaluaron la calidad de los productos "Los cinco cocineros" en una escala de 0 a 7. El informe del estudio decía, "la valoración media de la calidad era significativamente menor en el grupo experimental ($\bar{x}_E = 4{,}56$) que en el grupo de control ($\bar{x}_C = 5{,}05$; $t = 2{,}64$, $p < 0{,}01$)".[35]

(a) En esta situación, ¿qué es más correcto, la prueba t por pares o la prueba t de dos muestras? ¿Por qué?

(b) ¿Cuántos grados de libertad utilizarías para el estadístico t que escogiste en (a)?

(c) La distribución de las respuestas individuales no es normal, ya que sólo se dispone de una escala de 0 a 7. Sin embargo, ¿por qué es adecuado utilizar la prueba t?

7.62. Nuevos programas sociales. Un ambicioso estudio sobre los programas sociales alternativos asignó aleatoriamente a mujeres necesitadas a dos programas, llamados "VIG" y "OPC". El programa VIG era el programa vigente, mientras que el OPC era un nuevo programa que daba más incentivos para trabajar. Un tema de interés era conocer cuánto más (como media) ganaban las mujeres del programa OPC que las mujeres del programa VIG. He aquí los resultados del Minitab sobre las ganancias de los dos grupos, en dólares, durante un periodo de tres años.[36]

[35] Amna Kirmani y Peter Wright, "Money talks: perceived advertising expense and expected product quality", *Journal of Consumer Research*, 16, 1989, págs. 344-353.

[36] D. Friedlander, *Supplemental Report on the Baltimore Options Program*, Manpower Demonstration Research Corporation, New York, 1987.

```
TWOSAMPLE T FOR 'OPC' VS 'VIG'

          N    MEAN   STDEV   SE MEAN
 OPC   1362    7638     289    7.8309
 VIG   1395    6595     247    6.6132

95 PCT CI FOR MU OPC - MU VIG: (1022.90, 1063.10)
```

(a) Calcula un intervalo de confianza del 99% para la diferencia entre las ganancias medias de las participantes en el programa OPC y las ganancias medias de los sujetos del programa VIG. (El Minitab dará un intervalo de confianza del 99% si se lo pides. Aquí sólo se presentan los resultados básicos que, por defecto, incluyen un intervalo del 95%.)

(b) La distribución de los ingresos es muy asimétrica hacia la derecha, pero no tiene observaciones atípicas extremas, ya que todos los sujetos disfrutaban de un cierto bienestar. ¿Qué característica de estos datos nos permite utilizar los procedimientos t a pesar de la fuerte asimetría?

7.63. Fertilización de un prado. Un ingeniero agrónomo cree que la aplicación fraccionada de potasio a lo largo de la estación de crecimiento del prado dará un mayor rendimiento que una sola aplicación de potasio en primavera. El ingeniero compara dos tratamientos: 100 kg por hectárea de potasio en primavera (tratamiento 1) y 50, 25 y 25 kg por hectárea aplicados en primavera, inicio de verano y final del verano (tratamiento 2). El ingeniero lleva a cabo el experimento durante varios años, ya que las condiciones ambientales cambian de año a año.

La siguiente tabla proporciona datos de los rendimientos en kg de materia seca por hectárea. Se conoce por experiencia que la distribución del rendimiento es aproximadamente normal.[37]

Tratamiento	Año 1	Año 2	Año 3	Año 4	Año 5
1	3.902	4.281	5.135	5.350	5.746
2	3.970	4.271	5.440	5.490	6.028

(a) ¿Dan los datos evidencia de que la media del rendimiento del tratamiento 2 es mayor? (Plantea las hipótesis, lleva a cabo la prueba y halla el valor P tan exactamente como permitan las tablas. ¿Cuáles son tus conclusiones?)

[37] R. R. Robinson, C. L. Rhykerd y C. F. Gross, "Potassium uptake by orchardgrass as affected by time, frequency and rate of potassium fertilization", *Agronomy Journal*, 54, 1962, págs. 351-353.

(b) Calcula un intervalo de confianza del 98% para la media de incremento de rendimiento debido al fraccionamiento de la fertilización potásica.

7.64. Nitritos y bacterias. A menudo se añaden nitritos a los productos alimenticios como conservantes. En un estudio del efecto de los nitritos sobre las bacterias, unos investigadores determinaron la tasa de absorción de un aminoácido en 60 cultivos de una bacteria: en 30 cultivos se añadieron nitritos, mientras que los otros 30 eran el grupo de control. En la tabla 7.7 se muestran los datos del estudio. Examina los datos y describe brevemente su distribución. Lleva a cabo una prueba de significación para saber si los nitritos disminuyen la absorción de aminoácidos. ¿Cuáles son tus conclusiones?

Tabla 7.7. Absorción de nitritos de bacterias en dos condiciones experimentales.

Control			Nitrito		
6.450	8.709	9.361	8.303	8.252	6.594
9.011	9.036	8.195	8.534	10.227	6.642
7.821	9.996	8.202	7.688	6.811	8.766
6.579	10.333	7.859	8.568	7.708	9.893
8.066	7.408	7.885	8.100	6.281	7.689
6.679	8.621	7.688	8.040	9.489	7.360
9.032	7.128	5.593	5.589	9.460	8.874
7.061	8.128	7.150	6.529	6.201	7.605
8.368	8.516	8.100	8.106	4.972	7.259
7.238	8.830	9.145	7.901	8.226	8.552

7.65. La atmósfera terrestre. La composición de la atmósfera de la Tierra puede haber cambiado a lo largo del tiempo. Para intentar descubrir la composición de la atmósfera en otras épocas, podemos examinar el aire contenido en el ámbar fosilizado. El ámbar es una resina que se endureció y quedó atrapada entre rocas. El aire en forma de burbujas contenido dentro de él tiene que ser una muestra de la atmósfera en el momento en el que el ámbar se formó. Unas mediciones del aire contenido en ámbares del cretáceo (de hace entre 75 y 95 millones de años) dan los siguientes porcentajes de nitrógeno:

63,4   65,0   64,4   63,3   54,8   64,5   60,8   49,1   51,0

Estos valores son bastante distintos del contenido actual de nitrógeno en la atmósfera, que es del 78,1%. Supón (los expertos todavía no se han puesto de acuerdo) que estas observaciones son realmente una muestra aleatoria simple de la atmósfera del cretáceo.[38]

(a) Representa gráficamente los datos, comenta su posible asimetría y la presencia de observaciones atípicas.

(b) Los procedimientos *t* serán sólo aproximados en este caso. Calcula un intervalo de confianza *t* del 95% para el porcentaje medio de nitrógeno en el aire del cretáceo.

7.66. Eficacia de la cefalotina. Un fabricante de productos farmacéuticos hace un análisis químico para comprobar la eficacia de sus productos. La eficacia estándar de los cristales de cefalotina es 910. Un ensayo con 16 lotes de este producto da los siguientes datos sobre la eficacia del producto:

897	914	913	906	916	918	905	921
918	906	895	893	908	906	907	901

(a) Comprueba si existen observaciones atípicas o una fuerte asimetría que pueda amenazar la validez de los procedimientos *t*.

(b) Calcula un intervalo de confianza del 95% para la eficacia del producto.

(c) ¿Existe evidencia significativa a un nivel del 5% de que la eficacia media obtenida no es igual a la eficacia estándar?

7.67. ¿Son distintas las dietas de los distintos grupos profesionales? Un estudio británico comparó la ingestión de comida y bebida de 98 conductores y de 83 cobradores de los autobuses londinenses de dos pisos. El trabajo de los cobradores exige más actividad física. El artículo que da a conocer el estudio proporciona los datos como "consumo medio diario ($\pm$ e. t.)". Algunos de los resultados del estudio aparecen en la siguiente tabla.[39]

	Conductores	**Cobradores**
Calorías totales	2.821 ± 44	2.844 ± 48
Alcohol (gramos)	$0{,}24 \pm 0{,}06$	$0{,}39 \pm 0{,}11$

[38] R. A. Berner y G. P. Landis, "Gas bubbles in fossil amber as possible indicators of the major gas composition of ancient air", *Science*, 239, 1988, págs. 1.406-1.409.

[39] J. W. Marr y J. A. Heady, "Within- and between-person variation in dietary surveys: number of days needed to classify individuals", *Human Nutrition: Applied Nutrition*, 40A, 1986, págs. 347 364.

(a) ¿Qué significa "e. t."? ¿cuáles son los valores de $\bar{x}$ y s de cada uno de los cuatro conjuntos de datos?

(b) ¿Existe evidencia significativa a un nivel del 5% de que los cobradores y los conductores consumen cantidades distintas de calorías por día?

(c) ¿Cuál es la significación de la diferencia observada entre las medias de consumo de alcohol de los dos grupos?

(d) Calcula un intervalo de confianza del 90% para el consumo medio de alcohol de los cobradores de los autobuses londinenses de dos pisos.

(e) Calcula un intervalo de confianza del 80% para la diferencia entre las medias de consumo de alcohol de los conductores y los cobradores.

7.68. Provincias de Andalucía. Consultas datos del censo en España de 1990 y anotas las poblaciones de cada una de las provincias de Andalucía. Con estos datos, ¿es correcto utilizar el procedimiento t de una muestra para calcular un intervalo de confianza del 95% para la media de población en las provincias andaluzas? Justifica tu respuesta.

7.69. Plomo en el suelo. La cantidad de plomo contenida en un tipo de suelo medida según el método habitual da una media de 86 partes por millón (ppm). Se utiliza un nuevo método para analizar el contenido de plomo en 40 muestras de suelo, que da una media de 83 ppm de plomo y una desviación típica de 10 ppm.

(a) ¿Existe evidencia significativa a un nivel del 1% de que el nuevo método extrae menos plomo del suelo que el método habitual?

(b) Un crítico argumenta que, por la heterogeneidad del suelo, la efectividad del nuevo método se confunde con las características de cada muestra. Describe brevemente un mejor diseño para la obtención de datos que evite esta crítica.

7.70. Colesterol en perros. No es sano que los perros tengan en la sangre niveles altos de colesterol. Debido a que una dieta rica en grasas saturadas incrementa el nivel de colesterol, es plausible que los perros domésticos tengan niveles más altos que los perros que pertenecen a una clínica de investigación veterinaria. En consecuencia, los niveles de colesterol "normales" basados en los perros de la clínica pueden ser engañosos. Una clínica comparó perros sanos de su propiedad con perros sanos llevados a la clínica para ser esterilizados. Los estadísticos de resumen de los niveles de colesterol en la sangre (en miligramos por decilitro de sangre) son los siguientes:[40]

[40]V. D. Bass, W. E. Hoffmann y J. L. Dorner, "Normal canine lipid profiles and effects of experimentally induced pancreatitis and hepatic necrosis on lipids", *American Journal of Veterinary Research*, 37, 1976, págs. 1.355-1.357.

Grupo	n	$\bar{x}$	s
Perros domésticos	26	193	68
Perros de la clínica	23	174	44

(a) ¿Es fuerte la evidencia de que los perros domésticos tienen una media de colesterol más alta que los perros de la clínica? Plantea H_0 y H_a, y lleva a cabo la prueba adecuada. Halla el valor P. ¿Cuáles son tus conclusiones?

(b) Calcula un intervalo de confianza del 95% para la diferencia entre las medias de los niveles de colesterol de los perros domésticos y de los perros de la clínica.

(c) Calcula un intervalo de confianza del 95% para la media del nivel de colesterol de los perros domésticos.

(d) ¿Qué supuestos se tienen que satisfacer para justificar los procedimientos que utilizaste en (a), (b) y (c)? Suponiendo que los análisis de colesterol no tienen observaciones atípicas y que las observaciones no son muy asimétricas, ¿cuál es la principal amenaza a la validez de los resultados de este estudio?

7.71. Densidad de la Tierra. El ejercicio 1.41 proporciona 29 determinaciones de la densidad de la Tierra, hechas en 1798 por Henry Cavendish. Representa los datos gráficamente para comprobar la simetría y la ausencia de observaciones atípicas. Luego, estima la densidad de la Tierra a partir de los datos de Cavendish. ¿Cuál es el error de tu estimación?

7.72. Genoma de ratones. Un estudio sobre la influencia de la herencia genética sobre la diabetes comparó ratones normales con ratones que se modificaron genéticamente para eliminar el gen llamado *aP*2. Se alimentó ambos tipos de ratones con una dieta rica en grasas para provocar su engorde. Posteriormente, los investigadores determinaron los niveles de insulina y de glucosa en su plasma sanguíneo. He aquí algunos extractos de su informe.[41] A los ratones normales se les llamó "tipo común" y a los ratones con el genoma modificado se les llamó "$aP2^{-/-}$".

[41]G. S. Hotamisligil, R. S. Johnson, R. J. Distel, R. Ellis, V. E. Papaioannou y B. M. Spiegelman, "Uncoupling of obesity from insulin resistance through a targeted mutation in *aP*2, the adipocyte fatty acid binding protein", *Science*, 274, 1996, págs. 1.377-1.379.

Cada valor es la media ± ETM de determinaciones en al menos 10 ratones. Se compararon los valores medios de cada componente del plasma de los ratones a$P2^{-/-}$ *con los valores correspondientes del grupo de control formado por los ratones comunes mediante la prueba t de Student (** $P < 0{,}05$ *y* ** $P < 0{,}005$*).*

Parámetro	Tipo común	$aP2^{-/-}$
Insulina (ng/ml)	5,9 ± 0,9	0,75 ± 0,2**
Glucosa (mg/dl)	230 ± 25	150 ± 17*

Los ratones comunes, a pesar de tener concentraciones más elevadas de insulina que los ratones a$P2^{-/-}$*, también tenían concentraciones más elevadas de glucosa en sangre. Estos resultados indican que la ausencia del gen aP2 interfiere en el desarrollo de la obesidad inducida mediante la dieta.*

Suponemos que otros investigadores serían capaces de entender estos resultados estadísticos presentados de forma tan sistemática.

(a) ¿Qué significa "ETM"? ¿Cómo se calcula el ETM a partir de n, $\bar{x}$ y s?

(b) De las pruebas t que hemos estudiado, ¿cuál utilizaron los investigadores?

(c) Explica a un investigador que no sepa estadística lo que significa $P < 0{,}05$ y $P < 0{,}005$. De estos dos valores, ¿cuál proporciona más evidencia a favor de que existen diferencias entre los dos grupos de ratones?

(d) El informe sólo dice que los tamaños de las muestras eran "al menos de 10". Supón que los resultados se obtuvieran con 10 ratones de cada tipo. Utiliza los valores de la tabla para hallar $\bar{x}$ y s de la concentración de insulina. Lleva a cabo una prueba para valorar la significación estadística de la diferencia entre medias. ¿Qué valor P obtienes?

(e) Haz lo mismo con las concentraciones de glucosa.

7.73 (Optativo). Los datos del ejemplo 7.9 sobre los resultados de la prueba Chapin en la población de estudiantes de arte, ¿proporcionan evidencia de que las desviaciones típicas no son iguales entre los dos sexos?

(a) Plantea las hipótesis y lleva a cabo la prueba. Los programas estadísticos pueden valorar la significación de una manera exacta. De todas formas, la utilización de la tabla adecuada es suficiente para obtener conclusiones.

(b) Las muestras grandes, ¿nos permiten ignorar el supuesto de que las distribuciones poblacionales son normales?

Tabla 7.8. Nivel de partículas (gramos) en los localidades próximas.

Día	Rural	Ciudad	Día	Rural	Ciudad
1	nd	39	19	43	42
2	67	68	20	39	38
3	42	42	21	nd	nd
4	33	34	22	52	57
5	46	48	23	48	50
6	nd	82	24	56	58
7	43	45	25	44	45
8	54	nd	26	51	69
9	nd	nd	27	21	23
10	nd	60	28	74	72
11	nd	57	29	48	49
12	nd	nd	30	84	86
13	38	39	31	51	51
14	88	nd	32	43	42
15	108	123	33	45	46
16	57	59	34	41	nd
17	70	71	35	47	44
18	42	41	36	35	42

Los siguientes ejercicios hacen referencia a un estudio sobre la contaminación atmosférica. Algunos de los componentes de la contaminación del aire son partículas sólidas tales como el polvo y el humo. Para medir la contaminación en partículas sólidas, una bomba de vacío conduce aire a través de un filtro durante 24 horas. Pesa el filtro al comienzo y al final de este periodo. La ganancia de peso es una medida de la concentración de partículas en el aire. Un estudio sobre la contaminación atmosférica tomó mediciones con los mismos instrumentos cada 6 días en el centro de una pequeña ciudad y en una localidad rural situada a 18 kilómetros al sudoeste de ésta. Debido a que los vientos dominantes soplan del oeste, sospechamos que las lecturas en la zona rural serán, en general, más bajas que las lecturas en la ciudad y que éstas se pueden predecir a partir de las lecturas en la localidad rural. La tabla 7.8 proporciona lecturas tomadas cada 6 días durante un periodo de 7 meses. En la tabla "nd" indica que no se dispone del dato de ese día, normalmente debido a un fallo del equipo de lectura.[42]

Que se pierdan datos es habitual, especialmente en estudios de campo como éste. Creemos que los fallos del equipo de lectura no están relacionados con los niveles de contaminación. Si esto es cierto, los datos perdidos no introducen

[42]Datos proporcionados por Matthew Moore.

sesgos. Podemos trabajar con los datos que no se han perdido como si fueran una muestra aleatoria de los días. Podemos analizar estos datos de diferentes maneras para responder a distintas preguntas. En cada uno de los siguientes ejercicios se te pide que lleves a cabo un cuidadoso análisis descriptivo con gráficos y estadísticos de resumen y un análisis inferencial siempre que sea adecuado. Luego presenta e interpreta tus conclusiones.

7.74. Contaminación en el centro de la ciudad. Queremos valorar el nivel de partículas sólidas en suspensión en el centro de la ciudad. Describe la distribución de los niveles de contaminación en la ciudad y estima la media del nivel de partículas en el centro de la ciudad. (Todas las estimaciones deben incluir un error de estimación justificado estadísticamente.)

7.75. Ciudad versus campo. Queremos comparar el nivel medio de partículas en suspensión en la ciudad y en el campo en un mismo día. Sospechamos que la contaminación es más elevada en la ciudad y creemos que la prueba estadística mostrará que existe una evidencia significativa a favor de esta sospecha. Dibuja un gráfico para comprobar si se dan ciertas condiciones que podrían impedir la utilización de la prueba que tienes pensado emplear. Tu gráfico tiene que reflejar el tipo de procedimiento que vas a utilizar. Luego lleva a cabo una prueba de significación y di cuáles son tus conclusiones. Estima también la diferencia media en un mismo día entre el nivel de partículas en la ciudad y en el campo.

7.76. Predicción de la ciudad a partir del campo. Creemos que podemos utilizar el nivel de partículas en el campo para predecir en un mismo día el nivel en la ciudad. Examina la posible relación gráficamente. ¿Indican los datos representados que la utilización de la recta de regresión mínimo-cuadrática para hacer predicciones dará resultados aproximadamente correctos en el intervalo de valores para los que se dispone de datos? Calcula la recta de regresión mínimo-cuadrática para predecir la contaminación en la ciudad a partir de la contaminación en el campo. ¿Qué porcentaje de la variación del nivel de contaminación observado en la ciudad se puede explicar a partir de la recta de regresión? En la observación del día catorce la lectura en el campo fue 88 y no se dispone de la lectura en la ciudad. ¿Cuál es tu estimación de la lectura en la ciudad para ese día? (En el capítulo 11 aprenderemos cómo calcular un error de estimación de las predicciones que hacemos a partir de la recta de regresión.)

8. Inferencia para proporciones

JANET NORWOOD

El comisionado de la Oficina de Estadística Laboral (Bureau of Labor Statistics) es uno de los estadísticos más influyentes de EE UU. Como jefe de la Oficina de Estadística Laboral, el comisionado supervisa la obtención y la interpretación de datos sobre empleo, salarios y muchos otros aspectos socioeconómicos.

Los datos obtenidos por la Oficina de Estadística Laboral suelen influir mucho en la política como, por ejemplo, cuando un informe que indica un incremento del desempleo se da a conocer justo antes de unas elecciones. Por este motivo, la Oficina de Estadística Laboral tiene que ser objetiva y mantenerse al margen de cualquier influencia política. Para salvaguardar la independencia de la Oficina de Estadística Laboral, el comisionado es propuesto por el presidente de EE UU y ratificado por el Senado para un periodo de cuatro años. El comisionado debe tener buenos conocimientos de estadística, habilidad administrativa y capacidad para trabajar conjuntamente con el Congreso y el presidente de EE UU.

Janet Norwood ocupó el cargo de comisionada durante doce años, desde 1979 hasta 1991, con tres presidentes distintos. Cuando Norwood se retiró, el *New York Times* (el 31 de diciembre de 1991) dijo que Norwood dejaba el cargo con una "reputación casi legendaria en relación con su imparcialidad", y que un senador la calificó como "un tesoro nacional". Dice Norwood, "ha habido veces en el pasado en que los comisionados estuvieron en franco desacuerdo con el ministro de trabajo o, en algunas ocasiones, con el presidente. Hemos antepuesto nuestra profesionalidad".

Algunas de las estadísticas más importantes elaboradas por la Oficina de Estadística Laboral son proporciones. La tasa mensual de desempleo, por ejemplo, es la proporción de la población activa que está sin empleo en un determinado mes. Los métodos de inferencia para proporciones son el tema de este capítulo.

8.1 Introducción

Hasta ahora, nos hemos centrado en la inferencia para *medias* poblacionales. Ahora vamos a responder preguntas sobre la *proporción* de alguna característica en una población. He aquí algunos ejemplos que requieren el uso de la inferencia para proporciones poblacionales.

EJEMPLO 8.1. Las conductas sexuales y el sida

¿Son comunes las conductas sexuales que implican riesgo de contraer el sida? La Encuesta Nacional sobre el Sida (*National AIDS Behavioral Surveys*), en EE UU, encuestó a una muestra aleatoria de 2.673 adultos heterosexuales. De éstos, 170 tuvieron más de una pareja en el último año. Es decir, el 6,36% de la muestra.[1] Basándonos en estos datos, ¿qué podemos decir sobre el porcentaje de todos los adultos heterosexuales que tienen múltiples parejas? Queremos *estimar una sola proporción poblacional.* ■

EJEMPLO 8.2. ¿Son útiles los programas de educación preescolar?

Los programas de educación preescolar para niños de familias pobres, ¿marcan alguna diferencia en sus vidas a largo plazo? Un estudio examinó a 62 niños que participaron en un programa de educación preescolar a finales de la década de los sesenta y a un grupo de control de 61 niños con características similares que no participaron en el programa. A los 27 años, el 61% del grupo que fue preescolarizado y el 80% del grupo de control habían necesitado ayuda de los servicios de asistencia social en los 10 años anteriores.[2] Estos resultados, ¿proporcionan evidencia significativa de que la preescolarización de los niños pobres reduce la utilización posterior de los servicios de asistencia social? Queremos *comparar dos proporciones poblacionales.* ■

Para hacer inferencia sobre la media poblacional μ, utilizamos la media $\bar{x}$ de una muestra aleatoria de la población. Los razonamientos utilizados en inferencia

[1]Joseph H. Catania *et al.*, "Prevalence of AIDS-related risk factors and condom use in the United States", *Science*, 258, 1992, págs. 1.101-1.106.

[2]William Celis III, "Study suggests Head Start helps beyond school", *New York Times*, 20 de abril de 1993.

parten de la distribución de $\bar{x}$. Ahora, seguiremos el mismo esquema, sustituyendo las medias por proporciones.

Estamos interesados en la proporción desconocida p de una población que cumple una determinada característica. Por conveniencia, llamamos a esta característica que estamos buscando "éxito". En el ejemplo 8.1, la población son los adultos heterosexuales y el parámetro p es la proporción de esta población que tuvo más de una pareja en el último año. Para estimar p, la Encuesta Nacional sobre el Sida utilizó la selección aleatoria de números telefónicos para contactar con una muestra de 2.673 personas. De éstas, 170 dijeron que habían tenido múltiples parejas. El estadístico que estima el parámetro p es la **proporción muestral**

Proporción muestral

$$\hat{p} = \frac{\text{recuento de éxitos en la muestra}}{\text{recuento de observaciones en la muestra}}$$

$$= \frac{170}{2.673} = 0{,}0636$$

Lee proporción muestral $\hat{p}$ como "p sombrero".

APLICA TUS CONOCIMIENTOS

En cada una de las siguientes situaciones:

(a) Describe la población y explica con palabras qué es el parámetro p.

(b) Calcula el valor numérico del estadístico $\hat{p}$ que estima p.

8.1. Eulalia quiere estimar a qué proporción de estudiantes de su residencia les gusta la comida que dan. Eulalia entrevista a una muestra aleatoria simple de 50 de los 175 estudiantes que viven en la residencia y halla que 14 de los residentes opinan que la comida es buena.

8.2. Jaime quiere saber qué proporción de estudiantes de su universidad piensa que la matrícula es demasiado cara. Entrevista a una muestra aleatoria simple de 50 de los 2.400 estudiantes de la universidad. Treinta y ocho de los estudiantes entrevistados creen que la matrícula es demasiado cara.

8.3. El rector de una universidad dice, "el 99% de los estudiantes aprueba que despidiera al entrenador de fútbol". Contactas con una muestra aleatoria simple de 200 de los 15.000 estudiantes de la universidad y averiguas que 76 de éstos aprueban el despido del entrenador

8.2 Inferencia para una proporción poblacional

El estadístico $\hat{p}$, ¿es una buena estimación del parámetro p? Para averiguarlo, nos preguntamos, "¿qué ocurriría si tomáramos muchas muestras?" La distribución de $\hat{p}$ nos responde la pregunta. Vamos a verlo.

8.2.1 Distribución de $\hat{p}$

DISTRIBUCIÓN DE LA PROPORCIÓN MUESTRAL

Obtén una muestra aleatoria simple de tamaño n de una gran población que contenga una proporción p de "éxitos". Sea $\hat{p}$ la **proporción muestral** de éxitos,

$$\hat{p} = \frac{\text{recuento de éxitos en la muestra}}{n}$$

De manera que:

- A medida que aumenta el tamaño de la muestra, la distribución de $\hat{p}$ es cada vez más **aproximadamente normal**.
- La **media** de la distribución de $\hat{p}$ es p.
- La **desviación típica** de la distribución de $\hat{p}$ es

$$\sqrt{\frac{p(1-p)}{n}}$$

La figura 8.1 resume de forma gráfica las principales características de la distribución de $\hat{p}$ de manera que resulta fácil recordarlas. El comportamiento de $\hat{p}$ es similar al de $\bar{x}$. Cuando la muestra es grande, más normal es su distribución. La media de la distribución de $\hat{p}$ es la proporción poblacional p. Es decir, $\hat{p}$ es un estimador insesgado de p. La desviación típica de $\hat{p}$ se hace pequeña a medida que el tamaño n de la muestra se hace grande. En consecuencia, es más fácil que la estimación sea exacta cuando la muestra es más grande. De todas formas,

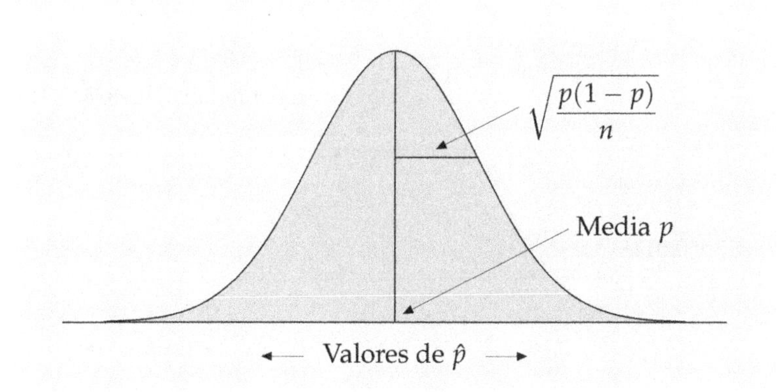

Figura 8.1. Obtén una muestra aleatoria simple grande de una población con una proporción p de éxitos. La distribución de la proporción muestral $\hat{p}$ de éxitos es aproximadamente normal. La media es p y la desviación típica es $\sqrt{\frac{p(1-p)}{n}}$.

el ritmo de disminución de la desviación típica es $\sqrt{n}$. Para reducirla a la mitad necesitamos una muestra cuatro veces mayor.

No debes utilizar la aproximación normal a la distribución de $\hat{p}$ cuando el tamaño de la muestra sea muy pequeño. Es más, la fórmula de la desviación típica de $\hat{p}$ no es correcta a no ser que la población sea mucho mayor que la muestra —digamos, al menos diez veces mayor que la muestra—.[3] Más adelante veremos qué criterio seguir para saber cuándo son fiables los métodos de inferencia basados en la proporción muestral.

EJEMPLO 8.3. Preguntas sobre los comportamientos arriesgados

Supón que realmente el 6% de los adultos heterosexuales tuvo más de una pareja en el último año (y lo admitió cuando se le preguntó). La Encuesta Nacional sobre

[3]De forma estricta la fórmula $\sqrt{p(1-p)/n}$ de la desviación típica de $\hat{p}$ supone que la muestra aleatoria simple de tamaño n se obtiene de una población *infinita*. Si la población es de tamaño finito N, esta desviación típica se multiplica por $\sqrt{1-(n-1)/(N-1)}$. Esta "corrección de poblaciones finitas" se aproxima a 1 a medida que aumenta N. Cuando la población es al menos 10 veces mayor que la muestra, el factor de corrección toma un valor entre 0,95 y 1, y en la práctica se puede ignorar.

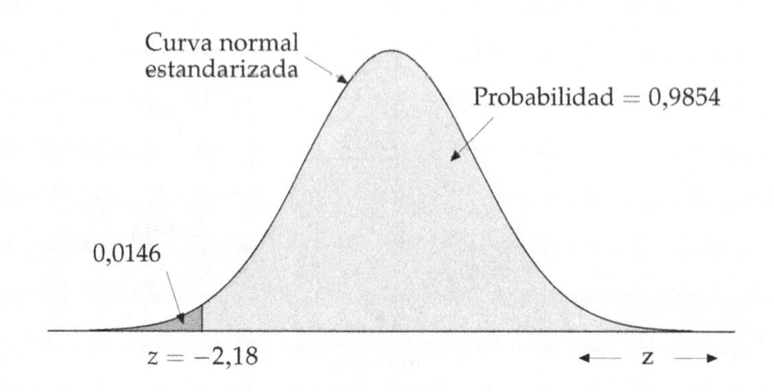

Figura 8.2. Las probabilidades del ejemplo 8.3 como áreas por debajo de la curva normal estandarizada.

el Sida entrevistó a una muestra aleatoria de 2.673 personas de esta población. ¿Cuál es la probabilidad de que al menos el 5% de esta muestra admitiera tener más de una pareja?

Si el tamaño de la muestra es $n = 2.673$ y la proporción poblacional es $p = 0{,}06$, la proporción muestral $\hat{p}$ tienen una media de 0,06 y una desviación típica

$$\sqrt{\frac{p(1-p)}{n}} = \sqrt{\frac{(0{,}06)(0{,}94)}{2.673}}$$

$$= \sqrt{0{,}0000211} = 0{,}00459$$

Queremos conocer la probabilidad de que $\hat{p}$ sea mayor o igual que 0,05.

Estandariza $\hat{p}$ restando la media 0,06 y dividiendo por su desviación típica 0,00459. Esta operación nos da un nuevo estadístico que tiene una distribución normal estandarizada.

Como siempre, decimos que tenemos un estadístico z:

$$z = \frac{\hat{p} - 0{,}06}{0{,}00459}$$

La figura 8.2 muestra la probabilidad que buscamos como un área por debajo de la curva normal estandarizada.

$$\begin{aligned} P(\hat{p} \geq 0{,}05) &= P\left(\frac{\hat{p}-0{,}06}{0{,}00459} \geq \frac{0{,}05-0{,}06}{0{,}00459}\right) \\ &= P(Z \geq -2{,}28) \\ &= 1 - 0{,}0146 = 0{,}9854 \end{aligned}$$

Si repetimos la Encuesta Nacional sobre el Sida muchas veces, más del 98% de todas la muestras contendrá al menos el 5% de los encuestados que admiten haber tenido más de un compañero en el último año. ■

APLICA TUS CONOCIMIENTOS

8.4. ¿Aprovechas los fines de semana para salir al campo? A una muestra de 1.540 adultos residentes en Madrid se le planteó la pregunta: "¿Aprovechas los fines de semana para salir al campo?" Supón que el 15% de los adultos lo aprovecha para hacer esta actividad.

(a) Halla la media y la desviación típica de la proporción $\hat{p}$ de gente de la muestra que los fines de semana sale al campo. (Supón que tenemos una muestra aleatoria simple.)

(b) ¿Qué tamaño de muestra es necesario para reducir la desviación típica de la proporción muestral a la mitad del valor que hallaste en (a)?

(c) Utiliza la aproximación normal para hallar la probabilidad de que entre el 13 y el 17% de la muestra aproveche los fines de semana para salir al campo.

8.5. Motocicletas Harley-Davidson. Las motocicletas Harley-Davidson constituyen el 14% de las motocicletas matriculadas en EE UU. Quieres entrevistar a una muestra aleatoria simple de 500 propietarios de motocicletas.

(a) ¿Cuál es la distribución aproximada de la proporción de gente de tu muestra que posee una Harley?

(b) ¿Es probable que tu muestra contenga como mínimo un 20% de personas que posean una Harley? ¿Es probable que contenga como mínimo un 15% de gente que posea una Harley? Para responder estas preguntas, ¿se puede utilizar la aproximación normal?

8.6. Supón que el 15% de todos los adultos aprovecha los fines de semana para salir al campo. En el ejercicio 8.4 calculamos la probabilidad de que la proporción muestral $\hat{p}$ de una muestra aleatoria simple estimara $p = 0{,}15$ con un error de estimación de $\pm 2\%$. Halla esta probabilidad para muestras aleatorias simples de tamaño 200, 800 y 3.200. ¿Qué conclusión general puedes obtener de tus cálculos?

8.2.2 Supuestos para la inferencia

Para hacer inferencia sobre la proporción poblacional p, utilizamos el estadístico z que resulta de la estandarización de la proporción muestral:

$$z = \frac{\hat{p} - p}{\sqrt{\frac{p(1-p)}{n}}}$$

El estadístico z tiene aproximadamente la distribución normal estandarizada $N(0,1)$ si la muestra no es demasiado pequeña y no corresponde a una parte demasiado grande de toda la población. He aquí unas reglas prácticas que nos indican cuándo podemos utilizar z de forma segura:

Regla práctica 1. La población es al menos 10 veces más grande que la muestra.
Regla práctica 2. El tamaño de la muestra n es suficientemente grande de manera que np y $n(1-p)$ sean al menos 10.

La primera regla práctica nos indica, por ejemplo, que no podemos utilizar la inferencia basada en z si entrevistamos a una muestra de 50 estudiantes de los 75 de un curso. La segunda regla práctica refleja el hecho de que para un determinado tamaño de muestra, la aproximación normal es más precisa cuando p se acerca a $\frac{1}{2}$ y menos exacta cuando p toma valores cercanos a 0 o a 1. También puedes ver que la aproximación no es buena cuando $p = 1$ o $p = 0$. Por ejemplo, si $p = 1$, la población consta solamente de éxitos y en consecuencia $\hat{p}$ es siempre 1. La inferencia es todavía posible cuando no se cumplen las reglas prácticas, pero se necesitan métodos más elaborados. Busca la ayuda de un estadístico.[4]

[4]Para una revisión sobre intervalos de confianza para p, véase: Alan Agresti y Brent Coull, "Approximate is better than 'exact' for interval estimation of binomial proportions", *The American Statistician*, 52, 1998, págs. 119-126. Los autores señalan que la precisión de los intervalos de confianza para p se puede mejorar mucho simplemente "añadiendo dos éxitos y dos fracasos", es decir, substituyendo $\hat{p}$ por $\frac{\text{recuento de éxitos}+2}{n+4}$. Si se utiliza esta sustitución, no se necesitan reglas practicas del tipo $n\hat{p}$. No he introducido este procedimiento en el texto porque su fundamento no es fácil de explicar. Fíjate también en que la regla que exige que np y $n(1-p)$ sean mayores o iguales que 5, que se utiliza en muchos textos, *no* es adecuada para tener una precisión razonable.

Es claro que en la práctica no conocemos el valor de p, no tenemos un valor concreto para sustituir, por tanto, no podemos calcular z o aplicar la regla práctica 2. He aquí lo que haremos:

- Para contrastar la hipótesis nula $H_0 : p = p_0$ de que la p desconocida toma un valor concreto p_0, simplemente sustituye p por p_0 en el estadístico z y en la regla práctica 2.
- En el cálculo de un intervalo de confianza para p, no tenemos un valor concreto para sustituir. En muestras grandes, $\hat{p}$ estará cerca de p, por tanto, sustituye p por $\hat{p}$ en la regla práctica 2. También sustituimos la desviación típica por el **error típico de $\hat{p}$**

Error típico de $\hat{p}$

$$\mathrm{ET} = \sqrt{\frac{\hat{p}(1-\hat{p})}{n}}$$

El intervalo de confianza tiene la forma

$$\text{estimación} \pm z^{*}\mathrm{ET}_{\text{de la estimación}}$$

SUPUESTOS DE LA INFERENCIA PARA UNA PROPORCIÓN

- Los datos son una muestra aleatoria simple de la población de interés.
- La población es al menos 10 veces mayor que la muestra.
- Para una prueba de significación $H_0 : p = p_0$, el tamaño de la muestra n cumple que np_0 y $n(1-p_0)$ son mayores o iguales que 10. En el caso de un intervalo de confianza, n cumple que el recuento de éxitos $n\hat{p}$ y el recuento de fracasos $n(1-\hat{p})$ son ambos mayores o iguales que 10.

EJEMPLO 8.4. ¿Se cumplen los supuestos?

Queremos utilizar los datos de la Encuesta Nacional sobre el Sida para calcular un intervalo de confianza para la proporción de adultos heterosexuales que tuvieron múltiples parejas. ¿Cumple la muestra las exigencias de la inferencia?

- El diseño muestral era en realidad una muestra estratificada compleja, y la encuesta utilizó procedimientos inferenciales para ese diseño. De todas formas, para nuestro análisis podemos considerar esta muestra como aleatoria simple.
- El número de adultos heterosexuales (la población) es mucho mayor que 10 veces el tamaño de la muestra, $n = 2.673$.
- Los recuentos de "Sí" y de "No" en las respuestas son mucho mayores que 10:

$$\begin{aligned} n\hat{p} &= (2.673)(0{,}0636) = 170 \\ n(1-\hat{p}) &= (2.673)(0{,}9364) = 2.503 \end{aligned}$$

La segunda y la tercera exigencias se cumplen holgadamente. La primera exigencia, que la muestra sea una muestra aleatoria simple, se satisface únicamente de forma aproximada. ■

También en este caso, los problemas prácticos inherentes a las encuestas a gran escala ponen en entredicho las conclusiones de la encuesta sobre el sida. Sólo se contactó con personas que disponen de teléfono en sus hogares. Esto es aceptable para encuestas sobre la población general, ya que alrededor del 94% de los hogares estadounidenses tiene teléfono. Sin embargo, algunos grupos con un alto riesgo de contraer el sida, como los consumidores de droga por vía intravenosa, a menudo no viven en hogares fijos y, por tanto, están subrepresentados en la muestra. Cerca de un 30% de las personas contactadas no quiso cooperar. Una no-respuesta del 30% es un valor habitual en encuestas a gran escala, pero puede causar cierto sesgo si la gente que se niega a cooperar difiere sistemáticamente de la gente que coopera. La encuesta utilizó métodos estadísticos que ajustan las proporciones desiguales de respuesta en los distintos grupos. Finalmente, algunas de las personas que respondieron pudieron no decir la verdad cuando se les preguntó sobre su conducta sexual. Los encuestadores hicieron todo lo posible para que los entrevistados se sintieran cómodos. Por ejemplo, las mujeres hispanas fueron entrevistadas sólo por mujeres hispanas con el mismo acento nacional (cubano, mexicano o puertorriqueño). A pesar de ello, el informe sobre la encuesta dice que probablemente existe un cierto sesgo:

Es más probable que los resultados sean subestimaciones; algunos de los encuestados pudieron dar una información a la baja del número de compañeros sexuales y del consumo de drogas por vía intravenosa por vergüenza o por temor a represalias, o porque olvidaran o no conocieran detalles del riesgo del VIH o del historial médico relacionado con la detección de anticuerpos, tanto de sus compañeros como de ellos mismos.[5]

La lectura del informe de una encuesta a gran escala como ésta nos recuerda que la estadística aplicada supone mucho más que un formulario para hacer inferencia.

APLICA TUS CONOCIMIENTOS

8.7. ¿En cuál de las siguientes situaciones puedes utilizar de forma segura los métodos de esta sección para obtener un intervalo de confianza para la proporción poblacional p? Justifica tus respuestas.

(a) Eulalia quiere estimar a qué proporción de estudiantes de su residencia les gusta la comida que dan. Entrevista a una muestra aleatoria simple de 50 de los 175 estudiantes que viven en su residencia y halla que 14 opinan que la comida de la residencia es buena.

(b) Jaime quiere saber qué proporción de estudiantes de su universidad piensa que la matrícula es demasiado cara. Para ello entrevista a una muestra aleatoria simple de 50 de los 2.400 estudiantes de la universidad. Treinta y ocho de los estudiantes entrevistados creen que la matrícula es demasiado cara.

(c) En la muestra de la Encuesta Nacional sobre el Sida, 2.673 adultos heterosexuales, el 0,2% (es decir, 0,002) recibió transfusiones de sangre y tuvo una pareja perteneciente a un grupo de alto riesgo de sida (queremos estimar la proporción p de la población que comparte estos dos factores de riesgo).

8.8. ¿En cuál de las siguientes situaciones puedes utilizar con seguridad los métodos de esta sección para las pruebas de significación? Justifica tus respuestas.

(a) Para contrastar la hipótesis $H_0 : p = 0{,}5$ de que la moneda no está trucada, lanzas una moneda al aire 10 veces.

(b) El rector de una universidad dice, "el 99% de estudiantes apoya que despidiera al entrenador". Contactas con una muestra aleatoria simple de 200 de los 15.000 estudiantes de la universidad para contrastar la hipótesis $H_0 : p = 0{,}99$.

(c) La mayoría de los 250 estudiantes de un curso de estadística, ¿están de acuerdo en que saber estadística les ayudará en su futuro profesional? Entrevistas a una muestra aleatoria simple de 20 estudiantes para contrastar $H_0 : p = 0{,}5$.

[5]Véase la nota 1, pág. 1.104.

8.2.3 Procedimientos z

He aquí los procedimientos z de inferencia para p cuando se cumplen los supuestos.

INFERENCIA PARA UNA PROPORCIÓN POBLACIONAL

Obtén una muestra aleatoria simple de tamaño n de una gran población con una proporción p de éxitos desconocida. Un intervalo de confianza de nivel C aproximado para p es

$$\hat{p} \pm z^* \sqrt{\frac{\hat{p}(1-\hat{p})}{n}}$$

Donde z^* es el valor crítico superior normal estandarizado de $\frac{(1-C)}{2}$.

Para contrastar la hipótesis $H_0 : p = p_0$ calcula el estadístico

$$z = \frac{\hat{p} - p_0}{\sqrt{\frac{p_0(1-p_0)}{n}}}$$

En términos de la variable Z que tiene una distribución normal estandarizada, el valor P aproximado para el contraste de H_0 en contra de

$H_a : p > p_0$ es $P(Z \geq z)$

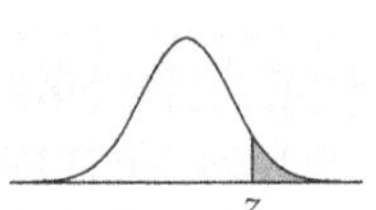

$H_a : p < p_0$ es $P(Z \leq z)$

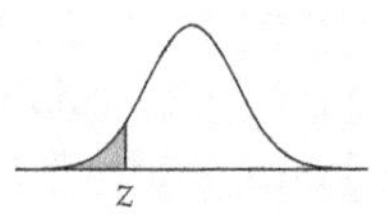

$H_a : p \neq p_0$ es $2P(Z \geq |z|)$

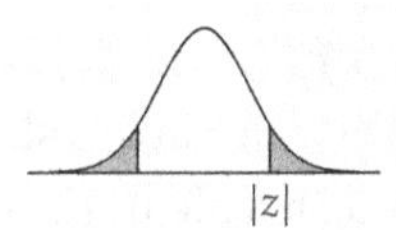

EJEMPLO 8.5. Estimación del riesgo de contraer el sida

La Encuesta Nacional sobre el Sida halló que 170 adultos heterosexuales de una muestra de 2.673 tuvieron múltiples parejas. Es decir, $\hat{p} = 0{,}0636$. Actuaremos como si la muestra fuera una muestra aleatoria simple.

Un intervalo de confianza del 99% para la proporción p de todos los adultos heterosexuales con múltiples parejas utiliza el valor crítico normal estandarizado $z^* = 2{,}576$. (Para hallar los valores críticos normales estandarizados mira la última fila de la tabla C.) El intervalo de confianza es

$$\begin{aligned}\hat{p} \pm z^*\sqrt{\frac{\hat{p}(1-\hat{p})}{n}} &= 0{,}0636 \pm 2{,}576\sqrt{\frac{(0{,}0636)(0{,}9364)}{2.673}} \\ &= 0{,}0636 \pm 0{,}0122 \\ &= 0{,}0514 \text{ a } 0{,}0758\end{aligned}$$

Tenemos una confianza del 99% en que el porcentaje de adultos heterosexuales que tuvo más de una pareja en el último año se halla aproximadamente entre el 5,0 y el 7,6%. ■

EJEMPLO 8.6. ¿Está la moneda equilibrada?

Cuando una moneda equilibrada se lanza al aire muchas veces, la proporción de caras que se obtiene debería estar próxima al 50%. En el lanzamiento al aire de una moneda, la población es el conjunto de resultados obtenidos al lanzar una moneda un número infinito de veces. El parámetro p es la probabilidad de obtener una cara, que es la proporción de todos los lanzamientos que dan ese resultado. Los lanzamientos que realmente efectuamos son una muestra aleatoria simple de esta población.

El Conde de Buffon (1707-1788), naturalista francés, lanzó una moneda al aire 4.040 veces. Obtuvo 2.048 caras. La proporción muestral de caras es

$$\hat{p} = \frac{2.048}{4.040} = 0{,}5069$$

Esta proporción es algo mayor del 50%. ¿Existe evidencia de que la moneda de Buffon no estuviera equilibrada? Vamos a verlo con una prueba de significación.

Paso 1: Hipótesis. La hipótesis nula afirma que la moneda está equilibrada ($p = 0{,}5$). La hipótesis alternativa es de dos colas, ya que no sospechamos, antes de ver los datos, si la moneda favorece a las caras o a las cruces. En consecuencia, contrastamos las hipótesis

$$H_0 : p = 0{,}5$$

$$H_a : p \neq 0{,}5$$

La hipótesis nula da a p el valor $p_0 = 0{,}5$.

Paso 2: Estadístico de contraste. El estadístico de contraste z es

$$z = \frac{\hat{p} - p_0}{\sqrt{\dfrac{p_0(1 - p_0)}{n}}}$$

$$= \frac{0{,}5069 - 0{,}5}{\sqrt{\dfrac{(0{,}5)(0{,}5)}{4.040}}} = 0{,}88$$

Paso 3: Valor *P*. Debido a que la prueba es de dos colas, el valor P es el área por debajo de la curva normal estandarizada situada más allá de 0,88 respecto a 0, en ambas direcciones. La figura 8.3 muestra este área. En la tabla A encontramos que el área situada a la izquierda de $-0{,}88$ es 0,1894. El valor P es dos veces este área

$$P = 2(0{,}1894) = 0{,}3788$$

Conclusión. Una proporción de caras tan alejada de 0,5 como la obtenida por Buffon ocurrirá un 38% de las veces cuando una moneda equilibrada se lanza 4.040 veces. Los resultados de Buffon no indican que su moneda esté desequilibrada. ■

En el ejemplo 8.6, no hemos encontrado suficiente evidencia en contra de $H_0 : p = 0{,}5$. No podemos concluir que H_0 sea verdad, es decir, que la moneda esté perfectamente equilibrada. No hay duda de que p no es exactamente 0,5. La prueba de significación sólo indica que los resultados de los 4.040 lanzamientos de Buffon no pueden distinguir esta moneda de una moneda perfectamente equilibrada. Para determinar qué valores de p son consistentes con los resultados muestrales, utiliza un intervalo de confianza.

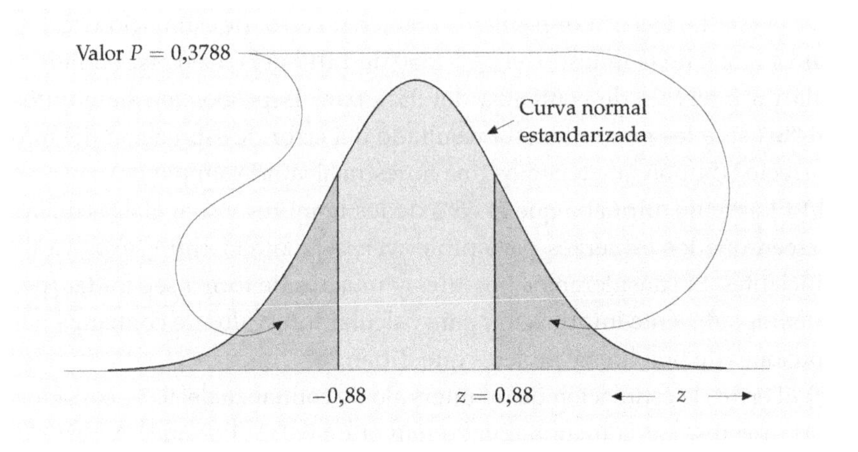

Figura 8.3. Valor P de la prueba de dos colas del ejemplo 8.6.

EJEMPLO 8.7. Estimación de la probabilidad de cara

El intervalo de confianza del 95% para la probabilidad p de que al lanzar la moneda de Buffon salga cara es

$$\begin{aligned} \hat{p} \pm z^{*}\sqrt{\frac{\hat{p}(1-\hat{p})}{n}} &= 0{,}5069 \pm 1{,}960\sqrt{\frac{(0{,}5069)(0{,}4931)}{4.040}} \\ &= 0{,}5069 \pm 0{,}0154 \\ &= 0{,}4915 \text{ a } 0{,}5223 \end{aligned}$$

Tenemos una confianza del 95% de que la probabilidad de obtener cara se halla entre 0,4915 y 0,5223.

El intervalo de confianza nos da más información que la prueba de significación del ejemplo 8.6. No nos sorprendería que la verdadera probabilidad de cara de la moneda de Buffon fuera algo como 0,51. ■

APLICA TUS CONOCIMIENTOS

8.9. Igualdad entre hombres y mujeres. En EE UU, ¿han sido suficientes los esfuerzos para conseguir la igualdad entre hombres y mujeres? Una encuesta sobre este tema contactó con 1.019 adultos. Un artículo aparecido en un periódico sobre esta encuesta decía: "Los resultados tienen un error de estimación de ±3%?".[6]

(a) Del total de la muestra, el 54% (550 de 1.019 personas) respondieron "Sí". Calcula un intervalo de confianza del 95% para la proporción de adultos que dirían "Sí" si se les preguntara. El resultado del error de estimación del informe, ¿es correcto? (Supón que tenemos una muestra aleatoria simple.)

(b) El artículo afirmaba que el 65% de los hombres y sólo el 43% de las mujeres creen que los esfuerzos para promover la igualdad entre sexos ya han sido suficientes. Si consideramos hombres y mujeres de forma separada, ¿por qué no tenemos suficiente información para calcular intervalos de confianza para las proporciones de hombres y mujeres que dirían "Sí"?

(c) El error de estimación de un intervalo de confianza del 95%, considerando sólo las mujeres, ¿sería menor, igual o mayor de 0,03? ¿Por qué? A partir de tus resultados, puedes comprobar que el informe acerca de la encuesta es algo engañoso.

8.10. Adolescentes y TV. El *New York Times* y la *CBS* llevaron a cabo una encuesta en el ámbito de EE UU compuesta de 1.048 adolescentes de entre 13 y 17 años. De estos adolescentes, 692 dijeron que tenían un aparato de televisión en su habitación, 189 dijeron que el canal de televisión que preferían era la Fox.[7] Actuaremos como si se tratara de una muestra aleatoria simple.

(a) Calcula un intervalo de confianza del 95% para la proporción de adolescentes de esta edad que tienen TV en su habitación y otra para la proporción de estos adolescentes que prefieren la Fox. Comprueba que efectivamente podemos utilizar los procedimientos sobre proporciones.

(b) Dice un artículo periodístico: "En teoría, en 19 de cada 20 encuestas los resultados de la muestra no diferirían en más menos un 3% de los resultados que obtendríamos si pudiéramos entrevistar a todos los adolescentes estadounidenses de este grupo de edad". Comprueba si tus resultados concuerdan con esta afirmación.

(c) ¿Existe evidencia de que más de la mitad de los adolescentes estadounidenses tienen TV en su habitación? Plantea las hipótesis y halla el estadístico de contraste. ¿Cuáles son tus conclusiones?

[6]Esta encuesta apareció en el *Journal and Courier* de Lafayette, Indiana el 20 de octubre de 1997.

[7]Laurie Goodstein y Marjorie Connelly, "Teen-age poll finds support for tradition", *New York Times*, 30 de abril de 1998.

8.11. Queremos ser ricos. En un año reciente, el 73% de los estudiantes universitarios de primer curso que respondió a una encuesta nacional seleccionó "ser rico" como meta personal importante. Una universidad pública averiguó que 132 sujetos de una muestra aleatoria simple de 200 de los estudiantes de primer curso consideran que este objetivo es importante.

(a) Calcula un intervalo de confianza del 95% para la proporción de estudiantes de primer curso de esa universidad que identificaría "ser rico" como objetivo personal importante.

(b) ¿Existe suficiente evidencia de que la proporción de estudiantes de primer curso de esta universidad que piensa que ser rico es importante es distinta de la proporción nacional, el 73%? (Asegúrate de plantear las hipótesis, de dar el valor P y de explicar tus conclusiones.)

(c) Comprueba que puedes utilizar con seguridad los métodos de esta sección en (a) y (b).

8.2.4 Elección del tamaño de la muestra

Cuando preparamos un estudio, puede que queramos escoger un tamaño de muestra que nos permita estimar el parámetro poblacional con un determinado error de estimación. Anteriormente vimos cómo hacerlo para la media poblacional. El método es similar para estimar una proporción poblacional.

El error de estimación en el intervalo de confianza aproximado para p es

$$m = z^* \sqrt{\frac{\hat{p}(1-\hat{p})}{n}}$$

Aquí z^* es el valor crítico normal estandarizado para el nivel de confianza que queremos. Como el error de estimación depende de la proporción muestral de éxitos $\hat{p}$, necesitamos suponer este valor cuando decidimos el tamaño de la muestra n. Llama a nuestro valor supuesto p^*. He aquí dos maneras de obtener p^*:

1. Utiliza un p^* supuesto basado en un estudio piloto o en la experiencia de estudios anteriores similares. Tienes que hacer algunos cálculos para conocer el intervalo de los valores de $\hat{p}$ que podrías obtener.
2. Utiliza como valor supuesto $p^* = 0{,}5$. El error de estimación m es máximo cuando $\hat{p} = 0{,}5$. Por tanto, este valor supuesto es conservador en el sentido de que si obtenemos cualquier otro $\hat{p}$ cuando hagamos nuestro estudio, obtendremos un error de estimación menor que el deseado.

Una vez tienes un valor supuesto p^*, a partir de la fórmula del error de estimación se puede obtener el tamaño de muestra n necesario. He aquí el resultado.

TAMAÑO MUESTRAL PARA UN ERROR DE ESTIMACIÓN DESEADO

El intervalo de confianza de nivel C para la proporción poblacional p tendrá un error de estimación aproximadamente igual a un determinado valor m cuando el tamaño de la muestra sea

$$n = \left(\frac{z^*}{m}\right)^2 p^*(1 - p^*)$$

donde p^* es el valor supuesto para la proporción muestral. El error de estimación será menor o igual que m si tomas el valor supuesto p^* igual a 0,5.

¿Qué método tienes que utilizar para hallar el p^* supuesto? La n que obtienes no cambia mucho cuando cambias p^*, siempre y cuando p^* tome valores próximos a 0,5.

En consecuencia, si crees que la verdadera $\hat{p}$ toma valores entre 0,3 y 0,7, utiliza el supuesto conservador $p^* = 0,5$. Si la verdadera $\hat{p}$ se encuentra cerca de 0 o de 1, la utilización de $p^* = 0,5$ como valor supuesto dará una muestra mucho mayor que la que necesitas. Por tanto, cuando sospeches que $\hat{p}$ será menor que 0,3 o mayor que 0,7, mejor intenta utilizar un valor supuesto obtenido de un estudio piloto.

EJEMPLO 8.8. Planificación de una encuesta

Gloria Chávez y Ronald Flynn son los candidatos a la alcaldía de una gran ciudad de EE UU. Estás preparando una encuesta para determinar qué porcentaje de los ciudadanos piensa votar a favor de Chávez. Este porcentaje es una proporción poblacional p. Entrevistarás a una muestra aleatoria simple del censo electoral de la ciudad. Quieres estimar p con una confianza del 95% y con un error de estimación no mayor del 3% o 0,03. ¿Cuál es el tamaño de la muestra que necesitas?

La proporción de votos de los candidatos vencedores, excepto cuando se trata de victorias electorales aplastantes, se encuentra normalmente entre el 30 y el

70%. Por tanto, utiliza como valor supuesto $p^* = 0{,}5$. El tamaño de muestra que necesitas es

$$n = \left(\frac{1{,}96}{0{,}03}\right)^2 (0{,}5)(1 - 0{,}5) = 1.067{,}1$$

Tienes que redondear el tamaño de la muestra hasta $n = 1.068$. (Redondear hacia abajo daría un error de estimación ligeramente mayor que 0,03.) Si quieres un error de estimación del 2,5%, tenemos (después de redondear hacia arriba)

$$n = \left(\frac{1{,}96}{0{,}025}\right)^2 (0{,}5)(1 - 0{,}5) = 1.537$$

Para un error de estimación del 2% el tamaño de muestra que necesitas es

$$n = \left(\frac{1{,}96}{0{,}02}\right)^2 (0{,}5)(1 - 0{,}5) = 2.401$$

Como es habitual, errores de estimación menores exigen muestras mayores. ■

APLICA TUS CONOCIMIENTOS

8.12. Bonos para educación. Una encuesta de opinión nacional halló que el 44% de todos los adultos estadounidenses estaba de acuerdo en que a los padres se les debería dar bonos para pagar la educación de sus hijos en las escuelas públicas o privadas de su elección. El resultado se basó en una muestra pequeña. ¿Cuál es el tamaño necesario de la muestra aleatoria simple para obtener un error de estimación igual a 0,03 (es decir, de ± el 3%) en un intervalo de confianza del 95%?

(a) Responde a esta pregunta utilizando los resultados de la encuesta anterior para dar el valor supuesto p^*.

(b) Resuelve otra vez el problema utilizando el valor supuesto conservador $p^* = 0{,}5$. ¿Cuál es la diferencia entre los tamaños de las dos muestras?

8.13. ¿Reconoces el PTC? El PTC es una sustancia que tiene un fuerte sabor amargo para algunas personas y que no tiene sabor para otras. La capacidad de reconocer el sabor del PTC es hereditaria. Por ejemplo, cerca del 75% de los italianos puede reconocer el sabor del PTC. Quieres estimar la proporción de estadounidenses con al menos un abuelo italiano que puede reconocer el sabor del PTC. A partir de la estimación de que el 75% de los italianos reconoce el sabor del PTC, ¿cuál tiene que ser el tamaño de la muestra para estimar la proporción de personas que reconoce el sabor del PTC con un error de estimación de $\pm$ 0,04 y una confianza del 95%?

RESUMEN DE LA SECCIÓN 8.2

Las pruebas y los intervalos de confianza para una proporción poblacional p, cuando los datos son una muestra aleatoria simple de tamaño n, se basan en la **proporción muestral** $\hat{p}$.

Cuando n es grande, $\hat{p}$ tiene, aproximadamente, una distribución normal de media p y desviación típica $\sqrt{\frac{p(1-p)}{n}}$.

El **intervalo de confianza** de nivel C para p es

$$\hat{p} \pm z^* \sqrt{\frac{\hat{p}(1-\hat{p})}{n}}$$

donde z^* es el valor crítico superior normal estandarizado de $\frac{(1-C)}{2}$.

Las **pruebas** de $H_0 : p = p_0$, se basan en el **estadístico** z

$$z = \frac{\hat{p} - p_0}{\sqrt{\frac{p_0(1-p_0)}{n}}}$$

con valores P calculados a partir de la distribución normal estandarizada.

Estos procedimientos inferenciales son aproximadamente correctos cuando la población es, al menos, 10 veces mayor que la muestra y ésta es suficientemente grande como para satisfacer que $n\hat{p} \geq 10$ y que $n(1-\hat{p}) \geq 10$ para un intervalo de confianza, o que $np_0 \geq 10$ y que $n(1-p_0) \geq 10$ para una prueba de $H_0 : p = p_0$.

El **tamaño de la muestra** necesario para obtener un intervalo de confianza con un error de estimación aproximado m, para una proporción poblacional es

$$n = \left(\frac{z^*}{m}\right)^2 p^*(1-p^*)$$

donde p^* es el valor supuesto de la proporción muestral $\hat{p}$ y z^* es el valor crítico normal estandarizado correspondiente al nivel de confianza que quieres. Si utilizas $p^* = 0{,}5$ en esta fórmula, el error de estimación del intervalo será menor o igual que m, sin importar cuál sea el valor $\hat{p}$.

EJERCICIOS DE LA SECCIÓN 8.2

8.14. La Oficina del Presupuesto escoge muestras aleatorias simples. La Oficina del Presupuesto de EE UU tiene planeado obtener una muestra aleatoria simple de las declaraciones de la renta de las personas físicas de cada uno de los Estados. Una de las variables analizadas es la proporción de declaraciones negativas. El número total de declaraciones va de más de 13 millones en California a menos de 220.000 en Wyoming.

(a) Si se escogen muestras aleatorias simples de 2.000 declaraciones en cada uno de los Estados, ¿la variabilidad de la proporción muestral será distinta en cada uno de estos Estados? Justifica tu respuesta.

(b) Si en cada Estado se escoge el 1% de las declaraciones de renta, ¿la variabilidad de la proporción muestral será distinta en cada uno de los Estados? Justifica tu respuesta.

8.15. Harleys robadas. Las Harley-Davidson constituyen el 14% de las motocicletas matriculadas en EE UU. En 1995 se robaron 9.224 motocicletas, de las cuales 2.490 eran Harleys. Podemos considerar las motocicletas robadas en ese año como una muestra aleatoria simple de las motocicletas robadas en los últimos años.

(a) Si las Harleys son el 14% de las motocicletas robadas, ¿cuál sería la distribución de la proporción muestral de Harleys de la muestra de 9.224 motocicletas robadas?

(b) La proporción de Harleys entre las motos robadas, ¿es significativamente mayor que la proporción de Harleys entre todas las motos?

8.16. Efectos secundarios. Un experimento sobre los efectos secundarios de algunos medicamentos trató a unos enfermos de artritis con uno de los medicamentos que se venden sin receta. De los 440 pacientes que lo tomaron, 23 sufrieron algún efecto secundario.

(a) Si el 10% de los pacientes sufrieron efectos secundarios, ¿cuál sería la distribución de la proporción muestral de pacientes que sufren efectos secundarios de una muestra de 440?

(b) El experimento, ¿proporciona suficiente evidencia de que menos del 10% de los enfermos que toman esta medicación sufre efectos secundarios?

8.17. Uso de condones. La Encuesta Nacional sobre el Sida (ejemplo 8.1) también entrevistó a una muestra de adultos en las ciudades con un índice de sida más elevado. La muestra incluía 803 heterosexuales que dijeron haber tenido más de una pareja en el último año. Podemos considerar esta muestra como aleatoria simple de tamaño 803 de la población de todos los adultos heterosexuales que tuvieron múltiples parejas en ciudades con alto riesgo de sida. Esta gente tiene un alto riesgo de infección. Es más, 304 de los entrevistados dijeron que nunca utilizaban condones. ¿Constituye este resultado una fuerte evidencia de que más de un tercio de esta población nunca utiliza preservativos?

8.18. Pacientes insatisfechos. ¿Cuál es la probabilidad de que los pacientes que se querellaban contra su mutua de asistencia sanitaria se den de baja? Recientemente, 639 de los más de 400.000 miembros de una gran mutua de asistencia sanitaria presentaron demandas judiciales. Cincuenta y cuatro de éstos se dieron de baja voluntariamente. (Es decir, no se vieron obligados a darse de baja por un cambio de domicilio o un cambio de trabajo.[8]) Considera a los pacientes que ese año presentaron demandas como una muestra aleatoria simple de todos los que presentarán demandas en el futuro. Calcula un intervalo de confianza del 90% para la proporción de los demandantes que voluntariamente se da de baja de la mutua.

8.19. ¿Vas a la iglesia? El Instituto Gallup preguntó a una muestra de 1.785 adultos: "¿Has ido a la iglesia o a la sinagoga en los últimos 7 días?". De los encuestados, 750 dijeron "Sí". Supón que la muestra utilizada por Gallup era una muestra aleatoria simple de todos los estadounidenses adultos.

(a) Calcula un intervalo de confianza del 99% para la proporción de adultos que fue a la iglesia o a la sinagoga durante la semana anterior a la encuesta.

(b) Los resultados de la encuesta, ¿proporcionan suficiente evidencia de que menos de la mitad de la población fue a la iglesia o a la sinagoga?

(c) ¿Cuál tiene que ser el tamaño de la muestra para obtener un error de estimación igual a 0,01 en un intervalo de confianza del 99% para la proporción de las personas que va a la iglesia o a la sinagoga? (Utiliza el valor supuesto conservador $p^* = 0{,}5$ y explica por qué este método es razonable en esta situación.)

8.20. Pequeñas empresas en quiebra. Un estudio sobre la supervivencia de pequeñas empresas seleccionó una muestra aleatoria simple de empresas del listado de "restaurantes y bares" de las Páginas Amarillas de 12 condados en Indiana, EE UU. Por diversas razones, el estudio no obtuvo respuesta del 45% de las

[8]Sara J. Solnick y David Hemenway, "Complaints and disenrollment at a health maintenance organization", *The Journal of Consumer Affairs*, 26, 1992, págs. 90-103.

empresas escogidas. Se completaron un total de 148 encuestas con empresas de este tipo. Tres años más tarde, 22 de estas empresas habían quebrado.[9]

(a) Calcula un intervalo de confianza del 95% para el porcentaje de todas las pequeñas empresas de este tipo que quebraron durante los tres años.

(b) Basándote en los resultados de este estudio, ¿qué tamaño de muestra necesitarías para reducir el error de estimación a 0,04?

(c) Los autores del estudio esperan que sus resultados describan la población de todas las pequeñas empresas. ¿Por qué parece poco probable que un estudio de este tipo sirva para este propósito? ¿Qué población crees que describen los resultados del estudio?

8.21. Datos por pares. Los procedimientos para una proporción muestral, al igual que los procedimientos para una media muestral, se utilizan para analizar datos de muestras por pares. He aquí un ejemplo.

Cada uno de un grupo de cincuenta sujetos prueba dos tazas de café, sin identificar, y dice cuál es el que prefiere. Una taza de cada par contiene café instantáneo; la otra taza contiene café normal recién preparado. Treinta y un sujetos prefieren el café normal. Toma p como la proporción de la población que preferiría el café normal en una cata a ciegas.

(a) Contrasta la afirmación de que la mayoría de la gente prefiere el sabor del café normal recién preparado. Plantea las hipótesis y da el valor del estadístico z y su valor P. Tu resultado, ¿es significativo a un nivel del 5%? ¿Cuáles son tus conclusiones?

(b) Halla un intervalo de confianza del 90% para p.

(c) Cuando haces un experimento de este tipo, ¿en qué orden tienes que presentar las tazas de café a los sujetos?

8.22. Clientes insatisfechos. A un fabricante de automóviles le gustaría conocer qué proporción de sus clientes no están satisfechos con el servicio que dan sus concesionarios locales. El departamento de atención al cliente encuestará a una muestra aleatoria de clientes y calculará un intervalo de confianza del 99% para la proporción de clientes que no están satisfechos con el servicio de los concesionarios locales.

(a) Basándose en estudios anteriores, el departamento de atención al cliente cree que esta proporción será aproximadamente 0,2. Halla el tamaño de la

[9] Arne L. Kalleberg y Kevin T. Leicht, "Gender and organizatorial performance: determinants of small business survival and success", *The Academy of Management Journal*, 34, 1991, págs. 136-161.

muestra que se necesita si el error de estimación del intervalo de confianza tiene que ser aproximadamente igual a 0,015.

(b) Cuando se contactó con la muestra, el 10% de ésta dijo que no estaba satisfecha con el servicio prestado. ¿Cuál es el error de estimación del intervalo de confianza del 99%?

8.23. Encuesta a estudiantes. Estás preparando una encuesta para determinar qué proporción de estudiantes de una gran universidad está a favor de aumentar el coste de la matrícula para financiar la expansión del periódico universitario. Utilizando datos proporcionados por la administración puedes seleccionar una muestra aleatoria de estudiantes. Preguntarás a cada uno si está a favor del incremento propuesto. Tu presupuesto te permitirá entrevistar a una muestra de 100 estudiantes.

(a) Para una muestra de tamaño 100, construye una tabla con los errores de estimación para intervalos de confianza del 95% cuando $\hat{p}$ toma los valores 0,1, 0,2, 0,3, 0,4, 0,5, 0,6, 0,7, 0,8 y 0,9.

(b) Un antiguo editor del periódico universitario se ofrece para costear una encuesta con una muestra de 500 estudiantes. Repite los cálculos de los errores de estimación en (a) para el tamaño de muestra mayor. Luego escribe una breve nota de agradecimiento al antiguo editor describiendo cómo el mayor tamaño de la muestra mejorará los resultados de la encuesta.

8.3 Comparación de dos proporciones

Problemas de dos muestras

Cuando queremos comparar dos poblaciones o las respuestas a dos tratamientos basadas en dos muestras independientes, hablamos de un **problema de dos muestras**. Cuando la comparación incluye la media de una variable cuantitativa, utilizamos los métodos t de dos muestras de la sección 7.3. Para comparar las desviaciones típicas de una variable en dos grupos, utilizamos (bajo unas condiciones restrictivas) el estadístico F descrito en la sección optativa 7.4. Ahora veremos los métodos utilizados en la comparación de las proporciones de éxitos en dos grupos.

Utilizaremos una notación similar a la utilizada en nuestro estudio del estadístico t de dos muestras. Los grupos que queremos comparar son la Población 1 y la Población 2. Tenemos una muestra aleatoria simple distinta para cada población o las respuestas a dos tratamientos de un experimento comparativo aleatorizado. Los subíndices muestran el grupo descrito por un parámetro o un estadístico. He aquí nuestra notación:

Población	Proporción poblacional	Tamaño muestral	Proporción muestral
1	p_1	n_1	$\hat{p}_1$
2	p_2	n_2	$\hat{p}_2$

Comparamos las poblaciones aplicando los procedimientos de inferencia a la diferencia $p_1 - p_2$ entre las proporciones poblacionales. El estadístico que estima esta diferencia es la diferencia entre las dos proporciones muestrales, $\hat{p}_1 - \hat{p}_2$.

EJEMPLO 8.9. ¿Es útil la preescolarización?

Para estudiar el efecto a largo plazo de los programas de preescolarización para niños pobres, la fundación *High/Scope Educational Research Foundation* ha seguido la evolución de dos grupos de niños desde temprana edad. Un grupo de 62 niños fueron preescolarizados cuando tenían entre 3 y 4 años. Este grupo es una muestra de la Población 2, la población de los niños pobres que participaron en los programas preescolares. Un grupo de control de 61 niños de la misma área y características similares representa a la Población 1, la población de los niños pobres que no fue preescolarizada. Por tanto, los tamaños de las muestras son $n_1 = 61$ y $n_2 = 62$.

Una variable respuesta de interés es la necesidad de asistencia social que tendrán estos niños cuando sean adultos. En los últimos diez años, 38 sujetos de la muestra de los niños preescolarizados y 49 de la muestra de control tuvieron necesidad de los servicios sociales. Las proporciones muestrales son

$$\hat{p}_1 = \frac{49}{61} = 0{,}803$$

$$\hat{p}_2 = \frac{38}{62} = 0{,}613$$

Es decir, aproximadamente el 80% del grupo de control utiliza los servicios de asistencia social, en contraposición al 61% del grupo preescolarizado.

Para ver si el estudio proporciona evidencia significativa de que la preescolarización reduce la necesidad posterior de los servicios de asistencia social, contrastamos las hipótesis

$$H_0 : p_1 - p_2 = 0 \quad \text{o} \quad H_0 : p_1 = p_2$$

$$H_a : p_1 - p_2 > 0 \quad \text{o} \quad H_a : p_1 > p_2$$

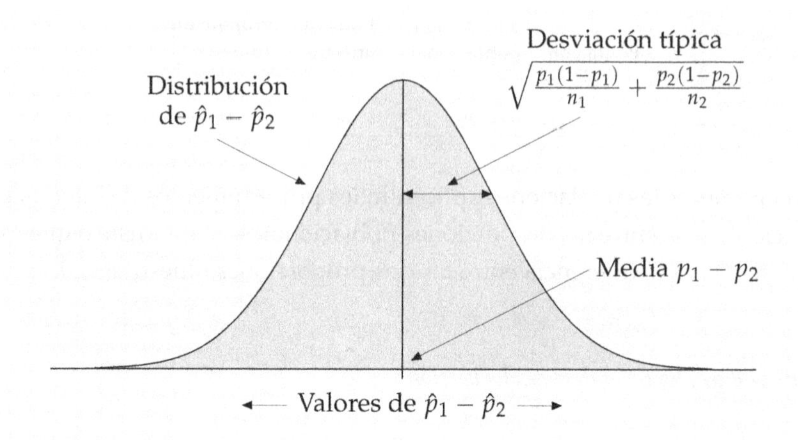

Figura 8.4. Selecciona muestras aleatorias simples independientes de dos poblaciones que tengan las proporciones de éxitos p_1 y p_2. Las proporciones de éxitos en las dos muestras son $\hat{p}_1$ y $\hat{p}_2$. Cuando las muestras son grandes, la distribución de la diferencia $\hat{p}_1 - \hat{p}_2$ es aproximadamente normal.

Para estimar cuál es la magnitud de la reducción, calculamos un intervalo de confianza para la diferencia $p_1 - p_2$. Tanto la prueba de significación como el intervalo de confianza parten de la diferencia entre las proporciones muestrales:

$$\hat{p}_1 - \hat{p}_2 = 0{,}803 - 0{,}613 = 0{,}190$$ ■

8.3.1 Distribución de $\hat{p}_1 - \hat{p}_2$

Para utilizar $\hat{p}_1 - \hat{p}_2$ para hacer inferencia, necesitamos conocer su distribución. He aquí las características que necesitamos:

- Cuando las muestras son grandes, la distribución de $\hat{p}_1 - \hat{p}_2$ es aproximadamente normal.
- La media de $\hat{p}_1 - \hat{p}_2$ es $p_1 - p_2$. Es decir, la diferencia entre las proporciones muestrales es un estimador insesgado de la diferencia entre las proporciones poblacionales.
- La desviación típica de la diferencia es

$$\sqrt{\frac{p_1(1-p_1)}{n_1} + \frac{p_2(1-p_2)}{n_2}}$$

La figura 8.4 muestra la distribución de $\hat{p}_1 - \hat{p}_2$. La desviación típica de $\hat{p}_1 - \hat{p}_2$ incluye los parámetros desconocidos p_1 y p_2. Como en la sección anterior, debemos sustituir estos parámetros por sus estimaciones para poder realizar nuestra inferencia. Y al igual que en la sección anterior, lo hacemos de forma ligeramente distinta según se trate de intervalos de confianza o de pruebas de significación.

8.3.2 Intervalos de confianza para $p_1 - p_2$

Para obtener un intervalo de confianza, sustituye las proporciones poblacionales p_1 y p_2 de la desviación típica por las proporciones muestrales. El resultado es el **error típico** del estadístico $\hat{p}_1 - \hat{p}_2$:

Error típico

$$\mathrm{ET} = \sqrt{\frac{\hat{p}_1(1-\hat{p}_1)}{n_1} + \frac{\hat{p}_2(1-\hat{p}_2)}{n_2}}$$

Otra vez, el intervalo de confianza tiene la forma

$$\text{estimación} \pm z^{*}\mathrm{ET}_{\text{de la estimación}}$$

INTERVALOS DE CONFIANZA PARA LA COMPARACIÓN DE DOS PROPORCIONES

Obtén una muestra aleatoria simple de tamaño n_1 de una población con una proporción p_1 de éxitos y obtén una muestra aleatoria simple, independiente de la anterior, de tamaño n_2 de otra población con una proporción p_2 de éxitos. Cuando n_1 y n_2 son grandes, un intervalo de confianza aproximado de nivel C para $p_1 - p_2$ es

$$(\hat{p}_1 - \hat{p}_2) \pm z^{*}\mathrm{ET}$$

En esta fórmula el error típico ET de $\hat{p}_1 - \hat{p}_2$ es

$$\mathrm{ET} = \sqrt{\frac{\hat{p}_1(1-\hat{p}_1)}{n_1} + \frac{\hat{p}_2(1-\hat{p}_2)}{n_2}}$$

y z^{*} es el valor crítico superior normal estandarizado de $\frac{(1-C)}{2}$. En la práctica, utiliza este intervalo de confianza cuando la población sea al menos 10 veces mayor que las muestras y los recuentos de éxitos y fracasos sean mayores o iguales que 5 en ambas muestras.

EJEMPLO 8.10. ¿En qué medida ayuda la preescolarización?

El ejemplo 8.9 describe un estudio sobre el efecto de la preescolarización en la utilización posterior de los servicios de asistencia social. Las principales características son

Población	Descripción de la población	Tamaño muestral	Recuento de éxitos	Proporción muestral
1	control	$n_1 = 61$	49	$\hat{p}_1 = 0{,}803$
2	preescolarización	$n_2 = 62$	38	$\hat{p}_2 = 0{,}613$

Para comprobar que nuestro intervalo de confianza aproximado es seguro, fíjate en el recuento de éxitos y de fracasos en las dos muestras. El menor de estos cuatro recuentos es el recuento de fracasos en el grupo de control, $61 - 49 = 12$. Este valor es mayor que 5; por tanto, el intervalo será preciso.

La diferencia $p_1 - p_2$ mide el efecto de la preescolarización sobre la reducción de la proporción de gente que más tarde necesitará utilizar los servicios de asistencia social. Para calcular un intervalo de confianza del 95% para $p_1 - p_2$, primero halla el error típico

$$
\begin{aligned}
\text{ET} &= \sqrt{\frac{\hat{p}_1(1-\hat{p}_1)}{n_1} + \frac{\hat{p}_2(1-\hat{p}_2)}{n_2}} \\
&= \sqrt{\frac{(0{,}803)(0{,}197)}{61} + \frac{(0{,}613)(0{,}387)}{62}} \\
&= \sqrt{0{,}00642} = 0{,}0801
\end{aligned}
$$

El intervalo de confianza del 95% es

$$
\begin{aligned}
(\hat{p}_1 - \hat{p}_2) \pm z^*\text{ET} &= (0{,}803 - 0{,}613) \pm (1{,}960)(0{,}0801) \\
&= 0{,}190 \pm 0{,}157 \\
&= 0{,}033 \text{ a } 0{,}347
\end{aligned}
$$

Tenemos una confianza del 95% de que el porcentaje de niños preescolarizados que necesitan los servicios de asistencia social, está entre un 3,3% y un 34,7% por debajo del porcentaje de niños no preescolarizados. El intervalo de confianza es ancho porque las muestras son pequeñas. La figura 8.5 muestra los resultados de un programa estadístico para este ejemplo. Como siempre, puedes comprender los resultados incluso sin conocer qué programa estadístico se utilizó. ■

```
2-PropZInt
(.03337, .34738)
p̂1=.80328
p̂2=.61290
n1=61.00000
n2=62.00000
```

(a)

Test and Confidence Interval for Two Proportions

```
            Sample    X   N   Sample p
            1        49  61   0.803279
            2        38  62   0.612903

Estimate for p(1) - p(2): 0.190375
95% CI for p(1) - p(2): (0.0333680, 0.347383)
Test for p(1) - p(2)=0 (vs not=0): Z=2.32 P-Value=0.020
```

(b)

Figura 8.5. Resultados de ejemplo 8.10. (a) Calculadora TI-83. (b) Minitab.

Los investigadores del estudio del ejemplo 8.9 escogieron dos muestras independientes de las dos poblaciones que querían comparar. Muchos estudios comparativos empiezan con sólo una muestra, y luego dividen los sujetos en dos grupos de acuerdo con los datos que buscan de los sujetos. Los ejercicios 8.24 y 8.26 son ejemplos de este procedimiento. Los procedimientos z de dos muestras para la comparación de proporciones son válidos en tales situaciones. Estamos ante un hecho remarcable sobre estos métodos.

APLICA TUS CONOCIMIENTOS

8.24. Patines en línea. Un estudio sobre las lesiones sufridas por la gente que utiliza patines en línea puso de manifiesto que, durante un periodo de 6 meses,

206 personas acudieron a un hospital con lesiones producidas durante la práctica de este deporte. Los consideramos como una muestra aleatoria simple de toda la gente que se lesiona utilizando este tipo de patines. Los autores del estudio consiguieron entrevistar a 161 personas de esta muestra. Las lesiones en la muñeca (principalmente fracturas) fueron las más frecuentes.[10]

(a) Los autores del estudio hallaron que de las 161 personas entrevistadas sólo 53 llevaban protectores de muñeca. De éstos, 6 sufrieron lesiones en la muñeca, mientras que de los 108 restantes que no llevaban este tipo de protección, 45 sufrieron lesiones en la muñeca. Entre la gente que llevaba protector de muñeca, ¿cuál es la proporción muestral de gente lesionada? ¿Y entre la que no llevaba protector?

(b) Calcula un intervalo de confianza para la diferencia entre las dos proporciones poblacionales de gente lesionada. Describe detalladamente qué poblaciones estamos comparando. Nos gustaría sacar conclusiones sobre toda la población de patinadores que utilizan patines en línea, sin embargo, sólo tenemos datos sobre la gente lesionada.

(c) ¿Cuál era el porcentaje de no-respuesta entre la muestra original de 206 patinadores? Explica por qué la no-respuesta puede sesgar las conclusiones del estudio.

8.25. Enfermedad de Lyme. En zonas rurales, la enfermedad de Lyme se halla bastante extendida. Esta enfermedad la transmiten las garrapatas. Éstas se infectan cuando chupan la sangre de ratones. Por tanto, cuanto mayor es la población de ratones, más extendida se halla la enfermedad. A su vez, la población de ratones depende de la abundancia de bellotas, su alimento preferido. Unos investigadores estudiaron dos zonas boscosas similares un año en el que la producción de bellotas fue muy escasa. En una de las zonas, los investigadores esparcieron centenares de miles de bellotas con el fin de simular un año de buena producción. La otra zona se mantuvo intacta. La primavera siguiente, 54 de los 72 ratones capturados en la primera zona estaban en condiciones de reproducirse. En la segunda zona estaban en condiciones de reproducirse 10 ratones de 17.[11] Calcula un intervalo de confianza para la diferencia entre la proporción

[10] Richard A. Schieber *et al.*, "Risk factors for injuries from in-line skating and the effectiveness of safety gear", *New England Journal of Medicine*, 335, 1996.

[11] Clive G. Jones, Richard S. Ostfeld, Michele P. Richard, Eric M. Schauber y Jerry O. Wolf, "Chain reactions linking acorns to gypsy moth outbreaks and Lyme disease risk", *Science*, 279, 1998, págs. 1.023-1.026.

de ratones en condiciones de reproducirse en un año de buena producción de bellotas y la proporción de ratones en condiciones de reproducirse en un año con una mala producción. Justifica por qué podemos utilizar los procedimientos z.

8.26. Libertad de expresión. La Detroit Area Study de 1958 fue una importante investigación sobre la influencia de la religión en la vida cotidiana. La muestra "era básicamente una muestra aleatoria simple de la población del área metropolitana" de Detroit, Michigan. De las 656 personas que respondieron, 267 eran protestantes blancos y 230 católicos blancos.

El estudio tuvo lugar en plena guerra fría. Una de las preguntas que se planteó fue si el derecho a la libertad de expresión incluía el derecho a hablar a favor del comunismo. De los 267 protestantes blancos, 104 dijeron que "Sí", mientras que entre los 230 católicos blancos dijeron que "Sí" 75.[12]

(a) Calcula un intervalo de confianza del 95% para la diferencia entre la proporción de protestantes que estaba de acuerdo con que se dejara hablar libremente a favor del comunismo, y la proporción de católicos que opinaba igual.

(b) Comprueba que sea seguro utilizar el intervalo de confianza z.

8.3.3 Pruebas de significación para $p_1 - p_2$

Una diferencia observada entre dos proporciones muestrales puede reflejar una diferencia entre las poblaciones, o puede deberse simplemente al efecto del azar en el muestreo aleatorio. Las pruebas de significación nos ayudan a decidir si el efecto que vemos en las muestras está realmente presente en las poblaciones. La hipótesis nula es que no hay diferencia entre las dos poblaciones:

$$H_0 : p_1 = p_2$$

La hipótesis alternativa establece el tipo de diferencia que esperamos.

EJEMPLO 8.11. Colesterol y ataques al corazón

Niveles altos de colesterol en la sangre están asociados con un mayor riesgo de ataques al corazón. La utilización de un medicamento para reducir el colesterol,

[12]Gerhard Lenski, *The Religious Factor*, Doubleday, New York, 1961.

¿reduce también el riesgo de ataques al corazón? Un estudio (el Helsinki Heart Study) se ocupó de este tema. Se asignaron al azar hombres de mediana edad a uno de los dos tratamientos siguientes: 2.051 hombres tomaron gemfibrozil para reducir sus niveles de colesterol, y un grupo de control de 2.030 hombres tomó un placebo. Durante los siguientes cinco años, 56 hombres del grupo de gemfibrozil y 84 hombres del grupo de placebo sufrieron ataques al corazón.

Las proporciones muestrales de sujetos que sufrieron ataques al corazón son

$$\hat{p}_1 = \frac{56}{2.051} = 0{,}0273 \qquad \text{(grupo de gemfibrozil)}$$

$$\hat{p}_2 = \frac{84}{2.030} = 0{,}0414 \qquad \text{(grupo de placebo)}$$

Es decir, alrededor del 4,1% de los hombres del grupo placebo sufrió ataques al corazón, mientras que de los que tomaron el medicamento sólo sufrió ataques al corazón alrededor del 2,7%. La ventaja aparente del gemfibrozil, ¿es estadísticamente significativa? Queremos mostrar que el gemfibrozil reduce los ataques al corazón; por tanto, tenemos una alternativa de una cola:

$$H_0 : p_1 = p_2$$
$$H_a : p_1 < p_2$$

■

Para hacer la prueba, estandarizamos $\hat{p}_1 - \hat{p}_2$ para obtener el estadístico z. Si H_0 es cierta, todas las observaciones de las dos muestras provienen realmente de una sola población de hombres de mediana edad en la cual una proporción desconocida p sufrió ataques al corazón durante un periodo de 5 años. Por tanto, en vez de estimar p_1 y p_2 de forma separada, combinamos las dos muestras y utilizamos la proporción muestral resultante para estimar el parámetro poblacional p. Llama a esta proporción **proporción muestral común**. Es decir:

Proporción muestral común

$$\hat{p} = \frac{\textit{recuento de éxitos en las dos muestras combinadas}}{\textit{recuento de observaciones en las dos muestras combinadas}}$$

Utiliza $\hat{p}$ en lugar de $\hat{p}_1$ y $\hat{p}_2$ en la expresión del error típico ET de $\hat{p}_1 - \hat{p}_2$ para obtener el estadístico z que tiene una distribución normal estandarizada cuando H_0 es cierta. He aquí la prueba.

PRUEBAS DE SIGNIFICACIÓN PARA LA COMPARACIÓN DE DOS PROPORCIONES

Para contrastar la hipótesis

$$H_0 : p_1 = p_2$$

Halla en primer lugar la proporción muestral común $\hat{p}$ de éxitos en las dos muestras combinadas. Luego calcula el estadístico z

$$z = \frac{\hat{p}_1 - \hat{p}_2}{\sqrt{\hat{p}(1-\hat{p})\left(\frac{1}{n_1} + \frac{1}{n_2}\right)}}$$

En términos de la variable Z que tiene una distribución normal estandarizada, el valor P para una prueba H_0 en contra de

$H_a : p_1 > p_2$ es $P(Z \geq z)$

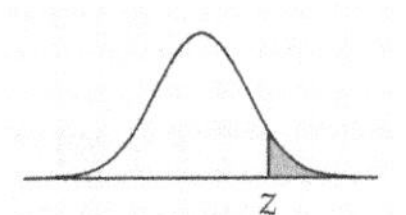

$H_a : p_1 < p_2$ es $P(Z \leq z)$

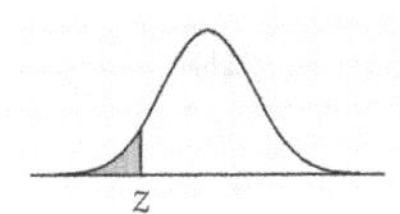

$H_a : p_1 \neq p_2$ es $2P(Z \geq |z|)$

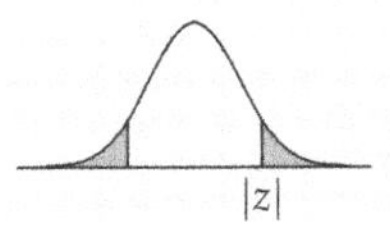

En la práctica, utiliza estas pruebas cuando las poblaciones sean al menos 10 veces mayores que la muestra y cuando los recuentos de éxitos y fracasos sean mayores o iguales que 5 en ambas muestras.

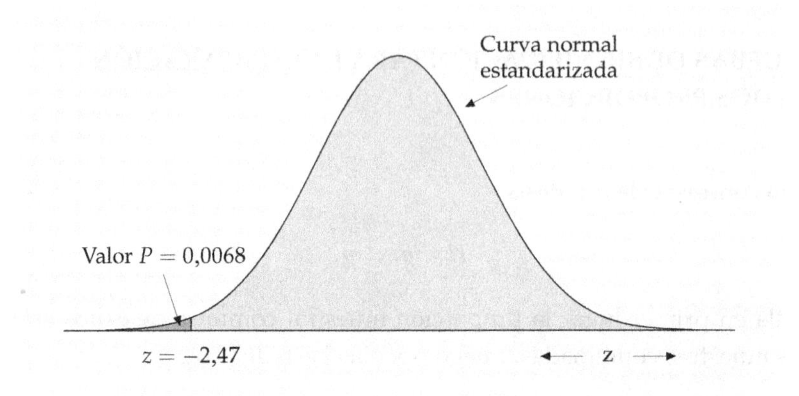

Figura 8.6. El valor P de la prueba de una cola del ejemplo 8.12.

EJEMPLO 8.12. Colesterol y ataques al corazón, continuación

La proporción muestral común de ataques al corazón de los dos grupos del estudio anterior es

$$\hat{p} = \frac{\text{recuento de ataques al corazón en las dos muestras combinadas}}{\text{recuento de sujetos en las dos muestras combinadas}}$$

$$= \frac{56 + 84}{2.051 + 2.030}$$

$$= \frac{140}{4.081} = 0{,}0343$$

El estadístico z es

$$z = \frac{\hat{p}_1 - \hat{p}_2}{\sqrt{\hat{p}(1-\hat{p})\left(\frac{1}{n_1} + \frac{1}{n_2}\right)}}$$

$$= \frac{0{,}0273 - 0{,}0414}{\sqrt{(0{,}0343)(0{,}9657)\left(\frac{1}{2.051} + \frac{1}{2.030}\right)}}$$

$$= \frac{-0{,}0141}{0{,}005698} = -2{,}47$$

El valor P de una cola es el área por debajo de la curva normal situada a la izquierda de $-2{,}47$. La figura 8.6 muestra este área. La tabla A da $P = 0{,}0068$. Debido a que $P < 0{,}01$, el resultado es estadísticamente significativo al nivel $\alpha = 0{,}01$. Existe una fuerte evidencia de que el gemfibrozil reduce la proporción de ataques al corazón. Las muestras grandes de este estudio nos han ayudado a obtener resultados altamente significativos. ■

APLICA TUS CONOCIMIENTOS

8.27. Costa de Oro. Un estudioso de la colonización británica en la Costa de Oro africana cree que la tasa de mortalidad entre los mineros africanos fue mayor que entre los mineros europeos. En 1936, en la Costa de Oro, fallecieron 223 de 33.809 mineros africanos y 7 de 1.541 mineros europeos.[13]

Considera ese año como una muestra del periodo anterior a las guerras de independencia. ¿Existe evidencia de que la proporción de mineros africanos fallecidos era mayor que la proporción de mineros europeos fallecidos? (Plantea las hipótesis, calcula el estadístico de contraste, halla el valor P y explica tus conclusiones.)

8.28. Prevención de ataques al corazón. La aspirina reduce el riesgo de coagulación de la sangre y por tanto previene contra ataques al corazón. Un estudio (el Segundo Estudio Europeo para la Prevención de Ataques al Corazón) quería saber si la utilización adicional de otro medicamento anticoagulante, llamado dipiridamol, sería más efectivo que la utilización de sólo la aspirina en el caso de pacientes que ya hubieran sufrido un ataque al corazón. He aquí datos sobre los ataques al corazón y las muertes acaecidas durante los dos años que duró el estudio:[14]

	Número de pacientes	**Número de ataques**	**Número de muertes**
Aspirina	1.649	206	182
Aspirina + dipiridamol	1.650	157	185

[13]Datos de Raymond Dumett, Department of History, Purdue University.

[14]Martin Enserink, "Fraud and ethics charges hit stroke drug trial", *Science*, 274, 1996, págs. 2.004-2.005.

(a) El estudio era un experimento comparativo aleatorizado. Esquematiza el diseño del experimento.

(b) La diferencia entre la proporción de ataques al corazón en los dos grupos, ¿es estadísticamente significativa? Plantea las hipótesis, halla el valor P y resume tus conclusiones.

(c) La diferencia entre el número de muertes, ¿es estadísticamente significativa?

8.29. Utilización de ordenadores. Un estudio analizó la utilización de ordenadores de la población de EE UU. Uno de los resultados del estudio fue que la probabilidad de que un blanco tuviera un ordenador en casa era mayor que la probabilidad de que lo tuviera un negro. Sin embargo no había diferencias significativas entre blancos y negros en la utilización de ordenadores en el trabajo. Posteriormente, los autores del estudio analizaron sólo los hogares con ingresos anuales superiores a 40.000 dólares. La muestra estaba formada por 1.916 hogares de blancos y 131 hogares de negros. He aquí los resultados obtenidos con este tipo de hogares:[15]

	Negros	Blancos
Ordenador en casa	86	1.173
Ordenador en el trabajo	100	1.132

Los hogares de blancos y negros con ingresos superiores a 40.000 dólares, ¿difieren estadísticamente en la proporción de ordenadores en casa? ¿Y en la proporción que utilizan un ordenador en el trabajo?

RESUMEN DE LA SECCIÓN 8.3

Queremos comparar las proporciones p_1 y p_2 de éxitos en dos poblaciones. La comparación se basa en la diferencia $\hat{p}_1 - \hat{p}_2$ entre las proporciones muestrales de éxitos. Cuando los tamaños de las muestras n_1 y n_2 son suficientemente grandes, podemos utilizar los procedimientos z ya que la distribución de $\hat{p}_1 - \hat{p}_2$ es aproximadamente normal.

[15]Donna L. Hoffman y Thomas P. Novak, "Bridging the racial divide on the Internet", *Science*, 280, 1998, págs. 390-391.

Un **intervalo de confianza** de nivel C, aproximado, para $p_1 - p_2$ es

$$(\hat{p}_1 - \hat{p}_2) \pm z^* \text{ET}$$

donde el **error típico** de $\hat{p}_1 - \hat{p}_2$ es

$$\text{ET} = \sqrt{\frac{\hat{p}_1(1-\hat{p}_1)}{n_1} + \frac{\hat{p}_2(1-\hat{p}_2)}{n_2}}$$

y z^* es un valor crítico superior de $\frac{(1-C)}{2}$.

Las **pruebas de significación** de $H_0 : p_1 = p_2$ utilizan la **proporción muestral común**

$$\hat{p} = \frac{\textit{recuento de éxitos en las dos muestras combinadas}}{\textit{recuento de observaciones en las dos muestras combinadas}}$$

y el **estadístico** z

$$z = \frac{\hat{p}_1 - \hat{p}_2}{\sqrt{\hat{p}(1-\hat{p})\left(\frac{1}{n_1} + \frac{1}{n_2}\right)}}$$

Los valores P se obtienen de la tabla normal estandarizada.

EJERCICIOS DE LA SECCIÓN 8.3

8.30. Reducción de no-respuestas. A menudo, en las encuestas telefónicas la proporción de no-respuesta es elevada. Es posible que dejar un mensaje en el contestador automático anime a la gente a colaborar con la encuesta cuando se vuelve a llamar. He aquí datos de un estudio en el cual unas veces se dejó un mensaje en el contestador automático y otras veces, no. (La elección de los hogares en los que se dejaba un mensaje se eligió al azar.[16])

	Total hogares	**Hogar contactado**	**Encuesta completa**
Se deja mensaje	100	58	33
No se deja mensaje	291	200	134

[16]M. Xu, B. J. Bates y J. C. Schweitzer, "The impact of messages on survey participation in answering machine households", *Public Opinion Quarterly*, 57, 1993, págs. 232-237

(a) Dejar un mensaje en el contestador, ¿aumenta la proporción de hogares con los que finalmente se consigue contactar?

(b) Dejar un mensaje en el contestador, ¿aumenta la proporción de hogares con los que se consigue completar la encuesta?

(c) Si encuentras efectos significativos, mira su tamaño. ¿Crees que dichos efectos son suficientemente grandes para ser importantes para los investigadores?

8.31. Pacientes insatisfechos. El ejercicio 8.18 describe un estudio que trata de averiguar si los pacientes que se querellan contra su mutua de asistencia sanitaria se dan de baja de la misma. Queremos saber si es más probable que se den de baja los pacientes que se querellan, que los pacientes que no lo hacen. En el año del estudio, 639 pacientes demandaron a la mutua. De éstos, 54 se dieron de baja voluntariamente. Para hacer la comparación, la mutua selecciona una muestra aleatoria simple de 743 pacientes que no se querellaron. Veintidós de estos pacientes se dieron de baja voluntariamente.

(a) ¿En qué medida es mayor la proporción de pacientes que se dan de baja entre los pacientes que se querellaron? Calcula un intervalo de confianza del 90%.

(b) La mutua tiene más de 400.000 asociados. Comprueba que puedas utilizar de forma segura los métodos de esta sección.

8.32. Tratamiento del sida. El AZT fue el primer medicamento que pareció ser efectivo para retrasar el inicio del desarrollo del sida. La evidencia sobre la efectividad del AZT viene dada por un amplio experimento comparativo aleatorizado. Los sujetos fueron 1.300 voluntarios que estaban infectados con VIH, el virus que causa el sida, pero que todavía no habían desarrollado la enfermedad. El estudio asignó al azar a 435 de los sujetos un tratamiento que consistía en tomar 500 miligramos diarios de AZT, y a otros 435 sujetos un placebo. (A los sujetos restantes se les asignó un tercer tratamiento, una dosis de AZT mayor. Compararemos sólo dos grupos.) Al final del estudio, 38 de los sujetos que recibieron el placebo y 17 de los sujetos a los que se administró AZT desarrollaron el sida. Queremos contrastar la afirmación de que tomar AZT disminuye la proporción de personas infectadas que desarrollarán el sida en un determinado periodo de tiempo.

(a) Plantea las hipótesis y comprueba que se puedan utilizar de forma segura los procedimientos z.

(b) ¿Cuál es la significación de la evidencia de que el AZT es efectivo?

(c) El experimento fue doblemente ciego. Explica qué significa esto.

Comentario: los experimentos médicos sobre tratamientos contra el sida y otras enfermedades mortales plantean interrogantes éticos difíciles de resolver.

Algunas personas argumentan que debido a que el sida siempre es mortal, la gente infectada tiene que tomar cualquier medicina que les dé alguna esperanza de ayuda. El argumento en contra es que de esta forma, nunca descubriremos qué medicamentos son realmente efectivos. A los enfermos de este estudio que recibieron el placebo se les suministró AZT tan pronto como se obtuvieron resultados.

8.33. ¿Son mejores los estudiantes de zonas urbanas? La North Carolina State University estudió los factores que afectaban al éxito de los estudiantes de un curso de ingeniería química. Los estudiantes debían aprobar este curso para poder acceder a las especialidades de ingeniería química. En el curso había 65 estudiantes procedentes de áreas urbanas o suburbanas, 52 de los cuales aprobaron. Otros 55 estudiantes procedían de áreas rurales; 30 de estos estudiantes aprobaron el curso.[17]

(a) ¿Existe suficiente evidencia de que la proporción de estudiantes que aprobaron sea distinta para los estudiantes de áreas urbanas y suburbanas que para los estudiantes de áreas rurales? (Plantea las hipótesis, halla el valor P de la prueba y explica tus conclusiones.)

(b) Calcula un intervalo de confianza del 90% para la diferencia entre ambas proporciones.

8.34. Quiebra de pequeñas empresas. El estudio sobre la quiebra de pequeñas empresas descrito en el ejercicio 8.20 se fijó en 148 empresas del sector de "restaurantes y bares" de Indiana. De éstas, 106 las dirigían hombres y 42 mujeres. Durante un periodo de tres años, 15 de las empresas dirigidas por hombres y 7 de las dirigidas por mujeres quebraron. ¿Existe una diferencia significativa entre las proporciones de empresas que quiebran lideradas por hombres y por mujeres?

8.35. Estudiantes y estudiantas. El estudio de la North Carolina State University (ver el ejercicio 8.33) también se fijó en la posible diferencia entre las proporciones de mujeres y de hombres que aprobaron el curso. Los autores del estudio hallaron que 23 de las 34 mujeres y 60 de los 89 hombres aprobaron. ¿Puede hablarse de una diferencia entre las proporciones de mujeres y hombres que aprobaron?

[17]Richard M. Felder *et al.*, "Who gets it and who doesn't: a study of student performance in an introductory chemical engineering course", *1992 ASEE Annual Conference Proceedings*, American Society for Engineering Education, Washington, D.C., 1992, págs. 1.516-1.519

8.36. Opciones sobre acciones. Los diferentes tipos de empresas recompensan a sus empleados de maneras distintas. Las empresas consolidadas pueden pagar salarios más elevados, mientras que las empresas nuevas pueden ofrecer acciones, que serán valiosas si la empresa tiene éxito. ¿Las empresas con un alto nivel tecnológico tienden a ofrecer más a menudo acciones que las otras empresas? Un estudio se fijó en una muestra aleatoria de 200 empresas. De éstas, 91 se encontraban en un listado de empresas de alta tecnología y 109 no estaban en el listado. Trata a estos dos grupos como si fueran muestras aleatorias simples de empresas de alta tecnología y de empresas convencionales. Setenta y tres de las empresas de alta tecnología y 75 de las convencionales ofrecieron como incentivo, a empleados clave, la posibilidad de adquirir acciones.[18]

(a) ¿Existe evidencia de que una mayor proporción de las empresas de alta tecnología ofrece a sus empleados clave la posibilidad de adquirir acciones?

(b) Calcula un intervalo de confianza del 95% para la diferencia entre las proporciones de los dos tipos de empresas que ofrecen la posibilidad de adquirir acciones a sus empleados clave.

8.37. Vacaciones de verano. La no-respuesta en encuestas puede ser distinta según la estación del año. En Italia, por ejemplo, mucha gente deja las ciudades durante el verano. El Instituto Nacional de Estadística de Italia llamó a muestras aleatorias de números de teléfono entre las 7 y las 10 de la noche en distintas estaciones del año. He aquí los resultados de dos estaciones.[19]

Fechas	Número de llamadas	No desguelgan	No responden
Del 1 de enero al 13 de abril	1.558	333	491
Del 1 de julio al 31 de agosto	2.075	861	1.174

(a) ¿En qué medida es mayor la proporción de "no descuelgan" en julio y agosto en comparación con los primeros meses del año? Calcula un intervalo de confianza del 99% para esta diferencia.

(b) La diferencia entre las proporciones de "no descuelgan" es tan grande que estadísticamente es muy significativa. ¿Cómo puedes afirmar a partir de tus resultados en (a) que la diferencia es significativa a un nivel $\alpha = 0{,}01$?

[18]Greg Clinch, "Employee compensation and firms' research and development activity", *Journal of Accounting Research*, 29, 1991, págs. 59-78.

[19]Giuliana Coccia, "An overview of non-response in Italian telephone surveys", *Proceedings of the 99th Session of the International Statistical Institute*, 1993, Book 3, págs. 271-272.

(c) Utiliza la información dada para hallar los recuentos de llamadas que tuvieron no-respuesta por alguna razón distinta a "no descuelgan". Las proporciones de no-respuesta entre las dos estaciones debidas a otras causas, ¿son también significativamente distintas?

8.38. Aspirinas y ataques al corazón. Un estudio (el *Physicians Health Study*) examinó los efectos de tomar una aspirina en días alternos. Había estudios previos que parecían indicar que la aspirina reducía el riesgo de ataques al corazón. Los sujetos eran 22.071 médicos sanos de más de cuarenta años. El estudio asignó al azar a 11.037 de los sujetos al grupo de los que tomaron aspirinas. Los restantes sujetos tomaron un placebo. El estudio era doblemente ciego. He aquí los recuentos de algunos de los resultados de interés para los investigadores.

	Grupo de la aspirina	**Grupo del placebo**
Ataques al corazón mortales	10	26
Ataques al corazón no mortales	129	213
Embolias	119	98

¿Para qué resultados la diferencia entre los grupos de la aspirina y del placebo es significativa? (Utiliza alternativas de dos colas. Comprueba que puedes aplicar la prueba z. Escribe un breve resumen sobre tus conclusiones.)

8.39. Hombres versus mujeres. La NAEP (National Assessment of Educational Progress) entrevistó a una muestra aleatoria de 1.917 personas entre 21 y 25 años. En la muestra había 840 hombres, de los cuales 775 eran trabajadores a tiempo completo y 1.077 mujeres, de las cuales 680 eran trabajadoras a tiempo completo.[20]

(a) Utiliza un intervalo de confianza del 99% para describir la diferencia entre las proporciones de hombres y de mujeres que trabajan a tiempo completo. Esta diferencia, ¿es estadísticamente significativa a un nivel de significación del 1%?

(b) La media y las desviación típica de los resultados de la prueba de habilidad matemática de la encuesta NAEP fueron $\bar{x}_1 = 272{,}40$ y $s_1 = 59{,}2$ para los hombres de la muestra. Para las mujeres los resultados fueron $\bar{x}_2 = 274{,}73$ y $s_2 = 57{,}5$. La diferencia entre las medias de los hombres y de las mujeres, ¿es significativa a un nivel del 1%?

[20]Francisco L. Rivera-Batiz, "Quantitative literacy and the likelihood of employment among young adults", *Journal of Human Resources*, 27, 1992, págs. 313-328.

8.40. Trabajo al cuidado de niños. La *Current Population Survey* (CPS) es la encuesta que se realiza mensualmente con 50.000 hogares en EE UU. Esta encuesta proporciona datos sobre el empleo. Un estudio sobre los trabajadores que cuidan a niños obtuvo una muestra a partir de los datos de la CPS. Podemos considerar esta muestra como una muestra aleatoria simple de la población de los trabajadores que cuidan a niños.[21]

(a) De los 2.455 trabajadores en casas particulares, el 7% eran negros. De los 1.191 que no trabajan en casas particulares, eran negros el 14%. Calcula un intervalo de confianza del 99% para la diferencia entre los porcentajes de estos dos grupos de trabajadores. La diferencia entre los dos grupos, ¿es estadísticamente significativa a un nivel $\alpha = 0{,}01$?

(b) El estudio también examinó los años de escolarización de estos trabajadores. Para los trabajadores en casas particulares, la media y la desviación típica eran $\bar{x}_1 = 11{,}6$ años y $s_1 = 2{,}2$ años. Para los que no trabajaban en casas particulares $\bar{x}_2 = 12{,}2$ años y $s_2 = 2{,}1$ años. Calcula un intervalo de confianza del 99% para la diferencia entre el número medio de años de escolarización de los dos grupos. La diferencia, ¿es significativa a un nivel $\alpha = 0{,}01$?

8.41. Significativo no implica importante. Nunca olvides que los pequeños efectos también pueden ser estadísticamente significativos si las muestras son grandes. Para ilustrar este hecho, vuelve al estudio de las 148 pequeñas empresas del ejercicio 8.34.

(a) Halla la proporción de quiebras en las empresas dirigidas por mujeres y en las dirigidas por hombres. Estas proporciones muestrales son similares. Halla el valor P para la prueba z de la hipótesis de que las proporciones de quiebras en las empresas dirigidas por mujeres y en las dirigidas por hombres son iguales. (Utiliza la alternativa de dos colas.) La prueba queda muy lejos de ser significativa.

(b) Ahora, supón que las mismas proporciones muestrales vienen de una muestra 30 veces mayor. Es decir, quiebran 210 de las 1.260 empresas dirigidas por mujeres y 450 de las 3.180 dirigidas por hombres. Comprueba que las proporciones de quiebras son exactamente iguales que en (a). Repite la prueba z con los nuevos datos y muestra que ahora es significativa a un nivel $\alpha = 0{,}05$.

(c) Es prudente utilizar un intervalo de confianza para estimar la magnitud de un efecto en vez de dar sólo el valor P. Calcula un intervalo de confianza del

[21] David M. Blau, "The child care labor market", *Journal of Human Resources*, 27, 1992, págs. 9-39.

95% para la diferencia entre las proporciones de las empresas de las mujeres y de los hombres que quebraron en (a) y (b). ¿Cuál es el efecto de un mayor tamaño de las muestras en el intervalo de confianza?

REPASO DEL CAPÍTULO 8

La inferencia sobre proporciones poblacionales se basa en las proporciones muestrales. Cuando la muestra no es demasiado pequeña, la proporción muestral tiene una distribución aproximadamente normal. Repasa la figura 8.1 para ver las características más importantes de la inferencia sobre proporciones. Todos los procedimientos z de este capítulo son adecuados cuando las muestras son suficientemente grandes. Tienes que comprobar esto antes de utilizarlos. He aquí lo que deberías saber hacer:

A. IDENTIFICACIÓN

1. Identificar a partir del diseño del estudio si se debe utilizar un procedimiento de una muestra, por pares o de dos muestras.
2. Identificar qué parámetro o parámetros se hallan implicados en un problema inferencial. En concreto, distinguir entre situaciones que exigen inferencia sobre una media, sobre la comparación de dos medias, sobre una proporción o sobre la comparación de dos proporciones.
3. Calcular a partir de los recuentos muestrales la proporción o las proporciones muestrales que estiman los parámetros de interés.

B. INFERENCIA PARA UNA PROPORCIÓN

1. Utilizar el procedimiento z en el cálculo de un intervalo de confianza para una proporción poblacional p.
2. Utilizar el estadístico z para llevar a cabo una prueba de significación para una proporción poblacional p con la hipótesis $H_0 : p = p_0$ contra una alternativa de una o de dos colas.
3. Comprobar que puedes utilizar de una manera segura los procedimientos z en una situación concreta.

C. COMPARACIÓN DE DOS PROPORCIONES

1. Utilizar el procedimiento z de dos muestras para calcular un intervalo de confianza para la diferencia $p_1 - p_2$ entre las proporciones en dos poblaciones con muestras independientes de estas poblaciones.
2. Utilizar un estadístico z para contrastar la hipótesis $H_0 : p_1 = p_2$ según la cual las proporciones en dos poblaciones distintas son iguales.
3. Comprobar, en una situación determinada, que puedes utilizar de una manera segura los procedimientos z.

La inferencia estadística siempre obtiene conclusiones sobre uno o más parámetros poblacionales. Cuando pienses en hacer inferencia, pregúntate primero cuál es la población y cuál es el parámetro en el que estás interesado. Los procedimientos t del capítulo 7 nos permiten calcular intervalos de confianza y llevar a cabo pruebas sobre medias poblacionales. Utilizamos los procedimientos z de este capítulo para hacer inferencia sobre proporciones poblacionales. La figura siguiente muestra cómo decidir el procedimiento a utilizar de entre los que hemos estudiado. En primer lugar identifica el tipo de parámetro sobre el que se trata en la inferencia. A continuación identifica el diseño experimental utilizado para la obtención de los datos.

Procedimientos de inferencia de los capítulos 7 y 8

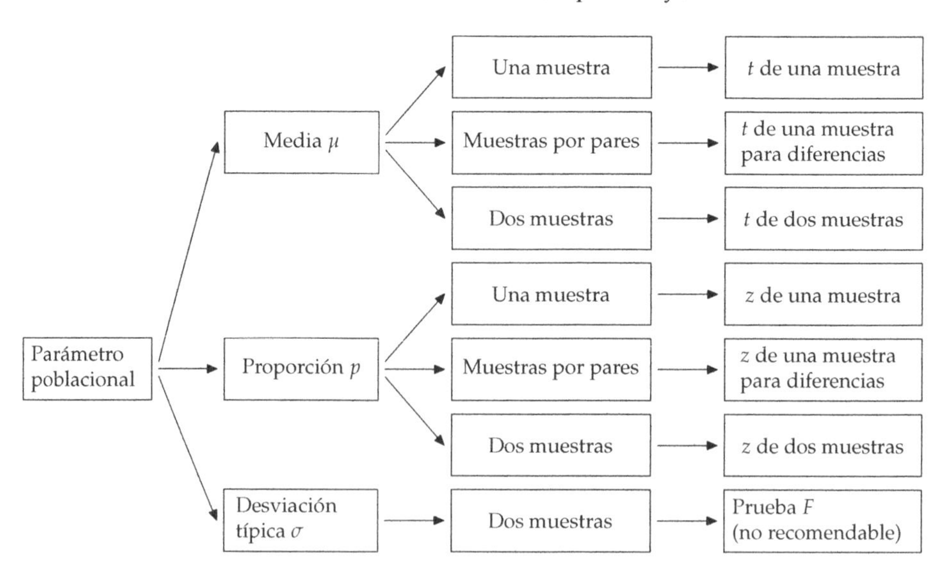

EJERCICIOS DE REPASO DEL CAPÍTULO 8

8.42. Exceso de velocidad y radares. Los conductores, ¿reducen una excesiva velocidad cuando se encuentran con un radar de la policía? Unos investigadores estudiaron el comportamiento de los conductores en una autopista para la que el límite de velocidad era de 90 kilómetros por hora. Los investigadores midieron la velocidad de los conductores mediante un dispositivo electrónico situado en la calzada. Para evitar los grandes tráilers, los investigadores se limitaron a vehículos de menos de 6 metros. Durante algunos periodos de tiempo se instaló un radar de policía en la zona de estudio. He aquí algunos datos:[22]

	Número de vehículos	**Número de vehículos a más de 100 km/h**
Sin radar	12.931	5.690
Con radar	3.285	1.051

(a) Calcula un intervalo de confianza del 95% para la proporción de vehículos que van a más de 100 km/h cuando no hay radar.

(b) Calcula un intervalo de confianza para valorar el efecto del radar, medido como la diferencia entre la proporción de vehículos a más de 100 km/h con radar y la proporción sin radar.

(c) Los investigadores escogieron una autopista de una zona rural en la que el tránsito no era denso para poder valorar el comportamiento de los conductores de forma separada. Explica por qué cuando el tráfico es más denso, el comportamiento de los conductores puede ser distinto y en consecuencia la inferencia realizada incorrecta.

8.43. Esteroides en secundaria. Los resultados de un estudio mostraron que 34 de 1.679 estudiantes de primer curso de bachillerato y 24 de 1.366 de los de último curso de bachillerato utilizaron esteroides como anabolizantes. A pesar de que se conoce que los esteroides son peligrosos, a veces los atletas los utilizan.[23]

(a) Con el objetivo de sacar conclusiones sobre los estudiantes de secundaria, ¿cómo se deberían tomar las muestras?

[22]N. Teed, K. L. Adrian y R. Knoblouch, "The duration of speed reductions attributable to radar detectors", *Accident Analysis and Prevention*, 25, 1991, págs. 131-137.

[23]Nota de prensa del 30 de septiembre de 1994 de la National Athletic Trainers Association.

(b) Calcula un intervalo de confianza del 95% para la proporción de alumnos de primer curso que han utilizado esteroides.

(c) Entre las dos proporciones de alumnos, ¿hay una diferencia significativa?

8.44. ¿Se gradúan los atletas? En EE UU, la NCAA (National Collegiate Athletic Association) exige que las universidades informen de la proporción de sus atletas que se gradúan. He aquí los datos del informe de un grupo de universidades.[24]

(a) Cuarenta y cinco de los 74 atletas admitidos en un determinado año se licenciaron como máximo en 6 años. La proporción de atletas que se licenciaron, ¿es significativamente distinta de la proporción del total de alumnos de la universidad que se licenciaron que es del 68%?

(b) Ese año, la proporción de atletas licenciados fue 21 de 28 entre las chicas y 24 de 46 entre los chicos. ¿Existe suficiente evidencia de que se licenció una menor proporción de chicos que de chicas en el periodo máximo de 6 años?

(c) Consideraremos a los atletas admitidos en un determinado año como una muestra aleatoria simple de la población de atletas que la universidad admitirá aplicando los criterios de selección de ese año. Explica por qué puedes utilizar de manera segura los procedimientos z en los apartados (a) y (b). Luego explica por qué no puedes utilizar estos procedimientos para contrastar si los jugadores de béisbol (se licenciaron 3 de los 5 admitidos ese año) difieren de los otros atletas.

8.45. Encuesta televisiva. Un programa de televisión española lleva a cabo una encuesta, con llamadas de telespectadores, sobre una propuesta ciudadana para prohibir la entrada en España de emigrantes subsaharianos. De las 2.372 llamadas, 1.921 se opusieron a la prohibición. La emisora, siguiendo una práctica habitual, afirma: "el 81% de la muestra del canal 1 de televisión española se opone a la prohibición. Podemos tener una confianza del 95% de que la verdadera proporción de ciudadanos españoles que se opone a la prohibición de entrada en España de emigrantes subsaharianos es el resultado de la muestra más menos el 1,6%". Esta conclusión, ¿está justificada?

8.46. Medicina alternativa. Una encuesta a nivel nacional compuesta por 1.500 adultos preguntó la opinión de la gente sobre prácticas médicas alternativas como la acupuntura, el masaje terapéutico o las terapias a base de hierbas. Entre la gente

[24]Office of the Registrar, Purdue University, *Summary of the NCAA Graduation-Rates Disclosure Forms*, West Lafayette, Ind., 1997.

que respondió, 660 dijeron que utilizarían la medicina alternativa si la medicina tradicional no les resolviera el problema que pudieran tener.[25]

(a) Calcula un intervalo de confianza del 95% para la proporción de todos los adultos que utilizaría la medicina alternativa.

(b) Escribe un breve informe, imagina que lo mandas a un periódico, sobre los resultados de la encuesta.

8.47. Los farmacéuticos, ¿tienen más hijas? Algunas personas piensan que los farmacéuticos tienen más posibilidades que otros padres de tener hijas (quizás los farmacéuticos están expuestos a algo en sus laboratorios que afecta al sexo de sus hijos). El Departamento de Sanidad del Estado de Washington indica la ocupación de los padres en los certificados de nacimiento de sus hijos. Entre 1980 y 1990 nacieron 555 niños de padres que eran farmacéuticos. De estos nacimientos, 273 eran niñas. Durante este periodo, el 48,8% de todos los nacimientos del Estado de Washington fueron niñas.[26] ¿Existe evidencia de que la proporción de niñas nacidas de padres farmacéuticos es mayor que la proporción en el Estado?

8.48. Drepanocitosis y malaria. La drepanocitosis es una enfermedad hereditaria común entre los negros y que puede causar problemas médicos. Algunos biólogos creen que esta enfermedad protege contra la malaria. Esto explicaría por qué se detecta entre gente que originariamente procede de África, donde la malaria es común. Un estudio realizado en África examinó a 543 niños en relación con la drepanocitosis y la malaria. En total, 136 niños tenían los síntomas característicos de la drepanocitosis, y 36 de éstos sufrían una fuerte infección de malaria. Los restantes 407 niños no tenían los síntomas característicos de la drepanocitosis y 152 de ellos sufrían fuertes infecciones de malaria.[27]

(a) Calcula un intervalo de confianza del 95% para la proporción de niños de la población estudiada que tenía los síntomas característicos de la drepanocitosis.

(b) ¿Existe suficiente evidencia de que la proporción de infecciones fuertes de malaria es menor entre los niños con síntomas de drepanocitosis?

8.49. Efectos secundarios de la medicación. Un estudio sobre los efectos secundarios de algunos medicamentos que se venden sin receta médica asignó de forma

[25]Jane E. Brody, "Alternative medicine makes inroads", *New York Times*, 28 de abril de 1998.

[26]Eric Ossiander, carta al editor, *Science*, 257, 1992, pág. 1.461.

[27]A. C. Allison y D. F. Clyde, "Malaria in African children with deficient erythrocyte dehydrogenase", *British Medical Journal*, 1, 1961, págs. 1.346-1.349.

aleatoria a los sujetos del experimento uno de los dos siguientes tratamientos con este tipo de medicamentos: el acetaminofeno y el ibuprofeno. (Ambos se venden bajo varios nombres comerciales, a veces combinados con otros ingredientes.) En total, 650 sujetos tomaron el acetaminofeno y 44 experimentaron algunos efectos secundarios. De los 347 sujetos que tomaron el ibuprofeno, 49 sufrieron también efectos secundarios. ¿En qué medida los resultados indican que los dos medicamentos difieren en la proporción de gente que experimenta efectos secundarios?

(a) Plantea las hipótesis y comprueba que puedes utilizar la prueba z.

(b) Halla el valor P de la prueba y explica tus conclusiones.

8.50. Australia versus EE UU. Un estudio comparativo de las empresas de EE UU y de Australia examinó una muestra de 133 empresas estadounidenses y 63 empresas australianas. En un estudio de este tipo se dan las dificultades prácticas habituales ocasionadas por la no-respuesta y por la duda sobre qué poblaciones representan las muestras. Ignora estos problemas y trata las muestras como si fueran muestras aleatorias simples de EE UU y Australia. El porcentaje medio de ganancias de las "empresas altamente reguladas" era del 27% para las empresas australianas y del 41% para las empresas estadounidenses.[28]

(a) Los datos están dados en porcentajes. Explica detalladamente por qué la comparación entre los porcentajes de ganancias de las "empresas altamente reguladas" de EE UU y Australia no es una comparación de dos proporciones poblacionales.

(b) ¿Qué prueba utilizarías para hacer la comparación? (No intentes llevar a cabo la prueba.)

[28]Noel Capon *et al.*, "A comparative analysis of the strategy and structure of United States and Australian corporations", *Journal of International Business Studies*, 18, 1987, págs. 51-74.

PARTE III
TEMAS RELACIONADOS CON LA INFERENCIA

La inferencia estadística ofrece tantos métodos que nadie puede dominarlos bien plenamente. Para demostrarlo, basta con dar un vistazo a cualquier programa estadístico importante. En una introducción a la estadística hay que ser selectivo. En la primera y segunda parte de este libro establecimos las bases que permiten comprender la estadística:

- La naturaleza y los objetivos del análisis de datos.
- Las ideas clave de los procedimientos para obtener datos.
- Los razonamientos que hay detrás de los intervalos de confianza y de las pruebas de significación.
- La experiencia de aplicar estas ideas a situaciones simples.

Cada uno de los tres capítulos de la tercera parte ofrece una breve introducción a ciertos temas avanzados de inferencia estadística. No importa el orden en que los leas. ¿Qué es lo que hace que un método estadístico sea "más avanzado"? La complejidad de los datos es un aspecto a considerar. En nuestra introducción a la inferencia, en la segunda parte, sólo consideramos métodos de inferencia aplicados a un solo parámetro poblacional y a la comparación de dos parámetros. El siguiente paso es la comparación de más de dos parámetros. El capítulo 9 enseña cómo comparar más de dos proporciones y el capítulo 10 discute la comparación de más de dos medias. En estos capítulos tenemos datos de tres o más muestras o tratamientos experimentales, no sólo de una o dos muestras. Otra situación más compleja hace referencia a la asociación entre dos variables. Describimos la asociación mediante una tabla de contingencia si las variables son categóricas, o mediante la correlación y la regresión si son cuantitativas. El capítulo 9 presenta la inferencia para tablas de contingencia. La inferencia para la regresión es el tema del capítulo 11. Los capítulos 9, 10 y 11, conjuntamente, llevan nuestro conocimiento sobre la inferencia al mismo punto que alcanzamos en nuestro estudio sobre el análisis de datos de los capítulos 1 y 2.

Una mayor complejidad exige una mayor dependencia de los programas estadísticos. En estos tres capítulos finales interpretarás con más frecuencia resultados de programas estadísticos o, si es posible, utilizarás tú mismo dichos programas. Los cálculos que se necesitan en el capítulo 9 puedes hacerlos sin necesidad de programas estadísticos o calculadoras con funciones estadísticas. En los capítulos 10 y 11, el esfuerzo de cálculo es demasiado grande y su contribución al conocimiento es demasiado pequeña. Afortunadamente, puedes comprender las ideas sin necesidad de hacer los cálculos paso a paso.

Otro aspecto de los métodos "más avanzados" es la aparición de nuevos conceptos e ideas. Llegados a este punto, hemos tenido que decidir qué temas estadísticos podemos enseñar en un primer curso de estadística. Los capítulos 9, 10 y 11 presentan unos métodos más complejos basados en los conocimientos de estadística adquiridos en los capítulos precedentes, sin utilizar conceptos fundamentales nuevos. Leyendo las secciones sobre "el problema de las comparaciones múltiples" de los capítulos 9 y 10 puedes darte cuenta de que la estadística aplicada no necesita de grandes ideas adicionales. Las ideas que ya has adquirido se encuentran entre las más importantes del mundo de la estadística.

9. INFERENCIA PARA TABLAS DE CONTINGENCIA

KARL PEARSON

Karl Pearson (1857-1936), catedrático en la University College de Londres, ya había publicado nueve libros antes de dirigir su gran energía hacia la estadística en 1893. Por supuesto, Pearson no se dedicó realmente a la estadística, ya que todavía no era un campo de estudio independiente. Pearson estudió problemas sobre la herencia y la evolución que le condujeron a la estadística.

Pearson desarrolló una familia de curvas —las llamaríamos curvas de densidad— para describir datos biológicos que no tenían una distribución normal. Posteriormente se preguntó cómo podría verificar si realmente una de estas curvas se ajustaba bien a un conjunto de datos. En 1900 inventó un método, la prueba Ji cuadrado. La prueba Ji cuadrado de Pearson tiene el honor de ser el procedimiento de inferencia estadística más antiguo que todavía se utiliza. En la actualidad se usa principalmente para problemas algo distintos de los que motivaron a Pearson, tal como veremos en este capítulo.

Después de Pearson, la estadística se convirtió en un campo de estudio. Fisher y Neyman, en los años veinte y treinta, dieron a la estadística buena parte de su forma actual. Pero he aquí lo que dice uno de los principales historiadores de la estadística sobre los orígenes:

Antes de 1900, veíamos a muchos científicos de diferentes campos que desarrollaban y utilizaban técnicas que ahora reconocemos como pertenecientes a la estadística moderna. Después de 1900, empezamos a ver verdaderos estadísticos que desarrollaban estas técnicas dentro de la lógica unificada de una ciencia empírica que va más allá de las partes que la componen. No hubo un momento bien marcado; pero con Pearson, Yule y el creciente número de estudiantes del laboratorio de Pearson, podríamos decir que la naciente disciplina se había consolidado.[1]

[1]Stephen M. Stigler, *The History of Statistics: The Measurement of Uncertainty before 1900*, Belknap Press, Cambridge, Mass., 1986. La cita es de la pág. 361

9.1 Introducción

Los procedimientos z de dos muestras del capítulo 8 nos permiten comparar las proporciones de éxitos de dos grupos, ya sean dos poblaciones o dos tratamientos en un experimento. ¿Qué ocurre si queremos comparar más de dos grupos? Necesitamos una nueva prueba estadística. Ésta empieza presentando los datos de una manera diferente, en forma de tabla de contingencia. Estas tablas tienen un uso más amplio que comparar la proporción de éxitos en varios grupos. Tal como vimos en la sección 6 del capítulo 2, las tablas de contingencia describen las relaciones entre dos variables categóricas cualesquiera. La misma prueba estadística que se utiliza para comparar varias proporciones, contrasta si la variable fila y la variable columna, cuyos valores se muestran en una tabla de contingencia, están relacionadas. Empezaremos con el problema de la comparación de varias proporciones.

EJEMPLO 9.1. Tratamiento de la adicción a la cocaína

Los adictos a la cocaína necesitan esta droga para sentir placer. Quizás dándoles una medicación que combatiese la depresión se les ayudaría a dejar la cocaína. Un estudio de tres años comparó un antidepresivo denominado desipramina con el litio (un tratamiento habitual para combatir la adicción a la cocaína) y con un placebo. Los sujetos experimentales eran 72 cocainómanos que querían acabar con su drogodependencia. Se asignaron al azar veinticuatro sujetos a cada tratamiento. He aquí los recuentos y las proporciones de sujetos que no recayeron en el consumo de cocaína durante el estudio.[2]

Grupo	Tratamiento	Sujetos	No recayeron	Proporción
1	Desipramina	24	14	0,583
2	Litio	24	6	0,250
3	Placebo	24	4	0,167

Las proporciones muestrales de sujetos que se mantuvieron apartados de la cocaína son bastante distintas. El diagrama de barras de la figura 9.1 muestra las diferencias entre grupos. Estos datos, ¿constituyen una buena evidencia a favor

[2]D. M. Barnes, "Breaking the cycle of addiction", *Science*, 241, 1988, págs. 1.029-1.030.

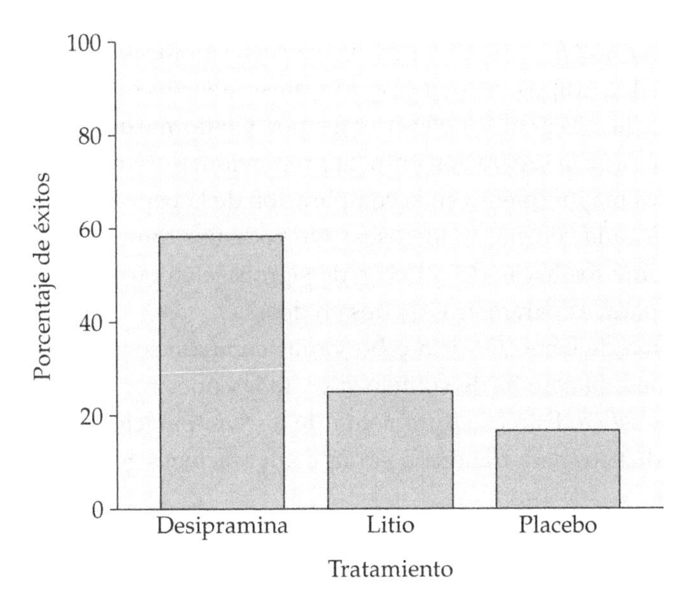

Figura 9.1. Diagrama de barras que compara las proporciones de éxitos de tres tratamientos contra la adicción a la cocaína. Para el ejemplo 9.1

de que las proporciones de éxitos en los tres tratamientos son distintas en la población de todos los cocainómanos? ■

9.1.1 El problema de las comparaciones múltiples

Llama a las proporciones poblacionales de éxitos en los tres grupos p_1, p_2 y p_3. De nuevo, utilizamos los subíndices para recordar qué grupo describe un determinado parámetro o estadístico. Para comparar estas tres proporciones poblacionales, podríamos utilizar los procedimientos z de dos muestras varias veces:

- Contrasta $H_0 : p_1 = p_2$, para ver si la proporción de éxitos de la desipramina es distinta de la proporción de éxitos del litio.
- Contrasta $H_0 : p_1 = p_3$, para ver si la desipramina difiere del placebo.
- Contrasta $H_0 : p_2 = p_3$, para ver si el litio difiere del placebo.

El inconveniente de hacer estos contrastes es que obtenemos tres valores P, uno para cada uno de los contrastes. Esto no nos dice cuál es la probabilidad de que tres proporciones muestrales se encuentren tan separadas como lo están éstas. Puede ser que $\hat{p}_1 = 0{,}583$ y $\hat{p}_3 = 0{,}167$ sean significativamente distintas si sólo miramos dos grupos, pero que no lo sean si sabemos que son la proporción más pequeña y la más grande de los tres grupos. Conforme observamos más grupos, esperamos que la separación entre la proporción muestral más pequeña y la más grande sea mayor (piensa en la comparación de la persona más alta y la más baja en grupos cada vez más numerosos). No podemos comparar de forma segura varios parámetros haciendo pruebas de significación o calculando intervalos de confianza para los parámetros de dos en dos.

El problema de cómo llevar a cabo varias comparaciones simultáneamente con alguna medida común de confianza en todas nuestras conclusiones es habitual en estadística. Este es el problema de las **comparaciones múltiples**. Los métodos estadísticos para tratar con varias comparaciones generalmente constan de dos partes:

Comparaciones múltiples

1. Una prueba conjunta para ver si existe suficiente evidencia de alguna desigualdad entre los parámetros que queremos comparar.
2. Un análisis complementario detallado para decidir cuáles son los parámetros distintos y para estimar el valor de las diferencias.

La prueba conjunta es con frecuencia razonablemente sencilla, aunque más compleja que las pruebas que hemos visto hasta ahora. El análisis complementario puede ser bastante complicado. En nuestra introducción básica a la estadística aplicada sólo veremos algunas pruebas conjuntas. En este capítulo presentamos una prueba para comparar varias proporciones poblacionales. El próximo capítulo muestra cómo comparar varias medias poblacionales.

9.2 Tablas de contingencia

El primer paso hacia la prueba conjunta para comparar varias proporciones poblacionales consiste en disponer los datos en una **tabla de contingencia** que da los recuentos de éxitos y fracasos. He aquí la tabla de contingencia de los datos sobre la adicción a la cocaína:

Tablas de contingencia

	Recaídas	
	No	**Sí**
Desipramina	14	10
Litio	6	18
Placebo	4	20

Ésta es una tabla de contingencia de 3×2 ya que tiene 3 filas y 2 columnas. Una tabla con f filas y c columnas es una **tabla $f \times c$**. La tabla muestra la relación entre dos variables categóricas. La variable explicativa es el tratamiento (la desipramina, el litio y el placebo). La variable respuesta es el éxito (no hay recaída) o el fracaso (sí hay recaída). La tabla de contingencia presenta los recuentos de las 6 combinaciones de los valores de estas variables. Cada uno de estos 6 recuentos ocupa una **celda** de la tabla.

Tabla $f \times c$

Las celdas

9.2.1 Recuentos esperados

Queremos contrastar la hipótesis nula de que no hay diferencias entre las proporciones de éxitos de los adictos a la cocaína que han sido sometidos a cada uno de los tres tratamientos:

$$H_0 : p_1 = p_2 = p_3$$

La hipótesis alternativa es la de que existe alguna diferencia, es decir, que las tres proporciones no son iguales:

$$H_a : \text{no se cumple que } p_1 = p_2 = p_3$$

La hipótesis alternativa ya no es de una o de dos colas. Es de "muchas colas", ya que permite cualquier relación distinta a "las tres proporciones son iguales". Por ejemplo, H_a incluye la situación en la que $p_2 = p_3$, pero que p_1 tenga un valor distinto.

Para contrastar H_0, comparamos los recuentos observados en la tabla de contingencia con los *recuentos esperados*, los recuentos que esperaríamos —excepto por el efecto del azar— si H_0 fuera cierta. Si las diferencias entre los recuentos observados y los esperados son grandes, estas diferencias constituyen una evidencia en contra de H_0. Es fácil hallar los recuentos esperados.

RECUENTOS ESPERADOS

El **recuento esperado** para cualquier celda de una tabla de contingencia cuando H_0 es cierta es

$$\text{recuento esperado} = \frac{\text{total fila} \times \text{total columna}}{\text{total tabla}}$$

Para comprender por qué funciona esta fórmula, piensa primero sólo en una proporción.

EJEMPLO 9.2. Encestar tres tiros libres

María es una jugadora de baloncesto que encesta el 70% de los tiros libres. Si en un partido lanza 10 tiros libres, esperamos que encestará el 70% de ellos, o 7 de los 10 tiros libres. Por supuesto, no siempre que María lanza 10 tiros libres encesta exactamente 7. En cada partido existe una variación debida al azar. Pero, en la mayoría de ocasiones, 7 de 10 es lo que esperamos. De hecho, 7 es el número *medio* de lanzamientos que acierta María cuando lanza 10 veces. ■

En un lenguaje más formal, si tenemos n observaciones independientes y la probabilidad de éxito de cada observación es p, esperamos np éxitos. Si obtenemos una muestra aleatoria simple de n individuos de una población en la cual la proporción de éxitos es p, esperamos np éxitos en la muestra. Ésta es la consideración que hay detrás de la fórmula de los recuentos esperados de una tabla de contingencia.

Vamos a aplicar esta consideración al estudio sobre la cocaína. La tabla de contingencia con los totales de filas y columnas es

	Recaídas		
	No	**Sí**	**Total**
Desipramina	14	10	24
Litio	6	18	24
Placebo	4	20	24
Total	24	48	72

Hallaremos el valor esperado de la celda de la fila 1 (desipramina) y de la columna 1 (no recaída). La proporción de no recaídas (éxitos) entre todos los 72 sujetos es

$$\frac{\text{recuento de recaídas}}{\text{total de la tabla}} = \frac{\text{total de la columna 1}}{\text{total de la tabla}} = \frac{24}{72} = \frac{1}{3}$$

Piensa en esta proporción como p, la proporción conjunta de éxitos. Si H_0 es cierta, esperamos hallar (excepto por el efecto del azar) esta misma proporción de éxitos en los tres grupos. En consecuencia, el recuento esperado de éxitos entre los 24 sujetos que tomaron desipramina es

$$np = (24)\left(\frac{1}{3}\right) = 8{,}00$$

El cálculo de este recuento esperado sigue la forma indicada en el recuadro:

$$\frac{\text{total de la fila 1} \times \text{total de la columna 1}}{\text{total de la tabla}} = \frac{24 \cdot 24}{72}$$

EJEMPLO 9.3. Recuentos observados versus recuentos esperados

He aquí los recuentos observados y los recuentos esperados:

	Observados		**Esperados**	
	No	**Sí**	**No**	**Sí**
Desipramina	14	10	8	16
Litio	6	18	8	16
Placebo	4	20	8	16

Debido a que $\frac{1}{3}$ del total de sujetos no recayeron, esperamos que $\frac{1}{3}$ de los 24 sujetos de cada grupo recaigan si no hay diferencias entre los tratamientos. De hecho, la desipramina tuvo más éxito (14) y menos fracasos (10) de los esperados. El placebo tiene menos éxitos (4) y más recaídas (20). Ésta es otra manera de decir lo que las proporciones muestrales del ejemplo 9.1 dicen más directamente: la desipramina es mucho más efectiva que el placebo, estando el litio entre ambos. ■

APLICA TUS CONOCIMIENTOS

9.1. Éxito en los estudios y actividades extracurriculares. La North Carolina State University estudió los resultados obtenidos por los estudiantes de un curso obligatorio para la especialidad de ingeniería química. Uno de los temas de interés del estudio es la relación entre el tiempo invertido en actividades extracurriculares y el éxito de los estudiantes en este curso. He aquí datos sobre 119 estudiantes que respondieron a la pregunta sobre sus actividades extracurriculares.[3]

[3]Richard M. Felder *et al.*, "Who gets it and who doesn't: a study of student performance in an introductory chemical engineering course", *1992 ASEE Annual Conference Proceedings*, American Society for Engineering Education, Washington, D.C., 1992, págs. 1.516-1.519

	Actividades extracurriculares (horas por semana)		
	< 2	De 2 a 12	> 12
Aprobado o nota superior	11	68	3
Suspenso	9	23	5

(a) Tenemos una tabla $f \times c$. ¿Cuáles son los valores de f y c?

(b) Halla la proporción de estudiantes que tuvieron éxito (aprobado o nota superior) en cada uno de los tres grupos de actividades extracurriculares. ¿Qué tipo de relación entre las actividades extracurriculares y el éxito obtenido en el curso parecen indicar estas proporciones?

(c) Haz un diagrama de barras para comparar las tres proporciones de éxitos.

(d) La hipótesis nula establece que las proporciones de éxitos son las mismas en los tres grupos si tomamos la población de todos los estudiantes. Halla los recuentos esperados si esta hipótesis fuera cierta y muéstralos en una tabla de contingencia.

(e) Compara los recuentos observados con los esperados. ¿Existen desviaciones grandes entre ellos? Estas desviaciones son otra manera de presentar la relación que describiste en (b).

9.2. Estudiantes fumadores. ¿Qué relación existe entre los hábitos de fumar de los estudiantes y los de sus padres? He aquí datos de una encuesta realizada a alumnos de ocho escuelas de secundaria.[4]

	Estudiantes fumadores	Estudiantes no fumadores
Los dos padres fuman	400	1.380
Sólo uno de los padres fuma	416	1.823
Ninguno de los dos padres fuma	188	1.168

(a) Esto es una tabla $f \times c$. ¿Cuáles son los valores de f y de c?

(b) Calcula la proporción de estudiantes que fuma en cada uno de los tres grupos de padres. Luego describe con palabras la asociación entre los hábitos de fumar de padres e hijos.

(c) Dibuja un gráfico para mostrar dicha asociación.

[4]S. V. Zagona (ed.), *Studies and Issues in Smoking Behavior*, University of Arizona Press, Tucson, 1967, págs. 157-180.

(d) Explica con palabras lo que plantea la hipótesis nula $H_0 : p_1 = p_2 = p_3$ sobre los hábitos fumadores de los estudiantes.

(e) Halla los recuentos esperados si H_0 fuera cierta y muéstralos en una tabla de contingencia similar a la tabla de los recuentos observados.

(f) Compara las tablas de los recuentos observados y esperados. Explica de qué manera la comparación expresa la misma asociación que viste en (b) y (c).

9.3 Prueba Ji cuadrado

La comparación de las proporciones muestrales de éxitos describe las diferencias entre los tres tratamientos para combatir la adicción a la cocaína. De todas formas, la prueba estadística que nos indica si esas diferencias son estadísticamente significativas no utiliza directamente las proporciones muestrales. La prueba compara los recuentos observados con los recuentos esperados. El estadístico de contraste que hace la comparación es el *estadístico Ji cuadrado.*

ESTADÍSTICO JI CUADRADO

El **estadístico Ji cuadrado** es una medida de la diferencia entre los recuentos observados y los recuentos esperados en una tabla de contingencia. La fórmula del estadístico es

$$X^2 = \sum \frac{(\text{recuento observado} - \text{recuento esperado})^2}{\text{recuento esperado}}$$

La suma de todas las $f \times c$ celdas de la tabla

El estadístico Ji cuadrado es una suma de términos, uno por cada celda de la tabla. En el ejemplo de la cocaína, 14 sujetos del grupo de la desipramina consiguieron evitar una recaída. El recuento esperado de esta celda es 8. En consecuencia, el componente estadístico Ji cuadrado correspondiente a esta celda es

$$\begin{aligned} \sum \frac{(\text{recuento observado} - \text{recuento esperado})^2}{\text{recuento esperado}} &= \frac{(14-8)^2}{8} \\ &= \frac{36}{8} = 4{,}5 \end{aligned}$$

Interpreta el estadístico Ji cuadrado, X^2, como una medida de la distancia entre los recuentos observados y los recuentos esperados. Como cualquier distancia, su valor siempre es cero o positivo. Es cero sólo cuando los recuentos observados son exactamente iguales a los recuentos esperados. Los valores de X^2 grandes constituyen una evidencia en contra de H_0, ya que indican que los recuentos observados están lejos de lo que esperaríamos si H_0 fuera cierta. Aunque la hipótesis alternativa H_a es de muchas colas, la prueba Ji cuadrado es de una cola, ya que cualquier violación de H_0 tiende a producir un valor de X^2 grande. Los valores pequeños de X^2 no constituyen ninguna evidencia en contra de H_0.

El cálculo manual de los recuentos esperados y el del estadístico Ji cuadrado lleva bastante tiempo. Como de costumbre, los programas estadísticos ahorran tiempo y siempre hacen los cálculos correctamente. Algunas calculadoras también calculan el estadístico Ji cuadrado.

EJEMPLO 9.4. Cálculo de Ji cuadrado con un programa estadístico

Entra los datos de la tabla de contingencia (los 6 recuentos) del estudio sobre la cocaína en el programa estadístico Minitab y ejecuta la prueba Ji cuadrado. Los resultados aparecen en la figura 9.2. La mayoría de los programas estadísticos presentan resultados de Ji cuadrado parecidos a éstos.

Minitab reproduce la tabla de contingencia de los recuentos observados y sitúa los recuentos esperados de cada celda debajo de los recuentos observados y también proporciona la fila y la columna de totales. Luego, Minitab calcula el estadístico Ji cuadrado, X^2. Para estos datos, $X^2 = 10{,}500$. El estadístico es la suma de 6 términos, uno por cada celda de la tabla. El "Chi-Sq" que aparece en los resultados del programa estadístico indica los términos individuales, así como su suma. El primer término es 4,500, el mismo valor que obtuvimos a mano.

El valor P es la probabilidad de que X^2 tomara un valor al menos tan grande como 10,500 si H_0 fuera realmente cierta. Podemos ver en la figura 9.2 que $P = 0{,}005$. El valor P pequeño nos da argumentos a favor de que existen diferencias entre los efectos de los tres tratamientos. ■

La prueba Ji cuadrado es una prueba conjunta para comparar cualquier número de proporciones poblacionales. Si el contraste nos permite rechazar la hipótesis nula de que todas las proporciones son iguales, entonces procedemos a hacer el análisis complementario que examina las diferencias con detalle. No vamos a describir cómo hacer el análisis complementario, pero debes mirar qué efectos concretos sugieren los datos.

```
Chi-Square Test

Expected counts are printed below observed counts
        No recayeron  Recayeron  Total
   D              14         10     24
                8.00      16.00

   L               6         18     24
                8.00      16.00

   P               4         20     24
                8.00      16.00

 Total            24         48     72

 Chi-Sq  =   4.500 + 2.250 +
             0.500 + 0.250 +
             2.000 + 1.000 = 10.500
DF = 2, P-Value = 0.005
```

Figura 9.2. Resultados del Minitab de una tabla de contingencia en el estudio de la cocaína. Los resultados dan los recuentos observados, el valor del estadístico de ji cuadrado, 10.500, y el valor P, $P = 0{,}005$.

EJEMPLO 9.5. Conclusiones sobre el estudio de la cocaína

El estudio sobre la cocaína encontró diferencias significativas entre las proporciones de éxitos de los tres tratamientos para combatir la adicción a la cocaína. Podemos ver diferencias concretas de tres maneras.

Primero mira las *proporciones muestrales*:

$$\hat{p}_1 = 0{,}583 \qquad \hat{p}_2 = 0{,}250 \qquad \hat{p}_3 = 0{,}167$$

Las proporciones muestrales indican que la mayor diferencia entre las proporciones corresponde a la desipramina, que tiene una proporción de éxitos mucho mayor que el litio o el placebo. Éste es el efecto que esperaba encontrar el estudio.

A continuación, *compara los recuentos observados con los recuentos esperados* que aparecen de la figura 9.2. El Tratamiento D (la desipramina) tiene más éxitos y menos fracasos de lo que esperaríamos si los tres tratamientos tuvieran la misma proporción de éxitos en la población. Los otros dos tratamientos tienen menos éxitos y más fracasos de los esperados.

Finalmente, Minitab proporciona debajo de la tabla las 6 "distancias" individuales entre los recuentos observados y los esperados. Estas distancias se suman para obtener X^2. La disposición de los **componentes de X^2** es la misma que la disposición de los recuentos en la tabla 3 × 2. Los componentes mayores muestran qué celdas contribuyen más a la distancia conjunta X^2. El mayor componente corresponde, de lejos, a la celda situada en la parte izquierda superior de la tabla: la desipramina tiene más éxitos de los que en principio cabría esperar si H_0 fuera cierta.

Componentes de Ji cuadrado

Las tres maneras de examinar los datos apuntan hacia la misma conclusión: la desipramina funciona mejor que los otros tratamientos. Ésta es una conclusión informal. Existen métodos más avanzados que proporcionan pruebas e intervalos de confianza que hacen que el examen complementario sea más formal. ■

APLICA TUS CONOCIMIENTOS

9.3. Éxito en los estudios y actividades extracurriculares. En el ejercicio 9.1 empezaste a analizar datos sobre la relación entre el tiempo dedicado a actividades extracurriculares y el éxito en un determinado curso universitario. La figura 9.3 da los resultados del Minitab a partir de la tabla de contingencia del ejercicio 9.1.

(a) A partir de la tabla de los recuentos esperados, halla los 6 componentes del estadístico Ji cuadrado y luego el estadístico X^2. Compara tus resultados con los del ordenador.

(b) ¿Cuál es el valor P de la prueba? Explica en un lenguaje sencillo qué significa rechazar H_0 en esta situación.

(c) ¿Cuál es el término que más contribuye en X^2? ¿A qué tipo de relación concreta entre las actividades extracurriculares y el éxito académico apunta este término?

(d) ¿Crees que del estudio de la North Carolina State University se concluye que dedicar más o menos tiempo a actividades extracurriculares causa cambios en los resultados académicos? Justifica tu respuesta.

9.4. Estudiantes fumadores. En el ejercicio 9.2 empezaste a analizar datos sobre la relación entre los hábitos de fumar de padres e hijos. La figura 9.4 da los resultados obtenidos con Minitab a partir de la tabla de contingencia del ejercicio 9.2.

Chi-Square Test

```
Expected counts are printed below observed counts

                               < 2   De 2 a 12   > 12   Total
 Aprobado o nota superior       11          68      3      82
                             13.78       62.71   5.51

 Suspenso                        9          23      5      37
                              6.22       28.29   2.49

 Total                          20          91      8     119

 Chi-Sq   =   0.561 + 0.447 + 1.145 +
              1.244 + 0.991 + 2.538 = 6.926
DF = 2, P-Value = 0.031
1 cells with expected counts less than 5.0
```

Figura 9.3. Resultados del Minitab correspondientes al estudio de la actividad extracurricular y el éxito alcanzado en un curso universitario difícil.

(a) A partir de la tabla de los recuentos esperados, halla los 6 componentes del estadístico Ji cuadrado y luego halla el estadístico X^2. Compara tus resultados con los del ordenador.

(b) ¿Cuál es el valor P de la prueba? Explica en un lenguaje sencillo qué significa rechazar H_0 en esta situación.

(c) ¿Cuáles son los dos términos que más contribuyen en X^2? ¿A qué tipo de relación concreta entre los hábitos fumadores de padres e hijos apuntan estos términos?

(d) ¿Crees que a partir de este estudio se concluye que los hábitos de fumar de los padres causan los hábitos de fumar de los hijos? Justifica tu respuesta.

9.3.1 Distribuciones Ji cuadrado

Los programas estadísticos, por lo general, calculan los valores P. El valor P de una prueba Ji cuadrado proviene de comparar el valor del estadístico Ji cuadrado con los valores críticos de la distribución Ji cuadrado.

```
Chi-Square Test

Expected counts are printed below observed counts

             Fumadores    NoFumadores   Total
 Dos               400           1380    1780
                332.49        1447.51

 Uno               416           1823    2239
                418.22        1820.78

 Ninguno           188           1168    1356
                253.29        1102.71

 Total            1004           4371    5375

 Chi-Sq  =   13.709   +   3.149 +
              0.012   +   0.003 +
             16.829   +   3.866 = 37.566
DF = 2, P-Value = 0.000
```

Figura 9.4. Resultados del Minitab correspondientes a un estudio sobre los hábitos fumadores de padres e hijos.

DISTRIBUCIONES JI CUADRADO

Las **distribuciones Ji cuadrado** son una familia de distribuciones que sólo toman valores positivos y que son asimétricas hacia la derecha. Una distribución Ji cuadrado concreta viene determinada por un parámetro, llamado **grados de libertad**.

La prueba Ji cuadrado para una tabla de contingencia de f filas y c columnas utiliza los valores críticos de la distribución Ji cuadrado con $(f-1)(c-1)$ grados de libertad. El valor P es el área a la derecha de X^2 por debajo de la curva de densidad de la Ji cuadrado.

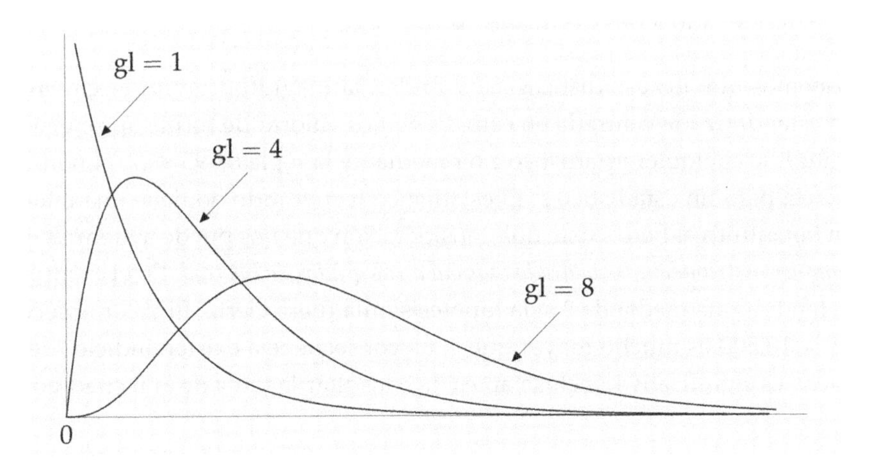

Figura 9.5. Curvas de densidad para las distribuciones Ji cuadrado con 1, 4 y 8 grados de libertad. Las distribuciones Ji cuadrado sólo toman valores positivos.

La figura 9.5 representa las curvas de densidad de tres miembros de la familia de distribuciones Ji cuadrado. A medida que aumentan los grados de libertad, las curvas de densidad son menos asimétricas y los valores mayores son más probables. La tabla E, situada al final del libro, proporciona los valores críticos de las distribuciones Ji cuadrado. Puedes utilizar la tabla E si los programas estadísticos no te dan los valores P de la prueba Ji cuadrado.

EJEMPLO 9.6. Utilización de la tabla de la Ji cuadrado

La tabla de contingencia del estudio sobre la cocaína, de tres tratamientos y dos resultados, tiene 3 filas y 2 columnas. Esto es, $f = 3$ y $c = 2$. El estadístico Ji cuadrado, en consecuencia, tiene los grados de libertad

$$(f-1)(c-1) = (3-1)(2-1) = 2 \cdot 1 = 2$$

Los resultados de ordenador de la figura 9.2 dan 2 grados de libertad para la Ji cuadrado.

El valor observado del estadístico Ji cuadrado es $X^2 = 10{,}500$. Fíjate en la fila correspondiente a gl $= 2$ de la tabla E. El valor de $X^2 = 10{,}500$ se sitúa entre los valores críticos 0,01 y 0,005 de la distribución Ji cuadrado con 2 grados de libertad. Recuerda que la prueba Ji cuadrado siempre es de una cola. Por tanto, el valor P de $X^2 = 10{,}500$ se encuentra entre 0,01 y 0,005. Los resultados del programa estadístico de la figura 9.2 muestran que en realidad el valor P es igual a 0,005, redondeando a tres decimales. ■

Sabemos que los estadísticos z y t miden la magnitud de un efecto en una escala estandarizada centrada en cero. Podemos valorar de forma aproximada la magnitud de cualquier estadístico z o t mediante la regla 68-95-99,7, aunque sólo sea exacta para un estadístico z. El estadístico Ji cuadrado no tiene una interpretación tan intuitiva. Pero existe una consideración que nos puede ayudar: *la media de cualquier distribución Ji cuadrado es igual a sus grados de libertad.* En el ejemplo 9.6 la X^2, tendría una media de 2 si la hipótesis nula fuera cierta. El valor observado de $X^2 = 10{,}500$ es mucho mayor que 2, en consecuencia existen indicios de que la prueba es significativa, incluso antes de consultar la tabla de la Ji cuadrado.

APLICA TUS CONOCIMIENTOS

9.5. Éxito en los estudios y actividades extracurriculares. Los resultados de ordenador de la figura 9.3 dan 2 grados de libertad para la tabla del ejercicio 9.1.

(a) Comprueba que esto sea correcto.

(b) El ordenador da el valor del estadístico Ji cuadrado, $X^2 = 6{,}926$. ¿Entre qué dos valores de la tabla E se encuentra este valor? ¿Qué te dice la tabla sobre el valor P?

(c) Si la hipótesis nula fuera cierta, ¿cuál sería el valor medio del estadístico X^2? Compara éste valor medio con el valor de X^2 obtenido.

9.6. Estudiantes fumadores. Los resultados de ordenador de la figura 9.4 dan 2 grados de libertad para la tabla del ejercicio 9.2.

(a) Comprueba que esto sea correcto.

(b) El ordenador da el valor del estadístico Ji cuadrado, $X^2 = 37{,}568$. ¿Dónde se encuentra este valor en la tabla E? ¿Qué te indica la tabla sobre el valor P?

(c) Si la hipótesis nula fuera cierta, ¿cuál sería el valor medio del estadístico X^2? Compara éste valor medio con el valor de X^2 obtenido.

9.3.2 Más aplicaciones de la prueba Ji cuadrado

Las tablas de contingencia pueden surgir de diversas situaciones. El estudio sobre la cocaína es un experimento que asigna 24 adictos a tres grupos. Cada grupo es una muestra de una población distinta correspondiente a un tratamiento diferente. El diseño del estudio fija el tamaño de cada muestra por adelantado. Para cada sujeto del estudio se registra cuál de los dos resultados posibles se observa. La hipótesis nula de "no diferencia" entre los tratamientos toma la forma de "igual proporción de éxitos" en las tres poblaciones. El siguiente ejemplo ilustra una situación diferente a partir de la cual se obtiene una tabla de contingencia.

EJEMPLO 9.7. Estado civil y nivel laboral

Un estudio sobre la relación entre el estado civil de los hombres y su nivel laboral utilizó datos de 8.235 gerentes y profesionales varones empleados por una gran empresa. Cada uno de los puestos de trabajo tiene un nivel, catalogado por la empresa, que refleja el valor de ese puesto de trabajo. Los autores del estudio agruparon la diversidad de categorías laborales de la empresa en cuatro niveles. El nivel 1 corresponde a los puestos de trabajo de menor categoría y el nivel 4 a los de máxima categoría. He aquí los datos.[5]

	Estado civil			
Nivel laboral	**Soltero**	**Casado**	**Divorciado**	**Viudo**
1	58	874	15	8
2	222	3.927	70	20
3	50	2.396	34	10
4	7	533	7	4

Estos datos, ¿muestran una relación estadísticamente significativa entre el estado civil y el nivel laboral? ■

En el ejemplo 9.7 no hay cuatro muestras independientes de los cuatro estados civiles, sino un solo grupo de 8.235 hombres, cada uno clasificado de dos maneras según su estado civil y su nivel laboral. El número de hombres de cada estado civil no se ha fijado de antemano y sólo se sabe tras obtener los datos. Tanto el estado civil como el nivel laboral tienen cuatro categorías; en consecuencia, es complicado hacer un planteamiento riguroso de la hipótesis nula

H_0: no hay relación entre el estado civil y el nivel laboral

en términos de parámetros poblacionales.

[5]Sanders Korenman y David Neumark, "Does marriage really make men more productive?", *Journal of Human Resources*, 26, 1991, págs. 282-307.

De hecho, probablemente convendría considerar a estos 8.235 hombres más como una población que como una muestra. Los datos incluyen a todos los gerentes y a todos los profesionales empleados por la empresa. Estos hombres no son necesariamente una muestra aleatoria de una población mayor. Con todo, queremos decidir si la relación entre el estado civil y el nivel laboral es estadísticamente significativa, en el sentido de que sea demasiado difícil que la relación observada ocurra sólo por azar, si los niveles laborales fueran asignados aleatoriamente entre hombres de todos los estados civiles. "No es probable que ocurra sólo por azar si H_0 es cierta" es la interpretación habitual de la significación estadística. En este ejemplo, esta interpretación de la hipótesis nula tiene sentido aunque tengamos datos de toda una población.

La situación del ejemplo 9.7 es muy distinta de la comparación de varias proporciones. No obstante, podemos aplicar la prueba Ji cuadrado. Una de las características más útiles de la prueba Ji cuadrado es que contrasta la hipótesis de que "las variables fila y columna no están relacionadas entre sí" siempre que esta hipótesis tenga sentido para una determinada tabla de contingencia.

APLICACIONES DE LA PRUEBA JI CUADRADO

Utiliza la prueba Ji cuadrado para contrastar la hipótesis nula

$$H_0 : \text{no hay relación entre dos variables categóricas}$$

cuando tengas una tabla de contingencia surgida de cualquiera de estas situaciones:

- Muestras aleatorias simples independientes de varias poblaciones, con cada individuo clasificado de acuerdo con una variable categórica. (La otra variable indica de qué muestra procede el individuo.)

- Una sola muestra aleatoria simple, con cada individuo clasificado mediante dos variables categóricas.

Chi-Square Test

```
Expected counts are printed below observed counts

          Soltero    Casado  Divorciado    Viudo   Total
   1           58       874          15        8     955
            39.08    896.44       14.61     4.87

   2          222      3927          70       20    4239
           173.47   3979.05       64.86    21.62

   3           50      2396          34       10    2490
           101.90   2337.30       38.10    12.70

   4            7       533           7        4     551
            22.55    517.21        8.43     2.81

 Total        337      7730         126       42    8235

 Chi-Sq  =   9.158  +  0.562  +  0.010  +  2.011
            13.575  +  0.681  +  0.407  +  0.121
            26.432  +  1.474  +  0.441  +  0.574
            10.722  +  0.482  +  0.243  +  0.504 = 67.397

DF = 9, P-Value = 0.000
2 cells with expected counts less than 5.0
```

Figura 9.6. Resultados del Minitab correspondientes a los datos del ejemplo 9.7.

EJEMPLO 9.8. Estado civil y nivel laboral

Para analizar los datos sobre las categorías laborales del ejemplo 9.7, haz primero la prueba Ji cuadrado conjunta. Los resultados obtenidos con Minitab para la prueba Ji cuadrado aparecen en la figura 9.6. La Ji cuadrado obtenida es muy grande, $X^2 = 67{,}397$. El valor P, con tres decimales, es 0,000. Tenemos una evidencia contundente a favor de que la categoría laboral está relacionada con el estado civil.

La tabla E nos da un resultado similar. Para una tabla 4×4, los grados de libertad son $(f - 1)(c - 1) = 9$. Mira en la fila correspondiente a gl $= 9$ en la tabla E. El valor crítico mayor es 29,67, que corresponde a un valor P igual a 0,0005. La $X^2 = 67{,}397$ obtenida está más allá de este valor; por tanto, $P < 0{,}0005$.

A continuación, haz el análisis complementario para describir la relación. Al igual que en la sección 6 del capítulo 2, describimos la relación entre dos variables categóricas comparando porcentajes. He aquí la tabla de los porcentajes de los hombres de cada estado civil cuyos puestos de trabajo pertenecen a cada una de las categorías laborales. Cada columna de esta tabla da la **distribución condicional** de los niveles laborales entre los hombres de un determinado estado civil. Cada columna suma el 100%, ya que se considera a todos los hombres de un estado civil concreto.

Distribución condicional

	Estado civil			
Nivel laboral	Soltero	Casado	Divorciado	Viudo
1	17,2%	11,3%	11,9%	19,1%
2	65,9%	50,8%	55,5%	47,7%
3	14,9%	31,0%	26,9%	23,8%
4	2,0%	6,9%	5,6%	9,6%
Total	100,0%	100,0%	99,9%	100,2%

El diagrama de barras de la figura 9.7 nos ayuda a comparar estas cuatro distribuciones condicionales. Vemos, enseguida, que entre los hombres solteros los menores porcentajes corresponden a los puestos de trabajo de niveles más altos, 3 y 4. No sólo los hombres casados, sino incluso los hombres que se casaron una vez y que ahora están divorciados o son viudos, tienen una mayor probabilidad de ocupar puestos de trabajo de mayor nivel. Fíjate en los 16 componentes de la suma Ji cuadrado de los resultados de ordenador para confirmarlo. Las cuatro celdas de los hombres solteros tienen los mayores componentes de la X^2. La tabla de los valores obtenidos con Minitab muestra que los recuentos observados en los hombres solteros son superiores a los valores esperados en los niveles 1 y 2, e inferiores a los esperados en los niveles 3 y 4.

Por supuesto que esta asociación entre el estado civil y la categoría laboral no indica que estar soltero sea la *causa* de tener un puesto de trabajo de menor nivel. La explicación puede ser tan sencilla como el hecho de que los hombres solteros tienden a ser más jóvenes y que, por tanto, todavía no han alcanzado los niveles más altos. ■

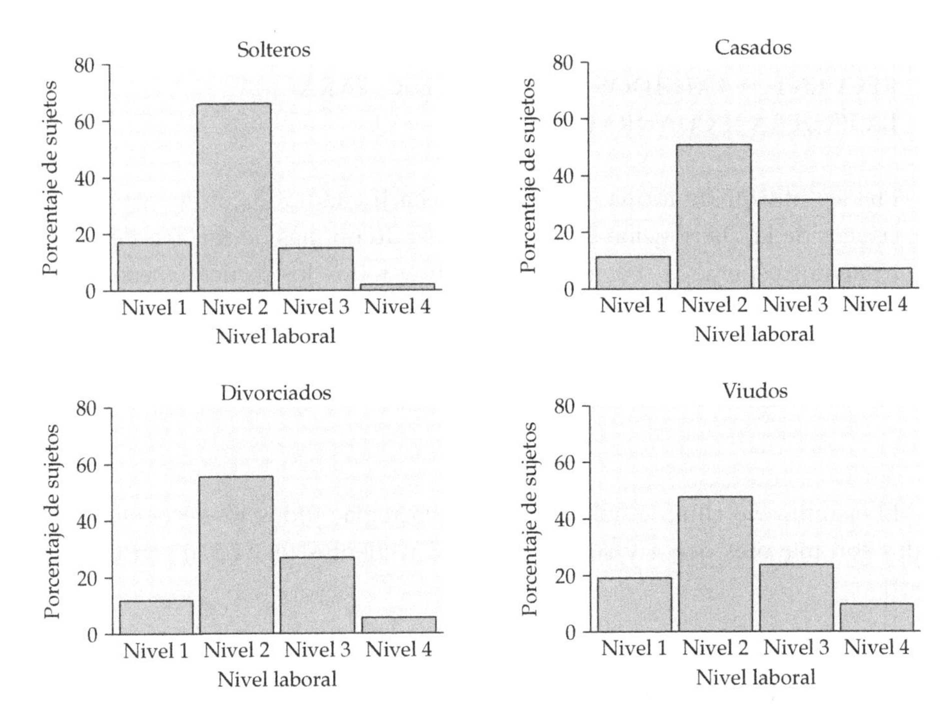

Figura 9.7. Diagrama de barras de los datos del ejemplo 9.7. Cada diagrama presenta el porcentaje de cada nivel laboral entre los hombres de un determinado estado civil.

9.3.3 Recuentos exigidos en las celdas para la prueba Ji cuadrado

Los resultados de ordenador que aparecen en la figura 9.6 tienen una característica más. Nos indican que los recuentos esperados de dos de las 16 celdas son menores que 5. La prueba Ji cuadrado, al igual que los procedimientos z de comparación de dos proporciones, es un método aproximado que se hace cada vez más exacto a medida que el número de observaciones de las celdas de la tabla se hace mayor. Afortunadamente, la aproximación es precisa para un número de observaciones modesto. He aquí una regla práctica.[6]

[6]Hay muchos estudios de simulación sobre la exactitud de los valores críticos de X^2. Una breve discusión y algunas referencias se pueden hallar en David S. Moore, "Tests of chi-squared type", en Ralph B. D'Agostino y Michael A. Stephens (eds.), *Goodness-of-Fit Techniques*, Marcel Dekker, New York, 1986, págs. 63-95. Si los recuentos esperados son aproximadamente iguales, la aproximación

RECUENTOS EXIGIDOS EN LAS CELDAS PARA LA PRUEBA JI CUADRADO

Puedes utilizar de forma segura la prueba Ji cuadrado con los valores críticos de la distribución Ji cuadrado cuando no más de un 20% de los recuentos esperados son menores que 5, y todos los recuentos esperados son mayores o iguales que 1. En particular, en una tabla de 2×2, los cuatro recuentos esperados deben ser mayores o iguales que 5.

El ejemplo 9.8 cumple holgadamente esta regla. Todos los recuentos esperados son mayores que 1 y sólo 2 de los 16 recuentos (el 12,5%) son menores que 5.

9.3.4 Prueba Ji cuadrado y prueba z

Podemos utilizar la prueba Ji cuadrado para comparar cualquier número de proporciones. Si comparamos f proporciones y formamos dos columnas, una de éxitos y otra de fracasos, los recuentos resultantes forman una tabla $f \times 2$. Los valores P proceden de una distribución Ji cuadrado con $f - 1$ grados de libertad. Si $f = 2$, estamos comparando sólo dos proporciones. Tenemos dos maneras de hacerlo: la prueba z de la sección 8.3 y la prueba Ji cuadrado con un grado de libertad para una tabla 2×2. *Estas dos pruebas siempre concuerdan*. De hecho, el estadístico Ji cuadrado X^2 es exactamente el cuadrado del estadístico z y el valor P de X^2 es exactamente igual al valor P de dos colas de z. Te recomendamos la utilización del estadístico z para la comparación de dos proporciones, ya que te da la posibilidad de hacer pruebas de una cola y está relacionado con un intervalo de confianza para $p_1 - p_2$.

Ji cuadrado es adecuada cuando la media de los recuentos esperados toma un valor cercano a 1 o 2. Las orientaciones que se dan en el texto permiten superar la falta de igualdad de los recuentos esperados. Para una revisión de la inferencia con muestras pequeñas se puede consultar Alan Agresti, "A survey of exact inference for contingency tables", *Statistical Science*, 7, 1992, págs. 131-177.

APLICA TUS CONOCIMIENTOS

9.7. Estrés y ataques al corazón. Lees un artículo en un periódico que describe un estudio sobre si puede reducirse la incidencia de los ataques al corazón. Los 107 sujetos del estudio tenían problemas de reducción del flujo sanguíneo hacia el corazón y por tanto constituían un grupo susceptible de sufrir ataques. Los sujetos se asignaron al azar a tres grupos. Dice el artículo:

Un grupo se sometió a un programa de cuatro meses de gestión del estrés, otro siguió un programa de cuatro meses de ejercicio físico y el tercer grupo recibió los cuidados habituales de sus médicos.

Durante los siguientes tres años, sólo 3 personas del grupo de 33 que se sometió al programa de gestión del estrés sufrieron "episodios cardíacos", que se definen como ataques al corazón o como la necesidad de una intervención quirúrgica tal como un bypass o una angioplastia. Durante el mismo periodo, siete de las 34 personas que siguió el programa de ejercicio físico y 12 de los 40 pacientes que recibieron los cuidados habituales sufrieron tales episodios.[7]

(a) Utiliza la información del artículo para construir una tabla de contingencia que describa los resultados del estudio.

(b) ¿Cuáles son las proporciones de éxitos de los tres tratamientos?

(c) Halla los recuentos esperados de cada celda bajo la hipótesis nula de que no existen diferencias entre los tres tratamientos. Comprueba que los recuentos esperados cumplen las exigencias que debe cumplir la prueba Ji cuadrado.

(d) ¿Existen diferencias significativas entre las proporciones de éxitos de los tres tratamientos?

9.8. Opinión sobre una mutua de asistencia sanitaria. El ejercicio 8.18 compara los miembros de una mutua de asistencia sanitaria que se querellaron contra ella con una muestra aleatoria simple de miembros de la mutua que no presentaron demandas. El estudio dividió en dos grupos a los que se querellaron: los que se querellaron en relación con el tratamiento médico y los que se querellaron por otros motivos. He aquí los datos del número total de miembros de cada grupo y del número de asociados que voluntariamente se dieron de baja de la mutua.

[7]Brenda C. Coleman, "Study: heart attack risk cut 74% by stress management", nota de prensa que apareció el 20 de octubre de 1997 en el *Journal and Courier*, Lafayette, Indiana.

	No se querellaron	Querellas médicas	Querellas no médicas
Total	743	199	440
Bajas	22	26	28

(a) Halla el porcentaje de asociados que se dieron de baja en cada grupo.

(b) Construye una tabla de contingencia que tenga en cuenta las distintas opciones ante la idea de querellarse y la decisión de darse de baja o no.

(c) Halla los recuentos esperados y comprueba que puedas utilizar de forma segura la prueba Ji cuadrado.

(d) El estadístico Ji cuadrado de esta tabla es $X^2 = 31{,}765$. ¿Qué hipótesis nula y alternativa contrasta este estadístico? ¿Cuáles son sus grados de libertad? ¿Por qué queda claro, sin necesidad de consultar la tabla, que este valor de X^2 es altamente significativo?

(e) Utiliza la tabla E para aproximar el valor P. ¿Cuál es tu conclusión a partir de estos datos?

9.9. Tratamiento de úlceras. En el pasado, se recomendaba la congelación gástrica como tratamiento para las úlceras intestinales. Esta técnica dejó de utilizarse cuando mediante unos experimentos se demostró que no era efectiva. Un experimento comparativo aleatorizado halló que 28 de 82 pacientes sometidos a la congelación gástrica mejoraron, mientras que 30 de 78 pacientes del grupo placebo también lo hicieron.[8] Podemos contrastar la hipótesis de "no diferencias" entre los dos grupos de dos maneras: utilizando el estadístico z de dos muestras o el estadístico Ji cuadrado.

(a) Plantea la hipótesis nula con una alternativa de dos colas y lleva a cabo la prueba z. ¿Cuál es el valor P de la tabla A?

(b) Presenta los datos con una tabla 2 × 2. Utiliza la prueba Ji cuadrado para contrastar las hipótesis de **(a)**. Comprueba que el estadístico X^2 es el cuadrado del estadístico z. Utiliza la tabla E para comprobar que el valor P de la Ji cuadrado concuerda con el resultado de z hasta donde permite la precisión de la tabla.

(c) ¿Cuáles son tus conclusiones sobre la efectividad de la congelación gástrica como tratamiento para las úlceras?

[8]Lillian Lin Miao, "Gastric freezing: an example of the evaluation of medical therapy by randomized clinical trials", en John P. Bunker, Benjamin A. Barnes y Frederick Mosteller (eds.), *Costs, Risks and Benefits of Surgery*, Oxford University Press, New York, 1977, págs. 198-211.

RESUMEN DE LA SECCIÓN 9.3

La **prueba Ji cuadrado** para tablas de contingencia contrasta la hipótesis nula de que no existe ninguna relación entre la variable fila y la variable columna.

Es frecuente utilizar la prueba Ji cuadrado para **la comparación de varias proporciones poblacionales.** La hipótesis nula plantea que todas las proporciones poblacionales son iguales. La hipótesis alternativa plantea que no todas ellas son iguales, de manera que permite cualquier otra relación entre las proporciones poblacionales.

El **recuento esperado** de cualquier celda de una tabla de contingencia cuando H_0 es cierta es

$$\text{recuento esperado} = \frac{\text{total fila} \times \text{total columna}}{\text{total tabla}}$$

El **estadístico Ji cuadrado** es

$$X^2 = \sum \frac{(\text{recuento observado} - \text{recuento esperado})^2}{\text{recuento esperado}}$$

La prueba Ji cuadrado compara el valor del estadístico X^2 con los valores críticos de la **distribución Ji cuadrado** con $(f-1)(c-1)$ **grados de libertad**. Los valores de X^2 grandes constituyen una evidencia en contra de H_0, por tanto, el valor P es el área situada a la derecha de X^2 debajo de la curva de densidad de Ji cuadrado.

La distribución Ji cuadrado es una aproximación a la distribución del estadístico X^2. Puedes utilizar de forma segura esta aproximación cuando todos los recuentos esperados de la tabla son iguales o mayores que 1 y no más de un 20% son menores que 5.

Si la prueba Ji cuadrado halla una relación estadísticamente significativa entre las variables fila y columna de una tabla de contingencia, realiza un análisis complementario para describir la naturaleza de dicha relación. Un análisis orientativo complementario compara porcentajes adecuados, compara los recuentos observados con los recuentos esperados y busca los mayores **componentes de la prueba Ji cuadrado**.

REPASO DEL CAPÍTULO 9

La inferencia estadística avanzada, a menudo, trata de relaciones entre varios parámetros. Este capítulo empieza con la prueba Ji cuadrado que se aplica a una de estas relaciones: la igualdad de las proporciones de éxitos para cualquier número de poblaciones. La alternativa a esta hipótesis es de "muchas colas", ya que permite cualquier relación distinta de aquella en que "todas son iguales". La prueba Ji cuadrado es una prueba conjunta que nos indica si los datos proporcionan suficiente evidencia para rechazar la hipótesis de que todas las proporciones poblacionales son iguales. Siempre tienes que acompañar la prueba Ji cuadrado con un análisis de los datos para ver qué tipo de desigualdades se observan.

Para hacer una prueba Ji cuadrado, dispón el número de éxitos y de fracasos en una tabla de contingencia. Las tablas de contingencia pueden presentar los recuentos para cualquier par de variables categóricas, no sólo los recuentos de éxitos y de fracasos de f poblaciones. La prueba Ji cuadrado no sirve únicamente para contrastar la igualdad de las proporciones poblacionales de éxitos: también permite contrastar la hipótesis nula de que "no existe relación" entre la variable fila y la variable columna de una tabla de contingencia. La prueba Ji cuadrado es realmente una prueba aproximada que llega a ser más exacta a medida que aumenta el número de observaciones en las celdas de la tabla de contingencia. Afortunadamente, los valores P de las pruebas Ji cuadrado son bastante exactos incluso para un número pequeño de observaciones en las celdas.

Después de estudiar este capítulo, deberías ser capaz de hacer lo siguiente.

A. TABLAS DE CONTINGENCIA

1. Disponer los datos sobre éxitos y fracasos de varios grupos en una tabla de contingencia que contenga los recuentos de éxitos y de fracasos de todos los grupos.
2. Utilizar porcentajes para describir la relación entre dos variables categóricas a partir de los valores de una tabla de contingencia.

B. INTERPRETACIÓN DE LAS PRUEBAS JI CUADRADO

1. Identificar los recuentos esperados de cada celda, el estadístico Ji cuadrado y su valor P a partir de los resultados dados por un ordenador o una calculadora.

2. Explicar la hipótesis nula que contrasta el estadístico Ji cuadrado en una tabla de contingencia determinada.
3. Si la prueba es significativa, utilizar los porcentajes, la comparación entre los recuentos observados y los recuentos esperados, y los componentes del estadístico Ji cuadrado para ver qué desviaciones de la hipótesis nula son las más importantes.

C. REALIZACIÓN DE LAS PRUEBAS JI CUADRADO

1. Calcular los recuentos esperados de cualquier celda a partir de los recuentos observados en una tabla de contingencia.
2. Calcular el componente del estadístico Ji cuadrado correspondiente a cualquier celda, así como el estadístico conjunto.
3. Dar los grados de libertad de un estadístico Ji cuadrado. Hacer una valoración rápida sobre la significación del estadístico comparando el valor obtenido con sus grados de libertad.
4. Utilizar los valores críticos Ji cuadrado de la tabla E para aproximar el valor P de una prueba Ji cuadrado.

EJERCICIOS DE REPASO DEL CAPÍTULO 9

Si tienes acceso a un programa estadístico o a una calculadora con aplicaciones estadísticas utilízalos para hacer con rapidez el análisis de los datos de los siguientes ejercicios.

9.10. Huevos de serpientes de agua. ¿Cómo influye la temperatura sobre la eclosión de los huevos de serpiente de agua? Unos investigadores distribuyeron huevos recién puestos a tres temperaturas: caliente, templada y fría. La temperatura del agua caliente era el doble de la temperatura de la hembra de serpiente de agua y la temperatura del agua fría era la mitad de la temperatura corporal de la hembra de serpiente de agua. He aquí los datos sobre el número de huevos y el número de los que eclosionaron:[9]

[9]R. Shine, T. R. L. Madsen, M. J. Elphick y P. S. Harlow, "The influence of nest temperatures and maternal brooding on hatchling phenotypes in water pythons", *Ecology*, 78, 1997, págs. 1.713-1.721.

	Número de huevos	Huevos eclosionados
Fría	27	16
Templada	56	38
Caliente	104	75

(a) Construye una tabla de contingencia con la temperatura y el resultado de la eclosión (Sí o no).

(b) Calcula el porcentaje de huevos de cada grupo que eclosionó. Los investigadores opinaban que los huevos no eclosionarían en agua fría. Los datos, ¿apoyan esta opinión?

(c) ¿Existen diferencias significativas entre las proporciones de huevos que eclosionan en los tres grupos?

9.11. La dieta mediterránea. El cáncer de colon y de recto son menos comunes en la región mediterránea que en otros países occidentales. La dieta mediterránea contiene poca grasa animal y mucho aceite de oliva. Unos investigadores italianos compararon 1.953 pacientes con cáncer de colon o recto con un grupo de control de 4.154 pacientes admitidos en los mismos hospitales por razones desconocidas. Los investigadores estimaron el consumo de varios alimentos a partir de una exhaustiva entrevista; a continuación clasificaron a los pacientes en tres grupos de acuerdo con su consumo de aceite de oliva. He aquí algunos datos:[10]

	Consumo de aceite de oliva			
	Bajo	**Medio**	**Alto**	**Total**
Cáncer de colon	398	397	430	1.225
Cáncer de recto	250	241	237	728
Control	1.368	1.377	1.409	4.154

(a) Este estudio, ¿es un experimento?

(b) ¿El consumo elevado de aceite de oliva es más frecuente entre los pacientes sin cáncer que entre los pacientes con un cáncer de colon o recto?

(c) Halla el estadístico X^2. ¿Cuál sería la media de X^2, si la hipótesis nula (no existe relación) fuera cierta? ¿Qué sugiere la comparación de esta media con el valor de X^2 obtenido? ¿Cuál es el valor P? ¿Cuáles son tus conclusiones?

[10]Claudia Braga *et al.*, "Olive oil, other seasoning fats, and the risk of colorectal carcinoma", *Cancer*, 82, 1998, págs. 448-453.

(d) Los investigadores afirmaron que "menos del 4% de los pacientes o controles rechazaron participar en el estudio". Este hecho, ¿refuerza nuestra confianza en los resultados?

9.12. Prevención de ataques al corazón. El ejercicio 8.28 compara la combinación de la aspirina y otro medicamento con la utilización únicamente de la aspirina como tratamientos para pacientes que sufrieron ataques al corazón. En realidad el estudio distribuyó a los pacientes en cuatro tratamientos. He aquí los datos:[11]

Tratamiento	**Número de pacientes**	**Número de ataques**	**Número de muertes**
Placebo	1.649	250	202
Aspirina	1.649	206	182
Dipyridamole	1.654	211	188
Aspirina+Dipyridamole	1.650	157	185

(a) Construye una tabla de contingencia que relacione el tratamiento con el hecho de si el paciente sufrió o no ataques al corazón durante un periodo de dos años. Compara las proporciones de ataques al corazón en los 4 tratamientos. ¿Qué tratamiento parece ser más efectivo como prevención de los ataques al corazón? ¿Existen diferencias significativas entre las cuatro proporciones? ¿Qué componentes de Ji cuadrado tienen más peso sobre su valor final?

(b) Los datos dan dos variables respuesta: si el paciente sufrió o no un ataque al corazón y si el paciente murió o no. Repite tu análisis con los pacientes fallecidos.

(c) Resume tus conclusiones.

9.13. Planes profesionales de mujeres y hombres. Un estudio sobre los planes profesionales de mujeres y hombres jóvenes envió cuestionarios a los 722 miembros de una clase de último curso de Administración de Empresas de la University of Illinois. Una de las preguntas formuladas era qué especialidad habían escogido los estudiantes. He aquí los datos sobre los estudiantes que contestaron el cuestionario.[12]

[11]Martin Enserink, "Fraud and ethics charges hit stroke drug trial", *Science*, 274, 1996, págs. 2.004-2.005.

[12]Francine D. Blau y Marianne A. Ferber, "Career plans and expectations of young women and men", *Journal of Human Resources*, 26, 1991, págs. 581-607.

	Mujeres	Hombres
Contabilidad	68	56
Administración	91	40
Economía	5	6
Finanzas	61	59

(a) Contrasta la hipótesis nula de que no existe relación entre el sexo de los estudiantes y su elección de especialidad. Da los valores *P* y plantea tus conclusiones.

(b) Describe las diferencias observadas en la distribución de especialidades entre mujeres y hombres mediante porcentajes, con un gráfico y con palabras.

(c) ¿Cuáles son las dos celdas con mayores componentes del estadístico Ji cuadrado? ¿Cuáles son las diferencias entre los recuentos observados y los recuentos esperados en estas celdas? (Esto debería confirmar tus conclusiones en (b)).

(d) Dos de los recuentos observados en las celdas son pequeños. Estos datos, ¿cumplen nuestra regla sobre la utilización segura de la prueba Ji cuadrado?

(e) ¿Qué porcentaje de estudiantes no contestaron el cuestionario? Debilita la no-respuesta las conclusiones obtenidas con estos datos.

9.14. Encuesta sobre la exportación. Para estudiar la actividad exportadora de las empresas manufactureras de Taiwan, unos investigadores enviaron cuestionarios a una muestra aleatoria simple de empresas de cinco sectores industriales que exportan gran parte de su producción. La proporción de respuesta fue sólo del 12,5%, porque a las empresas privadas no les gusta rellenar los extensos cuestionarios que preparan los investigadores universitarios. He aquí los datos sobre los tamaños de muestra previstos y el número real de respuestas recibidas de cada tipo de industria.[13]

	Tamaño muestral	Respuestas
Productos metálicos	185	17
Maquinaria	301	35
Equipos eléctricos	552	75
Equipo para transporte	100	15
Instrumentos de precisión	90	12

[13]Erdener Kaynak y Wellington Kang-yen Kuan, "Environment, strategy, structure, and performance in the context of export activity: an empirical study of Taiwanese manufacturing firms", *Journal of Business Research*, 27, 1993, págs. 33-49.

Si las proporciones de respuestas difieren considerablemente entre industrias, la comparación entre los distintos tipos de industria puede ser difícil. ¿Existe suficiente evidencia de que las proporciones de respuestas entre los cinco tipos de industria son distintas? (Empieza construyendo una tabla de contingencia de la respuesta y de la no-respuesta en relación con los tipos de industria.)

9.15. Tiendas de segunda mano. Comprar en tiendas de segunda mano se está convirtiendo en algo cada vez más popular e incluso ha atraído la atención de las escuelas de negocios. En un estudio sobre la actitud de los clientes hacia este tipo de tiendas se entrevistó a dos muestras de clientes en dos establecimientos de la misma cadena de dos ciudades distintas. La clasificación de las personas entrevistadas por sexos es la siguiente.[14]

	Ciudad 1	**Ciudad 2**
Hombres	38	68
Mujeres	203	150
Total	241	218

¿Existe diferencia significativa entre las proporciones de clientes mujeres en las dos ciudades?

(a) Plantea la hipótesis nula, halla las proporciones muestrales de mujeres que van a comprar a este tipo de tiendas en las dos ciudades, haz la prueba z de dos colas y da el valor P utilizando la tabla A.

(b) Calcula el estadístico Ji cuadrado, X^2, y constata que este estadístico es el cuadrado del estadístico z. Constata que el valor P de la tabla E concuerda (hasta donde llega la precisión de la tabla) con tu resultado en (a).

(c) Calcula un intervalo de confianza del 95% para la diferencia entre las proporciones de mujeres que compran en tiendas de segunda mano en las dos ciudades.

9.16. Más sobre tiendas de segunda mano. El estudio sobre los clientes de las tiendas de segunda mano citado en el ejercicio anterior también comparó la distribución de ingresos de los clientes de las dos tiendas. He aquí una tabla de contingencia de estos recuentos.

[14]William D. Darley, "Store-choice behavior for pre-owned merchandise", *Journal of Business Research*, 27, 1993, págs. 17-31.

Ingresos (€)	Ciudad 1	Ciudad 2
Menos de 10.000	70	62
Entre 10.000 y 19.999	52	63
Entre 20.000 y 24.999	69	50
Entre 25.000 y 34.999	22	19
35.000 o más	28	24

Una calculadora con aplicaciones estadísticas da el estadístico Ji cuadrado para esta tabla como $X^2 = 3{,}955$. ¿Existe suficiente evidencia de que los clientes de las dos tiendas tienen distribuciones de ingresos distintas? (Halla los grados de libertad y el valor P. ¿Cuáles son tus conclusiones?)

9.17. Trabajadores al cuidado de los niños. Un estudio a gran escala sobre el cuidado de niños construyó una muestra a partir de datos de la *Current Population Survey* durante un periodo de varios años. El resultado puede considerarse, de forma aproximada, como una muestra aleatoria simple de los trabajadores que cuidan niños. La *Current Population Survey* distingue tres tipos de estos trabajadores: los que trabajan en casas privadas, los que no trabajan en casas privadas y los maestros de preescolar. He aquí cifras sobre el número de mujeres negras entre todas las mujeres que trabajan en cada una de las tres categorías.[15]

	Total	Negras
En casas privadas	2.455	172
Fuera de casas privadas	1.191	167
Maestras	659	86

(a) ¿Qué porcentaje de cada clase de trabajadoras que cuidan a niños son negras?

(b) Construye una tabla de contingencia que contenga el tipo de trabajadora y la raza (negras y otras).

(c) ¿Puedes utilizar de forma segura la prueba Ji cuadrado? ¿Qué hipótesis nula y alternativa contrasta X^2?

(d) El estadístico Ji cuadrado para esta tabla es $X^2 = 53{,}194$. ¿Cuántos grados de libertad tiene el estadístico? Utiliza la tabla E para aproximar el valor P.

(e) ¿Qué conclusión sacas a partir de estos datos?

[15]Daid M. Blau, "The child care labor market", *Journal of Human Resources*, 27, 1992, págs. 9-39.

9.18. Estado de ánimo y cáncer. Parece ser que el estado de ánimo de los enfermos de cáncer puede influir en el progreso de su enfermedad. Como no es posible experimentar con humanos, he aquí un experimento con ratas sobre este tema. A 60 ratas se les inyectan células cancerosas y luego se las divide al azar en dos grupos de 30. Todas las ratas reciben descargas eléctricas, pero mientras que las del Grupo 1 pueden parar la descarga presionando una palanca (que aprenden a utilizar rápidamente), las ratas del Grupo 2 no pueden controlar las descargas, lo que presumiblemente hace que se sientan desamparadas e infelices. Sospechamos que las ratas del Grupo 1 desarrollarán menos tumores. Los resultados son que 11 ratas del Grupo 1 y 22 del Grupo 2 desarrollan tumores.[16]

(a) Plantea las hipótesis nula y alternativa de esta investigación. Explica por qué la prueba z es más adecuada que la prueba Ji cuadrado para una tabla 2×2.

(b) Lleva a cabo la prueba e informa de tus conclusiones.

9.19. Cuidado de niños. Las personas que sin ser profesionales se ofrecen para cuidar a niños en sus casas particulares, ¿siguen prácticas sanitarias y de seguridad distintas en diferentes ciudades? Un estudio consideró a las personas que se ofrecen regularmente para cuidar a niños en áreas pobres de tres ciudades. Los cuidadores que pidieron autorización a los padres para recurrir a la atención médica en caso de emergencia fueron 42 de 73 en Newark, Nueva Jersey, 29 de 101 en Camden, Nueva Jersey y 48 de 107 en Chicago, Illinois.[17]

(a) Utiliza el estadístico Ji cuadrado para estudiar si existen diferencias significativas entre las proporciones de cuidadores de niños que pidieron autorizaciones a los padres en las tres ciudades.

(b) ¿Cómo deberían haber obtenido los datos para que la prueba fuera válida? (De hecho, las muestras proceden, en parte, de preguntar a padres que eran los sujetos de otro estudio, cómo organizaban el cuidado de sus hijos cuando ellos no estaban en casa. El autor del estudio fue prudente y no aplicó ninguna prueba estadística. Escribió: "La aplicación de procedimientos estadísticos convencionales apropiados para muestras aleatorias puede producir resultados sesgados y erróneos".)

[16] M. A. Visintainer, J. R. Volpicelli y M. E. P. Selingman, "Tumor rejection in rats after inescapable or escapable shock", *Science*, 216, 1982, págs. 437-439.

[17] James R. Walker, "New evidence on the supply of child care", *Journal of Human Resources*, 27, 1991, págs. 40-69.

9.20. ¿Consumes cocaína? Las encuestas sobre temas considerados sensibles pueden dar resultados distintos según cómo se formulen las preguntas. Un estudio de la Universidad de Wisconsin dividió, al azar, en tres grupos a 2.400 personas a encuestar. A todos se les preguntó ni alguna vez habían consumido cocaína. A un grupo de 800 personas se le entrevistó por teléfono; el 21% manifestó que había consumido cocaína. A otro grupo de 800 personas se le entrevistó directamente; el 25% dijeron "Sí".[18] A los restantes 800 se les permitió responder por escrito de forma anónima; el 28% dijeron "Sí". ¿Existen diferencias estadísticamente significativas entre estas proporciones? (Plantea las hipótesis, expresa la información proporcionada como tabla de contingencia, calcula el estadístico de contraste y su valor *P*. ¿Cuáles son tus conclusiones?)

9.21. En julio la gente está de vacaciones. El éxito de una encuesta puede depender de la estación del año. El Instituto Nacional de Estadística de Italia guardó los datos sobre las no-respuestas de una de sus encuestas telefónicas a nivel nacional. Todas las llamadas se hicieron entre las 7 y las 10 de la noche. He aquí una tabla con los porcentajes de tres tipos de no-respuestas en diferentes estaciones del año. Los porcentajes de cada fila suman el 100% (salvo error de redondeo).[19]

			No-respuesta		
Temporada	**Llamadas efectuadas**	**Llamadas exitosas**	**Sin respuesta**	**Línea ocupada**	**Rechaza participar**
Del 1 de enero al 13 de abr.	1.558	68,5%	21,4%	5,8%	4,3%
Del 21 de abr. al 20 de jun.	1.589	52,4%	35,8%	6,4%	5,4%
Del 1 de julio al 31 de agos.	2.075	43,4%	41,5%	8,6%	6,5%
Del 1 de sept. al 15 de dic.	2.638	60,0%	30,0%	5,3%	4,7%

(a) ¿Cuántos grados de libertad tiene la prueba Ji cuadrado para la hipótesis de que la distribución del tipo de respuestas obtenidas varía con la estación? (No hagas la prueba. Las muestras son tan grandes que los resultados seguro que son altamente significativos.)

(b) Considera sólo la proporción de llamadas con éxito. Describe cómo esta proporción varía con las estaciones del año y valora la significación estadística de

[18]Felicity Barringer, "Measuring sexuality through polls can be shaky", *New York Times*, 25 de abril de 1993.

[19]Giuliana Coccia, "An overwiew of non-response in Italian telephone surveys", Proceedings of the 99th Session of the International Statistical Institute, 1993, Book 3, págs. 271-272.

los cambios. ¿Qué crees que explica estos cambios? (Para tener ideas, examina la tabla completa.)

(c) (Optativo) Es incorrecto aplicar la prueba Ji cuadrado a los porcentajes en vez de aplicarla a los recuentos. Si entras la tabla 4 × 4 de porcentajes en un programa estadístico y pides que el programa haga la prueba Ji cuadrado, los programas bien diseñados te darían un mensaje de error. (Los recuentos tienen que ser números enteros; por tanto, los programas lo comprobarían.) Inténtalo utilizando tu programa estadístico o tu calculadora e informa del resultado que obtienes.

9.22. Continúa el análisis de los datos del ejercicio anterior considerando sólo la proporción de gente a la que se llamó por teléfono y que rechazó responder. Podríamos pensar que la proporción de rechazos cambia menos con la estación que, por ejemplo, la proporción de llamadas sin contestar. Plantea la hipótesis de que la proporción de rechazos no cambia con la estación. Comprueba que puedas utilizar de forma segura la prueba Ji cuadrado y lleva a cabo la prueba. ¿Cuál es tu conclusión?

9.23. *Titanic.* En 1912 el lujoso trasatlántico *Titanic* chocó con un iceberg y se hundió durante su primer viaje a través del Atlántico. Algunos pasajeros abandonaron el barco en botes salvavidas, pero muchos otros murieron. Piensa en el desastre del *Titanic* como si se tratara de un experimento para averiguar cómo se comportó la gente de aquel tiempo al enfrentarse con la muerte en una situación en la que sólo algunos podían escapar de ella. Los pasajeros son una muestra de la población de su nivel económico. He aquí la información sobre los pasajeros que sobrevivieron y los pasajeros que murieron, clasificados por sexos y nivel económico. (Los datos dejan fuera a unos pocos pasajeros de los que no se conoce su nivel económico.[20])

	Hombres		Mujeres	
Nivel económico	**Murieron**	**Sobrevivieron**	**Murieron**	**Sobrevivieron**
Alto	111	61	6	126
Medio	150	22	13	90
Bajo	419	85	107	101
Total	680	168	126	317

[20]Robert J. M. Dawson, "The 'unusual episode' data revisited", *Journal of Statistics Education*, 3, nº 3, 1995). Se puede consultar en la página web de la American Statistical Association: <http://www.amstat.org>.

(a) Compara los porcentajes de hombres y mujeres que murieron. ¿Existe una clara evidencia de que en la situación planteada murió una mayor proporción de hombres que de mujeres? ¿Por qué crees que ocurrió?

(b) Fíjate sólo en las mujeres. Describe las diferencias que se observan entre los porcentajes de mujeres que murieron en función del nivel económico. Estas diferencias, ¿son estadísticamente significativas?

(c) Ahora fíjate sólo en los hombres y responde a la misma pregunta.

9.24. La paradoja de Simpson. El ejemplo 2.23 presenta datos artificiales que ilustran la paradoja de Simpson. Los datos hacen referencia a las tasas de supervivencia de los pacientes operados en dos hospitales.

(a) Aplica la prueba Ji cuadrado a los datos combinados de todos los pacientes y resume los resultados.

(b) Haz pruebas Ji cuadrado independientes para los pacientes que se encuentran en buen estado de salud y para los pacientes de salud delicada. Resume estos resultados.

(c) Los efectos que ilustran la paradoja de Simpson en este ejemplo, ¿son estadísticamente significativos?

9.25. Un estudio sobre la posible influencia genética sobre el alcoholismo trabajó con mujeres gemelas adultas. Cada par de gemelas se clasificó como univitelinas (idénticas) o bivitelinas (no idénticas). Las univitelinas tienen exactamente la misma dotación genética. A partir de una entrevista, cada mujer se clasificó como alcohólica (al menos con problemas de exceso de alcohol) o no. He aquí datos de 1.030 pares de gemelas de las que se obtuvo información.[21]

Alcoholismo	Univitelinas	Bivitelinas
Ninguna de las dos	443	301
Una de las dos	102	113
Las dos	45	26
Total	590	440

(a) ¿Existe relación entre el alcoholismo y el tipo de gemelas? ¿Qué celdas contribuyen más al valor de Ji cuadrado?

[21] K.S. Kendler *et al.*, "A population-based twin study of alcoholism in women", *Journal of the American Medical Association*, 268, 1992, págs. 1.877-1.882.

(b) Tu resultado en (a) sugiere hacer otro análisis más esclarecedor. Construye una tabla de contingencia de 2 × 2 con "igual problema de alcoholismo" y "problema de alcoholismo distinto" dentro de cada par y el tipo de gemelas. Para construir esta tabla combina "Ninguna de las dos" con "Las dos" en una nueva categoría llamada "Igual comportamiento". Si la herencia influye sobre el comportamiento, cabría esperar una mayor proporción de gemelas univitelinas en "igual comportamiento". ¿Existe el efecto que acabamos de comentar?

10. ANÁLISIS DE LA VARIANZA DE UN FACTOR: COMPARACIÓN DE VARIAS MEDIAS

W. EDWARDS DEMING

Desde cierto punto de vista, la estadística trata de la comprensión de la variación. El objetivo principal del control estadístico de la calidad es la eliminación de la variación tanto en los productos como en los procesos de fabricación. Por ello, no es de extrañar que un estadístico se convirtiera en el gurú principal de la gestión de la calidad. En las últimas décadas de su larga vida, W. Edwards Deming (1900-1993) era uno de los consultores más importantes del mundo sobre gestión de procesos.

Deming se crió en Wyoming y se doctoró en física en Yale. En los años treinta, época en que trabajaba para el Departamento de Agricultura del Gobierno de Estados Unidos, se familiarizó con el trabajo de Neyman sobre el diseño del muestreo y con el control estadístico de procesos recientemente inventado por Walter Shewhart, de la compañía AT&T. En 1939 empezó a trabajar para la Oficina del Censo estadounidense (Census Bureau) como experto en muestreo.

Los trabajos que hicieron célebre a Deming los realizó tras abandonar su puesto en la Administración en 1946. Visitó Japón en calidad de asesor para la elaboración de un censo, y más tarde regresó para dar conferencias sobre control de calidad. Deming consiguió una excelente reputación en Japón, país donde el premio más importante a la calidad industrial lleva su nombre. A medida que la calidad de la industria japonesa iba aumentando, también lo iba haciendo el prestigio del estadístico. Deming decía a los empresarios, de forma directa e incluso algo brusca, que la mayoría de los problemas de calidad se debían a problemas en los sistemas de producción de los que ellos eran responsables. Impulsó la desaparición de las barreras que impiden una mayor implicación de los trabajadores en el proceso de producción y promovió la búsqueda constante de las causas de la variación de la calidad de los productos manufacturados. El objetivo del análisis de la varianza, el método estadístico que introducimos en este capítulo, es hallar las causas de la variación.

10.1 Introducción

Utilizamos los procedimientos t de dos muestras del capítulo 7 para comparar las medias de dos poblaciones o las respuestas medias a los dos tratamientos de un experimento. Evidentemente, los estudios estadísticos no siempre comparan únicamente dos grupos. Necesitamos un método para comparar cualquier número de medias.

EJEMPLO 10.1. Coches, furgonetas descubiertas y todoterrenos

Las furgonetas y los todoterrenos cada vez son más frecuentes en EE UU. ¿Consumen estos vehículos más que los coches medianos? La tabla 10.1 contiene datos

Tabla 10.1. Consumos (l/100 km) en carretera de modelos de automóviles de 1998.

Coches	Consumo	Furgonetas	Consumo	Todoterrenos	Consumo
Acura 3,5RL	9,5	Chevrolet C1500	11,8	Acura SLX	12,5
Audi A6 Quattro	9,1	Dodge Dakota	9,5	Chevrolet Blazer	11,8
BMW 740i	9,9	Dodge Ram	11,8	Chevrolet Tahoe	12,5
Buick Century	8,2	Ford F150	11,3	Chrysler Town & Country	10,3
Cadillac Catera	9,9	Ford Ranger	8,8	Dodge Durango	13,9
Cadillac Seville	9,1	Mazda B2000	9,5	Ford Expedition	13,1
Chevrolet Lumina	8,2	Nissan Frontier	9,9	Ford Exlorer	12,5
Chevrolet Malibu	7,4	Toyota T100	10,3	Geo Tracker	9,1
Chrysler Cirrus	7,9			GMC Jimmy	11,3
Ford Taurus	8,4			Infiniti QX4	12,5
Honda Accord	8,2			Isuzu Rodeo	11,8
Hyundai Sonata	8,8			Isuzu Trooper	12,5
Infiniti I30	8,4			Jeep Grand Cherokee	11,3
Infinity Q45	10,3			Jeep Wrangler	12,5
Jaguar XJ8L	9,9			Kia Sportage	10,3
Lexus GS300	9,5			Land Rover Discovery	13,9
Lexus LS400	9,5			Lincoln Navigator	14,8
Lincoln Mark VIII	9,1			Mazda MPV	12,5
Mazda 626	8,2			Mercedez ML320	11,3
Mercedes-Benz E320	8,2			Mitsubishi Montero	11,8
Mitsubishi Diamante	9,9			Nissan Pathfinder	12,5
Nissan Maxima	8,4			Range Rover	13,9
Oldmobile Aurora	9,1			Suburu Forester	8,8
Oldmobile Intrigue	7,9			Suzuki Sidekick	9,9
Plymouth Breeze	7,2			Toyota RAV4	9,1
Saab 900S	9,5			Toyota 4Runner	10,8
Toyota Camry	7,9				
Volvo S70	9,5				

sobre consumo en carretera (expresado en litros por 100 km) de una muestra de 28 automóviles medianos, de 8 furgonetas estándar y de 26 todoterrenos. Se han obtenido datos sobre el consumo de estos vehículos en el Ministerio de Industria.[1]

La figura 10.1 muestra en un mismo gráfico los diagramas de tallos de los consumos de las tres clases de automóviles. Para facilitar la comparación, utilizamos los mismos tallos en los tres diagramas. En la figura vemos que cuando pasamos de los coches a las furgonetas y de éstas a los todoterrenos los consumos aumentan.

He aquí las medias, las desviaciones típicas y los cinco números resumen de los tres tipos de vehículos obtenidos con un programa estadístico:

	N	MEAN	MEDIAN	STDEV	MIN	MAX	Q1	Q3
Coches	28	8.82	8.95	0.84	7.2	10.3	8.2	9.5
Furgonetas	8	10.36	10.10	1.14	8.8	11.8	9.5	11.5
Todoterrenos	26	11.81	12.15	1.56	8.8	14.8	10.8	12.5

Utilizaremos la media para describir el centro de las distribuciones de los consumos. Tal como esperábamos, el consumo medio aumenta a medida que nos desplazamos de los coches a las furgonetas y de éstas a los todoterrenos. Las diferencias entre medias no son grandes, pero, ¿son estadísticamente significativas? ■

Coches		Furgonetas		Todoterrenos	
7	24999	7		7	
8	222224448	8	8 0	8	8
9	1111555559999	9	559	9	119
10	3	10	3	10	338
11		11	388	11	333888
12		12		12	55555555
13		13		13	1999
14		14		14	8

Figura 10.1. Diagramas de tallos para comparar el consumo en carretera de coches, furgonetas y todoterrenos. Datos de la tabla 10.1.

[1] Los datos de la tabla 10.1 se tomaron de la publicación de la Environmental Protection Agency's: *Model Year 1998 Fuel Economy Guide;* se puede consultar en la página web <http://www.epa.gov>.

10.1.1 El problema de las comparaciones múltiples

Llamemos a las medias de los consumos de las tres poblaciones de automóviles, μ_1 para los coches, μ_2 para las furgonetas y μ_3 para los todoterreno. El subíndice nos recuerda qué grupo describe un determinado parámetro o estadístico.

Para comparar estas tres medias poblacionales podríamos utilizar varias veces el estadístico t de dos muestras:

- Contrasta $H_0 : \mu_1 = \mu_2$, para ver si el consumo de los coches es distinto al de las furgonetas.
- Contrasta $H_0 : \mu_1 = \mu_3$, para ver si los coches son distintos a los todoterrenos.
- Contrasta $H_0 : \mu_2 = \mu_3$, para ver si las furgonetas son distintas a los todoterrenos.

El inconveniente de hacer estas tres pruebas es que obtenemos tres valores P, uno para cada una de las pruebas. Esto no nos dice cuál es la probabilidad de que tres medias muestrales se encuentren tan separadas como éstas. Puede ser que $\bar{x}_1 = 8{,}82$ y $\bar{x}_3 = 11{,}81$ sean significativamente distintas si nos fijamos sólo en dos grupos, pero que no lo sean si sabemos que son las medias menor y mayor de los tres grupos. En principio, cuantos más grupos veamos, esperaremos que sea mayor la diferencia entre la media más grande y la media más pequeña. (Piensa en la comparación entre la persona más alta y la más baja en grupos formados por un número cada vez mayor de personas.) No podemos comparar, de una manera segura, muchos parámetros de dos en dos, haciendo pruebas de significación o calculando intervalos de confianza para dos parámetros cada vez.

El problema de cómo realizar muchas comparaciones a la vez mediante una medida conjunta de confianza es común en estadística. Estamos ante el problema de las **comparaciones múltiples**. Los métodos estadísticos para llevar a cabo muchas comparaciones constan frecuentemente de dos partes:

Comparaciones múltiples

1. Una *prueba conjunta* para ver si existe suficiente evidencia a favor de *alguna* diferencia entre los parámetros que queremos comparar.
2. Un *análisis complementario* detallado para decidir cuáles son los parámetros distintos y para estimar la magnitud de las diferencias.

La prueba conjunta suele ser razonablemente sencilla, aunque más compleja que las pruebas que vimos anteriormente. El análisis complementario puede ser bastante complicado. En esta introducción básica a la estadística aplicada sólo veremos algunas pruebas conjuntas. El capítulo 9 describe una prueba conjunta referida a la comparación de varias proporciones poblacionales. En este capítulo presentamos una prueba que se aplica a la comparación de varias medias poblacionales.

10.2 Prueba F del análisis de la varianza

Queremos contrastar la hipótesis nula de que *no* existen *diferencias* entre el consumo medio en carretera de las tres clases de automóviles:

$$H_0 : \mu_1 = \mu_2 = \mu_3$$

La hipótesis alternativa plantea que existe alguna diferencia entre las medias, que no todas la medias poblacionales son iguales:

$$H_a : \text{no es cierto que } \mu_1, \mu_2 \text{ y } \mu_3 \text{ sean iguales}$$

La hipótesis alternativa ya no es ni de una cola de ni de dos, es de "muchas colas", ya que admite cualquier relación distinta a: "las tres medias son iguales". Por ejemplo, H_a considera el caso de que $\mu_2 = \mu_3$, pero que μ_1 tenga un valor distinto.

El contraste de H_0 en contra de H_a, se llama **prueba *F* del análisis de la varianza**. El análisis de la varianza se abrevia, usualmente, como ANOVA (Analysis of Variance).

Prueba F del análisis de la varianza

EJEMPLO 10.2. Interpretación del ANOVA de un programa estadístico

Entra los datos de consumo de la tabla 10.1 en el programa estadístico Minitab y solicita el análisis de la varianza. Los resultados aparecen en la figura 10.2. La mayoría de los programas estadísticos dan resultados del ANOVA similares a éstos.

En primer lugar, comprueba que los tamaños, las medias y las desviaciones típicas de las muestras concuerdan con los resultados del ejemplo 10.1. Luego, localiza el estadístico F, $F = 39{,}74$ y su valor P. El valor P es 0,000. Esto significa que, hasta tres decimales, el valor P es cero, o que $P < 0{,}0005$. Existe una evidencia extremadamente fuerte de que los tres tipos de automóviles no consumen lo mismo.

```
Analysis of Variance for Consumo
 Source      DF       SS      MS       F      P
 Vehiculo     2   120.62   60.31   39.74  0.000
 Error       59    89.55    1.52
 Total       61   210.17
                                  Individual 95% CIs For Mean
 Level          N     Mean   StDev Based on Pooled StDev
 Coches        28    8.825   0.841 --+-------+-------+-------+-------+--
 Furgonetas     8   10.363   1.144       (---*---)
 Todoterrenos  26   11.815   1.566               (-----*-----)
                                                          (---*---)
Pooled StDev = 2.749               --+-------+-------+-------+-------+--
                                     8       9      10      11      12
```

Figura 10.2. Resultados del Minitab del análisis de la varianza de los datos sobre consumo en carretera. Para el ejemplo 10.2.

La prueba F no nos dice *cuáles* de las tres medias son significativamente distintas. De nuestro análisis preliminar de los datos se deriva que las tres medias podrían ser distintas entre sí. Los resultados del programa estadístico incluyen intervalos de confianza para las tres medias que sugieren la misma conclusión. Los intervalos no se solapan. Los que quedan más próximos son los de las furgonetas y los todoterrenos. Se trata de intervalos de confianza del 95% para cada media por separado. No tenemos una confianza del 95% en que *todos* los intervalos incluyan las tres medias. Existen procedimientos complementarios que dan una confianza del 95% en que se hayan capturado las tres medias de una vez, pero no los estudiaremos.

Nuestra conclusión: existe una fuerte evidencia ($P < 0{,}0005$) de que las medias no son todas iguales. La menor diferencia se halla entre las furgonetas y los todoterrenos. ■

El ejemplo 10.2 ilustra nuestra aproximación a la comparación de medias. La prueba F del ANOVA (que realizan normalmente los programas estadísticos) valora la evidencia de que exista *alguna* diferencia entre las medias poblacionales. En la mayoría de los casos esperamos que la prueba F sea significativa. No emprenderíamos un estudio si no esperásemos encontrar algún efecto. La prueba F es, sin embargo, importante como precaución para evitar ser engañados por las variaciones debidas al azar. No haremos los análisis complementarios que suelen ser la parte más útil del estudio ANOVA. Los análisis complementarios nos permitirían decir qué medias son distintas y en qué medida lo son, con una confianza

Tabla 10.2. Ritmos cardíacos medios durante una prueba estresante en compañía de un perro (P), de una amigo (A) y en el control (C).

Grupo	Ritmo	Grupo	Ritmo	Grupo	Ritmo
P	69,169	P	68,862	C	84,738
A	99,692	C	87,231	C	84,877
P	70,169	P	64,169	P	58,692
C	80,369	C	91,754	P	79,662
C	87,446	C	87,785	P	69,231
P	75,985	A	91,354	C	73,277
A	83,400	A	100,877	C	84,523
A	102,154	C	77,800	C	70,877
P	86,446	P	97,538	A	89,815
A	80,277	P	85,000	A	98,200
C	90,015	A	101,062	A	76,908
C	99,046	A	97,046	P	69,538
C	75,477	C	62,646	P	70,077
A	88,015	A	81,000	A	86,985
A	92,492	P	72,262	P	65,446

del 95% en que todas nuestras conclusiones sean correctas. En cambio, confiaremos en un examen preliminar de los datos para mostrar qué diferencias están presentes y para ver si son lo suficientemente grandes como para ser interesantes. Una diferencia de casi 3 litros por cada 100 kilómetros, entre los coches y los todoterrenos, es suficientemente grande como para que tenga interés práctico.

APLICA TUS CONOCIMIENTOS

10.1. Estrés, amigos y perros. Si te gustan los perros, es posible que estar con tu perro te reduzca los efectos del estrés. Para examinar el efecto de los animales domésticos en situaciones estresantes, unos investigadores reclutaron a 45 mujeres que afirmaron que les gustaban los perros. Las mujeres se distribuyeron al azar, en grupos de 15. Los grupos se asignaron a los siguientes tres tratamientos. En el primer tratamiento cada mujer se hallaba sola, en el segundo tratamiento cada mujer estaba con un buen amigo y en el tercero cada mujer estaba con su perro. Las mujeres tuvieron que realizar una actividad estresante que consistió en contar hacia atrás de 13 en 13. El ritmo cardíaco medio de los sujetos durante el desarrollo de la actividad es una medida del efecto del estrés. La tabla 10.2 contiene los datos.[2]

[2]K. Allen, J. Blascovich, J. Tomaka y R. M. Kelsey, "Presence of human friends and pet dogs as moderators of autonomic responses to stress in women", *Journal of Personality and Social Psychology*, 83, 1988, págs. 582-589.

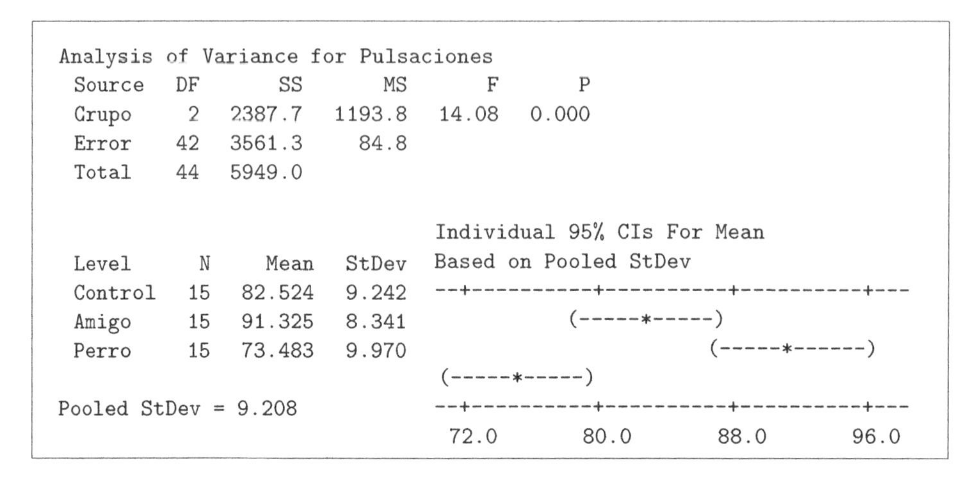

```
Analysis of Variance for Pulsaciones
 Source   DF       SS       MS       F       P
 Grupo     2   2387.7   1193.8   14.08   0.000
 Error    42   3561.3     84.8
 Total    44   5949.0

                                    Individual 95% CIs For Mean
 Level     N     Mean    StDev     Based on Pooled StDev
 Control  15   82.524    9.242     --+----------+----------+----------+---
 Amigo    15   91.325    8.341              (-----*-----)
 Perro    15   73.483    9.970                        (-----*------)
                                    (-----*-----)
Pooled StDev = 9.208               --+----------+----------+----------+---
                                     72.0       80.0       88.0       96.0
```

Figura 10.3. Resultados ANOVA del Minitab con los datos de la Tabla 10.2 sobre los ritmos cardíacos (pulsaciones por minuto), en tres grupos; grupos de control (C), en compañía de un amigo (A) y en compañía de un perro (P).

(a) Dibuja en un mismo gráfico los diagramas de tallos con los ritmos cardíacos medios en cada tratamiento (redondea los resultados a números enteros). En alguno de los grupos, ¿aparecen asimetrías claras u observaciones atípicas?

(b) La figura 10.3 da los resultados ANOVA del Minitab para estos datos. Los resultados de los distintos grupos, ¿parecen mostrar que la presencia de un amigo reduce el ritmo cardíaco durante la actividad estresante?

(c)¿Cuáles son los valores del estadístico F del ANOVA y de su valor P? ¿Qué hipótesis contrasta la prueba F? Describe brevemente las conclusiones que obtienes de estos datos. ¿Has hallado algo sorprendente?

10.2. ¿Cuál es la mejor densidad de siembra? ¿Qué densidad de siembra de maíz debe utilizar un agricultor para obtener el máximo rendimiento? Pocas plantas darán un rendimiento bajo. Por otro lado, si hay demasiadas plantas, éstas competirán entre sí por el agua y los nutrientes y, en consecuencia, los rendimientos bajarán. Para averiguar cuál es la mejor densidad de siembra, se planta maíz a distintas densidades de siembra en diversas parcelas. (Asegúrate de que tratas todas las parcelas de la misma manera excepto con relación a la densidad de siembra.) He aquí los datos de este experimento.[3]

[3]W. L. Colville y D. P. McGill, "Effect of rate and method of planting on several plant characters and yield of irrigated corn", *Agronomy Journal*, 54, 1962, págs. 235-238.

Plantas por hectárea	Rendimiento (toneladas por hectárea)			
30.000	10,1	7,6	7,9	9,6
40.000	11,2	8,1	9,1	10,1
50.000	11,1	8,7	9,4	10,1
60.000	9,1	9,3	10,5	
70.000	8,0	10,1		

(a) Dibuja un diagrama de tallos doble con los rendimientos de cada densidad de siembra. ¿Qué parece que indican los datos a propósito de la influencia de la densidad de siembra sobre el rendimiento?

(b) El ANOVA valorará la significación estadística de las diferencias de rendimiento observadas. ¿Cuáles son las H_0 y H_a de la prueba F del ANOVA en esta situación?

(c) Los resultados del ANOVA para estos datos, utilizando el Minitab, se muestran en la figura 10.4. ¿Cuál es el rendimiento medio de cada densidad de siembra? ¿Qué dice el contraste F del ANOVA sobre la significación de los efectos que observaste?

(d) Las diferencias observadas entre los rendimientos medios de las muestras eran bastante grandes. ¿Por qué no son estadísticamente significativas?

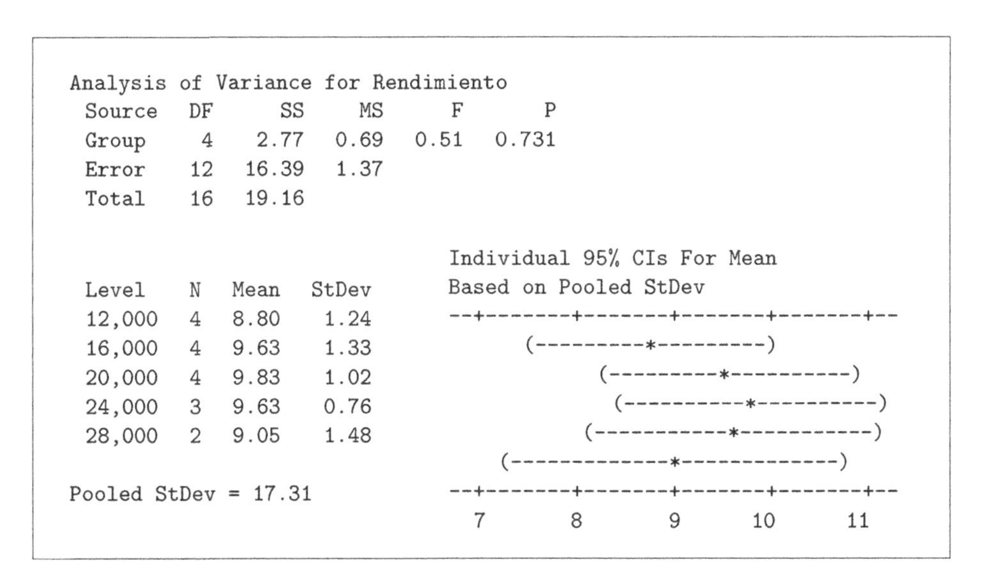

```
Analysis of Variance for Rendimiento
 Source   DF      SS     MS      F      P
 Group     4    2.77   0.69   0.51  0.731
 Error    12   16.39   1.37
 Total    16   19.16

                                 Individual 95% CIs For Mean
 Level    N   Mean   StDev       Based on Pooled StDev
 12,000   4   8.80    1.24       --+-------+-------+-------+-------+--
 16,000   4   9.63    1.33             (---------*---------)
 20,000   4   9.83    1.02                  (---------*----------)
 24,000   3   9.63    0.76                   (----------*----------)
 28,000   2   9.05    1.48                 (-----------*-----------)
                                         (-------------*-------------)
Pooled StDev = 17.31             --+-------+-------+-------+-------+--
                                   7       8       9      10      11
```

Figura 10.4. Resultados ANOVA del Minitab con los datos de las cinco densidades de siembra del maíz. Para el ejercicio 10.2.

10.2.1 La idea del análisis de la varianza

He aquí la principal idea para comparar medias: lo que importa no es lo separadas que están las medias muestrales, sino lo separadas que están con relación a la *variabilidad de las observaciones individuales*. Fíjate en los dos conjuntos de datos de los diagramas de caja de la figura 10.5. Para simplificar, todas las distribuciones consideradas son simétricas, de modo que la media y la mediana coinciden. El segmento central de cada caja es, por tanto, la media muestral. Las dos figuras comparan tres muestras con las mismas tres medias. De forma similar a los tres tipos de automóviles del ejemplo 10.1, las medias son distintas pero no demasiado. Unas diferencias de esta magnitud, ¿son fruto sólo del azar o son estadísticamente significativas?

- Los diagramas de caja de la figura 10.5(a) tienen cajas altas, lo que indica una gran variación dentro de los individuos de cada grupo. Con esta variación tan grande entre individuos no nos sorprenderíamos si las medias obtenidas con otro conjunto de observaciones fueran bastante distintas. Las diferencias observadas entre las medias muestrales pueden ser debidas, fácilmente, al azar.
- Los diagramas de caja de la figura 10.5(b) tienen las mismas medias que aquellos de la figura 10.5(a), pero las cajas son mucho más bajas. Es decir, hay mucha menos variación entre los individuos de cada grupo. Es poco probable que cualquier muestra del primer grupo tuviese una media tan pequeña como la media del segundo grupo. En un muestreo repetido, unas medias tan separadas como las observadas difícilmente se darían sólo por azar. Por tanto, son una buena evidencia de que existen diferencias reales entre las medias de las tres poblaciones que hemos muestreado.

Esta comparación de las dos partes de la figura 10.5 es demasiado simple. La comparación ignora el efecto del tamaño de las muestras, un efecto que los diagramas de cajas no indican. Pequeñas diferencias entre medias muestrales pueden ser significativas si las muestras son muy grandes. Grandes diferencias entre medias muestrales pueden no llegar a ser significativas si las muestras son muy pequeñas. Con todo, de lo que podemos estar seguros es de que para un mismo tamaño de muestra, la figura 10.5(b) dará valores P mucho más pequeños que la figura 10.5(a). Hecha esta salvedad, la idea principal permanece: si las medias muestrales están muy separadas entre sí con relación a la variación entre los individuos de un mismo grupo, esto constituye una evidencia a favor de que no sólo actúa el azar.

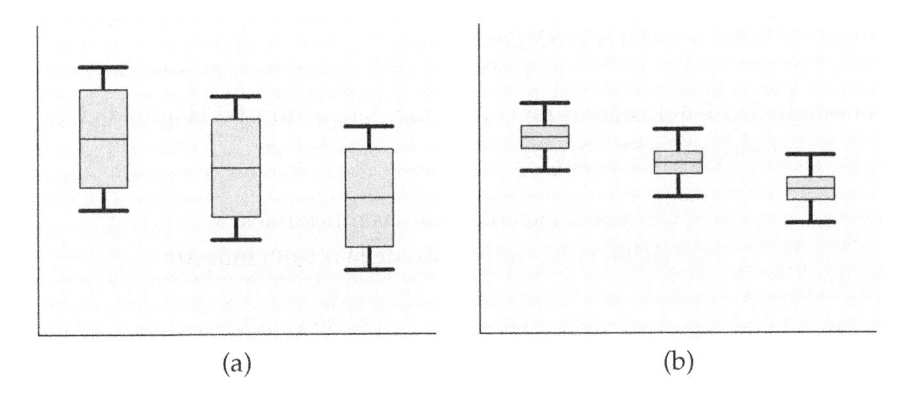

Figura 10.5. Diagramas de caja para dos conjuntos de tres muestras cada uno. Las medias muestrales son iguales en (a) y (b). El análisis de la varianza hallará una diferencia más significativa entre las medias en (b) debido a que hay menos variación entre individuos dentro de estas muestras.

LA IDEA DEL ANÁLISIS DE LA VARIANZA

El **análisis de la varianza** compara la variación debida a unas determinadas fuentes con la variación existente entre individuos que deberían ser similares. En particular, la prueba ANOVA contrasta si varias poblaciones tienen la misma media, comparando lo separadas que están entre sí las medias muestrales en relación con la variación existente dentro de la muestras.

Una de las singularidades de la terminología estadística es que uno de los métodos para comparar medias se llame análisis de la varianza. La razón es que esta prueba se lleva a cabo comparando dos tipos de variación. El análisis de la varianza es un método general para estudiar fuentes de variación en las respuestas. La comparación de varias medias, que es la forma más simple del ANOVA, se llama **análisis de la varianza de un factor**. El análisis de la varianza de un factor es la única forma del ANOVA que estudiaremos.

Análisis de la varianza de un factor

EL ESTADÍSTICO *F* DEL ANOVA

El **estadístico *F* del análisis de la varianza** para contrastar la igualdad de varias muestras tiene la forma:

$$F = \frac{\text{variación entre medias muestrales}}{\text{variación entre individuos de la misma muestra}}$$

Más adelante daremos más detalles. Debido a que el ANOVA se hace, en la práctica, con un programa estadístico, la idea es más importante que los detalles. El estadístico F sólo puede tomar valores positivos o cero. Es cero sólo cuando todas las medias muestrales son idénticas, se hace mayor a medida que las medias muestrales están más separadas entre sí. Los valores F grandes constituyen una buena evidencia en contra de la hipótesis nula H_0 de que todas las medias poblacionales son iguales. A pesar de que la hipótesis alternativa H_a es de muchas colas, la prueba F del ANOVA es de una cola, ya que cualquier violación de H_0 tiende a producir valores de F mayores.

Distribución F

¿Qué magnitud debe tener F para que exista evidencia significativa en contra de H_0? Para responder a preguntas sobre la significación estadística, hay que comparar el estadístico F con los valores críticos de una **distribución *F***. Las distribuciones F se han descrito en el capítulo 7. Una distribución F concreta se especifica mediante dos parámetros: los grados de libertad del numerador y los grados de libertad del denominador. La tabla D, al final del libro, contiene los valores críticos de distribuciones F con distintos grados de libertad.

EJEMPLO 10.3. Utilización de la tabla F

Mira otra vez los resultados de ordenador de la figura 10.2 sobre el consumo de automóviles. Los grados de libertad de la prueba F aparecen en las dos primeras filas de la columna "DF". Hay dos grados de libertad en el numerador y 59 en el denominador.

Sitúate en la tabla D, busca los grados de libertad del numerador en la parte superior de la tabla. Luego, busca los 59 grados de libertad del denominador en la parte izquierda de la tabla. No hay ningún valor correspondiente a 59, por lo

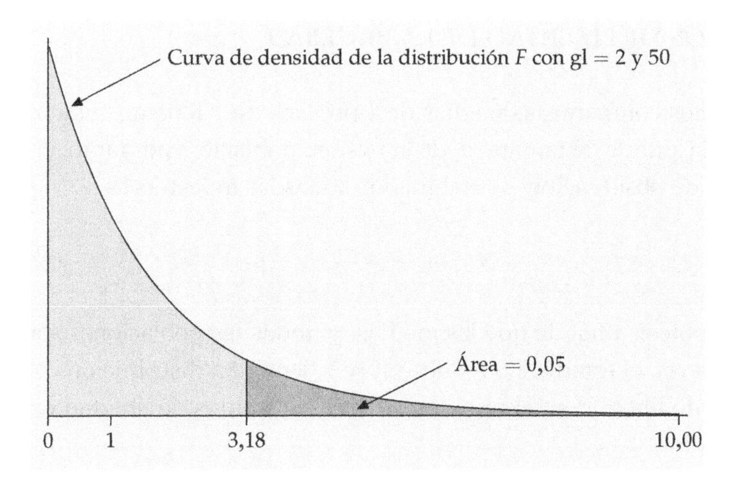

Figura 10.6. Curva de densidad de la distribución F con 2 grados de libertad en el numerador y 50 grados de libertad en el denominador. Valor F crítico para $\alpha = 0{,}05$, $F^* = 3{,}18$. Para el ejemplo 10.3.

que utilizaremos el valor anterior más próximo, 50 grados de libertad. Los valores críticos para 2 y 50 grados de libertad son

p	**Valor crítico**
0,100	2,41
0,050	3,18
0,025	3,97
0,010	5,06
0,001	7,96

La figura 10.6 muestra la curva de densidad con 2 y 50 grados de libertad y el valor crítico superior del 5% que es 3,18. La F observada, $F = 40{,}12$, se sitúa muy a la derecha. Vemos en la tabla que $F = 40{,}12$ es mayor que el valor crítico correspondiente a 0,001, por tanto, $P < 0{,}001$. ■

Los grados de libertad del estadístico F dependen del número de medias que comparamos y del número de observaciones de cada muestra. Es decir, el estadístico F tiene en cuenta el número de observaciones. He aquí los detalles.

GRADOS DE LIBERTAD DE LA PRUEBA *F*

Queremos comparar las medias de I poblaciones. Tenemos una muestra aleatoria simple de tamaño n_i de la i-ésima población; por tanto, el número total de observaciones combinando todas las muestras es

$$N = n_1 + n_2 + \cdots + n_I$$

Si la hipótesis nula de que las medias de todas las poblaciones son iguales es cierta, el estadístico F del ANOVA tiene una distribución con $I - 1$ grados de libertad en el numerador y $N - I$ grados de libertad en el denominador.

EJEMPLO 10.4. Grados de libertad de F

En los ejemplos 10.1 y 10.2 comparamos el consumo medio en carretera de tres clases de automóvil, por tanto, $I = 3$. Los tamaños de las tres muestras son

$$n_1 = 28 \quad n_2 = 8 \quad n_3 = 26$$

Por consiguiente, el número total de observaciones es

$$N = 28 + 8 + 26 = 62$$

Los grados de libertad en el numerador del estadístico F del ANOVA son

$$I - 1 = 3 - 1 = 2$$

y los grados de libertad en el denominador son

$$N - I = 62 - 3 = 59$$

Estos grados de libertad, en los resultados del ordenador, son los dos primeros valores de la columna "DF" de la figura 10.2. ■

APLICA TUS CONOCIMIENTOS

10.3. Estrés, amigos y perros. El ejercicio 10.1 compara los ritmos cardíacos medios de mujeres que llevan a cabo una actividad estresante en tres condiciones distintas.

(a) ¿Cuáles son la I, las n_i y la N para estos datos? Describe estas cantidades con palabras y da sus valores numéricos.

(b) Halla los grados de libertad del estadístico F del ANOVA. Compara tus resultados con los resultados de ordenador que se muestran en la figura 10.3.

(c) Para estos datos, $F = 14{,}08$. ¿Qué indica la tabla D sobre el valor P de este estadístico?

10.4. ¿Cuál es la mejor densidad de siembra? El ejercicio 10.2 compara el rendimiento del maíz en varias densidades de siembra.

(a) ¿Cuáles son la I, las n_i y la N para estos datos? Describe estas cantidades con palabras y da sus valores numéricos.

(b) Halla los grados de libertad del estadístico F del ANOVA. Compara tus resultados con los resultados de ordenador de la figura 10.4.

(c) Para estos datos, $F = 0{,}50$. ¿Qué indica la tabla D sobre el valor P de este estadístico?

10.5. En cada una de las siguientes situaciones, queremos comparar las medias de las respuestas de varias poblaciones. En cada situación, identifica las poblaciones y las variables respuesta. Luego, da la I, las n_i y la N. Finalmente, da los grados de libertad del estadístico F del ANOVA.

(a) El rendimiento medio de cuatro variedades de tomatera, ¿es distinto? Cultiva diez plantas de cada variedad y registra el rendimiento de cada planta en kilogramos de tomates.

(b) Un fabricante de detergentes quiere saber cuál de seis diseños de envase es el más atractivo para los consumidores. Cada envase se muestra a 120 consumidores distintos que puntúan el atractivo de los diseños en una escala que va de 1 a 10.

(c) Un experimento para comparar la efectividad de tres dietas de adelgazamiento dispone de 32 sujetos que quieren perder peso. Se asignan al azar diez sujetos a cada una de dos de las dietas, mientras que los restantes 12 sujetos se asignan a la tercera dieta. Después de seis meses, se registra el cambio de peso de cada sujeto.

10.2.2 Supuestos del ANOVA

Como todos los procedimientos de inferencia, el ANOVA es válido sólo en determinadas circunstancias. A continuación detallamos los requisitos que deben cumplirse para que esté justificada la utilización del ANOVA en la comparación de medias poblacionales.

SUPUESTOS DEL ANOVA

- Tenemos ***I* muestras aleatorias simples independientes**, una para cada una de las I poblaciones.
- La población i-ésima tiene una **distribución normal** de media desconocida μ_i. Las medias pueden ser distintas en las diversas poblaciones. El estadístico F del ANOVA contrasta la hipótesis nula de que todas las poblaciones tienen la misma media:

$$H_0: \quad \mu_1 = \mu_2 = \cdots = \mu_I$$

$$H_a: \quad \text{no todos los } \mu_i \text{ son iguales}$$

- Todas las poblaciones tienen la **misma desviación típica** σ, cuyo valor es desconocido.

Los dos primeros requisitos nos resultan familiares del estudio de los procedimientos t de dos muestras para la comparación de dos medias. Como de costumbre, el diseño de la obtención de datos es el elemento más importante de la inferencia. Un muestreo sesgado o la confusión pueden hacer que la inferencia no tenga sentido. Si no obtenemos realmente muestras aleatorias simples independientes de cada población o no hacemos un experimento comparativo aleatorizado, a menudo no queda claro a qué población se aplican las conclusiones de la inferencia. Ésta es, por ejemplo, la situación del ejemplo 10.1. El ANOVA, al igual que otros procedimientos de inferencia, se acostumbra a utilizar aun cuando no se disponga de muestras aleatorias. En estas circunstancias tendrás que decidir, caso por caso, si la inferencia está justificada, decisión que suele exigir algún conocimiento sobre la materia de estudio además de cierto conocimiento de estadística. Podríamos considerar los vehículos del ejemplo 10.1 como muestras de vehículos de sus respectivas clases fabricados en años recientes.

Como ninguna población real tiene exactamente una distribución normal, la utilidad de los procedimientos de inferencia que suponen la normalidad depende de su sensibilidad a la falta de ésta. Afortunadamente, los procedimientos utilizados en la comparación de medias no son muy sensibles a la falta de normalidad. La prueba F del ANOVA, al igual que los procedimientos t, es **robusta**. Como lo que importa es la normalidad de las medias muestrales, el ANOVA es más seguro a medida que el tamaño de la muestra se hace mayor, debido al efecto del teorema del límite central. Recuerda que tienes que comprobar si existen observaciones atípicas que cambien el valor de las medias muestrales y/o asimetrías extremas. Cuando no hay observaciones atípicas y las distribuciones muestrales son aproximadamente simétricas, puedes utilizar de forma segura el ANOVA para muestras tan pequeñas como 4 o 5. (No debes confundir la prueba F del ANOVA, que compara varias medias, con el estadístico F de la sección 7.4, que compara dos desviaciones típicas y que no es robusto respecto a la falta de normalidad.)

Robustez

El tercer supuesto es más molesto: el ANOVA supone que la variabilidad de las observaciones, medida por la desviación típica, es igual en todas las poblaciones. Puedes recordar del capítulo 7 que existe una versión especial de la prueba t de dos muestras que supone que las desviaciones típicas de las dos poblaciones son iguales. La prueba F del ANOVA para la comparación de dos medias es igual al cuadrado de este estadístico t. Preferimos la prueba t que no supone la igualdad de las desviaciones típicas, pero en la comparación de más de dos medias no existe ninguna alternativa general a la prueba F del ANOVA. No es fácil comprobar el supuesto de que las poblaciones tienen desviaciones típicas iguales. Las pruebas estadísticas que se emplean para verificar la igualdad de las desviaciones típicas son muy sensibles a la falta de normalidad y, en consecuencia, tienen poco valor práctico. Tienes que solicitar el consejo de los expertos o confiar en la robustez del ANOVA.

¿Es muy grave que las desviaciones típicas sean distintas? El ANOVA no es demasiado sensible a la violación de este supuesto, especialmente cuando todas las muestras tienen tamaños iguales o similares, y ninguna muestra es muy pequeña. Cuando diseñes un estudio, intenta tomar muestras del mismo tamaño de todos los grupos que quieras comparar. Las desviaciones típicas muestrales son una estimación de las desviaciones típicas de la población, por consiguiente, antes de hacer el ANOVA, comprueba que las desviaciones típicas muestrales sean similares entre ellas. De todas formas, esperamos que entre ellas exista alguna variación debida al azar. He aquí una regla práctica que es segura en casi todas las situaciones.

COMPROBACIÓN DE LAS DESVIACIONES TÍPICAS DEL ANOVA

Los resultados de la prueba F del ANOVA son aproximadamente correctos cuando la desviación típica muestral más grande no es mayor que el doble de la desviación típica muestral más pequeña.

EJEMPLO 10.5. ¿Las desviaciones típicas permiten hacer el ANOVA?

En el estudio sobre el consumo de los automóviles, las desviaciones típicas muestrales de los coches, las furgonetas y los todoterrenos son

$$s_1 = 0{,}84 \quad s_2 = 1{,}14 \quad s_3 = 1{,}56$$

Estas desviaciones típicas satisfacen nuestra regla práctica. Podemos utilizar con seguridad el ANOVA para comparar los consumos medios de las tres clases de automóviles.

El informe del que se obtuvo la tabla 10.1 contenía, también, datos de 25 coches pequeños. ¿Podemos utilizar el ANOVA para comparar las medias de las cuatro clases de automóviles? La desviación típica del consumo de los coches pequeños es $s_4 = 1{,}80$ litros por cada 100 kilómetros. Este valor es más de dos veces la desviación típica más pequeña:

$$\frac{s \text{ grande}}{s \text{ pequeña}} = \frac{1{,}80}{0{,}84} = 2{,}14$$

Una desviación típica grande se debe, a menudo, a la asimetría o a observaciones atípicas. He aquí el diagrama de tallos correspondiente a los coches pequeños:

2	44
2	5778899999
3	00011334
3	6667
4	
4	9

El Geo Metro consume 3,8 litros por cada 100 kilómetros. Si eliminamos este automóvil, la desviación típica disminuye de 1,80 a 1,44. El Metro tiene el motor con una potencia mucho menor que cualquier automóvil de su clase. Si eliminamos el Metro, es correcto utilizar el ANOVA. ■

EJEMPLO 10.6. ¿Qué color atrae más a los insectos?

Para detectar la presencia de insectos dañinos en los campos de cultivo, se sitúa en ellos láminas de plástico que contienen un material pegajoso en su superficie y se examinan los insectos capturados en las láminas. ¿Qué colores atraen más a los insectos? Unos investigadores situaron 24 láminas, seis de cada color, ubicadas al azar en un campo de avena y determinaron el número de insectos capturados.[4]

Color de la lámina	**Insectos capturados**					
Azul	16	11	20	21	14	7
Verde	37	32	20	29	37	32
Blanco	21	12	14	17	13	20
Amarillo	45	59	48	46	38	47

Nos gustaría utilizar el ANOVA para comparar el número medio de insectos que podrían ser capturados en cada tipo de trampa. Como las muestras son pequeñas, se han representado gráficamente los datos con diagramas de tallos en la figura 10.7. Los resultados de ordenador de la estadística descriptiva y del ANOVA aparecen en la figura 10.8. Las trampas amarillas atraen con diferencia la mayor cantidad de insectos ($\bar{x}_4 = 47{,}167$); les siguen las verdes ($\bar{x}_2 = 31{,}167$); las azules y las blancas quedan muy por detrás.

Comprueba que podamos utilizar de forma segura el ANOVA para contrastar la igualdad de las cuatro medias. La mayor de las cuatro desviaciones típicas muestrales es 6,795 y la menor es 3,764. La relación

$$\frac{s \text{ grande}}{s \text{ pequeña}} = \frac{6{,}795}{3{,}764} = 1{,}8$$

[4]M. C. Wilson y R. E. Shade, "Relative attractiveness of various luminescent colors to the cereal leaf beetle and the meadow spittlebug", *Journal of Economic Entomology*, 60, 1967, págs. 578-580.

Azul		Verde		Blanco		Amarillo	
0	7	0		0		0	
1	146	1		1	2347	1	
2	01	2	09	2	01	2	
3		3	2277	3		3	8
4		4		4		4	5678
5		5		5		5	9

Figura 10.7. Diagramas de tallos para comparar el número de insectos capturados en los cuatro grupos de trampas, cada uno de un color distinto. Datos del ejemplo 10.6.

es menor que 2; por tanto, estos datos satisfacen nuestra regla práctica sobre la utilización segura del ANOVA. Las formas de las cuatro distribuciones son irregulares, como era de esperar con sólo 6 observaciones en cada grupo, pero no hay observaciones atípicas. Los resultados del ANOVA serán aproximadamente correctos.

Hay $I = 4$ grupos y $N = 24$ observaciones en total; por consiguiente, los grados de libertad de F son

$$\text{numerador:} \quad I - 1 = 4 - 1 = 3$$
$$\text{denominador:} \quad N - I = 24 - 4 = 20$$

Esto concuerda con los resultados del ordenador. El estadístico F es $F = 42{,}84$, un valor de F muy grande con un valor $P < 0{,}001$. A pesar de que las muestras son pequeñas, el experimento proporciona una evidencia muy fuerte sobre diferencias entre los colores. Las trampas amarillas son las mejores para atraer a los insectos. ■

APLICA TUS CONOCIMIENTOS

10.6. Comprueba que las desviaciones típicas muestrales de los siguientes conjuntos de datos permiten utilizar el ANOVA para comparar medias poblacionales.

(a) Los ritmos cardíacos del ejercicio 10.1 y de la figura 10.3.

(b) Los rendimientos del maíz del ejercicio 10.2 y de la figura 10.4.

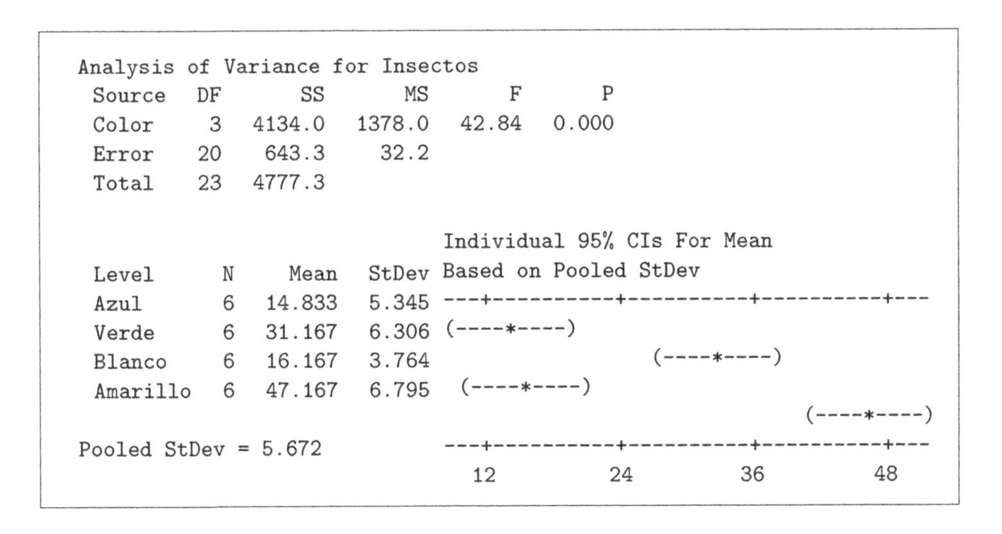

```
Analysis of Variance for Insectos
 Source   DF      SS      MS       F       P
 Color     3  4134.0  1378.0   42.84   0.000
 Error    20   643.3    32.2
 Total    23  4777.3

                                  Individual 95% CIs For Mean
 Level     N    Mean   StDev  Based on Pooled StDev
 Azul      6  14.833   5.345  ---+---------+---------+---------+---
 Verde     6  31.167   6.306  (----*----)
 Blanco    6  16.167   3.764                (----*----)
 Amarillo  6  47.167   6.795   (----*----)
                                                      (----*----)
Pooled StDev = 5.672          ---+---------+---------+---------+---
                                12        24        36        48
```

Figura 10.8. Resultados del Minitab para la comparación de las láminas de cuatro colores del ejemplo 10.6.

10.7. Estado civil y salario. Los hombres casados tienden a ganar más dinero que los hombres solteros. Ésta es una de las conclusiones obtenidas en un estudio sobre la relación entre estado civil e ingresos, realizado a partir de los datos de los 8.235 hombres empleados como directivos o profesionales por una gran empresa en 1976. Supón (es arriesgado) que consideramos a estos hombres como una muestra aleatoria simple de la población de todos los hombres empleados como directivos o profesionales en grandes empresas. He aquí los resultados de la estadística descriptiva sobre los salarios de estos hombres.[5]

	Solteros	**Casados**	**Divorciados**	**Viudos**
n_i	337	7.730	126	42
$\bar{x}_i$ (€)	21.384	26.873	25.594	26.936
s_i (€)	5.731	7.159	6.347	8.119

(a) Describe brevemente la relación entre estado civil y salario.

[5]Sanders Korenman y David Neumark, "Does marriage really make men more productive?" *Journal of Human Resources*, 26, 1991, págs. 282-307.

(b) Las desviaciones típicas muestrales, ¿nos permiten poder utilizar el estadístico F del ANOVA? (Las distribuciones son asimétricas hacia la derecha. Era de esperar con distribuciones de ingresos. De hecho, los autores del estudio aplicaron el ANOVA a los logaritmos de los salarios para que las distribuciones de los datos fueran más simétricas.)

(c) ¿Cuántos grados de libertad tiene el estadístico F del ANOVA?

(d) La prueba F es, para estos datos, una formalidad ya que estamos seguros de que el valor P será muy pequeño. ¿Por qué estamos seguros?

(e) Como media, los hombres solteros ganan menos que los hombres que están o han estado casados. Las diferencias altamente significativas entre los salarios medios, ¿demuestran que casarse provoca un aumento de los ingresos medios de los hombres? Justifica tu respuesta.

10.8. ¿Quién tiene éxito en la universidad? ¿Qué factores influyen en el éxito de los estudiantes que quieren estudiar Informática? Fíjate en los 256 estudiantes que se matricularon, un determinado año, en las universidades más importantes de EE UU, pensando especializarse en Informática. Podemos considerar a estos estudiantes como una muestra aleatoria de los que se sintieron atraídos por los estudios de Informática en los siguientes años. Después de tres semestres de estudio, algunos de estos estudiantes ya tenían una especialidad en Informática; otros, en cambio, se habían especializado en otras áreas de ciencia o ingeniería; algunos dejaron la ciencia y la ingeniería o bien abandonaron la universidad. La siguiente tabla da las medias y las desviaciones típicas muestrales, así como también el estadístico F del ANOVA de las tres variables que describen los resultados de los estudiantes en la escuela de secundaria. Son tres pruebas ANOVA independientes.[6]

La primera variable es la clasificación del estudiante en secundaria, dada como un percentil (en consecuencia, un valor de esta variable igual a 50 indica que se trata de un estudiante de nivel medio, y un valor de la variable igual a 100 indica que el estudiante era el mejor de la clase). La siguiente variable es el número de cursos semestrales de Matemáticas que superaron los estudiantes en secundaria. La tercera es la media de las notas de Matemáticas en secundaria. La media y la desviación típica aparecen en la forma en la que se suelen presentar en muchas publicaciones, la media con la desviación típica entre paréntesis.

[6]Patricia F. Campbell y George P. McCabe, "Predicting the success of freshmen in a computer science major", *Communications of the ACM*, 27, 1984, págs. 1.108-1.113.

		Media (desviación típica)		
Grupo	n	**Clasificación en secundaria**	**Cursos semestrales de Matemáticas**	**Media de las notas de Matemáticas**
Informática	103	88,0 (10,5)	8,74 (1,28)	3,61 (0,46)
Ciencia o tecnología	31	89,2 (10,8)	8,65 (1,31)	3,62 (0,40)
Otros	122	85,8 (10,8)	8,25 (1,17)	3,35 (0,55)
Estadístico F		1,95	4,56	9,38

(a) Para la clasificación de los estudiantes en la escuela de secundaria, ¿qué hipótesis nula y alternativa contrasta la prueba F? Expresa las hipótesis en palabras y de forma simbólica. Las hipótesis son similares para las otras dos variables.

(b) ¿Cuántos grados de libertad tiene cada F?

(c) Comprueba que las desviaciones típicas nos permitan utilizar las tres pruebas F. La forma de las distribuciones también nos permite utilizar la prueba F. ¿Cuál es el nivel de significación de F para cada una de estas variables?

(d) Resume brevemente las diferencias entre los tres grupos de estudiantes, teniendo en cuenta la significación de la prueba F y los valores de las medias.

10.3 Algunos detalles sobre el ANOVA*

Ahora vamos a dar un procedimiento detallado para calcular el estadístico F del ANOVA. Tenemos muestras aleatorias simples de cada una de las I poblaciones. Los subíndices del 1 al I nos indican a qué muestra hace referencia cada estadístico:

Población	Tamaño muestral	Media muestral	Desviación típica muestral
1	n_1	$\bar{x}_1$	s_1
2	n_2	$\bar{x}_2$	s_2
$\vdots$	$\vdots$	$\vdots$	$\vdots$
I	n_I	$\bar{x}_I$	s_I

Puedes hallar el estadístico F con sólo los tamaños de las muestras n_i, las medias muestrales $\bar{x}_i$ y las desviaciones típicas muestrales s_i. No necesitas volver a las observaciones individuales.

*Esta sección más avanzada es optativa si vas a utilizar un ordenador para hallar el estadístico F.

El estadístico F del ANOVA tiene la forma

$$F = \frac{\text{variación entre las medias muestrales}}{\text{variación entre los individuos}}$$

Cuadrados medios

Las mediciones de variación que aparecen en el numerador y en el denominador de F se llaman **cuadrados medios**. Un cuadrado medio es como una varianza muestral. Una varianza muestral ordinaria s^2 es la suma de los cuadrados de las desviaciones de las observaciones respecto a su media, dividido por sus grados de libertad, es como un "cuadrado medio".

El numerador de F, es un cuadrado medio que mide la variación entre las I medias muestrales $\bar{x}_1, \bar{x}_2, \ldots, \bar{x}_I$. Llama $\bar{x}$ a la respuesta media conjunta (la media de todas las N observaciones juntas). A partir de las I medias muestrales, puedes hallar $\bar{x}$ mediante la expresión

$$\bar{x} = \frac{n_1\bar{x}_1 + n_2\bar{x}_2 + \cdots + n_I\bar{x}_I}{N}$$

La suma de cada media multiplicada por el número de observaciones que representa es la suma de todas las observaciones individuales. Dividiendo esta suma por N, el número total de observaciones, obtenemos la media conjunta $\bar{x}$.

El cuadrado medio del numerador de F es la suma de los cuadrados de las I desviaciones de las medias de las muestras respecto a $\bar{x}$ dividido por $I - 1$. Se llama **cuadrado medio de los grupos**, abreviado como CMG.

Cuadrado medio de los grupos, CMG

$$\text{CMG} = \frac{n_1(\bar{x}_1 - \bar{x})^2 + n_2(\bar{x}_2 - \bar{x})^2 + \cdots + n_I(\bar{x}_I - \bar{x})^2}{I - 1}$$

Cada desviación al cuadrado se pondera por n_i, el número de observaciones que representa.

El cuadrado medio del denominador de F mide la variación entre las observaciones de la misma muestra. La variación dentro de la muestra i se determina con la varianza muestral s_i^2. La media de todas las I variancias muestrales nos indica la variación entre individuos. Otra vez utilizamos una media ponderada en la que cada s_i^2 se pondera con el número de observaciones de la muestra menos uno, $n_i - 1$. Dicho de otra manera, cada s_i^2 se pondera con sus grados de libertad, $n_i - 1$. El cuadrado medio resultante se llama **cuadrado medio del error**, CME.

Cuadrado medio del error, CME

$$\text{CME} = \frac{(n_1 - 1)s_1^2 + (n_2 - 1)s_2^2 + \cdots + (n_I - 1)s_I^2}{N - I}$$

He aquí un resumen sobre la prueba ANOVA.

PRUEBA *F* DEL ANOVA

Obtén una muestra aleatoria simple independiente de cada una de las I poblaciones. La población i-ésima tiene la distribución $N(\mu_i, \sigma)$, donde σ es la desviación típica común de todas las poblaciones. La muestra i-ésima es de tamaño n_i, con media muestral $\bar{x}_i$ y desviación típica s_i.
El **estadístico *F* del ANOVA** contrasta la hipótesis nula de que todas las I poblaciones tienen la misma media:

$$H_0: \quad \mu_1 = \mu_2 = \cdots = \mu_I$$

$$H_a: \quad \text{no todos los } \mu_i \text{ son iguales}$$

El estadístico de contraste es

$$F = \frac{\text{CMG}}{\text{CME}}$$

El numerador de F es el **cuadrado medio de los grupos**

$$\text{CMG} = \frac{n_1(\bar{x}_1 - \bar{x})^2 + n_2(\bar{x}_2 - \bar{x})^2 + \cdots + n_I(\bar{x}_I - \bar{x})^2}{I - 1}$$

El denominador de F es el **cuadrado medio del error**

$$\text{CME} = \frac{(n_1 - 1)s_1^2 + (n_2 - 1)s_2^2 + \cdots + (n_I - 1)s_I^2}{N - I}$$

Cuando H_0 es cierta, F tiene una **distribución *F*** con $I - 1$ y $N - I$ grados de libertad.

Los denominadores en las fórmulas del CMG y del CME son los dos grados de libertad $I - 1$ y $N - I$ de la prueba F. A los numeradores se les denomina *sumas de cuadrados* debido a su forma algebraica. Es usual presentar los resultados del ANOVA en una **tabla ANOVA** como la de los resultados del Minitab. La tabla tiene columnas para los grados de libertad ("DF", en inglés), para las sumas de cuadrados ("SS", en inglés) y para los cuadrados medios ("MS", en inglés). Comprueba que cada uno de los valores de los cuadrados medios, por ejemplo los de la figura 10.8, es la suma de cuadrados ("SS") dividida por los grados de libertad ("DF") de la misma fila. El estadístico F, en la columna "F", es el cociente

Tabla ANOVA

CMG/CME. Las filas se etiquetan de acuerdo con el origen de la variación. En la figura 10.8, llamamos "color" a la variación entre grupos. En la mayoría de los programas, la variación entre las observaciones de un mismo grupo se llama "Error". Esto no indica que se haya cometido un error. Es el término tradicional para denominar la variación entre observaciones individuales.

El ANOVA supone que las varianzas de las I poblaciones son iguales. El CME se llama también *varianza muestral común,* y se simboliza como s_c^2. s_c^2 estima la varianza poblacional común σ^2. La raíz cuadrada del CME es la **desviación típica muestral común,** s_c. Ésta estima la desviación típica poblacional común σ.

Desviación típica común

El Minitab, al igual que la mayoría de programas que efectúan el ANOVA, da el valor de s_c, así como el del CME. Es el valor de la "Pooled StDev" (desviación típica común, en inglés) de la figura 10.8.

La desviación típica muestral común, s_c, estima mejor la σ poblacional común que cualquier desviación típica muestral s_i, ya que combina la información de todas las I muestras. Podemos obtener un intervalo de confianza para cualquier media μ_i a partir de la fórmula, que ya conocemos,

$$\text{estimación} \pm t^* \text{ET}_{\text{de la estimación}}$$

utilizando s_c para estimar σ. El intervalo de confianza para μ_i es

$$\bar{x}_I \pm t^* \frac{s_p}{\sqrt{n_i}}$$

Utiliza el valor crítico t^* de la distribución t con $N - I$ grados de libertad, ya que s_c tiene $N - I$ grados de libertad. Éstos son los intervalos de confianza que aparecen en los resultados que da el Minitab cuando efectúa el ANOVA.

EJEMPLO 10.7. Cálculos del ANOVA

Podemos hacer la prueba ANOVA para comparar las trampas de colores del ejemplo 10.6, usando sólo los tamaños muestrales, las medias muestrales y las desviaciones típicas muestrales. Los resultados de la figura 10.8 obtenidos con el Minitab dan estos valores. No es difícil obtenerlos también con una calculadora.

La media de las 24 observaciones es

$$\begin{aligned}\bar{x} &= \frac{n_1\bar{x}_1 + n_2\bar{x}_2 + \cdots + n_I\bar{x}_I}{N} \\ &= \frac{(6)(14{,}833) + (6)(31{,}167) + (6)(16{,}167) + (6)(47{,}167)}{24} \\ &= \frac{656}{24} = 27{,}333\end{aligned}$$

El cuadrado medio de los grupos es

$$\begin{aligned}
\text{CMG} &= \frac{n_1(\bar{x}_1 - \bar{x})^2 + n_2(\bar{x}_2 - \bar{x})^2 + \cdots + n_I(\bar{x}_I - \bar{x})^2}{I - 1} \\
&= \frac{1}{4-1}[(6)(14{,}833 - 27{,}333)^2 + (6)(31{,}167 - 27{,}333)^2 \\
&\quad +(6)(16{,}167 - 27{,}333)^2 + (6)(47{,}167 - 27{,}333)^2] \\
&= \frac{4.134{,}100}{3} = 1378{,}033
\end{aligned}$$

El cuadrado medio del error es

$$\begin{aligned}
\text{CME} &= \frac{(n_1 - 1)s_1^2 + (n_2 - 1)s_2^2 + \cdots + (n_I - 1)s_I^2}{N - I} \\
&= \frac{(5)(5{,}345^2) + (5)(6{,}306^2) + (5)(3{,}764^2) + (5)(6{,}795^2)}{24 - 4} \\
&= \frac{643{,}372}{20} = 32{,}169
\end{aligned}$$

Finalmente, el estadístico de contraste del ANOVA es

$$F = \frac{\text{CMG}}{\text{CME}} = \frac{1.378{,}033}{32{,}169} = 42{,}84$$

Nuestros resultados concuerdan con los resultados de ordenador mostrados en la figura 10.8. No te recomendamos que hagas estos cálculos, ya que son laboriosos y además los errores de redondeo, a menudo, causan problemas.

La estimación de la desviación típica σ común es

$$s_c = \sqrt{\text{CME}} = \sqrt{32,169} = 5,672$$

Un intervalo de confianza del 95% para la media del recuento de insectos capturados en las trampas amarillas, utilizando s_c y 20 grados de libertad, es

$$\begin{aligned}
\bar{x}_4 \pm t^* \frac{s_c}{\sqrt{n_4}} &= 47{,}167 \pm 2.086 \frac{5{,}672}{\sqrt{6}} \\
&= 47{,}167 \pm 4{,}830 \\
&= 42{,}34 \text{ a } 52{,}00
\end{aligned}$$

Este intervalo de confianza aparece en el gráfico de los resultados del Minitab de la figura 10.8. ■

APLICA TUS CONOCIMIENTOS

10.9. Peso de serpientes de agua recién nacidas. Un estudio sobre el efecto de la temperatura del agua sobre el desarrollo de las serpientes de agua distribuyó al azar huevos de serpiente a tres temperaturas: fría, templada y caliente. El ejercicio 9.10 muestra que las proporciones de huevos que eclosionaron a cada temperatura no eran significativamente distintas. Ahora vamos a examinar a las serpientes recién nacidas. En total, eclosionaron 16 huevos en agua fría, 38 en agua templada y 75 en agua caliente. Los resultados del estudio resumen los datos de la forma habitual "media $\pm$ desviación típica" de la manera siguiente:[7]

Temperatura	n	**Peso (gramos)**	**Propensión a morder**
Fría	16	$28{,}89 \pm 8{,}08$	$6{,}40 \pm 5{,}67$
Templada	38	$32{,}93 \pm 5{,}61$	$5{,}82 \pm 4{,}24$
Caliente	75	$32{,}27 \pm 4{,}10$	$4{,}30 \pm 2{,}70$

(a) Compararemos los pesos medios de las serpientes recién nacidas. Recuerda que la desviación típica de la media es $\frac{s}{\sqrt{n}}$. Halla las desviaciones típicas de los pesos de los tres grupos y comprueba que cumplen nuestra regla práctica para la utilización del ANOVA.

(b) Partiendo de los tamaños muestrales n_i, las medias muestrales $\bar{x}_i$ y las desviaciones típicas muestrales s_i, lleva a cabo un ANOVA. Es decir, halla la CMG, la CME y el estadístico F. Utiliza la tabla D para determinar de forma aproximada el valor P. ¿Existe evidencia de que la temperatura del agua afecta el peso medio de las serpientes recién nacidas?

10.10. Mordeduras de serpientes. Los datos del ejercicio anterior también describen la propensión a morder de las serpientes recién nacidas a los 30 días de edad. Es decir, el número de golpecitos que hay que dar con un pincel en la cabeza de la serpiente hasta que esta muerda. Otra vez los datos se resumen de la forma "media muestral $\pm$ desviación típica de la media". Sigue los mismos pasos de los apartados (a) y (b) del ejercicio anterior. La temperatura, ¿parece que influye sobre la propensión a morder de las serpientes?

10.11. ¿Cuál es la mejor densidad de siembra? Vuelve a los datos del ejercicio 10.2 sobre el rendimiento de maíz según la densidad de siembra.

[7]R. Shine, T. R. L. Madsen, M. J. Elphick y P. S. Harlow, "The influence of nest temperatures and maternal brooding on hatchling phenotypes in water pythons", *Ecology*, 78, 1997, págs. 1.713-1.721.

(a) A partir de las medias y las desviaciones típicas muestrales de los cinco grupos (figura 10.4), calcula el CME, el rendimiento medio de todos los datos $\bar{x}$ y el CMG. Utiliza los resultados de ordenador de la figura 10.4 para comprobar tus resultados.

(b) Calcula un intervalo de confianza del 90% para la media de los rendimientos del maíz cuya densidad de siembra es de 50.000 plantas por hectárea. Utiliza la desviación típica muestral común, s_c, para estimar σ en el error típico.

RESUMEN

El **análisis de la varianza (ANOVA)** de un factor compara las medias de varias poblaciones. La **prueba *F* del ANOVA** contrasta la H_0 de que I poblaciones tienen la misma media. Si la prueba F indica diferencias significativas, examina los datos para ver dónde se encuentran las diferencias y si éstas son lo suficientemente grandes como para ser importantes.

El ANOVA supone que tenemos **muestras aleatorias simples independientes** de cada población; que cada población tiene una **distribución normal**; y que las I poblaciones tienen la **misma desviación típica**.

En la práctica, el ANOVA es relativamente **robusto** cuando las poblaciones no son normales, especialmente cuando las muestras son grandes. Antes de hacer una prueba F, comprueba si existen observaciones atípicas o asimetrías importantes en cada una de las muestras. También comprueba que la desviación típica muestral más grande no sea mayor que el doble de la desviación típica muestral más pequeña.

Cuando la hipótesis nula es cierta, el **estadístico *F* del ANOVA** para la comparación de I medias a partir de un total de N observaciones de todas las muestras combinadas tiene una **distribución *F*** con $I - 1$ y $N - I$ grados de libertad.

Los cálculos del ANOVA se presentan en la **tabla ANOVA** que da las sumas de cuadrados, los cuadrados medios y los grados de libertad de la variación entre grupos y de la variación dentro de éstos. En la práctica, utilizamos los programas estadísticos para hacer los cálculos.

REPASO DEL CAPÍTULO 10

La inferencia estadística avanzada a menudo hace referencia a relaciones entre varios parámetros. Este capítulo introduce la prueba F del ANOVA para una de estas relaciones: la igualdad de las medias de cualquier número de poblaciones.

La alternativa a esta hipótesis es de "muchas colas", ya que admite cualquier relación entre las medias distinta de la de ser "todas iguales". La prueba *F* del ANOVA es una prueba conjunta que nos indica si los datos proporcionan suficientes razones para rechazar la hipótesis de que todas las medias poblacionales son iguales. Siempre tienes que acompañar la prueba con un análisis de los datos para ver qué tipo de desigualdad existe. La representación gráfica de los datos de todos los grupos en un mismo diagrama es especialmente útil. Después de estudiar este capítulo, tienes que ser capaz de hacer lo siguiente.

A. IDENTIFICACIÓN

1. Identificar cuándo la prueba de igualdad de varias medias es útil para comprender unos datos.
2. Saber reconocer que la significación estadística de diferencias entre medias muestrales depende del tamaño de las muestras y de la variación existente dentro de éstas.
3. Identificar cuándo puedes utilizar de forma segura el ANOVA para comparar medias. Identificar la presencia de observaciones atípicas. Comprobar que las desviaciones típicas muestrales no son muy distintas.

B. INTERPRETACIÓN DEL ANOVA

1. Explicar cuál es la hipótesis nula que el estadístico *F* contrasta en una situación concreta.
2. Localizar el estadístico *F* y el valor *P* en los resultados del análisis de la varianza de un programa estadístico.
3. Hallar los grados de libertad del estadístico *F* a partir del número de muestras y de sus tamaños. Utilizar la tabla D de distribuciones *F* para aproximar el valor *P* cuando los programas estadísticos no lo dan.
4. Si la prueba es significativa, utilizar los gráficos y la estadística descriptiva para ver qué diferencias entre medias son más importantes.

EJERCICIOS DE REPASO DEL CAPÍTULO 10

10.12. En cada una de las siguientes situaciones queremos comparar las medias de las respuestas de varias poblaciones. Para cada situación, identifica la población y la variable respuesta. Luego da la I, las n_i y la N. Finalmente, da los grados de libertad de la prueba F del ANOVA.

(a) Un estudio sobre los efectos del tabaco clasifica a los sujetos como no fumadores, moderadamente fumadores o muy fumadores. Unos investigadores entrevistan a una muestra de 200 personas de cada grupo. Una de las preguntas era "¿cuántas horas duermes habitualmente?".

(b) La dureza del hormigón depende de la mezcla de arena, gravilla y cemento utilizada para prepararlo. Un estudio compara cinco mezclas distintas. Unos operarios preparan seis lotes de cada mezcla y determinan la dureza del hormigón resultante en cada ocasión.

(c) ¿Cuál de cuatro métodos de enseñanza del lenguaje de los signos es el más efectivo? Asigna a 30 de los 42 estudiantes de una clase, en grupos de 10, a tres de los métodos. Asigna a los restantes 12 estudiantes al cuarto método. Después de un semestre de estudio, anota los resultados de los estudiantes de una prueba para valorar sus conocimientos del lenguaje de los signos.

10.13. ¿Se degrada el poliéster? ¿Con qué rapidez se degradan en el suelo productos sintéticos como el poliéster? Un investigador enterró tiras de poliéster en el suelo durante diferente número de semanas, luego desenterró las tiras y midió la fuerza necesaria para romperlas. La fuerza para romper las tiras es fácil de medir y es un buen indicador de su estado de degradación; fuerzas de rotura pequeñas son un indicio de que el producto se ha degradado.

Parte del estudio enterró durante el verano 20 tiras en un suelo bien drenado. Cinco tiras, escogidas al azar, se desenterraron al cabo de 2 semanas; otras 5, al cabo de 4 semanas y 8, al cabo de 16 semanas. He aquí las fuerzas de rotura en kilogramos:[8]

2 semanas	260	278	278	265	284
4 semanas	287	265	251	278	282
8 semanas	269	300	282	322	309
16 semanas	273	216	243	309	243

(a) Halla la fuerza media de cada grupo. Dibuja las medias en relación con el tiempo. ¿Parece que el poliéster enterrado pierde fuerza de forma consistente a lo largo del tiempo?

(b) Halla las desviaciones típicas de cada grupo. Las desviaciones típicas, ¿cumplen las condiciones del ANOVA?

[8]Sapna Aneja, "Biodeterioration of textile fibers in soil", M.S. thesis, Purdue University, 1994.

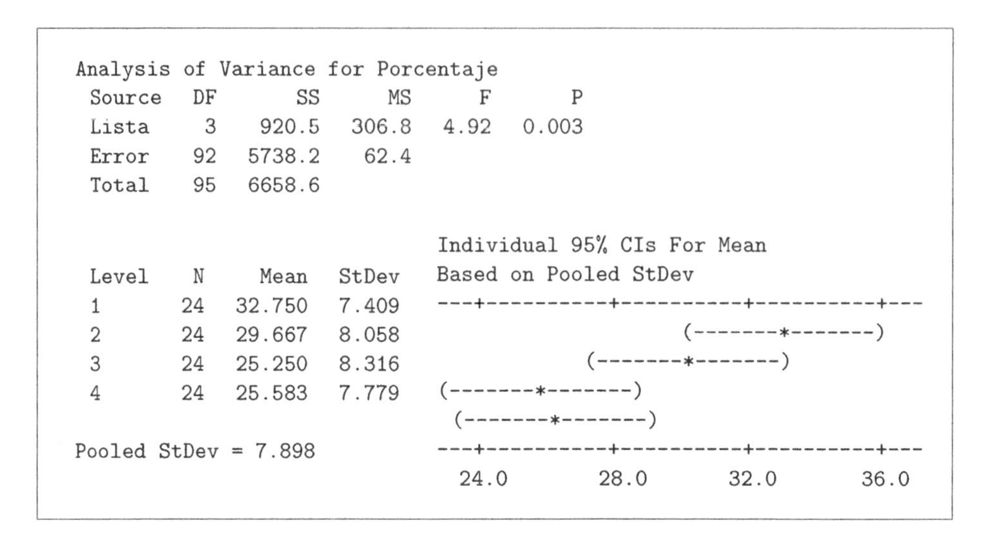

```
Analysis of Variance for Porcentaje
 Source   DF        SS       MS      F        P
 Lista     3     920.5    306.8   4.92    0.003
 Error    92    5738.2     62.4
 Total    95    6658.6

                                  Individual 95% CIs For Mean
 Level     N      Mean    StDev   Based on Pooled StDev
 1        24    32.750    7.409   ---+---------+---------+---------+---
 2        24    29.667    8.058                      (-------*-------)
 3        24    25.250    8.316                (-------*-------)
 4        24    25.583    7.779   (-------*-------)
                                   (-------*-------)
Pooled StDev = 7.898              ---+---------+---------+---------+---
                                    24.0      28.0      32.0      36.0
```

Figura 10.9. Resultados ANOVA del Minitab para la comparación de porcentajes de respuesta correcta en la audición de cuatro listas de palabras. Para el ejercicio 10.14.

(c) En los ejemplos 7.7 y 7.8, utilizamos la prueba t de dos muestras para comparar la fuerza de rotura de tiras enterradas durante 2 y 16 semanas. La prueba F del ANOVA generaliza la prueba t de dos muestras para más de dos grupos. Explica detalladamente por qué es aceptable la utilización de la prueba t para dos grupos, pero que sin embargo no lo es la utilización de la prueba F para los cuatro grupos.

10.14. ¿Puede oír estas palabras? Para valorar si los aparatos de sordera son adecuados para las personas con dificultades auditivas, los otorrinolaringólogos hacen sonar cintas en la cuáles se pronuncian palabras a bajo volumen. Los pacientes intentan repetir las palabras. Existen diferentes listas de palabras que se supone que son equivalentes. Cuando hay ruidos de fondo, ¿oír las palabras tiene las mismas dificultades? Para averiguarlo, un investigador hizo escuchar cuatro listas de palabras a sujetos con una agudeza auditiva normal con ruidos de fondo. La variable respuesta era el porcentaje de 50 palabras de la lista que los sujetos podían repetir correctamente. El conjunto de datos contiene 96 respuestas.[9]

[9] Faith Loven, "A study of interlist equivalency of the CID W-22 word list presented in quiet and in noise", M.S. thesis, University of Iowa, 1981. Se puede consultar en la página web <http://lib.stat.cmu.edu>.

(a) He aquí los diseños experimentales a partir de los cuales se pueden obtener estos datos:

Diseño A. El investigador asigna al azar 96 sujetos a 4 grupos. Cada grupo está formado por 24 sujetos que escuchan las palabras de una de las listas. Todos los sujetos escuchan y responden de forma individual.

Diseño B. El investigador dispone de 24 sujetos. Cada sujeto escucha las cuatro listas en orden aleatorio. Todos los sujetos escuchan y responden de forma individual.

El diseño A, ¿permite utilizar la prueba ANOVA de un factor para comparar las listas? ¿Y el diseño B? Justifica de forma breve tus respuestas.

(b) La figura 10.9 muestra los resultados del ANOVA de un factor del Minitab. La variable respuesta es "Porcentaje" y "Lista" identifica las cuatro listas de palabras. Basándote en este análisis, ¿existe alguna buena razón para pensar que las cuatro listas no presentan las mismas dificultades? Escribe un breve resumen sobre tus indagaciones.

10.15. Explotación de la selva tropical. "Los conservacionistas están alarmados por la destrucción de la selva tropical debido a la explotación forestal y a la quema indiscriminada." Así empieza un estudio estadístico sobre los efectos de la explotación forestal en Borneo.[10] El estudio comparó parcelas forestales que nunca se explotaron con parcelas vecinas similares que se explotaron forestalmente 1 y 8 años antes. Aunque el estudio no era un experimento, los autores justifican que las parcelas se pueden considerar como escogidas al azar. La tabla 10.3 contiene los datos.

(a) Representa en un gráfico tres diagramas de tallos con la misma escala para comparar la distribución del número de árboles por parcela en los tres tipos de terrenos. ¿Existe alguna consideración que desaconseje utilizar el ANOVA?

(b) La figura 10.10 muestra los resultados del ANOVA de un factor efectuado por el Minitab con los datos del número de árboles por parcela. ¿Cumplen las desviaciones típicas nuestra regla práctica sobre la utilización segura del ANOVA? ¿Qué sugieren las medias sobre el efecto de la explotación forestal sobre el número de árboles por parcela? ¿Cuál es el valor de F? ¿Y su valor P? ¿Cuáles son tus conclusiones?

[10] C. H. Cannon, D. R. Peart y M. Leighton, "Tree species diversity in commercially logged Bornean rainforest", *Science*, 281, 1998, págs. 1.366-1.367.

Tabla 10.3. Efectos de la explotación de selvas tropicales.

Nunca explotada		Explotada hace 1 año		Explotada hace 8 años	
Árboles por parcela	Especies por parcela	Árboles por parcela	Especies por parcela	Árboles por parcela	Especies por parcela
27	22	12	11	18	17
22	18	12	11	4	4
29	22	15	14	22	18
21	20	9	7	15	14
19	15	20	18	18	18
33	21	18	15	19	15
16	13	17	15	22	15
20	13	14	12	12	10
24	19	14	13	12	12
27	13	2	2		
28	19	17	15		
19	15	19	8		

Fuente: Charles Cannon, Duke University.

```
Analysis of Variance for Arboles
 Source        DF      SS      MS       F      P
 Explotacion    2   625.2   312.6   11.43  0.000
 Error         30   820.7    27.4
 Total         32  1445.9

                                    Individual 95% CIs For Mean
 Level          N    Mean   StDev   Based on Pooled StDev
 Sin explotar  12  23.750   5.065   --------+---------+---------+-----
 1 año         12  14.083   4.981                    (-----*-----)
 3 años         9  15.778   5.761   (-----*-----)
                                       (-----*-----)
Pooled StDev = 5.230                --------+---------+---------+-----
                                         15.0      20.0      25.0
```

Figura 10.10. Resultados ANOVA del Minitab para la comparación del número de árboles por parcela, en parcelas que nunca se explotaron, en parcelas que se explotaron hace un año y en parcelas explotadas hace 8 años, correspondientes al ejercicio 10.15.

10.16. Más sobre la explotación de la selva tropical. La tabla 10.3 proporciona datos sobre el número de especies arbóreas en las parcelas forestales, así como datos sobre el número total de árboles. En el ejercicio anterior, examinaste el efecto de la explotación forestal sobre el número de árboles. Utiliza un programa para analizar el efecto de la explotación forestal sobre el número de especies.

(a) Construye una tabla que contenga la media y la desviación típica de cada grupo. Las desviaciones típicas, ¿cumplen nuestra regla práctica sobre la utilización segura del ANOVA? ¿Qué sugieren las medias sobre el efecto de la explotación forestal sobre el número de especies?

(b) Lleva a cabo el ANOVA. ¿Cuál es el valor de F? ¿Y su valor P? ¿Cuáles son tus conclusiones?

10.17. Nematodos y tomateras. ¿Cómo afectan los nematodos (gusanos microscópicos) al crecimiento de las plantas? Un agrónomo prepara 16 contenedores de siembra idénticos, introduce un número diferente de nematodos en cada contenedor y trasplanta un plantón de tomatera a cada contenedor. He aquí los datos del incremento de altura de los plantones (en centímetros) 16 días después del trasplante.[11]

Nematodos	Crecimiento de plantones			
0	10,8	9,1	13,5	9,2
1.000	11,1	11,1	8,2	11,3
5.000	5,4	4,6	7,4	5,0
10.000	5,8	5,3	3,2	7,5

(a) Construye una tabla con las medias y las desviaciones típicas de los cuatro tratamientos. Representa en un mismo gráfico los diagramas de tallos de los cuatro tratamientos para compararlos. ¿Qué parecen indicar estos datos con relación al efecto de los nematodos sobre el crecimiento?

(b) Plantea H_0 y H_a para la prueba ANOVA con estos datos y explica con palabras lo que indica el ANOVA en esta situación.

(c) Utiliza un programa estadístico para llevar a cabo el ANOVA. ¿Cuáles son tus conclusiones sobre el efecto que producen los nematodos en el crecimiento de las plantas?

[11] Datos proporcionados por Matthew Moore.

10.18 (Optativo). *F* versus *t*. Tenemos dos métodos para comparar las medias de dos grupos: la prueba t de dos muestras de la sección 7.3 y la prueba F del ANOVA con $I = 2$. Preferimos la prueba t, ya que permite alternativas de una cola y no supone que las dos poblaciones tengan la misma desviación típica. Vamos a aplicar las dos pruebas a los mismos datos.

Existen dos tipos de compañías de seguros de vida. Las sociedades anónimas que pertenecen a sus accionistas y las mutualidades que pertenecen a sus asegurados. Obtén una muestra aleatoria simple de cada tipo de compañía a partir del listado del Ministerio de Industria. Luego pregunta cuál es el coste anual, por cada 1.000 €, de un seguro de vida de 50.000 € para un hombre de 35 años que no fume. He aquí el resumen de los datos.[12]

	Sociedad anónima	**Mutualidad**
n_i	13	17
$\bar{x}_i$	2,31 dólares	2,37 dólares
s_i	0,38 dólares	0,58 dólares

(a) Calcula el estadístico t de dos muestras para contrastar $H_0 : \mu_1 = \mu_2$ en contra de una alternativa de dos colas. Utiliza el método conservador para hallar el valor P.

(b) Calcula los CMG, los CME y el estadístico F del ANOVA para las mismas hipótesis. ¿Cuál es el valor P de F?

(c) ¿Son parecidos los dos valores P? (La raíz cuadrada del estadístico F es un estadístico t con $N - I = n_1 + n_2 - 2$ grados de libertad. Ésta es la t de dos muestras con varianza común. Por tanto, F para $I = 2$ es exactamente equivalente al estadístico t, pero es una t ligeramente distinta de la que utilizamos.)

10.19 (Optativo). Sigue el camino más duro. Realiza los cálculos del ANOVA (CMG, CME y F) exigidos en el punto (b) del ejercicio 10.16. Halla los grados de libertad de F y calcula su valor P tan exactamente como permita la tabla D.

[12]Mark Kroll, Peter Wright y Pochera Theerathorn, "Whose interests do hired managers pursue? An examination of select mutual and stock life insurers", *Journal of Business Research*, 26, 1993, págs. 133-148.

11. INFERENCIA PARA REGRESIÓN

SIR FRANCIS GALTON

El método de los mínimos cuadrados, que ajusta una recta a datos de dos variables, es un método antiguo, de 1805, que desarrolló el matemático francés Legendre. Legendre inventó el método de los mínimos cuadrados para utilizarlo con datos de astronomía y de topografía. Fue Sir Francis Galton (1822-1911), sin embargo, quien convirtió "la regresión" en un método general para comprender relaciones entre variables, e incluso quien inventó el término.

Galton fue uno de los últimos científicos *amateurs*, un inglés de clase alta que estudió medicina en Cambridge y que exploró África antes de dedicarse al estudio de la herencia biológica. En este campo, Galton estaba bien relacionado: Charles Darwin, que publicó *El origen de las especies* en 1859, era su primo.

Galton tenía muchas ideas, pero no era matemático. Ni siquiera llegó a utilizar el método de los mínimos cuadrados, ya que prefería evitar los cálculos laboriosos. Pero sus ideas facilitaron el posterior desarrollo de los procedimientos de inferencia para la regresión que encontraremos en este capítulo. Galton se preguntó: si la altura de las personas se distribuye normalmente en cada generación y es una característica hereditaria, ¿cuál es la relación entre la altura de las distintas generaciones? Galton descubrió que existía una relación lineal entre las alturas de padres e hijos, y halló que los padres altos tendían a tener hijos que eran más altos que el promedio de su generación, pero menos altos que sus padres. A esto lo llamó "la regresión hacia la mediocridad". Pero Galton fue más lejos: describió la herencia mediante una relación lineal con respuestas y que tenían una distribución normal en la recta para cada valor fijo de x. Éste es el modelo de regresión que utilizamos en este capítulo.

11.1 Introducción

Cuando un diagrama de dispersión indica una relación lineal entre una variable explicativa cuantitativa x y una variable respuesta cuantitativa y, podemos utilizar la recta mínimo-cuadrática, ajustada a los datos, para, a partir de un valor de x, predecir la y correspondiente. En este contexto, queremos hacer pruebas de significación y calcular intervalos de confianza.

EJEMPLO 11.1. Llorar y coeficiente de inteligencia

Los bebes que lloran con facilidad podrían estimularse más fácilmente que los que no son tan propensos a llorar. Esto podría indicar un mayor coeficiente de inteligencia (CI) posterior. Unos investigadores del desarrollo infantil exploraron la relación entre el lloro de bebes de cuatro a diez días y sus CI posteriores. Los investigadores grabaron los lloros y determinaron el número de picos durante los 20 segundos de lloro más intenso. Posteriormente, a los 3 años, los investigadores determinaron el CI de los niños mediante la prueba Stanford-Binet. La tabla 11.1 contiene datos de 38 bebes.[1] ■

Tabla 11.1. Lloro de bebés y coeficientes de inteligencia.

Lloro	CI	Lloro	CI	Lloro	CI	Lloro	CI
10	87	20	90	17	94	12	94
12	97	16	100	19	103	12	103
9	103	23	103	13	104	14	106
16	106	27	108	18	109	10	109
18	109	15	112	18	112	23	113
15	114	21	114	16	118	9	119
12	119	12	120	19	120	16	124
20	132	15	133	22	135	31	135
16	136	17	141	30	155	22	157
33	159	13	162				

Diagrama de dispersión

Dibuja e interpreta. Como siempre, en primer lugar examinamos los datos. La figura 11.1 es un **diagrama de dispersión** de los datos de los lloros. Sitúa la variable explicativa (recuento de picos) en el eje de las abscisas y la variable

[1]Samuel Karelitz *et al.*, "Relation of crying activity in early infancy to speech and intellectual development at age three years", *Child Development*, 35, 1964, págs. 769-777.

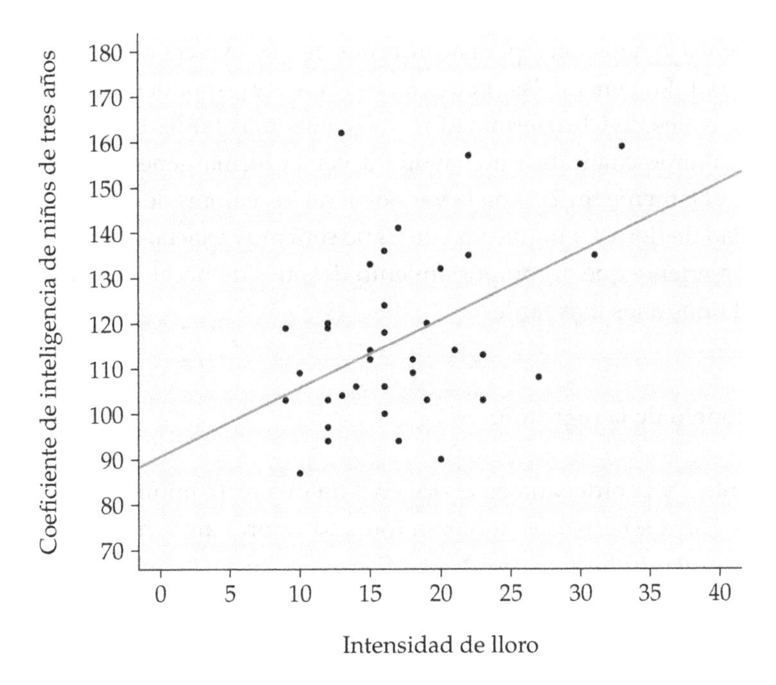

Figura 11.1. Diagrama de dispersión del coeficiente de inteligencia de niños de tres años con relación a la intensidad de lloro poco después de nacer.

explicativa (CI) en el de ordenadas. Fíjate en la forma, la dirección y la fuerza así como en la presencia de observaciones atípicas u otras desviaciones. Existe una moderada relación lineal, no existen observaciones atípicas extremas u observaciones potencialmente influyentes.

Resumen numérico. Debido a que el diagrama de dispersión muestra una cierta relación lineal (línea recta), la **correlación** describe la dirección y la fuerza de la relación. La correlación entre el lloro y el CI es de 0,455.

Correlación

Modelo matemático. Estamos interesados en predecir la respuesta a partir de la información sobre la variable explicativa. Por tanto, hallamos la **recta de regresión mínimo-cuadrática** para predecir CI a partir de los lloros.

Recta mínimo-cuadrática

Esta recta se sitúa lo más cerca posible de los puntos (en el sentido de los mínimos cuadrados) en dirección vertical (y). La ecuación de la recta mínimo cuadrática es

$$\begin{aligned} \hat{y} &= a + bx \\ &= 91{,}27 + 1{,}493x \end{aligned}$$

Utilizamos la notación $\hat{y}$ para acordarnos de que la recta de regresión da *predicciones* de CI. En general, las predicciones no se corresponden exactamente con los valores reales de CI determinados unos años más tarde. Dibujar la recta de regresión mínimo-cuadrática nos ayuda a ver la forma general. Debido a que $r^2 = 0{,}207$, solamente un 21% de la variación de los valores de CI se explican por la intensidad de lloro. La predicción de CI no será muy exacta. De todos maneras, no es sorprendente que el comportamiento después de nacer pueda predecir en parte el CI unos años más tarde.

11.1.1 Modelo de la regresión

La pendiente b y la ordenada en el origen a de una recta mínimo-cuadrática son *estadísticos*. Estos estadísticos hubieran tomado valores algo distintos si hubiéramos repetido el estudio con otros bebés. Pensamos en a y b como estimaciones de unos *parámetros* desconocidos. Los parámetros aparecen en el modelo matemático que permite predecir la variable respuesta. He aquí los supuestos en que se basa el modelo de regresión.

SUPUESTOS DE LA INFERENCIA PARA LA REGRESIÓN

Tenemos n observaciones de una variable explicativa x y de una variable respuesta y. Nuestro objetivo es estudiar o predecir el comportamiento de y para determinados valores de x.

- Para cualquier valor concreto de x la respuesta y varía de acuerdo con una distribución normal. Las respuestas repetidas y son independientes entre sí.
- La respuesta media μ_y, tiene una relación lineal con x:

$$\mu_y = \alpha + \beta x$$

  La pendiente β y la ordenada en el origen α son parámetros desconocidos.
- La desviación típica de y (llámala σ) es la misma para todos los valores de x. El valor de σ es desconocido.

Este modelo se basa en el hecho de que "como media" existe una relación lineal entre y y x. La **verdadera recta de regresión,** $\mu_y = \alpha + \beta x$, indica que la respuesta *media* μ_y se mueve a lo largo de una recta a medida que la variable explicativa x cambia de valor. No podemos observar la verdadera recta de regresión. Los valores de y que observamos varían respecto a sus medias según una distribución normal. Si mantenemos x fija y obtenemos muchas observaciones de y, a la larga puede aparecer una distribución normal en un diagrama de tallos o en un histograma. En la práctica, observamos las y para muchos valores distintos de x; en consecuencia, vemos una forma general lineal con los puntos distribuidos a un lado y a otro de una recta imaginaria. La desviación típica σ determina si los puntos se encuentran cerca de la verdadera recta de regresión (σ pequeña), o en cambio se encuentran muy dispersos (σ grande).

Verdadera recta de regresión

La figura 11.2 representa el modelo de regresión de forma gráfica. La recta de la figura es la verdadera recta de regresión. La media de la respuesta y se mueve a lo largo de esta recta a medida que la variable explicativa x toma diferentes valores. Cada curva normal muestra cómo variará y cuando x se mantenga fija en un determinado valor. Todas las curvas tienen la misma σ. En consecuencia, la variabilidad de y es la misma para todos los valores de x. Debes comprobar si se cumplen los supuestos en los que se basa la inferencia para la regresión. Más adelante veremos cómo llevar a cabo esta inferencia.

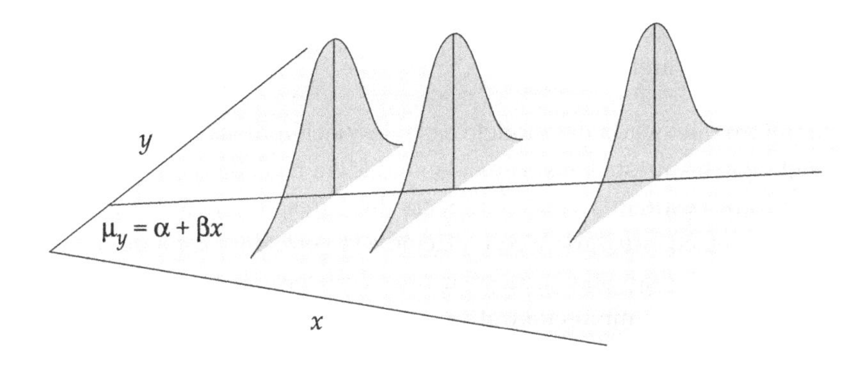

Figura 11.2. El modelo de regresión. La recta es la verdadera recta de regresión, que indica cómo cambia la respuesta media μ_y, a medida que la variable explicativa x cambia de valor. Para cualquier valor concreto de x, la respuesta observada y varía según una distribución normal que tiene como media μ_y.

11.2 Inferencia para el modelo

El primer paso en inferencia para la regresión es estimar los parámetros desconocidos α, β y σ. Cuando el modelo de regresión describe nuestros datos y calculamos la recta mínimo-cuadrática $\hat{y} = a + bx$, **la pendiente b de la recta mínimo-cuadrática es un estimador insesgado de la verdadera pendiente β, y la ordenada en el origen a de la recta mínimo-cuadrática es un estimador insesgado de la verdadera ordenada en el origen α.**

EJEMPLO 11.2. Pendiente y ordenada en el origen

Los datos de la figura 11.1 se ajustan bastante bien al modelo de regresión, que supone que se encuentran distribuidos a lo largo de una recta imaginaria. La recta mínimo-cuadrática es $\hat{y} = 91{,}27 + 1{,}493x$. La pendiente es particularmente importante. *Una pendiente es una tasa de cambio.* La verdadera pendiente β nos indica en cuánto aumenta como media el CI cuando el número de picos de lloro aumenta en una unidad. Debido a que $b = 1{,}493$ es una estimación de la β desconocida, estimamos que, como media, el CI es 1,5 puntos mayor, por cada pico de lloro adicional.

Necesitamos la ordenada en el origen $a = 91{,}27$ para dibujar la recta, aunque de todas formas en este ejemplo no tiene ningún significado estadístico. Ningún bebé tuvo menos de 9 picos de lloro; por tanto, no tenemos datos cerca de $x = 0$. Sospechamos que todos los niños normales llorarían al pellizcarlos, en consecuencia nunca observaremos $x = 0$. ■

El parámetro que queda del modelo es la desviación típica σ, que describe la variabilidad de la respuesta y respecto a la verdadera recta de regresión. La recta mínimo-cuadrática estima la verdadera recta de regresión. En consecuencia, los *residuos* estiman en cuánto varía y con relación a la verdadera recta de regresión. Recuerda que los residuos son las desviaciones verticales de los puntos respecto a la recta de regresión mínimo-cuadrática.

Residuos

$$\begin{aligned}\text{Residuo} &= y \text{ observada} - y \text{ predicha} \\ &= y - \hat{y}\end{aligned}$$

Hay n residuos, uno para cada punto. Debido a que σ es la desviación típica de las respuestas con relación a la recta de regresión, la estimamos a partir de una desviación típica muestral de residuos. Llamamos a esta desviación típica muestral *error típico* para recalcar que se ha estimado a partir de los datos. Los residuos de una recta mínimo-cuadrática siempre tienen media cero. Esto simplifica su error típico.

ERROR TÍPICO DE LA RECTA MÍNIMO-CUADRÁTICA

El **error típico de la recta de regresión** es

$$s = \sqrt{\frac{1}{n-2}\sum \text{residuos}^2} = \sqrt{\frac{1}{n-2}\sum (y-\hat{y})^2}$$

Utiliza s para estimar la σ desconocida del modelo de regresión.

Para simplificar llamaremos s al error típico de una recta de regresión, ya que se utiliza muy a menudo en inferencia para la regresión. Fíjate en que s^2 es la suma de los cuadrados de las desviaciones de los puntos respecto a la recta, dividido por $n-2$, el número de puntos menos 2. Resulta que si conocemos $n-2$ de los n residuos, los restantes dos están determinados. En consecuencia, $n-2$ son los **grados de libertad** de s. Encontramos por primera vez la idea de grados de libertad cuando calculábamos la desviación típica muestral ordinaria de n observaciones, que tenía $n-1$ grados de libertad. Ahora observamos dos variables en lugar de una y los grados de libertad apropiados son $n-2$ en lugar de $n-1$. s^2 es una varianza.

Grados de libertad

El cálculo de s es laborioso. Tienes que hallar la respuesta predicha para cada x de tu conjunto de datos, luego los residuos y finalmente s. En la práctica utilizarás un ordenador que hace estos cálculos al instante. De todas formas, he aquí un ejemplo para estar seguros de que comprendes lo que es s.

EJEMPLO 11.3. Residuos y error típico

La tabla 11.1 muestra que el primer bebé estudiado presentó 10 picos de lloro y posteriormente un CI de 87. El valor del CI predicho para $x = 10$ es

$$\hat{y} = 91{,}27 + 1{,}493x$$
$$= 91{,}27 + 1{,}493(10) = 106{,}2$$

El residuo de esta observación es

$$\begin{aligned}\text{residuo} &= y - \hat{y} \\ &= 87 - 106{,}2 = -19{,}2\end{aligned}$$

Es decir, el CI observado para este bebé se encuentra 19,2 unidades por debajo de la recta mínimo-cuadrática.

Repite estos cálculos 37 veces más, una vez para cada sujeto. Los 38 residuos son

−19,20	−31,13	−22,65	−15,18	−12,18	−15,15	−16,63	−6,18
−1,70	−22,60	−6,68	−6,17	−9,15	−23,58	−9,14	2,80
−9,14	−1,66	−6,14	−12,60	0,34	−8.62	2,85	14,30
9,82	10,82	0,37	8,85	10,87	19,34	10,89	−2,55
20,85	24,35	18,94	32,89	18,47	51,32		

Comprueba los cálculos verificando que la suma de los residuos es cero. La suma no es exactamente cero, sino 0,04, debido a los errores de redondeo. Otra razón para utilizar un programa estadístico en la regresión es que los errores de redondeo en los cálculos hechos a mano se pueden acumular hasta convertir los resultados en inexactos.

La varianza de la recta de regresión es

$$\begin{aligned}s^2 &= \frac{1}{n-2}\sum \text{residuos}^2 \\ &= \frac{1}{38-2}[(-19{,}20)^2 + (-31{,}13)^2 + \cdots + 51{,}32^2] \\ &= \frac{1}{36}(11.023{,}3) = 306{,}20\end{aligned}$$

Finalmente, el error típico de la recta de regresión es

$$s = \sqrt{306{,}20} = 17{,}50$$

El programa da 17,4987 con 4 decimales; por tanto, el error resultante del redondeo con los cálculos a mano es pequeño. ■

En el contexto de la regresión estudiaremos varios tipos de inferencia. El error típico s de la recta es la medición clave de la variabilidad de las respuestas en regresión. El error típico de la regresión forma parte del error típico de todos los estadísticos que utilizaremos para hacer inferencia en regresión.

APLICA TUS CONOCIMIENTOS

11.1. Una especie extinguida. El *Archaeopteryx* es una especie extinguida que tenía plumas como un pájaro, pero que también tenía dientes y cola como un reptil. He aquí la longitud en centímetros del fémur y del húmero de cinco especímenes fósiles que conservan ambos huesos.[2]

Fémur	38	56	59	64	74
Húmero	41	63	70	72	84

La fuerte relación lineal entre la longitud de ambos huesos ayudó a persuadir a los científicos de que los cinco especímenes pertenecían a la misma especie.

(a) Examina atentamente los datos. Dibuja un diagrama de dispersión con la longitud del fémur como variable explicativa. Utiliza tu calculadora para obtener la correlación r y la ecuación de la recta de regresión mínimo-cuadrática. ¿Crees que la longitud del fémur permitirá hacer una buena predicción de la longitud del húmero?

(b) Explica con palabras lo que indica la pendiente β de la verdadera recta de regresión a propósito del *Archaeopteryx.* ¿Cuál es la estimación de β a partir de estos datos? ¿Cuál es tu estimación de la ordenada en el origen α de la verdadera recta de regresión?

(c) Calcula los residuos de los 5 puntos. Comprueba que su suma es cero (salvo el error de redondeo). Utiliza los residuos con el fin de estimar la desviación típica σ del modelo de regresión. Ahora ya has estimado los tres parámetros del modelo.

11.2. Consumo de gas natural. La tabla 11.2 presenta datos relativos al consumo de gas de la familia Sánchez durante 16 meses.[3] Este consumo es más elevado cuando hace frío. La tabla proporciona la media diaria del consumo de gas de cada mes, en metros cúbicos y la media diaria de los grados-día de calefacción durante el mes. (Se acumula un grado-día de calefacción por cada grado que la temperatura media diaria está por debajo de 18,5 °C.)

[2]M. A. Houck *et al.*, "Allometric scaling in the earliest fossil bird, *Archaeopteryx lithographica*", *Science*, 247, 1990, págs. 195-198.

[3]Datos proporcionados por Robert Dale, Purdue University.

Tabla 11.2. Media diaria de grados-día de calefacción y consumo de gas natural de la familia Sánchez.

Mes	Grados-día	Gas (m^3)	Mes	Grados-día	Gas (m^3)
Noviembre	13,3	17,6	Julio	0,0	3,4
Diciembre	28,3	30,5	Agosto	0,5	3,4
Enero	23,9	24,9	Septiembre	3,3	5,9
Febrero	18,3	21,0	Octubre	6,7	8,7
Marzo	14,4	14,8	Noviembre	16,7	17,9
Abril	7,2	11,2	Diciembre	17,8	20,2
Mayo	2,2	4,8	Enero	28,9	30,8
Junio	0,0	3,4	Febrero	16,7	19,3

(a) Queremos predecir el gas consumido a partir de los grados-día. Dibuja un diagrama de dispersión con estos datos. Utiliza una calculadora para hallar la correlación r y la ecuación de la recta mínimo-cuadrática. Describe la forma y la fuerza de la relación.

(b) Halla los residuos de los 16 puntos. Comprueba que su suma es 0 (salvo error de redondeo).

(c) La inferencia para el modelo de regresión consta de tres parámetros: α, β y σ. Estima estos parámetros a partir de los datos.

11.2.1 Intervalos de confianza para la pendiente de la regresión

La pendiente β de la verdadera recta de regresión es, frecuentemente, el parámetro más importante en problemas prácticos de regresión. La pendiente es la tasa de cambio de la respuesta media a medida que la variable explicativa aumenta de valor. A menudo queremos estimar β. La pendiente b de la recta mínimo-cuadrática es un estimador insesgado de β. Un intervalo de confianza para β es más útil, ya que indica qué exactitud es probable que tenga la estimación b. Un intervalo de confianza para β tiene la forma que ya conocemos

$$\text{estimación} \pm t^{*}\text{ET}_{\text{de la estimación}}$$

Debido a que b es nuestra estimación, el intervalo de confianza toma la forma

$$b \pm t^{*}\text{ET}_{b}$$

He aquí algunos detalles.

INTERVALO DE CONFIANZA PARA LA PENDIENTE DE LA REGRESIÓN

Un intervalo de confianza de nivel C para la pendiente β de la verdadera recta de regresión es

$$b \pm t^* \mathrm{ET}_b$$

En esta fórmula, el error típico de la pendiente mínimo-cuadrática b es

$$\mathrm{ET}_b = \frac{s}{\sqrt{\sum (x - \bar{x})^2}}$$

y t^* es el valor crítico superior $\frac{(1-C)}{2}$ de la distribución t con $n - 2$ grados de libertad.

Tal como anunciábamos, el error típico de b es un múltiplo de s. Aunque indiquemos la fórmula de este error típico, raramente tendrás que calcularlo a mano. Los programas de regresión dan el error típico ET de b juntamente con el valor de b.

EJEMPLO 11.4. Resultados de la regresión: lloro y CI

La figura 11.3 da los resultados básicos del estudio sobre el lloro, obtenidos con el programa estadístico Minitab. La mayoría de los programas estadísticos proporcionan resultados similares. (El Minitab, al igual que otros programas, da más resultados de los que se muestran en la figura. Cuando utilices este tipo de programas, ignora aquellas partes que no necesites.)

La primera línea da la ecuación de la recta de regresión mínimo-cuadrática. La pendiente y la ordenada en el origen se han redondeado. Fíjate en la columna "Coef" de la tabla para tener valores más exactos. La ordenada en el origen $a = 91{,}268$ aparece en la fila "Constant". La pendiente $b = 1{,}4929$ aparece en la fila "Lloro", ya que cuando entramos los datos llamamos a la variable x "Lloro".

La siguiente columna, encabezada por "StDev", da los errores típicos. En particular, $\mathrm{ET}_b = 0{,}4870$. El error típico de la recta, $s = 17{,}50$, aparece en la última fila de la tabla.

```
Regression Analysis
The regression equation is
CI = 91.3 + 1.49 Lloro

 Predictor       Coef     StDev        T        P
 Constant      91.268     8.934    10.22    0.000
 Lloro         1.4929    0.4870     3.07    0.004

S = 17.50                  R-Sq = 20.7%
```

Figura 11.3. Resultados de la regresión que predice el coeficiente de inteligencia a partir del lloro. Ejemplo 11.4.

Hay 38 puntos; por tanto, los grados de libertad son $n - 2 = 36$. Un intervalo de confianza del 95% para la verdadera pendiente β utiliza el valor crítico $t^* = 2{,}042$ de la fila gl $= 30$ de la tabla C. El intervalo es

$$\begin{aligned} b \pm t^*\text{ET}_b &= 1{,}4929 \pm (2{,}042)(0{,}4870) \\ &= 1{,}4929 \pm 0{,}9944 \\ &= 0{,}4985 \text{ a } 2{,}4873 \end{aligned}$$

Tenemos una confianza del 95% en que la media del CI aumente entre 0,5 y 2,5 puntos por cada pico de lloro adicional. ■

Puedes hallar un intervalo de confianza para la ordenada en el origen α de la verdadera recta de regresión de la misma manera, utilizando la a y el ET_a de la fila "Constant" del listado del ordenador. No es común querer estimar α.

APLICA TUS CONOCIMIENTOS

11.3. Tiempo en la mesa. El tiempo que los niños permanecen sentados en la mesa durante la comida, ¿puede ayudar a predecir cuánto comen? He aquí datos sobre 20 niños de tres años observados durante varios meses en un jardín de infancia.[4]

[4]Marion E. Dunshee, "A study of factors affecting the amount and kind of food eaten by nursery school children", *Child Development*, 2, 1931, págs. 163-183. El artículo proporciona las medias, las desviaciones típicas y las correlaciones de 37 niños, sin embargo, no proporciona los datos de partida.

"Tiempo" es la media del número de minutos que un niño permaneció en la mesa durante la comida. "Calorías" es la media del número de calorías que el niño consumió durante la comida, calculado a partir de una cuidadosa observación de lo que el niño comió cada día.

Tiempo	21,4	30,8	37,7	33,5	32,8	39,5	22,8	34,1	33,9	43,8
Calorías	472	498	465	456	423	437	508	431	479	454
Tiempo	42,4	43,1	29,2	31,3	28,6	32,9	30,6	35,1	33,0	43,7
Calorías	450	410	504	437	489	436	480	439	444	408

Dibuja un diagrama de dispersión con estos datos y halla la ecuación de la recta de regresión mínimo-cuadrática para predecir las calorías consumidas a partir de los tiempos de la mesa. Describe brevemente lo que muestran los datos sobre el comportamiento de los niños. Calcula un intervalo de confianza del 95% para la pendiente de la verdadera recta de regresión.

11.4. Consumo de gas natural. La figura 11.4 proporciona los resultados de la regresión para la predicción del consumo de gas de la familia Sánchez a partir de grados-día. Utiliza estos resultados para calcular un intervalo de confianza del 90% para la pendiente β de la verdadera recta de regresión. Explica lo que indican tus resultados sobre la respuesta del consumo de gas a la bajada de temperaturas.

```
The regression equation is
Consumo-Gas = 3.09 + 0.95 G-dia

 Predictor       Coef    StDev        T        P
 Constant      3.0948   0.3906     7.92    0.000
 G-dia        0.94996   0.0250    38.04    0.000

S = 0.9539              R-Sq = 99.0%
```

Figura 11.4. Resultados del Minitab sobre los datos de consumo de gas. Ejercicio 11.4.

11.5. El profesor Moore y la natación. He aquí datos sobre el tiempo (en minutos) que el profesor Moore tarda en nadar 1.800 metros y su ritmo cardíaco (pulsaciones por minuto) después de nadar:

Minutos	34,12	35,72	34,72	34,05	34,13	35,72	36,17	35,57
Pulsaciones	152	124	140	152	146	128	136	144
Minutos	35,37	35,57	35,43	36,05	34,85	34,70	34,75	33,93
Pulsaciones	148	144	136	124	148	144	140	156
Minutos	34,60	34,00	34,35	35,62	35,68	35,28	35,97	
Pulsaciones	136	148	148	132	124	132	139	

Un diagrama de dispersión muestra una relación lineal negativa: menos tiempo (en minutos) se asocia con un mayor ritmo cardíaco. He aquí parte de los resultados de la regresión hecha utilizando la hoja de cálculo Excel:

	Coefficients	Standard	t Stat	P-value
Intercept	479.9341457	66.22779275	7.246718119	3.87075E-07
X Variable	-9.694903394	1.888664503	-5.1332057	4.37908E-05

Calcula un intervalo de confianza del 90% para la pendiente de la verdadera recta de regresión. Explica lo que muestran tus resultados sobre la relación entre el tiempo de natación del profesor Moore y su ritmo cardíaco.

11.2.2 Contraste de hipótesis para una relación no lineal

También podemos contrastar hipótesis sobre el valor de la pendiente β. La hipótesis más común es

$$H_0 : \beta = 0$$

Una recta de regresión con pendiente 0 es horizontal. Es decir, la media de y no cambia en absoluto cuando cambia x. En consecuencia, esta H_0 indica que *no existe una verdadera relación lineal* entre x e y. Dicho de otra manera, H_0 indica que la *dependencia lineal* de y sobre x *no es de utilidad para predecir* y. Todavía se puede expresar de otra manera: H_0 indica que *no* existe una *correlación lineal* entre x e y en la población de la cual obtuvimos nuestros datos.

Puedes utilizar la prueba de que la pendiente es 0 para contrastar la hipótesis de que la correlación entre dos variables cuantitativas cualesquiera sea cero. Se trata de un truco útil. Fíjate que el contraste sobre la correlación sólo tiene sentido si las observaciones son una muestra aleatoria. Ésta no es la situación habitual, cuando los investigadores dan a x unos determinados valores de interés para los investigadores.

El estadístico de contraste se expresa como la estandarización de la pendiente mínimo-cuadrática b. Es otro estadístico t. He aquí los detalles.

PRUEBAS DE SIGNIFICACIÓN PARA LA PENDIENTE DE LA RECTA DE REGRESIÓN

Para contrastar la hipótesis $H_0 : \beta = 0$, calcula el estadístico t

$$t = \frac{b}{\mathrm{ET}_b}$$

En términos de una variable aleatoria T con una distribución $t(n-2)$, el valor P para la prueba de H_0 en contra de

$H_a : \beta > 0$ es $P(T \geq t)$

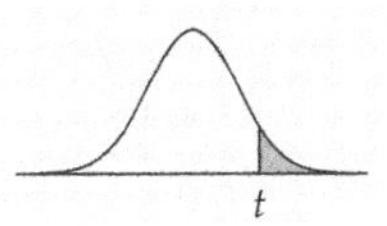

$H_a : \beta < 0$ es $P(T \leq t)$

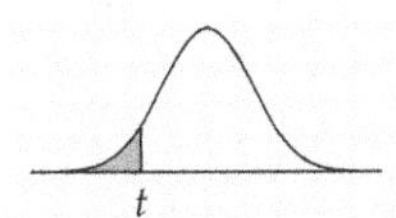

$H_a : \beta \neq 0$ es $2P(T \geq |t|)$

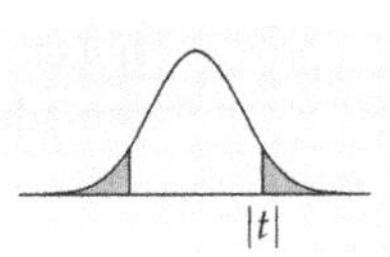

Esta prueba equivale a contrastar que la correlación poblacional es 0.

Los resultados de regresión de los programas estadísticos, generalmente, dan las t y sus valores P de *dos colas*. Para una prueba de una cola, divide el valor P de los resultados por 2.

EJEMPLO 11.5. Contraste sobre la pendiente de regresión

La hipótesis $H_0 : \beta = 0$ indica que no existe ninguna relación lineal entre el lloro y el CI. La figura 11.1 muestra que existe una relación lineal; por tanto, no es sorprendente que los resultados del ordenador de la figura 11.3 den $t = 3{,}07$ con un valor P de dos colas de 0,004. Existe una fuerte evidencia de que el CI está correlacionado con el lloro. ■

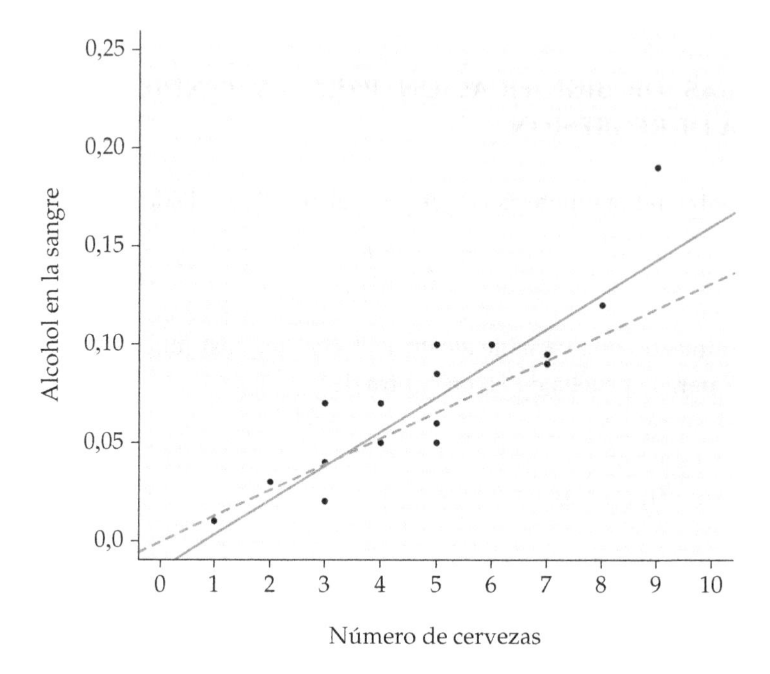

Figura 11.5. Diagrama de dispersión del contenido de alcohol en la sangre con relación al número de latas de cerveza tomadas. Para el ejemplo 11.6.

EJEMPLO 11.6. Cerveza y alcohol en la sangre

¿Se puede predecir el contenido de alcohol en la sangre de un estudiante a partir del número de cervezas que ha tomado? A dieciséis estudiantes universitarios voluntarios se les asignó al azar un número variable de latas de cerveza. Treinta minutos más tarde, un policía midió su contenido de alcohol en la sangre (CAS). He aquí los datos:

Estudiante	1	2	3	4	5	6	7	8
Cervezas	5	2	9	8	3	7	3	5
CAS	0,10	0,03	0,19	0,12	0,04	0,095	0,07	0,06
Estudiante	9	10	11	12	13	14	15	16
Cervezas	3	5	4	6	5	7	1	4
CAS	0,02	0,05	0,07	0,10	0,085	0,09	0,01	0,05

```
The regression equation is
CAS = - 0.0127 + 0.0180 Cervezas

 Predictor       Coef       StDev       T       P
 Constant    -0.01270     0.01264   -1.00   0.332
 Cervezas    0.017964    0.002402    7.48   0.000

S = 0.02044                 R-Sq = 80.0%
```

Figura 11.6. Resultados del Minitab del contenido de alcohol en la sangre. Para el ejemplo 11.6.

Hombres y mujeres estaban igualmente representados entre los estudiantes. Además de ser de distintos pesos, los estudiantes diferían en sus hábitos de bebida. Debido a esta variación, muchos estudiantes no creían que se pudiera predecir bien el contenido de alcohol en la sangre a partir del número de cervezas tomadas. ¿Qué dicen los datos?

El diagrama de dispersión de la Figura 11.5 muestra una clara relación lineal. La figura 11.6 muestra parte de los resultados de la regresión del Minitab. La recta de trazo continuo del diagrama de dispersión es la recta de regresión mínimo-cuadrática

$$\hat{y} = -0{,}0127 + 0{,}0180x$$

Debido a que $r^2 = 0{,}800$, el número de latas tomadas explica el 80% de la variación observada en el contenido de alcohol en la sangre. Es decir, los datos muestran que la opinión de los estudiantes es equivocada: el número de cervezas tomadas predice la concentración de alcohol en la sangre bastante bien. Cinco cervezas dan una media de

$$\hat{y} = -0{,}0127 + 0{,}0180(5) = 0{,}077$$

Un valor peligrosamente cercano al límite legal de 0,08 en muchos países.

Podemos contrastar la hipótesis de que el número de cervezas *no* tiene ningún efecto sobre el contenido de alcohol en la sangre frente a la alternativa de una cola de que más cervezas incrementa el contenido de alcohol en la sangre.

$$H_0 : \beta = 0$$

$$H_a : \beta > 0$$

No es ninguna sorpresa que el estadístico $t = 7{,}48$, para una prueba de dos colas, sea $P = 0{,}000$ con tres cifras decimales. El valor P de una cola, también queda cerca de 0. Comprueba que t es la pendiente $b = 0{,}01796$ dividida por su desviación típica $ET_b = 0{,}0024$.

El diagrama de dispersión muestra una observación atípica: el estudiante número 3, que bebió 9 cervezas. Puedes ver a partir de la figura 11.5 que esta observación es la que queda más lejos de la recta en la dirección de las ordenadas. Es decir, esta observación es la que tiene el mayor residuo. El estudiante número 3 también puede ser una observación influyente, aunque ésta no es un valor extremo con relación al eje de las abscisas. Para comprobar que nuestros resultados no dependen demasiado de esta observación, repite la regresión omitiendo al estudiante número 3. La nueva recta de regresión aparece con trazo discontinuo en la figura 11.5. La omisión del estudiante, disminuye r^2 del 80% al 77%, y cambia la predicción del contenido de alcohol en la sangre cuando se toman 5 cervezas de 0,077 a 0,073. Estos cambios pequeños muestran que esta observación no es muy influyente. ■

APLICA TUS CONOCIMIENTOS

11.6. Una especie extinguida. El ejercicio 11.1 presenta datos sobre la longitud de dos huesos de cinco fósiles de una especie extinguida, el *Archaeopteryx*. He aquí una parte de los resultados del programa estadístico S-PLUS cuando hacemos una regresión de la longitud y del húmero con respecto a la longitud x del fémur.

```
Coefficients:
                 Value   Std. Error   t value   Pr(>|t|)
  (Intercept)  -3.6596       4.4590   -0.8207     0.4719
        Femur   1.1969       0.0751
```

(a) ¿Cuál es la ecuación de la recta de regresión mínimo-cuadrática?

(b) Hemos omitido el estadístico t para contrastar $H_0 : \beta = 0$ y su valor P. Utiliza los resultados del ordenador para hallar t.

(c) ¿Cuántos grados de libertad tiene t? Utiliza la tabla C para aproximar el valor P de t para la alternativa de una cola $H_a : \beta > 0$.

11.7. El vino, ¿es bueno para el corazón? Existe alguna evidencia de que tomar vino de forma moderada ayuda a prevenir ataques al corazón. La tabla 2.3 proporciona datos sobre el consumo anual de vino (litros de alcohol ingerido en forma de vino, por persona) en 19 países desarrollados. ¿Existe una correlación negativa, estadísticamente significativa, entre el consumo de vino y los ataques al corazón?

11.8. ¿Se desperdicia gasolina conduciendo deprisa? El ejercicio 2.6 proporciona datos sobre el consumo de gasolina del Ford Escort a distintas velocidades; de 10 a 150 kilómetros por hora. ¿Existe evidencia de que haya dependencia lineal entre la velocidad y el consumo de combustible? Dibuja y utiliza un diagrama de dispersión para explicar los resultados de tu prueba.

11.3 Inferencia para la predicción

Una de las razones más comunes para ajustar una recta a unos datos es la predicción de la respuesta para un determinado valor de la variable explicativa. El método es sencillo: basta con sustituir el valor de x en la ecuación de la recta. En el ejemplo 11.6 vimos que tomar 5 cervezas da una concentración de media de alcohol en la sangre de

$$\hat{y} = -0{,}0127 + 0{,}0180(5) = 0{,}077$$

Nos gustaría calcular un intervalo de confianza que describiera qué exactitud tiene esta predicción. Para ello, tienes que responder a estas preguntas: ¿quieres predecir la concentración *media* de alcohol en la sangre cuando *todos los estudiantes* toman 5 cervezas? ¿O quieres predecir la concentración de alcohol en la sangre de *un estudiante* que toma ese mismo número de cervezas? Las dos predicciones pueden ser interesantes, pero son dos problemas distintos. La predicción real es la misma, $\hat{y} = 0{,}077$. Sin embargo, el error de estimación de los dos tipos de predicciones es distinto. Los estudiantes que toman 5 cervezas no tienen todos la misma concentración de alcohol en la sangre. El error de estimación de un solo estudiante será mayor que el error de estimación del contenido medio de alcohol de todos los estudiantes que han tomado 5 cervezas.

Denota el valor de la variable explicativa x considerada como x^*. En el ejemplo, $x^* = 5$. La distinción entre predecir el resultado de un estudiante y predecir la media de todos los resultados de todos los estudiantes cuando $x = x^*$ determina cuál es el error de estimación correcto. Para recalcar la distinción, utilizamos diferentes términos para referirnos a estos dos intervalos.

- Para estimar la respuesta *media*, utilizamos un *intervalo de confianza*. Es un intervalo de confianza del parámetro

$$\mu_y = \alpha + \beta x^*$$

El modelo de regresión dice que μ_y es la media de las respuestas y cuando x toma el valor x^*. Es un número fijo cuyo valor desconocemos.

Intervalo de predicción

- Para estimar una respuesta *individual* y, utilizamos un **intervalo de predicción**. Éste estima una respuesta aleatoria individual y más que un parámetro como μ_y. La respuesta y no es un número fijo. Si tomásemos más observaciones con $x = x^*$, obtendríamos respuestas distintas.

De todas formas, la interpretación de un intervalo de predicción es muy parecido a la interpretación de un intervalo de confianza. Un intervalo de predicción del 95%, al igual que un intervalo de confianza del 95%, es correcto en un 95% de las veces que se utiliza de forma repetida. "Uso repetido" significa repetición del muestreo de pares de valores de x e y. A partir de cada muestra formada por n pares de valores de x e y, y para un valor $x = x^*$ calculamos un intervalo de predicción para una respuesta individual. El 95% de estos intervalos de predicción realmente contiene la predicción del valor individual cuando $x = x^*$.

La interpretación de los intervalos de predicción es un aspecto secundario. Lo importante es que es más difícil predecir una respuesta individual que predecir la respuesta media. Los dos intervalos tienen la forma usual

$$\hat{y} \pm t^* \text{ET}$$

pero el intervalo de predicción es más ancho que el intervalo de confianza. He aquí los detalles.

INTERVALOS DE CONFIANZA Y DE PREDICCIÓN PARA LA RESPUESTA DE LA REGRESIÓN

Un intervalo de confianza de nivel C para la respuesta media μ_y, cuando x toma el valor x^* es

$$\hat{y} \pm t^* \text{ET}_{\hat{\mu}}$$

El error típico $\text{ET}_{\hat{\mu}}$ es

$$\text{ET}_{\hat{\mu}} = s\sqrt{\frac{1}{n} + \frac{(x^* - \bar{x})^2}{\sum(x - \bar{x})^2}}$$

La suma se calcula sobre todas las observaciones de la variable explicativa x. Un **intervalo de predicción de nivel C para una sola observación** de y cuando x toma el valor x^* es

$$\hat{y} \pm t^* \mathrm{ET}_{\hat{y}}$$

El error típico de la predicción $\mathrm{ET}_{\hat{y}}$ es[5]

$$\mathrm{ET}_{\hat{y}} = s\sqrt{1 + \frac{1}{n} + \frac{(x^* - \bar{x})^2}{\sum(x - \bar{x})^2}}$$

En las dos fórmulas, t^* es el valor crítico superior $\frac{(1-C)}{2}$ de la distribución t con $n - 2$ grados de libertad.

Hay dos errores típicos: $\mathrm{ET}_{\hat{\mu}}$ para estimar la respuesta media μ_y y $\mathrm{ET}_{\hat{y}}$ para predecir una respuesta individual y. La única diferencia entre los dos errores típicos es el 1 adicional dentro de la raíz cuadrada del error típico de la predicción. Este 1 adicional hace que el intervalo de predicción sea más ancho. Los dos errores típicos son múltiplos de s. Los grados de libertad son, otra vez, $n - 2$, los grados de libertad de s. Calcular estos errores típicos a mano es una incomodidad que nos evitan los programas estadísticos.

EJEMPLO 11.7. Predicción de alcohol en la sangre

Javier cree que puede conducir sin dar positivo en el control de alcoholemia, 30 minutos después de tomar 5 cervezas. Queremos predecir la concentración de alcohol en la sangre de Javier, sin utilizar más información que el hecho de que toma 5 cervezas. He aquí el resultado de la predicción obtenida con el Minitab para $x^* = 5$ cuando solicitamos intervalos del 95%:

```
Predicted Values

     Fit  StDev Fit         95.0% CI             95.0% PI
 0.07712    0.00513  (0.06612, 0.08812)  (0.03192, 0.12232)
```

[5]De forma estricta, este valor es la desviación típica estimada de $\hat{y} - y$, donde y es la observación adicional, que corresponde al valor $x = x^*$.

Los resultados del "Fit" dan la predicción de concentración de alcohol en la sangre: 0,07712. Esto concuerda con nuestro resultado del ejemplo 11.6. Minitab da los dos intervalos del 95%. Debes saber escoger el intervalo más adecuado al cálculo que quieras hacer. Predecimos una respuesta individual; por tanto, el intervalo de predicción "95% PI" es la elección correcta. Tenemos una confianza del 95% en que la concentración de alcohol en la sangre se situara entre 0,032 y 0,122. Si se dieran los valores mayores del intervalo, Javier no pasaría el control de alcoholemia. El intervalo de confianza del 95% para la concentración media de alcohol en la sangre de todos los estudiantes que han tomado 5 cervezas, dado como "95% CI", es más estrecho. ■

APLICA TUS CONOCIMIENTOS

11.9. El profesor y la natación. El ejercicio 11.5 proporciona datos sobre los tiempos y el ritmo cardíaco. Un día el profesor completó la distancia en 34,3 minutos pero olvidó tomarse el pulso. El Minitab nos proporciona la predicción del ritmo cardíaco cuando $x^* = 34{,}3$:

```
    Fit   StDev Fit        90.0% CI              95.0% PI
 147.40        1.97   (144.02, 150.78)   (135.79, 159.01)
```

(a) Comprueba que "Fit" es efectivamente la predicción del ritmo cardíaco de la recta mínimo-cuadrática hallada en el ejercicio 11.5. A continuación escoge uno de los intervalos de los resultados del programa estadístico para estimar el ritmo cardíaco del profesor ese día. Explica por qué utilizas este intervalo.

(b) El Minitab proporciona sólo uno de los errores típicos utilizados en la predicción. Este valor es $ET_{\hat{\mu}}$, error típico para la estimación de la respuesta media. Utiliza el $ET_{\hat{\mu}}$ y el valor crítico de la tabla C necesario para calcular un intervalo de confianza del 90% para la media el ritmo cardíaco para días con un tiempo de natación de 34,3 minutos.

11.10. Consumo de gas natural. La figura 11.4 da los resultados de un programa estadístico de la regresión del consumo de gas de la familia Sánchez con relación a los grados-día. Utiliza estos resultados para responder a las siguientes preguntas.

(a) En el mes de enero, después de instalar los paneles solares, hubo 20 grados-día diarios. Si los Sánchez no hubieran instalado los paneles solares, ¿cuál es tu predicción de su consumo de gas diario? En realidad consumieron 21 m^3 diarios. La instalación de los paneles solares, ¿qué ahorro de gas diario produjo?

(b) He aquí los resultados obtenidos con el Minitab de la predicción del consumo de gas con 20 grados-día diarios. Calcula un intervalo del 95% para el consumo medio diario de gas de los Sánchez durante ese mes de enero si no se hubieran instalado los paneles solares.

```
     Fit  StDev Fit         95.0% CI            95.0% PI
  8.6492     0.1216  (8.3883, 8.9100)   (7.8768, 9.4215)
```

(c) Calcula un intervalo del 95% para la media diaria de consumo de gas en los meses con 20 grados-día diarios.

(d) El Minitab solamente proporciona uno de los dos errores típicos utilizados en la predicción: el $ET_{\hat{\mu}}$, el error típico para la estimación de la respuesta media. Utiliza la tabla C y este error típico para hallar un intervalo del 90% para la media diaria de consumo de gas para un mes con 20 grados-día diarios.

11.4 Comprobación de los supuestos de la regresión

Puedes ajustar una recta mínimo-cuadrática a cualquier conjunto de datos de una variable explicativa y una variable respuesta cuando ambas variables son cuantitativas. Si el diagrama de dispersión no deja entrever una relación lineal, la recta ajustada puede ser inútil en la práctica. De todas formas, es la recta que mejor se ajusta a los datos en el sentido de los mínimos cuadrados. Sin embargo, para utilizar la inferencia en regresión, los datos deben satisfacer los supuestos en que se basa el modelo de regresión. Antes de cualquier inferencia, debemos comprobar estos supuestos uno a uno.

Las observaciones son independientes. Concretamente, no se pueden tener observaciones repetidas de un mismo individuo. Así, por ejemplo, no podemos utilizar la regresión para hacer inferencia sobre el crecimiento de un sólo niño a lo largo del tiempo.

La verdadera relación es lineal. No podemos observar la verdadera recta de regresión. Por tanto, casi nunca observaremos una perfecta relación lineal en nuestros datos. Mira el diagrama de dispersión para comprobar que el aspecto general de la relación es aproximadamente lineal. Un diagrama de residuos respecto a x hace más evidente cualquier forma extraña. Como referencia, traza una línea horizontal que pase por 0 en el diagrama de residuos para orientarte. Debido a que la suma de todos los residuos es siempre cero, el cero es también la media de los residuos.

La desviación típica de la respuesta a lo largo de la verdadera recta es siempre la misma. Observa el diagrama otra vez. La dispersión de los puntos a lo largo de la recta tiene que ser aproximadamente la misma a lo largo de todo el intervalo de datos. Un diagrama de residuos respecto a x, con una línea horizontal que pase por cero, hace más fácil la comprobación. Es bastante común hallar que a medida que la respuesta y se hace mayor, también se hace mayor la dispersión de los puntos respecto a la recta ajustada. Más que permanecer constante, la desviación típica σ a lo largo de la recta cambia con las x a medida que la respuesta media cambia con dichas x. No puedes utilizar de forma segura nuestras fórmulas cuando ocurre esto. En estas situaciones no existe un valor σ constante que pueda estimar s.

La respuesta varía normalmente con relación a la verdadera recta de regresión. No podemos observar la verdadera recta de regresión. Podemos observar la recta mínimo-cuadrática y los residuos, que muestran la variación de la respuesta respecto a la recta ajustada. Los residuos estiman las desviaciones de la respuesta a partir de la verdadera recta de regresión; por tanto, deben tener una distribución normal. Dibuja un histograma o un diagrama de tallos de los residuos y comprueba que no se observan asimetrías claras ni otras desviaciones de la normalidad. Al igual que otros procedimientos t, la inferencia para la regresión no es (con una excepción) muy sensible a la falta de normalidad, especialmente cuando tenemos muchas observaciones. Ten cuidado con las observaciones influyentes, que cambian la posición de la recta de regresión y que pueden afectar mucho a los resultados de la inferencia.

La excepción es el intervalo de predicción para una respuesta individual y. Este intervalo confía en la normalidad de las observaciones individuales, y no sólo en la normalidad aproximada de los estadísticos como la pendiente a o la ordenada en el origen b de la recta mínimo-cuadrática. Los estadísticos a y b son más normales a medida que tomamos más observaciones. Esto contribuye a la robustez de la inferencia para la regresión, pero no es suficiente para el intervalo de predicción. No estudiaremos los métodos que comprueban cuidadosamente la normalidad de los residuos. En consecuencia, tienes que considerar los intervalos de predicción como meras aproximaciones.

Los supuestos que justifican la inferencia para la regresión son algo complicados. Afortunadamente, no es difícil descubrir las violaciones más evidentes. Hay maneras de hacer frente a las violaciones de cualquiera de los supuestos del modelo de regresión. Si tus datos no se ajustan al modelo de regresión, pide ayuda a un experto. Para la comprobación de los supuestos utiliza los residuos. La mayor parte de los programas calcularán y guardarán los residuos.

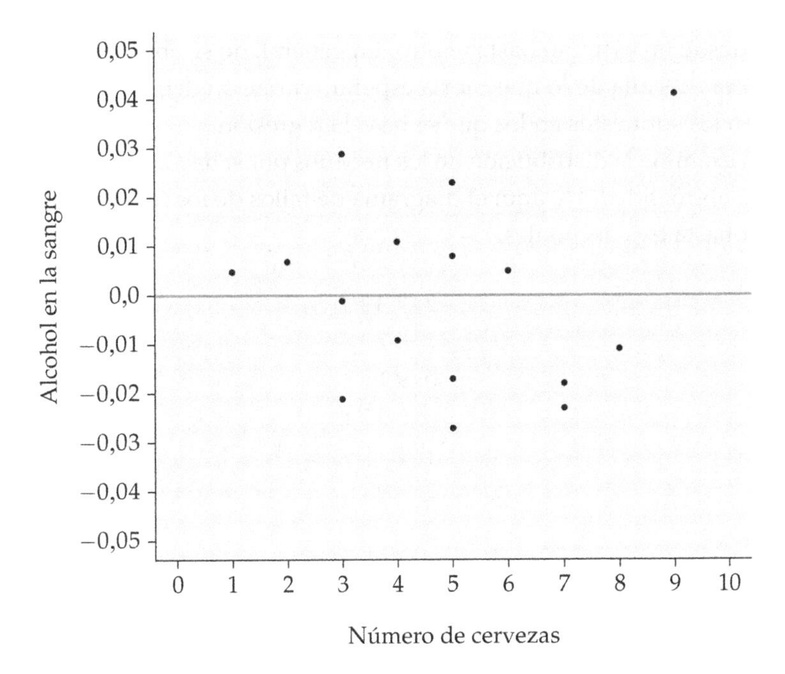

Figura 11.7. Diagrama de residuos correspondiente a los datos del contenido de alcohol en la sangre, con relación a la variable explicativa, número de cervezas tomadas. La media de los residuos es siempre 0.

EJEMPLO 11.8. Residuos de alcohol en la sangre

El ejemplo 11.6 ofrece la regresión para el contenido de alcohol en la sangre de 16 estudiantes en función del número de cervezas tomadas. El programa estadístico que hizo los cálculos de regresión también calcula los 16 residuos. Aquí están:

0,0229	0,0068	0,0410	−0,0110	−0,0012	−0,0180	0,0288	−0,0171
−0,0212	−0,0271	0,0108	0,0049	0,0079	−0,0230	0,0047	−0,0092

El diagrama de residuos aparece en la figura 11.7. Los valores de x están en el eje de las abscisas. Los residuos están en el eje de las ordenadas. Se ha dibujado una línea horizontal en 0.

Examina el diagrama de residuos para comprobar que la relación es aproximadamente lineal y que la dispersión a lo largo de la recta es aproximadamente la misma desde un extremo hasta al otro. En general, no se observa ninguna desviación clara más allá de lo que cabría esperar (variación debida al azar) cuando se cumplen los supuestos en los que se basa la regresión.

Ahora examina la distribución de los residuos por si hay indicios importantes de falta de normalidad. He aquí el diagrama de tallos de los residuos después de redondear hasta tres decimales:

```
-2 | 7 3 1
-1 | 8 7 1
-0 | 9 1
 0 | 5 5 7 8
 1 | 1
 2 | 3 9
 3 |
 4 | 1
```

El estudiante 3 se puede considerar una ligera observación atípica. En el ejemplo 11.6 vimos que la omisión de esta observación tenía poco efecto sobre la r^2 de la recta ajustada. También tiene poco efecto sobre la inferencia. Por ejemplo, $t = 7{,}58$ para la pendiente pasa a $t = 6{,}57$, un cambio que no tiene ninguna importancia práctica. ■

EJEMPLO 11.9. Utilización de los diagramas de residuos

Los diagramas de residuos de la figura 11.8 ilustran violaciones de los supuestos exigidos en la regresión que requieren una acción correctiva antes de poder utilizar la regresión. Los dos diagramas proceden de un estudio sobre salarios de los principales jugadores de béisbol de la liga de EE UU.[6] El salario es la variable respuesta. Hay varias variables explicativas que miden los resultados de los jugadores en el pasado. La regresión con más de una variable explicativa se llama **regresión múltiple**. A pesar de que la interpretación del modelo es más compleja en el caso de la regresión múltiple, comprobamos si se cumplen los supuestos examinando, como siempre, los residuos.

Regresión múltiple

[6]Los datos corresponden a los salarios y a los resultados en 1987. Estos datos los obtuvo y los distribuyó la American Statistical Association. El análisis que se presenta lo efectuó Crystal Richard de la Purdue University.

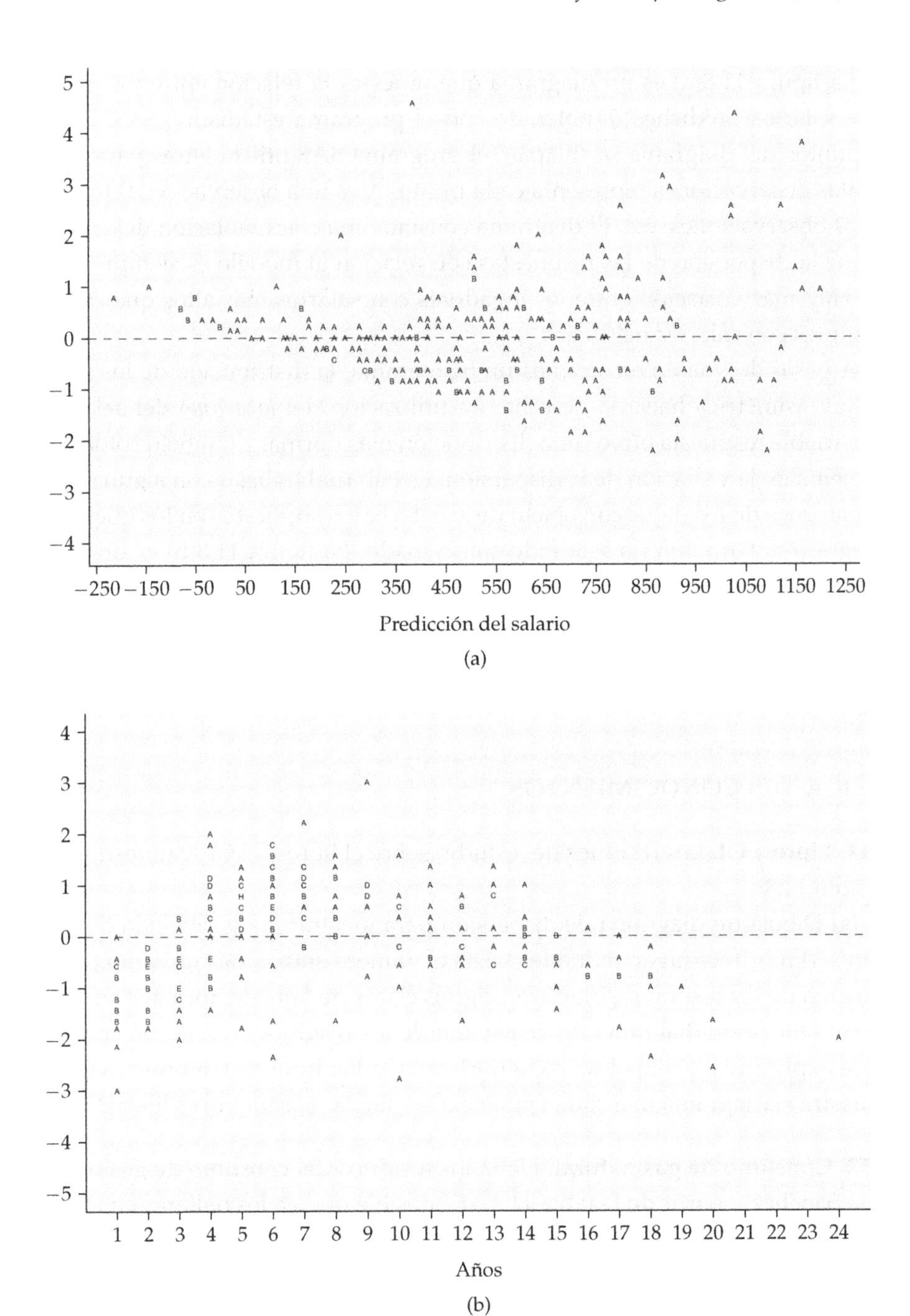

Figura 11.8. Dos diagramas de residuos que ilustran violaciones de los supuestos de la regresión. (a) La variación de los residuos no es constante. (b) Existe una relación curvilínea entre la variable respuesta y la variable explicativa.

La figura 11.8(a) es un diagrama que muestra la relación entre los residuos y los salarios predichos $\hat{y}$, obtenido con el programa estadístico SAS. Cuando los puntos del diagrama se solapan, el programa SAS utiliza letras para indicar cuántas observaciones representa cada punto. A es una observación, B representa dos observaciones, etc. El diagrama constata una clara violación del supuesto de que la dispersión de las respuestas con relación al modelo es siempre la misma. Hay más variación entre los jugadores con salarios más altos que entre los jugadores con salarios más bajos.

A pesar de que no mostramos un histograma, la distribución de los salarios es muy asimétrica hacia la derecha. La utilización del *logaritmo* del salario como variable respuesta ofrece una distribución más normal y también soluciona el problema de la variación de la dispersión. Es habitual trabajar con algunas transformaciones de los datos con objeto de satisfacer los supuestos en los que se basa la regresión. Pero aún no está todo solucionado. La figura 11.8(b) es un diagrama de dispersión de los nuevos residuos en relación con los años. Se observa una distribución claramente curvilínea. La relación entre el logaritmo del salario y los años, no es lineal sino curvilínea. El estadístico deberá llevar a cabo más acciones correctivas. ■

APLICA TUS CONOCIMIENTOS

11.11. Lloro y CI. Los residuos del estudio sobre el lloro y el CI se muestran en el ejemplo 11.3.

(a) Dibuja un diagrama de dispersión para mostrar la distribución de los residuos. (En primer lugar, redondea hasta el número entero más próximo.) La distribución de los residuos, ¿muestran signos claros de falta de normalidad?

(b) Dibuja un diagrama de dispersión de los residuos en relación con la variable explicativa. Dibuja una recta horizontal a la altura de 0 en este diagrama. ¿Muestra el diagrama una clara evidencia de que la relación no es lineal?

11.12. Consumo de gas natural. Halla los residuos del consumo de gas de la familia Sánchez a partir de la tabla 11.2. (Es posible que ya los hallaras en el ejercicio 11.2.)

(a) Representa la distribución de los residuos en un gráfico. Es difícil valorar la forma de la distribución con sólo 16 observaciones. Los residuos, ¿parecen aproximadamente simétricos? ¿Hay observaciones atípicas?

(b) Representa gráficamente los residuos con relación a la variable explicativa, grados-día. Dibuja una línea horizontal a la altura de 0 en el gráfico. ¿Existe una clara evidencia de que la relación no es lineal? ¿Se mantiene la variación a medida que cambian los grados-día?

RESUMEN

La regresión por mínimos cuadrados ajusta una recta a unos datos con objeto de predecir los valores de una variable respuesta y a partir de una variable explicativa x. La inferencia para la regresión exige una serie de supuestos.

El **modelo de regresión** establece que existe una **verdadera recta de regresión** $\mu_y = \alpha + \beta x$ que describe cómo varía la respuesta media a medida que x cambia de valor. La respuesta observada y para cualquier x tiene una distribución normal con una media dada por la verdadera recta de regresión y con la misma desviación típica α para cualquier valor de x. Los parámetros del modelo de regresión son la ordenada en el origen α, la pendiente β y la desviación típica α.

La pendiente b y la ordenada en el origen a de la recta mínimo-cuadrática estiman la pendiente β y la ordenada en el origen α de la verdadera recta de regresión. Para estimar σ, utiliza el **error típico residual s de la recta.**

El error típico s tiene $n - 2$ **grados de libertad**. Todos los procedimientos t empleados en la inferencia para la regresión tienen $n - 2$ grados de libertad.

Los **intervalos de confianza para la pendiente** de la verdadera recta de regresión tienen la forma $b \pm t^* \mathrm{ET}_b$. En la práctica, utiliza un programa estadístico para hallar la pendiente b de la recta mínimo-cuadrática y su error típico ET_b.

Para contrastar la hipótesis de que la verdadera pendiente es cero, utiliza el **estadístico t**, $t = \frac{b}{\mathrm{ET}_b}$, que también proporcionan los programas estadísticos. Esta hipótesis nula establece que la dependencia lineal de y respecto a x no tiene interés para predecir y. También establece que la correlación poblacional entre x e y es cero.

Los **intervalos de confianza para la respuesta media** cuando x toma el valor x^* tienen la forma $\hat{y} \pm t^* \mathrm{ET}_{\hat{\mu}}$. Los **intervalos de predicción** para una respuesta futura individual y tienen una forma similar con un error típico mayor, $\hat{y} \pm t^* \mathrm{ET}_{\hat{y}}$. Los programas estadísticos dan, a menudo, estos intervalos.

REPASO DEL CAPÍTULO 11

Los métodos de análisis de datos son válidos para cualquier conjunto de datos. Podemos dibujar un diagrama de dispersión y calcular la correlación y la recta mínimo-cuadrática siempre que tengamos datos sobre dos variables cuantitativas. De todas formas, la inferencia estadística solamente tiene sentido en determinadas circunstancias. El modelo de regresión describe las circunstancias en las cuales se puede hacer inferencia para la regresión. Este modelo de regresión incluye un nuevo parámetro, la desviación típica σ que cuantifica la variación de la y cuando x se mantiene constante. La estimación de σ es la clave de la inferencia para la regresión. Utilizamos el error típico s (aproximadamente, la desviación típica muestral de los residuos) para estimar σ. He aquí lo que tienes que ser capaz de hacer después de estudiar este capítulo.

A. PRELIMINARES

1. Dibujar un diagrama de dispersión para mostrar la relación entre una variable explicativa y una variable respuesta.
2. Utilizar una calculadora, o un programa estadístico, para hallar la correlación y la recta de regresión mínimo-cuadrática.

B. IDENTIFICACIÓN

1. Identificar en qué situación se puede utilizar la regresión: cuando se observa una relación lineal entre una variable explicativa x y una variable respuesta y.
2. Identificar qué tipo de inferencia necesitas para una determinada situación en la que has utilizado la regresión.
3. Inspeccionar los datos para reconocer las situaciones en las cuales la inferencia no es segura: una relación no lineal, observaciones influyentes, una distribución muy asimétrica de residuos en una muestra pequeña, o una dispersión variable de los puntos a lo largo de la recta de regresión.

C. UTILIZACIÓN DE PROGRAMAS INFORMÁTICOS PARA INFERENCIA

1. Explicar en cualquier situación concreta el significado de la pendiente β de la verdadera recta de regresión.
2. Comprender los resultados de la regresión que dan los programas estadísticos. Hallar en los resultados la pendiente y la ordenada en el origen de la recta mínimo-cuadrática, sus errores típicos y el error típico residual de la recta.

3. Utilizar esta información para llevar a cabo pruebas de significación y para calcular intervalos de confianza para β.
4. Explicar la distinción entre un intervalo de confianza para la respuesta media y un intervalo de predicción para una respuesta individual.
5. Si los programas estadísticos dan resultados sobre la predicción, utilizar esos resultados para calcular intervalos de confianza o intervalos de predicción.

EJERCICIOS DE REPASO DEL CAPÍTULO 11

11.13. Manatís en peligro. Los manatís son unas criaturas marinas grandes y apacibles que viven a lo largo de la costa de Florida. Las lanchas motoras matan o lastiman muchos de estos animales. He aquí datos sobre las lanchas motoras registradas (en miles) y el número de manatís muertos por las lanchas en Florida entre los años 1977 y 1990.

Año	Lanchas registradas	Manatís muertos	Año	Lanchas registradas	Manatís muertos
1977	447	13	1984	559	34
1978	460	21	1985	585	33
1979	481	24	1986	614	33
1980	498	16	1987	645	39
1981	513	24	1988	675	43
1982	512	20	1989	711	50
1983	526	15	1990	719	47

(a) Dibuja un diagrama de dispersión que muestre la relación entre el número de lanchas motoras registradas y los manatís muertos. La forma de la relación entre las dos variables, ¿es aproximadamente lineal? ¿Existen observaciones atípicas claras u observaciones influyentes fuertes?

(b) He aquí parte de los resultados de la regresión obtenidos con el Minitab:

```
Predictor        Coef      StDev        T       P
Constant      -41.430      7.412    -5.59   0.000
lanchas       0.12486    0.01290     9.68   0.000

S = 4.276                R-Sq = 88.6%
```

¿Qué indica $r^2 - 0{,}886$ a propósito de la relación entre lanchas y manatís muertos?

(c) Explica lo que significa, en esta situación, la pendiente β de la verdadera recta de regresión. Luego calcula un intervalo de confianza del 90% para β.

11.14. Predicción de manatís muertos. El ejercicio anterior proporciona datos sobre los manatís de Florida muertos durante los años 1977 a 1990.

(a) A partir de estos datos, quieres predecir el número de manatís muertos en un determinado año con 716.000 lanchas motoras registradas. Utiliza los resultados de la regresión del ejercicio anterior para hallar la predicción.

(b) He aquí los resultados obtenidos con el Minitab sobre la predicción para $x^* = 716$

```
    Fit  StDev Fit       95.0% CI            95.0% PI
  47.97       2.23   (43.11, 52.83)   (37.46, 58.48)
```

Comprueba que la predicción 47,97 concuerda con tu resultado en (a). Luego calcula un intervalo del 95% para la media del número de manatís que morirían en un año en el que el número de licencias fuera de 716.000.

(c) He aquí los resultados de cuatro años más:

1991	716	53	1993	716	35
1992	716	38	1994	735	49

Es decir, el número de licencias se mantiene en 716.000. El número de manatís muertos durante estos años, ¿se mantiene dentro de tu intervalo de predicción?

11.15. Más predicciones sobre manatís muertos. El ejercicio 11.14 proporciona un intervalo del 95% para la predicción del número de manatís muertos cuando se registran 716.000 lanchas. Los resultados del programa solamente dan uno de los errores típicos utilizados en la predicción. Es el error típico para la predicción de la respuesta media, $ET_{\hat{\mu}}$. Utiliza la tabla C y este error típico para calcular un intervalo de confianza del 90% para los años con 716.000 lanchas registradas.

11.16. Castores y larvas de coleóptero. A menudo los ecólogos hallan relaciones sorprendentes en nuestro entorno. Un estudio parece mostrar que los castores pueden ser beneficiosos para una determinada especie de coleóptero. Los investigadores establecieron 23 parcelas circulares, cada una de ellas de 4 metros de diámetro, en una zona en la que los castores provocaban la caída de álamos al alimentarse de su corteza. En cada parcela, los investigadores determinaron el número de tocones resultantes de los árboles derribados por los castores y el número de larvas de coleóptero. He aquí los datos:[7]

Tocones	2	2	1	3	3	4	3	1	2	5	1	3
Larvas	10	30	12	24	36	40	43	11	27	56	18	40
Tocones	2	1	2	2	1	1	4	1	2	1	4	
Larvas	25	8	21	14	16	6	54	9	13	14	50	

(a) Dibuja un diagrama de dispersión que muestre la influencia del número de tocones sobre el número de larvas. ¿Qué muestra tu diagrama?

(b) He aquí parte de los resultados de la regresión para estos datos utilizando el Minitab:

```
Predictor      Coef   StDev        T        P
Constant     -1.286   2.853    -0.45    0.657
Tocones      11.894   1.136    10.47    0.000

S = 6.419                R-Sq = 83.9%
```

Halla la recta de regresión mínimo-cuadrática y dibújala en tu diagrama de dispersión. ¿Qué porcentaje de la variación observada en el número de larvas se puede explicar por la dependencia lineal con el número de tocones?

(c) ¿Existe evidencia clara de que el número de tocones ayuda a explicar el número de larvas? Plantea las hipótesis, del estadístico de contraste y su valor P. ¿Cuáles son tus conclusiones?

11.17. Residuos de la relación entre castores y larvas de coleóptero. A menudo los programas estadísticos calculan los residuos, así como los **residuos estandarizados**. A partir de los valores de estos residuos estandarizados es más fácil determinar si existen valores extremos. He aquí los residuos estandarizados del ejercicio anterior, redondeados hasta dos decimales:

−1,99	1,20	0,23	−1,67	0,26	−1,06	1,38	0,06
0,72	−0,40	1,21	0,90	0,40	−0,43	−0,24	−1,36
0,88	−0,75	1,30	−0,26	−1,51	0,55	0,62	

[7]G. D. Martinsen, E. M. Driebe y T. G. Whitham, "Indirect interactions mediated by changing plant chemistry: beaver browsing benefits beetles", *Ecology*, 79, 1998, págs. 192-200.

(a) Halla la media y la desviación típica de los residuos estandarizados. ¿Por qué los valores obtenidos son casi iguales a los esperados?

(b) Dibuja un diagrama de dispersión con los valores estandarizados. ¿Existen valores que se alejen de forma sorprendente de una distribución normal? El valor residual más extremo es $z = -1{,}99$. Teniendo en cuenta que tenemos 23 observaciones, ¿tener una valor extremo es sorprendente para una distribución normal? Justifica tu respuesta.

(c) Representa los valores residuales en relación con la variable explicativa. La distribución de los residuos, ¿presenta alguna anomalía?

11.18. Inversiones en y fuera de EE UU. Unos inversores preguntan por la relación entre los rendimientos de las inversiones en EE UU y fuera de ellos. La tabla 2.7 proporciona datos sobre los rendimientos totales (expresados como porcentajes) de determinados valores bursátiles comunes en EE UU y fuera de EE UU durante un periodo de 27 años.

(a) Dibuja un diagrama de dispersión adecuado para predecir los rendimientos fuera de EE UU a partir de los rendimientos en EE UU.

(b) He aquí parte de los resultados de la regresión obtenidos con el Minitab:

```
Predictor        Coef    StDev       T       P
Constant        5.683    5.144    1.10   0.280
rendimientos   0.6181   0.2369

S = 19.90                R-Sq = 21.4%
```

Hemos eliminado el estadístico t y el valor P correspondiente a la inferencia sobre β. ¿Cuál es el valor de t? ¿Cuántos grados de libertad tiene? A partir de la tabla C, determina la intensidad de la relación lineal entre los rendimientos de las acciones fuera de EE UU en relación con los rendimientos en EE UU.

(c) He aquí los resultados de la predicción de los rendimientos de las acciones fuera de EE UU cuando el rendimiento de las mismas en EE UU era del 15%:

```
  Fit  StDev Fit       90.0% CI            90.0% PI
14.95       3.83  (8.41, 21.50)  (-19.65, 49.56)
```

Comprueba el valor de "Fit" utilizando la recta de regresión mínimo-cuadrática de los resultados de ordenados del apartado (b). ¿Crees que el rendimiento de las acciones será del 15% el año próximo? Calcula un intervalo del 90% para la predicción de los rendimientos de los valores fuera de EE UU, si estás de acuerdo con esta predicción.

(d) ¿La predicción de la regresión es útil en la práctica? Utiliza el valor de r^2 de esta regresión para apoyarte en tu explicación.

11.19. Residuos de los rendimientos en Bolsa. El ejercicio 11.18 presenta una regresión para los rendimientos de los valores bursátiles fuera de EE UU con relación a los rendimientos de los valores bursátiles en EE UU con datos de 27 años. Los residuos de la regresión (ordenados de acuerdo con los años) son

14,89	18,93	−11,44	−12,57	6,72	−17,77	16,99	22,96	−12,13
−3,05	−4,89	−20,87	4,17	−2,05	30,98	52,22	15,76	12,36
−14,78	−27,17	−12,04	−22,18	20,97	−0,29	−17,72	−13,80	−24,23

(a) Representa gráficamente los residuos de la regresión con relación a los rendimientos en EE UU. El gráfico sugiere que existe una ligera violación de uno de los supuestos en los que se basa la inferencia para la regresión. ¿Cuál?

(b) Representa la distribución de los residuos en un gráfico. En que medida, ¿la forma de distribución es ligeramente no-normal? Existe una posible observación atípica. Marca ese punto en el diagrama de residuos en (a). ¿A qué año corresponde? Este punto no es muy influyente. Calculando otra vez la regresión sin este punto los resultados no cambian mucho. Podemos hacer inferencia para la regresión con los 27 datos.

11.20 (Optativo). Intervalo de confianza para la ordenada en el origen. La figura 11.4 da los resultados sobre la regresión de los consumos de gas con relación a los grados-día obtenidos con Minitab. En el ejercicio 11.4 utilizaste estos resultados para hallar un intervalo de confianza del 90% para la pendiente β de la verdadera recta de regresión. La ordenada en el origen α de la verdadera recta de regresión es la media del consumo de gas de la familia Sánchez cuando hay cero grados-día. (Hay cero grados-día cuando la temperatura media es igual o superior a 18,5 °C.) Los intervalos de confianza para α tienen la forma

$$a \pm t^* \mathrm{ET}_a$$

Utiliza la ordenada en el origen a de la recta de regresión mínimo-cuadrática y su error típico, que se da en los resultados del ordenador, para hallar un intervalo de confianza del 95% para α (los grados de libertad son, otra vez, $n - 2$).

11.21. La gente obesa, ¿consume más energía? El nivel metabólico de una persona, es decir, el ritmo al que su cuerpo consume energía, es un factor importante a tener en cuenta en los estudios de dietética. El peso magro corporal (peso total descontando su contenido en grasa) tiene una gran influencia sobre el nivel metabólico. La tabla 2.2 proporciona datos de 19 personas. Como hombres y mujeres se comportan de forma similar, no tendremos en cuenta el sexo. He aquí datos sobre el peso magro (en kilogramos) y el nivel metabólico (en calorías):

Peso magro	62,0	62,9	36,1	54,6	48,5	42,0	47,4	50,6	42,0	48,7
Nivel metabólico	1.792	1.666	995	1.425	1.396	1.418	1.362	1.502	1.256	1.614
Peso magro	40,3	33,1	51,9	42,4	34,5	51,1	42,2	51,9	46,9	
Nivel metabólico	1.189	913	1.460	1.124	1.052	1.347	1.204	1.867	1.439	

Utiliza un programa para analizar estos datos. Dibuja un diagrama de dispersión y halla la recta de regresión mínimo-cuadrática. Calcula un intervalo de confianza del 90% para la pendiente β y explica de forma clara lo que indica tu intervalo sobre la relación entre el peso magro corporal y el nivel metabólico. Halla los residuos y examínalos. ¿Se cumplen los supuestos en los que se basa la inferencia para la regresión?

11.22. Malas hierbas del maíz. La cañota es una mala hierba que se encuentra a menudo en los campos de maíz. Un ingeniero agrónomo infectó con semillas de cañota, a distintas densidades, 16 parcelas de maíz sembradas a la misma densidad de plantas. No se permitió el crecimiento de otras malas hierbas en las parcelas experimentales. He aquí los rendimientos del maíz (en toneladas por hectárea) en cada una de las parcelas:[8]

Semillas por metro	Rendimiento del maíz	Semillas por metro	Rendimiento del maíz
0	11,2	1	11,1
0	11,5	1	10,5
0	11,1	1	11,2
0	11,9	1	10,8
3	10,6	9	10,9
3	11,8	9	9,5
3	10,3	9	10,9
3	10,5	9	10,8

[8]Datos proporcionados por Samuel Phillips, Purdue University.

Utiliza un programa estadístico para analizar estos datos.

(a) Dibuja un diagrama de dispersión y halla la recta de regresión mínimo-cuadrática. ¿Qué porcentaje de la variación observada en el rendimiento del maíz se puede explicar a partir de la relación lineal entre el rendimiento del maíz y el número de malas hierbas por metro lineal?

(b) ¿Existe una evidencia clara de que más malas hierbas reducen el rendimiento del maíz?

(c) Explica a partir de tus resultados en (a) y (b) por qué esperas que las predicciones basadas en esta regresión sean bastante imprecisas. Predice la media del rendimiento del maíz en las condiciones experimentales cuando hay 6 malas hierbas por metro lineal. Si lo permite tu programa, calcula un intervalo de confianza del 95% para esta media.

11.23. Consumo en ciudad y en carretera. ¿Se puede predecir el consumo en carretera de un automóvil a partir de su consumo en ciudad? En la página web <http://www.antonibosch.com> hallarás el archivo *ejercicio11-23.dat* que contiene datos de los consumos en ciudad y carretera de una muestra de 29 modelos de coches y de una muestra de modelos de 26 todoterrenos.[9] Utiliza un programa estadístico para analizar estos datos.

(a) Dibuja un diagrama de dispersión con los datos. Utiliza símbolos distintos para los coches y para los todoterrenos. La relación, ¿es positiva o negativa? ¿Existe una relación lineal? ¿Existen diferencias entre los dos tipos de vehículos?

(b) Existe una clara observación atípica. Señálala en tu diagrama. Esta observación corresponde al Volkswagen Passat con motor diesel. Halla la correlación entre los consumos en ciudad y en carretera, con la observación atípica y sin ella. ¿Por qué disminuye r cuando eliminamos este punto? Debido a que es el único vehículo con motor diesel, elimina este dato antes se seguir haciendo más análisis.

(c) Halla la ecuación de la recta de regresión mínimo-cuadrática para predecir el consumo en carretera a partir del consumo en ciudad. Dibuja la recta en tu diagrama de dispersión de (a).

(d) Halla los residuos. Los valores residuales más extremos son $-1{,}83$ y $2{,}54$. Localiza y marca en el diagrama de dispersión del apartado (a) los valores correspondientes a estos residuos. ¿Por qué podemos considerar estos valores poco

[9] *Model Year 1998 Fuel Economy Guide*, de la Environmental Protection Agency's. Se puede consultar en la página web <http://www.epa.gov>.

habituales? Muestra gráficamente la distribución de los residuos. Dibuja también un diagrama para mostrar la relación entre los residuos y el consumo en ciudad. La distribución de los residuos, ¿es razonablemente simétrica? (aparte de las dos observaciones atípicas). El diagrama de dispersión, ¿es aceptable?

(e) Explica el significado de la pendiente β de la verdadera recta de regresión en esta situación. Calcula un intervalo de confianza del 95% para β.

11.24. Tamaño de peces. La tabla 11.3 contiene datos sobre el tamaño de las percas capturadas en un lago de Finlandia.[10] Un programa estadístico te facilitaría el análisis de estos datos.

(a) Queremos conocer si podemos predecir la anchura de las percas a partir de su longitud. Dibuja un diagrama de dispersión de la anchura y la longitud de las percas. Existe una relación lineal fuerte tal como esperábamos. La perca número 143 tenía 6 peces acabados de ingerir en su estómago. Señala esta perca en el diagrama de dispersión. Esta observación, ¿es una observación atípica?

(b) Utiliza la recta de regresión mínimo-cuadrática para predecir la anchura de una perca a partir de su longitud.

(c) La longitud de una perca típica es aproximadamente $x^* = 27$ centímetros. Predice la media de las anchuras de estos peces y calcula un intervalo de confianza del 95% para esta media.

(d) Examina los residuos. ¿Existe alguna razón para desconfiar de la inferencia? La longitud del pez número 143, ¿es inusualmente grande?

11.25. Peso de peces. También podemos utilizar los datos de la tabla 11.3 para estudiar la posibilidad de hacer predicciones sobre el peso de una perca a partir de su longitud.

(a) Dibuja un diagrama de dispersión con el peso y la longitud de las percas, con la longitud como variable explicativa. Describe el aspecto de la relación que se observa en el diagrama de datos e identifica cualquier observación atípica clara.

(b) Es más razonable esperar que la raíz cúbica del peso tenga una relación lineal con la longitud, que esperar que el peso tenga una relación lineal con la longitud. Explica por qué esto es cierto. (Sugerencia: ¿qué le ocurre al peso si se doblan la longitud, la anchura y el grosor?)

[10]Pekka Brofeldt, "Bidrag till kaennedom on fiskbestondet i vaara sjoear. Laengelmaevesi" en T. H. Jaervi, *Finlands Fiskeriet*, Band 4, *Meddelanden utgivna av fiskerifoereningen i Finland*, Helsinki, 1917. Los datos los proporcionó Juha Puranen de la Universidad de Helsinki.

Tabla 11.3. Medidas de 56 percas

Número de pez	Peso (gramos)	Longitud (cm)	Anchura (cm)	Número de pez	Peso (gramos)	Longitud (cm)	Anchura (cm)
104	5.9	8.8	1.4	132	197.0	27.0	4.2
105	32.0	14.7	2.0	133	218.0	28.0	4.1
106	40.0	16.0	2.4	134	300.0	28.7	5.1
107	51.5	17.2	2.6	135	260.0	28.9	4.3
108	70.0	18.5	2.9	136	265.0	28.9	4.3
109	100.0	19.2	3.3	137	250.0	28.9	4.6
110	78.0	19.4	3.1	138	250.0	29.4	4.2
111	80.0	20.2	3.1	139	300.0	30.1	4.6
112	85.0	20.8	3.0	140	320.0	31.6	4.8
113	85.0	21.0	2.8	141	514.0	34.0	6.0
114	110.0	22.5	3.6	142	556.0	36.5	6.4
115	115.0	22.5	3.3	143	840.0	37.3	7.8
116	125.0	22.5	3.7	144	685.0	39.0	6.9
117	130.0	22.8	3.5	145	700.0	38.3	6.7
118	120.0	23.5	3.4	146	700.0	39.4	6.3
119	120.0	23.5	3.5	147	690.0	39.3	6.4
120	130.0	23.5	3.5	148	900.0	41.4	7.5
121	135.0	23.5	3.5	149	650.0	41.4	6.0
122	110.0	23.5	4.0	150	820.0	41.3	7.4
123	130.0	24.0	3.6	151	850.0	42.3	7.1
124	150.0	24.0	3.6	152	900.0	42.5	7.2
125	145.0	24.2	3.6	153	1015.0	42.4	7.5
126	150.0	24.5	3.6	154	820.0	42.5	6.6
127	170.0	25.0	3.7	155	1100.0	44.6	6.9
128	225.0	25.5	3.7	156	1000.0	45.2	7.3
129	145.0	25.5	3.8	157	1100.0	45.5	7.4
130	188.0	26.2	4.2	158	1000.0	46.0	8.1
131	180.0	26.5	3.7	159	1000.0	46.6	7.6

(c) Utiliza tu ordenador para crear una nueva variable que sea la raíz cúbica del peso. Dibuja un diagrama de dispersión con esta nueva variable respuesta y la longitud. Describe la relación entre ambas variables e identifica cualquier observación atípica clara.

(d) ¿La relación lineal en (c) es más fuerte o más débil que la relación en (a)? Compara los diagramas y los valores de r^2.

(e) Halla la recta de regresión mínimo-cuadrática para predecir la nueva variable peso a partir de la longitud. Predice la media de la nueva variable para percas de 27 cm de longitud y da un intervalo de confianza del 95%.

(f) Examina los residuos de tus regresiones. Los residuos, ¿parecen indicar que no se cumplen algunos de los supuestos en los que se basa la regresión?

12. PRUEBAS NO PARAMÉTRICAS

FRANK WILCOXON

Se considera que los métodos no paramétricos fueron utilizados por primera vez por J. Arbuthnot, cuando estudió el número de niños y niñas bautizados en Londres entre 1629 y 1710. Arbuthnot observó que se bautizaban más niños que niñas. Llegó a la conclusión de que la probabilidad de que se bautizara un niño no era la misma que la de que se bautizara una niña. Sus conclusiones se basaron en una prueba no paramétrica: la prueba de los signos.

De todas formas, los fundamentos de la estadística no paramétrica hay que buscarlos a mediados del siglo XIX con las contribuciones científicas de Wilcoxon (1945), y de Mann y Whitney (1947).

Frank Wilcoxon (1892-1965) se doctoró en Química en 1924 en la Cornell University. Un año más tarde se incorporó al Boy Thompson Institute, donde investigó las propiedades de los coloides cúpricos con propiedades funguicidas.

La mayor parte de sus publicaciones científicas fueron sobre química y bioquímica. Su interés por la estadística nació en 1925 tras la lectura del libro de R. A. Fisher *Statistical Methods for Research Workers*. La primera publicación de Wilcoxon en el campo de la estadística fue un trabajo sobre su aplicación a la patología vegetal.

Sin duda, la contribución más importante de Frank Wilcoxon a la estadística fue la publicación en 1945 del artículo "Individual comparisons by ranking methods" en *Biometrics*. En dicha publicación da a conocer sus dos métodos de inferencia basados en rangos: la prueba de suma de rangos para la comparación de dos muestras independientes, y la prueba de suma de rangos de diferencias para diseños de muestras por pares. Esta publicación, junto con la de H. Mann y D. R. Whitney (1947) del artículo titulado "On a test of whether one or two random variables is stochastically larger than the other" en la revista *Annals of Mathematical Statistics*, significaron el despertar del interés de la comunidad científica por los métodos no paramétricos.

12.1 Introducción

Los métodos de inferencia más utilizados para medias de variables respuesta cuantitativas suponen que estas variables tienen distribuciones normales en la población o poblaciones de las que obtuvimos los datos. En la práctica, no existe ninguna distribución que sea exactamente normal. Sin embargo, los métodos que utilizamos habitualmente para hacer inferencia sobre medias poblacionales (procedimientos t de una muestra, procedimientos t de dos muestras y análisis de la varianza) son bastante **robustos**. Es decir, los resultados de la inferencia no son muy sensibles a faltas moderadas de normalidad, especialmente cuando las muestras son razonablemente grandes. En el capítulo 7 se comenta con detalle cómo obtener, en la práctica, el máximo partido a la robustez de estos procedimientos.

Robustez

Cuando una representación gráfica nos indica que la distribución de los datos es claramente no normal, ¿qué podemos hacer? No es una pregunta fácil. Vamos a ver algunas posibilidades:

Observaciones atípicas

1. Una **observación atípica** es una observación que puede proceder de una población distinta que la mayoría de las observaciones. Para decidir qué hacer con ella, tienes que conocer su origen. Por ejemplo, si procede de un fallo en el aparato que utilizamos para medir, entonces puedes eliminar la observación atípica y analizar los restantes datos. Si la observación atípica es un "dato real", es arriesgado sacar conclusiones a partir de unos pocos datos. Éste es el consejo que damos al investigador del desarrollo infantil del ejemplo 2.13.

Transformación de datos

2. Algunas veces podemos **transformar** nuestros datos de manera que su distribución sea aproximadamente normal. Transformaciones, como por ejemplo las logarítmicas que tiran de la cola larga de una distribución asimétrica hacia la derecha son particularmente útiles. En los ejercicios 2.15 y 2.96 del capítulo 2 utilizamos transformaciones logarítmicas.
3. En otras situaciones existen otras distribuciones que sustituyen a las normales como modelos de la distribución. La duración de equipos o el tiempo de supervivencia de pacientes de cáncer después de un tratamiento, en general, tienen distribuciones asimétricas hacia la derecha. Los estudios estadísticos de estos campos del conocimiento utilizan distribuciones asimétricas hacia la derecha en vez de utilizar la distribución normal. Existen

Situación	Pruebas normales	Pruebas de rangos
Una muestra	Prueba t de una muestra Sección 7.2	Prueba de Wilcoxon de rangos de diferencias Sección 12.3
Muestras por pares	Aplica la prueba t de una muestra a las diferencias entre pares	
Dos muestras independientes	Prueba t de dos muestras Sección 7.3	Prueba Wilcoxon de suma de rangos Sección 12.2
Varias muestras independientes	Prueba F del análisis de la varianza de un factor Capítulo 10	Prueba de Kruskal-Wallis Sección 12.4

Figura 12.1. Comparación de pruebas basadas en distribuciones normales con las pruebas no paramétricas correspondientes.

procedimientos de inferencia para los parámetros de estas distribuciones que sustituyen a los procedimientos t.

4. Finalmente, existen procedimientos de inferencia que no suponen ninguna forma determinada de la distribución de la población. Se llaman **métodos no paramétricos.** Son el tema de este capítulo.

Métodos no paramétricos

Este capítulo hace referencia a un tipo de procedimientos no paramétricos, es decir, pruebas que pueden sustituir las pruebas t y el análisis de la varianza de un factor cuando no se cumplen los supuestos de normalidad. Los métodos paramétricos más útiles son las **pruebas de rangos** que se basan en el rango (posición) de cada observación una vez se han ordenado todos los datos.

Pruebas de rangos

La figura 12.1 presenta un resumen de las pruebas estándar (basadas en distribuciones normales) y de las pruebas de rangos que compiten con ellas. Todos

Distribuciones continuas

estos métodos exigen que la población o poblaciones tengan una **distribución continua**. Es decir, cada distribución se tiene que describir mediante una curva de densidad, de manera que las observaciones pueden tomar cualquier valor de un determinado intervalo de valores. Las curvas normales son un tipo de curvas de densidad. Las pruebas de rangos admiten cualquier tipo de curvas de densidad.

Las pruebas de rangos que estudiaremos tratan sobre el *centro* de una o varias poblaciones. Cuando una población tiene al menos una distribución aproximadamente normal, describimos su centro mediante la media. Las "pruebas normales" de la figura 12.1 contrastan hipótesis sobre las medias poblacionales. Cuando las distribuciones son fuertemente asimétricas, preferimos la mediana a la media como medida de centro. Dicho de una manera más simple, las hipótesis de las pruebas de rangos sustituyen la media por la mediana.

En este capítulo dedicaremos atención a cada uno de los procedimientos de rangos. La sección 12.2 discute el más común de estos métodos; también contiene información general sobre las pruebas de rangos. El tipo de suposiciones que se necesitan, la naturaleza de las pruebas que se contrastan, la idea de utilizar rangos y el contraste entre las distribuciones exactas que se utilizan para muestras pequeñas y las distribuciones aproximadas que se utilizan para muestras grandes son comunes a todas las pruebas de rangos. Las secciones 12.3 y 12.4 describen de forma más breve otras pruebas de rangos.

12.2 Prueba de Wilcoxon de suma de rangos

El problema de las dos muestras (ver la sección 7.3) se encuentra entre los más comunes en estadística. La prueba de significación no paramétrica más útil compara dos distribuciones. He aquí un ejemplo de esta situación.

EJEMPLO 12.1. Malas hierbas en cultivos de maíz

La presencia de malas hierbas, ¿reduce el rendimiento en cultivos de maíz? La cañota es una mala hierba común en los campos de maíz. Un agrónomo sembró 8 parcelas experimentales con la misma cantidad de maíz. En 4 de ellas, escogidas al azar, se eliminaron todas las malas hierbas. En las 4 restantes se dejó una densidad de 3 cañotas por metro lineal. He aquí los rendimientos del maíz

0 malas hierbas/metro		3 malas hierbas/metro
	10	3
	10	56
21	11	
95	11	8

Figura 12.2. Diagrama de tallos doble correspondiente a los rendimientos de maíz en parcelas sin malas hierbas y en parcelas con 3 malas hierbas por metro lineal. Hemos dividido los tallos; en el tallo superior situamos las hojas de 0 a 4 y en el inferior las hojas de 5 a 9.

(toneladas por hectárea) en cada una de las parcelas. (Datos proporcionados por Samuel Phillips, Purdue University.)

Malas hierbas por metro lineal	Rendimiento (toneladas por hectárea)			
0	11,2	11,5	11,1	11,9
3	10,6	11,8	10,3	10,5

El diagrama de tallos de la figura 12.2 sugiere que los rendimientos pueden ser menores cuando hay malas hierbas. Hay una observación atípica; es un dato que no se puede eliminar, ya que no corresponde a ningún error. Las muestras son demasiado pequeñas como para valorar la normalidad de los mismos y utilizar los procedimientos t de dos muestras. Preferimos utilizar un procedimiento que no exija la condición de normalidad. ■

12.2.1 Rangos

En primer lugar ordenamos todas las observaciones de menor a mayor.

10,3 10,5 10,6 **11,1** **11,2** **11,5** 11,8 **11,9**

Los valores de la lista en negrita son los rendimientos correspondientes a las parcelas sin malas hierbas. Vemos que cuatro de los cinco rendimientos mayores corresponden a este grupo, lo que sugiere que los rendimientos son mayores en las parcelas sin malas hierbas. En las pruebas de rangos, solamente se considera la posición de los valores, no su magnitud. Es por este motivo que s sustituye su valor numérico por su número de orden, desde 1 (la menor observación) a 8 (la mayor observación). Al número de orden lo llamamos *rango*:

Rendimiento	10,3	10,5	10,6	**11,1**	**11,2**	**11,5**	11,8	**11,9**
Rango	1	2	3	4	5	6	7	8

RANGOS

Para asignar rangos a observaciones, en primer lugar ordénalas de menor a mayor. El **rango** de cada observación es su posición en la lista ordenada; a la observación más pequeña se le asigna el rango 1.

Pasar de las observaciones originales a los rangos implica que de los valores numéricos de las observaciones sólo tenemos en cuenta su orden. Trabajar con rangos nos permite prescindir de suposiciones sobre la forma de las distribuciones de datos como, por ejemplo, la normalidad.

APLICA TUS CONOCIMIENTOS

12.1. Peso de bebés al nacer. Tenemos los pesos de 7 niñas y de 8 niños que nacieron el día de San Jorge en el Hospital Casa Maternidad de Barcelona.

Peso de niñas al nacer (en kg)	3,20	2,50	3,10	3,25	3,78	2,84	3,88	
Peso de niños al nacer (en kg)	2,92	3,86	3,76	2,95	3,57	3,41	3,65	3,98

(a) Asigna rangos a los pesos de los bebes.

(b) Los rangos correspondientes a los niños, ¿son mayores que los de las niñas?

12.2. El Dr. Pons y los pulgones. Un agricultor de Lérida quiere saber si el pulgón de los cereales (Ropalosiphum padi) prefiere la cebada o el trigo. Con este fin el agricultor se pone en contacto con el Dr. Pons. En un campo con una gran infestación de pulgón el Dr. Pons distribuye al azar 10 macetas que contienen plantas de cebada y 10 macetas que contienen plantas de trigo. Al cabo de una semana el Dr. Pons hace un recuento del número de pulgones en las plantas de cebada y de trigo. Los resultados son los siguientes:

Número de pulgones en trigo	250	17	49	55	2	38	35	27	29	39
Número de pulgones en cebada	108	24	31	33	17	8	12	15	18	5

(a) Asigna rangos al recuento del número de pulgones.

(b) Los rangos correspondientes a la cebada, ¿son mayores que los del trigo?

12.2.2 Prueba de Wilcoxon de suma de rangos

Si la presencia de malas hierbas reduce el rendimiento del maíz, cabe esperar que los rangos de los rendimientos de parcelas con malas hierbas sean menores como grupo que los rangos de las parcelas sin malas hierbas. Podríamos comparar las sumas de rangos de los dos tratamientos:

Tratamiento	**Suma de rangos**
Sin malas hierbas	23
Con malas hierbas	13

Estas sumas valoran en qué medida los rangos de las parcelas libres de malas hierbas, consideradas como grupo, exceden de los rangos de las parcelas con malas hierbas. De hecho, la suma de rangos de 1 a 8 es siempre igual a 36; por tanto, es suficiente con hallar la suma de rangos de uno de los dos grupos. Si la suma de rangos del grupo libre de malas hierbas es 23, la suma de rangos del otro grupo debe ser 13, ya que $23 + 13 = 36$. Si las malas hierbas no tuvieran ningún efecto, cabría esperar que la suma de rangos de cualquiera de los dos grupos fuera 18 (la mitad de 36). He aquí estas consideraciones presentadas de forma más general, teniendo en cuenta que las dos muestras no tienen por qué ser del mismo tamaño.

PRUEBA DE WILCOXON DE SUMA DE RANGOS

Obtén de una población una muestra aleatoria simple de tamaño n_1 y de otra población una muestra aleatoria simple independiente de la primera de tamaño n_2. Tenemos un total de N observaciones, de manera que $N = n_1 + n_2$. Ordena todas las observaciones y asigna rangos. La suma W de los rangos de la primera muestra es el **estadístico de Wilcoxon de suma de rangos**. Si las dos poblaciones tienen la misma distribución continua, la media de W es

$$\mu_W = \frac{n_1(N+1)}{2}$$

y su desviación típica

$$\sigma_W = \sqrt{\frac{n_1 n_2(N+1)}{12}}$$

Cuando la suma de rangos W queda lejos de la media, la **prueba de Wilcoxon de suma de rangos** rechaza la hipótesis de que las dos poblaciones tienen distribuciones idénticas.

En el estudio del maíz del ejemplo 12.1, queremos contrastar

H_0 : no hay diferencia en las distribuciones de rendimientos

en contra de la alternativa de una cola

H_a : los rendimientos son sistemáticamente mayores en las parcelas libres de malas hierbas

Para las parcelas libres de malas hierbas, nuestro estadístico de contraste es la suma de rangos $W = 23$.

EJEMPLO 12.2. Malas hierbas en maíz

En el ejemplo 12.1, $n_1 = 4$, $n_2 = 4$, y en total hay $N = 8$ observaciones. La media de la suma de rangos de las parcelas libres de malas hierbas es

$$\mu_W = \frac{n_1(N+1)}{2}$$

$$= \frac{4 \cdot 9}{2} = 18$$

y la desviación típica

$$\sigma_W = \sqrt{\frac{n_1 n_2 (N+1)}{12}}$$

$$= \sqrt{\frac{4 \cdot 4 \cdot 9}{12}} = \sqrt{12} = 3{,}464$$

A pesar de que la suma de rangos observada $W = 23$ es mayor que la media, la diferencia es sólo de 1,4 desviaciones típicas. Sospechamos que los datos no proporcionan suficiente evidencia de que los rendimientos sean mayores en la población de maizales libres de malas hierbas.

El valor P de la alternativa de una cola es $P(W \geq 23)$, es decir, la probabilidad de que W sea mayor o igual que el valor que hemos obtenido con nuestros datos cuando H_0 es cierta. ■

Para calcular el valor P, $P(W \geq 23)$, hemos de conocer la distribución de la suma de rangos W cuando la hipótesis nula es cierta. Esta distribución depende de los tamaños de las dos muestras n_1 y n_2. Las tablas son un poco incómodas de utilizar; de todas formas las puedes hallar en los libros de tablas estadísticas. La mayoría de programas estadísticos calculan los valores P. También llevan a cabo la asignación de rangos y el cálculo de W. De todas formas, algunos programas estadísticos calculan el valor P sólo de forma aproximada. Tienes que saber qué es lo que proporciona tu programa estadístico.

EJEMPLO 12.3. Utilización de un programa informático

La figura 12.3 muestra los resultados de un programa que calcula de forma exacta la distribución de W. Vemos que la suma de rangos del grupo libre de malas hierbas es $W = 23$, con un valor P, $P = 0{,}10$ en contra de una alternativa de una cola que plantea que las parcelas sin malas hierbas tienen rendimientos mayores. A pesar de tener sólo datos de cuatro parcelas por tratamiento, podemos decir que existe algo de evidencia a favor de que las malas hierbas reducen los rendimientos. La evidencia, no obstante, no es suficientemente grande como para ser convincente. ■

```
                Exact Wilcoxon rank-sum test

data: OmalasHierbas and 3malasHierbas
rank-sum statistic W = 23, n = 4, m = 4, p-value = 0.100
alternative hypothesis: true mu is greater than 0
```

Figura 12.3. Resultados del programa estadístico S-Plus con los datos del ejemplo 12.1. Este programa utiliza la distribución exacta de W cuando las muestras son pequeñas y no hay observaciones repetidas.

Es útil fijarse en que el procedimiento t de dos muestras proporciona básicamente el mismo resultado que la prueba de Wilcoxon del ejemplo 12.3 ($t = 1{,}554$, $P = 0{,}0937$). De hecho, es poco frecuente encontrar fuertes discrepancias entre las conclusiones alcanzadas por los dos métodos.

APLICA TUS CONOCIMIENTOS

12.3. Peso de bebés al nacer. Con los datos correspondientes al ejercicio 12.1:

(a) Halla la media y la desviación típica de la suma de rangos.

(b) Queremos saber si hay diferencias en las distribuciones de pesos. Plantea las hipótesis nula y alternativa correspondientes.

(c) Halla el estadístico de contraste W (para el grupo de las niñas). Su valor, ¿es mayor o menor que la media?

(d) Si dispones de un programa estadístico, halla el valor P de la prueba.

12.4. El Dr. Pons y los pulgones. Con los datos del ejercicio 12.2:

(a) Halla la media y la desviación típica de la suma de rangos.

(b) Queremos saber si hay diferencias en las distribuciones del número de pulgones. Plantea las hipótesis nula y alternativa correspondientes.

(c) Halla el estadístico de contraste W (para el grupo del trigo). Su valor, ¿es mayor o menor que la media?

(d) Si dispones de un programa estadístico, halla el valor P de la prueba.

12.2.3 Aproximación normal

La distribución del estadístico W de suma de rangos es más normal a medida que aumenta el tamaño de las dos muestras. Estandarizando W podemos obtener otro estadístico z:

$$\begin{aligned} z &= \frac{W - \mu_W}{\sigma_W} \\ &= \frac{W - n_1(N+1)/2}{\sqrt{n_1 n_2 (N+1)/12}} \end{aligned}$$

Utiliza cálculos de probabilidades normales para hallar los valores P de este estadístico. Como W toma sólo valores enteros positivos, utilizamos lo que se llama la **corrección de continuidad** para mejorar la precisión de la aproximación. Para aplicar la corrección de continuidad cuando las variables toman sólo valores enteros, actúa como si cada número entero ocupara completamente el intervalo situado 0,5 unidades por debajo y 0,5 unidades por encima del valor entero.

Corrección de continuidad

EJEMPLO 12.4. Utilización de la aproximación normal

El estadístico de suma de rangos W estandarizado de nuestro ejemplo sobre el rendimiento del maíz es

$$z = \frac{W - \mu_W}{\sigma_W} = \frac{23 - 18}{3{,}464} = 1{,}44$$

Cuando la hipótesis alternativa sea cierta, W tiene que ser grande. El valor P aproximado es

$$P(Z \geq 1{,}44) = 0{,}0749$$

La corrección de continuidad actúa como si el número entero 23 ocupara el intervalo situado entre 22,5 y 23,5. Calculamos el valor P, $P(W \geq 23)$, como $P(W \geq 22{,}5)$. He aquí los cálculos:

$$\begin{aligned} P(W \geq 22{,}5) &= P\left(\frac{W - \mu_W}{\sigma_W} \geq \frac{22{,}5 - 18}{3{,}464}\right) \\ &= P(Z \geq 1{,}30) \\ &= 0{,}0968 \end{aligned}$$

La corrección de continuidad da un valor P más próximo al valor correcto $P = 0{,}10$. ■

Para el estadístico W de suma de rangos, te recomendamos que utilices la distribución exacta (a partir de tablas o de un programa) o bien que utilices la corrección de continuidad. Para muestras pequeñas, la distribución exacta es más segura. Sin embargo, tal como muestra el ejemplo 12.4, la aproximación normal con la corrección de continuidad es a menudo adecuada.

EJEMPLO 12.5. Más resultados informáticos

Prueba de Mann-Whitney

La figura 12.4 muestra los resultados de dos programas informáticos a partir de los mismos datos. Minitab sólo proporciona la aproximación normal, se refiere a la **prueba de Mann-Whitney**. Esta prueba es una forma alternativa de la de Wilcoxon de suma de rangos. SAS lleva a cabo la prueba exacta y la prueba aproximada. SAS llama a la suma de rangos S en vez de W, y da la media 18, la desviación típica 3,464 así como el estadístico $z = 1{,}299$ (utilizando la corrección de continuidad). SAS proporciona el valor P aproximado para una alternativa de dos colas como 0,1939; por tanto, el valor P para una prueba de una cola es $P = 0{,}0970$, la mitad. Estos resultados concuerdan con los del Minitab y con los del ejemplo 12.4 (excepto por los errores de redondeo). Este valor P aproximado es muy parecido al valor correcto $P = 0{,}1000$, dado por SAS en la figura 12.3. ■

APLICA TUS CONOCIMIENTOS

12.5. Peso de bebés al nacer. Con relación a los datos de los ejercicios 12.1 y 12.3:

(a) Halla el valor estandarizado del estadístico W.

(b) Halla el valor P aproximado de la prueba (utiliza la corrección de continuidad).

12.6. El Dr. Pons y los pulgones. Con relación a los datos de los ejercicios 12.2 y 12.4 halla:

(a) El valor estandarizado del estadístico W.

(b) El valor P aproximado de la prueba (utiliza para ello la corrección de continuidad).

```
Mann-Whitney Confidence Interval and Test

 0 malas hierbas   N = 4   Median = 11.350
 3 malas hierbas   N = 4   Median = 10.550

Point estimate for ETA1-ETA2 is 0.750
97.0 Percent C.I. for ETA1-ETA2 is (-0.700, 1.600)
W = 23.0
Test of ETA1 = ETA2 vs. ETA1 not = ETA2 is significant at 0.1939
Cannot reject at alpha = 0.05
```

(a) Minitab

```
   Wilcoxon Scores (Rank Sums) for Variable RENDIMIENTO
           Classified by Variable MALAS HIERBAS

                        Sum of   Expected      Std Dev          Mean
  MALAS HIERBAS   N   Scores   Under H0      Under H0         Score

  0               4     23.0       18.0   3.46410162    5.75000000
  3               4     13.0       18.0   3.46410162    3.25000000

 Wilcoxon 2-Sample Test          S = 23.0000

 Exact P-Values
  (One-sided) Prob   >=   S              =   0.1000
  (Two-sided) Prob   >=   |S - Mean|     =   0.2000

 Normal Approximation (with Continuity Correction of .5)
 Z = 1.29904          Prob > |Z| = 0.1939
```

(b) SAS

Figura 12.4. Resultados de los programas estadísticos Minitab y SAS para los datos del ejemplo 12.1. (a) Para la distribución de W, Minitab utiliza la aproximación normal. (b) SAS utiliza tanto la distribución exacta como la aproximada.

12.2.4 ¿Qué hipótesis plantea la prueba de Wilcoxon?

Nuestra hipótesis nula es que las malas hierbas no afectan al rendimiento del maíz. Nuestra hipótesis alternativa es que los rendimientos son menores cuando las malas hierbas están presentes. Si suponemos que los rendimientos tienen distribución normal, o si las muestras son razonablemente grandes, utilizamos la prueba t de dos muestras para dos medias. En este caso nuestras hipótesis son

$$H_0 : \mu_1 = \mu_2$$
$$H_a : \mu_1 > \mu_2$$

Cuando no estemos seguros de que las distribuciones sean normales, hemos de sustituir las medias por las medianas:

$$H_0 : \text{mediana}_1 = \text{mediana}_2$$
$$H_a : \text{mediana}_1 > \text{mediana}_2$$

La prueba de Wilcoxon de suma de rangos proporciona una prueba de significación para estas hipótesis, pero sólo en el caso de que se cumpla un supuesto más: las formas de las distribuciones de las dos poblaciones tienen que ser iguales. Es decir, la curva de densidad de los rendimientos del maíz cultivado con 3 malas hierbas por metro lineal tiene que tener la misma forma que la curva de densidad de los rendimientos del maíz sin malas hierbas, la única diferencia puede estar en un desplazamiento en la escala de rendimientos. Los resultados del Minitab de la figura 12.4 plantean las hipótesis en términos de medianas poblacionales (llamadas "eta"). Asimismo proporciona un intervalo de confianza para la diferencia entre las dos medianas poblacionales.

El supuesto de la igualdad de formas de las distribuciones es demasiado restrictivo para que se pueda utilizar en la práctica. Afortunadamente, la prueba de Wilcoxon también se puede utilizar en una situación mucho más general y práctica. Las hipótesis que podemos plantear son

H_0 : las dos distribuciones son iguales

H_a : una distribución toma valores "sistemáticamente mayores" que la otra

Un planteamiento más preciso de la hipótesis alternativa "sistemáticamente mayores" puede prestarse a errores, por tanto no lo utilizaremos en este texto. Las hipótesis de la prueba de rangos son realmente "no paramétricas", ya que no implican ningún parámetro, ni la media ni la mediana. Si las dos distribuciones tienen la misma forma, la hipótesis general se reduce a una comparación de medianas. Muchos libros y programas informáticos plantean las hipótesis en términos de medianas, algunas veces olvidando la exigencia de igualdad de formas de las distribuciones. Te recomendamos que expreses las hipótesis en palabras y no en símbolos. "Los rendimientos son sistemáticamente superiores en las parcelas libres de malas hierbas" es fácil de comprender y es un buen planteamiento del efecto que la prueba de Wilcoxon permite contrastar.

APLICA TUS CONOCIMIENTOS

12.7. Peso de bebés al nacer.

(a) En el ejercicio 12.3, ¿cómo expresaste las hipótesis nula y alternativa?

(b) ¿Cuál es la forma de la distribución de los pesos de los bebes?

(c) ¿Cuál es la forma más segura de expresar las hipótesis nula y alternativa?

12.8. El Dr. Pons y los pulgones.

(a) En el ejercicio 12.4, ¿cómo expresaste las hipótesis nula y alternativa?

(b) ¿Cuál es la forma de la distribución del número de pulgones?

(c) ¿Cuál es la forma más segura de expresar las hipótesis nula y alternativa?

12.2.5 Empates

La distribución exacta de la prueba de Wilcoxon de suma de rangos se obtiene suponiendo que todos los valores de las dos muestras son distintos. Esto nos permite ordenarlos y asignarles rangos. Sin embargo, en la práctica encontramos valores repetidos. ¿Qué debemos hacer? En general, lo que se hace es *asignar a los valores repetidos* la **media de los rangos** de las posiciones que ocupan. He aquí un ejemplo con 6 observaciones:

Media de rangos

Observación	153	155	158	158	161	164
Rango	1	2	3,5	3,5	5	6

Las observaciones repetidas ocupan las posiciones tercera y cuarta de la lista ordenada; por tanto, comparten los rangos 3 y 4.

La distribución exacta de la suma de rangos de Wilcoxon, W, sólo se puede aplicar a datos sin empates. Es más, se tienen que modificar el valor de la desviación típica σ_W si existen valores iguales. Una vez se ha ajustado la desviación típica se puede utilizar la aproximación normal. Los programas estadísticos detectan los valores repetidos y hacen los ajustes necesarios y, a continuación, utilizan la aproximación normal. En la práctica, es necesario utilizar un programa estadístico si queremos utilizar pruebas de rangos cuando los datos contienen valores repetidos.

A veces es útil utilizar pruebas de rangos con datos que tienen muchos valores repetidos debido a que la escala de medida tiene pocos valores. He aquí un ejemplo.

EJEMPLO 12.6. Comida en ferias

La comida vendida en ferias y festivales puede ser menos salubre que la comida ofrecida en restaurantes, ya que se prepara en instalaciones provisionales y a menudo con la ayuda de voluntarios. ¿Qué opina la gente que va a las ferias sobre la salubridad de la comida ofrecida?

Un estudio planteó la siguiente pregunta a gente que asistía a una feria: *¿Con qué frecuencia crees que la gente enferma a causa de la comida ofrecida en ferias?*

Las respuestas posibles eran

1 : muy raramente
2 : algunas veces
3 : a menudo
4 : la mayoría de veces
5 : siempre

En total, 303 personas respondieron el cuestionario. De éstas, 196 eran mujeres y 107 hombres. ¿Existe evidencia de que hombres y mujeres difieran en cuanto a su percepción de la salubridad de la comida ofrecida en ferias? (Datos de Huey Chern Boo, "Consumers' perceptions and concerns about safety and healthfulness of food served at fairs and festivals," M.S. thesis, Purdue University, 1997.) ■

En primer lugar, tenemos que actuar como si los sujetos del ejemplo 12.6 fueran una muestra aleatoria simple de la población de personas que van a las ferias. La investigadora visitó 11 ferias distintas. Se situaba junto a la entrada y paraba a uno de cada 25 adultos que entraban en la feria. Como no había ninguna decisión personal en la elección de sujetos, podemos suponer de forma razonable que los datos proceden de una muestra aleatoria. (Como siempre se produjo el problema de no-respuesta, que podía provocar un cierto sesgo.)

He aquí los datos presentados en forma de tabla de contingencia:

	Respuesta					
	1	2	3	4	5	**Total**
Mujer	13	108	50	23	2	196
Hombre	22	57	22	5	1	107
Total	35	165	72	28	3	303

La comparación de las filas en forma de porcentajes indica que las mujeres de la muestra están más preocupadas por la salubridad de la comida que los hombres:

	Respuesta					
	1	2	3	4	5	**Total**
Mujer	6,6%	55,1%	25,5%	11,7%	1,0%	100%
Hombre	20,6%	53,3%	20,6%	4,7%	1,0%	100%

La diferencia entre sexos, ¿es estadísticamente significativa?

Podríamos utilizar la prueba Ji cuadrado (capítulo 9). Ésta es muy significativa ($X^2 = 16{,}120$, gl $= 4$, $P = 0{,}0029$). A pesar de que la prueba Ji cuadrado da repuesta, de forma general, a nuestra pregunta, no tiene en cuenta la ordenación de respuestas y por tanto no utiliza toda la información disponible. Nos gustaría saber si uno de los dos sexos está más preocupado por la salubridad de la comida que el otro. La respuesta a esta pregunta depende de la ordenación de las respuestas. Podemos utilizar la prueba de Wilcoxon para contrastar las hipótesis:

H_0 : hombres y mujeres no difieren en sus respuestas

H_a : uno de los sexos da sistemáticamente valores de las respuestas mayores que el otro

La hipótesis alternativa es de dos colas. Como las respuestas sólo pueden tomar 5 valores posibles, habrá muchas respuestas repetidas, 35 personas respondieron "muy raramente" (empataron a 1), 165 respondieron "algunas veces" (empataron a 2).

```
          Wilcoxon Scores (Rank Sums) for Variable SFERIA
                    Classified by Variable SEXO

                      Sum of   Expected       Std Dev         Mean
SEXO        N         Scores   Under H0      Under H0        Score

Mujer     196     31996.5000    29792.0    661.161398   163.247449
Hombre    107     14059.5000    16264.0    661.161398   131.397196

                   Average Scores Were Used for Ties

Wilcoxon 2-Sample Test (Normal Approximation)
(with Continuity Correction of .5)

S = 14059.5     Z = -3.33353     Prob > |Z| = 0.0009
```

Figura 12.5. Resultados del SAS del estudio sobre la salubridad de la comida del ejemplo 12.6. El valor P de dos colas aproximado es 0,0009.

EJEMPLO 12.7. Comida en ferias: resultados de ordenador

La figura 12.5 proporciona resultados de ordenador de la prueba de Wilcoxon. La suma de rangos de los hombres (a los repetidos se les asigna la media de sus rangos) es $W = 14.059{,}5$. El valor estandarizado es $z = -3{,}33$, con un valor P de dos colas $P = 0{,}0009$. La evidencia de que existen diferencias es fuerte. Las mujeres están más preocupadas que los hombres por la salubridad de la comida ofrecida en las ferias. ■

Con más de 100 observaciones en cada grupo y sin observaciones atípicas, podríamos utilizar la prueba t de dos muestras incluso cuando las respuestas sólo pueden tomar 5 valores. De hecho, los resultados del ejemplo 12.6 son $t = 3{,}3655$ con $P = 0{,}0009$. El valor P de la prueba t de dos muestras es el mismo que el de la prueba de Wilcoxon. Sin embargo, existe una razón que nos conduce a referir la prueba de rangos en este ejemplo. El estadístico t trata los valores de 1 hasta 5 como si tuvieran un significado numérico. En concreto, considera que entre todos los valores numéricos existe la misma distancia. La diferencia entre "muy raramente" y "un poco" es la misma que la distancia entre "de vez en cuando" y "a menudo". Esto no tiene sentido. Por otro lado la prueba de rangos sólo tiene en cuenta la ordenación de las respuestas, y no sus valores numéricos.

Las respuestas se ordenaron de menor a mayor. Algunos estadísticos no utilizan los procedimientos t cuando las magnitudes de la escala de medida no tienen un verdadero significado numérico.

APLICA TUS CONOCIMIENTOS

12.9. Ciudades españolas visitadas. Un grupo de estudiantes de la Universidad Carlos III quiere saber si el número de ciudades españolas visitadas por los turistas japoneses es mayor que el número de ciudades visitadas por los turistas estadounidenses. Con este fin los estudiantes escogen una muestra aleatoria simple de 138 turistas estadounidenses y 140 japoneses que visitaron Madrid el verano del año 2000. A cada turista de la muestra se le pregunta el número de ciudades españolas que piensa visitar durante su estancia en España. Los resultados son los siguientes:

	Ciudades visitadas					
Turistas	**1**	**2**	**3**	**4**	**5**	**más de 5**
Japoneses	10	15	26	49	10	30
Estadounidenses	37	28	52	14	5	2

(a) ¿Existe evidencia de que los turistas japoneses visitan más ciudades que los turistas estadounidenses? Lleva a cabo la prueba de Wilcoxon de suma de rangos. Plantea las hipótesis nula y alternativa.

(b) Asigna rangos a las observaciones. Halla el valor del estadístico de contraste.

(c) Utilizando la aproximación normal, halla el valor P aproximado de la prueba.

12.10. La Dra. Eizaguirre y la sesamia. La *Sesamia nonagrioides* es una oruga taladradora del tallo del maíz. La Dra. Eizaguirre quiere saber si una nueva variedad de maíz que se acaba de introducir en el valle del Ebro es más resistente a los ataques de sesamia que la variedad más ampliamente cultivada. Para ello, la Dra. Eizaguirre escoge, al azar, 3 campos comerciales de la variedad tradicional y dos campos de la nueva variedad. En cada campo la Dra. escoge, también al azar, 10 plantas de maíz que inspecciona para determinar el número de sesamias presentes. Los resultados son los siguientes:

	Recuento de sesamias			
Variedad	**0**	**1**	**2**	**3**
Tradicional	15	8	5	2
Nueva	12	6	1	1

(a)¿Existe evidencia de que la nueva variedad es más resistente a la sesamia que la variedad tradicional? Lleva a cabo la prueba de Wilcoxon de suma de rangos. Plantea las hipótesis nula y alternativa.

(b) Asigna rangos a las observaciones. Halla el valor del estadístico de contraste.

(c) Utilizando la aproximación normal, halla el valor *P* aproximado de la prueba.

12.2.6 Limitaciones de las pruebas no paramétricas

Los ejemplos que hemos visto ilustran la utilidad potencial de las pruebas no paramétricas. Sin embargo, en comparación con las pruebas basadas en distribuciones normales, la importancia de la pruebas no paramétricas es relativa.

- La inferencia no paramétrica queda restringida a situaciones relativamente simples. La inferencia normal, a diferencia de la no paramétrica, se puede usar con procedimientos aplicables a diseños experimentales complejos y a regresión múltiple. En parte, damos más importancia a la inferencia normal porque conduce a procedimientos estadísticos más avanzados.
- Las pruebas normales comparan medias, y permiten cálculos sencillos de intervalos para medias y diferencias entre medias. Cuando usamos pruebas no paramétricas para comparar medianas, podemos acompañar estas pruebas de intervalos de confianza; sin embargo, su cálculo es laborioso. De todas formas, en situaciones en las que no queremos comparar medianas, la utilidad de las pruebas no paramétricas es más clara —repasa el apartado "¿Qué hipótesis contrasta la prueba de Wilcoxon?"—. En estas situaciones, no se determina la magnitud del efecto observado; la significación estadística de la prueba está ligada a los rangos asignados a las observaciones, no a sus valores observados.
- La robustez de las pruebas normales para medias implica que raramente nos encontramos con datos que exijan la utilización de procedimientos no

paramétricos para obtener valores *P* razonablemente exactos. En nuestros ejemplos, las pruebas *t* y *W* dan resultados muy similares. Sin embargo, muchos estadísticos no utilizarían la prueba *t* en el ejemplo 12.6, ya que los valores de la variable respuesta no son valores de magnitud.

- Existen procedimientos modernos, basados en nuevos procedimientos de cálculo, que permiten escapar del supuesto de normalidad.

RESUMEN DE LA SECCIÓN 12.2

Las pruebas no paramétricas no exigen que la distribución de la población de las que proceden las muestras tenga una forma determinada.

Las **pruebas de rangos** son pruebas no paramétricas que se basan en el **rango** de las observaciones, es decir, se basan en la posición de las observaciones una vez que se han ordenado; a la primera observación de la lista le corresponde el rango 1. A las observaciones repetidas se les asigna la media de sus rangos.

La **prueba de Wilcoxon de suma de rangos** compara dos distribuciones para valorar si una de ellas toma sistemáticamente valores mayores que la otra. La prueba de Wilcoxon se basa es el **estadístico de Wilcoxon de suma de rangos *W***, que es la suma de los rangos de una de las muestras. La prueba de Wilcoxon puede sustituir la **prueba *t* de dos muestras**.

Los **valores *P*** de la prueba de Wilcoxon se basan en la distribución del estadístico *W* de suma de rangos cuando la hipótesis nula (las distribuciones son iguales) es cierta. Puedes hallar los valores *P* a partir de tablas especiales, a partir de programas informáticos o a partir de la aproximación normal (con la correspondiente corrección de continuidad).

EJERCICIOS DE LA SECCIÓN 12.2

12.11. Cuéntame una narración. Un estudio sobre la educación infantil pidió a unos párvulos que explicaran una de las narraciones infantiles que se les había contado durante la semana en su jardín de infancia. La muestra estaba formada por 10 niños, 5 de habilidad lectora alta y 5 de habilidad lectora baja. Cada niño relató dos narraciones. La narración 1 se contó sin ilustraciones. La narración 2 se leyó al mismo tiempo que se mostraban algunas ilustraciones. Un experto escuchó los relatos de los niños y puntuó la utilización del lenguaje. He aquí los datos (proporcionados por Susan Stadler, Purdue University):

Niño	Habilidad lectora	Puntuación narración 1	Puntuación narración 2
1	Alta	0,55	0,80
2	Alta	0,57	0,82
3	Alta	0,72	0,54
4	Alta	0,70	0,79
5	Alta	0,84	0,89
6	Baja	0,40	0,77
7	Baja	0,72	0,49
8	Baja	0,00	0,66
9	Baja	0,36	0,28
10	Baja	0,55	0,38

Cuando los niños tienen que volver a contar un relato sin ilustraciones, ¿las puntuaciones de los niños con habilidad lectora alta son mayores que la de los niños con habilidad lectora baja?

(a) Dibuja un diagrama de tallos doble para comparar las distribuciones de los dos grupos. ¿Se observan desviaciones de la normalidad?

(b) Lleva a cabo la prueba t de dos muestras. Plantea las hipótesis, halla el estadístico t de dos muestras y su valor P. ¿Cuáles son tus conclusiones?

(c) Lleva a cabo la prueba de Wilcoxon de suma de rangos. Plantea las hipótesis, halla la suma de rangos W de los niños de habilidad lectora alta y su valor P. ¿Cuáles son tus conclusiones? Las conclusiones de la prueba t de dos muestras, ¿son distintas?

12.12. Repite el análisis del ejercicio 12.11 con los datos correspondientes al relato con ilustraciones (narración 2).

12.13. Wilcoxon paso a paso. Utiliza la tabla del ejercicio 12.11 sobre la puntuación de los niños que relatan la narración 2 para llevar a cabo la prueba de Wilcoxon de suma de rangos.

(a) Ordena las 10 observaciones y asigna rangos. No hay observaciones repetidas (empates).

(b) Halla la suma de rangos W correspondiente a los niños de habilidad lectora alta. Si la hipótesis nula de que la capacidad lectora de los dos grupos de niños no es distinta, ¿cuáles son la media y la desviación típica de W?

(c) Estandariza W para obtener el estadístico z. Lleva a cabo un cálculo normal con la corrección de continuidad para hallar el valor P de una cola.

(d) Los datos de la narración 1 contienen observaciones repetidas (empates). ¿Qué rangos asignarías a las 10 puntuaciones de la narración 1?

12.14. Malas hierbas en maíz. El estudio del rendimiento del maíz del ejemplo 12.1 también examinó los rendimientos en cuatro parcelas con 9 malas hierbas (cañota) por metro lineal. Los rendimientos de estas parcelas fueron

10,9   9,5   10,8   10,6

Existe una observación atípica clara; sin embargo, esta observación no corresponde a ningún error. La presencia de la observación atípica nos hace dudar a la hora de utilizar los procedimientos t, ya que $\bar{x}$ y s son sensibles a las observaciones atípicas.

(a) En comparación con las parcelas libres de malas hierbas, ¿existe evidencia de que 9 malas hierbas por metro lineal reduce el rendimiento? Utiliza la prueba de Wilcoxon de suma de rangos con los datos anteriores y parte de los datos del ejemplo 12.1 para responder a esta pregunta.

(b) Compara los resultados en (a) con los resultados de la prueba t de dos muestras.

(c) Elimina la observación atípica correspondiente al valor 9,5 de las parcelas con 9 malas hierbas por metro lineal. Repite los análisis utilizando la prueba de Wilcoxon y la prueba t de dos muestras. En el grupo de 9 malas hierbas por metro lineal, ¿cuál es la reducción del rendimiento que provoca la observación atípica? ¿Cuál es el incremento del valor de la desviación típica? Los cambios en $\bar{x}$ y s, ¿tienen implicaciones prácticas en tus conclusiones?

12.15. Envenenamiento con DDT. El ejercicio 7.37 da los resultados de un estudio sobre el efecto del DDT sobre el sistema nervioso de las ratas. Los datos el grupo DDT son

12,207   16,869   25,050   22,429   8,456   20,589

Los datos del grupo de control son

11,074   9,686   12,064   9,351   8,182   6,642

Es difícil valorar la normalidad a partir de muestras tan pequeñas; por tanto, podemos utilizar una prueba no paramétrica para determinar si el DDT afecta al sistema nervioso de las ratas.

(a) Plantea las hipótesis de la prueba de Wilcoxon.

(b) Lleva a cabo la prueba. Calcula la suma de rangos W y su valor P. ¿Cuáles son tus conclusiones?

(c) La prueba t de dos muestras utilizada en el ejercicio 7.37 halló $t = 2{,}9912$, $P = 0{,}0247$. Los resultados que has obtenido ahora, ¿te llevan a modificar las conclusiones del estudio?

12.16. ¿Se degrada el poliéster? En el ejemplo 7.8 comparamos las fuerzas de rotura de las tiras de poliéster enterradas durante 16 semanas con tiras enterradas durante 2 semanas. Las fuerzas de rotura en kilogramos son

2 semanas	260	278	278	265	284
16 semanas	273	216	243	309	243

(a) Utiliza la prueba de Wilcoxon de suma de rangos con estos datos, compara tus resultados con el resultado $P = 0,189$ obtenido con la prueba t de dos muestras del ejemplo 7.8

(b) ¿Cuáles son las hipótesis nula y alternativa de la prueba t? ¿Y para la prueba de Wilcoxon?

12.17. Cada día soy mejor en matemáticas. La tabla 7.6 proporciona datos sobre las puntuaciones recibidas por los estudiantes, antes y después de un curso para mejorar su nivel de matemáticas. El grupo que asistió al curso, ¿tiene un nivel de matemáticas superior al del grupo que no asistió a él?

(a) Utiliza la prueba de Wilcoxon de suma de rangos con las diferencias de las puntuaciones recibidas por los estudiantes, antes y después de un curso. Fíjate en que hay algunos empates. ¿Cuáles son tus conclusiones? Compara tus resultados con los resultados de la prueba t de dos muestras del ejemplo 7.33.

(b) ¿Cuáles son las hipótesis nula y alternativa de las dos pruebas utilizadas con estos datos?

(c) Para poder aplicar cada una de las pruebas, ¿qué suposiciones son necesarias sobre los datos?

12.18. Explotación de la selva tropical. El ejercicio 7.32 comparó el número de especies arbóreas en parcelas que nunca se explotaron en la selva tropical de Borneo con parcelas que se explotaron 8 años antes. He aquí los datos:

Nunca explotadas	22	18	22	20	15	21	13	13	19	13	19	15
Explotadas	17	4	18	14	18	15	15	10	12			

(a) Dibuja un diagrama de tallos doble con estos datos. Entre las parcelas explotadas y las no explotadas, ¿existen diferencias en el número de especies?

(b) Después de 8 años, la explotación forestal, ¿reduce de forma significativa el número de especies? Plantea las hipótesis y lleva a cabo la prueba. ¿Cuáles son tus conclusiones?

12.19. Salubridad de la comida en restaurantes. El ejemplo 12.6 describe la actitud de la gente que asiste a ferias sobre la salubridad de la comida que se ofrece en ellas. La siguiente tabla proporciona datos sobre las respuestas de 303 personas a la encuesta. Por orden, las variables de este conjunto de datos son

sujeto hferia sferia sfastfoot srestaurante sexo

La variable "sferia" contiene los datos descritos en el ejemplo que vimos sobre la comida ofrecida en ferias. La variable "srestaurante" contiene datos sobre las respuestas a las mismas preguntas, pero con relación a la comida ofrecida en restaurantes. La variable "sexo" toma el valor 1 si responde una mujer y 2 si es un hombre. Vimos que las mujeres estaban más preocupadas por la salubridad de la comida ofrecida en ferias que los hombres, ¿ocurre lo mismo con la comida ofrecida en restaurantes? Realiza la prueba de Wilcoxon.

12.20. Más sobre la salubridad de la comida. Los datos del ejemplo 12.6 y del ejercicio 12.19 contienen 303 filas, una para cada uno de los individuos encuestados. Cada fila contiene las respuestas de cada persona a varias preguntas. Queremos saber si la gente está más preocupada por la comida ofrecida en ferias que por la comida ofrecida en restaurantes. Explica detalladamente por qué no podemos responder a esta pregunta aplicando la prueba de Wilcoxon de suma de rangos a las variables "sferia" y "srest".

12.21. Tiendas de segunda mano. Para estudiar la actitud de los consumidores hacia las tiendas de segunda mano, unos investigadores entrevistaron a consumidores en dos almacenes de la misma cadena en dos ciudades distintas. He aquí datos sobre los ingresos de los consumidores presentados en forma de tabla de contingencia. (Datos de William D. Darley, "Store-choice behavior for pre-owned merchandise", *Journal of Business Research*, 27 (1993), pp. 17-31.)

Código de ingresos	Ingresos (€)	Ciudad 1	Ciudad 2
1	menos de 10.000	70	62
2	10.000 a 19.999	52	63
3	20.000 a 24.999	69	50
4	25.000 a 34.999	22	19
5	35.000 o más	28	24

(a) ¿Existe relación entre la ciudad y los ingresos? Para responder a esta pregunta utiliza la prueba Ji cuadrado.

(b) La prueba Ji cuadrado no tiene en cuenta la ordenación de las categorías de ingresos. La siguiente tabla contiene datos de los 459 consumidores del estudio. La primera variable es la ciudad (ciudad 1 o 2) y la segunda es el código correspondiente a los ingresos (de 1 a 5). ¿Existe evidencia de que los consumidores de una ciudad tienen sistemáticamente mayores ingresos que los de la otra ciudad?

12.3 Prueba de Wilcoxon de suma de rangos de diferencias

Utilizamos los procedimientos t de una muestra para hacer inferencia sobre la media de una población o para hacerla en muestras por pares. Las muestras por pares son importantes, ya que el principio de comparación debe de estar presente en los buenos estudios. A continuación vamos a ver una prueba de rangos para esta situación.

EJEMPLO 12.8. Cuéntame una narración

Un estudio sobre educación infantil pidió a unos párvulos que relataran una de las narraciones contadas durante la semana en su jardín de infancia. La muestra estaba formada por 10 niños: 5 de habilidad lectora alta y 5 de habilidad lectora baja. Cada niño relató dos narraciones. La narración 1 se contó sin ilustraciones. La narración 2 se leyó al mismo tiempo que se mostraban algunas ilustraciones. Un experto escuchó los relatos de los niños y puntuó la utilización del lenguaje. He aquí los datos de los niños de habilidad lectora baja (proporcionados por Susan Stadler, Purdue University):

Niño	1	2	3	4	5
Narración 2	0,77	0,49	0,66	0,28	0,38
Narración 1	0,40	0,72	0,00	0,36	0,55
Diferencia	0,37	−0,23	0,66	−0,08	−0,17

Queremos saber si las ilustraciones mejoran la manera como los niños cuentan la narración. Nos gustaría contrastar las hipótesis:

H_0 : la distribución de puntuaciones es la misma para las dos narraciones

H_a : las puntuaciones de la narración 2 son sistemáticamente mayores

Como se trata de un diseño por pares, basamos nuestra inferencia en las diferencias. La prueba t para muestras por pares da $t = 0{,}635$ con un valor P de una cola, $P = 0{,}280$. No podemos valorar la normalidad de los datos a partir de tan pocas observaciones. En consecuencia, nos gustaría utilizar una prueba de rangos. ■

Las diferencias positivas del ejemplo 12.8 indican que los niños contaron mejor la narración 2. Si las puntuaciones obtenidas con la narración 2 son mayores, las diferencias positivas deben ser, en valor absoluto, mayores que las diferencias negativas expresadas también en valor absoluto. En consecuencia, comparamos los **valores absolutos** de las diferencias, es decir, sus magnitudes sin signo. Aquí los tenemos; los valores en negrita corresponden a las diferencias positivas:

Valores absolutos

0,37 0,23 **0,66** 0,08 0,17

Ordena las diferencias en orden creciente y asígnales rangos; recuerda que los rangos corresponden a diferencias positivas. A las diferencias repetidas se les asigna la media de sus rangos. Antes de asignar rangos, descarta las diferencias que sean 0.

Valor absoluto	0,08	0,17	0,23	**0,37**	**0,66**
Rango	1	2	3	**4**	**5**

El estadístico de contraste es la suma de los rangos correspondientes a las diferencias positivas. (También podíamos haber utilizado la suma de rangos correspondiente a las diferencias negativas.) Este estadístico es el de *Wilcoxon de suma de rangos de diferencias*. Su valor es $W^+ = 9$.

PRUEBA DE WILCOXON DE SUMA DE RANGOS DE DIFERENCIAS PARA MUESTRAS POR PARES

Obtén una muestra aleatoria simple de tamaño n de una población de datos por pares y calcula las diferencias entre pares. Ordena los valores absolutos de las diferencias y asígnales rangos. La suma W^+ de rangos correspondientes a diferencias positivas es el **estadístico de Wilcoxon de suma de rangos de diferencias**. Si la distribución de las diferencias de las respuestas no se ve afectada por los tratamientos de cada par, la media del estadístico W^+ es

$$\mu_{W+} = \frac{n(n+1)}{4}$$

y la desviación típica

$$\sigma_{W+} = \sqrt{\frac{n(n+1)(2n+1)}{24}}$$

La prueba de Wilcoxon de suma de rangos de diferencias rechaza la hipótesis de que no hay diferencias sistemáticas dentro de cada par cuando la suma de rangos W^+ queda lejos de su media.

EJEMPLO 12.9. Cuéntame una narración

En el estudio de las narraciones del ejemplo 12.8, $n = 5$. Si la hipótesis nula (no hay efecto sistemático de las ilustraciones) es cierta, la media del estadístico de suma de rangos de diferencias es

$$\mu_{W+} = \frac{n(n+1)}{4} = \frac{5 \cdot 6}{4} = 7{,}5$$

El valor $W^+ = 9$ es sólo algo mayor que su media. El valor P es $P(W^+ \geq 9)$.

La figura 12.6 muestra resultados de dos programas estadísticos. Vemos que el valor P de una cola correspondiente a la prueba de Wilcoxon de suma de rangos de diferencias con $n = 5$ observaciones y $W^+ = 9$ es $P = 0{,}4062$. Este resultado difiere del resultado de la prueba t $P = 0{,}280$, sin embargo, ambos resultados indican que muestras tan pequeñas no proporcionan evidencia de que haber escuchado una narración con ilustraciones mejore la forma de contar la narración de los alumnos con habilidad lectora baja. ■

```
Exact Wilcoxon signed-rank test

data: Narracion2-Narracion1

signed-rank statistic V = 9, n = 5, p-value = 0.4062

alternative hypothesis: true mu is greater than 0
```

(a) S-Plus

```
Wilcoxon Signed Rank
Narracion2 - Narracion1:
Test Ho: Median (Story2-Story1) = 0 vs Ha: Median
(Narracion2 - Narracion1) > 0

                 Rank totals   Cases   Mean Rank
 Positive Ranks  9             2       4.500
 Negative Ranks  6             3       2
 Ties            •             0       •
 Total           15            5       3

p = 0.4062
```

(b) Data Desk

Figura 12.6. Resultados de (a) S-Plus y (b) Data Desk para el estudio sobre el recuento de narraciones del ejemplo 12.9. Cuando el tamaño de la muestra es pequeño y no hay observaciones repetidas, estos programas utilizan la distribución exacta de W^+.

APLICA TUS CONOCIMIENTOS

12.22. Manzanas del Ensanche de Barcelona y velocidad. María quiere saber el tiempo que tarda un niño de 13 años en dar la vuelta corriendo a una manzana del Ensanche de Barcelona. De todas formas, María cree que no se tarda lo mismo en dar la vuelta a la manzana en el sentido de las agujas de un reloj que en sentido contrario. Para contrastar esta última hipótesis María organiza el siguiente experimento: el sábado por la mañana queda con 12 compañeros de su clase enfrente del edificio de la Pedrera. Cada uno de los 12 niños dará dos vueltas corriendo a la manzana, una en el mismo sentido que las agujas de un reloj y la otra en sentido contrario, después de haber descansado suficientemente. (El profesor Satorra le dijo que tenían que sortear si primero corrían en sentido horario o bien en sentido contrario.) Los resultados son los siguientes:

	Sentido horario (segundos)	**Sentido contrario (segundos)**
María	25	28
Pedro	30	25
Jesús	28	32
Antonio	35	37
Marina	28	32
Eva	36	38
Pablo	35	32
Jorge	29	27
Judit	36	38
Mercedes	38	36
Eva María	32	34
Rosario	33	35

(a) Calcula las diferencias de tiempo en recorrer una manzana en sentido horario y en sentido contrario. Representa la distribución de diferencias mediante un diagrama de tallos. ¿Cómo es la distribución?

(b) Queremos saber si existen diferencias significativas en recorrer una manzana en sentido horario o bien en sentido contrario. Vamos a utilizar la prueba de Wilcoxon de suma de rangos de diferencias. Plantea las hipótesis nula y alternativa.

(c) Asigna rangos a las diferencias.

(d) Si la hipótesis nula es cierta, calcula la media del estadístico de Wilcoxon de suma de rangos de diferencias.

(e) Calcula el valor del estadístico de contraste, ¿su valor queda muy alejado de la media?

12.23. ***Las tres mellizas* y *Pokémon*.** Gema sospecha que a las niñas de entre 5 y 6 años les gusta más la serie española de dibujos animados *Las tres mellizas* que la serie japonesa *Pokémon*. Después de consultar con el profesor Udina, Gema decide llevar a cabo el siguiente experimento. Selecciona al azar 10 niñas de su escuela. Cada niña debe permanecer sentada delante del televisor durante 30 minutos, y debe seguir primero una serie y luego la otra. Para cada niña, se sortea el orden de visión de las series. Gema anota el número de veces que las niñas se levantan durante el experimento. Los resultados son los siguientes:

	Las tres mellizas	*Pokémon*
Ana	5	15
Laia	6	10
Andrea	7	12
Carla	2	13
Tania	8	10
María	4	12
Helena	3	15
Claudia	4	13
Sandra	6	12
Nuria	2	9

(a) Calcula las diferencias del número de veces que las niñas se levantan cuando siguen *Las tres mellizas* y cuando siguen *Pokémon*. Representa la distribución de diferencias mediante un diagrama de tallos. ¿Cómo es la distribución?

(b) Queremos saber si el número de veces que las niñas se levantan cuando siguen *Pokémon* es sistemáticamente mayor que cuando siguen *Las tres mellizas*. Utiliza la prueba de Wilcoxon de suma de rangos de diferencias. Plantea las hipótesis nula y alternativa.

(c) Asigna rangos a las diferencias. Si la hipótesis nula es cierta, calcula la media del estadístico de Wilcoxon de suma de rangos de diferencias. Calcula el valor del estadístico de contraste. ¿Su valor queda muy alejado de la media?

12.3.1 Aproximación normal

La distribución del estadístico de suma de rangos de diferencias cuando la hipótesis nula (no hay diferencias) es cierta es aproximadamente normal cuando el tamaño de la muestra es grande. Podemos utilizar los cálculos de probabilidades normales (con la corrección de continuidad) para obtener valores P aproximados para W^+. Vamos a ver cómo hacerlo con el ejemplo sobre las narraciones, a pesar de que $n = 5$ no es precisamente una muestra grande.

EJEMPLO 12.10. Utilización de la aproximación normal

Para $n = 5$ observaciones, vimos en el ejemplo 12.9 que $\mu_{W+} = 7{,}5$. La desviación típica de W^+, suponiendo que la hipótesis nula es cierta, es

$$\begin{aligned}\sigma_{W^+} &= \sqrt{\frac{n(n+1)(2n+1)}{24}} \\ &= \sqrt{\frac{5 \cdot 6 \cdot 11}{24}} \\ &= \sqrt{13{,}75} = 3{,}708\end{aligned}$$

El valor P, $P(W^+ \geq 8{,}5)$, se calcula considerando que 8,5 ocupa el intervalo que va de 8,5 a 9,5 (corrección de continuidad). Hallamos la aproximación normal para el cálculo del valor P, estandarizando y utilizando la tabla normal estandarizada:

$$\begin{aligned}P(W^+ \geq 8{,}5) &= P\left(\frac{W^+ - 7{,}5}{3{,}708} \geq \frac{8{,}5 - 7{,}5}{3{,}708}\right) \\ &= P(Z \geq 0{,}27) \\ &= 0{,}394\end{aligned}$$

A pesar del pequeño tamaño de la muestra, la aproximación normal da un valor muy parecido al valor correcto $P = 0{,}4062$. ■

APLICA TUS CONOCIMIENTOS

12.24. Manzanas del Ensanche de Barcelona y velocidad. La distribución del estadístico de Wilcoxon de suma de rangos de diferencias es aproximadamente normal cuando la muestra es suficientemente grande. No obstante, vamos a calcular, de forma aproximada, el valor P correspondiente al valor del estadístico W^+ del ejercicio 12.22

(a) Suponiendo la hipótesis nula cierta, halla la media y la desviación típica del estadístico W^+.

(b) Utilizando la aproximación normal, halla, de forma aproximada, el valor P del estadístico de contraste. ¿Cuáles son tus conclusiones?

12.25. *Las tres mellizas* y *Pokémon*. Con relación al ejercicio 12.23 que corresponde a un diseño por pares:

(a) Suponiendo la hipótesis nula cierta, halla la media y la desviación típica del estadístico W^+.

(b) Utilizando la aproximación normal, halla, de forma aproximada, el valor P del estadístico de contraste. ¿Cuáles son tus conclusiones?

12.3.2 Empates

A las diferencias de valores absolutos que toman el mismo valor se les asigna la media de los rangos correspondientes. Si en un par los dos valores son iguales, su diferencia es cero. Como cero no es ni positivo ni negativo, eliminamos este tipo de pares. Tal como ocurría en la prueba de Wilcoxon de suma de rangos, los empates complican el cálculo del valor P. En dicho caso no tenemos a mano una distribución exacta del estadístico de Wilcoxon de suma de rangos de diferencias W^+. Para utilizar la aproximación normal, tendremos que hacer algunos ajustes en el cálculo de σ_{W^+} para solventar el problema de los empates. Los programas estadísticos lo hacen de forma automática. Veamos un ejemplo.

EJEMPLO 12.11. Torneo de golf

He aquí los resultados de golf de 12 jugadoras en las dos rondas de un campeonato. (El resultado de un campeonato es el número de golpes necesarios para completar los hoyos de un circuito.)

Jugadora	**1**	**2**	**3**	**4**	**5**	**6**	**7**	**8**	**9**	**10**	**11**	**12**
Ronda 2	94	85	89	89	81	76	107	89	87	91	88	80
Ronda 1	89	90	87	95	86	81	102	105	83	88	91	79
Diferencia	5	−5	2	−6	−5	−5	5	−16	4	3	−3	1

Las diferencias negativas indican resultados mejores en la segunda ronda. Vemos que 6 de las 12 golfistas mejoraron sus resultados. Nos gustaría contrastar la hipótesis de que en la población de jugadoras de golf

H_0 : la distribución de resultados es la misma en las dos rondas

H_a : los resultados de la segunda ronda son sistemáticamente menores o mayores que los de la primera

Un diagrama de tallos de las diferencias (figura 12.7) muestra alguna irregularidad y una observación que queda algo separada de las restantes. Utilizaremos la prueba de Wilcoxon de suma de rangos de diferencias. ■

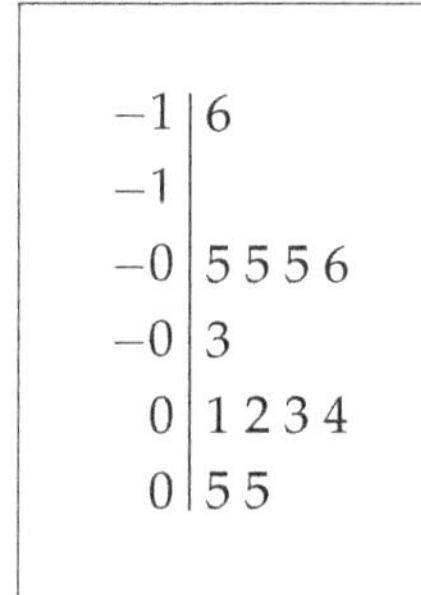

Figura 12.7. Diagrama de tallos de las diferencias de los resultados de las dos rondas de un torneo de golf. Datos del ejemplo 12.11. Dividimos los tallos; en el tallo superior se sitúan las hojas de 0 a 4 y en el tallo inferior las hojas de 5 a 9.

Los valores absolutos de las diferencias (los valores en negrita corresponden a las diferencias negativas) son

5 **5** 2 **6** 5 **5** 5 **16** 4 3 **3** 1

Ordena las diferencias en orden creciente y asígnales rangos; anota las diferencias que corresponden a diferencias negativas. A los valores repetidos se les asigna la media de sus rangos.

Valores absolutos	1	2	**3**	3	4	**5**	5	**5**	5	**5**	**6**	**16**
Rangos	1	2	**3,5**	3,5	5	**8**	8	**8**	8	**8**	**11**	**12**

El estadístico de Wilcoxon de suma de rangos de diferencias es la suma de los rangos correspondientes a las diferencias negativas. (También podíamos haber utilizado la suma de los rangos correspondientes a las diferencias positivas.) Su valor es $W^+ = 50{,}5$.

EJEMPLO 12.12. Torneo de golf: resultados de ordenador

He aquí los valores P de dos colas de la prueba de Wilcoxon de rangos de diferencias de los resultados del torneo de golf de algunos programas estadísticos:

Programa	**Valor P**
Data Desk	$P = 0{,}366$
Minitab	$P = 0{,}388$
SAS	$P = 0{,}388$
S-PLUS	$P = 0{,}384$

Todos los resultados conducen a la misma conclusión práctica: estos datos no proporcionan evidencia de un cambio sistemático entre rondas. Sin embargo, existen algunas diferencias entre los valores P de los distintos programas. Estas variaciones se deben a ligeras diferencias en la manera de tratar los valores repetidos.

Para estos datos, la prueba t por pares, $t = 0{,}9314$ con $P = 0{,}3716$. Otra vez, t y W^+ llegan a la misma conclusión. ■

APLICA TUS CONOCIMIENTOS

12.26. *Las tres mellizas* y *Pokémon*. Después de haber experimentado con las niñas de su escuela, Gema quiere hacer un experimento similar con niños. Con este fin hace con ellos un experimento similar al que vimos en el ejercicio 12.23. De todas formas, Gema sospecha que los niños prefieren *Pokémon* a *Las tres mellizas*. Los resultados son los siguientes:

	Las tres mellizas	*Pokémon*
Daniel	15	5
José	16	1
Jorge	17	2
David	12	3
Raúl	18	1
Enrique	14	4
Mario	13	5
Luis	14	3
Antonio	16	2
Juan	12	9

(a) Calcula las diferencias del número de veces que los niños se levantan cuando siguen *Las tres mellizas* y cuando siguen *Pokémon*. Representa la distribución de diferencias mediante un diagrama de tallos. ¿Cómo es la distribución?

(b) Queremos saber si el número de veces que los niños se levantan cuando siguen *Las tres mellizas* es sistemáticamente mayor que cuando siguen *Pokémon*. Utiliza la prueba de Wilcoxon de suma de rangos de diferencias. Plantea las hipótesis nula y alternativa.

(c) Asigna rangos a las diferencias. Si la hipótesis nula es cierta, calcula la media del estadístico de Wilcoxon de suma de rangos de diferencias. Calcula el valor del estadístico de contraste, ¿su valor queda muy alejado de la media?

RESUMEN DE LA SECCIÓN 12.3

La **prueba de Wilcoxon de suma de rangos de diferencias** se utiliza en diseños de datos por pares. Se contrasta la hipótesis nula de que no existen diferencias sistemáticas entre pares, en contra de alternativas (de una o dos colas) que afirman que existen diferencias sistemáticas.

La prueba se basa en el **estadístico de Wilcoxon de suma de rangos de diferencias W^+**, que es la suma de rangos de las diferencias positivas (o negativas) cuando se asignan rangos a los valores absolutos de las diferencias. La **prueba t por pares** y **la prueba de los signos** son pruebas alternativas para esta situación.

Los **valores P** de la prueba de suma de rangos de diferencias se basan en la distribución de W^+ cuando la hipótesis nula es cierta. Puedes hallar los valores P en tablas especiales, programas estadísticos o a partir de la aproximación normal (con la corrección de continuidad).

EJERCICIOS DE LA SECCIÓN 12.3

Los programas estadísticos son muy útiles para hacer estos ejercicios. Si no tienes acceso a un programa, basa tus cálculos en la aproximación normal utilizando la corrección de continuidad.

12.27. Subida y bajada de escalones y ritmo cardíaco. El proyecto final de curso de un estudiante consistió en pedir a una serie de sujetos que subieran y bajaran escalones durante 3 minutos para determinar su ritmo cardíaco, antes y después del ejercicio. He aquí datos de cinco sujetos y dos tratamientos: subir y bajar escalones despacio (14 escalones por minuto) o más rápidamente (21 escalones por minuto). De cada sujeto damos el ritmo cardíaco en reposo (pulsaciones por minuto) y el ritmo cardíaco después del ejercicio.

	Baja intensidad		Media intensidad	
Sujeto	**En reposo**	**Final ejercicio**	**En reposo**	**Final ejercicio**
1	60	75	63	84
2	90	99	69	93
3	87	93	81	96
4	78	87	75	90
5	84	84	90	108

El ejercicio de baja intensidad ¿aumenta de forma significativa el ritmo cardíaco? Plantea las hipótesis en términos de medianas de diferencias en el ritmo cardíaco y utiliza la prueba de Wilcoxon de suma de rangos de diferencias. ¿Cuáles son tus conclusiones?

12.28. Subida y bajada de escalones y ritmo cardíaco. Los datos del ejercicio anterior, ¿proporcionan motivos para creer que el ejercicio de media intensidad aumenta el ritmo cardíaco más que el ejercicio de baja intensidad?

(a) Plantea las hipótesis en términos de comparación de las medianas de incrementos de los dos tratamientos. Para estas hipótesis, ¿cuál es la prueba de rangos más adecuada?

(b) Lleva a cabo la prueba. ¿Cuáles son tus conclusiones?

12.29. Wilcoxon paso a paso. Muestra la asignación de rangos y el cálculo del estadístico W^+ de suma de rangos de diferencias con los datos del ejercicio 12.27. Recuerda que los ceros se eliminan antes de asignar rangos, por tanto, n es el número de diferencias distintas de cero de los pares.

12.30. Salubridad de la comida en ferias y restaurantes. El ejemplo 12.6 describe la actitud de la gente que asiste a ferias hacia la comida ofrecida en ellas. En la página web <http://www.antonibosch.com> hallarás el archivo *ejemplo12-6.dat* que proporciona datos sobre las respuestas de 303 personas a las que se les planteó varias preguntas. Las variables de este conjunto de datos son

sujeto hferia sferia sfastfoot srestaurante sexo

La variable "sferia" hace referencia a la pregunta sobre la salubridad de la comida ofrecida en ferias a la que hace referencia el ejemplo 12.6. La variable "srestaurante" contiene las valoraciones sobre la comida ofrecida en restaurantes. Sospechamos que la gente considera más salubre la comida ofrecida en restaurantes que la ofrecida en ferias. Los datos, ¿proporcionan evidencia a favor de esta sospecha? Describe los datos que utilizas y el estadístico de contraste. Halla el valor del estadístico y su valor P. ¿Cuáles son tus conclusiones? Vimos que las mujeres estaban más preocupadas que los hombres por la salubridad de la comida ofrecida en ferias. ¿Ocurre lo mismo con la comida ofrecida en restaurantes?

12.31. Salubridad de la comida en ferias y restaurantes de comida rápida. La encuesta sobre salubridad de la comida descrita en el ejemplo 12.6 y en el ejercicio 12.30 también contiene las respuestas de 303 individuos sobre su actitud hacia los restaurantes de comida rápida. Estos datos son los valores de la variable "sfastfoot". ¿Existen diferencias sistemáticas entre la actitud de la gente hacia la comida ofrecida en ferias y la ofrecida en restaurantes de comida rápida?

12.32. Cicatrización de heridas. La tabla 7.4 proporciona datos sobre la velocidad de cicatrización de heridas (micrómetros por hora) en la piel de tritones en dos condiciones. Estamos ante un diseño por pares, siendo el campo eléctrico de una pata (control) la mitad del campo eléctrico de la otra pata del mismo tritón (tratamiento). Queremos saber si las velocidades de cicatrización son sistemáticamente distintas en estas dos condiciones. Decides utilizar una prueba de rangos.

Plantea las hipótesis y lleva a cabo la prueba. ¿Cuáles son tus conclusiones?

12.33. Refrescos *light*. Los fabricantes de refrescos prueban nuevas fórmulas para evitar la pérdida de dulzor de los refrescos *light* durante el almacenamiento. Unos catadores experimentados evalúan el dulzor de los refrescos antes y después del almacenamiento. He aquí las pérdidas de dulzor (dulzor antes del almacenamiento menos dulzor después del almacenamiento) halladas por 10 catadores para una nueva fórmula de refresco:

2,0 0,4 0,7 2,0 −0,4 2,2 −1,3 1,2 1,1 2,3

Estos datos, ¿constituyen una buena evidencia de que el refresco perdió dulzor durante el almacenamiento?

(a) Estos datos son el resultado de un diseño por pares. Plantea las hipótesis en términos de medianas de diferencias de la población de catadores y lleva a cabo la prueba. ¿Cuáles son tus conclusiones?

(b) En el ejemplo 7.2 hallamos que el estadístico t de una muestra tenía valor P, $P = 0{,}0122$. Compara este resultado con tu resultado en (a). ¿Cuáles son las hipótesis de la prueba t? ¿En qué supuestos se basa la prueba t? ¿Y la prueba de Wilcoxon?

12.34. Atmósfera terrestre. El ejercicio 7.65 proporciona los siguientes datos sobre el contenido de nitrógeno, como porcentaje, en el aire de las burbujas del ámbar:

63,4 65,0 64,4 63,3 54,8 64,5 60,8 49,1 51,0

Queremos saber si el contenido del nitrógeno del aire atrapado en el ámbar es significativamente distinto del contenido actual de nitrógeno en la atmósfera, que es del 78,1%.

(a) Representa gráficamente los datos, comenta su posible asimetría y la presencia de observaciones atípicas. Es adecuado utilizar una prueba de rangos.

(b) Nos gustaría contrastar hipótesis sobre la mediana del contenido de nitrógeno del aire de la atmósfera del cretáceo (la población):

$$H_0 : \text{mediana} = 78{,}1$$
$$H_a : \text{mediana} \neq 78{,}1$$

Para hacer este contraste, utiliza la prueba de Wilcoxon de suma de rangos con las diferencias entre los datos y 78,1. ¿Cuáles son tus conclusiones?

12.35. Derecha *versus* izquierda. La tabla 12.1 proporciona datos sobre el trabajo de un estudiante que investigaba si la gente diestra puede hacer girar un mando hacia la derecha más deprisa (con la mano derecha) que otro mando que giraba hacia la izquierda. Describe los datos. Plantea las hipótesis y lleva a cabo una prueba que no exija la condición de normalidad. ¿Cuáles son tus conclusiones?

Tabla 12.1. Tiempos empleados utilizando mandos de giro hacia la derecha y mandos de giro hacia la izquierda.

Sujeto	Giro hacia la derecha	Giro hacia la izquierda	Sujeto	Giro hacia la derecha	Giro hacia la izquierda
1	113	137	14	107	87
2	105	105	15	118	166
3	130	133	16	103	146
4	101	108	17	111	123
5	138	115	18	104	135
6	118	170	19	111	112
7	87	103	20	89	93
8	116	145	21	78	76
9	75	78	22	100	116
10	96	107	23	89	78
11	122	84	24	85	101
12	103	148	25	88	123
13	116	147			

12.36. Grupos de prácticas. La profesora Cañameras quiere saber si hacer los ejercicios de prácticas de agroclimatología en grupos de tres alumnos o bien de forma individual tiene efecto sobre el aprovechamiento de las mismas por parte de los estudiantes. Con este fin la profesora Cañameras hace el siguiente experimento. Elige dos prácticas de dificultad similar, la práctica 2 y la práctica 5. La profesora escoge al azar 15 alumnos, que realizan los ejercicios de la práctica 2 de forma individual y los de la práctica 5 en grupos de tres alumnos. Una vez hechas las prácticas, los alumnos pasan una prueba de aprovechamiento de cada una de ellas. Los resultados son los siguientes:

Alumno	Práctica 2	Práctica 5	Alumno	Práctica 2	Práctica 5
1	6	7	9	3	4
2	5	6	10	7	8
3	7	7	11	6	5
4	7	8	12	7	8
5	6	5	13	8	8
6	6	7	14	4	6
7	5	8	15	5	7
8	4	5			

(a) Representa gráficamene las diferencias. Describe la forma de la distribución.

(b) Lleva a cabo la prueba de Wilcoxon de suma de rangos de diferencias para muestras por pares. Plantea las hipótesis y halla el valor del estadístico de contraste. ¿Cuáles son tus conclusiones?

(c) Con estos datos, ¿sería correcto utilizar la prueba t de una muestra? Razona tu respuesta.

12.4 Prueba de Kruskal-Wallis

Acabamos de considerar alternativas a la prueba t para muestras por pares y a la prueba t para la comparación de las respuestas de dos tratamientos en muestras independientes. Para comparar más de dos tratamientos, utilizamos el análisis de la varianza de un factor (ANOVA) si las distribuciones de las respuestas son al menos aproximadamente normales y tienen dispersiones similares. ¿Qué podemos hacer cuando no se cumplen estos supuestos?

EJEMPLO 12.13. Malas hierbas en maíz

La cañota es una mala hierba común en campos de maíz. Un agrónomo sembró la misma proporción de maíz en 16 parcelas experimentales. A continuación distribuyó las parcelas al azar en cuatro grupos. Luego, eliminó las malas hierbas a mano de manera que se dejó un determinado número de cañotas por metro lineal de maíz sembrado. Eliminó todas las restantes malas hierbas. Dejó 0, 1, 3 y 9 cañotas por metro lineal, respectivamente en cada uno de los grupos. Excepto en cuanto al número de malas hierbas, todas las parcelas se trataron de la misma manera. He aquí los rendimientos (toneladas por hectárea) de cada una de las parcelas:

Malas hierbas por metro lineal	Rendimiento (toneladas por hectárea)			
0	11,17	11,54	11,06	11,85
1	11,14	10,54	11,17	10,79
3	10,63	11,82	10,26	10,45
4	10,90	9,50	10,80	10,60

(Datos proporcionados por Samuel Phillips, Purdue University.) El resumen estadístico es

Malas hierbas	n	Media	Desviación típica
0	4	11,40	0,36
1	4	10,90	0,30
3	4	10,79	0,70
9	4	10,45	0,64

Las desviaciones típicas muestrales no cumplen nuestra regla práctica necesaria para una utilización segura del ANOVA; la desviación típica mayor no debe superar el doble de la desviación típica menor. Es más, vemos que hay observaciones atípicas en los tratamientos de 3 y 9 cañotas por metro lineal. No hay ningún error con estos datos; por tanto, no los podemos eliminar. Podríamos utilizar una prueba no paramétrica. ■

12.4.1 Supuestos e hipótesis

La prueba F del ANOVA trata sobre las medias de varias poblaciones representadas por nuestras muestras. En el ejemplo 12.13, las hipótesis del ANOVA son

$$H_0 : \mu_0 = \mu_1 = \mu_3 = \mu_9$$
$$H_a : \text{no todas las medias son iguales}$$

Por ejemplo, μ_0 es la media de los maizales sin malas hierbas, cultivados en las condiciones agronómicas del experimento. Los datos deben estar formados por cuatro muestras aleatorias independientes de cuatro poblaciones. Todas estas poblaciones deben ser normales con la misma desviación típica.

La *prueba de Kruskal-Wallis* es una prueba de rangos que puede sustituir la prueba ANOVA. Las suposiciones sobre la obtención de las muestras (muestras aleatorias simples independientes de las respectivas poblaciones) siguen siendo importantes. La suposición de normalidad no lo es tanto. Sólo suponemos que en cada una de las poblaciones consideradas, la variable respuesta tiene una distribución continua. En nuestro ejemplo, las hipótesis que contrastamos son

H_0 : los rendimientos tienen la misma distribución en todas las poblaciones

H_a : los rendimientos son en algunas poblaciones sistemáticamente mayores que en otras

Si las distribuciones de todas las poblaciones tienen la misma forma (sea o no normal) estas hipótesis se pueden expresar de forma más simple. La hipótesis nula es que la *mediana* de los rendimientos es igual en las cuatro poblaciones. La hipótesis alternativa es que no todas las medianas son iguales.

12.4.2 Prueba de Kruskal-Wallis

Recuerda el fundamento del análisis de la varianza: expresamos la variación total observada de las respuestas como la suma de dos términos; por un lado, la variación entre grupos (suma de cuadrados de los grupos, SCG) y por otro la variación de las observaciones dentro de cada grupo (suma de cuadrados del error, SCE). La prueba F del ANOVA rechaza la hipótesis nula de que las respuestas medias son iguales en todas las poblaciones si la SCG es mayor en comparación con la SCE.

La prueba de Kruskal-Wallis de rangos se basa en ordenar las respuestas de todos los grupos, y a continuación aplicar el ANOVA de un factor a los rangos y no a los valores originales. Si en total tenemos N observaciones, los rangos son valores enteros positivos de 1 a N. La suma total de cuadrados de los rangos toma un determinado valor, independientemente del valor de los datos. Por tanto, no es necesario que nos fijemos en la SCG y en la SCE. Aunque no es evidente sin un poco de álgebra, se puede demostrar que el estadístico de contraste de la prueba de Kruskal-Wallis no es más que la SCG de los rangos. Te damos la fórmula; sin embargo, debes confiar en un programa informático para hacer los cálculos. Cuando la SCG es grande, existe evidencia de que las poblaciones son distintas.

PRUEBA DE KRUSKAL-WALLIS

Obtén muestras aleatorias simples de tamaños $n_1, n_2, \ldots, n_I$ de I poblaciones. En total tenemos N observaciones. Ordénalas y asígnales rangos. Sea R_i la suma de los rangos de la i-ésima muestra. **El estadístico de Kruskal-Wallis** es

$$H = \frac{12}{N(N+1)} \sum \frac{R_i^2}{n_i} - 3(N+1)$$

Cuando los tamaños de las muestras n_i son grandes y todas las poblaciones tienen la misma distribución continua, H tiene aproximadamente una distribución Ji cuadrado con $I - 1$ grados de libertad.

Cuando H es grande, la **prueba de Kruskal-Wallis** rechaza la hipótesis nula de que todas las poblaciones tienen la misma distribución.

Vemos que, al igual que el estadístico de Wilcoxon de suma de rangos, el estadístico de Kruskal-Wallis se basa en la suma de los rangos de los grupos que estamos comparando. Cuanto más distintas sean estas sumas, mayor será la evidencia de que las respuestas de unos grupos son sistemáticamente mayores que las de otros.

La distribución exacta del estadístico H de Kruskal-Wallis cuando la hipótesis nula es cierta depende de los tamaños muestrales de n_1 a n_I, en consecuencia la utilización de tablas es algo engorrosa. Excepto en el caso de muestras pequeñas, el cálculo de la distribución exacta lleva tanto tiempo, que incluso la mayoría de programas estadísticos utilizan el valor aproximado de la distribución Ji cuadrado. Como ocurre siempre, cuando existen valores repetidos, no se puede utilizar ninguna distribución exacta. A los valores repetidos les asignamos la media de sus rangos.

EJEMPLO 12.14. Malas hierbas en cultivos de maíz

En el ejemplo 12.13, había $I = 4$ poblaciones y $N = 16$ observaciones. Los tamaños muestrales son iguales, $n_i = 4$. Las 16 observaciones, en orden creciente con sus correspondientes rangos, son

Rendimiento	9,50	10,26	10,45	10,54	10,63	10,79	10,60	10,80
Rango	1	2	3	4	5	6	7	8
Rendimiento	10,90	11,06	11,14	11,17	11,17	11,54	11,82	11,85
Rango	9	10	11	12,5	12,5	14	15	16

Existe un par de observaciones repetidas. Los rangos de cada uno de los cuatro tratamientos son

Malas hierbas	**Rangos**				**Suma de rangos**
0	10	12,5	14	16	52,5
1	4	6	11	12,5	33,5
3	2	3	5	15	25,0
9	1	7	8	9	25,0

Por tanto, el estadístico de Kruskal-Wallis es

$$\begin{aligned} H &= \frac{12}{N(N+1)} \sum \frac{R_i^2}{n_i} - 3(N+1) \\ &= \frac{12}{16 \cdot 17} \left(\frac{52{,}5^2}{4} + \frac{33{,}5^2}{4} + \frac{25^2}{4} + \frac{25^2}{4} \right) - (3)(17) \\ &= \frac{12}{272}(1.282{,}125) - 51 \\ &= 5{,}56 \end{aligned}$$

En la tabla de valores críticos de la Ji cuadrado (tabla E) con gl $= 3$, hallamos que el valor P se encuentra en el intervalo $0{,}10 < P < 0{,}15$. Por tanto, aunque este experimento sugiere que las malas hierbas disminuyen el rendimiento, no llega a proporcionar evidencia significativa de que las malas hierbas realmente tengan un efecto sobre el rendimiento. ■

La figura 12.8 muestra los resultados del programa estadístico SAS, que da el resultado $H = 5{,}5725$ y $P = 0{,}1344$. El programa hace un pequeño ajuste para compensar la presencia de observaciones repetidas. El ajuste hace que la aproximación Ji cuadrado sea más exacta. Este ajuste sería importante si hubiera muchas observaciones repetidas.

```
        Wilcoxon Scores (Rank Sums) for Variable RENDIMIENTO
                Classified by Variable MALAS HIERBAS

                        Sum of   Expected      Std Dev          Mean
MALAS HIERBAS  N        Scores   Under H0     Under H0         Score

0              4    52.5000000       34.0   8.24014563    13.1250000
1              4    33.5000000       34.0   8.24014563     8.3750000
3              4    25.0000000       34.0   8.24014563     6.2500000
9              4    25.0000000       34.0   8.24014563     6.2500000

              Average Scores Were Used for Ties


Kruskal-Wallis Test (Chi-Square Approximation)
CHISQ = 5.5725  DF = 3  Prob > CHISQ = 0.1344
```

Figura 12.8. Resultados del SAS de la prueba de Kruskal-Wallis con los datos del ejemplo 12.13. Para hallar el valor *P*, SAS utiliza la aproximación Ji cuadrado.

De forma opcional, SAS calcula el valor exacto de P de la prueba de Kruskal-Wallis. El resultado del ejemplo 12.14 es $P = 0{,}1299$. Este resultado implica algunas horas de cálculo. Afortunadamente, la aproximación Ji cuadrado es bastante exacta. La prueba F del ANOVA da $F = 1{,}73$ con $P = 0{,}2130$. A pesar de que en la práctica, las conclusiones son las mismas, en este ejemplo los resultados ANOVA y Kruskal-Wallis son algo distintos. La prueba de rangos es más fiable cuando se tienen muestras pequeñas con observaciones atípicas.

RESUMEN DE LA SECCIÓN 12.4

La **prueba de Kruskal-Wallis** permite comparar varias poblaciones en el caso de que dispongamos de muestras aleatorias simples independientes de dichas poblaciones. El **análisis de la varianza de un factor** se aplica a la misma situación.

La hipótesis nula de la prueba de Kruskal-Wallis es que la distribución de la variable respuesta es la misma en todas las poblaciones. La hipótesis alternativa es que las respuestas son sistemáticamente mayores en algunas de las poblaciones.

El **estadístico *H* de Kruskal-Wallis** se puede contemplar de dos maneras distintas. Por un lado, este estadístico es básicamente el resultado de aplicar el

ANOVA de un factor a los rangos de las observaciones. Por otro lado, el estadístico se puede contemplar como la comparación de las sumas de rangos de varias muestras.

Cuando las muestras no son demasiado pequeñas y la hipótesis nula es cierta, el estadístico H para la comparación de I poblaciones tiene aproximadamente una distribución Ji cuadrado con $I - 1$ grados de libertad. Utilizamos esta distribución aproximada para hallar los valores P.

EJERCICIOS DE LA SECCIÓN 12.4

Para hacer cómodamente los siguientes ejercicios se necesita un programa. Si no tienes acceso a un programa estadístico, halla el estadístico H de Kruskal-Wallis a mano y utiliza la tabla Ji cuadrado para hallar los valores P aproximados.

12.37. ¿Cómo afectan los nematodos (gusanos microscópicos) al crecimiento de las plantas? Un agrónomo prepara 16 contenedores de siembra idénticos, introduce un número diferente de nematodos en cada contenedor y trasplanta un plantón de tomatera a cada contenedor. He aquí los datos del incremento de altura de los plantones (en centímetros) 16 días después del trasplante. (Datos proporcionados por Matthew Moore.)

Nematodos	Crecimiento de plantones			
0	10,8	9,1	13,5	9,2
1.000	11,1	11,1	8,2	11,3
5.000	5,4	4,6	7,4	5,0
10.000	5,8	5,3	3,2	7,5

En el ejercicio 10.17 aplicamos el ANOVA a estos datos. Como las muestras son muy pequeñas, es difícil valorar la normalidad de los datos.

(a) ¿Qué hipótesis contrasta el ANOVA? ¿Qué hipótesis contrasta la prueba de Kruskal-Wallis?

(b) Halla la mediana del crecimiento de cada grupo. Los nematodos, ¿reducen el crecimiento? Aplica la prueba de Kruskal-Wallis. ¿Cuáles son tus conclusiones?

12.38. ¿Qué color atrae más a los insectos? En el ejemplo 10.6 usamos el ANOVA para analizar los resultados de un estudio que tenía como objetivo determinar qué colores atraen más a los insectos. He aquí los datos:

Color de la lámina	Insectos capturados					
Azul	16	11	20	21	14	7
Verde	37	32	15	25	39	41
Blanco	21	12	14	17	13	17
Amarillo	45	59	48	46	38	47

Como las muestras son muy pequeñas, es difícil valorar la normalidad de los datos.

(a) ¿Qué hipótesis contrasta el ANOVA? ¿Qué hipótesis contrasta la prueba de Kruskal-Wallis?

(b) Halla la mediana del número de insectos atrapados en cada grupo. ¿Qué colores son más efectivos? Utiliza la prueba de Kruskal-Wallis para contrastar si existen diferencias entre colores. ¿Cuáles son tus conclusiones?

12.39. ¿Cuantas calorías contienen las salchichas? La tabla 12.2 presenta datos sobre el contenido de calorías y sodio de salchichas de ternera, cerdo y pollo. Consideraremos estos tres tipos de salchichas como muestras aleatorias simples de todas las salchichas de este tipo que se pueden hallar en las tiendas.

(a) Dibuja en un mismo gráfico los diagramas de tallos correspondientes a las calorías de los tres tipos de salchichas para facilitar su comparación. Calcula los cinco números resumen de los tres tipos de salchicha. ¿Qué sugieren los datos sobre el contenido en calorías de los tres tipos de salchichas?

(b) Alguna de las tres distribuciones, ¿es claramente no normal? ¿Cuáles? ¿Por qué?

(c) Utiliza la prueba de Kruskal-Wallis. ¿Cuáles son tus conclusiones?

12.40. Kruskal-Wallis paso a paso. El ejercicio 12.38 proporciona datos sobre el número de insectos capturados en trampas de cuatro colores distintos. Lleva a cabo la prueba de Kruskal-Wallis a mano. Sigue los siguientes pasos:

(a) En este ejemplo, ¿qué valores toman I, las n_i y N?

(b) Ordena los recuentos y asígnales rangos. Ojo con los valores repetidos. Halla la suma de rangos R_i de cada grupos.

(c) Calcula el estadístico H de Kruskal-Wallis. Si se cumple la hipótesis nula, en la aproximación Ji cuadrado, ¿cuántos grados de libertad tienes que utilizar? Utiliza la tabla Ji cuadrado para hallar el valor P aproximado.

12.41. ¿Cuánta sal contienen las salchichas? Repite el análisis del ejercicio 12.39 con el contenido de sodio de las salchichas.

Tabla 12.2. Calorías y sodio en tres tipos de salchichas.

Ternera		Cerdo		Pollo	
Calorías	Sodio	Calorías	Sodio	Calorías	Sodio
186	495	173	458	129	430
181	477	191	506	132	375
176	425	182	473	102	396
149	322	190	545	106	383
184	482	172	496	94	387
190	587	147	360	102	542
158	370	146	387	87	359
139	322	139	386	99	357
175	479	175	507	170	528
148	375	136	393	113	513
152	330	179	405	135	426
111	300	153	372	142	513
141	386	107	144	86	358
153	401	195	511	143	581
190	645	135	405	152	588
157	440	140	428	146	522
131	317	138	339	144	545
149	319				
135	298				
132	253				

Fuente: Consumer Reports, junio 1986, págs. 366-367.

12.42. ¿Se degrada el poliéster? He aquí datos sobre las fuerzas de rotura (en kilos) de tiras de poliéster enterradas durante diferentes periodos de tiempo:

2 semanas	260	278	278	265	284
4 semanas	287	265	251	278	282
8 semanas	269	300	282	322	309
16 semanas	273	216	243	309	243

La fuerza necesaria para romper las tiras es fácil de medir y es un buen indicador de su estado de degradación.

(a) Halla las desviaciones típicas de las cuatro muestras. Estas desviaciones típicas no cumplen la regla práctica que permite aplicar el ANOVA. Además, la muestra enterrada durante 16 semanas contiene una observación atípica. Utilizaremos la prueba de Kruskal-Wallis.

(b) Halla las medianas de las cuatro muestras. ¿Cuáles son las hipótesis de la prueba de Kruskal-Wallis expresadas en términos de medianas?

(c) Lleva a cabo la prueba. ¿Cuáles son tus conclusiones?

12.43. Salubridad de la comida. El ejemplo 12.6 describe un estudio sobre la actitud de la gente con relación a la salubridad de la comida ofrecida en las ferias. En la página web <http://www.antonibosch.com> hallarás el archivo informático *ejemplo12-6.dat* que proporciona datos las respuestas de 303 personas a las preguntas que se les plantearon. Las variables de este conjunto de datos son (en orden)

sujeto hferia sferia sfastfoot srestaurante sexo

La variable "sferia" corresponde a las respuestas de la pregunta sobre la salubridad de la comida ofrecida en las ferias a la que hace referencia el ejemplo 12.6. Las variables "srestaurante" y "sfastfoot" corresponden a las respuestas de la pregunta sobre la salubridad de la comida ofrecida en restaurantes y en establecimientos que ofrecen comida rápida. Explica por qué no podemos utilizar la prueba de Kruskal-Wallis para ver si existen diferencias sistemáticas en la valoración sobre la salubridad de la comida en estos tres tipos de establecimientos.

12.44. Explotación de la selva tropical. La tabla 10.3 proporciona datos que permiten comparar el número de árboles y el número de especies arbóreas en parcelas en una selva tropical que nunca se explotaron con parcelas vecinas similares que se explotaron 1 u 8 años antes.

(a) Dibuja en un mismo gráfico los diagramas de tallos correspondientes a los árboles por parcela en los tres tipos de parcelas. ¿Existe algo que impida la utilización del ANOVA? Halla la mediana del número de árboles de cada uno de los grupos.

(b) Utiliza la prueba de Kruskal-Wallis para comparar las distribuciones de los tres tipos de parcelas. Plantea las hipótesis, lleva a cabo la prueba y halla el valor *P*. ¿Cuáles son tus conclusiones?

REPASO DEL CAPÍTULO 12

Las **pruebas no paramétricas** no exigen que la distribución de la población de las que proceden las muestras tenga una determinada forma.

Las **pruebas de rangos** son pruebas no paramétricas que se basan en el rango de las observaciones, es decir, se basan en la posición de las observaciones una vez se han ordenado. A la primera observación de la lista le corresponde el rango 1. A las observaciones repetidas se les asigna la media de sus rangos.

La **prueba de Wilcoxon de suma de rangos** compara dos distribuciones para valorar si una de ellas toma sistemáticamente valores mayores que la otra. La prueba de Wilcoxon se basa en el **estadístico de Wilcoxon de suma de rangos** W, que es la suma de los rangos de una de las muestras. Los **valores** P de la prueba de Wilcoxon se basan en la distribución del estadístico W de suma de rangos cuando la hipótesis nula (las distribuciones son iguales) es cierta.

La **prueba de Wilcoxon de suma de rangos de diferencias** se utiliza en diseños de datos por pares para valorar si existen diferencias sistemáticas entre pares. La prueba se basa en el **estadístico de Wilcoxon de suma de rangos de diferencias** W^+, que es la suma de rangos de las diferencias positivas (o negativas) cuando se asignan rangos a los valores absolutos de las diferencias.

La **prueba de Kruskal-Wallis** permite comparar varias poblaciones, en el caso de que dispongamos de muestras aleatorias simples independientes de dichas poblaciones. Esta prueba se utiliza para valorar si la distribución de la variable respuesta no es la misma en todas las poblaciones. El **estadístico** H **de Kruskal-Wallis** se puede contemplar el resultado de aplicar el ANOVA de un factor a los rangos de las observaciones. He aquí las habilidades más importantes que deberías haber adquirido después de leer este capítulo.

A. DATOS

1. Identificar si estás ante una situación en la que es adecuado aplicar un procedimiento no paramétrico.
2. Identificar qué es lo que se pretendía con la obtención de datos.
3. Identificar si la distribución de los datos de las muestras es claramente no normal.
4. Identificar si existen observaciones atípicas.

B. COMPARACIÓN DE DOS MUESTRAS INDEPENDIENTES

1. Identificar si es mejor utilizar la prueba de Wilcoxon de suma de rangos que el procedimiento t equivalente.
2. Asignar rangos a las observaciones. ¿Existen valores repetidos?
3. Hallar la suma de rangos de uno de los grupos.
4. Hallar el valor del estadístico de contraste.
5. Hallar el valor P de la prueba mediante un ordenador o de forma aproximada mediante la aproximación normal.

C. DISEÑO POR PARES

1. Identificar si es mejor utilizar la prueba de Wilcoxon de suma de rangos de diferencias que el procedimiento *t* equivalente.
2. Asignar rangos a las diferencias de los valores absolutos de las diferencias. ¿Existen valores repetidos?
3. Hallar la suma de rangos correspondiente a los valores positivos (o negativos).
4. Hallar el valor del estadístico de contraste.
5. Hallar el valor *P* de la prueba mediante un ordenador o de forma aproximada mediante la aproximación normal.

D. COMPARACIÓN DE MÁS DE DOS MUESTRAS INDEPENDIENTES

1. Identificar si es mejor utilizar la prueba de Kruskal-Wallis que el ANOVA.
2. Asignar rangos a las observaciones. ¿Existen valores repetidos?
3. Hallar el valor del estadístico de contraste.
4. Hallar el valor *P* de la prueba mediante un ordenador o de forma aproximada mediante la aproximación Ji cuadrado.

EJERCICIOS DE REPASO DEL CAPÍTULO 12

12.45. Fertilización de un prado. Un ingeniero agrónomo cree que la aplicación fraccionada de potasio a lo largo de la estación de crecimiento del prado dará un mayor rendimiento que una sola aplicación de potasio en primavera. El ingeniero compara dos tratamientos: 100 kg por hectárea de potasio en primavera (tratamiento 1) y 50, 25 y 25 kg por hectárea aplicados en primavera, al inicio del verano y al final del verano (tratamiento 2). El ingeniero hace el experimento durante varios años, ya que las condiciones ambientales cambian de año a año.

La siguiente tabla proporciona datos de los rendimientos en kg de materia seca por hectárea.

Tratamiento	Año 1	Año 2	Año 3	Año 4	Año 5
1	3.902	4.281	5.135	5.350	5.746
2	3.970	4.271	5.440	5.490	6.028

(a) ¿Proporcionan los datos evidencia de que el rendimiento del tratamiento 2 es sistemáticamente mayor que el 1? Plantea las hipótesis.

(b) Lleva a cabo la prueba de Wilcoxon de suma de rangos. Halla el valor *P* tan exactamente como puedas. ¿Cuáles son tus conclusiones?

12.46. Actitud de los estudiantes. La encuesta SSHA (Survey of Study Habits and Attitudes) es una prueba psicológica que mide la motivación, la actitud hacia la universidad y los hábitos de estudio de los estudiantes. Los resultados van de 0 a 200. Una selecta universidad privada pasa la encuesta SSHA a una muestra aleatoria simple de estudiantes de primer curso de ambos sexos. Los resultados de las mujeres son los siguientes:

154	109	137	115	152	140	154	178	101
103	126	126	137	165	165	129	200	148

Y los de los hombres:

108	140	114	191	180	115	126	192	169	146
109	132	175	188	113	151	170	115	187	104

(a) Examina cada muestra gráficamente, prestando especial atención a las observaciones atípicas y a las asimetrías.

(b) Utiliza la prueba de Wilcoxon de suma de rangos para contrastar la hipótesis de que los resultados de la prueba SSHA de los hombres son sistemáticamente mejores que los resultados de las mujeres. Plantea las hipótesis nula y alternativa.

(c) Halla el valor *P* de la prueba. ¿Cuáles son tus conclusiones?

12.47. Nitritos y bacterias. A menudo se añaden nitritos a los productos alimenticios como conservantes. En un estudio del efecto de los nitritos sobre las bacterias, unos investigadores determinaron la tasa de absorción de un aminoácido en 60 cultivos de una bacteria: en 30 cultivos se añadieron nitritos, mientras que los otros 30 eran el grupo de control. En la tabla 12.3 se muestran los datos del estudio.

Examina los datos y describe brevemente su distribución.

(a) Utiliza la prueba de Wilcoxon de suma de rangos para ver si los nitritos disminuyen de forma sistemática la absorción de aminoácidos. Plantea las hipótesis nula y alternativa.

(b) Halla el valor *P* de la prueba. ¿Cuáles son tus conclusiones?

Tabla 12.3. Absorción de nitritos de bacterias en dos condiciones experimentales.

Control			Nitrito		
6.450	8.709	9.361	8.303	8.252	6.594
9.011	9.036	8.195	8.534	10.227	6.642
7.821	9.996	8.202	7.688	6.811	8.766
6.579	10.333	7.859	8.568	7.708	9.893
8.066	7.408	7.885	8.100	6.281	7.689
6.679	8.621	7.688	8.040	9.489	7.360
9.032	7.128	5.593	5.589	9.460	8.874
7.061	8.128	7.150	6.529	6.201	7.605
8.368	8.516	8.100	8.106	4.972	7.259
7.238	8.830	9.145	7.901	8.226	8.552

12.48. Estrés, amigos y perros. Si tienes un perro, es posible que estar con él te relaje. Para examinar el efecto de los animales domésticos en situaciones estresantes, unos investigadores reclutaron a 45 mujeres que afirmaron que les gustaban los perros. Las mujeres se distribuyeron al azar en grupos de 15. Los grupos se asignaron a los siguientes tres tratamientos. En el primer tratamiento cada mujer se hallaba sola; en el segundo cada mujer estaba con un buen amigo; en el tercer tratamiento cada mujer estaba con su perro. Las mujeres tuvieron que realizar una actividad estresante que consistió en contar hacia atrás de 13 en 13. El ritmo cardíaco medio de los sujetos durante el desarrollo de la actividad es una medida del efecto del estrés. La tabla 12.4 contiene los datos.

(a) Dibuja en un mismo gráfico los diagramas de tallos con los ritmos cardíacos medios en cada tratamiento (redondea los resultados a números enteros). En alguno de los grupos, ¿aparecen asimetrías claras o observaciones atípicas?

(b) Queremos saber si existen diferencias entre tratamientos. Utiliza la prueba de Kruskal-Wallis. Plantea las hipótesis nula y alternativa.

(c) Halla el valor P de la prueba. ¿Cuáles son tus conclusiones?

12.49. ¿Cuál es la mejor densidad de siembra? ¿Qué densidad de siembra de maíz debe utilizar un agricultor para obtener el máximo rendimiento? Pocas plantas darán un rendimiento bajo. Por otro lado, si hay demasiadas plantas éstas competirán entre sí por el agua y los nutrientes y, en consecuencia, los rendimientos bajarán. Para averiguar cuál es la mejor densidad de siembra, se planta maíz a distintas densidades de siembra en diversas parcelas. (Asegúrate de que tratas todas las parcelas de la misma manera excepto con relación a la densidad de siembra.) He aquí los datos de este experimento.

Plantas por hectárea	Rendimiento (toneladas por hectárea)			
30.000	10,1	7,6	7,9	9,6
40.000	11,2	8,1	9,1	10,1
50.000	11,1	8,7	9,4	10,1
60.000	9,1	9,3	10,5	
70.000	8,0	10,1		

(a) Dibuja un diagrama de tallos múltiple con los rendimientos de cada densidad de siembra. ¿Qué parece que indican los datos a propósito de la influencia de la densidad de siembra sobre el rendimiento?

(b) Utiliza la prueba de Kruskal-Wallis para contrastar la hipótesis de que la densidad de siembra influye sobre el rendimiento. Plantea las hipótesis nula y alternativa.

(c) Halla el valor P de la prueba. ¿Cuáles son tus conclusiones?

Tabla 12.4. Ritmos cardíacos medios durante una prueba estresante en compañía de un perro (P), de una amigo (A) y en el control (C).

Grupo	Ritmo	Grupo	Ritmo	Grupo	Ritmo
P	69,169	P	68,862	C	84,738
A	99,692	C	87,231	C	84,877
P	70,169	P	64,169	P	58,692
C	80,369	C	91,754	P	79,662
C	87,446	C	87,785	P	69,231
P	75,985	A	91,354	C	73,277
A	83,400	A	100,877	C	84,523
A	102,154	C	77,800	C	70,877
P	86,446	P	97,538	A	89,815
A	80,277	P	85,000	A	98,200
C	90,015	A	101,062	A	76,908
C	99,046	A	97,046	P	69,538
C	75,477	C	62,646	P	70,077
A	88,015	A	81,000	A	86,985
A	92,492	P	72,262	P	65,446

Repaso del pensamiento estadístico

Guía de ideas relacionadas con la estadística aplicada básica

Empezamos nuestro estudio de estadística aplicada por el apartado "El pensamiento estadístico". Lo finalizamos combinando en un esquema las ideas básicas de la estadística con los principales contenidos de la estadística aplicada.

Obtención de datos

- Análisis de datos:
  - Individuos (sujetos, casos).
  - Variables: categóricas *versus* cuantitativas, unidades de medida, explicativas *versus* respuesta.
  - Objetivo del estudio.
- Diseños básicos:
  - Observacional *versus* experimental.
  - Muestra aleatoria simple.
  - Experimentos completamente aleatorizados.
- La inferencia supone que tus datos se obtuvieron de forma aleatoria.
- La obtención errónea de datos (muestra de voluntarios, confusión) puede hacer imposible la interpretación de los datos.
- La obtención poco adecuada de datos —por ejemplo, una muestra de estudiantes de un solo centro universitario— puede hacer difícil la generalización de las conclusiones.

Estadística aplicada, un resumen
Repaso de los métodos básicos de inferencia

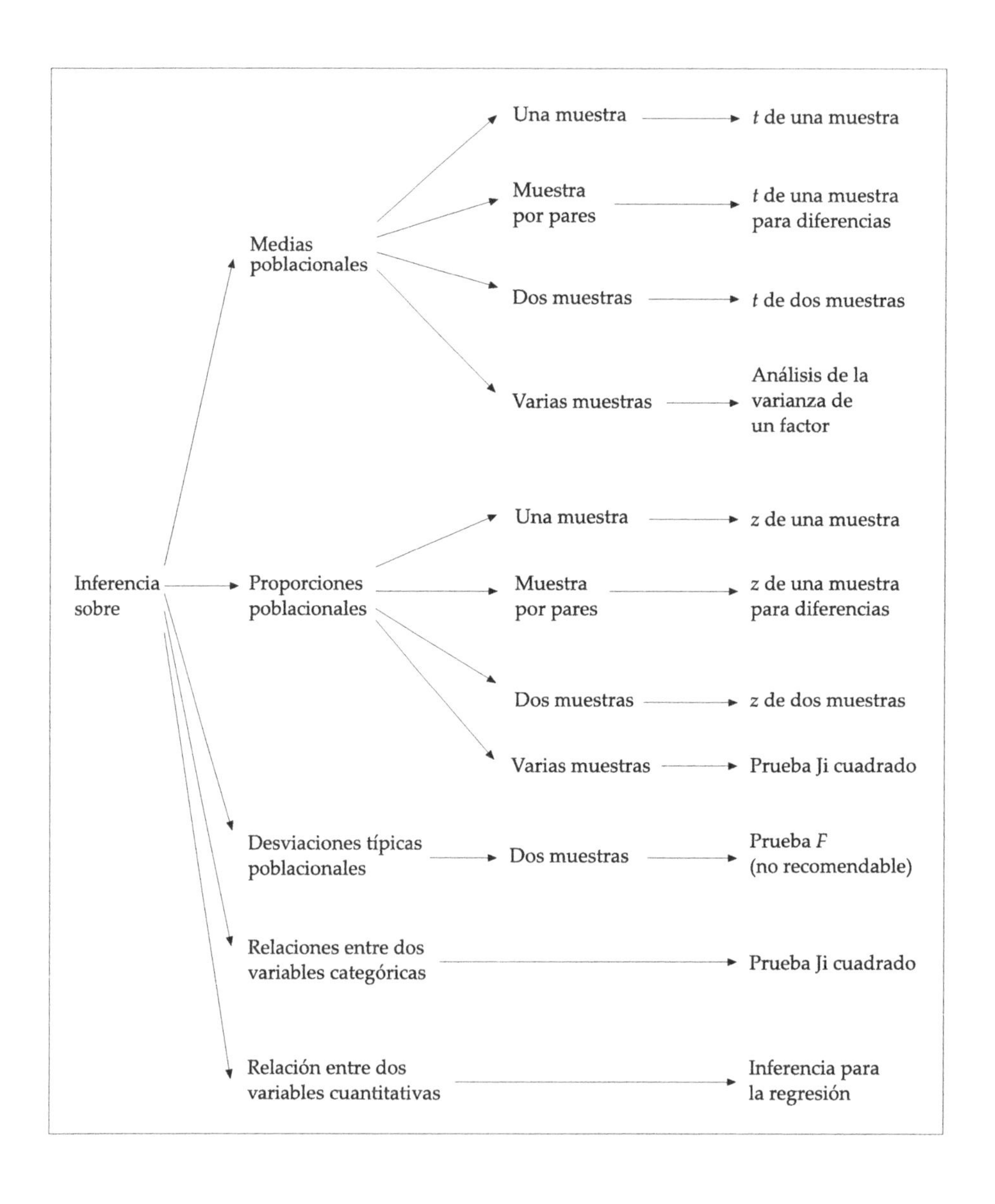

Análisis de datos

- Analiza siempre los datos antes de hacer inferencia. A menudo, para hacer inferencia, es necesario una cierta distribución de los datos sin la presencia de observaciones atípicas.
- Empieza con un gráfico; fíjate en el aspecto general de la distribución y en las posibles observaciones sorprendentes.
- Añade resúmenes numéricos para sintetizar lo que observes.
- Una variable cuantitativa:
  - Gráficos: diagramas de tallos, histogramas, diagrama de caja.
  - Aspecto general: forma de la distribución, centro, dispersión. ¿Observaciones atípicas?
  - Descripciones numéricas: los cinco números resumen o $\bar{x}$ y s.
- Relaciones entre dos variables numéricas:
  - Gráficos: diagrama de dispersión.
  - Aspecto general: forma de la relación, dirección, fuerza. ¿Observaciones atípicas? ¿Observaciones influyentes?
  - Descripción numérica para relaciones lineales: correlación, recta de regresión.

Razonamientos de inferencia

- La inferencia utiliza datos para sacar conclusiones para una amplia población.
- La inferencia depende de que la obtención de datos haya sido buena, de una distribución razonablemente regular (como, por ejemplo, distribuciones aproximadamente normales sin observaciones atípicas).
- Idea clave: "¿Qué sucedería si lo hiciéramos muchas veces?".
- Intervalos de confianza: estima un parámetro poblacional.
  - Confianza del 95% : he utilizado un método que, en un muestreo repetido, captura el verdadero parámetro poblacional el 95% de las veces.
- Prueba de significación: valora la evidencia de H_0 en contra de H_a.
  - Valor P: si H_0 fuera cierta, ¿con qué frecuencia obtendré un resultado favorable a H_a, al menos tan fuerte como el que he obtenido?
  - Inferencia estadística a un nivel de, por ejemplo, el 5%, es decir, un valor $P < 0{,}05$, indica que un resultado tan extremo como el obtenido ocurrirá menos del 5% de las veces si H_0 fuera cierta.
  - Potencia: si una determinada alternativa fuera cierta, ¿con qué frecuencia mi prueba dará un resultado significativo?

Procedimientos de inferencia

- Medias poblacionales (respuesta cuantitativa):
  - Una muestra (o muestras por pares): procedimientos t de una muestra.
  - Dos muestras independientes: procedimientos t de dos muestras.
  - Varias muestras independientes: análisis ANOVA de un factor.
- Desviaciones típicas poblacionales (respuesta cuantitativa):
  - Dos muestras independientes: prueba F (no recomendada).
- Proporciones poblacionales (respuesta categórica):
  - Una muestra (o muestra por pares): procedimientos z de una muestra.
  - Dos muestras independientes: procedimientos z de dos muestras.
  - Varias muestras independientes: prueba Ji cuadrado.
- Relaciones entre dos variables:
  - Dos variables categóricas: prueba Ji cuadrado.
  - Dos variables numéricas: inferencia de la regresión.

APÉNDICE

Tabla A: Probabilidades normales estandarizadas

Tabla B: Dígitos aleatorios

Tabla C: Valores críticos de la distribución t

Tabla D: Valores críticos de la distribución F

Tabla E: Valores críticos de la distribución Ji cuadrado

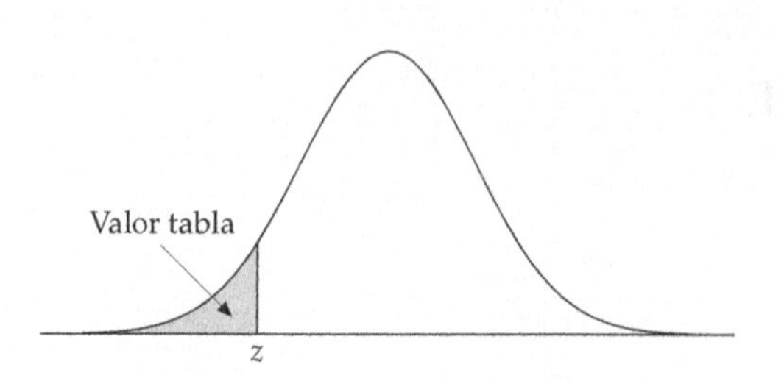

El valor de la tabla para z es el área por debajo de la curva normal estandarizada situada a la izquierda de z.

Tabla A Probabilidades normales estandarizadas

z	0	0,01	0,02	0,03	0,04	0,05	0,06	0,07	0,08	0,09
−3,4	0,0003	0,0003	0,0003	0,0003	0,0003	0,0003	0,0003	0,0003	0,0003	0,0002
−3,3	0,0005	0,0005	0,0005	0,0004	0,0004	0,0004	0,0004	0,0004	0,0004	0,0003
−3,2	0,0007	0,0007	0,0006	0,0006	0,0006	0,0006	0,0006	0,0005	0,0005	0,0005
−3,1	0,0010	0,0009	0,0009	0,0009	0,0008	0,0008	0,0008	0,0008	0,0007	0,0007
−3,0	0,0013	0,0013	0,0013	0,0012	0,0012	0,0011	0,0011	0,0011	0,0010	0,0010
−2,9	0,0019	0,0018	0,0018	0,0017	0,0016	0,0016	0,0015	0,0015	0,0014	0,0014
−2,8	0,0026	0,0025	0,0024	0,0023	0,0023	0,0022	0,0021	0,0021	0,0020	0,0019
−2,7	0,0035	0,0034	0,0033	0,0032	0,0031	0,0030	0,0029	0,0028	0,0027	0,0026
−2,6	0,0047	0,0045	0,0044	0,0043	0,0041	0,0040	0,0039	0,0038	0,0037	0,0036
−2,5	0,0062	0,0060	0,0059	0,0057	0,0055	0,0054	0,0052	0,0051	0,0049	0,0048
−2,4	0,0082	0,0080	0,0078	0,0075	0,0073	0,0071	0,0069	0,0068	0,0066	0,0064
−2,3	0,0107	0,0104	0,0102	0,0099	0,0096	0,0094	0,0091	0,0089	0,0087	0,0084
−2,2	0,0139	0,0136	0,0132	0,0129	0,0125	0,0122	0,0119	0,0116	0,0113	0,0110
−2,1	0,0179	0,0174	0,0170	0,0166	0,0162	0,0158	0,0154	0,0150	0,0146	0,0143
−2,0	0,0228	0,0222	0,0217	0,0212	0,0207	0,0202	0,0197	0,0192	0,0188	0,0183
−1,9	0,0287	0,0281	0,0274	0,0268	0,0262	0,0256	0,0250	0,0244	0,0239	0,0233
−1,8	0,0359	0,0351	0,0344	0,0336	0,0329	0,0322	0,0314	0,0307	0,0301	0,0294
−1,7	0,0446	0,0436	0,0427	0,0418	0,0409	0,0401	0,0392	0,0384	0,0375	0,0367
−1,6	0,0548	0,0537	0,0526	0,0516	0,0505	0,0495	0,0485	0,0475	0,0465	0,0455
−1,5	0,0668	0,0655	0,0643	0,0630	0,0618	0,0606	0,0594	0,0582	0,0571	0,0559
−1,4	0,0808	0,0793	0,0778	0,0764	0,0749	0,0735	0,0721	0,0708	0,0694	0,0681
−1,3	0,0968	0,0951	0,0934	0,0918	0,0901	0,0885	0,0869	0,0853	0,0838	0,0823
−1,2	0,1151	0,1131	0,1112	0,1093	0,1075	0,1056	0,1038	0,1020	0,1003	0,0985
−1,1	0,1357	0,1335	0,1314	0,1292	0,1271	0,1251	0,1230	0,1210	0,1190	0,1170
−1,0	0,1587	0,1562	0,1539	0,1515	0,1492	0,1469	0,1446	0,1423	0,1401	0,1379
−0,9	0,1841	0,1814	0,1788	0,1762	0,1736	0,1711	0,1685	0,1660	0,1635	0,1611
−0,8	0,2119	0,2090	0,2061	0,2033	0,2005	0,1977	0,1949	0,1922	0,1894	0,1867
−0,7	0,2420	0,2389	0,2358	0,2327	0,2296	0,2266	0,2236	0,2206	0,2177	0,2148
−0,6	0,2743	0,2709	0,2676	0,2643	0,2611	0,2578	0,2546	0,2514	0,2483	0,2451
−0,5	0,3085	0,3050	0,3015	0,2981	0,2946	0,2912	0,2877	0,2843	0,2810	0,2776
−0,4	0,3446	0,3409	0,3372	0,3336	0,3300	0,3264	0,3228	0,3192	0,3156	0,3121
−0,3	0,3821	0,3783	0,3745	0,3707	0,3669	0,3632	0,3594	0,3557	0,3520	0,3483
−0,2	0,4207	0,4168	0,4129	0,4090	0,4052	0,4013	0,3974	0,3936	0,3897	0,3859
−0,1	0,4602	0,4562	0,4522	0,4483	0,4443	0,4404	0,4364	0,4325	0,4286	0,4247
−0,0	0,5000	0,4960	0,4920	0,4880	0,4840	0,4801	0,4761	0,4721	0,4681	0,4641

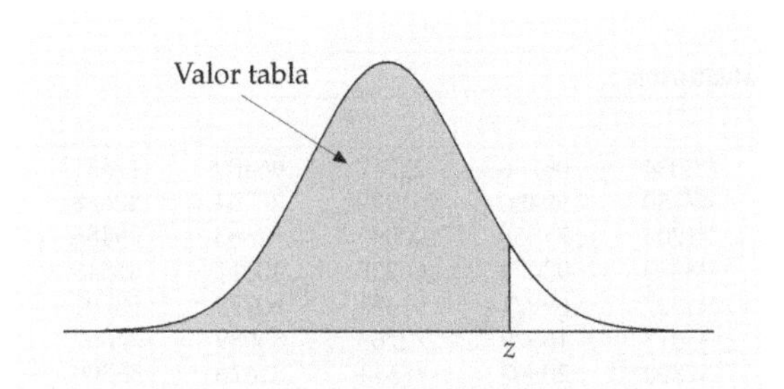

El valor de la tabla para z es el área por debajo de la curva normal estandarizada situada a la izquierda de z.

Tabla A Probabilidades normales estandarizadas (*continuación*)

z	0	0,01	0,02	0,03	0,04	0,05	0,06	0,07	0,08	0,09
0,0	0,5000	0,5040	0,5080	0,5120	0,5160	0,5199	0,5239	0,5279	0,5319	0,5359
0,1	0,5398	0,5438	0,5478	0,5517	0,5557	0,5596	0,5636	0,5675	0,5714	0,5753
0,2	0,5793	0,5832	0,5871	0,5910	0,5948	0,5987	0,6026	0,6064	0,6103	0,6141
0,3	0,6179	0,6217	0,6255	0,6293	0,6331	0,6368	0,6406	0,6443	0,6480	0,6517
0,4	0,6554	0,6591	0,6628	0,6664	0,6700	0,6736	0,6772	0,6808	0,6844	0,6879
0,5	0,6915	0,6950	0,6985	0,7019	0,7054	0,7088	0,7123	0,7157	0,7190	0,7224
0,6	0,7257	0,7291	0,7324	0,7357	0,7389	0,7422	0,7454	0,7486	0,7517	0,7549
0,7	0,7580	0,7611	0,7642	0,7673	0,7704	0,7734	0,7764	0,7794	0,7823	0,7852
0,8	0,7881	0,7910	0,7939	0,7967	0,7995	0,8023	0,8051	0,8078	0,8106	0,8133
0,9	0,8159	0,8186	0,8212	0,8238	0,8264	0,8289	0,8315	0,8340	0,8365	0,8389
1,0	0,8413	0,8438	0,8461	0,8485	0,8508	0,8531	0,8554	0,8577	0,8599	0,8621
1,1	0,8643	0,8665	0,8686	0,8708	0,8729	0,8749	0,8770	0,8790	0,8810	0,8830
1,2	0,8849	0,8869	0,8888	0,8907	0,8925	0,8944	0,8962	0,8980	0,8997	0,9015
1,3	0,9032	0,9049	0,9066	0,9082	0,9099	0,9115	0,9131	0,9147	0,9162	0,9177
1,4	0,9192	0,9207	0,9222	0,9236	0,9251	0,9265	0,9279	0,9292	0,9306	0,9319
1,5	0,9332	0,9345	0,9357	0,9370	0,9382	0,9394	0,9406	0,9418	0,9429	0,9441
1,6	0,9452	0,9463	0,9474	0,9484	0,9495	0,9505	0,9515	0,9525	0,9535	0,9545
1,7	0,9554	0,9564	0,9573	0,9582	0,9591	0,9599	0,9608	0,9616	0,9625	0,9633
1,8	0,9641	0,9649	0,9656	0,9664	0,9671	0,9678	0,9686	0,9693	0,9699	0,9706
1,9	0,9713	0,9719	0,9726	0,9732	0,9738	0,9744	0,9750	0,9756	0,9761	0,9767
2,0	0,9772	0,9778	0,9783	0,9788	0,9793	0,9798	0,9803	0,9808	0,9812	0,9817
2,1	0,9821	0,9826	0,9830	0,9834	0,9838	0,9842	0,9846	0,9850	0,9854	0,9857
2,2	0,9861	0,9864	0,9868	0,9871	0,9875	0,9878	0,9881	0,9884	0,9887	0,9890
2,3	0,9893	0,9896	0,9898	0,9901	0,9904	0,9906	0,9909	0,9911	0,9913	0,9916
2,4	0,9918	0,9920	0,9922	0,9925	0,9927	0,9929	0,9931	0,9932	0,9934	0,9936
2,5	0,9938	0,9940	0,9941	0,9943	0,9945	0,9946	0,9948	0,9949	0,9951	0,9952
2,6	0,9953	0,9955	0,9956	0,9957	0,9959	0,9960	0,9961	0,9962	0,9963	0,9964
2,7	0,9965	0,9966	0,9967	0,9968	0,9969	0,9970	0,9971	0,9972	0,9973	0,9974
2,8	0,9974	0,9975	0,9976	0,9977	0,9977	0,9978	0,9979	0,9979	0,9980	0,9981
2,9	0,9981	0,9982	0,9982	0,9983	0,9984	0,9984	0,9985	0,9985	0,9986	0,9986
3,0	0,9987	0,9987	0,9987	0,9988	0,9988	0,9989	0,9989	0,9989	0,9990	0,9990
3,1	0,9990	0,9991	0,9991	0,9991	0,9992	0,9992	0,9992	0,9992	0,9993	0,9993
3,2	0,9993	0,9993	0,9994	0,9994	0,9994	0,9994	0,9994	0,9995	0,9995	0,9995
3,3	0,9995	0,9995	0,9995	0,9996	0,9996	0,9996	0,9996	0,9996	0,9996	0,9997
3,4	0,9997	0,9997	0,9997	0,9997	0,9997	0,9997	0,9997	0,9997	0,9997	0,9998

Tabla B Dígitos aleatorios

Línea								
101	19223	95034	05756	28713	96409	12531	42544	82853
102	73676	47150	99400	01927	27754	42648	82425	36290
103	45467	71709	77558	00095	32863	29485	82226	90056
104	52711	38889	93074	60227	40011	85848	48767	52573
105	95592	94007	69971	91481	60779	53791	17297	59335
106	68417	35013	15529	72765	85089	57067	50211	47487
107	82739	57890	20807	47511	81676	55300	94383	14893
108	60940	72024	17868	24943	61790	90656	87964	18883
109	36009	19365	15412	39638	85453	46816	83485	41979
110	38448	48789	18338	24697	39364	42006	76688	08708
111	81486	69487	60513	09297	00412	71238	27649	39950
112	59636	88804	04634	71197	19352	73089	84898	45785
113	62568	70206	40325	03699	71080	22553	11486	11776
114	45149	32992	75730	66280	03819	56202	02938	70915
115	61041	77684	94322	24709	73698	14526	31893	32592
116	14459	26056	31424	80371	65103	62253	50490	61181
117	38167	98532	62183	70632	23417	26185	41448	75532
118	73190	32533	04470	29669	84407	90785	65956	86382
119	95857	07118	87664	92099	58806	66979	98624	84826
120	35476	55972	39421	65850	04266	35435	43742	11937
121	71487	09984	29077	14863	61683	47052	62224	51025
122	13873	81598	95052	90908	73592	75186	87136	95761
123	54580	81507	27102	56027	55892	33063	41842	81868
124	71035	09001	43367	49497	72719	96758	27611	91596
125	96746	12149	37823	71868	18442	35119	62103	39244
126	96927	19931	36809	74192	77567	88741	48409	41903
127	43909	99477	25330	64359	40085	16925	85117	36071
128	15689	14227	06565	14374	13352	49367	81982	87209
129	36759	58984	68288	22913	18638	54303	00795	08727
130	69051	64817	87174	09517	84534	06489	87201	97245
131	05007	16632	81194	14873	04197	85576	45195	96565
132	68732	55259	84292	08796	43165	93739	31685	97150
133	45740	41807	65561	33302	07051	93623	18132	09547
134	27816	78416	18329	21337	35213	37741	04312	68508
135	66925	55658	39100	78458	11206	19876	87151	31260
136	08421	44753	77377	28744	75592	08563	79140	92454
137	53645	66812	61421	47836	12609	15373	98481	14592
138	66831	68908	40772	21558	47781	33586	79177	06928
139	55588	99404	70708	41098	43563	56934	48394	51719
140	12975	13258	13048	45144	72321	81940	00360	02428
141	96767	35964	23822	96012	94591	65194	50842	53372
142	72829	50232	97892	63408	77919	44575	24870	04178
143	88565	42628	17797	49376	61762	16953	88604	12724
144	62964	88145	83083	69453	46109	59505	69680	00900
145	19687	12633	57857	95806	09931	02150	43163	58636
146	37609	59057	66967	83401	60705	02384	90597	93600
147	54973	86278	88737	74351	47500	84552	19909	67181
148	00694	05977	19664	65441	20903	62371	22725	53340
149	71546	05233	53946	68743	72460	27601	45403	88692
150	07511	88915	41267	16853	84569	79367	32337	03316

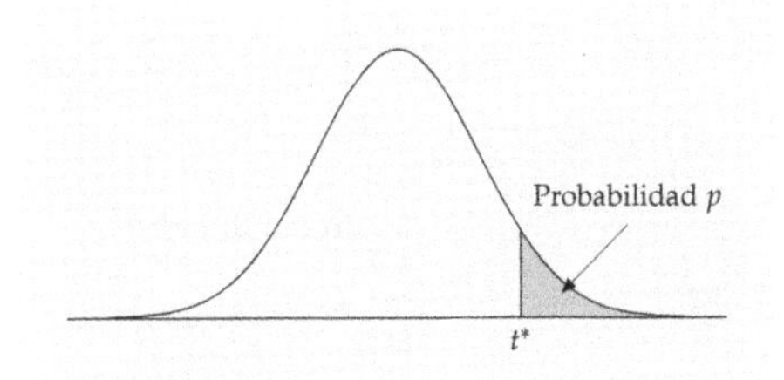

El valor de la tabla para p y C es el valor crítico t^* con la probabilidad p situada a la derecha y la probabilidad C situada entre $-t^*$ y t^*.

Tabla C Valores críticos de la distribución *t*

	Probabilidad *p* de la cola de la derecha											
gl	0,25	0,20	0,15	0,10	0,05	0,025	0,02	0,01	0,005	0,0025	0,001	0,0005
1	1,000	1,376	1,963	3,078	6,314	12,71	15,89	31,82	63,66	127,3	318,3	636,6
2	0,816	1,061	1,386	1,886	2,920	4,303	4,849	6,965	9,925	14,09	22,33	31,60
3	0,765	0,978	1,250	1,638	2,353	3,182	3,482	4,541	5,841	7,453	10,21	12,92
4	0,741	0,941	1,190	1,533	2,132	2,776	2,999	3,747	4,604	5,598	7,173	8,610
5	0,727	0,920	1,156	1,476	2,015	2,571	2,757	3,365	4,032	4,773	5,894	6,869
6	0,718	0,906	1,134	1,440	1,943	2,447	2,612	3,143	3,707	4,317	5,208	5,959
7	0,711	0,896	1,119	1,415	1,895	2,365	2,517	2,998	3,499	4,029	4,785	5,408
8	0,706	0,889	1,108	1,397	1,860	2,306	2,449	2,896	3,355	3,833	4,501	5,041
9	0,703	0,883	1,100	1,383	1,833	2,262	2,398	2,821	3,250	3,690	4,297	4,781
10	0,700	0,879	1,093	1,372	1,812	2,228	2,359	2,764	3,169	3,581	4,144	4,587
11	0,697	0,876	1,088	1,363	1,796	2,201	2,328	2,718	3,106	3,497	4,025	4,437
12	0,695	0,873	1,083	1,356	1,782	2,179	2,303	2,681	3,055	3,428	3,930	4,318
13	0,694	0,870	1,079	1,350	1,771	2,160	2,282	2,650	3,012	3,372	3,852	4,221
14	0,692	0,868	1,076	1,345	1,761	2,145	2,264	2,624	2,977	3,326	3,787	4,140
15	0,691	0,866	1,074	1,341	1,753	2,131	2,249	2,602	2,947	3,286	3,733	4,073
16	0,690	0,865	1,071	1,337	1,746	2,120	2,235	2,583	2,921	3,252	3,686	4,015
17	0,689	0,863	1,069	1,333	1,740	2,110	2,224	2,567	2,898	3,222	3,646	3,965
18	0,688	0,862	1,067	1,330	1,734	2,101	2,214	2,552	2,878	3,197	3,611	3,922
19	0,688	0,861	1,066	1,328	1,729	2,093	2,205	2,539	2,861	3,174	3,579	3,883
20	0,687	0,860	1,064	1,325	1,725	2,086	2,197	2,528	2,845	3,153	3,552	3,850
21	0,686	0,859	1,063	1,323	1,721	2,080	2,189	2,518	2,831	3,135	3,527	3,819
22	0,686	0,858	1,061	1,321	1,717	2,074	2,183	2,508	2,819	3,119	3,505	3,792
23	0,685	0,858	1,060	1,319	1,714	2,069	2,177	2,500	2,807	3,104	3,485	3,768
24	0,685	0,857	1,059	1,318	1,711	2,064	2,172	2,492	2,797	3,091	3,467	3,745
25	0,684	0,856	1,058	1,316	1,708	2,060	2,167	2,485	2,787	3,078	3,450	3,725
26	0,684	0,856	1,058	1,315	1,706	2,056	2,162	2,479	2,779	3,067	3,435	3,707
27	0,684	0,855	1,057	1,314	1,703	2,052	2,158	2,473	2,771	3,057	3,421	3,690
28	0,683	0,855	1,056	1,313	1,701	2,048	2,154	2,467	2,763	3,047	3,408	3,674
29	0,683	0,854	1,055	1,311	1,699	2,045	2,150	2,462	2,756	3,038	3,396	3,659
30	0,683	0,854	1,055	1,310	1,697	2,042	2,147	2,457	2,750	3,030	3,385	3,646
40	0,681	0,851	1,050	1,303	1,684	2,021	2,123	2,423	2,704	2,971	3,307	3,551
50	0,679	0,849	1,047	1,299	1,676	2,009	2,109	2,403	2,678	2,937	3,261	3,496
60	0,679	0,848	1,045	1,296	1,671	2,000	2,099	2,390	2,660	2,915	3,232	3,460
80	0,678	0,846	1,043	1,292	1,664	1,990	2,088	2,374	2,639	2,887	3,195	3,416
100	0,677	0,845	1,042	1,290	1,660	1,984	2,081	2,364	2,626	2,871	3,174	3,390
1000	0,675	0,842	1,037	1,282	1,646	1,962	2,056	2,330	2,581	2,813	3,098	3,300
z^*	0,674	0,841	1,036	1,282	1,645	1,96	2,054	2,326	2,576	2,807	3,091	3,291
	50%	60%	70%	80%	90%	95%	96%	98%	99%	99,5%	99,8%	99,9%
	Nivel de confianza *C*											

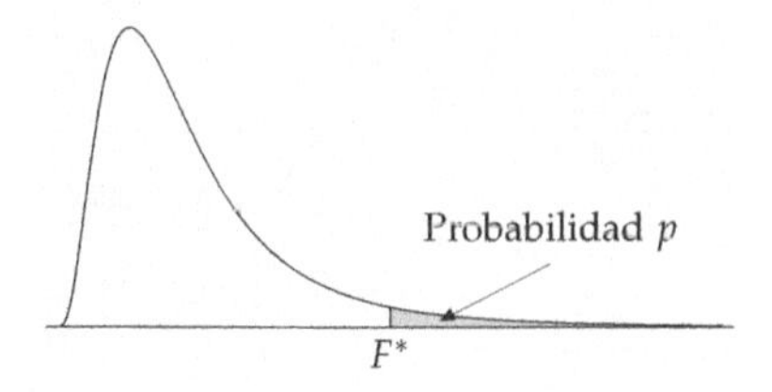

El valor de la tabla para p es el valor crítico F^* con la probabilidad p situada a la derecha.

Tabla D Valores críticos de la distribución F

Grados de libertad en el denominador	p	Grados de libertad en el numerador 1	2	3	4	5	6	7	8
	0,100	39,86	49,50	53,59	55,83	57,24	58,20	58,91	59,44
	0,050	161,45	199,50	215,71	224,58	230,16	233,99	236,77	238,88
1	0,025	647,79	799,48	864,16	899,58	921,85	937,11	948,22	956,66
	0,010	4052,2	4999,5	5403,5	5624,6	5763,6	5859,0	5928,4	5981,1
	0,001	405284	500000	540379	562500	576405	585937	592873	598144
	0,100	8,53	9,00	9,16	9,24	9,29	9,33	9,35	9,37
	0,050	18,51	19,00	19,16	19,25	19,30	19,33	19,35	19,37
2	0,025	38,51	39,00	39,17	39,25	39,30	39,33	39,36	39,37
	0,010	98,50	99,00	99,17	99,25	99,30	99,33	99,36	99,37
	0,001	998,38	999,00	999,17	999,25	999,30	999,33	999,36	999,37
	0,100	5,54	5,46	5,39	5,34	5,31	5,28	5,27	5,25
	0,050	10,13	9,55	9,28	9,12	9,01	8,94	8,89	8,85
3	0,025	17,44	16,04	15,44	15,10	14,88	14,73	14,62	14,54
	0,010	34,12	30,82	29,46	28,71	28,24	27,91	27,67	27,49
	0,001	167,03	148,50	141,11	137,08	134,58	132,85	131,58	130,62
	0,100	4,54	4,32	4,19	4,11	4,05	4,01	3,98	3,95
	0,050	7,71	6,94	6,59	6,39	6,26	6,16	6,09	6,04
4	0,025	12,22	10,65	9,98	9,60	9,36	9,20	9,07	8,98
	0,010	21,20	18,00	16,69	15,98	15,52	15,21	14,98	14,80
	0,001	74,14	61,25	56,18	53,44	51,71	50,53	49,66	49,00
	0,100	4,06	3,78	3,62	3,52	3,45	3,40	3,37	3,34
	0,050	6,61	5,79	5,41	5,19	5,05	4,95	4,88	4,82
5	0,025	10,01	8,43	7,76	7,39	7,15	6,98	6,85	6,76
	0,010	16,26	13,27	12,06	11,39	10,97	10,67	10,46	10,29
	0,001	47,18	37,12	33,20	31,09	29,75	28,83	28,16	27,65
	0,100	3,78	3,46	3,29	3,18	3,11	3,05	3,01	2,98
	0,050	5,99	5,14	4,76	4,53	4,39	4,28	4,21	4,15
6	0,025	8,81	7,26	6,60	6,23	5,99	5,82	5,70	5,60
	0,010	13,75	10,92	9,78	9,15	8,75	8,47	8,26	8,10
	0,001	35,51	27,00	23,70	21,92	20,80	20,03	19,46	19,03
	0,100	3,59	3,26	3,07	2,96	2,88	2,83	2,78	2,75
	0,050	5,59	4,74	4,35	4,12	3,97	3,87	3,79	3,73
7	0,025	8,07	6,54	5,89	5,52	5,29	5,12	4,99	4,90
	0,010	12,25	9,55	8,45	7,85	7,46	7,19	6,99	6,84
	0,001	29,25	21,69	18,77	17,20	16,21	15,52	15,02	14,63
	0,100	3,46	3,11	2,92	2,81	2,73	2,67	2,62	2,59
	0,050	5,32	4,46	4,07	3,84	3,69	3,58	3,50	3,44
8	0,025	7,57	6,06	5,42	5,05	4,82	4,65	4,53	4,43
	0,010	11,26	8,65	7,59	7,01	6,63	6,37	6,18	6,03
	0,001	25,41	18,49	15,83	14,39	13,48	12,86	12,40	12,05

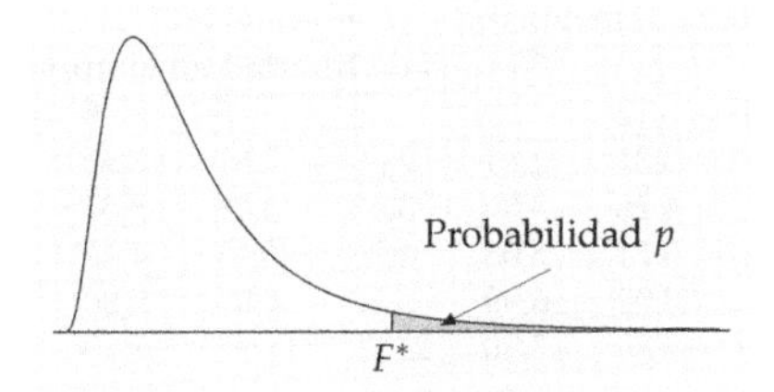

El valor de la tabla para p es el valor crítico F^* con la probabilidad p situada a la derecha.

Tabla D Valores críticos de la distribución F (*continuación*)

Grados de libertad en el denominador	p	Grados de libertad en el numerador 9	10	15	20	30	60	120	1000
	0,100	59,86	60,19	61,22	61,74	62,26	62,79	63,06	63,30
	0,050	240,54	241,88	245,95	248,01	250,10	252,20	253,25	254,19
1	0,025	963,28	968,63	984,87	993,10	1001,4	1009,8	1014	1017,7
	0,010	6022,5	6055,8	6157,3	6208,7	6260,6	6313	6339,4	6362,7
	0,001	602284	605621	615764	620908	626099	631337	633972	636301
	0,100	9,38	9,39	9,42	9,44	9,46	9,47	9,48	9,49
	0,050	19,38	19,40	19,43	19,45	19,46	19,48	19,49	19,49
2	0,025	39,39	39,40	39,43	39,45	39,46	39,48	39,49	39,50
	0,010	99,39	99,40	99,43	99,45	99,47	99,48	99,49	99,50
	0,001	999,39	999,40	999,43	999,45	999,47	999,48	999,49	999,50
	0,100	5,24	5,23	5,20	5,18	5,17	5,15	5,14	5,13
	0,050	8,81	8,79	8,70	8,66	8,62	8,57	8,55	8,53
3	0,025	14,47	14,42	14,25	14,17	14,08	13,99	13,95	13,91
	0,010	27,35	27,23	26,87	26,69	26,50	26,32	26,22	26,14
	0,001	129,86	129,25	127,37	126,42	125,45	124,47	123,97	123,53
	0,100	3,94	3,92	3,87	3,84	3,82	3,79	3,78	3,76
	0,050	6,00	5,96	5,86	5,80	5,75	5,69	5,66	5,63
4	0,025	8,90	8,84	8,66	8,56	8,46	8,36	8,31	8,26
	0,010	14,66	14,55	14,20	14,02	13,84	13,65	13,56	13,47
	0,001	48,47	48,05	46,76	46,10	45,43	44,75	44,40	44,09
	0,100	3,32	3,30	3,24	3,21	3,17	3,14	3,12	3,11
	0,050	4,77	4,74	4,62	4,56	4,50	4,43	4,40	4,37
5	0,025	6,68	6,62	6,43	6,33	6,23	6,12	6,07	6,02
	0,010	10,16	10,05	9,72	9,55	9,38	9,20	9,11	9,03
	0,001	27,24	26,92	25,91	25,39	24,87	24,33	24,06	23,82
	0,100	2,96	2,94	2,87	2,84	2,80	2,76	2,74	2,72
	0,050	4,10	4,06	3,94	3,87	3,81	3,74	3,70	3,67
6	0,025	5,52	5,46	5,27	5,17	5,07	4,96	4,90	4,86
	0,010	7,98	7,87	7,56	7,40	7,23	7,06	6,97	6,89
	0,001	18,69	18,41	17,56	17,12	16,67	16,21	15,98	15,77
	0,100	2,72	2,70	2,63	2,59	2,56	2,51	2,49	2,47
	0,050	3,68	3,64	3,51	3,44	3,38	3,30	3,27	3,23
7	0,025	4,82	4,76	4,57	4,47	4,36	4,25	4,20	4,15
	0,010	6,72	6,62	6,31	6,16	5,99	5,82	5,74	5,66
	0,001	14,33	14,08	13,32	12,93	12,53	12,12	11,91	11,72
	0,100	2,56	2,54	2,46	2,42	2,38	2,34	2,32	2,30
	0,050	3,39	3,35	3,22	3,15	3,08	3,01	2,97	2,93
8	0,025	4,36	4,30	4,10	4,00	3,89	3,78	3,73	3,68
	0,010	5,91	5,81	5,52	5,36	5,20	5,03	4,95	4,87
	0,001	11,77	11,54	10,84	10,48	10,11	9,73	9,53	9,36

Tabla D Valores críticos de la distribución *F* (*continuación*)

Grados de libertad en el denominador	p	Grados de libertad en el numerador									
		1	2	3	4	5	6	7	8	9	10
	0,100	3,36	3,01	2,81	2,69	2,61	2,55	2,51	2,47	2,44	2,42
	0,050	5,12	4,26	3,86	3,63	3,48	3,37	3,29	3,23	3,18	3,14
9	0,025	7,21	5,71	5,08	4,72	4,48	4,32	4,20	4,10	4,03	3,96
	0,010	10,56	8,02	6,99	6,42	6,06	5,80	5,61	5,47	5,35	5,26
	0,001	22,86	16,39	13,90	12,56	11,71	11,13	10,70	10,37	10,11	9,89
	0,100	3,29	2,92	2,73	2,61	2,52	2,46	2,41	2,38	2,35	2,32
	0,050	4,96	4,10	3,71	3,48	3,33	3,22	3,14	3,07	3,02	2,98
10	0,025	6,94	5,46	4,83	4,47	4,24	4,07	3,95	3,85	3,78	3,72
	0,010	10,04	7,56	6,55	5,99	5,64	5,39	5,20	5,06	4,94	4,85
	0,001	21,04	14,91	12,55	11,28	10,48	9,93	9,52	9,20	8,96	8,75
	0,100	3,18	2,81	2,61	2,48	2,39	2,33	2,28	2,24	2,21	2,19
	0,050	4,75	3,89	3,49	3,26	3,11	3,00	2,91	2,85	2,80	2,75
12	0,025	6,55	5,10	4,47	4,12	3,89	3,73	3,61	3,51	3,44	3,37
	0,010	9,33	6,93	5,95	5,41	5,06	4,82	4,64	4,50	4,39	4,30
	0,001	18,64	12,97	10,80	9,63	8,89	8,38	8,00	7,71	7,48	7,29
	0,100	3,07	2,70	2,49	2,36	2,27	2,21	2,16	2,12	2,09	2,06
	0,050	4,54	3,68	3,29	3,06	2,90	2,79	2,71	2,64	2,59	2,54
15	0,025	6,20	4,77	4,15	3,80	3,58	3,41	3,29	3,20	3,12	3,06
	0,010	8,68	6,36	5,42	4,89	4,56	4,32	4,14	4,00	3,89	3,80
	0,001	16,59	11,34	9,34	8,25	7,57	7,09	6,74	6,47	6,26	6,08
	0,100	2,97	2,59	2,38	2,25	2,16	2,09	2,04	2,00	1,96	1,94
	0,050	4,35	3,49	3,10	2,87	2,71	2,60	2,51	2,45	2,39	2,35
20	0,025	5,87	4,46	3,86	3,51	3,29	3,13	3,01	2,91	2,84	2,77
	0,010	8,10	5,85	4,94	4,43	4,10	3,87	3,70	3,56	3,46	3,37
	0,001	14,82	9,95	8,10	7,10	6,46	6,02	5,69	5,44	5,24	5,08
	0,100	2,92	2,53	2,32	2,18	2,09	2,02	1,97	1,93	1,89	1,87
	0,050	4,24	3,39	2,99	2,76	2,60	2,49	2,40	2,34	2,28	2,24
25	0,025	5,69	4,29	3,69	3,35	3,13	2,97	2,85	2,75	2,68	2,61
	0,010	7,77	5,57	4,68	4,18	3,85	3,63	3,46	3,32	3,22	3,13
	0,001	13,88	9,22	7,45	6,49	5,89	5,46	5,15	4,91	4,71	4,56
	0,100	2,81	2,41	2,20	2,06	1,97	1,90	1,84	1,80	1,76	1,73
	0,050	4,03	3,18	2,79	2,56	2,40	2,29	2,20	2,13	2,07	2,03
50	0,025	5,34	3,97	3,39	3,05	2,83	2,67	2,55	2,46	2,38	2,32
	0,010	7,17	5,06	4,20	3,72	3,41	3,19	3,02	2,89	2,78	2,70
	0,001	12,22	7,96	6,34	5,46	4,90	4,51	4,22	4,00	3,82	3,67
	0,100	2,76	2,36	2,14	2,00	1,91	1,83	1,78	1,73	1,69	1,66
	0,050	3,94	3,09	2,70	2,46	2,31	2,19	2,10	2,03	1,97	1,93
100	0,025	5,18	3,83	3,25	2,92	2,70	2,54	2,42	2,32	2,24	2,18
	0,010	6,90	4,82	3,98	3,51	3,21	2,99	2,82	2,69	2,59	2,50
	0,001	11,50	7,41	5,86	5,02	4,48	4,11	3,83	3,61	3,44	3,30
	0,100	2,73	2,33	2,11	1,97	1,88	1,80	1,75	1,70	1,66	1,63
	0,050	3,89	3,04	2,65	2,42	2,26	2,14	2,06	1,98	1,93	1,88
200	0,025	5,10	3,76	3,18	2,85	2,63	2,47	2,35	2,26	2,18	2,11
	0,010	6,76	4,71	3,88	3,41	3,11	2,89	2,73	2,60	2,50	2,41
	0,001	11,15	7,15	5,63	4,81	4,29	3,92	3,65	3,43	3,26	3,12
	0,100	2,71	2,31	2,09	1,95	1,85	1,78	1,72	1,68	1,64	1,61
	0,050	3,85	3,00	2,61	2,38	2,22	2,11	2,02	1,95	1,89	1,84
1000	0,025	5,04	3,70	3,13	2,80	2,58	2,42	2,30	2,20	2,13	2,06
	0,010	6,66	4,63	3,80	3,34	3,04	2,82	2,66	2,53	2,43	2,34
	0,001	10,89	6,96	5,46	4,65	4,14	3,78	3,51	3,30	3,13	2,99

Tabla D Valores críticos de la distribución F (*continuación*)

Grados de libertad en el denominador		Grados de libertad en el numerador									
	p	12	15	20	25	30	40	50	60	120	1000
	0,100	2,38	2,34	2,30	2,27	2,25	2,23	2,22	2,21	2,18	2,16
	0,050	3,07	3,01	2,94	2,89	2,86	2,83	2,80	2,79	2,75	2,71
9	0,025	3,87	3,77	3,67	3,60	3,56	3,51	3,47	3,45	3,39	3,34
	0,010	5,11	4,96	4,81	4,71	4,65	4,57	4,52	4,48	4,40	4,32
	0,001	9,57	9,24	8,90	8,69	8,55	8,37	8,26	8,19	8,00	7,84
	0,100	2,28	2,24	2,20	2,17	2,16	2,13	2,12	2,11	2,08	2,06
	0,050	2,91	2,85	2,77	2,73	2,70	2,66	2,64	2,62	2,58	2,54
10	0,025	3,62	3,52	3,42	3,35	3,31	3,26	3,22	3,20	3,14	3,09
	0,010	4,71	4,56	4,41	4,31	4,25	4,17	4,12	4,08	4,00	3,92
	0,001	8,45	8,13	7,80	7,60	7,47	7,30	7,19	7,12	6,94	6,78
	0,100	2,15	2,10	2,06	2,03	2,01	1,99	1,97	1,96	1,93	1,91
	0,050	2,69	2,62	2,54	2,50	2,47	2,43	2,40	2,38	2,34	2,30
12	0,025	3,28	3,18	3,07	3,01	2,96	2,91	2,87	2,85	2,79	2,73
	0,010	4,16	4,01	3,86	3,76	3,70	3,62	3,57	3,54	3,45	3,37
	0,001	7,00	6,71	6,40	6,22	6,09	5,93	5,83	5,76	5,59	5,44
	0,100	2,02	1,97	1,92	1,89	1,87	1,85	1,83	1,82	1,79	1,76
	0,050	2,48	2,40	2,33	2,28	2,25	2,20	2,18	2,16	2,11	2,07
15	0,025	2,96	2,86	2,76	2,69	2,64	2,59	2,55	2,52	2,46	2,40
	0,010	3,67	3,52	3,37	3,28	3,21	3,13	3,08	3,05	2,96	2,88
	0,001	5,81	5,54	5,25	5,07	4,95	4,80	4,70	4,64	4,47	4,33
	0,100	1,89	1,84	1,79	1,76	1,74	1,71	1,69	1,68	1,64	1,61
	0,050	2,28	2,20	2,12	2,07	2,04	1,99	1,97	1,95	1,90	1,85
20	0,025	2,68	2,57	2,46	2,40	2,35	2,29	2,25	2,22	2,16	2,09
	0,010	3,23	3,09	2,94	2,84	2,78	2,69	2,64	2,61	2,52	2,43
	0,001	4,82	4,56	4,29	4,12	4,00	3,86	3,77	3,70	3,54	3,40
	0,100	1,82	1,77	1,72	1,68	1,66	1,63	1,61	1,59	1,56	1,52
	0,050	2,16	2,09	2,01	1,96	1,92	1,87	1,84	1,82	1,77	1,72
25	0,025	2,51	2,41	2,30	2,23	2,18	2,12	2,08	2,05	1,98	1,91
	0,010	2,99	2,85	2,70	2,60	2,54	2,45	2,40	2,36	2,27	2,18
	0,001	4,31	4,06	3,79	3,63	3,52	3,37	3,28	3,22	3,06	2,91
	0,100	1,68	1,63	1,57	1,53	1,50	1,46	1,44	1,42	1,38	1,33
	0,050	1,95	1,87	1,78	1,73	1,69	1,63	1,60	1,58	1,51	1,45
50	0,025	2,22	2,11	1,99	1,92	1,87	1,80	1,75	1,72	1,64	1,56
	0,010	2,56	2,42	2,27	2,17	2,10	2,01	1,95	1,91	1,80	1,70
	0,001	3,44	3,20	2,95	2,79	2,68	2,53	2,44	2,38	2,21	2,05
	0,100	1,61	1,56	1,49	1,45	1,42	1,38	1,35	1,34	1,28	1,22
	0,050	1,85	1,77	1,68	1,62	1,57	1,52	1,48	1,45	1,38	1,30
100	0,025	2,08	1,97	1,85	1,77	1,71	1,64	1,59	1,56	1,46	1,36
	0,010	2,37	2,22	2,07	1,97	1,89	1,80	1,74	1,69	1,57	1,45
	0,001	3,07	2,84	2,59	2,43	2,32	2,17	2,08	2,01	1,83	1,64
	0,100	1,58	1,52	1,46	1,41	1,38	1,34	1,31	1,29	1,23	1,16
	0,050	1,80	1,72	1,62	1,56	1,52	1,46	1,41	1,39	1,30	1,21
200	0,025	2,01	1,90	1,78	1,70	1,64	1,56	1,51	1,47	1,37	1,25
	0,010	2,27	2,13	1,97	1,87	1,79	1,69	1,63	1,58	1,45	1,30
	0,001	2,90	2,67	2,42	2,26	2,15	2,00	1,90	1,83	1,64	1,43
	0,100	1,55	1,49	1,43	1,38	1,35	1,30	1,27	1,25	1,18	1,08
	0,050	1,76	1,68	1,58	1,52	1,47	1,41	1,36	1,33	1,24	1,11
1000	0,025	1,96	1,85	1,72	1,64	1,58	1,50	1,45	1,41	1,29	1,13
	0,010	2,20	2,06	1,90	1,79	1,72	1,61	1,54	1,50	1,35	1,16
	0,001	2,77	2,54	2,30	2,14	2,02	1,87	1,77	1,69	1,49	1,22

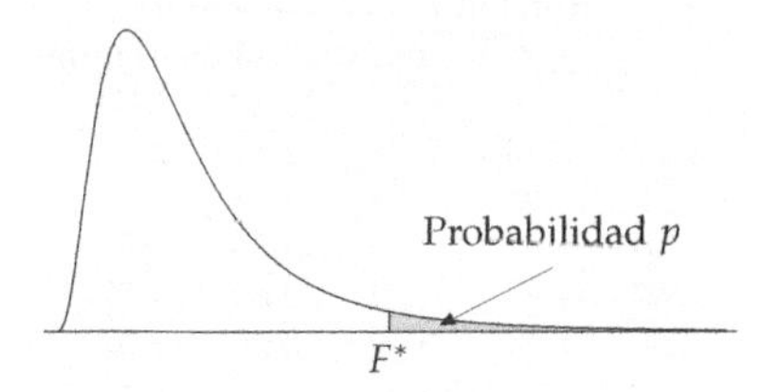

El valor de la tabla para p es el valor crítico x^* con la probabilidad p situada a la derecha.

Tabla E Valores críticos de la distribución Ji cuadrado

	p											
gl	0,25	0,20	0,15	0,10	0,05	0,025	0,02	0,01	0,005	0,0025	0,001	0,0005
1	1,32	1,64	2,07	2,71	3,84	5,02	5,41	6,63	7,88	9,14	10,83	12,12
2	2,77	3,22	3,79	4,61	5,99	7,38	7,82	9,21	10,60	11,98	13,82	15,20
3	4,11	4,64	5,32	6,25	7,81	9,35	9,84	11,34	12,84	14,32	16,27	17,73
4	5,39	5,99	6,74	7,78	9,49	11,14	11,67	13,28	14,86	16,42	18,47	20,00
5	6,63	7,29	8,12	9,24	11,07	12,83	13,39	15,09	16,75	18,39	20,51	22,11
6	7,84	8,56	9,45	10,64	12,59	14,45	15,03	16,81	18,55	20,25	22,46	24,10
7	9,04	9,80	10,75	12,02	14,07	16,01	16,62	18,48	20,28	22,04	24,32	26,02
8	10,22	11,03	12,03	13,36	15,51	17,53	18,17	20,09	21,95	23,77	26,12	27,87
9	11,39	12,24	13,29	14,68	16,92	19,02	19,68	21,67	23,59	25,46	27,88	29,67
10	12,55	13,44	14,53	15,99	18,31	20,48	21,16	23,21	25,19	27,11	29,59	31,42
11	13,70	14,63	15,77	17,28	19,68	21,92	22,62	24,72	26,76	28,73	31,26	33,14
12	14,85	15,81	16,99	18,55	21,03	23,34	24,05	26,22	28,30	30,32	32,91	34,82
13	15,98	16,98	18,20	19,81	22,36	24,74	25,47	27,69	29,82	31,88	34,53	36,48
14	17,12	18,15	19,41	21,06	23,68	26,12	26,87	29,14	31,32	33,43	36,12	38,11
15	18,25	19,31	20,60	22,31	25,00	27,49	28,26	30,58	32,80	34,95	37,70	39,72
16	19,37	20,47	21,79	23,54	26,30	28,85	29,63	32,00	34,27	36,46	39,25	41,31
17	20,49	21,61	22,98	24,77	27,59	30,19	31,00	33,41	35,72	37,95	40,79	42,88
18	21,60	22,76	24,16	25,99	28,87	31,53	32,35	34,81	37,16	39,42	42,31	44,43
19	22,72	23,90	25,33	27,20	30,14	32,85	33,69	36,19	38,58	40,88	43,82	45,97
20	23,83	25,04	26,50	28,41	31,41	34,17	35,02	37,57	40,00	42,34	45,31	47,50
21	24,93	26,17	27,66	29,62	32,67	35,48	36,34	38,93	41,40	43,78	46,80	49,01
22	26,04	27,30	28,82	30,81	33,92	36,78	37,66	40,29	42,80	45,20	48,27	50,51
23	27,14	28,43	29,98	32,01	35,17	38,08	38,97	41,64	44,18	46,62	49,73	52,00
24	28,24	29,55	31,13	33,20	36,42	39,36	40,27	42,98	45,56	48,03	51,18	53,48
25	29,34	30,68	32,28	34,38	37,65	40,65	41,57	44,31	46,93	49,44	52,62	54,95
26	30,43	31,79	33,43	35,56	38,89	41,92	42,86	45,64	48,29	50,83	54,05	56,41
27	31,53	32,91	34,57	36,74	40,11	43,19	44,14	46,96	49,64	52,22	55,48	57,86
28	32,62	34,03	35,71	37,92	41,34	44,46	45,42	48,28	50,99	53,59	56,89	59,30
29	33,71	35,14	36,85	39,09	42,56	45,72	46,69	49,59	52,34	54,97	58,30	60,73
30	34,80	36,25	37,99	40,26	43,77	46,98	47,96	50,89	53,67	56,33	59,70	62,16
40	45,62	47,27	49,24	51,81	55,76	59,34	60,44	63,69	66,77	69,70	73,40	76,09
50	56,33	58,16	60,35	63,17	67,50	71,42	72,61	76,15	79,49	82,66	86,66	89,56
60	66,98	68,97	71,34	74,40	79,08	83,30	84,58	88,38	91,95	95,34	99,61	102,7
80	88,13	90,41	93,11	96,58	101,9	106,6	108,1	112,3	116,3	120,1	124,8	128,3
100	109,1	111,7	114,7	118,5	124,3	129,6	131,1	135,8	140,2	144,3	149,4	153,2

Soluciones de ejercicios seleccionados

Capítulo 1

1.1. **(a)** Vehículos.

(b) Vehículo, tipo de vehículo (ambas categóricas), Número de cilindros, Consumo en ciudad, Consumo en carretera (numéricas).

1.3. **(b)** No: los valores de la tabla no representan las partes de un total.

1.5. Sigue los pasos del ejemplo 1.2. El recorrido de los datos va de 7,2 a 14,8 litros por 100 kilómetros.

1.7. Relámpago: centro aproximadamente en mediodía, dispersión de 7 a 17 h (de 6:30 a 17:30). Shakespeare: centro en 4 letras, dispersión de 1 a 12 letras.

1.9. Observación atípica: 200. Centro: entre 137 y 140. Dispersión de 101 a 178.

1.11. **(a)** Técnicos de la FAO de alto nivel.

(b) Cuatro variables más: nacionalidad, posición (categóricas), edad y salario (numéricas).

(c) Edad en años, salario en miles de dólares anuales.

1.13. **(a)** Muy asimétrica hacia la derecha, centro en 4 letras, dispersión de 1 a 15 letras.

(b) Shakespeare utiliza más palabras cortas y menos palabras muy largas que *Popular Science*.

1.15. **(a)** Asimétrica hacia la derecha.

(b) Centro: la mediana 8. Máximo 27. Mínimo 5.

1.17. **(a)** Por ejemplo, $\frac{29{,}3}{151{,}1} = 19{,}4\%$, $\frac{34{,}9}{310{,}6} = 11{,}2\%$, etc.

(b) Niños menores de 10 años son el mayor grupo; a partir de este grupo disminuye paulatinamente.

(c) Una proporción mayor en los intervalos de mayor edad: las proporciones crecen gradualmente hasta el intervalo 40-49, y luego disminuye.

1.19. La distribución de goles de Paulino Alcántara presenta una mayor dispersión. No se observa ninguna asimetría destacable. La distribución de goles de Ladislao Kubala presenta menor dispersión. Existe una observación atípica.

1.21. **(b)** Los tiempos de las mujeres disminuyeron rápidamente desde 1972 hasta la mitad de los años ochenta; a partir de ese momento, se han mantenido relativamente uniformes.

1.25. La distribución presenta dos picos. Hay dos grupos de Estados: los Estados con un PIB *per cápita* inferior a 10.000 dólares y los Estados con un PIB *per cápita* de unos 20.300 dólares de media. La media de todos los datos se sitúa alrededor de 13.000 dólares.

1.27. **(a)** $\bar{x} = 141{,}06$.

(b) $\bar{x}^* = 137{,}588$. La observación atípica hace aumentar el valor de la media.

1.29. La asimetría lleva el valor de la media hasta 675.000 dólares. La mediana es 330.000 dólares.

1.31. **(a)** Doctores: 20, 27, 34, 50 y 86. Doctoras: 5, 10, 18,5, 29 y 33. Las doctoras, en general, hicieron menos cesáreas.

1.33. La mediana de los países de la UE es mucho mayor; la dispersión de los países de la UE también es mayor. UE es mucho más asimétrica hacia la derecha.

1.35. **(a)** $\bar{x} = 18$, $s = 9{,}7$.

(b) $\bar{x} = 20{,}2$, $s = 7{,}6$. Aumenta $\bar{x}$ y disminuye la dispersión.

1.37. $\bar{x} = 60.000$ euros; siete de los ocho empleados ganaron menos de la media. $M = 22.000$ euros.

1.39. Las salchichas de ternera y de cordero son similares; sin embargo, las de carne de ave de corral tienen en general menos calorías que las otras dos.

1.41. La distribución es bastante simétrica, 4,88 es una observación atípica; es razonable utilizar $\bar{x} = 5{,}448$ y $s = 0{,}22095$. Nuestra mejor estimación es $\bar{x}$.

1.43. Debido a la presencia de observaciones atípicas, preferimos los cinco números resumen: 5,2%, 11,4%, 12,7%, 13,8% y 18,5%.

1.45. Tanto un histograma como un diagrama de tallos serían adecuados. La distribución es claramente asimétrica hacia la derecha, con algunos grupos. Debido a la asimetría, preferimos los cinco números resumen: 170, 800, 1.663, 3.600 y 6.495 (en miles de dólares).

1.47. Es la media, ya que la mitad de los salarios deben estar por encima de la mediana.

1.49. **(a)** Para cualquier conjunto de números iguales.
(b) La única respuesta posible es 0, 0, 10, 10.
1.51. **(a)** El área es igual a 1×1.
(b) 20%.
(c) 60%.
(d) 50%.
(e) 0,5.
1.53. Sitúa 1,75 en el centro de la curva, a continuación señala 1,69 y 1,81 en los puntos de inflexión.
1.55. **(a)** 50%.
(b) 2,5%.
(c) De 60 a 160.
1.57. **(a)** 0,9978.
(b) 0,0022.
(c) 0,9515.
(d) 0,9493.
1.59. **(a)** $z = -0{,}67$.
(b) $z = 0{,}25$.
1.61. Curva más alta: $\sigma = 0{,}2$; curva más baja: $\sigma = 0{,}5$.
1.63. **(a)** De 234 a 298 días.
(b) Menos de 234 días.
1.65. **(a)** 0,0122.
(b) 0,9878.
(c) 0,0384.
(d) 0,9494.
1.67. **(a)** Del -21 al 45%.
(b) Aproximadamente 0,23.
(c) Aproximadamente 0,215.
1.69. **(a)** Aproximadamente 2,5%.
(b) Aproximadamente 25%.
1.71. **(a)** Aproximadamente $\pm 1{,}28$.
(b) 1,56 y 1,72 metros.
1.73. El 8,8% de los asesinatos se cometieron utilizando "otros métodos". Se puede utilizar indistintamente un diagrama de barras o un diagrama de tallos.
1.75. **(a)** La distribución es simétrica, sin observaciones atípicas claras.
(b) En el gráfico temporal se ven mejor las posibles observaciones atípicas.
(c) $\bar{x} = 8{,}3628$ y $s = 0{,}4645$ minutos.
(d) $\bar{x} \pm 1s : 25(64{,}1\%)$. $\bar{x} \pm 2s : 37(94{,}9\%)$. $\bar{x} \pm 3s : 39(100\%)$.

1.77. (a) Normal: 272, 337, 358, 400,5 y 462 g. Mejorada: 318, 383,5, 406,5, 428,5 y 477 g. Parece que la nueva variedad hace aumentar el incremento de peso.

(b) Normal: $\bar{x} = 366{,}3$ y $s = 50{,}8$ g. Mejorada: $\bar{x} = 402{,}95$ y $s = 42{,}73$. El valor de la diferencia entre medias es de 36,65 g.

1.79. (a) La distribución es ligeramente simétrica hacia la izquierda. $\bar{x} = 12{,}14$, $M = 12{,}50$.

(b) La distribución de los consumos de los automóviles es asimétrica hacia la derecha, su media es $\bar{x} = 9{,}10$ y su $M = 9{,}10$. La media de los consumos de los automóviles es inferior a la de los 4×4.

1.81. (a) $-34{,}04\%$, $-2{,}95\%$, 3,47%, 8,45% y 58,68%.

(b) Razonablemente simétrica, con algunas observaciones atípicas a derecha e izquierda, sin embargo no es particularmente asimétrica.

(c) 1.586,78 dólares; 659,57 dólares.

1.83. (a) Después de los dos primeros años, el rendimiento medio es en general mayor que 0; sin embargo, no se observa ninguna tendencia destacable.

(b) La dispersión de los diagramas de caja es considerablemente menor en años recientes (a excepción de 1987).

(c) Observaciones atípicas mayores: 58,7% en 1973, 57,9% en 1975, 32% en 1979 y 42,1% o 41,8% en 1974. La observación atípica menor aparece en 1973; vemos $-26{,}6\%$ o $-27{,}1\%$ en 1987 (la observación atípica más sorprendente). La mayor parte de las observaciones atípicas ocurrieron en años recientes; después, la variabilidad es menor.

1.85. Durante este periodo, el coste por *megabyte* cae drásticamente. Primero, rápidamente; luego, se estabiliza.

1.89. Los valores situados fuera del intervalo $57{,}9 \pm 4{,}60$ —aproximadamente menores que 53,29 y mayores que 62,51—.

Capítulo 2

2.1. (a) Variable explicativa: tiempo pasado estudiando; variable respuesta: nota obtenida.

(b) Explora la relación.

(c) Variable explicativa: lluvia; variable respuesta: rendimiento.

(d) Explora la relación.

(e) Variable explicativa: tipo de trabajo del padre; variable respuesta: trabajo del hijo.

2.3. Variable explicativa: tratamiento (categórica); variable respuesta: periodo de supervivencia (cuantitativa).

2.5. **(a)** Asociación positiva.

(b) Lineal.

(c) Relación bastante fuerte. Permite una predicción razonablemente fiable. Con 716.000 lanchas registradas, esperamos la muerte de 50 manatís al año.

2.7. **(a)** El peso corporal es la variable explicativa.

(b) Asociación positiva, relación lineal moderadamente fuerte.

(c) Entre los hombres, la relación es básicamente la misma, pero con una mayor dispersión (la fuerza es menor). En general, los valores de las dos variables son mayores entre los hombres.

2.9. **(a)** Mínimo: cerca de 107 calorías (145 mg de sodio); máximo: cerca de 195 calorías (510 mg de sodio).

(b) Asociación positiva: las salchichas con contenidos elevados en calorías tienden a tener contenidos elevados en sodio.

(c) El punto situado en la parte inferior izquierda del diagrama de dispersión es una observación atípica. Los restantes puntos muestran una relación lineal moderadamente fuerte.

2.11. **(a)** El alcohol se debe situar en el eje de las abscisas.

(b) Una relación lineal relativamente fuerte.

(c) Asociación negativa: más consumo de vino, va con menos muertes por ataques al corazón, mientras que menos consumo de vino, va con más muertes. No es una prueba de relación causa-efecto.

2.13. **(a)** La densidad de siembra es la variable explicativa.

(c) La forma es curvilínea. La asociación no es lineal y no es ni positiva ni negativa.

(d) 8,8, 9,6, 9,8, 9,6, 9,1 toneladas por hectárea. 50.000 plantas por hectárea.

2.15. **(a)** Una asociación positiva fuerte, pero ligeramente curvilínea (no lineal).

(b) Una asociación lineal positiva fuerte.

2.17. **(a)** Parece que sólo hay una especie.

(b) $\bar{x} = 58{,}2$ cm y $s_x = 13{,}20$ cm (fémur);
$\bar{y} = 66$ cm y $s_y = 15{,}89$ cm (húmero); $r = \frac{3{,}97659}{4} = 0{,}994$.

2.19. $r = 1$.

2.21. **(a)** $r = -0{,}746$, concuerda con una asociación negativa moderada.

(b) r no cambia.

2.23. **(a)** El contenido real en calorías es la variable explicativa.

(b) $r = 0{,}8245$, concuerda con una asociación positiva.

(c) No tienen efecto sobre r. Añadir 100 a todas las estimaciones no cambiaría r.

(d) $r^* = 0{,}9837$; sin las observaciones atípicas la relación es mucho más fuerte.

2.25. (c) Las dos correlaciones son iguales a 0,253; las escalas no modifican r.

2.27. (a) Acciones de pequeñas empresas.

(b) Correlación negativa.

2.29. (a) El sexo es una variable cualitativa.

(b) $r = 1{,}09$ es imposible.

(c) La correlación no tiene unidades.

2.31. (a) Asociación negativa: el pH disminuye con el tiempo.

(b) Al comienzo, pH = 5,4247; al final, pH = 4,6350.

(c) $-0{,}0053$; el pH disminuye 0,0053 unidades por semana (como media).

2.33. (b) Predecimos $y = 147{,}4$ pulsaciones por minuto, 4,6 pulsaciones por minuto por debajo del valor real.

(c) Con y = tiempo y x = pulsaciones, $y = 43{,}10 - 0{,}0574x$; por tanto, el tiempo predicho es de 34,38 minutos, sólo 0,08 minutos por encima (4,8 segundos).

(d) Los resultados dependen de qué variable se considera explicativa.

2.35. (a) Los tocones son la variable explicativa; el diagrama muestra una asociación lineal positiva.

(b) La recta de regresión es $\hat{y} = -1{,}286 + 11{,}89x$.

(c) $r^2 = 83{,}9\%$.

2.37. (b) Con todos los puntos: $\hat{y} = 58{,}588 + 1{,}3036x$. Sin observaciones atípicas: $\hat{y} = 43{,}881 + 1{,}1472x$.

(c) Las dos observaciones atípicas se pueden considerar observaciones influyentes, ya que modifican la posición de la recta, tiran de la recta hacia arriba.

2.39. (b) Cuando $x = 20$, $y = 2.500$ euros.

(c) $y = 500 + 200x$.

2.41. (a) $\hat{y} = -3{,}557 + 0{,}1010x$.

(b) $r^2 = 40{,}16\%$.

(c) $\hat{y} = 6{,}85$; el residuo es $-6{,}32$.

2.43. (a) $r = 0{,}9999$; por tanto, la recalibración no es necesaria.

(b) $\hat{y} = 1{,}6571 + 0{,}1133x$; cuando $x = 500$ mg/litro, $\hat{y} = 58{,}31$. La relación es fuerte, por tanto, la predicción tienen que ser muy exacta.

2.45. (b) $r = 0{,}463$ y $r^2 = 21{,}4\%$. Una asociación positiva, pero no muy fuerte.

(c) $\hat{y} = 5{,}683 + 0{,}6181x$.

(d) $\hat{y} = 26{,}3\%$. Como r no es muy grande, las predicciones no serán muy fiables.

(e) El residuo mayor corresponde a 1986. No parece que haya ninguna observación atípica.

2.47. **(a)** $b = 0{,}16$, $a = 30{,}2$.

(b) $\hat{y} = 78{,}2$.

(c) Sólo el $r^2 = 36\%$ de la variabilidad de las y se puede explicar con la relación.

2.49. **(a)** En EE UU: $-26{,}4\%$, $5{,}1\%$, $18{,}2\%$, $30{,}5\%$ y $37{,}6\%$. Fuera de EE UU: $-23{,}4\%$, $2{,}1\%$, $11{,}2\%$, $29{,}6\%$ y $69{,}4\%$.

(b) Los tres valores centrales de los cinco números resumen de EE UU son mayores que los correspondientes de EE UU; no obstante, los valores máximo y mínimo son mayores para las inversiones fuera de EE UU.

(c) Fuera de EE UU, los valores bursátiles son más volátiles: el diagrama de caja muestra una mayor dispersión y el valor bajo del rendimiento de los valores de EE UU parece una observación atípica; no podemos decir lo mismo para el valor bajo del valor fuera de EE UU.

2.51. Cerca de 4,1 puntos por encima de la media de la nota del examen final.

2.53. **(a)** El diagrama de dispersión muestra una asociación lineal negativa fuerte. $\hat{y} = 1166{,}93 - 0{,}58679x$.

(b) Cerca de 0,587 millones (587.000) por año. Un 97,7%.

(c) $\hat{y} = -0{,}781$. La población tiene que ser igual o mayor que 0; el ritmo de disminución decreció en los años 80.

2.55. Menos tiempo de estudio; menos supervisión de los pares.

2.57. Las dos variables aumentan con la importancia del incendio.

2.59. Los pacientes con enfermedades más graves es más probable que vayan a un hospital mayor y que posteriormente necesiten más tiempo para recuperarse.

2.61. La edad es la variable latente.

2.63. **(a)** La relación lineal explica aproximadamente $r^2 = 94{,}1\%$ de la variación de cualquiera de las dos variables.

(b) Con datos individuales hay más variación; por tanto, r sería mucho menor.

2.65. Variable explicativa: si el estudiante ha estudiado o no una lengua extranjera; variable respuesta: las notas del examen. Variable latente: el dominio de la lengua propia antes de pasar (o no pasar) la prueba de lengua extranjera.

2.67. Por ejemplo: el historial familiar con relación a la leucemia, proximidad de líneas de alta tensión, tiempo de residencia en ese lugar.

2.69. De 25 a 34 años: 24,9%; de 35 a 54 años: 43,9%; con al menos 55 años: 31,3%.

2.71. De 25 a 34 años: 12,9%; de 35 a 54 años: 12,5%; con al menos 55 años: 30,8%. Los dos grupos anteriores al grupo con al menos 55 años son similares; sin embargo, entre la gente con al menos 55 años, muchos no terminaron secundaria.

2.73. De 25 a 34 años: 27,1%; De 35 a 54 años: 52,0%; con al menos 55 años: 20,9%.

2.75. Empieza dando a a cualquier valor entre 10 y 50.

2.77. **(a)** Acusado blanco: 19 Sí, 141 No. Acusado negro: 17 Sí, 149 No.

(b) En conjunto, condenados a muerte: 11,9% de acusados blancos, 10,2% de acusados negros. Para las víctimas blancas: 12,6 y 17,5%; para víctimas negras: 0 y 5,8%.

(c) La condena a muerte es más probable cuando la víctima es blanca (14%) que cuando es negra (5,4%). Como la mayoría de asesinos condenados son de la misma raza que sus víctimas, los blancos son condenados con más frecuencia a muerte.

2.79. **(a)** 41,1%.

(b) 32,5%.

2.81. Estudiantes mayores: 7,1, 43,2, 13,5 y 36,2. Para todos los estudiantes: 13,9, 24,6, 43,3 y 18,1.

2.83. El 89,31% de homicidios se cometieron con pistolas, el 5,34% con escopetas, el 2,86% con rifles y el 2,40% se desconoce. Para los suicidios: 70,86 con pistolas, 12,57% con escopetas, 13,71% con rifles y 2,85 se desconoce. Para los suicidios se utilizan con más frecuencia escopetas y rifles.

2.85. **(a)** Los porcentajes de los que no reinciden son los siguientes: 58,3% (desipramina), 25,0% (litio) y 16,7% (placebo).

(b) Como los tratamientos se asignaron al azar, los porcentajes proporcionan evidencia.

2.87. **(a)** Hombres: 490 Admitidos, 210 No admitidos; mujeres: 280 Admitidas, 220 No admitidas.

(b) Hombres: 70% Admitidos; mujeres: 56% Admitidas.

(c) Dirección de empresas: 80% hombres, 90% mujeres; derecho: 10% hombres, 33,3% mujeres.

(d) La mayoría de hombres solicitan ser admitidos en dirección de empresas, donde la admisión es más fácil. La mayoría de mujeres solicitan ser admitidas en derecho, que es una facultad más selectiva.

2.89. **(a)** r es negativo, ya que la asociación es negativa. La relación lineal explica aproximadamente $r^2 = 71{,}1\%$ de la variación de las tasas de mortalidad.

(b) $\hat{y} = 168{,}8$ muertes por 100.000 personas.

(c) $b = \frac{rs_y}{s_x}$, y s_y y s_x son ambos positivos.

2.91. **(b)** No existe ninguna relación clara.

(c) En general, es más fácil que mueran los que tienen tiempos de incubación cortos.

(d) La persona 6 —la más joven del grupo y que sobrevivió a pesar de tener un tiempo de incubación corto— merece una atención especial. Todos los sobrevivientes, dejando fuera los sujetos 6 y 17, tuvieron tiempos de incubación de al menos 43 horas.

2.93. **(a)** $\hat{y} = 0{,}3531 + 1{,}1694x$; 27,6%.

(b) Cuando los rendimientos mensuales de S&P suben (bajan) un 1%, los rendimientos de Philip Morris suben (bajan) un 1,17%.

(c) En un mercado en alza, los valores con beta > 1 suben más deprisa que el mercado en su conjunto. Cuando el mercado baja, los valores con beta < 1 caen más despacio que el mercado en su conjunto.

2.95. Si las mujeres escogen principalmente campos de estudio con salarios bajos, la mediana general de sus salarios será menor que la de los hombres incluso si dentro de cada especialidad los salarios fueran idénticos.

2.97. La pendiente es 0,54; $\hat{y} = 85{,}44 + 0{,}54x$. Predecimos que la altura del hombre será de unos 177,24 cm.

2.99. **(a)** $\hat{y} = -3{,}2796 + 1{,}001226x$; cuando $x = 455$, predecimos $\hat{y} = 452{,}3$.

(b) El Estado que es una observación atípica es Hawaii, con una media de Lengua de 485 y una media de Matemáticas de 510 —valor mucho mayor que el predicho, que es 482,2—.

2.101. Para comparar, expresa las columnas como porcentajes. En los dos sexos, las armas de fuego es el método más utilizado; sin embargo, los hombres las utilizan más que las mujeres: 64,5% frente al 42,0%. Las mujeres utilizan más el veneno que los hombres: 34,6% frente al 14,0%.

Capítulo 3

3.1. Es un estudio observacional: se obtiene información sin imponer ningún tratamiento. Variable explicativa: sexo; variable respuesta: partido político.

3.3. No podemos separar el efecto de la variable explicativa, leer propaganda, del efecto de los acontecimientos históricos que tuvieron lugar durante el desarrollo del experimento.

3.5. **(a)** Adultos residentes en EE UU.

(b) Hogares de EE UU.

(c) Todos los reguladores del proveedor.

3.7. Etiqueta los ejecutivos a lo largo de las columnas de arriba abajo. Empieza por la etiqueta numérica 01. 04-Bowman, 10-Fleming, 17-Liao, 19-Naber, 12-Goel, 13-Gómez.

3.9. Etiqueta de 001 hasta 440: selecciona 400, 077, 172, 417, 350, 131, 211, 273, 208 y 074.

3.11. Etiqueta las facturas de 1.000 a 50.000 euros de 001 a 500 y las facturas menores a 1.000 euros de 0001 a 4400. Facturas de 1.000 a 50.000 euros: 417, 494, 322, 247 y 097. Facturas menores de 1.000 euros: 3698, 1452, 2605, 2480 y 3716.

3.13. **(a)** Los hogares sin teléfono o los hogares con teléfono que no aparece en el listín. Es probable que en estos hogares viva gente con pocos recursos económicos (los que no tienen teléfono) y gente que no quiere que su número telefónico aparezca en el listín telefónico.

(b) Los hogares cuyo número telefónico no aparece en el listín.

3.15. La forma A producirá un mayor porcentaje de respuestas a favor de la prohibición: utiliza un lenguaje capcioso y sólo presenta parte de la información.

3.17. Un estudio observacional; no se impone ningún tratamiento. Variable explicativa: vivir o no en una vivienda pública. Variable respuesta: (alguna medida de) la estabilidad familiar.

3.19. **(a)** Individuos: empresas pequeñas; población: "bares y restaurantes" de la gran ciudad.

(b) Individuos: adultos; población deseada: electores del Congreso.

(c) Individuos: reclamaciones; población: todas las reclamaciones de un determinado mes.

3.21. Porque es una muestra de voluntarios y porque la llamada tiene un coste.

3.23. Población: negros residentes en Miami, probablemente de más de 18 años. Muestra: adultos de los hogares correspondientes a las 300 direcciones seleccionadas que se presten a responder. Sesgo: la muestra subestimará las opiniones negativas por el problema que representa dar opiniones sobre la policía directamente a un policía.

3.25. Selecciona etiquetas numéricas de tres dígitos e ignora las que no aparecen en el mapa. Se obtienen: 214, 313, 409, 306 y 511.

3.27. **(a)** Selecciona 35, 75, 115, 155, 195 (sólo la primera etiqueta se obtuvo en la tabla B); los restantes ocupan los lugares 40, 60, 120 y 160 de la lista.

(b) Cada una de las 40 direcciones tiene una probabilidad $\frac{1}{40}$ de ser escogida; las selecciones de los otros cuatro grupos de 40 direcciones están ligadas a la primera elección. De todas formas, las únicas muestras posibles tienen exactamente una dirección de las primeras 40, una dirección de las segundas 40, etc.; en cambio, una muestra aleatoria simple contendría solamente cualesquiera de las cinco posibles 200 direcciones de la población.

3.29. Etiqueta las mujeres de 001 a 500 y los hombres de 0001 a 2000; selecciona 138, 159, 052, 087, 359, luego 1369, 0815, 0727, 1025 y 1868.

3.31. Muestras mayores conducen a errores de estimación menores (para un mismo nivel de confianza).

3.33. **(a)** Pares de envases de la línea de montaje.

(b) Factor: temperatura de la mordaza, con cuatro niveles: 115, 130, 150 y 170 °C.

(c) Variable respuesta: fuerza para separar el precinto.

3.35. **(a)** Estado general de salud del paciente: puede ser que los médicos eviten operar cuando el riesgo sea excesivo.

(b) Haz un esquema parecido al de la figura 3.4.

3.37. **(a)** Haz un esquema parecido al de la figura 3.4. La variable respuesta es la empresa escogida.

(b) Etiqueta de 01 a 40, el primer grupo es el siguiente: 05-Casas, 32-Roca, 19-Pons, 04-Calle, 25-Martín, 29-Puig, 20-Iselin, 16-Guruzeta, 37-Silvestre, 39-Vives, 31-Rivera, 18-Horacio, 07-Colell, 13-García, 33-Ruíz, 02-Artigues, 36-Serrano, 23-Kubala, 27-Sarasúa y 35-Avilla.

3.39. En el primer diseño (estudio observacional), los hombres que hacen ejercicio (y los que no hacen ejercicio) pueden tener otras características (variables latentes) que pueden afectar a su riesgo de sufrir un ataque al corazón. En el segundo diseño, como los tratamientos se asignan a los sujetos, la aleatorización hará desaparecer estos factores.

3.41. El experimentador cree que la meditación reduce la ansiedad; probablemente espera poderlo demostrar. Este hecho puede afectar a su valoración sobre la ansiedad.

3.43. Para decidir qué mano utilizará antes cada persona, lanza al aire una moneda. Apunta la diferencia entre la fuerza de la mano derecha e izquierda de cada persona.

3.45. **(a)** Ordenados de forma creciente los bloques son los siguientes: Zabalza, Domingo, Hernández, Moreno; Izquierdo, Marin, Barbero, Oronich; Rodríguez, Soler, Homar, Lorente; Balcells, Cruz, Soteras, Alberdi; Tasis, Navajo, Tusón, Santiago.

(b) El método más sencillo consiste en numerar de 1 a 4 dentro de cada bloque y asignar al azar cada sujeto a unos de los tratamientos y repetir el mismo proceso para los restantes bloques.

3.47. **(a)** Los 210 niños.

(b) Factor: los "conjuntos de elección"; con tres niveles: dos bebidas lácteas y dos zumos de fruta; los mismos zumos de fruta, pero cuatro bebidas lácteas; cuatro zumos de fruta, pero sólo las dos bebidas lácteas del primer nivel. Variable respuesta: la elección de cada niño.

(d) Etiqueta de 001 a 210; selecciona 119, 033, 199, 192 y 148.

3.49. En un estudio científico controlado, los efectos de variables latentes pueden ser eliminados o tenidos en cuenta, es decir, las diferencias observadas en la mejora se puedan atribuir a los tratamientos.

3.51. Por ejemplo: (1) Prisión, (2) Eliminar la condena si el conductor asiste durante 6 semanas a un curso sobre los peligros del alcohol, (3) Eliminar la condena si el conductor se somete en un hospital a un tratamiento para la eliminación de los abusos de alcohol. Utiliza un diseño completamente aleatorizado con tres grupos; asigna a los próximos 300 (por ejemplo) condenados por conducir ebrios a uno de los tres tratamientos. Posibles variables respuesta: tiempo hasta el próximo arresto por conducir bajo los efectos del alcohol, número de arrestos en un determinado periodo.

3.53. **(a)** Determina la tensión sanguínea de todos los sujetos, luego escoge al azar a la mitad y suminístrales el suplemento de calcio, mientras la otra mitad recibirá un placebo. Determina la diferencia de tensión.

(b) Asigna etiquetas de 01 a 40; proporciona calcio a 18-Francos, 20-Gracía, 26-Melgares, 35-Romera, 39-Toll, 16-Digon, 04-Arcera, 21-Gómez,19-Galván, 37-Salat, 29-Muñoz, 07-Bellón, 34-Rodríguez, 22-Ibáñez, 10-Bosch, 25-Martín, 13-Castro, 38-Satorra, 15-Comas, 05-Arroyo.

3.55. Los placebos actúan sobre los dolores de origen físico; en consecuencia, el efecto placebo no nos informa sobre si la causa del dolor tiene o no un origen físico.

3.57. **(a)** Haz un esquema parecido al de la figura 3.4

(b) Cada sujeto tiene que hacer el ejercicio a dos temperaturas distintas. El orden en que se hagan los ejercicios se escoge al azar. Calcula la diferencia de los resultados de ambos ejercicios.

3.59. **(a)** Utiliza un diseño en bloques similar al de la figura 3.6.

(b) Cuando se implica a más sujetos, el azar compensa las diferencias entre individuos. En consecuencia, cabe esperar que la media de la muestra representa, mejor al conjunto de toda la población.

3.61. Es un estudio observacional, no se impone ningún tratamiento.

3.63. **(a)** Población: los residentes en Ontario; muestra: las 61.239 personas entrevistadas.

(b) El tamaño de la muestra es muy grande, por tanto si hubiera muchas personas de cada sexo en la muestra —una situación factible, ya que la "muestra es aleatoria simple"— estas muestras representarían de forma precisa a toda la población.

3.65. **(a)** Etiqueta a los estudiantes de 0001 hasta 3478.

(b) 2940, 0769, 1481, 2975 y 1315.

3.67. **(a)** Por ejemplo, todos los estudiantes a tiempo completo del cuatrimestre de otoño que aparecen en las listas de la administración de la universidad.

(b) Por ejemplo, una muestra estratificada con 125 alumnos de cada curso.

(c) El envío de cuestionarios podría dar una gran proporción de no-respuestas. Las encuestas telefónicas excluyen a los estudiantes que no tienen teléfono y puede implicar tener que llamar varias veces. Las entrevistas cara a cara pueden ser demasiado costosas para tu presupuesto. Algunos estudiantes se pueden sentir incómodos si les preguntas sobre su comportamiento sexual.

3.69. **(a)** Unidades experimentales: pollos machos; variable respuesta: incremento de peso.

(b) Dos factores (variedad y proteína); nueve tratamientos: El esquema debe contener una tabla de 3×3. Se necesitan 90 pollos.

3.71. Por ejemplo: todas las cartas de tamaño estándar en las que aparece la dirección que se envía a partir de las 10 de la mañana los martes en un determinado puesto de correos. Así, eliminamos parte de la variación. Los días que tarda en llegar la carta es la variable respuesta. Envía algunas cartas con código postal y otras sin él. Posibles variables latentes: el destino; el día de la semana que se envía la carta, etc.

3.75. Para recibir los tratamientos (aspirina o betacaroteno), los sujetos se escogen al azar; por tanto, los dos grupos tienen que ser similares. Ni los sujetos ni las personas que hacen los controles deben saber qué tratamiento recibió cada sujeto. Esto evita que los sujetos o que los investigadores interfieran sobre el resultado. A algunos de los sujetos se les dio placebos. A pesar de que los placebos no contengan ninguna sustancia activa, algunos sujetos pueden experimentar mejoras por el simple hecho de participar en el experimento. Los placebos permiten tener esto en cuenta.

Capítulo 4

4.1. 2,5003 cm es el parámetro; 2,5009 cm es el estadístico.

4.3. Tanto 335 como 289 son estadísticos.

4.7. **(a)** Debería ser $\frac{1}{2}$.
(b) La probabilidad teórica es $\frac{2}{3}$.
4.9. Después de muchas manos de cinco cartas, aproximadamente un 2% (una de cada 50) contendrá un trío.
4.15. **(a)** Todos los números entre 0 y 24.
(b) 0, 1, 2, ..., 11.000.
(c) 0, 1, 2, ..., 12.
(d) Todos los números mayores o iguales que 0.
(e) Todos los números positivos y negativos.
4.17. 0,67; 0,33.
4.19. Los modelos 1, 3 y 4 tienen sumas de probabilidades que no son 1; además, el modelo 4 tiene probabilidades mayores que 1.
4.21. **(a)** 0,04, y así la suma es 1.
(b) 0,69.
4.23. **(a)** La curva de densidad es un triángulo.
(b) 0,5.
(c) 0,125.
4.25. Los valores posibles son 2, 3, 4, ..., 12; con probabilidades $\frac{1}{36}$, $\frac{2}{36}$, $\frac{3}{36}$, $\frac{4}{36}$, $\frac{5}{36}$, $\frac{6}{36}$, $\frac{5}{36}$, $\frac{4}{36}$, $\frac{3}{36}$, $\frac{2}{36}$ y $\frac{1}{36}$.
4.27. 0, 1, 2, ...
4.29. **(a)** 0,1.
(b) 0,3.
(c) 0,5; 0,4.
4.31. **(a)** Utilizando iniciales: (A, E), (A, M), (A, G), (A, N), (E, M), (E, G), (E, N), (M, G), (M, N), (G, N).
(b) $\frac{1}{10}$.
(c) $\frac{4}{10}$.
(d) $\frac{3}{10}$.
4.33. **(a)** $\frac{1}{38}$ (todos son igualmente probables).
(b) $\frac{18}{38}$.
(c) $\frac{12}{38}$.
4.35. **(a)** 1%.
(b) Todas las probabilidades están entre 0 y 1, y su suma es 1.
(c) 0,94.
(d) 0,86.
(e) $X \geq 4$ o $X > 3$; 0,06.
4.37. **(a)** Altura $= \frac{1}{2}$, de manera que el área será 1.
(b) 0,5.

(c) 0,4.

(d) 0,6.

4.39. Como media, Jaime pierde 0,4 euros cada vez que juega.

4.41. **(a)** 5,7735 mg.

(b) $n = 4$. Es más probable que la media de varios análisis esté cerca de la media que un solo análisis.

4.43. **(a)** 0,3409.

(b) Media 18,6, desviación típica 0,8344.

(c) 0,0020.

4.45. 0,0749; 0,1685.

4.47. **(b)** 141,847 días.

(c) las medias variarán.

(d) Es poco probable, aunque no imposible, que los cinco valores de $\bar{x}$ caigan al mismo lado de μ.

(e) La media de la distribución muestral tiene que ser μ.

4.49. **(a)** Aproximadamente 0.

(b) 0,0150.

(c) 0,9700.

4.53. **(a)** Aproximadamente $N(2{,}2, 0{,}1941)$.

(b) 0,1515.

(c) 0,0764.

4.55. $L = 12{,}513$.

4.57. Línea central: 22,225; los límites de control $22{,}225 \pm 0{,}0402$, es decir, 22,1848 y 22,2652.

4.59. **(a)** $\bar{\bar{x}} = 3{,}06$, $\bar{s} = 9{,}45$.

(b) Límites de control 0,28 y 18,62. La dispersión tiende a disminuir y a estabilizarse.

(c) Límites de control $-9{,}10$ y 15,23. La dispersión es muy grande.

4.61. **(a)** Línea central 10, límites de control 8,46 y 11,54.

(b) Cuando conocemos la media y la desviación típica del proceso los límites de control son $\frac{3 \times 1{,}2}{\sqrt{6}} = 1{,}47$; este valor es menor que $1{,}2 \times 1{,}287 = 1{,}54$.

4.63. Gráfico de control de desviaciones típicas: $LI = -0{,}0000853$, $LS = 0{,}0020019$. Gráfico de control de medias: $LI = 2{,}2029325$, $LS = 2{,}2056675$; existe una señal simple de falta de control.

4.65. **(a)** Sí, la variación dentro de los muestreos está bajo control.

(b) Solamente existe una señal básica de falta de control.

4.67. Tanto 386 como 416 son estadísticos.

4.69. 0,55.

4.71. **(a)** 75,2%.
(b) Todas las probabilidades están entre 0 y 1, y suman 1.
(c) 0,9883.
(d) 0,976.
(e) $X \geq 9$ o $X > 8$; 0,931.

4.73. **(a)** 0,3707.
(b) La media 100, la desviación típica 1,93649.
(c) 0,0049.
(d) La respuesta a (a) puede ser distinta; (b) podría ser la misma; (c) podría ser bastante fiable debido al teorema del límite central.

4.75. **(a)** No: un recuento sólo puede tomar valores enteros.
(b) Aproximadamente $N(1{,}5, 0{,}02835)$.
(c) 0,1038.

4.77. La variación de las observaciones individuales es mayor que la variación de las medias. El 99,7% de las observaciones se halla entre 146 y 404.

4.79. $\bar{x} = 35{,}06$, $s = 0{,}73$. Límites de control 33,06 y 36,52. Los tiempos del profesor están bajo control.

Capítulo 5

5.1. $\frac{1}{4}$; $\frac{1}{16}$; $\frac{9}{16}$.

5.3. No, no se puede suponer independencia.

5.5. 0,02.

5.7. **(a)** 0,31.
(b) 0,16.

5.9. Combatir en una gran batalla.

5.11. 0,5404.

5.13. **(b)** 0,3.
(c) 0,3.

5.15. **(a)** 0,57.
(b) 0,0481.
(c) 0,0962.
(d) 0,6864.

5.17. **(a)** $\frac{1}{18}$; $\frac{1}{5832}$.
(b) Las apuestas en contra de 11 son 17 a 1 (probabilidad correcta); las apuestas en contra de obtener tres 11 seguidos son 5831 a 1 (mayor de lo que se afirma).

5.19. No, el número de observaciones no está determinado.

5.21. **(a)** 0, 1, ..., 5.
(b) 0,2373, 0,3955, 0,2637, 0,0879, 0,0146, 0,0010.

5.23. 0,0074.

5.25. **(a)** $\mu = 4{,}5$.
(b) $\sigma = 1{,}7748$.
(c) Con $p = 0{,}1$, $\sigma = 1{,}1619$; con $p = 0{,}01$, $\sigma = 0{,}3854$. A medida que p se acerca a 0, σ disminuye.

5.27. **(a)** Tenemos 200 observaciones independientes, cada una de ellas con una probabilidad $p = 0{,}4$ de desear comer pescado fuera de casa.
(b) $\mu = 80$ y $\sigma = 6{,}9282$.
(c) Depende de la interpretación de "entre", puede ser 0,5284 o 0,4380.

5.29. **(a)** $\mu = 180$ y $\sigma = 12{,}5857$.
(b) 0,2148; $np = 180$ y $n(1 - p) = 1320$, por tanto la aproximación normal es correcta.

5.31. **(a)** Sí, es razonable suponer que los resultados de los estudiantes son independientes y que todos tienen la misma probabilidad de aprobar.
(b) No, la probabilidad de éxito aumenta.
(c) No, la temperatura puede afectar al resultado de la prueba.

5.33. **(a)** $n = 10$, $p = 0{,}25$.
(b) 0,2816.
(c) 0,5256.
(d) $\mu = 2{,}5$ y $\sigma = 1{,}3693$ mujeres.

5.35. **(a)** $n = 5$, $p = 0{,}65$.
(b) 0,1, ..., 5.
(c) 0,00525, 0,04877, 0,18115, 0,33642, 0,31239, 0,11603.
(d) $\mu = 3{,}25$ y $\sigma = 1{,}0665$.

5.37. **(a)** 0,1251.
(b) 0,0336.

5.39. **(a)** Tenemos 150 observaciones independientes, cada una de ellas con una probabilidad $p = 0{,}5$ de responder.
(b) $\mu = 75$ respuestas.
(c) 0,2061.
(d) $n = 200$.

5.41. 0,32.

5.43. **(a)** 0,5264.
(b) 0,4054.
(c) No, si lo fueran, las respuestas en (a) y en (b) serían iguales (o al menos muy parecidas).

5.45. **(a)** 0,1; 0,9.

(b) Quedan 9.999; 999 son defectuosos; $\frac{999}{9.999} = 0{,}09991$.

(c) Quedan 9.999; 1.000 son defectuosos; $\frac{1.000}{9.999} = 0{,}10001$.

5.47. **(a)** 0,4736.

(b) 0,6870.

(c) 0,3253.

5.49. $\frac{1}{4}$.

5.51. **(a)** 0,25.

(b) 0,2.

5.53. **(a)** $\frac{5}{36}$.

(b) $\frac{25}{216}$.

(c) $(\frac{5}{6})^3(\frac{1}{6})$; $(\frac{5}{6})^4(\frac{1}{6})$; $(\frac{5}{6})^{k-1}(\frac{1}{6})$.

5.55. 0,0096.

5.57. 0,0901; existe algo de evidencia de que la moneda no está bien equilibrada.

5.59. **(a)** Para hallar $P(A \text{ o } C)$, necesitaríamos $P(A \text{ y } C)$.

(b) Para hallar $P(A \text{ y } C)$, necesitaríamos conocer $P(A \text{ o } C)$.

5.61. **(a)** 0,8.

(b) 0,5.

5.63. **(a)** $P(A) = 0{,}846$, $P(A|B) = 0{,}951$ y $P(B| \text{ no } A) = 0{,}919$.

(b) No, si A y B fueran independientes, entonces $P(A|B)$ no sería igual a $P(B| \text{ no } A)$.

(c) 0,8045.

(d) 0,1415.

(e) 0,9461.

Capítulo 6

6.1. **(a)** Del 44 al 50%.

(b) Los resultados de nuestra muestra casi seguro que no serán exactamente iguales a la proporción poblacional.

(c) El método utilizado da resultados correctos el 95% de las veces.

6.3. **(a)** 1,8974.

(c) $m = 3{,}8$.

(d) La amplitud de los dos intervalos debe ser 7,6.

(e) 95%.

6.5. **(a)** A parte de las dos observaciones atípicas, la distribución es aproximadamente normal.

(b) De 98,90 a 112,78.

(c) Las chicas de una escuela no son una muestra aleatoria simple.

6.7. (a) De 0,8354 a 0,8454.

(b) De 0,8275 a 0,8533.

(c) Un aumento de confianza hace el intervalo más ancho.

6.9. (a) De 271,4 a 278,6.

(b) De 267,6 a 282,4.

(c) De 273,1 a 276,9.

(d) 7,4, 3,6 y 1,9, respectivamente. Con muestras mayores, el error de estimación disminuye.

6.11. $n = 68$.

6.13. (a) Los cálculos son correctos.

(b) No: los resultados se basan en una muestra de voluntarios y no en una muestra aleatoria simple.

6.15. (a) Podemos tener una confianza del 95% de que entre el 63 y el 69% de los adultos están a favor.

(b) La gente sin teléfono (muchos de ellos pueden ser pobres) y los que viven en Alaska y Hawaii tampoco están incluidos en la muestra.

6.17. (a) Población buscada: directores de hotel. La muestra procede sólo de Detroit y Chicago, y el porcentaje de respuestas es bajo.

(b) De 5.101 a 5.691.

(c) De 4.010 a 4.786.

(d) Como n es suficientemente grande se puede aplicar el teorema del límite central (si suponemos que se trata de una muestra aleatoria simple).

6.19. (a) No existen desviaciones de normalidad notables.

(b) De 22,57 a 28,77.

(c) Más ancho: más confianza implica un error de estimación mayor.

6.21. $n = 174$.

6.23. (a) El método utilizado da respuestas correctas el 95% de las veces.

(b) El intervalo de confianza contiene algunos valores de p favorables a Ford. Además, el error de estimación puede ser incluso mayor.

(c) La mayoría puede o no ser favorable a Carter. No consideramos que el parámetro sea aleatorio.

6.25. (a) Aproximadamente $N(115, 6)$.

(b) 118,6 se halla bastante cerca del centro de la curva, por tanto, no sería un valor sorprendente si H_0 fuera cierto. Sin embargo, 125,7 es un valor muy grande, ocurrirá raramente cuando $\mu = 115$.

6.27. $H_0 : \mu = 5$ mm; $H_a : \mu \neq 5$ mm.

6.29. $H_0 : \mu = 50$; $H_a : \mu < 50$.

6.31. **(a)** 118,6: $P = 0{,}2743$. 125,7: $P = 0{,}0375$.

(b) 125,7 es significativo a un nivel de 0,05 pero no a 0,01.

6.33. Una diferencia de ganancias tan grande como la observada en nuestra muestra ocurrirá raramente si no hubiera diferencias entre las medias de ganancias de hombres y mujeres. Sin embargo, las medias de ganancias de blancos y negros son tan parecidas que es un resultado frecuente cuando las medias de blancos y negros son iguales.

6.35. **(a)** $H_0 : \mu = 224$ mm; $H_a : \mu \neq 224$ mm.

(b) $z = 0{,}13$.

(c) $P = 0{,}8966$, no hay ninguna razón para dudar que $\mu = 224$.

6.37. **(a)** $z = -2{,}20$.

(b) Sí.

(c) No.

(d) $2{,}054 < |z| < 2{,}326$; $0{,}02 < P < 0{,}04$.

6.39. **(a)** De 100,56 a 111,12.

(b) $H_0 : \mu = 100$; $H_a : \mu \neq 100$. 100 no se halla en el intervalo de confianza del 95%, rechazamos H_0 a un nivel del 5% (para una alternativa de dos colas).

6.41. $H_0 : \mu = 116$ m^2; $H_a : \mu < 116$ m^2.

6.43. $H_0 : \mu = -0{,}545$ °C; $H_a : \mu > -0{,}545$ °C; $z = 1{,}96$; $P = 0{,}0250$. Aparentemente el proveedor añade agua.

6.45. Los asistentes a misa no eran más etnocentristas que los no asistentes, por tanto, resultados muestrales como los obtenidos ocurrirán raramente.

6.47. $\bar{x} = 0{,}09$: $0{,}40 < P < 0{,}50$. $\bar{x} = 0{,}27$: $0{,}01 < P < 0{,}02$.

6.49. La tabla C da $0{,}10 < P < 0{,}20$; la tabla A da $P = 0{,}1706$.

6.51. Si la edad percibida por la población fuera la misma para todas las marcas, entonces lo que se observó en esta muestra ocurriría raramente (menos de 1 vez de cada 1.000 muestras). Si la muestra se escogió al azar, tiene que ser representativa de *todos* los anuncios.

6.53. No, esta afirmación significa que *si* H_0 fuera cierta, habríamos observado resultados que ocurren menos del 5% de las veces.

6.55. **(a)** $P = 0{,}3821$.

(b) $P = 0{,}1711$.

(c) $P = 0{,}0013$.

6.57. No, los intervalos de confianza no se deben utilizar con muestras de voluntarios.

6.59. Pregunta (b).

6.61. Como la muestra es grande, una diferencia significativa no implica que sea una diferencia grande.

6.63. **(a)** H_0 : el paciente está enfermo; H_a : el paciente está sano. Error tipo I: eliminar un paciente que en realidad está enfermo. Error tipo II: enviar al médico un paciente sano.

6.65. **(a)** 0,50.
(b) 0,1841.
(c) 0,0013.

6.67. **(a)** 0,2033.
(b) 0,9927.
(c) Es mayor, ya que 290 queda más lejos de 300.

6.69. **(a)** Rechazar H_0 : si $\bar{x} \leq 0{,}84989$ o $\bar{x} \geq 0{,}87011$.
(b) 0,8944.
(c) 0,1056.

6.71. P(Error tipo I) $= 0{,}05$; P(Error tipo II) $= 0{,}0073$.

6.73. Una prueba con baja potencia aceptará a menudo H_0 cuando en realidad es falsa, simplemente porque es difícil distinguir entre H_0 y las alternativas que toman valores cercanos.

6.75. **(a)** De 141,6 a 148,4 mg/g.
(b) $H_0 : \mu = 140$ mg/g; $H_a : \mu > 140$ mg/g; $z = 2{,}42$, $P = 0{,}0078$. El contenido medio de celulosa es mayor de 145 mg/g.
(c) Necesitamos una muestra aleatoria simple de una población al menos aproximadamente normal.

6.77. **(a)** La distribución es asimétrica hacia la derecha.
(b) De 6,20% a 7,95%.
(c) $H_0 : \mu = 5{,}5\%$; $H_a : \mu > 5{,}5\%$; $z = 2{,}98$; $P = 0{,}0014$. El rendimiento medio de las letras del tesoro es mayor del 5,5%.

6.79. **(a)** El error de estimación disminuye.
(b) El valor P disminuye.
(c) La potencia aumenta.

6.81. No, esta afirmación significa que si H_0 fuera cierta, observaríamos resultados que ocurren el 3% de las veces.

6.83. **(a)** La diferencia observada ocurriría en menos del 1% de todas las muestras si las dos proporciones poblacionales fueran iguales.
(b) El método utilizado es correcto el 95% de las veces.
(c) No, los tratamientos no se asignaron al azar.

Capítulo 7

7.1. **(a)** 1,7898.
(b) 0,0173.

7.3. **(a)** 2,145.
(b) 0,688.

7.5. **(a)** 14.
(b) 1,761 ($p = 0{,}05$) y 2,145 ($p = 0{,}025$).
(c) 0,025 y 0,05.
(d) Significativo al 5% pero no al 1%.

7.7. **(a)** 1,75; 0,06455.
(b) De 1,598 a 1,902.
(c) $H_0 : \mu = 1{,}3$; $H_a : \mu > 1{,}3$; $t = 6{,}97$; $0{,}0025 < P < 0{,}005$. El DDT retrasa la recuperación del nervio.

7.9. **(a)** Para cada sujeto, escoge al azar el mando que debe usar en primer lugar.
(b) μ es la media de las diferencias de tiempo entre el mando que giraba hacia la derecha y que giraba hacia la izquierda; $H_0 : \mu = 0$; $H_a : \mu < 0$.
(c) $t = -2{,}90$; $0{,}0025 < P < 0{,}005$. Con los mandos que giran hacia la derecha los tiempos son menores.

7.11. **(a)** Tanto los sujetos como los investigadores que trabajan con ellos no saben qué tratamientos recibe cada sujeto.
(b) Las puntuaciones de depresión son razonablemente normales. $H_0 : \mu = 0$; $H_a : \mu < 0$ (es la media de las diferencias entre el placebo y el tratamiento). $t = -3{,}53$; $0{,}005 < P < 0{,}0025$. La falta de cafeína aumenta las puntuaciones de depresión.
(c) La distribución de pulsaciones es asimétrica y presenta observaciones atípicas; además, la muestra es pequeña.

7.13. **(a)** La distribución es ligeramente asimétrica, no se percibe observaciones atípicas; se pueden utilizar los procedimientos t.
(b) $H_0 : \mu = 224$; $H_a : \mu \neq 224$; $t = 0{,}13$; $P > 0{,}50$. No hay ninguna razón para dudar que $\mu = 224$ mm.

7.15. **(a)** De 21,46 a 26,54 batidoras.
(b) Un gran tamaño de muestra contrarresta la asimetría.

7.17. **(a)** De 111,2 a 118,6 mm de Hg.
(b) El supuesto más importante es que es una muestra aleatoria simple de alguna población. También suponemos una distribución normal; sin embargo, esta suposición no es crucial, dado que no hay observaciones atípicas y la asimetría es muy ligera.

7.19. **(a)** Error típico de la media.

(b) Aproximadamente de 0,81 a 0,87.

7.21. **(a)** Trabaja con el conjunto de diferencias de los datos: $\bar{x} = -5{,}71$, $s = 10{,}56$ y $\frac{s}{\sqrt{14}} = 2{,}82$.

(b) $H_0 : \mu = 0$; $H_a : \mu < 0$; $t = -2{,}02$; $0{,}025 < P < 0{,}05$; significativo al 5% pero no al 1%. Alterar el campo eléctrico parece reducir la velocidad de cicatrización.

(c) De $-10{,}70$ a $-0{,}72$. El método utilizado da respuestas correctas el 90% de las veces.

7.23. **(a)** El gran tamaño de muestra contrarresta la asimetría.

(b) $\text{gl} = 103$.

(c) De 2,42% a 11,38%. Los datos deben proceder de una muestra aleatoria simple de la población de ejecutivos.

7.25. Conocemos toda la población, no sólo una muestra.

7.27. **(a)** $t^* = 2{,}080$.

(b) Rechaza H_0 si $|t| \geq 2{,}080$; es decir, $|\bar{x}| \geq 0{,}133$.

(c) 0,8531.

7.29. **(a)** Una muestra.

(b) Dos muestras.

7.31. **(a)** Con suficientes grados de libertad, la distribución t es similar a una distribución $N(0,1)$. Como 7,36 es un valor muy raro en una $N(0,1)$, P es pequeño y, por tanto, el resultado es significativo.

(b) $\text{gl} = 32$.

7.33. **(a)** $H_0 : \mu_1 = \mu_2$; $H_a : \mu_1 > \mu_2$; $t = 1{,}91$; $0{,}025 < P < 0{,}05$; es significativo al 5% y al 10%.

(b) De 0,03 a 6,27.

7.35. **(a)** No encontramos ni asimetría ni observaciones atípicas.

(b) $H_0 : \mu_1 = \mu_2$; $H_a : \mu_1 < \mu_2$; $t = -2{,}47$; $0{,}01 < P < 0{,}02$. La ración rica en lisina conduce hacia un incremento de peso.

(c) De 5,59 a 67,71 g.

7.37. **(a)** $H_0 : \mu_1 = \mu_2$; $H_a : \mu_1 \neq \mu_2$.

(b) $t = 2{,}9912$; $P = 0{,}0247$. Las medias son distintas.

(c) De 2,26% a 13,6%.

7.39. Por ejemplo: la diferencia entre las medias de autoestima de mujeres (55,5) y hombres (57,9) fue tan pequeña que se puede atribuir al azar ($t = -0{,}83$, $\text{gl} = 62{,}8$, $P = 0{,}4110$). En otras palabras, a partir de esta muestra, no tenemos evidencia de que las medias de autoestima sean distintas en hombres y mujeres.

7.41. De 27,91 a 32,09. Como la muestra es grande no es necesario que la distribución de las notas SAT sea normal.

7.43. **(a)** $H_0 : \mu_A = \mu_P$; $H_a : \mu_A > \mu_P$; $t = 4{,}28$; $P < 0{,}0005$. El método activo conduce a más identificaciones correctas.

(b) De 22,2 a 26,6.

(c) Suponemos (aunque no lo podemos comprobar) que tenemos una muestra aleatoria simple de niños con dificultades de comunicación. Suponemos también una distribución normal, mientras que el método activo muestra una observación atípica y un poco de asimetría. Muestras razonablemente grandes (y de igual tamaño) hacen que los procedimientos t sean bastante fiables.

7.45. **(a)** $H_0 : \mu_1 = \mu_2$; $H_a : \mu_1 \neq \mu_2$; $t = -8{,}24$; $P < 0{,}001$. Es significativo al 5 y al 1%.

(b) La muestra de voluntarios de profesores difícilmente es una muestra aleatoria simple de la población de los hombres de media edad.

7.47. **(a)** $H_0 : \mu_A = \mu_B$; $H_a : \mu_A \neq \mu_B$; $t = -1{,}48$, $0{,}10 < P < 0{,}20$. Por tanto, la diferencia no es significativa. El banco debe buscar la opción que les resulta más rentable.

(b) Muestras grandes y de igual tamaño contrarrestan la asimetría.

(c) Es un experimento, ya que se imponen tratamientos; en consecuencia, las conclusiones son fiables.

7.49. **(a)** $H_0 : \mu_1 = \mu_2$; $H_a : \mu_1 \neq \mu_2$; $t = 1{,}25$; $0{,}20 < P < 0{,}30$. La diferencia no es significativa.

(b) De $-15{,}8$ a 54,8 (gl $= 9$) o de $-12{,}6$ a 51,6 (gl $= 25{,}4$). Como $P > 0{,}20$, el 0 aparecería en cualquier intervalo de confianza mayor del 80%.

7.51. **(a)** 1,660 (gl $= 100$) o 1,649 (gl $= 349$). A continuación utilizamos 1.660.

(b) $c = 50{,}19$.

(c) Aproximadamente 0,05.

7.53. **(a)** Significativo al 5% pero no al 1%.

(b) $0{,}02 < P < 0{,}05$.

7.55. $H_0 : \sigma_1 = \sigma_2$; $H_a : \sigma_1 \neq \sigma_2$; $F = 8{,}68$; $0{,}002 < P < 0{,}02$. Existe evidencia significativa de que $\sigma_1 \neq \sigma_2$.

7.57. $H_0 : \sigma_1 = \sigma_2$; $H_a : \sigma_1 \neq \sigma_2$; $F = 2{,}24$; $P > 0{,}20$. No hay motivo para creer que $\sigma_1 \neq \sigma_2$.

7.59. **(a)** $H_0 : \mu = 0$; $H_a : \mu > 0$; $t = 3{,}20$; $0{,}01 < P < 0{,}02$. La evidencia de que el ejercicio de baja intensidad aumenta el ritmo cardíaco es alta; el intervalo de confianza para la media de incremento va de 2,60 a 13 latidos por minuto.

(b) Con las mismas hipótesis, $t = 10{,}63$ y $P < 0{,}0005$. La evidencia de que el ejercicio de media intensidad aumenta el ritmo cardíaco es fuerte; el intervalo de confianza va de 14,87 a 22,33 latidos por minuto.

(c) $H_0 : \mu_1 = \mu_2$; $H_a : \mu_1 < \mu_2$; $t = -3{,}60$; $0{,}01 < P < 0{,}02$. El ejercicio de media intensidad tiene un efecto mayor que el ejercicio de baja intensidad.

7.61. (a) Una prueba t de dos muestras; supuestamente los dos grupos son independientes.

(b) gl $= 44$.

(c) La falta de normalidad no es un problema porque las muestras son grandes y de igual tamaño.

7.63. (a) $H_0 : \mu = 0$; $H_a : \mu > 0$; $t = 2{,}59$. $0{,}025 < P < 0{,}05$. Como media el tratamiento 2 da rendimientos mayores.

(b) De $-70{,}3$ a 384,3 kg/ha.

7.65. (a) La distribución es ligeramente, pero no demasiado, asimétrica hacia la izquierda, sin observaciones atípicas.

(b) De 54,78% al 64,40%.

7.67. (a) Error típico de la media. Conductores: $\bar{x}_1 = 2.821$ y $s_1 = 435{,}58$ cal; $\bar{x}_2 = 0{,}24$ y $s_2 = 0{,}59397$ g. Cobradores: $\bar{x}_3 = 2.844$ y $s_3 = 437{,}30$ cal; $\bar{x}_4 = 0{,}39$ y $s_4 = 1{,}00215$ g.

(b) $t = -0{,}35$; $P > 0{,}50$; no existen diferencias significativas en el consumo de calorías.

(c) $t = -1{,}20$; $P > 0{,}20$; no existen diferencias significativas en el consumo de alcohol.

(d) De 0,207 a 0,573 g.

(e) De $-0{,}31$ a 0,01 g/día.

7.69. (a) $H_0 : \mu = 86$ ppm; $H_a : \mu < 86$ ppm; $t = -1{,}897$; $0{,}025 < P < 0{,}05$; no significativo al 1%.

(b) Utiliza un diseño por pares, divide cada tipo de suelo en dos partes iguales y en cada una de las mitades haces una determinación. Contrasta $H_0 : \mu_1 = \mu_2$; $H_a : \mu_1 > \mu_2$.

7.71. La distribución es bastante simétrica, se observa una ligera observación atípica en 4,88. $\bar{x} = 5{,}4479$ es nuestra mejor estimación de la densidad de la tierra, con un error de estimación $\frac{t^* s}{\sqrt{29}}$ (que depende del nivel de confianza deseado).

7.73. (a) $H_0 : \sigma_1 = \sigma_2$; $H_a : \sigma_1 \neq \sigma_2$; $F = 1{,}16$; $P > 0{,}20$. No hay razón para creer que $\sigma_1 \neq \sigma_2$.

(b) No, la prueba F no es robusta.

7.75. La distribución de diferencias (ciudad $-$ campo) tiene dos observaciones atípicas importantes. Con ellas, $t = 2{,}38$ y $0{,}01 < P < 0{,}02$; sin las observaciones atípicas, $t = 2{,}33$ y $0{,}01 < P < 0{,}02$. Para estimar la diferencia, utiliza un intervalo de confianza para la media.

Capítulo 8

8.1. **(a)** Población: los 175 residentes de la residencia de Eulalia; p es la proporción de residentes que opina que la comida es buena.
(b) $\hat{p} = 0,28$.

8.3. **(a)** Población: los 15.000 estudiantes; p es la proporción de estudiantes que están a favor.
(b) $\hat{p} = 0,38$.

8.5. **(a)** $N(0,14, 0,0155)$.
(b) $P(\hat{p} > 0,20) < 0,0002$. $P(\hat{p} > 0,15) = 0,2611$.

8.7. **(a)** No, la muestra es demasiado grande con relación a la población.
(b) Sí: tenemos una muestra aleatoria simple, la población es 48 veces mayor que ella, y los recuentos de éxitos y fracasos son ambos mayores de 10.
(c) No, sólo hay de 5 a 6 éxitos en la muestra.

8.9. **(a)** De 0,51 a 0,57; el error de estimación es aproximadamente el 3%.
(b) No conocemos el tamaño de la muestra de cada sexo.
(c) Mayor de 0,03, ya que el tamaño de muestra es menor.

8.11. **(a)** De 0,594 a 0,726.
(b) $H_0 : p = 0,73$; $H_a : p \neq 0,73$; $z = -2,23$; $P = 0,0258$ —evidencia a favor de no diferencia bastante fuerte—.
(c) Tenemos una muestra aleatoria simple; la población es suficientemente grande con relación a la muestra (suponemos que al menos hay 2.000 estudiantes); tenemos 132 éxitos y 68 fracasos.

8.13. $n = 451$.

8.15. **(a)** Aproximadamente $N(0,14, 0,003613)$.
(b) $H_0 : p = 0,14$; $H_a : p > 0,14$; $z = 36$, por tanto $P = 0$, evidencia abrumadora de que es más probable que roben Harleys.

8.17. $H_0 : p = \frac{1}{3}$; $H_a : p > \frac{1}{3}$; $z = 2,72$; $P = 0,0033$. La evidencia de que más de $\frac{1}{3}$ nunca utiliza condones es fuerte.

8.19. **(a)** De 0,3901 a 0,4503.
(b) $H_0 : p = 0,5$; $H_a : p < 0,5$; $z = -6,75$; $P < 0,0002$. La evidencia de que menos de la mitad de la población fue a la iglesia o a la sinagoga la semana anterior es fuerte.
(c) $n = 16.590$. Nuestro intervalo de confianza muestra que p está entre 0,3 y 0,7; por tanto, el procedimiento conservador utilizado no sobreestima demasiado el tamaño de la muestra.

8.21. **(a)** $H_0 : p = 0,5$; $H_a : p > 0,5$; $z = 1,70$; $P = 0,0446$. La evidencia de que la mayoría prefiere café normal recién preparado es fuerte.

(b) De 0,5071 a 0,7329.

(c) El orden de presentación de los dos tipos de café tiene que ser al azar.

8.23. **(a)** 0,0588, 0,0784, 0,0898, 0,0960, 0,0980, 0,0960, 0,0898, 0,0784, 0,0588.

(b) 0,0263, 0,0351, 0,0402, 0,0429, 0,0438, 0,0429, 0,0402, 0,0351, 0,0263. Los errores de estimación son menores de la mitad de lo que eran antes.

8.25. De −0,0518 a 0,3753. Las poblaciones de ratones seguro que son 10 veces mayores que las muestras. El recuento de éxitos y fracasos es mayor de 5 en ambas muestras.

8.27. **(a)** $H_0 : p_1 = p_2$; $H_a : p_1 > p_2$; $z = 0{,}98$; $P = 0{,}1635$; no podemos concluir que las tasas de mortalidad sean distintas.

8.29. Ordenadores en casa: $H_0 : p_1 = p_2$; $H_a : p_1 \neq p_2$; $z = 1{,}01$; $P = 0{,}3124$. En el trabajo: las mismas hipótesis; $z = 3{,}90$; $P > 0{,}0004$. No hay evidencia de que haya diferencia con los ordenadores de casa, pero la de que haya diferencias en el trabajo es muy fuerte.

8.31. **(a)** De 0,0341 a 0,0757.

(b) Todos los recuentos son mayores de 5; las poblaciones son mucho mayores que las muestras (suponiendo que la población de potenciales pacientes insatisfechos es bastante grande).

8.33. **(a)** $H_0 : p_1 = p_2$; $H_a : p_1 \neq p_2$; $z = 2{,}99$; $P = 0{,}0028$ —la evidencia de que existen diferencias es fuerte—.

(b) De 0,1172 a 0,3919.

8.35. **(a)** $H_0 : p_1 = p_2$; $H_a : p_1 \neq p_2$; $z = 0{,}02$; $P = 0{,}9840$ —no hay evidencia de que existan diferencias—.

8.37. **(a)** De 0,1626 a 0,2398.

(b) El intervalo de confianza no contiene el cero, por tanto, el valor P en contra de una alternativa de dos colas será mucho menor de 0,01.

(c) Los recuentos son 158 (de los meses de enero a abril) y 313 (de julio a agosto). $H_0 : p_1 = p_2$; $H_a : p_1 \neq p_2$; $z = -4{,}39$; $P = 0{,}0004$; la evidencia de la existencia de diferencias entre estaciones debidas a no-respuesta por alguna razón distinta a "no descuelgan" es muy fuerte.

8.39. **(a)** De 0,2465 a 0,3359; como 0 no se halla en el intervalo, la diferencia es significativa al 1%.

(b) No, $t = -0{,}8658$; P es aproximadamente 0,4.

8.41. **(a)** $\hat{p}_1 = 0{,}1415$, $\hat{p}_2 = 0{,}1667$; $z = -0{,}39$; $P = 0{,}6966$.

(b) $z = 2{,}12$ y $P = 0{,}0340$.

(c) Para (a): de −0,1559 a 0,1056. Para (b) de −0,04904 a −0,001278. Muestras mayores hacen el error de estimación menor.

8.43. **(a)** Las muestras se deben escoger al azar en diversas escuelas.

(b) De 0,0135 a 0,0270.

(c) $z = 0{,}54$ y $P = 0{,}5892$ —no hay evidencia de la existencia de diferencias— .

8.45. No, los datos se obtuvieron con una muestra de voluntarios.

8.47. (a) $H_0 : p = 0{,}488$; $H_a : p > 0{,}488$; $z = 0{,}18$; $P = 0{,}4286$; no hay evidencia de que los farmacéuticos tengan más tendencia a tener niñas.

8.49. (a) $H_0 : p_1 = p_2$; $H_a : p_1 \neq p_2$. Tenemos muestras aleatorias de grandes poblaciones, el recuento más pequeño es 44.

(b) $z = -3{,}80$, $P < 0{,}0004$. La evidencia de que existen diferencias en la proporción de gente que experimenta efectos secundarios es muy grande.

Capítulo 9

9.1. (a) $f = 2, c = 3$.

(b) 0,55, 0,747 y 0,375. Algo de tiempo (aunque no demasiado) dedicado a actividades extracurriculares parece ser beneficioso.

(d) 13,78, 62,71, 5,51; 6,22, 28,29, 2,49.

(e) La primera y la última columnas tienen valores menores que los esperados en la fila de aprobados y valores mayores en la fila de suspensos. Sin embargo, en la columna central ocurre lo contrario.

9.3. (a) $0{,}5614 + 0{,}4470 + 1{,}1452 + 1{,}2442 + 0{,}9906 + 2{,}5381 = 6{,}926$.

(b) $P = 0{,}031$. Concluimos que existe una fuerte relación entre las horas dedicadas a actividades extracurriculares y el resultado del curso.

(c) Columna 3, fila 2. Demasiado tiempo dedicado a actividades extracurriculares parece perjudicar el rendimiento académico.

(d) No, es un estudio, no un experimento.

9.5. (b) 5,99 y 7,38; $0{,}025 < P < 0{,}05$.

(c) La media sería 2; este valor es mayor.

9.7. (a) Episodios cardíacos: 3, 7, 12; Sin episodios cardíacos: 30, 27, 28.

(b) 0,9091, 0,7941, 0,7000.

(c) 6,79, 6,99, 8,22; 26,21, 27,01, 31,78. Todos son mayores que 5.

(d) $P = 0{,}089$; no existe evidencia de que haya diferencias significativas.

9.9. (a) $H_0 : p_1 = p_2$; $H_a : p_1 \neq p_2$; $z = -0{,}57$; $P = 0{,}5686$.

(b) Mejoraron: 28, 30; no mejoraron: 54, 48. $X^2 = 0{,}322 = z^2$. Las tabla E da $P > 0{,}25$.

(c) La congelación gástrica no es significativamente más (o menos) efectiva que el tratamiento placebo.

9.11. (a) No, no se impuso ningún tratamiento a los sujetos.

(b) No parece que el tratamiento tenga influencia. La proporción de pacientes con cáncer es similar en los tres grupos experimentales.

(c) $X^2 = 1{,}552$, la media es gl $= 4$. La comparación de ambos valores indica que no hay evidencia de que exista relación entre el consumo de aceite y el cáncer de colon. $P = 0{,}817$.

(d) Una alta participación indica que la no-respuesta tiene poco efecto sobre los resultados.

9.13. (a) $X^2 = 10{,}827$; $P = 0{,}013$. La evidencia de que la especialidad y el sexo están relacionados es bastante fuerte.

(b) La principal diferencia es que un mayor porcentaje de mujeres escogieron Administración, mientras que los hombres se decantaron por las otras especialidades, especialmente Finanzas.

(c) Las dos de la fila de Administración: muchas más mujeres (y menos hombres) de los esperados escogieron esta especialidad.

(d) Sí, sólo un recuento (12,5%) es menor que 5.

(e) 46,5%.

9.15. (a) $H_0 : p_1 = p_2$; $\hat{p}_1 = 0{,}8423$; $\hat{p}_2 = 0{,}6881$; $z = 3{,}92$; $P < 0{,}0004$.

(b) $X^2 = 15{,}334 = z^2$. La tabla E da $P < 0{,}0005$.

(c) De 0,0774 a 0,2311.

9.17. (a) 7,01%, 14,02%, 13,05%, respectivamente.

(b) Los valores de la tabla son 172, 2.283; 167, 1.024; 86, 573.

(c) Los recuentos esperados son todos mucho mayores que 5, por tanto, es seguro utilizar la prueba Ji cuadrado. H_0 : no existe relación entre el tipo de trabajadora y la raza; H_a : existe alguna relación.

(d) gl $= 2$; $P < 0{,}0005$.

(e) Es más probable que las mujeres negras trabajen en casa o fuera de casa en casas privadas.

9.19. (a) $X^2 = 14{,}863$; $P < 0{,}001$. Las diferencias son significativas.

(b) Los datos tienen que proceder de muestras aleatorias simples independientes de cada ciudad.

9.21. (a) gl $= 9$.

(b) Los valores de la tabla de contingencia son 1.067, 491; 833, 756; 901, 1.174; 1.583, 1.055. $X^2 = 256{,}8$ y P es muy pequeño. Las proporciones mayores de respuestas se producen de septiembre a mitad de abril; las más bajas, durante los meses de verano, cuando es más probable que más gente esté de vacaciones.

9.23. (a) Utiliza una tabla de contingencia de 2×2, formada por los cuatro valores de la fila de totales. $X^2 = 332{,}205$; P es pequeño, por tanto, la evidencia es muy fuerte. Posiblemente, muchos hombres dejaron que se salvaran las mujeres.

(b) $X^2 = 103{,}767$ —un resultado muy significativo—. La probabilidad de muerte disminuyó al aumentar el nivel económico.

(c) $X^2 = 34{,}621$ —otro resultado muy significativo—; otra vez la probabilidad de muerte disminuyó al aumentar el nivel económico.

9.25. (a) $X^2 = 11{,}141$; $0{,}0025 < P < 0{,}005$. Las dos celdas de la segunda fila contribuyen con 8,507 al valor de X^2.

(b) Los valores de la tabla son los siguientes: 488, 327; 102, 113. $X^2 = 10{,}751$; $0{,}0005 < P < 0{,}001$ —un resultado significativo—. La comparación de los resultados obtenidos con los esperados concuerda con lo que pensábamos.

Capítulo 10

10.1. (a) Los diagramas de tallos muestran que no hay ni observaciones atípicas ni claras asimetrías.

(b) Las medias sugieren que un perro reduce el ritmo cardíaco, pero que estar con un amigo parece aumentarlo.

(c) $F = 14{,}08$; $P < 0{,}0005$. $H_0 : \mu_P = \mu_F = \mu_C$; H_a : al menos una media es distinta. Parece que el ritmo cardíaco medio menor se produce en presencia de un perro y el mayor en presencia de un amigo.

10.3. (a) $I = 3$ (número de poblaciones); $n_1 = n_2 = n_3 = 15$ (tamaños de muestra de cada población); $N = 45$ (total de todas las muestras).

(b) $I - 1 = 2$ y $N - I = 42$.

(c) Al ser $F > 9{,}22$, $P < 0{,}001$.

10.5. (a) Poblaciones: las variedades de tomate; $I = 4$; $n_1 = n_2 = n_3 = n_4 = 10$; $N = 40$; 3 y 36 grados de libertad.

(b) Poblaciones: consumidores (respuesta a distintos diseños de envase; respuesta: puntuación del envase). $I = 6$; $n_1 = n_2 = \ldots = n_6 = 120$; $N = 720$; 5 y 714 grados de libertad.

(c) Poblaciones: personas que quieren perder peso (bajo diferentes programas); respuesta: cambio de peso a los seis meses. $I = 3$; $n_1 = n_2 = 10$, $n_3 = 12$; $N = 32$; 2 y 29 grados de libertad.

10.7. (a) Los solteros ganan considerablemente menos que los otros grupos; los viudos y los casados son los que ganan más.

(b) Sí: $\frac{8.119}{5.731} = 1{,}42$.

(c) 3 y 8.231.

(d) Con tamaños de muestras grandes, incluso las *pequeñas* diferencias podrían ser significativas.

(e) No: la edad es la variable latente.

10.9. (a) 32,32, 34,58, 35,51; $\frac{35{,}51}{32{,}32} = 1{,}10$.

(b) CMG = 96,41, CME = 1.216, $F = 0{,}08$; gl 2 y 126; $P > 0{,}100$. No hay suficiente evidencia de que la temperatura del agua afecte al peso medio.

10.11. (a) $\bar{x} = 9{,}412$. CME y CMG están de acuerdo con los resultados de ordenador (las diferencias son debidas al redondeo).

(b) De 8,789 a 10,871.

10.13. (a) 273, 272,6, 296,4, 256,8. Las medias varían con el tiempo, pero no disminuyen de forma consistente.

(b) 10,050, 14,571, 21,126, 35,471. No se puede utilizar el ANOVA.

(c) La prueba t de dos muestras no exige que las desviaciones típicas sean iguales, a diferencia del ANOVA que sí lo exige. El ANOVA no es fiable si existe evidencia de que las desviaciones no son iguales.

10.15. (a) Los diagramas de tallos muestran que no hay observaciones extremas o asimetrías destacables (las muestras son pequeñas).

(b) $\frac{5.761}{4.981} = 1{,}16$ es aceptable. Las medias sugieren que la explotación forestal reduce el número de árboles por parcela y que su recuperación es lenta. $F = 11{,}43$; gl 2 y 30; $P < 0{,}001$; las diferencias son significativas.

10.17. (a) Medias: 10,65, 10,425, 5,60 y 5,45 cm; desviaciones típicas: 2,053, 1,486, 1,244, 1,771 cm. Las medias y los diagramas de tallos sugieren que la presencia de demasiados nematodos reduce el crecimiento.

(b) $H_0 = \mu_1 = \ldots = \mu_4$; H_a : no todas las medias son iguales. Contrastamos si los nematodos afectan al crecimiento medio de los plantones.

(c) $F = 12{,}08$, gl 3 y 12, $P = 0{,}001$. Los dos primeros niveles son similares, igual que los dos últimos. Un valor entre 1.000 y 5.000 nematodos, los plantones de tomatera se ven afectados por los nematodos.

10.19. CMG = 102,2, CME = 16,98, $F = 6{,}02$; gl 2 y 30; $0{,}001 < P < 0{,}010$.

Capítulo 11

11.1. (a) $r = 0{,}994$ y $\hat{y} = -3{,}660 + 1{,}1969x$.

(b) β (estimada como 1,1969) representa qué incremento podemos esperar en la longitud del húmero cuando la longitud del fémur aumenta en 1 cm. La estimación de α es $-3{,}600$.

(c) Los residuos son los siguientes: $-0{,}8226$, $-0{,}3668$, $3{,}0425$, $-0{,}9420$ y $-0{,}9110$. $s = 1{,}982$.

11.3. $\hat{y} = 560{,}65 - 3{,}0771x$; en general, los niños que están más tiempo sentados, consumen menos. De $-4{,}8625$ a $-1{,}2917$ calorías por minuto.

11.5. De $-12{,}9454$ a $-6{,}4444$ pulsaciones por minuto. Por cada minuto más de natación, el ritmo cardíaco disminuye de 6 a 13 pulsaciones por minuto.

11.7. $b = -22{,}969$, $t = -6{,}46$, $P < 0{,}0005$; la evidencia de que $\beta < 0$ es fuerte y, por tanto, la correlación es negativa.

11.9. **(a)** Utiliza el intervalo de predicción: de 135,79 a 159,01 pulsaciones por minuto.

(b) Utiliza gl $= 21$ y $t^* = 1{,}721$.

11.11. **(a)** Uno de los residuos puede ser una observación atípica, el diagrama de tallos no muestra ninguna otra desviación de la normalidad.

(b) El diagrama de tallos no muestra ningún hecho sorprendente más allá de la observación atípica.

11.13. **(a)** La relación es razonablemente lineal, sin observaciones atípicas o influyentes.

(b) El 88,6% de la variación en la muerte de manatís se explica por la relación lineal con las lanchas registradas.

(c) β es el número de muertes adicionales esperadas por cada 1.000 licencias de más. El intervalo va de 0,1019 a 0,1478 muertes por cada 1.000 licencias.

11.15. De 44,00 a 51,94 muertes de manatís.

11.17. **(a)** $\bar{x} = 0{,}00174$, $s = 1{,}0137$. Con datos estandarizados $\bar{x} = 0$ y $s = 1$.

(b) Teniendo en cuenta que la muestra es pequeña, el diagrama de tallos no se puede decir que no sea normal. El 95% de las observaciones deben estar entre -2 y 2, por tanto, $-1{,}99$ es bastante razonable.

(c) El diagrama de dispersión no presenta ninguna anomalía.

11.19. **(a)** La dispersión a lo largo de la recta puede no ser constante para todas las x; parece aumentar de izquierda a derecha.

(b) El diagrama de tallos sugiere que la distribución es asimétrica hacia la derecha. La observación atípica corresponde a 1986.

11.21. El diagrama de dispersión muestra la siguiente asociación positiva:

$$\hat{y} = 113{,}2 + 26{,}88x$$

El intervalo de confianza va de 20,29 a 33,47 cal/kg; por cada kg adicional de peso magro, el nivel metabólico aumenta entre 20 y 33 calorías. El diagrama de tallos de los residuos sugiere que la distribución es asimétrica hacia la derecha y que el mayor residuo podría ser una observación atípica.

11.23. **(a)** La relación es positiva. Existe una relación lineal. Los todoterrenos consumen más.

(b) Con todas las observaciones, r=0,92; con la observación atípica, r =0,91. La observación atípica se halla en la misma dirección que el resto de observaciones, en consecuencia aumenta.

(c) Consumo carretera = $-0{,}24 + 0{,}78\times$ Consumo ciudad.

(d) El valor 2,13 es una observación atípica en el sentido del eje de las ordenadas. La distribución de los residuos es razonablemente simétrica.

(e) Por cada unidad de aumento del consumo en ciudad, el aumento del consumo en carretera es de 0,78. El intervalo de confianza del 95% para β va de 0,69 a 0,87.

11.25. **(a)** El diagrama de dispersión muestra que la relación entre el incremento de peso y la longitud es curvilínea. Dos peces quedan fuera de la línea, pero no pueden considerarse observaciones atípicas.

(b) El peso tiene que ser más o menos proporcional con el volumen; cuando aumenta x, el incremento de volumen es x^3.

(c) Este diagrama de tallos muestra una asociación positiva fuerte, sin observaciones atípicas destacables.

(d) Las correlaciones ponen de manifiesto un aumento de linealidad del segundo diagrama: con peso, $r^2 = 0{,}9207$; con peso$^{1/3}$, $r^2 = 0{,}9851$.

(e) $\hat{y} = -0{,}3283 + 0{,}2330x$; $\hat{y} = 5{,}9623$ cuando $x = 27$ cm; de 5,886 a 6,039 $g^{1/3}$.

(f) El diagrama de tallos no muestra violaciones importantes de los supuestos, excepto por el valor del pez 143. El diagrama de dispersión sugiere que la variabilidad en el peso puede ser mayor para las longitudes mayores. La eliminación del pez 143 cambia la recta de regresión sólo ligeramente y parece solucionar un poco los dos problemas detectados.

Capítulo 12

12.1. **(a)** 2,5(1), 2,84(2), 2,92(3), 2,95(4), 3,1(5), 3,2(6), 3,25(7), 3,41(8), 3,57(9), 3,65(10), 3,76(11), 3,78(12), 3,86(13), 3,88(14), 3,98(15).

(b) Aparentemente los rangos de los niños no son mayores que los de las niñas.

12.3. **(a)** $\mu_W = 56$, $\sigma_W = 8{,}641$.

(b) H_0 : las dos distribuciones son iguales, H_a : una distribución toma valores sistemáticamente mayores que la otra.

(c) $W = 47$. Su valor es menor que la media.
(d) Valor $P = 0{,}3357$.

12.5. **(a)** $z = -1{,}0415$.
(b) Valor $P = 0{,}2976$.

12.7. **(a)** La forma más general es la que se expresa en 12.3
(b). Asimétrica.
(c) La forma más segura es la que se expresa en el apartado (b) del ejercicio 12.3.

12.9. **(a)** H_0 : las dos distribuciones son iguales, H_a : la distribución de turistas japoneses toma valores sistemáticamente mayores que la otra.
(b) $W = 14.060$.
(c) Valor $P = 0{,}0000$.

12.11. **(a)** Se advierten observaciones atípicas.
(b) $H_0 : \mu_a = \mu_b$; $H_a : \mu_a > \mu_b$. $\bar{x}_a = 0{,}676$, $\bar{x}_b = 0{,}406$, $t = 2{,}062$, valor $P = 0{,}042$. En conclusión, existen diferencias significativas entre los dos grupos.
(c) H_0 : las dos distribuciones son iguales, H_a : una distribución toma valores sistemáticamente mayores que la otra. $W = 37$, valor $p = \frac{0{,}0556}{2}$. En conclusión, existen diferencias significativas entre los dos grupos.

12.13. **(a)** 0,80(8), 0,82(9), 0,54(4), 0,79(7), 0,89(10), 0,77(6), 0,49(3), 0,66(5), 0,28(1), 0,38(2),
(b) $W = 38$, $\mu_W = 2{,}193$, $\sigma_W = 4{,}787$.
(c) $z = 2{,}193$, valor $P = \frac{0{,}0283}{2}$.
(d) 0,55(4,5), 0,57(6), 0,72(8,5), 0,70(7), 0,84(10), 0,40(3), 0,72(8,5), 0,00(1), 0,36(2), 0,55(4,5).

12.15. **(a)** H_0 : las dos distribuciones son iguales, H_a : una distribución toma valores sistemáticamente mayores que la otra.
(b) $W = 53$, valor $P = 0{,}0260$. En conclusión, existen diferencias significativas entre los dos grupos.
(c) Las conclusiones de las dos pruebas van en el mismo sentido.

12.17. **(a)** El valor $P = 0{,}10112 = 0{,}0505$. De forma estricta no podemos decir que la prueba sea significativa al 5%. En el ejercicio 7.33, la prueba salió significativa al 5%.
(b) H_0 : las dos distribuciones son iguales, H_a : una distribución toma valores sistemáticamente mayores que la otra.
(c) La prueba de Wilcoxon supone que los dos grupos tienen la misma distribución. Para la prueba t hay que suponer normalidad para muestras pequeñas.

12.19. Hecha la prueba de Wilcoxon de suma de rangos, $W = 13.788{,}5$, valor $P = \frac{0{,}0001}{2}$. Por tanto, la prueba es significativa. En conclusión, las mujeres están más preocupadas que los hombres.

12.21. **(a)** No podemos decir que la ciudad y los ingresos sean independientes; el valor P de la prueba Ji cuadrado es 0,4121.

(b) No existe evidencia de que los consumidores de una ciudad tengan sistemáticamente mayores ingresos que los de la otra ciudad. Hecha la prueba de Wilcoxon de suma de rangos, $W = 49.200$, valor $P = 0{,}4947$.

12.23. **(a)** La distribución no muestra ninguna asimetría clara.

(b) H_0 : las dos distribuciones son iguales, H_a : la distribución correspondiente a *Pokémon* toma valores sistemáticamente mayores que la correspondiente a *Las tres mellizas*.

(c) $\mu_{W+} = 27{,}5$, $W = 50$. El valor de μ_{W+} queda bastante alejado de la media.

12.25. **(a)** $\mu_W+ = 27{,}5$, $\sigma_W+ = 9{,}811$.

(b) El valor P aproximado es 0,0025. Por tanto, la prueba es significativa. Los niños se levantan más veces con *Pokémon* que con *Las tres mellizas*.

12.27. H_0 : diferencia de medianas $= 0$, H_a : diferencia de medianas > 0. $z = 1{,}8257$. El valor $P = \frac{0{,}0679}{2}$, por tanto la prueba es significativa al 5%, es decir, el ejercicio aumenta el ritmo cardíaco.

12.29. 75-60(4), 99-90(2,5), 93-87(1), 87-78(2,5), $\mu = 5$, $\sigma = 2{,}739$, $W = 10$, $z = 1{,}826$.

12.31. $W = 3655$, $z = 1{,}2647$, valor $P = 0{,}2060$. La prueba no es significativa; no existen diferencias entre ambos tipos de establecimientos.

12.33. **(a)** H_0 : diferencia de medianas $= 0$, H_a : diferencia de medianas > 0. $W = 47{,}5$. $z = 2{,}0386$, valor $P = \frac{0{,}0415}{2}$. La prueba es significativa al 5%, es decir, se ha producido una pérdida de dulzura.

(b) Los resultados de las dos pruebas son coherentes. H_0 : diferencia de medias $= 0$, H_a : diferencia de medias > 0. La prueba t supone que la distribución de las diferencias es normal.

12.35. La distribución de diferencias es ligeramente asimétrica. H_0 : no existen diferencias entre el giro a derecha y el giro a izquierda, H_a : existen diferencias significativas entre el giro a derecha y el giro a izquierda. La prueba es significativa, valor $P = 0{,}0076$. Es decir, existen diferencias significativas entre ambos tipos de giro.

12.37. **(a)** El ANOVA contrasta las siguientes hipótesis, H_0 : las medias de incremento de altura son iguales en todos los grupos, H_a : no todas las medias de incremento de altura son iguales. La prueba de Kruskal-Wallis contrasta las hipótesis siguientes, H_0 : la distribución del incremento de altura es el mismo en todos los grupos, H_a : los incrementos de altura son en algunos grupos sistemáticamente mayores que en otros.

(b) $\mu_0 = 10$, $\mu_1.000 = 11{,}1$, $\mu_5.000 = 5{,}2$, $\mu_10.000 = 5{,}55$. El valor P de la prueba es 0,01. Por tanto, la H_a es plausible.

12.39. (a) Ternera: 111, 140,5, 152,5, 177,25, 190. Cerdo: 107, 139, 153, 179, 195. Pollo: 86, 102, 129, 143, 170. La mediana del contenido de calorías en las salchichas de pollo es menor.

(b) Existen observaciones atípicas en las tres distribuciones.

(c) El valor P de la prueba es 0,0004. Por tanto, la prueba es significativa.

12.41. (a) Ternera: 253, 321,25, 380,5, 477,5, 645. Cerdo: 144, 386, 405, 496, 545. Pollo: 357, 383, 430, 528, 588. Las tres medianas son bastante distintas.

(b) La distribución de la carne de ternera es muy asimétrica hacia la derecha.

(c) El valor P de la prueba es 0,2442. Por tanto, la prueba no es significativa.

12.43. No se puede utilizar la prueba de Kruskal-Wallis porque no estamos ante muestras independientes.

12.45. (a) H_0 : las dos distribuciones son iguales, H_a : la distribución del tratamiento 2 toma valores sistemáticamente mayores que la del tratamiento 1.

(b) El valor P es $\frac{0{,}6015}{2}$. Por tanto, la prueba no es significativa, es decir, no existen diferencias significativas entre tratamientos.

12.47. (a) H_0 : las dos distribuciones son iguales, H_a : la distribución correspondiente a nitritos toma valores sistemáticamente menores que la del control. El valor P de la prueba es $\frac{0{,}5184}{2}$. Por tanto, no podemos decir que haya diferencias significativas entre tratamientos.

12.49. (a) Los datos parecen indicar que las mejores densidades de siembra corresponden a 40.000 y 50.000 plantas por hectárea.

(b) H_0 : la distribución de rendimiento es el mismo en todos los grupos, H_a : la distribución de rendimientos es en algunos grupos sistemáticamente mayor que en otros.

(c) El valor P de la prueba es 0,7575. Por tanto, la prueba no es significativa. No podemos considerar plausible la hipótesis alternativa.

ÍNDICE ANALÍTICO